建筑安装工程施工技术资料手册

（第二版）

本书编写组

潘全祥　主编

中国建筑工业出版社

图书在版编目(CIP)数据

建筑安装工程施工技术资料手册/潘全祥主编.—2版.
—北京:中国建筑工业出版社,2001
ISBN 7-112-04764-1

Ⅰ.建… Ⅱ.潘… Ⅲ.建筑—安装—工程施工—技术手册 Ⅳ.TU758-62

中国版本图书馆 CIP 数据核字(2001)第 051943 号

建筑安装工程施工技术资料是建筑施工中的一项重要组成部分,是工程建设及竣工验收的必备条件,也是对工程进行检查、维修、管理、使用、改建和扩建的原始依据。本书按照单位工程施工形象进度的五个阶段,即地基与基础工程施工阶段、主体工程施工阶段、屋面工程施工阶段、装修阶段及竣工组卷阶段,将其材料与产品检验记录、施工试验记录、施工记录、隐预检记录、施工组织设计与技术交底、工程质量检验评定和设计变更洽商记录等各项内容、各类表格、图例逐一地进行全面系统地介绍,力求建筑施工与技术资料的有机结合。

本书注重理论联系实际,编写方法上注意文、图、表相结合,通俗易懂、全面系统,力求起到一书在手即能全面搞好单位工程施工技术资料的作用。

本书可供建筑企业各级管理人员、施工技术人员、资料员、材料试验员参考使用,也可作为土建院校相关专业师生的学习参考读物。

* * *

责任编辑 胡永旭

建筑安装工程施工技术资料手册
(第二版)
本书编写组
潘全祥 主编
*
中国建筑工业出版社出版、发行(北京西郊百万庄)
新 华 书 店 经 销
有色曙光印刷厂印刷
*
开本:787×1092 毫米 1/16 印张:81 1/2 插页:2 字数:2030 千字
2001 年 11 月第二版 2002 年 8 月第十三次印刷
印数:39,001—41,000 册 定价:106.00 元
ISBN 7-112-04764-1
TU·4253(10245)
版权所有 翻印必究
如有印装质量问题,可寄本社退换
(邮政编码 100037)
本社网址:http://www.china-abp.com.cn
网上书店:http://www.china-building.com.cn

本书编写组

潘全祥 **主 编**

潘全祥	张连玺	康 伟	李鸣飞	
侯燕军	潘永军	张进泰	李玲玲	编
许振林	纪俊忠	杨宝群	贾 旺	
关振华	张 信	张国利	徐长元	

第二版前言

建筑安装工程施工技术资料手册是建筑施工的一个重要组成部分,是建筑工程进行竣工验收和竣工核定的必备条件,也是对工程进行检查、维修、管理、使用、改建和扩建的重要依据,是城建档案的重要组成部分,是在城市基本建设工作中直接形成的具有保存价值的文件材料。鉴于当前建筑安装工程施工技术资料还是一个比较薄弱的环节,我们再次组织有关的专家、教授和有实践经验的工程技术人员对《建筑安装工程施工技术资料手册》一书进行了修订,该手册具有如下特点:

1.《建筑安装工程施工技术资料手册》(第二版)一书是我们在1995年3月编写的《建筑安装工程施工技术资料手册》的基础上,从内容的深度和广度上加以充实提高,内容充实,图文并茂,在编写方法上采用文字、图、表相结合的方式,力求通俗易懂,全面系统,起到一书在手即能全面做好单位工程施工技术资料的作用。

2. 该手册符合北京市城乡建设委员会关于《北京市建筑安装工程施工技术资料管理规定》的通知(京建质[1996]418号)精神要求,并结合了近几年陆续修订的各种国家有关规范、标准以及北京市标准的规定和要求进行编制的。

3.《建筑安装工程施工技术资料手册》一书,于1995年3月编写的,受到了施工企业有关人员的好评,并先后印刷了12次,给施工技术资料管理起到了保证作用,并对施工起到了指导作用。由于近5年又先后出版了相关规范、标准、新材料等,因此我们又组织了有关专家对该手册进行了修订。

本手册在编写过程中,由于水平有限,有不妥之处,恳请读者批评指正。

第 一 版 前 言

建筑安装工程施工技术资料是建筑施工中的一项重要组成部分,是工程建设及竣工验收的必备条件,也是对工程进行检查、维修、管理、使用、改建和扩建的原始依据。为此建设部与各省市建设部门多次强调要搞好建筑安装工程的施工技术资料,明确指出:任何一个工程如果技术资料不符合标准规定,则判定该项工程不合格,对工程质量具有否决权。同时,技术资料管理工作也是施工企业各级技术管理人员必须参与和负责的一项重要工作。

鉴于当前建筑安装工程施工技术资料管理还是一个比较薄弱的环节,至今还没有一本全面地、系统地介绍施工技术资料的综合性工具书。因此我们组织了有关的专家、教授和有实践经验的工程技术人员编写了《建筑安装工程施工技术资料手册》一书。该书综合了《建筑安装工程质量检验评定标准讲座》、《建筑分项工程施工工艺标准》、《建筑设备安装分项工程施工工艺标准》等书和"北京市建筑安装工程施工技术资料管理规定"(90)京建质字第238号文的技术资料,该书具有以下特点:

1.《建筑安装工程施工技术资料手册》一书是我们在1993年7月编写的《建筑安装工程施工技术资料管理手册》的基础上,从内容的深度和广度上加以充实提高。前书由于时间及指导思想上的局限,正赶上新旧规范交替阶段,未反映出新规范、新标准的要求。本书编写的内容力求系统化、规范化,取材全面,内容综合性强。

2. 本书按照建设部新发布的《混凝土结构工程施工及验收规范》(GB 50204—92),钢筋、水泥、砖、砂、石等标准,把建筑工程施工技术资料各部分内容、标准进行了调整,使其符合新规范、新标准的要求,也使读者通过本书学习,更加了解新规范的内容。

3. 本书共分五章,其宗旨是按照单位工程施工技术资料整理系统图进行的。即:地基与基础工程施工阶段、主体工程施工阶段、屋面工程施工阶段、装修阶段及竣工组卷阶段,编写顺序是按以上施工形象进度的五个阶段,结合北京市城乡建设委员会最新颁布的"北京市建筑安装工程施工技术资料管理规定"(90)京建质字第238号文件分项进行了编写,将材料试验、施工试验、施工记录、隐预检记录、施工组织设计与技术交底、工程质量检验评定和设计变更洽商记录等各项内容、各类表格、图例逐一地进行了全面介绍,力求建筑施工与技术资料的结合与统一。

4. 在编写内容上吸取了近年来建筑施工广泛应用的新技术、新工艺、新材料的做法,增添了与施工技术资料有关的施工方案、工艺标准、质量验评标准等内容的说明。编写方法上采取文字、图、表相结合的方式,力求通俗易懂、全面系统,起到一书在手即能全面搞好单位工程施工技术资料的作用。

5. 本书注重理论联系实际,是建筑企业各级工程技术人员的参考书籍,也可做为工民建专业大、中专学生学习的辅助教材。

本书在编写过程中,得到中国土木建筑学会和北京市建委有关同志的大力支持和协助,谨此表示衷心的感谢。由于编者水平有限,不妥之处恳请读者批评指正。

目 录

1 地基与基础工程施工阶段

1.1 建筑工程 …… 1
  1.1.1 原材料、半成品、成品出厂
      质量证明和试验报告 …… 1
    1.1.1.1 水泥 …… 1
    1.1.1.2 钢筋 …… 11
附录 关于公布1999年度复审合格的
    北京市建筑钢材、水泥供应资格
    认证单位名录的通知（京建材
    [1999]524号） …… 24
    1.1.1.3 钢结构用钢材及配件 …… 35
    1.1.1.4 焊条、焊剂及焊药 …… 55
    1.1.1.5 砖及砌块 …… 56
    1.1.1.6 骨料 …… 76
    1.1.1.7 外加剂 …… 89
附录 关于公布北京市建筑结构工
    程混凝土外加剂准用产品的
    通知 …… 98
    1.1.1.8 防水材料 …… 109
附录 关于公布北京市建筑防水准
    用材料名录的通知 …… 154
    1.1.1.9 预制混凝土构件 …… 165
    1.1.1.10 新材料、新产品 …… 172
    1.1.1.11 轻集料 …… 172
    1.1.1.12 掺合料 …… 173
    1.1.1.13 保温材料 …… 173
    1.1.1.14 门窗 …… 173
    1.1.1.15 轻质隔墙材料 …… 173
    1.1.1.16 玻璃幕墙 …… 173
    1.1.1.17 建筑工程饰面砖 …… 173
附录一 关于公布北京市建筑钢门窗
    准用产品名录的通知 …… 174
附录二 关于印发《北京市建设工程
    材料准用管理办法》的通知
    …… 178
附录三 关于公布北京市第一批用
    水器具准用产品名录的
    通知 …… 182
附录四 关于公布北京市第二批用
    水器具准用产品名录的
    通知 …… 188
附录五 关于公布第一批建筑外墙
    涂料准用产品的
    通知 …… 193
附录六 关于限制和淘汰石油沥青纸胎
    油毡等11种落后建材产品的
    通知 …… 198
附录七 关于公布第二批12种限制
    和淘汰落后建材产品目录的
    通知 …… 200
附录八 关于印发《北京市建设工程
    施工试验实行有见证取样
    和送检制度的暂行规定》的
    通知 …… 202
附录九 关于印发《北京市建设工程
    施工试验实行有见证取样
    和送检制度的暂行规定》的
    补充通知 …… 207
附录十 关于颁发《北京市建设工程

结构抽样检测暂行规定》的
通知 …………………… 207

附录十一 关于发布《北京市"九五"住
宅建设标准》建筑外窗部分
补充规定的通知 ……… 209

附录十二 《低碳钢热轧圆盘条》(GB/T
701—1997) ……………… 212

附录十三 关于印发《房屋建筑工程和
市政基础设施工程实行见
证取样和送检的规定》的
通知 …………………… 216

附录十四 关于转发建设部《房屋建筑
工程和市政基础设施工程实
行见证取样和送检的规定》
的通知 ………………… 218

 1.1.2 施工试验记录 ………… 218
  1.1.2.1 回填土、灰土、砂和
   砂石 ………………… 218
  1.1.2.2 砌筑砂浆 ………… 221
  1.1.2.3 混凝土 …………… 228
  1.1.2.4 焊接试验资料 …… 245
  1.1.2.5 现场预应力混凝土
   试验 ………………… 251

 1.1.3 施工记录 ……………… 254
  1.1.3.1 地基处理记录 …… 254
  1.1.3.2 地基钎探记录及钎探
   平面布置图 ………… 257
  1.1.3.3 桩基施工记录 …… 259
  1.1.3.4 承重结构及防水混凝
   土的开盘鉴定及浇灌
   申请记录 …………… 266
  1.1.3.5 结构吊装记录 …… 269
  1.1.3.6 现场预制混凝土构件施工
   记录 ………………… 269
  1.1.3.7 质量事故处理记录 …… 272
  1.1.3.8 混凝土施工测温记录
   ……………………… 273

 1.1.4 预检记录 ……………… 275
  1.1.4.1 建筑物定位和高程的
   引进 ………………… 275
  1.1.4.2 基槽验线 ………… 276
  1.1.4.3 模板工程 ………… 277
  1.1.4.4 混凝土施工缝留置的
   方法、位置和接槎的
   处理 ………………… 278
  1.1.4.5 设备基础的预检 …… 278

 1.1.5 隐检记录 ……………… 280
  1.1.5.1 地基验槽 ………… 280
  1.1.5.2 地基处理复验记录 …… 280
  1.1.5.3 地下室施工缝、变形缝、
   止水带、过墙管等做法
   ……………………… 280

 1.1.6 基础、主体工程结构验收
  记录 ………………………… 285
  1.1.6.1 基础、主体结构工程验
   收程序 ……………… 285
  1.1.6.2 基础、主体结构工程验收的
   内容 ………………… 285
  1.1.6.3 验收中问题的处理 …… 285
  1.1.6.4 基础、主体结构工程验
   收记录单 …………… 286

 1.1.7 施工组织设计 …………… 286
  1.1.7.1 施工组织设计的作用
   和任务 ……………… 286
  1.1.7.2 施工组织设计的分类
   和内容 ……………… 287
  1.1.7.3 编制施工组织设计的
   依据和基本原则 …… 287
  1.1.7.4 单位工程施工组织设
   计编制的程序 ……… 289
  1.1.7.5 编制施工组织设计的
   基本要求 …………… 289
  1.1.7.6 单位工程施工组织设
   计 …………………… 289
  1.1.7.7 施工组织设计的审批
   与交底 ……………… 333
  1.1.7.8 单位工程施工组织设
   计实例 ……………… 333

1.1.8　技术交底 …………… 342
　　　1.1.8.1　人工挖土 ………… 342
　　　1.1.8.2　基土钎探 ………… 345
　　　1.1.8.3　人工回填土 ……… 347
　　　1.1.8.4　机械挖土 ………… 349
　　　1.1.8.5　机械回填土 ……… 353
　　　1.1.8.6　砌砖基础 ………… 356
　　　1.1.8.7　灰土地基 ………… 359
　　　1.1.8.8　砂石地基 ………… 361
　　　1.1.8.9　打预制钢筋混凝土桩 ………………… 363
　　　1.1.8.10　长螺旋钻成孔灌注桩 ………………… 366
　　　1.1.8.11　现浇桩基承台梁混凝土 ……………… 369
　　1.1.9　工程质量检验评定 ……… 374
　　　1.1.9.1　建筑安装工程质量检验评定统一标准 …… 374
　　　1.1.9.2　评定表格使用说明及举例 ………………… 399
　　　1.1.9.3　建筑工程各分项工程评定用表 ………… 467
附录一　关于颁发《北京市住宅工程实行初装修竣工质量核定规定（试行）》的通知 …… 539
附录二　关于颁发《北京市公共建筑工程实行初装修质量核定规定（试行）》的通知 ……… 541
　　1.1.10　设计变更洽商记录 …… 545
1.2　建筑设备安装工程 ………… 546
　　1.2.1　采暖卫生与煤气工程 … 546
　　　1.2.1.1　技术交底 ………… 546
　　　1.2.1.2　设计变更、洽商记录 … 550
　　　1.2.1.3　产品质量合格证 … 550
　　　1.2.1.4　隐蔽工程检查记录 … 551
　　　1.2.1.5　预检记录 ………… 552
　　　1.2.1.6　施工试验记录 …… 552
　　　1.2.1.7　工程质量检验评定 …… 556
附录　北京市建筑工程暖卫设备安装质量若干规定 …… 602
　　1.2.2　建筑电气安装工程 …… 607
　　　1.2.2.1　技术交底 ………… 607
　　　1.2.2.2　隐蔽工程检查记录 … 610
　　　1.2.2.3　设计变更、洽商记录 … 611
附录　北京市建筑工程电气安装质量若干规定 …………… 612

2　主体工程施工阶段

2.1　建筑工程 …………………… 627
　　2.1.1　原材料、半成品、成品出厂质量证明和试验报告 …… 627
　　　2.1.1.1　水泥 ……………… 627
　　　2.1.1.2　钢筋 ……………… 627
　　　2.1.1.3　钢结构用钢材及配件 …………………… 627
　　　2.1.1.4　焊条、焊剂及焊药 … 627
　　　2.1.1.5　砖 ………………… 627
　　　2.1.1.6　骨料 ……………… 627
　　　2.1.1.7　外加剂 …………… 627
　　　2.1.1.8　预制混凝土构件 … 627
　　2.1.2　施工试验记录 ………… 627
　　　2.1.2.1　砌筑砂浆 ………… 627
　　　2.1.2.2　混凝土 …………… 627
　　　2.1.2.3　钢筋焊接 ………… 627
　　　2.1.2.4　钢结构焊接 ……… 627
　　　2.1.2.5　现场预应力混凝土试验 ………………… 627
　　2.1.3　施工记录 ……………… 628
　　　2.1.3.1　结构吊装记录 …… 628
　　　2.1.3.2　现场预应力张拉施工记录 ………………… 634
　　　2.1.3.3　沉降观测记录 …… 642
　　2.1.4　预检记录 ……………… 644
　　　2.1.4.1　楼层放线 ………… 644
　　　2.1.4.2　楼层50cm水平控制线 …………………… 645
　　　2.1.4.3　模板工程 ………… 645
　　　2.1.4.4　预制构件吊装（砖混

  结构）…………… 645
 2.1.4.5 皮数杆 ………… 646
 2.1.4.6 混凝土施工缝留置的方法、位置和接槎的处理 ………… 646
 2.1.4.7 预检工程检查记录单的使用要求和检查方法 ………… 647
2.1.5 隐蔽工程验收记录 ……… 648
 2.1.5.1 钢筋绑扎工程 …… 648
 2.1.5.2 钢筋焊接工程 …… 651
 2.1.5.3 外墙板空腔立缝、平缝、十字缝接头、阳台、雨罩、女儿墙平缝及外立缝的质量要求 ………… 656
 2.1.5.4 隐蔽工程检查记录单使用要求和填写方法 ………… 658
2.1.6 主体结构工程验收记录 … 659
2.1.7 技术交底 ………… 659
 2.1.7.1 砌砖墙 …………… 659
 2.1.7.2 砌加气混凝土砌块墙 ………… 663
 2.1.7.3 砖混结构模板 …… 666
 2.1.7.4 框架结构定型组合钢模板 ………… 668
 2.1.7.5 砖混、外砖内模结构钢筋绑扎 ………… 672
 2.1.7.6 框架结构钢筋绑扎 … 677
 2.1.7.7 砖混结构（构造柱、圈梁、板缝等）混凝土浇筑 … 684
 2.1.7.8 框架结构混凝土浇筑 ………… 686
 2.1.7.9 预制钢筋混凝土框架结构构件安装 ………… 691
 2.1.7.10 预应力圆孔板安装 … 700
 2.1.7.11 预应力大楼板安装 … 703
 2.1.7.12 钢筋手工电弧焊 … 705
 2.1.7.13 钢筋气压焊 ……… 710
 2.1.7.14 预制阳台、雨罩、通道板安装 ………… 712
 2.1.7.15 预制楼梯及垃圾道安装 ………… 715
 2.1.7.16 预制外墙板安装 … 718
 2.1.7.17 外墙板构造防水 … 720
2.1.8 工程质量检验评定 ……… 726
2.1.9 设计变更、洽商记录 …… 726
2.2 建筑设备安装工程 ………… 726
2.2.1 采暖卫生与煤气工程 …… 726
 2.2.1.1 设计变更、洽商记录 … 726
 2.2.1.2 预检记录 ………… 726
 2.2.1.3 隐蔽工程检查记录 … 726
 2.2.1.4 施工试验记录 …… 726
 2.2.1.5 产品质量合格证 … 726
 2.2.1.6 质量评定 ………… 726
 2.2.1.7 设备、材料检验记录 … 727
2.2.2 建筑电气安装工程 ……… 728
 2.2.2.1 电气设备、材料合格证 ………… 728
 2.2.2.2 设备、材料检验记录 … 728
 2.2.2.3 预检记录 ………… 728
 2.2.2.4 隐检记录 ………… 728
 2.2.2.5 自检、互检、交接检记录 ………… 728
 2.2.2.6 质量评定 ………… 730
 2.2.2.7 设计变更、洽商记录 … 768

3 屋面工程施工阶段

3.1 建筑工程 ……………… 770
3.1.1 原材料、半成品、成品出厂质量证明和试（检）验报告 ………… 770
3.1.2 施工记录 ………… 770
3.1.3 隐蔽工程验收记录 ……… 770
3.1.4 技术交底 ………… 770
 3.1.4.1 屋面保温层 ……… 770
 3.1.4.2 屋面找平层 ……… 772
 3.1.4.3 沥青油毡卷材屋面

　　　　　　防水层 …………… 776
　　3.1.4.4　雨水管、变形缝制作
　　　　　　安装 ……………… 781
　　3.1.4.5　合成高分子防水卷材
　　　　　　屋面防水层 ……… 783
　　3.1.4.6　高聚物改性沥青防水
　　　　　　卷材防水层 ……… 788
3.1.5　工程质量检验评定 ……… 790
3.1.6　设计变更、洽商记录 …… 807
3.2　建筑设备安装工程 …………… 807
3.2.1　采暖卫生与煤气工程 …… 807
　　3.2.1.1　太阳能热水器安装 …… 807
　　3.2.1.2　屋面立管(透气管)
　　　　　　安装 ……………… 808
3.2.2　建筑电气安装工程 ……… 808

4　装修阶段(地面与楼面工程、门窗工程、装饰工程)

4.1　建筑工程 ……………………… 813
4.1.1　原材料、半成品、成品出厂
　　　　质量证明和试验报告 …… 813
4.1.2　施工记录 ………………… 813
　　4.1.2.1　厕浴间蓄水试验记录
　　　　　　 …………………… 813
　　4.1.2.2　烟(风)道、垃圾道检查
　　　　　　记录 ……………… 813
　　4.1.2.3　预制外墙板淋水
　　　　　　试验 ……………… 815
4.1.3　隐蔽工程验收记录 ……… 815
4.1.4　技术交底 ………………… 815
　　4.1.4.1　细石混凝土地面 …… 815
　　4.1.4.2　水泥砂浆地面 ……… 817
　　4.1.4.3　现制水磨石地面 …… 819
　　4.1.4.4　预制水磨石地面 …… 823
　　4.1.4.5　木门窗安装 ………… 826
　　4.1.4.6　钢门窗安装 ………… 830
　　4.1.4.7　铝合金门窗安装 …… 833
　　4.1.4.8　内墙抹石灰砂浆 …… 838
　　4.1.4.9　抹水泥砂浆 ………… 842
　　4.1.4.10　墙面水刷石 ………… 846
　　4.1.4.11　墙面干粘石 ………… 850
　　4.1.4.12　喷涂、滚涂、弹涂 …… 854
　　4.1.4.13　清水砖墙勾缝 ……… 859
　　4.1.4.14　室外贴面砖 ………… 860
　　4.1.4.15　大理石、磨光花岗石、
　　　　　　 预制水磨石饰面 …… 864
　　4.1.4.16　木门窗清色油漆 …… 868
　　4.1.4.17　玻璃安装 …………… 871
　　4.1.4.18　炉渣垫层 …………… 874
　　4.1.4.19　混凝土垫层 ………… 876
　　4.1.4.20　陶瓷锦砖地面 ……… 878
　　4.1.4.21　大理石、花岗石及碎
　　　　　　 拼大理石地面 ……… 881
　　4.1.4.22　缸砖、水泥花砖地面
　　　　　　 ……………………… 885
　　4.1.4.23　厕浴间聚氨酯涂膜防
　　　　　　 水层 ………………… 888
　　4.1.4.24　厕浴间 SBS 橡胶改性
　　　　　　 沥青涂料防水层 …… 891
　　4.1.4.25　厕浴间氯丁胶乳沥青涂料
　　　　　　 防水层 ……………… 893
　　4.1.4.26　木窗帘盒、金属窗帘
　　　　　　 杆安装 ……………… 895
　　4.1.4.27　木材面混色油漆(溶
　　　　　　 剂型混色涂料) …… 897
　　4.1.4.28　一般刷(喷)浆工程 … 899
　　4.1.4.29　壁柜、吊柜安装 …… 903
　　4.1.4.30　玻璃幕墙安装 ……… 905
　　4.1.4.31　挂镜线、贴脸板、压缝
　　　　　　 条安装 ……………… 910
　　4.1.4.32　窗台板、暖气罩安装
　　　　　　 ……………………… 912
4.1.5　工程质量检验评定 ……… 914
4.1.6　设计变更、洽商记录 …… 964
4.2　建筑设备安装工程 …………… 964
4.2.1　采暖卫生与煤气工程 …… 964
　　4.2.1.1　产品质量合格证 …… 964
　　4.2.1.2　产品抽检记录 ……… 964

4.2.1.3　预检记录 …………… 964
　　4.2.1.4　隐检记录 …………… 964
　　4.2.1.5　施工试验记录 ……… 964
　　4.2.1.6　质量检验评定 ……… 965
4.2.2　电气安装工程 ………………… 965
　　4.2.2.1　设备、材料合格证 …… 965
　　4.2.2.2　设备、材料抽检记录 … 965
　　4.2.2.3　预检记录 …………… 965
　　4.2.2.4　隐检记录 …………… 965
　　4.2.2.5　自检、互检记录 …… 965
　　4.2.2.6　施工试验 …………… 965
　　4.2.2.7　质量检验评定 ……… 974
　　4.2.2.8　洽商记录 …………… 974
4.2.3　通风与空调工程 ……………… 976
　　4.2.3.1　技术交底 …………… 976
　　4.2.3.2　材料、产品、设备出厂
　　　　　　质量合格证 ………… 976
　　4.2.3.3　材料、产品及设备的进
　　　　　　场检查、验收和试验 … 976
　　4.2.3.4　制冷及冷水系统管道
　　　　　　试验记录 …………… 977
　　4.2.3.5　隐蔽工程检查记录 …… 977
　　4.2.3.6　通风、空调调试记录 … 977
　　4.2.3.7　工程质量检验评定 …… 978
4.2.4　电梯安装工程 ……………… 1011
　　4.2.4.1　电梯安装工程技术
　　　　　　交底 ………………… 1011
　　4.2.4.2　随机文件 …………… 1017
　　4.2.4.3　隐检记录 …………… 1017
　　4.2.4.4　预检记录 …………… 1017
　　4.2.4.5　设备检查记录 ……… 1017
　　4.2.4.6　设计变更及技术洽商
　　　　　　记录 ………………… 1018
　　4.2.4.7　接地电阻测试记录 …… 1018
　　4.2.4.8　绝缘电阻测试记录 …… 1018
　　4.2.4.9　自检互检报告 ……… 1018
　　4.2.4.10　施工检查及施工
　　　　　　 试验 ………………… 1018
　　4.2.4.11　质量检验评定 ……… 1018
　　4.2.4.12　电梯安装验收报告
　　　　　　　…………………… 1024
　　4.2.4.13　电梯安装工程验收
　　　　　　 证书 ………………… 1024
　　4.2.4.14　电梯安装工程保修
　　　　　　 证书 ………………… 1024
　　4.2.4.15　电梯安装工程质量
　　　　　　 监督核定证书 ……… 1024

5　竣工组卷阶段

5.1　原材料、半成品、成品出厂
　　质量证明和质量试(检)验
　　报告 ………………………… 1064
5.2　施工试验记录 ………………… 1064
5.3　施工记录 ……………………… 1065
5.4　预检记录 ……………………… 1067
5.5　隐蔽工程验收记录 …………… 1067
5.6　基础、结构验收记录 ………… 1068
5.7　采暖卫生与煤气工程 ………… 1068
5.8　电气安装工程 ………………… 1068
5.9　通风与空调工程 ……………… 1069
5.10　电梯安装工程 ………………… 1069
5.11　施工组织设计与技术交底
　　　……………………………… 1070
5.12　工程质量检验评定 …………… 1072
　　5.12.1　资料整理要求 ………… 1072
　　5.12.2　常见问题 ……………… 1073
5.13　竣工验收资料 ………………… 1073
　　5.13.1　单位工程竣工验收程序
　　　　　　………………………… 1073
　　5.13.2　工程竣工验收的内容及
　　　　　　方法 ………………… 1074
　　5.13.3　工程竣工验收资料 …… 1075
5.14　设计变更、洽商记录 ………… 1076
5.15　竣工图 ………………………… 1076
5.16　技术资料组卷方法、要求及
　　　验收移交 …………………… 1078

附录　建筑安装工程资料管理规程
　　　（北京市地方性标准）………… 1081
参考文献 ……………………………… 1289

1 地基与基础工程施工阶段

1.1 建 筑 工 程

1.1.1 原材料、半成品、成品出厂质量证明和试验报告

1.1.1.1 水泥

1. 常用水泥的定义

(1) 硅酸盐水泥

凡由硅酸盐水泥熟料、0~5%石灰石或粒化高炉矿渣、适量石膏磨细制成的水硬性胶凝材料,称为硅酸盐水泥(即国外通称的波特兰水泥)。硅酸盐水泥分两种类型,不掺混合材料的称 I 类硅酸盐水泥,代号 P·I。在硅酸盐水泥粉磨时掺加不超过水泥质量 5%石灰石或粒化高炉矿渣混合材料的称 II 型硅酸盐水泥,代号 P·II。

(2) 普通硅酸盐水泥

普通硅酸盐水泥

凡由硅酸盐水泥熟料、6%~15%混合材料、适量石膏磨细制成的水硬性胶凝材料,称为普通硅酸盐水泥(简称普通水泥),代号 P·O。

掺活性混合材料时,最大掺量不得超过 15%,其中允许用不超过水泥质量 5%的窑灰或不超过水泥质量 10%的非活性混合材料来代替。

掺非活性混合材料时,最大掺量不得超过水泥质量 10%。

(3) 矿渣硅酸盐水泥

凡由硅酸盐水泥熟料和粒化高炉矿渣、适量石膏磨细制成的水硬性胶凝材料称为矿渣硅酸盐水泥(简称矿渣水泥),代号 P·S。水泥中粒化高炉矿渣掺加量按质量百分比计为 20%~70%。允许用石灰石、窑灰、粉煤灰和火山灰质混合材料中的一种材料代替矿渣,代替数量不得超过水泥质量的 8%,替代后水泥中粒化高炉矿渣不得少于 20%。

(4) 火山灰质硅酸盐水泥

凡由硅酸盐水泥熟料和火山灰质混合材料、适量石膏磨细制成的水硬性胶凝材料称为火山灰质硅酸盐水泥(简称火山灰水泥),代号 P·P。水泥中火山灰质混合材料掺量按质量百分比计为 20%~50%。

(5) 粉煤灰硅酸盐水泥

凡由硅酸盐水泥熟料和粉煤灰、适量石膏磨细制成的水硬性胶凝材料称为粉煤灰硅酸盐水泥(简称粉煤灰水泥),代号 P·F。水泥中粉煤灰掺量按质量百分比计为 20%~40%。

2. 硅酸盐水泥、普通硅酸盐水泥的各项要求

(1) 材料要求

① 石膏

天然石膏:应符合 GB/T 5483 中规定的 G 类或 A 类二级(含)以上的石膏或硬石膏。

工业副产石膏:工业生产中以硫酸钙为主要成分的副产品。采用工业副产石膏时,必须

经过试验,证明对水泥性能无害。

② 活性混合材料

符合 GB/T 203 的粒化高炉矿渣,符合 GB/T 1596 的粉煤灰,符合 GB/T 2847 的火山灰质混合材料。

③ 非活性混合材料

活性指标低于 GB/T 203、GB/T 1596、GB/T 2847 标准要求的粒化高炉矿渣、粉煤灰、火山灰质混合材料以及石灰石和砂岩。石灰石中的三氧化二铝含量不得超过 2.5%。

④ 窑灰

应符合 JC/T 742 的规定。

⑤ 助磨剂

水泥粉磨时允许加入助磨剂,其加入量不得超过水泥质量的 1%,助磨剂须符合 JC/T 667 的规定。

(2) 硅酸盐水泥、普通硅酸盐水泥的强度等级

硅酸盐水泥强度等级分为:42.5、42.5R、52.5、52.5R、62.5、62.5R。

普通水泥强度等级分为:32.5、32.5R、42.5、42.5R、52.5、52.5R。

(3) 硅酸盐水泥、普通硅酸盐水泥的技术要求

① 不溶物

Ⅰ型硅酸盐水泥中不溶物不得超过 0.75%;

Ⅱ型硅酸盐水泥中不溶物不得超过 1.50%。

② 烧失量

Ⅰ型硅酸盐水泥中烧失量不得大于 3.0%,Ⅱ型硅酸盐水泥中烧失量不得大于 3.5%。普通水泥中烧失量不得大于 5.0%。

③ 氧化镁

水泥中氧化镁的含量不宜超过 5.0%。如果水泥经压蒸安定性试验合格,则水泥中氧化镁的含量允许放宽到 6.0%。

④ 三氧化硫

水泥中三氧化硫的含量不得超过 3.5%。

⑤ 细度

硅酸盐水泥比表面积大于 $300m^2/kg$,普通水泥 $80\mu m$ 方孔筛筛余不得超过 10.0%。

⑥ 凝结时间

硅酸盐水泥初凝不得早于 45min,终凝不得迟于 6.5h。普通水泥初凝不得早于 45min,终凝不得迟于 10h。

⑦ 安定性

用沸煮法检验必须合格。

⑧ 强度

水泥强度等级按规定龄期的抗压强度和抗折强度来划分,各强度等级水泥的各龄期强度不得低于表 1-1 数值。

硅酸盐水泥、普通水泥各龄期强度值　　　　　　　表 1-1

品　种	强度等级	抗压强度(MPa)		抗折强度(MPa)	
		3d	28d	3d	28d
硅酸盐水泥	42.5	17.0	42.5	3.5	6.5
	42.5R	22.0	42.5	4.0	6.5
	52.5	23.0	52.5	4.0	7.0
	52.5R	27.0	52.5	5.0	7.0
	62.5	28.0	62.5	5.0	8.0
	62.5R	32.0	62.5	5.5	8.0
普通水泥	32.5	11.0	32.5	2.5	5.5
	32.5R	16.0	32.5	3.5	5.5
	42.5	16.0	42.5	3.5	6.5
	42.5R	21.0	42.5	4.0	6.5
	52.5	22.0	52.5	4.0	7.0
	52.5R	26.0	52.5	5.0	7.0

⑨ 碱

水泥中碱含量按 $Na_2O+0.658K_2O$ 计算值来表示。若使用活性骨料,用户要求提供低碱水泥时,水泥中碱含量不得大于 0.60% 或由供需双方商定。

(4) 硅酸盐水泥、普通硅酸盐水泥的试验方法

① 不溶物、烧失量、氧化镁、三氧化硫和碱

按 GB/T 176 进行。

② 比表面积

按 GB/T 8074 进行。

③ 细度

按 GB/T 1345 进行。

④ 凝结时间和安定性

按 GB/T 1346 进行。

⑤ 压蒸安定性

按 GB/T 750 进行。

⑥ 强度

按 GB/T 17671 进行。

(5) 硅酸盐水泥、普通硅酸盐水泥检验规则

① 编号及取样

水泥出厂前按同品种、同强度等级编号和取样。袋装水泥和散装水泥应分别进行编号和取样。每一编号为一取样单位。水泥出厂编号按水泥厂年生产能力规定:

60 万 t 以上至 120 万 t,不超过 1000t 为一编号;

30 万 t 以上至 60 万 t,不超过 600t 为一编号;

10 万 t 以上至 30 万 t,不超过 400t 为一编号;

10 万 t 以下,不超过 200t 为一编号。

取样方法按 GB 12573 进行。当散装水泥运输工具的容量超过该厂规定出厂编号吨数

时，允许该编号的数量超过取样规定吨数。

取样应有代表性，可连续取，亦可从 20 个以上不同部位取等量样品，总量至少 12kg。

所取样品按本标准第 7 章规定的方法进行出厂检验，检验项目包括需要对产品进行考核的全部技术要求。

② 出厂水泥

出厂水泥应保证出厂强度等级，其余技术要求应符合标准有关要求。

③ 废品与不合格品

A．废品

凡氧化镁、三氧化硫、初凝时间、安定性中的任一项不符合标准规定时，均为废品。

B．不合格品

凡细度、终凝时间、不溶物和烧失量中的任一项不符合标准规定或混合材料掺加量超过最大限量和强度低于商品强度等级的指标时为不合格品。水泥包装标志中水泥品种、强度等级、生产者名称和出厂编号不全的也属于不合格品。

④ 试验报告

试验报告内容应包括标准规定的各项技术要求及试验结果，助磨剂、工业副产石膏、混合材料的名称和掺加量，属旋窑或立窑生产。当用户需要时，水泥厂应在水泥发出之日起 7d 内寄发除 28d 强度以外的各项试验结果。28d 强度数值，应在水泥发出之日起 32d 内补报。

⑤ 交货与验收

A．交货时水泥的质量验收可抽取实物试样以其检验结果为依据，也可以水泥厂同编号水泥的检验报告为依据，采取何种方法验收由买卖双方商定，并在合同或协议中注明。

B．以抽取实物试样的检验结果为验收依据时，买卖双方应在发货前或交货地共同取样和签封，取样方法按 GB 12573 进行，取样数量为 20kg，缩分为二等分。一份由卖方保存 40d，一份由买方按标准规定的项目和方法进行检验。

在 40d 以内，买方检验认为产品质量不符合标准要求而卖方又有异议时，则双方应将卖方保存的另一份试样送省级或省级以上国家认可的水泥质量监督检验机构进行仲裁检验。

C．以水泥厂同编号水泥的检验报告为验收依据时，在发货前或交货时买方在同编号水泥中抽取试样，双方共同签封后保存三个月；或委托卖方在同编号水泥中抽取试样，签封后保存三个月。

在三个月内，买方对水泥质量有疑问时，则买卖双方应将签封的试样送省级或省级以上国家认可的水泥质量监督检验机构进行仲裁检验。

(6) 硅酸盐水泥、普通硅酸盐水泥的包装、标志、运输与贮存要求

① 包装

水泥可以袋装或散装，袋装水泥每袋净含量 50kg，且不得少于标志质量的 98%；随机抽取 20 袋总质量不得少于 1000kg。其他包装形式由供需双方确定。但有关质量要求必须符合上述原则规定。水泥包装袋应符合 GB 9774 的规定。

② 标志

水泥袋上应清楚标明：产品名称、代号、净含量、强度等级、生产许可证编号，生产者名称和地址、出厂编号、执行标准号、包装年、月、日。掺火山灰质混合材料的普通水泥还应标上

"掺火山灰"字样。包装袋两侧应印有水泥名称和强度等级,硅酸盐水泥和普通水泥的印刷采用红色。

散装运输时应提交与袋装标志相同内容的卡片。

③ 运输与贮存

水泥在运输与贮存时不得受潮和混入杂物,不同品种和强度等级的水泥应分别贮运,不得混杂。

3. 矿渣硅酸盐水泥、火山灰质硅酸盐水泥及粉煤灰硅酸盐水泥的各项要求

(1) 材料要求

① 石膏

天然石膏:应符合 GB/T 5483 中规定的 G 类或 A 类二级(含)以上的石膏或硬石膏。

工业副产石膏:工业生产中以硫酸钙为主要成分的副产品。采用工业副产石膏时,必须经过试验,证明对水泥性能无害。

② 粒化高炉矿渣、火山灰质混合材料、粉煤灰

符合 GB/T 203 的粒化高炉矿渣,符合 GB/T 2847 的火山灰质混合材料和符合 GB/T 1596 的粉煤灰。

③ 石灰石

石灰石中的三氧化二铝含量不得超过 2.5%。

④ 窑灰

应符合 JC/T 742 的规定。

⑤ 助磨剂

水泥粉磨时允许加入助磨剂,其加入量不得超过水泥质量的 1%,助磨剂须符合 JC/T 667 的规定。

(2) 强度等级

矿渣水泥、火山灰水泥、粉煤灰水泥强度等级分为 32.5、32.5R、42.5、42.5R、52.5、52.5R。

(3) 技术要求

① 氧化镁

熟料中氧化镁的含量不宜超过 5.0%。如果水泥经压蒸安定性试验合格,则熟料中氧化镁的含量允许放宽到 6.0%。

注:熟料中氧化镁的含量为 5.0%~6.0% 时,如矿渣水泥中混合材料总掺量大于 40% 或火山灰水泥和粉煤灰水泥中混合材料掺加量大于 30%,制成的水泥可不做压蒸试验。

② 三氧化硫

矿渣水泥中三氧化硫的含量不得超过 4.0%;

火山灰水泥和粉煤灰水泥中三氧化硫的含量不得超过 3.5%。

③ 细度

80μm 方孔筛筛余不得超过 10.0%。

④ 凝结时间

初凝不得早于 45min,终凝不得迟于 10h。

⑤ 安定性

用沸煮法检验必须合格。

⑥ 强度

水泥强度等级按规定龄期的抗压强度和抗折强度来划分,各强度等级水泥的各龄期强度不得低于表 1-2 数值。

矿渣水泥、火山灰水泥、粉煤灰水泥各龄期强度值　　　表 1-2

强度等级	抗压强度(MPa)		抗折强度(MPa)	
	3d	28d	3d	28d
32.5	10.0	32.5	2.5	5.5
32.5R	15.0	32.5	3.5	5.5
42.5	15.0	42.5	3.5	6.5
42.5R	19.0	42.5	4.0	6.5
52.5	21.0	52.5	4.0	7.0
52.5R	23.0	52.5	4.5	7.0

⑦ 碱

水泥中的碱含量按 $Na_2O + 0.658K_2O$ 计算值来表示。若使用活性骨料要限制水泥中的碱含量时,由供需双方商定。

(4) 试验方法

① 氧化镁、三氧化硫和碱

按 GB/T 176 进行。

② 细度

按 GB/T 1345 进行。

③ 凝结时间和安定性

按 GB/T 1346 进行。

④ 压蒸安定性

按 GB/T 750 进行。

⑤ 强度

按 GB/T 17671 进行。但火山灰水泥进行胶砂强度检验的用水量按 0.50 水灰比和胶砂流动度不小于 180mm 来确定。当流动度小于 180mm 时,须以 0.01 的整倍数递增的方法将水灰比调整至胶砂流动度不小于 180mm。

胶砂流动度试验,除胶砂制备按 GB/T 17671 外,操作方法按 GB/T 2419 进行。

(5) 检验规则

① 编号及取样

水泥出厂前按同品种、同强度等级编号和取样。袋装水泥和散装水泥应分别进行编号和取样。每一编号为一取样单位。水泥出厂编号按水泥厂年生产能力规定:

120 万 t 以上,不超过 1200t 为一编号;

60 万 t 以上至 120 万 t,不超过 1000t 为一编号;

30 万 t 以上至 60 万 t,不超过 600t 为一编号;

10 万 t 以上至 30 万 t,不超过 400t 为一编号;

10 万 t 以下,不超过 200t 为一编号。

取样方法按 GB 12573 进行。当散装水泥运输工具的容量超过该厂规定出厂编号吨数时,允许该编号的数量超过取样规定吨数。

取样应有代表性,可连续取,亦可从 20 个以上不同部位取等量样品,总量至少 12kg。

所取样品按标准规定的方法进行出厂检验,检验项目包括需要对产品进行考核的全部技术要求。

② 出厂水泥

出厂水泥应保证出厂强度等级,其余技术要求应符合标准有关要求。

③ 废品与不合格品

A. 废品

凡氧化镁、三氧化硫、初凝时间、安定性中任一项不符合标准规定时,均为废品。

B. 不合格品

凡细度、终凝时间中的任一项不符合本标准规定或混合材料掺加量超过最大限量和强度低于商品强度等级的指标时为不合格品。水泥包装标志中水泥品种、强度等级、生产者名称和出厂编号不全的也属于不合格品。

④ 试验报告

试验报告内容应包括标准规定的各项技术要求及试验结果,助磨剂、工业副产石膏、混合材料的名称和掺加量,属旋窑或立窑生产。当用户需要时,水泥厂应在水泥发生之日起 7d 内寄发除 28d 强度以外的各项试验结果,28d 强度数值应在水泥发出之日起 32d 内补报。

⑤ 交货与验收

A. 交货时水泥的质量验收可抽取实物试样以其检验结果为依据,也可以水泥厂同编号水泥的检验报告为依据,采取何种方法验收由买卖双方商定,并在合同或协议中注明。

B. 以抽取实物试样的检验结果为验收依据时,买卖双方应在发货前或交货地共同取样和签封,取样方法按 GB 12573 进行,取样数量为 20kg,缩分为二等份。一份由卖方保存 40d,一份由买方按标准规定的项目和方法进行检验。

在 40d 以内,买方检验认为产品质量不符合标准要求,而卖方又有异议时,则双方应将卖方保存的另一份试样送省级或省级以上国家认可的水泥质量监督检验机构进行仲裁检验。

C. 以水泥厂同编号水泥的检验报告为验收依据时,在发货前或交货时买方在同编号水泥中抽取试样,双方共同签封后保存三个月;或委托卖方在同编号水泥中抽取试样,签封后保存三个月。

在三个月内,买方对水泥质量有怀疑时,则买卖双方应将签封的试样送省级或省级以上国家认可的水泥质量监督检验机构进行仲裁检验。

(6) 包装、标志、运输与贮存

① 包装

水泥可以袋装或散装,袋装水泥每袋净含量 50kg,且不得少于标志质量的 98%;随机抽取 20 袋总质量不得少于 1000kg。其他包装形式由供需双方协商确定,但有关袋装质量要求,必须符合上述原则规定。

水泥包装袋应符合 GB 9774 的规定。

② 标志

水泥袋上应清楚标明：产品名称，代号，净含量，强度等级，生产许可证编号，生产者名称和地址，出厂编号，执行标准号，包装年、月、日。掺火山灰质混合材料的矿渣水泥还应标上"掺火山灰"的字样。包装袋两侧应印有水泥名称和强度等级。矿渣水泥的印刷采用绿色；火山灰和粉煤灰水泥采用黑色。

散装运输时应提交与袋装标志相同内容的卡片。

③ 运输与贮存

水泥在运输与贮存时不得受潮和混入杂物，不同品种和强度等级的水泥应分别贮运，不得混杂。

4．有关规定

(1) 水泥出厂质量合格证和试验报告单应及时整理，试验单填写做到字迹清楚，项目齐全、准确、真实，且无未了事项。

(2) 水泥出厂质量合格证和试验报告单不允许涂改、伪造、随意抽撤或损毁。

(3) 水泥质量必须合格，应先试验后使用，要有出厂质量合格证或试验单。需采取技术处理措施的，应满足技术要求并应经有关技术负责人批准(签字)后方可使用。

(4) 合格证、试(检)验单或记录单的抄件(复印件)应注明原件存放单位，并有抄件人、抄件(复印)单位的签字和盖章(红章)。

(5) 水泥应有生产厂家的出厂质量证明书，并应对其品种、强度等级、包装(或散装仓号)和出厂日期等检查验收。

(6) 有下列情况之一者，必须进行复试，混凝土应重新试配。

1) 用于承重结构的水泥；

2) 用于使用部位有强度等级要求的水泥；

3) 水泥出厂超过三个月(快硬硅酸盐水泥为一个月)，复试合格可按复试强度使用；

4) 对水泥质量有怀疑的；

5) 进口水泥。

(7) 水泥复试项目：抗压强度、抗折强度、凝结时间、安定性。

5．水泥出厂质量合格证的验收和进场水泥的外观检查

(1) 水泥出厂质量合格证的验收：水泥出厂质量合格证应由生产厂家的质量部门提供给使用单位，作为证明其产品质量性能的依据，生产厂应在水泥发出日起 7d 内寄发并在 32d 内补报 28d 强度。资料员应及时催要和验收。水泥出厂质量合格证中应含品种、强度等级、出厂日期、抗压强度、抗折强度、安定性、试验强度等级等项内容和性能指标，各项应填写齐全，不得错漏。水泥强度应以标养 28d 试件试验结果为准，故 28d 强度补报单为合格证的重要部分，不能缺少。

如批量较大，而厂方提供合格证少时，可制作复印件备查或做抄件，抄件应注明原件证号、存放处，并有抄件人签字及抄件日期。水泥质量合格证备注栏内由施工单位填明单位工程名称及工程使用部位，并加盖水泥厂印章。

(2) 进场水泥的外观检查：

水泥进场应进行外观检查。

1) 标志：

水泥袋上应清楚标明：工厂名称、生产许可证编号、品种、名称、代号、强度等级、包装年、

月、日和编号。掺火山灰质混合材料的普通水泥还应标上"掺火山灰"字样,散装水泥应提交与袋装标志相同内容的卡片和散装仓号,设计对水泥有特殊要求时,应查是否与设计要求相符。

2) 包装:

抽查水泥的重量是否符合规定。绝大部分水泥每袋净重为 $50\pm1kg$,但以下品种的水泥每袋净重略有不同:

A. 快凝快硬硅酸盐水泥:

每袋净重为: $45\pm1kg$。

B. 砌筑水泥:

每袋净重为: $40\pm1kg$。

C. 硫铝酸盐早强水泥:

每袋净重为: $46\pm1kg$。

注意袋装水泥的净重,以保证水泥的合理运输和掺量。

产品合格证检查:

检查产品合格证的品种、强度等级等指标是否符合要求,进货品种是否和合格证相符。

(3) 水泥外观检查:

进场水泥应查看是否受潮、结块、混入杂物或不同品种、强度等级的水泥混在一起,检查合格后入库贮存。

6. 水泥的取样试验及试验报告

(1) 水泥试验的取样方法和数量

1) 水泥试验应以同一水泥厂、同强度等级、同品种、同一生产时间、同一进场日期的水泥,400t 为一验收批。散装水泥 500t,袋装水泥 200t 为一验收批,不足吨数时亦按一验批计算。

2) 每一验收批取样一组,数量为 12kg。

3) 取样要有代表性,一般可以从 20 个以上的不同部位或 20 袋中取等量样品,总数至少 12kg,拌和均匀后分成两等份,一份由试验室按标准进行试验,一份密封保存备复验用。

4) 建筑施工企业应分别按单位工程取样。

(2) 常用五种水泥的必试项目

1) 水泥胶砂强度(抗压强度、抗折强度)。

2) 水泥安定性。

3) 水泥初凝时间。

必要时试验项目:细度和凝结时间。

检验标准见各种水泥的技术要求。

(3) 水泥试验单的内容、填制方法和要求:

水泥试验报告单表样见表 1-3。

水泥试验报告单中:委托单位、工程名称、水泥品种及强度等级、出厂日期、厂别及牌号、取样地点等应由委托人(工地试验员)填写。其他部分由试验室依据试验结果进行填写。

水 泥 试 验 报 告

表 1-3

表式 4(B1)

试验编号_____

委托单位_____ 试验委托人_____
工程名称_____ 来样日期_____
品种、强度等级_____ 厂别、牌号_____ 出厂编号_____
取样地点_____ 代表数量_____ 试样编号_____
出厂日期_____ 进场日期_____ 试验日期_____

一、细度　1. 80μm 方孔筛筛余量_____%；
　　　　　2. 比表面积_____m²/kg。
二、标准稠度用水量(P)_____%
三、凝结时间　初凝_____h_____min
　　　　　　　终凝_____h_____min
四、安定性　1. 雷氏法_____mm
　　　　　　2. 饼　法_____
五、其　他_____

六、强度(N/mm²)

龄期 项目	3d	7d	28d	快　测
抗折强度				
抗压强度				

结论:_____
_____
负责人_____ 审核_____ 计算_____ 试验
_____

报告日期_____年_____月_____日

水泥试验报告单是判定一批水泥材质是否合格的依据，是施工技术资料的重要组成部分，属保证项目。报告单要求做到字迹清楚，项目齐全、准确、真实，无未了项(没有项目写"无"或划斜杠)，试验室的签字盖章齐全。如试验单某项填写错误，不允许涂抹，应在错项上划一斜杠，将正确的填写在其上方，并在此处加盖改错者印章和试验章。

领取水泥试验报告单时，应验看试验项目是否齐全，必试项目不能缺少(强度以 28d 龄期为准)，试验室有明确结论和试验编号，签字盖章齐全。还要注意看试验单上各试验项目数据是否达到规范规定的标准值，是则验收存档，否则应及时取双倍试样做复试或报有关人员处理，并将复试合格单或处理结论附于此单后一并存档。

7. 整理要求

(1) 此部分资料应归入原材料、半成品、成品出厂质量证明和质量试(检)验报告分册中；

(2) 合格证应折成 16 开大小或贴在 16 开纸上；

(3) 各验收批水泥的合格证和试验报告，按批组合，按时间先后顺序排列并编号，不得遗漏；

(4) 建立分目录表，并能对应一致。

8. 注意事项

(1) 水泥出厂质量合格证应有生产厂家质量部门的盖章；

(2) 生产厂家的水泥28d强度补报单不能缺少；

(3) 水泥试验报告应有试验编号(以便与试验室的有关资料查证核实)，要有明确结论，签章齐全；

(4) 一定要验看试验报告中各项目的实测数值是否符合规范规定的标准值；

(5) 注意水泥的有效期(一般为三个月，快硬硅酸盐水泥为一个月)，过期必须做复试。连续施工的工程相邻两次水泥试验的时间不应超过其有效期；

(6) 如水泥质量有问题，根据试验报告的数据可降级使用，但须经有关技术负责人批准(签字)后方可使用，且应注明使用工程项目及部位；

(7) 水泥出厂合格证和试验报告按规定不能缺少并能与实际使用的水泥批次相符合；

(8) 要与其他施工技术资料对应一致，交圈吻合，见图1-1。

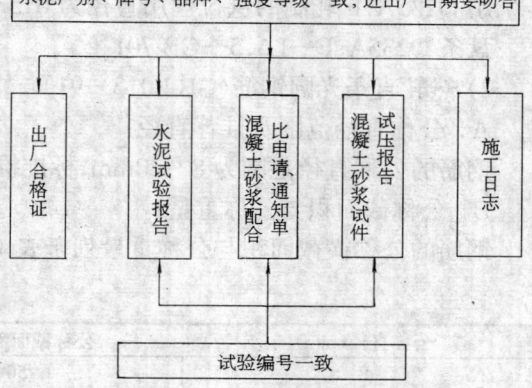

图1-1 施工技术资料系统示意图

1.1.1.2 钢筋

1. 钢筋的分类、级别、代号、尺寸、外形及允许偏差

(1) 钢筋的分类

1) 按化学成分分：热轧碳素钢和普通低合金钢。

$$
\text{热轧碳素钢} \begin{cases} \text{低碳钢 } C<0.25\% \\ \text{中碳钢 } 0.25\%<C<0.6\% \\ \text{高碳钢 } C>0.6\% \end{cases}
$$

低碳钢和中碳钢中具有明显的屈服点，强度低，质韧而软，称为软钢。高碳钢无明显的屈服点，强度高，质脆而硬称之为硬钢。碳素钢即低碳钢和中碳钢。

2) 按加工工艺分：

A. 热轧钢筋：按其强度由低到高可分为Ⅰ、Ⅱ、Ⅲ和Ⅳ四个级别；

B. 热处理钢筋；

C. 冷拉钢筋；

D. 钢丝。

(2) 钢筋的级别和代号

钢筋的级别分为Ⅰ、Ⅱ、Ⅲ、Ⅳ级，Ⅰ级钢筋为光圆钢筋，热轧直条光圆钢筋强度等级代号为R235。低碳热轧圆盘条按其屈服强度代号为Q195、Q215、Q235，供建筑用钢筋为Q235。Ⅱ、Ⅲ、Ⅳ级为热轧带肋钢筋，其强度等级代号分别为RL335、RL400、RL540

(RL590)。其中 Q 为"屈服"的汉语拼音字头,R 为"热轧"的汉语拼音字头,L 为"带肋"的汉语拼音字头。

(3) 钢筋的尺寸、外形及允许偏差

1) 热轧圆盘条(GB/T 701—1997)

A. 盘条的公称直径为:5.5、6.0、6.5、7.0、8.0、9.0、10.0、11.0、12.0、13.0、14.0mm。根据供需双方协议也可生产其他尺寸的盘条。

B. 盘条的直径允许偏差不大于±0.45mm,不圆度(同一横截面上最大直径与最小直径的差值)不大于0.45mm。

C. 标记示例

用 Q235A·F 轧制的供拉丝用直径为6.5mm 的盘条标记为:

盘条 Q235A·F—L6.5—GB 701

2) 热轧直条光圆钢筋(GB B013—91)

A. 公称直径范围及推荐直径:

钢筋的公称直径范围为 8~20mm,标准推荐的钢筋公称直径为 8、10、12、16、20mm。

B. 公称截面积与公称重量:

钢筋的公称横截面积与公称重量列于表 1-4。

表 1-4

公称直径(mm)	公称截面面积(mm²)	公称重量(kg/m)
8	50.27	0.395
10	78.54	0.617
12	113.1	0.888
14	153.9	1.21
16	201.1	1.58
18	254.5	2.00
20	314.2	2.47

注:表中公称重量密度按 7.85g/cm³ 计算。

C. 光圆钢筋的截面形状及尺寸允许偏差:

a. 光圆钢筋的截面形状如图 1-2 所示。

b. 光圆钢筋的直径允许偏差和不圆度应符合表 1-5 的规定。

c. 长度及允许偏差:

通常长度:钢筋按直条交货时,其通常长度为 3.5~12m,其中长度为 3.5m 至小于 6m 之间的钢筋不得超过每批重量的 3%。

定尺、倍尺长度:钢筋按定尺或倍尺长度交货时,应在合同中注明。其长度允许偏差不得大于+50mm。

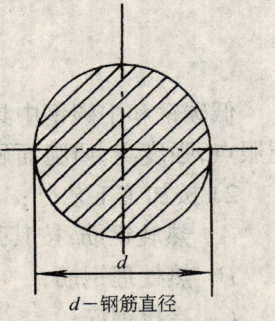

图 1-2 光圆钢筋截面形状

表 1-5

公称直径(mm)	直径允许偏差(mm)	不圆度 不大于(mm)
≤20	±0.40	0.40

弯曲度：钢筋每米变曲度应不大于4mm，总弯曲度不大于钢筋总长度的0.4%。

D．重量及允许偏差：

a．交货重量：

钢筋可按公称重量或实际重量交货。

b．重量允许偏差：

根据需方要求，钢筋按重量偏差交货时，其实际重量与公称重量的允许偏差应符合表1-6的规定。

表1-6

公称直径（mm）	实际重量与公称重量的偏差（%）
8～12	±7
14～20	±5

3）热轧带肋钢筋（GB 1499—1998）

A．公称直径范围及推荐直径：

钢筋的公称直径范围为6～50mm，标准推荐的钢筋公称直径为6、8、10、12、16、20、25、32、40和50mm。

B．公称横截面积与公称重量：

钢筋的公称横截面积与公称重量列于表1-7。

表1-7

公称直径（mm）	公称横截面面积（mm²）	理论重量（kg/m）
6	28.27	0.222
8	50.27	0.395
10	78.54	0.617
12	113.1	0.888
14	153.9	1.21
16	201.1	1.58
18	254.5	2.00
20	314.2	2.47
22	380.1	2.98
25	490.9	3.85
28	615.8	4.83
32	804.2	6.31
36	1018	7.99
40	1257	9.87
50	1964	15.42

注：表中理论重量按密度为7.85g/cm³计算。

C．带肋钢筋的表面形状及尺寸允许偏差：

月牙肋钢筋和等高肋钢筋的表面形状分别如图1-3、图1-4所示。

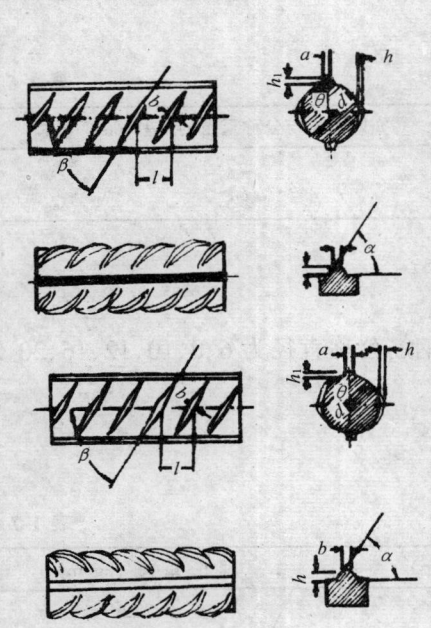

图 1-3 月牙肋钢筋表面及截面形状
d—钢筋内径;α—横肋斜角;h—横肋高度;β—横肋与轴线夹角;h_1—纵肋高度;θ—纵肋斜角;a—纵肋顶宽;l—横肋间距;b—横肋顶宽

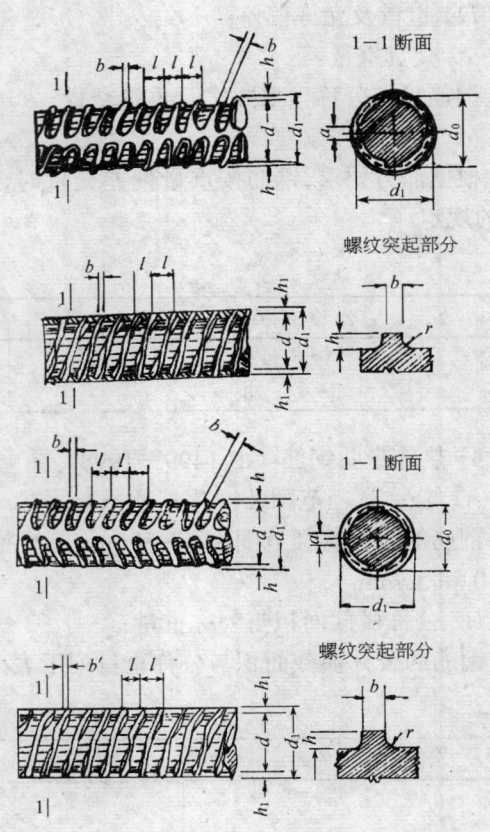

图 1-4 等高肋钢筋表面及截面形状
d—钢筋内径;a—纵肋宽度;h—横肋高度;b—横肋顶宽;h_1—纵肋高度;l—横肋间距;r—横肋根部圆弧半径

带肋钢筋横肋设计原则应符合下列规定:

a. 横肋与钢筋轴线的夹角 β 不应小于 45°,当该夹角不大于 70°时,钢筋相对两面上横肋的方向应相反。

b. 横肋间距 l 不得大于钢筋公称直径的 0.7 倍。

c. 横肋侧面与钢筋表面的夹角 α 不得小于 45°。

d. 钢筋相对两面上横肋末端之间的间隙(包括纵肋宽度)总和不应大于钢筋公称周长的 20%。

e. 当钢筋公称直径不大于 12mm 时,相对肋面积不应小于 0.055;公称直径为 14mm 和 16mm 时,相对肋面积不应小于 0.060;公称直径大于 16mm 时,相对肋面积不应小于 0.065。

带肋钢筋采用月牙肋表面时,尺寸和允许偏差应符合表 1-8 的规定。

D. 长度及允许偏差

表 1-8

公称直径	内径 d		横肋高 h		纵肋高 h₁		横肋宽 b	纵肋宽 a	间距 l		横肋末端最大间隙（公称周长的10%弦长）
	公称尺寸	允许偏差	公称尺寸	允许偏差	公称尺寸	允许偏差			公称尺寸	允许偏差	
6	5.8	±0.3	0.6	+0.3 −0.2	0.6	±0.3	0.4	1.0	4.0	±0.5	1.8
8	7.7		0.8	+0.4 −0.2	0.8	±0.5	0.5	1.5	5.5		2.5
10	9.6		1.0	+0.2 −0.3	1.0		0.6	1.5	7.0		3.1
12	11.5	±0.4	1.2		1.2		0.7	1.5	8.0		3.7
14	13.4		1.4	±0.4	1.4		0.8	1.8	9.0		4.3
16	15.4		1.5		1.5	±0.8	0.9	1.8	10.0		5.0
18	17.3		1.6	+0.5 −0.4	1.6		1.0	2.0	10.0		5.6
20	19.3		1.7	±0.5	1.7		1.2	2.0	10.0		6.2
22	21.3	±0.5	1.9		1.9		1.3	2.5	10.5	±0.8	6.8
25	24.2		2.1	±0.6	2.1	±0.9	1.5	2.5	12.5		7.7
28	27.2		2.2		2.2		1.7	3.0	12.5		8.6
32	31.0	±0.6	2.4	+0.8 −0.7	2.4		1.9	3.0	14.0		9.9
36	35.0		2.6	+1.0 −0.8	2.6	±1.1	2.1	3.5	15.0	±1.0	11.1
40	38.7	±0.7	2.9	±1.1	2.9		2.2	3.5	15.0		12.1
50	48.5	±0.8	3.2	±1.2	3.2	±1.2	2.5	4.0	16.0		15.5

注：1．纵肋斜角 θ 为 0°～30°。
    2．尺寸 a、b 为参考数据。

    a．长度

钢筋通常按定尺长度交货,具体交货长度应在合同中注明。

钢筋以盘卷交货时,每盘应是一条钢筋,允许每批有 5% 的盘数(不足两盘时可有两盘)由两条钢筋组成。其盘重及盘径由供需双方协商规定。

    b．长度允许偏差

钢筋按定尺交货时的长度允许偏差不得大于 +50mm。

    E．弯曲度和端部

直条钢筋的弯曲度应不影响正常使用,总弯曲度不大于钢筋总长度的 0.4%。

钢筋端部应剪切正直,局部变形应不影响使用。

    F．重量及允许偏差

    a．钢筋可按实际重量或理论重量交货。

    b．重量允许偏差

钢筋实际重量与理论重量的允许偏差应符合表 1-9 的规定。

表 1-9

公称直径(mm)	实际重量与理论重量的偏差(%)	公称直径(mm)	实际重量与理论重量的偏差(%)
6～12	±7	22～50	±4
14～20	±5		

2．钢筋的技术要求

（1）热轧圆盘条

1）盘条的牌号和化学成分(熔炼分析)，应符合表 1-10 的规定。

表 1-10

牌 号	化 学 成 分 （%）					脱氧方法
	C	Mn	Si	S	P	
				不大于		
Q195	0.06～0.12	0.25～0.50	0.30	0.050	0.045	F.b.Z
Q195C	≤0.10	0.30～0.60		0.040	0.040	
Q215A	0.09～0.15	0.25～0.55	0.30	0.050	0.045	F.b.Z
Q215B				0.045	0.045	
Q215C	0.10～0.15	0.30～0.60		0.040	0.040	
Q235A	0.14～0.22	0.30～0.65	0.30	0.050	0.045	F.b.Z
Q235B	0.12～0.20	0.30～0.70		0.045	0.045	
Q235C	0.13～0.18	0.30～0.60		0.040	0.040	

沸腾钢硅的含量不大于 0.07%，半镇静钢硅的含量不大于 0.17%。镇静钢硅的含量下限值为 0.12%。允许用铝代硅脱氧。

钢中铬、镍、铜、砷的残余含量应符合 GB 700 的有关规定。

经供需双方协议，各牌号的 Mn 含量可不大于 1.00%。

经供需双方协议，并在合同中注明，可供应其他牌号的盘条。

盘条的化学成分允许偏差应符合 GB 222—84 中表 1 的规定。

2）力学性能和工艺性能：

供建筑用盘条的力学性能和工艺性能应符合表 1-11 的规定。

表 1-11

牌 号	力 学 性 能			冷弯试验180° d＝弯心直径 a＝试样直径
	屈服点 σ_s(MPa)	抗拉强度 σ_b(MPa)	伸长率 δ_{10}(%)	
	不 小 于			
Q215	215	375	27	$d=0$
Q235	235	410	23	$d=0.5a$

经供需双方协议，供拉丝用盘条的力学性能和工艺性能应符合表 1-12 的规定。

3）表面质量

盘条应将头尾有害缺陷部分切除；盘条的截面不得有分层及夹杂。

盘条表面应光滑，不得有裂纹、折叠、耳子、结疤。盘条不得有夹杂及其他有害缺陷。

（2）热轧直条光圆钢筋

表 1-12

牌　号	力学性能		冷弯试验 180° d = 弯心直径 a = 试样直径
	抗拉强度 σ_b(MPa)不大于	伸长率 δ_{10}(%)不小于	
Q195	390	30	$d=0$
Q215	420	28	$d=0$
Q235	490	23	$d=0.5a$

1) 牌号及化学成分

A. 钢的牌号及化学成分(熔炼分析)应符合表 1-13 的规定。

表 1-13

表面形状	钢筋级别	强度代号	牌号	化学成分,%				
				C	Si	Mn	P	S
							不大于	
光 圆	I	R235	Q235	0.14～0.22	0.12～0.30	0.30～0.65	0.045	0.050

B. 钢中残余元素铬、镍、铜含量应各不大于 0.30%，氧气转炉钢的氮含量不应大于 0.008%。经需方同意,铜的残余含量可不大于 0.35%。供方如能保证可不作分析。

C. 钢中砷的残余含量不应大于 0.080%。用含砷矿冶炼生铁所冶炼的钢,砷含量由供需双方协议规定。如原料中没有含砷,对钢中的砷含量可以不作分析。

D. 钢筋的化学成分允许偏差应符合 GB 222 的有关规定。

E. 在保证钢筋性能合格的条件下,钢的成分下限不作交货条件。

2) 冶炼方法

钢以氧气转炉、平炉或电炉冶炼。

3) 交货状态

钢筋以热轧状态交货。

4) 力学性能、工艺性能

钢筋的力学性能、工艺性能应符合表 1-14 的规定。冷弯试验时受弯曲部位外表面不得产生裂纹。

表 1-14

表面形状	钢筋级别	强度等级代号	公称直径 (mm)	屈服点 σ_s (MPa)	抗拉强度 σ_b (MPa)	伸长率 δ (%)	冷　弯 d—弯芯直径 a—钢筋公称直径	
				不　小　于				
光 圆	I	R235	8～20	235	370	25	180°	$d=a$

5) 表面质量

钢筋表面不得有裂纹、结疤和折叠。

钢筋表面凸块和其他缺陷的深度和高度不得大于所在部位尺寸的允许偏差。

(3) 热轧带肋钢筋

1) 牌号和化学成分

A. 钢的牌号应符合表 1-15 的规定,其化学成分和碳当量(熔炼分析)应不大于表 1-15 规定的值。根据需要,钢中还可加入 V、Nb、Ti 等元素。

表 1-15

牌号	化学成分,%					
	C	Si	Mn	P	S	Ceq
HRB 335	0.25	0.80	1.60	0.045	0.045	0.52
HRB 400	0.25	0.80	1.60	0.045	0.045	0.54
HRB 500	0.25	0.80	1.60	0.045	0.045	0.55

B. 各牌号钢筋的化学成分及其范围可参照附录 B。

C. 碳当量 Ceq(%)值可按式(1)计算:

$$Ceq = C + Mn/6 + (Cr + V + Mo)/5 + (Cu + Ni)/15 \tag{1}$$

D. 钢的氮含量应不大于 0.012%。供方如能保证可不作分析。钢中如有足够数量的氮结合元素,含氮量的限制可适当放宽。

E. 钢筋的化学成分允许偏差应符合 GB/T 222 的规定。碳当量 Ceq 的允许偏差 +0.03%。

2) 交货状态

钢筋以热轧状态交货。

3) 力学性能

A. 钢筋的力学性能应符合表 1-16 的规定。

表 1-16

牌号	公称直径 (mm)	σ_s(或 $\sigma_{p0.2}$) (MPa)	σ_b (MPa)	δ_s (%)
		不 小 于		
HRB 335	6~25 28~50	335	490	16
HRB 400	6~25 28~50	400	570	14
HRB 500	6~25 28~50	500	630	12

根据需方要求,Ⅳ级钢筋外形按光圆交货时钢筋强度等级别代号为 R 540。

B. 钢筋在最大力下的总伸长率 δ_{gt} 不小于 2.5%。供方如能保证,可不作检验。

C. 根据需方要求,可供应满足下列条件的钢筋:

a) 钢筋实测抗拉强度与实测屈服点之比不小于 1.25;

b) 钢筋实测屈服点与表 1-17 规定的最小屈服点之比不大于 1.30。

4) 工艺性能

A. 弯曲性能

按表 1-17 规定的弯心直径弯曲 180°后,钢筋受弯曲部位表面不得产生裂纹。

表 1-17

牌　号	公称直径 a(mm)	弯曲试验弯心直径
HRB 335	6～25	$3a$
	28～50	$4a$
HRB 400	6～25	$4a$
	28～50	$5a$
HRB 500	6～25	$6a$
	28～50	$7a$

B．反向弯曲性能

根据需方要求,钢筋可进行反向弯曲性能试验。

反向弯曲试验的弯心直径比弯曲试验相应增加一个钢筋直径。先正向弯曲 45°,后反向弯曲 23°。经反向弯曲试验后,钢筋受弯曲部位表面不得产生裂纹。

5) 表面质量

钢筋表面不得有裂纹、结疤和折叠。

钢筋表面允许有凸块,但不得超过横肋的高度,钢筋表面上其他缺陷的深度和高度不得大于所在部位尺寸的允许偏差。

3．有关规定

(1) 钢筋出厂质量合格证和试验报告单应及时整理,试验单填写做到字迹清楚,项目齐全、准确、真实,且无未了事项。

(2) 钢筋出厂质量合格证和试验报告单不允许涂改、伪造、随意抽撤或损毁。

(3) 钢筋质量必须合格,应先试验后使用,有出厂质量合格证和试验单。需采取技术处理措施的,应满足技术要求并经有关技术负责人批准后,方可使用。

(4) 合格证、试(检)验单或记录单的抄件(复印件)应注明原件存放单位,并有抄件人、抄件(复印)单位的签字和盖章。

(5) 钢筋应有出厂质量证明书或试验报告单,并按有关标准的规定抽取试样作机械性能试验。进场时应按炉罐(批)号及直径分批检验,查对标志、外观检查。

(6) 下列情况之一者,还必须做化学成分检验:

1) 进口钢筋;

2) 在加工过程中,发生脆断、焊接性能不良和力学性能显著不正常的;

3) 有特殊要求的,还应进行相应专项试验;

4) 工厂和施工现场集中加工的钢筋,应由加工单位出具的出厂证明及钢筋出厂合格证和钢筋试验报告的抄件;

5) 不同等级、不同国家生产的钢筋进行焊接时,应有可焊性检测报告。

(7) 集中加工的钢筋,应有由加工单位出具的出厂证明及钢筋出厂合格证和钢筋试验单的抄件。

4．钢筋出厂质量合格证的验收和进场钢筋的外观质量检查

(1) 钢筋出厂质量合格证的验收

钢筋产品合格证由钢筋生产厂质量检验部门提供给用户单位,用以证明其产品质量已达到的各项规定指标。其内容包括:钢种、规格、数量、机械性能(屈服点、抗拉强度、冷弯、伸延率)、化学成分(碳、磷、硅、锰、硫、钒等)的数据及结论、出厂日期、检验部门印章、合格证的编号。合格证要求填写齐全,不得漏填或填错。同时须填明批量,如批量较大时,提供的出厂证又较少,可做复印件或抄件备查,并应注明原件证号存放处,同时应有抄件人签字,抄件日期。

钢筋质量合格证(见表1-18)上备注栏内由施工单位填明单位工程名称,工程使用部位,如钢筋在加工厂集中加工,其出厂证及试验单应转抄给使用单位。

钢 筋 质 量 合 格 证　　　　　　　　　表 1-18

编号

钢种	钢号	规格	数量	化学成分(%)						机械性能			
				碳	硅	锰	磷	硫		屈服点(MPa)	抗拉强度(MPa)	伸延率(%)	冷弯

供应单位:　　　　　　备注:　　　　　　厂检验部门　　　　　　签章

日期:　　年　月　日

钢筋进场,经外观检查合格后,由技术员、材料采购员、材料保管员分别在合格证上签字,注明使用工程部位后交资料员保管。合格证应放入材质与产品检验卷内,在产品合格证分目录表上填好相应项目。

(2) 进场钢筋的外观质量检查

1) 钢筋应逐支检查其尺寸,不得超过允许偏差;

2) 逐支检查,钢筋表面不得有裂纹、折叠、结疤、耳子、分类及夹杂,盘条允许有压痕及局部的凸块、凹块、划痕、麻面,但其深度或高度(从实际尺寸算起)不得大于0.20mm,带肋钢筋表面凸块,不得超过横肋高度,钢筋表面上其他缺陷的深度和高度不得大于所在部位尺寸的允许偏差,冷拉钢筋不得有局部缩颈。

3) 钢筋表面氧化铁皮(铁锈)重量不大于16kg/t。

4) 带肋钢筋表面标志清晰明了,标志包括强度级别、厂名(汉语拼音字头表示)和直径毫米数字。

5. 钢筋的取样试验及其试验报告

(1) 钢筋的取样和数量

1) 热轧、余热处理和冷轧带肋钢筋:

A. 每批由同一厂别、同一炉罐号、同一规格、同一交货状态、同一进场时间的钢筋组成。热轧带肋钢筋、热轧光圆钢筋、低碳钢热轧圆盘条余热处理钢筋每批数量不得大于60t,冷轧带肋钢筋每批数量不得大于50t。

B. 每批钢筋取试件一组,其中,热轧带肋、热轧光圆、余热处理钢筋取拉伸试件2个,弯曲试件2个;低碳钢热轧圆盘条取拉伸试件1个,弯曲试件2个;冷轧带肋钢筋拉伸试件逐盘1个,弯曲试件每批2个,必要时,取化学分析试件1个。

C. 取样方法:

a. 试件应从两根钢筋中截取:每一根钢筋截取一根拉力,一根冷弯,其中一根再截取化学试件一根。

b. 试件在每根钢筋距端头不小于50cm处截取。

c. 拉伸试件长度应≥标称标距+200mm。

d. 冷弯试件长度应≥标称标距+150mm。

e. 化学试件试样采取方法:

a) 分析用试屑可采用刨取或钻取方法。采取试屑以前,应将表面氧化铁皮除掉。

b) 自轧材整个横截面上刨取或者自不小于截面的二分之一对称刨取。

c) 垂直于纵轴中线钻取钢屑的,其深度应达钢材轴心处。

d) 供验证分析用钢屑必须有足够的重量。

2) 冷拉钢筋:

应由不大于20t的同级别、同直径冷拉钢筋组成一个验收批,每批中抽取2根钢筋,每根取2个试样分别进行拉力和冷弯试验。

3) 冷拔低碳钢丝

A. 甲级钢丝的力学性能应逐盘检验,从每盘钢丝上任一端截去不少于500mm后再取两个试样,分别作拉力和180°反复弯曲试验,并按其抗拉强度确定该盘钢丝的组别。

B. 乙级钢丝的力学性能可分批抽样检验。以同一直径的钢丝5t为一批,从中任取三盘,每盘各截取两个试样,分别作拉力和反复弯曲试验;如有一个试样不合格,应在未取过试样的钢丝盘中,另取双倍数量的试样,再做各项试验;如仍有一个试样不合格,则应对该批钢丝逐盘检验,合格者方可使用。

注:拉力试验包括抗拉强度和伸长率两个指标。

(2) 钢筋的必试项目

1) 物理必试项目:

A. 拉力试验(屈服强度、抗拉强度、伸长率);

B. 冷弯试验(冷拔低碳钢丝为反复弯曲试验)。

2) 化学分析:

主要分析碳(C)、硫(S)、磷(P)、锰(Mn)、硅(Si)。

(3) 钢筋试验的合格判定

钢筋的物理性能和化学成分各项试验,如有一项不符合钢筋的技术要求,则应取双倍试件(样)进行复试,再有一项不合格,则该验收批钢筋判为不合格,不合格钢筋不得使用,并要有处理报告。

(4) 钢筋试验报告单的内容、填制方法和要求

钢筋试验报告单表样见表1-19。

钢筋(原材、焊接)试验报告 表1-19

试验编号:

委托单位:　　　　　　　　委托试样编号:
工程名称及部位:
试件种类:　　　钢材种类:　　　试验项目:
焊接操作人:　　焊条型号:　　　试件代表数量:
送样日期:　　　试验委托人:

一、力学试验

试样编号	规格	面积 (mm²)	屈服点 (MPa)	极限强度 (MPa)	伸长率 δ_5(%)	断口位置及判定	冷弯			备注
							弯心直径	角度	评定	

二、化学试验　　　　　试验编号:

编号	碳	硫	磷	锰	硅

三、试验结论

负责人:　　审核:　　计算:　　试验:

报告日期:　　年　月　日

钢筋试样报告单委托单位、工程名称及部位、委托试样编号、试件种类、钢材种类、试验项目、试件代表数量、送样日期、试验委托人由试验委托人(工地试验员)填写。

钢筋试验报告单中试验编号,各项试验的测算数据、试验结论、报告日期由试验室人员依据试验结果填写清楚、准确。试验、计算、审核、负责人员签字要齐全,然后加盖试验章,试验报告单才能生效。

钢筋试验报告单是判定一批钢筋材质是否合格的依据,是施工技术资料的重要组成部分,属保证项目。报告单要求做到字迹清楚,项目齐全、准确、真实。无未了项,没有项目写"无"或划斜杠,试验室的签字盖章齐全。如试验单某项填写错误,不允许涂抹,应在错项上

划一斜杠,将正确的填写在其上方,并在此处加盖改错者印章和试验章。

领取钢筋试验报告单时,应验看试验项目是否齐全,必试项目不能缺少,试验室有明确结论和试验编号,签字盖章齐全。要注意看试验单上各试验项目数据是否达到规范规定的标准值,是则验收存档,否则应及时取双倍试样做复试或报有关人员处理,并将复试合格单或处理结论附于此单后一并存档。

6．整理要求

(1) 此部分资料应归入原材料、半成品、成品出厂质量证明和质量试(检)验报告分册中;

(2) 合格证应折成16开大小或贴在16开纸上;

(3) 各验收批钢筋合格证和试验报告,按批组合,按时间先后顺序排列并编号,不得遗漏;

(4) 建立分目录表,并能对应一致。

7．注意事项

(1) 钢筋的材质证明要"双控",各验收批钢筋出厂质量合格证和试验报告单缺一不可。材质证明与实物应物证相符。

(2) 钢筋出厂质量合格证应有生产厂家质量检验部门的盖章,质量有保证的生产厂家,钢筋标牌可作为质量合格证。

(3) 钢筋试验报告单中应有试验编号,便于与试验室的有关资料查证核实。试验报告单应有明确结论并签章齐全。

(4) 领取试验报告后一定要验看报告中各项目的实测数值是否符合规范的技术要求。冷弯应将弯曲直径和弯曲角度都写清楚。

(5) 钢筋试验单不合格后应附双倍试件复试合格试验报告单或处理报告。不合格单不允许抽撤。

(6) 应与其他施工技术资料对应一致,交圈吻合。相关施工技术资料有:钢筋焊接试验报告、钢筋隐检单、现场预应力混凝土试验记录、现场预应力张拉施工记录、质量评定、施工组织设计、技术交底、洽商及竣工图等。

附录　关于公布1999年度复审合格的北京市建筑钢材、水泥供应资格认证单位名录的通知

京建材([1999]524号)

各区、县建委,各局、总公司,各有关单位:

现将1999年度建筑钢材、水泥供应资格复审合格单位名录予以公布。自2000年起,建筑钢材、水泥供应资格实行4年复审一次,每年年底前进行核验的管理制度。核验合格的单位在供应资格证书上由市建材办加盖年度核验专用章。未加盖年度核验专用章的供应资格证书无效。其他管理要求按照《北京市建设工程材料供应管理暂行规定》(京建材[1995]556号文件)的规定执行。

附件:1. 1999年复审合格的北京市建筑钢材、水泥供应资格认证单位名录
   2. 2000年启用的北京市建设工程材料供应资格证书式样

北京市城乡建设委员会
1999年12月28日

附件1：

1999年复审合格的北京市建筑钢材、水泥供应
资格认证单位名录

企业名称	经营项目	认证编号
北京市中铁建工物资公司	钢材、水泥	GS2000A 001
北京市物资总公司	钢材、水泥	GS2000A 002
北京市恒物经贸发展有限公司	钢材、水泥	GS2000A 003
北京市顺义永进物资总公司	钢材、水泥	GS2000A 004
北京市怀远物资实业公司	钢材、水泥	GS2000A 005
北京市密云县物资总公司	钢材、水泥	GS2000A 006
北京市昌平县物资总公司	钢材、水泥	GS2000A 007
北京市石景山区物资总公司	钢材、水泥	GS2000A 008
北京市京首贸易服务有限责任公司	钢材、水泥	GS2000A 009
北京市东城区物资总公司	钢材、水泥	GS2000A 010
北京市通州区物资总公司	钢材、水泥	GS2000A 011
北京市海淀区物资总公司	钢材、水泥	GS2000A 012
北京市物资储运总公司	钢材、水泥	GS2000A 013
北京市基建物资配套承包供应公司	钢材、水泥	GS2000A 014
北京市大兴县物资总公司	钢材、水泥	GS2000A 015
北京博维信物资贸易有限责任公司	钢材、水泥	GS2000A 016
北京城建集团总公司材料公司	钢材、水泥	GS2000A 017
北京城建集团总公司物资贸易公司	钢材、水泥	GS2000A 018
北京纺织工业供销公司	钢材、水泥	GS2000A 019
北京建筑材料经贸集团总公司	钢材、水泥	GS2000A 020
北京市建筑材料供应公司	钢材、水泥	GS2000A 021
北京市建筑材料配套承包供应公司	钢材、水泥	GS2000A 022
北京市农机物资供应公司	钢材、水泥	GS2000A 023
北京市市政工程材料公司	钢材、水泥	GS2000A 024
北京市双桥物资供销公司	钢材、水泥	GS2000A 025
北京市水泥供应公司	钢材、水泥	GS2000A 026

企业名称	经营项目	认证编号
北京市住宅建设设备物资公司	钢材、水泥	GS2000A 027
北京首路物资中心	钢材、水泥	GS2000A 028
北京铁路京程物资公司	钢材、水泥	GS2000A 029
北京铁路物资总公司	钢材、水泥	GS2000A 030
北京新鑫源贸易公司	钢材、水泥	GS2000A 031
北京中通物资公司	钢材、水泥	GS2000A 032
华北电力物资总公司	钢材、水泥	GS2000A 033
中国非金属矿工业进出口公司	钢材、水泥	GS2000A 034
中国华通物产集团公司	钢材、水泥	GS2000A 035
中国建筑材料北京散装水泥公司	钢材、水泥	GS2000A 036
中国建筑第一工程局物资公司	钢材、水泥	GS2000A 037
中国铁路物资北京公司	钢材、水泥	GS2000A 038
中国黑色金属材料北京公司	钢材、水泥	GS2000A 039
北京市卢沟桥物资供应公司	钢材、水泥	GS2000A 040
北京广林源物资贸易中心	钢材、水泥	GS2000A 041
北京市大龙物资供销公司	钢材、水泥	GS2000A 042
北京市房山区物资总公司	钢材、水泥	GS2000A 043
中国水利电力物资北京公司	钢材、水泥	GS2000A 044
北京物资协作贸易公司	钢材	GC2000A 001
北京市恒物金属材料有限公司	钢材	GC2000A 002
北京市京宝金属材料联营公司	钢材	GC2000A 003
北京市物资开发经营总公司	钢材	GC2000A 004
北京市外商投资企业物资设备供应公司	钢材	GC2000A 005
北京市石景山区物资管理局金属材料公司	钢材	GC2000A 006
北京市方兴供销物资公司	钢材	GC2000A 007
北京市城建钢材市场	钢材	GC2000A 008
北京市物资回收公司	钢材	GC2000A 009
北京市优钢锻件供应站	钢材	GC2000A 010
北京玉渊潭金属材料供应公司	钢材	GC2000A 011
北京市新型建筑材料供应公司	钢材、水泥	GS2000B 001
北京市机电设备总公司仪器仪表公司	钢材、水泥	GS2000B 002
北京市房山建筑材料公司	钢材、水泥	GS2000B 003

企业名称	经营项目	认证编号
北京市物资储运总公司百子湾公司	钢材、水泥	GS2000B 004
北京市通州建筑材料配套供应公司	钢材、水泥	GS2000B 005
北京燕山物资贸易公司	钢材、水泥	GS2000B 006
北京市平谷华贸物资开发公司	钢材、水泥	GS2000B 007
大兴县金属材料公司	钢材、水泥	GS2000B 008
北京市木材总公司	钢材、水泥	GS2000B 009
北京市延庆县物资总公司	钢材、水泥	GS2000B 010
北京市丰鑫源物资集团公司	钢材、水泥	GS2000B 011
大兴县物资局生产资料服务公司	钢材、水泥	GS2000B 012
北京市房山阎村木材公司	钢材、水泥	GS2000B 013
北京市房山金属材料公司	钢材、水泥	GS2000B 014
北京市延庆县金属材料公司	钢材、水泥	GS2000B 015
北京市房山燕房石化物资总公司	钢材、水泥	GS2000B 016
北京市朝阳区物资总公司	钢材、水泥	GS2000B 017
北京市怀柔县金属材料公司	钢材、水泥	GS2000B 018
北京市通州物总供销中心	钢材、水泥	GS2000B 019
北京汇达经贸公司	钢材、水泥	GS2000B 020
北京市昌平银河金属材料公司	钢材、水泥	GS2000B 021
北京市房山生产资料服务公司	钢材、水泥	GS2000B 022
北京市顺义京都建材公司	钢材、水泥	GS2000B 023
北京市密云县金属材料公司	钢材、水泥	GS2000B 024
北京福山通物资公司	钢材、水泥	GS2000B 025
北京市平谷恒物建材交易中心	钢材、水泥	GS2000B 026
北京市平谷胜望金属贸易中心	钢材、水泥	GS2000B 027
北京市通州生产资料服务公司	钢材、水泥	GS2000B 028
北京市密云县建筑材料公司	钢材、水泥	GS2000B 029
北京市物储建材经营公司	钢材、水泥	GS2000B 030
北京市崇文区物资总公司	钢材、水泥	GS2000B 031
北京市大都物资商社	钢材、水泥	GS2000B 032
北京市建隆物业发展公司	钢材、水泥	GS2000B 033
北京市怀柔县物资总公司	钢材、水泥	GS2000B 034
北京泰德科贸有限责任公司	钢材、水泥	GS2000B 035

企业名称	经营项目	认证编号
北京市天然气物资公司	钢材、水泥	GS2000B 036
北京安达物资经销公司	钢材、水泥	GS2000B 037
北京城发弘源物资供应有限责任公司	钢材、水泥	GS2000B 038
北京市崇文区建筑材料供应站	钢材、水泥	GS2000B 039
北京地铁物资公司	钢材、水泥	GS2000B 040
北京东兴建筑工程公司物资分公司	钢材、水泥	GS2000B 041
北京丰顺达商贸有限公司	钢材、水泥	GS2000B 042
北京航天海鹰贸易中心	钢材、水泥	GS2000B 043
北京航天建筑工程公司材料供应站	钢材、水泥	GS2000B 044
北京弘棉实业有限责任公司	钢材、水泥	GS2000B 045
北京厚生工贸公司	钢材、水泥	GS2000B 046
北京华能物资公司	钢材、水泥	GS2000B 047
北京建通兴业工程设施有限公司	钢材、水泥	GS2000B 048
北京建筑材料集团总公司供销公司	钢材、水泥	GS2000B 049
北京建筑材料集团总公司水泥供销公司	钢材、水泥	GS2000B 050
北京京兰盟物资供应中心	钢材、水泥	GS2000B 051
北京三吉利机电设备贸易公司	钢材、水泥	GS2000B 052
北京市玻璃供应公司	钢材、水泥	GS2000B 053
北京市长桥物资供应公司	钢材、水泥	GS2000B 054
北京市城乡建设物资公司	钢材、水泥	GS2000B 055
北京市地方建筑材料供应公司	钢材、水泥	GS2000B 056
北京市第二房屋修建工程公司材料运输分公司	钢材、水泥	GS2000B 057
北京市第三建筑工程公司材料分公司	钢材、水泥	GS2000B 058
北京市第一房屋管理修缮工程公司物资分公司	钢材、水泥	GS2000B 059
北京市第一房屋修建工程公司材料处	钢材、水泥	GS2000B 060
北京市防水材料供应公司	钢材、水泥	GS2000B 061
北京市房屋修建器材公司	钢材、水泥	GS2000B 062
北京市光辉建材供应公司	钢材、水泥	GS2000B 063
北京市华龙物资调剂供销公司	钢材、水泥	GS2000B 064
北京市华农物资公司	钢材、水泥	GS2000B 065
北京市华正物资开发经营公司	钢材、水泥	GS2000B 066
北京市汇燕乡镇企业供应总公司	钢材、水泥	GS2000B 067

1.1 建筑工程

企业名称	经营项目	认证编号
北京市建筑五金水暖器材供应公司	钢材、水泥	GS2000B 068
北京市京煤物资供销公司	钢材、水泥	GS2000B 069
北京市双通贸易有限公司	钢材、水泥	GB2000B 070
北京市水利物资贸易公司	钢材、水泥	GS2000B 071
北京市水泥供应公司水泥贸易中心	钢材、水泥	GS2000B 072
北京市水泥供应公司特种水泥分公司	钢材、水泥	GS2000B 073
北京市陶瓷供应公司	钢材、水泥	GS2000B 074
北京市文华房地产开发经营公司物资经营部	钢材、水泥	GS2000B 075
北京市翔远物资贸易公司	钢材、水泥	GS2000B 076
北京市新广厦建材有限责任公司	钢材、水泥	GS2000B 077
北京市新民生商贸有限责任公司	钢材、水泥	GS2000B 078
北京市友恒物资经营部	钢材、水泥	GS2000B 079
北京市中建利源物资经营公司	钢材、水泥	GS2000B 080
北京腾远通达贸易有限公司	钢材、水泥	GS2000B 081
北京天桥建筑集团公司物资商贸中心	钢材、水泥	GS2000B 082
北京铁工建物资公司	钢材、水泥	GS2000B 083
北京祥苑兴贸易公司	钢材、水泥	GS2000B 084
北京兴业建筑材料公司	钢材、水泥	GS2000B 085
北京影通供销公司	钢材、水泥	GS2000B 086
北京悠然得贸易有限责任公司	钢材、水泥	GS2000B 087
北京中都兴物资公司	钢材、水泥	GS2000B 088
北京中建恒业经贸有限公司	钢材、水泥	GS2000B 089
北京中交物资燃料供应公司	钢材、水泥	GS2000B 090
北京中科物资装备总公司	钢材、水泥	GS2000B 091
北京中煤地物资公司	钢材、水泥	GS2000B 092
诚通集团北方金属公司	钢材、水泥	GS2000B 093
利华物贸公司	钢材、水泥	GS2000B 094
民政部社会服务北方公司	钢材、水泥	GS2000B 095
中房集团贸易股份有限公司	钢材、水泥	GS2000B 096
中国兵工物资北京公司	钢材、水泥	GS2000B 097
中国房地产开发北京公司物资公司	钢材、水泥	GS2000B 098
中国机械工业供销总公司	钢材、水泥	GS2000B 099
中国建筑二局物资公司	钢材、水泥	GS2000B 100
中国联合控股有限公司	钢材、水泥	GS2000B 101
中国民航物资设备公司	钢材、水泥	GS2000B 102
中国水利水电第二工程局物资处	钢材、水泥	GS2000B 103

企业名称	经营项目	认证编号	
中物三峡物资有限公司	钢材、水泥	GS2000B	104
北京市新政供销公司	钢材、水泥	GS2000B	105
北京龙德实业有限公司	钢材、水泥	GS2000B	106
北京京奥港物资配套有限责任公司	钢材、水泥	GS2000B	107
北京京朝安诚物资供应站	钢材、水泥	GS2000B	108
北京市朝阳区五洲物资供应公司	钢材、水泥	GS2000B	109
北京市东昌建材储运公司	钢材、水泥	GS2000B	110
北京市全利商贸有限公司	钢材、水泥	GS2000B	111
北京市乡镇企业局供销公司朝阳分公司	钢材、水泥	GS2000B	112
北京市鑫德仁实业公司	钢材、水泥	GS2000B	113
北京鑫诺红商贸有限责任公司	钢材、水泥	GS2000B	114
北京长泰德金属材料有限责任公司	钢材、水泥	GS2000B	115
北京国兴物资商贸中心	钢材、水泥	GS2000B	116
北京鑫德顺物资供应站	钢材、水泥	GS2000B	117
北京市兴电物资储运栈	钢材、水泥	GS2000B	118
北京市琦勤物资配套供应中心	钢材、水泥	GB2000B	119
北京兴坛物资经销公司	钢材、水泥	GS2000B	120
北京金顺德物资中心	钢材、水泥	GS2000B	121
北京市大兴县兴华钢材贸易批发部	钢材、水泥	GS2000B	122
北京中储金城物资储运中心	钢材、水泥	GS2000B	123
北京市祥毓商贸有限责任公司	钢材、水泥	GS2000B	124
北京利佳臣商贸中心	钢材、水泥	GS2000B	125
北京市房山区建筑机械材料供应公司	钢材、水泥	GS2000B	126
北京市京和建材供销公司	钢材、水泥	GS2000B	127
北京市建生源物资回收中心	钢材、水泥	GS2000B	128
北京鼎利得物资贸易中心	钢材、水泥	GS2000B	129
北京市金丰盛金属材料供应站	钢材、水泥	GS2000B	130
北京市西南城机电销售中心	钢材、水泥	GS2000B	131
北京市泽丰园建材物资供应站	钢材、水泥	GS2000B	132
北京金吉建材经营部	钢材、水泥	GS2000B	133
北京市地润商贸有限责任公司	钢材、水泥	GS2000B	134
北京市聚鑫物资经营公司	钢材、水泥	GS2000B	135
北京市丰台区物资供应公司	钢材、水泥	GS2000B	136
北京市大陆宽物资经营公司	钢材、水泥	GS2000B	137
北京市鑫辉翔商贸有限责任公司	钢材、水泥	GS2000B	138
北京鑫国泰物资供应站	钢材、水泥	GS2000B	139
北京市联顺通仓储服务中心	钢材、水泥	GS2000B	140

企业名称	经营项目	认证编号
北京市鑫都顺航物资供销公司	钢材、水泥	GS2000B 141
北京丰华工贸总公司购销服务部	钢材、水泥	GS2000B 142
北京市鑫华祥物资供应公司	钢材、水泥	GS2000B 143
北京市诚誉物资公司	钢材、水泥	GS2000B 144
北京市丰华德商贸中心	钢材、水泥	GS2000B 145
北京市京城五金交电供应站	钢材、水泥	GS2000B 146
北京市丰台区五环物资公司	钢材、水泥	GS2000B 147
北京市晓月物资经营公司	钢材、水泥	GS2000B 148
北京市桥乡建筑材料供应公司	钢材、水泥	GS2000B 149
北京鹏必腾物资供应站	钢材、水泥	GS2000B 150
北京万之玺建材有限公司	钢材、水泥	GS2000B 151
北京怀柔金源物资供应站	钢材、水泥	GS2000B 152
北京京怀华北物资销售中心	钢材、水泥	GS2000B 153
北京市兴怀建材公司	钢材、水泥	GS2000B 154
北京市鑫翁物资销售有限责任公司	钢材、水泥	GS2000B 155
北京仙亚达水泥销售中心	钢材、水泥	GS2000B 156
北京市正乾物资商城	钢材、水泥	GS2000B 157
北京市海淀万柳物资销售中心	钢材、水泥	GS2000B 158
北京军冶建材开发中心	钢材、水泥	GS2000B 159
北京市密云县金华贸易公司	钢材、水泥	GS2000B 160
北京乾鹏集团公司	钢材、水泥	GS2000B 161
北京市密云县乡镇企业总公司经营公司	钢材、水泥	GS2000B 162
北京信远贸易有限公司	钢材、水泥	GS2000B 163
密云冶金矿山公司供销分公司	钢材、水泥	GS2000B 164
北京市乡镇企业局供销公司密云县分公司	钢材、水泥	GS2000B 165
北京市门头沟区工业供销公司	钢材、水泥	GS2000B 166
北京平西欣欣水利物资供应站	钢材、水泥	GS2000B 167
北京富峰源金属材料有限责任公司	钢材、水泥	GS2000B 168
北京亚洲之星经贸有限责任公司	钢材、水泥	GS2000B 169
北京威尔斯物资销售中心	钢材、水泥	GS2000B 170
平谷县水利物资供应站	钢材、水泥	GS2000B 171
北京祥惠建材商贸有限公司	钢材、水泥	GS2000B 172
北京市平谷长城贸易公司	钢材、水泥	GS2000B 173
北京盛万亿商贸有限责任公司	钢材、水泥	GS2000B 174
北京祥岛建材商厦	钢材、水泥	GS2000B 175
北京市华亚建材公司	钢材、水泥	GS2000B 176
北京市顺义峥饶物资供应站	钢材、水泥	GS2000B 177

企业名称	经营项目	认证编号
北京市劳服物资供销公司	钢材、水泥	GS2000B 178
北京顺兴嘉惠商贸中心	钢材、水泥	GS2000B 179
北京通达实业总公司	钢材、水泥	GS2000B 180
北京市顺义顺城贸易公司	钢材、水泥	GS2000B 181
北京京顺峰金属材料有限责任公司	钢材、水泥	GS2000B 182
北京宏鑫物资回收有限责任公司	钢材、水泥	GS2000B 183
北京市顺义宏鑫土产杂品公司	钢材、水泥	GS2000B 184
北京金双龙工贸有限公司	钢材、水泥	GS2000B 185
北京实兴建材公司	钢材、水泥	GS2000B 186
北京市通州供销物资调剂中心	钢材、水泥	GS2000B 187
北京市通州辉煌物资销售公司	钢材、水泥	GS2000B 188
北京市通州祥和商贸公司	钢材、水泥	GS2000B 189
北京燕北实业有限责任公司	钢材、水泥	GS2000B 190
中国铁路对外服务北京公司	钢材、水泥	GS2000B 191
北京市泽昌散装水泥公司	钢材、水泥	GS2000B 192
北京市通州金属材料公司	钢材、水泥	GS2000B 193
北京京中天利经贸发展有限公司	钢材、水泥	GS2000B 194
北京市昌平县水利物资公司	钢材、水泥	GS2000B 195
北京市昌平县工业供销公司	钢材、水泥	GS2000B 196
北京市昌平建设物资公司	钢材、水泥	GS2000B 197
北京市真诚物资站	钢材、水泥	GS2000B 198
北京华通建筑材料设备公司	钢材、水泥	GS2000B 199
零五单位五一七部物资供应协调中心	钢材、水泥	GS2000B 200
北京科技大学开发总公司	钢材、水泥	GS2000B 201
北京市京百物资供应站	钢材、水泥	GS2000B 202
中国兵工物资总公司	钢材、水泥	GS2000B 203
中国钢铁炉料北京公司	钢材、水泥	GS2000B 204
北京市朝阳区众望物资站	钢材、水泥	GS2000B 205
北京兴达兴建材服务中心	钢材、水泥	GS2000B 206
中国建设物资北京公司	钢材、水泥	GS2000B 207
北京市建筑材料销售中心	钢材、水泥	GS2000B 208
北京蓝翔云天商贸有限公司	钢材、水泥	GS2000B 209
北京市明嘉丽建设物资开发中心	钢材、水泥	GS2000B 210
北京市丰鑫源物资集团公司生产资料分公司	钢材	GC2000B 001
北京市海淀区生产资料服务公司	钢材	GC2000B 002
北京市海淀区金属材料公司	钢材	GC2000B 003

企业名称	经营项目	认证编号
北京燕龙鑫物资公司	钢材	GC2000B 004
平谷县木材公司	钢材	GC2000B 005
北京市宣武区金属材料公司	钢材	GC2000B 006
北京市昌平县生产资料服务公司	钢材	GC2000B 007
北京市朝阳金属材料公司	钢材	GC2000B 008
北京市二环物资经营公司	钢材	GC2000B 009
北京市物资储运总公司清河公司	钢材	GC2000B 010
北京市机电设备总公司青年路储运经营公司	钢材	GC2000B 011
北京市昌平县金属材料公司	钢材	GC2000B 012
北京市密云县生产资料服务公司	钢材	GC2000B 013
北京市丰鑫源物资集团公司金属材料分公司	钢材	GC2000B 014
北京市怀柔县机电设备公司	钢材	GC2000B 015
北京市石景山区物资管理局化轻公司	钢材	GC2000B 016
北京市金属材料贸易中心	钢材	GC2000B 017
北京供销物资贸易中心	钢材	GC2000B 018
北京恒拓金属材料供应中心	钢材	GC2000B 019
北京市废钢铁交易市场	钢材	GC2000B 020
北京市三环实业总公司	钢材	GC2000B 021
北京市物资交易中心	钢材	GC2000B 022
北京市鑫工达物资公司	钢材	GC2000B 023
北京市双龙物资经销公司	钢材	GC2000B 024
北京市大兴工业供销公司	钢材	GC2000B 025
北京盛都物资有限公司	钢材	GC2000B 026
北京市物资回收公司大兴县公司	钢材	GC2000B 027
北京市大兴宏远金属材料回收公司	钢材	GC2000B 028
北京市海淀双生物资经销公司	钢材	GC2000B 029
北京裕昌金属材料供应站	钢材	GC2000B 030
北京矿务局物资经营公司	钢材	GC2000B 031
北京市石景山区星宇总公司	钢材	GC2000B 032
北京市通州再生资源总公司	钢材	GC2000B 033
北京市通州华丰物资公司	钢材	GC2000B 034
北京市机电设备总公司机电产品购销大厦	钢材	GC2000B 035
北京市平和建材公司	水泥	SN2000B 001

附件2：

2000年启用的北京市建设工程材料供应资格证书式样：

北京市建设工程材料供应资格证书

证书编号：

供应品种：

单位名称：

资格等级：

北京市城乡建设委员会

年 月 日

注："▲"处为防伪暗记，在荧光灯下可见"北京建委"4个字。虚线框内为加盖"北京市建筑材料行业管理办公室认证核验专用章"处。专用章中的"2000"或"2001"等，意为在该年度内有效。

1.1.1.3 钢结构用钢材及配件

1. 钢结构用钢材及配件的种类、规格和技术要求

(1) 碳素结构钢

1) 牌号表示方法、代号和符号

A. 牌号表示方法:

钢的牌号由代表屈服点的字母、屈服点数值、质量等级符号、脱氧方法符号等四个部分按顺序组成。

例如:Q235-A·F

B. 符号:

  Q——钢材屈服点"屈"字汉语拼音首位字母;

A、B、C、D——分别为质量等级;

  F——沸腾钢"沸"字汉语拼音首位字母;

  b——半镇静钢"半"字汉语拼音首位字母;

  Z——镇静钢"镇"字汉语拼音首位字母;

  TZ——特殊镇静钢"特镇"两字汉语拼音首位字母。

在牌号组成表示方法中,"Z"与"TZ"符号予以省略。

2) 尺寸、外形、重量及允许偏差

钢材的尺寸、外形、重量及允许偏差应符合相应标准的规定。

3) 技术要求

A. 牌号和化学成分:

钢的牌号和化学成分(熔炼分析)应符合表1-20规定。

表1-20

牌号	等级	化学成分 (%)					脱氧方法
		C	Mn	Si	S	P	
					不大于		
Q195	—	0.06~0.12	0.25~0.50	0.30	0.050	0.045	F、b、Z
Q215	A	0.09~0.15	0.25~0.55	0.30	0.050	0.045	F、b、Z
	B				0.045		
Q235	A	0.14~0.22	0.30~0.65[1)]	0.30	0.050	0.045	F、b、Z
	B	0.12~0.20	0.30~0.70[1)]		0.045		
	C	≤0.18	0.35~0.80		0.040	0.040	Z
	D	≤0.17			0.035	0.035	TZ
Q255	A	0.18~0.28	0.40~0.70	0.30	0.050	0.045	F、b、Z
	B				0.045		
Q275	—	0.28~0.38	0.50~0.80	0.35	0.050	0.045	b、Z

注:Q235A、B级沸腾钢锰含量上限为0.60%。

沸腾钢硅含量不大于0.07%;半镇静钢硅含量不大于0.17%;镇静钢硅含量下限值为

0.12%。

D级钢应含有足够的形成细晶粒结构的元素,例如钢中酸溶铝含量不小于0.015%或全铝含量不小于0.020%。

钢中残余元素铬、镍、铜含量应各不大于0.30%,氧气转炉钢的氮含量应不大于0.008%。如供方能保证,均可不做分析。

经需方同意,A级钢的铜含量,可不大于0.35%。此时,供方应做铜含量的分析,并在质量证明书中注明其含量。

钢中砷的残余含量应不大于0.080%。用含砷矿冶炼生铁所冶炼的钢,砷含量由供需双方协议规定。如原料中没有含砷,对钢中的砷含量可以不做分析。

在保证钢材力学性能符合标准规定情况下,各牌号A级钢的碳、硅、锰含量和各牌号其他等级钢碳、锰含量下限可以不作为交货条件,但其含量(熔炼分析)应在质量证明书中注明。

在供应商品钢锭(包括连铸坯)、钢坯时,供方应保证化学成分(熔炼分析)符合表1-20规定,但为保证轧制钢材各项性能符合标准要求,各牌号A、B级钢的化学成分可以根据需方要求进行适当调整,另订协议。

成品钢材、商品钢坯的化学成分允许偏差应符合GB 222中有关规定。

沸腾钢成品钢材和商品钢坯化学成分偏差不作保证。

B. 力学性能:

钢材的拉伸和冲击试验应符合表1-21规定,弯曲试验应符合表1-22规定。

表 1-21

牌号	等级	拉伸试验												冲击试验	
		屈服点 σ_n N/(mm²)						抗拉强度 σ_b (N/mm²)	伸长率 δ_5(%)						温度 ℃	V型冲击功(纵向) J
		钢材厚度(直径)(mm)							钢材厚度(直径)(mm)							
		≤16	>16~40	>40~60	>60~100	>100~150	>150		≤16	>16~40	>40~60	>60~100	>100~150	>150		
		不小于							不小于							不小于
Q195	—	(195)	(185)	—	—	—	—	315~430	33	32	—	—	—	—	—	—
Q215	A B	215	205	195	185	175	165	335~450	31	30	29	28	27	26	— 20	— 27
Q235	A B C D	235	225	215	205	195	185	375~500	26	25	24	23	22	21	— 20 0 -20	— 27
Q255	A B	255	245	235	225	215	205	410~550	24	23	22	21	20	19	— 20	— 27
Q275	—	275	265	255	245	235	225	490~630	20	19	18	17	16	15		

表 1-22

牌号	试样方向	冷弯试验 $B=2a$ 180°		
		钢材厚度（直径）(mm)		
		60	>60~100	>100~200
		弯心直径 d		
Q195	纵 横	0 0.5a	— 	—
Q215	纵 横	0.5a a	1.5a 2a	2a 2.5a
Q235	纵 横	a 1.5a	2a 2.5a	2.5a 3a
Q255 Q275		2a 3a	3a 4a	3.5a 4.5a

注：B 为试样宽度，a 为钢材厚度(直径)。

牌号 Q195 的屈服点仅供参考，不作为交货条件。

进行拉伸和弯曲试验时，钢板和钢带应取横向试样，伸长率允许比表 1-21 降低 1%（绝对值）。型钢应取纵向试样。

各牌号 A 级钢的冷弯试验，在需方有要求时才进行。当冷弯试验合格时，抗拉强度上限可以不作为交货条件。

夏比(V 形缺口)冲击试验应符合表 1-22 的规定。

夏比(V 形缺口)冲击功值按一组三个试样单值的算术平均值计算，允许其中一个试样单值低于规定值，但不得低于规定值的 70%。

当采用 5mm×10mm×55mm 小尺寸试样做冲击试验时，其试验结果应不小于规定值的 50%。

用沸腾钢轧制各牌号的 B 级钢材，其厚度(直径)一般不大于 25mm。

C．表面质量：

钢材的表面质量应符合各有关标准规定。

(2) 优质碳素结构钢

1) 牌号、代号及化学成分

A．钢的牌号、统一数字代号及化学成分(熔炼分析)应符合表 1-23 的规定。

a．钢的硫、磷含量应符合表 1-24 的规定。

b．使用废钢冶炼的钢允许含铜量不大于 0.30%。

c．热压力加工用钢的铜含量应不大于 0.20%。

d．铅浴淬火(派登脱)钢丝用的 35~85 钢的锰含量为 0.30%~0.60%；铬含量不大于 0.10%，镍含量不大于 0.15%，铜含量不大于 0.20%；硫、磷含量应符合钢丝标准要求。

e．08 钢用铝脱氧冶炼镇静钢，锰含量下限为 0.25%，硅含量不大于 0.03%，铝含量为 0.02%~0.07%。此时钢的牌号为 08Al。

表 1-23

序号	统一数字代号	牌号	化学成分（%）					
			C	Si	Mn	Cr	Ni	Cu
						不 大 于		
1	U20080	08F	0.05~0.11	≤0.03	0.25~0.50	0.10	0.30	0.25
2	U20100	10F	0.07~0.13	≤0.07	0.25~0.50	0.15	0.30	0.25
3	U20150	15F	0.12~0.18	≤0.07	0.25~0.50	0.25	0.30	0.25
4	U20082	08	0.05~0.11	0.17~0.37	0.35~0.65	0.10	0.30	0.25
5	U20102	10	0.07~0.13	0.17~0.37	0.35~0.65	0.15	0.30	0.25
6	U20152	15	0.12~0.18	0.17~0.37	0.35~0.65	0.25	0.30	0.25
7	U20202	20	0.17~0.23	0.17~0.37	0.35~0.65	0.25	0.30	0.25
8	U20252	25	0.22~0.29	0.17~0.37	0.50~0.80	0.25	0.30	0.25
9	U20302	30	0.27~0.34	0.17~0.37	0.50~0.80	0.25	0.30	0.25
10	U20352	35	0.32~0.39	0.17~0.37	0.50~0.80	0.25	0.30	0.25
11	U20402	40	0.37~0.44	0.17~0.37	0.50~0.80	0.25	0.30	0.25
12	U20402	45	0.42~0.50	0.17~0.37	0.50~0.80	0.45	0.30	0.25
13	U20502	50	0.47~0.55	0.17~0.37	0.50~0.80	0.25	0.30	0.25
14	U20552	55	0.52~0.66	0.17~0.37	0.50~0.80	0.25	0.30	0.25
15	U20602	60	0.57~0.65	0.17~0.37	0.50~0.80	0.25	0.30	0.25
16	U20652	65	0.62~0.70	0.17~0.37	0.50~0.80	0.25	0.30	0.25
17	U20702	70	0.67~0.75	0.17~0.37	0.50~0.80	0.25	0.30	0.25
18	U20702	75	0.72~0.80	0.17~0.37	0.50~0.80	0.25	0.30	0.25
19	U20802	80	0.77~0.85	0.17~0.37	0.50~0.80	0.25	0.30	0.25
20	U20852	85	0.82~0.90	0.17~0.37	0.50~0.80	0.25	0.30	0.25
21	U21152	15Mn	0.12~0.18	0.17~0.37	0.70~1.00	0.25	0.30	0.25
22	U21202	20Mn	0.17~0.23	0.17~0.37	0.70~1.00	0.25	0.30	0.25
23	U21252	25Mn	0.22~0.29	0.17~0.37	0.70~1.00	0.25	0.30	0.25
24	U21302	30Mn	0.27~0.34	0.17~0.37	0.70~1.00	0.25	0.30	0.25
25	U21352	35Mn	0.32~0.39	0.17~0.37	0.70~1.00	0.25	0.30	0.25
26	U21402	40Mn	0.37~0.44	0.17~0.37	0.70~1.00	0.25	0.30	0.25
27	U21452	45Mn	0.42~0.50	0.17~0.37	0.70~1.00	0.25	0.30	0.25
28	U21502	50Mn	0.48~0.56	0.17~0.37	0.70~1.00	0.25	0.30	0.25
29	U21602	60Mn	0.57~0.65	0.17~0.37	0.70~1.00	0.25	0.30	0.25
30	U21652	65Mn	0.62~0.70	0.17~0.37	0.90~1.20	0.25	0.30	0.25
31	U21702	70Mn	0.67~0.75	0.17~0.37	0.90~1.20	0.25	0.30	0.25

注：表 1-23 所列牌号为优质钢。如果是高级优质钢，在牌号后面加"A"（统一数字代号最后一位数字改为"3"）；如果是特级优质钢，在牌号后面加"E"（统一数字代号最后一位数字改为"6"）；对于沸腾钢，牌号后面为"F"（统一数字代号最后一位数字为"0"）；对于半镇静钢，牌号后面为"b"（统一数字代号最后一位数字为"1"）

f. 冷冲压用沸腾钢含硅量不大于 0.03%。

g. 氧气转炉冶炼的钢其含氮量应不大于 0.008%。供方能保证合格时,可不做分析。

h. 经供需双方协议,08～25 钢可供应硅含量不大于 0.17%的半镇静钢,其牌号为 08b～25b。

B. 钢材(或坯)的化学成分允许偏差应符合 GB/T 222—1984 标准中表 1-24 的规定。

表 1-24

组 别	P	S
	不 大 于 （%）	
优 质 钢	0.035	0.035
高级优质钢	0.030	0.030
特级优质钢	0.025	0.020

2) 冶炼方法

除非合同中另有规定,冶炼方法由生产厂自行选择。

3) 交货状态

钢材通常以热轧或热锻状态交货。如需方有要求,并在合同中注明,也可以热处理(退火、正火或高温回火)状态或特殊表面状态交货。

4) 力学性能

A. 用热处理(正火)毛坯制成的试样测定钢材的纵向力学性能(不包括冲击吸收功)应符合表 1-25 的规定。以热轧或热锻状态交货的钢材,如供方能保证力学性能合格时,可不进行试验。

表 1-25

序号	牌号	试样毛坯尺寸(mm)	推荐热处理,℃			力 学 性 能					钢材交货状态硬度 HBS10/3000 不大于	
			正火	淬火	回火	σ_b (MPa)	σ_s (MPa)	δ_5 (%)	ψ(%)	A_{KU2} (J)	未热处理钢	退 火 钢
						不 小 于						
1	08F	25	930			295	175	35	60		131	
2	10F	25	930			315	185	33	55		137	
3	15F	25	920			355	205	29	55		143	
4	08	25	930			325	195	33	60		131	
5	10	25	930			335	205	31	55		137	
6	15	25	920			375	225	27	55		143	
7	20	25	910			410	245	25	55		156	
8	25	25	900	870	600	450	275	23	50	71	170	
9	30	25	880	860	600	490	295	21	50	63	179	
10	35	25	870	850	600	530	315	20	45	55	197	

续表

序号	牌号	试样毛坯尺寸(mm)	推荐热处理,℃ 正火	淬火	回火	σ_b (MPa)	σ_s (MPa)	δ_5 (%)	ψ(%)	A_{KU2} (J)	钢材交货状态硬度 HBS10/3000 不大于 未热处理钢	退火钢
						不 小 于						
11	40	25	860	840	600	570	335	19	45	47	217	187
12	45	25	850	840	600	600	355	16	40	39	229	197
13	50	25	830	830	600	630	375	14	40	31	241	207
14	55	25	820	820	600	645	380	13	35		255	217
15	60	25	810			675	400	12	35		255	229
16	65	25	810			695	410	10	30		255	229
17	70	25	790			715	420	9	30		269	229
18	75	试样		820	480	1080	880	7	30		285	241
19	80	试样		820	480	1080	930	6	30		285	241
20	85	试样		820	480	1130	980	6	30		302	255
21	15Mn	25	920			410	245	26	55		163	
22	20Mn	25	910			450	275	24	50		197	
23	25Mn	25	900	870	600	490	295	22	50	71	207	
24	30Mn	25	880	860	600	540	315	20	45	63	217	187
25	35Mn	25	870	850	600	560	335	18	45	55	229	197
26	40Mn	25	860	840	600	590	355	17	45	47	229	207
27	45Mn	25	850	840	600	620	375	15	40	39	241	217
28	50Mn	25	830	830	600	645	390	13	40	31	255	217
29	60Mn	25	810			695	410	11	35		269	229
30	65Mn	25	830			735	430	9	30		285	229
31	70Mn	25	790			785	450	8	30		285	229

注：1. 对于直径或厚度小于 25mm 的钢材，热处理是在与成品截面尺寸相同的试样毛坯上进行。
  2. 表中所列正火推荐保温时间不少于 30min，空冷；淬火推荐保温时间不少于 30min，75、80 和 85 钢油冷，其余钢水冷；回火推荐保温时间不少于 1h。

根据需方要求，用热处理（淬火＋回火）毛坯制成试样测定 25～50、25Mn～50Mn 钢的冲击吸收功应符合表 1-25 的规定。

直径小于 16mm 的圆钢和厚度不大于 12mm 的方钢、扁钢，不作冲击试验。

B．表 1-25 所列的力学性能仅适用于截面尺寸不大于 80mm 的钢材。对大于 80mm 的钢材，允许其断后伸长率、断面收缩率比表 1-25 的规定分别降低 2%（绝对值）及 5%（绝对值）。

用尺寸大于 80～120mm 的钢材改锻（轧）成 70～80mm 的试料取样检验时，其试验结果应符合表 1-25 规定。

用尺寸大于 120～250mm 的钢材改锻(轧)成 90～100mm 的试料取样检验时，其试验结果应符合表 1-25 规定。

C．切削加工用钢材或冷拔坯料用钢材交货状态硬度应符合表 1-25 规定。不退火钢的硬度，供方若能保证合格时，可不作检验。高温回火或正火后的硬度指标，由供需双方协商确定。

5) 顶锻

A．顶锻用钢应进行顶锻试验，并在合同中注明热顶锻或冷顶锻。热顶锻后的试样为原试样高度的 1/3；冷顶锻后的试样为原试样高度的 1/2。顶锻后试样上不得有裂口和裂缝。

B．对于尺寸大于 80mm 要求热顶锻的钢材或尺寸大于 30mm 要求冷顶锻的钢材，如供方能保证顶锻试验合格时，可不进行试验。

6) 低倍组织

A．镇静钢钢材的横截面酸浸低倍组织试片上不得有目视可见的缩孔、气泡、裂纹、夹杂、翻皮和白点。供切削加工用的钢材允许有不超过表面缺陷允许深度的皮下夹杂等缺陷。

B．酸浸低倍组织应符合表 1-26 的规定。

表 1-26

质 量 等 级	一 般 疏 松	中 心 疏 松	锭 型 偏 析
	级 别 不 大 于		
优 质 钢	3.0	3.0	3.0
高级优质钢	2.5	2.5	2.5
特级优质钢	2.0	2.0	2.0

C．如供方能保证低倍检验合格，允许采用 GB/T 7736 标准规定的超声波探伤法或其他无损探伤法代替低倍检验。

7) 非金属夹杂物

根据需方要求，可检验钢的非金属夹杂物，其合格级别由供需双方协商规定。

8) 脱碳层

根据需方要求，对公称碳含量大于 0.30% 的钢材检验脱碳层时，每边总脱碳层深度(铁素体＋过渡层)应符合表 1-27 的规定。需方应在合同中注明组别。

表 1-27

mm

组 别	允许总脱碳层深度不大于
第Ⅰ组	1.0%D
第Ⅱ组	1.5%D

注：D 为钢材公称直径或厚度。

9) 表面质量

A. 压力加工用钢材的表面不得有目视可见的裂纹、结疤、折叠及夹杂。如有上述缺陷必须清除,清除深度从钢材实际尺寸算起应符合表1-28的规定。清除宽度不小于深度的5倍。对直径或边长大于140mm的钢材,在同一截面的最大清除深度不得多于2处,允许有从实际尺寸算起不超过尺寸公差之半的个别细小划痕、压痕、麻点及深度不超过0.2mm的小裂纹存在。

表1-28

mm

钢材公称尺寸(直径或厚度)	允许缺陷清除深度	钢材公称尺寸(直径或厚度)	允许缺陷清除深度
<80	钢材公称尺寸公差的1/2	>140~200	钢材公称尺寸的5%
80~140	钢材公称尺寸公差	>200	钢材公称尺寸的6%

B. 切削加工用钢材的表面允许有从钢材公称尺寸算起深度不超过表1-29规定的局部缺陷。

表1-29

mm

钢材公称尺寸(直径或厚度)	局部缺陷允许深度 不大于	钢材公称尺寸(直径或厚度)	局部缺陷允许深度 不大于
<100	钢材公称尺寸的负偏差	≥100	钢材公称尺寸的公差

10) 特殊要求

根据需方要求,经供需双方协议,可供应有下列特殊要求的钢材:

a) 缩小或修改表1-23规定的化学成分范围;
b) 直径或厚度大于250mm的钢棒;
c) 检验钢的晶粒度;
d) 检验钢的显微组织;
e) 用塔形试样检验发纹;
f) 加严力学性能指标;
g) 可进行V型缺口冲击试验(指标由供需双方协商确定);
h) 其他。

(3) 低合金结构钢

1) 牌号和化学成分

A. 钢的牌号和化学成分(熔炼分析)应符合表1-30规定。合金元素含量应符合GB/T 13304对低合金钢的规定。

表1-30

牌号	质量等级	化 学 成 分 (%)									
		C ≤	Mn	Si ≤	P ≤	S ≤	V	Nb	Ti	Al ≥	Cr ≤	Ni ≤
Q295	A	0.16	0.80~1.50	0.55	0.045	0.045	0.02~0.15	0.015~0.060	0.02~0.20	—		
	B	0.16	0.80~1.50	0.55	0.040	0.040	0.02~0.15	0.015~0.060	0.02~0.20	—		

续表

牌号	质量等级	化学成分（%）										
		C ≤	Mn	Si ≤	P ≤	S ≤	V	Nb	Ti	Al ≥	Cr ≤	Ni ≤
Q345	A	0.20	1.00~1.60	0.55	0.045	0.045	0.02~0.15	0.015~0.060	0.02~0.20	—		
	B	0.20	1.00~1.60	0.55	0.040	0.040	0.02~0.15	0.015~0.060	0.02~0.20	—		
	C	0.20	1.00~1.60	0.55	0.035	0.035	0.02~0.15	0.015~0.060	0.02~0.20	0.015		
	D	0.18	1.00~1.60	0.55	0.030	0.030	0.02~0.15	0.015~0.060	0.02~0.20	0.015		
	E	0.18	1.00~1.60	0.55	0.025	0.025	0.02~0.15	0.015~0.060	0.02~0.20	0.015		
Q390	A	0.20	1.00~1.60	0.55	0.045	0.045	0.02~0.20	0.015~0.060	0.02~0.20	—	0.30	0.70
	B	0.20	1.00~1.60	0.55	0.040	0.040	0.02~0.20	0.015~0.060	0.02~0.20	—	0.30	0.70
	C	0.20	1.00~1.60	0.55	0.035	0.035	0.02~0.20	0.015~0.060	0.02~0.20	0.015	0.30	0.70
	D	0.20	1.00~1.60	0.55	0.030	0.030	0.02~0.20	0.015~0.060	0.02~0.20	0.015	0.30	0.70
	E	0.20	1.00~1.60	0.55	0.025	0.025	0.02~0.20	0.015~0.060	0.02~0.20	0.015	0.30	0.70
Q420	A	0.20	1.00~1.70	0.55	0.045	0.045	0.02~0.20	0.015~0.060	0.02~0.20	—	0.40	0.70
	B	0.20	1.00~1.70	0.55	0.040	0.040	0.02~0.20	0.015~0.060	0.02~0.20	—	0.40	0.70
	C	0.20	1.00~1.70	0.55	0.035	0.035	0.02~0.20	0.015~0.060	0.02~0.20	0.015	0.40	0.70
	D	0.20	1.00~1.70	0.55	0.030	0.030	0.02~0.20	0.015~0.060	0.02~0.20	0.015	0.40	0.70
	E	0.20	1.00~1.70	0.55	0.025	0.025	0.02~0.20	0.015~0.060	0.02~0.20	0.015	0.40	0.70
Q460	C	0.20	1.00~1.70	0.55	0.035	0.035	0.02~0.20	0.015~0.060	0.02~0.20	0.015	0.70	0.70
	D	0.20	1.00~1.70	0.55	0.030	0.030	0.02~0.20	0.015~0.060	0.02~0.20	0.015	0.70	0.70
	E	0.20	1.00~1.70	0.55	0.025	0.025	0.02~0.20	0.015~0.060	0.02~0.20	0.015	0.70	0.70

注：表中的 Al 为全铝含量。如化验酸溶铝时，其含量应不小于 0.010%。

　　a. Q295 的碳含量到 0.18% 也可交货。

　　b. 不加 V、Nb、Ti 的 Q295 级钢，当 C≤0.12% 时，Mn 含量上限可提高到 1.80%。

　　c. Q345 级钢的 Mn 含量上限可提高到 1.70%。

　　d. 厚度≤6mm 的钢板、钢带和厚度≤16mm 的热连轧钢板、钢带的 Mn 含量下限可降低 0.20%。

　　e. 在保证钢材力学性能符合本标准规定的情况下，用 Nb 作为细化晶粒元素时，其 Q345、Q390 级钢的 Mn 含量下限可低于表 1-30 的下限含量。

　　f. 除各牌号 A、B 级钢外，表 1-30 中的细化晶粒元素（V、Nb、Ti、Al），钢中应至少含有其中的一种；如这些元素同时使用则至少应有一种元素的含量不低于规定的最小值。

　　g. 为改善钢的性能，各牌号 A、B 级钢可加入 V 或 Nb 或 Ti 等细化晶粒元素，其含量应符合表 1-30 规定。如不作为合金元素加入时，其下限含量不受限制。

　　h. 当钢中不加入细化晶粒元素时，不进行该元素含量的分析，也不予保证。

　　i. 型钢和钢棒的 Nb 含量下限为 0.005%。

　　j. 各牌号钢的 Cr、Ni、Cu 残余元素含量各不大于 0.30%，供方如能保证可不作分析。

　　k. 为改善钢的性能，Q390、Q420、Q460 级钢可加入少量 Mo 元素。

l．为改善钢的性能，各牌号钢可加入 RE 元素，其加入量按 $0.02\% \sim 0.20\%$ 计算。

m．经供需双方协商，Q420 级钢可加入 N 元素，其熔炼分析含量为 $0.010\% \sim 0.020\%$。

B．供应商品钢锭、连铸坯、钢坯时，为保证钢材力学性能符合本标准规定，其 C、Si 元素含量的下限可根据需方要求另订协议。

C．钢材、钢坯、连铸坯的化学成分允许偏差应符合 GB 222 的规定。

2）冶炼方法

钢应由氧气转炉、平炉或电炉冶炼，除非需方有特殊要求，冶炼方法一般由供方选择。

3）交货状态

A．钢一般应以热轧控轧、正火及正火加回火状态交货。Q420、Q460 的 C、D、E 级钢也可按淬火加回火状态交货。

B．交货状态应在合同中注明，否则由供方选择。

4）力学性能和工艺性能

A．钢材的拉伸冲击和弯曲试验结果应符合表 1-31 的规定。

表 1-31

牌号	质量等级	屈服点 σ_s(MPa) 厚度(直径)边长(mm)				抗拉强度 σ_b (MPa)	伸长率 δ_5 (%)	冲击功，AkV，(纵向)(J)				180°弯曲试验 d=弯心直径; a=试样厚度(直径) 钢材厚度(直径)，mm	
		≤16	>16~35	>35~50	>50~100			+20℃	0℃	-20℃	-40℃	≤16	>16~100
		不 小 于						不 小 于					
Q295	A	295	275	255	235	390~570	23					$d=2a$	$d=3a$
	B	295	275	255	235	390~570	23	34				$d=2a$	$d=3a$
Q345	A	345	325	295	275	470~630	21					$d=2a$	$d=3a$
	B	345	325	295	275	470~630	21	34				$d=2a$	$d=3a$
	C	345	325	295	275	470~630	22		34			$d=2a$	$d=3a$
	D	345	325	295	275	470~630	22			34		$d=2a$	$d=3a$
	E	345	325	295	275	470~630	22				27	$d=2a$	$d=3a$
Q390	A	390	370	350	330	490~650	19					$d=2a$	$d=3a$
	B	390	370	350	330	490~650	19	34				$d=2a$	$d=3a$
	C	390	370	350	330	490~650	19		34			$d=2a$	$d=3a$
	D	390	370	350	330	490~650	19			34		$d=2a$	$d=3a$
	E	390	370	350	330	490~650	19				27	$d=2a$	$d=3a$
Q420	A	420	400	380	360	520~680	18					$d=2a$	$d=3a$
	B	420	400	380	360	520~680	18	34				$d=2a$	$d=3a$
	C	420	400	380	360	520~680	19		34			$d=2a$	$d=3a$
	D	420	400	380	360	520~680	19			34		$d=2a$	$d=3a$
	E	420	400	380	360	520~680	19				27	$d=2a$	$d=3a$
Q460	C	460	440	420	400	550~720	17		34			$d=2a$	$d=3a$
	D	460	440	420	400	550~720	17			34		$d=2a$	$d=3a$
	E	460	440	420	400	550~720	17				27	$d=2a$	$d=3a$

a．进行拉伸和弯曲试验时，钢板、钢带应取横向试样；宽度小于 600mm 的钢带、型钢和钢棒应取纵向试样。

b．钢板和钢带的伸长率值允许比表 1-31 降低 1%（绝对值）。

　　c．Q345 级钢其厚度大于 35mm 的钢板的伸长率值可降低 1%（绝对值）。

　　d．边长或直径大于 50～100mm 的方、圆钢，其伸长率可比表 1-31 规定值降低 1%（绝对值）。

　　e．宽钢带（卷状）的抗拉强度上限值不作交货条件。

　　f．A 级钢应进行弯曲试验。其他质量级别钢，如供方能保证弯曲试验结果符合表 1-31 规定要求，可不作检验。

　　g．夏比（V 型缺口）冲击试验的冲击功和试验温度应符合表 1-31 规定。冲击功值按一组三个试样算术平均值计算，允许其中一个试样单值低于表 1-31 规定值，但不得低于规定值的 70%。

　　h．当采用 5mm×10mm×55mm 小尺寸试样做冲击试验时，其试验结果应不小于规定值的 50%。

　　B．Q460 和各牌号 D、E 级钢一般不供应型钢、钢棒。

　　C．表 1-31 所列规格以外钢材的性能，由供需双方协商确定。

　5）表面质量

　　钢材的表面质量应按有关产品标准规定。

（4）连接材料

1）铆钉与螺栓连接见表 1-32、表 1-33。

铆钉连接的强度设计值（MPa）　　　　　　　　　　　　　　　表 1-32

铆钉和构件的钢号	构件钢材		抗拉（铆钉头拉脱）f_t^r	抗剪 f_v^r		承压 f_c^r	
	组别	厚度（mm）		Ⅰ类孔	Ⅱ类孔	Ⅰ类孔	Ⅱ类孔
铆钉 ML₂ 或 ML₃	—		120	185	155		
构件 3 号钢	第 1~3 组	—				445	360
构件 16Mn 钢 16Mnq 钢	—	≤16				610	500
		17~25				590	480
		26~36				565	460

注：1．孔壁质量属于下列情况者为Ⅰ类孔：
　　在装配好的构件上按设计孔径钻成的孔；
　　在单个零件和构件上按设计孔径分别用钻模钻成的孔；
　　在单个零件上先钻成或冲成较小的孔径，然后在装配好的构件上再扩钻至设计孔径的孔。
　　2．在单个零件上一次冲成或不用钻模钻成设计孔径的孔属于Ⅱ类孔。

螺栓连接的强度设计值（MPa）　　　　　　　　　　　　　　　表 1-33

螺栓的钢号（或性能等级）和构件的钢号	构件钢材		普通螺栓						锚栓	承压型高强度螺栓		
			C 级螺栓			A 级、B 级螺栓						
	组别	厚度（mm）	抗拉 f_t^b	抗剪 f_v^b	承压 f_c^b	抗拉 f_t^b	抗剪 f_v^b（Ⅰ类孔）	承压 f_c^b（Ⅰ类孔）	抗拉 f_t^b	抗拉 f_t^b	抗剪 f_v^b	承压 f_c^b
普通螺栓 3 号钢	—		170	130	—	170	170	—				

续表

螺栓的钢号（或性能等级）和构件的钢号	构件钢材		普通螺栓						锚栓	承压型高强度螺栓	
			C级螺栓			A级、B级螺栓					
	组别	厚度 (mm)	抗拉 f_t^b	抗剪 f_v^b	承压 f_c^b	抗拉 f_t^b	抗剪（I类孔）f_v^b	承压（I类孔）f_c^b	抗拉 f_t^b	抗剪 f_v^b	承压 f_c^b
锚栓 3号钢	—	—	—	—	—	—	—	—	140	—	—
									180		
承压型高强度螺栓 8.8级 10.9级	—	—	—	—	—	—	—	—	—	250	—
										310	
构件 3号钢	第1~3组	—	—	305	—	—	400	—	—	—	465
16Mn钢 16Mnq钢	—	≤16	—	—	420	—	—	550	—	—	640
	—	17~25	—	—	400	—	—	530	—	—	615
	—	26~36	—	—	385	—	—	510	—	—	590
15MnV钢 15MnVq钢	—	≤16	—	—	435	—	—	570	—	—	665
	—	17~25	—	—	420	—	—	550	—	—	640
	—	26~36	—	—	400	—	—	530	—	—	615

2) 焊接连接

A. 常用焊条牌号及用途见表1-34。

常用焊条牌号及用途　　　　　　　　　　　　　　表1-34

焊条型号	焊条牌号	药皮类型	电流种类	主要用途
E4313	J(结)421	钛型	交直流	焊接低碳钢薄板结构
E4303	J(结)422	钛钙型	交直流	焊接低碳钢结构和同强度等级的普通低合金钢
E4301	J(结)423	钛铁矿型	交直流	焊接低碳钢结构
E4316	J(结)426	低氢型	交直流	焊接重要的低碳钢及某些普通低合金钢结构
E4315	J(结)427	低氢型	直流	焊接重要的低碳钢及某些普通低合金钢结构
E5003	J(结)502	钛钙型	交直流	焊接20锰钢及相同强度等级普通低合金钢的一般结构
E5016	J(结)506	低氢型	交直流	焊接中碳钢及某些重要的普通低合金钢结构如20锰钢等
E5015	J(结)507	低氢型	直流	焊接中碳钢及20锰钢等重要的普通低合金钢结构
E6016-D1	J(结)606	低氢型	交直流	焊接中碳钢及相应强度的普通低合金钢结构
E6015-D1	J(结)607	低氢型	直流	焊接中碳钢及相应强度的普通低合金钢结构

B. 焊剂牌号、类型及成分见表1-35、表1-36、表1-37。

焊剂牌号、类型和氧化锰含量　　　　　　　　　　　表1-35

牌号	类型	氧化锰含量（%）	牌号	类型	氧化锰含量（%）
焊剂1XX	无锰	≤2	焊剂4XX	高锰	>30
焊剂2XX	低锰	2~15	焊剂5XX	陶质型	
焊剂3XX	中锰	15~30	焊剂6XX	烧结型	

焊剂牌号、类型和二氧化硅、氧化钙含量   表1-36

牌 号	类 型	二氧化硅含量（%）	氟化钙含量（%）
焊剂 X1X	低硅低氟	<10	<10
焊剂 X2X	中硅低氟	10～30	<10
焊剂 X3X	高硅低氟	>30	<10
焊剂 X4X	低硅中氟	<10	10～30
焊剂 X5X	中硅中氟	10～30	10～30
焊剂 X6X	高硅中氟	>30	10～30
焊剂 X7X	低硅高氟	<10	>30
焊剂 X8X	中硅高氟	10～30	>30

常用焊剂的成分（%）   表1-37

牌 号	SiO_2	CaF_2	CaO	MgO	Al_2O_3	MnO	FeO	K_2O+NaO	S	P
焊剂 330	44～48	3～6	≤3	16～20	≤4	22～26	≤1.5	—	≤0.08	≤0.08
焊剂 350	30～35	14～20	10～18	13～18	—	14～19	≤1.0	—	≤0.06	≤0.06
焊剂 430	38～45	5～9	≤6	—	≤5	38～47	≤1.8	—	≤0.10	≤0.01
焊剂 431	40～44	3～6.5	≤5.5	5～7.5	≤4	34～38	≤1.8	—	≤0.08	≤0.08

注：在牌号前加"焊剂"二字。牌号中第一位数字表示焊剂中氧化锰含量。牌号中第二位数字表示焊剂中二氧化硅和氟化钙的含量。牌号中第三位数字表示同一类型焊剂的不同品种，按0、1、2……9顺序排列。同一牌号焊剂具有两种不同颗粒时，在细颗粒焊剂牌号后加"细"字表示。

2．有关规定

(1) 钢材出厂质量合格证和试验报告单应及时整理，试验单填写做到字迹清楚，项目齐全、准确、真实，且无未了项。

(2) 钢材出厂质量合格证和试验报告单不允许涂改、伪造、随意抽撤或损毁。

(3) 钢材质量必须合格，应先试验后使用，有出厂质量合格证或试验单。需采取技术处理措施的，应满足技术要求并经有关技术负责人批准后方可使用。

(4) 合格证、试（检）验单或记录单的抄件（复印件）应注明原件存放单位，并有抄件人、抄件（复印）单位的签字和盖章。

(5) 必须有质量证明书，并应符合设计文件的要求，如对钢材的质量有疑义时，必须按规范进行机械性能试验和化学成分检验，合格后方能使用。

(6) 钢结构的连接件（摩擦型高强螺栓和其他螺栓及铆钉和防火涂料）应有质量证明书，并符合设计要求和国家规定的标准。

高强螺栓在安装前，按有关规定应复验所附试件的摩擦系数，合格后方可安装。

3．钢材出厂质量合格证的验收和进场钢材的外观检查

(1) 钢材出厂质量合格证的验收

钢材产品合格证由钢材生产厂质量检验部门提供给用户单位，用以说明其产品质量已达到各项指标的证明。内容包括：钢种、规格、数量、机械性能（屈服点、抗拉强度、冷弯、伸延率)、化学成分(碳、磷、硅、锰、硫、钒等)的数据及结论、出厂日期、检验部门印章、合格证的编号。合格证要求填写齐全,不得漏填或填错。同时须填明批量,如批量较大时,提供的出厂证又较少,可做复印件或抄件备查,并应注明原件证号存放处,同时应有抄件人签字,抄件日期。

钢材质量合格证(见表 1-38 式样)上备注栏内由施工单位填明单位工程名称,工程使用部位,如钢材在加工厂集中加工,其出厂合格证及试验单应转抄给使用单位。

钢材质量合格证　　　　　表 1-38

编号

钢种	钢号	规格	数量	化学成分（%）					机械性能			
				碳	硅	锰	磷	硫	屈服点(MPa)	抗拉强度(MPa)	伸延率(%)	冷弯

供应单位：　　　备注：　　　厂检验部门：　　　签章：　　　日期：　年　月　日

整理方法：

钢材进场,经外观检查合格后,由技术员、材料采购员、材料保管员分别在合格证上签字,注明使用工程部位后交资料员保管。资料员将合格证放入材质与产品检验卷内,在产品合格证分目录表上填好相应项目。

(2)进场钢材的外观检查

1)普通碳素结构钢

A.Ⅰ组钢带应有光滑的表面,除允许有其深度或高度不大于钢带厚度允许偏差之半的个别的凹面、凸块、结疤、纵向刮伤或划痕外,不得有其他缺陷。

B.Ⅱ组钢带可为深灰色或氧化色的表面,除允许有其深度或高度不大于钢带厚度允许偏差的个别的凹面、凸块、压痕、结疤、纵向刮伤与划痕,以及轻微的锈痕、粉状氧化皮的薄层外,不得有其他缺陷。

C.在切边钢带的边缘上,允许有深度不大于钢带宽度允许负偏差之半的切割不齐和尺寸不大于厚度允许偏差的毛刺。

D．在不切边钢带的边缘上，允许有深度不大于表1-39规定的裂边。

表1-39

厚 度 (mm)	裂 边	
	用热轧带轧制者 (mm)	用纵剪热轧带轧制者 (mm)
≤0.50	3	5
>0.50～1.00	2	4
>1.00～3.00	1	3

2) 优质碳素结构钢

A．压力加工用钢材的表面不得有肉眼可见的裂纹、结疤、折叠及夹杂。如有上述缺陷必须清除，清除深度从钢材实际尺寸算起应符合1-40的规定，清除宽度不小于深度的5倍，对于直径或边长大于140mm的钢材，在同一截面的最大清除深度不得多于两处。允许有从实际尺寸算起不超过尺寸公差之半的个别的细小划痕、压痕、麻点及深度不超过0.2mm的小裂纹存在。

B．切削加工用钢材的表面允许有从钢材公称尺寸算起不超过表1-41规定的局部缺陷。

3) 低合金结构钢

A．压力加工用钢材的表面不得有裂纹、结疤、折叠及夹杂。如有上述缺陷必须清除，清除深度从钢材实际尺寸算起应符合表1-40的规定，清除宽度不小于深度的5倍，同一截面达到最大清除深度不得多于一处。允许有从实际尺寸算起不超过尺寸公差之半的个别细小划痕、压痕、麻点及深度不超过0.2mm的小裂纹存在。

表1-40

钢材尺寸(直径或厚度) (mm)	允许缺陷清除深度(mm)	
	优质钢和高级优质钢	特级优质钢
<80	钢材公称尺寸公差的$\frac{1}{2}$	
80～140	钢材尺寸公差	
>140～200	钢材公称尺寸的5%	
>200	钢材公称尺寸的6%	

B．切削加工用钢材的表面允许有从钢材公称尺寸算起不超过表1-41规定的局部缺陷。

表1-41

钢材公称尺寸直径或厚度 (mm)	局部缺陷允许深度(mm)
<100	钢材公称尺寸的负偏差
≥100	钢材公称尺寸的公差

4．钢结构用钢材的取样试验及试验报告

(1) 普通碳素结构钢

钢材应成批验收，每批由同一牌号、同一炉罐号、同一等级、同一品种、同一尺寸、同一交货状态组成。每批重量不得大于60t。

用公称容量不大于 30t 的炼钢炉冶炼的钢或连铸坯轧成的钢材,允许由同一牌号的 A 级钢或 B 级钢,同一冶炼和浇注方法,不同炉罐号组成混合批,但每批不多于 6 个炉罐号,各炉罐号含碳量之差不得大于 0.02%,含锰量之差不得大于 0.15%。

每批钢材的检验项目、取样数量、取样方法和试验方法应符合表 1-42 的规定。

表 1-42

序 号	检验项目	取样数量(个)	取样方法	试验方法
1	化学分析	1 (每炉罐号)	GB 222	GB 223.1~223.5 GB 223.8~223.12 GB 223.18~223.19 GB 223.23~223.24 GB 223.31~223.32 GB 223.36
2	拉伸	1	GB 2975	GB 228、GB 6397
3	冷弯	1		GB 232
4	常温冲击	3		GB 2106
5	低温冲击			GB 4159

(2) 优质碳素结构钢

每批钢材检验的取样部位及试验方法应符合表 1-43 的规定。

(3) 低合金结构钢

a. 钢材应由供方技术监督部门检查和验收。

b. 钢材应成批验收,每批由同一牌号、同一质量等级、同一炉罐号、同一品种、同一尺寸、同一热处理制度(指按热处理状态供应)的钢材组成。

A 级钢或 B 级钢允许同一牌号、同一质量等级、同一冶炼和浇注方法,不同炉罐号组成混合批。但每批不得多于 6 个炉罐号,且各炉罐号 C 含量之差不得大于 0.02%,Mn 含量之差不得大于 0.15%。

每批钢材重量不得大于 60t。

c. 钢材的夏比(V 型缺口)冲击试验结果不符合规定时,应从同一批钢材上再取一组三个试样进行试验。前后六个试样的平均值不得低于表 1-31 规定值,允许其中两个试样低于规定值,但低于规定值 70% 的试样只允许一个。

d. 钢材的检验项目的复验和验收规则应符合 GB 247 和 GB 2101 的规定。

(4) 样坯的切取

每批钢材的试验方法应符合表 1-43 的规定。

表 1-43

序 号	检 验 项 目	取 样 数 量	取 样 部 位	试 验 方 法
1	化学成分	1	GB/T 222	GB/T 223 GB/T 4336
2	拉伸试验	1	不同根钢材	GB/T 228 GB/T 2975 GB/T 6397

续表

序 号	检验项目	取样数量	取样部位	试验方法
3	硬度	3	不同根钢材	GB/T 231
4	冲击试验	2	不同根钢材	GB/T 229
5	顶锻试验	2	不同根钢材	GB/T 233
6	低倍组织	2	相当于钢锭头部的不同根钢坯或钢材	GB/T 226 GB/T 1979
7	塔形发纹	2	不同根钢材	GB/T 15711
8	脱碳	2	不同根钢材	GB/T 224（金相法）
9	晶粒度	1	任一根钢材	YB/T 5148
10	非金属夹杂物	2	不同根钢材	GB/T 10561
11	显微组织	2	不同根钢材	GB/T 13299
12	超声波检验	2	整根材上	GB/T 7736
13	尺寸、外形	逐根	整根材上	卡尺、千分尺
14	表面	逐根	整根材上	目视

1) 样坯的切取

A. 样坯应在外观及尺寸合格的钢材上切取。

B. 切取样坯时,应防止因受热、加工硬化及变形而影响其力学及工艺性能。

用烧割法切取样坯时,从样坯切割线至试样边缘必须留有足够的加工余量,一般应不小于钢材的厚度或直径,但最小不得少于20mm。对厚度或直径大于60mm的钢材,其加工余量可根据双方协议适当减小。

冷剪样坯所留的加工余量可按表1-44选取。

表1-44

厚度或直径(mm)	加工余量(mm)	厚度或直径(mm)	加工余量(mm)
≤4	4	>20~35	15
>4~10	厚度或直径	>35	20
>10~20	10		

2) 样坯切取位置及方向

A. 对截面尺寸（图1-5的 D 和 a）小于或等于60mm的圆钢、方钢和六角钢,应在中心切取拉力及冲击样坯；截面尺寸大于60mm时,则在直径或对角线距外端四分之一处切取,如图1-5所示。

B. 样坯不需热处理时,截面尺寸小于或等于40mm的圆钢、方钢和六角钢,应使用全截面进行拉力试验。当试验机条件不能满足要求时,应加工成《金属拉伸试验方法》GB 228—87中相应的圆形比例试样。

C. 样坯需要热处理时,应按有关产品标准规定的尺寸,从圆钢、方钢和六角钢上切取。

D. 应从圆钢和方钢端部沿轧制方向切取弯曲样坯，截面尺寸小于或等于35mm时，应以钢材全截面进行试验。截面尺寸大于35mm时，圆钢应加工成直径25mm的圆形试样，并应保留宽度不大于5mm的表面层；方钢应加工成厚度为20mm并保留一个表面层的矩形试样，如图1-6所示。

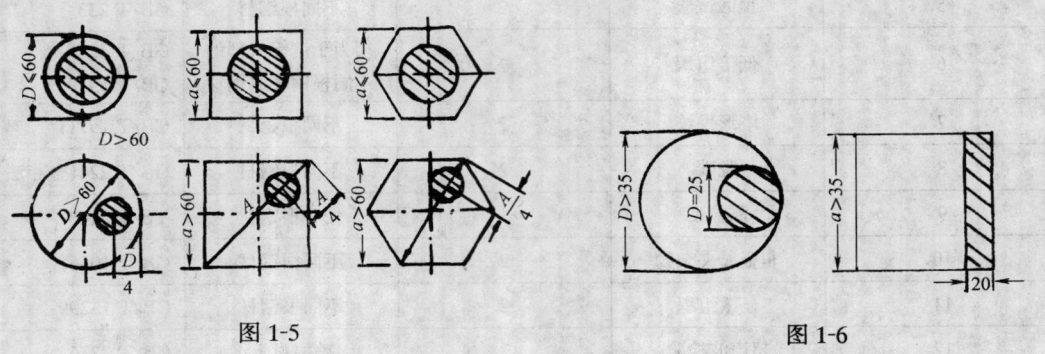

图1-5　　　　　　　　　　　　图1-6

E. 应从工字钢和槽钢腰高四分之一处沿轧制方向切取矩形拉力、弯曲和冲击样坯。拉力、弯曲试样的厚度应是钢材厚度，如图1-7所示。

F. 应从角钢和乙字钢腿长以及T形钢和球扁钢腰高三分之一处切取矩形拉力、弯曲和冲击样坯。如图1-8所示。

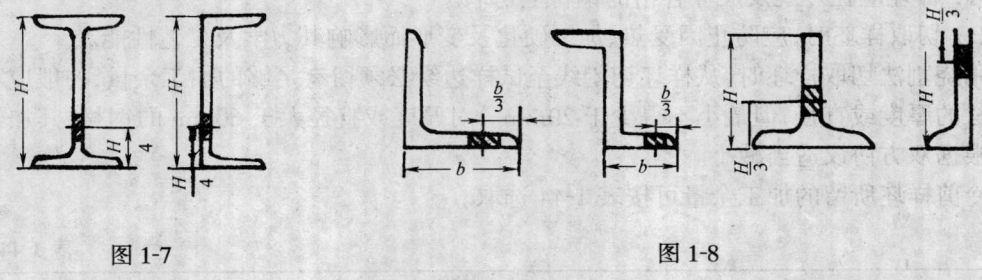

图1-7　　　　　　　　　　　　图1-8

G. 应从扁钢端部沿轧制方向在距边缘为宽度三分之一处切取拉力、弯曲和冲击样坯，如图1-9所示。

H. 型钢尺寸如不能满足上述要求时，可使样坯中心线向中部移动或以其全截面进行试验。

I. 应在钢板端部垂直于轧制方向切取拉力、冲击及弯曲样坯。对纵轧钢板，应在距边缘为板宽四分之一处切取样坯，如图1-10所示。对横轧钢板，则可在宽度的任意位置切取样坯。

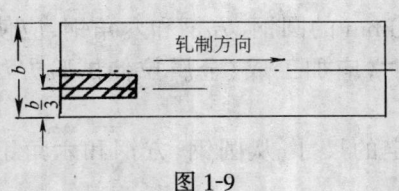　　　　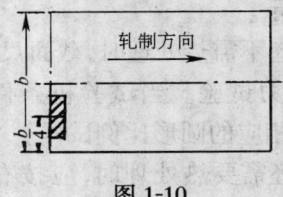

图1-9　　　　　　　　　　　　图1-10

1.1 建筑工程

J．从厚度小于或等于 25mm 的钢板及扁钢上取下的样坯应加工成保留原表面层的矩形拉力试样。当试验机条件不能满足要求时，应加工成保留一个表面层的矩形试样。厚度大于 25mm 时，应根据钢材厚度，加工成 GB 228 中相应的圆形比例试样，试样中心线应尽可能接近钢材表面，即在头部保留不大显著的氧化皮。

K．在钢板、扁钢及工字钢、槽钢、角钢、乙字钢、T 字钢和球扁钢上切取冲击样坯时，应在一侧保留表面层，冲击试样缺口轴线应垂直于该表面层，如图 1-11 所示。

L．测定应变时效冲击韧性时，切取样坯的位置应与一般冲击样坯位置相同。

M．钢板及扁钢厚度小于或等于 30mm 时，弯曲样坯厚度应为钢材厚度；大小 30mm 时，样坯应加工成厚度为 20mm 的试样，并保留一个表面层。

N．外径小于或等于 30mm 的钢管，应取整个管段作为拉力试样。外径大于 30mm 时，应剖管取纵向或横向拉力样坯。如试验条件允许，外径大于 30mm 的钢管也可取整个管段作为拉力试样。

P．外径大于 30mm 的钢管，当壁厚小于 8mm 时，应制成条状拉力试样；壁厚等于或大于 8mm 时，应根据壁厚，加工成 GB 228 中相应的圆形比例试样，试样中心线应接近钢管内壁，样坯部位如图 1-12 所示。

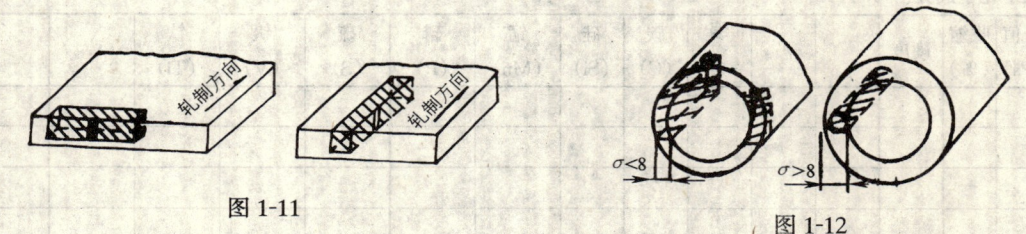

图 1-11　　　　　　　　　　　　图 1-12

Q．钢管冲击样坯应靠近内壁切取，试样缺口轴线应垂直于内壁，取样的方向应符合有关产品标准的规定。

R．钢管的弯曲、扩口、缩口、压扁和卷边试样可在任意部位切取。

S．钢带样坯应从每卷的外端或内端切取。

T．盘条、钢丝样坯应从每盘的两端切取。

U．硬度样坯应在与拉力样坯相同的位置切取。交货状态钢材的硬度一般在表面上测定。

V．对于各种尺寸条钢的冷、热顶锻试验，应采用未经加工的试样。对直径或边长大于 30mm 的冷顶锻样坯，应按产品标准切取。

（5）钢材试验报告单的内容、填制方法和要求

钢材试验报告式样如表 1-45。

钢材试验报告单中委托单位、工程名称、地点、使用部位、产地、种类、出厂证明、到达数量、形状、送样日期、试验要求、试验委托人由试验委托人（工地试验员）填写。

钢材试验报告单中试验编号，各项试验的测算依据、试验结论、报告日期由试验室人员依据试验结果填写清楚、准确。试验、计算、审核、负责人员签字要齐全，然后加盖试验章，试验报告单才能生效。

钢材试验报告　　　　　　　　　　　　表 1-45

委托单位　　　　　　　　　　　　　　　　　　　　　试验编号
工程名称　　　　　　　　工程地点　　　　　　　　　使用部位
钢材产地　　　　　　　　钢材种类　　　　　　　　　出厂证明
到达数量　　　　　　　　形　　状　　　　　　　　　送样日期　　年　月　日
试验要求　　　　　　　　　　　　　　　　　　　　　委托试验人

1. 机械性能试验

编号	钢号	炉号	批号	品种	规格	等级	重量(t)	屈服点		抗拉极限		伸长率(cm)	延伸率(%)	冷弯
								拉力(kN)	强度(MPa)	拉力(kN)	强度(MPa)			

2. 化学成分(%)

冲击值(MPa)	收缩(%)	硬度		编号	碳(C)	硅(Si)	锰(Mn)	磷(P)	硫(S)	钒(V)	钛(Ti)

3. 试验结论
　　　物理
　　　化学

主管　　　　　　审核　　　　　　计算　　　　　　　　试验
　　　　　　　　　　　　　　　　　　　　　　　　　　报告日期　　年　月　日

钢材试验报告单是判定一批钢材材质是否合格的依据,是施工技术资料的重要部分,属保证项目。报告单中要求做到字迹清楚,项目齐全、准确、真实,无未了项,没有项目写"无"或划斜杠,试验室的签字盖章齐全。如试验单某项填写错误,不允许涂抹,应在错项上划一斜杠,将正确的填写在其上方,并在此处加盖改错者印章和试验章。

领取钢材试验报告单,应验看试验项目是否齐全,必试项目不能缺少,试验室有明确结论和试验编号,签字盖章齐全。要注意看试验单上各试验项目数据是否达到规范规定的标准值,是则验收存档,否则应及时取双倍试样做复试或报有关人员处理,并将复试合格单或处理结论附于此单后一并存档。

5. 整理要求

(1) 此部分资料应归入原材料、半成品、成品出厂质量证明和质量试(检)验报告分册中。

(2) 合格证应折成16开纸大小或贴在16开纸上。

(3) 各验收批钢材合格证和试验报告,按批组合,按时间先后顺序排列并编号,不得遗漏。

(4) 建立分目录表,并能对应一致。

6. 注意事项

(1) 钢材的材质证明要"双控",各验收批钢材出厂质量合格证和试验报告单缺一不可。材质证明与实物应物证相符。

(2) 钢材出厂质量合格证应有生产厂家质量检验部门的盖章,质量有保证的生产厂家,钢材标牌可作为质量合格证。

(3) 钢材试验报告单应有试验编号,便于与试验室的有关资料查证核实。试验报告单应有明确结论并签章齐全。

(4) 领取试验报告单后一定要验看报告中各项目的实测数值是否符合规范的技术要求。

(5) 钢材试验不合格单后应附双倍试件复试合格试验报告单或处理报告。不合格单不允许抽撤。

(6) 应与其他施工技术资料对应一致,交圈吻合,相关技术资料有:钢材焊接试验报告、钢筋隐检单、现场预应力混凝土试验记录、现场预应力张拉施工记录、质量评定、施工组织设计、技术交底、洽商和竣工图。

1.1.1.4 焊条、焊剂及焊药

1. 常用焊条和焊剂的型号、牌号、类型及主要用途(表1-34、表1-46)

常用焊剂牌号及主要用途　　　　　　　表1-46

牌　号	焊剂类型	电流种类	主　要　用　途
焊剂350	中锰中硅中氟	交 直 流	焊接低碳钢及普通低合金钢结构
焊剂360	中锰高硅中氟	交 直 流	用于电渣焊大型低碳钢及普通低合金钢结构
焊剂430	高锰高硅低氟	交 直 流	焊接重要的低碳钢及普通低合金钢结构
焊剂431	高锰高硅低氟	交 直 流	焊接重要的低碳钢及普通低合金钢结构
焊剂433	高锰高硅低氟	交 直 流	焊接低碳钢结构,有较高熔点和粘度

2. 有关规定

(1) 焊条、焊剂和焊药应有出厂质量证明书,并应符合设计要求。

(2) 焊条、焊剂和焊药需进行烘焙的应有烘焙记录。

(3) 焊条、焊剂和焊药的出厂质量合格证和烘焙记录应及时整理,烘焙记录填写做到字迹清晰,项目齐全、准确、真实。

(4) 焊条、焊剂和焊药的出厂质量合格证和烘焙记录不允许涂改、伪造、随意抽撤或损毁。其抄件(复印件)应注明原件存放处,并有抄件人、抄件(复印)单位的签字和盖章。

3. 焊条、焊剂和焊药出厂质量合格证的验收

焊条、焊剂和焊药出厂质量合格证应由生产厂家的质检部门提供给使用单位,作为证明

其产品质量性能的依据。合格证应注明焊条、焊剂和焊药的型号、牌号、类型、生产日期、有效期限等。对于名牌产品(如大桥牌焊条)可取其包装封皮做为该产品的合格证存档。

4. 烘焙记录

烘焙记录反映焊条、焊剂和焊药的烘焙情况,其内容应包括烘焙方法、时间、测温记录、烘焙鉴定及烘焙、测温人的签字。

5. 整理要求

(1) 此部分资料应归入原材料、半成品、成品出厂质量证明和质量试(检)验报告分册中;

(2) 合格证应折成 16 开大小或贴在 16 开纸上,并按时间先后顺序排列和编号,不得遗漏;

(3) 建立分目录表,并能对应一致。

6. 注意事项

各种焊条、焊剂和焊药的出厂质量合格证要及时收存,不要遗失,并要折齐贴好。

1.1.1.5 砖及砌块

(一) 砖

1. 砌墙砖的定义、分类、规格尺寸和技术要求

(1) 定义和分类

砌墙砖包括以粘土、工业废料或其他地方资源为主要原料,用不同工艺制成的,用于砌筑的承重砖。砌墙砖分为普通砖和空心砖两类。

1) 普通砖:凡是孔洞率(砖面上孔洞总面积占砖面积的百分率)不大于 15% 或没有孔洞的砖,称为普通砖。由于其原料和工艺不同,普通砖又分为:

A. 烧结砖:是以粘土、页岩、煤矸石、粉煤灰为主要原料,经过焙烧而成的实心或孔洞率不大于 15% 的烧结普通砖。如粘土砖、页岩砖、烧结煤矸石砖、烧结粉煤灰砖等。

B. 蒸养(压)砖:是以砂子、粉煤灰、残炉渣为原料,加入石灰和少量石膏和骨料经坯料制备、压制成型,经高压或常压蒸汽养护而成的墙体材料。如灰砂砖、粉煤灰砖、炉渣砖等。

2) 空心砖:凡是孔洞率大于 15% 的砖称为空心砖,其孔洞为竖孔。

(2) 砌墙砖的规格尺寸见表 1-47。

砌墙砖的规格(单位:mm)　　　　表 1-47

名　称	长	宽	厚
普 通 砖	240	115	53
空 心 砖	190	190	90
	240	115	90
	240	180	115

(3) 砌墙砖的技术要求

1) 尺寸允许偏差

尺寸允许偏差应符合表 1-48 规定。

2) 外观质量

A. 砖的外观质量应符合表 1-49 规定。

表 1-48
mm

公 称 尺 寸	样本平均偏差		样本极差≤	
	优 等 品	合 格 品	优 等 品	合 格 品
长度 240	±2.0		8	8
宽度 115	±1.5		6	6
高度 53	±1.5		4	5

表 1-49
mm

项 目		优 等 品	合 格 品
两条面高度差	不大于	2	5
弯曲	不大于	2	5
杂质凸出高度	不大于	2	5
缺棱掉角的三个破坏尺寸	不得同时大于	15	30
裂纹长度	不大于		
a. 大面上宽度方向及其延伸至条面的长度		70	110
b. 大面上长度方向及其延伸至顶面的长度或条顶面上水平裂纹的长度		100	150
完整面		一条面和顶面	—

注：完整面系指宽度中有大于 1mm 的裂纹长度不得超过 30mm；条顶面上造成的破坏面不得同时大于 10mm×20mm。

B．颜色

优等品：基本一致。

合格品：无要求。

3）强度等级

强度等级应符合表 1-50 规定。

表 1-50
MPa

强度等级	平均值 $R \geqslant$	标准值 $f_k \geqslant$	强度等级	平均值 $R \geqslant$	标准值 $f_k \geqslant$
MU 30	30.0	23.0	MU 15	15.0	10.0
MU 25	25.0	19.0	MU 10	10.0	6.5
MU 20	20.0	14.0	MU 7.5	7.5	5.0

4）抗风化性能

A．严重风化区中的 1,2,3,4,5 地区抗冻性必须符合表 1-51 规定。风化区的划分见附录 A（补充件）。

B．严重风化区（除 5.4.1 地区外）和非严重风化区砖的抗风化性能符合表 1-52 规定可不做冻融试验，否则必须符合表 1-51 规定。

5）泛霜

每块砖样应符合下列规定：

表 1-51

强度等级	抗压强度平均值 (MPa) ≥	单块砖的干质量损失 (%) ≤	强度等级	抗压强度平均值 (MPa) ≥	单块砖的干质量损失 (%) ≤
30	23.0	2.0	15	10.0	2.0
25	19.0	2.0	10	6.5	2.0
20	14.0	2.0	7.5	5.0	2.0

表 1-52

项目 砖种类	严重风化区				非严重风化区			
	5h沸煮吸水率,% ≤		饱和系数 ≤		5h沸煮吸水率,% ≤		饱和系数 ≤	
	平均值	单块最大值	平均值	单块最大值	平均值	单块最大值	平均值	单块最大值
粘土砖	19	21	0.80	0.82	23	25	0.88	0.90
粉煤灰砖[1]	20	22			30	32		
页岩砖	15	17	0.72	0.74	18	20	0.78	0.80
煤矸石砖	18	20			21	23		

注:1) 粉煤灰掺入量(体积比)小于50%时,按粘土砖规定。

优等品:无泛霜。
合格品:不得严重泛霜。
6) 石灰爆裂
优等品:不允许出现最大破坏尺寸大于 2mm 的爆裂区域。
合格品:
a. 最大破坏尺寸大于 2mm 且小于等于 15mm 的爆裂区域,每组砖样不得多于 15 处。其中大于 10mm 的不得多于 7 处。
b. 不允许出现最大破坏尺寸大于 15mm 的爆裂区域。
7) 产品中不允许有欠火砖、酥砖和螺旋纹砖。
2. 蒸压灰砂砖(GB 11945—89)
(1) 尺寸偏差和外观
尺寸偏差和外观应符合表 1-53 的规定。

灰砂砖外观质量(mm)　　表 1-53

项目	指标		
	优等品	一等品	合格品
(1) 尺寸偏差	不超过		
长度	±2		
宽度	±2	±2	±3
高度	±1		

续表

项目		指标		
		优等品	一等品	合格品
(2) 对应高度差	不大于	1	2	3
(3) 缺棱掉角的最小破坏尺寸	不大于	10	15	25
(4) 完整面	不少于	2个条面和1个顶面或2个顶面和1个条面	1个条面和1个顶面	1个条面和1个顶面
(5) 裂缝长度	不大于			
a. 大面上宽度方向及其延伸到条面的长度		30	50	70
b. 大面上长度方向及其延伸到顶面上的长度或条、顶面水平裂纹的长度		50	70	100

注：凡有以下缺陷者，均为非完整面：
  a. 缺棱尺寸或掉角的最小尺寸大于8mm；
  b. 灰球粘土团、草根等杂物造成破坏面的两个尺寸同时大于10mm×20mm；
  c. 有气泡、麻面、龟裂等缺陷。

(2) 抗折强度和抗压强度

抗折强度和抗压强度应符合表1-54的规定。

灰砂砖力学性能(MPa)   表1-54

强度级别	抗压强度		抗折强度	
	平均值不小于	单块值不小于	平均值不小于	单块值不小于
25	25.0	20.0	5.0	4.0
20	20.0	16.0	4.0	3.2
15	15.0	12.0	3.3	2.6
10	10.0	8.0	2.5	2.0

注：优等品的强度级别不得小于15级。

(3) 抗冻性

抗冻性应符合表1-55的规定。

灰砂砖的抗冻性指标   表1-55

强度级别	抗压强度(MPa) 平均值不小于	单块砖的干质量损失(%) 不大于
25	20.0	2.0
20	16.0	2.0
15	12.0	2.0
10	8.0	2.0

注：优等品的强度级别不得小于15级。

3. 粉煤灰砖(JC 239—91)

(1) 外观质量

外观应符合表1-56的规定。

外 观 质 量 (mm)　　　　　　　　　　　　　表 1-56

项　目	指　标		
	优等品	一等品	合格品
尺寸允许偏差：			
长	±2	±3	±4
宽	±2	±3	±4
高	±2	±3	±3
对应高度差　　　　不大于	1	2	3
每一缺棱掉角的最小破坏尺寸 　　　　　　　　不大于	10	15	25
完整面　　　　　　不少于	二条面和一顶面或二顶面和一条面	一条面和一顶面	一条面和一顶面
裂纹长度　　　　　不大于			
a. 大面上宽度方向的裂纹（包括延伸到条面上的长度）	30	50	70
b. 其他裂纹	50	70	100
层　裂	不　允　许		

注：在条面或顶面上破坏面的两个尺寸同时大于 10mm 和 20mm 者为非完整面。

(2) 抗折强度和抗压强度

抗折强度和抗压强度应符合表 1-57 的规定，优等品的强度级别应不低于 15 级，一等品的强度级别应不低于 10 级。

(3) 抗冻性

粉煤灰砖强度指标（MPa）　　　　　　　　　　　表 1-57

强度级别	抗　压　强　度		抗　折　强　度	
	10 块平均值不小于	单块值不小于	10 块平均值不小于	单块值不小于
20	20.0	15.0	4.0	3.0
15	15.0	11.0	3.2	2.4
10	10.0	7.5	2.5	1.9
7.5	7.5	5.6	2.0	1.5

注：强度级别以蒸汽养护后一天的强度为准。

抗冻性应符合表 1-58 的规定。

粉煤灰砖抗冻性指标　　　　　　　　　　表 1-58

强度级别	抗压强度（MPa） 平均值不小于	砖的干质量损失（%） 单块值不大于
20	16.0	2.0
15	12.0	2.0
10	8.0	2.0
7.5	6.0	2.0

(4) 干燥收缩

干燥收缩值:优等品应不大于 0.60mm/m;一等品应不大于 0.75mm/m;合格品应不大于 0.85mm/m。

4. 炉渣砖

炉渣砖的外观等级(表 1-59)。

炉渣砖的外观等级 表 1-59

外 观 指 标	一等 (mm)	二等 (mm)
一、尺寸的允许公差		
长 度	±5	±7
宽 度	±4	±5
厚 度	±3	±4
厚度对应尺寸差	3	5
二、完整面不得少于	一条面和一顶面	一条面或一顶面
完整面要求:		
1. 构成平面角的二个棱的破坏长度不得同时超过 10mm		
2. 棱的破坏长度和高度不得同时超过 10mm 和 7mm		
3. 裂纹的长度和宽度不得同时超过 40mm 和 1mm		
4. 石灰质爆炸和其他杂质引起的缺陷面积的最大直径不得大于 10mm		
三、缺棱(以高度计)、掉角(以最小棱长计)的破坏尺寸不得大于	25	35
四、单条裂纹的总长度不得大于	70	100
五、大面或条面上的弯曲不得大于	3	

炉渣砖的强度指标(表 1-60)。

炉渣砖的强度指标 表 1-60

强 度 等 级	抗压强度(MPa)		抗折强度(MPa)	
	样组的平均值 ≥	单块最小值 ≥	样组的平均值 ≥	单块的最小值 ≥
MU20	20	15	4.0	2.6
MU15	15	11	3.1	2.0
MU10	10	7.5	2.3	1.3

注:1. 每个样组为五块砖。以五块砖为一样组评定强度等级时,不得有两块以上的砖低于所属等级的平均强度值。
　　2. 如怀疑取样代表性不足时,允许复验一次,抽样数量应加倍。以十块砖评定强度等级时,不得有五块以上的砖低于所属等级的平均强度值。

炉渣砖的抗冻性能规定:砖试件在饱水状态下,在零下 15℃ 连续经受 15 次反复冻融后,满足以下规定者为合格:

单块试件的最大体积损失不超过 2%。

试件的极限抗压强度平均值的降低不超过 25%。

承重空心砖的外观等级见表 1-61,其强度指标见表 1-62。

承重空心砖的外观等级 表1-61

项 目	指 标 (mm)	
	一 等	二 等
(1) 尺寸允许偏差不大于：		
a. 尺寸为240、190、180mm	±5	±7
b. 尺寸为115mm	±4	±5
c. 尺寸为90mm	±3	±4
(2) 完整面不得少于：	1条面和1顶面	1条面或1顶面
凡有下列缺陷之一者,不能称为完整面：		
a. 缺棱、掉角在条、顶面上造成的破坏面同时大于20mm×30mm		
b. 裂缝宽度超过1mm,其长度超过70mm		
c. 有严重的焦花、沾底		
(3) 缺棱、掉角的三个破坏尺寸不得同时大于：	30	40
(4) 裂纹的长度不大于：		
a. 大面上深入孔壁15mm以上的宽度方向裂纹	100	140
b. 大面上深入孔壁15mm以上的长度方向裂纹	120	160
c. 条、顶面上的水平裂纹	120	160
(5) 杂质在砖面上造成的凸出高度不大于：	5	5
(6) 混等率(指本等级中混入该等以下各等级产品的百分数)不得超过：	10%	15%

承重空心砖的强度指标 表1-62

强 度 等 级	抗压强度(MPa)		抗折荷重(kN)	
	五块平均值不小于	单块最小值不小于	五块平均值不小于	单块最小值不小于
MU20	20	14	9.45	6.15
MU15	15	10	7.35	4.75
MU10	10	6.0	5.30	3.10
MU7.5	7.5	4.5	4.30	2.60

注：1. 横列四项指标,有一项达不到时,即应降级。
    2. 抗折荷重栏所列批标,系已将试验结果乘以规定系数后之值。
    3. 空心砖的强度等级不得低于MU7.5。

5. 烧结多孔砖(GB 13544—92)

(1) 尺寸允许偏差

尺寸允许偏差应符合表1-63的规定。

烧结多孔砖尺寸允许偏差(mm) 表1-63

尺 寸	尺 寸 允 许 偏 差		
	优 等 品	一 等 品	合 格 品
240,190	±4	±5	±7
115	±3	±4	±5
90	±3	±4	±4

(2) 外观质量

外观质量应符合表1-64的规定。

(mm) 表1-64

项 目	优等品	一等品	合格品
① 颜色(一条面和一顶面)	基本一致	—	—
② 完整面　　不得少于	一条面和一顶面	一条面和一顶面	—
③ 缺棱掉角的三个破坏尺寸　不得同时大于	15	20	30
④ 裂纹长度　不大于			
a. 大面上深入孔壁15mm以上宽度方向及其延伸到条面的长度	80	100	120
b. 大面上深入孔壁15mm以上长度方向及其延伸到顶面的长度	80	120	140
c. 条、顶面上的水平裂纹	100	120	140
⑤ 杂质在砖面上造成的凸出高度　不大于	3	4	5
⑥ 欠火砖和酥砖	不　允　许		

注：凡有下列缺陷之一者,不能称为完整面：
　① 缺损在条面或顶面上造成的破坏面尺寸同时大于20mm×30mm。
　② 条面或顶面上裂纹宽度大于1mm,其长度超过70mm。
　③ 压陷、焦花、粘底在条面或顶面上的凹陷或凸出超过2mm,区域尺寸同时大于20mm×30mm。

(3) 强度

强度级别应符合表1-65的规定。

表1-65

产品等级	强　度	抗压强度(MPa)		抗折荷重(kN)	
		平均值不小于	单块最小值不小于	平均值不小于	单块最小值不小于
优 等 品	30	30.0	22.0	13.5	9.0
	25	25.0	18.0	11.5	7.5
	20	20.0	14.0	9.5	6.0
一 等 品	15	15.0	10.0	7.5	4.5
	10	10.0	6.0	5.5	3.0
合 格 品	7.5	7.5	4.5	4.5	2.5

(4) 物理性能

砖的物理性能应符合表1-66的规定。

表1-66

项 目	鉴别指标
冻　融	干质量损失不大于2%

项 目	鉴 别 指 标
泛霜	① 优等品 不允许出现轻微泛霜 ② 一等品 不允许出现中等泛霜 ③ 合格品 不允许出现严重泛霜
石灰爆裂	① 优等品 a. 最大直径为 2~5mm 的爆裂区域不超过两处的砖样不得多于 2 块,且爆裂区域不得在同一条面或顶面上出现 b. 最大直径大于 5mm,不大于 10mm 的爆裂区域一处的砖样不得多于 1 块 c. 在各面上不得出现最大直径大于 10mm 的爆裂区域 ② 一等品 a. 最大直径大于 5mm,不大于 10mm 的爆裂区域不超过两处的砖样不得多于 2 块,且爆裂区域不得在同一条面或顶面上出现 b. 在各面上不得出现最大直径大于 10mm 的爆裂区域 ③ 合格品 在条面和顶面上不得出现最大直径大于 10mm 的爆裂区域
吸水率	① 优等品 不大于 22% ② 一等品 不大于 25% ③ 合格品 不要求

6．烧结空心砖和空心砌块(GB 13545—92)

(1) 尺寸允许偏差

尺寸允许偏差应符合表 1-67 的规定。

表 1-67

尺 寸 (mm)	尺寸允许偏差(mm)		
	优 等 品	一 等 品	合 格 品
>200	±4	±5	±7
200~100	±3	±4	±5
<100	±3	±4	±4

(2) 外观质量：

外观质量应符合表 1-68 的规定。

(3) 强度

强度应符合表 1-69 的规定。

1.1 建筑工程   65

表 1-68

项　　目	优等品 (mm)	一等品 (mm)	合格品 (mm)
① 弯曲　　不大于	3	4	5
② 缺棱掉角的三个破坏尺寸　不得同时大于	15	30	40
③ 未贯穿裂纹长度　不大于			
a. 大面上宽度方向及其延伸到条面的长度	不允许	100	140
b. 大面上长度方向或条面上水平方向的长度	不允许	120	160
④ 贯穿裂纹长度　不大于			
a. 大面上宽度方向及其延伸到条面的长度	不允许	60	80
b. 壁、肋沿长度方向、宽度方向及其水平方向的长度	不允许	60	80
⑤ 肋、壁内残缺长度　不大于	不允许	60	80
⑥ 完整面　不少于	一条面和一大面	一条面或一大面	—
⑦ 欠火砖和酥砖	不允许	不允许	不允许

注：凡有下列缺陷之一者，不能称为完整面：
1. 缺损在大面、条面上造成的破坏面尺寸同时大于 20mm×30mm。
2. 大面、条面上裂纹宽度大于 1mm，其长度超过 70mm。
3. 压陷、粘底、焦花在大面、条面上的凹陷或凸出超过 2mm，区域尺寸同时大于 20mm×30mm。

表 1-69

等　级	强度等级	大面抗压强度(MPa)		条面抗压强度(MPa)	
		平均值不小于	单块最小值不小于	平均值不小于	单块最小值不小于
优等品	5.0	5.0	3.7	3.4	2.3
一等品	3.0	3.0	2.2	2.2	1.4
合格品	2.0	2.0	1.4	1.6	0.9

（4）孔洞及其结构
孔洞及其排数应符合表 1-70 的规定。

表 1-70

等　级	孔洞排数（排）		孔洞率 (%)	壁　厚 (mm)	肋　厚 (mm)
	宽度方向	高度方向			
优等品	≥5	≥2			
一等品	≥3	—	≥35	≥10	≥7
合格品	—	—			

（5）物理性能
砖和砌块的物理性能应符合表 1-71 的规定。
（6）密度
密度级别应符合表 1-72 的规定。

表 1-71

项　目	鉴　别　指　标
冻　融	① 优等品 　不允许出现裂纹、分层、掉皮、缺棱掉角等冻坏现象 ② 一等品、合格品 　不允许出现分层、掉皮、缺棱掉角等冻坏现象
泛　霜	① 优等品 　不允许出现轻微泛霜 ② 一等品 　不允许出现中等泛霜 ③ 合格品 　不允许出现严重泛霜
石灰爆裂	① 优等品 　在同一大面或条面上出现最大直径大于 5mm 不大于 10mm 的爆裂区域不多于 1 处的试样,不得多于 1 块 ② 一等品 　a. 在同一大面或条面上出现最大直径大于 5mm 不大于 10mm 的爆裂区域不多于 1 处的试样,不得多于 3 块 　b. 各面出现最大直径大于 10mm 不大于 15mm 的爆裂区域不多于 1 处的试样,不得多于 2 块 ③ 合格品 　各面不得出现最大直径大于 15mm 的爆裂区域
吸水率	① 优等品 　不大于 22% ② 一等品 　不大于 25% ③ 合格品 　不要求

表 1-72

密度级别 （kg/m³）	五块密度平均值 （kg/m³）	密度级别 （kg/m³）	五块密度平均值 （kg/m³）
800	≤800	1100	901～1100
900	801～900		

（二）砌块的品种及性能

1. 粉煤灰硅酸盐砌块

（1）定义

粉煤灰硅酸盐砌块（简称粉煤灰砌块）是以粉煤灰、石灰、石膏和骨料等为原料,加水搅拌、振动成型经蒸汽养护而制成的墙体材料。

（2）强度等级与规格

1）粉煤灰砌块按其抗压强度分两个等级：MU10、MU15。

2）粉煤灰砌块的规格：长 880、1180mm；高 380mm；厚 180、190、200、240mm,并配相应

的副规格。

3) 粉煤灰砌块的适用范围:适用于民用及一般工业建筑的墙体和基础。

(3) 质量标准

1) 粉煤灰砌块的质量要求应符合表 1-73 的规定。

表 1-73

项 目	指 标	
	MU10	MU15
1. 抗压强度(MPa)	三块试件平均值不小于10,其中一块最小值不小于8	三块试件平均值不小于15,其中一块最小值不小于12
2. 人工碳化后强度(MPa)	不小于 6	不小于 9
3. 干缩值(mm/m)	不大于 1	
4. 密度(kg/m³)	不大于产品设计密重 150	
5. 抗冻性	强度损失率不超过 25%,外观无明显疏松、剥落或裂缝	

注:非冰冻地区可不做抗冻性试验。

2) 粉煤灰砌块的外观和尺寸应符合表 1-74 的规定。

表 1-74

项 目	指 标
1. 表面疏松	不 允 许
2. 贯穿面棱的裂缝	不 允 许
3. 直径大于 50mm 的灰团、空洞、爆裂和突出高度大于 20mm 的局部凸起部分	不 允 许
4. 翘曲(mm)	不大于 10
5. 条面、顶面相对两棱边高低差(mm)	不大于 8
6. 缺棱掉角深度(mm)	不大于 50
7. 尺寸允许偏差(mm)	
长	+5 -10
高	+5 -10
厚	±8

2. 混凝土空心小型砌块

(1) 等级和标记

1) 等级

a. 按其尺寸偏差、外观质量分为:优等品(A)、一等品(B)及合格品(C)。

b. 按其强度等级分为:MU3.5、MU5.0、MU7.5、MU10.0、MU15.0、MU20.0。

2) 标记

a. 按产品名称(代号 NHB)、强度等级、外观质量等级和标准编号的顺序进行标记。

b. 标记示例

强度等级为 MU7.5,外观质量为优等品(A)的砌块,其标记为:

NHB MU7.5A GB 8239

(2) 原材料

a. 水泥:宜采用符合 GB/T 175、GB/T 1344、GB 12958 规定的水泥。

b．细集料：应符合 GB/T 14684 的规定。

c．粗集料：可采用碎石、卵石和重矿渣，碎石、卵石应符合 GB/T 14685 的规定，重矿渣应符合 YBJ 20584 的规定，其最大粒径为 10mm。如采用石屑等破碎石材，小于 0.15mm 的细石粉含量不应大于 20%。

d．外加剂：应符合 GB 8076 的规定。

(3) 技术要求

1) 规格：

a．规格尺寸

主规格尺寸为 390mm×190mm×190mm，其他规格尺寸可由供需双方协商。

b．最小外壁厚应不小于 30mm，最小肋厚应不小于 25mm。

c．空心率应不小于 25%。

d．尺寸允许偏差应符合表 1-75 要求。

尺寸允许偏差（mm）   表 1-75

项 目 名 称	优 等 品 (A)	一 等 品 (B)	合 格 品 (C)
长 度	±2	±3	±3
宽 度	±2	±3	±3
高 度	±2	±3	−3 −4

2) 外观质量应符合表 1-76 规定。

外 观 质 量   表 1-76

项 目 名 称		优 等 品 (A)	一 等 品 (B)	合 格 品 (C)
弯曲(mm) 不大于		2	2	3
掉角缺棱	个数,个 不多于	0	2	2
	三个方向投影尺寸的最小值(mm) 不大于	0	20	30
裂纹延伸的投影尺寸累计(mm) 不大于		0	20	30

3) 强度等级应符合表 1-77 的规定。

强 度 等 级（MPa）   表 1-77

强 度 等 级	砌块抗压强度	
	平均值不小于	单块最小值不小于
MU3.5	3.5	2.8
MU5.0	5.0	4.0
MU7.5	7.5	6.0
MU10.0	10.0	8.0
MU15.0	15.0	12.0
MU20.0	20.0	16.0

4) 相对含水率应符合表 1-78 规定。

1.1 建筑工程

相对含水率（%） 表1-78

使用地区	潮湿	中等	干燥
相对含水率不大于	45	40	35

注：潮湿——系指年平均相对湿度大于75%的地区；
　　中等——系指年平均相对湿度50%～75%的地区；
　　干燥——系指年平均相对湿度小于50%的地区。

5）抗渗性：用于清水墙的砌块，其抗渗性应满足表1-79的规定。

抗渗性（mm） 表1-79

项目名称	指标
水面下降高度	三块中任一块不大于10

6）抗冻性：应符合表1-80的规定。

抗冻性 表1-80

使用环境条件		抗冻标号	指标
非采暖地区		不规定	
采暖地区	一般环境	D15	强度损失≤25%
	干湿交替环境	D25	质量损失≤5%

注：非采暖地区指最冷月份平均气温高于-5℃的地区；
　　采暖地区指最冷月份平均气温低于或等于-5℃的地区。

3. 蒸压加气混凝土砌块 ❶

（1）砌块的尺寸允许偏差和外观应符合表1-81的规定。

尺寸偏差和外观 表1-81

项目			指标		
			优等品(A)	一等品(B)	合格品(C)
尺寸允许偏差(mm)	长度	L_1	±3	±4	±5
	宽度	B_1	±2	±3	+3 -4
	高度	H_1	±2	±3	+3 -4
缺棱掉角	个数，不多于(个)		0	1	2
	最大尺寸不得大于(mm)		0	70	70
	最小尺寸不得大于(mm)		0	30	30
	平面弯曲不得大于(mm)		0	3	5

---

❶ 引自 GB 11968—1997《蒸汽加压混凝土砌块》《蒸压加气混凝土砌块》。

续表

项 目		指标		
		优等品(A)	一等品(B)	合格品(C)
裂纹	条数,不多于(条)	0	1	2
	任一面上的裂纹长度不得大于裂纹方向尺寸的	0	1/3	1/2
	贯穿一棱二面的裂纹长度不得大于裂纹所在面的裂纹方向尺寸总和的	0	1/3	1/3
爆裂、粘模和损坏深度不得大于(mm)		10	20	30
表面疏松、层裂		不 允 许		
表面油污		不 允 许		

(2) 砌块的抗压强度应符合表 1-82 的规定。

砌块的抗压强度(MPa)　　　　表 1-82

强度级别	立方体抗压强度		强度级别	立方体抗压强度	
	平均值不小于	单块最小值不小于		平均值不小于	单块最小值不小于
A1.0	1.0	0.8	A5.0	5.0	4.0
A2.0	2.0	1.6	A7.5	7.5	6.0
A2.5	2.5	2.0	A10.0	10.0	8.0
A3.5	3.5	2.8			

(3) 砌块的强度级别应符合表 1-83 的规定。

砌块的强度级别　　　　表 1-83

体积密度级别		B03	B04	B05	B06	B07	B08
强度级别	优等品(A)	A1.0	A2.0	A3.5	A5.0	A7.5	A10.0
	一等品(B)			A3.5	A5.0	A7.5	A10.0
	合格品(C)			A2.5	A3.5	A5.0	A7.5

(4) 砌块的干体积密度应符合表 1-84 的规定。

砌块的干体积密度(kg/m³)　　　　表 1-84

体积密度级别		B03	B04	B05	B06	B07	B08
体积密度	优等品(A)≤	300	400	500	600	700	800
	一等品(B)≤	330	430	530	630	730	830
	合格品(C)≤	350	450	550	650	750	850

(5) 砌块的干燥收缩、抗冻性和导热系数(干态)应符合表 1-85 的规定。
(6) 掺用工业废渣为原料时,所含放射性物质,应符合 GB 9196 的规定。
(三) 有关规定

干燥收缩、抗冻性和导热系数　　　　　　　　　表 1-85

体积密度级别		B03	B04	B05	B06	B07	B08
干燥收缩值	标准法≤ (mm/m)	0.50					
	快速法≤	0.80					
抗冻性	质量损失(%) ≤	5.0					
	冻后强度(MPa) ≥	0.8	1.6	2.0	2.8	4.0	6.0
导热系数(干态)(W/m·K) ≤		0.10	0.12	0.14	0.16	—	—

注：1. 规定采用标准法、快速法测定砌块干燥收缩值，若测定结果发生矛盾不能判定时，则以标准法测定的结果为准。
　　2. 用于墙体的砌块，允许不测导热系数。

（1）砖出厂质量合格证和试验报告单应及时整理，试验单填写做到字迹清楚，项目齐全、准确、真实，且无未了事项；

（2）砖出厂质量合格证和试验报告单不允许涂改、伪造、随意抽撤或损毁；

（3）砖质量必须合格，应先试验后使用，有出厂质量合格证或试验单。需采取技术处理措施的，应满足技术要求并经有关技术负责人批准后，方可使用；

（4）合格证、试（检）验单或记录单的抄件（复印件）应注明原件存放单位，并有抄件人、抄件（复印）单位的签字和盖章。

（5）应有出厂质量证明书。

用于承重结构或对其材质有怀疑时，应进行复试（必试项目为强度等级）。

（四）砖出厂质量证明书的验收和进场砖的外观质量检查

（1）砖出厂质量证明书的验收

砖出厂质量合格证应由生产厂家质检部门提供作为砖质量合格的依据，其中品种、强度等级、批量及平均抗压强度、最小抗压强度、抗折强度、试验日期等项要填写清楚、准确。如批量较大时，可做符合要求的抄件或复印件。

（2）进场砖的外观质量检查

1）抽样：外观检查的砖样，在成品堆垛中按机械抽样取得。抽样前预先确定好抽样方案，如每隔几垛，在垛上的那一部位，取某一个位置上的几块，使所取的砖样能均匀分布于该批成品的堆垛范围中，并具有代表性，然后抽取之。外观检查的砖样为 200 块。

2）外观检查方法

A．尺寸量法：

长度、宽度在两个大面上的中间处测量，厚度在两个条面和顶面的中间处测量（如图 1-13），以 mm 为计量单位，不足 1mm 者按 1mm 计算。

B．缺棱掉角检查：

缺棱掉角在砖上造成的破损程度，以破损部分对砖的长、宽、厚三个棱边的投影尺寸来度量，称为破坏尺寸（如图 1-14）。

缺棱掉角造成的破坏面，系指缺损部分对条、顶面的投影面

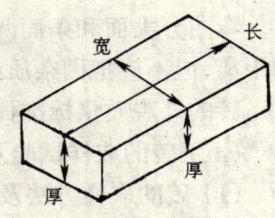

图 1-13　尺寸量法示意图

积,只需测量两个破坏尺寸(如图1-15),石灰质胀裂或杂质等引起的凹坑亦按破坏面处理。

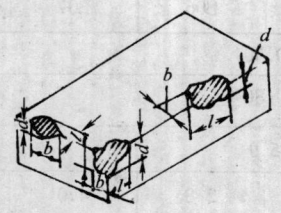

图1-14 缺棱掉角破坏尺寸
量法示意图
l—长度方向的投影量;b—宽度方向的投影量;
d—厚度方向的投影量

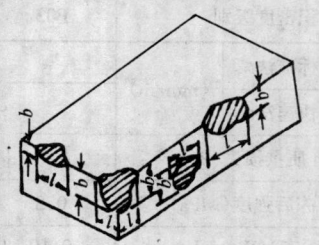

图1-15 缺棱掉角在条、顶面上造成
破坏面量法示意图
破坏面—l×b

C.裂纹检查:

裂纹分为长度方向、宽度方向、水平方向三种,以对被测方向的投影长度表示,如果裂纹从一个面延伸到其他面上时,则累计其延伸的投影长度(如图1-16),当空心砖的孔洞与裂纹相通时,则将孔洞包括在裂纹之内一并测量之(如图1-17)。

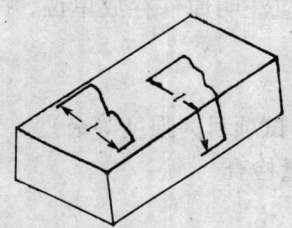

图1-16.1 宽度方向裂纹长度量法示意图

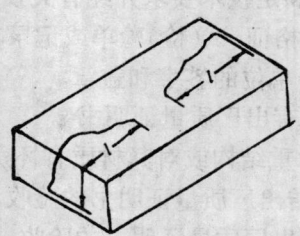

图1-16.2 长度方向裂纹量法示意图

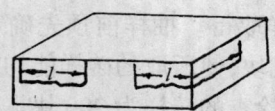

图1-16.3 水平方向裂纹长度量法示意图

图1-17 空心砖裂纹通过孔洞时量法示意图

D.弯曲测定:

弯曲分大面和条面两种,测定时以钢尺沿棱边贴放,择其弯度最大处,量砖面至钢尺间的距离,但不应把因杂质或碰伤造成的凹处计算在内(如图1-18)。

砖的外观质量标准详见本节砖的技术要求中外观指标。

(五)砖的取样试验及其试验报告

(1)砖的取样方法及数量

1)砖试验应以同一产地、同一规格,每15万块为一验收批,不足20万块亦按一批计算。

图 1-18.1 大面弯曲量法示意图

2) 烧结砖,如粘土砖、页岩砖、烧结煤矸石砖、烧结粉煤灰砖等,每一验收批取样一组(每组10块)做强度等级试验。

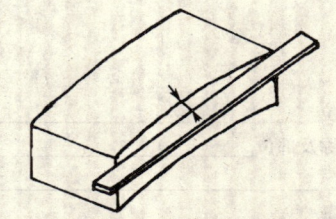

图 1-18.2 条面弯曲量法示意图

3) 蒸养(压)砖,如灰砂砖、粉煤灰砖、炉渣砖,每一验收批取样一组(每组 10 块)做强度等级试验。

4) 取样方法

A. 按预先确定好的抽样方案在成品堆垛中随机抽取。

B. 试件的外观质量必须符合成品的外观指标。

C. 若对试验结果有怀疑时,可加倍抽取试样进行复试。

(2) 砖的必试项目及其合格判定

1) 砖的必试项目为:强度等级。

2) 砖必试项目合格判定:

符合砖技术要求的相应指标为合格。如不合格,应取双倍试样进行复试。再不合格该验收批判为不合格。

(3) 砖试验报告单的内容、填制方法和要求:

砖试验报告单表样见表 1-86。

砖试验报告单中委托单位、试验委托人、工程名称及部位、砖种类、强度等级、生产厂、取样编号、取样代表量应由试验委托人(工地试验员)填写,其他部分由试验室人员依据试验测算结果填写清楚准确。

砖试验报告单是判定一批砖材质是否合格的依据,是施工技术资料的重要组成部分,属保证项目。报告单要求字迹清楚,项目齐全、准确、真实,无未了项,没有项目写"无"或划斜杠,试验室的签字盖章齐全。如试验单某项填写错误,不允许涂抹,应在错项上划一斜杠,将正确的填写在其上方,并在此处加盖改错者印章和试验章。

领取砖试验报告单时,应验看试验项目是否齐全,必试项目不能缺少,试验室有明确结论和试验编号,签字盖章齐全,要注意看试验单各试验项目数据是否达到规范规定的标准值,是则验收存档,否则应及时取双倍试样做复试,或报有关人员处理,并将复试合格单或处理结论附于此单后一并存档。

(六) 整理要求

(1) 此部分资料应归入原材料、半成品、成品出厂质量证明和质量试(检)验报告分册中;

(2) 各验收批砖合格证和试验报告,按批组合、按时间先、后顺序排列并编号,不得遗漏;

(3) 建立分目录表,并能对应一致。

砖 试 验 报 告　　　　　　　　　　　表 1-86

　　　　　　　　　　　　　　　　　　　　　　　　　　试验编号_____

委托单位_____试验委托人_____
工程名称及部位_____
种类_____强度等级_____厂别_____
代表数量_____来样日期_____试验日期_____

试件处理日期	试压日期	抗压强度 (N/mm^2)		平均值	标准值
		单块值			
		1	6		
		2	7		
		3	8		
		4	9		
		5	10		

其他试验：_____
结论：_____
_____
_____
_____

负责人：_____ 审核：_____ 计算：_____ 试验：_____

　　　　　　　　　　　　　　　　　　　　　报告日期_____年____月____日

（七）注意事项

（1）砖出厂质量合格证应有生产厂家质检部门的合格章。

（2）砖试验报告单应由建筑三级以上资质的试验室签发。

（3）砖试验报告单应有试验编号，便于与试验室的有关资料查证核实。试验报告单应有明确结论并签章齐全。

（4）领取试验报告后一定要验看报告中各项目的实测数值，是否符合规范的技术要求。

（5）砖试验不合格单后应附双倍试件复试合格试验报告单或处理报告。不合格单不允许抽撤。

（6）砖资料应与其他施工技术资料对应一致，交圈吻合。相关施工技术资料有预检记录、质量评定、施工组织设计、技术交底、洽商和竣工图。

附录 关于公布北京市第一批粘土多孔砖准用企业名单的通知

(京建材[1999]519号)

各区、县建委,各局、总公司,各有关单位:

根据北京市城乡建设委员会、北京市城乡规划委员会、北京市地方税务局于1999年3月16日联合下发的《进一步限制使用粘土实心砖的暂行规定》(京建法[1999]81号)和市建委有关建筑材料准用管理的规定精神,为确保建筑工程质量,市建委决定对粘土多孔砖实行准用证管理。经对我市粘土多孔砖企业的审查,北京市西六建材工贸公司等十家企业的KP-1型粘土多孔砖产品审查合格,现予以公布。现对有关事项通知如下:

一、自2000年元月1日起,凡按要求需采用KP-1型粘土多孔砖作为承重墙的建筑均必须选用已获取准用证的产品,使用未获准用证产品的建筑将不予验收。

二、各建筑施工单位在施工中要坚持进行材料复验工作,以确保工程质量。

三、获证企业要保证产品质量,做好售后服务。对抽检不合格的企业,将按建材产品准用证管理办法的有关规定进行处理,直至吊销该企业准用证。

特此通知

北京市城乡建设委员会
一九九九年十二月二十三日

北京市第一批粘土多孔砖准用企业名单

企业名称	产品型号	准用证号
北京市西六建材工贸公司	KP-1型	DKZ-001号
北京市闫村砖厂	KP-1型	DKZ-002号
北京市北郊燕丹砖厂	KP-1型	DKZ-003号
通县尹各庄砖厂	KP-1型	DKZ-004号
北京市混凝土制品一厂	KP-1型	DKZ-005号
北京市亚新特种建材公司	KP-1型	DKZ-006号
北京市陈家营砖厂	KP-1型	DKZ-007号
北京昌建粘土空心砖厂	KP-1型	DKZ-008号
北京市狮子营砖厂	KP-1型	DKZ-009号
北京市顺义古城砖厂	KP-1型	DKZ-010号

1.1.1.6 骨料

1. 砂的定义、分类和技术要求

(1) 砂的定义和分类:粒径在 5mm 以下的岩石颗粒,称为天然砂,其粒径一般规定 0.15~0.5mm。

按产地不同,天然砂可分为河砂、海砂、山砂。河砂比较洁净,分布较广,一般工程上大部分采用河砂。

(2) 砂的质量要求

砂的粗细程度按细度模数 μ_f 分为粗、中、细三级,其范围应符合以下规定:

粗砂:$\mu_f = 3.7 \sim 3.1$

中砂:$\mu_f = 3.0 \sim 2.3$

细砂:$\mu_f = 2.2 \sim 1.6$

1) 砂按 0.630mm 筛孔的累计筛余量(以重量百分率计,下同),分成三个级配区(见表 1-88)。砂的颗粒级配应处于表 1-87 中的任何一个区以内。

砂颗粒级配区　　　　表 1-87

筛孔尺寸(mm) \ 级配区 累计筛余(%)	Ⅰ区	Ⅱ区	Ⅲ区
10.0	0	0	0
5.00	**10~0**	**10~0**	**10~0**
2.50	35~5	25~0	15~0
1.25	65~35	50~10	25~0
0.630	**85~71**	**70~41**	**40~16**
0.315	95~80	92~70	85~55
0.160	100~90	100~90	100~90

砂的实际颗粒级配与表 1-87 中所列的累计筛余百分率相比,除 5.00mm 和 0.630mm (表 1-87 中黑体所标数值)外,允许稍有超出分界线,但其总量百分率不应大于 5%。

配制混凝土时宜优先选用Ⅱ区砂。当采用Ⅰ区砂时,应提高砂率,并保持足够的水泥用量,以满足混凝土的和易性;当采用Ⅲ区砂时,宜适当降低砂率,以保证混凝土强度。

对于泵送混凝土用砂,宜选用中砂。

当砂颗粒级配不符合第 1-87 的要求时,应采取相应措施,经试验证明能确保工程质量,方允许使用。

2) 砂中含泥量应符合表 1-88 的规定。

砂中含泥量限值　　　　表 1-88

混凝土强度等级	大于或等于 C30	小于 C30
含泥量(按重量计%)	≤3.0	≤5.0

对有抗冻、抗渗或其他特殊要求的混凝土用砂,含泥量应不大于 3.0%。

对 C10 和 C10 以下的混凝土用砂,根据水泥标号,其含泥量可予以放宽。

3) 砂中的泥块含量应符合表 1-89 的规定。

砂中的泥块含量 表 1-89

混凝土强度等级	大于或等于 C30	小于 C30
含泥量(按重量计%)	≤1.0	≤2.0

对于有抗冻、抗渗或其他特殊要求的混凝土用砂,其泥块含量应不大于 1.0%。

对于 C10 和 C10 以下的混凝土用砂,应根据水泥强度等级,其泥块含量可予以放宽。

4) 砂的坚固性用硫酸钠溶液检验,试验经 5 次循环后其重量损失应符合表 1-90 规定。

砂的坚固性指标 表 1-90

混凝土所处的环境条件	循环后的重量损失(%)
在严寒及寒冷地区室外使用并经常处于潮湿或干湿交替状态下的混凝土	≤8
其他条件下使用的混凝土	≤10

对于有抗疲劳、耐磨、抗冲击要求的混凝土用砂或有腐蚀介质作用或经常处于水位变化区的地下结构混凝土用砂,其坚固性重量损失率应小于 8%。

5) 砂中如含有云母、轻物质、有机物、硫化物及硫酸盐等有害物质,其含量应符合表 1-91 的规定。

砂中的有害物质限值 表 1-91

项 目	质 量 指 标
云母含量(按重量计%)	≤2.0
轻物质含量(按重量计%)	≤1.0
硫化物及硫酸盐含量(折算成 SO_3 按重量计%)	≤1.0
有机物含量(用比色法试验)	颜色不应深于标准色,如深于标准色,则应按水泥胶砂强度试验方法,进行强度对比试验,抗压强度比不应低于 0.95

有抗冻、抗渗要求的混凝土,砂中云母含量不应大于 1.0%。

砂中如发现含有颗粒状的硫酸盐或硫化物杂质时,则要进行专门检验,确认能满足混凝土耐久性要求时,方能采用。

6) 对重要工程混凝土使用的砂,应采用化学法和砂浆长度法进行集料的碱活性检验。经上述检验判断为有潜在危害时,应采取下列措施:

A. 使用含碱量小于 0.6% 的水泥或采用能抑制碱——集料反应的掺合料;

B. 当使用含钾、钠离子的外加剂时,必须进行专门试验。

7) 采用海砂配制混凝土时,其氯离子含量应符合下列规定:

A. 对素混凝土,海砂中氯离子含量不予限制;

B. 对钢筋混凝土,海砂中氯离子含量不应大于 0.06%(以干砂重的百分率计,下同);

C．对预应力混凝土不宜用海砂。若必须使用海砂时，则应经淡水冲洗，其氯离子含量不得大于0.02%。

2．碎石及卵石的定义、分类和技术要求

(1) 碎石及卵石的定义、分类和技术要求

岩石由自然条件而形成的，粒径大于5mm的颗粒称卵石。

岩石由机械加工破碎而成的，粒径大于5mm的颗粒称碎石。

按使用类型有1.0cm、2.0cm、3.2cm、4.0cm。

(2) 碎石及卵石的质量要求

1) 碎石或卵石的颗粒级配，应符合表1-92的要求。

碎石或卵石的颗粒级配范围　　　　表1-92

级配情况	公称粒级(mm)	累计筛余　按重量计(%)										
		筛孔尺寸(圆孔筛)(mm)										
		2.50	5.00	10.0	16.0	20.0	25.0	31.5	40.0	50.0	63.0	80.0	100
连续粒级	5~10	95~100	80~100	0~15	0	—	—	—	—	—	—	—	—
	5~16	95~100	90~100	30~60	0~10	0	—	—	—	—	—	—	—
	5~20	95~100	90~100	40~70	—	0~10	0	—	—	—	—	—	—
	5~25	95~100	90~100	—	30~70	—	0~5	0	—	—	—	—	—
	5~31.5	95~100	90~100	70~90	—	15~45	—	0~5	0	—	—	—	—
	5~40	—	95~100	75~90	—	30~65	—	—	0~5	0	—	—	—
单粒级	10~20	—	95~100	85~100	—	0~15	0	—	—	—	—	—	—
	16~31.5	95~100	—	85~100	—	—	—	0~10	0	—	—	—	—
	20~40	—	—	95~100	—	80~100	—	—	0~10	0	—	—	—
	31.5~63	—	—	—	—	95~100	—	75~100	45~75	—	0~10	0	—
	40~80	—	—	—	—	—	—	95~100	—	70~100	30~60	0~10	0

注：公称粒级的上限为该粒级的最大粒径。

单粒级宜用于组合成具有要求级配的连续粒级，也可与连续粒级混合使用，以改善其级配或配成较大粒度的连续粒级。不宜用单一的单粒级配制混凝土。如必须单独使用，则应作技术经济分析，并应通过试验证明不会发生离析或影响混凝土的质量。

颗粒级配不符合表1-92要求时，应采取措施并经试验证实能确保工程质量，方允许使用。

2) 碎石或卵石中针、片状颗粒含量应符合表1-93的规定。

针、片状颗粒含量　　　　表1-93

混凝土强度等级	大于或等于C30	小于C30
针、片状颗粒含量，按重量计(%)	≤15	≤25

等于及小于 C10 级的混凝土,其针、片状颗粒含量可放宽到 40%。

3) 碎石或卵石中的含泥量应符合表 1-94 的规定。

碎石或卵石中的含泥量　　　　　　　　　表 1-94

混凝土强度等级	大于或等于 C30	小于 C30
含泥量按重量计(%)	≤1.0	≤2.0

对有抗冻、抗渗或其他特殊要求的混凝土,其所用碎石或卵石的含泥量不应大于 1.0%。如含泥基本上是非粘土质的石粉时,含泥量可由表 3.0.3 的 1.0%、2.0%,分别提高到 1.5%、3.0%;等于及小于 C10 级的混凝土用碎石或卵石,其含泥量可放宽到 2.5%。

4) 碎石或卵石中的泥块含量应符合表 1-95 的规定。

碎石或卵石中的泥块含量　　　　　　　　表 1-95

混凝土强度等级	大于或等于 C30	小于 C30
泥块含量按重量计(%)	≤0.5	≤0.7

有抗冻、抗渗和其他特殊要求的混凝土,其所用碎石或卵石的泥块含量应不大于 0.5%;对等于或小于 C10 级的混凝土用碎石或卵石其泥块含量可放宽到 1.0%。

5) 碎石的强度可用岩石的抗压强度和压碎指标值表示。岩石强度首先应由生产单位提供,工程中可采用压碎指标值进行质量控制,碎石的压碎指标值宜符合表 1-96 的规定。混凝土强度等级为 C60 及以上时应进行岩石抗压强度检验,其他情况下如有怀疑或认为有必要时也可进行岩石的抗压强度检验。岩石的抗压强度与混凝土强度等级之比不应小于 1.5,且火成岩强度不宜低于 80MPa,变质岩不宜低于 60MPa,水成岩不宜低于 30MPa。

碎石的压碎指标值　　　　　　　　　　　表 1-96

岩石品种	混凝土强度等级	碎石压碎指标值(%)
水成岩	C55~C40	≤10
	≤C35	≤16
变质岩或深成的火成岩	C55~C40	≤12
	≤C35	≤20
火成岩	C55~C40	≤13
	≤C35	≤30

注:水成岩包括石灰岩、砂岩等。变质岩包括片麻岩、石英岩等。深成的火成岩包括花岗岩、正长岩、闪长岩和橄榄岩等。喷出的火成岩包括玄武岩和辉绿岩等。

卵石的强度用压碎指标值表示。其压碎指标值宜按表 1-97 的规定采用。

卵石的压碎指标值　　　　　　　　　　　　　　　　　　　　　表 1-97

混凝土强度等级	C55～C40	≤C35
压碎指标值(%)	≤12	≤16

6) 碎石和卵石的坚固性用硫酸钠溶液法检验,试样经 5 次循环后,其重量损失应符合表 1-98 的规定。

碎石或卵石的坚固性指标　　　　　　　　　　　　　　　　　　表 1-98

混凝土所处的环境条件	循环后的重量损失(%)
在严寒及寒冷地区室外使用,并经常处于潮湿或干湿交替状态下的混凝土	≤8
在其他条件下使用的混凝土	≤12

有腐蚀性介质作用或经常处于水位变化区的地下结构或有抗疲劳、耐磨、抗冲击等要求的混凝土用碎石或卵石,其为重量损失应不大于 8%。

7) 碎石或卵石中的硫化物和硫酸盐含量,以及卵石中有机杂质等有害物质含量应符合表 1-99 的规定。

碎石或卵石中的有害物质含量　　　　　　　　　　　　　　　　表 1-99

项　目	质　量　要　求	项　目	质　量　要　求
硫化物及硫酸盐含量 (折算成 SO_3,按重量计) (%)	≤1.0	卵石中有机质含量 (用比色法试验)	颜色应不深于标准色。如深于标准色,则应配制成混凝土进行强度对比试验,抗压强度比应不低于 0.95

如发现有颗粒状硫酸盐或硫化物杂质的碎石或卵石,则要求进行专门检验,确认能满足混凝土耐久性要求时方可采用。

8) 对重要工程的混凝土所使用的碎石或卵石应进行碱活性检验。

进行碱活性检验时,首先应采用岩相法检验碱活性集料的品种、类型和数量(也可由地质部门提供)。若集料中含有活性二氧化硅时,应采用化学法和砂浆长度法进行检验;若含有活性碳酸盐集料时,应采用岩石柱法进行检验。

经上述检验,集料判定为有潜在危害时,属碱——碳酸盐反应的,不宜作混凝土集料,如必须使用,应以专门的混凝土试验结果作出最后评定。

潜在危害属碱——硅反应的,应遵守以下规定方可使用:

A. 使用含碱量小于 0.6% 的水泥或采用能抑制碱——集料反应的掺合料;

B. 当使用含钾、钠离子的混凝土外加剂时,必须进行专门试验。

(3) 用于配制有特殊要求的混凝土,还需做相应的项目试验。

(4) 砂、石质量必须合格,应先试验后使用,要有出厂质量合格证或试验单。需采用技术处理措施的,应满足技术要求并应经有关技术负责人(签字)批准后,方可使用。

(5) 合格证、试(检)验单或记录单的抄件(复印件)应注明原件存放单位,并有抄件人、抄件(复印)单位的签字和盖章。

(6) 砂、石应有生产厂家的出厂质量证明书,并应对其品种和出厂日期等检查验收。

(7) 有下列情况之一者,必须进行复试;混凝土应重新试配:
1) 用于承重结构的砂、石;
2) 无出厂证明的;
3) 对砂、石质量有怀疑的;
4) 进口砂、石。

3. 砂、石的取样试验及试验报告

(1) 砂、石试验的取样方法和数量

1) 砂子试验应以同一产地,同一规格,同一进厂时间,每 400m³ 或 600t 为一验收批,不足 400m³ 或 600t 时亦按一验收批计算。

2) 每一验收批取试样一组,砂数量为 22kg,石子数量 40kg(最大粒径为 10、15、20mm) 或 80kg(最大粒径 30、40mm)。

3) 取样方法

A. 在料堆上取样时,取样部位均匀分部,取样前先将取样部位表层铲除,然后由各部位抽取大致相等的试样砂 8 份(每份 11kg 以上),石子 15 份(在料堆的顶部、中部和底部各由均匀分布的五个不同的部位取得),每份 5~10kg(20mm 以下取 5kg 以上,30、40mm 取 10kg 以上)搅拌均匀后缩分成一组试样。

B. 从皮带运输机上取样时,应在皮带运输机机尾的出料处,用接料器定时抽取试样,并由砂 4 份试样(每份 22kg 以上),石子 8 份试样,每份 10~15kg,(20mm 以下 10kg,30、40mm15kg)搅拌均匀后分成一组试样。

4) 建筑施工企业应按单位工程分别取样。

5) 构件厂、搅拌站应在砂子进厂时取样,并应根据贮存、使用情况定期复验。

(2) 砂、石试验的必试项目

1) 筛分析;2) 密度;3) 表观密度;4) 含泥量;5) 泥块含量。

(3) 试验方法及合格判定

砂、石的试验方法详见《常用建筑材料试验手册》(中国建筑工业出版社出版)一书。

砂、石试验各项达到普通混凝土用砂、石的各项技术要求,为合格。

(4) 砂、石试验报告单的内容、填制方法和要求

砂子试验报告表样如表 1-100。

碎(卵)石试验报告表样如表 1-101。

砂、石试验报告单中:委托单位、工程名称、产地及品种、收样日期、代表数量等由试验委托人(工地试验员)填写。其他部分由试验室人员依据试验测算成果填写清楚、准确、齐全并给出明确结论,签字盖章齐全。

砂、石试验报告单是判定一批砂、石材质是否合格的依据。报告单要求做到字迹清楚,项目齐全、准确、真实,无未了项(没有项目写"无"或划斜杠),试验室的签字盖章齐全,如试验单某项填写错误,不允许涂抹,应在错项上划一斜杠,将正确的填写在其上方,并在此处加盖改错者印章和试验章。

砂 子 试 验 报 告 　　　　　　　　表 1-100

试验编号：

委托单位：　　　　　　　　　工程名称：
砂子产地：　　　　　　　　　收样日期：　　　　　　　　　　代表数量：

一、筛分析：1. M_x	2. 颗粒级配	二、视密度　　　g/cm^3
三、表观密度　　　kg/m^3	四、含泥量	五、吸水率　　　　%
六、砂的含水率　　　%	七、砂中有机质含量　　%	八、云母含量　　　%
九、轻物质含量　　　%	十、坚固性	十一、空隙率　　　%

结论：

负责人：　　　　　　审核：　　　　　　计算：　　　　　　试验：

试验日期：　　年　月　日
报告日期：　　年　月　日

碎（卵）石 试 验 报 告 　　　　　　　　表 1-101

试验编号：

委托单位：　　　　　　　　　工程名称：
产地及品种：　　　　　　　　收样日期：　　　　　　　　　代表数量：

一、筛分析_____　二、视密度_____g/cm^3

三、表观密度_____kg/m^3 四、含泥量_____% 五、吸水率_____%

六、含水率_____% 七、有机物质含量_____% 八、针片状总含量_____%

九、压碎指标值_____ 十、坚固性_____ 十一、空隙率_____%

十二、泥块含量_____%

结论：

负责人：　　　　　　审核：　　　　　　计算：　　　　　　试验：

试验日期：　　年　月　日
报告日期：　　年　月　日

领取砂、石试验报告单时,应验看试验项目是否齐全,必试项目不能缺少,试验室有明确结论和试验编号,签字盖章齐全。要注意看试验单上各试验项目数据是否达到规范规定的标准值,是否验收存档,否则应及时取双倍试样做复试或报有关人员处理,并将复试合格单或处理结论附于此单后一并存档。

4. 轻骨料

轻骨料一般用于结构或结构保温用混凝土,表观密度轻、保温性能好的轻骨料,也可用于保温用轻混凝土。

(1) 定义及分类

凡骨料的粒径在 5mm 以上、松散密度小于 $1000kg/m^3$ 者,称为轻粗骨料。粒径小于 5mm、松散密度小于 $1200kg/m^3$ 者,称为轻细骨料(又称轻砂)。

轻骨料按原材料来源分为三大类:

1) 工业废料轻骨料:以工业废料为原料,经加工而成的轻骨料,如粉煤灰陶粒、煤矸石陶粒、膨胀矿渣珠、自燃煤矸石、煤渣等。

2) 天然轻骨料:以天然形成的多孔岩石经加工而成的轻骨料,如浮石、火山渣、多孔凝灰岩等。

3) 人工轻骨料:以地方材料(如页岩、粘土等)为原料,经加工而成的轻骨料,如页岩陶粒、粘土陶粒、膨胀珍珠岩等。

本节主要介绍常用的天然轻骨料及粉煤灰陶粒(陶砂)、粘土陶粒、页岩陶粒(陶砂)等轻骨料的质量标准和试验方法。

(2) 质量标准

1) 天然轻骨料

A. 天然轻骨料粒径大小:

天然轻粗骨料分为以下四个粒级:

5~10mm;

10~20mm;

20~30mm;

30~40mm;

轻砂分为:

粗砂(细度模数为 4.0~3.1);

中砂(细度模数为 3.0~2.3);

细砂(细度模数为 2.2~1.5)。

B. 天然轻粗骨料的级配应符合表 1-102 的规定。

表 1-102

筛 孔 尺 寸		D_{min}	$\frac{1}{2}D_{max}$	D_{max}	$2D_{max}$
累计筛余按重量计(%)	混合级配	≤90	40~60	≥10	0
	单一粒级	≤90	0	≥10	0

C. 天然轻砂的颗粒级配应满足表 1-103 的要求。

表 1-103

筛孔尺寸 (mm)	累计筛余（按重量计,%）		
	粗砂	中砂	细砂
10.0	0	0	0
5.00	0~10	0~10	0~5
0.630	50~80	30~70	15~60
0.160	>90	>80	>70

D．天然轻骨料的松散密度等级应按表 1-104 划分，其实际松散密度的变异系数应不大于 0.15。

E．天然轻粗骨料筒压强度与密度等级的关系应符合表 1-105 的规定。

表 1-104

密度等级		松散密度范围 (kg/m³)
轻粗骨料	轻砂	
300	—	<300
400	—	310~400
500	500	410~500
600	600	510~600
700	700	610~700
800	800	710~800
900	900	810~900
1000	1000	910~1000
—	1100	1010~1100
—	1200	1110~1200

表 1-105

密度等级	筒压强度	
	(kgf/cm²)	(MPa)
300	≮2	0.2
400	≮4	0.4
500	≮6	0.6
600	≮8	0.8
700	≮10	1.0
800	≮12	1.2
900	≮15	1.5
1000	≮18	1.8

F．天然轻粗骨料的软化系数不应小于 0.70。

G．天然轻粗骨料的抗冻性，经 15 次冻融循环后的重量损失不应大于 5%；也可用硫酸钠溶液法测定其坚固性，经 5 次循环试验后的重量损失不应大于 10%。

H．天然轻粗骨料的安定性，用煮沸法检验时，其重量损失不应大于 5%；用铁分解方法检验时，其重量损失不应大于 5%。

I．天然轻粗骨料异类岩石颗粒含量，按重量计不应大于 10%。

J．天然轻粗骨料粒型系数大于 2.5 的颗粒含量不应大于 15%。

注：单位轻粗骨料长向最大尺寸与中间截面最小尺寸之比值称为粒型系数。

K．天然轻粗骨料中有害物质含量应符合表 1-106 的规定。

L．除满足上述各项技术要求外，天然轻粗骨料同时达到下列两项指标者为特级品：

密度等级不大于 700 级，相应的筒压强度提高一级。

松散密度和筒压强度的变异系数均不大于 0.13。

2) 粉煤灰陶粒和陶砂❶

A. 粉煤灰陶粒：

粉煤灰陶粒分为以下三个粒级：

5～10mm；

10～15mm；

15～20mm。

粉煤灰陶粒单一和混合级配应符合表 1-107 的规定。而且混合级配的空隙率应不大于 47%；

表 1-106

项 目 名 称	指　　标
硫酸盐（按 SO_3 计,%）	<0.5
氯盐（按 Cl^- 计,%）	<0.02
含泥量(%)	<3
有机杂质（用比色法检验）	不深于标准色

表 1-107

筛 孔 尺 寸	D_{min}	D_{max}	$2D_{max}$
累计筛余按重量计(%)	≤90	≥10	0

粉煤灰陶粒的松散密度等级应按表 1-108 划分，其实际松散密度的变异系数应不大于 0.05；

粉煤灰陶粒筒压强度与密度等级的关系应符合表 1-109 的规定；

表 1-108

密度等级	松散密度范围(kg/m³)
700	610～700
800	710～800
900	810～900

表 1-109

密度等级	筒 压 强 度	
	kgf/cm²	MPa
700	≤40	4.0
800	≤50	5.0
900	≤65	6.5

粉煤灰陶粒的吸水率不应大于 22%。软化系数不应小于 0.80；

粉煤灰陶粒的抗冻性，经 15 次冻融循环后的重量损失不应大于 5%；也可用硫酸钠溶液法测定其坚固性，经 5 次循环试验后的重量损失不应大于 5%；

陶砂的烧失量不应大于 5%。粉煤灰陶粒的安定性，用煮沸法检验时，其重量损失不应大于 2%；

粉煤灰陶粒的烧失量不应大于 4%；

粉煤灰陶粒中有害物质含量应符合表 1-110 的规定；

除满足上述各项技术要求外，粉煤灰陶粒同时达到下列三项指标者为特级品；

筛孔尺寸为 $1/2D_{max}$ 的累计筛余（按重量百分比计）应在 30%～70% 范围内；

密度等级小于 800 级；

相应的筒压强度提高一级，且其变异系数不大于 0.13。

B. 粉煤灰陶砂：

---

❶ 内容引自 GB 2838—81《粉煤灰陶粒和陶砂》。

陶砂的颗粒级配应符合表 1-111 的规定,其细度模数不应大于 3.7。

表 1-110

项 目 名 称	指 标
硫酸盐(按 SO_3 计,%)	<0.5
氯盐(按 Cl^- 计,%)	<0.02
含泥量(%)	<2
有机杂质(用比色法检验)	不深于标准色

表 1-111

筛孔尺寸(mm)	累计筛余(按重量计,%)
10.0	0
5.00	≥10
0.630	25~65
0.160	≤75

陶砂的松散密度应满足表 1-112 的要求。

陶砂中硫酸盐(按三氧化硫百分含量计)的含量不应大于 0.5%。

3)页岩陶粒和陶砂[1]

A. 页岩陶粒:

表 1-112

密度等级	松散密度范围(kg/m^3)
700	610~700
800	710~800
900	810~900

页岩陶粒分为以下三个粒级:

5~10mm;

10~20mm;

20~30mm;

页岩陶粒的级配应符合表 1-113 的规定,而且混合级配的空隙率应不大于 50%;

表 1-113

筛 孔 尺 寸		D_{min}	$\frac{1}{2}D_{max}$	D_{max}	$2D_{max}$
累计筛余按重量计(%)	普通型陶粒的混合级配	≤90	30~70	≥10	0
	圆球型陶粒及单一粒级	≤90	0	≥10	0

页岩陶粒的松散密度等级应按表 1-114 划分,其实际松散密度的变异系数应不大于 0.10;

页岩陶粒筒压强度与密度等级的关系,应符合表 1-115 的规定。

表 1-114

密 度 等 级	松散密度范围(kg/m^3)
400	310~400
500	410~500
600	510~600
700	610~700
800	710~800
900	810~900

表 1-115

密 度 等 级	筒 压 强 度	
	(kgf/cm^2)	(MPa)
400	≤8	0.8
500	≤10	1.0
600	≤15	1.5
700	≤20	2.0
800	≤25	2.5
900	≤30	3.0

---

[1] 内容引自 GB 2840—81《页岩陶粒和陶砂》。

页岩陶粒粒型系数大于3.0的颗粒含量不应大于20%。

注：单个陶粒长向最大尺寸与中间截面最小尺寸之比值称为粒型系数。

页岩陶粒的吸水率不应大于10%,软化系数不应大于0.80。

页岩陶粒的抗冻性,经15次冻融循环后的重量损失不应大于5%;也可用硫酸钠溶液法测定其坚固性,经5次循环试验后的重量损失不应大于5%;

页岩陶粒的安定性,用煮沸法检验时,其重量损失不应大于2%;用铁分解方法检验时,其重量损失不应大于5%。

页岩陶粒的烧失量不应大于3%。

页岩陶粒中有害物质含量应符合表1-116的规定;

除满足上述各项技术要求外,页岩陶粒同时达到下列两项指标者为特级品:

密度等级不大于600级,相应的筒压强度提高一级;

松散密度的变异系数不大于0.05;筒压强度变异系数不大于0.13。

B．页岩陶砂:

陶砂的颗粒级配应符合表1-117的规定,其细度模数不应大于4.0;

表1-116

项目名称	指标
硫酸盐(按SO_3计,%)	<0.5
含泥量(%)	<2
有机杂质(用比色法检验)	不深于标准色

表1-117

筛孔尺寸(mm)	累计筛余(按重量计,%)
10.0	0
5.00	≥10
0.630	30～70
0.160	≤90

陶砂的松散密度应满足表1-118的要求。

陶砂的烧失量不应大于5%。

陶砂中硫酸盐(按三氧化硫百分含量计)的含量不应大于0.5%;

陶砂的有机杂质含量,用比色法检验时不应深于标准色。

表1-118

密度等级	松散密度范围(kg/m³)
600	510～600
700	610～700
800	710～800
900	810～900
1000	910～1000

(3) 试验

1) 试验项目

A．轻粗骨料必须检验项目

松散密度、颗粒级配、筒压强度、Th吸水率,天然轻骨料还需检验含泥量。

B．轻砂检验项目

松散密度、颗粒密度、细度模数、吸水率。

C．轻骨料质量检验的各项指标必须满足本节"质量要求"中的有关规定,如不符合要求,则应复检;复检不合格,则应查明原因,采取措施,保证符合使用要求。

2) 取样

以同一产地、同一品种、同规格轻骨料每300m² 为一批,不足者亦以一批论。试样可以料堆锥体自上到下的不同部位、不同方向任选10个点抽取。但要注意避免抽取离析的及面层的材料。

从袋装料抽取试样时,应以 10 袋的不同位置和高度中抽取。

抽取的试样拌合均匀后,按四分法缩减到试验所需的用料量,按表 1-119 规定。

轻骨料各项试验的试样用量表　　　　表 1-119

序号	试验项目	试样用量 (L)		
		轻砂	轻粗骨料 $D_{max} \leqslant 20mm$	轻粗骨料 $D_{max} > 20mm$
1	颗粒级配	2	10	20
2	松散密度	5	30	40
3	轻粗骨料的筒压强度	—	5	5
4	轻粗骨料的吸水率	—	4	4
5	轻粗骨料的软化系数	—	10	10
6	轻粗骨料的颗粒密度	—	4	4
7	轻粗骨料的抗冻性	—	2~4	4~6
8	轻粗骨料的坚固性	—	2	4
9	轻粗骨料的煮沸重量损失	—	2	4
10	轻粗骨料的铁分解重量损失	—	2	4
11	SO_3 含量	1	1	1
12	氯盐含量	—	2~4	2~4
13	含泥量	—	5~7	5~7
14	烧失量	1	1	1
15	有机物含量	6	3~8	4~10
16	天然轻骨料中异类岩石颗粒的含量	—	10~20	10~20
17	轻粗骨料的粒型系数	—	2	2
18	轻粗骨料的强度标号	—	20	20

(4) 试验单的内容及填制(见表 1-120 式样)

试验单的委托单位、工程名称、种类、产地、收样日期、代表数量由委托单位负责人填写;各项目应认真填写清楚,勿遗漏、缺项或填错。试验编号、试验日期、报告日期、试验项目、结论由试验室负责人填写;数据应真实,结论应明确,负责人、审核、计算、试验签字齐全,并加盖试验室印章。

轻骨料试验报告单是判定一批轻骨料材质是否合格的依据。报告单中要求做到字迹清楚,项目齐全、准确、真实,无未了项(没有项目写"无"或划斜杠),试验室的签字盖章齐全,如试验单某项填写错误,不允许涂抹,应在错项上划一斜杠,将正确的填写在其上方,并在此处加盖改错者印章和试验章。

领取轻骨料试验报告单时,应验看试验项目是否齐全,必试项目不能缺少,试验室有明确结论和试验编号,签字盖章齐全。要注意看试验单上各试验项目数据是否达到规范规定的标准值,是则验收存档,否则应及时取双倍试样做复试或报有关人员处理,并将复试合格单或处理结论附于此单后一并存档。

1.1 建筑工程

轻骨料试验报告　　　　　　　　　　　　　　　　表1-120

试验编号：

委托单位：		工程名称：	
种类：	产地：	收样日期：	代表数量：
一、颗粒级配（　）		二、堆积密度	kg/m³
三、吸水率　　　　　%		四、筒压强度	N/mm²
五、颗粒表观密度　　kg/m³		六、含泥量	%
七、空隙率　　　　　%		八、细集料细度模数	
结论			

负责人：　　　审核：　　　计算：　　　试验：

试验日期：　　年　月　日
报告日期：　　年　月　日

5．整理要求

(1) 此部分资料应归入原材料、半成品、成品出厂质量证明和质量试(检)验报告分册中；

(2) 合格证应折成16开大小或贴在16开纸上；

(3) 各验收批轻骨料的合格证和试验报告，按批组合，按时间先后顺序排列并编号，不得遗漏；

(4) 建立分目录表，并能对应一致。

6．注意事项

(1) 砂、石及轻骨料试验报告单应有试验编号，便于与试验室的有关资料查证核实，试验报告单应有明确结论并签字盖章；

(2) 领取试验报告后，一定要验看报告中各项目的实测数值是否符合相应规范的各项技术要求；

(3) 试验不合格的试验单，其后应附有双倍试件复试合格试验报告单或处理报告，不合格单不允许抽撤；

(4) 应与其他施工技术资料对应一致，交圈吻合，相关施工技术资料有：混凝土(砂浆)配合比申请单、通知单，混凝土(砂浆)试块试压强度报告等施工试验资料，施工记录、施工日志、质量评定、施工组织设计、技术交底、洽商和竣工图。

1.1.1.7　外加剂

1．外加剂定义

混凝土外加剂是在拌制混凝土过程中掺入的用以改善混凝土各种性能的化学物质。

2．外加剂的品种、适用范围及技术要求

(1) 普通减水剂及高效减水剂：

混凝土工程中，可采用下列减水剂：

1）木质素磺酸盐类：如木质素磺酸钙、木质素磺酸钠；
2）多环芳香族磺酸盐类：如萘和萘的同系磺化物与甲醛缩合的盐类；
3）水溶性树脂磺酸盐类：如磺化三聚氰胺树脂、磺化古玛隆树脂；
4）其他如腐植酸等。

减水剂可用于现浇或预制的混凝土，钢筋混凝土及预应力混凝土。普通减水剂宜用于日最低气温 5℃ 以上施工的混凝土，不宜单独用于蒸养混凝土。高效减水剂可用于日最低气温 0℃ 以上施工的混凝土，并适用于制备大流动性混凝土、高强混凝土以及蒸养混凝土。在用硬石膏或工业废料石膏作调凝剂的水泥中，掺用木质素磺酸盐减水剂时应先作水泥适应性试验，合格后方可使用。

（2）引气剂及引气减水剂：

混凝土工程中，可采用下列引气剂：
1）松香树脂类：如松香热聚物、松香皂等；
2）烷基苯磺酸盐类：如烷基苯磺酸盐、烷基苯酚聚氧乙烯醚等；
3）脂肪醇磺酸盐类：如脂肪醇聚氧乙烯醚、脂肪醇聚氧乙烯磺酸钠等；
4）其他：如蛋白质盐、石油磺酸盐等。

混凝土工程中，可采用下列引气减水剂：
5）改性木质素磺酸盐类；
6）烷基芳香基磺酸盐类：如萘磺酸盐甲醛缩合物；
7）由各类引气剂与减水剂组成的复合剂。

引气剂及引气减水剂，可用于抗冻混凝土、防渗混凝土、抗硫酸盐混凝土、泌水严重的混凝土、贫混凝土、轻骨料混凝土以及对饰面有要求的混凝土。

引气剂不宜用于蒸养混凝土及预应力混凝土。

（3）缓凝剂及缓凝减水剂：

混凝土工程中，可采用下列缓凝剂、缓凝减水剂：
1）糖类：如糖钙等；
2）木质素磺酸盐类：如木质素磺酸钙、木质素磺酸钠等；
3）羟基羧酸及其盐类：如柠檬酸、酒石酸钾钠等；
4）无机盐类：如锌盐、硼酸盐、磷酸盐等；
5）其他：如胺盐及其衍生物、纤维素醚等。

缓凝剂及缓凝减水剂，可用于大体积混凝土、炎热气候条件下施工的混凝土以及需长时间停放或长距离运输的混凝土。缓凝剂及缓凝减水剂不宜用于日最低气温 5℃ 以下施工的混凝土，也不宜单独用于有早强要求的混凝土及蒸养混凝土。柠檬酸、酒石酸钾钠等缓凝剂，不宜单独使用于水泥用量较低、水灰比较大的贫混凝土。在用硬石膏或工业废料石膏作调凝剂的水泥中掺用糖类缓凝剂时，应先作水泥适应性试验，合格后方可使用。

（4）早强剂及早强减水剂：

混凝土工程中，可采用下列早强剂：
1）氯盐类：如氯化钙、氯化钠等；
2）硫酸盐类：如硫酸钠、硫代盐酸钠等；
3）有机胺类：如三乙醇胺、三异丙醇胺等；

4) 其他：如甲酸盐等。

早强剂及早强减水剂，可用于蒸养混凝土及常温、低温和负温（最低气温不低于-5℃）条件下施工的有早强或防冻要求的混凝土工程。

在下列结构中，不得在钢筋混凝土中采用氯盐、含氯盐的复合早强剂及早强减水剂：

1) 相对湿度大于80%环境中使用的结构、处于水位升降部位的结构、露天结构或经常受水淋的结构；

2) 与镀锌钢材或铝铁相接触部位的结构，以及有外露预埋铁件而无防护措施的结构；

3) 与含有酸、碱或硫酸等侵蚀性介质相接触的结构；

4) 经常处于环境温度为60℃以上的结构；

5) 使用冷拉钢筋或冷拔低碳钢丝配筋的结构；

6) 给排水构筑物、薄壁结构、中级和重级工作制吊车的吊车梁、屋架、落锤或锻锤基础等结构；

7) 电解车间和距高压直流电源100m以内的结构；

8) 靠近高压电源，如发电站、变电所的结构；

9) 预应力混凝土结构；

10) 含有活性骨料的混凝土结构。

含有强电解质无机盐类的早强剂，如硫酸盐等早强减水剂，不得用于下列结构：

A．与镀锌钢材或铝铁相接触部位的结构，以及有外露钢筋预埋铁件而无防护措施的结构；

B．使用直流电源的工厂，及使用电气化运输设施的钢筋混凝土结构；

C．含有活性骨料的混凝土结构。

对混凝土的耐久性或其他性能有特殊要求的混凝土工程，选择早强剂或早强减水剂品种及掺量，应通过试验确定。

(5) 防冻剂：

混凝土工程可采用下列防冻剂：

1) 氯盐类：用氯盐（氯化钙、氯化钠）或以氯盐为主的与其他早强剂、引气剂、减水剂复合的外加剂；

2) 氯盐阻锈类：氯盐与阻锈剂（亚硝酸钠）为主复合的外加剂；

3) 无氯盐类：以亚硝酸盐、硝酸盐、碳酸盐、乙酸钠或尿素为主复合的外加剂。

防冻剂可用于负温条件下施工的混凝土。

氯盐类防冻剂和氯盐阻锈类防冻剂用于混凝土工程时，含有强电解质无机盐类的早强剂，如硫酸盐等早强减水剂，不得用于下列结构：

A．与镀锌钢材或铝铁相接触部位的结构，以及有外露钢筋预埋铁件而无防护措施的结构；

B．使用直流电源的工厂，及使用电气化运输设施的钢筋混凝土结构；

C．含有活性骨料的混凝土结构。

常用早强剂的掺量，不应大于表1-121的规定。

早强剂掺量 表 1-121

混凝土种类及使用条件		早强剂品种	掺　量（水泥重量%）
预应力混凝土		1. 硫酸钠 2. 三乙醇胺	1 0.05
钢筋混凝土	干燥环境	1. 氯盐 2. 硫酸钠 3. 硫酸钠与缓凝减水剂复合使用 4. 三乙醇胺	1 2 3 0.05
	潮湿环境	1. 硫酸钠 2. 三乙醇胺	1.5 0.05
有饰面要求的混凝土		硫 酸 钠	1
无 筋 混 凝 土		氯 盐	3

注：1. 在预应力混凝土中，由其他原材料带入的氯盐总量，不应大于水泥重量的0.1%；在潮湿环境下的钢筋混凝土中，不应大于水泥重量的0.25%。
　　2. 表中氯盐含量，以无水氯化钙计。

无氯盐类防冻剂，可用于钢筋混凝土工程和预应力混凝土工程；但硝酸盐、亚硝酸盐、碳酸盐类外加剂不得用于预应力混凝土工程，以及与镀锌钢材或与铝铁相接触部位的钢筋混凝土结构。含有六价铬盐、亚硝酸盐等有毒防冻剂，严禁用于饮水工程及与食品接触的部位；对水工、桥梁及抗冻性有特殊要求的混凝土工程，选择抗冻剂品种及掺量时应通过试验确定。

防冻剂的掺量，应根据其施工温度，通过试验确定。同时应符合表 1-122 的规定。

防冻组分掺量 表 1-122

防冻剂类别	防 冻 组 分 掺 量
氯 盐 类	氯盐掺量不得大于拌合水重量的7%
氯盐阻锈类	总量不得大于拌合水重量的15% 当氯盐掺量为水泥重量的0.5%～1.5%时，亚硝酸钠与氯盐之比应大于1 当氯盐掺量为水泥重量的1.5%～3%时，亚硝酸钠与氯盐之比应大于1.3
无氯盐类	总量不得大于拌合水重量的20%，其中亚硝酸钠、亚硝酸钙、硝酸钠、硝酸钙均不得大于水泥重量的8%，尿素不得大于水泥重量的4%，碳酸钾不得大于水泥重量的10%

防冻剂中其他组分的掺量，应符合有关规范规定。
（6）膨胀剂：
混凝土工程中，可采用下列膨胀剂：
1）硫铝酸钙类：如明矾石膨胀剂、CSA 膨胀剂等；
2）氧化钙类：如石灰膨胀剂；
3）氧化钙—硫铝酸钙类：如复合膨胀剂；
4）氧化镁类：如氧化镁膨胀剂；
5）金属类：如铁屑膨胀剂。

膨胀剂的使用目的和适用范围,应符合表 1-123 的规定。掺硫铝酸钙类膨胀剂配制的膨胀混凝土(砂浆),不得用于长期处于环境温度为 80℃ 以上的工程中。掺铁屑膨胀剂的填充用膨胀砂浆,不得用于有杂散电流的工程和与铝镁材料接触的部位。

膨胀剂的使用目的和适用范围 表 1-123

膨胀剂种类	膨胀混凝土(砂浆)		
	种 类	使 用 目 的	适 用 范 围
硫铝酸钙类、氧化钙类、氧化钙—硫铝酸钙类、氧化镁类	补偿收缩混凝土(砂浆)	减少混凝土(砂浆)干缩裂缝,提高抗裂性和抗渗性	屋面防水,地下防水,贮罐水池,基础后浇缝,混凝土构件补强,防水堵漏,预填骨料混凝土以及钢筋混凝土,预应力钢筋混凝土等
	填充用膨胀混凝土(砂浆)	提高机械设备和构件的安装质量,加快安装速度	机械设备的底座灌浆,地脚螺栓的固定,梁柱接头的浇注,管道接头的填充和防水堵漏等
	自应力混凝土(砂浆)	提高抗裂及抗渗性	仅用于常温下使用的自应力钢筋混凝土压力管

补偿收缩混凝土(砂浆)的性能,应满足表 1-124 的要求,变形性能的试验,应按附录三的方法进行。抗压强度的试验,应按国家现行的《普通混凝土力学性能试验方法》进行。

补偿收缩混凝土的性能 表 1-124

项 目	纵向限制膨胀率 (10^{-4})	纵向限制干缩率 (10^{-4})	抗 压 强 度 (N/mm²)
龄 期	14d	6个月	28d
性能指标	1.5	<4.5	>20

填充用膨胀混凝土(砂浆)的性能,应满足表 1-125 的要求。变形性能的试验,应按附录三的方法进行;抗压强度的试验,应按国家现行的《普通混凝土力学性能试验方法》进行。

填充用膨胀混凝土(砂浆)的性能 表 1-125

项 目	竖向自由膨胀率(%)		干缩后的剩余竖向自由膨胀率(%)	抗压强度 (N/mm²)	
	快速膨胀型	缓慢膨胀型			
龄 期	24h	14d	6个月	3d	28d
性能指标	0.1~0.5	0.1~0.2	>0.05	>14	>30

自应力膨胀混凝土(砂浆)的性能应符合 JG 218—79 和 JG 219—79 的规定。
掺外加剂混凝土性能指标
掺外加剂混凝土性能指标应符合表 1-126 的要求。

3. 有关规定

(1) 凡在北京地区施工的各建设工程必须使用持有"北京市建筑材料使用认证书"的防冻剂,严禁使用未经认证和产品包装未加贴防伪认证标志的防冻剂产品。

(2) 外加剂必须有生产厂家的质量证明书。内容包括:厂名、品种、包装、质量(重量)、出厂日期、性能和使用说明。使用前应进行性能的试验。

表 1-126

试验项目	普通减水剂		高效减水剂		早强减水剂		缓凝减水剂		引气减水剂		早强剂		缓凝剂		引气剂	
	一等品	合格品	一等品	合格品	一等品	合格品	一等品	合格品	一等品	合格品	一等品	合格品	一等品	合格品	一等品	合格品
减水率(%)	≥8	≥5	≥12	≥10	≥8	≥5	≥8	≥5	≥10	≥10	—	—	—	—	≥6	≥6
泌水率比(%)	≤95	≤100	≤100	≤100	≤95	≤100	≤95	≤100	≤70	≤80	≤100	≤100	≤100	≤100	≤70	≤80
含气量(%)	≤3.0	≤4.0	≤3.0	≤4.0	≤3.0	≤4.0	≤3.0	≤4.0	3.5~5.5	3.5~5.5	—	—	—	—	3.5~5.5	3.5~5.5
凝结时间之差(min) 初凝	-60~+90	-60~+120	-60~+90	-60~+120	-60~+90	-60~+120	+60~+210	+60~+210	-60~+90	-60~+120	-60~+90	-120~+120	+60~+210	+60~+210	-60~+60	-60~+60
终凝	-60~+90	-60~+120	-60~+90	-60~+120	-60~+90	-60~+120	≤+210	≤+210	-60~+90	-60~+120	-60~+90	-120~+120	≤+210	≤+210	-60~+60	-60~+60
抗压强度比(%) 1d	≥115	—	≥140	≥130	≥140	≥130	—	—	≥115	—	≥140	≥125	—	—	—	—
3d	≥115	≥110	≥130	≥120	≥135	≥120	≥110	≥100	≥110	≥110	≥130	≥120	≥100	≥90	≥95	≥80
7d	≥110	≥110	≥125	≥115	≥120	≥115	≥110	≥110	≥110	≥110	≥115	≥110	≥110	≥100	≥95	≥80
28d	≥110	≥105	≥120	≥115	≥110	≥105	≥110	≥105	≥110	≥110	≥100	≥95	≥100	≥100	≥90	≥80
90d	≥100	≥100	≥100	≥100	≥100	≥100	≥100	≥100	≥100	≥100	≥95	≥95	≥100	≥90	≥90	≥80
收缩率比(%90d)	≤120	≤120	≤120	≤120	≤120	≤120	≤120	≤120	≤120	≤120	≤120	≤120	≤120	≤120	≤120	≤120
相对耐久性指标(%)									200次 ≥80	200次 ≥80					200次 ≥300	≥300
钢筋锈蚀	应说明对钢筋有无锈蚀危害															

注：1. 除含气量外，表中所列数据为掺外加剂混凝土与基准混凝土的差值或比值。
2. 凝结时间指标一栏中，"—"号表示提前，"+"号表示延缓。
3. 相对耐久性指标中，"200次≥80"表示将28d龄期的掺外加剂混凝土试件经冻融循环200次后，动弹性模量保留值≥80%；"≥300"表示28d龄期的试件经冻融后，动弹性模量保留值等于80%时掺外加剂混凝土与基准混凝土冻融次数的比值≥300%。
4. 对于可以用高频振捣排除的，由外加剂所引入的气泡的产品，允许用高频振捣。达到某类型性能指标要求的，可按本表进行命名和分类，但须在产品说明书和包装上注明"用于高频振捣的××剂"种。

(3) 外加剂出厂质量合格证和试验报告单应及时整理,试验单填写做到字迹清楚,项目齐全、准确、真实且无未了事项。

(4) 外加剂出厂质量合格证和试验报告单不允许涂改、伪造、随意抽撤或损毁。

(5) 外加剂质量必须合格,应先试验后使用,要有出厂质量合格证或试验单。需采取技术处理措施的,应满足技术要求并应经有关技术负责人批准(签字)后方可使用。

(6) 合格证、试(检)验单或记录单的抄件(复印件)应注明原件存放单位,并有抄件人、抄件(复印)单位的签字和盖章。

4．外加剂出厂质量合格证的验收和进场产品的外观检查

(1) 外加剂出厂质量合格证的验收和进场产品的外观检查:

外加剂进场必须有生产厂家的质量证明书。其中:厂名、产品名称及型号、包装(质)重量、出厂日期、主要特性及成分、适用范围及适宜掺量、性能检验合格证(匀质性指标及掺外加剂混凝土性能指标)、贮存条件及有效期、使用方法及注意事项等项要填写清楚、准确、完整。应随附"北京市建筑材料使用认证证书"复印件。确认外加剂产品与质量合格证物证相符合,摘取一份防伪认证标志,附贴于产品出厂质量合格证上,归档保存。

(2) 进场产品的外观检查:

进场产品的外观检查首先是确认防伪认证标志,然后对照产品出厂质量合格证明书检查产品的包装,有无受潮变质、超过有效限期并抽测质(重)量。

5．外加剂的试验及试验报告

(1) 试验项目及其所需试件的制作和数量:

外加剂的性能主要由掺外加剂混凝土性能指标和匀质性指标来反映。

外加剂使用前必须进行性能试验,并有试验报告和掺外加剂普通混凝土(砂浆)的配合比通知单(掺量)。

试件制作:混凝土试件制作及养护参照《普通混凝土拌合物性能标准试验方法》(GBJ 80—8)进行,但混凝土预养温度为 20 ± 30℃。

试验项目及所需数量❶ 详见表1-127。

表1-127

试验项目	外加剂类别	试验类别	试 验 所 需 数 量			
			混凝土拌合批数①	每批取样数目	掺外加剂混凝土总取样数目	基准混凝土总取样数目
减水率	除早强剂、缓凝剂外各种外加剂	混凝土拌合物	3	1次	3次	3次
坍落度	各种外加剂		3	1次	3次	3次
含气量			3	1个	3个	3个
泌水率			3	1个	3个	3个
凝结时间			3	1个	3个	3个

❶ 试验龄期参考外加剂性能指标的试验项目栏。

续表

试验项目	外加剂类别	试验类别	试 验 所 需 数 量			
			混凝土拌合批数①	每批取样数目	掺外加剂混凝土总取样数目	基准混凝土总取样数目
抗压强度 收缩	各种外加剂	硬化混凝土	3 3	12 或 15 块 1 块	36 或 45 块 3 块	36 或 45 块 3 块
钢筋锈蚀		新拌或硬化砂浆	3	1 块	3 块	3 块
相对耐久性指标	引气剂、引气减水剂	硬化混凝土	3	1 块	3 块	3 块

① 试验时，检验一种外加剂的三批混凝土要在同一天内完成。

(2) 外加剂试验报告的内容、填制方法和要求：

外加剂试验报告见表 1-128 试样。

材 料 试 验 报 告　　　　　表 1-128

委托单位：		委托人：	
工程名称：		用途：	
样品名称：	产地、厂别：		试样收到日期：
要求试验项目：			
试验结果：			
结论：			
负责人：	审核：	计算：	试验：
			报告日期　年　月　日

注：无专用表时，用此通用表。

表中：委托单位、委托人、工程名称、用途、样品名称、产地、厂别、试样收到日期、要求试验项目，由试验委托人（工地试验员）填写。其他部分由试验室人员依据试验测算结果填写清楚、准确、完整。

领取外加剂试验报告单时，应验看要求试验项目是否试验齐全，各项试验数据是否达到规范规定值和设计要求，结论要明确，试验室编号、签字、盖章要齐全。试验有不符合要求的项目，应及时复试或报工程技术负责人进行处理，复试合格试验单和处理结论，附于此单后一并存档。

6. 整理要求

(1) 此部分资料应归入原材料、半成品、成品出厂质量证明和试（检）验报告分册中；

(2) 合格证应折成 16 开大小或贴在 16 开纸上。

(3) 各出厂合格证和试验报告，按验收批组合，按时间排序并编号，不得遗漏。

(4) 建立分目录表,并能对应一致。

7. 注意事项

(1) 外加剂出厂质量合格证应有生产厂家质量部门的盖章,防冻剂必须有防伪认证标志。

(2) 外加剂试验报告应由相应资质等级的建筑试验室签发。

(3) 外加剂的使用应在其有效期内,查对产品出厂合格证和混凝土、砂浆施工试验资料及施工日志可知是否超期。

(4) 外加剂试验报告单中应有试验编号,便于与试验室的有关资料查证核实。试验报告单应有明确结论并签章齐全。

(5) 领取试验报告后一定要验看报告中各项目的实测数值是否符合规范的技术要求。冷弯应将弯曲直径和弯曲角度都写清楚。

(6) 外加剂试验不合格单后应附双倍试件复试合格试验报告单或处理报告。不合格单不允许抽撤。

(7) 外加剂资料应与其他施工技术资料对应一致,交圈吻合,相关施工技术资料有混凝土、砌筑砂浆的配合比申请单、通知单和试件试压报告单,施工记录、施工日志、预检记录、隐检记录、质量评定、施工组织设计、技术交底和洽商记录。

附录 关于公布北京市建筑结构工程混凝土外加剂准用产品的通知

(京建材[1997]15号)

各区、县建委,各局、总公司,各建设单位,施工、监理企业,外加剂生产、经销单位:

根据我委《北京市建设工程供应管理暂行规定》(京建材(1995)556号)和《关于对建筑结构工程混凝土外加剂实行准用证管理的通知》(京建材(1996)303号)规定,现将通过准用证审查的外加剂产品名录予以公布,有效期至1998年12月31日止。在1998年底前新研制的高性能外加剂(凭省市级鉴定),因特殊需要所使用的非准用外加剂品种(凭工程设计文件和供货合同),办理临时准用证,准予使用。有关在工程中使用以及日常管理、监督工作问题,按照京建材(1996)303号文件的规定执行。

附件:1. 北京市建筑结构工程混凝土外加剂准用产品名录
   2. 建筑结构工程混凝土外加剂现场复试检测项目

北京市城乡建设委员会
一九九七年一月十三日

附件 1：

北京市建筑结构工程混凝土外加剂准用产品名录

生产单位	产品牌号		准用编号
北京市丰台区辛庄外加剂厂	TZ1—1	混凝土普通减水剂	WJJ—01—001
北京市丰台区辛庄外加剂厂	861—A	混凝土普通减水剂	WJJ—01—002
北京卢沟桥质衡混凝土有限责任公司	JSP—Ⅲ（液）	混凝土普通减水剂	WJJ—01—003
北京市朝阳区高碑店外加剂厂	RH—1（液）	混凝土普通减水剂	WJJ—01—004
吉林省石岘造纸厂		混凝土普通减水剂	WJJ—01—005
献县高效混凝土外加剂有限公司北京分公司	LEI—M（液）	混凝土普通减水剂	WJJ—01—006
北京市六建公司	BD—1	混凝土普通减水剂	WJJ—01—007
牡丹江市红旗化工厂		混凝土普通减水剂	WJJ—01—008
北京金之鼎化学建材科技有限责任公司	JDF—1	混凝土高效减水剂	WJJ—02—001
北京市丰台区建新建材厂	HT—3	混凝土高效减水剂	WJJ—02—002
北京市兴宏光建材厂	RT—8	混凝土高效减水剂	WJJ—02—003
北京市建工新兴建材厂	SN—2	混凝土高效减水剂	WJJ—02—004
北京市华润通建筑材料厂	天字—201	混凝土高效减水剂	WJJ—02—005
北京远东星建筑材料厂	RJ—B3	混凝土高效减水剂	WJJ—02—006
北京市双盛建筑材料厂	NF	混凝土高效减水剂	WJJ—02—007
北京市朝阳区长城新型建材厂	AS—5	混凝土高效减水剂	WJJ—02—008
北京市冶建特种材料公司	JG—2	混凝土高效减水剂	WJJ—02—009
北京中建建筑科学技术研究所	SRH	混凝土高效减水剂	WJJ—02—010
北京市丰台区京华混凝土外加剂厂		混凝土高效减水剂	WJJ—02—011
北京利力新技术开发公司	FS—G	混凝土高效减水剂	WJJ—02—012
北京市千叶电子新材料公司	QY—5	混凝土高效减水剂	WJJ—02—013
北京市天义混凝土外加剂厂	YGU（萘系）	混凝土高效减水剂	WJJ—02—014
北京市建筑工程研究院	AN1000	混凝土高效减水剂	WJJ—02—015
北京市建筑工程研究院	AN3	混凝土高效减水剂	WJJ—02—016
北京市建筑工程研究院	AN3—2	混凝土高效减水剂	WJJ—02—017
北京科峰建材厂	QJ—4	混凝土高效减水剂	WJJ—02—018

生产单位	产品牌号		准用编号
北京市政新型外加剂开发公司		混凝土高效减水剂	WJJ—02—019
北京三联混凝土联营公司	SL	混凝土高效减水剂	WJJ—02—020
北京市邦伟混凝土外加剂公司		混凝土高效减水剂	WJJ—02—021
北京慕湖外加剂厂		混凝土高效减水剂	WJJ—02—022
北京市丰台区新丰建材厂	FX—128	混凝土高效减水剂	WJJ—02—023
北京市丰台区辛庄外加剂厂	TZ1（液）	混凝土高效减水剂	WJJ—02—024
北京市朝阳区高碑店外加剂厂	RH—2	混凝土高效减水剂	WJJ—02—025
北京市朝阳区高碑店外加剂厂	RH—5	混凝土高效减水剂	WJJ—02—026
北京中岩特种工程材料公司	LH	混凝土高效减水剂	WJJ—02—027
天津市北辰区飞龙化工建材厂（由北京市朝阳区高碑店外加剂厂销售总代理）	JFL—5	混凝土高效减水剂	WJJ—02—028
天津市北辰区飞龙化工建材厂（由北京市朝阳区高碑店外加剂厂销售总代理）	JFL—1	混凝土高效减水剂	WJJ—02—029
天津市混凝土外加	UNF—5	混凝土高效减水剂	WJJ—02—030
北京市丰台区宏铁混凝土外加剂厂	HT—4	混凝土高效减水剂	WJJ—02—031
天津市雍阳减水剂厂	UNF—5	混凝土高效减水剂	WJJ—02—032
北京市六建公司	BD—2	混凝土高效减水剂	WJJ—02—033
宁夏省灵武外加剂厂	AF	混凝土高效减水剂	WJJ—02—034
中国建筑科学研究院建筑工程材料及制品研究所	SJ—1	混凝土早强减水剂	WJJ—03—001
北京远东星建筑材料厂	RJ	混凝土早强减水剂	WJJ—03—002
北京市丰台区宏铁混凝土外加剂厂	HT—1	混凝土早强减水剂	WJJ—03—003
北京市华润通建筑材料厂	天字—102	混凝土早强减水剂	WJJ—03—004
北京市千叶电子新材料公司	QY—4	混凝土早强减水剂	WJJ—03—005
北京市丰台区京新建材厂	FE—A	混凝土早强减水剂	WJJ—03—006
北京市朝阳区长城新型建材厂		混凝土早强减水剂	WJJ—03—007
北京市丰台区建新建材厂	HT—2	混凝土早强减水剂	WJJ—03—008
北京市丰台区京华混凝土外加剂厂	JH—B	混凝土早强减水剂	WJJ—03—009
北京海淀华迪合成材料联合有限公司	NF—8	混凝土早强减水剂	WJJ—03—010
北京祥业电子技术有限公司	PPT—H1	混凝土早强减水剂	WJJ—03—011
北京市城成福利化工厂	CON—1	混凝土早强减水剂	WJJ—03—012
北京市建工新兴建材厂	SN—1	混凝土早强减水剂	WJJ—03—013

1.1 建筑工程

生产单位	产品牌号		准用编号
北京市天义混凝土外加剂厂	YGU—F1	混凝土早强减水剂	WJJ—03—014
北京创之星技术发展集团	TOP	混凝土早强减水剂	WJJ—03—015
北京三联混凝土联营公司	SL—4	混凝土早强减水剂	WJJ—03—016
北京慕湖外加剂厂		混凝土早强减水剂	WJJ—03—017
北京市政新型外加剂开发公司		混凝土早强减水剂	WJJ—03—018
北京市建筑工程研究院	AN—2	混凝土早强减水剂	WJJ—03—019
北京市丰台区辛庄外加剂厂	861—3F	混凝土早强减水剂	WJJ—03—020
北京市丰台区辛庄外加剂厂	861—3	混凝土早强减水剂	WJJ—03—021
北京市朝阳区高碑店外加剂厂	RH—6	混凝土早强减水剂	WJJ—03—022
北京市朝阳双桥科学技术开发研究所	A—1	混凝土早强减水剂	WJJ—03—023
北京市朝阳双桥科学技术开发研究所	A—2	混凝土早强减水剂	WJJ—03—024
北京市朝阳双桥科学技术开发研究所	A—12	混凝土早强减水剂	WJJ—03—025
北京利力新技术开发公司		混凝土早强减水剂	WJJ—03—026
北京卢沟桥质衡混凝土有限责任公司	JSP—1	混凝土早强减水剂	WJJ—03—027
北京市中洲建筑材料公司	ZQJ—1	混凝土早强减水剂	WJJ—03—028
北京中建建材公司	J851	混凝土早强减水剂	WJJ—03—029
北京市五建建新产品开发研制经理部	B5—1	混凝土早强减水剂	WJJ—03—030
河北省冬施技术交流网万全中试厂	LNC—1	混凝土早强减水剂	WJJ—03—031
北京市京开外加剂联营公司	JK	混凝土早强减水剂	WJJ—03—032
北京市兰翔新型建筑材料厂	MZS	混凝土早强减水剂	WJJ—03—033
北京市海宏星建材厂	HH—4	混凝土早强减水剂	WJJ—03—034
北京市丰台区新丰建材厂	FX—134	混凝土早强减水剂	WJJ—03—035
北京市城成福利化工厂	CON—3	混凝土缓凝高效减水剂	WJJ—04—001
北京市建工新兴建材厂	SN—8	混凝土缓凝高效减水剂	WJJ—04—002
北京市丰台区建新建材厂	HT—4	混凝土缓凝高效减水剂	WJJ—04—003

生产单位	产品牌号		准用编号
北京三联混凝土联营公司	ZH	混凝土缓凝高效减水剂	WJJ—04—004
北京市双盛建筑材料厂	NFH	混凝土缓凝高效减水剂	WJJ—04—005
北京海淀华迪合成材料联合有限公司	NF—2	混凝土缓凝高效减水剂	WJJ—04—006
北京市丰台区辛庄外加剂厂	801—BF	混凝土缓凝高效减水剂	WJJ—04—007
北京市朝阳区高碑店外加剂厂	RH—8	混凝土缓凝高效减水剂	WJJ—04—008
北京市朝阳区高碑店外加剂厂	RH—7	混凝土缓凝高效减水剂	WJJ—04—009
北京中岩特种工程材料公司	N 型	混凝土缓凝高效减水剂	WJJ—04—010
北京市冶建特种材料公司	JG—3	混凝土缓凝高效减水剂	WJJ—04—011
北京市科华建建筑材料厂	KHJ—100	混凝土缓凝高效减水剂	WJJ—04—012
献县高效混凝土外加剂公司北京分公司	LEI—HS	混凝土缓凝高效减水剂	WJJ—04—013
北京科峰建材厂	QJ—6	混凝土缓凝高效减水剂	WJJ—04—014
北京市丰台区新丰建材厂	FX—126	混凝土缓凝高效减水剂	WJJ—04—015
北京海淀华迪合成材料联合有限公司	NF—4	混凝土缓凝减水剂	WJJ—05—001
北京海淀华迪合成材料联合有限公司	NF6	混凝土缓凝减水剂	WJJ—05—002
北京市朝阳区高碑店外加剂厂	RH—4	混凝土缓凝减水剂	WJJ—05—003
北京市丰台区辛庄外加剂厂	861—B	混凝土缓凝减水剂	WJJ—05—004
北京市建筑工程研究院	AN9	混凝土缓凝减水剂	WJJ—05—005

1.1 建筑工程

生产单位	产品牌号		准用编号
北京市朝阳双桥科学技术开发研究所	E—12	混凝土缓凝减水剂	WJJ—05—006
北京市五建建新产品开发研制经理部	CS—1	混凝土缓凝减水剂	WJJ—05—007
北京市丰台区新丰建材厂	FX—130	混凝土缓凝减水剂	WJJ—05—008
北京三联混凝土联营公司	SL	混凝土缓凝减水剂	WJJ—05—009
北京市丰台区辛庄外加剂厂	96—0	混凝土引气减水剂	WJJ—06—001
北京市千叶电子新材料公司	QY—3	混凝土早强剂	WJJ—07—001
北京双丰建工工贸公司	JYZ	混凝土早强剂	WJJ—07—002
北京慕湖外加剂厂		混凝土早强剂	WJJ—07—003
北京利力新技术开发公司	FS	混凝土早强剂	WJJ—07—004
北京市丰台区辛庄外加剂厂	861—4	混凝土早强剂	WJJ—07—005
北京市丰台区辛庄外加剂厂	612	混凝土早强剂	WJJ—07—006
北京市丰台区新丰建材厂	FX—132	混凝土早强剂	WJJ—07—007
北京市城建混凝土外加剂厂	LM-1	混凝土缓凝剂	WJJ—08—001
北京利力新技术开发公司	FS	混凝土缓凝剂	WJJ—08—002
北京市丰台区辛庄外加剂厂	613	混凝土缓凝剂	WJJ—08—003
中国建筑科学研究院建筑工程材料及制品研究所	SM	混凝土引气剂	WJJ—09—001
北京市朝阳双桥科学技术开发研究所	C—4	混凝土引气剂	WJJ—09—002
北京市五建建新产品开发研制经理部	Q—1	混凝土引气剂	WJJ—09—003
北京市丰台区京新建材厂	FE—HS1	混凝土泵送剂	WJJ—10—001
北京市千叶电子新材料公司	QY—7	混凝土泵送剂	WJJ—10—002
北京双丰建工工贸公司	JYB(液)	混凝土泵送剂	WJJ—10—003
北京市华润通建筑材料厂	天字—302	混凝土泵送剂	WJJ—10—004
北京市华润通建筑材料厂	天字—301	混凝土泵送剂	WJJ—10—005
中建一局五建公司搅拌站	EP(液)	混凝土泵送剂	WJJ—10—006
北京市建工新兴建材厂	SN—6	混凝土泵送剂	WJJ—10—007
北京宏伟建工建材厂	RHF—3	混凝土泵送剂	WJJ—10—008
北京市远东星建筑材料厂	RJ—B2	混凝土泵送剂	WJJ—10—009
北京市远东星建筑材料厂	RJ—B1	混凝土泵送剂	WJJ—10—010
北京市海宏星建材厂	HH—5	混凝土泵送剂	WJJ—10—011

生产单位	产品牌号		准用编号
北京市丰台区建新建材厂	HT(液)	混凝土泵送剂	WJJ—10—012
北京市中洲建筑材料公司	GQB—1	混凝土泵送剂	WJJ—10—013
北京市中洲建筑材料公司	HNB—1	混凝土泵送剂	WJJ—10—014
北京卢沟桥质衡混凝土有限责任公司	JSP—Ⅱ	混凝土泵送剂	WJJ—10—015
北京创之星技术发展集团	TOP(液)	混凝土泵送剂	WJJ—10—016
北京慕湖外加剂厂		混凝土泵送剂	WJJ—10—017
北京市政新型外加剂开发公司		混凝土泵送剂	WJJ—10—018
北京市丰台区辛庄外加剂厂	861—3H	混凝土泵送剂	WJJ—10—019
北京市丰台区辛庄外加剂厂	TZ1—2	混凝土泵送剂	WJJ—10—020
北京市丰台区辛庄外加剂厂	861—4F	混凝土泵送剂	WJJ—10—021
北京市丰台区新兴轻体材料厂	FM—2	混凝土泵送剂	WJJ—10—022
北京市朝阳区高碑店外加剂厂	RH—9	混凝土泵送剂	WJJ—10—023
北京中岩特种工程材料公司	LH—1	混凝土泵送剂	WJJ—10—024
北京中岩特种工程材料公司	EP	混凝土泵送剂	WJJ—10—025
北京中岩特种工程材料公司	EP—7	混凝土泵送剂	WJJ—10—026
北京市朝阳双桥科学技术开发研究所	F—24(液)	混凝土泵送剂	WJJ—10—027
北京市朝阳双桥科学技术开发研究所	F—12(液)	混凝土泵送剂	WJJ—10—028
北京市朝阳双桥科学技术开发研究所	F—2(液)	混凝土泵送剂	WJJ—10—029
北京市朝阳双桥科学技术开发研究所	B—2(液)	混凝土泵送剂	WJJ—10—030
北京市翰苑电子技术开发公司混凝土外加剂厂	SF	混凝土泵送剂	WJJ—10—031
天津市豹鸣集团有限公司		混凝土泵送剂	WJJ—10—032
北京市丰台区新丰建材厂	FX—124	混凝土泵送剂	WJJ—10—033
北京市建筑工程研究院	AN10—2	混凝土泵送剂	WJJ—10—034
北京科峰建材厂	QJ—5	混凝土泵送剂	WJJ—10—035
北京中岩特种工程材料公司	FDY(液)	混凝土防冻剂	WJJ—11—001
北京中岩特种工程材料公司	FD—1	混凝土防冻剂	WJJ—11—002
北京中岩特种工程材料公司	FD—4	混凝土防冻剂	WJJ—11—003
北京祥业电子技术有限公司	PPT—F1	混凝土防冻剂	WJJ—11—004
北京市建筑工程研究院	AN—4	混凝土防冻剂	WJJ—11—005

生产单位	产品牌号		准用编号
北京市建筑工程研究院	AN4—3	混凝土防冻剂	WJJ—11—006
北京市建筑工程研究院	AN6	混凝土防冻剂	WJJ—11—007
北京市丰台区辛庄外加剂厂	861—Ⅰ	混凝土防冻剂	WJJ—11—008
北京市丰台区辛庄外加剂厂	861－Ⅱ	混凝土防冻剂	WJJ—11—009
北京市丰台区辛庄外加剂厂	TZ1—3	混凝土防冻剂	WJJ—11—010
北京市朝阳双桥科学技术开发研究所	D3	混凝土防冻剂	WJJ—11—011
中建一局构件厂外加剂厂	M184(液)	混凝土防冻剂	WJJ—11—012
北京市冶建特种材料公司	JD—10	混凝土防冻剂	WJJ—11—013
北京金之鼎化学建材科技有限责任公司	JD—120	混凝土防冻剂	WJJ—11—014
中国建筑科学研究院建筑工程材料与制品研究所	SJ—3	混凝土防冻剂	WJJ—11—015
北京市天义混凝土外加剂厂	YGU—1	混凝土防冻剂	WJJ—11—016
北京市天义混凝土外加剂厂	YGU—Ⅲ	混凝土防冻剂	WJJ—11—017
北京市双盛建筑材料厂	M—184—A(液)	混凝土防冻剂	WJJ—11—018
北京市海淀华迪合成材料联合有限公司	FZJ—2	混凝土防冻剂	WJJ—11—019
北京远东星建筑材料厂	FJ—Ⅲ	混凝土防冻剂	WJJ—11—020
北京远东星建筑材料厂	FJ—Ⅰ	混凝土防冻剂	WJJ—11—021
北京市朝阳区高碑店外加剂厂	MRT	混凝土防冻剂	WJJ—11—022
北京市朝阳区高碑店外加剂厂	MRT—2	混凝土防冻剂	WJJ—11—023
北京市朝阳区高碑店外加剂厂	MRT—4	混凝土防冻剂	WJJ—11—024
北京纽维逊建工技术有限公司	YJ—4	混凝土防冻剂	WJJ—11—025
北京冶建新技术公司	DF—10	混凝土防冻剂	WJJ—11—026
北京中建建筑科学技术研究院	MA	混凝土防冻剂	WJJ—11—027
北京中建建筑科学技术研究院	HM	混凝土防冻剂	WJJ—11—028
北京市第一建筑构件厂粉煤灰综合利用加工厂	MRT	混凝土防冻剂	WJJ—11—029
北京市第一建筑构件厂粉煤灰综合利用加工厂	MCY1—1	混凝土防冻剂	WJJ—11—030
北京京开混凝土外加剂联营公司	JK—6(1)	混凝土防冻剂	WJJ—11—031
北京京开混凝土外加剂联营公司	JK—6	混凝土防冻剂	WJJ—11—032

生产单位	产品牌号		准用编号
北京市五建建新产品开发研制经理部	B5—3	混凝土防冻剂	WJJ—11—033
北京市朝阳区长城新型建材厂	KD—1	混凝土防冻剂	WJJ—11—034
北京市丰台区建新建材厂	HFT—25	混凝土防冻剂	WJJ—11—035
北京市丰台区建新建材厂	HFT1—25	混凝土防冻剂	WJJ—11—036
北京市丰台区建新建材厂	HFT3—25	混凝土防冻剂	WJJ—11—037
北京市建工新兴建材厂	SN	混凝土防冻剂	WJJ—11—038
北京三联混凝土联营公司	FDY(液)	混凝土防冻剂	WJJ—11—039
北京三联混凝土联营公司	SL3	混凝土防冻剂	WJJ—11—040
北京市千叶电子新材料公司	QY—2	混凝土防冻剂	WJJ—11—041
北京市丰台区京华混凝土外加剂厂	京华—15	混凝土防冻剂	WJJ—11—042
北京市丰台区新兴轻体材料厂	F—2	混凝土防冻剂	WJJ—11—043
北京市建工科技开发公司	LD—1	混凝土防冻剂	WJJ—11—044
北京市城建混凝土外加剂厂	GS—15	混凝土防冻剂	WJJ—11—045
北京市丰台区京新建材厂	京新 FE—A	混凝土防冻剂	WJJ—11—046
北京市丰台区新丰建材厂	FX—120	混凝土防冻剂	WJJ—11—047
北京宏伟建工建材厂	HZ—6	混凝土防冻剂	WJJ—11—048
北京慕湖外加剂厂	MNC—C1	混凝土防冻剂	WJJ—11—049
北京中建建材公司防水材料厂	SNM—10	混凝土防冻剂	WJJ—11—050
北京双丰建工工贸公司	JYD	混凝土防冻剂	WJJ—11—051
北京市丰台区宏铁混凝土外加剂厂	HT—2	混凝土防冻剂	WJJ—11—052
中建二局三公司劳动服务公司建材厂	T—10	混凝土防冻剂	WJJ—11—053
北京市中洲建材公司	ZFD—4	混凝土防冻剂	WJJ—11—054
北京市六建公司	BDL—1	混凝土防冻剂	WJJ—11—055
北京市六建公司	BDL—2	混凝土防冻剂	WJJ—11—056
北京市星飒建材厂	XS	混凝土防冻剂	WJJ—11—057
北京市星飒建材厂	XS—611	混凝土防冻剂	WJJ—11—058
北京市华润通建筑材料厂	天字 115—2	混凝土防冻剂	WJJ—11—059
北京市房山区辛庄外加剂厂	FS—3	混凝土防冻剂	WJJ—11—060
北京中建建材公司	HZ—6	混凝土防冻剂	WJJ—11—061
中国建筑科学研究院建筑工程材料及制品研究所	SJ—4	混凝土防冻剂	WJJ—11—071
北京市华润通建筑材料厂	天字 115—Ⅲ	混凝土防冻剂	WJJ—11—072

生产单位	产品牌号		准用编号
北京祥业电子技术有限公司	PPT—F2	混凝土防冻剂	WJJ—11—073
北京市城建混凝土外加剂厂	亚华—01	混凝土防冻剂	WJJ—11—074
中建一局构件厂外加剂厂	M184—Ⅰ	混凝土防冻剂	WJJ—11—075
中建一局构件厂外加剂厂	M184—Ⅱ	混凝土防冻剂	WJJ—11—076
北京科峰建材厂	QJ—1	混凝土防冻剂	WJJ—11—077
北京科峰建材厂	QJ—2	混凝土防冻剂	WJJ—11—078
北京科峰建材厂	QJ—3	混凝土防冻剂	WJJ—11—079
北京市兴红光建材厂	WDN—3	混凝土防冻剂	WJJ—11—080
北京市千叶电子新材料公司	QY—2B	混凝土防冻剂	WJJ—11—081
献县高效混凝土外加剂有限公司北京分公司	LEI—10C	混凝土防冻剂	WJJ—11—082
北京市城成福利化工厂	CON—2	混凝土防冻剂	WJJ—11—083
北京市丰台区京新建材厂	FE—10CA	混凝土防冻剂	WJJ—11—084
北京市科华建建筑材料厂	KHJ—401	混凝土防冻剂	WJJ—11—085
天津市豹鸣集团有限公司		混凝土防冻剂	WJJ—11—086
天津远大工程材料开发公司	ZB—2	混凝土防冻剂	WJJ—11—087
北京卢沟桥质衡混凝土有限责任公司	JSPⅣ	混凝土防冻剂	WJJ—11—088
北京市房山区辛庄外加剂厂		混凝土防冻剂	WJJ—11—089
北京市城建二公司搅拌站		混凝土防冻剂	WJJ—11—090
北京贝思达工贸有限责任公司	CEA—B	混凝土防冻剂	WJJ—11—091
北京市政新型外加剂开发公司		混凝土防冻剂	WJJ—11—092
北京利力新技术开发公司	FS	混凝土防冻剂	WJJ—11—093
北京创之星技术发展集团	TOP	混凝土防冻剂	WJJ—11—094
北京金之鼎化学建材科技有限责任公司	JD—121	混凝土防冻剂	WJJ—11—095
中建一局五建公司搅拌站	（液）	混凝土防冻剂	WJJ—11—096
北京祥业电子技术有限公司	PPT—EA1	混凝土膨胀剂	WJJ—12—001
北京市冶建特种材料公司	JP	混凝土膨胀剂	WJJ—12—002
北京市华润通建筑材料厂	EA—300	混凝土膨胀剂	WJJ—12—003
北京贝思达工贸有限责任公司	UEA—B	混凝土膨胀剂	WJJ—12—004
北京贝思达工贸有限责任公司	CEA—B	混凝土膨胀剂	WJJ—12—005
石家庄市特种水泥厂		混凝土膨胀剂	WJJ—12—006
北京千宝建筑材料有限责任公司	HAEA—1	混凝土膨胀剂	WJJ—12—007
北京城建混凝土外加剂厂	GSEA	混凝土膨胀剂	WJJ—12—008
北京市丰台区辛庄外加剂厂	U	混凝土膨胀剂	WJJ—12—009

生产单位	产品牌号		准用编号
北京宇翼特种水泥厂	CEA	混凝土膨胀剂	WJJ—12—010
北京中岩特种工程材料公司	UEA—H	混凝土膨胀剂	WJJ—12—011
北京市建筑工程研究院	EA	混凝土膨胀剂	WJJ—12—012
北京利力新技术开发公司	FS	混凝土膨胀剂	WJJ—12—013
天津市豹鸣集团有限公司	UEA	混凝土膨胀剂	WJJ—12—014
北京市中洲建筑材料公司	HEA—1	混凝土膨胀剂	WJJ—12—015
北京恒远科利水泥公司	CEA—H	混凝土膨胀剂	WJJ—12—016
北京市丰台区建新建材厂	UHT	混凝土膨胀剂	WJJ—12—017
北京中建建材公司	UEA—M	混凝土膨胀剂	WJJ—12—018
北京市丰台区辛庄外加剂厂	8880	混凝土速凝剂	WJJ—13—001

附件 2：

建筑结构工程混凝土外加剂现场复试检测项目

品　种	检验项目	检验标准
普通减水剂	钢筋锈蚀，28 天抗压强度比，减水率	GB 8076
高效减水剂	钢筋锈蚀，28 天抗压强度比，减水率	GB 8076
早强减水剂	钢筋锈蚀，1 天、28 天抗压强度比，减水率	GB 8076
缓凝减水剂	钢筋锈蚀，凝结时间，28 天抗压强度比，减水率	GB 8076
引气减水剂	钢筋锈蚀，28 天抗压强度比，减水率，含气量	GB 8076
缓凝高效减水剂	钢筋锈蚀，凝结时间，28 天抗压强度比，减水率	GB 8076
早强剂	钢筋锈蚀，1 天、28 天抗压强度比	GB 8076
缓凝剂	钢筋锈蚀，凝结时间，28 天抗压强度比	GB 8076
引气剂	钢筋锈蚀，28 天抗压强度比，含气量	GB 8076
泵送剂	钢筋锈蚀，28 天抗压强度比，塌落度保留值，压力泌水率比	JC 473
防水剂	钢筋锈蚀，28 天抗压强度比，渗透高度比	JC 474
防冻剂	钢筋锈蚀，-7、$-7+28$ 天抗压强度比	JC 475
膨胀剂	钢筋锈蚀，28 天抗压、抗折强度，限制膨胀率	JC 476
喷射用速凝剂	钢筋锈蚀，凝结时间，28 天抗压强度比	JC 477

1.1.1.8 防水材料

1. 各种防水材料的定义、分类和技术要求

(1) 沥青

1) 沥青的分类:沥青材料按品种分为石油沥青和焦油沥青两大类,在建筑施工广泛使用石油沥青,在防水工程上多采用建筑10号、30号的石油沥青和60号道路石油沥青或其熔合物,亦可用55号普通石油沥青与建筑10号石油沥青混合使用,以改变55号石油沥青的性能。低标号石油沥青亦可采用吹氧方法制10~30号石油沥青。

焦油沥青(俗称柏油)按原材料的不同,可分为煤焦沥青、页岩沥青、木沥青等。防水工程多采用煤焦油沥青,它是炼焦过程中的副产品。配制焦油沥青胶应采用中焦油沥青与焦油的熔合物,煤焦油沥青一般用于地下防水层或作防腐蚀材料。

2) 石油沥青与煤沥青的区别

石油沥青是石油工业的副产品,是各项建筑中应用最广泛的沥青材料,它与煤沥青不能混合使用。因为掺入后常常发生互不融合或产生沉渣变质现象,石油沥青与煤沥青的主要区别见表1-129。

石油沥青与煤沥青的鉴别方法 表1-129

项 目	石油沥青	煤沥青
比 重	1.030	1.25~1.28
气 味	加热后有松香味	加热后有臭味,气味强烈
毒 性	无	有刺激性毒性
延 性	较好	低温脆性
	用30~50倍汽油或苯溶化,用玻璃棒沾一滴于滤纸上,斑点呈棕色	按左边试验,滤纸上呈两圈,外圈棕色内圈黑色
温度敏感性	较小	较大
大气稳定性	较高	较低
抗腐蚀性	差	强
外 观	呈褐色	呈黑色
用 途	适用于屋面道路及制造油毡油纸等	适用于地下防水层或作防腐材料用等

3) 石油沥青

A. 技术性质

a. 软化点:软化点是表示沥青受热软化的温度。在建筑工程中要根据使用部位、工程情况、使用地点气温来选择石油沥青软化点的高低。在建筑屋面一般选用10号、30号建筑石油沥青作为胶结料。又如乳化沥青使用的沥青选用较低的软化点,一般选用60号和10号石油沥青混合(其配合比75∶25);

b. 延伸率:它是呈半固体或固体的石油沥青的主要性质。延伸率大小表示石油沥青塑性的好坏,沥青在一定温度与外力作用下变形能力的大小,主要决定于塑性;

c. 大气稳定性:沥青受大气(空气、阳光、温度等因素)作用下具备的抵制逐渐老化发脆的性能;

d. 闪火点:指沥青加热后,产生易燃气体,与空气混合遇光即发生闪火现象。开始出现闪火现象的温度叫闪火点。它是控制施工现场温度的指标;

e. 溶解度:是指沥青在有机溶剂中的溶解程度,表示沥青的纯净程度。普通石油沥青比建筑、道路石油沥青的溶解度都小点,因此它的纯净度也小些,颗粒也较粗;

f. 含水率:石油沥青含水率大会给施工带来困难,在熬制沥青时容易溢锅,不安全。也会影响沥青的质量;

g. 耐热性:是指沥青在较高温度下不发生流淌的性质。在屋面工程中是一个重要的指标,直接影响着工程质量;

h. 石油沥青前几项性质,主要是针入度、延伸度、软化点三个指标,是决定石油沥青标号(牌号)的主要技术指标;

B. 技术标准

a. 建筑石油沥青技术标准(见表1-130)。

建筑石油沥青技术标准 表1-130

项 目	质 量 指 标		
	10号	30号甲	30号乙
针入度(25℃、100g),1/10mm	5~20	21~40	21~40
延度(25℃),cm,不小于	1	3	3
软化点(环球法),℃,不低于	95	70	60
溶解度(苯),%,不小于	99	99	99
蒸发损失(160℃,5h),%,不大于	1	1	1
蒸发后针入度比,%,不小于	60	60	60
闪点(开口),℃,不低于	230	230	230
水分,%,不大于	痕迹	痕迹	痕迹

注:1. 测定蒸发损失后样品的针入度与原针入度之比乘100,即得出残留物针入度占原针入度的百分数,称之为蒸发后针入度比%。

2. 本表摘自GB 494—75《建筑石油沥青》。

b. 普通石油沥青技术标准(见表1-131)。

普通石油沥青技术标准 表1-131

项 目	质 量 指 标		
	75号	65号	55号
软化点(环球法),℃,不低于	60	80	100
延度(25℃),cm,不小于	2	1.5	1
针入度(25℃、100g),1/10mm 不大于	75	65	55
溶解度(三氯甲烷、四氯化碳或苯),%,不小于	98	98	98
闪点(开口),℃,不低于	230	230	230
水分,%,不大于	痕迹	痕迹	痕迹

注:本表摘自SY 1665—77《普通石油沥青》。

c. 道路石油沥青技术标准(表1-132)。

1.1 建筑工程　　111

道路石油沥青技术标准　　　　　表1-132

项　目	质　量　指　标						
	200号	180号	140号	100号甲	100号乙	60号甲	60号乙
针入度(25℃,100g),1/10mm,不小于	201～300	161～200	121～160	81～120	81～120	41～80	41～80
延度(25℃),cm,不小于	—	100	100	80	60	60	40
软化点(环球法)℃,不低于	—	25	25	40	40	45	45
溶解度(三氯甲烷、四氯化碳或苯),%,不小于	99	99	99	99	99	98	98
蒸发损失(160℃,5h)%,不大于	1	1	1	1	1	1	1
蒸发后针入度比,%,不小于	—	60	60	60	60	60	60
闪点(开口)℃,不低于	180	200	200	200	200	230	230
水分,%,不大于	0.2	0.2	0.2	0.2	0.2	痕迹	痕迹

注：1. 测定蒸发损失后样品的针入度与原针入度之比乘100,即得出残留物针入度占原针入度的百分数,称之为蒸发后针入度比%。
　　2. 本表摘自 SY 1661—77《道路石油沥青》。

4) 煤沥青和煤焦油
　A. 煤沥青的技术标准(表1-133)。

煤沥青的技术条件　　　　　表1-133

指　标　名　称	低温沥青		中温沥青		高温沥青
	一　类	二　类	电极用	一般用	
1. 软化点(环球法)℃	30.0～45.0	>45.0～75.0	>75.0～90.0	>75.0～95.0	>95.0～120.0
2. 甲苯不溶物含量(%)	—	—	15～25	<25	—
3. 灰分(%)不大于	—	—	0.3	0.5	—
4. 水分(%)不大于	—	—	5.0	5.0	5.0
5. 挥发分(%)	—	—	60.0～70.0	55.0～75.0	—
6. 喹啉不溶物含量(%)不大于			10		

注：1. 水分只作为生产操作中控制指标,不作质量考核依据。如超过上述规定,则按超过部分扣除产量。
　　2. 喹啉不溶物含量指标,不作质量考核依据。
　　3. 落地的中温一般用沥青,灰分允许不大于1.0%。
　　4. 本表摘自 GB 2290—80。

　B. 煤焦油的技术标准(表1-134)。

煤焦油的技术指标　　　　　表1-134

指　标　名　称	指　标		指　标　名　称	指　标	
	1号	2号		1号	2号
密度(ρ_{20})(g/ml)	1.15～1.21	1.13～1.22	水分(%)不大于	4.0	4.0
甲苯不溶物(无水基)(%)	3.5～7.0	不大于10.0	粘度(E_{30})不大于	5.0	—
灰分(%)不大于	0.13	0.13	萘含量(无水基)(%)不小于	7.0	—

注：1. 萘含量指标不作质量考核依据。
　　2. 本表摘自 GB 3701—83《煤焦油》。

(2) 石油沥青纸胎油毡、油纸(GB 326—89)

1) 定义

A. 石油沥青纸胎油毡(以下简称油毡)系采用低软化点石油沥青浸渍原纸,然后用高软化点石油沥青涂盖油纸两面,再涂或撒隔离材料所制成的一种纸胎防水卷材。

B. 石油沥青油纸(简称油纸)系采用低软化点石油沥青浸渍原纸所制成的一种无涂盖层的纸胎防水卷材。

2) 产品分类

A. 等级:

油毡按浸涂材料总量和物理性能分为合格品、一等品、优等品。

B. 规格:

油毡、油纸幅宽分为 915mm 和 1000mm 两种规格。

C. 品种:

油毡按所用隔离材料分为粉状面油毡和片状面油毡两个品种。

D. 标号:

a. 石油沥青油毡分为 200 号、350 号和 500 号三种标号。

b. 石油沥青油纸分为 200 号、350 号两种标号。

E. 用途:

a. 200 号油毡适用于简易防水、临时性建筑防水、建筑防潮及包装等。

b. 350 号和 500 号粉状油毡适用于屋面、地下、水利等工程的多层防水;片状面油毡用于单层防水。

c. 油纸适用于建筑防潮和包装,也可用于多层防水层的下层。

3) 技术要求

A. 油毡

a. 卷重:

每卷油毡的重量应符合表 1-135 的规定。

表 1-135

标 号	200 号		350 号		500 号	
品 种	粉 毡	片 毡	粉 毡	片 毡	粉 毡	片 毡
重量 不小于(kg)	17.5	20.5	28.5	31.5	39.5	42.5

b. 外观:

成卷油毡宜卷紧、卷齐,卷筒两端厚度差不得超过 5mm,端面里进外出不得超过 10mm。

成卷油毡在环境温度 10~45℃时,应易于展开,不应有破坏毡面长度为 10mm 以上的粘结和距卷芯 1000mm 以外长度在 10mm 以上的裂纹。

纸胎必须浸透,不应有未被浸透的浅色斑点;涂盖材料宜均匀密致地涂盖油纸两面,不应有油纸外露和涂油不均。

毡面不应有孔洞、硌(楞)伤,长度 20mm 以上的疙瘩、浆糊状粉浆或水渍,距卷芯 1000mm 以外长度 100mm 以上的折纹、折皱;20mm 以内的边缘裂口或长 50mm、深 20mm 以内的缺边不应超过 4 处。

每卷油毡中允许有一处接头,其中较短的一段长度不应少于2500mm,接头处应剪切整齐,并加长150mm备作搭接。优等品中有接头的油毡卷数不得超过批量的3%。

c. 面积:

每卷油毡总面积为 $20\pm0.3m^2$。

d. 物理性能:

各种标号等级的油毡物理性能应符合表1-136规定。

表1-136

指标名称		标号等级	200号			350号			500号		
			合格	一等	优等	合格	一等	优等	合格	一等	优等
单位面积浸涂材料总量 (g/m^2) 不小于			600	700	800	1000	1050	1110	1400	1450	1500
不透水性	压力 不小于 (MPa)		0.05			0.10			0.15		
	保持时间 不小于 (min)		15	20	30	30		45	30		
吸水率(真空法) 不大于(%)	粉毡		1.0			1.0			1.5		
	片毡		3.0			3.0			3.0		
耐热度 (℃)			85±2	90±2		85±2	90±2		85±2	90±2	
			受热2h涂盖层应无滑动和集中性气泡								
拉力 25°±2℃时 纵向不小于(N)			240	270		340	370		440	470	
柔度			18±2℃	18±2℃	16±2℃	14±2℃	18±2℃	14±2℃			
			绕φ20mm圆棒或弯板无裂纹						绕φ25mm圆棒或弯板无裂纹		

B. 油纸

a. 卷重:

每卷油纸重量应符合表1-137规定。

表1-137

标号	200号	350号
重量 不小于(kg)	7.5	13.0

b. 外观:

成卷油纸宜卷紧、卷齐,两端里进外出不得超过10mm。

纸胎必须浸透,不应有未被浸渍的浅色斑点。表面应无成片未压干的浸油,但允许有个别不致引起互相粘结的油斑。

油纸不应有孔洞、硌(楞)伤、折纹、折皱,20mm以上的疙瘩;20mm以内的边缘裂口或长50mm、深20mm以内的缺边不应超过4处。

每卷油纸的接头不应超过一处,其中较短的一段不应小于2500mm,接头处应剪切整齐，并加长150mm备作搭接。

c．面积：

每卷油纸的总面积为 $20\pm0.3m^2$。

d．物理性能：

各种油纸的物理性能应符合表1-138的规定。

表1-138

指 标 名 称	标 号	
	200号	350号
浸渍材料占干原纸重量　不小于（％）	100	
吸水率(真空法)不大于（％）	25	
拉力25℃±2℃时纵向　不小于（N）	110	240
柔度在18±2℃时	围绕φ10mm圆棒或弯板无裂纹	

(3) 弹性体沥青防水卷材(BJ/RZ01)

1) 定义

弹性体沥青防水卷材是用沥青或热塑性弹性体(即SBS)改性沥青(简称"弹性体沥青")浸渍胎基(单位面积质量小于 $100g/m^2$ 的玻纤毡不须浸渍)，两面涂以弹性体沥青涂盖层，上表面撒细砂、矿物粒片料或覆盖聚乙烯膜，下表面撒细砂、矿物粒料或覆盖聚乙烯膜所制成的一类防水卷材。

2) 产品分类

A．规格：

卷材幅宽度为1000mm一种规格。

B．品种：

卷材使用玻纤毡、复合毡及聚酯毡三种胎基；使用细砂(河砂)、矿物粒片料以及聚乙烯膜三种上表面材料，共形成9个品种。

C．标号：

以10mm卷材的标称重量作为卷材的标号。玻纤毡及复合毡为胎基的品种分为25号、35号和45号三种标号；聚酯毡为胎基的品种分为25号、35号、45号和55号四种标号。

3) 合格品技术要求

A．面积、卷重及厚度：

面积、卷重及厚度应符合表1-139的规定。

B．外观：

a．成卷卷材应卷紧卷齐，端面里进外出不超过10mm。

b．成卷卷材在环境温度为柔度规定的温度以上时应易于展开，不应有距卷芯1000mm外，长度在10mm以上的裂纹和破坏表面10mm以上的粘结。

c．胎基必须浸透，不应有未被浸渍的浅色斑点。

表 1-139

标 号	上表面材料	标称重量 (kg)	面 积 (m²)	最低卷重 (kg)	厚度 (mm) 平均值	厚度 (mm) 最小单值
25号	PE 膜	25	10±0.1	20.0	>2.0	1.7
25号	细 砂	25	10±0.1	22.0	—	—
25号	矿物粒片料	25	10±0.1	28.0	—	—
35号	PE 膜	35	10±0.1	30.0	>3.0	2.7
35号	细 砂	35	10±0.1	30.0	—	—
35号	矿物粒片料	35	10±0.1	38.0	—	—
45号	PE 膜	45	7.5±0.1	30.0	>4.0	3.7
45号	细 砂	45	7.5±0.1	31.5	—	—
45号	矿物粒片料	45	7.5±0.1	36.0	—	—
55号	PE 膜	55	5±0.1	25.0	>5.0	4.7
55号	细 砂	55	5±0.1	26.0	—	—
55号	矿物粒片料	55	5±0.1	29.0	—	—

d. 卷材表面必须平整,不允许有孔洞、缺边和裂口。撒布材料的颜色和粒度应均匀一致,并紧密地粘附于卷材表面。

e. 每卷卷材的接头处不应超过一个,较短的一段不应少于 2500mm,接头处应剪切整齐,并加长 150mm。

C. 物理性能:

物理性能应符合表 1-140 的规定。

表 1-140

标 号			25号	25号	25号	35号	35号	35号	45号	45号	45号	55号
胎 基			玻纤	聚酯	复合	玻纤	聚酯	复合	玻纤	聚酯	复合	聚酯
可溶物含量(g/m²)不小于			1300	1800	1800	2100	2100	2100	2900	2900	2900	3600
不透水性	压力(MPa)不小于		0.15	0.30	0.15	0.20	0.30	0.20	0.20	0.30	0.20	0.30
不透水性	时间(min)不小于		30									
耐热性(℃)			90									
			受热 2h,涂盖层应无滑动									
拉力(N)不小于	纵向		300	400	350	300	400	350	300	400	350	400
拉力(N)不小于	横向		200	400	300	200	400	300	200	400	300	400
断裂延伸率(%)纵横向均不小于			20			20			20			20
柔度(℃)无裂纹			−15									
			r=5mm 3s 弯 180°						r=25mm 3s 弯 180°			

(4) 建筑防水卷材(BJ/RZ02)

1) 主要内容和适用范围:本指标规定了建筑防水卷材合格品的通用技术要求、试验方法、检验规则、包装。

本指标适用于北京市防水材料使用认证管理中对未颁布国家标准或行业标准的防水卷材的认证考核、复查和施工单位复试时的质量判定。

2) 引用标准:

GB 326《石油沥青纸胎油毡油纸》;

GB 328《沥青防水卷材试验方法》;

GB 528《硫化橡胶拉伸性能的测定》;

JC 500《聚氨酯防水涂料》。

3) 合格品技术要求

A. 外观:

卷材的厚度、卷重、缺陷、面积应符合产品生产厂家企业标准的要求。

B. 物理性能:

物理性能应符合表1-141的规定。

表1-141

序号	试验项目		品 种			
			聚酯胎	玻纤胎	麻布胎复合胎	无胎
1	耐热度,℃,垂直2h,涂盖层无滑动	APP改性	110			—
		其他卷材	85			—
2	拉力,N,不小于	纵 向	400	300	350	—
		横 向	400	200	300	—
3	断裂延伸率,%不小于	无 处 理	按生产厂家企业标准			150
		加热80℃,168h	—			120
4	拉伸强度,MPa,不小于	无 处 理	—			3
		加热80℃,168h	—			2.4
5	柔度,-15℃,其中APP -5℃	厚度大于4mm	$r=25$mm,3s,弯180,无裂纹			
		厚度小于4mm	$r=15$mm,3s,弯180,无裂纹			
6	不透水性	压 力 MPa	0.2			
		时 间 min	30			

(5) 聚氯乙烯防水卷材(GB 12952—91)

1) 产品分类

A. 类型:

PVC防水卷材根据其基料的组成及其特性分为下列类型:

S型:以煤焦油与聚氯乙烯树脂混溶料为基料的柔性卷材;

P型:以增塑聚氯乙烯为基料的塑性卷材。

B. 规格:

S型PVC防水卷材厚度规格为:1.80、2.00、2.50mm;

P型PVC防水卷材厚度规格为:1.20、1.50、2.00mm;

卷材的宽度规格为:1000、1200、1500mm;

卷材的面积规格为:10、15、20m²。

其他规格由供需双方商定。

C. 产品标记:

a. 标记方法:

产品按下列顺序标记:

产品名称、类型、等级、厚度、本标准号。

b. 标记示例:

1.2mm厚的增塑聚氯乙烯防水卷材标记为:

PVC防水卷材 P-1.2GB 12952

2) 技术要求

A. 外观质量:卷材表面应无气泡、疤痕、裂纹、粘结和孔洞。

B. 卷材的面积允许偏差为±0.3%。

C. 卷材中允许有一处接头,其中较短的一段长度不少于2.5m,接头处应剪切整齐,并加长150mm备作搭接。优等品批中有接头的卷材卷数不得超过批量的3%。

D. 卷材的平直度应不大于50mm。

E. 卷材的平整度应不大于10mm。

F. 卷材的厚度允许偏差和最小单个值应符合表1-142的规定。

表1-142

类型	厚度(mm)	允许偏差(mm)	允许最小单个值(mm)
S型	1.80	+0.20 -0.10	1.60
	2.00		1.80
	2.50	+0.30 -0.20	2.20
P型	1.20	+0.20 -0.10	1.00
	1.50		1.30
	2.00		1.70

G. 卷材的物理力学性能应符合表1-143的规定。

表1-143

序号	项目	P型			S型	
		优等品	一等品	合格品	一等品	合格品
1	拉伸强度(MPa)不小于	15.0	10.0	7.0	5.0	2.0
2	断裂伸长率(%)不小于	250	200	150	200	120
3	热处理尺寸变化率(%)不大于	2.0	2.0	3.0	5.0	7.0
4	低温弯折性	-20℃,无裂纹				

续表

序号	项目		P 型			S 型	
			优等品	一等品	合格品	一等品	合格品
5	抗渗透性		不透水				
6	抗穿孔性		不渗水				
7	剪切状态下的粘合性		$\sigma_v \geqslant 2.0$N/mm 或在接缝外断裂				
	试验室处理后卷材相对于未处理时的允许变化						
8	热老化处理	外观质量	无气泡、不粘结、无孔洞				
		拉伸强度相对变化率(%)	±20		±25		+50 -30
		断裂伸长率相对变化率(%)					
		低温弯折性	-20℃无裂纹		-15℃无裂纹	-20℃无裂纹	-10℃无裂纹
9	人工候化处理	拉伸强度相对变化率(%)	±20		±25		+50 -30
		断裂伸长率相对变化率(%)					
		低温弯折性	-20℃无裂纹		-15℃无裂纹	-20℃无裂纹	-10℃无裂纹
10	水溶液处理	拉伸强度相对变化率(%)	±20		±25	±20	±25
		断裂伸长率相对变化率(%)					
		低温弯折性	-20℃无裂纹		-15℃无裂纹	-20℃无裂纹	-10℃无裂纹

(6) 氯化聚乙烯防水卷材(GB 12953—91)

1) 产品分类

A. 类型：

Ⅰ型——非增强氯化聚乙烯防水卷材；

Ⅱ型——增强氯化聚乙烯防水卷材。

B. 规格：

卷材的厚度规格为 1.00，1.20，1.50，2.00mm。

卷材的宽度规格为：900，1000，1200，1500mm。

卷材的面积规格为：10，15，20m²。

其他规格由供需双方商定。

C. 产品标记：

a. 标记方法：

产品按下列顺序标记：名称、类型、厚度、本标准号。

b. 标记示例：

非增强厚度为 1.20mm 的氯化聚乙烯防水卷材标记为：

氯化聚乙烯防水卷材Ⅰ-1.20GB 12953

2) 技术要求

A. 外观质量：卷材表面应无气泡、疤痕、裂纹、粘结和孔洞。

B. 卷材的面积和宽度允许偏差为 ±0.3%。

C. 卷材中允许有一处接头，其中较短的一段长度不少于 2.5m，接头处应剪切整齐，并加长 150mm 备作搭接。优等品批中有接头的卷材卷数不得超过批量的 3%。

D. 卷材的平直度应不大于 50mm。

E. 卷材的平整度应不大于 10mm。

F. 卷材的厚度允许偏差和最小单个值应符合表 1-144 的规定。

表 1-144

厚 度 (mm)	允许偏差 (mm)	允许最小单个值 (mm)	厚 度 (mm)	允许偏差 (mm)	允许最小单个值 (mm)
1.00	+0.15 -0.05	0.90	1.50	+0.20 -0.15	1.30
1.20	+0.15 -0.10	1.00	2.00	+0.20 -0.20	1.70

G. 卷材的物理力学性能应符合表 1-145 的规定。

表 1-145

序号	项 目		Ⅰ 型			Ⅱ 型		
			优等品	一等品	合格品	优等品	一等品	合格品
1	拉伸强度(MPa)不小于		12.0	8.0	5.0	12.0	8.0	5.0
2	断裂伸长率(%)不小于		300	200	100	10①		
3	热处理尺寸变化率(%)不大于		纵向2.5, 横向1.5	3.0		1.0		
4	低温弯折性		-20℃,无裂纹					
5	抗渗透性		不 透 水					
6	抗穿孔性		不 渗 水					
7	剪切状态下的粘合性(N/mm) 不小于		2.0					
试验室处理后卷材相对于未处理时的允许变化								
8	热老化处理	外观质量	无气泡、疤痕、裂纹、粘结和孔洞					
		拉伸强度相对变化率(%)	±20		+50 -20	±20		+50 -20
		断裂伸长率相对变化率(%)			+50 -30			+50 -30
		低温弯折性	-20℃,无裂纹		-15℃,无裂纹	-20℃,无裂纹		-15℃,无裂纹
9	人工候化处理	拉伸强度相对变化率(%)	±20		+60 -20	±20		+50 -20
		断裂伸长率相对变化率(%)			+50 -30			+50 -30
		低温弯折性	-20℃,无裂纹		-15℃,无裂纹	-20℃,无裂纹		-15℃,无裂纹
10	水溶液处理	拉伸强度相对变化率(%) 断裂伸长率相对变化率(%)	±20		±30	±20		±30
		低温弯折性	-20℃,无裂纹		-15℃,无裂纹	-20℃,无裂纹		-15℃,无裂纹

① Ⅱ型卷材的断裂伸长率是指最大拉力时的延伸率。

(7) 沥青玻璃布油毡(JC 84-74)

1) 定义、用途与规格

A．沥青玻璃布油毡系用石油沥青涂盖材料浸涂玻璃纤维织布的两面,然后撒布粉状撒布材料所制成的一种以无机纤维为基材的沥青防水卷材。

B．沥青玻璃布油毡适宜作铺设地下防水、防腐层用,并用于铺设平屋面作防水层及金属管道(热管道除外)作防腐保护层。

C．按沥青玻璃布油毡幅宽可分为 900mm 和 1000mm 两种规格。

2) 技术要求

沥青玻璃布油毡应符合下列外观质量要求:

A．每卷油毡总面积为 $20\pm0.3\text{m}^2$,每卷重量应不小于 14kg(包括不大于 0.5kg 的硬质卷芯的重量)。

B．成卷的油毡应附硬质卷芯卷紧。

C．涂盖材料应均匀、密致地涂盖在玻璃布的两面上。

D．撒布材料应均匀地撒布在油毡涂盖层的两面上。

E．毡面应无裂纹、孔眼、折皱、扭曲,毡边应无裂口和缺边等缺陷。

F．每卷油毡的接头不应超过一处,其中较短的一块不应小于 2m,接头处应剪切整齐,且每卷油毡的总长度应比规定长度多出 15cm,备作搭接。

G．成卷油毡在气温 0~40℃下,应易于展开,不得粘结和产生裂纹。

沥青玻璃布油毡的物理性能应符合表 1-146 中所规定的技术指标。

表 1-146

指 标 名 称	指 标
单位面积涂盖材料重量(g/m^2) 不小于	500
不透水性(动水压法,保持 15min)(kg/cm^2) 不小于	3.0
吸水性($g/100cm^2$) 不大于	0.10
耐热度(在 85℃下加热 5h)	涂盖层应无滑动起泡现象
拉力(在 18 ± 2℃时纵向拉力),$kg/2.5cm^2$ 不小于	54
抗剥离性,剥离面积 不大于	2/3
柔度(绕直径 20mm 圆棒,0℃)	无裂纹

(8) 再生胶油毡(JC 206-76)

再生胶油毡是用再生橡胶,10 号石油沥青和碳酸钙经混炼、压延而成的无胎防水卷材,可用作屋面、地下、水利等工程的防水层,尤其适用于对防水层的延伸性和低温柔性要求较高的工程。

1) 再生胶油毡规格应符合表 1-147 的规定。

表 1-147

厚 度 (mm)	幅 度 (mm)	卷 长 (m)
1.2 ± 0.2	1000 ± 10	20 ± 0.3

注:如需特殊规格可由用货单位与生产厂双方协议。

2) 再生胶油毡外观质量应符合下列要求:

a．成卷的油毡应卷紧,两端平齐。

b．表面无孔洞、皱折或刻痕等缺陷。

c．每平方米油毡上,直径为3～5mm的疙瘩不得超过三个,直径为3～5mm的气泡或因气泡破裂而造成的痕迹不得超过三个。

d．每卷油毡接头不得超过一个,短的一块不得小于3m,并应比规格长15cm。

e．撒布材料应均匀,油毡铺开后不应有粘结现象。

3）再生胶油毡物理性能应符合表1-148的规定。

表1-148

项　　目	指　　标
抗拉强度(MPa)20±2℃时纵向　不小于	0.8
延伸率(%)20±2℃纵向　不小于	120
低温柔性:−20℃时,1h,φ1mm金属丝对折	无裂纹
不透水性(MPa)动水压法,保持90min时　不小于	0.3
耐热度,在120℃下加热5h	不起泡,不发粘
吸水性(%)18±2℃时,24h　不大于	0.5

（9）油毡瓦（JC 503-92）

1）定义

油毡瓦是以玻璃纤维毡为胎基,经浸涂石油沥青后,一面覆盖彩色矿物粒料,另一面撒以隔离材料所制成的瓦状屋面防水片材。

2）产品分类

A．等级：

油毡瓦按规格尺寸允许偏差和物理性能分为优等品(A)、合格品(C)。

B．规格：

油毡瓦的规格为长×宽 1000mm×333mm,厚度不小于2.8mm。

C．用途：

油毡瓦适用于坡屋面的多层防水层和单层防水层的面层。

D．产品标记：

产品按下列顺序标记：产品名称、质量等级、本标准号。

如优等品油毡瓦标记为：

油毡瓦 A　JC 503-92。

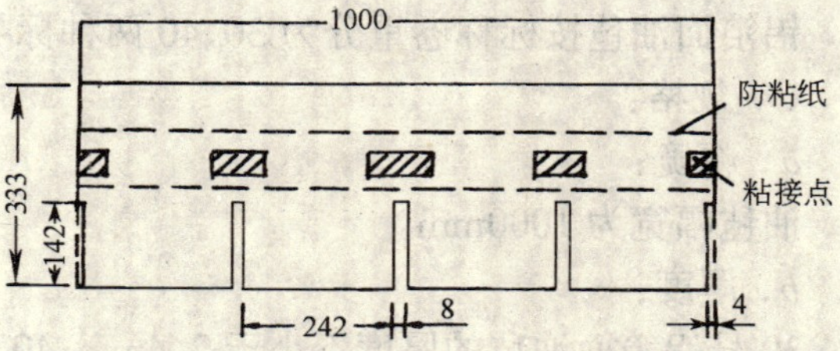

图1-19　油毡瓦产品示意图

3）技术要求

A．外观：

a．油毡瓦包装后,在环境温度10～45℃时,应易于打开,不得产生脆裂和有破坏油毡瓦面的粘连。

b．玻璃纤维毡必须完全用沥青浸透和涂盖,不能有未经覆盖的纤维。

c．油毡瓦不应有孔洞、边缘切割不齐、裂纹断缝等缺陷。

d．矿物粒料的颜色和粒度必须均匀,紧密地覆盖在油毡瓦的表面。

e．自粘接点距末端切槽的一端不大于190mm,并与油毡瓦的防粘纸对齐。

B．重量：

每平方米油毡瓦的平均重量不小于2.5kg。

C．规格尺寸允许偏差：

优等品±3mm；合格品±5mm。

D．物理性能：

各等级油毡瓦物理性能应符合表1-149的规定。

表1-149

项 目	等 级	
	优 等 品	合 格 品
可溶物含量(g/m^2)	1800	1450
拉力(25±2℃纵向)(N)不小于	340	300
耐 热 度 (℃)	$85±2$	
	受热2h涂盖层应无滑动和集中性气泡	
柔度(℃) 不大于	10	
	绕$r=35$mm圆棒或弯板无裂纹	

(10) 铝箔面油毡(JC 504-92)

1) 定义

铝箔面油毡系采用玻纤毡为胎基,浸涂氧化沥青,在其上表面用压纹铝箔贴面,底面撒以细颗粒矿物材料或覆盖聚乙烯(PE)膜所制成的一种具有热反射和装饰功能的防水卷材。

2) 产品分类

A．等级：

产品按物理性能分为优等品(A)、一等品(B)、合格品(C)。

B．标号：

铝箔面油毡按标称卷重分为30、40两种标号。

C．规格：

a．幅宽：

油毡幅宽为1000mm。

b．厚度：

30号铝箔面油毡的厚度不小于2.4mm；40号铝箔面油毡的厚度不小于3.2mm。

D．标记：

a．标记方法：

产品按下列顺序标记：产品名称、标号、质量等级、本标准号。

b．标记示例：

优等品30号铝箔面油毡标记为：铝箔面油毡 30A JC 504。

E．用途：

30号铝箔面油毡适用于多层防水工程的面层；40号铝箔面油毡适用于单层或多层防水

工程的面层。

3) 技术要求

A. 卷重：

油毡卷重应符合表1-150的规定。

表1-150

标　号	30	40
标称重量(kg)	30	40
最低重量(kg)	28.5	38.0

B. 面积：

油毡每卷面积 $10\pm0.1m^2$。

C. 外观：

a. 成卷油毡应卷紧、卷齐，卷筒两端厚度差不得超过5mm。端面里进外出不得超过10mm。

b. 成卷油毡在环境温度为10～45℃时应易于展开。不得有距卷芯1000mm外、长度在10mm以上的裂纹。

c. 铝箔与涂盖材料应粘结牢固，不允许有分层、气泡现象。

d. 铝箔表面应洁净，花纹整齐。不得有污迹、折皱、裂纹等缺陷。

e. 在油毡贴铝箔的一面上留一条宽50～100mm无铝箔的搭接边，在搭接边上撒以细颗粒隔离材料或用0.005mm厚聚乙烯薄膜覆面。聚乙烯膜应粘结紧密，不得有错位或脱落现象。

f. 每卷油毡接头不应超过一处，其中较短的一段不应少于2500mm。接头处应裁切整齐，并加150mm备作搭接。

D. 物理性能：

物理性能应符合表1-151的要求。

表1-151

项目	标号 等级	30			40		
		优等品	一等品	合格品	优等品	一等品	合格品
可溶物含量(g/m²)不小于		1600	1550	1500	2100	2050	2000
拉力(N)纵横均不小于		500	450	400	550	500	450
断裂延伸率(%)纵横均不小于		2					
柔度(℃)不高于		0	5	10	0	5	10
		绕 $r=35mm$ 圆弧，无裂纹			绕 $r=35mm$ 圆弧，无裂纹		
耐热度(℃)		80±2 受热2h涂盖层应无滑动					
分层		50±2℃ 7d无分层现象					

(11) 煤沥青纸胎油毡(JC 505-92)

1) 定义

煤沥青纸胎油毡(以下简称油毡)系采用低软化点煤沥青浸渍原纸，然后用高软化点煤沥青涂盖油纸两面,再涂或撒隔离材料所制成的一种纸胎防水卷材。

2) 产品分类

A. 等级:

油毡按技术要求分为一等品和合格品。

B. 规格:

油毡幅宽为 915mm 和 1000mm 两种规格。

C. 品种:

油毡按所用隔离材料分为粉状面油毡和片状面油毡两个品种。

D. 标号:

油毡分为 200 号、270 号和 350 号三种标号。

E. 标记:

产品按下列顺序标记:产品名称、品种、标号、质量等级、本标准号。

标记示例:

a. 一等品(B)350 号粉状面(F)煤沥青纸胎油毡:

煤沥青纸胎油毡 F350A JC 505-92;

b. 合格品(C)270 号片状面(P)煤沥青纸胎油毡:

煤沥青纸胎油毡 P270B JC 505-92。

F. 用途:

a. 200 号油毡适用于简易防水、建筑防潮及包装等。

b. 270 号和 350 号油毡适用于建筑防水、建筑防潮和包装,与煤焦油聚氯乙烯涂料等材料配套,可用于屋面多层防水。350 号油毡还可用于一般地下防水。

3) 技术要求

A. 卷重:

每卷油毡的重量应符合表 1-152 的规定。

表 1-152

标号	200 号		270 号		350 号	
品种	粉毡	片毡	粉毡	片毡	粉毡	片毡
重量,不小于(kg)	16.5	19.0	19.5	22.0	23.0	25.5

B. 外观:

a. 成卷油毡应卷紧、卷齐。卷筒的两端厚度差不得超过 5mm,端面里进外出不得超过 10mm。

b. 成卷油毡在环境温度 10~45℃ 时,应易于展开。不应有破坏毡面长度 10mm 以上的粘结和距卷芯 1000mm 以外、长度在 10mm 以上的裂纹。

c. 纸胎必须浸透,不应有未浸透的浅色斑点;涂盖材料均匀致密地涂盖油纸两面,不应有油纸外露和涂油不均的现象。

d. 毡面不应有孔洞、硌(楞)伤,长度 20mm 以上的疙瘩或水渍,距卷芯 1000mm 以外、长度 100mm 以上的折纹和折皱;20mm 以内的边缘裂口或长 50mm,深 20mm 以内的缺边不应超过四处。

e. 每卷油毡的接头不应超过一处，其中较短的一段长度不应小于2500mm，接头处应剪切整齐，并加长150mm备作搭接。合格品中有接头的油毡卷数不得超过批量的10%，一等品中有接头的油毡卷数不得超过批量的5%。

C. 面积：

每卷油毡总面积为 $20±0.3m^2$。

D. 物理性能：

油毡物理性能符合表1-153的规定。

表1-153

指标名称		标号	200号	270号		350号	
		等级	合格品	一等品	合格品	一等品	合格品
可溶物含量(g/m²)不小于			450	560	510	660	600
不透水性	压力(MPa)不小于		0.05	0.05		0.10	
	保持时间(min)不小于		15	30	20	30	15
			不渗漏				
吸水率(常压法)(%)不大于	粉毡		3.0				
	片毡		5.0				
耐热度(℃)			70±2	75±2	70±2	75±2	70±2
			受热2h涂盖层应无滑动和集中性气泡				
拉力(25±2℃时，纵向)(N)不小于			250	330	300	380	350
柔度(℃)不大于			18	16	18	16	18
			绕φ20mm圆棒或弯板无裂纹				

(12) 皂液乳化沥青(ZBQ 17001-84)

1) 皂液乳化沥青外观质量要求：

常温时，为褐色或黑褐色液体。

应无肉眼可见的沥青颗粒、硬的聚块。

2) 皂液乳化沥青的各项物理性能指标应符合表1-154的要求。

表1-154

指标名称	指标
固体含量：重量(%)不小于	50.0
粘度：沥青标准粘度计，25℃，孔径5mm(s)不小于	6
分水率：经3500r/min，15min后分离出水相体积占试样体积的百分数，(%)不大于	25
粒度：沥青微滴粒平均直径，(μm)不大于	15
耐热性：80±2℃，5h，45°坡度(铝板基层)	无气泡，不滑动，不流淌
粘结力：20℃(MPa)不低于	0.30

(13) 水性沥青基防水涂料(JC 408-91)
1) 产品分类
A．产品品种和代号：

水性沥青基防水涂料按乳化剂，成品外观和施工工艺的差别分为水性沥青基厚质防水涂料和水性沥青基薄质防水涂料两类。

AE-1 类：水性沥青基厚质防水涂料，按其采用矿物乳化剂不同，又分为：

a．AE-1-A 水性石棉沥青防水涂料；

b．AE-1-B 膨润土沥青乳液；

c．AE-1-C 石灰乳化沥青。

AE-2 类：水性沥青基薄质防水涂料，按其采用的化学乳化剂不同，又分为：

a．AE-2-a 氯丁胶乳沥青；

b．AE-2-b 水乳性再生胶沥青涂料；

c．AE-2-c 用化学乳化剂配制的乳化沥青。

B．产品标记。

a．标记方法：

产品标记顺序为：产品名称、品种代号、无处理时的延伸性、本标准编号。

b．标记示例：

水乳性再生胶沥青涂料，其无处理时延伸性不小于 5.5mm，标记为：

水性沥青基防水涂料 AE-2-b-5.5 JC408-91

2) 技术要求

A．水性沥青基防水涂料按其质量分为一等品和合格品两个等级。

B．水性沥青基防水涂料的性能应满足表 1-155 的要求。

水性沥青基防水涂料质量指标　　　　表 1-155

项　目		质　量　指　标			
		AE-1 类		AE-2 类	
		一等品	合格品	一等品	合格品
外　观		搅拌后为黑色或黑灰色均质膏体或粘稠体，搅匀和分散在水溶液中无沥青丝	搅拌后为黑色或黑灰色均质膏体或粘稠体，搅匀和分散在水溶液中无明显沥青丝	搅拌后为黑色或蓝褐色均质液体，搅拌棒上不粘附任何颗粒	搅拌后为黑色或蓝褐色液体，搅拌棒上不粘附明显颗粒
固体含量，(%)不小于		50		43	
延伸性，(mm)不小于	无处理	5.5	4.0	6.0	4.5
	处理后	4.0	3.0	4.5	3.5
柔韧性		5±1℃	10±1℃	-15±1℃	-10±1℃
		无裂纹、断裂			
耐热性，(℃)		无流淌、起泡和滑动			
粘结性，(MPa)不小于		0.20			

续表

项 目	质 量 指 标
不透水性	不渗水
抗冻性	20次无开裂

注：试件参考涂布量与工程施工用量相同：AE-1类为$8kg/m^2$，AE-2类为$2.5kg/m^2$。

(14) 聚氨酯防水涂料(JC 500-92)

1) 产品分类

A．质量等级：

产品按技术要求分为一等品(B)、合格品(C)二个等级。

B．标记方法：

产品按下列顺序标记：名称、聚氨酯预聚体与固化剂的重量比、等级、本标准号。

C．标记示例：

甲组分(聚氨酯预聚体)与乙组分(固化剂)的重量比为1∶1.5的双组分型聚氨酯防水涂料合格品标记为：

双组分型聚氨酯防水涂料 1—1.5C JC500

2) 技术要求

双组份型聚氨酯防水涂料性能应满足表1-156的要求。

表1-156

序号	试验项目		等 级	
			一 等 品	合 格 品
			指 标 要 求	
1	拉伸强度 (MPa)	无处理大于	2.45	1.65
		加热处理	无处理值的80%～150%	不小于无处理值的80%
		紫外线处理	无处理值的80%～150%	不小于无处理值的80%
		碱处理	无处理值的60%～150%	不小于无处理值的60%
		酸处理	无处理值的80%～150%	不小于无处理值的80%
2	断裂时的延伸率(%)大于	无处理	450	350
		加热处理	300	200
		紫外线处理	300	200
		碱处理	300	200
		酸处理	300	200
3	加热伸缩率(%)小于	伸 长	1	
		缩 短	4	6
4	拉伸时的老化	加热老化	无裂缝及变形	
		紫外线老化	无裂缝及变形	

续表

序号	试验项目	等级		
			一等品	合格品
			指标要求	
5	低温柔性 (℃)	无处理	-35 无裂纹	-30 无裂纹
		加热处理	-30 无裂纹	-25 无裂纹
		紫外线处理	-30 无裂纹	-25 无裂纹
		碱处理	-30 无裂纹	-25 无裂纹
		酸处理	-30 无裂纹	-25 无裂纹
6	不透水性	0.3MPa 30min	不渗漏	
7	固体含量(%)		≥94	
8	适用时间(min)		≥20 粘度不大于 10^5MPa·s	
9	涂膜表干时间(h)		≤4 不粘手	
10	涂膜实干时间(h)		≤12 无粘着	

(15) 聚氯乙烯建筑防水接缝材料(ZBQ 24001—85)

1) PVC 接缝材料按耐热性和低温柔性可分为 802 和 703 两个标号。按施工工艺可分为热塑型和热熔型。

注：① 热塑型是指用热塑法施工的聚氯乙烯防水接缝材料。
② 热熔型是指用热熔法施工的聚氯乙烯防水接缝材料。

2) PVC 接缝材料的各项性能应符合表 1-157 的要求。

表 1-157

性能		标号	802	703
耐热性	温度(℃)		80	70
	下垂值(mm)		≤4	
低温柔性	温度(℃)		-20	-30
	柔性		合格	
粘结延伸率(%)			≥250	
浸水粘结延伸率(%)			≥200	
回弹率(%)			≥80	
挥发率(%)			≤3	

注：挥发率仅限于热熔型 PVC 接缝材料。

(16) 沥青、焦油基防水涂料(BJ/RZ03)

1) 合格品技术要求

A. 外观：

合格品外观应均匀、细腻、无杂质、无结块。

B. 物理性能：

物理性能应符合表 1-158 的规定。

表 1-158

序号	项目		水乳型 焦油基	溶剂型 沥青基	溶剂型 焦油基
1	干燥时间,(h)不小于	表干	2	2	24
		实干	24	24	72
2	延伸性,(mm)不小于	无处理	7	4.5	7
		碱处理	5	3.5	5
		热处理	5	3.5	5
		紫外线处理	4	3.5	4
3	固含量,(%)不小于		45		
4	粘结强度,(MPa)不小于		0.2		
5	耐热性,80±2℃ 5h		不流淌,不起泡		
6	抗冻性,冻融 20 次		不开裂		
7	不透水性	压力(MPa)	0.1		
		时间(min)	30		
8	柔度,-10℃ $r=5mm$		无开裂		

2) 试验方法

A. 固含量试验按 JC408《水性沥青基防水涂料》6.4 进行。

B. 干燥时间试验按 JC500《聚氨酯防水涂料》附录 A11、A12 进行。

C. 粘结强度试验按 JC408《水性沥青基防水涂料》6.8 进行。

D. 回弹性试验按 JC408《聚氯乙烯建筑防水接缝材料》2.6 进行。

E. 延伸性试验按 JC408《水性沥青基防水涂料》6.5 进行。

F. 耐热性试验按 JC408《水性沥青基防水涂料》6.7 进行。

G. 抗冻性试验按 JC408《水性沥青基防水涂料》6.10 进行。

H. 不透水性试验按 JC408《水性沥青基防水涂料》6.9 进行。

I. 柔度试验按 JC408《水性沥青基防水涂料》6.6 进行。

3) 检验规则

A. 检验分类

a. 出厂检验项目包括外观、耐热性、柔度和不透水性。

b. 型式检验项目包括:技术要求的全部检验项目。

B. 组批

产品出厂以 30t 为一批,不足 30t 也视为一批。

C. 抽样

a. 抽样采取随机取样方法,一般从三个包装桶内抽取混合后为一个样品,数量不得少于 2kg。

b. 认证考核与复查取样时现场产品数量不得少于 2t。

D. 判定规则

a. 检验时若有一项指标不合格,可用在同批产品中取的备用样品进行单项复试一次。

如仍不合格可判定该批产品为不合格品。

  b. 检验时,全部性能均符合本标准要求,则判定为合格品。

(17) 聚合物基防水涂料(BJ/RZ04)

1) 分类

Ⅰ类：以丙基酸合成树脂乳液为基的防水涂料。

Ⅱ类：以硅橡胶乳液为基的防水涂料。

其他聚合物基的防水涂料按其性质或性能分别适用上述两类防水涂料的技术指标。

2) 合格品技术要求

A. 外观：

合格品外观应均匀、细腻、无杂质、无结块。

B. 物理性能：

物理性能应符合表 1-159 的规定。

表 1-159

序 号	项 目		品 种	
			Ⅰ 类	Ⅱ 类
1	固含量(%)		按生产厂家企业标准	
2	干燥时间,(h)不小于	表 干	4	
		实 干	12	
3	拉伸强度,(MPa) 不小于		0.5	1.5
4	断裂伸长率,(%) 不小于		300	420
5	柔度 $r=5mm$ 不裂	无处理	-20℃	-30℃
		加热处理	-15℃	-20℃
		紫外线处理	-15℃	-20℃
6	耐热性		处理后,伸长率不小于 80%	
7	耐碱性		处理后,伸长率不小于 80%	
8	耐老化		处理后,伸长率不小于 80%	
9	不透水性	压力,(MPa)	0.2	0.3
		时间,(min)	30	

3) 试验方法

A. 固含量按《聚氨酯防水涂料》附录 A9 进行。

B. 干燥时间按《聚氨酯防水涂料》附录 A11、A12 进行。

C. 拉伸强度、断裂伸长率、耐热性、耐碱性、耐老化按《聚氨酯防水涂料》执行。

(18) 建筑防水沥青嵌缝油膏(JC 207-76)

1) 油膏按其耐热度和低温柔性分为 701 号、702 号、703 号、801 号、802 号、803 号六种标号。

2) 油膏的各项技术性能应符合表 1-160 的要求。

表1-160

项次	指标名称		701	702	703	801	802	803
1	耐热度	温度(℃)	70			80		
		下垂值(mm)不大于	4					
2	粘结性(mm)不小于		15					
3	保油性	渗油幅度(mm)不大于	5					
		渗油张数(张)不多于	4					
4	挥发率(%)不大于		2.8					
5	施工度(mm)不小于		22					
6	低温柔性	温度(℃)	-10	-20	-30	-10	-20	-30
		粘结状况	合 格					
7	浸水后粘结性(mm)不小于		15					

注：表内6、7二项，生产厂一般每月检验一次，但在原材料或配合比变动时应作检验。

(19) 聚氨酯建筑密封膏(JC 482-92)

1) 产品分类

A．类型：

聚氨酯建筑密封膏按流变性分为两种类型：

N型——非下垂型；

L型——自流平型。

B．产品标记：

标记方法

产品按下列顺序标记：名称、拉伸—压缩循环性能、级别、类型、标准号。

标记示例

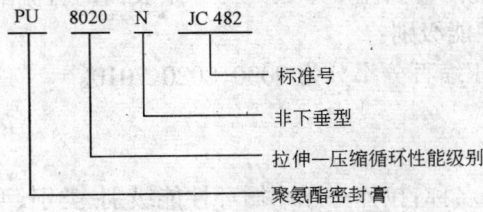

2) 技术要求

A．外观质量：

经目测，密封膏应为均匀膏状物，无结皮、凝胶或不易分散的固体团块。

密封膏的颜色与供需双方商定的样品相比，不得有明显差异。

B．理化性能：

聚氨酯建筑密封膏的理化性能必须符合表1-161的规定。

(20) 聚硫建筑密封膏(JC 483-92)

表 1-161

序号	项目		技术指标		
			优等品	一等品	合格品
1	密度(g/cm³)		规定值±0.1		
2	适用期(h) 不小于		3		
3	表干时间(h) 不大于		24	48	
4	渗出性(指数) 不大于		2		
5	流变性	下垂度(N型)(mm) 不大于	3		
		流平性(L型)	5℃自流平		
6	低温柔性(℃)		-40	-30	
7	拉伸粘结性	最大拉伸强度(MPa) 不小于	0.200		
		最大伸长率(%) 不小于	400	200	
8	定伸粘结性(%)		200	160	
9	恢复率(%) 不小于		95	90	85
10	剥离粘结性	剥离强度(N/mm) 不小于	0.9	0.7	0.5
		粘结破坏面积(%) 不大于	25	25	40
11	拉伸—压缩循环性能级别		9030	8020	7020
			粘结和内聚破坏面积不大于25%		

1) 产品分类
A. 类别:
按伸长率和模量分为 A 类和 B 类。
A 类 指高模量低伸长率的聚硫密封膏。
B 类 指高伸长率低模量的聚硫密封膏。
B. 型别:
按流变性分为 N 型和 L 型。
N 型 指用于立缝或斜缝而不塌落的非下垂型。
L 型 指用于水平接缝能自动流平形成光滑平整表面的自流平型。
C. 拉伸—压缩循环性能级别:
按试验温度及拉伸—压缩百分率分为 9030、8020、7010。
D. 产品标记:
标记方法
产品按下列顺序标记:名称:拉伸—压缩循环性能级别、类别、型别、本标准号。
标记示例
非下垂型 B 类 8020 级聚硫建筑密封膏标记为:

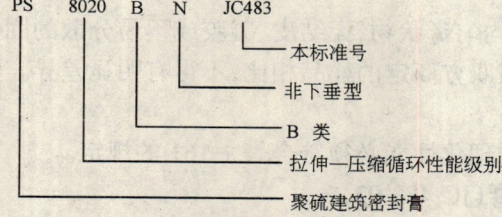

2) 技术要求

A. 外观质量：

外观应为均匀膏状物，无结皮结块，无不易分散的析出物。两组分应有明显色差。密封膏颜色与供需双方商定的颜色不得有明显差异。

B. 理化性能：

聚硫建筑密封膏理化性能必须符合表 1-162 中规定的技术指标要求。

表 1-162

序号	试验项目	指标 等级	A 类		B 类		
			一等品	合格品	优等品	一等品	合格品
1	密度(g/cm³)		规定值±0.1				
2	适用期(h)		2~6				
3	表干时间(h)不大于		24				
4	渗出性(指数)不大于		4				
5	流变性	下垂度(N型)(mm)不大于	3				
		流平性(L型)	光 滑 平 整				
6	低温柔性,℃		−30		−40		−30
7	拉伸粘接性	最大拉伸强度(MPa)不小于	1.2	0.8		0.2	
		最大伸长率(%)不小于	100		400	300	200
8	恢复率(%)不小于		90		80		
9	拉伸—压缩循环性能	级别	8020	7010	9030	8020	7010
		粘接破坏面积(%)不大于	25				
10	加热失重(%)不大于		10		6		10

(21) 丙烯酸酯建筑密封膏(JC 484-92)

1) 产品标记

A. 标记方法：

产品按下列顺序标记：名称、拉伸压缩循环性能级别、本标准号。

B. 标记示例：

拉伸压缩循环性能级别 7010 的丙烯酸酯建筑密封膏标记为：

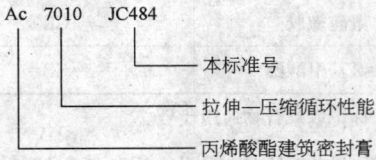

2) 技术要求

A. 外观质量：

外观应为无结块、无离析的均匀细腻的膏状体。

产品颜色与供需双方商定的色标,应无明显差别。

B．理化性能:

产品理化性能应符合表1-163的要求。

表1-163

序号	项目		技术要求		
			优等品	一等品	合格品
1	密度(g/cm³)		规定值±0.1		
2	挤出性(ml/min)不小于		100		
3	表干时间(h)不大于		24		
4	渗出性(指数)不大于		3		
5	下垂度(mm)不大于		3		
6	初期耐水性		未见混浊液		
7	低温贮存稳定性		未见凝固,离析现象		
8	收缩率(%)不大于		30		
9	低温柔性(℃)		-20	-30	-40
10	拉伸粘结性	最大拉伸强度(MPa)	0.02~0.15		
		最大伸长率(%)不小于	400	250	150
11		恢复率(%)不小于	75	70	65
12	拉伸压缩循环性能	级别	7020	7010	7005
		平均破坏面积(%)不大于	25		

(22) 建筑窗用弹性密封剂(JC 485-92)

1) 产品分类

A．系列:产品按基础聚合物划分系列(表1-164)。

系列　　　　　　　　表1-164

代号	密封剂基础聚合物	代号	密封剂基础聚合物
SR	硅酮聚合物	AC	丙烯酸酯聚合物
MS	改性硅酮聚合物	BU	丁基橡胶
PS	聚硫橡胶	CR	氯丁橡胶
PU	聚氨基甲酸酯	SB	丁苯橡胶

注:以其他聚合物为基础的密封剂,标记取聚合物通用代号。

B．级别:按产品允许承受接缝位移能力,分为1级(±30%),2级(±20%),3级(±5%~±10%)三个级别。

C．类别:按产品适用基材分为以下类别(表1-165)。

类别 表 1-165

类别代号	适用基材	类别代号	适用基材
M	金属	G	玻璃
C	混凝土、水泥砂浆	Q	其他

D．型别：按产品适用季节分型。

S 型——夏季施工型

W 型——冬季施工型

A 型——全年施工型

E．品种：按固化机理分为四种，见表 1-166。

品 种 表 1-166

代号	固化形式	代号	固化形式
K	湿气固化,单组分	Y	溶剂挥发固化,单组分
E	水乳液干燥固化,单组分	Z	化学反应固化,多组分

F．产品标记 产品按以下顺序标记：

系列—级别—类别—型别—品种 本标准号

标记示例：

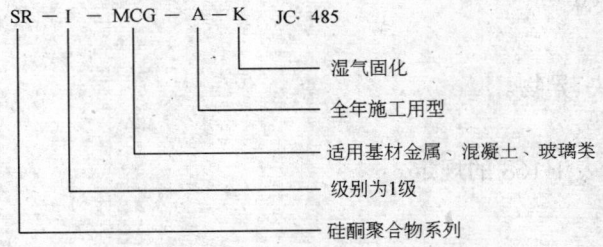

2) 技术要求

A．外观：

密封剂不应有结块、凝胶、结皮及不易迅速均匀分散的析出物。

颜色应与供需双方商定样品相符。双组分密封剂两个组分的颜色应有明显差别。

B．物理力学性能：

产品物理力学性能必须符合表 1-167 的要求。

物理力学性能要求 表 1-167

No.	项目	1 级	2 级	3 级
1	密度(g/cm³)不大于		规定值,±0.1	
2	挤出性(mL/min)不小于		50	
3	适用期(h)不小于		3	

续表

No.	项目	1级	2级	3级
4	表干时间(h)不大于	24	48	72
5	下垂度(mm)不大于		2	
6	拉伸粘结性能(MPa)不大于	0.40	0.50	0.60
7	低温贮存稳定性①		无凝胶、离析现象	
8	初期耐水性①		不产生混浊	
9	污染性①		不产生污染	
10	热空气-水循环后定伸性能(%)	200	160	125
11	水-紫外线辐照后定伸性能(%)	200	160	125
12	低温柔性(℃)	−30	−20	−10
13	热空气-水循环后弹性恢复率(%)不小于	60	30	5
14	拉伸-压缩循环性能	9030	8020,7020	7010,7005
	粘接破坏面积(%)不大于		25	

① 仅适用于 E 品种密封剂。

(23) 无机防水堵漏材料(BJ/RZ05)

1) 分类

无机防水堵漏材料按使用功能分为抗渗防潮型和带水堵漏型两种。

2) 合格品技术要求

A. 外观：

粉末均匀，无结块、异物。

B. 物理性能：

物理性能应符合表 1-168 的规定。

表 1-168

序号	试验项目		技术指标	
			抗渗防潮型	带水堵漏型
1	凝结时间(min)	初凝,不小于	15	5
		终凝,不大于	90	45
2	抗压强度(MPa),净浆,7天,不小于		13	15
3	抗折强度(MPa),净浆,7天,不小于		3	4
4	7天抗渗压力(MPa)不小于	涂层	0.4	—
		砂浆	1.5	1.5
5	粘结力,(MPa),不小于		1.4	1.2
6	冻融,−15℃~−20℃ 20次		无开裂、起皮、剥落	
7	耐碱性,氢氧化钙浸泡 500h		无开裂、起皮、剥落	
8	耐高温,100℃,水煮 5h		无开裂、起皮、剥落	
9	耐低温,−40℃,5h		涂层无变化	

(24) 非定型建筑密封防水材料(BJ/RZ06)

1) 分类

非定型建筑密封防水材料按固化类型分为Ⅰ类(化学反应型)和Ⅱ类(水乳、溶剂型)。

2) 合格品技术要求

A. 外观：

颜色均匀，无硬块、结皮。

B. 物理性能：

物理性能应符合表 1-169 的规定。

表 1-169

序号	项目		品　种	
			Ⅰ类	Ⅱ类
1	密度(g/cm^3)		生产厂家规定值 ±0.1	
2	表干时间(h)　不小于		24	24
3	适用时间(h)		2 至 6	2 至 6
4	下垂度，4mm　不大于		4	4
5	拉伸粘结性	最大拉力(MPa)　不小于	0.2	0.02
		最大伸长率(%)　不小于	200	250
6	恢复率(%)　不小于		85	60
7	柔度(℃)		-30	-20
8	拉伸—压缩循环性能	等级	7010	7005
		平均粘结破坏面积　不大于	25%	25%
9	渗出性(指数)不大于		4	4

2. 有关规定

(1) 油毡应有出厂质量证明书，内容包括：品种、标号等各项技术指标，并应抽样检验，检验内容为不透水性、拉力、柔度和耐热度。

(2) 沥青

1) 在使用前应进行试验，试验的内容为针入度、软化点和延度。

2) 在配制玛琋脂或直接使用普通石油沥青时，均应按规范要求作耐热度、粘结力，柔韧性三项试验。玛琋脂或两种不同标号沥青混用时，还应有试配单。

(3) 其他防水材料

须有"使用认证书"和进场复试报告单。

(4) 凡在北京地区施工的建筑防水工程(含新建、扩建、改建、维修)必须采用持有"北京市建筑防水材料使用认证证书"的防水材料。

(5) 认证产品须在产品出厂合格证和外包装上加贴北京市建筑防水材料使用认证防伪标志，各施工单位不得采购和使用无防伪认证标志的产品。

(6) 凡属新开发、尚在试用的防水材料和国外进口材料暂不予认证。施工单位使用新材料和国外进口材料，须经市建材产品质量监督检验站检验合格，并报市建委科技处审批。

(7) 执行使用认证技术指标(BJ/RZ××)的防水材料品种，今后如国家标准或行业标准颁布,并且其主要指标高于使用认证技术指标的,自生效之日起,其认证、复查和施工单位复试按国家标准或行业标准进行。

(8) 施工单位在对防水材料复试中发现已经认证的产品达不到国家标准、行业标准或使用认证技术指标的,除不准使用外,应向市建材行管办市场管理处和市建筑材料质量监督检验站举报。

(9) 防水材料出厂质量合格证和试验报告单应及时整理,试验单填写做到字迹清楚,项目齐全、准确、真实,且无未了项。

(10) 防水材料出厂质量合格证和试验报告单不允许涂改、伪造、随意抽撤或损毁。

(11) 防水材料质量必须合格,应先试验后使用,有出厂质量合格证或试验单。需采取技术处理措施的,应满足技术要求并经有关技术负责人批准后,方可使用。

(12) 合格证、试(检)验单或记录单的抄件(复印件)应注明原件存放单位,并有抄件人、抄件(复印)单位的签字和盖章。

3. 防水材料出厂质量合格证的验收和进场防水材料的外观检查

(1) 防水材料出厂质量合格证的验收

1) 沥青产品合格证应由生产厂家提供用户单位,用以证明其产品符合标准的依据。内容包括品种、标号、产地及各项试验指标、合格证编号、出厂日期、厂检验部门印章。

2) 防水卷材产品出厂时,生产厂需将该批产品检验结果与合格证提供用户(出厂检验、包装、标志、重量、面积、毡(纸)面外观和物理性能)。合格证上应有北京市建筑防水材料使用认证防伪标志。

3) 其他防水材料还应有"北京市建筑防水材料使用认证书"(复印件)。新材料和国外进口材料,应有市建材产品质量监督检验站检验合格证和市建委科技处的审批文件。

4) 产品合格证要求填写项目齐全,无错、漏填项目,并有厂检验部门印章。

(2) 进场防水材料的外观检查

1) 卷重:在每批产品中抽取 10 卷进行检验,全部达到规定时即为卷重合格。若发现有低于规定指标者,应在该批产品中再抽 10 卷复查,全部达到指标时亦为卷重合格。若仍有不合格时,生产单位可以进行整理,剔出不合格品后再取 10 卷称重,全部达到指标时判该批产品重量合格,若卷重仍有低于规定时,判该批产品重量不合格。

2) 面积和外观:在重量检验合格后的产品中,抽取 3 卷进行检验,全部指标达到要求时即为面积、外观合格。若其中有一项达不到要求,应在受检验产品中再抽 3 卷复查,全部达到要求时亦为面积、外观合格。若仍有未达到要求时,应由原生产单位进行开卷整理,剔除不合格品后,判该批产品面积、外观合格。

4. 防水材料的取样试验及试验报告

(1) 防水材料的取样方法和数量

1) 石油沥青试验的取样方法和数量

A. 石油沥青同一产地、同一品种、同一规格标号,每 20t 为一验收批,不足 20t 时亦按一批计算。

B. 每一验收批,取试样 1kg。

C. 取样方法:

在料堆上取样时,取样部位应均匀分布,(不少于五处)每处取洁净的等量的试样共 1kg。

2) 防水卷材试验的取样方法和数量

A. 以同一生产厂、同一品种、标号、等级的产品每1000卷内为一验收批，不足1000卷者亦按一验收批计。

B. 抽样：在重量检验合格的10卷中取重量最轻的，外观、面积合格的无接头的一卷作为物理性能试验，若最轻的一卷不符合抽样条件时，可取次轻的一卷，但要详细记录。

C. 将取样的一卷卷材切除距外层卷头2500mm后，顺纵向截取长度为500mm的全幅卷材两块，一块作物理性能试验试件用，另一块备用。

D. 按图1-20所示的部位及表1-170规定的尺寸和数量切取试件。

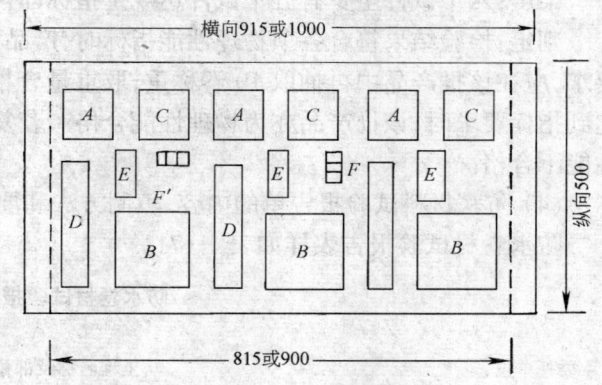

图1-20 试件切取部位示意图

试 件 尺 寸 和 数 量　　　　　　　　表 1-170

试验项目		部 位 号	试件尺寸(mm)	数 量
浸涂材料含量		A	100×100	3
不透水性		B	150×150	3
吸水性		C	100×100	3
拉 力		D	250×50	3
耐热变		E	100×50	3
柔 度	纵 向	F	60×30	3
	横 向	F′	60×30	3

(2) 防水材料试验的必试项目

1) 石油沥青

A. 软化点；

B. 针入度；

C. 延度。

2) 卷材

A. 拉力试验；

B. 耐热度试验；

C. 不透水性试验；

D. 柔度试验。

(3) 防水材料试验的合格判定

1) 石油沥青：

三个必试项目试验数据均达到石油沥青技术要求的规定值，为合格。

2) 卷材：

浸涂总量、吸水率、拉力：各项三个试件测定结果的算术平均值达到规定指标时，即判该项合格。

耐热度、不透水性:各项三个试件分别达到规定指标时判为该项合格。

柔度:六个试件至少有五个试件达规定指标即判该项合格。

判定:检验结果符合各项物理性能指标时,产品为物理性能合格。若有一项不符合指标要求,应在该批产品中再抽取 10 卷称重,取重量合格的最轻的两卷为试样,进行单项复验,达到指标要求时,该批产品亦为物理性能合格。若复验仍有一个试样不合格,则该产品物理性能不合格。

(4) 防水材料试验报告单的内容、填制方法和要求

防水卷材试验报告表样如表 1-171。

防水卷材试验报告　　　　　　　　　表 1-171

试验编号

委托单位:　　　　　　　　工程名称及部位:
种类及标号:　　　　　　　收样日期:
厂别:　　　　　　　　　　代表数量:
试验委托人:　　　　　　　取样编号:

试验日期	不透水性	柔 度	拉 力	吸水性%	耐 热 度

结论:

负责人:　　　审核:　　　计算:　　　试验:

报告日期:　　年　月　日

沥青试验报告表样如表 1-172。

沥青试验报告　　　　　　　　　表 1-172

试验编号

委托单位:　　　　　　　　工程名称及部位:
品种及标号:　　　　　　　产地:
收样日期:　　　　　　　　代表数量:
取样编号:　　　　　　　　试验委托人:

试验日期	针入度 25℃(1/10mm)	延 度 25℃(cm)	软 化 点 (℃)

结论:

负责人:　　　审核:　　　计算:　　　试验:

报告日期:　　年　月　日

防水卷材和沥青试验报告中,委托单位、工程名称及部位、种类及标号、产地、厂别、收样日期、代表数量、试验委托人取样编号等应由试验委托人(工地试验员)填写。

防水卷材和沥青试验报告单中试验编号、各项试验的测算数据、试验结论、报告日期由试验室人员依据试验结果填写清楚、准确。试验、计算、审核、负责人员签字要齐全,然后加盖试验章,试验报告单才能生效。

防水卷材和沥青试验报告单是判定一批防水卷材和沥青材质是否合格的依据,是施工技术资料的重要组成部分,属保证项目。报告单要求做到字迹清楚,项目齐全、准确、真实,无未了项,没有项目写"无"或划斜杠,试验室的签字盖章齐全,如试验单某项填写错误,不允许涂抹,应在错项上划一斜杠,将正确的填写在其上方,并在此处加盖改错者印章和试验章。

领取防水卷材和沥青试验报告单时,应验看试验项目是否齐全,必试项目不能缺少,试验室有明确结论和试验编号,签字盖章齐全。要注意看试验单上各试验项目数据是否达到规范规定的标准值,是则验收存档,否则应及时取双倍试样做复试或报有关人员处理,并将复试合格单处理结论附于此单后一并存档。

5. 沥青胶结材料

(1) 标号的选用及技术性能

1) 标号的选用:

粘贴各层卷材、涂刷面层卷材和铺绿豆砂用的屋面沥青胶结材料的标号(耐热度)应视使用条件、屋面坡度和当地历年极端最高气温(根据1950年以后的气象资料),按表1-173的规定选用。

沥青胶标号的选用   表1-173

沥青胶结材料类别	屋面坡度	历年室外极端最高气温	沥青胶结材料标号
石油沥青胶结材料	1%～3%	小于38℃	S-60
		38～41℃	S-65
		41～45℃	S-70
	3%～15%	小于38℃	S-65
		38～41℃	S-70
		41～45℃	S-75
	15%以上～25%	小于38℃	S-75
		38～41℃	S-80
		41～45℃	S-85
焦油沥青胶结材料	1%～3%	小于38℃	J-55
		38～41℃	J-60
		41～45℃	J-65
	3%以上～10%	小于38℃	J-60
		38～41℃	J-65

注:1. 卷材层上有板块保护层或整体保护层时,沥青胶结材料标号可按表中降低5号。
    2. 屋面受其他热源影响(如高温车间等),或屋面坡度超过25%时,应考虑将沥青胶结材料的标号适当提高。

2) 技术标准:

各种标号的沥青胶技术标准应符合表1-174的要求。

沥青胶技术标准
表 1-174

指标名称	标号	石油沥青胶结材料						焦油沥青胶结材料		
		S-60	S-65	S-70	S-75	S-80	S-85	J-55	J-60	J-65
耐热度		用2mm厚的沥青胶结材料粘合两张沥青油纸,于不低于下列温度(℃)中,在1:1的坡度上停放5h,沥青胶结材料不应流淌,油纸不应滑动								
		60	65	70	75	80	85	55	60	65
柔韧性		涂在沥青油纸上的2mm厚的沥青胶结材料层,在18±2℃时,围绕下列直径(mm)的圆棒,以2s的均衡速度弯曲成半周,沥青胶结材料不应有裂纹								
		10	15	15	20	25	30	25	30	35
粘结力		用手将两张粘贴在一起的油纸慢慢地一次撕开,从油纸和沥青胶结材料的粘贴面的任何一面的撕开部分,应不大于粘贴面积的1/2								

(2) 沥青胶的配合成分

配制石油沥青胶结材料的沥青,可采用10号、30号的建筑石油沥青和60号甲、60乙的道路石油沥青或其熔合物;也可采用55号的普通石油沥青(高蜡沥青)掺配10号、30号的建筑石油沥青的熔合物或单独采用55号的普通石油沥青;配制焦油沥青胶结材料用的沥青,应采用中温焦油沥青与焦油的熔合物。

(3) 玛琋脂配制条件

1) 建筑石油沥青做胶结材料需配制。
2) 普通石油沥青做胶结材料不配制。
3) 屋面豆石保护层的胶结材料均需配制。

(4) 玛琋脂试配

1) 玛琋脂配制前,由施工单位填写配合比申请单;
2) 由试验室根据申请单的材料和要求出具配合比通知单;
3) 施工单位严格按配合比通知单的要求配料并取样试验;
4) 沥青玛琋脂配合比申请单见表1-175式样。

沥青玛琋脂配合比通知单见表1-176式样。

沥青玛琋脂配合比申请单
表 1-175

委托单位:	工程名称及部位:
沥青品种及标号:	掺合料品种规格:
试验项目及要求:	

送样日期　　年　　月　　日　　　　　　送样负责人:

沥青玛琋脂配合比通知单
表 1-176

试验编号:

材料名称				
用量(kg)				
比例				

附注:

负责人:　　　审核:　　　试验:

报告日期:　　年　　月　　日

1.1 建筑工程

(5) 试配申请单、通知单内容及填制方法

申请单是施工单位在防水工程施工前,为保证工程质量,要求试验部门根据沥青品种、标号、掺合料的品种规格进行试配的单据。申请单内容包括:委托单位、工程名称及部位、沥青品种及标号,掺合料的品种规格试验项目及要求,送样日期,送样负责人,由委托单位负责人填写。

通知单是试验室根据施工单位提供的原材料和要求试验项目进行试配的结果的通知。内容包括:试验编号、材料名称、用量、比例、附注、负责人、审核、试验、报告日期,其中试验编号必须填写,以此备查试验室台账,附注是试验室人员对本通知单使用要求及注意事项的说明,以上内容均由试验室人员填写,并有负责人、审核、试验人员签字,注明报告日期加盖试验室印章。

通知单中试配数据应真实可靠,各项目填写齐全,字迹工整,不得涂抹,各方签字齐全,不得漏签或代签。

(6) 沥青玛琋脂试验

1) 目的:在进行现场施工时,由于外界环境(如温度的变化),对玛琋脂的性能有一定的影响。为了保证工程质量,保证玛琋脂在外界环境影响下各项指标均达到规定的要求,现场配制的玛琋脂要按规定取样送试。

2) 试验项目:耐热度测定,柔韧性测定,粘结力测定。

3) 试验单的内容及填制方法:沥青玛琋脂试验报告见表1-177式样。

沥青玛琋脂试验报告　　　　　　　表 1-177

试验编号

委托单位:　　　　　　　工程名称及取样部位:
沥青品种:　　　　　　　卷材品种及牌号:
掺合料:　　　　　　　　玛琋脂配比通知单号:
施工配合比:　　　　　　施工班组:

材料名称				
每盘用量(kg)				

取样负责人:　　　　　　取样日期　年　月　日　班
试验结果:

试验项目	粘结力	柔韧性	耐热度(℃)	附 注
试验结果				

结论:
负责人:　　　　　审核:　　　　　试验:
　　　　　　　　　　　　　　　报告日期:　年　月　日

沥青玛琋脂试验报告是检验现场配制的玛琋脂的各项指标是否符合配合比通知单要求

的依据,委托单位,工程名称,及取样部位,沥青品种,卷材品种标号,掺合料,玛琋脂配合比通知单号、施工配合比、施工班组材料名称、每盘用量、取样负责人、取样日期,由委托单位负责人填写。试验结果的各项指标、结论,是否符合配合比通知单的要求,试验编号由试验室填写。要有负责人、审核、试验签字,注明报告日期,并加盖试验室印章。

试验单数据必须符合通知单的要求,如不符合,调整配比,再做试验。直到合格为止。

4)试验单的整理:

沥青玛琋脂配合比通知单和试验单,由资料员统一整理,按试验编号顺序放入材质与产品检验卷内,并在卷内分目录上注明序号、文件编号、责任者、文件材料题名、日期、页次。

5)资料要求:

原材料必须具有产品合格证;必须有玛琋脂的配比申请单;必须有玛琋脂试验单,试验项目必须符合要求。

石油卷材必须使用石油沥青胶结材料;

焦油卷材必须使用焦油沥青胶结材料,不得混用。

6. 冷底子油

(1)配合成分和性能:

1)冷底子油是由30号或10号的建筑石油沥青或软化点为50～70℃的焦油沥青加入溶剂(轻柴油、蒽油、煤油、汽油或苯等,但在焦油沥青冷底子油中,只能使用蒽油或苯)制成的溶液,在采用易挥发性溶剂时,应用30号的建筑石油沥青或软化点低的焦油沥青。

2)冷底子油一般可参考采用下列各种配合成分(重量百分比):

A. 石油沥青　　　　　40

煤油或轻柴油　　　　60

B. 石油沥青　　　　　30

汽油　　　　　　　　70

C. 焦油沥青　　　　　45

苯　　　　　　　　　55

3)冷底子油的干燥时间应视其用途定为:

A. 在水泥基层上涂刷的慢挥发性冷底子油——12～18h。

B. 在水泥基层上涂刷的快挥发性冷底子油——5～10h。

(2)产品合格证:

配制冷底子油的各种标号的石油沥青或焦油沥青及溶剂均应有产品合格证,其各项指标均应满足规定要求,以保证配制的冷底子油的质量,对材质有怀疑时,可化验确定。

(3)材质试验:

对配制冷底子油的主要成分——沥青必须进行材质试验,其试验结果必须满足规定指标其试验项目。取样标准、质量标准已在沥青中做了介绍。

(4)产品合格证及材质试验单的整理:

材料进场,由技术员对其品种标号进行检查,其外观和产品合格证均符合要求后,由技术员、材料采购员、保管员分别在产品合格证上签字,备注栏内注明使用工程及部位,将其交资料员存档,放入材质与产品检验卷内,在产品合格证分目录表上注明相应项目。

现场试验员将沥青取样复试将复试单存入材质与检验卷内,在材质检验分目录表上注明相应项目。

(5) 冷底子油试验方法:

干燥时间的测定:在玻璃板上,将冷底子油以 200g/m² 计刷成均匀的薄层,刷好后,平放在温度为 18±2℃ 不受日光直射的地方。用手指轻轻按在冷底子油层上,将涂刷时间和不留指痕的时间记录下来,其间隔时间即为干燥时间。

(6) 试验记录及整理:

施工员将配制好的冷底子油做现场试验,试验项目为干燥时间,将试验结果记录下来存入材质与检验卷内,在材质检验分目录表上注明相应项目。

7. 防水涂料

(1) 石灰乳化沥青防水涂料

1) 定义:

石灰乳化沥青是用石油沥青、石灰膏、石棉绒与水,在热状态下用机械强力搅拌而成的一种灰褐色膏体,它是一种可在潮湿基层上冷施工的防水层材料。

2) 原材料技术条件:

A. 石油沥青:应符合道路石油沥青 60 号甲至 100 号的要求(SY1661—77)。技术性能参见表 1-112。

B. 石灰:煅烧良好的低镁块状石灰,氧化钙含量不小于 70%。

C. 石棉绒:5~7 级石棉,松散、干燥、无结团和杂物。

D. 饮用水或无侵蚀性的洁净水。

3) 技术性能:

石灰乳化沥青的技术性能应符合表 1-178 的要求。

石灰乳化沥青技术性能 表 1-178

项 目	质 量 指 标
1. 耐热度(45°)	85±2℃ 无流淌
2. 粘结性(18±2℃)	粘结强度>10N 粘结面积>50%
3. 抗裂性(5±2℃) (18±2℃)	混凝土基层开裂≥0.1mm 防水层不裂 混凝土基层开裂≥0.2mm 防水层不裂
4. 韧性(18±2℃)	绕 ϕ30mm 棒 180° 不裂
5. 不透水性(15cm 水柱)	7d 不渗漏
6. 抗老化性	人工老化 36d,无保温层全部开裂,有保温层完整无损

注:1. 抗裂性作为抽验项目。
    2. 粘结性二项质量指标中,满足其中一项,就可认为合格。

(2) 屋面防水涂料

屋面防水涂料能用于屋面板的防水层,能起到保护板面、防水渗漏、提高板面耐久性等作用,屋面防水涂料适用于各种薄质板面。

屋面防水涂料的各项性能应符合表 1-179 的技术要求:

屋面防水涂料的技术要求　　　　表 1-179

指 标 名 称	指　　标
1. 耐热性	在 80±2℃下，恒温 5h，无皱皮、起泡等现象
2. 耐碱性	在 20±2℃下，在饱和氢氧化钙水溶液中浸泡 15d，无剥落、起泡、分层、起皱等现象
3. 粘结性	在 20±2℃下，用 8 字模法测抗拉强度不小于 0.2MPa
4. 不透水性	在 20±2℃水温下，动水压 0.1MPa，30min 内涂膜不透水
5. 低温柔韧性	在 -10℃时，通过 ϕ10mm 圆棒，涂膜无网纹、裂纹、剥落等现象
6. 耐裂性	在 20±2℃下，涂膜厚 0.3~0.4mm，基层裂缝宽在不小于 0.2mm 时，涂膜不开裂
7. 耐久性	自然曝露及人工加速老化试验，达到使用年限四年以上

注：表内第 7 项试验，仅在试制新产品或原材料，配合比变动时进行。

(3) 氯丁胶乳沥青涂料防水

氯丁胶乳沥青防水涂料是由氯丁橡胶乳液与乳化沥青混合加工制成。它兼具有橡胶和石油沥青材料双重的优点。该涂料基本无毒、不易燃、不污染环境，适宜于冷施工，成膜性好，涂膜的抗裂性较强。

1) 氯丁胶乳沥青防水涂料：

氯丁乳胶沥青防水涂料的质量要求及技术性能指标应满足以下要求：

外观：深棕色均匀的乳状液体；

粘度：100~250cp；

总固体物含量：≥43%；

离心稳定度：≤25%；

涂膜干燥性：表干 4h；
　　　　　　实干 24h；

耐热度：80℃，5h，涂膜无变化；

耐碱性：在饱和石灰水中浸泡 15d 无变化；

低温柔性：-10℃，2h，绕 ϕ10mm 圆棒无裂纹；

粘结强度：0.685MPa；

不透水性：动水压 0.1MPa，30min 不透水；

抗裂性：基层裂纹 0.2mm，涂膜不开裂；

耐久性：人工加速老化 27 周期合格（H-1 型人工老化仪，24h 为一周期）。

2) 中碱涂覆玻璃纤维布：

幅宽：96cm；14 目。

如果采用 50~60g/m² 的聚酯纤维无纺布代替玻璃纤维布作增强料效果更佳。

(4) 防水涂料进场技术要求

由于科学技术和商品经济的迅猛发展，各种防水涂料和防水材料层出不穷，为了确保工程质量，防止伪劣商品的危害，使用防水涂料和防水材料应符合以下要求：

1) 材质必须符合设计要求；

2) 必须有产品合格证和使用说明书；

3) 必须有权威单位对产品的鉴定证书；

4) 按规定抽样试验。

(5) 资料整理

材料进场,由技术员检查产品合格证、使用说明书和产品鉴定证书,符合要求后,由材料采购员、保管员、技术员分别在合格证上签字,并注明使用工程部位。资料员将合格证统一整理,粘贴在产品合格证底纸上,放入产品检验卷内,在合格证分目录表上注明相应项目。

现场试验员按规定要求取样试配,经试验合格后资料员将试配报告单和试验报告单整理后放入材质与产品检验卷内,在材质试验分目录表上注明相应项目。

试验表格如无专用表格,可用通用表,见表1-180式样。

材料试验报告　　　　　　　　　表1-180

试验编号

委托单位:	委托负责人:

用途:

样品名称:	产地、厂别:	试样收到日期:

要求试验项目:

试验结果:

结论:

负责人:	审核:	计算:	试验:

报告日期:　　年　月　日

注:无专用表时,用此通用表。

8. 建筑防水接缝材料

(1) 聚氯乙烯胶泥

1) 聚氯乙烯胶泥的技术标准与原材料技术要求

聚氯乙烯胶泥是以聚氯乙烯树脂和煤焦油为基料,按一定比例加入增塑剂、稳定剂及填充料在130~140℃温度下塑化而成的热施工防水接缝材料。

A. 煤焦油技术条件应符合表1-134的质量要求。

B. 聚氯乙烯树脂:采用牌号为XO-3号,技术条件应符合表1-181的要求。外观应不含机械杂质的白色或微带黄色粉末。

X-J-3 / X-S-3 型聚氯乙烯树脂技术条件　　　　　　表 1-181

指　标　名　称		指　标
(1) 1%树脂的1、2—二氯乙烷溶液20℃时的绝对粘度(厘泊)		1.80以上～1.90
(2) 水分及挥发物含量(%)	XJ型树脂≤	0.3
	XS型树脂≤	0.5
(3)	40目筛孔的过筛率(%)XJ型树脂≥	99.8
	30目筛孔的过筛率(%)XS型树脂≥	99.8
(4) 100g树脂中黑黄点总数(颗)≤		共40颗,其中黑点不大于15颗
(5) 10%树脂水萃取液的电导率 1/Ω·cm		不考核
(6) 表观密度(g/mL)	XJ型树脂≥	0.55
	XS型树脂<	0.55

注：XJ代表悬浮法紧密型树脂；XS代表悬浮法疏松型树脂。

C. 增塑剂宜采用苯二甲酸二辛脂、苯二甲酸二丁脂,技术条件应符合表1-182、表1-183的要求：

苯二甲酸二辛脂技术条件　　　　　　表 1-182

指　标　名　称	指　　　标	
	一　级　品	二　级　品
色泽(铂—钴)不大于	40	120
脂含量(%)不小于	99	99
比重(γ20/20℃)	0.982～0.988	0.982～0.988
酸值(氢氧化钾 mg/g)不大于	0.10	0.20
加热后减量(%)(125℃ 3h)不大于	0.30	0.50
闪点(开口法)(℃)不低于	192	190

注：外观为透明无杂质。

苯二甲酸二丁脂技术条件　　　　　　表 1-183

指标名称	指标		指　标　名　称	指　标	
	一级	二级		一级	二级
色泽(铂-钴)不大于	25	60	相对密度(γ20/20℃)	1.044～1.048	1.044～1.048
酯含量(%)不少于	99.0	99.0	酸值(氢氧化钾 mg/g) 不大于	0.10	0.20

外观要求应是透明无杂质。

D. 稳定剂宜采用三盐基硫酸铅,其技术条件应符合表1-184。

三盐基硫酸铅技术条件　　　　　　表 1-184

指　标　名　称	指标	指　标　名　称	指标
(1) 氧化铅含量(%)	89±1	(3) 水分(%)≤	0.4
(2) 三氧化硫(%)	7.5～8.5	(4) 细度200目通过(%)	99.5

注：1. 外观为白色粉末。
　　2. 稳定剂也可采用硬脂酸钙等硬脂酸盐类。

E．填充料为粉状材料,一般采用滑石粉或粉煤灰等,当胶泥用于有酸性介质腐蚀部位时,应采用石英粉等耐腐蚀粉料。填充料的技术条件应符合表1-185的规定。

粉状填充料技术条件　　　　　表1-185

材料名称	细度(80～100目)	含水率(%)	含碳量(%)	耐酸率(%)
滑石粉	全部通过	不大于3	—	—
粉煤灰	全部通过	不大于3	<15	—
石英粉	全部通过	不大于3	—	>94

F．聚氯乙烯胶泥技术标准见表1-186。

表1-186

指标名称	指标	指标名称	指标
抗拉强度(20±3℃,MPa)大于	0.05	低温延伸率(-25℃,%)不小于	10
粘结强度(20±3℃,MPa)大于	0.1	迁移性(滤纸张数,张)不大于	3
耐热度(℃)不小于	80	迁移性(幅度,mm)不大于	5
常温延伸率(20±3℃,%)大于	200		

注：寒冷地区需测定低温延伸率。

2) 有关规范规定

塑化好的胶泥不应有结块现象,表面应有黑色明亮光泽,热状态下可拉成细丝冷却后不粘手。

每一工程应留三组以上的试样,检查其抗拉强度、粘结强度、耐热度、延伸率等技术指标,并填入检查记录,试验方法应参照《聚氯乙烯胶泥屋面防水接缝材料暂行施工规程》附录一执行。

3) 进场检查

A．检查聚氯乙烯树脂、增塑剂、稳定剂、填充料的外观颜色和各项技术指标是否符合规定要求；

B．检查产品合格证；

C．检查认证材料,认证材料应是由国家承认的生产厂家或检测单位的证件。

4) 合格证的鉴定及整理

A．鉴定方法：产品合格证是生产厂家提供用户单位,用以证明其产品合格的证件,合格证各项目应填写齐全,不得涂改或漏填,要有合格证编号和生产厂的公章。将合格证的各项技术指标与规定标准比较,以确定产品是否符合要求。

B．整理方法：

材料进场,技术负责人检查合格后,由技术负责人、材料采购员、保管员三方分别在产品合格证上签字,交资料员保管。

资料员将产品合格证和有关资料(如使用说明等)粘贴在产品合格证的底纸上,存入材质与产品检验卷内,并在产品合格证分目录表上注明相应项目。

5) 现场试配

A．聚氯乙烯胶泥的配合比应根据原材料质量及工程条件按表1-187通过试配确定。

胶 泥 配 合 比   表 1-187

煤焦油	聚氯乙烯树脂	增塑剂	稳定剂	填充料
100	10～15	8～15	0.2～1.0	10～30

B．聚氯乙烯胶泥须浇灌在冷底子油层上，其配合比（重量比）应按下列配方进行试配：冷底子油配合比1∶2～4。

6）材料试验

A．试验条件：现场配制的油膏必须做试验以确定其性能是否符合要求。

B．试验项目：耐热度、延伸率、抗拉强度、粘结强度、迁移性。

C．取样：在配制好的胶泥中任取1kg做试验，要有各种技术指标的检查记录。

D．试验结果，取3组试件，3组试件结果均需合格则此批胶泥评定为合格，否则重新调整配合比再试验，合格后方可使用。

7）试验记录整理

将试验记录放入材质与产品检验卷内，在试验分目录表内填好相应项目。

8）整理时应注意的问题

A．聚氯乙烯胶泥必须有产品合格证和使用认证书，进场先进行试配，使用时按规定做试验，各项试验数据应符合表1-187的规定。

B．使用聚氯乙烯胶泥必须先试验后施工。

（2）嵌缝油膏

1）定义

建筑防水沥青嵌缝油膏（简称油膏）是以石油沥青为基料，加入改性材料及填充料混合制成的冷用膏状材料。主要用于填嵌建筑物的防水接缝。

2）油膏标号和技术要求

A．油膏按其耐热度和低温柔性分为701号、702号、703号、801号、802号、803号六种标号。

B．油膏的各项技术性能见表1-188。

建筑防水沥青嵌缝油膏技术标准   表 1-188

项次	指标名称		标 号					
			701	702	703	801	802	803
1	耐热度	温度（℃）	70			80		
		下垂值（mm）不大于	4					
2	粘结性（mm）不小于		15					
3	保油性	渗油幅度（mm）不大于	5					
		渗油张数（张）不多于	4					
4	挥发率（%）不大于		2.8					
5	施工度（mm）不小于		22					

续表

项次	指标名称		标号					
			701	702	703	801	802	803
6	低温柔性	温度(℃)	-10	-20	-30	-10	-20	-30
		粘结状况	合格					
7	浸水后粘结性(mm)不小于		15					

注：表内6、7二项，生产厂一般30d检验一次，但在原材料或配合比变动时应立即作检验。

嵌缝材料应选用质量稳定、性能可靠的油膏，当采用建筑防水沥青、油膏嵌缝时，应符合《建筑防水沥青嵌缝油膏》(JC 207-76)的有关规定，嵌缝油膏的耐热度可根据当地历年极端最高气温和板缝坡度等因素选定。

3）油膏进场检查：同聚氯乙烯胶泥

4）合格证鉴定及整理：同聚氯乙烯胶泥

5）试验

A．试验条件：油膏进场先进行试验，确定其性能符合要求，方可使用。

B．试验项目：耐热度、粘结性、保油性、挥发率、施工度、低温柔性、浸水后粘结性试验。

C．取样：以同一标号的产品20t作为一批，不足20t者也作为一批。生产厂日常检验以每机台、每班、同标号的生产数量为一批。

每批油膏中任选三桶，在桶内离表皮约50mm处取样，每桶取样1kg。

测定三个样品的施工度，若有二个样品不合格，则该批油膏为不合格；若只有一个样品不合格，允许再取三桶的样品复验，复测结果仍有样品不合格，则该批油膏为不合格品。在三个施工度合格的样品中，选施工度最大的样品测定其他性能。如有任何一项不合格，可用其余二个样品作单项复验，如仍有不合格，则该批油膏为不合格。

D．油膏试验报告见表1-189式样。

材料试验报告　　　　　　　　　　表1-189

试验编号

委托单位：　　　　委托负责人：

用途

样品名称：　　　　产地、厂别：　　　　试样收到日期：

要求试验项目：

试验结果：

结论：

负责人：　　　审核：　　　计算：　　　试验

报告日期：　　　年　月　日

注：无专用表时，用此通用表。

6) 试验报告的内容及填制方法：

油膏试验报告是对油膏的质量技术鉴定的综合结论。试验项目有：耐热度、粘结性、施工度、低温柔性等。油膏试验报告单内前半部分内容包括：委托单位、委托负责人、用途、样品名称、产地、厂别、试样收到日期要求试验项目。以上各项均由委托单位负责人填写。各项目应认真填写清楚，勿遗漏缺项或填错。试验报告单的后半部分属试验结果项目，项目有：试验编号、试验日期、每项试验的准确数据。试验结果要明确，计算数据由专人审核，并有主管、审核、计算、试验的签章，最后加盖试验室印章。

7) 油膏试验报告单的技术鉴定和整理

A. 鉴定方法：

试验结果数据和检验标准规定相符合，如不符合应有说明。

试验单试验项目、子目填写齐全，须有试验编号。

B. 整理方法：

整理工作由资料员进行，将试验单按试验编号顺序整理，放入材质与产品检验卷内，在材质检验分目录表上注明相应项目。

8) 整理时注意的问题

A. 资料内应有产品合格证、认证材料、进场复试报告。

B. 应先试验后施工。

C. 油膏总加批量和工程总需用量基本相符。

(3) 外墙壁板板缝密封防水材料

1) 材料介绍

A. 几种常用的合成高分子密封膏及其主要技术性能指标见表1-190。

几种常用的合成离分子密封膏的主要技术性能　　　　表1-190

项目名称		主要技术性能指标			
		单组分丙烯酸乳胶密封膏	单组份氯磺化聚乙烯密封膏	双组份聚氨脂建筑密封膏	双组份聚硫建筑密封膏
表干时间(h)		0.5～1	24～48	4	4
耐热度(85℃,5h)		合格	合格	合格	合格
柔性温度(℃)		-35,合格	-30,合格	-30,合格	-30,合格
收缩率(60d,%)		≤16.7	≤20	≤10	≤10
延伸率(%)		300～500	≥150	≥300	≥200
拉伸强度(MPa)		≥0.60	≥0.60	≥0.60	1.66
粘结强度(MPa)	与水泥制品	0.40～0.63	≥0.60	≥0.60	≥0.60
	与玻璃制品	0.24～0.40	≥0.35	≥0.50	≥0.40
	与石膏制品	≥0.20	≥0.2	≥0.25	≥0.25

B. 聚乙烯泡沫塑料衬垫棒材(或管材)：该材料是以高压聚乙烯树脂为主要原料，加入适量的发泡剂以及其他助剂，经过连续挤出发泡加工制成的轻质泡沫塑料棒(或管)材，其相对密度小而富有弹性、不吸水、耐化学腐蚀、保温性能好，主要用作各种高分子密封膏的衬垫材料，并可起到防止建筑密封膏与装配式壁板板缝或建筑结构伸缩缝底部粘结的隔离作用。聚乙烯泡沫塑料衬垫棒材的主要技术性能指标见表1-191。衬垫棒材的直径为10～100mm。

1.1 建筑工程

聚乙烯泡沫塑料衬垫棒材的主要技术性能指标　　　　表 1-191

项 目 名 称	技术性能指标	项 目 名 称	技术性能指标
密度(g/cm²)	≤0.05	撕裂强度(N/cm)	≥23.0
拉伸强度(MPa)	≥0.20	使用温度(℃)	-40～+60
断裂伸长率(%)	≥100	吸水率(%)	≤0.60

　　C．基层处理剂：该材料主要用于需要用建筑密封膏进行密封防水施工缝隙的基层处理，其目的是为了提高各种高分子密封膏与基层之间的粘结能力，以便更好地发挥壁板板缝或其他需要密封处理缝隙的密封防水和抗渗功能。一般应选用与所用密封膏材料基本相同的材料，溶解于相应的有机溶剂中制成，其含固量在25%～35%之间为宜。

　　D．二甲苯或其他有机溶剂：这种材料主要用作施工机具的清洗剂。

　　2）有关规定：高分子密封膏和聚乙烯泡沫塑料衬棒的主要技术性能指标，必须符合设计要求或标准规定。并要提供这些材料的质量证明文件或现场抽样检测的试验报告。

　　3）进场检查：

　　A．检查产品合格证。

　　B．检查认证材料。

　　C．检查材料使用说明书。

　　4）合格证的鉴定：产品合格证的各项指标和有关标准规定比较，以鉴别是否符合要求。

　　5）合格证的整理同聚氯乙烯胶泥。

　　6）现场抽样检测报告：材料进场需做现场抽样检测，将检测结果填入检测报告，合格后方可使用，检测报告式样见《材料试验报告》。

　　7）检测报告鉴定和整理，同聚氯乙烯胶泥。

　　8）防水密封材料的资料要求：使用时须有使用认证书、进场合格证或抽样试验报告。

　　9．整理要求

　　(1) 此部分资料应归入原材料、半成品、成品出厂质量证明和质量试(检)验报告分册中。

　　(2) 合格证应折成16开纸大小或贴在16开纸上。

　　(3) 各验收批水泥合格证和试验报告，按批组合、按时间先后顺序排列并编号，不得遗漏。

　　(4) 建立分目录表，并能对应一致。

　　10．注意事项

　　(1) 防水材料的材质证明要"双控"，各验收批防水材料出厂质量合格证和试验报告单缺一不可。材质证明和实物应物证相符。

　　(2) 防水材料质量出厂合格证应有生产厂家质量检验部门的盖章及防伪认证标志。

　　(3) 防水材料材质证明应有试验编号，便于与试验室的有关资料查证核实，材质证明应有明确结论并签章齐全。

　　(4) 领取防水材料材质证明一定要验看各项目的实测数值是否符合规范的技术要求。

　　(5) 防水材料材质证明不合格单后应附双倍试件复试合格试验报告单或处理报告。不合格单不允许抽撤。

　　(6) 防水材料材质证明资料应与其他技术资料对应一致，交圈吻合。相关施工技术资料有施工记录、施工日志、隐检记录、施工组织设计、技术交底、工程质量检验评定、设计变更洽商和竣工图。

附录 关于公布北京市建筑防水准用材料名录的通知

京建材[1997]16号

根据我委《北京市建设工程供应管理暂行规定》(京建材[1995]556号)等文件规定,现将通过北京市准用证审查,准予1997年、1988年在本市建设工程中使用的防水材料名录予以公布。在1998年底前新研制的高性能防水材料(凭省市级鉴定),因特殊需要所使用的非准用防水材料(凭工程设计文件和供货合同),办理临时准用证,准予使用。有关准用材料在工程中的使用及日常管理、监督工作按照京建材[1995]556号文件的规定执行。

特此通知。

附件：1. 北京市建筑防水材料准用产品名录
   2. 北京市建筑防水材料准用证管理规定标准

北京市城乡建设委员会
一九九七年一月十三日

附件 1：

北京市建筑防水材料准用产品名录

生产单位	产品名称	准用证编号
北京—奥克兰建筑防水材料有限公司	350 石油沥青纸胎油毡	FS—111—01
北京市油毡厂	350 石油沥青纸胎油毡	FS—111—02
北京市房山区油毡厂	350 石油沥青纸胎油毡	FS—111—03
北京凯东油毡有限公司	350 石油沥青纸胎油毡	FS—111—04
北京市大兴县青云福利防水建材厂	350 石油沥青纸胎油毡	FS—111—05
天津市油毡厂	350 石油沥青纸胎油毡	FS—111—06
北京昌平县振华建筑材料厂	350 石油沥青纸胎油毡	FS—111—07
北京—奥克兰建筑防水有限公司	多彩油毡瓦	FS—111—08
天津市油毡厂	多彩油毡瓦	FS—111—09
天津市油毡厂	石油沥青玻纤胎油毡	FS—111—10
河北省保定石油化工厂	优质氧化沥青防水卷材(聚酯胎)	FS—112—01
北京—奥克兰建筑防水材料有限公司	氧化沥青玻纤胎油毡	FS—112—02
盘锦禹王防水建材集团	OEE 氧化改性沥青卷材(乙烯胎)	FS—112—03
盘锦禹王防水建材集团	OFEE 氧化改性沥青卷材(复合胎)	FS—112—04
北京市京辰工贸公司延庆橡胶厂	SBS 改性沥青防水卷材(复合胎)	FS—121—01
北京市京辰工贸公司延庆橡胶厂	SBS 改性沥青防水卷材(玻纤胎)	FS—121—02
北京市京辰工贸公司延庆橡胶厂	再生胶改性沥青防水卷材(复合胎)	FS—121—03
北京市京辰工贸公司延庆橡胶厂	再生胶改性沥青防水卷材(玻纤胎)	FS—121—04
北京通美新型防水材料有限公司	SBS 改性沥青防水卷材(复合胎)	FS—121—05
北京市铁研新技术研究所	SBS 改性沥青防水卷材(复合胎)	FS—121—06
北京市铁研新技术研究所	再生胶改性沥青防水卷材(复合胎)	FS—121—07
北京市通县中通新型建筑材料公司	SBS 改性沥青防水卷材(复合胎)	FS—121—08
北京市通县中通新型建筑材料公司	SBS 改性沥青防水卷材(聚酯胎)	FS—121—09
北京市通县中通新型建筑材料公司	再生胶改性沥青防水卷材(复合胎)	FS—121—10
北京顺富防水材料厂	再生胶改性沥青防水卷材(复合胎)	FS—121—11
北京市昌平县南新建材厂	SBS 改性沥青防水卷材(复合胎)	FS—121—12
北京市昌平县南新建材厂	SBS 改性沥青防水卷材(玻纤胎)	FS—121—13
北京市昌平县南新建材厂	再生胶改性沥青防水卷材(复合胎)	FS—121—14
北京市昌平县南新建材厂	再生胶改性沥青防水卷材(玻纤胎)	FS—121—15

生产单位	产品名称	准用证编号
北京青云化工厂	SBS改性沥青防水卷材(复合胎)	FS—121—16
北京市政设计研究院研究所正大新型防水材料厂	SBS改性沥青防水卷材(复合胎)	FS—121—17
北京市政设计研究院研究所正大新型防水材料厂	SBS改性沥青防水卷材(聚酯胎)	FS—121—18
北京市政设计研究院研究所正大新型防水材料厂	再生胶改性沥青防水卷材(复合胎)	FS—121—19
北京市政设计研究院研究所正大新型防水材料厂	再生胶改性沥青防水卷材(玻纤胎)	FS—121—20
保定晨兴建筑防水材料厂	SBS改性沥青防水卷材(复合胎)	FS—121—21
保定晨兴建筑防水材料厂	再生胶改性沥青防水卷材(复合胎)	FS—121—22
河北省保定石油化工厂	SBS改性沥青防水卷材(聚酯胎)	FS—121—23
河北省保定石油化工厂	SBS改性沥青防水卷材(复合胎)	FS—121—24
保定市橡胶二厂	铝箔塑胶油毡(黄麻胎)	FS—121—25
盘锦禹王防水建材集团	SBS改性沥青防水卷材(聚酯胎)	FS—121—26
盘锦禹王防水建材集团	SBS改性沥青防水卷材(玻纤胎)	FS—121—27
北京市密云县新型防水材料厂	SBS改性沥青防水卷材(复合胎)	FS—121—28
北京市密云县新型防水材料厂	SBS改性沥青防水卷材(玻纤胎)	FS—121—29
北京市密云县新型防水材料厂	再生胶改性沥青防水卷材(复合胎)	FS—121—30
北京市密云县新型防水材料厂	再生胶改性沥青防水卷材(玻纤胎)	FS—121—31
北京市朝阳区永兴防水建筑材料厂	再生胶改性沥青防水卷材(复合胎)	FS—121—32
北京市朝阳区建友新型建筑材料厂	SBS改性沥青防水卷材(复合胎)	FS—121—33
北京市朝阳区建友新型建筑材料厂	再生胶改性沥青防水卷材(复合胎)	FS—121—34
北京市房山区福利化工厂	SBS改性沥青防水卷材(复合胎)	FS—121—35
北京市丰台区魏各庄防水材料厂	再生胶改性沥青防水卷材(复合胎)	FS—121—36
北京市四通三防建筑防水材料厂	再生胶改性沥青防水卷材(复合胎)	FS—121—37
北京市东方红新型建材防水材料厂	SBS改性沥青防水卷材(复合胎)	FS—121—38
北京市东方红新型建材防水材料厂	再生胶改性沥青防水卷材(复合胎)	FS—121—39
北京市东方红新型建材防水材料厂	再生胶改性沥青防水卷材(玻纤胎)	FS—121—40
保定市振华防水材料厂	再生胶改性沥青防水卷材(复合胎)	FS—121—41
河北省固安县京固防水材料厂	SBS改性沥青防水卷材(复合胎)	FS—121—42
河北省固安县京固防水材料厂	再生胶改性沥青防水卷材(复合胎)	FS—121—43
保定市胜利油毡厂	再生胶改性沥青防水卷材(复合胎)	FS—121—44
北京—奥克兰建筑防水材料有限公司	SBS改性沥青防水卷材(玻纤胎)	FS—121—45

生产单位	产品名称	准用证编号
北京—奥克兰建筑防水材料有限公司	SBS改性沥青防水卷材(复合胎)	FS—121—46
北京—奥克兰建筑防水材料有限公司	SBS改性沥青防水卷材(聚酯胎)	FS—121—47
北京—奥克兰建筑防水材料有限公司	再生胶改性沥青防水卷材(玻纤胎)	FS—121—48
盘锦禹王防水建材集团	MFBE改性沥青防水卷材(复合胎)	FS—121—49
盘锦禹王防水建材集团	PEE高聚物改性沥青卷材(乙烯胎)	FS—121—50
盘锦禹王防水建材集团	MEE丁笨胶改性沥青卷材(乙烯胎)	FS—121—51
河北省新乐市城关建材厂	SBS改性沥青防水卷材(复合胎)	FS—121—52
河北省新乐市城关建材厂	再生胶改性沥青防水卷材(复合胎)	FS—121—53
北京建筑技术发展中心	SBS改性沥青防水卷材(复合胎)	FS—121—54
北京中建建材公司防水材料厂	SBS改性沥青防水卷材(复合胎)	FS—121—55
北京中建建材公司防水材料厂	再生胶改性沥青防水卷材(复合胎)	FS—121—56
北京市城成福利化工厂	SBS改性沥青防水卷材(复合胎)	FS—121—57
北京市城成福利化工厂	再生胶改性沥青防水卷材(复合胎)	FS—121—58
河北省辛集新型防水建材厂	SBS改性沥青防水卷材(复合胎)	FS—121—59
保定市东郊建材橡胶制品厂	再生胶改性沥青防水卷材(复合胎)	FS—121—60
北京市桑维建筑防水材料厂	SBS改性沥青防水卷材(复合胎)	FS—121—61
北京市桑维建筑防水材料厂	再生胶改性沥青防水卷材(复合胎)	FS—121—62
北京市大兴县宏海工贸公司	再生胶改性沥青防水卷材(玻纤胎)	FS—121—63
北京建海建材厂	再生胶改性沥青防水卷材(复合胎)	FS—121—64
河北省三河市瑞泰防水卷材厂	SBS改性沥青防水卷材(复合胎)	FS—121—65
河北省三河市瑞泰防水卷材厂	SBS改性沥青防水卷材(聚酯胎)	FS—121—66
河北省三河市瑞泰防水卷材厂	再生胶改性沥青防水卷材(复合胎)	FS—121—67
河北省三河市瑞泰防水卷材厂	再生胶改性沥青防水卷材(玻纤胎)	FS—121—68
北京市新龙基防水建材厂	SBS改性沥青防水卷材(复合胎)	FS—121—69
北京市新龙基防水建材厂	再生胶改性沥青防水卷材(玻纤胎)	FS—121—70
北京市油毡厂	SBS改性沥青防水卷材(复合胎)	FS—121—71
北京市油毡厂	再生胶改性沥青防水卷材(玻纤胎)	FS—121—72
三河市赵河沟防水卷材厂	再生胶改性沥青防水卷材(复合胎)	FS—121—73
北京市丰台区永新建筑材料厂	SBS改性沥青防水卷材(复合胎)	FS—121—74
北京市丰台区永新建筑材料厂	再生胶改性沥青防水卷材(复合胎)	FS—121—75
顺义县京喜防水材料厂	SBS改性沥青防水卷材(复合胎)	FS—121—76
顺义县京喜防水材料厂	再生胶改性沥青防水卷材(复合胎)	FS—121—77

生产单位	产品名称	准用证编号
北京市海马建筑材料有限公司	SBS改性沥青防水卷材(复合胎)	FS—121—78
北京市海马建筑材料有限公司	再生胶改性沥青防水卷材(复合胎)	FS—121—79
保定市北方防水工程公司	SBS改性沥青防水卷材(复合胎)	FS—121—80
保定市北方防水工程公司	再生胶改性沥青防水卷材(复合胎)	FS—121—81
北京市保悦新型建筑材料厂	SBS改性沥青防水卷材(复合胎)	FS—121—82
北京市保悦新型建筑材料厂	SBS改性沥青防水卷材(聚酯胎)	FS—121—83
北京市保悦新型建筑材料厂	再生胶改性沥青防水卷材(玻纤胎)	FS—121—84
河北省固安县京固防水材料厂	再生胶改性沥青防水卷材(玻纤胎)	FS—121—85
北京宏祥防水材料厂	再生胶改性沥青防水卷材(复合胎)	FS—121—86
北京建宇防水材料厂	SBS改性沥青防水卷材(复合胎)	FS—121—87
北京建宇防水材料厂	SBS改性沥青防水卷材(玻纤胎)	FS—121—88
北京永结油毡厂	SBS改性沥青防水卷材(复合胎)	FS—121—89
北京永结油毡厂	再生胶改性沥青防水卷材(复合胎)	FS—121—90
北京丰昊防水材料厂	SBS改性沥青防水卷材(复合胎)	FS—121—91
北京丰昊防水材料厂	SBS改性沥青防水卷材(玻纤胎)	FS—121—92
北京丰昊防水材料厂	SBS改性沥青防水卷材(聚酯胎)	FS—121—93
天津市油毡厂	SBS改性沥青防水卷材(聚酯胎)	FS—121—94
北京市大运防水材料厂	SBS改性沥青防水卷材(复合胎)	FS—121—95
盘锦禹王防水建材集团	MFE橡胶改性沥青卷材(玻纤胎)	FS—121—96
沈阳兰光新型防水材料有限公司	APP改性沥青防水卷材	FS—122—01
盘锦禹王防水建材集团	APP改性沥青防水卷材	FS—122—02
北京市政设计研究院研究所正大新型防水材料厂	APP改性沥青防水卷材	FS—122—03
长春市防水材料厂	APP改性沥青防水卷材	FS—122—04
北京—奥克兰建筑防水材料有限公司	APP改性沥青防水卷材	FS—122—05
北京—奥克兰建筑防水材料有限公司	APP改性沥青防水卷材(桥面用)	FS—122—06
宝鸡市原纸油毡厂	APP改性沥青防水卷材	FS—122—07
河北省三河市瑞泰防水卷材厂	APP改性沥青防水卷材	FS—122—08
北京市保悦新型建筑材料厂	APAO改性沥青防水卷材	FS—122—09
天津市油毡厂	APP改性沥青防水卷材	FS—122—10
临城县建必特防水材料有限公司	聚氯乙烯防水卷材(S型)	FS—132—01
北京房山区新星防水材料厂	橡塑防水卷材(聚氯乙烯S型)	FS—132—02

生产单位	产品名称	准用证编号
太仓市新型建筑防水材料有限责任公司	红泥聚氯乙烯橡胶防水卷材	FS—141—01
北京市建筑防水卷材厂	603卷材(氯化聚乙烯Ⅱ型)	FS—141—02
绍兴固达防水材料有限公司	氯化聚乙烯橡胶防水卷材(Ⅱ型)	FS—141—03
济南奥凯防水材料实业公司	聚氯乙烯防水卷材(P型)	FS—141—04
绍兴市橡胶厂	LYX—603氯化聚乙烯防水卷材	FS—141—05
国营常熟玻璃钢厂	LYX—603氯化聚乙烯橡胶防水卷材	FS—141—06
黑龙江龙光建筑材料有限公司	氯化聚乙烯防水卷材	FS—141—07
沈阳星辰化工有限公司	LLDPE防水卷材	FS—141—08
沈阳星辰化工有限公司	LDPE防水卷材	FS—141—09
沈阳星辰化工有限公司	ECB防水卷材	FS—141—10
沈阳星辰化工有限公司	EVA防水卷材	FS—141—11
黑龙江绥楼第二塑料有限公司	聚乙烯丙纶防水卷材	FS—141—12
无锡衡兴橡胶制品有限公司	氯化聚乙烯橡塑共混卷材	FS—141—13
临城县建必特防水材料有限公司	氯化聚乙烯橡塑共混卷材	FS—141—14
临城县建必特防水材料有限公司	彩色氯化聚乙烯防水卷材	FS—141—15
北京橡胶十厂	彩色氯化聚乙烯防水卷材	FS—141—16
太仓市新型建筑防水材料有限责任公司	FRT606氯化聚乙烯防水卷材	FS—141—17
北京橡胶十厂	橡塑共混1号防水卷材(硫化L型)	FS—142—01
北京橡胶十厂	橡塑共混2号防水卷材(硫化G型)	FS—142—02
保定第一橡胶厂	三元乙丙橡胶防水卷材	FS—142—03
保定第一橡胶厂	橡塑共混防水卷材(硫化G型)	FS—142—04
保定第一橡胶厂	BF—8丁基橡胶防水卷材(硫化Z型)	FS—142—05
北京橡胶制品设计研究院	橡塑共混防水卷材(硫化L型)	FS—142—06
北京橡胶制品设计研究院	三元乙丙防水卷材	FS—142—07
北京橡胶制品设计研究院	氯磺化聚乙烯防水卷材	FS—142—08
滕州市橡塑集团公司	自粘型橡塑油毡(硫化G型)	FS—142—09
滕州市橡塑集团公司	三元乙丙防水卷材	FS—142—10
天津市橡胶工业研究所	丁基橡胶防水卷材(硫化G型)	FS—142—11
辽阳第一橡胶厂	608氯化聚乙烯防水卷材(硫化Z型)	FS—142—12
辽阳第一橡胶厂	三元乙丙橡胶防水卷材	FS—142—13

生产单位	产品名称	准用证编号
北京橡胶一厂	氯化聚乙烯橡塑共混卷材（硫化 G 型）	FS—142—14
北京橡胶一厂	三元乙丙橡胶防水卷材	FS—142—15
山东省荣城市华峰实业总公司	硫化型橡胶卷材（G 型）	FS—142—16
山东省荣城市华峰实业总公司	硫化型橡胶卷材（L 型）	FS—142—17
北京化学工业集团橡胶塑料制品厂	硫化型橡胶卷材（G 型）	FS—142—18
北京化学工业集团橡胶塑料制品厂	硫化型橡胶卷材（L 型）	FS—142—19
北京化学工业集团橡胶塑料制品厂	701 再生胶防水片材（Z 型）	FS—142—20
北京化学工业集团橡胶塑料制品厂	705 丁基再生胶防水片材（Z 型）	FS—142—21
北京市海良防水材料厂	硫化型橡胶卷材（G 型）	FS—142—22
北京市海良防水材料厂	氯化聚乙烯橡塑共混卷材（硫化 L 型）	FS—142—23
包头市橡胶制品二厂	三元乙丙橡胶防水卷材	FS—142—24
北京市政设计研究院研究所正大新型防水材料厂	阳离子氯丁胶乳化沥青防水涂料	FS—211—01
北京橡五星花防水材料有限责任公司	氯丁胶乳化沥青防水涂料	FS—211—02
北京橡五星花防水材料有限责任公司	WSA 弹性厚质防水涂料（水乳型）	FS—211—03
北京市房山区新花防水建材厂	氯丁胶乳化沥青防水涂料	FS—211—04
北京市房山区新花防水建材厂	厚质氯丁胶乳化沥青	FS—211—05
北京大兴县福利防水建材厂	氯丁胶乳化沥青防水涂料	FS—211—06
河北奥泷建材工贸公司	阳离子氯丁胶乳化沥青防水涂料	FS—211—07
北京市油毡厂	膨润土乳化沥青基防水涂料	FS—211—08
北京市油毡厂	氯丁胶乳化沥青防水涂料	FS—211—09
北京市丰台区东华防水材料厂	氯丁胶乳化沥青防水涂料	FS—211—10
廊坊市东方建材防水涂料厂	阳离子氯丁胶乳化沥青防水涂料	FS—211—11
北京市新龙基防水建材公司	丙烯酸乳化沥青防水涂料	FS—211—12
北京市通广防水材料公司	JG—2 防水涂料	FS—211—13
固安镇利华防水材料厂	阳离子氯丁胶乳化沥青防水涂料	FS—211—14
北京市禹王新型防水防腐建材厂	氯丁胶乳化沥青防水涂料	FS—211—15
北京市京辰工贸公司延庆橡胶厂	JG—2 防水涂料	FS—211—16
中国人民解放军 52935 部队干休所—河北大城燕津联合建材厂	氯丁胶乳化沥青防水涂料	FS—211—17

生产单位	产品名称	准用证编号
北京一奥克兰建筑防水材料有限公司	SBS改性沥青厚质防水涂料(水乳型)	FS—211—18
北京市海丰防水材料厂	氯化聚乙烯防水涂料(水乳型)	FS—211—19
北京市油毡厂	橡胶沥青防水涂料(溶剂型)	FS—212—01
北京丰台区榆树庄防水材料厂	JG—1防水涂料(溶剂型)	FS—212—02
北京市京辰工贸公司延庆橡胶厂	氯丁胶改性沥青涂料(溶剂型)	FS—212—03
北京市新龙基防水建材公司	氯磺化聚乙烯防水涂料(溶剂型)	FS—212—04
北京市东方红新型建材防水材料厂	SBS改性沥青防水涂料(溶剂型)	FS—212—05
北京一奥克兰建筑防水材料有限公司	SBS改性沥青防水涂料(溶剂型)	FS—212—06
中国第一建筑工程局构件厂防水建材商行	中建牌高分子防水涂料(溶剂型)	FS—212—07
北京橡胶一厂	CR—改性沥青涂料(溶剂型)	FS—212—08
北京京建防水材料厂	JG—01海伯伦三元丁橡胶沥青涂料	FS—212—09
抚顺市辽东合成防水材料厂	EM—01海帕伦三元丁橡胶沥青涂料	FS—212—10
北京市大运防水材料厂	聚氯乙烯改性防水涂料(水乳型)	FS—221—01
北京昌平龙泉福利化工厂	聚氯乙烯改性防水涂料(水乳型)	FS—221—02
北京市通县建筑防水材料厂	聚氯乙烯弹性防水涂料(水乳型)	FS—221—03
北京市丰台区新兴建筑材料厂	水乳型PVC防水涂料	FS—221—04
北京市海淀区建华新型防水材料厂	CTP防水涂料(溶剂型)	FS—222—01
北京市海丰防水涂料厂	聚氯乙烯防水涂料(溶剂型)	FS—222—02
北京市海丰防水涂料厂	氯化聚乙烯防水涂料(溶剂型)	FS—222—03
北京市通安防水建材厂	AP型防水冷涂料(溶剂型)	FS—222—04
北京市三原建筑粘合材料厂	聚氨酯防水涂料	FS—231—01
北京通美新型防水材料有限公司	聚氨酯防水涂料	FS—231—02
北京市京辰工贸公司延庆橡胶厂	聚氨酯防水涂料	FS—231—03
北京市京辰工贸公司延庆橡胶厂	彩色聚氨酯防水涂料	FS—231—04
北京市顺义县唐指山建筑防水材料厂	聚氨酯防水涂料	FS—231—05
北京市宣武区椿树橡胶制品厂	聚氨酯防水涂料	FS—231—06
北京昌平龙泉福利化工厂	聚氨酯防水涂料	FS—231—07
北京力克力新型建筑有限公司	聚氨酯防水涂料	FS—231—08
北京力克力新型建筑有限公司	彩色聚氨酯防水涂料	FS—231—09

生产单位	产品名称	准用证编号
上海隧道工程股份有限公司防水材料厂	851 涂膜防水胶	FS—231—10
上海建筑防水公司浦东材料厂	YN—聚氨酯(851)防水胶	FS—231—11
上海建筑防水公司浦东材料厂	YN—地下建筑防水涂料(湿克威)	FS—231—12
北京市顺义县鹏程聚氨酯防水材料厂	聚氨酯防水涂料	FS—231—13
北京建筑技术发展中心	聚氨酯防水涂料	FS—231—14
廊坊市防水建筑材料厂	聚氨酯防水涂料	FS—231—15
北京金之鼎化学建材科技有限责任公司	聚氨酯防水涂料	FS—231—16
北京市通县中通新型建筑材料公司	聚氨酯防水涂料	FS—231—17
北京—奥克兰建筑防水材料有限公司	聚氨酯防水涂料	FS—231—18
河北省石家庄油漆厂	聚氨酯防水涂料	FS—231—19
湖北省沙市建筑材料厂	聚氨酯防水涂料	FS—231—20
北京市城成福利化工厂	聚氨酯防水涂料	FS—231—21
天津大学化工实验厂	彩色聚氨酯防水涂料	FS—231—22
保定第一橡胶厂	聚氨酯防水涂料	FS—231—23
北京杰思普防水公司	聚氨酯防水涂料	FS—231—24
保定长城合成橡胶有限公司	聚氨酯防水涂料	FS—231—25
保定长城合成橡胶有限公司	彩色聚氨酯防水涂料	FS—231—26
国营常熟玻璃钢厂	S—911 三恒防水涂膜胶	FS—231—27
北京建筑技术发展中心	沥青基聚氨酯防水涂料	FS—231—28
北京冶建新技术公司	硅橡胶防水涂料	FS—232—01
北京科化化学新技术公司	硅橡胶防水涂料	FS—232—02
北京冶建新技术公司	GB 丙烯酸防水涂料	FS—233—01
北京金之鼎化学建材有限公司	彩色丙烯酸防水涂料	FS—233—02
北京龙苑化工机电技术公司	LY—T102 丙烯酸防水涂料	FS—233—03
北京龙苑化工机电技术公司	LY—T104 丙烯酸防水涂料	FS—233—04
上海申真涂料总厂	SZ 型丙烯酸防水涂料	FS—233—05
天津大学化工实验厂	氰凝	FS—234—01
宜兴华宜化工有限公司	氰凝	FS—234—02
北京海淀区东海防腐防水技术开发公司	聚合物—水泥基防水涂料	FS—235—01
高碑店市华强防水材料有限公司	聚合物—水泥基防水涂料	FS—235—02

生产单位	产品名称	准用证编号
北京金汤建筑防水技术开发有限责任公司	聚合物—水泥基防水涂料	FS—235—03
北京慕湖外加剂厂	MNC—D 混凝土防水剂	FS—311—01
北京祥业电子技术有限公司	PPT--EA2 混凝土防水剂	FS—311—02
北京市中洲建筑材料公司	HEA 混凝土防水剂	FS—311—03
哈尔滨雪佳防水材料厂	JJ91 硅质密实剂	FS—311—04
北京利力新技术开发公司	FS—B 型混凝土防水剂	FS—311—05
北京利力新技术开发公司	FS—P 型混凝土防水剂	FS—311—06
北京利力新技术开发公司	FS—D 型混凝土防水剂	FS—311—07
北京利力新技术开发公司	FS—H 型混凝土防水剂	FS—311—08
北京朝阳区永青建筑技术研究所	FS—Ⅰ混凝土防水剂	FS—311—09
北京朝阳区永青建筑技术研究所	FS—Ⅱ混凝土防水剂	FS—311—10
北京朝阳区永青建筑技术研究所	FS—Ⅲ混凝土防水剂	FS—311—11
北京海淀区东海防腐防水技术开发公司	速凝型水不漏	FS—321—01
北京海淀区东海防腐防水技术开发公司	缓凝型水不漏	FS—321—02
北京海淀回力加矿冶技术开发公司	D3 型确保不漏灵	FS—321—03
北京海淀回力加矿冶技术开发公司	PH 型确保不漏灵	FS—321—04
北京科建达新技术开发公司	Ⅱ型防水宝	FS—321—05
北京村内建筑技术有限公司	A 型高效防水堵漏材料	FS—321—06
北京村内建筑技术有限公司	C 型高效防水堵漏材料	FS—321—07
北京冶建新技术公司	速效堵漏剂	FS—321—08
北京市住宅建设设备物资公司振兴防水堵漏分公司	堵漏灵	FS—321—09
北京金汤建筑防水技术开发有限责任公司	缓凝型水不漏	FS—321—10
北京金汤建筑防水技术开发有限责任公司	速凝型水不漏	FS—321—11
石家庄市大新建材厂（由北京国仁经贸发展有限责任公司销售总代理）	BS—Ⅰ型防水剂	FS—321—12
北京市丰台区黄土岗化工厂	沥青建筑油膏	FS—411—01
北京房山区新星防水材料厂	聚氯乙烯嵌缝膏	FS—421—01
北京市新龙基防水建材公司	氯磺化聚乙烯防水嵌缝膏	FS—421—02

附件2：

北京市建筑防水材料准用证管理规定标准

类别代号	材料种类	规定标准	标准代号
111	石油沥青油毡	《石油沥青纸胎油毡、油纸》	GB 326—89
		《沥青玻璃布油毡》	JC 84—74
		《石油沥青玻纤油毡》	JC 564—92
		《铝箔面油毡》	JC 504—92
		《油毡瓦》	JC 503—92
112	氧化沥青防水卷材	《建筑防水卷材》	BJ/RZ 02—94
121	SBS改性沥青防水卷材	《弹性体沥青防水卷材》	BJ/RZ 01—94
	再生胶改性沥青防水卷材	《弹性体沥青防水卷材》	BJ/RZ 01—94
122	APP改性沥青防水卷材	《塑性体沥青防水卷材》	JC 559—94
131	有胎类聚合物改性焦油防水卷材	《建筑防水卷材》	BJ/RZ 01—94
132	无胎类改性焦油防水卷材	《聚氯乙烯防水卷材》(S型)	GB 12952—92
141	非硫化型橡塑防水卷材	《聚氯乙烯防水卷材》(P型)	GB 12952—92
		《氯化聚乙烯防水卷材》	GB 12953—92
142	硫化型橡塑防水卷材	《三元乙丙防水卷材》	HG 2402—92
		《硫化型橡塑防水卷材》	BJ/RZ 07—95
211	水乳型沥青基防水涂料	《水性沥青基防水涂料》	GB 408—91
212	溶剂型沥青基防水涂料	《沥青焦油基防水涂料》	BJ/RZ 03
221	水乳型焦油基防水涂料	《沥青焦油基防水涂料》	BJ/RZ 03
222	溶剂型焦油基防水涂料	《沥青焦油基防水涂料》	BJ/RZ 03
231	聚氨酯防水涂料	《聚氨酯防水涂料》	JC 500—92
232	硅橡胶防水涂料	《聚合物基防水涂料》(Ⅱ类)	BJ/RZ 04—95
233	丙烯酸防水涂料	《聚合物基防水涂料》(Ⅰ类)	BJ/RZ 04—95
234	界面渗入型防水涂料	《界面渗透型防水涂料》	BJ/RZ 08—95
235	聚合物—水泥基防水涂料	《聚合物基防水涂料》(Ⅴ类)	BJ/RZ 04—95
311	混凝土防水剂	《混凝土防水剂》	BJ/RZ 10—97
321	砂浆防水剂	《无机防水堵漏材料》(粉状)	BJ/RZ 05
		《砂浆、混凝土防水剂》(液体)	JC 474—92
411	沥青基密封膏	《建筑防水嵌缝材料》	JC 207—76
421	焦油基密封膏	《聚氯乙烯建筑防水接缝材料》	ZBQ 24001—85
431	聚合物基密封膏	《建筑密封膏》	JC 482~485—92

1.1.1.9 预制混凝土构件

1. 预制混凝土构件的分类和质量要求

(1) 分类:根据北京地区构件的使用功能、构造特点及其生产工艺,划分四类:

1) 板类:包括各种空心楼板、大楼板、槽型板、楼梯、阳台和"T"型板以及薄壁空心构件烟道、垃圾道等品种。

2) 墙板类:包括内外墙板、挂壁板、内隔墙板、阳台隔板、条板、女儿墙板等品种。

3) 大型梁、柱类:包括各种预应力或非预应力大梁、吊车梁、基础梁、框架梁、天窗架、屋架、桁架、大型柱、框架柱和基桩等品种。

4) 小型板、梁、柱类:包括沟盖板、挑檐板、栏板、窗台板、拱板、方砖和过梁檩条及3m以内小型梁板等品种。

(2) 质量标准:质量标准包括:"基本要求"、"内外缺陷质量要求"和"规格尺寸允许偏差"三部分。

基本要求:构件出池、起吊和预应力筋放松,张拉时的混凝土强度,必须符合设计要求及规范规定。设计无要求时,均不得低于设计强度的70%。

预应力筋孔道灌浆的质量,应符合规范规定。

构件混凝土试块,在标准养护条件下28d的强度,必须符合施工规范的规定。

内外缺陷质量要求和规格尺寸允许偏差规定分别见表1-192~表1-198。

板类内外缺陷质量要求

(单位,mm,L—构件长) 表1-192

项次	项 目	允 许 值			
		优良品	合 格 品	等 外 品	废 品
1	露 筋	不允许	副筋外露总长度不超过500	主筋外露或付筋超过合格品允许值	主筋外露总长度超过板长10%(预应力板端部50cm范围内;屋面板超过1%;其它板超过5%)
2	蜂窝空洞	不允许	蜂窝总面积不超过所在构件面的8‰,(即80cm²/m²)	蜂窝总面积超过合格品允许值;板端酥松或空洞	肋空总长度超过300
3	板底麻面掉皮	不允许	总面积不超过所在构件面的5%(即500cm²/m²)	超过合格品允许值	—
4	硬伤掉角	不允许	总面积不大于50×200,每个支承部位不大于50×50(槽型板支承部位不允许)	超过合格品允许值	预应力板支承部位:屋面板超过60×100;其它板超过100×200
5	饰面空鼓、起砂、脱皮、鼓包、鼓泡	不允许	不 允 许	超过合格品要求	—

续表

项次	项目		允许值			
			优良品	合格品	等外品	废品
6	灯头盒电线管堵塞、漏放		不允许	不允许	堵塞	漏放
7	无饰面板裂	纵向面裂	不允许	总长不大于 $L/2$，缝宽不大于0.2 挑檐部位不允许	超过合格品允许值	裂通
8		横向面裂	不允许	不延伸到侧面，且肋部缝宽不大于0.2	超过合格品允许值	延伸到两侧面的底部
9	板裂	肋裂	不允许	不允许	缝宽不大于0.2	剪力方向斜裂
10		板底裂	不允许	不允许	超过合格品要求	裂通
11	板裂	空心板肋端水平裂	不允许	伤肋数，窄板不超过一个，宽板不超过二个，大空心板不超过四个	超过合格品要求	任一肋端开裂总长度板长4m以下大于400，4m以上大于600
12		槽型板角裂	不允许	一个角裂且不延伸到板面	超过合格品要求	4个角裂
13	有饰面板裂	板面和板底的横纵斜裂	不允许	不允许	超过合格品要求	垂直于主筋方向和斜向裂延伸到两侧面底部、平行于主筋方向裂，周围裂通或有剪力方向斜裂
14	外表不齐整		不允许	轻微	严重	—

注：凡未注明裂缝宽度的项目，其缝宽均不得大于0.2mm。

板类规格尺寸偏差

（单位：mm，L—构件长） 表1-193

项次	项目			允许偏差			
				优良品	合格品	等外品	废品
1		长	短向圆孔板	+8 -3	+10 -5	大于合格品偏差	—
			其它板	+8 -5	+10 +5	大于合格品偏差	—
2	规格尺寸	宽		±5	+8 -5	大于合格品偏差	—
3		高		±5	+8 -5	大于合格品偏差	—
4		板厚(翼板)		△±3	+8 -5	大于合格品偏差	—
5		肋 宽		△±3	+8 -5	大于合格品偏差	—
6		串 角		10	10	大于合格品偏差	—
7		薄壁空心构件端头平面串角		5	10	大于合格品偏差	—

1.1 建筑工程   167

续表

项次	项目		允许偏差			
			优良品	合格品	等外品	废品
8	外形	侧向弯曲	L/1000	L/500	大于合格品偏差	大于 L/300
9		扭翘	L/1000	L/500	大于合格品偏差	大于 L/300
10		薄壁空心构件端头平面倾斜	3	5	大于合格品偏差	—
11		表面平整 一般面	5	8	大于合格品偏差	—
12		表面平整 饰面	4	5	大于合格品偏差	—
13	预留部件	镶入铁件位置 中心位移	10	15	大于合格品偏差	漏放
14		镶入铁件位置 平面高差	5	8	大于合格品偏差	漏放
15		插铁木砖位置 中心位移	△±15	20	大于合格品偏差	—
16		插铁木砖位置 插铁留出长度	△±20	±40	大于合格品偏差	—
17		孔洞位置 中心位移	20	30	大于合格品偏差	—
18		孔洞位置 规格尺寸	±10	±15	大于合格品偏差	—
19		安装孔中心位移	5	10	大于合格品偏差	漏放
20		螺栓位置 中心位移	5	5	大于合格品偏差	漏放
21		螺栓位置 留出高度	±5	±10	大于合格品偏差	漏放
22		电线管位置 水平位移	30	50	大于合格品偏差	—
23		电线管位置 竖向位移	−5 / −0	+8 / −0	大于合格品偏差	—
24		吊环位移 相对位移	△30	50	大于合格品偏差	—
25		吊环位移 留出高度	△±10	±20	大于合格品偏差	—
26		主筋外留长度	+15 / −5	+30 / −10	大于合格品偏差	—
27		主筋保护层	±3	±5	大于合格品偏差	±8
28		张拉预应力与规定值偏差百分率	5%	5%	大于合格品偏差	—

墙板类内外缺陷质量要求

（单位：mm，L—构件长）　　　　　　　　表 1-194

项次	项目	允许值			
		优良品	合格品	等外品	废品
1	露筋	不允许	不允许	露筋	—
2	蜂窝空洞	不允许	蜂窝总面积不超过所在构件面的 8‰（即：80cm²/m²）外墙面和腔壁不允许	超过合格品允许值	
3	麻面、掉皮起砂、鼓泡	不允许	总面积不超过所在构件面的 2%（即：200cm²/m²）	超过合格品允许值	
4	表面空鼓、鼓包	不允许	不允许	超过合格品要求	
5	空腔槽堵塞掉角、腔壁脱落	不允许	不允许	超过合格品要求	
6	硬伤掉角	不允许	总面积不大于 50×200	超过合格品允许值	
7	裂缝 门窗洞口角裂	不允许	不允许	超过合格品要求	形成环裂
8	裂缝 面裂	不允许	不允许	超过合格品要求	窗间墙和梁断面部位环裂
9	外表不齐整	不允许	轻微	严重	—

大型梁柱内外缺陷质量要求

（单位：mm，L—构件长）　　　　　　　　表 1-195

项次	项目	允许值			
		优良品	合格品	等外品	废品
1	露筋	不允许	不允许	主付筋外露	主筋露出总长度超过构件长度的 5%
2	蜂窝空洞	不允许	蜂窝总面积不超过所在构件面 8‰（即 80cm²/m²）	超过合格品允许值	空洞面积大于 200×200
3	麻面掉皮	不允许	总面积不超过所在构件面 5%（即 500m²/m²）	超过合格品允许值	—
4	硬伤掉角	不允许	总面积不大于 50×200	超过合格品允许值	
5	表面裂缝 横向	不允许	只允许一个面有裂缝且不延伸至相邻面	超过合格品允许值	延伸到相邻面底部
6	表面裂缝 纵向	不允许	总长不大于 $L/10$	超过合格品允许值	总长大于 $L/2$
7	孔洞或孔道堵塞	不允许	不允许	堵塞	
8	外表不齐整	不允许	轻微	严重	—

墙板类规格尺寸允许偏差

(单位：mm，L—构件长)　　　　表 1-196

项次	项		目	优良品	合格品	等外品	废品
					允　许　偏　差		
1	规格尺寸		高	±5	±5	大于合格品偏差	—
2			宽	±5	±5	大于合格品偏差	—
3			厚	±3	±5	大于合格品偏差	—
4			串　角	5	▲10	大于合格品偏差	—
5		门窗口	规格尺寸	5	8	大于合格品偏差	—
6			串　角	5	10	大于合格品偏差	—
7			位移、倾斜	5	▲8	大于合格品偏差	—
8	外形		镶边宽	±2	±3	大于合格品偏差	—
9			侧向弯曲	$L/1000$	▲$L/750$	大于合格品偏差	大于 $L/300$
10			扭　翘	$L/1000$	$L/750$	大于合格品偏差	大于 $L/300$
11			表面平正	4	5	大于合格品偏差	—
12			门窗口内侧平正	△3	5	大于合格品偏差	—
13	预留部分	镶入铁件位置	中心位移	10	15	大于合格品偏差	—
14			平面高差	5	8	大于合格品偏差	—
15		插铁木砖位置	中心位移	15	20	大于合格品偏差	—
16			插铁留出长度	△±20	±30	大于合格品偏差	—
17		孔洞位置	安装门窗预留孔深度	△±5	±10	大于合格品偏差	—
18			中心位移	△±20	30	大于合格品偏差	—
19			规格尺寸	△±10	±15	大于合格品偏差	—
20		安装结构用吊环	中心位移	10	▲15	大于合格品偏差	—
21			外留长度	±10	▲±15	大于合格品偏差	—
22			主筋保护层	△±5	±8	大于合格品偏差	+15 −10

大型梁柱类规格尺寸允许偏差

(单位：mm，L—构件长)　　　　表 1-197

项次	项		目	优良品	合格品	等外品	废品
					允　许　偏　差		
1	规格尺寸	长	梁	+8 −5	▲±10	大于合格品偏差	—
			柱	+5 −8	+5 ▲−10	大于合格品偏差	—

续表

项次	项 目		允 许 偏 差			
			优良品	合格品	等外品	废品
2	规格尺寸	宽	±5	▲±8	大于合格品偏差	—
3		高	±5	▲±8	大于合格品偏差	—
4		翼板厚	±5	±5	大于合格品偏差	—
5	外型尺寸	侧向弯曲	$L/1000$	▲$L/750$	大于合格品偏差	大于$L/300$
6		梁下垂	0	$L/1000$	大于合格品偏差	大于$L/300$
7		表面平正	4	5	大于合格品偏差	—
8		预应力构件两端锚固支承面平正	2	3	大于合格品偏差	—
9		设计起拱	±5	±8	大于合格品偏差	—
10		桩顶偏斜	2	3	大于合格品偏差	—
11		桩尖轴心位移	5	10	大于合格品偏差	—
12	预留部件	镶入铁件位置 中心位移	10	▲15	大于合格品偏差	—
13		镶入铁件位置 平面高差	5	8	大于合格品偏差	—
14		插铁木砖位置 中心位移	△15	20	大于合格品偏差	—
15		插铁木砖位置 插铁留出长度	△±20	±40	大于合格品偏差	—
16		孔洞中心位移 一般孔洞	20	30	大于合格品偏差	—
17		孔洞中心位移 安装孔	5	10	大于合格品偏差	—
18		孔洞中心位移 预应力筋孔道	3	5	大于合格品偏差	—
19		孔洞中心位移 自锚混凝土洞	3	5	大于合格品偏差	—
20		螺栓位置 中心位移	5	▲5	大于合格品偏差	—
21		螺栓位置 留出高度	±5	▲±10	大于合格品偏差	—
22		吊环位置 相对位移	±30	50	大于合格品偏差	—
23		吊环位置 留出高度	△±10	±20	大于合格品偏差	—
24	主筋保护层		±5	+10 −5	大于合格品偏差	+20 −10
25	主筋外留长度		±10	±20	大于合格品偏差	—
26	主筋中心位移		5	8	大于合格品偏差	—
27	张拉预应力值与规定值偏差百分率		5%	5%	大于合格品偏差	—

注：1. 牛腿规格尺寸及支承面位置允许偏差值按项次1、2、3检验。
2. 圈梁插铁中心位移，按项次12、15检验。
3. 叠合梁(花篮梁)预留箍筋，侧向位移按项次14检验。

小型板梁柱类内外缺陷质量要求
（单位：mm，L—构件长）   表 1-198

项次	项目		允许值			
			优良品	合格品	等外品	废品
1	露筋		不允许	付筋外露总长度不超过500	超过合格品允许值或主筋外露	主筋外露总长度超过 L 的10%或两端 1/4 区域内超过 L 的5%
2	蜂窝空洞		不允许	蜂窝总面积不超过所在构件面的8‰（即 $80cm^2/m^2$）	超过合格品允许值	空洞面积大于 50×100
3	无饰面面层麻面掉皮		总面积不超过所在构件面的5%	超过优良品允许值	—	—
4	饰面面层空鼓，起砂，脱皮，鼓包鼓泡		不允许	不允许	超过合格品要求	
5	硬伤掉角		不允许	总面积不大于 50×200	超过合格品允许值	
6	裂缝	纵向面裂	不允许	总长不超过 $L/2$	超过合格品允许值	裂通
7		横向面裂	不允许	不延伸到侧面	超过合格品允许值	延伸到两侧面底部
8		角裂	不允许	一个角裂延伸长度不大于100	超过合格品允许值	延伸长度大于 $L/2$
9	外表不齐正		轻微	显著	严重	

2．有关规定

(1) 预制混凝土构件应有出厂合格证，国家实行产品许可证的（预应力短向圆孔板、预应力长向圆孔板、大型屋面板），应按规定有产品许可证编号。

(2) 预制混凝土构件的出厂合格证应及时收集、整理，不允许涂改、伪造、随意抽撤或损毁。

(3) 预制混凝土构件的质量必须合格，如需采取技术处理措施的，应满足有关技术要求，并经有关技术负责人和设计人批准签认后，方可使用。

(4) 预制混凝土构件合格证的抄件（复印件）应注明原件存放单位，并有抄件人、抄件（复印）单位的签字和盖章。

3．预制混凝土构件出厂合格证的验收和进场预制混凝土构件的外观、实测检查

(1) 预制混凝土构件应由生产厂家质检部门提供给使用单位作为证明其产品质量的依据。资料员应及时催要和验收。预制混凝土构件出厂合格证中应有委托单位、工程名称、合格证编号、合同编号、构件名称、型号、数量和生产日期、混凝土的设计强度等级、配合比编号、出厂强度、主筋的种类及规格、机械性能、结构性能、生产许可证等。各项应填写齐全，不得错漏。

(2) 进场预制混凝土构件应逐件逐项进行外观检查并应抽5%的构件进行允许偏差项目的实测实量。检查、量测的标准详见预制混凝土构件的质量要求。

4．整理要求

(1) 此部分资料应归入原材料、半成品、成品出厂质量证明和质量试(检)验报告分册中；
(2) 合格证应折成16开纸大小或贴在16开纸上；
(3) 合格证应按时间先后顺序排列并编号，不得遗漏；
(4) 建立分目录表、不得遗漏。

5．注意事项

(1) 预制混凝土构件出厂合格证应有生产厂家质检部门的盖章。
(2) 预制混凝土构件出厂合格证应有合格证编号和生产日期，便于和构件厂的有关资料查证核实。
(3) 要验看合格证中各项目数据是否符合规范规定值。
(4) 如预制混凝土构件有质量问题，经有关技术负责人和设计人批准签认后采取技术措施的，应在合格证上注明使用的工程项目和部位。
(5) 预制混凝土构件合格证应与实际所用预制混凝土构件物证吻合、批次对应。
(6) 预制混凝土构件合格证应与其它施工技术资料对应一致，交圈吻合。相关施工技术资料有：施工试验记录、施工记录、施工日志、隐检记录、预检记录、施工组织设计、技术交底工程质量检验评定、设计变更、洽商记录和竣工图。

1.1.1.10 新材料、新产品

凡使用新材料、新产品、新工艺、新技术的，应有鉴定证明，要有产品质量标准、使用说明和工艺要求，使用前，应按其质量标准进行检验。

1．新材料、新产品的鉴定证明

新材料、新产品的鉴定证明必须是部级以上部门签发，经法定检测部门鉴定。证明上要有国家技术监督局的认证标志"MA"。鉴定证明必须包括材料、产品名称，生产厂家名称或产地，组成成分、性能测试数据、适用范围等内容。

2．新材料、新产品的质量标准、使用说明和工艺要求

新材料、新产品的质量标准是进场新材料、新产品的检验依据，必须由生产厂家提供。使用单位要及时索要，并依据其对所用新材料、新产品进行外观检查和抽样测试。

新材料、新产品使用说明和工艺要求要随新材料、新产品而来，使用前必须认真阅读，并做为施工技术资料存档。

3．新材料、新产品的检验记录

新材料、新产品进场必须按其质量标准进行检验并做好检验记录，记录包括检验项目、取样方法和数量、检测数据、结论及参加单位人员的签章。

4．整理要求

(1) 此部分资料应归入原材料、半成品、成品出厂质量证明和质量试(检)验报告分册中；
(2) 应折成16开大小；
(3) 要排序编号，列分目录与之对应。

5．注意事项

各项资料务必收集齐全，保存完整。

1.1.1.11 轻集料

1．轻集料应按品种、密度等级分批取样，使用前应进行试验。
2．轻集料的必试项目有：粗细集料筛分析试验、堆集密度；粗集料筒压强度试验、吸水

率试验。

1.1.1.12 掺合料

使用粉煤灰、蛭石粉、沸石粉等掺合料应有质量证明书和试验报告。

1.1.1.13 保温材料

应有出厂合格证。厚度、密度及热工性能应符合设计要求。

1.1.1.14 门窗

应有出厂合格证，并符合北京市建设委员会《准用证》的规定。

1.1.1.15 轻质隔墙材料

轻质隔墙材料应有出厂合格证，并符合国家和市有关标准规定。

1.1.1.16 玻璃幕墙

玻璃幕墙使用的骨架、连接件、玻璃粘结材料等应有质量证明书和性能实验报告。

1.1.1.17 建筑工程饰面砖

有关内容详见《建筑工程饰面砖粘结强度检验标准》JGJ 110—97。

附录一　关于公布北京市建筑钢门窗准用
产品名录的通知

京建材[1997]294号

根据市建委、市规委《关于限制和逐步淘汰25系列空腹钢门窗的通知》(京建材[1996]366号)文件精神和北京市建委《关于印发〈北京市建筑门窗准用证管理实施办法〉和〈北京市建筑门窗型材定点生产管理实施办法〉的通知》(京建材[1996]383号)文件规定。经审定,现将北京市建筑钢门窗准用产品名录予以公布。准用证书自批准之日起生效,有效期至1998年12月31日。

有关建筑门窗准用产品在工程中使用及日常管理监督事宜,请按照市建委京建材[1996]383号文件规定执行。

塑料门窗、铝合金门窗和铝合金幕墙准用产品名录,待审定后另行公布。此前用户仍应依据生产厂家出示的产品鉴定证书或法定检测单位出据的产品检测报告选购上述产品。

特此通知

附件:北京市建筑钢门窗准用产品名录

北京市城乡建设委员会
一九九七年七月八日

附件：

北京市建筑钢门窗准用产品名录（排名不分先后）

序号	企业名称	注册商标	认证品种	准用证编号
1	北京市顺义县供销合作联社新兴建筑五金厂	顺兴	30—35系列平开钢质保温窗	MC—02—001
2	北京市朝阳区隆华钢窗厂	春归牌	35系列平开钢质保温窗	MC—02—002
3	北京市通县京津钢窗综合厂	群雄牌	30—35系列平开钢质保温窗	MC—02—003
4	北京市大兴县兴堡金属制品厂	永光	30—35系列平开钢质保温窗	MC—02—004
5	北京市海淀区四季青黑塔金属制品厂	黑塔	30—35系列平开钢质保温窗	MC—02—005
6	顺义县李家桥钢窗厂	华帆	35系列平开钢质保温窗	MC—02—006
7	北京市建工联合钢窗厂	扩野	30—35系列平开钢质保温窗	MC—02—007
	北京市建工联合钢窗厂	扩野	钢质保温推拉窗	MC—02—008
8	北京市房山区建工实腹钢窗厂	奥明	30—35系列平开钢质保温窗	MC—02—009
9	北京市顺义县卧龙金属门窗厂	卧龙	35系列平开钢质保温窗	MC—02—010
10	顺义县张喜庄建筑门窗厂	喜鹊	35系列平开钢质保温窗	MC—02—011
11	北京市顺营门窗厂	顺营	35系列平开钢质保温窗	MC—02—012
12	北京市顺义兴达福利钢管厂	顺遂	35系列平开钢质保温窗	MC—02—013
13	北京市建筑木材总厂	久方	彩板组角钢窗	MC—01—014
14	北京市大兴县兴南金属制品厂	广信	35系列平开钢质保温窗	MC—02—015
15	北京嘉寓装饰公司	嘉寓	35系列平开钢质保温窗	MC—02—016
16	北京市门窗公司	飞燕	彩板组角钢窗	MC—01—017
	北京市门窗公司	飞燕	实腹钢窗	MC—02—018
	北京市门窗公司	飞燕	35系列平开钢质保温窗	MC—02—019
17	北京市天竺建筑门窗厂	天空	35系列平开钢质保温窗	MC—02—020

序号	企业名称	注册商标	认证品种	准用证编号
	北京市天竺建筑门窗厂	天空	实腹钢窗	MC—02—021
18	北京市石景山区五里坨钢窗厂	冬乐	30—35系列平开钢质保温窗	MC—02—022
19	北京市门头沟龙华金属加工厂	田元	30—35系列平开钢质保温窗	MC—02—023
20	北京市顺义县高丽营建华钢窗厂	四环	35系列平开钢质保温窗	MC—02—024
21	北京市沿河复兴门窗厂	复兴	35系列平开钢质保温窗	MC—02—025
22	北京市顺义县铁匠营钢窗厂	东升	35系列平开钢质保温窗	MC—02—026
23	北京市房山区供销合作联社金属结构厂	良明	30—35系列平开钢质保温窗	MC—20—027
24	北京市华特门窗厂	云城	30—35系列平开钢质保温窗	MC—02—028
25	北京市怀柔县第一钢窗厂	燕棱	35系列平开钢质保温窗	MC—02—029
26	北京市通县建华钢窗厂	京鸽	35系列平开钢质保温窗	MC—02—030
27	北京集佳建材制品有限公司	潞佳	35系列平开钢质保温窗	MC—02—031
	北京集佳建材制品有限公司	潞佳	实腹钢窗	MC—02—032
28	北京澳金森特种设备开发公司防火设备厂	京州	35系列平开钢质保温窗	MC—02—033
29	北京市密云县新型钢窗厂	鹏翅	35系列平开钢质保温窗	MC—02—034
30	北京市房山区双孝钢窗厂	双实	30—35系列平开钢质保温窗	MC—02—035
31	北京铁龙钢窗厂	鹿	35系列平开钢质保温窗	MC—02—036
32	北京市房山区银河钢窗总厂	广方	35系列平开钢质保温窗	MC—02—037
33	通县张家湾金属模板福利厂	金强	35系列平开钢质保温窗	MC—02—038
34	北京市建材工业总公司建设开发公司单店建材厂	聚宝	35系列平开钢质保温窗	MC—02—039
35	北京市朝阳区平房钢窗厂	京朝	35系列平开钢质保温窗	MC—02—040
	北京市朝阳区平房钢窗厂	京朝	实腹钢窗	MC—02—041
36	北京市双桥农场马家湾钢窗厂	透月	35系列平开钢质保温窗	MC—02—042

序号	企业名称	注册商标	认证品种	准用证编号
37	北京市住宅建设设备物资公司门窗厂	住友	35系列平开钢质保温窗	MC—02—043
38	北京顺义顺华建材工业公司	顺华	35系列平开钢质保温窗	MC—02—044
39	北京市顺发金属结构厂	宝虎	35系列平开钢质保温窗	MC—02—045
40	北京市镇东金属门窗厂	顺鹰	35系列平开钢质保温窗	MC—02—046
41	北京市美鑫门窗厂	美鑫一星	35系列平开钢质保温窗	MC—02—047
42	北京市平谷长城门窗厂	海固	35系列平开钢质保温窗	MC—02—048
43	北京市平谷海达金属结构厂	宏思	35系列平开钢质保温窗	MC—02—049
44	北京市延庆县长城钢窗厂	龙庆	35系列平开钢质保温窗	MC—02—050
45	北京市延庆县建丰钢窗厂	恒宇	35系列平开钢质保温窗	MC—02—051

附录二 关于印发《北京市建设工程材料准用管理办法》的通知

京建法[1999]435号

  北京市建设工程材料准用证管理制度实施以来,对保证建设工程质量,提高建设工程投资效益,规范建材市场,促进建材行业发展发挥了重要作用。为了进一步规范准用证管理,特制定《北京市建设工程材料准用管理办法》,现印发给你们,请依照施行。
  附件:《北京市建设工程材料准用管理办法》

北京市城乡建设委员会
一九九九年十一月八日

附件1：

《北京市建设工程材料准用管理办法》

第一章 总 则

第一条 为了保证建设工程的质量和投资效益，根据北京市人民政府办公厅《关于加强建筑材料行业管理的通知》和建设部《关于在部分建设工业产品中试行准用证的通知》制定本办法。

第二条 本市对直接关系到建筑物结构安全和建筑产品质量通病的建设工程材料实行准用证管理。其中因不同建筑部位对材料性能有不同要求的，实行A、B类准用证管理。

第三条 在本市行政区域内进行土木建筑、线路管道、设备安装和建筑装饰装修活动及实施监督管理，均应遵守本办法。

第四条 市城乡建设委员会是本市建设工程材料准用管理的主管机关。实行准用证管理的品种由市建委确定，准用材料目录见附件。准用材料目录调整由市建委发文公布。

市建筑材料行业管理办公室（以下简称市建材行管办）负责日常监督管理工作。

各区、县建委和建材行管办负责本行政区域内建设工程材料准用的有关管理工作。

第二章 准用证的申办程序

第五条 列入准用证管理的建设工程材料应按规定程序申办《北京市建设工程材料准用证》（以下简称准用证）。获得准用证的材料应按准用证规定的范围在建设工程中使用。

第六条 申报准用证的产品，其质量性能须符合国家标准、行业标准和北京市地方标准。尚未发布国家标准、行业标准和北京市地方标准的建材产品，以及根据工程需要，其性能须高于上述标准的产品，应符合准用证申报技术条件的要求。生产厂家须采用能够保证产品质量的先进生产设备，配备成品出厂检验的技术装备，并建立符合要求的质量保证体系。

第七条 本市市属建材生产企业，中央各部门、军队系统所属建材生产企业，外省市所属建材生产企业申办准用证，持营业执照、产品检验报告、产品说明书、产品技术鉴定或评估报告等资料到市建材行管办办理准用证审批手续。

区、县所属和无主管上级的建材生产企业持上述资料到所在区县建材行管办申报，审查合格后报市建材行管办审批。

港、澳、台和国外生产的建设工程材料，由国内或本市总代理单位持上述资料及代理委托书到市建材行管办办理准用证申报审批手续。

第八条 经初审符合要求的产品，填写《北京市建设工程准用材料申报表》，由市或区县建材办派出审查组或委托评审单位对申报单位进行实地考察，并委托法定检验单位在现场抽检样品。检验费由申报单位承担，执行物价部门规定的收费标准。

考察和抽检合格的产品，颁发《北京市建设工程材料准用证》，由市建委发文公布。

建材生产企业填写申报表后3个月内，市建材办做出批准或不批准的决定，其中限制性产品品种和试验周期在 1 个月以上的产品除外。

对初次进入北京市场的建材新产品,审验合格颁发《北京市建设工程材料临时准用证》,有效期一般为 6 个月。临时准用证期满后经复审合格,换发正式准用证。

第九条 准用证有效期满前须进行复审,并按要求进行年度核验。持证单位应在规定时间内,到市或区县建材办办理有关审查、核验手续。

第三章 准用证的管理

第十条 市建材行管办委托法定检验单位对获准用证的产品进行日常抽检,抽检任务由市建材办下达。受检单位每年每类产品被抽检的次数不超过 1 次。日常抽检合格的产品,准用证复审时不再抽检。产品抽检不合格的,生产企业进行整改后可在复审前复查一次,仍不合格的不再受理其复审申请。

第十一条 实行准用证管理的建设工程材料,未取得准用证或准用证失效的不得在本市建设工程中使用。准用证分 A、B 类管理的,B 类准用材料不得在 A 类材料准用的工程中使用。

第十二条 本市各建设、施工单位应建立材料采购、使用责任制和监督机制,严格执行建设工程材料准用证管理制度。不得采购、使用无准用证的材料。

第十三条 建设工程材料的生产、供应单位,必须向建设工程供应符合准用证管理规定的材料。不得伪造、涂改、出借、转让准用证,不得以准用材料的名义向建设工程供应非准用产品。

对违反上述规定的,市建委根据有关规定进行处理。

第十四条 各级建设工程质量监督部门和建设工程监理单位应当按照本办法对所监理的工程使用建设工程材料的情况进行监督。

第四章 附 则

第十五条 本办法自公布之日起施行,由市建委负责解释。

附件 2：

目前实行准用证管理的材料品种

1. 水泥
2. 混凝土外加剂（包括防冻剂、防水剂、膨胀剂、速凝剂、减水剂、早强剂、缓凝剂、引气剂）
3. 建筑砌块（包括混凝土承重砌块、非承重混凝土砌块）
4. 建筑门窗（包括门窗、门窗用塑料型材）
5. 防水材料（包括卷材、防水涂料、密封膏、堵漏材料）
6. 用水器具（包括水嘴、水箱配件、阀门、感应式用水器具）
7. 建筑外墙涂料

附录三　关于公布北京市第一批用水器具准用产品名录的通知

京建材[1999]243号

　　为加强用水器具的质量监督,推广应用节水型用水器具,根据北京市城乡建设委员会、北京市技术监督局、北京市节约用水办公室联合颁布的《关于加强用水器具质量管理的通知》(京建材[1998]419号文)的规定,对本市建设工程所使用的水嘴、阀门、水箱配件等用水器具实行准用证管理。现将第一批北京市用水器具准用产品名录予以公布(见附件),有效期到2001年12月31日止。自1999年7月1日起,本市各建设工程和日常维修、更新,均须采购和使用具有北京市用水器具准用证的产品。有关用水器具使用和监督的具体要求按照《关于加强用水器具质量管理的通知》执行。

　　特此通知

　　附件1:北京市第一批用水器具准用产品名录

　　　　 2.北京市用水器具准用证式样

北京市城乡建设委员会
北京市节约用水办公室
一九九九年六月二十四日

附件1：

北京市第一批用水器具准用产品名录

生产厂家	用水器具名称	商标	类型	准用编号
北京市建筑五金科研实验厂	陶瓷片密封冷水嘴	菱形,菱花	铜,铸铁	YS99—111—01
北京市水暖器材一厂	陶瓷片密封冷水嘴	中宇	铜	YS99—111—02
福建省南安市辉煌水暖设备厂	陶瓷片密封冷水嘴	春赞	铜	YS99—111—03
北京市大兴新建水暖件厂	陶瓷片密封冷水嘴	丰	铜	YS99—111—04
北京鑫青山水暖设备有限公司	陶瓷片密封冷水嘴	青山	ABS	YS99—111—05
北京市中兴水暖配件福利厂	陶瓷片密封冷水嘴	中星	铜	YS99—111—06
福建省泉州申鹭达集团有限公司	陶瓷片密封冷水嘴	申鹭达	铜	YS99—111—07
天津市大站集团公司	陶瓷片密封冷水嘴	占山	铜	YS99—111—08
河北省武强县卫生洁具厂	陶瓷片密封冷水嘴	武洁	铜	YS99—111—09
河北省高邑县五金厂	陶瓷片密封冷水嘴	亚	铜,铸铁	YS99—111—10
北京市海淀京清水暖阀门厂	陶瓷片密封冷水嘴	横水	铜,铸铁	YS99—111—11
福建省中宇集团公司	陶瓷片密封冷水嘴	中宇	铜	YS99—111—12
广州高荣有限公司	陶瓷片密封冷水嘴	威龙	铜	YS99—111—13
上海风雷水暖器材厂	陶瓷片密封冷水嘴	鲸	铜	YS99—111—14
北京市建筑五金科研实验厂	陶瓷片密封混合水嘴	菱形 lingxing	铜	YS99—112—01
北京市水暖器材一厂	陶瓷片密封混合水嘴	中宇	铜	YS99—112—02
北京鑫青山水暖设备有限公司	陶瓷片密封混合水嘴	青山	铜	YS99—112—03

生产厂家	用水器具名称	商标	类型	准用编号
北京市中兴水暖配件福利厂	陶瓷片密封混合水嘴	中星	铜	YS99—112—04
福建省泉州申鹭达集团有限公司	陶瓷片密封混合水嘴	申鹭达	铜	YS99—112—05
香河县润香水暖器材有限公司	陶瓷片密封混合水嘴	润香	铜	YS99—112—06
河北省武强县卫生洁具厂	陶瓷片密封混合水嘴	武洁	铜	YS99—112—07
唐山惠达陶瓷(集团)厂	陶瓷片密封混合水嘴	惠达	铜	YS99—112—08
北京科勒卫浴用品有限公司	陶瓷片密封混合水嘴	KOHLER	铜	YS99—112—09
上海东花五金有限公司	陶瓷片密封混合水嘴	东方	铜	YS99—112—10
福建省中宇集团公司	陶瓷片密封混合水嘴	中宇	铜	YS99—112—11
广州高荣有限公司	陶瓷片密封混合水嘴	威龙	铜	YS99—112—12
上海风雷水暖器材厂	陶瓷片密封混合水嘴	鲸	铜	YS99—112—13
大连北村阀门有限公司	陶瓷片密封混合水嘴	KVK	铜	YS99—112—14
广西桂花水暖器材股分有限公司平南水暖器材厂	陶瓷片密封混合水嘴	桂花	铜	YS99—112—15
中外合资宁波埃美柯铜阀门有限公司	陶瓷片密封混合水嘴	AM	铜	YS99—112—16
大连北村阀门有限公司	铜质螺旋升降式水嘴	KVK	铜	YS99—141—01
天津市大站集团公司	内螺纹连接闸阀	力	铸铁	YS99—211—01
宁波永享铜管道有限公司	内螺纹连接闸阀	H	铜	YS99—211—02
北京市海淀京清水暖阀门厂	内螺纹连接闸阀	横水	玛钢,铸铁,铜	YS99—211—03
龙口市阀门厂	内螺纹连接闸阀	HSH	铸铁	YS99—211—04
宁波南洋阀门有限公司	内螺纹连接闸阀	宁锚,方星	铜	YS99—211—05
中外合资宁波埃美柯铜阀门有限公司	内螺纹连接闸阀	AM	铜	YS99—211—06
天津市大站集团公司	内螺纹连接球阀	力	铸铁	YS99—212—01

1.1 建筑工程

生产厂家	用水器具名称	商标	类型	准用编号
宁波永享铜管道有限公司	内螺纹连接球阀	H	铜	YS99—212—02
北京市海淀京清水暖阀门厂	内螺纹连接球阀	横水	铸铁	YS99—212—03
福建省中宇集团公司	内螺纹连接球阀	中宇	铜	YS99—212—04
宁波南洋阀门有限公司	内螺纹连接球阀	宁锚,方星	铜	YS99—212—05
中外合资宁波埃美柯铜阀门有限公司	内螺纹连接球阀	AM	铜	YS99—212—06
宁波南洋阀门有限公司	内螺纹连接止回阀	宁锚,方星	铜	YS99—213—01
中外合资宁波埃美柯铜阀门有限公司	内螺纹连接止回阀	AM	铜	YS99—213—02
北京市建筑五金科研实验厂	内螺纹连接陶瓷片密封截止阀	菱形,菱花	铜,铸铁	YS99—214—01
香河县润香水暖器材有限公司	内螺纹连接陶瓷片密封截止阀	润香	铜	YS99—214—03
北京市建筑五金科研实验厂	内螺纹连接铜芯截止阀	菱形	铜,铸铁	YS99—214—02
宁波永享铜管道有限公司	内螺纹连接截止阀	H	铜	YS99—214—04
北京市大兴新建水暖件厂	内螺纹连接截止阀	丰	铜	YS99—214—05
北京市中兴水暖配件福利厂	内螺纹连接陶瓷片密封截止阀	中星	铜	YS99—214—06
北京市海淀京清水暖阀门厂	内螺纹连接铜芯截止阀	横水	铜,铸铁	YS99—214—07
龙口市阀门厂	内螺纹连接铜芯截止阀	HSH	铸铁	YS99—214—08
宁波南洋阀门有限公司	内螺纹连接截止阀	宁锚,方星	铜	YS99—214—09
中外合资宁波埃美柯铜阀门有限公司	内螺纹连接截止阀	AM	铜	YS99—214—10
北京市水暖器材一厂	蹲便器高水箱配件	中字	铜,PP	YS99—311—01
北京昊德水暖器材厂	蹲便器高水箱配件	昊德	PP	YS99—311—02

生产厂家	用水器具名称	商标	类型	准用编号
任丘市佳胜卫生洁具有限公司	坐便器低水箱配件	佳胜	ABS,PP	YS99—312—01
舟山市定海海晨卫生洁具有限公司	坐便器低水箱配件	海晨泰山	ABS	YS99—312—02
张家港市丰港卫生用具厂	坐便器低水箱配件	丰港	ABS	YS99—312—03
福建省南安市辉煌水暖设备厂	坐便器低水箱配件	春赞	铜	YS99—312—04
任丘市青塔东风塑料厂	坐便器低水箱配件	雁马	ABS,PP	YS99—312—05
北京鑫青山水暖设备有限公司	坐便器低水箱配件	青山	ABS	YS99—312—06
北京市水暖器材一厂	坐便器低水箱配件	中字	铜,PP	YS99—312—07
河北省武强县卫生洁具厂	坐便器低水箱配件	武洁	铜	YS99—312—08
北京昊德水暖器材厂	坐便器低水箱配件	昊德	ABS	YS99—312—09
唐山惠达陶瓷(集团)厂	坐便器低水箱配件	惠达	ABS,PP	YS99—312—10
三明市润水塑胶有限公司	坐便器低水箱配件	润水	PP	YS99—312—11
上海吉博力房屋卫生设备工程技术有限公司	坐便器低水箱配件	吉博力,力达	ABS	YS99—312—12
北京东陶有限公司	坐便器低水箱配件	TOTO	ABS	YS99—312—13
广西桂花水暖器材股份有限公司平南水暖器材厂	坐便器低水箱配件	桂花	铜	YS99—312—14
江苏省京江陶瓷厂	坐便器低水箱配件	JTAO Adanis	PP	YS99—312—15
北京达美纺织集团公司	坐便器低水箱配件	大美	ABS	YS99—312—16
香河县润香水暖器材有限公司	大便器冲洗阀	润香	铜	YS99—411—01
福建省南安市辉煌水暖设备厂	大便器冲洗阀	春赞	铜	YS99—411—02
北京市大兴新建水暖件厂	大便器冲洗阀	丰	铜	YS99—411—03

生产厂家	用水器具名称	商标	类型	准用编号
北京市水暖器材一厂	大便器冲洗阀	中字	铜	YS99—411—04
南宁市水暖器材厂	大便器冲洗阀	虹石	铜	YS99—411—05
广西桂花水暖器材股份有限公司平南水暖器材厂	大便器冲洗阀	桂花	铜	YS99—411—06
北京市水暖器材一厂	小便器冲洗阀	中字	铜	YS99—412—01
广西桂花水暖器材股份有限公司平南水暖器材厂	小便器冲洗阀	桂花	铜	YS99—412—02

附件2：

北京市用水器具准用证证书式样

北京市用水器具准用证

编号：

用水器具名称：　　　　　　　　　　商　　标：

类　　　型：　　　　　　　　　　　规定标准：

生　产　厂　家：　　　　　　　　　有效期限：

　　　　　　北京市城乡建设委员会　　北京市节约用水办公室
　　　　　　　　　　　　　　　　　　　　　年　月　日

▲

注："▲"为防伪标记，在莹光灯下可见"北京准用"四个字。

附录四　关于公布北京市第二批用水器具准用产品名录的通知

京建材[1999]529号

根据北京市建委、市技术监督局、市节水办联合颁布的《关于加强用水器具质量管理的通知》(京建材[1998]419号)精神,现将第二批用水器具准用产品的名录予以公布,有效期到2001年12月31日止。

特此通知

附件:北京市第二批用水器具准用产品名录

北京市城乡建设委员会
北京市节约用水办公室
一九九九年十二月三十日

附件：

北京市第二批用水器具准用产品名录

生产厂家	用水器具名称	商标	类型	准用编号
天津市大站集团公司	陶瓷片密封冷水嘴	占山	ABS	YS99—111—15
北京市通州中兴水暖器材厂	陶瓷片密封冷水嘴	京兴	铜	YS99—111—16
北京市通县永宏冶炼厂	陶瓷片密封冷水嘴	宏	铜	YS99—111—17
深泽县红星水暖器材厂	陶瓷片密封冷水嘴	庆明	铜	YS99—111—18
上海太洋水暖器材厂	陶瓷片密封冷水嘴	太洋	铜	YS99—111—19
浙江小白杨工贸发展有限公司	陶瓷片密封冷水嘴	小白杨	铜	YS99—111—20
玉环县清港水暖器材厂	陶瓷片密封冷水嘴	巨水	铜	YS99—111—21
欧雷诺精密五金(厦门)有限公司	陶瓷片密封冷水嘴	欧雷诺	铜	YS99—111—22
北京市燕山燃气阀门厂	陶瓷片密封冷水嘴	W	铜	YS99—111—23
福建省南安市辉煌水暖设备厂	陶瓷片密封混合水嘴	春赞	铜	YS99—112—17
齐齐哈尔北方洁具五金件制造公司	陶瓷片密封混合水嘴	华飞—KWC	铜	YS99—112—18
成霖洁具(深圳)有限公司	陶瓷片密封混合水嘴	GOBO	铜	YS99—112—19
新会吉事多卫浴有限公司	陶瓷片密封混合水嘴	giessdorf 吉事多	铜	YS99—112—20
北京市通州中兴水暖器材厂	陶瓷片密封混合水嘴	京兴	铜	YS99—112—21
深泽县红星水暖器材厂	陶瓷片密封混合水嘴	庆明	铜	YS99—112—22
上海太洋水暖器材厂	陶瓷片密封混合水嘴	太洋	铜	YS99—112—23
浙江小白杨工贸发展有限公司	陶瓷片密封混合水嘴	小白杨	铜	YS99—112—24

生产厂家	用水器具名称	商标	类型	准用编号
上海美标洁具装置有限公司	陶瓷片密封混合水嘴	American standard	铜	YS99—112—25
上海美标洁具装置有限公司	陶瓷片密封混合水嘴	雅美 Armitage sharks	铜	YS99—112—26
显浩水暖器材有限公司	陶瓷片密封混合水嘴	American standard	铜	YS99—112—27
东陶机器(大连)有限公司	陶瓷片密封混合水嘴	TOTO	铜	YS99—112—28
唐山泰马洁具五金有限公司	陶瓷片密封混合水嘴	TIMR	铜	YS99—112—29
欧雷诺精密五金(厦门)有限公司	陶瓷片密封混合水嘴	欧雷诺	铜	YS99—112—30
瑞安市奥力洁具有限公司	陶瓷片密封混合水嘴	奥力	铜	YS99—112—31
天津市大站集团公司	水暖用内螺纹连接闸阀	力	铜	YS99—211—07
玉环县清港水暖器材厂	水暖用内螺纹连接闸阀	巨水	铜	YS99—211—08
宁波杰克龙阀门总厂	水暖用内螺纹连接闸阀	杰克龙	铜	YS99—211—09
天津市大站集团公司	水暖用内螺纹连接球阀	力	铜,UPVC	YS99—212—07
玉环县清港水暖器材厂	水暖用内螺纹连接球阀	巨水	铜	YS99—212—08
宁波杰克龙阀门总厂	水暖用内螺纹连接球阀	杰克龙	铜	YS99—212—09
玉环县清港水暖器材厂	水暖用内螺纹连接止回阀	巨水	铜	YS99—213—03
宁波杰克龙阀门总厂	水暖用内螺纹连接止回阀	杰克龙	铜	YS99—213—04

生产厂家	用水器具名称	商标	类型	准用编号
天津市大站集团公司	水暖用内螺纹连接截止阀	力	铜	YS99—214—11
玉环县清港水暖器材厂	水暖用内螺纹连接截止阀	巨水	铜	YS99—214—12
宁波杰克龙阀门总厂	水暖用内螺纹连接截止阀	杰克龙	铜	YS99—214—13
北京市水暖器材一厂	水暖用内螺纹连接陶瓷片密封截止阀	中宇	铜	YS99—214—14
北京市通县永宏冶炼厂	水暖用内螺纹连接陶瓷片密封截止阀	宏	铜	YS99—214—15
北京中雕建筑技术开发有限责任公司	坐便器低水箱配件	京源	ABS	YS99—312—17
北京市通州中兴水暖器材厂	坐便器低水箱配件	京兴	铜	YS99—312—18
北京市通县永宏冶炼厂	坐便器低水箱配件	宏	铜	YS99—312—19
山东潍坊美林窑业有限公司	坐便器低水箱配件	美林	ABS	YS99—312—20
华美洁具有限公司	坐便器低水箱配件	American standard	ABS	YS99—312—21
江门市新力塑料厂有限公司	坐便器低水箱配件	鹰牌,新力	ABS	YS99—312—22
中山市美图洁具实业有限公司	坐便器低水箱配件	Meitu	ABS	YS99—312—23
北京市水暖器材一厂	坐便器低水箱配件	中宇	ABS	YS99—312—24
福建省中宇集团公司	大便器冲洗阀	中宇	铜	YS99—411—07
新会吉事多卫浴有限公司	大便器冲洗阀	giessdorf 吉事多	铜	YS99—411—08
开平市朝阳五金实业有限公司	大便器冲洗阀	CME	铜	YS99—411—09
北京市通州中兴水暖器材厂	大便器冲洗阀	京兴	铜	YS99—411—10
深泽县红星水暖器材厂	大便器冲洗阀	庆明	铜	YS99—411—11

生产厂家	用水器具名称	商标	类型	准用编号
显浩水暖器材有限公司	大便器冲洗阀	American standard	铜	YS99—411—12
东陶机器(大连)有限公司	大便器冲洗阀	TOTO	铜	YS99—411—13
新会吉事多卫浴有限公司	小便器冲洗阀	giessdorf 吉事多	铜	YS99—412—03
开平市朝阳五金实业有限公司	小便器冲洗阀	CME	铜	YS99—412—04
显浩水暖器材有限公司	小便器冲洗阀	American standard	铜	YS99—412—05
北京市水暖器材一厂	非接触式洗手器	中字	铜、ABS 外壳,(铜、ABS 电磁阀)	YS99—511—01
承德市新龙电子有限责任公司	非接触式洗手器	新龙	ABS、不锈钢外壳,(铜、不锈钢、ABS 电磁阀)	YS99—511—02
北京市水暖器材一厂	非接触式便池冲洗器	中字	铜、ABS 外壳,(铜、ABS 电磁阀)	YS99—512—01
承德市新龙电子有限责任公司	非接触式便池冲洗器	新龙	ABS、不锈钢外壳,(铜、不锈钢、ABS 电磁阀)	YS99—512—02

附录五　　关于公布第一批建筑外墙涂料准用产品的通知

京建材[1999]384号

根据北京市建委京建材[1999]214号文件规定,现将第一批建筑外墙涂料准用产品的目录予以公布,有效期到2001年12月31日止。自1999年10月1日起,本市各建设工程所用外墙涂料,必须使用具有准用证的产品,并执行DBJ/T01—42—99标准。

特此通知

附件:北京市第一批建筑涂料准用产品目录

北京市城乡建设委员会
一九九九年九月二十八日

附件：

北京市第一批建筑涂料准用产品目录

单位名称	产品名称	商标	准用证编号
北京市红星建筑涂料厂	纯丙合成树脂乳液外墙涂料	广厦	TL—01—001
北京普龙涂料有限公司	纯丙合成树脂乳液外墙涂料	普龙	TL—01—002
北京筑根建筑化学品有限责任公司	纯丙合成树脂乳液外墙涂料	龙牌	TL—01—003
北京京达涂料有限公司	纯丙合成树脂乳液外墙涂料	高渡美	TL—01—004
北京市大郊亭粘合剂厂	纯丙合成树脂乳液外墙涂料	白塔	TL—01—005
北京市建材制品总厂	纯丙合成树脂乳液外墙涂料	京建	TL—01—006
北京市富亚装饰材料开发公司	纯丙合成树脂乳液外墙涂料	富亚	TL—01—007
北京金之鼎化学建材科技有限责任公司	纯丙合成树脂乳液外墙涂料	金鼎	TL—01—008
北京方金涂料有限责任公司	纯丙合成树脂乳液外墙涂料	正方	TL—01—009
北京新明涂料有限公司	纯丙合成树脂乳液外墙涂料	新明	TL—01—010
富思特制漆(北京)有限公司	纯丙合成树脂乳液外墙涂料	富思特	TL—01—011
北京市朝阳化工实验厂	纯丙合成树脂乳液外墙涂料	奥光	TL—01—012
北京慕湖外加剂厂	纯丙合成树脂乳液外墙涂料	慕湖	TL—01—013
北京市鑫座装饰材料厂	纯丙合成树脂乳液外墙涂料	鑫座	TL—01—014
北京中建建筑材料厂	纯丙合成树脂乳液外墙涂料	鑫龙	TL—01—015
北京佳悦涂料有限责任公司	纯丙合成树脂乳液外墙涂料	燕华	TL—01—016
北京市白云涂料有限责任公司	纯丙合成树脂乳液外墙涂料	白云白	TL—01—017
北京市京齐树脂厂	纯丙合成树脂乳液外墙涂料		TL—01—018
北京市朝阳区清欣建筑涂料厂	纯丙合成树脂乳液外墙涂料	清欣	TL—01—019
北京安顺达装饰材料有限公司	纯丙合成树脂乳液外墙涂料	银兔	TL—01—020
北京市红海建筑材料厂	纯丙合成树脂乳液外墙涂料	红海	TL—01—021
北京圣鑫涂料有限公司	纯丙合成树脂乳液外墙涂料	阿里山	TL—01—022
北京国安涂料有限公司	纯丙合成树脂乳液外墙涂料		TL—01—023
北京兴苑新型涂料有限公司	纯丙合成树脂乳液外墙涂料	ALLTEK	TL—01—024
北京—奥克兰建筑防水材料有限公司	纯丙合成树脂乳液外墙涂料	北奥	TL—01—025
北京振利高新技术公司	纯丙合成树脂乳液外墙涂料		TL—01—026

企业名称	产品名称	商标	编号
北京京达旺建筑涂料有限责任公司	纯丙合成树脂乳液外墙涂料		TL—06—027
上海申真涂料总厂	纯丙合成树脂乳液外墙涂料	申真	TL—01—028
上海申真—阿里佳托涂料有限公司	纯丙合成树脂乳液外墙涂料	鄂鱼	TL—01—029
上海迪诺瓦公司	纯丙合成树脂乳液外墙涂料	迪诺瓦	TL—01—030
浙江大学凯得丽化工有限公司	纯丙合成树脂乳液外墙涂料	凯得丽	TL—01—031
廊坊立邦涂料有限公司	永得丽纯丙合成树脂乳液外墙涂料	立邦	TL—01—032
廊坊立帮涂料有限公司	屋得保纯丙合成树脂乳液外墙涂料	立邦	TL—01—033
北京市红星建筑涂料厂	苯丙合成树脂乳液外墙涂料	广厦	TL—02—001
北京筑根建筑化学品有限责任公司	苯丙合成树脂乳液外墙涂料	龙牌	TL—02—002
北京建工万盛涂料有限公司	苯丙合成树脂乳液外墙涂料	合众	TL—02—003
北京京达涂料有限公司	苯丙合成树脂乳液外墙涂料	高渡美	TL—02—004
北京市大郊亭粘合剂厂	苯丙合成树脂乳液外墙涂料	白塔	TL—02—005
北京市建材制品总厂	苯丙合成树脂乳液外墙涂料	京建	TL—02—006
北京市富亚装饰材料开发公司	苯丙合成树脂乳液外墙涂料	富亚	TL—02—007
北京益利达建筑涂料厂	苯丙合成树脂乳液外墙涂料		TL—02—008
北京通州京卫化工厂	苯丙合成树脂乳液外墙涂料	联谊	TL—02—009
北京市朝阳住友新型建筑材料厂	苯丙合成树脂乳液外墙涂料		TL—02—010
北京市鑫座装饰材料厂	苯丙合成树脂乳液外墙涂料	鑫座	TL—02—011
北京市唐龙新元建材中心	苯丙合成树脂乳液外墙涂料	唐龙	TL—02—012
北京密云银光涂料厂	苯丙合成树脂乳液外墙涂料		TL—02—013
北京房管福利涂料厂	苯丙合成树脂乳液外墙涂料		TL—02—014
北京吉云工贸有限责任公司	苯丙合成树脂乳液外墙涂料		TL—02—015
北京飞彩制漆有限公司	苯丙合成树脂乳液外墙涂料	奥兰德	TL—02—016
北京市昌平龙泉福利化工厂	苯丙合成树脂乳液外墙涂料	佳晴	TL—02—017
北京星光苑装饰工程有限责任公司	苯丙合成树脂乳液外墙涂料	夜光牌	TL—02—018
北京市京州涂料有限责任公司	苯丙合成树脂乳液外墙涂料		TL—02—019
北京市建北化工实验厂	苯丙合成树脂乳液外墙涂料	建北	TL—02—020
北京京达旺建筑涂料有限责任公司	苯丙合成树脂乳液外墙涂料		TL—02—021

厂家	产品	品牌	编号
北京市宏源建筑材料厂	苯丙合成树脂乳液外墙涂料	主盟	TL—02—022
北京市海淀区汇祥涂料厂	苯丙合成树脂乳液外墙涂料	宝丽	TL—02—023
北京市海淀区双泉涂料厂	苯丙合成树脂乳液外墙涂料	双泉	TL—02—024
北京凌兹涂料化工公司	苯丙合成树脂乳液外墙涂料	豪士	TL—02—025
北京市洲湾工贸有限公司	苯丙合成树脂乳液外墙涂料	定福	TL—02—026
北京门头沟新颖建筑涂料厂	苯丙合成树脂乳液外墙涂料	兰山	TL—02—027
北京中建建筑材料厂	苯丙合成树脂乳液外墙涂料	鑫龙	TL—02—028
北京红光防腐工程公司	苯丙合成树脂乳液外墙涂料		TL—02—029
北京市房山建筑涂料厂	苯丙合成树脂乳液外墙涂料		TL—02—030
北京市通州利强涂料厂	苯丙合成树脂乳液外墙涂料	利强	TL—02—031
北京市房山区霞云岭上石堡虹霞涂料厂	苯丙合成树脂乳液外墙涂料		TL—02—032
北京明新涂料厂	苯丙合成树脂乳液外墙涂料	明新	TL—02—033
北京市正大方正装饰材料有限责任公司	苯丙合成树脂乳液外墙涂料	美巢	TL—02—034
北京创信工贸有限责任公司	苯丙合成树脂乳液外墙涂料		TL—02—035
北京市白云涂料有限责任公司	苯丙合成树脂乳液外墙涂料	白云白	TL—02—036
北京市京齐树脂厂	苯丙合成树脂乳液外墙涂料		TL—02—037
北京力克力新型建筑涂料有限公司	苯丙合成树脂乳液外墙涂料		TL—02—038
北京市宝丽美新型装饰材料厂	苯丙合成树脂乳液外墙涂料		TL—02—039
北京达轩涂料有限公司	苯丙合成树脂乳液外墙涂料	千束彩	TL—02—040
北京振利高新技术公司	苯丙合成树脂乳液外墙涂料		TL—02—041
北京市中兴盛商贸有限公司	苯丙合成树脂乳液外墙涂料	壁雅奇	TL—02—042
北京市丰台区彩宏建筑材料厂	苯丙合成树脂乳液外墙涂料	彩驰	TL—02—043
华北京海永春涂料厂	苯丙合成树脂乳液外墙涂料	中北	TL—02—044
北京跃丰华建筑涂料厂	苯丙合成树脂乳液外墙涂料		TL—02—045
北京市丰台京厦建筑涂料厂	苯丙合成树脂乳液外墙涂料		TL—02—046
北京市红海建筑材料厂	苯丙合成树脂乳液外墙涂料	红海	TL—02—047
北京顺义思创涂料厂	苯丙合成树脂乳液外墙涂料	金虹	TL—02—048
北京市豹房福利粘合剂厂	苯丙合成树脂乳液外墙涂料	彩豹	TL—02—049
北京建工万盛涂料有限公司	硅丙合成树脂乳液外墙涂料	绿盾	TL—03—001
北京凌兹涂料化工公司	硅丙合成树脂乳液外墙涂料	豪士	TL—03—002
上海迪诺瓦公司	硅丙合成树脂乳液外墙涂料	迪诺瓦	TL—03—003
浙江大学凯得丽化工有限公司	硅丙合成树脂乳液外墙涂料	凯得丽	TL—03—004
北京建工万盛涂料有限公司	溶剂型外墙涂料	绿盾	TL—04—001
北京京达涂料有限公司	溶剂型外墙涂料	高渡美	TL—04—002

厂家	产品	品牌	编号
北京慕湖外加剂厂	溶剂型外墙涂料	慕湖	TL—04—003
上海申真涂料总厂	溶剂型外墙涂料	申真	TL—04—004
深圳市拓朴投资发展有限公司（代理德国凯姆法本有限公司）	无机建筑涂料	矿牌	TL—05—001
北京京达涂料有限公司	合成树脂乳液砂壁状建筑涂料	高渡美	TL—06—001
北京市建材制品总厂	合成树脂乳液砂壁状建筑涂料	京建	TL—06—002
浙江大学凯得丽化工有限公司	合成树脂乳液砂壁状建筑涂料	凯得丽	TL—06—003
北京市红星建筑涂料厂	复层建筑涂料	广厦	TL—07—001
北京市白云涂料有限责任公司	复层建筑涂料	白云白	TL—07—002
北京京达涂料有限公司	复层建筑涂料	高渡美	TL—07—003
北京市建材制品总厂	复层建筑涂料	京建	TL—07—004
北京市富亚装饰材料开发公司	复层建筑涂料	富亚	TL—07—005
北京金之鼎化学建材科技有限责任公司	复层建筑涂料	金鼎	TL—07—006
北京星光苑装饰工程有限责任公司	复层建筑涂料	夜光牌	TL—07—007
北京京达旺建筑涂料有限责任公司	复层建筑涂料		TL—07—008
北京市宏源建筑材料厂	复层建筑涂料	主盟	TL—07—009
北京凌兹涂料化工公司	复层建筑涂料	豪土	TL—07—010
北京中建建筑材料厂	复层建筑涂料	鑫龙	TL—07—011
北京振利高新技术公司	复层建筑涂料		TL—07—012
北京佳悦涂料有限责任公司	复层建筑涂料	燕华	TL—07—013
北京力克力新型建筑涂料有限公司	复层建筑涂料		TL—07—014
廊坊立邦涂料有限公司	复层建筑涂料	立邦	TL—07—015

附录六 关于限制和淘汰石油沥青纸胎油毡等 11种落后建材产品的通知

京建材[1998]480号

为确保建设工程质量的稳步提高,促进建材行业的结构调整,经研究决定,在本市行政区域范围内的建设工程中,限制和淘汰石油沥青纸胎油毡等11种落后建材产品(具体名单见附表),现将有关事项通知如下:

一、对污染环境、影响人体健康、技术落后的焦油聚氨酯防水涂料、焦油型冷底子油(JG—1型防水冷底子油涂)、焦油聚氯乙烯油膏(PVC塑料油膏、聚氯乙烯胶泥、塑料煤焦油油膏)、进水口低于水面(低进水)的卫生洁具水箱配件、水封小于5公分的地漏等五种产品强制淘汰。自1999年3月1日起,上述产品在所有新建工程、维修工程、装饰工程中禁止使用。

二、对技术水平低、国家产业政策限制的石油沥青纸胎油毡、普通承插口铸铁排水管、镀锌铁皮雨水管、螺旋升降式铸铁水嘴、铸铁截止阀、32系列实腹钢窗等六种产品,在规定工程和部位中禁止使用。自1999年1月1日起,凡列入本市建设工程施工计划的新建工程停止设计上述产品(具体范围详见附表);自1999年7月1日起,在新开工的规定工程和部位中禁止使用。有条件的工程要及早组织实施。

三、为确保推广的新产品安全可靠,替代的新产品必须经过市建委组织的评估。

四、市、区县工程质量监督部门、市执法大队将本通知中的有关要求,列入质量监督检查范围,对违反本通知规定的工程,责令其整顿,否则工程不予验收。各监理公司要严格按本规定进行监理,已经淘汰的产品不得再使用工程上。

五、对违反本通知规定的设计、施工、开发、监理单位,将按有关规定进行处理。

六、本通知执行中的有关问题请及时反馈到市建筑材料行业管理办公室。

附:限制和淘汰的落后建材产品目录。

北京市城乡建设委员会
北京市城乡规划委员会
一九九八年十二月二十三日

附：

限制和淘汰的落后建材产品目录

产 品 名 称	禁 止 使 用 时 间 及 范 围
△石油沥青纸胎油毡	1999年7月1日起（在住宅工程和公建工程中）
☆焦油聚氨酯防水涂料	1999年3月1日起（在所有新建工程和维修工程中）
☆焦油型冷底子油（JG—1型防水冷底子油涂料）	1999年3月1日起（在所有新建工程和维修工程中）
☆焦油聚氯乙烯油膏（PVC塑料油膏、聚氯乙烯胶泥、塑料煤焦油油膏）	1999年3月1日起（在所有新建工程和维修工程中）
△普通承插口铸铁排水管（手工翻砂刚性接口铸铁排水管）	1999年7月1日起（在多层住宅中）
△镀锌铁皮室外雨水管	1999年7月1日起（在多层住宅中）
△螺旋升降式铸铁水嘴	1999年7月1日起（在住宅工程的室内部分中）
△铸铁截止阀	1999年7月1日起（在住宅工程的室内部分中）
△32系列实腹钢窗	1999年7月1日起（在住宅工程和公建工程中）
☆进水口低于水面（低进水）的卫生洁具水箱配件	1999年3月1日起（在所有新建工程和维修工程中）
☆水封小于5公分的地漏	1999年3月1日起（在所有新建工程和维修工程中）

注：☆为强制淘汰产品，△为限制使用产品。

附录七 关于公布第二批 12 种限制和淘汰落后建材产品目录的通知

京建材[1999]518 号

为加快新型建材的发展和应用,推进住宅产业化,提高建设工程质量,1998 年我委发布京建材[1999]480 号文件,公布了第一批限制和淘汰石油沥青纸胎油毡等 11 种落后建材产品目录。根据国家建设部、国家建材局等部委限制、淘汰落后建材产品的目录及我市的实际情况,经研究决定,在本市行政区域内的有关建设工程中,继续限制和淘汰 12 种落后建材产品,现将有关事项通知如下:

一、对污染环境、影响人体健康、能耗高、性能差、质量不稳定的再生胶改性沥青防水卷材、高碱混凝土膨胀剂、粘土珍珠岩保温砖、充气石膏板、菱镁类复合保温板、菱镁类复合隔墙板六种产品强制淘汰。禁止设计和使用上述产品的具体范围、时间详见附表。

二、对使用功能差、质量水平低或受国家产业政策明令限制使用的冷镀锌上水管、含尿素的混凝土防冻剂、聚乙烯醇缩甲醛胶粘剂(107 胶)、各类墙体内保温浆料、普通钢窗(彩板窗除外)、小平拉玻璃等六种产品,在规定工程和部位中禁止设计和使用。禁止设计和使用上述产品的具体范围、时间详见附表。各有关单位要积极配合,制定替代产品的安装、施工验收规范等技术性文件,有条件的工程要及早组织实施。

三、为确保替代产品的质量和各项性能安全可靠,选用的新产品必须经过质量监督检测部门的检验,对于尚无国家标准、行业标准的产品,由市建委组织评估或认证后方可使用。

四、各级工程质量监督部门、监理单位要认真进行质量监督和监理,市建筑工程执法大队要严格执法,并依据有关法规对违规者予以处罚,以确保上述规定的落实。

特此通知

附:第二批限制和淘汰的落后建材产品目录。

北京市城乡建设委员会
北京市城乡规划委员会
一九九九年十二月二十二日

附:

第二批限制和淘汰的落后建材产品目录

强制淘汰产品		
产品名称	淘汰原因	限制淘汰的时间和范围
1. 再生胶改性沥青防水卷材	抗老化、耐低温性能差	新建工程和维修工程 2000 年 3 月 1 日起
2. 高碱混凝土膨胀剂(氧化钠当量7.5‰以上和掺入量占水泥用量8%以上)	碱含量高,易造成混凝土碱集料反应;掺入膨胀剂量过大影响混凝土早期强度	所有混凝土工程 2000 年 3 月 1 日起
3. 粘土珍珠岩保温砖 4. 充气石膏板	保温效果差,达不到建筑节能 50% 要求	各类建筑的内保温工程 2000 年 3 月 1 日起
5. 菱镁类复合保温板 6. 菱镁类复合隔墙板	性能差、产品翘曲、产品易泛卤、龟裂	各类建筑的内保温工程 2000 年 3 月 1 日起

限制使用产品		
产品名称	淘汰原因	限制、淘汰的时间和范围
1. 墙体内保温浆料(海泡石,聚苯粒,膨胀珍珠岩等)	易脱落,保温性能差,热工性能达不到建筑节能 50% 要求	禁止在混凝土墙(含砼砌块墙体)的内保温工程上使用 2000 年 1 月 1 日起
2. 聚乙烯醇缩甲醛胶粘剂(107胶)	低档聚合物,性能差,产品档次低	不准用于粘贴墙地砖及石材 2000 年 3 月 1 日起
3. 含尿素的混凝土防冻剂	污染环境,长期散发异味	住宅工程、公建工程 2000 年 3 月 1 日起
4. 冷镀锌上水管	污染饮用水,国家已明令淘汰	新建开发小区住宅工程 2000 年 7 月 1 日起停止设计 2000 年 10 月 1 日起停止使用
5. 普通实腹、空腹钢窗(彩板窗除外)	外观差、易锈蚀,已列入建设部淘汰产品目录	住宅工程和公建工程 2000 年 3 月 1 日起
6. 小平拉玻璃	生产过程能耗高、质量不稳定,国家明令淘汰	所有新建工程和维修工程 2000 年 3 月 1 日起

附录八 关于印发《北京市建设工程施工试验实行有见证取样和送检制度的暂行规定》的通知

京建法[1997]172 号

根据建设部《建筑施工企业试验室管理规定》的规定,结合本市情况,制定了《北京市建设工程施工试验实行有见证取样和送检制度的暂行规定》,现印发,请认真施行。实施过程中的问题,请及时反映给北京市建设工程质量监督总站。

附件:《北京市建设工程施工试验实行有见证取样和送检制度的暂行规定》。

北京市城乡建设委员会
一九九七年四月二十八日

附件:

北京市建设工程施工试验实行有见证取样和送检制度的暂行规定

第一条 为了加强建设工程质量管理,确保工程结构安全,根据建设部《建筑施工企业试验室管理规定》(建监[1996]488 号),结合本市实际情况,制定本规定。

第二条 本市行政区域内建设工程施工均须遵守本规定。

第三条 有见证取样和送检制度,是指在建设单位或监理人员见证下,由施工人员在现场取样,送至试验室进行试验。

第四条 下列项目须进行有见证取样和送检:
(一)用于承重结构的混凝土试块;
(二)用于承重墙体的砌筑砂浆试块;
(三)用于结构工程中的主要受力钢筋;
(四)地下、屋面、厕浴间使用的防水材料。

第五条 单位工程有见证取样和送检次数不得少于试验总次数的 10%,试验总次数在 20 次以下的不得少于 2 次;重要工程或工程的重要部位可以增加有见证取样和送检次数。送检试样在现场施工试验中随机抽取,不得另外进行。

第六条 单位工程施工前,项目施工负责人应按照有关规定与建设(监理)单位共同制定有见证取样和送检计划,并确定承担有见证试验的试验室。当双方达不成一致意见时,由承监工程的质量监督机构协调决定。

第七条 每个单位工程须设定 1—2 名取样和送检见证人,见证人由施工现场监理人员担任,或由建设单位委派具备一定施工试验知识的专业技术人员担任。施工和材料、设备供应单位等人员不得担任。

见证人设定后,须向承监该工程的质量监督机构和承担有见证试验的试验室备案(见附件一)。见证人更换须办理变更备案手续。见证人和送检单位对送检试样的真实性和合法性负法定责任。

第八条 承担有见证试验的试验室,应在有资格承担对外试验业务的试验室或法定检测单位中选定,并向承监工程的质量监督机构备案。承担该项目施工的施工企业试验室不得承担该试验业务。

每个单位工程只能选定一个承担有见证试验的试验室。

第九条 施工过程中,见证人应按照有见证取样和送检计划,对施工现场的取样和送检进行见证,并在试样或其包装上作出标识、封志。标识和封志应标明样品名称、样品数量、工程名称、取样部位、取样日期,并有取样人和见证人签字。见证人应制作见证记录(见附件二),见证记录应列入工程施工技术档案。

第十条 承担有见证试验的试验室,在检查确认委托试验文件和试样上的见证标识、封志无误后方可进行试验,否则应拒绝试验。

第十一条 有见证取样、送检项目的试验报告应加盖"有见证试验"专用章,由施工单位汇总后(见附件三),与其它施工资料一起纳入工程施工技术档案,作为评定工程质量的依据。

第十二条 有见证取样和送检的试验结果达不到规定标准,试验室应向承监工程的质量监督机构报告。当试验不合格按有关规定允许加倍取样复试时,加倍取样、送检与复试也应按本规定实施。

第十三条 有见证取样和送检的各种试验项目,凡未按规定送试、送试次数达不到要求,其工程质量应由法定检测单位进行检测确定,其检测费用由责任方承担。

第十四条 各种有见证取样和送检试验资料必须真实、完整,符合试验管理规定。对伪造、涂改、抽换或丢失试验资料的行为,应对责任单位和责任人依法追究责任。

第十五条 本规定由北京市建设工程质量监督总站负责解释。

第十六条 本规定自1997年6月1日起施行。

附件一

有见证取样和送检见证人备案书

_____质量监督站：

_____试 验 室：

我单位决定，由 _____ 同志担任

_____工程有见证取样

和送检见证人。有关的印章和签字如下，请查收备案。

有见证取样和送检印章	见证人签字

建设单位名称(盖章)：　　　　　　　　　　　　　　　　　　　　　年　月　日

监理单位名称(盖章)：　　　　　　　　　　　　　　　　　　　　　年　月　日

施工项目负责人签字：　　　　　　　　　　　　　　　　　　　　　年　月　日

附件二

见 证 记 录

编号：_____

工程名称：_____

取样部位：_____

样品名称：_____取样数量_____

取样地点：_____取样日期_____

见证记录：

有见证取样和送检印章：_____

取样人签字：_____

见证人签字：_____

填制本记录日期：

附件三

有见证试验汇总表

工程名称：_____

施工单位：_____

建设单位：_____

监理单位：_____

见 证 人：_____

试验室名称：_____

试 验 项 目	应送试总次数	有见证试验次数	不合格次数	备注

施工单位：　　　　　　　　制表人：

注：此表由施工单位汇总填写。

附录九　关于印发《北京市建设工程施工试验实行有见证取样和送检制度的暂行规定》的补充通知

京建法[1998]50号

为了进一步加强工程质量管理,提高工程质量水平,保证建筑材料的检验质量,根据市建委京建质[1997]523号文的要求,现就《北京市建设工程施工试验实行有见证取样和送检制度的暂行规定》(以下简称《暂行规定》)作如下补充通知:

一、实行有见证取样和送检的项目除执行《暂行规定》第四条的规定外,增加砼外加剂中的早强剂和防冻剂两个项目。

二、单位工程有见证取样和送检次数由原来不得少于试验总次数的10%增加到不得少于试验总次数的30%;试验总次数在10次以下的不得少于2次。

三、见证人员应经市建委统一培训考试合格并取得"见证人员岗位资格证书"后,方可上岗任职(取得国家和北京市监理工程师资格证书者免考)。

四、本通知自发布之日起实施,考虑到见证人员培训过程,"见证人员岗位资格证书"制度从1998年7月1日起执行。

北京市城乡建设委员会
一九九八年三月九日

附录十　关于颁发《北京市建设工程结构抽样检测暂行规定》的通知

(97)质监总站第84号

为了确保北京市建设工程质量结构安全,提高我市工程质量水平,现将《北京市建设工程结构抽样检测暂行规定》颁发给你们,请认真贯彻执行。

北京市建设工程质量监督总站
一九九七年七月二十三日

北京市建设工程结构抽样检测暂行规定

第一条　为了加强对建设工程质量的监督管理,确保建设工程的结构安全,根据国家有关工程质量的法规和检测管理规定,结合本市实际情况,制定本规定。

第二条 凡在本市行政区域内进行新建、改建、扩建的工程建设,均应执行本规定。

第三条 结构抽样检测,应由质量监督机构指定或随机抽取受检工程。抽样检测的工程应以住宅工程、重点工程和大型公共建筑为主,并具有一定的代表性。

第四条 建设工程有下列情况之一的,必须进行工程结构检测:

(一)施工企业管理混乱,单位工程主要技术资料不完整;

(二)工程施工技术资料不真实;

(三)施工过程中发生重大质量问题;

(四)对工程结构质量提出异议或有怀疑。

第五条 工程抽样检测应依据国家和本市现行有关标准和设计文件要求,由建设单位委托法定检测单位进行,并出具法定检测报告。

第六条 承担本市结构抽样检测的检测单位,应具备法定检测单位的资格,并向市建设工程质量检测中心备案。

第七条 经抽样检测不符合规范、标准的规定或设计要求的工程,由设计单位提出技术处理方案或加固补强措施,对工程不合格部位进行返修处理。

第八条 工程结构抽样检测合格的,检测费用由建设单位承担;工程结构抽样检测不合格的,检测费用由责任方承担。

第九条 抽样检测报告应与其它工程技术资料一同列入工程技术档案。

第十条 对抽样检测不合格工程的施工企业,依据有关规定,视情节轻重,分别依法处罚。

第十一条 被抽检工程的各方,对抽检结果有异议时,可在十日内向市建设工程质量检测中心申请复核。

第十二条 本规定自颁发之日起实施。

附录十一 关于发布《北京市"九五"住宅建设标准》建筑外窗部分补充规定的通知

京建材[1999]148 号

为加速新型建筑节能保温门窗的推广应用,促进本市建筑节能墙改工作持续发展,经研究,决定发布《北京市"九五"住宅建设标准》建筑外窗部分补充规定(以下简称"补充规定"),现就有关事项通知如下:

一、自 2000 年 1 月 1 日起,各设计单位在北京市行政区域内设计住宅建筑外窗,一律执行"补充规定",此前公布的有关建筑外窗设计标准停止使用。

二、自 2000 年 7 月 1 日起,各建设、施工、开发单位在北京市行政区域内新建住宅的建筑外窗,一律执行"补充规定"。

附:《北京市"九五"住宅建设标准》建筑外窗部分补充规定

特此通知

北京市城乡建设委员会
北京市城乡规划委员会
一九九九年四月二十七日

附：

《北京市"九五"住宅建设标准》
建筑外窗部分补充规定

1. 总　则

1.0.1　为进一步贯彻落实《北京市"九五"住宅建设标准》，满足 DBJ01—602—97《民用建筑节能设计标准（采暖居住建筑部分）北京地区实施细则》的要求，针对北京市建筑门窗的制作与安装状况，制定本补充规定。

1.0.2　本补充规定是北京市"九五"期间对各类住宅外窗的统一要求。

1.0.3　本补充规定中建筑外窗系指建筑围护结构上所用的窗户（包括阳台门透明部分）。

1.0.4　本补充规定适用于各类住宅建筑外窗。

2. 一　般　规　定

2.0.1　各类住宅建筑外窗应执行国家标准、行业标准及地方标准的产品质量要求。

2.0.2　各类住宅建筑外窗必须使用北京市城乡建设委员会批准的定点（准用）型材产品。

2.0.3　各类住宅建筑外窗所用五金零件、附件及辅助材料应执行国家标准、行业标准及相关规定。

3. 建筑外窗物理性能

3.0.1　各类住宅建筑外窗的空气渗透性能应不低于现行国家标准 GB 7107—86《建筑外窗空气渗透性能分级及其检测方法》中Ⅱ级水平。

注：分级指标 $\Delta P = 10$Pa 下：

Ⅰ级窗空气渗透量≤0.5m³/mh

Ⅱ级窗空气渗透量≤1.5m³/mh

3.0.2　各类住宅建筑外窗抗风压性能符合下列规定：

低层和多层不应低于现行国家标准 GB 7106—86《建筑外窗抗风压性能分级及其检测方法》中Ⅲ级水平；中高层和高层不应低于Ⅱ级水平。

注：Ⅱ级窗抗风压性能 P≥3000Pa

Ⅲ级窗抗风压性能 P≥2500Pa

3.0.3　各类住宅建筑外窗雨水渗漏性能应不低于国家标准 BG 7108—86《建筑外窗雨水渗漏性能分级及其检测方法》中Ⅲ级水平。

注：Ⅲ级窗雨水渗漏性能≥250Pa（未渗漏压力）

3.0.4　各类住宅建筑外窗传热系数不大于 3.5W/m²·K。

4. 建筑外窗使用及安装

4.0.1 各类住宅建筑外窗的开启部分应启闭自如,无阻滞及局部卡阻,推拉窗启闭力应小于或等于100N;平开窗(滑撑)启闭力应大于30N,小于80N。

4.0.2 各类住宅建筑外窗平开窗窗扇大于以下高度时,应设置单柄连动双锁点搬手:

塑料平开窗≥900mm

铝、彩板平开窗≥1300mm

4.0.3 各类住宅建筑外窗应按设计要求配齐纱扇,并满足使用功能。

4.0.4 各类住宅建筑外窗(塑料窗)选用橡胶条镶嵌材料时,在型材上应设置排水孔及等压孔。

4.0.5 内平开窗及带上固定亮外平开窗应设置披水板或排水孔。

4.0.6 推拉窗在关闭状态下下滑道排水孔不应设在窗扇下部,不得堵塞排水孔。

4.0.7 塑料推拉窗下滑道宜设计为组合结构。

4.0.8 各类住宅建筑外窗与洞口须采用弹性连接,并鼓励采用带附框安装方法。

4.0.9 本市城近郊区,远郊区县政府所在地距交通干线50米以内新建的住宅、学校、医院等对噪声敏感的建筑物,应安装具有隔声性能的建筑外窗,其隔声性能不低于30dB(分贝)。

附录十二 《低碳钢热轧圆盘条》GB/T 701—1997

前　言

我国最早的低碳钢圆盘条国家标准是 GB 701—65《普通低碳钢热轧圆盘条》，其中钢牌号是引用 GB 700—65《普通碳素结构钢技术条件》中的 1~3 号乙类钢。

为了提高盘条的质量，1986 年制定了推荐标准 YB(T)18—86《普通低碳钢热轧圆盘条》，钢牌号引用 GB 700—79 中的特类钢和甲乙类钢。

1987 年以来，由于我国引进和自制的高速线材轧机陆续投产，制定了 ZBH 44003—88《普通低碳钢无扭控冷热轧圆盘条》，该标准是采纳了 YB(T)18—86 的主要技术内容，并在盘条的尺寸精度、盘重等方面有显著的提高，从而使低碳钢盘条的质量和"采标"也上了一个新台阶。

由于 GB 700—88 对碳素钢标准进行改革，尤其牌号有较大的变化，相应的盘条标准于 1991 年也进行了修订，修订后的标准为 GB 701—91《低碳钢热轧圆盘条》和 YB 4027—91《低碳钢无扭控冷热轧圆盘条》。

本标准这次修订考虑线材生产的发展趋势与国际标准、国外先进标准接轨，结合我国国情，将 GB 701—91 和 YB 4027—91 的主要技术内容进行合并，采用 GB 700—88 中的 Q 195、Q 215A、Q 215B、Q 235A 和 Q 235B 的牌号；将 GB 700—88 中的 Q 235C 牌号的化学成分作一些调整，增加了 Q 195C、Q 215C 新牌号，这三个牌号的化学成分与 ISO 8457/2—1989，JIS G 3505—80 和 ASTM A 510—91 的牌号对应。

本标准保留了原标准的适用内容，并在下列章节作了修改：
——1 范围
——4 尺寸、外形、重量及允许偏差
——5 技术要求
——7 检验规则

本标准由中华人民共和国冶金工业部提出。

本标准由全国钢标准化技术委员会归口。

本标准由马鞍山钢铁股份有限公司、上钢二厂、冶金工业部信息标准研究院负责起草。

本标准主要起草人：陈伦宽、王丽敏、蔡逢春、李德华、赵顺秋。

1 范围

本标准规定了低碳钢热轧圆盘条的分类及代号、尺寸、外形、重量及允许偏差、技术要求、试验方法、检验规则和包装、标志及质量证明书。

本标准适用于供拉丝、建筑及其他一般用途的低碳钢热轧圆盘条。

本标准不适用于以下产品：
——标准件用热轧碳素圆钢
——焊接用钢盘条

——冷镦钢
——易切削结构钢
——锚链用圆钢

2 引用标准

下列标准所包括的条文,通过在本标准中引用而构成为本标准的条文。在标准出版时,所示版本均为有效。所有标准都会被修订,使用本标准的各方应探讨使用下列标准最新版本的可能性。

GB 222—84 钢的化学分析用试样取样法及成品化学成分允许偏差

GB 223.3—88 钢铁及合金化学分析方法 二安替比林甲烷磷钼酸重量法测定磷量
GB 223.5—88 钢铁及合金化学分析方法 草酸-硫酸亚铁硅钼蓝光度法测定硅量
GB 223.59—87 钢铁及合金化学分析方法 锑磷钼蓝光度法测定磷量
GB 223.60—87 钢铁及合金化学分析方法 高氯酸脱水重量法测定硅量
GB 223.61—88 钢铁及合金化学分析方法 磷钼酸铵容量法测定磷量
GB 223.62—88 钢铁及合金化学分析方法 乙酸丁酯萃取光度法测定磷量
GB 223.63—88 钢铁及合金化学分析方法 高碘酸钠(钾)光度法测定锰量
GB 223.64—88 钢铁及合金化学分析方法 火焰原子吸收光谱法测定锰量
GB 223.68—89 钢铁及合金化学分析方法 燃烧-碘酸钾容量法测定硫量
GB 223.69—89 钢铁及合金化学分析方法 燃烧气体容量法测定碳量
GB/T 223.71—91 钢铁及合金化学分析方法 燃烧重量法测定碳量
GB/T 223.72—91 钢铁及合金化学分析方法 氧化铝色层分离-硫酸钡重量法测定硫量

GB 228—87 金属拉伸试验方法
GB 222—88 金属弯曲试验方法
GB 700—88 碳素结构钢
GB 2101—89 型钢验收、包装、标志及质量证明书的一般规定
GB 2975—82 钢材力学及工艺性能试验取样规定
GB 6397—86 金属拉伸试验试样
GB/T 14981—94 热轧盘条尺寸、外形、重量及允许偏差

3 分类及代号

盘条按用途分类,盘条类别应在订货合同中注明。其代号如下。
L—供拉丝用盘条;
J—供建筑和其他一般用途用盘条。

4 尺寸、外形、重量及允许偏差

盘条的尺寸、外形、重量及允许偏差应符合 GB/T 14981 的规定。

5 技术要求

5.1 牌号和化学成分

5.1.1 盘条的牌号和化学成分(熔炼分析),应符合表1的规定。

表1

牌号	化学成分,%					脱氧方法
	C	Mn	Si	S	P	
				不 大 于		
Q195	0.06~0.12	0.25~0.50	0.30	0.050	0.045	F.b.Z
Q195C	≤0.10	0.30~0.60		0.040	0.040	
Q215A	0.09~0.15	0.25~0.55	0.30	0.050	0.045	F.b.Z
Q215B				0.045		
Q215C	0.10~0.15	0.30~0.60		0.040	0.040	
Q235A	0.14~0.22	0.30~0.65	0.30	0.050	0.045	F.b.Z
Q235B	0.12~0.20	0.30~0.70		0.045		
Q235C	0.13~0.18	0.30~0.60		0.040	0.040	

5.1.2 沸腾钢硅的含量不大于0.07%,半镇静钢硅的含量不大于0.17%。镇静钢硅的含量下限值为0.12%。允许用铝代硅脱氧。

5.1.3 钢中铬、镍、铜、砷的残余含量应符合GB 700的有关规定。

5.1.4 经供需双方协议,各牌号的Mn含量可不大于1.00%。

5.1.5 经供需双方协议,并在合同中注明,可供应其他牌号的盘条。

5.1.6 盘条的化学成分允许偏差应符合GB 222—84中表1的规定。

5.2 冶炼方法

钢以氧气转炉、平炉、电炉冶炼。

5.3 交货状态

盘条以热轧状态交货。

5.4 力学性能和工艺性能

5.4.1 供建筑用盘条的力学性能和工艺性能应符合表2的规定。

表2

牌 号	力 学 性 能			冷弯试验180°
	屈服点 σ_s,MPa	抗拉强度 σ_b,MPa	伸长率 δ_{10},%	$d=$ 弯心直径 $a=$ 试样直径
	不 小 于			
Q215	215	375	27	$d=0$
Q235	235	410	23	$d=0.5a$

5.4.2 经供需双方协议,供拉丝用盘条的力学性能和工艺性能应符合表3的规定。

表 3

牌 号	力 学 性 能		冷弯试验 180° d = 弯心直径 a = 试样直径
	抗拉强度 σ_b,MPa 不大于	伸长率 δ_{10},% 不小于	
Q195	390	30	$d = 0$
Q215	420	28	$d = 0$
Q235	490	23	$d = 0.5a$

5.5 表面质量

5.5.1 盘条应将头尾有害缺陷部分切除。盘条的截面不得有分层及夹杂。

5.5.2 盘条表面应光滑,不得有裂纹、折叠、耳子、结疤。盘条不得有夹杂及其他有害缺陷。

6 试验方法

每批盘条的检验项目、试验方法应按表 4 的规定。

表 4

序 号	检验项目	试样数量	取样方法及部位	试 验 方 法
1	化学分析 (熔炼分析)	1/每炉(罐)	GB 222	GB 223
2	拉伸试验	1	GB 2975	GB 228、GB 6397 试样号 R 03~R 07
3	冷弯试验	2	不同根	GB 232
4	尺 寸	逐 盘	GB/T 14981	千分尺、游标卡尺
5	表 面	逐 盘	—	目 测

7 检验规则

7.1 盘条的检查和验收由供方技术监督部门进行。

7.2 盘条应成批验收。每批由同一牌号、同一炉(罐)号、同一尺寸的盘条组成,其重量不得大于 60t。允许由同一牌号的 A 级钢(包括 Q195)和 B 级钢,同一冶炼和浇铸方法、不同炉罐号的钢轧成的盘条组成混合批。但每批不得多于 6 个炉罐号,各炉罐号含碳量之差不得大于 0.02%,含锰量之差不得大于 0.15%。

7.3 取样数量和部位

每批盘条质量检验取样数量和取样方法及部位应符合表 4 的规定。

7.4 复验

盘条的复验和判定规则按 GB 2101 的规定。

8 包装、标志和质量证明书

8.1 Ⅰ组重量的盘条应成捆交货,盘和捆均应捆扎不小于 2 道,其余组重量的盘条捆扎应不少于 3 道。

8.2 除 8.1 条的规定外,其他应符合 GB 2101 的规定。

附录十三 关于印发《房屋建筑工程和市政基础设施工程实行见证取样和送检的规定》的通知

建建[2000]211号

各省、自治区、直辖市建委(建设厅),各计划单列市建委,新疆生产建设兵团:

为贯彻《建设工程质量管理条例》,规范房屋建筑工程和市政基础设施工程中涉及结构安全的试块、试件和材料的见证取样和送检工作,保证工程质量,现将《房屋建筑工程和市政基础设施工程实行见证取样和送检的规定》印发给你们,请结合实际认真贯彻执行。

中华人民共和国建设部
二○○○年五月二十六日

房屋建筑工程和市政基础设施工程实行见证取样和送检的规定

第一条 为规范房屋建筑工程和市政基础设施工程中涉及结构安全的试块、试件和材料的见证取样和送检工作,保证工程质量,根据《建设工程质量管理条例》,制定本规定。

第二条 凡从事房屋建筑工程和市政基础设施工程的新建、扩建、改建等有关活动,应当遵守本规定。

第三条 本规定所称见证取样和送检是指在建设单位或工程监理单位人员的见证下,由施工单位的现场试验人员对工程中涉及结构安全的试块、试件和材料在现场取样,并送至经过省级以上建设行政主管部门对其资质认可和质量技术监督部门对其计量认证的质量检测单位(以下简称"检测单位")进行检测。

第四条 国务院建设行政主管部门对全国房屋建筑工程和市政基础设施工程的见证取样和送检工作实施统一监督管理。

县级以上地方人民政府建设行政主管部门对本行政区域内的房屋建筑工程和市政基础设施工程的见证取样和送检工作实施监督管理。

第五条 涉及结构安全的试块、试件和材料见证取样和送检的比例,不得低于有关技术标准中规定应取样数量的30%。

第六条 下列试块、试件和材料必须实施见证取样和送检:

(一)用于承重结构的混凝土试块;

(二)用于承重墙体的砌筑砂浆试块;

(三)用于承重结构的钢筋及连接接头试件;

(四)用于承重墙的砖和混凝土小型砌块;

(五)用于拌制混凝土和砌筑砂浆的水泥；

(六)用于承重结构的混凝土中使用的掺加剂；

(七)地下、屋面、厕浴间使用的防水材料；

(八)国家规定必须实行见证取样和送检的其它试块、试件和材料。

第七条 见证人员应由建设单位或该工程的监理单位具备建筑施工试验知识的专业技术人员担任,并应由建设单位或该工程的监理单位书面通知施工单位、检测单位和负责该项工程的质量监督机构。

第八条 在施工过程中,见证人员应按照见证取样和送检计划,对施工现场的取样和送检进行见证,取样人员应在试样或其包装上作出标识、封志。标识和封志应标明工程名称、取样部位、取样日期、样品名称和样品数量,并由见证人员和取样人员签字。见证人员应制作见证记录,并将见证记录归入施工技术档案。

见证人员和取样人员应对试样的代表性和真实性负责。

第九条 见证取样的试块、试件和材料送检时,应由送检单位填写委托单,委托单应有见证人员和送检人员签字。检测单位应检查委托单及试样上的标识和封志,确认无误后方可进行检测。

第十条 检测单位应严格按照有关管理规定和技术标准进行检测,出具公正、真实、准确的检测报告。见证取样和送检的检测报告必须加盖见证取样检测的专用章。

第十一条 本规定由国务院建设行政主管部门负责解释。

第十二条 本规定自发布之日起施行。

附录十四 关于转发建设部《房屋建筑工程和市政基础设施工程实行见证取样和送检的规定》的通知

(京建质[2000]578号)

各区、县建委,各局、总公司,各有关单位:

为提高我市施工试验有见证取样和送检工作质量,确保工程结构安全,现将建设部《房屋建筑工程和市政基础设施工程实行见证取样和送检的规定》(建建[2000]211号,以下简称《规定》)转发给你们,并制定以下补充规定,请结合实际认真贯彻执行。

一、本市实施见证取样和送检的项目,除按《规定》第六条执行外,同时增加对道路工程的见证取样和送检项目。道路工程见证取样和送检的项目为:

1. 石灰、粉煤灰、砂砾(碎石或矿渣)无机结合稳定材料。
2. 沥青混合料(含磨耗层、上面层、下面层)。

必试项目:马歇尔流值和稳定度。
抽样频率:每6000平方米或每三个工作班抽取一组。

二、承担本市见证取样和送检试验业务的对外试验室,应于2001年6月1日前通过市质量技术监督局的计量认证,否则取消对外试验资格。

三、原《北京市建设工程施工试验实行有见证取样和送检制度的暂行规定》和《北京市建设工程施工试验实行有见证取样和送检制度的暂行规定的补充通知》除与《规定》相抵触的条款废止外,其它条款继续执行。

北京市建设委员会
二〇〇〇年十二月十一日

1.1.2 施工试验记录

1.1.2.1 回填土、灰土、砂和砂石

回填土、灰土、砂和砂石可统称为回填土。

回填土一般包括柱基、基槽管沟、基坑、填方、场地平整、排水沟、地(路)面基层和地基局部处理回填的素土、灰土、砂和砂石等。

1. 取样

回填土必须分层夯压密实,并分层、分段取样做干密度试验。施工试验资料主要是取样平面位置图和回填土干密度试验报告。

(1) 取样数量

1) 柱基:抽查柱基的10%,但不少于五点;
2) 基槽管沟:每层按长度20~50m取一点,但不少于一点;
3) 基坑:每层100~500m² 取一点,但不少于一点;
4) 挖方、填方:每100~500m² 取一点,但不少于一点;
5) 场地平整:每400~900m² 取一点,但不少于一点;

6）排水沟：每层长度 20～50m 取一点，但不少于一点；

7）地（路）面基层：每层按 100～500m² 取一点，但不少于一点。

各层取样点应错开，并应绘制取样平面位置图，标清各层取样点位。

(2) 取样方法

1）环刀法：每段每层进行检验，应在夯实层下半部（至每层表面以下 2/3 处）用环刀取样。

2）罐砂法：用于级配砂石回填或不宜用环刀法取样的土质。

采用罐砂法取样时，取样数量可较环刀法适当减少。取样部位应为每层压实后的全部深度。

取样应由施工单位按规定现场取样，将样品包好、编号（编号要与取样平面图上各点位标示一一对应）送试验室试验。如取样器具或标准砂不具备，应请试验室来人现场取样进行试验。施工单位取样时，宜请建设单位参加，并签认。

2．试验报告

(1) 填写：

土的干密度试验报告见表 1-199 表样。

土壤干密度试验报告 表 1-199

试验编号_____

委托单位_____ 试验委托人_____

工程名称及部位_____

回填土种类_____ 土　质_____

要求最小干密度_____ g/cm³ 试验日期_____

步数＼点号	1	2	3	4	5	6	7	8	9	10
取样位置草图										
结论										

负责人_____ 审核_____ 计算_____ 试验_____

报告日期____年__月__日

土壤干密度试验报告表中委托单位、工程名称、施工单位、填土种类、要求最小干密度，应由施工单位填写清楚、齐全。步数、取样位置草图由取样单位填写清楚。

工程名称：要写具体。

施工部位：一定要写清楚。

填土种类：具体填写如素土、$n:n$ 灰土（如 3:7 灰土）、砂或砂石等。

土质：轻亚粘土、亚粘土、粘土等。

要求最小干密度：设计图纸有要求的，填写设计要求值；设计图纸无要求的应符合下列标准：

素土：一般情况下应 $\geqslant 1.65 \text{g/cm}^3$，粘土 $\geqslant 1.49 \text{g/cm}^3$。

灰土：

轻亚粘土要求最小干密度 1.55g/cm^3。

亚粘土要求最小干密度 1.50g/cm^3。

粘土要求最小干密度 1.45g/cm^3。

砂不小于在中密状态时的干密度，中砂 $1.55 \sim 1.60 \text{g/cm}^3$。

砂石要求最小干密度 $2.1 \sim 2.2 \text{g/cm}^3$。

（2）收验、存档：

领取试验报告时，应检查报告是否字迹清晰，无涂改，有明确结论，试验室盖章、签字齐全。如有不符合要求的应提出，由试验室补齐。涂改处盖试验章，注明原因，不得遗失。试验报告取回后应归档保存好，以备查验。

（3）合格判定：

填土压实后的干密度，应有 90% 以上符合设计要求，其余 10% 的最低值与设计值的差，不得大于 0.08g/cm^3，且不得集中。

试验结果不合格，应立即上报领导及有关部门及时处理。试验报告不得抽撤，应在其上注明如何处理，并附处理合格证明，一起存档。

3．注意事项

（1）取样平面位置图按各层、段把取样点标示完整、清晰、准确，与土壤干密度试验报告各点能一一对应，并要注明回填土的起止标高；

（2）取样数量不应少于规定点数；

（3）回填各层夯压密实后取样，不按虚铺厚度计算回填土的层数；

（4）砂和砂石不能用做表层回填土，故回填表层应回填素土或灰土；

（5）回填土质、填土种类、取样、试验时间等，应与地质勘察报告、验槽记录，有关隐、预检，施工记录、施工日志及设计洽商分项工程质量评定相对应，交圈吻合。

4．整理要求

应将全部取样平面位置图和回填土干密度试验报告按时间先后顺序装订在一起，编号建立分目录并使之相对应，装订顺序为：

（1）分目录表；

（2）取样平面位置图；

（3）回填土干密度试验报告。

5．示例

某工程为六层砖混宿舍楼,基础埋深1.5m,房心及肥槽用素土回填,土壤干密度试验报告填写见表1-200所示。

土壤干密度试验报告　　　　　　　　　　　表1-200

委托单位：×××工程队　　　试验编号：94—01
工程名称：×××宿舍楼　　　施工部位：房心、肥槽
土壤种类：素　土　　　　　　土　质：轻亚粘土
要求最小干密度：1.65　g/cm³

步数＼点号	1	2	3	4	5	6	7	8	9	10
1	1.68	1.69	1.65	1.71	1.69	1.66				
2	1.74	1.72	1.70	1.67	1.74	1.77				
3	1.68	1.68	1.68	1.70	1.66	1.66				
4	1.66	1.71	1.69	1.67	1.63	1.70				
5	1.64	1.67	1.69	1.70	1.73	1.66				
6	1.70	1.65	1.77	1.66	1.74	1.83				
7	1.66	1.74	1.73	1.73	1.71	1.70	1.69	1.70		
8	1.69	1.68	1.70	1.70	1.73	1.77	1.70	1.72		

取样位置草图：

结论：符合GBJ 202—83标准规定

负责人：×××　审核：××　计算：××　试验：××

试验日期：1994年3月20日
试验专用章

1.1.2.2 砌筑砂浆

砌筑砂浆是指砖石砌体所用的水泥砂浆和水泥混合砂浆。

1. 试配申请和配合比通知单

砌筑砂浆的配合比都应经试配确定。施工单位应从现场抽取原材料试样,根据设计要求向有资质的试验室提出试配申请,由试验室通过试配来确定砂浆的配合比。砂浆的配合

比应采用重量比。试配砂浆强度应比设计强度提高15%。施工中要严格按照试验室的配比通知单计量施工,如砂浆的组成材料(水泥、掺和料和骨料)有变更,其配合比应重新试配选定。

(1) 砌筑砂浆的原材料要求

1) 水泥:应有出厂合格证明。用于承重结构的水泥,无出厂证明,水泥出厂超过该品种存放规定期限,或对质量有怀疑的水泥及进口水泥等应在试配前进行水泥复试,复试合格才可使用。

2) 砂:砌筑砂浆用砂宜采用中砂,并应过筛,不得含有草根等杂物。

水泥砂浆和强度等级等于或大于M5的水泥混合砂浆。砂的含泥量不应超过5%;强度等级小于M5的水泥混合砂浆,砂的含泥量不应超过10%(采用细砂的地区,砂的含泥量可经试验后酌情放大)。

3) 石灰膏:砌筑砂浆用石灰膏应由生石灰充分熟化而成,熟化时间不得少于7d。要防止石灰膏干燥、冻结和污染,脱水硬化的石灰膏要严禁使用。

4) 水:拌制砂浆的水应采用不含有害物质的纯净水。

(2) 砂浆配合比申请单式样见表1-201。

砂 浆 配 合 比 申 请 单　　　　　表 1-201

委托单位:	工程名称:	电　话:
砂浆种类:	强度等级:	施工部位:
水泥品种及强度等级:	厂　别:　　出厂日期:	试验编号:
	进厂日期:	
砂子产地:	细度模数:　　含泥量:	试验编号:
掺合料种类:	申请日期:　　使用日期:	申请人:

砂浆配合比申请单由施工单位根据设计图纸要求填写,所有项目必须填写清楚、明了,不得有遗漏、空项。如水泥、砂子尚未做试验,应先试验水泥、砂子,合格后再做试配。试验编号必须填写准确、清楚。

(3) 配合比通知单式样见表1-202。

砂 浆 配 合 比 通 知 单　　　　　表 1-202

试验编号:

强 度 等 级	配 合 比					每 m³ 材料用量(kg)				
	水泥	白灰膏	砂子	掺合料	外加剂	水泥	白灰膏	砂子	掺合料	外加剂

提要:砂浆稠度为7~10cm,白灰膏沉入度为12cm。

负责人:　　　审核:　　　计算:　　　试验:

报告日期:　　年　月　日

配合比通知单是由试验单位根据试配结果,选取最佳配合比填写签发的。施工中要严格按配比计量施工,施工单位不能随意变更。配合比通知单应字迹清晰、无涂改、签字齐全等。施工单位应验看,并注意通知单上的备注、说明。

2. 抗压试验报告

(1) 试块留置:

基础砌筑砂浆以同一砂浆品种、强度等级、同一配合比、同种原材料为一取样单位,砌体超过250m³,以每250m³为一取样单位,余者亦为一取样单位。

每一取样单位标准养护试块的留置组数不得少于一组(每组六块),还应制作同条件养护试块,备用试块各一组。试样要有代表性,每组试块(包括相对应的同条件备用试块)的试样必须取自同一次拌制的砌筑砂浆拌合物。

(2) 砂浆试块试压报告式见表1-203。

砂 浆 试 块 试 压 报 告　　　　　　表1-203

试验编号:

委托单位:　　　　　　　工程名称及部位:
砂浆种类:　　　　　　　砂浆强度等级:　　　　稠　度:　　　　cm
水泥品种及强度等级　　　砂子产地:　　　　　　砂子细度模数:
掺合料种类　　　　　　　外加剂种类:

砂浆配合比编号	配　合　比					每m³砂浆各种材料用量(kg)				
	水泥	砂子	白灰膏	掺合料	外加剂	水泥	砂子	白灰膏	掺合料	外加剂

制模日期:　　　养护条件:　　　　　　要求龄期:　　　　　要求试压日期:
试块收到日期:　　　　　委托试验负责人:　　　　　　　试块制作人:

试件编号	实际龄期	试压日期	试件规格	受压面积(mm²)	压力(kN)		平均极限强度(N/mm²)	达到设计强度(%)	备注
					单块	平均			

备 注

负责人:　　　　　复核:　　　　　计算:　　　　　试验:
　　　　　　　　　　　　　　　　　　　　　　　　报告日期:　　年　月　日

砂浆试块试压报告单中上半部项目应由施工单位填写齐全、清楚。施工中没有的项目应划斜线或填写"无"。

其中工程名称及部位要写详细、具体,配合比要依据配合比通知单填写,水泥品种及强度等级、砂子产地、细度模数、掺和料及外加剂要据实填写,并和原材料试验单、配合比通知单对应吻合。作为强度评定的试块,必须是标准养护28d的试块,龄期28d不能迟或者早,要推算准确试压日期,填写在要求试压日期栏内,交试验室试验。

领取试压报告时,应验看报告中是否字迹清晰、无涂改,签章齐全,结论明确,试压日期与要求试压日期是否符合。同组试块抗压强度的离散性和达到设计强度的百分数是否符合规范要求,合格存档,否则应通知有关部门和单位进行处理或更正后再归档保存。

3. 砂浆试块强度统计评定

砂浆试块试压后,应将试压报告按时间先后顺序装订在一起并编号及时登记在砂浆试块试压报告目录表中,表样见表1-204。

混凝土(砂浆)试块试压报告目录表 表1-204

共 页
第 页

单位工程名称

序号	试验编号	制作日期	部位名称	混凝土(砂浆)强度				达到设计强度(%)	备注
				图纸要求	施工使用	7d	28d		

单位工程竣工后应对砂浆强度进行统计评定。砂浆强度按单位工程为同一验收批,参加评定的标准养护28d试块的抗压强度,基础结构工程所用砌筑砂浆如与主体结构工程的品种相同,应做为一个验收批进行评定,否则,按品种、强度等级相同砌筑砂浆强度分别进行统计评定。其合格判定标准为:

(1) 同品种、同强度等级砂浆各组试块的平均强度不小于 $f_{m,k}$。

(2) 任意一组试块的强度不小于 $0.75 f_{m,k}$。

(3) 当单位工程仅有一组试块时,其强度不应低于 $f_{m,k}$。

注:$f_{m,k}$——砂浆(立方体)抗压强度标准值。

统计评定表格可参照"混凝土试块强度表"。统计评定记录表自行设计,亦可利用"混凝土(砂浆)试块试压报告目录表"。但表中工程名称、结构部位、设计强度、养护方法、龄期、试块组数、各组强度值、强度平均值、最小值、评定公式结论、制表、计算及负责人等栏目不应缺少。

凡强度未达到设计要求的砂浆要有处理措施。涉及承重结构砌体强度需要检测的,应经法定检测单位检测鉴定,并经设计人签认。

4. 注意事项

(1) 原材料材质报告、试配单、试块试压报告及实际用料要物证吻合,各单据与施工日志中日期、代表数量一致交圈。

(2) 按规定每组应留置6块试块,砂浆标养试块龄期28d要准,非标养试块养护要做测温记录。

(3) 工程中各品种、各强度等级的砌筑砂浆都要按规范要求留置试块,不得少留或漏留。

(4) 不得随意用水泥砂浆代替水泥混合砂浆。如有代换,必须有代换洽商手续。

(5) 单位工程的砂浆强度要进行统计评定。按同一品种、强度等级、配比分别进行评定。单位工程中同批仅有一组试块时,也要进行强度评定,其强度不低于 $f_{m,k}$。

5. 整理要求

(1) 基础砌筑砂浆的施工试验资料包括:

1) 砂浆配合比申请单;

2) 砂浆配合比通知单;

3) 砂浆试块试压报告。

(2) 应将上述各种施工试验资料分类,按时间先后顺序收集在一起,不能有遗漏,并编号建立分目录使之相对应。收集排列顺序为:

1) 分目录表;

2) 砂浆配合比申请单、通知单;

3) 砂浆试块试压报告目录表;

4) 砂浆试块抗压强度统计评定表;

5) 砂浆试块抗压报告。

6. 示例

混凝土(砂浆)试块试压报告目录表

第3页
第1页

单位工程名称：×××宿舍楼

序号	试验编号	制作日期	部位名称	混凝土(砂浆)强度				达到设计强度(%)	备注
				图纸要求	施工使用	7d	28d		
1	94—36	94.3.16	基础	M10	M10		103	103	$mf_{cu}=103\text{N/mm}^2$
2									$f_{cu,min}=103\text{N/mm}^2$
3									$f_{m,k}=100\text{N/mm}^2$
4									评定公式
5									$mf_{cu}\geqslant f_{m,k}$
6									$f_{cu,min}\geqslant 0.75f_{m,k}$
7									评定结论
									合　格

砂浆配合比申请单

委托单位：×××工程队　　试验委托人　×　　×

工程名称及部位　×××宿舍楼基础

砂浆种类　水泥砂浆　　强度等级　M10

水泥品种　矿渣　　强度等级　32.5级　　厂别　琉璃河

水泥进场日期　1994.3.5　　水泥试验编号　94—18

砂子产地　龙凤山　　细度模数　2.58　　试验编号　94—27

掺合料种类　无　　外加剂种类　无

申请日期　1994.3.5　　要求使用日期　1994.3.12

砂浆配合比通知单

强度等级　M10　　　　　　　　　　　　　　　　试验编号　94—06

材料名称	配合比				
	水泥	白灰膏	砂子	掺合料	外加剂
每1m³用量（kg）	258		1500		
比例	1		5.81		

备注：砌筑砂浆稠度为7～10cm，白灰膏稠度为12cm。

负责人　×××　审核　××　计算　××　试验　××

试验日期　1994　年3月5日

报告日期　1994　年3月12日

试验专用章

砂浆试块试压报告

试验编号 94—36

委托单位：×××工程队　工程名称及部位：×××宿舍楼基础

砂浆种类：水泥砂浆　砂浆强度等级：M10　稠度：9 cm

水泥品种及强度等级：矿渣32.5级　砂子产地：龙凤山　砂子细度模数：2.58

掺合料种类：无　外加剂种类：无

砂浆配合比编号	配合比					每 m³ 砂浆各种材料用量(kg)				
	水泥	砂子	白灰膏	掺合料	外加剂	水泥	砂子	白灰膏	掺合料	外加剂
94—06	1	5.81				258	1500			

制模日期：1994.3.16　养护条件：标养　要求龄期：28天　要求试压日期：1994.4.12

试块收到日期：1994.3.17　委托试验负责人：××　试块制作人：××

试件编号	实际龄期	试压日期	试件规格	受压面积 (mm²)	压力 (kN)		平均极限强度 (MPa)	达到设计强度 (%)	备注
					单块	平均			
94—36	28天	94.4.12	70.7×70.7	5000	50	51.5	10.3	103	
					55				
					50				
					52				
					51				
					51				

结论：合格

负责人：×××　复核：××　计算：××　试验：××

报告日期：1994年4月12日

试验专用章

1.1.2.3 混凝土
1. 配合比申请单和配合比通知单

凡工程结构用混凝土应有配合比申请单和试验室签发的配合比通知单。施工中如主要材料有变化,应重新申请试配。

(1) 试配的申请:

工程结构需要的混凝土配合比,必须经有资质的试验室通过计算和试配来确定。配合比要用重量比。

混凝土施工配合比,应根据设计的混凝土强度等级和质量检验以及混凝土施工和易性的要求确定,由施工单位现场取样送试验室,填写混凝土配合比申请单并向试验室提出试配申请。对抗冻、抗渗混凝土,应提出抗冻、抗渗要求。

1) 取样:应从现场取样,一般水泥12kg,砂、石各20～30kg。

2) 混凝土配合比申请单见表1-197试样。

混凝土配合比申请单中的项目都应填写,不要有空项,没有的项目填写"无"或划斜杠。混凝土配合比申请单至少一式三份。

其中工程名称要具体,施工部位要注明。

申请试配强度:混凝土的施工配制强度可按下式确定: $f_{cu,o} = f_{cu,k} + 1.645\sigma$

式中 $f_{cu,o}$——混凝土的施工配制强度(N/mm^2);

$f_{cu,k}$——设计的混凝土强度标准值(N/mm^2);

σ——施工单位的混凝土强度标准差(N/mm^2)。

施工单位的混凝土强度标准差应按下列规定确定:

A. 当施工单位具有近期的同一品种混凝土强度资料时,其混凝土强度标准差 σ 应按下列公式计算:

$$\sigma = \sqrt{\frac{\sum_{i=1}^{N} f_{cu,i}^2 - N\mu_{fcu}^2}{N-1}}$$

式中 $f_{cu,i}$——统计周期内同一品种混凝土第 i 组试件的强度值(N/mm^2);

μ_{fcu}——统计周期内同一品种混凝土 N 组强度的平均值(N/mm^2);

N——统计周期内同一品种混凝土试件的总组数,$N \geqslant 25$。

注:① "同一品种混凝土"系指混凝土强度等级相同且生产工艺和配合比基本相同的混凝土;

② 对预拌混凝土和预制混凝土构件厂,统计周期可取为一个月;对现场拌制混凝土的施工单位,统计周期可根据实际情况确定,但不宜超过三个月;

③ 当混凝土强度等级为C20或C25时,如计算得到的 $\sigma < 2.5 N/mm^2$,取 $\sigma = 2.5 N/mm^2$;当混凝土强度等级高于C25时,如计算得到的 $\sigma < 3.0 N/mm^2$,取 $\sigma = 3.0 N/mm^2$。

B. 当施工单位不具有近期的同一品种混凝土强度资料时,其混凝土强度标准差 σ 可按表1-205取用。

σ 值 (N/mm^2)　　　　表1-205

混凝土强度等级	低于C20	C20～C35	高于C35
σ	4.0	5.0	6.0

注:在采用本表时,施工现场可根据实际情况,对 σ 值作适当调整。

要求坍落度:

结构所需混凝土坍落度可参照表1-206。

混凝土浇筑时的坍落度(mm)　　　　　　　表1-206

结　构　种　类	坍　落　度
基础或地面等的垫层,无配筋的大体积结构(挡土墙、基础等)或配筋稀疏的结构	10~30
板、梁和大型及中型截面的柱子等	30~50
配筋密列的结构(薄壁、斗仓、筒仓、细柱等)	50~70
配筋特密的结构	70~90

注:1. 本表系采用机械振捣混凝土时的坍落度,当采用人工捣实混凝土时其值可适当增大;
　　2. 当需要配制大坍落度混凝土时,应掺用外加剂;
　　3. 曲面或斜面结构混凝土的坍落度应根据实际需要另行选定;
　　4. 轻骨料混凝土的坍落度,宜比表中数值减少10~20mm。

干硬性混凝土填写的工作度:

水泥:承重结构所用水泥必须进行复试,如尚未做试验,必须及时取样,经试验合格再做试配。

进场日期:指水泥运到施工单位的时间。

试验编号必须填写。

砂、石:混凝土用砂、石应先做试验,配合比申请单中砂、石各项目要依照砂、石试验报告填写。一般高于或等于C30和有抗冻、抗渗或其它特殊要求的混凝土用砂,其含泥量按重量计不大于3%,石子含泥量不大于1%;低于C30的混凝土用砂含泥量不大于5%,石子含泥量不大于2%。

其它材料、掺和料、外加剂有则按实际填写,没有则写"无"或划斜杠,不应空缺。

混凝土配合比申请单　　　　　　　表1-207

委托单位:	工程名称:	施工部位:	
设计强度等级:	申请强度等级:	要求坍落度:	
其它技术要求:			
搅拌方法:	浇捣方法:	养护方法:	
水泥品种及强度等级	厂别及牌号:	出厂日期:	试验编号:
		进场日期:	
砂子产地及品种:	细度模数:	含泥量:	试验编号:
石子产地及品种:	最大粒径:	含泥量:	试验编号:
其它材料:			
掺合料名称:	外加剂名称:		
申请日期:	使用日期:	申请负责人:	联系电话:

(2) 配合比通知单:

配合比通知单(式样见表1-208)是由试验室经试配,选取最佳配合比填写签发的。施工中要严格按此配合比计量施工,不得随意修改。

混凝土配合比通知单　　　　　　　　　　　　　表1-208

编号：

强度等级	水灰比	砂率(%)	水泥(kg)	水(kg)	砂(kg)	石(kg)	掺合料	外加剂	配合比	试配编号

备注

负责人：　　　　审核：　　　　计算：　　　　试验：

报告日期：　　年　　月　　日

施工单位领取配合比通知单后，要验看是否字迹清晰、签章齐全、无涂改、与申请要求吻合，并注意配合比通知单上的备注说明。

混凝土配合比申请单及通知单是混凝土施工试验的一项重要资料，要归档妥善保存，不得遗失、损坏。

2．混凝土试件的制作、养护和抗压强度试验报告

检查混凝土质量应做抗压强度试验。当有特殊要求时，还需做抗冻、抗渗等试验。

(1) 普通混凝土强度试验的试件留置：

评定结构构件的混凝土强度应采用标准试件的混凝土强度，即按标准方法制作的边长为150mm的标准尺寸的立方体试件，在标准养护至28d龄期时按标准试验方法测得的混凝土立方体抗压强度。

用于检查结构构件混凝土质量的试件留置应符合下列规定：

1) 每拌制100盘且不超过100m³的同配合比的混凝土，其取样不得少于一次；

2) 每工作班拌制的同配合比的混凝土不足100盘时，其取样不得少于一次，

3) 对现浇混凝土结构，其试件的留置尚应符合以下要求：

A．每一现浇楼层同配合比的混凝土，其取样不得少于一次；

B．同一单位工程每一验收项目中同配合比的混凝土，其取样不得少于一次。

每次取样应至少留置一组标准试件。

确定结构构件的拆模、出池、出厂、吊装、张拉、放张及施工期间临时负荷时的混凝土强度，应采用与结构构件同条件养护的标准尺寸试件的混凝土强度。

与结构构件同条件养护试件的强度，在不同温度、不同龄期达到标准条件养护28d强度的百分率可采用温度、龄期对混凝土强度影响的曲线，分别见图1-21～图1-22；当试验结果与下列各图的数值相差较大时，应检查原因，并确定处理办法。

同条件养护试件的留置组数，可根据实际需要确定，冬期施工尚应增设不少于两组与结构同条件养护的试件，分别用于检验受冻前的混凝土强度和转入常温养护28d的混凝土强度。

(2) 混凝土试件的制作

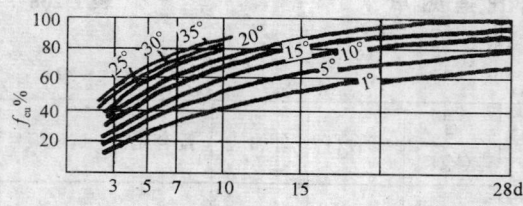

图 1-21 用 32.5 级普通水泥拌制的混凝土

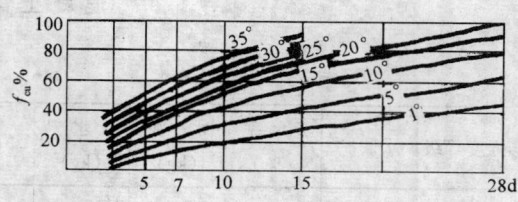

图 1-22 用 32.5 级矿渣水泥拌制的混凝土

1）混凝土试件应用钢模制作；

2）作为评定结构构件混凝土强度质量的试件，应在混凝土的浇筑地点随机取样制作，但一组试件必须取自同一次（盘）拌制的；

3）实际施工中允许采用的混凝土立方体试件的最小尺寸应根据骨料的最大粒径确定，当采用非标准尺寸试件时，应将其抗压强度值乘以折算系数，换算为标准尺寸试件的抗压强度值。允许的试件最小尺寸及其强度折算系数应符合表 1-209 的规定。

允许的试件最小尺寸及其强度折算系数　　　　表 1-209

骨料最大粒径(mm)	试件边长(mm)	强度折算系数	骨料最大粒径(mm)	试件边长(mm)	强度折算系数
≤30	100	0.95	≤50	200	1.05
≤40	150	1.00			

4）试块制作前应对同批混凝土拌合物的稠度、坍落度进行实测，作好记录，见表 1-210。

混凝土施工及试块制作记录　　　　表 1-210

施工队组：
试块制作人：

年、月、日时间			天气情况		大气温度	
施工部位（构件名称）					设计强度等级	
试块编号	尺寸(mm)	达设计强度 %		达设计强度 %	达设计强度 %	
原材情况	水泥	试验编号	厂别、牌号		品种、规格	
	砂	试验编号	产地、规格		含水率	%
	石	试验编号	产地、规格		含水率	%
	掺合料	试验编号	产地、规格			
配合比编号	水灰比	砂率 %	kg/m³			
			水	灰 砂 石	掺合料	外加剂
下达配合比						品种：
调整配合比						掺量：
施工情况及试块制做说明	数量(m³)：　　　拌合物外观：配合比执行情况：计量误差：其它：					

注：表中各项要根据实际情况填写齐全。

1.1 建筑工程

(3) 混凝土试件的标准养护：

采用标准养护的试块成型后应覆盖表面，以防止水分蒸发，并应在温度为 20±5℃ 情况下静置一昼夜至二昼夜，然后编号拆模。拆模后的试块应立即放在温度为 20±3℃，湿度为 90% 以上的标准养护室中养护。在标准养护室内，试块应放在架上彼此间隔为 10~20mm，并应避免用水直接冲淋试块，在无标准养护室时，混凝土试块可在温度为 20±3℃ 的不流动水中养护。水的 pH 值不应小于 7。同条件养护的试块成型后应覆盖表面，试件的拆模时间与标养试块相同，拆模后，试块仍需与结构或构件同条件养护。

注意：

蒸汽养护的混凝土结构和构件，其试块应随同结构和构件养护后，再转入标准条件下养护共 28d。

混凝土试块拆模后，不仅要编号，而且各试块上要写清混凝土强度等级、代表的工程部位和制作日期。

混凝土标养试块要有测温、湿度记录，同条件养护试块应有测温记录。

(4) 混凝土试件抗压强度试验报告（表 1-211）

1) 填表：

混凝土抗压强度试验报告　　　　　　　　　　　　　　　　表 1-211

试验编号：

委托部位：		工程名称及部位：		
设计强度等级：	拟配强度：	要求坍落度：	cm	实测坍落度：
水泥品种及强度：	厂别：	出厂日期：		试验编号：
砂子产地及品种：	细度模数；	含泥量：	%	试验编号：
石子产地及品种：	最大粒径	含泥量：	%	试验编号：
掺合料名称：	产地：	占水泥用量：		%
外加剂名称：	产地：	占水泥用量：		%
施工配合比：	水灰比：	砂率：		%

配合比编号	材料名称 用量	水泥	水	砂子	石子	掺合料	外加剂
	每立方米用量(kg)						

制模日期：　　　　　　　要求龄期：　　　　　　　要求试验日期：
试块收到日期：　　　　　试块养护条件：　　　　　委托试验负责人：

试件编号	试验日期	实际龄期	试件规格 (mm)	受压面积 (mm²)	荷载(kN)		平均极限强度 (MPa)	折合150mm立方强度 (MPa)	达到设计强度 (%)
					单块	平均			
备注									

负责人：　　　　　　审核：　　　　　　计算：　　　　　　试验：

报告日期：　　年　月　日

表中上半部分的栏目由施工单位填写,其余部分由试验室负责填写。所有栏目应根据实际情况填写,不应空缺,加盖试验室试验章后方可生效。

工程名称与部位:要写具体。

拟配强度:同于混凝土配合比申请单中申请强度等级,即试配强度。

实测坍落度:填写实测坍落度值。

水泥、砂、石及配合比:依据其原材料试验单,配合比通知单填写齐全。

要求龄期:按施工要求龄期填写,作为评定结构或构件混凝土强度质量的试块,必须是28d龄期。

要求试验日期:制模日期+龄期。

试块养护条件:标养或同条件养按实际情况填。

2)取验:

从试验室领取混凝土抗压强度试验报告时,应对其进行检查。

混凝土抗压强度试验报告单上要字迹清晰、无涂改,项目填写齐全,试验室签字盖章齐全,有明确结论。抗压强度值取值符合规范要求,作为混凝土强度评定的试块抗压强度符合混凝土强度检验评定标准。

混凝土试件抗压强度代表值取值要求:

A. 以三个试件强度的算术平均值并折合成 150mm 立方体的抗压强度,做为该组试件的抗压强度值;

B. 当三个试件强度中的最大值或最小值之一与中间值之差超过中间值的 15% 时,取中间值;

C. 当三个试件强度中的最大值和最小值与中间值之差均超过中间值的 15% 时,该组试件不应作为强度评定的依据。

3. 混凝土试件强度统计、评定

单位工程中由强度等级相同、龄期相同以及生产工艺条件和配合比基本相同的混凝土组成一个验收批。混凝土强度应分批进行统计、评定。

(1) 混凝土试件强度检验评定方法:

混凝土强度检验评定应以同批内标准试件的全部强度代表值按《混凝土强度检验评定标准》(GBJ 107—87)进行检验评定。

统计方法评定:

当混凝土的生产条件在较长时间内能保持一致,且同一品种混凝土的强度变异性能保持稳定时,应由连续的三组试件组成一个验收批,其强度应同时满足下列要求:

$$m_{fcu} \geqslant f_{cu,k} + 0.7\sigma_0$$

$$f_{cu,min} \geqslant f_{cu,k} - 0.7\sigma_0$$

当混凝土强度等级不高于 C20 时,强度的最小值尚应满足下式要求:

$$f_{cu,min} \geqslant 0.85 f_{cu,k}$$

当混凝土强度等级高于 C20 时,强度的最小值尚应满足下式要求:

$$f_{cu,min} \geqslant 0.90 f_{cu,k}$$

式中 m_{fcu}——同一验收批混凝土立方体抗压强度的平均值(MPa);

$f_{cu,k}$——混凝土立方体抗压强度标准值(MPa);

σ_0——验收批混凝土立方体抗压强度的标准差(MPa);

$f_{cu,min}$——同一验收批混凝土立方体抗压强度的最小值(MPa)。

验收批混凝土立方体抗压强度的标准差,应根据前一个检验期内同一品种混凝土试件的强度数据,按下列公式确定:

$$\sigma_0 = \frac{0.59}{m}\sum_{i=1}^{m}\Delta f_{cu,i}$$

式中 $\Delta f_{cu,i}$——第 i 批试件立方体抗压强度中最大值与最小值之差;

m——用以确定验收批混凝土立方体抗压强度标准差的数据总批数。

注:上述检验期不应超过三个月,且在该期间内强度数据的总批数不得少于15。

当混凝土生产条件在较长时间内不能保持一致,且混凝土强度变异性不能保持稳定时或在前一个检验期内的同一种混凝土没有足够的数据用以确定验收批混凝土立方体抗压强度的标准差时,应由不少于10组的试件组成一个验收批,其强度应同时满足下列公式的要求:

$$m_{fcu} - \lambda_1 S_{fcu} \geq 0.9 f_{cu,k}$$

$$f_{cu,min} \geq \lambda_2 f_{cu,k}$$

式中 S_{fcu}——同一验收批混凝土立方体抗压强度的标准差(MPa),当 S_{fcu} 的计算值小于 $0.06 f_{cu,k}$ 时,取 $S_{fcu} = 0.06 f_{cu,k}$;

λ_1, λ_2——合格判定系数,按表1-212取用。

表1-212

试件组数	10～14	15～24	≥25
λ_1	1.70	1.65	1.60
λ_2	0.90	0.85	

混凝土立方体抗压强度的标准差 S_{fcu} 可按下列公式计算:

$$S_{fcu} = \sqrt{\frac{\sum_{i=1}^{n} f_{cu,i}^2 - n m_{fcu}^2}{n-1}}$$

式中 $f_{cu,i}$——第 i 组混凝土试件的立方体抗压强度值(N/mm²);

n——一个验收批混凝土试件的组数。

非统计方法评定

按非统计方法评定混凝土强度时,其强度应同时满足下列要求:

$$m_{fcu} \geq 1.15 f_{cu,k}$$

$$f_{cu,min} \geq 0.95 f_{cu,k}$$

(2) 混凝土试件强度统计、评定记录(表1-213):

1) 首先确定单位工程中需统计评定的混凝土验收批,找出所有符合条件的各组试件强度值,分别填入表中。

2) 填写所有已知项目(如申报单位、工程名称、结构部位、强度等级、养护方法、试块组数、设计强度、评定公式等)。

混凝土试块强度统计、评定记录

表 1-213

填报单位：　　年　月　日

工程名称：				结构部位：		强度等级：	养护方法：
设计强度	平均值	标准差	合格判定系数	最小值	评　定　数　据		
$f_{cu,k}$	mf_{cu}	Sf_{cu}	$\lambda_1=$ $\lambda_2=$	$f_{cu,min}$	$0.9f_{cu,k}$ (MPa)	$0.9f_{cu,k}$ $1.15f_{cu,k}$	$mf_{cu}-\lambda_1 \cdot Sf_{cu}=$ $\lambda_2 \cdot f_{cu,k}=$
试块组数							
$n=$							
每组强度值：(MPa)							

GBJ 107—87 评定公式

1) 统计组数 $n \geq 10$ 组时：$mf_{cu}-\lambda_1 \cdot Sf_{cu} \geq 0.9f_{cu,k}$；$f_{cu,min} \geq \lambda_2 \cdot f_{cu,k}$
2) 非统计方法：$mf_{cu} \geq 1.15f_{cu,k}$；$f_{cu,min} \geq 0.95f_{cu,k}$

结论

负责人：　　　　　　制表：　　　　　　计算：　　　　　　制表日期　年　月　日

3) 分别计算出该批混凝土试件强度平均值、标准差,查找出合格判断系数和批内混凝土试件强度最小值填入表内。

4) 计算出各评定数据并对混凝土试件强度进行判定,得出结论填入表中。

5) 签字、上报、存档。

6) 凡按验评标准进行强度统计达不到要求的,应有结构处理措施,需要检测的,应经法定检测单位检测并应征得设计人认可。检测、处理资料要存档。

4. 预拌混凝土

(1) 预拌(商品)混凝土应有预拌厂出厂合格证(表1-214)及有关资料,并以现场取样试件的抗压试验强度作为评定混凝土强度的依据。

商品混凝土出厂合格证　　　　　　　表1-214

合同编号:

委托单位:　　　　　工程名称:
使用部位:　　　　　供应数量:　　　　m³
混凝土强度等级　　　供应日期:　年　月　日至
　　　　　　　　　　　　　　　　年　月　日

使用原材料情况:

材料名称	水泥	砂	石		
品种与规格					
试验编号					

混凝土标养试验结果:

制模日期	试件编号	配合比编号	抗压强度	抗折强度	抗渗试验结果

技术负责人:　　　　　填表人:　　　　　搅拌站盖章:
　　　　　　　　　　　　　　　　　　　　　年　月　日

(2) 预拌混凝土出厂合格证要字迹清晰、项目齐全,签字盖章后为有效,有关资料包含如下:

1) 水泥品种、强度等级及每立方米混凝土中的水泥用量;

2) 骨料的种类和最大粒径;

3) 外加剂、掺合料的品种及掺量;

4) 混凝土强度等级和坍落度;

5) 混凝土配合比和标准试件强度;

6) 对轻骨料混凝土尚应提供其密度等级。

(3) 当采用预拌混凝土时,应在商定的交货地点进行坍落度检查,实测的混凝土坍落度与要求坍落度之间的允许偏差应符合表1-215。

混凝土坍落度与要求坍落度之间的允许偏差(mm)　　　　表 1-215

要求坍落度	允许偏差	要求坍落度	允许偏差
<50	±10	>90	±30
50~90	±20		

(4) 预拌混凝土的现场取样、试验同于普通混凝土的要求。

5. 防水混凝土

防水混凝土是指本身具有一定防水能力的整体式混凝土或钢筋混凝土。防水混凝土包括普通防水混凝土和掺外加剂的防水混凝土。

(1) 防水混凝土所用材料的要求

1) 水泥强度等级：不宜低于32.5级

在不受侵蚀性介质和冻融作用时，宜采用普通硅酸盐水泥、火山灰质硅酸盐水泥、粉煤灰硅酸盐水泥。如掺用外加剂，亦可采用矿渣硅酸盐水泥。如受侵蚀性介质作用时，应按设计要求选用水泥。

在受冻融作用时，应优先选用普通硅酸盐水泥，不宜采用火山灰质硅酸盐水泥和粉煤灰硅酸盐水泥。

2) 砂、石：混凝土所用的砂、石技术指标除应符合《普通混凝土用砂质量标准及检验方法》(JGJ 52—92)和《普通混凝土用碎石或卵石质量标准及检验方法》(JGJ 53—92)的规定外，尚应符合下列规定：

石子最大粒径不宜大于40mm，所含泥土不得呈块状或包裹石子表面，吸水率不大于1.5%。

3) 水：不含有害物质的洁净水。

4) 外加剂：应根据具体情况采用减水剂、加气剂、防水剂及膨胀剂等。

(2) 防水混凝土配合比的要求

1) 防水混凝土的配合比应通过试验选定。选定配合比时，应按设计要求的抗渗等级提高0.2MPa；

2) 普通防水混凝土强度不宜低于30MPa；

3) 每立方米混凝土的水泥用量(包括粉细料在内)不少于320kg；

4) 含砂率以35%~40%为宜，灰砂比应为1:2~1:2.5；

5) 水灰比不大于0.6；

6) 坍落度不大于5cm。如掺用外加剂或采用泵送混凝土时，不受此限；

7) 掺用引气型外加剂的防水混凝土，其含气量应控制在3%~5%。

(3) 防水混凝土的试配申请和配合比通知书

1) 防水混凝土的试配申请：

防水混凝土不仅要满足混凝土的强度，而且要符合设计的抗渗要求。施工单位在申请试配时，要将这两项指标(强度等级、抗渗等级)注明。在填写混凝土配合比申请单时，应在"其他技术要求"一栏内填写"有防水要求，抗渗等级为 P_x(如 P_6、P_8 等)，其余栏目的填写同于普通混凝土配合比申请单。试配应由施工单位现场取样，所用原材料要符合防水混凝土用料的要求。

2) 防水混凝土配合比通知单:

防水混凝土试配应由试验室来做,试配不仅要做混凝土强度试验,而且还应通过抗渗试验,经过这两项试验后,方能选定防水混凝土的配合比。

防水混凝土配合比通知单与普通混凝土配合比通知单为同一表格样式。不同之处在于防水混凝土配合比还应符合防水抗渗的特殊要求,防水混凝土配合比的特殊要求如前所述。

(4) 防水混凝土试验取样和试件留置及养护

1) 抗压强度试块的留置方法和数量均按普通混凝土规定。

2) 抗渗试块的留置:

a. 同一混凝土强度等级、同一抗渗等级、同一配合比、同种原材料,每单位工程不得少于两组。

b. 试块应在浇筑地点制做,其中至少一组应在标准条件下养护。其余试块应与构件相同条件下养护。

c. 试样要有代表性,应在搅拌后第三盘至搅拌结束前 30min 之间取样。

d. 每组试样包括同条件试块、抗渗试块、强度试块的试样,必须取自同一次拌制的混凝土拌合物。

3) 抗渗试件以 6 块为一组,试件为顶面直径 175mm、底面直径 185mm、高 150mm 的圆台体,试件成型后 24h 拆模,然后分别进行标准养护和同条件养护。养护期不少于 28d,不超过 90d。

(5) 表样见表 1-216。

表中上部,应由施工单位填写清楚、齐全,其余部分由试验室负责填写。

混凝土抗渗试验报告　　　　　　　　　　　　　　表 1-216

试验编号:

委托单位:	工程名称及部位:
抗渗要求等级:	成型日期:
混凝土设计强度等级:	标养 28d 抗压强度:
试件编号:	试验委托人:

试 验 日 期	抗渗试验情况	抗 渗 结 果

结　论:

负责人:　　　　审　核:　　　　计　算:　　　　试　验:

报告日期:　　　　　　　　　年　月　日

混凝土抗渗试验报告要字迹清晰、无涂改,试验室签字盖章齐全,结论明确,日期、工程部位与实际吻合。

(6) 防水混凝土试验结果评定

1) 抗压强度:按普通混凝土的评定方法。

2) 抗渗性能试验:

A. 混凝土抗渗以每组 6 个试块中有 3 个试件端面呈有渗水现象时的水压 (H) 计算出

的 S 值进行评定。

B. 若按委托抗渗(S)评定(6个试件均无透水现象):应试压至 $S+1$ 时的水压,方可评为 $>S$。

6. 有特殊要求的混凝土

有特殊要求的混凝土应有专项试验报告。

(1) 耐火混凝土的耐火性能测试专项试验见表 1-217。

耐火混凝土的检验项目和技术要求   表 1-217

极限使用温度	检 验 项 目	技 术 要 求
≤700℃	混凝土的强度等级	≥设计值
	加热至极限使用温度并经冷却后的强度	≥45%烘干抗压强度
900℃	混凝土的强度等级	≥设计值
	残余抗压强度	
	(1) 水泥胶结料耐火混凝土	≥3%烘干抗压强度,不得出现裂缝
	(2) 水玻璃胶结料耐火混凝土	≥70%烘干抗压强度,不得出现裂缝
1200℃ 1300℃	混凝土的强度等级	≥设计值
	残余抗压强度	
	(1) 水泥胶结料耐火混凝土	≥30%烘干抗压强度,不得出现裂缝
	(2) 水玻璃耐火混凝土	≥50%烘干抗压强度,不得出现裂缝
	(3) 加热至极限使用温度后的线收缩	
	甲、极限使用温度为1200℃时	≤0.7%
	乙、极限使用温度为1300℃时	≤0.9%
	(4) 荷重软化温度(变形4%)	≥极限使用温度

注:如设计对检验项目及技术要求另有规定时,应按设计规定进行。

(2) 耐酸混凝土的浸酸安定性试验:

耐酸混凝土应留置浸酸试件,标准养护28d 值(与抗压试块制作、养护相同),浸入盛有40%的工业硫酸的带盖容器中,浸泡28d后取出,用水冲净,阴置24h,检查试件,如无裂纹、起鼓、发酥、掉角、试件完整,表面及浸泡的酸液无显著变色,则为合格。

7. 整理要求

(1) 混凝土的施工试验资料应归入施工试验记录分册中。

(2) 混凝土的施工试验资料包括:

1) 混凝土配合比申请单;

2) 混凝土配合比通知单;

3) 混凝土试件试压报告;

4) 混凝土试件抗压强度统计评定表;

5) 预拌混凝土(商品混凝土)出厂合格证;

6) 防水混凝土的配合比申请单、通知单;

7) 防水混凝土抗渗试验报告;

8) 有特殊要求混凝土的专项试验报告。

(3) 应将上述各种施工试验资料先分类,后按时间顺序收集,排列在一起,不要有遗漏,要编号建立分目录使之相对应。收集排列顺序为：

1) 混凝土配合比申请单；
2) 混凝土配合比通知单；
3) 混凝土试件试压报告；
4) 混凝土试件抗压强度统计评定表；
5) 预拌混凝土（商品混凝土）出厂合格证；
6) 防水混凝土的配合比申请单、通知单；
7) 防水混凝土抗渗试验报告；
8) 有特殊要求混凝土的专项试验报告。

8．注意事项

(1) 混凝土要做试配，不得采用经验配合比；
(2) 混凝土配合比应为重量比，不得按体积比；
(3) 要按规定留置混凝土试件，标养 28d 试件不允许少、漏留；
(4) 作为评定混凝土强度的试件，必须是标准养护 28d 的试件；
(5) 现场标养试件要有测温、湿度记录，同条件养护试件应有测温记录；
(6) 试件取样要具有代表性，不得"开小灶"；
(7) 试件制作应符合要求，并做制作记录；
(8) 试件上要写明制作日期、强度等级和代表工程部位，以免造成混乱；
(9) 非标准试件应进行折算，每组试件的代表值取值要符合要求；
(10) 预拌（商品）混凝土不仅要有出厂合格证明，而且要在现场浇注地点取标养 28d 试件，做为强度评定依据；
(11) 防水混凝土既要有强度试验报告，又要有抗渗试验报告；
(12) 混凝土试验资料要与现场实物物证相符；
(13) 混凝土强度要按单位工程进行汇总、统计、评定；
(14) 混凝土标养试件抗压强度评定不合格，应及时做检测和处理；
(15) 混凝土试验资料应交圈，并与其它施工技术资料对应一致，相关技术资料有：

1) 原材料、半成品、成品出厂质量证明和试（检）验报告；
2) 施工记录；
3) 施工日志；
4) 预检记录；
5) 隐检记录；
6) 基础、结构验收记录；
7) 施工组织设计和技术交底；
8) 工程质量检验评定；
9) 设计变更，洽商记录；
10) 竣工图。

9．示例

混凝土试块强度统计、评定记录

填报单位：×××工程队　　1994年6月

工程名称或生产单位：×××宿舍楼　　　结构部位或构件名称：基础、主体　　　配合比编号：94—08　　　养护方法：标养

试块组数	设计强度	平均值	标准差	合格判定系数	最小值
$n=15$	$f_{cu,k}$: 20	m_{fcu} 25.98	S_{fcu} 3.09	$\lambda_1=1.7$ $\lambda_2=0.9$	$f_{cu,min}$ 20.4

每组强度值(MPa)：

(1)	(2)	(3)	(4)	(5)	(6)	(7)	(8)	(9)	(10)	(11)	(12)	(13)	(14)	(15)
20.4	25.3	24.1	32.0	25.6	26.1	25.2	21.5	23.2	27.6	25.9	26.1	30.7	28.4	27.6

评定数据：$0.9f_{cu,k}=18$ (MPa)　　$0.95f_{cu,k}=$　　$1.15f_{cu,k}=$　　$m_{fcu}-\lambda_1\cdot S_{fcu}=20.73$　　$\lambda_2\cdot f_{cu,k}=18$

GBJ 107—87 评定公式：
1) $m_{fcu}-\lambda_1\cdot S_{fcu}\geq 0.9f_{cu,k}$；$f_{cu,min}\geq \lambda_2\cdot f_{cu,k}$
2) $m_{fcu}\geq 1.15f_{cu,k}$；$f_{cu,min}\geq 0.95f_{cu,k}$

结论：合格

负责人 ××　　计算 ×××　　制表 ×××　　制表日期 1994 年 6 月 12 日

1.1 建筑工程   243

混凝土配合比申请单

委托单位　×××工程队　　　　　　　　试验委托人　× ×

工程名称及部位(构件名称及生产线)　×××宿舍楼主体结构

设计强度等级　C20　　　　　　　　　要求坍落度或工作度　3~5cm

其它技术要求　无

搅拌方法　机拌　　　　　浇捣方法　机振　　　　养护方法　标养

水泥品种及强度等级　矿渣32.5级　厂别牌号　琉璃河　进厂日期　1994.3.7　试验编号　94—20

砂子产地及种类　龙凤山河砂　　　　　　　　　　　　　　试验编号　94—27

石子产地及种类　龙凤山碎石　　　　最大粒径　40mm　　　试验编号　94—28

其它材料　无

掺合料名称　无　　　　　　　　　　　　　外加剂名称　无

申请日期　1994.3.10　　使用日期　1994.3.20　　联系电话　×××.×××

混凝土配合比通知单

混凝土强度等级　C20　　水灰比　0.60　砂率　37%　配合比编号　94—08

项目 \ 材料名称	水泥	水	砂	石	外加剂 CX%	掺合料 CX%	配合比	试配编号
每立方米用量 (kg/m³)	300	180	729	1241			1:0.60:2.43:4.14	94—08
每盘用料(kg)	100	60	243	414				

说明：1. 本配合比所使用材料均为干材料，使用单位应根据材料含水情况随时调整。

　　　2. 本配合比采用水泥品种及所加入外加剂或掺合料发生变化时本配合比无效。

　　　3. 本配合比为7d试配混凝土强度推算所得。

负责人　×××　　审核　××　　计算　××　　试验　×××

报告日期1994年3月18日

混凝土抗压强度试验报告

试验编号：94—77

委托单位：×××工程队　　工程名称：×××宿舍楼　　施工部位：首层圈梁、现浇板

设计强度等级：C20　　拟配强度：24N/mm²　　要求坍落度：3～5 cm　　实测坍落度：3 cm

水泥品种及强度等级：矿渣32.5级　　厂 别：琉璃河　　进场日期：1994.3.7　　试验编号：94—20

砂子产地及品种：龙凤山　　细度模数：2.58　　含泥量：1.2%　　试验编号：94—27

石子产地及品种：龙凤山　　最大粒径：40　　含泥量：0.8 %　　试验编号 94—28

掺合料名称：无　　产 地：＼　　占水泥用量的：＼ %

外加剂名称：无　　产 地：＼　　占水泥用量的：＼ %

其 他：

施工配合比：1:0.60:2.43:4.14　　水灰比：0.60　　砂 率：37 %

配合比编号	材料名称＼用 量	水泥	水	砂子	石子	掺合料	外加剂
94—08	每立方米用量(kg)	300	180	729	1241		

制模日期：1994.3.31　　要求龄期：28d　　要求试验日期：1994.4.27

试块收到日期：1994.4.1　　试块养护条件：标养　　委托试验负责人：××

试件编号	试验日期	实际龄期	试件规格(mm)	受压面积(mm²)	荷载(kN) 单块	荷载(kN) 平均	平均极限强度(MPa)	折合150mm立方强度(MPa)	达到设计强度(%)	备 注
94—77	4.27	28d	150×150×150	22500	565 600 560	575	256	256	128	

结论	符合 GBJ 107—87 标准规定

负责人：×××　　审 核：××　　计算：×××　　试验：×××

报告日期：1994年4月27日

1.1.2.4 焊接试验资料

1. 钢筋焊接方法

钢筋的焊接一般有电阻点焊、闪光对焊、电弧焊、电渣压力焊、埋弧压力焊和气压焊六种焊接方法。电弧焊又分为帮条焊、搭接焊、熔槽帮条焊、坡口焊、钢筋与钢板搭接焊和预埋件T形接头电弧焊(贴焊和穿孔塞焊)等焊接方法。

2．钢筋焊接前的注意事项

工程中每批钢筋正式焊接之前,必须进行现场条件下钢筋焊接性能试验。钢筋电阻点焊、闪光对焊、电渣压力焊、埋弧压力焊,焊前应试焊两个接头,经外观检查合格后,方可按选定的焊接参数进行生产。检查应做预检记录存档。

3．钢筋焊接前的准备工作

进口钢筋、小厂钢筋和与预制阳台、外挂板外留筋焊接的钢筋应在现场焊接前,先按同品种、同规格和同批量做可焊性试验。可焊性试验的资料包括有：

(1) 钢筋试焊外观预检记录;

(2) 试件焊接试验报告;

(3) 预制阳台及外挂板等在现场有焊接要求的预制混凝土构件,构件厂应提供钢筋可焊性试验记录。可焊性试验试件不得少于每项试验一组。做可焊性试验前,应检查钢筋"是否有原材料合格证明和机械性能试验报告,进口钢筋还要有化学分析报告。

4．焊接试验的必试项目

按焊接种类划分：

(1) 点焊(焊接骨架和焊接网片)：

必试项目：抗剪试验、抗拉试验。

(2) 闪光对焊：

必试项目：抗拉试验、冷弯试验。

(3) 电弧焊接头：

必试项目：抗拉试验。

(4) 电渣压力焊：

必试项目：抗拉试验。

(5) 预埋件T形接头、埋弧压力焊：

必试项目：抗拉试验。

(6) 钢筋气压焊：

必试项目：抗拉试验,冷弯试验。

5．焊接钢筋试件的取样方法和数量

焊接钢筋试验的试件应分班前焊试件和班中焊试件,班前焊试件是用于焊工正式焊接前的考核和焊接参数的确定。班中焊试件是用于对成品质量的检验。

班前焊试件制作,在焊接前,按同一焊工,同钢筋级别、规格,同焊接型式取模拟试件一组。试验项目按班中焊要求。

班中焊试件的取样方法和数量按焊接种类分别叙述：

(1) 点焊(焊接骨架和焊接网片)：

1) 凡钢筋级别、规格、尺寸均相同的焊接制品,即为同一类型制品。同一类型制品,每

200件为一验收批。

2) 热轧钢筋点焊,每批取一组试件(三个)做抗剪试验。

3) 冷拔低碳钢丝点焊,每批取二组试件(每组三个),其中一组做抗剪试验,另一组对较小直径钢丝做拉伸试验。

4) 取样方法:

A. 试件应从每批成品中切取;

B. 试件应从外观检查合格的成品中切取。

(2) 钢筋闪光对焊接头:

1) 钢筋加工单位:同一工作班内,同一焊工,同一钢筋级别规格,同一焊接参数,每200个接头为一验收批,不足200个接头时,亦按一批计算。

2) 施工现场:每单位工程的同一焊工,同一钢筋级别、规格,同一焊接参数,每200个接头为一验收批,不足200个接头时亦按一批计算。

3) 每一验收批中取样一组(3个拉力试件,3个弯曲试件)。

4) 取样方法:

A. 试件应从每批成品中切取;

B. 焊接等长的预应力钢筋,可按生产条件制作模拟试件;

C. 模拟试验结果不符合要求时,复验应从成品中切取试件,取样数量和要求与初试时相同。

(3) 钢筋电弧焊接头:

1) 钢筋加工单位:同一焊工,同一钢筋级别、规格,同一类型接头,每300个接头为一验收批,不足300个接头时,按一批计算。

2) 每一验收批取样一组(3个试件)进行拉力试验。

3) 取样方法:

A. 试件应从每批成品中切取;

B. 对于装配结构,节点的钢筋焊接接头,可按生产条件制作模拟试件;

C. 模拟试验结果不符合要求时,复验应从成品中切取试件,其数量与初试时相同。

(4) 钢筋电渣压力焊:

1) 在一般构筑物中,同钢筋级别、同规格的同类型接头每300个接头为一验收批,不足300个接头时,亦按一批计算。

2) 在现浇钢筋混凝土框架结构中,每一楼层的同一钢筋级别,同一规格的同类型接头,每300个接头为一验收批,不足300个接头时,亦按一批计算。

3) 每一验收批取试样一组(三个试件)进行拉力试验。

4) 取样方法:

A. 试件应从成品中切取,不得做模拟试件;

B. 若试验结果不符合要求时,应取双倍数量的试件进行复试。

(5) 预埋件钢筋T形接头埋弧压力焊:

1) 同一工作班内以每300件同类型产品为一验收批,不足300件时,亦按一批计算。

2) 一周内连续焊接时,可以累计计算,每300件同类型产品为一验收批,不足300件时,亦按一批计算。

3) 每一验收批取试样一组(三个试件)进行拉力试验。

4) 取样方法：

A. 试件应从每批成品中切取；

B. 若从成品中取的试件尺寸过小，不能满足试验要求时，可按生产条件制做模拟试件；

C. 试验结果不符合要求时，应取双倍数量的试件进行复验。

(6) 钢筋气压焊：

1) 工艺试验：在正式焊接生产前，采用与生产相同的钢筋，在现场条件下，进行钢筋焊接工艺性能试验，经试验合格，才允许正式生产。

检验方法为每批钢筋取6根试件，3根作拉伸试验，3根作弯曲试验，试验方法和要求与质量验收相同。

2) 外观检查：

A. 镦粗区最大直径为 $1.4 \sim 1.6d$，变形长度为 $1.2 \sim 1.5d$；

B. 压焊区两钢筋轴线的相对偏心量小于 $0.15d$，同时不大于 4mm；

C. 接头处钢筋轴线的弯折角不大于 $4°$；

D. 镦粗区最大直径处与压焊面偏移要小于 $0.2d$；

E. 压焊区表面不得有严重烧伤，纵向裂纹不得大于 3mm；

F. 压焊区表面不能有横向裂纹。

外观检查全部接头，首先由焊工自己负责进行，后由质检人员进行检查，发现不符合质量要求的，要校正或割去重新焊接。

3) 强度检验：

A. 接头拉伸试验结果，强度应达到该钢筋等级的规定数值；全部试件断于压焊面之外，并呈塑性断裂；

B. 冷弯试验，试件受压面的凸起部分应除去，与钢筋外表面齐平，弯至 $90°$，试件不得在压焊面发生破断或出现宽度大于 0.5mm 的裂纹。

检验方法为以200个接头为一批，不足200个头的仍为一批，每批接头切取6个试件作强度、冷弯试验，强度试验结果若有一个试件不符合要求，应取两倍试样，进行复验，若仍有一个试件不合格，则该批接头判为不合格品。

6. 钢筋焊接试验报告(式样见表1-218)。

钢筋焊接试验报告中上部分内容，应由施工生产单位按实际情况填写齐全，不要有空缺项。其余部分由试验室填写。

填表时，试件种类要写具体，如双面搭接电弧焊，不能只填电弧焊；钢材种类，填钢筋的品种和规格，钢筋的符号要写正确。

ϕ —— Ⅰ级钢

Φ —— Ⅱ级钢

Φ —— Ⅲ级钢

Φ —— Ⅳ级钢

ϕ^b —— 冷拔丝

Φ^l —— 冷拉四级钢

试验项目按规范规定填写，如 $\Phi 25$ 闪光对焊必试项目应为拉伸和冷弯两项试验，就必

钢筋(原材、焊接)试验报告　　　　　　　　　　表 1-218

试验编号：

委托单位：　　　　　　委托试样编号：
工程名称及部位：　　　钢材种类：　　　　　　试验项目：
　　　　　　　　　　　焊条型号：　　　　　　试件代表数量
试件种类：　　　　　　送样日期：　　　　　　试验委托人：
焊接操作人：

一、力学试验

| 试样编号 | 规格 | 面积(mm²) | 屈服点(N/mm²) | 极限强度(N/mm²) | 伸长率δ₅(%) | 断口位置及判定 | 冷弯 | | | 备注 |
							弯心直径	角度	评定	

二、化学试验　　　　　　　　　　　　　　　　　　试验编号：

编号	碳	硫	磷	锰	硅

三、试验结论

负责人：　　　　审核：　　　　　计算：　　　　试验
　　　　　　　　　　　　　　　　　　　　　　报告日期：　年　月　日

须取一组 6 个试件，填写焊接试验报告单时，试验项目要写拉伸、冷弯。

表头：钢筋焊接试验报告要把表头中括弧内的"原材"二字划去。

7. 钢筋焊接试验评定标准

（1）电阻点焊：焊点的抗剪试验结果，应符合表 1-219 规定的数值。拉伸试验结果，应不低于冷拔低碳钢丝乙级的规定数值，见表 1-220。

焊接骨架焊点抗剪力指标　（N）　　　　　　　　表 1-219

| 钢筋级别 | 较小钢筋直径(mm) | | | | | | | | |
	3	4	5	6	6.5	8	10	12	14
Ⅰ 级	—	—	—	6640	7800	11810	18460	26580	36170
Ⅱ 级	—	—	—	—	—	16840	26310	37890	51560
冷拔低碳钢丝	2530	4490	7020	—	—	—	—	—	—

冷拔低碳钢丝的力学性能　　　　　　　　　　　表 1-220

| 钢丝级别 | 直径(mm) | 抗拉强度(N/mm²) | | 伸长率δ₁₀₀(%) | 180°反复弯曲(次数) |
		Ⅰ 组	Ⅱ 组		
甲 级	5	650	600	3.0	4
	4	700	650	2.5	
乙 级	3~5	550		2.0	4

注：预应力冷拔低碳钢丝经机械调直后，抗拉强度标准值应降低 50N/mm²。

试验结果如有一个试件达不到上述要求,则取双倍数量的试件进行复验。复验结果,若仍有一试件不能达到上述要求,则该批制品即为不合格。对于不合格品,经采取加固处理后,可提交二次验收。

(2) 闪光对焊:钢筋对焊接头拉伸试验时,应符合下列要求:
1) 三个试件的抗拉强度均不得低于该级别钢筋的规定抗拉强度值。
2) 至少有两个试件断于焊缝之外,并呈塑性断裂。

当检验结果有一个试件的抗拉强度低于规定指标,或有两个试件(≥50%)在焊缝或热影响区发生脆性断裂时,应取双倍数量的试件进行复验。复验结果,若仍有一个试件的抗拉强度低于规定指标,或有两个试件(≥50%)呈脆性断裂,则该批接头即为不合格品。

模拟试件的检验结果不符合要求时,复验应从成品中切取试件,其数量和要求与初试时相同。

预应力钢筋与螺丝端杆对焊接头只作拉伸试验,但要求全部试件断于焊缝之外,并呈塑性断裂。

钢筋闪光对焊接头弯曲试验时,应将受压面的金属毛刺和镦粗变形部分去除,与母材的外表齐平。

弯曲试验可在万能材料试验机或其他弯曲机上进行,焊缝应处于弯曲的中心点,弯曲直径见表1-221。弯曲至90°时,接头外侧不得出现宽度大于0.15mm的横向裂纹。

钢筋对焊接头弯曲试验指标　　　　　表 1-221

项 次	钢 筋 级 别	弯心直径(mm)	弯曲角(°)
1	Ⅰ级	2d	90
2	Ⅱ级	4d	90
3	Ⅲ级	5d	90
4	Ⅳ级	7d	90
5	50/75kg级	6d	90

注:1. d 为钢筋直径,单位 mm。
　　2. 直径大于 25mm 的钢筋对焊接头,作弯曲试验时弯心直径应增加一个钢筋直径。

弯曲试验结果如有两个试件未达到上述要求,应取双倍数量的试件进行复验,复验结果若有三个试件不符合要求,该批接头即为不合格品。

(3) 电弧焊:
钢筋电弧焊接头拉伸试验结果应符合下列要求:
1) 三个试件的抗拉强度均不得低于该级别钢筋的规定抗拉强度值。
2) 至少有两个试件(≥50%)呈塑性断裂。

当检验结果有一个试件的抗拉强度低于规定指标,或有两个试件(≥50%)发生脆性断裂时,应取双倍数量的试件进行复验。复验结果若仍有一个试件的抗拉强度低于规定指标,或有三个试件(≥50%)呈脆性断裂时,则该批接头即为不合格品。

模拟试件的数量和要求与从成品中切取相同。当模拟试件试验结果不符合要求时,复验应从成品中切取试件,其数量与初试时相同。

(4) 电渣压力焊:三个试件均不得低于该级别钢筋规定抗拉强度值,并至少有两个试件(≥50%)断于焊缝之外,呈塑性断裂。

(5) 预埋件电弧焊和预埋件埋弧压力焊:三个试件均不得低于该级别钢筋规定抗拉强度值。

钢结构焊接:

承受拉力或压力且要求于母材等强度的焊缝,必须经超声波或 X 射线探伤检验。

承受拉力且要求与母材等强度的焊缝为一级焊缝应全数做超声波检查,并做 X 射线抽查检验,抽查焊缝长度的 2% 至少应有一张底片。若缺陷超标,应加倍透照,如不合格应 100% 的透照。

承受压力且要求与母材等强度的焊缝为二级焊缝,应抽焊缝长度的 50% 做超声波检验。有疑点时,用 X 射线透照复验,如发现有超标缺陷,应用超声波全部检验。

焊缝超声波或 X 射线检验质量标准见表 1-222。

X 射 线 检 验 质 量 标 准　　表 1-222

项次	项目		质量标准	
			一级	二级
1	裂纹		不允许	不允许
2	未熔合		不允许	不允许
3	未焊透	对接焊缝及要求焊透的 K 型焊缝	不允许	不允许
		管件单面焊	不允许	深度≤10% δ,但不大于 1.5mm;长度≤条状夹渣总长
4	气孔和点状夹渣	母材厚度(mm)	点数	点数
		5.0	4	6
		10.0	6	9
		20.0	8	12
		50.0	12	18
		120.0	18	24
5	条状夹渣	单个条状夹渣	$1/3\delta$	$2/3\delta$
		条状夹渣总长	在 12δ 的长度内,不得超过 δ	在 6δ 的长度内,不得超过 δ
		条状夹渣间距(mm)	$6L$	$3L$

注:δ——母材厚度(mm);

L——相邻两夹渣中较长者(mm);

点数——计算指数。是指 X 射线底片上任何 $10 \times 50 mm^2$ 焊缝区域内(宽度小于 10mm 的焊缝,长度仍用 50mm)允许的气孔点数。母材厚度在表中所列厚度之间时,其允许气孔点数用插入法计算取整数。各种不同直径的气孔应按表 1-213 换算点数。

8. 资料整理

钢材焊接试验资料有:(1)钢筋焊接试验报告。(2)钢结构焊接焊缝超声波或 X 射线探伤检验报告。

钢材焊接试(检)验报告应装订在一起,按时间顺序编写并要有子目录,与其它施工试验资料订装在一册。

9. 常见问题

(1) 缺少班前模拟试件焊接试验报告;

(2) 进口钢筋、小厂钢筋及与预制阳台、外挂板外留筋焊接的钢筋未按同品种、同规格

1.1 建筑工程

气孔点数换算 表1-223

气孔直径(mm)	<0.5	0.6~1.0	1.1~1.5	1.6~2.0	2.1~3.0	3.1~4.0	4.1~5.0	5.1~6.0	6.1~7.0
换算点数	0.5	1	2	3	5	8	12	16	20

和同批量做可焊性试验；

(3) Ⅲ级钢筋采用搭接电弧焊；

(4) 焊接试验项目不全，对焊气压焊不做冷弯试验，电阻点焊不做抗剪试验；

(5) 每组试件只取二根；

(6) 焊接试验报告中，无断口判定；

(7) 焊接试验不合格，未取双倍试件复试。

10．示例

钢筋(原材、焊接)试验报告

试验编号：94—57

委托单位　×××工程队　　试验委托人　××

工程名称及部位　×××宿舍楼一～三层阳台尾筋焊接

试件种类单面搭接电弧焊　　钢材种类　热轧带肋钢筋

牌号　RL335　产地　首钢　　级别、规格　Φ22

试件代表数量　48件　试件编号　94—57　原材试验编号　94—21

焊条型号　E4303　焊接操作人　×××　来样日期　1994.4.18

一、力学试验

试件编号	规格	面积(mm²)	屈服点(N/mm²)	极限强度(N/mm²)	伸长率(%)	断裂位置及判定	冷弯 弯心	冷弯 角度	冷弯 结果	备注
94	Φ22	380		592		距焊缝47				塑断
1				584	15					塑断
57				592	36					塑断

二、化学试验

试件编号	分析编号	碳	硫	磷	锰	硅

结论　符合 JGJ 18—96 标准规定

负责人：×××　审核：××　计算：××　试验：××

试验日期　1994年4月20日

报告日期　1994年4月20日

1.1.2.5 现场预应力混凝土试验

现场预应力混凝土试验内容主要包括：预应力锚、夹具出厂合格证及硬度、锚固能力抽检试验报告；预应力钢筋(含端杆螺丝)的各项试验资料及预应力钢丝镦头强度检验。

1. 预应力锚、夹具的出厂合格证、硬度和锚固能力抽检试验要求

(1) 预应力锚、夹具出厂应有合格证明。

(2) 进场锚具应进行外观检查、硬度检验和锚固能力试验。以同一材料和同一生产工艺，不超过200套为一批。

1) 外观检查：从每批中抽取10%的锚具，但不少于10套，检查锚具的外观和尺寸。如有一套表面有裂纹或超过允许偏差，则另取双倍数量的锚具重做检查；如仍有一套不符合要求则应逐套检查，合格者方可使用。

2) 硬度检验：从每批中抽取5%的锚具，但不少于5套作硬度试验。锚具的每个零件测试三点，其硬度的平均值应在设计要求的范围内，且任一点的硬度，不应大于或小于设计要求范围三个洛氏硬度单位。如有一个零件不合格，则另取双倍数量的零件重做试验；如仍有一个零件不合格，则应逐个检验，合格者方可使用。

3) 锚固能力试验：经上述两项检验合格后，从同批中抽取3套锚具，将锚具装在预应力筋的两端。在无粘结的状态下置于试验机或试验台上试验。锚具的锚固能力，不得低于预应力筋标准抗拉强度的90%，锚固时预应力筋的内缩量，不超过锚具设计要求的数值，螺丝端杆锚具的强度，不得低于预应力筋的实际抗拉强度。如有一套不符合要求，则另取双倍数量的锚具重做试验。如仍有一套不合格，则该批锚具为不合格品。

现场加工预应力钢筋混凝土构件，所用预应力锚、夹具应有出厂合格证，硬度及锚固能力抽检，应符合上述要求，并有试检验报告。

2. 预应力钢筋的各项试验资料及预应力钢丝镦头强度检验

预应力钢筋的施工试验主要包括钢筋的冷拉试验、钢筋的焊接试验、预应力钢丝镦头强度检验。

(1) 钢筋的冷拉试验

1) 钢筋冷拉可采用控制应力或控制冷拉率的方法进行，对于用作预应力的冷拉Ⅱ、Ⅲ、Ⅳ级钢筋，宜采用控制应力的办法。

2) 用控制冷拉率的方法冷拉钢筋

A. 冷拉率必须由试验结果确定。测定冷拉率用的冷拉应力应符合表1-224的规定。试件所用试件不宜少于4个，取其平均值作为该批钢筋的实际冷拉率。如因钢筋强度偏高，平均冷拉率低于1%时，仍应按1%进行冷拉。

预应力钢筋的冷拉率应由厂技术部门审定。

测定冷拉率时钢筋的冷拉应力 表1-224

钢 筋 种 类	Ⅰ级钢筋	Ⅱ级钢筋	Ⅲ级钢筋	Ⅳ级钢筋
冷拉应力(MPa)	320	450	530	750

B. 根据试验确定的冷拉率，先冷拉三根钢筋，并在三根钢筋上分别取三根试件作机械性能试验，合格后，方可进行成批冷拉。

C. 混炉批钢筋不宜采用控制冷拉率的方法进行冷拉。若需要采用时必须逐根或逐盘测定冷拉率，然后冷拉。

3) 用控制应力的方法冷拉钢筋

A. 控制应力及最大冷拉率应符合表1-225的规定。

控制应力及最大冷拉率 表1-225

钢筋种类	Ⅰ级钢筋	Ⅱ级钢筋	Ⅲ级钢筋	Ⅳ级钢筋
冷拉控制应力(MPa)	280	420	500	720
最大冷拉率(%)	10	5.5	5	4

B. 冷拉力应为钢筋冷拉时的控制应力值乘以钢筋冷拉前的公称截面面积。

C. 冷拉力应采用测力器控制。测力器可根据各厂具体条件和习惯，选用下列几种：千斤顶、弹簧测力器、钢筋测力计、电子秤、测力器、拉力表等。

D. 测力器应定期校验，校验期限规定如下：

a. 使用较频繁的，每三个月校验一次。

b. 使用一般，每六个月校验一次。

c. 长期不用的或检修后，使用前必须校验。

E. 冷拉时，应测定钢筋的实际伸长值，以校核冷拉压力。

4) 钢筋冷拉记录表样见表1-226。

钢筋冷拉记录表 表1-226

试验报告编号　　　　　　　　　　控制应力
构件名称和编号　　　　　　　　　控制冷拉率

冷拉日期	钢筋编号	钢筋规格	钢筋长度(m)(不包括螺丝端杆长)			冷拉控制拉力(kN)	冷拉时温度(℃)	备注
			冷拉前	冷拉后	弹性回缩后			
1	2	3	4	5	6	7	8	9

注：1. 如用冷拉率控制，则第7栏可不填写。
　　2. 如有拉断或拉断后再焊接重拉等情况，应在备注栏内注明。
　　3. 钢筋冷拉后应按规定截取试样进行有关试验，试验结果应在备注栏内注明。

(2) 钢筋的焊接试验

1) 钢筋的纵向连接，应采用对焊；钢筋的交叉连接宜采用点焊；构件中的预埋件宜采用压力埋弧焊或电弧焊。但对高强钢丝、冷拉钢筋、冷拔低碳钢丝、Ⅳ级钢不得采用电弧焊。

对焊时，为了选择合理的焊接参数，在每批钢筋(或每台班)正式焊接前，应焊接六个试件，其中三个做拉力试验，三个做冷弯试验。经试验合格后，方可按既定的焊接参数成批生产。

同直径、同级别，而不同钢种的钢筋可以对焊，但应按可焊性较差的钢种选择焊接参数。同级别、同钢种不同直径的钢筋对焊，两根钢筋截面积之比不宜大于1.5倍。但需在焊接过程中按大直径的钢筋选用参数，并应减小大直径钢筋的调伸长度。上述两种焊接只能用冷拉方法调直，不得利用其冷拉强度。

2) 钢筋点焊质量应符合下列要求：

a. 热轧钢筋压入深度应为较小钢筋直径的30%～45%；冷加工钢筋应为较小钢筋直径的25%～35%。
　　b. 焊点处应无明显烧伤、烧断、脱点。
　　c. 受力钢筋网和骨架,应按批从外观检验合格的成品中,截取三个抗剪试件；冷拔低碳钢丝焊成的受力钢筋网和骨架,应再截取三个抗拉试件。
　　3) 钢筋焊接的试验报告资料整理请参阅本章有关内容。
　　(3) 预应力钢丝镦头强度检验
　　预应力钢丝墩头前,应按批做三个镦头试验(长度250～300mm),进行检查和试验。预应力钢丝镦头强度不得低于预应力筋实际抗拉强度的90%。镦头的外观检验一般有：
　　有效长度±1mm；
　　直径≥1.5d；
　　冷镦镦头厚度为0.7～0.9d；
　　冷镦头中心偏移不得大于1mm；
　　热镦头中心偏移不得大于2mm。
　　3. 整理
　　现场预应力混凝土试验资料应整理在一起,其顺序为：
　　(1) 预应力锚、夹具：
　　1) 出厂合格证明；
　　2) 外观检查记录；
　　3) 硬度检验报告；
　　4) 锚具能力试验报告；
　　(2) 预应力钢筋试验资料：
　　1) 钢筋冷拉试验报告；
　　2) 钢筋焊接试验报告；
　　(3) 预应力钢丝镦头抽检记录：
　　1) 镦头外观检验记录；
　　2) 镦头强度试验报告。

1.1.3　施工记录

　　施工记录主要是对工程重要和特殊部位的施工情况记录及工程发生异常情况或意外事故的记载。施工记录要及时、全面、准确、真实且有建设单位的签认。重要结构或有特殊要求的工程,施工记录要有设计人的签字。施工记录时效性较强,一般不允许后补,施工记录原则上应为原始记录,若污损严重可以誊写,但要与原件一致,并注明原件存放处和抄写人。
　　施工记录应分类整理,排序编号装订成一个分册,建立分目录。装订顺序为：
　　封面；
　　分目录表；
　　依据施工先后排列各类施工记录；
　　封底。

1.1.3.1　地基处理记录

　　地基处理是指地基不能满足设计要求时对地基的补强处理。地基处理记录一般包括地基处理方案、地基处理的施工试验记录、地基处理检查记录。

1. 地基处理方案

（1）地基处理方案一般是经验槽后，由设计勘察部门提出，施工单位记录并写成的书面处理方案。

（2）地基处理方案中应有工程名称、验槽时间，有钎探记录分析。应说明实际地基与地质勘察报告是否相符合；标注清楚需要处理的部位；写明需要处理的实际情况；处理的具体方法和质量要求。最后必须要有设计、勘探人员签认。

（3）地基处理方案应交质量监督部门核查、签认。

2. 地基处理的施工试验记录

（1）灰土、砂、砂石和三合土地基，应做干土密度或贯入度试验。干土密度试验同于回填土的干密度试验。

贯入度试验是用贯入仪、钢筋或钢叉等测试贯入度大小，检查砂地基质量，以不大于通过试验所确定的贯入度（即砂在中密状态的贯入度）为合格。

1）钢筋贯入测定法：用直径为 20mm、长 1250mm 的平头钢筋，举离砂层面 700mm 高时自由落下，插入深度应根据该砂的控制干土密度确定。

2）钢叉贯入测定法：用齿间距离为 800mm、长 300mm 带 90mm 长木柄的四齿钢叉，举离砂层面 500mm 高时自由落下，插入深度应根据该砂的控制干密度确定。

贯入测定法要有试验记录，试验应合格，试验记录归档保存。

（2）重锤夯实地基：重锤夯实地基应有试验报告及最后下沉量和总下沉量记录。

1）重锤夯实施工前，应在现场进行试夯，选定夯锤重量、底面直径和落距，以确定最后下沉量及相应的最少夯击遍数和总下沉量。

最后下沉量一般可采用表 1-227 的数值。

表 1-227

土 的 类 别	最 后 下 沉 量 （mm）
粘性土及湿陷性黄土	10~20
砂 土	5~10

注：最后下沉量系指重锤最后 2 击平均每击土面的沉落值。

2）夯锤重量宜采用 1.5~3.0t，落距一般采用 25~45m。锤重与底面积的关系应符合锤重在底面上的单位静压力为 1.5~2.0N/cm^2。

夯锤形状宜采用截头圆锥体，可用钢筋混凝土制作，其底部可填充废铁并设置钢底板，以使重心降低。

3）试夯前应测定土的含水量，当低于最佳含水量 2% 以上时，应在天然湿度及加水至最佳含水量的基土上分别进行试夯。

土的最佳含水量可通过试验确定。

试夯后，应挖井检查试坑内的夯实效果，测定坑底以下 2.5m 深度内，每隔 0.25m 深度处夯实土的密实度，与试坑外天然土的密实度相比较。对于分层填土，应测定每层填土试夯后的最大、最小及平均密实度。

4）试夯结束后应提出试夯报告，并附重锤夯实试夯记录，见表 1-228。

重锤夯实试夯记录

表 1-228

施工单位
工程名称　　　　　　　　　　　试夯日期
试夯地点及试坑编号　　　　　　试坑土质
夯锤重量　　　t　锤底直径　　　m　落距　　　m
落锤方法　　　地基天然含水量　　%为达到最佳含水量　　%而加的水量　　kg/m²

1. 观测点下沉观测结果

夯击遍数		0	2	4	6	7	8	9	10	11	12	13	14	15	16
观测点1	水准读数														
	下沉量(mm)														
	累计下沉量(mm)														
观测点2	水准读数														
	下沉量(mm)														
	累计下沉量(mm)														
观测点3	水准读数														
	下沉量(mm)														
	累计下沉量(mm)														

2. 土样试验结果

		0.25	0.50	0.75	1.00	1.25	1.50	1.75	2.00	2.25	2.50
原状土	表观密度(g/cm³)										
	含水量(%)										
	干密度(g/cm³)										
夯实土	表观密度(g/cm³)										
	含水量(%)										
	干密度(g/cm³)										

工程负责人：　　　　　记录：

5) 在夯击过程中,应参照表 1-229 做好记录。

重锤夯实施工记录

表 1-229

施工单位　　　　　　　　地基土质
工程名称
夯锤重量　　　t　锤底直径　　　m　落距　　　m
落锤方法

施工地段及面积	夯打日期		气候条件	含水量(%)		实际加水量(L/m²)	夯击遍数		最后下沉量(cm)	预留土层厚度(cm)	底面标高		总下沉量(cm)	备注
	开始	完成		天然	最佳		规定	实际			夯前	夯后		

工程负责人：　　　　　记录：

6) 重锤夯实地基的验收,应检查施工记录,除应符合试夯最后下沉量的规定外,还应检查基坑(槽)表面的总下沉量,以不小于试夯总下沉量的 90% 为合格。也可采用在地基上选点夯击检查最后下沉量。

夯击检查点数,每一单独基础至少应有一点;基槽每 30m² 应有 1 点;整片地基每 100m² 不得少于 2 点。

检查后,如质量不合格,应进行补夯,直至合格为止。

(3) 强夯地基施工记录,见表 1-230。

强夯地基施工记录   表 1-230

施工单位		施工日期	至			
工程名称						
建筑物名称		占地面积	m²			
场地标高	m	地下水位标高	m	地层土质		
起重设备		夯锤规格		重量	t	
夯击遍数:第 遍 本遍每个夯击坑击数 击 本遍夯机坑数 个 本遍总夯击击数 击						
总夯击遍数 遍 总夯击坑数 个 平均夯击能 t·m/m² 总夯击击数 击						
场地平均沉降量 cm 累计 cm						
建筑物基础夯击坑布置简图						

工程负责人:　　　　　记录:

对锤重、落距、夯击点布置及夯击次数要做好记录。

3. 地基处理检查记录

地基处理检查记录是施工单位会同建设单位对地基处理的检查、验收记录。记录中要注明各处理部位是如何进行处理的,处理是否达到设计要求或相应施工规范的规定,而且记录要请建设单位签认。

1.1.3.2 地基钎探记录及钎探平面布置图

建筑工程开槽挖至设计标高后,凡可以钎探的都应进行钎探,且钎探必须采用轻便触探的方法。地基钎探的作用主要是为了检查地基持力土层是否均匀一致,有无局部过软、过硬之处,并可以测算持力土层的承载力,做为参考。地基钎探必须做记录,钎探记录主要包括:钎探点平面布置图和钎探记录两部分。

1. 钎探点平面布置图

(1) 钎探点平面布置图应与实际基槽(坑)一致,应标出方向及基槽(坑)各轴线,各轴号要与设计基础图一致,见表 1-231。

基础钎探编号平面布置图   表 1-231

审核　　　　　制图

(2) 钎探点的布置：钎探点的布置依据基槽（坑）的宽度，一般槽宽每 0.8m 布一排钎探点，钎探间距（同一排相邻两点间距离）为 1.5m。具体钎探点的布置可参照表 1-232。

钎 孔 的 布 置　　　　　　　　　　　　表 1-232

槽 宽 (m)	排 列 方 式	钎探深度 (m)	钎探间距 (m)
0.8～1.0	中心一排	1.5	1.5
1.0～2.0	两排错开 1/2 钎孔间距，每排距槽边为 0.2m	1.5	1.5
2.0 以上	梅花形	1.5	1.5

(3) 钎探平面布置图上各点应与现场各钎探点一一对应，不能有误。图上各点应沿槽轴向按顺序编号，编号注在图上。

(4) 验槽后应将地基需处理的部位、尺寸、标高等情况标注于钎探平面布置图上。

2. 钎探记录

(1) 轻便触探：轻便触探试验设备主要由尖锥头、触探杆、穿心锤三部组成。触探杆系用直径 25mm 的金属管，每根长 1.0～1.5m，或用直径为 25mm 的光圆钢筋，每根长 2.2m，穿心锤重 10kg。

试验时，穿心锤落距为 0.5m，使其自由下落，将触探杆竖直打入土层中，每打入土层 0.3m 的锤击数为 N_{10}。

(2) 钎探记录表，见表 1-233。

钎 探 记 录 表　　　　　　　　　　　　表 1-233

施工单位						工程名称						
锤重		自由落距				钎径		钎探日期				
顺序号	各 步 锤 数					备注	顺序号	各 步 锤 数				备注
	cm 0～30	cm 30～60	cm 60～90	cm 90～120	cm 120～150			cm 0～30	cm 30～60	cm 60～90	cm 90～120	cm 120～150	

续表

顺序号	各步锤数					备注	顺序号	各步锤数					备注
	cm 0~30	cm 30~60	cm 60~90	cm 90~120	cm 120~150			cm 0~30	cm 30~60	cm 60~90	cm 90~120	cm 120~150	

工长　　　　　　质量检查员　　　　　　钎探负责人

表中：施工单位、工程名称要写具体，锤重、自由落距、钎径、钎探日期要依据现场现况填写，工长、质量检查员、打钎负责人的签字要齐全。

钎探记录表中各步锤数应为现场实际打钎各步锤击数的记录，第一钎探点必须钎探五步，1.5m深。打钎中如有异常情况，写在备注栏内。

(3) 标注与誊写：

验槽时应先看钎探记录表，凡锤击数较少点，与周围差异较大点应标注在钎探记录表上，验槽时对该部位应进行重点检查。

钎探记录表原则上应用原始记录表，污损严重的可以重新抄写，但原始记录仍要原样保存好，重新抄写的记录数据、文字应与原件一致，并要注明原件保存处及有抄件人签字。

地基钎探记录作为一项重要的技术资料，一定要保存完整，不得遗失。

1.1.3.3 桩基施工记录

桩基主要包括预制桩和现制桩。桩基施工应按规定认真做好施工记录。由分包单位承担桩基施工的，完工后应将记录移交总包单位。

1. 钢筋混凝土预制桩基施工记录

钢筋混凝土预制桩基施工记录主要包括：现场预制桩的检查验收资料、试桩或试验记录、桩施工记录、补桩记录、桩的节点处理记录。

(1) 现场预制桩的检查验收资料

1) 审批、制作、运输、堆放：钢筋混凝土预制桩的现场制作，首先制作单位要有质量监督部门的资质审批手续，经认可方可施工。钢筋混凝土桩的制作应注意：桩的钢筋骨架的主筋连接宜采用对焊，对主筋接头的位置及数量、桩尖、桩头部分钢筋绑扎的质量要认真检查。

桩的混凝土浇筑应由桩顶向桩尖连续浇筑，严禁中断。桩顶和桩尖处混凝土不得有蜂窝、麻面、裂缝和掉角等缺陷。此外，对桩的制作偏差应严加控制。钢筋混凝土桩的设计强度达70%时方可起吊，达100%时方可运输和打桩。吊点应合理选择，以免产生吊装裂缝。桩的堆放场地应平整、压实。垫木保持在同一平面上，垫木的位置应和吊点位置相同，各层垫木应上下对齐。

2）现场预制桩的检查记录，钢筋混凝土预制桩检查记录见表1-234。

钢筋混凝土预制桩检查记录　　　　　　　　　　　　　　　　表1-234

施工单位　　　　　　　　工程名称
混凝土设计强度　　　　　桩规格

编号	浇筑日期	混凝土强度(MPa)	外观检查	质量鉴定	备注

工程负责人：　　　　　记　录：

表中质量鉴定应依据下列规定：

A．桩的表面应平整、密实，掉角的深度不应超过10mm，且局部蜂窝和掉角的缺损总面积不得超过该桩表面全部面积的0.5%，并不得过分集中。

B．由于混凝土收缩产生的裂缝，深度不得大于20mm，宽度不得大于0.25mm，横向裂缝长度不得超过边长的一半（管桩或多角形桩不得超过直径或对角线的1/2）。

C．桩顶和桩尖处不得有蜂窝、麻面、裂缝和掉角。

D．外观检查按表1-235、表1-236规定。

预制桩的钢筋骨架的允许偏差　　　　　　　　　　　　　　　　表1-235

项次	项目	允许偏差（mm）
1	主筋间距	±5
2	桩尖中心线	10
3	箍筋间距或螺旋筋的螺距	±20
4	吊环沿纵轴线方向	±20
5	吊环沿垂直于纵轴线方向	±20
6	吊环露出桩表面的高度	−0～+10
7	主筋距桩顶距离	±10
8	桩顶钢筋网片	±10
9	多节桩锚固钢筋长度	±10
10	多节桩锚固钢筋位置	5
11	多节桩预埋铁件	±3

预制桩的允许偏差   表1-236

项次	项目	允许偏差(mm)
1	钢筋混凝土预制桩：	
	① 横截面边长	±5
	② 桩顶对角线之差	10
	③ 保护层厚度	±5
	④ 桩身弯曲矢高	不大于1‰桩长,≤20
	⑤ 桩尖中心线	10
	⑥ 桩顶平面对桩中心线的倾斜	≤3
	⑦ 锚筋预留孔深	0～20
	⑧ 浆锚预留孔位置	5
	⑨ 浆锚预留孔径	±5
	⑩ 锚筋孔的垂直度	≤1%
2	钢筋混凝土管桩：	
	① 直径	±5
	② 管壁厚度	-5
	③ 抽芯圆孔平面位置对桩中心线	5
	④ 桩尖中心线	10
	⑤ 下节或上节桩的法兰对中心线的倾斜	2
	⑥ 中节桩两个法兰对桩中心线倾斜之和	3

3）验收

A．预制桩上应标明编号、制作日期和吊点位置。

B．预制桩应在制作地点验收，检验前不得修补蜂窝、裂缝、掉角及其它缺陷，检验应逐根进行。

C．验收时应有下列资料：

桩的结构图；

材料检验记录；

钢筋隐蔽验收记录；

混凝土试块强度报告；

桩的检查记录；

桩的养护方法等。

(2) 试桩或试验记录

桩基打桩前应做试桩或桩的动荷载试验，见表1-237。打试桩主要是了解桩的贯入度、持力层的强度、桩的承载力以及施工过程中遇到的各种问题和反常情况等。试桩或试验时应请建设单位、设计单位和质量监督部门参加，并做好试桩或试验记录，画出各土层深度，打入各土层的锤击次数，最后精确地测量贯入度等。

桩的动荷载记录表

表 1-237

施工单位		工程名称		气候	
桩的类型、规格及重量					
桩号及坐标					
工程及水文地质简要说明					
桩制作于 年 月 日 打入于 年 月 日 桩的复打检验于 年 月 日结束					
打桩使用的桩锤类型和重量					
复打时使用的桩锤类型和重量					
初打时使用的桩帽的构造及采用弹性垫层情况					
复打时使用的桩帽的构造及采用弹性垫层情况					
初打时锅炉蒸汽压力					
复打时锅炉蒸汽压力					
初打时采用的落锤高度　　　　cm					
复打时采用的落锤高度　　　　cm					
桩尖设计标高　　　　m　　　桩尖实际标高　　　　m					
初打完毕最后一阵(10击)贯入度　　　　cm					
复打检查五次贯入度(1)　　cm,(2)　　cm,(3)　　cm,(4)　　cm,(5)　　cm					
平均贯入度　　　cm 复打贯入度与初打贯入度的比值					

工程负责人：　　　　　　　　　　　记录：

试桩记录表：

试桩或试验记录要根据现场情况填写清楚、齐全。建设单位、设计单位、质量监督部门提出的技术、质量意见要求应有记录，并应对试桩或试验进行签认。

(3) 桩施工记录

桩施工记录表见表 1-238。

钢筋混凝土预制桩施工记录

表 1-238

施工单位　　　　　　　　　　工程名称
施工班组　　　　　　　　　　桩的规格

桩锤类型及冲击部分重量
自然地面标高　　　　　　　　桩锤重量
气候　　　　　　　　　　　　桩顶设计标高

编号	打桩日期	桩入土每米锤击次数 1,2,3,4,……	落距 (cm)	桩顶高出或低于设计标高 (m)	最后贯入度 (cm/10击)	备注

1.1 建筑工程　263

续表

编号	打桩日期	桩入土每米锤击次数 1,2,3,4,……	落距 (cm)	桩顶高出或低于设计标高 (m)	最后贯入度 (cm/10击)	备注

工程负责人：　　　　　　　记录：

表要据实填写清楚齐全。打桩中如有异常情况应记录在备注栏中。

桩施工要有平面位置图，图上要注明方向、轴线、各桩编号、位置、标高。出现问题的桩要注明情况，要标示出打桩顺序及补桩情况。最后要有打桩负责人、制图人签字。

(4) 补桩记录

打桩不符合要求，应进行补桩的要有补桩记录。

补桩平面图：

补桩要有补桩平面图，图中应标清原桩和补桩的平面位置，补桩要有编号，要说明补桩的规格、质量情况，有制图及补打桩负责人签字。

补桩记录表与桩施工记录表相同，填写要求一样。

(5) 桩的节点处理资料

桩的节点处理主要是指接桩节点处理，接桩方法有焊接接桩、法兰接桩和硫磺胶泥锚接桩。

各种接桩的适用范围如下：焊接接桩和法兰接桩适用于各类土层，硫磺胶泥锚接桩适用于软弱土层。

接桩材料应符合下列规定：

1) 焊接接桩：钢板宜用低碳钢。

2) 法兰接桩：钢板和螺栓宜用低碳钢。

3) 硫磺胶泥锚接桩：硫磺胶泥配合比应按试验决定，当无试验资料时，可参照下列配合比执行。

A．硫磺胶泥的重量配合比：

硫磺：水泥：砂：聚硫橡胶(44:11:44:1)。

B．硫磺胶泥试验每班不得少于一组。

硫磺胶泥的原料和制品在运输、储存和使用时不得混有杂质，并应防潮、防火和忌油。

接桩时，上下节桩的中心线偏差不得大于10mm，节点弯曲矢高不得大于1%桩长。

桩的节点处理资料包括：

1) 截桩：桩节点清理记录；

2) 接桩材料检查记录，硫磺胶泥配比及试块试验记录；

3) 接桩的节点处理检查、验收记录。

各记录要依据上述要求认真填写清楚、齐全，并有施工负责人、记录人及质量检查员的签字。

2．钢筋混凝土灌注桩的施工记录

灌注桩是就地成孔后，放入钢筋，再浇筑混凝土而成。

灌注桩按成孔方法分为钻孔灌注桩、爆扩灌注桩、振动灌注桩、冲击灌注桩、捣实灌注桩。灌注桩的施工记录主要包括：

桩位测量放线图；

灌注桩的施工记录；

桩的检查试验资料；

桩位竣工平面图。

(1) 桩位测量放线图

桩位测量放线图应与设计基础平面图一致。并要有放线控制点（坐标、高程），检验校核数据，桩位（坐标、高程）及其编号。

(2) 灌注桩的施工记录，见表 1-239、表 1-240、表 1-241。

泥浆护壁成孔的灌注桩施工记录 表 1-239

施工单位　　　　　　　　工程名称
施工班组　　　　　　　　气候
钻机类型　　　　　　　　设计桩顶标高
设计桩径　　　　　　　　自然地面标高

施工日期	班次	桩位编号	钻孔时间(min)	钻孔直径(cm)		钻孔深度(m)		护筒埋深(m)	孔底沉渣厚度(cm)	孔底标高(m)	泥浆种类	泥浆指标			备注
				设计	实测	设计	实测					密度	胶体率(%)	含砂量(%)	

工程负责人：　　　　　记录：

干作业成孔的灌注桩施工记录 表 1-240

施工单位　　　　　　　　工程名称
施工班组　　　　　　　　气候
钻机类型及编号　　　　　设计桩顶标高
设计桩径　　　　　　　　自然地面标高

顺序号	日期年月日	桩位编号	自然地面标高	持力层标高(m)	钻孔深度(m)	进入持力层深(cm)	第一次测孔			第二次测孔			混凝土灌注		钻孔总用时间(min)	出现情况			备注
							孔深(m)	虚土(cm)	进水(cm)	孔深(m)	虚土(cm)	进水(cm)	实际(m³)	计算(m³)		坍孔	缩颈	进水	

工程负责人：　　　　　记录：

1.1 建筑工程

套管成孔的灌注桩施工记录　　　　　表 1-241

施工单位　　　　　　　　　　　工程名称
气候　　　　　　　　　　　　　施工班组
打桩顺序　　　　　　　　　　　跳打后中心距
桩管规格及重量　　　　　　　　打桩机类型及编号
桩锤类型　　　　　　　　　　　桩锤冲击部分重量
桩帽类型及重量　　　　　　　　桩尖类型
桩管上弹性垫的材料及厚度

施工日期	班次	班号	钻孔深度	灌注次数	沉管锤击次数(击/m)							最后十击贯入度(cm)	最后十击平均落距(cm)	沉管时间								实际消耗时间(时 分)
					总计	1	2	3	4	5	……			开始		结束		原因	停歇时间			
														时	分	时	分		开始		结束		
																			时	分	时	分	

桩号	第一次加混凝土时间			第一次拔管时间			第一次拔管高度	第二次加混凝土时间			第二次拔管时间			拔管总时间(min)	钢筋长度(m)	桩顶离地面深度(cm)	灌注混凝土数量（立方米）		
	开始		结束		开始		结束			开始		结束		开始		结束					第一次	第二次	总计
	时	分	时	分	时	分	时	分		时	分	时	分	时	分	时	分						

工程负责人：　　　　　　　　　　　　　记　录：

注："沉管扩大灌注桩施工记录"可参照本附表格式填写。

施工记录要依据现场实际情况填写清楚齐全、准确真实。

(3) 灌注桩的检查试验资料

1) 钢筋的隐检；
2) 混凝土配合比和试块抗压试验；
3) 灌注桩的检查验收记录。

灌注桩的检查项目、允许偏差和检验方法如表 1-242。

灌注桩施工质量标准及检验方法　　　　　表 1-242

项次	项　　目			允许偏差(mm)	检验方法
1	钢筋笼	主筋间距		±10	尺量检查
2		箍筋间距		±20	
3		直　径		±10	
4		长　度		±100	
5	桩的位置偏移	泥浆护壁成孔，爆扩成孔灌注桩	垂直于桩基中心线	1～2根桩单排桩群桩基础的边桩	$d/6$ 且不大于200	拉线和尺量检查
			沿桩基中心线	条形基础的桩群桩基础的中心桩	$d/4$ 且不大于300	

项次	项	目		允许偏差（mm）	检验方法
6	桩的位置偏移	套管成孔灌注桩	1~2 根或单排桩	70	拉线和尺量检查
			3~20 根桩基的桩	$d/2$	
			桩数多于 20 根 边缘桩	$d/2$	
			中间桩	d	
7	垂 直 度			$H/100$	吊线和尺量检查

注：d 为桩的直径；H 为桩长。

(4) 桩位竣工平面图

桩位竣工平面图要标注清楚灌注桩完工后桩的实际位置(坐标、高程)、桩的标号、各轴线桩的变更情况及处理情况等。

1.1.3.4 承重结构及防水混凝土的开盘鉴定及浇灌申请记录

承重结构的混凝土、防水混凝土和有特殊要求的混凝土都应有开盘鉴定及浇灌申请记录。

1．混凝土的开盘鉴定

混凝土施工前应做开盘鉴定，不同配合比的混凝土都要有开盘鉴定。

(1) 混凝土开盘鉴定的内容

混凝土开盘鉴定包括：1)混凝土所用原材料与配合比是否符合；2)混凝土试配配合比换算为实际使用施工配合比；3)混凝土的计量、搅拌和运输；4)混凝土拌合物检验；5)混凝土试块抗压强度。

混凝土开盘鉴定要有施工单位、搅拌单位的主管技术部门和质量检验部门参加，做试配的试验室也应派人参加鉴定，混凝土开盘鉴定一般在施工现场浇筑点进行。

(2) 混凝土所用原材料的检验

1) 混凝土所用主要原材料，如水泥、砂、石、外加剂等，应与试配配合比所用原材料一致，不能有变化，如果有变化应重新取样做试配，并调整配合比。

2) 水泥应在有效期内，外观检查有无结块现象，砂、石细度、级配、含泥量与试验报告吻合，并应测定砂、石中的含水率，使用外加剂、水与配合比是否相符合。

(3) 试配配合比换算为施工配合比

1) 试配配合比要根据施工现场砂、石的含水率，换算出实际单方混凝土加水量，砂、石用量，即：

实际加水量 = 配合比中用水量 - 砂用量×砂含水率 - 石子用水量×石子含水率

砂、石实际用量 = 配合比中砂、石用量×(1+砂、石含水率)

2) 单方混凝土用料量换算为每一罐混凝土用料量：

每罐混凝土用料量 = 单方混凝土用料量×每罐混凝土方量值

3) 计算实际用料的称重值：

实际用料的称重值 = 每罐混凝土用料量 + 配料容器或车辆自重 + 磅秤盖重

4) 标牌：

在混凝土配料和搅拌地点，应设置混凝土施工配合比标牌，写明混凝土搅拌的强度和坍落度(工作度),每罐所需原材料的规格、数量、称重量应挂在明显的部位。

(4) 混凝土搅拌物的检验

混凝土开盘鉴定主要就是对混凝土拌合物的检验,以鉴定拌合物的和易性。检验方法有坍落度和维勃度试验。

1) 坍落度法

A. 湿润坍落度筒及其它用具,并把筒放在不吸水的刚性水平板上,然后用脚踩住两边的脚踏板,使坍落度筒在装料时保持位置固定。

B. 把按要求取得的混凝土试样用小铲分三层均匀地装入筒内,使捣实后每层高度为筒高的三分之一左右。每次用捣棒捣25次,插捣应沿螺旋方向由外向中心进行,各层插捣应在截面上均匀分布。插捣底层时,捣棒应贯穿整个深度,插捣第二层和顶层时,捣棒应插透本层,至下一层的表面,顶层插捣完后,刮去多余的混凝土,并用抹子抹平。

C. 清除筒边底板的混凝土后,垂直平稳地提起坍落度筒,坍落度筒的提离过程应在5~10s内完成。从开始装料到提坍落度筒的整个过程应不间断地进行,并应在150s内完成。

D. 提起坍落度筒后,量测筒高与坍落后试体最高点之间的高度差,即为该拌合物的坍落度值,坍落度筒提离后,如混凝土发生崩坍或一边剪坏现象,则应重新取样另行测定。如第二次试验出现上述现象,则表示该混凝土和易性不好,应予记录备查。

E. 观察坍落后的混凝土试体的粘聚性及保水性。粘聚性的检查方法是用捣棒在已坍落的混凝土锥体侧面轻轻敲打,此时,如果锥体逐渐下沉,则表示粘聚性好,如果锥体倒塌,部分崩裂或出现离析现象,则表示粘聚性不好。保水性以混凝土拌合物中稀浆析出的程度来评定,坍落度筒提起后如有较多的稀浆从底部析出,锥体部分的混凝土也因失浆而骨料外露,则表明此混凝土拌合物的保水性能不好。如坍落度筒提起无稀浆或仅有少量稀浆自底部析出,则表示混凝土拌合物保水性良好。

F. 混凝土拌合物坍落度以 mm 为单位,结果表示精确至 5mm。

2) 维勃稠度

A. 把维勃稠度仪放置在坚实水平的地面上,用湿布把容器、坍落度筒、喂料斗内壁及其它用具湿润。

B. 将喂料斗提到坍落度筒上方扣紧,校正容器位置,使其中心与喂料斗中心重合,然后拧紧固定螺丝。

C. 把按要求取得的混凝土试样用小铲分三层经喂料斗均匀地装入筒内,装料及插捣的方法应符合测量坍落度的规定。

D. 把喂料斗转离,垂直地提起坍落度筒,此时应注意不得使混凝土试件产生横向的扭动。

E. 把透明圆盘转到混凝土圆台体顶面,放松测杆螺丝,降下圆盘,使其接触到混凝土顶面。

F. 拧紧定位螺丝,并检查测杆螺丝是否已经完全放松。

G. 在开启振动台的同时用秒表计时,当振动到透明圆盘的底面被水泥浆布满的瞬间停表记时,并关闭振动台。

H. 由秒表读出的时间(s)即为该混凝土拌合物的维勃稠度值。

干硬性混凝土应使用维勃稠度试验检查其和易性。

(5) 混凝土试块抗压强度检验参见本章有关内容。

(6) 混凝土开盘鉴定表见表1-243。

混凝土开盘鉴定　　　　　　　　　　　表1-243

鉴定编号：

混凝土施工单位：　　　　　　　　混凝土搅拌单位：

混凝土施工地点和部位：

混凝土设计强度：　　　　　　要求坍落度或工作度：　　　其他要求：

混凝土配合比编号：　　　　　　混凝土试配的单位：

混凝土配合比	水灰比	砂率	水泥(kg)	水(kg)	砂(kg)	石(kg)			坍落度(工作度)
试配配合比									
实际使用施工配合比	砂子含水率：　%			石子含水率：　%					

鉴定结果：

鉴定项目	拌和物和易性			混凝土试块抗压强度			原材料与配合比是否符合
	坍落度	工作度	保水性	同条件	7d	标28d	
设计							
实测							
鉴定意见							

参加开盘鉴定各单位代表签字或盖章：	
施工单位主管技术部门和质量检验部门代表	
搅拌单位主管技术部门和质量检验部门代表	
混凝土试配单位的试验室负责人	

鉴定日期：

表中：

1) 工作度为干硬性混凝土的稠度指标，单位用秒；

2) 防水混凝土和有特殊要求的混凝土将防水或特殊要求(如耐酸耐火等)填写在"其它要求"栏内；

3) 实际使用施工配合比填写实际施工用配合比，即折算砂、石含水率后的施工配合比；

4) 坍落度工作度都是混凝土拌合物稠度指标，只能有其中之一；

5) 混凝土试块抗压强度待到期试压后，再抄填入表中；

6) 原材料与配合比不能有主材变化之类的较大差异；

7) 表中各项都应根据实际情况填写清楚、齐全，不要有缺项、漏项，要有明确的鉴定结果，及各部门代表的签字、盖章。

2 混凝土浇灌申请单

混凝土浇灌申请单见表1-244。

(1) 混凝土浇灌申请单应由施工班组填写、申报，由建设单位和工长或质量检查员批准，每一班组都应填写混凝土浇灌申请单；

1.1 建筑工程

混凝土浇灌申请单 表1-244

年 月 日

工程名称：
申请浇灌混凝土的部位：
浇灌时间：
混凝土配合比通知单编号： 混凝土强度等级：
材料用量：

	水 泥	水	砂	石	掺加剂
每 m³ 干料用量	kg	kg	kg	kg	
每盘用量	kg	kg	kg	kg	

准备工作是否完备
 1．钢筋是否做了隐检？
 2．模板是否牢固，板缝是否堵好？脱模剂涂刷是否符合要求？模内清理是否良好？
 3．水电是否安装完了？
 4．马道器械是否完备了？
 5．混凝土垫块是否完全垫好了？
 6．保温是否做好及准备好？
批准意见：
批准人：
申请人：

（2）混凝土浇灌申请单应由施工班组填写、申报，由建设单位和工长或质量检查员批准，每一班组都应填写混凝土浇灌申请单；
（3）表中各项都应填写清楚齐全；
（4）准备工作必须全部完备，表上各条准备完备者打"√"，不完备或应补做好后再申请；
（5）表中各项准备工作核实确系准备完备后，方可批准浇筑混凝土。

1.1.3.5 结构吊装记录

见第三章有关内容。

1.1.3.6 现场预制混凝土构件施工记录

现场预制混凝土构件必须向当地质量监督部门申报，经质量监督部门审核批准后，方可进行施工。

现场预制混凝土施工资料包括：
施工现场加工钢筋混凝土预制构件报审表；
施工方案和技术交底；
原材料试验、钢筋隐检、混凝土配合比及混凝土强度试验资料；
质量检查资料。

 1．施工现场加工钢筋混凝土预制构件报审表（见表1-245）

施工现场加工钢筋混凝土预制构件报审表 表1-245

施工单位名称		电 话	
工程名称			
工程地址			
生产构件地址			

续表

技术人员	工程技术负责人：	技术职称：	学　历：	专　业：
	构件生产技术负责人：	技术职称：	学　历：	专　业：

质量保证体　系	技术管理和人员配备
	质量检验管理和人员配备
	试验管理和人员配备
	技术、质量管理制度及措施
	生产工艺及设备
	技术资料管理

申请生产构件类别：

申报单位(盖章)

申报日期　　年　月　日

上级主管单位审查意见：

(盖章)　　年　月　日

承监工程的质量监督站审核意见：

(盖章)　　年　月　日

市建设工程质量监督总站核定意见：

(盖章)　　年　月　日

注：1. 除生产预应力吊车梁、屋面梁、屋架须经总站核定外，其它类别构件均由承监工程的质量监督部门核定。

　　2. 本表填写一式三份。施工单位、承监督站、总站各一份。

表中前半部分由施工单位填写，填写要求清楚齐全，准确真实。单位盖章后，向上级主管单位、质量监督部门逐级申报，经上级主管单位、质量监督部门审查、核定合格，批准盖章后，才可在现场加工钢筋混凝土预制构件。报审表留做资料存档。

2. 施工方案和技术交底

现场预制钢筋混凝土构件应编写施工方案，进行技术交底。

(1) 施工方案：施工方案内容应包括：

1）概况；
2）根据工期、材料、机具、劳动力和其它现场条件制定出施工程序、施工流向；
3）选择施工方法，如模板类型与支模方法，隔离剂的选用；钢筋加工、运输和安装方法；混凝土搅拌和运输方法；混凝土的浇筑顺序、施工缝留置、分层高度、工作班次、振捣方法和养护制度；构件起吊、运输、堆放等；
4）质量安全和技术措施；
5）施工进度计划。

（2）技术交底：技术交底应根据现场实际情况，按工种分别进行技术交底，技术交底应包括施工方法、技术措施和质量、安全要求。要有书面文字记录。记录上有交底人、接底人签字。

3．原材料试验、混凝土配合比、混凝土强度试验资料

（1）原材料试验：

现场预制钢筋混凝土构件所用原材料应按规定先做试验，合格后才可使用。如与工程其它部位使用同一批原材料，并已试验合格，可不另作试验，但要说明所用原材料为哪一批，试验合格证明存放何处。

（2）钢筋隐检：

现场预制混凝土构件都应做钢筋的半成品、成品检验，并做好钢筋的隐检记录。

（3）混凝土配合比和强度试验：

现场预制构件混凝土配合比的资料要求同于普通混凝土配合比的资料要求。

现场预制构件的混凝土应留置试块，试块应在浇筑地点取样制作。

每拌制 100 盘但不超过 $100m^3$ 混凝土；每一工作班至少要留一组标养试块、一组同条件养护试块和一组备用试块，采用蒸汽养护的构件其标准养护试块应先随构件蒸养后，再进行标准养护至 28d。同条件养护试块不可缺少，它用以检查构件可否拆模、出池、吊装、张拉、放张和临时负荷。

构件拆模出池、起吊和预应力筋放张、张拉时的混凝土强度，必须符合设计要求及规范规定。设计无要求时，均不得低于设计强度标准值的 70%。

现场预制构件混凝土试块的制作、养护、抗压试验等应符合混凝土施工规范的要求。

现场预制构件混凝土标养 28d，试块抗压强度应按规范规定参加单位工程混凝土试块抗压强度的统计、评定。

（4）现场钢筋混凝土预制构件的原材料试验、混凝土配合比和强度试验资料应分别整理，编排在同一单位工程的原材料试验和施工试验资料中去。

4．质量检查资料

现场预制钢筋混凝土构件施工的质量检查资料包括：

（1）模板预检；

（2）钢筋隐检；

（3）构件质量检验评定。

现场预制钢筋混凝土构件施工中的预检、隐检应符合工程施工中预检、隐检的资料要求。预制板分类及内外缺陷质量要求和规格尺寸允许偏差规定分别见表 1-193～表 1-199。

检查验收方法：

A. 各类构件的检查,按同一班组采用逐件逐项目测,对怀疑项目,可辅以尺量;对"规格尺寸允许偏差"中,注"▲"的项目应加以实测实量。

B. 根据检查结果,按照质量标准判定等级,盖章验收。

C. 验收章统一规定为合格、等外、废品三等,应盖在构件明显部件。对等外品、废品并注明编号。

D. 检验记录,应记录最大偏差;对不合格品按其编号记录原因,便于存查和处理。

E. 不合格品,经鉴定,修理后,可按标准重新验收;即使经鉴定可以使用的不合格品,也不得按合格品统计。

评定合格品率、等外品率,废品率作为反映生产过程中作业质量的依据。计算公式:

$$合格品率 = \frac{目测合格总件数}{目测检验总件数} \times 100\%$$

$$等外品率 = \frac{目测等外品总件数}{目测检验总件数} \times 100\%$$

$$废品率 = \frac{目测废品总件数}{目测检验总件数} \times 100\%$$

1.1.3.7 质量事故处理记录

质量事故处理记录主要包括:质量事故报告、处理方案、实施记录。

1. 质量事故报告(表1-246)。

工程质量事故报告　　　　表1-246

工程名称:								
事故部位	事故性质				预计损失			
	设计	管理	操作		材料费	人工费	返工工数	金额

事故经过和原因分析:

事故处理意见(结论):

技术负责人　　　　技术队长　　　　报告日期　年　月　日

表中:工程名称、事故部位、事故性质要写具体、清楚。预计损失费用,要写清数量、金额。简述事故经过,施工单位要进行原因分析,提出处理意见。最后有关人员在上面签字。

建筑工程重大质量事故的划定如下:

(1) 建筑物、构筑物或其主要结构倒塌;

(2) 超过规范规定的基础不均匀下沉,建筑物倾斜、结构开裂和主体结构强度严重不足等影响结构安全和建筑寿命,造成不可补救的永久性缺陷;

(3) 影响设备及其相应系统的使用功能,造成永久性缺陷;

(4) 一次返工损失在 100000 元以上的质量事故(包括返工损失的全部工程价款)。

凡属以上情况之一的质量事故(包括在建工程和工程交付使用后由于设计、施工原因造成的事故)即为重大质量事故。

凡重大工程量事故处理完毕后,要写出详细的事故专题报告。

2．处理方案

工程质量事故处理方案应由设计单位出具或签认,并报质量监督部门审查签认后方可实施。

3．实施记录

实施记录即是依照处理方案对工程事故部位进行处理的施工记录,记录必须详细、准确、真实,并要有建设单位的签认。

工程质量事故处理记录,是工程技术资料的重要部分,要妥善保存好,任何人不得随意抽撤或销毁。

1.1.3.8 混凝土施工测温记录

施工测温记录主要有混凝土冬期测温记录和大体积混凝土施工测温记录。

1．混凝土冬期测温记录

当室外日平均气温连续 5 天稳定低于 5℃时,即为进入冬期施工。冬期混凝土施工应有测温记录,测温记录包括大气温度、原材料温度、出罐温度、入模温度和养护温度。

(1) 大气测温记录(表 1-247):

测温记录表　　　　　　　　　　　　　表 1-247

单位工程名称：　　　　　　　　　　　　　　　　　　　　年　月　日

时　分	天气情况	积　雪	风　向	风　力	气温(℃)

测温员：

大气测温一般为每天测室外温度不少于 4 次(早晨、中午、傍晚、夜间)。

(2) 混凝土原材料温度：

混凝土原材料在搅拌前应加热,但不得超过表 1-248 的规定值。

拌合水及骨料最高温度　　　　　表 1-248

项 次	项　　　　目	拌合水(℃)	骨料(℃)
1	强度等级小于 42.5 级的普通硅酸盐水泥、矿渣硅酸盐水泥	80	60
2	强度等级等于及大于 42.5 级的硅酸盐水泥、普通硅酸盐水泥	60	40

注：当骨料不加热时,水可加热到 100℃,但水泥不应与 80℃以上的水直接接触。投料顺序,应先投入骨料和已加热的水,然后再投入水泥。

(3) 混凝土搅拌、运输一般应做热工计算来确定温度控制值。
(4) 冬施混凝土搅拌测温记录表(表1-249)。

冬期施工混凝土搅拌测温记录表 表 1-249

工程名称：				部位：				搅拌方式：		
混凝土强度等级：				坍落度： cm				水泥品种、强度等级：		
配合比(水泥:砂:石:水)								外加剂名称掺量：		
测温时间				大气温度	原材料温度(℃)			出罐温度	入模温度	备注
年	月	日	时		水泥	砂	石	水		

施工单位： 施工负责人： 技术员： 测温员：

表中各项均应填写清楚、准确、真实,签字齐全。
(5) 冬期施工混凝土养护测温记录(表1-250):

冬期施工混凝土养护测温记录表 表 1-250

工程名称：			部位：										养护方法：				
测温时间			大气温度	各 测 孔 温 度 (℃)									平均温度	间隔时间	成熟度(M)	
月	日	时		#	#	#	#	#	#	#	#	#			本次	累计

施工单位： 施工负责人： 技术员： 测温员：

冬期施工混凝土必须要留有测温孔并做测温记录,测温要有测温点布置图。布置图要与结构平面图一致,要标注清楚各测温点的编号及位置。测温孔在混凝土浇筑时预留,一般每一构件不少于一个测温孔,混凝土接槎处一定要留有测温孔,测温孔一般要深入混凝土内(过主筋)。混凝土浇筑初期每2h进行一次测温,8h后,每4h测一次。

表中各项都要填写清楚、准确、真实,签字齐全。

2. 大体积混凝土施工测温记录、裂缝检查记录

大体积混凝土系指混凝土的长、宽、高均大于0.8m的混凝土。

大体积混凝土应有入模温度和养护温度测温记录和裂缝检查记录(见表1-251)。

大体积混凝土测温记录表　　　　　　　表1-251

工程名称:		部位:		入模温度:		养护方法:	

测温时间			大气温度	各测孔温度(℃)						内外温差	时间间隔	裂缝检查
月	日	时										

施工单位:　　　　　　　　施工负责人:
技术员:　　　　　　　　　观测员:

1.1.4 预检记录

预检是在自检的基础上由质量检查员对某分项工程进行把关检查,将工作中的偏差检查出来,加以认真解决。预检是防止质量事故发生的有效途径。预检合格后方可进行下道工序施工。

1.1.4.1 建筑物定位和高程的引进

1. 建筑物位置线

由规划部门指定的红线桩为准,以总平面图为依据,定出标准轴线,并绘制定位平面位置图叫定位放线。

2. 现场标准水准点

以规划局指定的水准点或以标准水平桩为依据引入拟建建筑物的标高叫高程引进。

3. 坐标点法

在施工现场有方格网控制时,根据建筑物各角点的坐标测设主轴线的方法称坐标点法。定位放线和高程引进是十分重要的工作,做不好将给工程带来不可弥补的缺陷,因此在班组自检合格的基础上对其坐标必须进行复测,由技术员组织实施。

4. 预检的具体内容

(1) 核验标准轴线桩的位置;

(2) 对照施工平面图检查建筑物各轴线尺寸;

(3) 核验基准点和龙门桩的高程;

(4) 填写工程定位测量记录,见表1-252。表中工程名称、施工单位、坐标依据、高程依据、施测人、测量负责人、图纸编号、施测日期、复测日期、使用仪器,由具体测量人员填写,闭合差是施测和复测差值,由复测者填写。

1 地基与基础工程施工阶段

工 程 定 位 测 量 记 录　　　　　　　　　表 1-252
年　月　日

工程名称		图纸编号	
施工单位		施测日期	
坐标依据		复测日期	
高程依据		使用仪器	
施测人		复测者	
测量负责人		闭合差	
定位抄测示意图			
抄测结果			

建设单位代表　　　　技术负责人　　　　复检　　　　抄测
　　　　　　　　　　施工员　　　　　　　　　　　质检员

定位测量示意图是根据现场定位测量绘制的图纸。应在图纸上注明方向、测量起始点、测量顺序。抄测结果是测量结果的意见,应填写清楚。

建设单位代表、技术负责人、复验、抄测施工员、质检员分别签字。

5. 注意事项

(1) 标高引进要以规划部门指定的基准桩为准,不得任意借用相临建筑物标高;

(2) 定位放线要以规划部门指定的基线为准;

(3) 要绘制定位放线和标高引起平面示意图,图中注明基准轴线桩的位置和各点高程。

1.1.4.2 基槽验线

对基槽轴线、放坡边线等几何尺寸进行的复验工作叫基槽验线。

1. 内容

其内容包括复验基槽轴线、放坡边线、断面尺寸、标高、坡度等;

2. 方法

根据红线桩的位置和基槽平面图,复验基槽轴线尺寸、基槽边线尺寸和放坡边线的位置是否符合设计要求。

土方工程外形尺寸的允许偏差和检验方法见表 1-251。

土方工程外形尺寸的允许偏差和检验方法　　　　表 1-253

项次	项　目	允许偏差 (mm)					检验方法
		柱基、基坑、基槽、管沟	挖方、填方、场地平整		排水沟	地(路)面基层	
			人工施工	机械施工			
1	标　高	+0 -50	±50	±100	+0 -50	+0 -50	用水准仪检查
2	长度、宽度 (由设计中心线向两边量)	-0	-0	-0	+100 -0	—	用经纬仪、拉线和尺量检查

续表

项次	项目	允许偏差（mm）				检验方法
		柱基、基坑、基槽、管沟	挖方、填方、场地平整		排水沟	地(路)面基层	
			人工施工	机械施工			
3	边坡偏陡	不允许	不允许	不允许	不允许	—	观察或用坡度尺检查
4	表面平整度	—	—	—	—	20	用2m靠尺和楔形塞尺检查

注：地(路)面基层的偏差只适用于直接在挖、填方上做地(路)面的基层。

1.1.4.3 模板工程

1. 预检内容

(1) 对照模板设计图，检查模板的几何尺寸、轴线、标高、预留孔、预埋件的位置。其允许偏差见表1-254、表1-255、表1-256。

预测构件模板安装的允许偏差(mm)　　　表1-254

项　　目		允　许　偏　差
长　度	板、梁	±5
	薄腹梁、桁架	±10
	柱	0 −10
	墙板	0 −5
宽　度	板、墙板	0 −5
	梁、薄腹梁、桁架、柱	+2 −5
高　度	板	+2 −3
	墙板	0 −5
	梁、薄腹梁、桁架、柱	+2 −5
	板的对角线差	7
	拼板表面高低差	1
	板的表面平整(2m长度上)	3
	墙板的对角线差	5
侧向弯曲	梁、柱、板	$L/1000$ 且 ≤15
	墙板、薄腹梁、桁架	$L/1500$ 且 ≤15

注：L 为构件长度(mm)。

整体式结构模板安装的允许偏差　　　　表1-255

项次	项目	允许偏差（mm）
1	轴线位置	5
2	底模上表面标高	±5
3	表面内部内寸 (1) 基础 (2) 柱、墙、梁	±10 +4 −5
4	层高垂直 (1) 全高≤5m (2) 全高＞5m	6 8
5	相邻两板表面高低差	2
6	表面平整（用2m直尺检查）	5

预埋件和预留孔洞的允许偏差(mm)　　　　表1-256

项目		允许偏差
预埋钢板中心线位置		3
预埋管、预留孔中心线位置		3
预埋螺栓	中心线位置	2
预埋螺栓	外露长度	+10 0
预留洞	中心线位置	10
预留洞	截面内部尺寸	+10 0

(2) 检查模板支设牢固性、稳定性；

(3) 检查清扫口、浇筑口的留置位置，混凝土施工缝的留置是否符合要求，模内的残渣杂物的清理工作。

(4) 检查模板的脱模剂涂刷情况、止水要求等。

2．填写模板预检工程记录

3．要求

模板预检应分层、分施工段、分部位进行。

1.1.4.4　混凝土施工缝留置的方法、位置和接槎的处理

见第2章有关内容。

1.1.4.5　设备基础的预检

1．意义

设备基础的质量好坏是保证设备安装精度的前提，固定设备的地脚螺丝、预留孔洞、预埋件位置必须留准。为了方便，必须选择合适的安装位置，设备基础必须在自检合格的基础

上由技术员进行预检,以保证在规范要求的允许偏差范围内。

2. 预检内容

设备基础的位置、标高、几何尺寸、预留孔预埋件等。

混凝土设备基础允许偏差应符合表 1-257 的规定。

混凝土设备基础的允许偏差(mm) 表 1-257

项 目		允 许 偏 差
坐标位置(纵横轴线)		20
不同平面的标高		0 −20
平面外形尺寸		±20
凸台上平面外形尺寸		0 −20
凹穴尺寸		+20 0
平面的水平度 (包括地坪上需安装设备的部分)		每米 5 且全长 10
垂直度		每米 5 且全长 10
预埋地脚螺栓	标高(顶端)	+20 0
	中心距(在根部和顶部两处测量)	±2
预埋地脚螺栓孔	中心位置	10
	深度	+20 0
	孔壁铅垂度	10

3. 填写预检工程记录表

预检工程检查记录单见表 1-258。

预 检 工 程 检 查 记 录 单 表 1-258

年 月 日   编 号

工程名称			
施 工 队		要求检查时间	
预检内容	预检部位名称	说 明	
检查意见			

续表

要求复查时间	复查意见						
					复查人	月	日
填表人	参加检查人员签字盖章						
	工地技术负责人		质量检查员		工长		班、组长

1.1.5 隐检记录

隐检是指对隐蔽工程在隐蔽前进行的检查。隐检记录是工程内在的质量好坏的依据。把好隐蔽工程验收检查关是保证工程质量的重要措施，因此必须认真做好隐检工作。

隐检中如发现质量问题，应会同设计单位、建设单位、施工单位协商解决，并认真做好复验工作。隐检工作是在自检合格基础上由技术队长、施工员、质检员组织有设计单位、建设单位代表参加的共同对隐蔽工程隐蔽前的检查，请勘探部门的有关人员参加。

1.1.5.1 地基验槽

1. 地基验槽的目的

检查地基土质和勘探报告的土质是否一致，标高和设计图纸的要求是否一致，以满足地耐力要求，保证建筑物的结构安全。

2. 基槽检验标准

基槽几何尺寸应符合设计要求，基底应挖至设计要求土层（即老土），基底土质颜色应均匀一致，坚硬程度一样，含水量不得出现异常现象，走上去不得有颤动感。

3. 地基验槽检查资料

(1) 地质勘探报告（见竣工验收资料）；
(2) 钎探记录，包括钎探平面布置图（见施工记录）；
(3) 地基处理记录（见施工记录）；
(4) 基槽复验记录（见施工记录）。

结合以上记录内容对地基进行实地检查，地基土质和标高是否符合勘探和设计要求，检查钎探记录，地基有无局部软硬不均的地方。

4. 地基验槽内容

土质情况、标高、槽宽、放坡情况，地基处理情况有洽商说明（必要时附图）。

5. 根据检查结果填写隐检记录

1.1.5.2 地基处理复验记录

如验槽中存在问题，必须按处理意见及工程洽商对地基进行处理，处理后对地基进行复验，须有复验意见，符合要求后签证。

1.1.5.3 地下室施工缝、变形缝、止水带、过墙管等做法

1. 止水环

防水混凝土结构施工时,固定模板用的铁丝和螺丝栓不宜穿过防水混凝土结构。结构内部设置的各种钢筋以及绑扎铁丝,均不得接触模板,如固定模板用的螺栓必须穿过防水混凝土结构时应采取止水措施,一般采用下列方法:

在螺栓或套管上加焊止水环。止水环必须满焊,环数应符合设计要求,见图1-23、图1-24。螺栓加堵头,见图1-25。

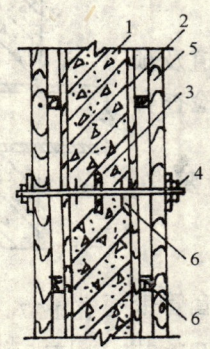

图1-23 螺栓加焊止水环
1—防水建筑;2—模板;3—止水环;
4—螺栓;5—大龙骨;6—小龙骨

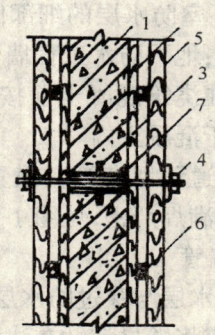

图1-24 预埋套管
1—防水构筑物;2—模板;3—止水环;4—螺栓;
5—大龙骨;6—小龙骨;7—预埋套管(拆模后将螺栓拔出,套管内用膨胀水泥砂浆封堵)

2. 施工缝

底板混凝土应连续浇筑,不得留施工缝。墙体一般只允许留设水平施工缝,其位置不应留在剪力与弯矩最大处或底板与侧壁交接处,一般宜留在高出底板上表面不小于200mm的墙身上。墙体设有孔洞时,施工缝距孔洞边缘不宜小于300mm。

如必须留设垂直施工缝时,应留在结构的变形缝处。

施工缝接缝形式可按图1-26选用。

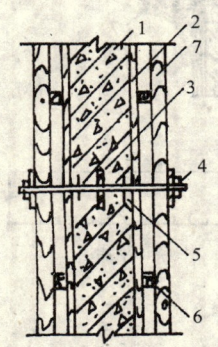

图1-25 螺栓加堵头
1—防水建筑;2—模板;3—止水环;4—螺栓;5—堵头(拆模后将螺栓沿平凹坑底割去,再用膨胀水泥砂浆封堵);6—小龙骨;7—大龙骨

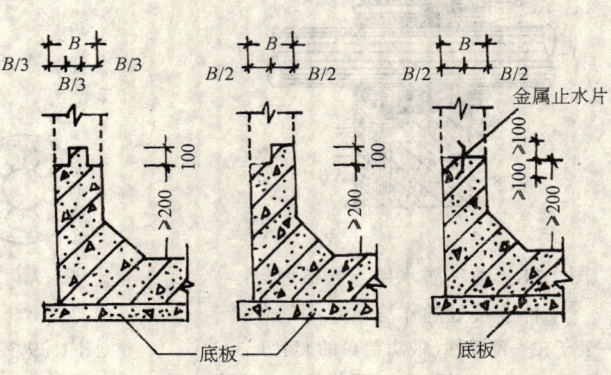

图1-26 施工缝接缝形式

在施工缝上继续浇筑混凝土前,应将施工缝处的混凝土表面凿毛,清除浮粒和杂物,用

水冲洗干净,保持湿润,再铺上一层20~25mm厚的水泥砂浆,水泥砂浆所用的材料和灰砂比应与混凝土的材料和灰砂比相同。

3. 地下室防水对基层的要求

基层表面应平整紧实,粗糙,清洁并充分湿润,但不得有积水,阴阳角均应做成圆弧或钝角,圆弧半径一般阳角10mm,阴角50mm。

4. 地下室防水层的细部做法

止水环:地下防水工程墙体和底板上所有的预埋管道及预埋件,必须在浇筑混凝土前按设计要求予以固定,并经检查合格后,浇筑于混凝土内。

穿墙管道预埋套管应设置止水环,环数应符合设计要求。止水环必须满焊严密,见图1-27。

5. 过墙管

卷材防水层与穿过防水层的管道的连接处,如预埋套管带有法兰时,应将卷材粘贴在法兰上,粘贴宽度至少为100mm,并用夹板将卷材压紧。粘贴前应将金属配件表面的尘垢和铁锈清除干净,刷上沥青。夹紧卷材的压紧板或夹板下面应用软金属片、石棉纸板、再生胶油毡或沥青玻璃布油毡衬垫。卷材防水层与管道预埋件的连接方法见图1-28。

卷材防水层与穿过防水层的管道或设备的连接处,如预埋套管无法兰时,应逐层增设卷材附加层,见图1-29。

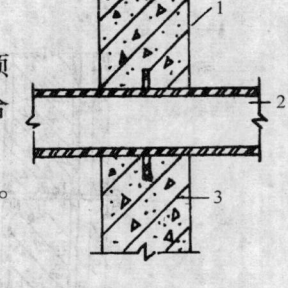

图1-27 套管设置止水环
1—止水环;2—预埋套管;
3—防水结构

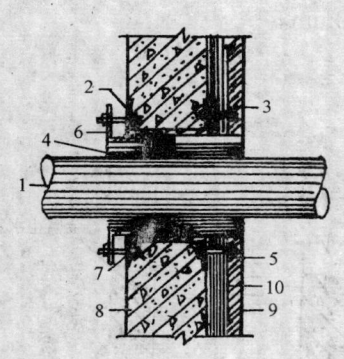

图1-28 油毡防水层与管道埋设件连接处的作法示意图
1—管子;2—预埋件(带法兰盘的套管);3—夹板;4—油毡防水层;5—压紧螺栓;6—填缝材料的压紧环;7—填缝材料;8—需防水结构;9—保护墙;10—附加油毡层

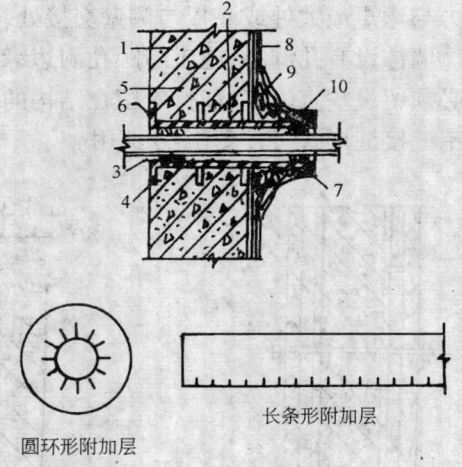

图1-29 穿墙管铺贴卷材和附加卷材示意图
1—需防水结构;2—预埋套管;3—铅捻口;4—捻口阻挡环;5—止水环;6、7—沥青麻丝;8—卷材防水层;9—圆环形附加层;10—长条形附加层

在铺贴卷材前必须将预埋套管上的铁锈、杂物清理干净。在第一层卷材铺贴后,随时铺贴一层圆环形及长条形卷材附加层,并用沥青麻丝缠牢,照此铺麻丝,并涂上一层热沥青。

穿墙管与套管之间封口可用铅捻口或石棉水泥打口。

6. 变形缝

变形缝在不受水压的地下防水工程中,结构的变形缝应用加防腐掺合料的沥青浸过的毛毡、麻丝或纤维板填塞严密,并用有纤维掺合料的沥青等材料封缝。在重要的结构中,墙的变形缝应做出沟槽,并填嵌严密。

墙的变形缝的填缝应根据墙的施工进度逐段进行,每 300~500mm 高应填缝一次,缝宽不宜小于 30mm。

不受水压的卷材防水层,在变形缝处,除原有的卷材防水层外,应加铺两层抗拉强度较高的卷材,如玻璃布油毡或再生胶油毡等,见图 1-30。

在受水压的地下防水工程中,当温度经常处于 50℃ 以下并不受强氧化作用时,结构的变形缝宜采用橡胶或塑料止水带,当有油类侵蚀时,应选用相应的耐油橡胶或塑料止水带。止水带应采用整条的,如必须接长或接成环状时,其接缝应焊接或胶结。

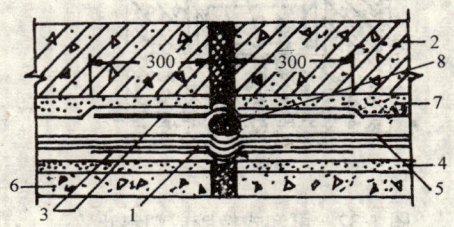

图 1-30 不受水压的油毡防水层在变形缝处的做法示意图

1—浸过沥青的垫卷;2—底板(墙身);3—加铺的沥青玻璃布油毡或无胎油毡;4—砂浆找平层;5—油毡防水层;6—垫层或墙身保护层;7—砂浆保护层;8—填缝材料

在受高温和水压的防水工程中,结构变形缝宜采用 1~2mm 厚的紫铜板或不锈钢板制成的金属止水带。金属止水带应是整条的,如需接长时,接缝应用焊接,焊缝应严密平整并经检验合格后方可安装。

采用埋入式橡胶或塑料止水带的变形缝施工时,止水带的位置应准确,圆环中心应在变形缝的中心线上。止水带应固定,浇筑混凝土前必须清洗干净,不得留有泥土杂物,以免影响与混凝土的粘结,见图 1-31。

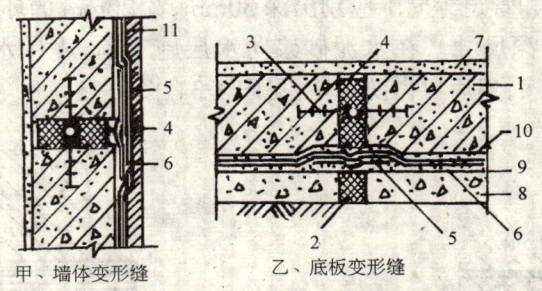

甲、墙体变形缝　　乙、底板变形缝

图 1-31 采用埋入式橡胶或塑料止水带的变形缝示意图

1—防水结构;2—埋缝材料;3—止水带;4—填缝油膏;5—油毡附加层;6—油毡防水层;7—水泥砂浆面层;8—混凝土垫层;9—水泥砂浆找平层;10—水泥砂浆保护层;11—保护墙

采用夹板安装在预埋螺栓上的可卸式止水带与夹板之间以及与预埋件之间均应用石棉纸板或软金属片衬垫严密,见图 1-32。

采用埋入式金属止水带时,其两侧边缘应有可靠的锚固措施;止水带的接头应尽可能设置在变形缝的水平部位,不得设置在变形缝的转角处。转角处的金属止水带应做成圆弧形。

7. 后浇缝

是一种刚性接缝,适用于不允许留柔性变形缝的工程。施工时应符合下列规定:

后浇缝留设的位置及宽度应符合设计要求;

后浇缝可留成企口缝、阶梯缝或平直缝,见图 1-33。

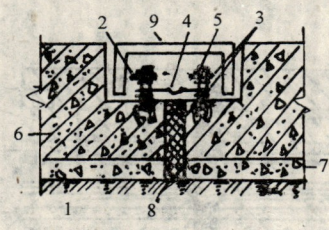

图 1-32 可卸式橡胶或塑料止水带变形缝示意图

1—预埋铁件;2—夹板;3—衬垫材料;4—止水带;5—螺栓;6—防水混凝土结构;7—混凝土垫层;8—填缝材料;9—盖板

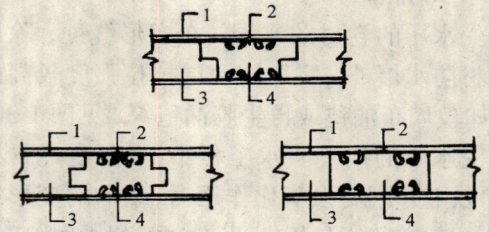

图 1-33 混凝土后浇缝

1—主钢筋;2—附加钢筋;3—先浇混凝土;4—后浇混凝土

后浇缝混凝土应在其两侧混凝土浇筑完毕,并间隔 6 个星期后再浇筑,在此间隔期间,应保持该部位清洁。后浇缝混凝土浇筑后,其养护时间不应少于 4 个星期;

后浇缝应优先选用补偿收缩混凝土浇筑,其强度等级应与两侧混凝土相同。施工温度应低于两侧混凝土施工时的温度,且宜选择气温较低的季节施工。浇筑前应将接缝处的混凝土表面凿毛、清洗干净,并保持湿润。

8. 水泥砂浆防水层细部处理

露出基层的埋设件和管道等周围应剔出深 30mm、宽 20mm 的环形凹槽(可根据埋设件或管径大小适当调整宽深尺寸),在水泥砂浆防水层施工前,先用水泥浆(水灰比 0.37~0.4)及水泥砂浆将其填实,然后再做防水层,见图 1-34、图 1-35。

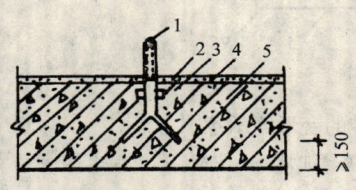

图 1-34 预埋螺栓做法示意图

1—预埋螺栓;2—水泥砂浆;3—水泥浆;4—水泥砂浆防水层;5—防水建筑

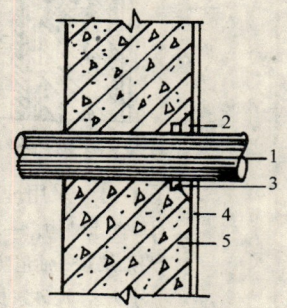

图 1-35 预埋管道做法示意图

1—预埋管道;2—水泥砂浆;3—水泥浆;4—水泥砂浆防水层;5—防水建筑

地下防水工程的楼梯或门口均需做防水处理。楼梯间的装饰及踏步的防滑条等应在防水层抹完后再行施工。木制门应采用后塞口的作法，即在其他部位的防水层施工完毕后，再安装门框。

1.1.6 基础、主体工程结构验收记录

基础和主体结构工程的验收，既是对基础、主体结构工程的质量评定认证，也是一个单位工程两次最重要的隐蔽检查。基础和主体结构工程竣工后，下步工序施工将对其遮盖，其质量好坏直接涉及影响到工程结构安全的可靠度，所以，施工单位必须及时请建设单位、设计单位对工程进行验收，并请质量监督部门进行核定。验收以各单位（部门）签字盖章的验收单和核验单为准。

1.1.6.1 基础、主体结构工程验收程序

单位工程进入地上主体结构施工或装修前应进行基础和主体工程质量验收。其程序如下：

（1）由相当于施工队一级的技术负责人组织分部工程质量评定；
（2）由施工企业技术和质量部门组织质量核定；
（3）由建设单位、施工单位和设计结构负责人共同对基础、主体结构工程进行验收签证；
（4）报请当地质量监督部门进行核定签认。

对于深基础或需提前插入装修者，可分次进行验收，结构最后完工时，应进行总的验收签证。有地下室或人防的工程，基础和地下部分验收时，应报请当地人防部门参加或单独组织验收。

1.1.6.2 基础、主体结构工程验收的内容

1. 观感质量检查的主要内容

基础、主体结构工程观感质量检查的主要内容有：钢筋、混凝土、构件安装、预应力混凝土、砌砖、砌石、钢结构制作、焊接、螺栓连接、安装和钢结构油漆等。

基础结构工程还有打（压）桩、灌注桩、沉井和沉箱、地下连续墙及防水混凝土结构等。

主体结构工程还有木屋架的制作与安装、钢屋架等。

水、暖、卫及电气安装等已施工部分工程的检查。

2. 技术资料核查

基础、主体结构验收时，应核查的技术资料主要有：原材料试验，施工试验，施工记录，隐、预检，工程洽商，工程质量检验评定，水、暖、卫及电气安装技术资料等。

1.1.6.3 验收中问题的处理

凡基础、主体结构工程未经有关部门验收签证，不得掩埋或装修。结构工程存在的技术、质量问题，应由设计单位提出处理意见（或方案），报质量监督部门备案，施工单位依照处理方案进行处理。

验收中所需处理问题在处理中应做好记录，需隐检者应按有关手续办理，加固补强者应有附图说明及试块试验记录，处理后应有复验签证。

基础、主体结构工程达不到验收合格标准，应按以下方法及时进行处理：

(1) 请法定检测单位进行鉴定。
(2) 设计单位经重新核算认定工程可满足结构安全和使用功能要求,可以验收签证。
(3) 经加固补强合格后,可以验收签证。
(4) 返工重做达到验收合格标准的,可以验收签证。

1.1.6.4　基础、主体结构工程验收记录单(见表 1-259)

基础、主体工程验收记录　　　　　　　　　　表 1-259

建筑工程公司　　　　　队

工程名称		建筑面积	
结构类型		层　数	
施工日期		验收日期	
检查内容			
验收意见	外　观		技 术 资 料
设计单位	建设单位	施工单位	技术队长 技术科 质检科 主任工程师

表中,验收意见由设计单位填写确切,各单位代表签字后加盖单位公章。表头中把基础或主体划去一项,以明确验收部位,表中其余各栏由施工单位填写齐全、准确、清晰。此表一式四份,设计、建设单位各一份,施工单位二份。

1.1.7　施工组织设计

1.1.7.1　施工组织设计的作用和任务

施工组织设计是对施工过程实行科学管理的重要手段,是编制施工预算和施工计划的主要依据,是建筑企业施工管理的重要组成部分。编制施工组织设计必须贯彻统筹规划的原则,科学地组织施工,建立正常的生产秩序,充分利用所具有的空间、人力、物资、争取时间,推广采用最先进的施工技术,选择最佳的施工方案,达到用最少的人力和财力取得最好的施工经济效益。

施工组织设计是在充分研究工程的客观情况和施工特点的基础上编制的,用以部署全部施工生产活动,制定合理的施工方案和技术组织措施。

施工组织设计的主要作用是:

(1) 实现基本建设计划和设计要求,衡量设计方案施工的可能性和经济合理性。
(2) 科学组织施工,建立正常的施工程序,有计划地开展各项施工过程。
(3) 为及时做好各项施工准备工作提供依据,保证劳动力和各种物资的供应和使用。
(4) 协调在施工中各施工单位、各工种之间、各种资源之间以及空间布置与时间之间的合理关系,以保证施工的顺利进行。
(5) 为建筑施工中的技术、质量、安全生产、文明施工等各项工作提供切实可行的保证措施。

1.1.7.2 施工组织设计的分类和内容

施工组织设计根据设计阶段和编制对象大致可分为三类:即施工组织总设计、单位工程施工组织设计和分部、分项工程施工设计(也叫分部分项施工方案)。

(1) 施工组织总设计

施工组织总设计是以一个建设项目或建筑群为编制对象,规划其施工全过程各项活动的技术、经济的全局性、控制性文件。它是整个建设项目施工的战略部署,涉及范围较广,内容比较概括。它一般是在初步设计或扩大初步设计批准后,由总承包单位的总工程师负责,会同建设、设计和分包单位的工程师,共同编制的。它也是施工单位编制年度施工计划和单位工程施工组织设计的依据。

施工组织总设计的主要内容包括:工程概况,施工部署与施工方案,施工总进度计划,施工准备工作及各种资源需要量计划,施工总平面图,主要技术组织措施及主要技术经济指标等。

(2) 单位工程施工组织设计

单位工程施工组织设计是以单位工程(一个建筑物或一个交竣工工程)为编制对象,用来指导其施工全过程各项活动的技术、经济的局部性、指导性文件。它是拟建工程施工的战术安排,是施工单位年度施工计划和施工组织总设计的具体化,内容更详细。它是在施工图会审后,由工程项目主管工程师负责,会同预算、施工、技术、安全、物资管理等有关人员共同编制的,可作为编制季度、月度计划和分部分项工程施工设计的依据。

单位工程施工组织设计的主要内容包括:工程概况,施工部署,施工方案(主要项目施工方法)施工进度计划及施工进度表,施工平面布置图,施工准备工作计划,季节性施工方案,质量、安全、文明施工各项保证措施等八项内容。

(3) 分部分项工程施工设计

分部分项工程施工设计是以分部分项工程为编制对象,用来指导其施工活动的技术、经济文件。它结合施工班组的月、旬作业计划,把单位工程施工组织设计进一步具体化,是专业工程的具体施工设计。一般在单位工程施工组织设计确定了施工方案后,由施工队技术队长负责编制。

分部分项工程施工设计的主要内容包括:工程概况,施工方案,施工进度表,施工平面图及技术组织措施等。

1.1.7.3 编制施工组织设计的依据和基本原则

单位工程施工组织设计的编制依据是:

(1) 工程要求。上级主管部门和建设单位对该工程的建设工期要求,图纸设计要求,国家制定的施工及验收规范要求。

(2) 施工组织总设计。单位工程施工组织设计必须按照施工组织总设计的有关规定和要求进行编制。

(3) 施工预算。预先提供工程分部分项工程量,人工工日,各类材料数量及预算成本的数据。

(4) 企业年度生产计划。对本工程的安排和规定的各项指标。

(5) 工程地质勘探报告以及地形图、测量控制网。

(6) 建设单位提供的施工条件。如施工用地、水电供应、临时设施等。

(7) 资源供应情况。如：劳动力、材料、构配件、主要机械设备的来源和供应情况。

(8) 施工现场的具体情况。如地形、地上地下障碍物、水准点、气象、交通运输道路及施工环境等。

在组织施工或编制施工组织设计时，根据建筑工程特点和多年来建筑施工积累的经验，一般遵循以下几项原则：

(1) 坚决执行基本建设程序和施工程序。根据国家计划的要求和客观物质条件下的可能，保证建设项目成套按期或提前交付生产和使用，迅速发挥工程效益和基本建设投资效益。严格遵守国家和合同规定的工程竣工及交付使用的期限。

(2) 合理安排施工程序的顺序。在保证工程质量的前提下，力争缩短工期，加快建设速度，施工顺序随工程性质、施工条件的不同而有差异。但是施工实践经验证明，不同的工程，在安排合理的施工顺序上有其共同性规律，通常应考虑以下几点：

1) 在安排施工顺序时，要及时完成有关施工准备工作为正式施工创造良好条件。如：拆除旧有建筑物，清理场地，设置围墙(或围挡)，铺设施工需要的临时性道路，以及供水、供电管网，建设临时性设施(库房、办公室、宿舍区等)，安排大型施工机械的进场与安装。准备工作按施工需要，可一次性完成，也可分期完成。

2) 正式施工时，一般先进行全场性的工程及可供施工使用的永久性建筑物(如平整场地，铺设永久性管网和修筑永久性道路)，然后再进行各个工程项目的施工。在正式施工之初完成这些工程，有利于利用这些永久性道路、管线、建筑物为施工服务，从而减少暂设工程，节约投资，降低施工成本。在安排管线道路施工程序时，应先场外、后场内，场外由远及近。先主干后分布，地下工程先深后浅，排水先下游后上游。

3) 对于单个房屋和构筑物的施工顺序，要同时考虑空间顺序和工种之间的顺序。空间顺序决定施工流向问题，必须根据生产需要，缩短工期和保证工程质量的要求来决定。工种顺序是解决时间上搭接问题，它必须做到保证质量，工种之间互相创造条件，充分利用工作面，争取时间，缩短施工期。

(3) 采用流水施工方法和网络计划技术安排施工进度，根据施工的具体实际，科学编制施工进度计划，采用流水施工方法组织连续地、均衡地、有节奏地施工。采用网络计划技术编制施工计划，从而保证人力、物力和财力充分发挥作用。

(4) 合理布置施工平面图，搞好文明施工。

在布置现场施工平面图时，充分利用施工用地，科学合理地安排临时设施、机械设备、各种材料、构配件的堆放，减少物资运输量，避免二次搬运，确保安全生产、文明施工。

(5) 贯彻落实季节性施工方案。对于必须进行冬雨季施工的工程，要落实冬雨季施工的各项措施，增加全年施工工日，提高施工的连续性和均衡性。

(6) 贯彻施工技术规范、操作规程，采用国内外先进的施工技术，科学地组织和管理方法，合理选择施工方案，确保工程质量和安全生产。

(7) 尽量降低工程成本，提高工程的经济效益。

要本着勤俭节约的原则，因地制宜、就地取材，努力提高机械设备的周转率和利用率，充分利用原有建筑设施，尽量减少临时设施和暂设工程。制定技术节约措施和材料节约措施，合理安排人力、物力，搞好综合平衡调度。

1.1.7.4 单位工程施工组织设计编制的程序

单位工程,有的是属于整个建设项目的一个单独建筑物,有的是一个完全独立的单个建筑物,根据工程的特点和施工条件,编制程序繁简不一,单位工程施工组织设计的一般编制程序见图1-36。

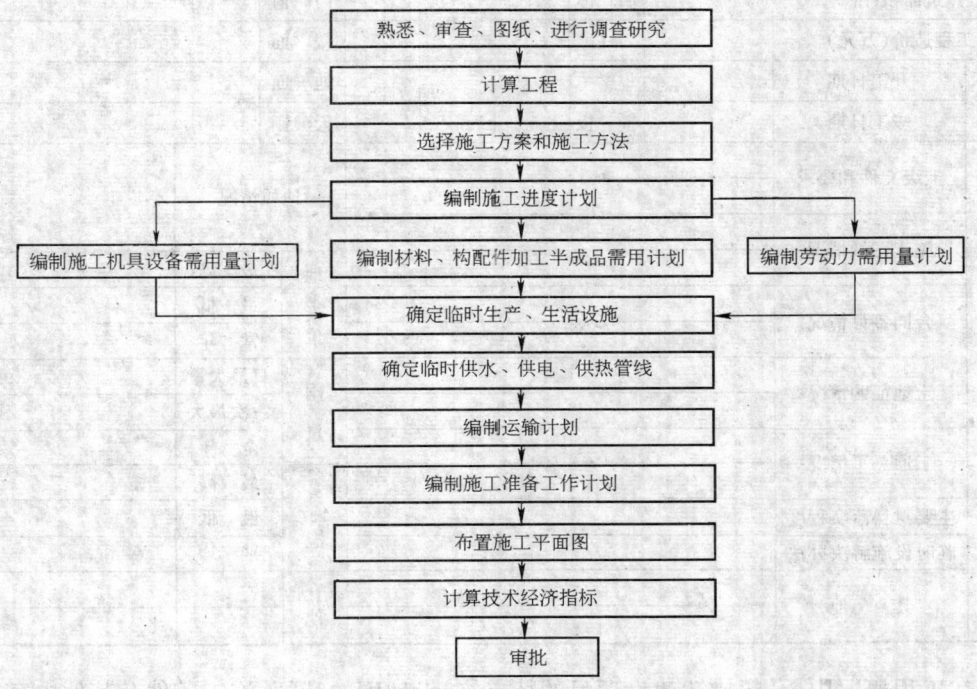

图1-36 单位工程施工组织设计编制程序示意图

1.1.7.5 编制施工组织设计的基本要求

在认真会审图纸的基础上,开工前由预算、施工、技术、质量、安全、物资等各管理部门共同编制施工组织设计,内容要齐全、科学、合理,对本工程特点要具有针对性。施工组织设计应有编制人、审批人签字和主管部门盖章。要求施工组织设计要编制及时,审批及时,真正起到指导现场施工的作用。

1.1.7.6 单位工程施工组织设计

单位工程施工组织设计的基本内容包括:工程概况;施工部署;施工进度计划及施工进度表;施工平面布置图;施工准备工作计划;施工方案(主要项目施工方法);季节性施工方案;质量、安全、文明施工各项保证措施。

(1) 工程概况:

单位工程施工组织设计中"工程概况"部分是对拟建项目的总的说明部分,要求简明扼要,突出重点,有时为了补充文字介绍的不足,还可附拟建单位工程的平、立、剖示意图及辅助的表格。对于建筑结构不复杂、规模不大的工程,可采用工程概况表的形式来说明,如表1-260所示。

工程概况表　　　　　　　　　　　　　　　　表1-260

建设单位		建筑结构		装修要求	
设计单位		层　数	屋架	内粉刷	
施工单位		基础	吊车梁	外粉刷	
建筑面积(m²)		墙体		门窗	
工程造价(万元)		柱		楼面	
计划	开工日期	梁		地面	
	竣工日期	楼板		天棚	
编制说明	上级文件和要求		地质情况		
	施工图纸情况		地下水位	最高	
	合同签订情况			最低	
				常年	
	土地征购情况		雨量	日最大量	
				一次最大	
	三通一平情况			全年	
	主要材料落实程度		气温	最高	
	临时设施解决办法			最低	
				平均	
	其他		其他		

在工程概况中,一般描述建设项目的特点、建设地区的特征、施工条件及其他内容。

1) 建设项目的特点及图纸设计要求:

在建设项目特点方面,主要应介绍:建设地点,建设规模,总投资,总工期要求,总占地面积,建筑面积及主要项目工程量,生产流程及工艺特点,建筑安装工程量,设备安装吨位数。

在图纸设计要求方面主要应介绍:设计图纸的类型编号,结构各分部工程类型及特点;装饰工程各分项工程设计要求;设备安装工程(暖卫、电气、通风、空调、电梯等)的设计要求。为了使这部分内容介绍清晰,可以借用附图及表格。

建筑安装工程项目一览表,主要建筑物和构筑物一览表及工程量总表可参见表1-261、表1-262、表1-263。

建筑安装工程项目一览表　　　　　　　　　　　表1-261

序号	工程名称	建筑面积(m²)	建安工作量(万元)		吊装和安装工程量(t或件)		建筑结构
			土建	安装	吊装	安装	

注:建筑结构栏填以砖木、混合、钢、钢筋混凝土结构及层数等。

1.1 建筑工程

主要建筑物和构筑物一览表　　　　　　　　　　　　　　　表 1-262

序　号	工程名称	建筑结构特征或其示意图	建筑面积 (m²)	占地面积 (m²)	建筑体积 (m³)	备　注

注：建筑结构特征栏说明其基础、柱、墙、屋盖的结构构造，如附示意图时应注明主要尺寸。

工 程 量 总 表　　　　　　　　　　　　　　　表 1-263

序号	分部分项工程名称	单位	合计	生产车间			仓库运输			管　网				生活福利		临时设施		备注
				××车间			仓库	铁路	公路	供电	供水	排水	供热	宿舍	文化福利	生产	生活	

注：生产车间栏按主要生产车间、辅助生产车间、动力车间次序填列。

2) 建设地区特征：在建设地区特征方面，主要应反映地质、水文、气象等情况，地区资源情况，交通运输条件，水、电和其它动力、能源条件，劳力和生活设施情况，地方建筑企业情况及周围环境。

3) 施工条件及其他内容：在施工条件方面，主要应反映施工企业生产能力、技术装备、管理水平、市场竞争和完成指标情况，以及主要设备、材料和物资供应情况。其他方面包括有关建设项目的决议和协议，土地征用范围、数量，施工现场的拆迁等情况有必要也应做简要说明。

(2) 施工部署：

施工部署是对整个建设工程进行全面安排并解决工程施工的重大战略问题。其内容包括：施工任务的组织分工和安排；单位工程的施工程序；单位工程的施工起点和流向；施工流水段的划分；分部分项工程的施工顺序等。

1) 施工任务的组织分工和安排：明确机构体制，建立统一的工程指挥系统，确定综合的或专业的施工组织，划分各施工单位的任务项目和施工区段，明确主攻项目和穿插施工项目相互关系及施工要求。在施工任务的安排上还要根据工期的要求，施工场地的情况，季节性施工的特点进行施工部署，是否采用一班工作制或双班、多班工作制，是否采用流水作业法等。

2) 单位工程的施工程序：这里所指的施工程序是指单位工程中各分部工程或施工阶段的先后顺序及其制约关系，主要解决时间搭接上的问题。主要考虑以下几点：

A. 遵守"先地下后地上"、"先土建后设备"、"先主体后围护"、"先结构后装修"的原则。

(a) "先地下后地上"，指的是地上工程开始之前，尽量把管道、线路等地下设施、土方工程和基础工程完成或基本完成，以免对地上部分施工产生干扰，既给施工带来不便，又会造成浪费、影响质量。

(b) "先土建后设备"，就是说不论是工业建筑还是民用建筑，一般说来，土建施工应先于水暖煤电卫等建筑设备的施工。但它们之间更多的是穿插配合的关系,尤其在装修阶段,要从保质量、讲成本的角度,处理好相互之间的关系。

（c）"先主体后围护",主要是指框架主体结构与围护结构在总的程序上要有合理的搭接。一般来说,多层建筑以少搭接为宜,而高层建筑则应尽量搭接施工,以有效地节约时间。

（d）"先结构后装修",是指一般情况而言。有时为了缩短工期,也可以部分穿插施工。

在特殊情况下,上述程序不能一成不变。如在冬期施工之前,应尽可能完成土建和围护结构,以利于施工中的防寒和室内作业的开展;又如大板建筑施工,大板承重结构部分和某些装饰部分宜在加工厂同时完成。

B. 应做好土建施工与设备安装施工的程序安排。工业建设项目除了土建施工还有工业管道和工艺设备等安装。为了早日竣工投产,在施工程序上应重视合理安排土建施工与设备安装之间的施工程序。

（a）封闭式施工　即土建主体结构完成之后,再进行设备安装的施工程序。对精密仪器厂房等,还应在土建装修完成后再进行设备安装。

这种施工程序的优点是:有利于构件的现场预制、拼装和就位,适合选择各种起重机械进行吊装,能加快主体结构的施工速度;设备基础能在室内施工,不受气候影响,可减少防雨、防寒等设施费用;有时还可以利用厂房内的桥式吊车为设备基础施工服务。其缺点是:出现一些重复工作(如部分柱基础土方的重复挖填和运输道路的重新铺设等);设备基础施工条件较差,因场地限制,不便于采用机械挖土;不能提前为设备安装提供工作面,因而工期较长。

（b）敞开式施工　是指先安装工艺设备,然后建设厂房的施工程序。适用于某些重型工业厂房(如冶金车间、发电厂房等)的施工,其优缺点与封闭式相反。

（c）设备安装与土建施工同时进行　这是指当土建施工为设备安装创造了必要条件,同时能防止设备被砂浆、垃圾等污染的情况下,所采用的施工程序。例如,在建造水泥厂时,经济上最适宜的施工程序便是两者同时进行。

C. 安排好竣工扫尾工作。这主要包括设备调试、生产或使用准备、交工验收等工作。做到竣工与交付使用一次到位,才是周密的程序。

3）单位工程的施工起点和流向:施工起点和流向是指单位工程在平面或空间上开始施工的部位及流动方向,这主要取决于生产需要、缩短工期和保证质量等要求。一般来说,对于单层建筑物,只要按其工段、跨间分区分段地确定平面上的施工流向;对多层建筑物,除了确定每层平面的施工流向外,还要确定其层间或单元空间上的施工流向,如多层房屋的内墙抹灰是采用自上而下,还是采用自下而上。

施工流向的确定,牵涉到一系列施工过程的开展和进程,主要应考虑以下几个因素。

A. 生产工艺或使用要求。这往往是确定施工流向的基本因素。一般,生产工艺上影响其他工段试车投产的或生产使用上要求急的工段、部位先安排施工。例如:工业厂房内要求先试生产的工段应先施工;高层宾馆、饭店等,可以在主体结构施工到相当层数后,即进行地面上若干层的设备安装与室内外装修。

B. 施工的繁简程度。一般说来,技术复杂、施工进度较慢、工期较长的工段或部位,应先施工。

C. 房屋高低层或高低跨。柱的吊装应从高低跨并列处开始;屋面防水层施工应按先高后低的方向施工,同一屋面则由檐口向屋脊方向施工;基础有深浅时,应按先深后浅的顺序施工。

D. 选用的施工机械。根据工程条件,挖土机械可选用正铲、反铲、拉铲等,吊装机械可选用履带吊、汽车吊、塔吊等,这些机械的开行路线或布置位置便决定了基础挖土及结构吊装的施工起点和流向。

E. 施工组织的分层分段。划分施工层、施工段的部位,如伸缩缝、沉降缝、施工缝等,也是决定其施工流向时应考虑的因素。

F. 分部工程或施工阶段的特点。如基础工程由施工机械和方法决定其平面的施工流向;主体工程从平面上看,哪一边先开始都可以,但竖向一般应自下而上施工;装修工程竖向的施工流向比较复杂,室外装修可采用自上而下的流向,室内装修则可采用自上而下、自下而上及自中而下再自上而中三种流向。

自上而下是指主体结构封顶或屋面防水层完成后,装修由顶层开始逐层向下的施工流向,一般有水平向下和垂直向下两种形式,见图 1-37 所示。其优点是:主体结构完成后,建筑物有一个沉降时间,沉降变化趋向稳定,这样可保证屋面防水质量,不易产生屋面渗漏水,亦能保证室内装修质量;可以减少或避免各工种操作互相交叉,便于组织施工,利于安全施工,而且自上而下的清理也很方便。其缺点是不能与主体结构施工搭接,工期相应较长。

自下而上是指主体结构施工到三层以上时(有两个层面楼板,确保底层施工安全),装修从底层开始逐层向上的施工流向,一般与主体结构平行搭接施工,也有水平向上和垂直向上两种形式,见图 1-38 所示。为了防止雨水或施工用水从上层板缝内渗漏而影响装修质量,应先做好上层楼板面层抹灰,再进行本层墙面、天棚、地面的抹灰施工。这种流向的优点是可以与主体结构平行搭接施工,能相应缩短工期,当工期紧迫时可以考虑采用这种流向。但其缺点是:工种操作互相交叉,需要增加安全措施;交叉施工的工序多、材料供应紧张、施工机械负担重,现场施工组织和管理也比较复杂。还应注意,当装修采用垂直向上施工时,如果流水节拍控制不当,则可能超过主体结构施工速度,从而被迫中断流水。

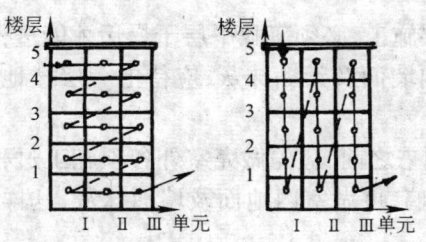

图 1-37 自上而下施工流向
(a)水平向下;(b)垂直向下

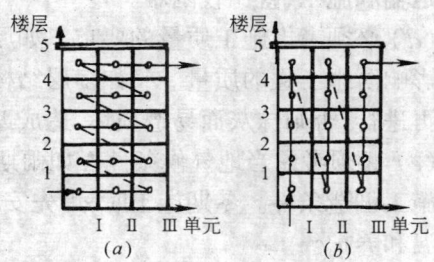

图 1-38 自下而上的施工流向
(a)水平向上;(b)垂直向上

自中而下再自上而中的施工流向,综合了前两种流向的优缺点,一般适用高层建筑的装修工程施工。

4)施工流水段的划分:为了适应流水施工的需要,划分施工流水段必须注意以下几点要求:

A. 施工组织设计中应阐明分几个流水段,划分界线在什么部位,以建筑轴线说明。

B. 流水段划分要有利于结构的整体性，尽量利用伸缩缝或沉降缝、平面有变化处、留槎而不影响质量处以及可留施工缝处等做为流水段的分界线。住宅可按单元、楼层划分，厂房可按跨、按生产线划分。

C. 要使各段工程量大致相等，以便组织等节拍流水施工，使劳动组织相对稳定，各班组能连续均衡施工，减少停歇和窝工。

D. 施工段数与施工过程数相协调，尤其在组织楼层结构流水施工时，每层的施工段数应大于等于施工过程数。段数过多可能延长工期或使工作面过窄，段数过少则无法流水，而使劳力窝工或机械设备停歇。

E. 分段的大小应与劳动组织（或机械设备）及其生产能力相适应，保证足够的工作面，以便于操作，发挥生产效率。

5）分部分项工程的施工顺序：布署单位工程施工时，应将其划分为若干分部工程，每一分部工程又划分为若干个分项工程，并对各个分部分项工程的施工顺序做出合理的安排。

A. 确定施工顺序的基本原则：

（a）必须符合施工工艺的要求　这种要求反映施工工艺上存在的客观规律和相互制约关系，一般是不能违背的。例如：基础工程未做完，其上部结构就不能进行；基槽（坑）未挖完土方，垫层就不能施工；门窗框没安装好，地面或墙面抹灰就不能开始；全框架结构可以等框架全部施工完再砌砖墙，而内框架结构只有待外墙砌筑与钢筋混凝土柱都完成后，才能浇筑梁板。

（b）必须与施工方法协调一致　如采用分件吊装法，则施工顺序是先吊柱、再吊梁、最后吊一个节间的屋架及屋面板。如采用综合吊装法，则施工顺序为一个节间全部构件吊完后，再依次吊装下一个节间，直至全部吊完。

（c）必须考虑施工组织的要求　例如，有地下室的高层建筑，其地下室地面工程可以安排在地下室顶板施工前进行，也可以在顶板铺设后施工。从施工组织方面考虑，前者施工较方便，上部空间宽敞，可利用吊装机械直接将地面施工用的材料吊到地下室。而后者，地面材料运输和施工，就比较困难。

（d）必须考虑施工质量的要求　如屋面防水层施工，必须等找平层干燥后才能进行，否则将影响防水工程的质量。又如多层结构房屋的内墙面及天棚抹灰，应待上一层楼地面完成后再进行，否则抹灰面易遭损坏，造成返工修补。

（e）必须考虑当地气候条件　如雨期和冬期到来之前，应先做完室外各项施工过程，为室内施工创造条件。冬期施工时，可先安装门窗玻璃，再做室内地面及墙面抹灰，这样有利于保温和养护。

（f）必须考虑安全施工的要求　如脚手架应在每层结构施工之前搭好。又如在多层砖混结构，只有完成两个楼层板的铺设后，才允许在底层进行其他施工过程的操作。

B. 多层砖混结构的施工顺序：多层砖混建筑的施工，一般可划分为基础、主体、屋面、装修及房屋设备安装等分部工程，其施工顺序见图1-39所示。

（a）基础阶段的施工顺序　这个阶段的施工过程与施工顺序一般是：挖土⟶垫层⟶基础⟶防潮层⟶回填土。如有桩基础，则应另列桩基工程。如有地下室，则在垫层完成后进行地下室底板、墙身施工，再做防水层，安装地下室顶板，最后回填土。

挖土与垫层施工搭接应紧凑（或合并为一个施工过程），间隔时间不宜太长，以防下雨后

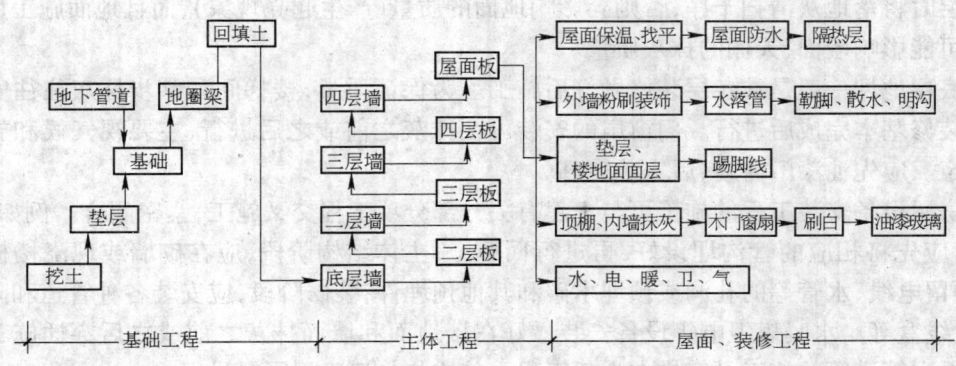

图 1-39　砖混结构住宅建筑施工顺序示意图

基槽(坑)内积水,影响地基的承载能力。还应注意垫层施工后的技术间歇时间,使之具有一定的强度后,再进行后道工序的施工。各种管沟的挖土、铺设等应尽可能与基础施工配合,平行搭接进行。回填土一般在基础完工后一次分层夯填完毕,以便为后道工序施工创造条件,但应注意基础本身的承受力。当工程量较大且工期较紧时,也可将填土分段与主体结构搭接进行,或安排在室内装修施工前进行(如室内填土)。

(b) 主体阶段的施工顺序　这个阶段的施工过程包括:搭设垂直运输机械及脚手架、墙体砌筑、现浇圈梁和雨篷、安装楼板等。

这一阶段,应以墙体砌筑为主进行流水施工,根据每个施工段砌砖工程量、工人人数、垂直运输量及吊装机械效率等计算确定流水节拍的大小,而其他施工过程则应配合砌墙的流水,搭接进行。如脚手架搭设及楼板铺设应配合砌墙进度逐段逐层进行;其他现浇构件的支模、扎筋可安排在墙体砌筑的最后一步插入,与现浇圈梁同时进行;预制楼梯段的安装必须与墙体砌筑和楼板安装紧密配合,一般应同时或相继完成。当采用现浇楼梯时,更应注意与楼层施工紧密配合,否则由于混凝土养护的需要,后道工序将不能如期进行,从而延长工期。

(c) 屋面、装修、房屋设备安装阶段的施工顺序　这个阶段的特点是施工内容多,繁而杂;有的工程量大而集中,有的则小而分散;劳动消耗量大,手工操作多,工期较长。

屋面保温层、找平层、防水层施工应依次进行。刚性防水屋面的现浇钢筋混凝土防水层、分格缝施工应在主体结构完成后开始并尽快完成,以便为顺利进行室内装修创造条件。一般情况下,它可以和装修工程搭接或平行施工。

装修工程可分为室外装修(外墙抹灰、勒脚、散水、台阶、明沟、水落管及道路等)和室内装修(天棚、墙面、地面抹灰,门窗扇安装,五金及各种木装修、踢脚线,楼梯踏步抹灰)。要安排好立体交叉平行搭接施工,合理确定其施工顺序。通常有先内后外,先外后内,内外同时进行这三种顺序。如果是水磨石楼面,为防止楼面施工时渗漏水对外墙面的影响,应先完成水磨石的施工;如果为了加速脚手架周转或要赶在冬雨期到来之前完成外装修,则应采取先外后内的顺序;如果抹灰工太少,则不宜采用内外同时施工。一般说来,采用先外后内的顺序较为有利。

室内抹灰在同一层内的顺序有两种:地面→天棚→墙面;天棚→墙面→地面。前一种顺序便于清理地面基层,地面质量易于保证,而且便于利用墙面和天棚的落地灰,节约材料。但地面需要养护时间及采取保护措施,否则后道工序不能及时进行。后一种顺序应在做地面面层时将落地灰清扫干净,否则会影响地面的质量(产生起壳现象),而且地面施工用水的渗漏可能影响墙面、天棚的抹灰质量。

底层地坪一般是在各层装修做好后施工。为保证质量,楼梯间和踏步抹灰往往安排在各层装修基本完成后进行。门窗扇的安装可在抹灰之前或之后进行,主要视气候和施工条件而定。应先油漆门窗扇,后安装玻璃。

房屋设备安装工程的施工可与土建有关分部分项工程交叉施工,紧密配合。例如:基础阶段,应先将相应的管沟埋设好,再进行回填土;主体结构阶段,应在砌墙或现浇楼板的同时,预留电线、水管等的孔洞或预埋木砖和其他预埋件;装修阶段,应安装各种管道和附墙暗管、接线盒等。水暖煤卫电等设备安装最好在楼地面和墙面抹灰之前或之后穿插施工。室外上下水管道等的施工可安排在土建工程之前或与土建工程同时进行。

C. 单层装配式厂房的施工顺序:单层装配式厂房的施工,一般可分为基础、构件预制、吊装、围护结构、屋面、装修及设备安装等分部工程,各分部工程施工顺序见图 1-40 所示。

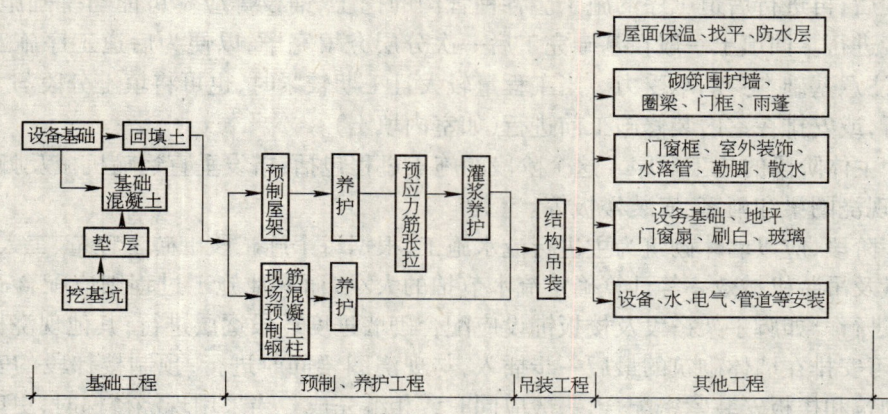

图 1-40 单层工业厂房施工顺序示意图

(a)基础阶段的施工顺序 这个阶段的施工过程和顺序是:挖土→垫层→杯形基础(也可分为绑筋、支模、浇混凝土等)→填土。如采用桩基础,可另列一个施工阶段。打桩工程也可安排在准备阶段进行。若桩基、土方和基础工程分别由不同单位分包,则可分为三个单独的施工过程,分别组织施工。

对厂房内的设备基础,应根据不同情况,采用封闭式或敞开式施工。封闭式,即厂房柱基础先施工,设备基础在结构吊装后施工。这适用于设备基础不大、不深(不超过柱基础深度)、不靠近桩基的情况。敞开式,即厂房柱基础与设备基础同时施工。这适用于设备基础较大较深、靠近柱基的情况,施工时应遵循先深后浅的要求来安排设备基础的先后顺序。

(b)预制阶段的施工顺序 这个阶段主要包括一些重量较大、运输不便的大型构件,如柱、屋架、吊车梁等的现场预制。可采用先柱后屋架或柱、屋架依次分批预制的顺序,这取决于结构吊装方法。现场后张法预应力屋架的施工顺序是:场地平整夯实──→支模(地胎模或多节脱模)──→绑扎筋(有时先绑筋后支模)──→预留孔道──→浇筑混凝土──→养护──→拆模──→预应力钢筋张拉──→锚固──→灌浆。

(c)吊装阶段的施工顺序 这个阶段的施工顺序取决于吊装方法。采用分件吊装法时,其顺序一般是:第一次开行吊装柱,并进行其校正和固定;第二次开行吊装吊车梁、连系梁、基础梁等;第三次开行吊装屋盖构件。采用综合吊装法时的施工顺序一般是:先吊装一、二个节间的4~6根柱,再吊装该节间内的吊车梁等构件,最后吊装该节间内的屋盖构件,如此逐间依次进行,直至全部厂房吊装完毕。抗风柱的吊装,可采用两种顺序:一是在吊装柱的同时先安装同跨一端抗风柱,另一端则在屋盖吊装完毕后进行;二是全部抗风柱的吊装均待屋盖吊装完毕后进行。

(d) 围护、屋面及装修阶段的施工顺序 这个阶段总的施工顺序是:围护结构→屋面工程→装修工程,但有时也可互相交叉,平行搭接施工。

围护结构的施工过程和顺序为:搭设垂直运输机具(井架等)→砌砖墙(脚手架搭设与之相配合)→现浇门框、雨篷等。

屋面工程在屋盖构件吊装完毕,垂直运输机械搭好后,就可安排施工,其施工过程和顺序与前述砖混结构基本相同。

装修工程包括室内装修(包括地面、门窗扇、玻璃安装、油漆、刷白等)和室外装修(包括勾缝、抹灰、勒脚、散水等),两者可平行施工,并可与其他施工过程交叉穿插进行。室外抹灰一般自上而下;室内地面施工前应将前道工序全部做完;刷白应在墙面干燥和大型屋面板灌缝之后进行,并在油漆开始之前结束。

(e) 设备安装阶段的施工顺序 水暖煤卫电安装与前述砖混结构相同。而生产设备的安装,一般由专业公司承担,由于专业性强、技术要求高,应遵照有关专门顺序进行。

上面所述各分部工程的施工顺序仅适用于一般情况。建筑施工是一个复杂的过程。建筑结构、现场条件、施工环境不同,均对施工顺序的安排产生不同的影响,因此对每一个单位工程,必须根据其施工特点和具体情况,合理地确定其施工顺序。

(3) 施工进度计划及施工进度表:

单位工程施工进度计划是在确定的施工方案和施工方法基础上,根据规定工期和技术物资供应条件,遵循工程的施工顺序,用图表形式表示各施工项目(各分部分项工程)搭接关系及工程开竣工时间的一种计划安排。施工进度计划的主要作用是:控制工程施工进程和工程竣工期限等各项施工活动的依据;反映了从准备工作开始直到交竣工为止的全部主要的施工过程;反映了土建与其他专业工程的配合关系;是确定劳动力、材料、机械设备供应等的依据;是编制季、月度生产计划的基础。

1) 单位工程施工进度计划的组成及编制步骤:编制单位工程施工进度计划的依据是:

A. 单位工程的全部施工图纸及有关的水文、地质、气象和其他技术经济资料;

B. 合同规定的开工、竣工日期;

C. 单位工程的施工方案;

D. 施工图预算;

E. 劳动定额及机械使用定额;

F. 劳动、机械供应能力,专业单位(如设备安装等)配合土建施工的能力。

单位工程施工进度计划一般有两种形式的图表:一种是横道图或称水平图表;另一种是目前正在推广应用的网络图。这里主要介绍用横道图编制进度计划的方法和步骤。

横道图表形式如表1-264所示,它是由两部分组成。

左边部分反映各分部分项工程相应的工程量、定额、劳动量等,是首先要填写及计算的

单位工程施工进度计划 表 1-264

序号	分部分项工程名称	工程量		定额	劳动量		机械		每天工作班	每班工人数	工作日	进度日程											
		单位	数量		单位	数量(工日)	名称	台班				月					月						
												5	10	15	20	25	30	35	40	45	50	55	60

数据;右边是用横向线条表示的进度指示图表,是按左边的计算数据设计出来的。右边部分有月、日,用分格表示,每格代表 1、2 天或 3、5 天,当工期较长时每格可代表 1 周或一旬。用横道图可以形象地反映各分部分项工程的施工进度,各分部分项相互之间的关系,各施工班组在时间和空间上相互配合的关系。

编制单位工程施工进度计划的步骤如下:

A. 熟习图纸和有关资料,调查施工条件;

B. 确定分部分项工程项目,划分施工过程;

C. 计算工程量;

D. 确定劳动量和机械台班数量;

E. 确定各分部分项工程的施工天数;

F. 设计和安排施工进度计划;

G. 根据施工进度的要求,提出劳动力及物资需要量计划。

2) 确定分部分项工程项目,划分施工过程:

施工进度表中所列的项目是指直接完成单位工程(建筑物或构筑物)的各分部分项工程的施工过程,如基础工程中的挖土、做垫层、混凝土或钢筋混凝土基础、回填等。此外,现场就地预制工程,因要单独占用工期,而对其他分部分项工程的施工有直接影响,所以也要将这些项目列入进度计划。例如钢筋混凝土柱、屋架等的现场预制。

所有分部分项工程项目及施工过程在进度计划表上填写时应按工程的施工顺序排列。

在确定分部分项工程项目时应注意以下问题:

A. 工程项目划分的粗细程度。分部分项工程项目划分的粗细程度根据进度计划的具体需要而定。单位工程总的控制性的进度计划,项目可划得粗一些,一般只列出分部工部名称;实施性的单位工程进度计划,项目可划得细一些,特别是其中对工期有直接影响的项目不能漏项,以便掌握施工进度,指导施工。为使进度计划能简明清晰,原则上应在可能条件下尽量减少工程项目的数目,能合并的就合并,能不列出的就不列出。

B. 工程项目的划分应与施工方法一致。由于施工方案和主要施工方法的不同,会影响工程项目名称、数量及施工顺序,因此,工程项目的划分应与所选择的施工方法一致。例如:工业厂房中的柱基础与设备基础的施工,采用敞开式或封闭施工方案在进度计划上反映是不同的;结构安装中采用分件吊装或综合吊装时,工程项目名称、数量、安装顺序等是不同的。分件吊装时,则应分为:钢筋混凝土柱吊装、吊车梁吊装、连系梁及基础梁吊装,屋盖系统综合吊装。

C. 妥善处理零星工程及水暖电卫设备等项目。一个单位工程的施工项目繁多,对于次要的、零星的分项工程,在不影响工程进度的情况下,可以合并为"零星工程"插入施工,不必一一列出。与土建工程有关的施工准备工作应先行。水暖电卫和工艺设备的安装等专业工程,应表明它们与土建工程的配合关系。但这些工程只需列出项目名称,不必再细分,在进度计划上也只要反映出插入时间及工作持续时间,至于详细进度计划则由各专业队单独安排。

3) 计算工程量:

分部分项工程项目确定后,即可以分项计算工程量,工程量计算应根据施工图纸,按照有关工程量计算规则进行。计算中应注意以下几个问题:

A. 应与已确定的施工方法一致。例如基础工程挖土方,采用人工或机械施工,是否放坡,是否增加支撑或工作面等,其土方量计算方法均有所不同。

B. 工程量的计算单位与现行采用定额单位一致,以便直接套用定额,不必再进行换算。

C. 当施工组织要求分区、分段、分层施工时,工程量也应按分段分层分别加以计算,以利于施工组织和进度计划的编制。

D. 如已有施工图预算,可直接利用其工程量,不必再计算。但是,要根据施工方法的要求,按施工实际情况加以调整和补充。

4) 确定劳动量和机械台班数量:

所谓劳动量是指完成某施工过程所需要的工日数。进度计划中每一个分部分项工程的劳动量要分别进行计算。其计算公式如下:

$$P = \frac{Q}{S}$$

或

$$P = Q \times H$$

式中 P——某分项工程所需劳动量;
Q——某分项工程的工程量;
S——某分项工程的产量定额;
H——某分项工程的时间定额。

机械台班数量计算式如下:

$$P_1 = \frac{Q}{S_1}$$

或

$$P_1 = Q \times H_1$$

式中 P_1——某分项工程所需机械台班量;
S_1——某分项工程采用机械的产量定额;
H_1——某分项工程采用机械的时间定额。

当某分项工程是由若干个分项工程合并而成时,则应分别根据各分项工程的工程量和产量定额,计算出合并后的综合产量定额。其计算公式为:

$$S = \frac{\Sigma Q_i}{\frac{Q_1}{S_1} + \frac{Q_2}{S_2} + \cdots\cdots + \frac{Q_n}{S_n}}$$

式中 S——综合产量定额;
$Q_1 、 Q_2 、 \cdots\cdots 、 Q_n$——各个参加合并项目的工程量;
$\Sigma Q_i = Q_1 + Q_2 + \cdots\cdots + Q_n$——各个工程量之总和;

S_1、S_2、……、S_n——各个参加合并项目的产量定额。

对于有些新技术、新工艺或特殊施工方法,定额手册中的尚缺项目,可参考类似项目的定额或实测资料确定。

5) 确定分部分项工程的施工天数:

在确定分部分项工程的劳动量和机械台班的数量之后,根据每天安排的工人数和工作班数,即可计算出分部分项工程的施工天数。计算方法如下:

$$t = \frac{P}{n \times b}$$

式中　t——某分项工程的施工天数;
　　　P——某分项工程的劳动量或机械台班量;
　　　n——某分项工程每班劳动人数或机械台数;
　　　b——某分项工程每天工作的班数。

为了确定分部分项工程的施工天数,必须选择合理的工作班制和安排每班的劳动人数。选择合理的工作班制就是一天采用一班制或两班制或三班制,这要根据现场施工条件、进度要求和施工需要而定。在一般的情况下,多采用一班制,特殊情况下可安排二班制,对于某些分项工程必须连续施工时,如大型设备基础等,亦可安排三班制。

在安排每班劳动人数时,必须考虑以下几点:

(1) 最小劳动组合。很多分项工程施工不是一个人能够完成的,都必须有几个人共同配合才能进行工作。最小劳动组合是指某一个施工过程要进行正常施工所必须的最低限度的人数及其合理组合。例如砌砖墙,只有技工还不行,必须有普工配合;人工打夯也要有几人同时进行正常工作等。最小劳动组合要求每班人数不能少于这一人数。

(2) 最小工作面。所谓工作面是指施工对象上可能安排工人和布置机械的地段,用来反映施工过程在空间布置的可能性。最小工作面是指每一个工人或一个班组施工时必须要有足够的工作面才能发挥高效率,保证施工安全。一个分部分项工程在组织施工时,安排工人数的多少受到工作面的限制,不能为了缩短工期,而无限制地增加工人的人数,否则,会使工作面不足,不能充分发挥工作效率而产生窝工,甚至发生安全事故。所以,最小工作面决定了安排工人人数的最高限度。

(3) 可能安排的人数。根据现场实际情况(如劳动力供应情况、技工技术等级及人数等),在最少必需人数和最多可能人数的范围之内,安排工人人数。如果在最小工作面的情况下,安排了最多人数仍不能满足工期要求时,可以组织两班制或三班制。

6) 施工进度计划初步方案的编制:

上述各项计算内容确定之后,即可编制施工进度计划的初步方案。一般的编制方法有以下三种:

A. 根据施工经验直接安排的方法。这是根据经验资料及有关计算,直接在进度表上画出进度线的方法。这种方法比较简单实用,但在施工项目多时,不一定能达到最优计划方案。其一般步骤是:先安排主导分部工程的施工进度,然后再将其余分部工程尽可能配合主导分部工程,最大限度地合理搭接起来,使其互相联系,形成施工进度计划的初步方案。

在主导分部工程中,应先安排主导施工项目的施工进度,力求其施工班组能连续施工,而其余施工项目尽可能与它配合、搭接或平行施工。例如:单层厂房施工中的预制工程,一般由支模、扎筋、浇筑混凝土、养护、拆模等施工项目组成,其中浇筑混凝土是主导施工项目。在安排施工进度时,就应先考虑混凝土的浇筑速度,而支模、扎筋等施工项目的进度均应在保证浇筑混凝土的进度和连续性的前提下进行安排。

B．按工艺组合组织流水施工的方法。这种方法是将某些在工艺上有关系的施工过程归并为一个工艺组合,组织各工艺组合内部的流水施工,然后将各工艺组合最大限度地搭接起来,组织分别流水。

C．用网络计划进行安排的方法。

7) 施工进度计划的检查和调整：

施工进度计划初步方案编出后,应根据上级要求、合同规定、经济效益及施工条件等,先检查各施工项目中的施工顺序是否合理、工期是否满足要求、劳动力等资源需要量是否均衡；然后进行调整,直至满足要求,最后编制正式的施工进度计划。

A．施工顺序的检查和调整。施工进度计划安排的施工顺序应符合建筑施工的客观规律。应从技术上、工艺上、组织上检查各个施工项目的安排是否正确合理,如屋面工程中的第一个施工项目应在主体结构屋面板安装与灌缝完成之后开始。应从质量上、安全上检查平行搭接施工是否合理、技术组织间歇时间是否满足,如主体砌墙一般应从第一个施工段填土完成后开始；又如混凝土浇筑以后的拆模时间是否满足技术要求。总之,所有不当或错误之处,应予修改或调整。

B．施工工期的检查和调整。施工进度计划安排的施工工期首先应满足上级规定或施工合同的要求,其次应具有较好的经济效果,即安排工期要合理,但并不是越短越好。一般评价指标有以下两种：

(a) 提前工期　即计划安排的工期比上级要求或合同规定的工期提前的天数。

(b) 节约工期　即与定额工期相比,计划工期少用的天数。

当工期不符合要求,即没有提前工期或节约工期时,应进行必要的调整。检查时主要看各施工项目的延续时间、起止时间是否合理,特别应注意对工期起控制作用的施工项目,即首先要缩短这些施工项目的时间,并注意施工人数、机械台数的重新确定。

C．资源消耗均衡性的检查与调整。施工进度计划的劳动力、材料、机械等供应与使用,应避免过分集中,尽量做到均衡。这里主要讨论劳动力消耗的均衡问题。

劳动力消耗的均衡与否,可通过劳动力消耗动态图(如图 1-41)来反映,其竖向坐标表示人数,横向坐标表示施工进度天数。

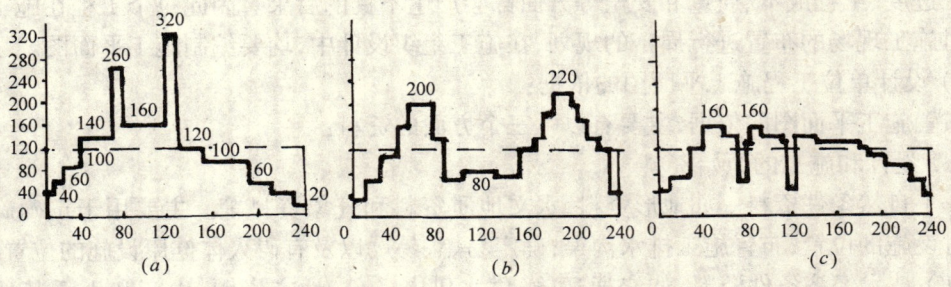

图 1-41　劳动力消耗动态图
(a) 短时期高峰；(b) 长时期低陷；(c) 短时期低陷

图 1-43 中出现短时期的高峰,即短时期施工人数骤增,相应需增加为工人服务的各项临时设施,说明劳动力消耗不均衡。图 1-43 中出现长时期的低陷,如果工人不调出,将发生窝工现象;如果工人调出,则临时设施不能充分利用,这也说明不均衡。图 1-43 中出现的短时期的低陷,甚至是很大的低陷,则是允许的,只要把少数工人的工作重新安排一下,窝工情况就能消除。

劳动力消耗的均衡性可用均衡系数来表示,用下式计算:

$$K = \frac{R_{\max}}{\overline{R}}$$

式中　K——劳动力均衡系数;
　　$R_{\max}$——高峰人数;
　　$\overline{R}$——平均人数,即为施工总工日数除总工期所得人数。

劳动力均衡系数一般控制在 2 以下,超过 2 则不正常。如果出现劳动力不均衡的情况,可通过调整次要施工项目的施工人数、施工时间和起止时间以及重新安排搭接等方法来实现均衡。

应当指出,施工进度计划并不是一成不变的,在执行过程中,往往由于人力、物资供应等情况的变化,打破了原来的计划。因此在执行中应随时掌握施工动态,并经常不断地检查和调整施工进度计划。

图 1-42 所示为某四层混合结构房屋经过调整后的施工进度,从图中可看出:基础、主体和装饰工程均按三个施工段组织流水施工,充分利用了空间,争取了时间,且使劳动力、材料、机具使用趋于均衡。

(4) 施工平面布置图:

在施工现场上,除了已建和拟建的建筑物外,还有各种为拟建工程所需要的临时建筑和设施,例如混凝土、砂浆搅拌站;起重机械设备;道路及水、电管网;材料临时堆放场地和仓库;工地办公室等。这些暂时建筑和设施都是为拟建工程服务的,必须事先在建筑总平面图上加以合理规划和布置。这种在建筑总平面图上布置为施工服务的各种临时建筑和设施的现场布置图就叫做施工平面图。

施工平面图是施工方案在现场空间上的体现,它反映着已建工程和拟建工程之间,以及各种临时建筑、设施相互之间的空间关系。施工现场布置得好、管理得好,就会为现场组织文明施工创造良好的条件;反之,如果施工平面图布置和管理得不好,就会造成现场混乱,这对施工进度、工程成本、质量和安全等方面都会产生不良的后果。因此每个工程在施工之前都要对施工现场的布置进行周密的规划,在施工组织设计中,均要编制施工平面图。

1) 设计单位工程施工平面图的依据:

布置施工平面图的依据,主要有以下三个方面的资料:

A.设计和施工的原始资料

(a) 自然条件资料。如地形资料、水文地质资料和气象资料等。主要用于正确确定各种临时设施的位置;布置施工排水沟渠;确定易燃、易爆以及有碍人体健康设施的位置等。

(b) 技术经济条件资料,如交通运输、供水供电条件、地方资源、生产和生活基地状况等。主要用于考虑仓库位置、材料及构件堆放;布置水、电管线、道路;现场施工可利用的生产和生活设施等。

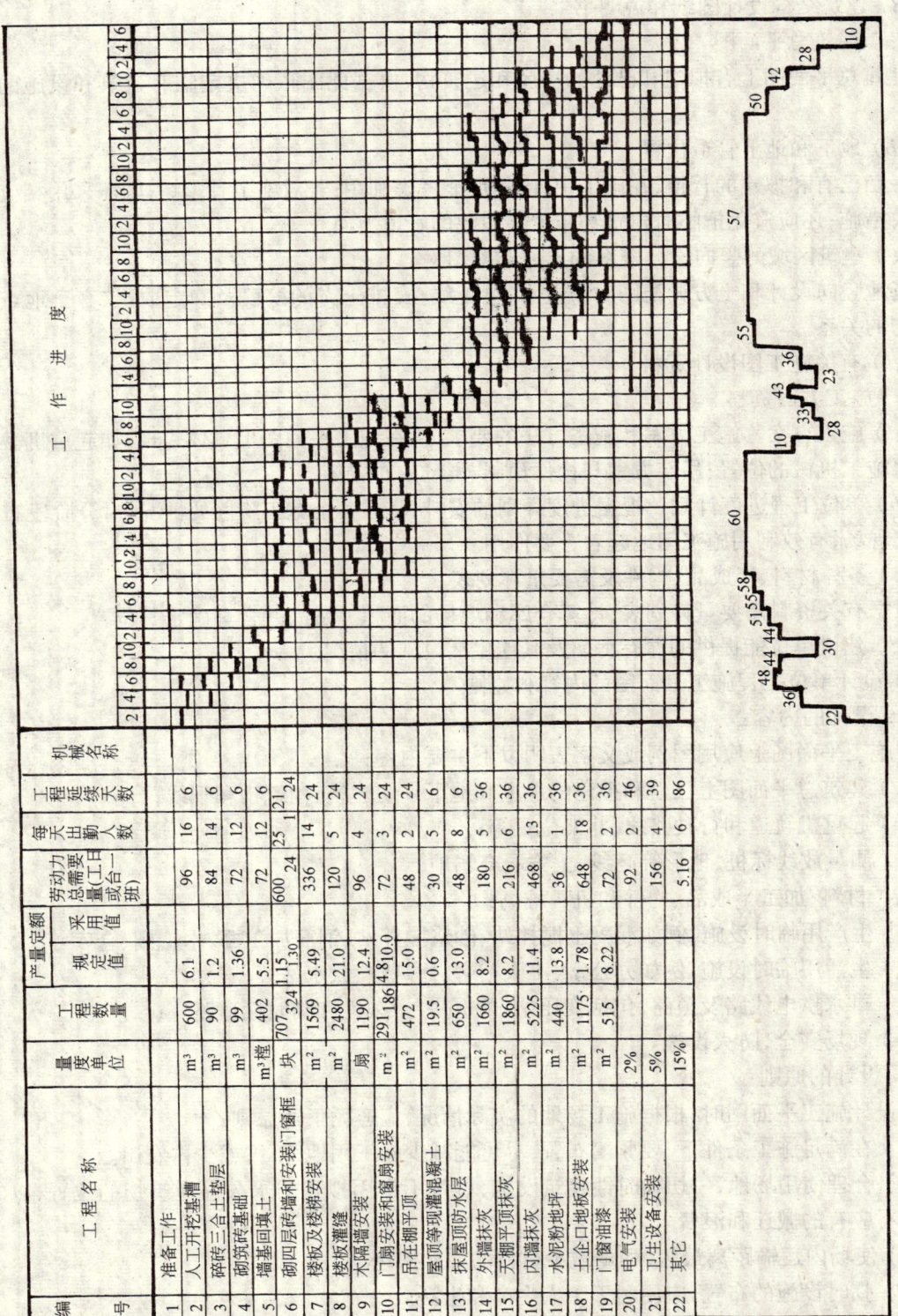

图1-42 施工进度计划

B．建筑结构设计图纸和说明书

（a）建筑总平面图

建筑总平面图上有拟建和已建的房屋和建筑物，根据此图正确决定临时建筑和设施的位置。

（b）地下和地上管道位置

一切已有和拟建的管道，在施工中，应尽可能考虑利用；若对施工有影响，则需采用相应的解决措施；还应避免把临时建筑物布置在拟建的管道上面。

（c）建筑区域的竖向设计资料和土方调配图

场地竖向设计和土方调配图对布置水、电管线，安排土方的挖填及确定取土、弃土地点有密切的关系。

（d）有关施工图设计资料

C．施工方面资料

（a）施工方案。施工方案和施工方法的要求，应在施工平面图上具体表现，如起重机械和其他施工机械的位置；吊装方案与构件预制、堆场的布置等。

（b）单位工程进度计划。根据进度计划的安排，掌握各个施工阶段的情况，对分阶段布置施工现场，有效利用施工用地起着重要作用。

（c）各种材料、半成品、构件及需要量计划表。

根据有关资料需要量计划表，计算仓库和堆场的面积、尺寸，并合理确定其位置。

（d）建设单位能提供的原有房屋及其他生活设施的情况。

2）设计单位工程施工平面图的内容和原则

A．设计的内容：

在施工平面图上应用图例或文字表明以下主要内容：

（a）建筑总平面图上已建和拟建的地上和地下一切建筑、构筑物和管线；

（b）起重机轨道和行驶路线，井架位置等；

（c）测量放线标桩，地形等高线，土方取弃场地；

（d）材料、加工半成品、构件和机具堆场；

（e）生产用临时设施，例如混凝土搅拌站、砂浆搅拌站、钢筋加工棚、木工棚、仓库等；

（f）生活用临时设施，例如办公室、工人宿舍、休息室、饮水站等；

（g）供水供电线路及道路，包括变压站、配电房、永久性和临时性道路等；

（h）现场安全，防火设施。

B．设计的原则：

在设计施工平面图时，根据施工场地的实际情况，应遵循下述原则：

（a）在满足施工条件下，要紧凑布置，尽可能减少施工用地，不占或少占农田。

（b）合理使用场地，一切临时性建筑设施，尽量不占用拟建的永久性建筑物的位置，以免造成不应有的搬迁和浪费。

（c）使场内运输距离最短，尽量减少材料的二次搬运。

（d）临时设施的布置，应便利于工人生产和生活。

（e）在保证施工顺利进行的情况下，使临时设施工程量最小，暂设工程最经济。

（f）要符合劳动保护、技术安全和防火的要求。

此外,为了保证顺利施工和安全生产,根据防火规定,各临时房屋之间应保持一定的距离。例如:木材加工场、锻工场距离施工对象不得小于 20m;易燃及有污染的设施应该布置下风向;易爆品应按规定距离单独存放。施工现场道路畅通,机械设备的钢丝绳、电缆、缆风等不得妨碍交通,如必须通过时,应采取措施。现场还应布置消防设施。在山区建设还要考虑防洪等特殊要求。

在设计施工平面图时,除应遵循上述原则外,还应注意各类建筑物主导工程的不同需要。如民用混合结构房屋中以砌砖工程为主导工程,应考虑砖、砂浆、混凝土预制构件的垂直运输机械的合理布置。大板建筑以大板吊装工程为主导工程,首先要安排构件的堆放和塔吊位置。一般单层工业厂房以结构安装为主导工程,应首先考虑构件预制、安装方法及起重机开行路线等。

根据上述设计的内容和原则,要结合现场的实际情况,结合各类工程不同的特点,在布置施工平面图时可安排几个可行方案,从施工用地面积、施工临时道路、管线长度、施工场地利用率、场内材料搬运量、临时用房面积等方面进行分析比较,选其技术上合理,费用上最经济的方案。

3)设计单位工程施工平面图的步骤:

A. 熟悉、了解和分析有关资料。熟悉、了解设计图纸、施工方案和进度计划的要求,通过调查研究分析有关资料,掌握现场四周地形、地物、水文、地质等实际情况,然后,在建筑总平面图上开始布置。

B. 起重及垂直运输机械位置的确定。起重运输机械位置,直接影响仓库、材料、构件、道路、搅拌站、水电线路的布置,故应首先予以考虑。

塔吊的布置要求如下:

(a)塔吊的平面位置。塔吊的平面位置主要取决于建筑物的平面形状和四周场地条件,一般应在场地较宽的一面沿建筑物的长度方向布置,以充分发挥其效率。单侧布置的平面和立面,如图 1-43 所示。此外,有时还有双侧布置或在跨内布置。

塔轨路基必须坚实可靠,两旁应设排水沟。在满足使用要求的条件下,要缩短塔轨铺设长度。采用两台塔吊或一台塔吊另配一台井架施工时,每台塔吊的回转半径及服务范围应明确,塔吊回转时不能碰撞井架及其缆风绳。

(b)塔吊的起重参数。塔吊一般有三个起重参数:起重量(Q)、起重高度(H)和回转半径(R),如图 6-9(b)所示。有些塔吊还设起重力矩(起重量与回转半径的乘积)参数。

塔吊的平面位置确定后,应使其所有参数均满足吊装要求。起重量应满足最重、最远的材料或构件的吊装要求;起重高度应满足安装最高构件的高度要求。塔吊高度取决于建筑物高度及起重高度。单侧布置时,如图 1-45(a)所示,塔吊的回转半径应满足下式要求:

$$R \geqslant B + D$$

式中　R——塔吊的最大回转半径(m);
　　　B——建筑物平面的最大宽度(m);
　　　D——轨道中心线与外墙边线的距离(m)。

轨道中心线与外墙边线的距离 D 取决于凸出墙面的雨篷、阳台以及脚手架的尺寸,还取决于塔吊的型号、性能、轨距及构件重量和位置,这与现场地形及施工用地范围大小有关系。如公式(6-12)得不到满足,则可适当减小 D 的尺寸。如 D 已经是最小安全距离时,则应采取其他技术措施,如采用双侧布置、结合井架布置等。

（c）塔吊的服务范围。以塔吊轨道两端有效行驶端点的轨距中点为圆心,最大回转半径为半径划出两个半圆形,再连接两个半圆,即为塔吊服务范围,如图1-44所示。

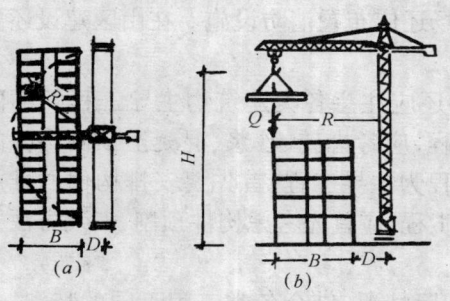
图1-43　塔吊的单侧布置示意
(a)平面图;(b)立面图

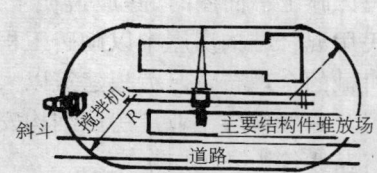
图1-44　塔吊服务范围及布置

建筑物处在塔吊范围以外的阴影部分,称为"死角",如图1-45所示。塔吊布置的最佳状况是使建筑物平面均处在塔吊的服务范围以内,避免"死角"。如果做不到这一点,也应使"死角"越小越好,或使最重、最高、最大的构件不出现在"死角"内。如果塔吊吊装最远构件,需将构件作水平推移时,则推移距离一般不得超过1m,并应有严格的技术安全措施。否则,需采取其他辅助措施,如布置井架或在楼面进行水平转运等,使施工顺利进行。

垂直运输机械的布置要求如下：

布置固定式垂直运输设备(如井架、室外电梯、固定式塔吊等)的位置时,主要根据机械性能、建筑物平面形状和大小、施工段划分的情况、起重高度、材料和构件的重量、运输道路等情况而定。做到使用方便、安全,便于组织流水施工,便于楼层和地面运输,并使其运距要短。

布置履带起重机的开行路线时,要考虑建筑物的平面形状、起重高度、构件的重量、回转半径和吊装方法等。

C．选择搅拌站的位置。砂浆及混凝土搅拌站的位置,要根据房屋的类型、现场的具体条件、起重机和运输道路的布置等来确定。在一般混合结构房屋,砂浆的用量比混凝土用量大,要以砂浆搅拌站位置为主。在现浇多层框架结构房屋中,混凝土用量大,又要以混凝土搅拌站为主来进行布置。

布置搅拌站时应考虑距离使用地点运距最短,便于与起重机械配合,便于大量砂、石、水泥进场,还要考虑清洗后的污水排除等。

D．确定材料及半成品的堆放位置。材料和半成品的堆放是指砂、石、砖、石灰、水泥及预制构件等。这些材料和半成品堆放位置在施工平面图上是很重要的,应根据现场条件、工期长短、施工方法、施工阶段、运输道路、垂直运输机械和搅拌站的位置以及材料储备量综合考虑而定。

搅拌站需用的砂、石、水泥仓库和堆场应尽量靠近搅拌站布置。如用袋装水泥,要设专门干燥、防潮的水泥库房;采用散装水泥时,则要用罐贮存。砂、石运输搅拌站的路线要避免相互干扰;砂、石堆场应与道路连通或布置在道路边,以便运输。

当采用固定式垂直运输设备时,第一层、基础和地下室所用的砖、石块等宜沿建筑物四周布置,并距基坑、槽边不小于0.5m。二层以上用的材料、构件应布置在垂直运输设备的附近。当采用移动式起重机时,宜沿其开行路线布置在有效起吊范围内,其中构件要按吊装顺序堆放。无论材料、构件,其堆放区应距开行路线至少1.5m。

石灰、淋灰池要接近灰浆搅拌站布置；沥青和熬制地点均应布置在下风向,要离开易爆品库房。

在布置材料及半成品堆放位置时,总的原则是：尽量缩短运距,避免二次搬运,力求提高效率,节约费用开支。

E．布置运输道路。现场的道路,应满足材料、构件等的运输以及消防的要求。布置运输道路时,要尽可能利用永久性道路或路基；道路要环行畅通,便于回转错车；要离材料、构件堆场愈近愈好,便于装卸；要尽量避开地下管道工程,以免管道施工时切断交通；在道路的两侧应设置排水沟。

F．确定各类临时设施的位置。各类临时设施主要是指行政及生活福利用房、现场加工生产车间用房及仓库用房等。

为单位工程服务的行政及生活福利设施是比较少的,一般仅设工地办公室、工人休息室、工具库房等,确定其位置时,应考虑使用方便,也不妨碍施工；并且符合防火保安的要求。

木工棚、钢筋和水电加工棚宜设置在建筑物四周稍远处,并有相应的木材、钢筋、水电材料及其成品堆放处。

门岗或收发室应设在现场出入口处。

以上临时建筑和设施的面积,根据现场条件和需要而定,也可经过计算确定。

G．布置水、电管网。现场用水包括生产、生活、消防用水,工地临时用水要尽量利用工程的永久性供水系统,减少临时供水的费用。因此,在做施工准备工作时,应先修建永久性给水系统的干线,至少把干线修至施工工地入口处。临时供水线路接到使用地点,力求线路最短。按经验$5000\sim10000m^2$的建筑物,施工用水主管径为101.6mm,支管用直径38.1mm或直径25.4mm。建筑物太高时,要增设高压泵,消防用水一般利用城市或建设单位的永久性消防设施。若系新建企业由施工总平面图来确定。

现场施工用水还应注意水源的情况,一般可供饮用的水均能满足要求。

临时水管铺设可用明管和暗管,最好埋设在地面以下,防止汽车及其他机械在上面行走时压坏。临时管线不要布置在将要修建的建筑物或室外管沟处,以免这些项目开工时,切断了水源,影响施工用水。施工用水的龙头位置,是根据用水地点来决定的,例如搅拌站、淋灰池、浇砖处等,还要考虑室内外装修工程用水问题。

单位工程施工用电在施工总平面图中一并考虑,若属于扩建的单位工程,一般计算出施工期间的用电度数,提供建设单位解决,不另设变压器。只有独立的单位工程施工时,才根据计算出的现场用电量选用变压器,工地变压器应设在现场边缘高压线接入处,四周用铁丝网围住,而不应设在交通要道口。

临时用电的线路应尽量架设在道路的一侧,尽量选择平坦路线,保持线路水平。线路距建筑物的水平距离应大于1.5m。

建筑施工是一个复杂多变的生产过程,工地上的实际布置情况是在随时改变着的,如主体施工、基础施工、装修施工等各个阶段在施工平面图上是经常在变化的。但是,对整个施工期间使用的一些主要道路、垂直运输机械、水电管线和临时房屋等不会轻易变动。对于大型建筑工程,施工期限较长或建设地点较为狭小的工程,要按施工阶段来布置几张施工平面图;对较小的建筑物,一般按主要施工阶段的要求来布置施工平面图。

4)施工平面图的绘制:单位工程施工平面图是单位工程施工组织设计的一项重要内容,因此,要求精心设计,认真绘制。现将其绘制步骤简述如下:

A. 确定图幅大小和绘图比例。图幅大小和绘图比例应根据工地大小及布置内容多少来确定。图幅一般可选用2~3号图纸大小,比例一般采用1:500或1:200,常用的是1:200。

B. 合理规划和设计图面。施工平面图,除了要反映现场的布置内容外,还要反映周围环境和面貌(如已有建筑物,场外道路等)。故绘图时,应合理规划和设计图面,并应留出一定的空余图面绘制指北针、图例及文字说明等。

C. 绘制施工平面图的有关内容。施工平面图的内容,应根据工程特点、工期长短、场地情况等确定。一般中小型工程只绘制主体结构施工阶段的平面布置图即可,工期较长或受场地限制的大中型工程,则应分阶段绘制施工平面图。如高层建筑可绘制基础、结构、装修等阶段的施工平面图;又如单层厂房则可绘制基础、预制、吊装等阶段的施工平面图。

在平面图的绘制中将现场测量的方格网,现场内外已建的房屋、构筑物、道路和拟建工程等,按正确的比例绘制在图面上。根据布置要求及面积计算,将道路、仓库、加工厂和水电管网等临时设施确定的内容绘制到图面上来,把各类机械设备、主要建筑材料、主要构配件采用标准图例绘制在施工平面图上。

在进行各项布置后,经分析比较、调整修改,形成单位工程施工平面图,标上图例、比例、指北针。完成的施工平面图比例要正确,图例要规范,线条粗细分明,字迹端正,图面整洁美观。

如图1-45为单位工程施工平面图图例。

(5)施工方案(主要项目施工方法)

1)选择施工方法的基本要求

A. 应考虑主导施工过程的要求。应从单位工程施工全局出发,着重考虑影响整个工程施工的几个主导施工过程的施工方法。而对一般的、常见的、工人熟悉的或工程量不大的及与全局施工和工期无多大影响的施工过程,可不必详细拟订,只要提出若干应注意的问题和要求就可以了。

主导施工过程一般是指:工程量大、占施工工期长,在施工中占据重要地位的施工过程(如砖混结构中的砌筑砖墙、内外墙抹灰,单层工业厂房中的结构吊装等);施工技术复杂或采用新技术、新工艺、新结构,对工程质量起关键作用的施工过程(如地下室施工的防水工程,预应力框架施工中的预应力张拉等);对施工单位来说,某些结构特殊或不熟悉、缺乏施工经验的施工过程(如薄壳结构、大体积混凝土等)。

B. 应符合施工组织总设计的要求。如果是建设项目或建筑群中的一个单位工程,则其施工方法的选择应符合施工组织总设计中的有关规划要求。

C. 应满足施工技术的要求。如预应力张拉方法和机械的选择应满足设计、施工的技术要求。又如吊装机械型号、数量的选择应满足构件吊装的技术和进度的要求。

D. 应符合提高工厂化、机械化程度的要求。各种钢筋混凝土构件、钢构件、木构件、钢筋加工等应最大限度实现工厂化预制,减少现场作业。要提高机械化施工的程度,还要充分发挥机械效率,减少繁重的人力劳动操作。

1.1 建筑工程

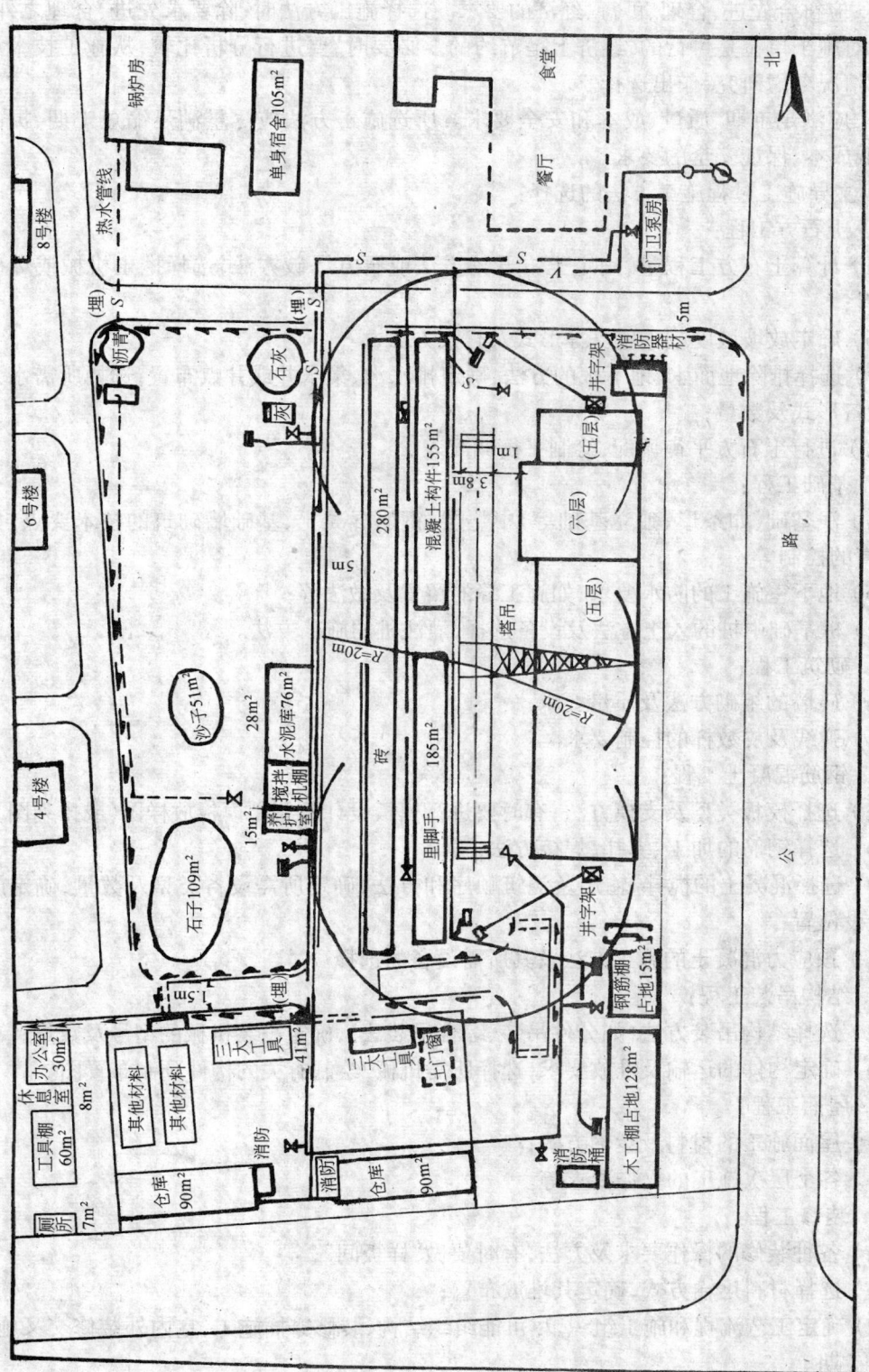

图1-45 某公司办公楼施工平面图

E. 应符合先进、合理、可行、经济的要求。选择施工方法时,除要求先进、合理之外,还要考虑对施工单位是可行的,经济上是节约的。必要时,要进行分析比较,从施工技术水平和实际情况考虑研究,作出选择。

F. 应满足工期、质量、成本和安全要求。所选施工方法应尽量满足缩短工期、提高质量、降低成本、保证安全的要求。

2) 主导施工过程施工方法的选择:

A. 土石方工程:

(a) 计算土石方工程量,确定土方开挖方法或石方爆破方法,选择挖土机械或爆破机具、材料;

(b) 确定放坡坡度或土壁支撑形式及打设方法;

(c) 选择排除地面水,地下水的方法,确定排水沟、集水井或井点布置,选择所需水泵及其他设备形式及数量;

(d) 进行土石方平衡调配,绘制平衡调配表。

B. 基础工程:

(a) 浅基础(如条形、独立基础等)中垫层、钢筋混凝土、基础墙砌筑的技术要点,如宽度、标高的控制等;

(b) 地下室施工的防水要求,如施工缝的留置及做法等;

(c) 桩基础中桩的入土方法及设备选择,灌注桩的施工方法。

C. 砌筑工程:

(a) 砖墙的组砌方法及质量要求;

(b) 弹线及皮数杆的控制要求。

D. 钢筋混凝土工程:

(a) 选择模板类型及支模方法,有时要进行模板设计及绘制模板放样图(或排列图);

(b) 选择钢筋的加工、绑扎、焊接方法;

(c) 选择混凝土的搅拌、输送及浇筑顺序和方法,确定所需设备类型及数量,确定施工缝的留设位置;

(d) 预应力混凝土的施工方法及其所需设备的选择。

E. 结构吊装工程:

(a) 选择结构吊装方法(如分件吊装、综合吊装法),确定吊装机械的型号及数量;

(b) 确定构件的运输及堆放要求,选择所需机械,绘制有关的构件预制布置图。

F. 屋面工程:

(a) 屋面施工的材料及运输方式;

(b) 各个层次施工的操作要求等。

G. 装修工程:

(a) 各种装修的操作要求及方法,有时要做"样板间";

(b) 选择材料运输方式,确定其堆放布置;

(c) 确定工艺流程和施工组织,尽可能组织结构、装修穿插施工,室内外装修交叉施工,以缩短工期。

H. 现场垂直、水平运输及脚手架等搭设:

（a）选择垂直运输设备及水平运输方式，验算起重参数是否满足，确定其布置位置或开行路线；

（b）确定脚手架搭设方法及安全网的挂设方法。

3）多层砖混结构房屋的施工方法选择：

这种房屋以砖砌体为竖向承重构件，以预制板、梁为水平构件。由于通常是采用常规的、熟悉的施工方法，只要着重解决垂直运输及脚手架搭设等问题即可。混凝土梁板吊装所需的机械，一般应根据结构特点、构件重量、数量及现场条件等因素，综合考虑吊装机械的技术性能参数进行选择。为了便于砌墙操作，要从运输、堆放材料及工作面要求等，考虑选择脚手工具，一般选择钢管脚手架、门式脚手架或竹、木脚手架，也可选用里脚手砌墙和用吊篮脚手做外装修的方法。

4）单层工业厂房的施工方法选择：

这种厂房的构件预制和结构吊装是主导施工过程。构件预制（柱子、屋架等的现场制作）要与结构吊装一起综合考虑决定。柱子预制位置就是起吊位置，即采用就位预制。屋架也应尽量就位预制，做不到时采用扶直就位后再吊装。为节约场地和模板，还可采用重叠预制。结构吊装应着重考虑机械选择及其开行路线、吊装顺序、构件就位等问题，并拟定几种方法进行比较和选择，务求机械开行路线合理，尽量减少机械的停歇时间，避免吊装机械的二次进场。

5）现浇钢筋混凝土高层建筑施工方法选择：

根据这种建筑的特点，应着重考虑模板及支撑架的设计、钢筋混凝土的施工方法、脚手架及安全网的搭设、垂直运输设备的选择等问题。模板及支撑架应根据工程特点进行选择，一般可选用组合钢模板、大模板、爬模、台模、滑模等。采用组合钢模板时，应尽量先组装后安装，以提高效率。钢筋应采用先组装成骨架再安装的方法，以减少高空作业。混凝土浇筑应采用减少吊次、加快速度的方法。脚手架和安全网结合考虑搭设，一般采用全封闭悬挑式钢管脚手架（每10层悬挑一次），悬挑支架采用工字钢制作，见图1-46。混凝土的垂直运输可采用塔吊加吊斗、输送泵或快速提升架等。一般根据吊次和起重能力选择塔吊，根据混凝土浇筑量选择输送泵。此外，还应有外用电梯等，以便施工人员上下及材料的运输，一般选用双笼客货两用电梯。

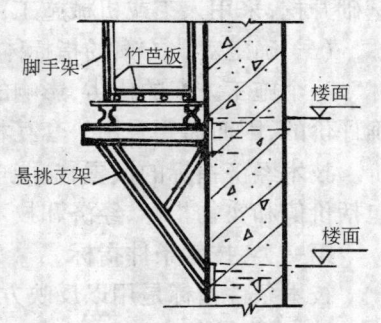

图1-46 外脚手架悬挑示意图

6）施工方案的技术经济分析：

施工企业在完成一项工程，根据当时当地的情况，可以采用不同的施工方案，使用不同的机械设备，不同的劳动组织，而采用不同的方案会得到不同的经济效益。因此，为了选用最佳方案，达到即定的目标，就有一个对各施工方案如何进行比较、分析和评价的问题。

A．施工方案技术经济分析的意义：

任何一种施工方案应该是可行的，同时必须考虑经济效益问题。如果施工方案不用经济效益来分析和评价，就无从确定它的好坏。施工方案的技术经济分析是编制施工方案的重要环节和内容之一。进行施工方案技术经济分析，其意义和作用如下：

(a) 为选择合理的施工方案提供依据。

(b) 通过分析和评价工作,能够对该施工方案,事先计算出其经济效益。并通过分析计算求出各种不同施工方案的经济价值,确定不同施工方案合理的使用范围。

(c) 评价采用新工艺,新技术,新机具的经济效益,从而促进新技术的推广和应用。

(d) 通过对施工方案的技术经济分析,引导人们探讨更有效的方法,不断提高建筑业的技术、组织和管理水平,提高基本建设的投资效益。

B. 评价施工方案的基本程序:

施工方案的技术经济分析有定性和定量的分析。所谓定性分析,就是根据过去实际施工经验对施工方案一般的优缺点进行分析和比较。例如:施工操作上的难易程度和安全;是否利用现有的机械设备;能否为后续工序提供有利条件;施工组织是否合理;是否能体现文明施工等等。

定量分析就是对施工方案的各项主要指标进行计算,将对比方案的指标进行量的分析、比较、评价。从而确定方案的优劣。

评价施工方案的基本程序如下:

(a) 选择对比方案:

如果只有一个施工方案,就无法进行对比,也不能肯定这个方案的优劣,因此,必须要有二个或二个以上完成同一任务的施工方案,才能进行对比。选择的对比方案,必须是可行的,只有在技术上过关和质量达到基本要求的前提下,才能列为评价对象。例如工业厂房的基础开挖,采用人工或机械施工;吊装机械的选择采用履带式起重机或其他机械等。

(b) 确定对比方案的指标体系:

一个施工方案的优劣,影响的因素很多,如果仅用个别指标进行衡量,是不能全面和准确评价的,因而需要采用一套互相联系的技术经济指标(或称指标体系),才能作出全面的评价。技术经济指标的设置,应能全面反映方案的主要特征,但也要避免过于繁琐。这些指标包括价值和实物指标、经济和技术指标,统称技术经济指标,通常可以分为以下三类:

第一类:技术条件指标

技术条件指标是用以反映方案或措施的技术状况和方案的适用范围。

第二类:消耗指标

消耗指标是用来反映为获得预期的效果所需要的消耗。例如劳动力的消耗、物资的消耗、资金的消耗指标等。

第三类:效益指标

效益指标是用来反映采用该方案后可能得到的有用成果或经济效益。例如工期的缩短、劳动生产率的提高、成本的降低、重要物资消耗的节约等。

下面举例说明在选择起重机械时如何确定指标体系:

(c) 计算分析技术经济指标:

在确定了对比方案的各个指标之后,就要计算分析技术经济指标。为使各方案间具有可比性(即在满足需要、时间、消耗、价格等方面),计算时,不仅要根据可靠的数据,还要采用统一的计算原则和方法,计算单位和计算标准等。在此基础上对不同方案中可计算的数量指标进行计算和分析,得出定量分析结果。

对于不同方案中不可计量的指标,要根据实际经验通过分析和判断,得出定性分析的结果。

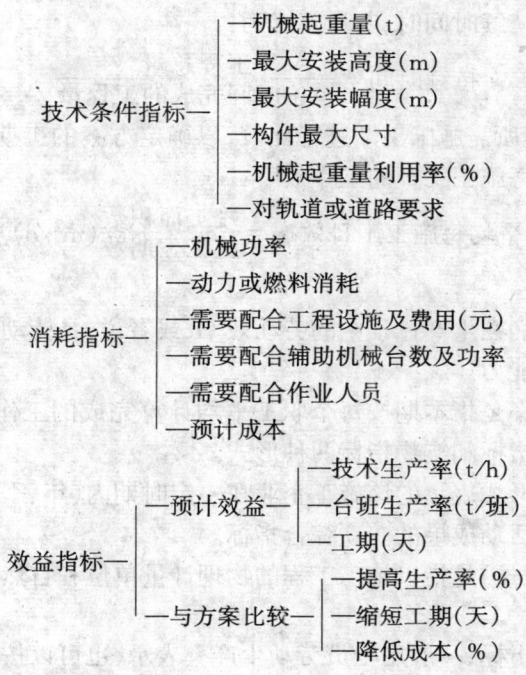

(d) 综合分析评价：

在求出各项技术经济指标的基础上，结合本地区本项目的具体情况，例如，物资供应、劳动力的拥有量、机械设备占有情况、资金条件、气候条件、土壤地质条件等等，对不同方案的每个指标进行分析的基础上，对整个指标体系进行定量和定性的综合比较和分析，最后做出综合评价，从而选出最优方案。

C. 评价施工方案的技术经济指标的计算：

评价施工方案的技术经济指标很多，一般情况下所有不同方案都应把效益和消耗指标作为主要指标，技术条件指标作为不同方案的特定指标或补充指标。

不同类型的施工方案，指标的组成也不相同，分析和评价施工方案所采用的一些主要指标计算方法如下：

(a) 施工工期：

建筑产品的施工工期是指从开工到竣工所需要的时间，一般以天数为单位表示施工工期。

单位工程的施工工期是指从开工到竣工之间的全部间隔日数，按日历天数计算，不扣除施工过程中的节假日，以及由于各种原因而停工的天数。单位工程开工日期是指单位工程正式开始施工的日期，如房屋建筑工程从具备开工条件，有基础工程施工图纸，正式开始破土动工为准。施工前的准备工作，如平整场地、放线、旧有建筑物的清理等都不算正式开工。单位工程竣工的日期是指按照设计的规定要求已经全部竣工的日期，房屋建筑物不包括生产设备部分，但应包括水暖电卫工程及其组成部分的设备安装，如电梯，通风设备等。

根据单位工程的开工、竣工日期，可以确定各单位工程的施工工期。施工工期的长短反映影响建设速度的各有关因素。加快工程进度，缩短施工期限，就可以提高固定资产投资的经济效益。

当比较施工过程的持续时间时,其计算式为:

$$持续时间 = \frac{工程总量}{单位时间完成的工程量}$$

分析时,将两个方案所需施工工期进行比较,以确定方案的工期长短。此外,还可以分析按竣工面积计算平均每施工工日的工作效率:

$$平均每施工工日效率 = \frac{竣工面积数}{施工工期数}(m^2/d)$$

(b) 劳动生产率:

劳动生产率是指人们在生产过程中的劳动效率,或者说,是劳动者消耗一定劳动时间所创造出一定数量产品的能力。

施工企业劳动生产率是指本期按每个职工平均计算完成的工作量或实物量,反映劳动生产率的指标分为价值指标和实物指标两种形式。

工作量是指以货币形式表示的该施工企业在一定时期内(年、季、月)所完成的建筑产品总量。是反映施工生产活动成果的一项综合指标。

实物量(即实物工程量)是指以施工工程的物理计量单位和自然计量单位表示的施工企业所完成的各种工程量。

劳动生产率的价值指标,一般用全员劳动生产率表示,也可以按建安工人劳动生产率表示。全员劳动生产率是反映企业或工区全体职工生产全部建筑产品的劳动效率指标。

全员劳动生产率的计算公式如下:

$$全员劳动生产率(元/人) = \frac{自行完成工作量}{全部职工平均人数 + 参加本企业生产的非本企业人员的平均数}$$

自行完成工作量:是指施工企业自己组织施工力量完成的工作量,以及企业将部分工程交给其他单位(如集体所有建筑单位等)施工,由企业统一向发包单位结算,并作为企业自行完成工作量部分。但不包括不作为企业自行完成工作量的分包给外单位完成的工作量,也不包括附属、辅助生产单位从事工业生产活动所完成的工业总产值。

全部职工:是指包括直接生产人员,非直接生产人员和其他人员。

参加本企业生产的非本企业人员:是指非本企业人员在本企业施工现场从事生产活动一天以上,不论是否由本企业支付劳动报酬,其劳动成果计入自行完成工作量的人员,主要是指配属于施工单位从事现场施工的军工、民工,但不包括参加义务劳动的人员。

(c) 施工机械化程度:

在考虑施工方案时,应尽量提高施工机械化程度,我们应该把机械化施工程度的高低,作为衡量施工方案优劣的指标之一。

$$施工机械化程度 = \frac{机械完成的实物量}{全部实物量} \times 100\%$$

主要大型机械耗用台班,可按单位面积耗用台班数量,用以反映机械使用水平。

$$单方台班数 = \frac{耗用总台班(台班)}{建筑面积(m^2)}$$

(d) 单位产品的劳动消耗量:

单位产品的劳动消耗量是指完成单位产品所需消耗的劳动工日数,其计算方法如下:

$$单位产品劳动消耗量 = \frac{完成该工程的全部劳动工日数}{工程总量}$$

全部劳动工日数包括主要工种用工,辅助用工和准备工作用工。

单方用工是指每平方米建筑面积耗用劳动工日数,是反映活劳动的消耗和使用水平。

$$单方用工 = \frac{全部劳动工日数}{建筑面积}(工日/m^2)$$

(e) 主要材料节约指标:

主要材料是指钢材、木材、水泥等,在编制施工方案时,应根据提出的技术措施计算出主要材料的节约数量,用以衡量物化劳动的节约水平。

$$材料节约量 = 预算用量 - 计划用量$$

(f) 降低成本指标:

降低成本指标是一个重要的指标,它综合反映工程项目或分部工程由于采用施工方案不同而产生的不同经济效果。降低成本指标可以用降低成本额和降低成本率表示。

$$降低成本额 = 预算成本 - 计划成本$$

$$降低成本率 = \frac{降低成本额}{预算成本} \times 100\%$$

工程预算成本是以施工图预算为依据按预算价格计算的成本。

计划成本是按施工中采用施工方案求所确定的工程成本。

D. 施工方案的综合分析、评价的方法:

(a) 单指标比较法:

反映某一施工方案的特征,有几个指标,当同另一施工方案对比时,如果在方案选择时只考虑一个主要指标(如工期或成本等)或在其他的指标相同条件下只比较一个指标就决定方案的取舍问题,就采用单指标比较法。这时,方案的分析,评价最简单,只要在几个对比方案中,凡要求的单一指标为最优的方案,就是选择的方案。

(b) 多指标评价法:

多指标评价方法是目前国内常用的方法。它是从财力(货币指标)、物力(物化劳动消耗指标)、人力(活劳动消耗指标)等多方面的指标,评价诸方案的一次性消耗,经过对比分析,根据指标的高低,从中选择最优方案。

采用多指标评价方法,要将方案的一系列指标分为主要指标和辅助指标两大类。

主要指标是指能够反映对比方案的主要技术经济特征的指标,它是确定该方案优劣的主要依据。如工程造价、主要材料耗用量、施工工期、劳动耗用量与一次性投资等主要因素。

辅助指标是作为主要指标的补充,当主要指标对比,还不能够充分说明方案的优劣时,辅助指标可用来做进一步技术经济评价的依据,如建筑自重、能源消耗、工业废料利用率等次要因素。

评价时,对诸方案各项指标进行计算、分析和比较,然后进行综合判断。要以主要指标作为评价的主要依据,并注意把主要指标与辅助指标结合起来考虑。当不同方案的主要指标与辅助指标互相矛盾时,以主要指标对比结果确定方案的优劣;当不同方案的主要指标相同,那就以辅助指标的优劣来确定;当某方案的主要指标和辅助指标都是最好时,则这个方案就是最优方案。

(c) 评分评价法:

评分评价法是将各施工方案的评价指标,按其重要程度进行鉴定,给予一定比重分值,进一步判定各方案,对其各类指标的满足程度确定分值,经过数学运算进行综合,得出总的评分值,选择总分值大者为最佳方案。采用评分评价法时,可用加权和法、加数和法及名次计分法等。

加权和法:加权和法是将对比方案的评价指标根据其重要程度,评定比重分值及相应的权重值,然后,对各方案的评价指标进行权数评分,并计算各方案的权数和,把方案的总分值乘以各方案的权数和,计算出各方案的得分,最后,根据得分的多少选择最优方案。

加数和法:加数和法是将各方案评价指标根据重要性分成等级,每个等级给定标准分,然后,对各方案的评价进行指标评分,使各方案的得分相加,得分最多的方案即为最优方案。

名次计分法:名次计分法是将方案的评价指标根据重要性排出顺序,然后按单项指标数值的优劣,排出各方案的名次,并确定各单项指标各名次的相应分值,最后选择得分最高者为最优方案。

反映方案特征的各个指标,在评价方案经济合理性时,其作用和地位是不同的,要根据工程条件包括建筑要求、施工条件等因素,确定各指标的重要程度,并排出顺序。

(6)施工准备工作计划:

单位工程的施工准备工作计划的内容主要包括以下三个方面:技术资料准备工作计划;施工现场准备工作计划;资源需要量计划。

1)技术资料准备工作计划:

技术资料的准备即通常所说的室内准备(内业准备)其内容一般包括:熟悉与会审图纸,取得各项技术资料及施工有关的图集,与建设单位、设计单位做好一次性的技术洽商,签定施工合同,编制施工图预算和施工预算,编制施工组织设计。

A. 熟悉与会审图纸:

施工技术人员阅读图纸时,应重点熟悉掌握以下内容:

(a)基础部分:

核对建筑、结构、设备施工图中关于基础留洞的位置及标高,地下室排水方向,变形缝及人防出口做法,防水体系的包圈及收头要求等。

(b)主体结构部分:

各层所用的砂浆、混凝土强度等级,墙、柱与轴线的关系,梁、柱的配筋及节点做法,悬挑结构的锚固要求,楼梯间的构造、设备图和土建图上洞口尺寸及位置的关系。

(c)屋面及装修部分:

屋面防水节点做法,结构施工时应为装修施工提供的预埋件和预留洞,内、外墙和地面等材料及做法。

在熟悉图纸的过程中,对发现的问题应做出标记,做好记录,以便在图纸会审时提出。

图纸会审一般由建设单位组织,设计、施工单位参加。会审时,先由设计单位进行图纸交底,然后各方提出问题。经过充分协商,将统一意见形成图纸会审纪要,由建设单位正式行文,参加会议的各单位盖章,可作为与设计图纸同时使用的技术文件,有些牵扯到图纸在结构或其他方面的更改需三方做出正式的洽商记录并附新图。图纸会审的主要内容如下:

(a)图纸设计是否符合国家有关技术规范,是否符合经济合理、美观适用的原则;

(b)图纸及说明是否完整、齐全、清楚,图中的尺寸、标高是否准确,图纸之间是否有矛盾；

(c) 施工单位在技术上有无困难，能否确保施工质量和安全，装备条件是否能满足；

(d) 地下与地上、土建与安装、结构与装修施工之间是否有矛盾，各种设备管道的布置对土建施工是否有影响；

(e) 各种材料、配件、构件等采购供应是否有问题，规格、性能、质量等能否满足设计要求；

(f) 图纸中不明确或有疑问处，设计单位是否解释清楚；

(g) 设计、施工中的合理化建议能否采纳。

B. 编制施工图预算和施工预算：

在设计交底和图纸会审的基础上，预算部门即可着手编制单位工程施工图预算和施工预算，以确定人工、材料和机械费用的支出，并确定人工数量、材料消耗数量及机械台班使用量。

2) 施工现场准备工作计划：

施工现场的准备即通常所说的室外准备(外业准备)，它一般包括拆除障碍物、"三通一平"、测量放线、临建搭设等内容。

A. 拆除障碍物。这一工作通常由建设单位完成，但有时也委托施工单位完成。拆除时，一定要摸清情况，尤其是原有障碍物复杂、资料不全时，应采取相应的措施，防止发生事故。

架空电线、埋地电缆、自来水管、污水管道、煤气管等的拆除，都应与有关部门取得联系并办好手续后，才可进行，一般最好由专业公司、单位来拆除。场内的树木，需报请园林部门批准后方可砍伐。房屋只要在水源、电源、气源等截断后即可进行拆除。坚实、牢固的房屋等，可采用定向爆破方法拆除，一般应经主管部门批准，由专业施工队进行。

B. "三通一平"工作。在工程施工范围内，平整场地和接通施工用水、用电管线及道路的工作，称为"三通一平"。这项准备工作要在施工组织设计详细阐明，以便实施。

C. 测量放线工作。这一工作是确定拟建工程平面位置的关键环节，施测中必须保证精度，杜绝错误，否则后果不堪设想。

在测量放线前，应做好检验校正仪器、校核红线桩(规划部门给定的红线，在法律上起着控制建筑用地的作用)与水准点，制订测量放线方案(如平面控制、标高控制、沉降观测和竣工测量等)等工作。如发现红线桩和水准点有问题时，应提请建设单位处理。

建筑物应通过设计图中的平面控制轴线来确定其轮廓位置，测定后提交有关部门和建设单位验线，以保证定位的准确性。沿红线的建筑物，还要由规划部门验线，以防止建筑物压红线或超红线。

D. 临时设施的搭设。现场所需临时设施，应报请规划、市政、消防、交通、环保等有关部门审查批准。

为了施工方便和行人的安全，应用围墙将施工用地围护起来。围墙的形式和材料应符合市容管理的有关规定和要求，并在主要出入口设置标牌，标明工地名称、施工单位、工地负责人等。

所有宿舍、办公用房、仓库、作业棚等，均应按批准的图纸搭建，不得乱搭乱建，并尽可能利用永久性工程。

3）资源需要量的计划：

根据已编制的单位工程施工进度计划和工程预算及有关定额，便可编制资源需要量计划。这里说的资源包括：劳动力、材料、构件、机械设备等。编制资源需要量计划，主要是提供有关职能部门按计划调配或供应。

A. 劳动力需要量计划：

劳动力需要量计划，主要用于调配劳动力和安排生活福利设施。计划格式如表 1-265 所示。

××工程劳动力需要量计划　　　　　表 1-265

序 号	工程名称	需用总工日数	需用人数及时间					
			月		月		月	

B. 材料需要量计划：

材料需要量计划作为备料、供料和确定仓库的堆放场面积及组织运输的依据。计划格式如表 1-266 所示。

××工程材料需要量计划　　　　　表 1-266

序 号	材料名称	规 格	需用量		供应时间	备 注
			单位	数量		

C. 构件及加工半成品需要量计划：

构件及加工半成品需要量计划，用于落实加工单位，并按所需规格、数量和需用时间，组织加工和货源进场。计划格式如表 1-267 所示。

××工程构件及加工半成品需要量计划　　　　　表 1-267

序 号	品 名	图号和型号	规 格	需要量		加工单位	供应日期	备 注
				单位	数量			

D. 机具需要量计划：

施工机具需要量计划提出机具型号、规格、数量，用以落实机具来源、组织机具进场。计划格式如表 1-268 所示。

1.1 建筑工程

××工程施工机具设备需要量计划　　　　表 1-268

序号	机具名称	型号规格	单位	数量	货源	使用起止时间	备注

E．运输计划：

运输计划用于组织运输力量，保证货源按时进场。计划格式如表 1-269 所示。

××工程运输计划　　　　表 1-269

序号	需运项目	单位	数量	货源	运距（公里）	运输量（吨公里）	所需运输工具			需用起止时间
							名称	吨位	台班	

附建筑工地临时供水、供电的设计计算：

1）建筑工地临时用水：

临时供水系统设计的主要内容有：计算需水量、选择水源、设计供水管网和构筑物。

A．需水量计算：

建筑工地用水包括生产（一般生产用水和施工机械用水）、生活和消防用水三个方面。其需水量的计算方法如下：

a．一般生产用水：

$$q_1 = 1.1 \times \frac{\Sigma Q_1 N_1 K_1}{t \times 8 \times 3600}$$

式中　q_1——生产用水量(1/s)；

　　　Q_1——最大年（季、月）度工程量，可从总进度计划及主要工种工程量中求得；

　　　N_1——各工种工程施工用水定额；

　　　K_1——每班用水不均衡系数；

　　　t——与 Q_1 相应的工作延续时间（天数），按每天一班计；

　　　1.1——未预见用水量的修正系数。

b．施工机械用水：

$$q_2 = 1.1 \times \frac{\Sigma Q_2 N_2 K_2}{8 \times 3600}$$

式中　q_2——施工机械用水量(1/s)；

　　　Q_2——同一种机械台数；

　　　N_2——该种机械台班的用水定额；

　　　K_2——施工机械用水不均匀系数；

　　　1.1——未预见用水量的修正系数。

c．生活用水：

$$q_3 = 1.1 \times \frac{PN_3 K_3}{24 \times 3600}$$

式中 q_3——生活用水量(1/s);
　　P——建筑工地最高峰工人数;
　　N_3——每人每日生活用水定额;
　　K_3——每日用水不均衡系数;
　　1.1——未预见用水量的修正系数。

d. 消防用水:

消防用水量 q_4 应根据建筑工地大小及居住人数确定(参考表1-270)。

消防用水量　　　　　表1-270

序号	用水名称	火灾同时发生次数	单位	用水量
1	居民区消防用水 5000人以内 10000人以内 25000人以内	一　次 二　次 三　次	升/秒 升/秒 升/秒	10 10~15 15~20
2	施工现场消防用水 施工现场在25ha以内 每增加25ha递增	一　次	升/秒	10~15 5

e. 总用水量 Q:

当 $(q_1+q_2+q_3) \leqslant q_4$ 时,则:

$$Q = q_4 + \frac{1}{2}(q_1+q_2+q_3)$$

当 $(q_1+q_2+q_3) > q_4$ 时,则:

$$Q = q_1 + q_2 + q_3$$

当工地面积小于5公顷,而且 $q_1+q_2+q_3 < q_4$ 时,则:

$$Q = q_4$$

B. 水源选择和临时给水系统:

建筑工地临时供水水源,最好利用城市或企业区现有的给水管网,只有在无法利用时,才另选天然水源。水源的水量要充足可靠,能满足最大需水量的要求;符合生活、生产用水的水质要求;取水、净水、输水设施要安全经济;施工、运转、管理、维护要方便。

临时给水系统由取水设施、净水设施、储水构筑物水塔及蓄水池、输水管和配水管所组成。通常应先修建永久性给水系统,只有在工期紧迫、修建永久性供水系统困难且急需时,才修建临时给水系统。

取水设施一般由取水口、进水管及水泵站组成。要求水泵有足够的抽水能力和扬程。水泵的扬程计算如下:

a. 将水送至水塔时的扬程为:

$$H_p = (Z_t - Z_p) + H_t + a + h + h_s$$

式中　H_p——水泵所需的扬程(m);
　　　Z_t——水塔所处的地面标高(m);
　　　Z_p——水泵中心的标高(m);

a——水塔的水箱高度(m);
h——从泵站到水塔间的水头损失(m);
h_s——水泵的吸水高度(m);
H_t——水塔高度(m)。

水头损失包括沿程水头损失和局部水头损失,即
$$h = h_1 + h_2$$
式中 h_1——沿程水头损失(m);
$$h_1 = i \cdot L$$
i——单位管长水头损失;
L——计算管段长度;
h_2——局部水头损失(m)。

在实际工作中 h_2 按 h_1 的 15%～20% 估计,即 $h_2 = (1.15-1.2)h_1$。

b. 水直接送到用户时,其扬程为:
$$H_p = (Z_y - Z_y) + H_y + h + h_s$$
式中 Z_y——供水对象(即用户)最大的标高(m);
H_y——供水对象最大标高处必须的自由水头,一般为 8～10m。

储水构筑物系指水塔、水池及水箱而言。在临时供水中,只有当水泵不能连续工作时才设置,其容量以每小时消防用水量来决定,但一般不小于 10～20m³。储水构筑物的高度,与供水范围、供水对象的位置及储水构筑物本身的位置有关,可用下式确定:
$$H_t = (Z_y - Z_t) + H_y + h$$
至于供水管径的大小,则应按工地总的需水量经计算确定。即:
$$D = \sqrt{\frac{4Q \times 1000}{\pi V}}$$
式中 D——供水管直径(mm);
Q——用水量(1/s);
V——管网中的水流速度(m/s)。

供水管径,亦可根据流量用查表的方法求得(详见有关书籍)。

2) 建筑工地的临时供电:

建筑工地临时供电系统设计的主要内容有:计算用电量;选择电源;确定变压器;布置配电线路等。

A. 用电量计算:

施工用电主要分动力用电和照明用电两部分,其用电量为:
$$P = 1.05 \sim 1.1 \left(K_1 \cdot \frac{\Sigma P_1}{\cos\varphi} + K_2 \Sigma P_2 + K_3 \Sigma P_3 + K_4 \Sigma P_4 \right)$$
式中 P——供电设备总需要容量(kVA);
P_1——电动机额定功率(kW);
P_2——电焊机额定容量(kVA);
P_3——室内照明容量(kW);

P_4——室外照明容量(kW)；

$\cos\varphi$——电动机的平均功率因素(在施工现场最高为 0.75～0.73，一般为：0.65～0.75)；

K_1、K_2、K_3、K_4——需要系数(表1-271)。

需要系数(K 值)　　　　　　　　　　　　　表1-271

用电名称	数量	需要系数				备注
		K_1	K_2	K_3	K	
电动机	3～10台 11～30台 30台以上	0.7 0.6 0.5				如施工上需要电热时，将其用电量计算进去。式中各动力照明用电应根据不同工作性质分类计算
加工厂动力设备		0.5				
电焊机	3～10台 10台以上		0.6 0.5			
室内照明				0.8		
主要道路照明 警卫照明 场地照明					1.0 1.0 1.0	

施工现场的照明用电量所占的比重较动力用电量要少得多，所以在估算总用电量时可以不考虑照明用电量，只要在动力用电量之外再加上 10% 作为照明的用电量即可。

B．选择电源：

工作临时供电的电源，应优先选用城市或地式已有的电力系统，只有无法利用或电源不足时，才考虑设临时电站供电。一般是将附近的高压电通过设在工地的变压器引入工地，这是最经济的方案，但事先需将用电量向供电部门申请批准。变压器的功率则可按下式计算：

$$P = K\left(\frac{\Sigma P_{\max}}{\cos\varphi}\right)$$

式中　P——变压器的功率(kVA)；

K——功率损失系数，取 1.05；

$\Sigma P_{\max}$——各施工区的最大计算负荷(kW)；

$\cos\varphi$——功率因素。

根据计算所得容量，可以从变压器产品目录中选用相近的变压器。

C．配电线路和导线截面的选择：

配电线路的布置方案有枝状、环状和混合式三种，主要根据用户的位置和要求、永久性供电线路的形状而定。一般 3～10kV 的高压线路宜采用环状，380/220V 的低压线路可用枝状。线路中的导线截面，则应满足机械强度、允许电流和允许电压的要求。

a．按机械强度选择：

导线必须保证不致因一般机械操伤而折断。在各种不同敷设方式下，导线按机械强度要求所必需的最小截面可参见有关资料。

b．按允许电流选择：

导线必须能承受负载电流长时间通过所引起的温升。

三相四线制线路上的电流为:

$$I=\frac{K\cdot P}{\sqrt{3}\cdot V\cdot\cos\varphi}$$

二线制线路上的电流为:

$$I=\frac{P}{V\cdot\cos\varphi}$$

式中　I——电流值(A);
　　　P——功率(w);
　　　K——需要系数;
　　　V——电压(v);
　　　$\cos\varphi$——功率因素,临时网络取 0.70~0.75。

制造厂根据导线的容许温升,制定了各类导线在不同敷设条件下的持续允许电流值,选择导线时,导线中通过的电流不允许超过此值。

c. 按允许电压降选择:

导线上引起的电压降必须限制在一定限度之内,此时所需的截面为:

$$S=\frac{\Sigma P\times L}{c\times e}\%$$

式中　S——导线截面积(mm^2);
　　　P——负载的电功率或线路输送的电功率(kW);
　　　L——送电线路的距离(m);
　　　e——允许的相对电压降(即线路电压损失)(%)。照明线路中允许的电压降不应超过 2.5%~5%;电动机电压降不得超过±5%;临时供电可降低到 8%。
　　　c——系数,视导线材料、送电电压及配电方式而定。

按以上三项要求,择其截面最大者为准,并从有关资料中选用稍大于所求得的线芯截面即可。通常导线截面先根据负荷电流的大小选择,然后,再以机械强度和允许的电压损失值进行核算。

(7) 季节性施工方案:

由于建筑露天作业多,湿作业多,易受恶劣气候影响,所以施工前应按不同季节制订出相应的季节性施工方案,以保证人身安全和施工的顺利进行。

1) 雨季施工方案:

北京地区由 7 月中旬到 8 月中旬定为雨期施工。

A. 雨期施工准备工作

(a) 要分栋号,针对不同工程部位制定雨期施工计划,提前进行防汛准备,并将准备工作纳入生产计划。

(b) 落实现场排水措施如下:

结合正式工程预先做好下水管道,为场地排水创造条件;结合总平面布置图利用自然地形确定排水方向,在平整场地时做好竖向设计,综合解决排水问题,要防止地面水排入地下室、基础及室内,雨期前应修好挡土墙。

(c) 现场道路和排水应结合施工进行,场内道路应起拱,两侧有排水沟,并根据情况做好焦碴、砾石、灰土或混凝土路面。

(d) 原材料的储存和堆放：水泥应尽量存入库房，先收先发，后收后发，库房应不漏不潮，露天堆垛要垫高 50cm，四周设排水沟，垛底铺油毡，再用苫布盖好封严，散装水泥罐仓也应保证不漏；砂石、焦碴应尽量大堆集中堆置，四周有排水出路，堆底应碾压密实，防止污泥掺入；石灰应随到随淋，打灰土用石灰应随用随闷；砖垛顶部要码成脊形，注意排水，不得浸泡；钢木门窗、铁件、加气块应架高苫盖；构件和大模板的堆放场地要碾压坚实，插放、靠放架要检查加固，防止因雨期下沉造成倒塌事故。

(e) 防雨、防洪物资和器材要按下述措施进行：水泵要检修，安装接电，搭棚备用；适当储存苫布、塑料布和油毡。

(f) 现场工棚、食堂等临时设施应检修。

(g) 施工中的脚手架、高车架应检修加固。

(h) 塔式起重机、高车架在竣工中的高层建筑物的大模板要接防雷设备。

(i) 加强天气预报工作，掌握天气变化情况，防止暴雨袭击。

B. 雨季施工技术措施

(a) 土方与基础工程：应合理安排施工布署，减少雨季开槽。雨季前夕开槽的工程应加大放坡，并做好护坡。雨季中开槽的工程，槽底应预留 20～30cm 的余土不挖，待打钎、验槽后再清底，并随即打上垫层。基础四周应留排水沟或盲管，隔 30m 左右应留一个集水井。集水井要下木箱等挡土设施，以防淤塞，装好水泵，接通电源，搭好机棚，派专人日夜值班。槽的四边上面设挡土埂，防止地表水浸灌，通向槽内的废下水道和旧人防通道口应预堵死，防止雨水倒灌。回填土时，先排出积水。存土要堆高或苫盖，灰土要采取四随措施，当日铺土，当日夯实，基础两侧应同时回填。回填前应检查槽帮，原有槽帮支撑须拆除时，应加临时支撑替代，直至回填地坪为止。集水井也保留或逐步向上转移。钻孔机的基底土方要加石灰碾压，随钻孔随下钢筋笼。当日钻孔当日灌完混凝土。做大孔径灌注桩，应搭雨棚，在孔的四周要设挡土埂。

(b) 砌砖工程：过湿的砖不要上墙，砂浆稠度应减小，一次砌筑高度不宜过高，收工时墙上应码干砖或用油毡覆盖，大雨时应停工。

(c) 混凝土工程：根据砂石含水率的变化要及时调整用水量，灌注板墙柱时，要随高度上升适当减少坍落度，最后一层可采用干硬性混凝土。单独灌筑梁时，灌完后可用塑料布苫盖，梁板同时浇筑时应沿次梁方向浇筑，以便遇暴风雨时将施工缝停留在次梁和板上而保证主梁的整体性。底板按设计要求一般不准留施工缝，其浇筑应集中力量突击完成。防水混凝土大体积混凝土要加强浇水养护。滑模混凝土当气温超了 0℃ 时应加缓凝剂，因遇雨无法继续灌筑而停工时，应将模板适当滑动 1～2 个行程。

(d) 卷材防水工程：卷材屋面应尽量在雨期前做完，装好落水管。如时间不及，应先铺一层油毡；雨季找平层不易干燥，影响与油毡粘结，宜改为预制板或沥青砂；在不干燥的找平层上贴油毡时，应留排气孔；豆石应洗净晾干，待油毡表面干燥后，及时撒铺，严禁湿铺豆石。

(e) 抹灰工程：室外抹灰应安排在晴天施工，自上而下。落水管应随时安装到抹灰作业以下部位。在做面层时注意天气预报，如近两日无雨即可施工。室内抹灰应先做完屋面、地面，封闭各种洞口。

C. 雨季施工安全措施

雨季施工要制定出防止地面积水沉陷造成塔吊、成垛构件倾斜倒塌的措施；基础施工防止塌方伤人的措施；雨季各类电气设施及线路防漏电的措施；雨季防雷措施；雨季施工防暑措施等。

2) 冬季施工方案：

北京地区由11月中旬到次年3月中旬定为冬季施工期。

A. 冬季施工准备工作

(a) 根据生产任务计划的安排，对开工、停工、竣工的工号及进入冬季施工的结构、装修工程，提出冬期施工准备工作、停工部位及相应的措施，要将冬季施工准备工作纳入生产计划。

(b) 落实热源，如正式热源的管道安装，临时热源(锅炉)的安装，锅炉房的搭建，火炉、烟囱的准备等。

(c) 提前做好冬施材料的需用计划和贮备工作，如煤、草帘、岩棉、化学抗冻剂等。

(d) 做好现场临时设施(机棚、灰池、供水、供气管线)的保温防冻工作，并根据使用化学防冻剂的情况，准备好溶液的配制和贮存的容器。

(e) 培训司炉和保温人员。

(f) 冬期施工期间的室内装修工程要提前做好封闭和保温工作；待开工的工程要提前将表土疏松保温；待竣工的工程要提前做完一层地面、室外台阶、散水及管线，并做好防冻保温。

(g) 冬季施工前应对冬季施工项目逐次检查，加强天气预报工作，防止寒流突然袭击。

B. 冬季施工的测温工作

冬季施工测温的起始日期规定：我国现行《混凝土结构工程施工及验收规范》(GB 50204—92)规定：当室外日平均气温连续五天低于+5℃时，开始进行测温。对于采用大模板工艺和滑模工艺施工的结构工程。由于施工工艺对拆模的要求，当大气平均温度低于+15℃时即转入低温施工，因此采用大模板工艺和滑模工艺施工的结构工程在其转入低温施工阶段就应开始进行测温。

冬季施工测温范围：

(a) 大气温度。

(b) 水泥、水、砂子、石子等原材料温度。

(c) 混凝土或砂浆棚室内温度。

(d) 混凝土或砂浆出罐温度入模或上墙温度。

(e) 混凝土入模后初始温度和养护温度。

(f) 室内装修时的作业环境温度。

(g) 其他需测温的项目。

冬季施工的测温准备工作：

(a) 各单位均应派专人负责测温工作，并于开始测温之前由工区技术组组织培训和考试。

(b) 开始测温前，施工队要备齐工具、用具、文具，为正常测温创造有利条件。主要工具、用具有：测温百页箱：规格不小于300mm×300mm×400mm，宜安装于建筑物10m以外，距地面高度约1.5m，通风条件较好的地方，外表面刷白色油漆；测温计：测量大气温度和环境温度，采用自动温度记录仪或最高最低温度计，测原材料温度采用玻璃液体温度计，各种测温计在使用前均应进行校验;主要用具有闹钟、手电筒、文件夹、测温记录表、记录大气温度的小黑板和标志测温孔位置和编号用的小红旗等。

(c) 单位工程的测温应在冬施方案中考虑,如测温孔的布置应经过设计并绘制测温孔平(立)面布置图,各孔按顺序编号,经技术部门批准后实行。

(d) 混凝土浇灌前测温人员应按测温孔布置图在钢模或木模上预留测孔。

各类建筑测温孔设置要求:

(a) 测温孔的布置一般应选择温度变化大、容易散失热量、构件易遭冻结的部位设置。

(b) 现浇混凝土梁、板、圈梁的测孔应与梁、板水平方向垂直留置,梁测孔每 3m 长设置一个,每跨至少 1 个,孔深 1/3 梁高。圈梁每 4m 长设置 1 个,每跨至少 1 个,孔深 10cm。楼板每 15cm^2 设置 1 个,每间至少设 1 个,孔深 1/2 板厚。

(c) 现浇混凝土柱在柱头和柱脚各设测孔一对(2 个),与柱面成 30°倾斜角,孔深 1/2 柱断面边长。

(d) 预制框架现浇接头,每个柱上端接头设测孔一个,孔深为 1/2 混凝土接头高度,每个柱下端接头设一对(2 个)测孔,孔深为 1/3 柱断面边长,测孔与柱面成 30°倾斜角。

(e) 现浇钢筋混凝土构造柱,每根柱上、下各设一个测孔,孔深 10cm,测孔与柱面成 30°倾斜角。

(f) 现浇框架结构的板墙每 15m^2 设测孔一个,每道墙至少设一个,孔深 10cm。

(g) 剪力墙结构(大模板)板墙,横墙每条轴线测一块模板,纵墙轴线之间采取梅花形布置,每块板单面设测孔 3 个,对角线布置,上下测孔距大模板上、下边缘 30~50cm,孔深 10cm。

(h) 预制大梁的叠合层,每根梁设测孔 1 个孔,深 10cm。

(i) 现浇阳台挑檐、雨罩及室外楼梯休息平台等零星构件每个设测孔 2 个。

(j) 钢筋独立柱基,每个设测孔两个,孔深 15cm。条型基础,每 5m 长设测孔一个,孔深 15cm。箱形基础底板,每 20m^2 设测孔一个,孔深 15cm。厚大的底板应在底板的中、下部增设一层或两层测温点,以掌握混凝土内部的温度。

(k) 室内抹灰工程测温:将最高最低温度计或普通温度计设置在楼房北面房间,距地面 50cm 处,每 50~100m^2 设置一个。

测温方法和要求:

(a) 玻璃液体温度计的测温方法:

测温时按测温孔编号顺序进行,温度计插入测温孔后,堵塞住孔口,留置在孔内 3~5min,然后迅速从孔中取出,使温度计与视线成水平,仔细读数,并记入测温记录表,同时将测温孔用保温材料按原样覆盖好。

(b) 测温项目及测温次数见表 1-272。

冬施测温记录表如表 1-273~表 1-276。

测温管理:

(a) 施工队的栋号工长在技术队长的直接领导下,负责本工程的测温、保温、掺外加剂等项领导工作,每天要看测温记录,发现异常及时采取措施并汇报队长。

(b) 施工队的质量检查人员每天要检查冬施栋号的测温、保温、掺外加剂情况,并向工区质检组汇报,对发现的问题要及时通知工长和队长。

1.1 建筑工程

表 1-272

测 温 项 目	测 温 次 数	测 温 时 间
1. 大气温度	每昼夜三次	早 7:30、下午 2:00、晚 9:00
2. 工作环境温度	每工作班二次	上、下午开盘各一次
3. 水泥、水、砂子、石子、石灰膏温度	每工作班二次	上、下午开盘各一次
4. 混凝土、砌筑砂浆出罐温度	每工作班二次	上、下午开盘各一次
5. 混凝土入模、砂浆上墙温度	每工作班二次	上、下午开盘各一次
6. 混凝土养护温度:		
（1）综合蓄热法		每四小时一次
（2）蒸汽养护法		
升温、降温阶段		每一小时一次
恒温阶段		每二小时一次
（3）干热养护		
升温、降温阶段		每一小时一次
恒温阶段		每四小时一次
7. 室内装修作业环境温度	每工作班三次	早 7:00、下午 2:00、晚 9:00
8. 屋面油毡	每工作班二次	上午一次、下午一次

冬施室外大气测温记录表　　　　表 1-273

日 期			大 气 温 度（℃）						气候情况
年	月	日	早 7:30	下午 2:00	晚 9:00	最高温度	最低温度	平均温度	（晴、阴、风、寸、雪）

技术队长　　　　　　　　　　　　技术员　　　　　　　　测温员

冬施混凝土(砂浆)搅拌测温记录表

表 1-274

工程名称：　　　　　　　　部　位：　　　　　　　　搅拌方式：

混凝土(砂浆)强度等级：　　　　坍落度：　　cm　　　　水泥品种标号：

配合比(水泥:砂:石:水)：　　　　　　　　　　　　　　外加剂名称掺量：

测测时间				大气温度	原材料温度(℃)				出罐温度	入模温度	备注
年	月	日	时		水泥	砂	石	水			

施工单位：　　　　　施工负责人：　　　　　技术员：　　　　　测温员：

冬施混凝土养护测温记录表

表 1-275

工程名称：　　　　　　　　部　位：　　　　　　　　养护方法：

测温时间			大气温度	各测孔温度(℃)												平均温度	间隔时间	成熟度(M)	
月	日	时		*	*	*	*	*	*	*	*	*	*	*	*			本次	累计

施工单位：　　　　　施工负责人：　　　　　技术员：　　　　　测温员：

1.1 建筑工程

冬施室内(外)装修测温记录表　　　　　　　表 1-276

工程名称			当天大气温度(℃)	工程部位	每日测温记录(℃)				
测温日期									
年	月	日							

技术队长：　　　　　　　　　　技术员：　　　　　　　　　　测温员：

(c) 施工队技术员每日要查询测温、保温、供热等情况和存在的问题，及时向技术队长汇报并协助栋号工长处理有关冬施疑难问题。

(d) 测温组长在每层或每段停止测温时要向技术员交一次测温记录，平时发现问题及时向工长和技术员汇报，以便采取措施。

(e) 测温人员每天 24h 都应有人上岗实行严格的交接班制度。测温人员要分栋分项填写测温记录并妥善保管。

(f) 测温人员应经常与供热人员、保温人员取得联系，如发现供热故障和保温措施不当使温度急剧变化或降温过速等情况，应立即汇报栋号工长进行处理。

(g) 测温组长要定期将测温记录交施工队技术员归入技术档案，以备存查。

C. 冬季施工技术措施：

钢筋混凝土工程：

(a) 冬季浇筑的混凝土，在受冻前其抗压强度不得低于下列规定：硅酸盐水泥配制的混凝土，为设计强度的 30%。矿渣硅酸盐水泥配制的混凝土为设计强度的 40%，但 C10 及 C10 以下强度等级的混凝土不得低于 4.9MPa。

(b) 冬期配制的混凝土应优先选用硅酸盐水泥或普通水泥，水泥强度等级不应低于 32.5 级，最小水泥用量不宜少于 300kg/m³，水灰比不应大于 0.6。为提高混凝土的温度，在配制时原材料应加热，但对强度等级小于 42.5 级的普通水泥、矿渣水泥、拌和水加热不得超过 80℃，骨料加热到 60℃。对强度等级大于及等于 42.5 级的普通水泥、硅酸盐水泥拌和水加热到 60℃，骨料加热到 40℃，当骨料不加热时，水可加热到 100℃。但水泥不应与 80℃ 以上的水直接接触，以防水泥假凝。水泥不可加热，拌和时间应延长 50%。运输和浇筑混凝土用的容器应有保温措施。

(c) 各类混凝土结构冬施养护方法的选择：初冬及冬末阶段（大气温度 +5℃ ~ -5℃）对于大模工艺、现浇框架结构，采用低蓄热养护法，原材料加热，加低温早强剂保温养护。对于混合结构的混凝土圈梁、板缝、组合柱，采用低蓄热养护，原材料加热，加抗冻外加剂，使用高效能保温材料。

严冬阶段（大气温度 -6℃ ~ -15℃）：板墙：原材料加热+抗冻剂+高效能保温材料；梁、板、柱：原材料加热+抗冻剂+高效能保温材料；圈梁、组合柱、板缝：原材料加热+抗冻剂+高效能保温材料。此外，还可以采用蒸汽养护和电热养护等，但无论用何种养护方法，均应进行热工计算，并应进行测温，根据实际温度情况采取临时措施。一般要求，采用综合蓄热法时，混凝土的出罐温度 $T_0 = 20℃ ~ 25℃$。采用加热养护法时，混凝土的出罐温度 $T_6 = 15° ~ 20℃$。基础大体积混凝土的出罐温度 $T_0 = 10° ~ 15℃$。加热养护时，混凝土构件应在 15°~20℃ 间预养 2h。$M > 10$，升温不得超过 15℃/h；$M = 7 ~ 10$，升温不超过 10℃/h；$M = 4 ~ 6$，升温不超过 8℃/h。降温不超过 20°~40℃/h，但混凝土的表面与气温温差不应大于 40℃。

(d) 冬期混凝土的施工要求：

混凝土的配制：原材料要按规定加热；外加剂提前配制，计量精确；投料顺序为石子→热水→水泥→外加剂→热砂子。

搅拌：应比常温延长 50%，并不得少于 120s。运输：应用保温车辆，减少倒运次数和停歇时间。

浇筑：混凝土浇筑前必须清除模板及钢筋上的冰雪、冻块，必要时可用热气加温，混凝土的入模温度一般不应低于 +10℃；分层浇筑时，在下一层混凝土的温度下降到 +5℃ 以前，必须开始上一层的混凝土浇筑。

养护：根据施工方案规定的养护方法，认真进行覆盖，覆盖前混凝土的温度不得低于 +5℃，布置预留测温孔，如采用加热养护，应安装好加热设施用蒸汽养护时，其管道应有回水，楼层内应有排水措施，防止冷凝水结冰。用电力加热应有电工值班，检查线路和设备，防止触电和失火。

拆模：冬期拆模应根据同条件养护试块试压强度确定；大模板和侧模可用测温计测试混凝土温度推算；一般模板应在混凝土温度 0℃ 以上拆除，以防冻结拆除困难。

砖混结构工程：

(a) 在正温时应将砖适当浇水湿润，在负温条件下砌筑时砖不浇水，适当加大砂浆稠度（10~12cm）；砖的表面不得有冰霜。

(b) 砌筑砂浆可采用热砂浆加盐配制，一般不再提高强度等级（有的砌体因建筑结构要求不允许掺氯盐的除外）。拌制砂浆的灰膏不得有冻块，水加热到 80℃；砂加热到 40℃；砂浆上墙温度不得低于 5℃。其掺盐量见表 1-277。

砂浆掺盐量表（占用水量的百分率） 表 1-277

当时 7:30 气温	-3~-5℃	-6~-10℃	-11~-15℃	-16~-20℃	附注
冷砂浆	2%	4%	—	—	以掺加氯化钠为主
热砂浆	—	3%	5%	7%	

（c）预留钢筋和拉结筋应涂防锈涂料。
（d）每日砌筑应进行覆盖保温,防霜雪。

装修工程：

（a）室内抹灰均采用热作法,施工温度在+5℃以上,抹灰前室内要预热,门窗、出入口要封闭,砂浆不得掺盐。

（b）室内抹灰后应注意开窗换气,用火炉取暖,应装烟囱,防止一氧化碳中毒。

（c）室外抹灰在高级装饰工程中应停止,有必要赶工时应搭暖棚,或采取其他保证施工环境为+5℃以上的措施。一般水泥砂浆抹灰如勒角、窗台等可掺盐冷作,最大掺盐量不得超过水重的8%。

（d）地面工程同室内抹灰。

基础工程：

（a）槽底要覆盖保温,当垫层混凝土浇筑以后,短时间内不能完成底板混凝土时,应采取防止基土受冻措施,如钢筋绑扎前,应用保温材料覆盖;钢筋绑扎时应分段集中力量加快绑扎钢筋,早浇混凝土,如冬期不能完成底板,则基土不应挖至基底标高,而要预留一定厚度的土层,待开春以后再挖。

（b）槽帮：冬期不可能完成回填肥槽时,放坡应按常温规定。

（c）回填土中冻块含量不得超过15%,冻块粒径应小于5cm。

（d）灰土中不得含水冻块,并采用随筛、随拌、随夯、随盖的"四随"措施。

钢筋工程：

钢筋的切断、成型、冷拉、对焊应在操作棚内进行,焊接接头应避风防雪,并不可立即放置在冰雪之上。运输卸车时不得摔砸。绑扎操作时不得反复弯曲钢筋,以手工电弧焊接时应分层循环施焊,层间温度控制在250～350℃,焊接方法应从中间引弧,逐步向端部送弧,略微增大电流,减缓焊接速度,以加大热储备量,减少冷却速度。

防水工程：

卷材防水层不宜在负温下施工。屋面找平层宜改用预制或沥青砂浆。卷材铺设前,应清除基层上的霜雪、渣土,并在四级风以下的晴天日照2h以后方可铺设。油毡应存在保温房间内,油毡开卷温度应不低于+10℃,铺设温度不低于+5℃。防水混凝土应用热混凝土,蓄热养护至设计强度的50%以上。防水混凝土不宜采用电热养护,采用蒸汽养护时,应控制升温速度,恒温不得高于50℃。

油漆粉刷工程：

油漆在使用时应保持+10°～+15℃,环境温度不低于-10℃。粉刷的灰浆不应低于+8℃,环境温度不低于+3℃,室内应开窗换气,相对温度不大于80%。上述要求的环境至少应保持48h以上,直至涂层干透为止。

水暖工程：

水暖卫生设备应在正温下试水,试水后应将其内部、存水弯及管道中的水放净;铸铁管用水泥捻口应在正温下操作,并加强覆盖保温;冬期以正式暖气供暖时,必须封严门窗,室温保持5℃以上。

D. 冬季施工的安全措施：

冬季进行施工,主要应做好防风、防火、防滑、防煤气中毒、防亚硝酸钠中毒的工作。

(a) 凡参加冬期施工工作的人员,都应进行安全教育,并要考试。

(b) 烧蒸汽锅炉人员必须要经过专门培训,取得司炉证后才能独立作业,烧热水锅炉的也要经过培训,合格后才能上岗。

(c) 安装的取暖炉,必须符合要求,验收合格后方能使用。

(d) 脚手架、井字架等各种架子,必须搞好加固和建筑物的拉接,并按规定拴好缆风绳。

(e) 对现场的大模板、临建的轻型屋面等要搞好防风措施。

(f) 五级以上大风或大雪,应停止高处作业和吊装作业。

(g) 搞好防滑措施。斜道的防滑条损坏的要及时补修。对斜道、通行道、爬梯等作业面上的霜冻、冰块、积雪,要及时指派专人清除后再工作。

(h) 用电热法施工。要加强检查和维修,防止触电和火灾。

(i) 对亚硝酸钠要加强管理。严格发放制度,以防误食中毒。

(j) 严禁在现场吸烟,加强用火申请和管理,遵守消防规定,防止火灾发生。

(k) 现场的脚手架、安全网,暂设电气工程、土方、机械设备等安全防护,必须按有关规定执行,施工人员认真戴好个人防护用品。

(8) 质量、安全、文明施工各项保证措施:

1) 质量保证措施

A. 建立健全质量管理体系,成立各级质检小组,明确岗位责任制。

B. 落实质量检查验收制度,如主体结构施工实行"三检制",装修工程实行样板间认可制。

C. 认真制定放线、定位、测量工作正确无误的措施。

D. 认真执行隐、预检验收制度。

E. 制定砂浆、混凝土配合比计量的措施。

F. 认真做好施工现场的材料试验和施工试验,把好材料关。

G. 对模板工程、钢筋工程、混凝土工程、砌体工程、地基基础工程、装饰工程、防水工程等各分部分项工程分别制定出针对性的质量保证措施。

H. 对容易出现质量通病的施工部位制定出针对性的防治措施。

2) 安全生产措施

A. 贯彻执行安全生产责任制和遵守各项安全生产法规。各工号设置专职安全员并持证上岗,建立健全各项安全检查制度和奖罚制度。

B. 针对本工程特点要求分工程部位、分工种制定出安全管理措施。

C. 认真做好"三宝"利用和"四口"防护,各类机械设备要专人操作、持证上岗。

D. 基础施工做好放坡、支撑、围挡,防止塌方及坠入伤人;主体施工制定出高空及立体交叉作业的防护和保护措施,制定出安全用电、吊装安全操作的措施等。

3) 文明施工的措施

A. 加强施工工地的场容管理,实行划分责任区负责制,达到施工现场整齐、卫生,做到文明施工。

B. 施工现场制订消防保卫措施:建立消防保卫组织,落实警卫值班制度,防火、防盗。

C. 制定技术节约措施和材料节约措施:充分利用新材料、新工艺、新技术节约材料、节约机械设备费用、节约间接费、节约临时设施费来提高工程的经济效益。

D. 制定施工现场的环境保护措施：主要制定出防止施工中的水污染，防止大气污染，防止噪声扰民的具体措施，提高施工现场管理的水平。

1.1.7.7 施工组织设计的审批与交底

施工组织设计编制完应及时报送上一级技术管理部门审批。审批人在施工组织设计编审表(见表 1-278)上提出审批意见并有审批部门盖章和审批人签字。补充、变更施工组织设计应有编制人和审批人签字。

施工组织设计编审表　　　　　　　表 1-278
(或施工方案)(首页)

工程名称		结构型式	
面　积		层　数	
建设单位		施工单位	
编制部门		编 制 人	
编制时间		报审时间	
审批部门		审报时间	
审 批 人			

审批意见
填写讨论的主要结论(包括应修改的部分)

经过审批后的施工组织设计在开工前要进行交底。将施工组织设计的全部内容向施工人员交代，以便掌握工程特点、施工部署、任务划分、施工方法、施工进度、各项管理措施、平面布置等，用先进的技术手段和科学的组织手段完成施工任务。

1.1.7.8 单位工程施工组织设计实例——某砖混结构施工组织设计编制实例

(1) 工程概况及设计要求：

某开发公司一住宅楼为 6 层砖混结构，建筑面积 8626.6m²。

1) 此工程为 81 试住 2 标准异型的宿舍楼，由 6 个甲单元、3 个甲$_2$ 单元、2 个甲$_4$、1 个丁单元共 12 个单元组成的。砖混 6 层楼。按 8 度设防，楼板及屋面均选用短向圆孔板，隔墙采用 50mm 厚混凝土板，局部隔墙为 100mm 厚加气条板，阳台、屋顶、雨罩均采用预制阳台板。

2) 基础 ±0.000 为 43.75，砖≥MU7.5，砂浆 M7.5，混凝土 C15，Ⅰ级钢筋，焊条 h_k≥4，钢筋保护层 40mm，搭接 30d，管沟 75G，15 沟盖，标高 -2.65＝41.10，2c 楼部槽底标高 -3.65＝40.10。

3) ±0.000 以上：砖≥MU7.5，一、二、三、四层 M10 砂浆，五、六层 M5 砂浆，采用混合砂浆。上部结构混凝土为 C20，钢筋Ⅰ级、Ⅱ级，楼层高度为 2.7m。

4) 每层均设有圈梁及构造柱，构造柱主筋锚入圈梁内，角柱 4 根Ⅱ级钢筋 ϕ14，其余均为4根Ⅱ级钢筋φ12,先砌砖墙,后浇灌混凝土,构造柱与砖墙咬槎,每50cm加设拉结筋。圈梁主筋顶层为4根Ⅱ级钢筋φ12,其他各层均为4φ10,楼梯间两侧横墙,除楼层高度的圈梁外,在休息板标高另加砖配筋圈梁一道,两端锚入构造柱内,圈梁主筋搭接35d,并加弯勾。360mm墙内纵墙部分偏向北,局部偏向南。小天井处为240mm宽,圈梁的配筋按240mm高度制做,并全长拉直。

5）在楼的预制板凿洞时,尽量不凿断钢筋,将钢筋拨在一边。现浇混凝土板缝,需要振捣密实,板底不得露筋。部分构造柱位于门洞边,门洞上口过梁在搁置前,应将端部混凝土凿去,将钢筋插入构造柱内,过梁混凝土部分伸入构造柱内,预制过梁可以改为现浇,现浇的过梁配筋同预制过梁一样,楼梯间的屋顶,需要留出入孔时,在建筑平面图上注明,此时该处取消一块YB24.1,增加一块YCB24-YCB24,首层配电盘,宽度≤100mm,洞口放2L9·2·1过梁,Z5一侧过梁主筋伸入构造柱内250mm,可以将预制过梁端部凿去,也可以改为相同的现浇钢筋混凝土过梁,A轴构造柱顶层主筋顶部互相焊接并箍住圈梁,梁主筋及MYJ锚筋见图。

6）屋顶:平屋顶架空保温层,小天井卷材屋面,装修工程比较简单。首层勒脚水刷石,门口水刷石、墙面外墙大部分为清水砖墙,外墙小挑口抹水泥砂浆,女儿墙、外墙阳台拦板为干粘石,室内外墙内侧,要求抹35mm厚珍珠岩保温,其他墙面白灰砂浆纸筋灰,顶板勾缝喷浆,厨房、厕所水泥油漆墙裙,豆石混凝土地面。混凝土通风道,楼梯塑料扶手,有玻璃钢石膏板窗台柜、外钢门窗、内钢口木门。

(2) 施工布置:

1）此项工程施工场地比较窄小。四周有外单位同时施工,只有在建筑平面图指定范围内安排堆放材料,基础比较深$-2.56 \sim -3.65$m,异型结构,现浇混凝土也比较多,工期紧任务重,天气变化突出,给施工带来了困难。挖槽土方不许外运,除回填外,其余部分平整,低凹之处夯实平整。采用机械和人工共同挖槽的方法,从基础开始将工程划为四段,由两端开始,三个单元一段,Ⅰ段至Ⅳ段基础挖槽为15天,基础混凝土及砌砖、暖气沟、水电管线15天,回填房心土及灰土为10天;共计40天,在3月25日以前完成基础,开挖时采用明沟集水井排水法。

2）±0.000首层开始,边砌砖墙边立塔吊,3~8t塔,30mm臂,塔边砌二道四层砖墙,放置预制板、楼梯板、阳台、预制过梁,最好设两台搅拌机或一台搅拌机,一台砂浆机,流水段由两端开始划分为四段,每段工期为3天,即12天一层。单排钢筋、金属架子,保证结构上使用安全,随结构增搭安全网,砌砖墙时室内要留施工通道,上放预制过梁及拉结筋。水电工种密切配合,首层3月25日~4月7日结构完;4月19日二层结构完;5月1日三层结构完;5月13日四层结构完;5月25日五层结构完;6月11日六层和屋面完;全部结构主体完成共计116天。

3）装修工程先室内后室外,一、二层结构提前验收,提前做好抹灰前的施工准备工作,从5月13日开始准备,6月底左右插入首、二层内抹灰,靠北面设立两个高车架子,6个单元中间一个高车架子,由首层开始留高车架施工进料口。两台搅拌机或砂浆机,2台卷扬机,搭设防雨棚。先抹1~2层。上部结构验收完后,抹灰装修由6层进行,外墙装修与6层内外同时并举;尽可能提前插入立门窗口及冲筋,水暖、电工要紧密配合施工进度;架子工及时配合搭拆;在7月份油工开始插入。根据工期紧、工作量大的情况,必须正常开一班半,有时要两班,装修工程为139天完成。另外专设50mm混凝土隔墙滑模组。基础40天,结构116天,装修139天,总计295天全部工程竣工,从而达到计划2月15日开工10月底全部竣工的目的。

(3) 施工准备工作及平面布置图:

1) 此工程施工场地很小,左右邻居单位同时施工,临时设施的搭设要严格按照平面图布置执行,施工平面图见图1-47。各种建筑材料,金属架、钢模板、水电材料,严格按规定地点堆放。如有改变,应经研究批准。设搅拌机三台,如不够用,最好三台加一台砂浆机,否则影响进度。搅拌机搭设简易防水棚;消火栓3m内不堆放任何物品;施工现场有10cm上水管线,根据自来水压力情况,六层楼足可以满足用水的需要。按照平面图随着结构楼层、四个段,每段设置垂直水管,每层设节门,为了结构及装修期间施工需要,自来水立管离开结构外墙1m,防止污染外墙。施工现场的配电盘、各个电闸箱,都要做好油毡防雨层,随结构金属架逐层分段,要设橡皮绝缘电线向上引,每天每层都有夜班,照明线及灯具预先准备好,便于夜间施工,没有人来时由电工负责。

2) 施工机械用电量(见表1-279)。

表 1-279

塔吊 3-8t	1台	48kW	电 锯	1台	4.5kW
搅 拌 机	2台	11kW	砂轮机	1台	5kW
电 焊 机	1台	15.6kW	卷扬机	2台	14kW
蛙式打夯机	4台	5.6kW	室内、外照明	项	6kW
振 捣 器	10台	22kW			
砂 轮 锯	1台	2.5kW			
总的机电	23台				133.6kW

全部设备总功率133.6kW:(1)使用橡皮绝缘铝线,直径用30mm,(2)使用橡皮绝缘铜线,直径用20mm,建设单位现场有电源,满足需要。

3) 3-8t塔吊每天需要吊装次数,一个段的第二次及一天吊二次(见表1-280)。

表 1-280

红机砖块	76320块	127吊	42吊/天	备 注
砂 浆	34.5m³	69吊	23吊/天	每天正常最多吊
现浇混凝土	39.5m³	80吊	27吊/天	二次70吊
模板、钢模	246m³	6吊	2吊/天	
钢 筋	5t	6吊	2吊/天	
圆孔楼板	68块	17吊	6吊/天	每天必须开两班
预制混凝土过梁	108根	18吊		
阳台及楼梯	15块	3吊	1吊/天	工人上班前
金属架其他	项	3吊	1吊/天	
总 计		315吊	105吊	三部分才行

从以上情况看，塔吊工作量大，要经常检修，防止停机。规定的停电日尚未考虑，有可能提前上料，每次吊装砖排子及砂浆大桶都要放在承重部位，防止圆孔板压坏，否则，放料房间楼板下加固顶支柱，预防压坏楼板。

4）每段每层三个单元工作量，每天需要劳动力，见表1-281。

表1-281

三个单元每段	三个单元每段工作量	每段每天工作量	工 人	人 数	工 人	人 数
砌 砖 墙	76320块	25440块	瓦 工	36人	机 工	3人
砂 浆	34.5m³	11.5m³	普通工	20人	水暖电焊工	5人
钢 筋	4t	1.66t	钢筋工	12人	电 工	3人
现浇混凝土	39.5m³	13.17m³	混凝土工	15人	清理工	6人
支 模 板	246m³	82m³	木 工	12人	总 计	131人
圆孔楼板	68块	17块	架子工	8人		
阳台楼梯段	15块	5块	塔机组	5人		
预制混凝土过梁	108根	18根	信号挂钩	6人		

50mm厚混凝土隔墙组织一班，人工滑模一次成活，不再抹面层。木工21人，抹灰工2人，普通工3人，钢筋工1人，共计7人一组隔墙滑模，跟随结构逐层施工，结构完隔墙滑模完。

a. 每层砌砖墙同时放出隔墙位置线，要放准确。

b. 在浇灌现制混凝土及板缝时，板上下插筋每50cm一根。

c. 立墙位置注意下好拉结筋，每50cm 2根 $\phi 6$。

5）基础工程工作量参考栏，见表1-282。

表1-282

挖土方工作量	1437m³	
现浇混凝土	360m³	
钢筋绑扎	14t	
回填素土	800m³	304500块砖
回填灰土	300m³	
砌 砖 墙	580m³	
暖气沟盖板	600块	

6）主要材料计划表见表1-283。

7）材料试验的准备及材料合格要求见表1-284。

（4）分段施工流水安排及综合进度计划（见表1-285）：

1）高车架子进口及通道要留好（见图1-48），内纵墙边38cm处开始留。上放过梁，给装修工程创造好条件，洞口墙边加拉结筋。

表 1-283

材料名称	单位	数量	要求进厂日
甲级外墙用砖	块	300000	由3月份~5月份
MU7.5红机砖	块	1684118	由2月份~5月份
水泥	t	1208	由2月初分期进
中砂	m³	2760.5	由2月初分期进
石子	m³	1897.8	由2月初分期进
钢筋	t	138	由2月份至4月份
圆孔板	块	1524	由3月份至5月份
阳台及楼梯	块	350	由3月份至5月份
预制混凝土过梁	根	2604	由3月份至5月份
钢口木门窗	樘	1148	由6月份至7月份
钢门窗	樘	431	由6月份至7月份
暖气沟盖板	块	700	2月份进场

表 1-284

C15混凝土申请配合比	砂、石含泥量	是否加外加剂
C20申请配合比	砂、石含泥量	是否加外加剂
M7.5砂浆配合比申请	砂、石含泥量	最好加煤灰
M10砂浆配合比申请	砂、石含泥量	配合比加煤灰
M5砂浆配合比申请	砂、石含泥量	配合比加煤灰
红机砖≥MU7.5时	要10份出厂证明	抽检试验4份
结构使用水泥	出厂期3个月内不试验,超过要做	
装修使用水泥	只要出厂证明,不做试验	
钢筋出厂证明	进场后各种规格取样品作物理性能试验	
钢筋焊接	做焊接试验	
油毡、沥青	都要出厂证明,沥青要做试验	
圆孔板及各种预制构件	一律要出厂证明书	
水暖卫生器具材料、电器材料、灯具		

2) 洞口及高车架子可以改变位置,但要经过研究方可改变,自来水每段一根立管,每层设一个节门,方便施工。

3) 电灯、橡皮绝缘电线随楼层上接,准备足够照明,因为每天都开一班至二班,照明是夜间施工的必要条件。

综合进度计划见表 1-285。

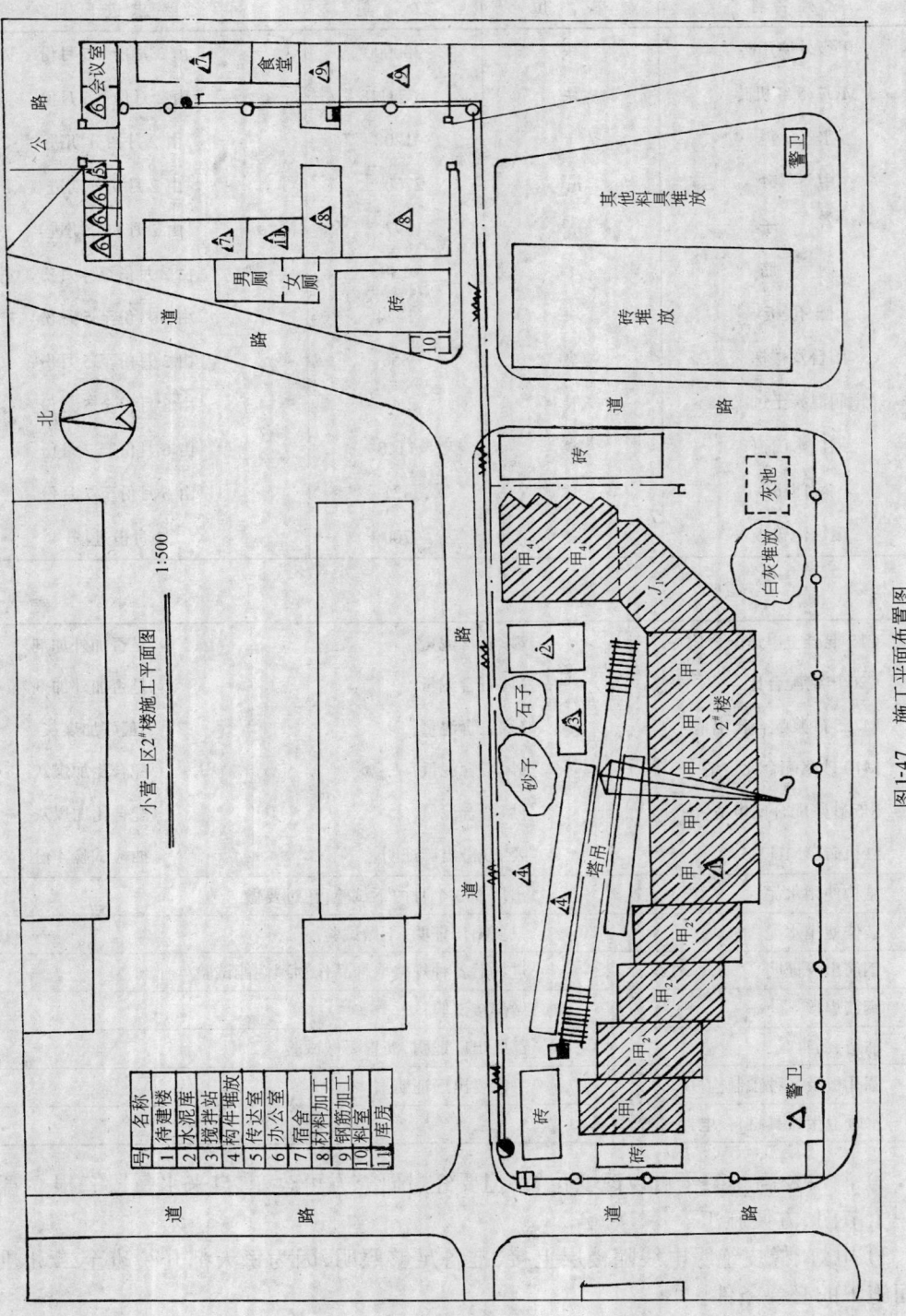

图1-47 施工平面布置图

(5) 主体结构主要施工方法

1) 放线要求轴线有明有暗,在建筑物四周设六个标高固定点,砌完基础墙后室外墙上弹一道-0.30cm 四周水平线。外墙上设皮数杆,四周设立六个通到屋顶的皮数杆,随楼层接钉,保证每层标高准确。一般皮数杆由通天皮数杆引钉,砖层拉结筋在皮数杆上标红点,门口过梁画蓝色,圈梁标高画红色,内墙标高皮数砖墙圈梁下降低20mm,圆孔板顶面比设计降低10mm,防止地面不足,规定允许。皮

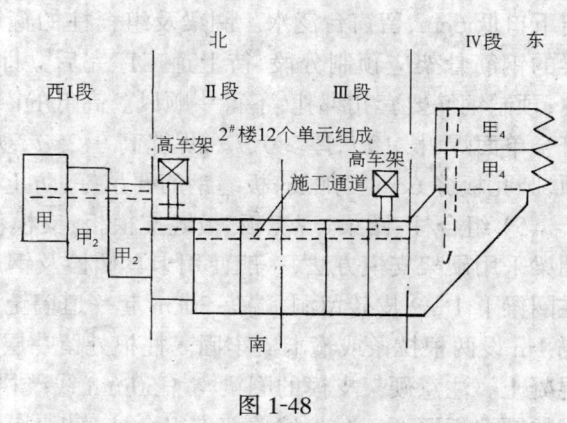

图 1-48

数10层砖64~65cm,排砖撂底外墙立缝11~12mm,排砖撂底门窗口可以移动一个丁头砖,可以向两边移动。破活留窗口下挡中,7、8分头都行,不允许有2分头,每层每次放砖墙线时,同时把50cm 后混凝土隔墙线及门口放好(因为后边有专人组成人工滑模隔墙),随砌砖墙时,每道墙都弹上+50mm 线。随时检查门口过梁及圈梁标高,每层楼梯标高线一定要防止误差,楼梯踏步比休息板要高20mm,每层阳台都要弹好进出位置的垂直线。

2) 基础工程:作好基础处理、验槽记录及钎探记录的平面图表。钢筋组合柱伸入地梁内配筋,地梁中心至+0.000 加50cm 接槎。电的线路、避雷接地及水暖卫生污水管线在回填以前作齐,并作灌水试验记录。暖沟墙砌好并盖好沟盖板(注意暖沟盖板下降皮砖防地面裂缝),在回填素土时打好房心3:7灰土,在夯填素土及灰土时,分步分层画简表,作干容量试验,灰土为1.45~1.52 合格;素土1.61~1.71 为合格,挖土放坡1:0.5,不许直挖,开冻的季节,防止塌方伤人,视情况放大坡。

3) 砌砖墙:按照门窗口的位置,首先排砖撂底,两山墙排丁砖,前后纵墙排条砖,根据门窗口的位置线,第一层砖排大角砖垛及窗间墙垛,不合适时左右移动一个丁砖。窗口底下是破活,不要二寸头,保证砖架是通天缝;砖垛条砖中可有一个丁砖,一定要注意向上是否合拢,开始就按分口砌筑,不许变活。清水砖墙立缝不小于11~12mm。一定使用外观美的甲级砖,使用"三一"砌砖法,划缝深度12mm,不许丢缝。砖墙大角要同时砌筑,内墙先检查,不足一层砖垫豆石混凝土,一定要留踏步槎或者留在门口位置上或组合柱处。砌砖墙内外每50cm 要设拉结筋及施工洞处。过梁不合砖层时超过20mm 垫C10 豆石混凝土;五退五进组合柱处一定要先退后进,留直槎;组合柱砖墙的保护层40mm,砌砖不许使用隔夜砂浆;砌砖横墙比设计低20mm;圆孔板上面比设计低10mm,保护地面厚度。外窗台比窗下口少砌一皮砖,防止外窗台高。砂浆砌砖底灰饱满度80%以上,立缝灰饱满度60%以上。每天砌完的砖墙组织工人自检,并作记录,不合格者及时纠正。在首层第一段的砌砖墙作为样板墙,组合柱、圈梁及圆孔板顶平正为样板,集中力量抓好开端,在砌砖墙时上架子经过检查,架子安全后再上,不许向下扔东西及打砖。

4) 组合柱、圈梁、现浇楼板钢筋:组合柱钢筋配制统一长度,一律2.7m+50cm,50cm 平接槎。柱箍筋接槎处10cm 等于5个箍,圈梁下箍筋加密;圈梁的主筋接槎应错开,接槎为35d,最好在组合柱内搭接,圈梁大角处以外1m 搭接;圈梁的主筋要放在组合柱的钢筋内。楼梯间休息板处圈梁有局部降低35mm,楼梯间窗口上下有圈梁伸入组合柱内,下圈梁要比

窗下口低 6cm，留窗台泛水。圈梁及组合柱的箍筋弯勾为 135°，平直部分 10d 组合柱及圈梁的钢筋骨架应预制分段，待上道工序完后立即组装；预制组合柱的钢筋的箍筋到圈梁下皮；预制钢筋要套扣绑扎，不得一顺风。高低的圈梁的箍筋应做大箍筋。阳台的尾筋焊接要符合单面焊，长 10d，厚 $\geq 0.7d$，焊缝高 0.25d，现浇楼板钢筋垫好保护层，附加筋用码铁支顶，圆孔板缝 6cm 要加筋，板缝钢筋要吊好，防止下露筋。

5）组合柱、圈梁、现浇板、板缝支模板：支模使用金属管架与立柱，木龙金属管钢模板，圈梁采用硬架支模方法，一般使用卡具螺栓及钢筋套楔等，可选任何方法。准备木楔支撑，在圈梁下 1~2 皮砖留洞，端头 30cm 起一道墙至少 5 个穿墙洞口，组合柱模板防止鼓胀，每隔 1m 设两根拉条或箍卡支牢固。柱根处留一层砖高清扫口，支模浇灌前用砖堵，不许吃住混凝土。注意硬架支模的圈梁与 +50mm 线严格找平。顶杆检查，防止高低不平。个别皮楞的圆孔板要调正减少偏差。支组合柱模板时，与混凝土工配合，在一步架高度处留一洞。振捣棒在楼层上振捣，中间有一人手握棒振捣下层，防止振捣不实及胀模，振捣完后立即堵上。板缝宽度 40~60mm 时，可用方木或角钢当作底模伸入板缝 15~20mm 为宜。有的用上面打吊加密防止下垂；有的用支撑，支撑可用竹板。圈梁上口要绝对平正，高度准确，接槎不准有高低，拉线检查 +3mm，断面 +2、-5mm。

A．模板支管、卡子，要有足够的强度，要有架子工配合木工支金属管架。

B．模板的缝隙应堵严密。

C．拆模时注意安全交底。

D．支完模后认真检查，合格了再浇灌混凝土，要填写检查预检记录。

E．组合柱在门洞口边时，在门上口插 3 根 $\phi 8 = 1100mm$ 过梁筋。

6）组合柱、圈梁、现浇混凝土、板缝等混凝土的浇灌方法：混凝土用 0.5~3.2 石子；板缝混凝土用 0.5~1.2 豆石；待钢筋隐蔽工程检查完后批准浇灌混凝土。在浇灌前施工混凝土的接槎处，松动的混凝土、砂浆杂物清理干净后用水冲洗接槎。组合柱内的砖墙要多浇水，防止吸收混凝土水分。砂石必须严格过秤。先倒石子，中倒水泥，后倒砂子，按规定量加水，搅拌砂子 1min，用坍落度控制加水量，坍落度 1~4cm 以内，每天至少试验三次。组合柱内先倒 10cm 厚原强度等级的水泥砂浆结合层，然后倒混凝土，每 50cm 厚振捣一次，也可以不停的倒混凝土不停的振捣。柱与柱需要木工在 1.2m 处留一个伸手拿棒的振捣口，棒由楼层下棒，中间一人手拿棒振捣，防止漏振及胀模，振完封好再往上浇灌。每个组合柱先浇振下半截，后往上浇振，严格禁止塔吊漏斗直接浇灌。浇灌混凝土圈梁时，可在圆孔处凿口下棒，表面要用木抹子找平正，特别要注意板缝用豆石混凝土，振捣要密实，板底防止露筋。组合柱振捣完后，按照中心线进行一次检查，有不正的移位钢筋，及时纠正过来，新浇混凝土次日养护，不少于三昼夜；现浇混凝土不许污染清水墙面。在浇筑楼板混凝土时，不许踏钢筋，散落下来的混凝土及时清理，振捣混凝土时要穿胶鞋，振捣要经常检查，保护电线，防止漏电。现浇混凝土楼板要注意防止早期受荷载受振动。圆孔板的板缝模板在 10~12h 内拆除，把凸出板缝的混凝土清除掉，混凝土浇灌要进行施工试验，做试块试压，每 3 块为一组，先压两组标准压，其余后备，试块养护池不许通风，试压合格才能进行下道工序。各部位砂浆混凝土强度等级见表 1-286。

(6) 装修工程的分项工程施工方法样板制：

1) 装修工程分项工程技术书面交底要求各分项工程都样板制，同时交底。在首、二层先开始进行抹灰装修;在首、二层分组各自做居室、厨房、厕所抹灰的样板房间,组织检查批准,以实样交底;然后地面、门窗样板间;最后油漆粉刷水暖卫生、电器灯具。室外工程屋面防水层及节点,也要做一些样板,清水墙勾缝在首层样板项目:干粘石、水泥抹面及窗台等样板项目;包括滴水线、小天井抹灰及水管等的安装样板;水刷石样板;散水台阶样板;楼梯间踏步样板等。

表 1-286

基础 C10 混凝土	2 组 R28 试压	首层砌砖砂浆 M10	室内养护 3 组 R28 试压
基础 C15 混凝土	3 组 R28 试压	二至四层砌砖砂浆 M10	室内养护 4 组 R28 试压
一至六层 C20 混凝土	4 组 R28 试压	五、六层砌砖砂浆 M5	室内养护 4 组 R28 试压
基础砌砖砂浆 M7.5	室内养护 R28 试压		

2)从冲筋开始做门、窗口等。门窗口两侧提前浇水,清除杂物,先抹水泥砂浆,后抹白灰砂浆;先罩水泥面,后罩纸筋面;防止颠倒顺序。内外窗台浇水清理分层抹,外纵墙的内墙设计有保温要求,抹 35mm 厚的珍珠岩灰,派专人分成几片成活、罩面等。试验样板项目,按实物交底。装修工程期间各工种用工数见表 1-287。

装修工程期间用工   表 1-287

瓦抹工	60 人	机 工	4 人
普通工	30 人	水暖工	6 人
木 工	20 人	电焊工	1 人
架子工	5 人	电 工	51 人
油漆工	30 人		共 161 人

(7)质量管理:

1)设专职质量检查人员及施工人员负责制,认真按照设计图纸的要求施工,严格遵照施工技术规范的标准进行。结构执行抗震图集及建筑图集的标准;水暖卫生安装执行图集标准;电器灯具的安装按照电的图集进行。认真贯彻施工技术资料的管理规定,在分部分项工程中,每个施工项目工人都要自检质量,并作记录,后再经过工长及专职检查共同检验合格后,办理预检或隐蔽工程验收。组织互检、抓三检,不许不合格的项目存在。

2)原来材料、半成品及成品进场要有出厂合格证。有合格证后实行进场检验,不合格的材料、成品不许用在工程上。预制构件、砖、砂、石、水泥、钢筋等要经常检查。有的原材料有了出厂证明,也需要经试验后再用。混凝土、砂浆严格重量比、过秤、坍落度,控制混凝土加水量。装修工程的样板间及样板项目,经过工长、专职检查员验收符合要求后签字。

(8)安全生产及文明施工:

1)现场材料要堆放整齐,道路畅通无阻。

2)分工种所在操作地点,划清范围,分片承包清理,做到文明施工。

3)抓好三宝、四口安全防护工作,施工人员进现场必须戴安全帽。

4)金属单排管架子,三步以上设防护板铺满,用竹脚手板做中管放稳,严禁有探头板。架管与窗间墙拉牢,安全网随架上升安装,搭好的架子,经过安全员等专职人员验收再使用,架子要超过檐口 1m 高。

5) 小天井内随升高随设安全网。
6) 高空作业人员严禁向下扔任何物品(或向外打砖)。
7) 非机电人员严禁使用电器设备,电器设备要安装漏电保安器。
8) 塔吊机组人员、信号挂钩人员等固定。
9) 施工现场严禁吸烟,现场消火栓处不得堆放任何物品,高车架子要安装限位器。
10) 现场用火、电气焊要有专人负责,电焊机不准放在铁车上运行。
11) 各种机电设备,都要接好地线或接零保护。
12) 各工种一律做到活完料净脚下清。
13) 塔吊轨道接地电阻不大于4Ω。

(9) 节约技术措施:
1) 现浇混凝土支模用钢模板,金属管架立柱,力求节约材料。
2) 现浇混凝土楼板要把模板支平,缝堵严。
3) 抹灰装修工程使用掺合粉煤灰,以便减少水泥的使用。
4) 使用减水剂,加速模板的周转。
5) 圆孔板缝用角钢支撑,做到竹板方木结合使用。
6) 3-8t塔要在7月初拆掉,其轨道石子可用在首层地面混凝土。
7) 50mm厚混凝土隔断墙用人工滑模,其整体性能好,安全节约。

1.1.8 技术交底
1.1.8.1 人工挖土
本技术交底内容适用于一般工业及民用建筑物、构筑物的基坑(槽)和管沟等人工挖土工程。

1. 主要机具

主要机具有:尖、平头铁锹、手锤、手推车、梯子、铁镐、撬棍、钢尺、坡度尺、小线或20号铅丝等。

2. 作业条件

(1) 土方开挖前,应根据施工方案的要求,将施工区域内的地上、地下障碍物清除和处理完毕。

(2) 建筑物或构筑物的位置或场地的定位控制线(桩)、标准水平桩及基槽的灰线尺寸,必须经过检验合格,并办完预检手续。

(3) 场地要清理平整,做好排水坡度,在施工区域内,要挖临时性排水沟。

(4) 夜间施工时,应合理安排工序,防止错挖或超挖。施工场地应根据需要安装照明设施,在危险地段应设置明显标志。

(5) 开挖低于地下水位的基坑(槽),管沟时,应根据当地工程地质资料,采取措施降低地下水位,一般要降至低于开挖底面的0.5m,然后再开挖。

3. 操作工艺

工艺流程:

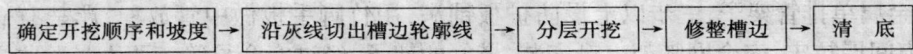

(1) 坡度的确定

1) 在天然湿度的土中,开挖基坑(槽)和管沟时,当挖土深度不超过下列数值规定时,可不放坡,不加支撑。

(a) 密实、中密的砂土和碎石类土(充填物为砂土)——1.0m;

(b) 硬塑、可塑的轻亚粘土及亚粘土——1.25m;

(c) 硬塑、可塑的粘土和碎石类土(充填物为粘性土)——1.5m;

(d) 坚硬的粘土——2.0m。

2) 超过上述规定深度,在 5m 以内时,当土具有天然湿度,构造均匀,水文地质条件好,且无地下水,不加支撑的基坑(槽)和管沟,必须放坡。边坡最陡坡度应符合表 1-288 的规定。

各类土的边坡坡度 表 1-288

项次	土的类别	边坡坡度(高:宽)		
		坡顶无荷载	坡顶有静载	坡顶有动载
1	中密的砂土	1:1.00	1:1.25	1:1.50
2	中密的碎石类土(充填物为砂土)	1:0.75	1:1.00	1:1.25
3	硬塑的轻亚粘土	1:0.67	1:0.75	1:1.00
4	中密的碎石类土(充填物为粘性土)	1:0.50	1:0.67	1:0.75
5	硬塑的亚粘土、粘土	1:0.33	1:0.50	1:0.67
6	老黄土	1:0.10	1:0.25	1:0.33
7	软土(经井点降水后)	1:1.00	—	—

(2) 根据基础和土质、现场出土等条件要合理确定开挖顺序,然后再分段分层平均下挖。

(3) 开挖各种浅基础时,如不放坡时,应先沿灰线直边切出槽边的轮廓线。

(4) 开挖各种槽坑:

1) 浅条形基础。一般粘性土可自上而下分层开挖,每层深度以 60cm 为宜,从开挖端部逆向倒退按踏步型挖掘。碎石类土先用镐翻松,正向挖掘,每层深度,视翻土厚度而定,每层应清底和出土,然后逐步挖掘。

2) 浅管沟。与浅的条形基础开挖基本相同,仅沟帮不切直修平。标高按龙门板上平往下返出沟底尺寸,接近设计标高后,再从两端龙门板下面的沟底标高上返 50cm 为基准点,拉小线用尺检查沟底标高,最后修整沟底。

3) 开挖放坡的坑(槽)和管沟时,应先按施工方案规定的坡度粗略开挖,再分层按坡度要求做出坡度线,每隔 3m 左右做出一条,以此为准进行铲坡。深管沟挖土时,应在沟帮中间留出宽 80cm 左右的倒土台。

4) 开挖大面积浅基坑时,沿坑三面开挖,挖出的土方装入手推车或翻斗车,由未开挖的一面运至弃土地点。

(5) 开挖基坑(槽)或管沟,当接近地下水位时,应先完成标高最低处的挖方,以便在该处集中排水。开挖后,在挖到距槽底 50cm 以内时,测量放线人员应配合抄出距槽 50cm 平线;自每条槽端部 20cm 处每隔 2~3m,在槽帮上钉水平标高小木橛。在挖至接近槽底标高时，用尺或事先量好的 50cm 标准尺杆，随时以小木橛上平校核槽底标高。最后由两端轴线（中心线）引桩拉通线、检查距槽边尺寸，确定槽宽标准，据此修整槽帮，最后清除槽底土方，修底铲平。

(6) 基坑(槽)、管沟的直立帮和坡度，在开挖过程和敞露期间应防止塌方，必要时应加以保护。

在开挖槽边弃土时，应保证边坡和直立帮的稳定。当土质良好时，抛于槽边的土方（或材料），应距槽（沟）边缘 0.8m 以外，高度不宜超过 1.5m。在柱基周围、墙基或围墙一侧，不得堆土过高。

(7) 开挖基坑(槽)的土方，在场地有条件堆放时，留足回填需用的好土，多余的土方运出，避免二次搬运。

(8) 土方开挖一般不宜在雨季进行，否则工作面不宜过大，应分段逐片的分期完成。

雨期开挖基坑(槽)或管沟时，应注意边坡稳定，必要时可适当放缓边坡或设置支撑。同时应在坑(槽)外侧围以土堤或开挖水沟，防止地面水流入。施工时应加强对边坡、支撑、土堤等的检查。

(9) 土方开挖不宜在冬期施工。如必须在冬期施工时，其施工方法应按冬施方案进行。

采用防止冻结法开挖土方时，可在冻结前用保温材料覆盖或将表层土翻耕耙松，其翻耕深度应根据当地气候条件确定，一般不小于 0.3m。

开挖基坑(槽)或管沟时，必须防止基础下的基土遭受冻结，如基坑(槽)开挖完毕至地基施工或埋设管道之间，有较长的停歇时间，应在基底标高以上预留适当厚度的松土，或用其他保温材料覆盖。地基不得受冻。如遇开挖土方引起邻近构筑物(建筑物)的地基和基础暴露时，应采取防冻措施，以防产生冻结破坏。

4．质量标准

(1) 保证项目

柱基、基坑、基槽和管沟基底的土质必须符合设计要求，并严禁扰动。

(2) 允许偏差项目(见表 1-289)。

基坑、管沟外形尺寸允许偏差 表 1-289

项次	项目	允许偏差（mm）	检验方法
1	标高	+0 −50	用水准仪检查
2	长度、宽度	−0	由设计中心线向两边量、拉线和尺量检查
3	边坡偏陡	不允许	坡度尺检查

5．成品保护

(1) 对定位标准、轴线引桩、标准水准点、龙门板等，挖运时不得碰撞，也不得坐在龙门板上休息。并应经常测量和校核其面位置、水平标高和边坡坡度是否符合设计要求。定位

合 进·度 计 划

表1-285

进 度 计 划					
6月	7月	8月	9月	10月	

工程名称　　　　　　　　　　　　　　　工　程　施　工　综

分部工程	分项工程项目	单位	工程量	计划工日		2月	3月	4月	5月
				工种	工日数				
	基础土方	m²	1437.7						
	基础混凝土	m²							
	基础砌砖	m²	497.6						
	基础钢筋混凝土	m²							
	基础回填土	m²	1006.4						
	首层至六层砌墙	m²	3318						
	首层至六层现浇混凝土	m²	948						
	首层至六层支模板	m²	5906						
	首层至六层钢筋绑扎	t	120						
	首层至六层圆孔板块	块	1524						
首层至六层预制混凝土过梁		块	2604						
	首层至六层阳台楼梯	块	356						
	外墙内侧抹珍珠岩灰	m²	5730						
	内墙抹白灰砂浆	m²	17.250						
	内墙抹水泥	m²	1200						
	豆石混凝土地面	m²	7763.9						
	预制圆孔板勾缝	m²	7100						
	干粘石栏板墙面	m²	3100						
	外墙抹窗台、抹水泥	m²	740						
	外墙勒脚门头水刷石	m²	460						
	立窗立口安装	樘							
	屋面防水层找平层	m²	9100						
	油漆粉刷	项	1						
	水电安装	项	1						
	清水墙勾缝	m²	5100						

标准和标准水准点，也应定期复测，检查是否正确。

(2) 土方开挖时，应防止邻近已有建筑物或构筑物、道路、管线等发生下沉或变形。必要时与设计单位或建设单位协商采取防护措施，并在施工中进行沉降和位移观测。

(3) 施工中如发现有文物或古墓等，应妥善保护，并应立即报请当地有关部门处理后，方可继续施工。如发现有测量用的永久性标桩或地质、地震部门设置的长期观测点等，应加以保护。在敷设地上或地下管道、电缆的地段进行土方施工时，应事先取得有关管理部门的书面同意，施工中应采取措施，以防止损坏管线。

6. 应注意的质量问题

(1) 基底超挖：开挖基坑（槽）或管沟不得超过基底标高，如个别地方超挖时，其处理方法应取得设计单位的同意。

(2) 软土地区桩基挖土应注意的问题：在密集群桩上开挖基坑时，应在打桩完成后间隔一段时间，再对称挖土。在密集桩附近开挖基坑（槽）时，应采取措施防止桩基位移。

(3) 基底未保护：基坑（槽）开挖后，应尽量减少对基土的扰动。如基础不能及时施工时，可在基底标高以上留 0.3m 土层，待作基础时再挖。

(4) 施工顺序不合理：土方开挖宜先从低处开挖，分层分段依次进行，形成一定坡度，以利排水。

(5) 开挖尺寸不足：基坑（槽）或管沟底部的开挖宽度，除结构宽度外，应根据施工需要增加工作面宽度。如排水设施，支撑结构的所需宽度。

(6) 基坑（槽）或管沟边坡不直不平、基底不平：应加强检查，随挖随修，并要认真验收。

1.1.8.2 基土钎探

本技术交底内容适用于建筑物或构筑物的基础、坑（槽）底土质钎探检查。

1. 材料要求

砂：一般中砂。

2. 主要机具

(1) 人工打钎有：

一般钢钎：直径 $\phi 22 \sim 25mm$ 的钢筋制成，钎尖呈 60°尖锥形状，钎长 1.8～2.0m。

大锤：重量 8～10 磅。

(2) 机械打钎（轻便触探器，北京地区规定必用）。

穿心锤重 10kg，尖锥头、触探杆、钎杆直径 $\phi 25$ 钢筋，长度 1.5～1.8m。

(3) 其他有麻绳或铅丝、梯子（凳子）、手推车、克绷撬棍（拔钢钎用）、钢卷尺等。

3. 作业条件

(1) 基土已挖至设计基坑（槽）底标高，表面应平正，轴线及坑（槽）宽、长均符合设计图纸要求。

(2) 根据设计图纸绘制钎探孔位平面布置图。如设计无特殊规定时，可按表 1-290 执行。

(3) 按钎探孔位平面布置图放线：孔位钉上小木桩或洒白灰点。

(4) 钎杆上预先划好 30cm 横线。

4. 操作工艺

打钎排列方式   表1-290

槽宽(cm)	排列方式及图示	间距(m)	深度(m)
小于80	中心一排	1.5	1.5
80~200	两排错开	1.5	1.5
大于200	梅花型	1.5	2.0
柱基	梅花型	1.5~2.0	1.5并不浅于底边

工艺流程：

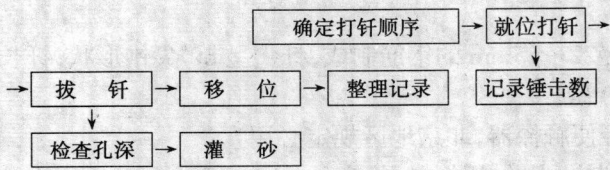

(1) 就位打钎：

1) 人工打钎：将钎尖对准孔位，一人扶正钢钎，一人站在操作凳子上，用大锤打钎端头，锤举高度一般为50~70cm，将钎垂直打入土层中。

2) 机械打钎：将触探杆尖对准孔位，再把穿心锤套在钎杆上，扶正钎杆、拉起穿心锤，使其自由下落，锤距为50cm，将触探杆竖直打入土层中。

(2) 记录锤击数：钎杆每打入土层30cm时记录一次锤击数。钎探深度如设计无规定时，一般按表1-290执行。

(3) 拔钎：用麻绳或铅丝将钎杆绑好，留出活套，套内插入撬棍或铁管，利用杠杆原理，将钎拔出。每拔出一段将绳套往下移一段，余此类推，直至完全拔出为止。

(4) 移位：将钎杆或触器搬到下一孔位，以便继续打钎。

(5) 灌砂：打完的钎孔，经过质量检查人员和有关工长检查孔深与记录无误后，即或进行灌砂。灌砂时，每填入 30cm 左右时，可用钢筋棒捣实一次。灌砂有两种形式，一种是每孔打完或几孔打完灌一次，另一种是每天打完，统一灌一次。

(6) 整理记录：按孔顺序编号，将锤击数填入统一表格内，字迹要清楚，再经过打钎人员签字后归档。

(7) 冬雨期施工

1) 基土受雨后，不能进行钎探。

2) 基土在冬季钎探时，每打几孔后及时掀盖保温材料一次，不能大面积掀盖，以免基土受冻。

5．质量标准

(1) 保证项目

钎探深度必须符合要求，锤击数记录准确，不得作假钎。

(2) 基本项目

钎位基本准确，探孔不得遗漏。

钎孔灌砂应密实。

6．成品保护

钎探完毕后，应作好标记，保护好钎孔，未经质量检查、有关工长复验，不得堵塞或灌砂。

7．应注意的质量问题

(1) 如打钎不下去时，应请示有关工长，或取消钎孔或移位打钎。不得不打，而任意填锤击数。

(2) 记录和平面布置图的整理：

1) 在记录表上用色铅笔或符号将不同(锤击数)的钎孔分开。

2) 在钎孔平面布置图上，注明过硬或过软孔号的位置，把枯井或坟墓等尺寸画上，以便设计勘察人员或有关部门验槽时分析处理。

1.1.8.3 人工回填土

本技术交底内容适用于一般工业及民用建筑物中的基坑、基槽、室内地坪、管沟、室外肥槽及散水等人工回填土工程。

1．材料要求

土：宜优先利用基槽中挖出的土，但不得含有有机杂质。使用前应过筛，其粒径不大于 50mm。含水率应符合规定。

2．主要机具

有木夯、蛙式打夯机、手推车、筛子(孔径 40~60mm)、木耙、铁锹(尖头及平头)、2m 靠尺、胶皮管、小线和木折尺等。

3．作业条件

(1) 回填前，应对基础、箱型基础墙或地下防水层、保护层等进行检查验收。并要办好隐检手续。其基础混凝土强度应达到规定的要求，方可进行回填土。

(2) 施工前应根据工程特点、填方土料种类、密实度要求、施工条件等合理确定填方土料含水率控制范围、虚铺厚度和压实遍数等参数；主要回填土方工程，其参数应通压实试验来确定。

(3) 房心和管沟的回填,应在完成上下水管道的安装或管沟墙间加固后再进行。并将沟槽、地坪上的积水和有机物等清理干净。

(4) 施工前,应抄平做好水平标志。如在基坑(槽)或管沟边坡上,每隔3m钉上水平橛;室内和散水的边墙上弹水平线或在地墙上钉上标高控制木桩。

4．操作工艺

工艺流程：

(1) 填土前应将基坑(槽)底的垃圾杂物等清理干净;肥槽回填,必须清理到基础底面标高,将回落的松散土、砂浆、石子等清除干净。

(2) 检验回填土的含水率是否在控制范围内,如含水率偏高,可采用翻松、晾晒或均匀掺入干土等措施;如遇回填土的含水量偏低,可采用预先洒水润湿等措施。

(3) 回填土应分层铺摊。每层铺土厚长应根据土质、密实度要求和机具性能确定。一般蛙式打夯机每层铺土厚度为200~250mm;人工打夯不大于200mm。每层铺摊后,随之耙平。

(4) 回填土每层至少夯打三遍。打夯应一夯压半夯,夯夯相连,行行相连,纵横交叉。并且严禁用水浇使土下沉的所谓"水夯"法。

(5) 深浅两基坑(槽)相连时,应先填夯深基坑;填至浅基坑标高时,再与浅基坑一起填夯。如必须分段填夯时,交接处应填成阶梯形。上下层错缝距离不小于1.0m。

(6) 基坑(槽)回填应在相对两侧或四周同时进行。基础墙两侧标高不可相差太多,以免把墙挤歪;较长的管沟墙,应采用内部加支撑的措施。

(7) 回填房心及管沟时,为防止管道中心线位移或损坏管道时,应用人工先在管子两侧填土夯实;并应由管道两边同时进行,直至管顶0.5m以上时,在不损坏管道的情况下,方可采用蛙式打夯机夯实。在抹带接口处,防腐绝缘层或电缆周围,应回填细粒料。

(8) 回填土每层填实后,应按规范规定进行环刀取样,测出干土的质量密度,达到要求后,再进行上一层的铺土。填土全部完成后,应进行表面拉线找平,凡高出允许偏差的地方,及时依线铲平;凡低于标准高程的地方应补土夯实。

(9) 雨、冬期施工

1) 基坑(槽)或管沟的回填应连续进行,尽快完成。施工中应防止地面水流入基坑(槽)内,以免边坡塌方或基土遭到破坏。现场应有防雨排水措施。

2) 冬期回填土每层铺土厚度应比常温施工时减少20%~50%,其中冻土块体积不得超过填土总体积的15%,其粒径不得大于150mm。铺填冻土块应均匀分布,逐层压(夯)实。管沟底至管顶0.5m范围内不得用含有冻土块的土回填。室内房心、基坑(槽)或管沟不得用含冻土块的土回填。

回填土工作应连续进行,防止基土或已填土层受冻。并应及时采取防冻措施。

5．质量标准

(1) 保证项目

1) 基底处理,必须符合设计要求和施工规范的规定。

2) 回填的土料,必须符合设计要求或施工规范的规定。

3) 回填土必须按规定分层夯压密实。取样测定夯压实后土的干土密度,其合格率不应小于90%;不合格干土密度的最低值与设计值的差不应大于 0.08g/cm³,且不应集中,环刀法取样的方法及数量应符合规定。

(2) 允许偏差项目(见表 1-291)

回填土工程允许偏差 表 1-291

项次	项目	允许偏差(mm)	检验方法
1	顶板标高	+0,-50	用水准仪或拉线尺量检查
2	表面平整度	20	用2m靠尺和楔形塞尺检查

6. 成品保护

(1) 施工时,应注意保护定位桩、轴线桩、标高桩,防止碰撞位移。

(2) 夜间施工时,应合理安排施工顺序,设有足够的照明设施,防止铺填超厚,严禁汽车直接倒土入槽。

(3) 基础或管沟的现浇混凝土应达到一定强度,不致因填土而受损坏时,方可回填。

7. 应注意的质量问题

(1) 未按要求测定土的干土密度:回填土每层都应测定夯实后的干土密度,检验其密实度,符合设计要求才能铺摊上层土。试验报告要注明土料种类、要求干土密度、试验日期、试验结论及试验人员签字。未达到设计要求部位应有处理方法和复验结果。

(2) 回填土下沉:因虚铺土超过规定厚度或冬季施工时有较大冻土块,或夯实不够遍数,甚至漏夯,坑(槽)底有机物或落土清理不干净,以及冬期作散水,施工用水渗入垫层中,受冻膨胀等造成。这些问题均应在施工中认真执行规范规定,发现后及时纠正。

(3) 管道下部夯填不实:管道下部应按要求填夯回填土,如果漏夯或夯不实会造成管道下方空虚,造成管道折断而渗漏。

(4) 回填土夯压不密实:应在夯压前对干土适当洒水加以润湿;回填土太湿,同样夯压不密实,呈"橡皮土"现象,这时应挖出换土重填。

1.1.8.4 机械挖土

本技术交底内容适用于工业和民用建筑物、构筑物的大型基坑(槽)、管沟以及大面积平整场地等土方工程。

1. 主要机具

(1) 挖土机械有:挖土机、推土机、铲运机、自卸汽车等。

(2) 一般机具有:铁锹(尖头与平头两种)、手推车、小白线或20号铅丝和2m钢卷尺、坡度尺等。

2. 作业条件

(1) 土方开挖前,应根据施工方案的要求,将施工区域内的地下、地上障碍物清除和处理完毕。

(2) 建筑物或构筑物的位置或场地的定位控制线(桩)标准水平桩及开槽的灰线尺寸,

必须经过检验合格,并办完预检手续。

(3) 夜间施工时,应有足够的照明设施;在危险地段应设置明显标志,并要合理安排开挖顺序,防止错挖或超挖。

(4) 开挖有地下水位的基坑(槽)、管沟时,应根据当地工程地质资料,采取措施降低地下水位。一般要降至低于开挖面 0.5m,然后才能开挖。

(5) 施工机械进入现场所经过的道路、桥梁和卸车设施等,应事先经过检查,必要时要加固或加宽等准备工作。

(6) 选择土方机械,应根据施工区域的地形与作业条件,土壤类别与厚度、总工程量和工期综合考虑,以能发挥施工机械效率来确定,编好施工方案。

(7) 施工区域运行路线的布置,应根据作业区域工作的大小机械性能、运距和地形起伏等情况加以确定。

(8) 在机械施工无法作业的部位和修整边坡坡度和清理均应配备人工进行。

3. 操作工艺

工艺流程:

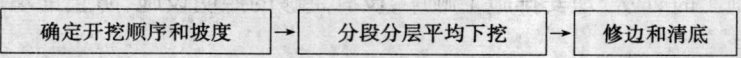

(1) 坡度的确定:

1) 在天然湿度的土壤中,开挖基础坑(槽)和管沟时,当挖土深度不超过下列数值时,可不放坡、不加支撑。

(a) 密实、中密的砂土或碎石类土(充填物为砂土) — 1.0m;
(b) 硬塑、可塑的轻亚粘土及亚粘土 — 1.25m;
(c) 硬塑、可塑的粘土和碎石类土(充填物为粘性土) — 1.5m;
(d) 坚硬性粘土 — 2.0m。

2) 超过上述规定深度,在 5m 以内时,当土具有天然湿度,构造均匀,水文地质条件好,且无地下水,不加支撑的基坑(槽)和管沟,必须放坡。边坡最陡坡度应符合表 1-292 的规定。

各类土的边坡坡度　　　　　　　表 1-292

项次	土 的 类 别	边 坡 坡 度 (高:宽)		
		坡顶无荷载	坡顶有静载	坡顶有运载
1	中密的砂土	1:1.00	1:1.25	1:1.50
2	中密的碎石类土(充填物为砂土)	1:0.75	1:1.00	1:1.25
3	硬塑的轻亚粘土	1:0.67	1:0.75	1:1.00
4	中密的碎石类土(充填物为粘性土)	1:0.50	1:0.67	1:0.75
5	硬塑的亚粘土、粘土	1:0.33	1:0.50	1:0.67
6	老黄土	1:0.10	1:0.25	1:0.33
7	软土(经井点降水后)	1:1.00	—	—

注:当有成熟施工经验时,可不受本表限制。

3) 使用时间较长的临时性挖土方边坡坡度,应根据工程地质和边坡高度,结合当地同类土体的稳定坡度值确定。如地质条件好、土(岩)质较均匀、高度在 10m 以内的临时性挖方边坡坡度应按表 1-293 确定;

各类土的挖方边坡坡度　　　　　　　　　　　　表 1-293

项次	土的类别	边坡坡度(高:宽)
1	砂土(不包括细砂、粉砂):	1:1.25～1:1.5
2	一般粘性土:	
	坚硬	1:0.75～1:1.00
	硬塑	1:1.00～1:1.15
	充填坚硬、硬塑粘性土	1:0.50～1:1.00
3	碎石类土:	
	充填砂土	1:1.00～1:1.50

注:有成熟施工经验时,可不受本表限制。

4) 挖方经过不同类别土(岩)层或深度超过 10m 时,其边坡可作成折线形或台阶形。

(2) 开挖基坑(槽)或管沟时,应合理确定开挖顺序、路线及开挖深度,然后分段分层平均下挖。

(3) 采用推土机开挖大型基坑(槽)时,一般应从两端或顶端开始(纵向)推土,把土推向中部或顶端;暂时堆积,然后再横向将土推离坑(槽)的两侧。

(4) 采用铲运机开挖大型基坑(槽)时,应纵向分行、分层按照坡度线向下铲挖,但每层的中心地段应比两边稍高一些,以防积水。

(5) 采用反铲、拉铲挖土机开挖基坑(槽)或管沟时,其施工方法有两种:

1) 端头挖土法:挖土机从坑(槽)或管沟的端头,以倒退行驶的方法进行开挖。自卸汽车配置在挖土机的两侧装运土。

2) 侧向挖土法:挖土机一面沿着坑(槽)边或管沟的一侧移动自卸汽车在另一侧装运土。

(6) 挖土机沿挖方边缘移动时,机械距离边坡上缘的宽度不得小于基坑(槽)和管沟深度的 1/2。如挖土深度超过 5m 时,应按专业性施工方案来确定。

(7) 在开挖过程中,应随时检查槽壁和边坡的状态。深度大于 1.5m 时的基坑(槽)或管沟,根据土质情况,应作好支撑的准备,以防坍塌。

(8) 开挖基坑(槽)和管沟,不得挖至设计标高以下,如不能准确地挖至设计地基标高时,可在设计标高以上暂留一层土不挖,以便在找平后,由人工挖出。

暂留土层:一般铲运机、推土机挖土时,为 20cm 左右;挖土机用反铲、正铲和拉铲挖土时为 30cm 左右为宜。

(9) 在机械施工挖不到的土方,应配合人工随时进行挖掘,并用手推车把土方运到机械挖到的地方,以便及时挖走。

(10) 修帮和清底。在距槽底设计标高 50cm 槽帮处,找出水平线,钉上小木橛,然后用人工将暂留土层挖走。同时由两端轴线(中心线)引桩拉通线(用小线或铅丝),检查距槽边尺寸,确定槽宽标准。以此修整槽边,最后清除槽底土方。槽底修理铲平后进行质量检查验收。

(11) 开挖基坑(槽)的土方,在场地有条件堆放时,一定留足回填需用的好土;多余的土方,应一次运走,避免二次搬运。

(12) 雨、冬期施工:

1) 土方开挖一般不宜在雨季进行,否则工作面不宜过大,应逐段、逐片分期完成。

2) 雨期施工在开挖的基坑(槽)或管沟时,应注意边坡稳定。必要时可适当放缓边坡坡度或设置支撑。同时应在坑(槽)外侧围以土堤或开挖水沟,防止地面水流入。经常对边坡、支撑、土堤的检查,发现问题要及时处理。

3) 土方开挖不宜在冬期施工。如必须在冬期施工时,其施工方法应按冬施方案进行。

4) 采用防止冻结法开挖土方时,可在冻结以前,用保温材料覆盖或将表层土翻耕耙松,其翻耕深度应根据当地气候条件确定,一般不小于30cm。

开挖基坑(槽)或管沟时,必须防止基础下的基土遭受冻结。应在基底标高以上预留适当厚度的松土,或用其他保温材料覆盖,如遇开挖土方引起邻近建筑物或构筑物的地基和基础暴露时,应采取防冻措施,以防产生冻结措施。

4. 质量标准

(1) 保证项目

柱基、基坑、基槽、管沟和场地的基土土质必须符合设计要求,并严禁扰动。

(2) 允许偏差项目(表1-294)

土方工程的挖方和场地平整允许偏差　　　　表1-294

项次	项目	允许偏差(mm)	检验方法
1	表面标高	+0、-50	用水准仪检查
2	长度、宽度	-0	由设计中心线向两边量,用经纬仪、拉线或尺量检查
3	边坡偏陡	不允许	坡度尺检查

5. 成品保护

(1) 对定位标准桩、轴线引桩、标准水准点、龙门板等,挖运土时不得碰撞,也不得在龙门板上休息。并应经常测量和校核其平面位置、水平标高和边坡坡度是否符合设计要求。定位标准桩和标准水准点应定期复测和检查是否正确。

(2) 土方开挖时,应防止邻近已有建筑物或构筑物、道路、管线等发生下沉和变形。必要时应与设计单位或建设单位协商采取防护措施,并在施工中进行沉降或位移观测。

(3) 施工中如发现有文物或古墓等,应妥善保护,并应及时报请当地有关部门处理,方可继续施工。如发现有测量用的永久性标桩或地质,地震部门设置的长期观测点等,应加以保护。在敷设有地上或地下管线、电缆的地段进行土方施工时,应事先取得有关管理部门的书面同意,施工中应采取措施,以防止损坏管线,造成严重事故。

6. 应注意的质量问题

(1) 基底超挖:开挖基坑(槽)、管沟不得超过基底标高,如个别地方超挖时,其处理方法应取得设计单位的同意。

（2）基底未保护：基坑（槽）开挖后应尽量减少对基土的扰动。如果基础不能及时施工时，可在基底标高以上预留 30cm 土层不挖，待做基础时再挖。

（3）施工顺序不合理：应严格按施工方案规定的施工顺序进行开挖土方，应注意宜先从低处开挖，分层、分段依次进行，形成一定坡度，以利排水。

（4）施工机械下沉：施工时必须了解土质和地下水位情况。推土机、铲土机一般需要在地下水位 0.5m 以上推铲土；挖土机一般需在地下水位 0.8m 以上挖土，以防机械自身下沉。正铲挖土机挖方的台阶高度，不得超过最大挖掘高度的 1.2 倍。

（5）开挖尺寸不足，边坡过陡：基坑（槽）或管沟底部的开挖宽度和坡度，除应考虑结构尺寸要求外，应根据施工需要增加工作面宽度。如排水设施、支撑结构等所需宽度。

1.1.8.5 机械回填土

本技术交底内容适用于工业与民用建筑物、构筑物大面积平整场地、大型基坑和管沟等回填土工程。

1．材料要求

（1）碎石类土、砂土（使用细、粉砂时应取得设计单位同意）和爆破石渣，可用作表层以下填料。其最大粒径不得超过每层铺填厚度的 2/3 或 3/4（使用振动辗时），含水率应符合规定。

（2）粘性土应检验其含水率，必须达到设计及施工规范规定要求方可使用。

（3）盐渍土一般不可使用。但填料中不得含有盐晶、盐块或含盐植物的根茎，并符合《土方与爆破工程施工及验收规范》附录一表 1～8 规定的可以使用。

2．主要机具

（1）装运土方机械有：铲土机、自卸汽车、推土机、铲运机、翻半斗车等。

（2）辗压机械有：手辗、羊足辗和振动辗等。

（3）一般工具有：蛙式或柴油打夯机、手推车、铁锹（平头及尖头两种）、2m 钢卷尺、20号铅丝、胶皮管等。

3．作业条件

（1）施工前应根据工程特点、填方土料种类、密实度要求、施工条件等合理确定填方土料含水率控制范围、虚铺厚度和压实遍数等参数；重要回填土方工程，其参数应通过压实试验来确定。

（2）填土前，应对填方基底和已完工程进行检查和中间验收，合格后要作好记录及验收手续。

（3）施工前，应做好水平高程标志的布置。如基坑或沟边上每 10m 钉上水平桩橛或在邻近的固定建筑物上找上标准高程点。大面积场地上每隔十米左右也可钉上水平桩。

（4）确定好机械填土的施工顺序，车辆，土方机械的行走路线等编好施工方案。

4．操作工艺

工艺流程：

基底清理 → 检验土质 → 分层铺土 → 辗压密实 → 找平验收

（1）填土前，应将基底表面上的垃圾或树根等杂物、洞穴都处理完，清理干净。

(2) 检验土质：检验各种土料的含水率是否在控制范围内。如含水率偏高可采用翻松、晾晒等措施；如含水率偏低，可采用预先浇水润湿等措施。

(3) 填土应分层铺摊。每层铺土的厚度应根据土质、密实度要求和机具性能确定。或按表 1-295 选用。辗压时，轮（夯）迹应互相搭接，防止漏压、漏夯。

填土每层的铺土厚度和压实遍数　　　　表 1-295

压 实 机 具	每层铺土厚度(mm)	每层压实遍数(遍)
平　　辗	200～300	6～8
羊 足 辗	200～350	8～16
振 动 平 辗	600～1500	6～8
蛙式、柴油式打夯机	200～250	3～4

(4) 辗压机械压实填方时，应控制行驶速度，一般不应超过下列规定：
平辗：2km/h　　　　　　　　　羊足辗 3km/h
振动辗：2km/h

(5) 长宽比较大时，填土应分段进行；每层接缝处应作成斜坡形，辗迹重迭 0.5～1.0m。上下层错缝距离不应小于 1m。

(6) 填方高于基底表面时，应保证边缘部位的压实质量。填土后，如设计不要求边坡修整，宜将填方边缘宽填 0.5m；如设计要求边坡整平拍实，宽填可为 0.2m。

(7) 在机械施工辗压不到的填土，应配合人工推土，用蛙式或柴油打夯分层夯打密实（具体做法是人工回填土）。

(8) 回填土每层压实后，应按规范规定进行环刀取样，测出干土的质量密度，达到要求后，再进行上一层的铺土。

(9) 填方全部完成后，表面应进行拉线找平，凡高于标准高程的地方，及时依线铲平；凡低于标准高程的地方应补土夯实。

(10) 雨、冬期施工

1) 雨期施工的工作面不宜过大，应逐段、逐片的分期完成。重要或特殊的土方工程，应尽量在雨期前完成。

2) 基坑（槽）或管沟的回填土应连续进行，尽快完成。施工时应防止地面水流入基坑（槽）内，以免边坡塌方或基土遭到破坏。现场应有防雨及排水措施。

3) 填方工程不宜在冬期施工，如必须在冬期施工时，其施工方法经技术经济比较后确定。

4) 冬期填方前，应清除基底上的冰雪和保温材料；填方边坡表层 1m 以内不得用冻土填筑；填方上层应用未冻的、不冻胀的或透水性好的土料填筑，其厚度应符合设计要求。

5) 冬期施工室外平均气温在 -5℃ 以上时，填方高度不受限制；平均气温在 -5℃ 以下时，填方高度不宜超过表 1-296 的规定；

冬期填方高度限制 表 1-296

平均气温（℃）	填方高度（m）
-5~-10	4.5
-11~-15	3.5
-16~-20	2.5

注：用石块和不含冰块的砂土（不包括粉砂）、碎石类土填筑时，填方高度不受本表限制。

6) 冬期回填土方，每层铺土厚度应比常温施工时减少 20%~25%，其中冻土块体积不超过填土总体积的 15%；其粒径不得大于 150mm。铺冻土块要均匀分布，逐层压（夯）实。回填土工作应连续进行，防止基土或已填土层受冻，并应及时采取防冻措施。

5．质量标准

(1) 保证项目

1) 基底处理必须符合设计要求或施工规范的规定。

2) 回填的土料，必须符合设计要求或施工规范的规定。

3) 回填土必须按规定分层夯压密实，取样测定压实后土的干土密度，其合格率不应小于 90%；不合格干土密度的最低值与设计值的差，不应大于 $0.08g/m^3$，且不应集中。环刀法取样的方法及数量应符合规定。

(2) 允许偏差项目（表 1-297）

回填土工程允许偏差 表 1-297

项 次	项 目	允许偏差（mm）	检 验 方 法
1	顶面标高	+0，-50	用水准仪或拉线尺量检查
2	表面平整度	20	用 2m 靠尺和楔形塞尺检查

6．成品保护

(1) 施工时应注意保护定位桩、轴线桩和标高桩，防止碰撞位移。

(2) 夜间施工时，应合理安排施工顺序，要设有足够的照明设施，防止铺填超厚，严禁汽车直接倒入基（槽）内。

(3) 基础或管沟、挡土墙的现浇混凝土应达到一定强度，不致因填土受损坏时，方可回填土。

7．应注意的质量问题

(1) 未按要求测定土的干土质量密度：回填土每层都应测定压实后的干土质量密度，检验其密实度，符合设计要求后才能铺摊上层土。试验报告要注明土料种类、试验日期、试验结论及试验人员签字。未达到设计要求部位应有处理方法和复验结果。

(2) 回填土下沉：因虚铺土超过规定厚度或冬期施工时有较大的冻土块，或压实不够遍数，甚至漏压；坑（槽）底有机物或落土等杂物清理不彻底等造成。这些问题均应在施工中认真执行规范规定，检查发现后及时纠正。

(3) 回填土夯压不密实：应在夯压前对干土适当洒水加以润湿；对湿土造成的"橡皮土"要挖出换土重填。

(4) 在地形、工程地质复杂地区内的填土，且对填土密实度要求较高时，应采取措施（如排水暗沟、护坡等），以防填方土粒流失，造成不均匀下沉和坍塌等事故。

（5）填方基土为杂填土时，应按设计要求加固地基，并应妥善处理基底的软硬点、空间、旧基、暗塘等。

（6）回填管沟时，为防止管道中心线位移或损坏管道，应用人工先在管子周围填土夯实，并应从管道两边同时进行，直至管顶 0.5m 以上，在不损坏管道的情况下，方可采用机械回填和压实。

在抹带接口处，防腐绝缘层或电缆周围，应使用细粒土料回填。

（7）填方应按设计要求预留沉降量，如设计无要求时，可根据工程性质、填方高度、填料种类、密实要求和地基情况等与建设单位共同确定（沉降量一般不超过填方高度的 3%）。

1.1.8.6 砌砖基础

本技术交底内容适用于砖混和外砖内模结构的基础砌砖工程。

1. 材料要求

（1）砖：砖的品种、强度等级须符合设计要求，并应规格一致。有出厂证明或试验单。

（2）水泥：一般采用 32.5 级矿渣硅酸盐水泥和普通硅酸盐水泥。

（3）砂：中砂，并应过 5mm 孔径的筛。配制 M5 以下的砂浆，砂的含泥量不超过 10%；M5 以上的砂浆，砂的含泥量不超过 5%。不得含有草根等杂物。

（4）掺合料：石灰膏、电石膏、粉煤灰和磨细生石灰粉等。生石粉熟化时间不得少于 7 天。

（5）其他材料：拉结钢筋、预埋件、木砖、防水粉等。

2. 主要机具

应备有砂浆搅拌机、磅秤、手推车、大铲、刨锛、托线板、线坠、木折尺、灰槽（铁或橡胶的）、小水桶、砖夹子、小线、筛子、扫帚、八字靠尺板、钢筋卡子、铁抹子等。

3. 作业条件

（1）基槽、灰土地基均已完成，并办完隐检手续。

（2）已放好基础轴线及边线；立好皮数杆（一般间距 15～20m，转角处均应设立），并办完预检手续。

（3）根据皮数杆最下面一层砖的标高，拉线检查基础垫层、表面标高是否合适，如第一层砖的水平灰缝大于 20mm 时，应先用细石混凝土找平，严禁在砌筑砂浆中掺细石处理或者用砂浆垫平，更不允许砍砖包合子找平。

（4）常温施工时，粘土砖必须在砌筑前一天浇水湿润；一般以水浸入砖四边 1.5cm 左右为宜。

（5）砂浆配合比已经试验确定。现场准备好砂浆试模。

4. 操作工艺

工艺流程：

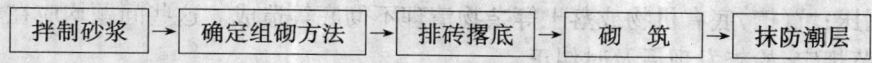

拌制砂浆 → 确定组砌方法 → 排砖撂底 → 砌　筑 → 抹防潮层

（1）拌制砂浆：

1）砂浆的配合比应采用重量比，并经试验确定。水泥称量的精确度控制在 ±2% 以内；砂和掺合料等精确度控制在 ±5% 以内。

2) 砂浆应采用机械拌合。先倒砂子、水泥、掺合料,最后倒水。拌合时间,不得少于 1.5min。

3) 砂浆应随拌随用。水泥砂浆和水泥混合砂浆必须在拌成后 3h 和 4h 内使用完。

4) 每一楼层、基础均按一个楼层或每 $250m^3$ 砌体中各种砂浆,每台搅拌机至少应作一组试块(每组六块),如砂浆强度等级或配合比变更时,还应制作试块。

(2) 确定组砌方法:

1) 组砌方法应确定正确,一般采用满丁满条排砖法。

2) 砌筑时,必须里外咬槎或留踏步槎,上下层错缝。宜采用"三一砌砖法(即一铲灰、一块砖、一挤揉)。严禁用水冲灌入缝的方法。

(3) 排砖撂底:

1) 基础大放脚的撂底尺寸及收退方法,必须符合设计图纸规定。如果是一层一退,里外均应砌丁砖;如是两层一退,第一层为条砖,第二层砌丁砖。

2) 大放脚的转角处,应按规定放七分头,其数量为一砖半厚墙放三块、二砖墙放四块,以此类推。

(4) 砌筑:

1) 砖基础砌筑前,基底垫层表面应清扫干净,洒水湿润。再盘墙角;每次盘角高度不应超过五层砖。

2) 基础大放脚砌到基础墙时,要拉线检查轴线及边线,保证基础墙身位置正确。同时要对照皮数杆的砖层及标高;如有高低差时,应在水平灰缝中逐渐调整。使墙的层数与皮数杆相一致。

3) 基础墙角每次砌筑高度不应超过五层砖,随砌随靠平吊直,以保证基础墙横平竖直。砌基础墙应挂线,24 墙外手挂线,37 墙以上应双面挂线。

4) 基础标高不一致或有局部加深部位,应从最低处往上砌筑。同时应经常拉线检查,以保持砌体平直通顺,防止出现螺丝墙。

5) 基础墙上,承托暖气沟盖板的挑檐砖及上一层压砖,均应用丁砖砌筑。立缝碰头灰要打严实。挑檐砖层的标高必须正确。

6) 基础墙上的各种预留洞口及埋件,以及接槎的拉结筋,应按设计标高、位置或交底要求留置。避免后凿墙打洞,影响墙体质量。

7) 沉降缝两边的墙角应按直角要求砌筑。先砌的墙要把舌头灰刮尽;后砌的墙可采用缩口灰的方法。掉入沉降缝内的砂浆、碎砖和杂物,随时清除干净。

8) 安装管沟和预留洞的过梁,其标高、型号位置必须准确,底灰饱满,如坐灰超过 20mm 厚时,要用细石混凝土铺垫,过梁两端的搭墙长度应一致。

(5) 抹防潮层:抹灰前应将墙顶活动砖修好,墙面要清扫干净,浇水润湿。随即抹防水砂浆。设计无规定时一般厚度为 20mm,防水粉掺量为水泥重量的 3%~5%。

(6) 冬雨期施工

1) 砂浆:宜采用普通硅酸盐水泥拌制;石灰膏、电石膏等掺合料应有防冻措施。如果遭冻,必须融化后方可使用。砂子中不得含有冰块和直径大于 10mm 的冻结块。

2) 砖应清除冰霜,砖可以不浇水,但应增大砂浆的稠度。

3）砌砖如采用掺盐砂浆砌筑，其掺盐量，材料加热温度均按冬施方案规定执行。砂浆使用时温度不应低于+5℃。

4）雨期施工时，应防止基槽灌水和雨水冲刷砂浆；砂浆的稠度应适当减小。每日砌筑高度不宜超过1.2m。收工时应覆盖砌体表面。

5．质量标准

(1) 保证项目

1）砖的品种、强度等级必须符合设计要求。

2）砂浆品种符合设计要求，强度必须符合下列规定：

(a) 同品种、同强度砂浆各组试块的平均强度不小于$f_{m.k}$（试块标准养护抗压强度）。

(b) 任意一组试块的强度不小于$0.75f_{m.k}$。

3）砌体砂浆必须饱满密实，实心砖砌体水平灰缝的砂浆饱满度不小于80%。

4）外墙的转角处严禁留直槎，其他临时间断处，留槎的做法必须符合施工规范的规定。

(2) 基本项目

1）砖砌体上下错缝，每间（处）无四皮砖通缝。

2）砖砌体接槎处灰缝砂浆密实，缝、砖应平直；每处接槎部位水平灰缝厚度不小于5mm或透亮的缺陷不超过5个。

3）预埋拉结筋的数量、长度均符合设计要求和施工规范规定，留置间距偏差不超过1~3皮砖。

4）留置构造柱的位置正确，大马牙槎先退后进，上下顺直，残留砂浆清理干净。

(3) 允许偏差项目（表1-298）

基础砌砖允许偏差　　　　　表1-298

项次	项目	允许偏差(mm)	检验方法
1	轴线位置偏移	10	用经纬仪或拉线和尺量检查
2	基础顶面标高	±15	用水准仪和尺量检查

注：基础墙高超过2m时，实测项目可按混水墙检查。

6．成品保护

(1) 基础墙砌完后，未经有关人员复查之前对轴线桩、水平桩龙门板应注意保护，不得碰撞。

(2) 对外露或预埋在基础内的暖卫、电气套管及其他预埋件应注意保护，不得损坏。

(3) 应加强对抗震构造柱钢筋和拉结筋的保护，不得踩倒弯折。

(4) 基础墙两侧的回填土，应同时进行，否则未填土的一侧应加支撑。暖气沟墙内应加垫板支撑牢固，防止回填土挤歪挤裂。回填土严禁不分层夯实和向槽内灌水的所谓"水夯法"。

(5) 回填土运输时，先将墙顶保护好，不得在墙上推车、损坏墙顶和碰撞墙体。

7．应注意的质量问题

(1) 砂浆配合比不准：水泥和砂都要车车过磅，计量要准确。搅拌时间要保证达到规定要求。

(2) 冬期砌筑砂浆不得使用无水泥配制的砂浆。

(3) 基础墙身位移过大：大放脚两边收退要均匀，砌到基础墙身时，要拉线找正墙的轴线和边线，砌筑时保持墙身垂直。如偏差较小时，可在基础部位纠正，不得在防潮层以上退台或出沿。

(4) 墙面不平：一砖半墙必须双面挂线，一砖墙反手挂线；舌头灰要随砌随刮平。

(5) 水平灰缝高低不平：盘角时灰缝要掌握均匀，每层砖都要与皮数杆对平，通线要绷紧穿平。砌筑时要左右照顾，避免留接槎处接的高低不平。

(6) 皮数杆不平：找平放线时要细致认真；钉皮数杆的木桩要牢固，防止碰撞松动。皮数杆立完后，要再进行一次水平标高的复验，确保皮数杆高度一致。

(7) 埋入砌体中的拉结筋位置不准：应随时注意砌的皮数，保证按皮数杆标明的位置放拉结筋，其外露部分在施工中不得任意弯折；并保证其长度符合图纸要求。

(8) 留槎不符合要求：砌体的转角和交接处，应同时砌筑，否则应砌成斜槎。

(9) 有高低台的基础，应从低处砌起，并由高台向低台搭接。设计无要求时，搭接长度不应小于基础扩大部分的高度。

(10) 砌体临时间断处的高度差过大；不得超过一步脚手架的高度。

1.1.8.7 灰土地基

本技术交底适用于一般工业与民用建筑的基坑、基槽、室内地坪、管沟、室外散水等灰土地基或垫层工程。

1. 材料要求

(1) 土：宜优先采用基槽中挖出的土，但不得含有机杂物。使用前应过筛，其粒径不大于15mm。含水率应符合规定。

(2) 石灰：应用块灰或生石灰粉；使用前应充分熟化过筛，不得含有未熟化的生石灰块，其粒径不得大于5mm，也不得含有过多的水分。

2. 主要机具

一般应备有木夯、蛙式打夯机、手推车、筛子（孔径6～10mm和16～20mm两种）、标准斗、靠尺、耙子、平头铁锹、胶皮管、小线、钢尺等。

3. 作业条件

(1) 基坑（槽）在铺打灰土前，必须先行钎探并按设计要求处理完地基，办完验槽手续。基础外侧打灰土，必须对基础、地下室墙和地下防水层、保护层进行检查，并办完隐检手续。现浇混凝土基础墙应达到规定强度。

(2) 当地下水位高于基坑（槽）底时，施工前应采取排水或降低地下水位的措施。使地下水位经常保持在施工面以下50cm左右。

(3) 施工前应根据工程特点、填料种类、设计压实系数、施工条件等合理确定土料含水率控制范围、铺土厚度和夯打遍数等参数。重要的填方工程其参数应通过压实试验来确定。

(4) 房心灰土和管沟灰土，应先完成上下水管道的安装或管沟墙间加固等措施后再进行。并将沟槽、地坪上的积水和有机杂物清除干净。

(5) 施工前，测量放线工应作好水平高程的标志。如在基坑（槽）或沟的边坡上每隔3m钉上灰土上平的木橛；在室内和散水的边墙上弹上水平线或在地坪上钉好标高控制标准的木桩。

4. 操作工艺

工艺流程：

检验土和石灰粉的质量并过筛 → 灰土拌合 → 槽底清理 → 分层铺灰土 → 夯打密实 → 找平验收

(1) 首先检查土质和石灰的材料质量是否符合标准的要求；然后分别过筛。如果是块灰闷的灰，要用 6～10mm 的筛子过筛；土要用 16～20mm 筛子过筛。

(2) 灰土拌合：灰土的配合比除设计有特殊规定外，一般为 2:8 或 3:7（体积比）。基础垫层灰土必须过标准斗，严格控制执行配合比。拌合时必须均匀一致，至少翻拌两次；拌合好的灰土颜色应一致。

(3) 灰土施工时，应适当控制含水量，工地检验方法是：用手将灰土紧握成团，两指轻捏即碎为宜。如土料水分过多或不足时，应晾干或洒水润湿。

(4) 基坑(槽)底或基土表面应将虚土、树叶、木梢、纸片清理干净。

(5) 分层铺灰土：每层的灰土铺摊厚度，可根据不同的施工方法，按表 1-299 选用。

灰土最大虚铺厚度 表 1-299

项次	夯具的种类	重量 (kg)	虚铺厚度 (mm)	备 注
1	木 夯	40～80	200～250	人力打夯落高 400～500 一夯压半夯
2	轻型夯实机具	—	200～250	蛙式或柴油打夯机
3	压 路 机	机重 6～10t	200～300	双 轮

各层虚铺厚度都用木耙找平，与坑(槽)边壁上的木橛相等，或用木折尺、标准杆检查。

(6) 夯打密实：夯压的遍数应根据设计要求的干土质量密度或现场试验确定。一般不少于三遍。人工打夯应一夯压半夯、夯夯相接，行行相连，纵横交叉。特别是灰土地基每层夯压后都应用环刀取土送验。按规定分层取样试验，符合要求后方可进行上层施工。

(7) 留接槎符合规定：灰土分段施工时，要严格按施工规范的规定操作，不得在墙角、柱基及承重窗间墙下接槎。上下两层灰土的接槎距离不得小于 500mm。当灰土基础标高不同时，应作成阶梯形。接槎时应将槎子垂直切齐。

(8) 找平和验收：灰土最上一层完成后，应拉线或用靠尺检查标高和平整度。高的地方用铁锹铲平；低的地方补打灰土，然后请质量检查人员验收。

(9) 雨、冬期施工：

1) 基坑(槽)或管沟的灰土应连续进行，尽快完成。施工中应防止地面水流入槽坑，以免边坡塌方或基土遭到破坏。雨期应有防排水措施。刚铺完尚未夯实的灰土，如遭雨淋浸泡，则应将积水及松软灰土除去，并重新补填新土夯实，受浸湿的灰土，应在晾干后再夯打密实。

2) 冬期打灰土用的土，不得含有冻土块，要作到随筛、随拌、随铺、随打、随盖，认真执行接槎、留槎和分层夯实的规定。在土壤松散时允许洒盐水。气温在 -10℃ 以下时，不宜施工。

5. 质量标准

(1) 保证项目

1) 基底的土质必须符合设计要求。
2) 灰土的干土质量密度或贯入度必须符合设计要求和施工规范的规定。
(2) 基本项目
1) 配料正确,拌合均匀,分层虚铺厚度符合规定,夯压密实,表面无松散、翘皮。
2) 留槎和接槎,分层留接槎的位置、方法正确,接槎密实、平整。
3) 允许偏差项目:见表1-300。

灰土地基允许偏差 表1-300

项 次	项 目	允许偏差(mm)	检验方法
1	顶面标高	±15	用水平仪或拉线和尺量检查
2	表面平整度	15	用2m靠尺和楔形塞尺检查

6. 成品保护
(1) 施工时,应注意保护定位桩、轴线桩、标高桩,防止撞坏位移。
(2) 对基础、基础墙或地下防水层保护层,在其侧面打灰土时,一定得保护好,防止撞坏或位移。
(3) 夜间施工时,应合理安排施工顺序,设有足够的照明设施,防止铺填超厚或配合比不准确。
(4) 灰地地基打完后,应及时进行基础施工和回填基坑(槽),否则应临时遮盖,防止日晒雨淋。夯实后的灰土,三天内不得受水浸泡。

7. 应注意的质量问题
(1) 未按要求测定干土质量密度:灰土施工时,每层都应测定夯实后的干土质量密度,检验其密实度,符合设计要求后,才能铺摊上层灰土。并且在试验报告中注明土料种类、配合比、试验日期、结论、试验人员签字。未达到设计要求的部位,均应有处理方法和复验结果。
(2) 石灰熟化不良:没有认真过筛,颗粒过大,造成颗粒遇水熟化时体积膨胀,将上部结构或垫层拱裂。务必认真对待石灰熟化工作,严格按要求过筛。
(3) 房心灰土表面平整度偏差过大,致使地面混凝土垫层过厚或过薄,造成地面开裂、空鼓。应认真检查灰土表面标高和平整度,防止造成返工损失。
(4) 雨、冬期不宜作灰土工程,否则应编好分项施工方案;施工时应严格执行技术措施,避免造成灰土水泡、冻胀等返工事故。

1.1.8.8 砂石地基
本技术交底适用于工业和民用建筑中的砂石地基、地基处理以及地面垫层等工程。
1. 材料要求
(1) 天然级配砂石或人工级配砂石。宜采用质地坚硬的中砂、粗砂、砾砂、碎(卵)石、石屑或其他工业废粒料。在缺少中、粗砂和砾砂的地区,可采用细砂,但宜同时掺入一定数量的碎石或卵石,其掺量应符合设计要求。要求颗粒级配良好。
(2) 级配砂石材料,不得含有草根垃圾等有机杂物。用做排水固结地基时,含泥量不宜超过3%。碎石或卵石最大粒径不得大于垫层或虚铺厚度的2/3,并不宜大于50mm。

2. 主要机具

一般应备有木夯、蛙式打夯机、推土机、压路机(6~10t)、手推车、平头铁锹、喷水用胶管、2m靠尺、小线或细铁丝、钢尺等。

3. 作业条件

(1) 对级配砂石进行技术鉴定，应符合设计要求。

(2) 回填前，应组织有关单位检验基槽地质情况。包括轴线尺寸、水平标高，以及有无积水等情况，办完隐检手续。

(3) 在地下水位高于基坑(槽)底面施工时，应采取排水或降低地下水位的措施，使基坑(槽)保持无积水状态。

(4) 设置控制铺筑厚度的标志，如水平木橛或标高桩，或在固定边坡(墙)上钉上水平木橛或弹上水平线。

4. 操作工艺

工艺流程：

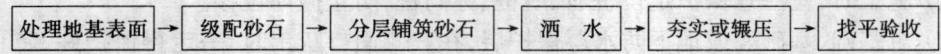

(1) 处理地基表面：将地基上表面的浮土和杂物清除干净，原有地基应平整。

基坑(槽)及附近如有低于地基的孔洞、沟、井、墓穴等，应在未填砂石前加以填实处理。

(2) 级配砂石、人工级配的砂石，应将砂石拌和均匀，达到设计要求。

(3) 分层铺筑砂石：

1) 铺筑砂石的每层厚度，一般为15~20cm，不宜超过30cm，分层厚度可用样桩控制。视不同条件，可选用夯实或压实的方法。大面积的砂石垫层，宜采用6~10t的压路机辗压。

2) 砂和砂石地基底面宜铺设在同一标高上，如深度不同时，基土面应挖成踏步或斜坡形，搭接处应注意压实。施工应按先深后浅的顺序进行。

3) 分段施工时，接头处应作成斜坡，每层错开0.5~1.0m，并应充分压实。

4) 铺筑的砂石应级配均匀，最大石子粒径不得大于铺筑厚度的2/3，且不大于50mm。如发现砂窝或石子成堆现象，应将该处砂子或石子挖出，分别填入级配好的砂石。

(4) 洒水：铺筑级配砂石在夯实辗压前应根据其干湿程度和气候条件，适当地洒水以保持砂石的最佳含水量，一般为8%~12%。

(5) 夯实或辗压：夯实或辗压的遍数由现场试验确定。用木夯或蛙式打夯机时，应保持落距为400~500mm，要一夯压半夯全面夯实，一般不少于三遍。采用压路机往覆辗压。一般辗压不少于4遍，其轮迹搭接不小于50cm。边缘和转角处应用人工或蛙式打夯机补夯密实。

(6) 找平和验收：

1) 施工时应分层找平，夯、压密实，并应设置纯砂检查点。用200cm³的环刀取样，测定干砂的密度。下层密实度经检验合格后，方可进行上层施工。

2) 最后一层夯、压密实后，表面应拉线找平，并符合设计标高。

5. 质量标准

(1) 保证项目

1) 基底的土质必须符合设计要求。
2) 纯砂检查点的干砂密度,必须符合设计要求和施工规范的规定。
(2) 基本项目
1) 级配砂石的配料正确,拌合均匀,虚铺厚度符合规定,夯压密实。
2) 分层留槎位置、方法正确、接槎密实、平整。
(3) 允许偏差项目:见表1-301。

砂石地基的允许偏差 表 1-301

项次	项目	允许偏差（mm）	检验方法
1	顶面标高	±15	用水准仪或拉线和尺量检查
2	表面平整度	20	用2m靠尺和楔形塞尺检查

6. 成品保护
(1) 回填砂石时,应注意保护好现场轴线桩、标高桩,并应经常复测。
(2) 地基范围内不应留有孔洞。完工后如无技术措施,不得在影响其稳定的区域内进行挖掘工程。
(3) 施工中必须保证边坡稳定,防止坍塌。
(4) 级配砂石成活后,如不连续施工,应适当洒水润湿。
(5) 夜间施工时,应合理安排施工顺序,设有足够的照明设施。防止砂石级配不准或铺筑超厚。

7. 应注意的质量问题
(1) 大面积下沉:主要原因是未严格按要求施工,分层过厚,碾压遍数不够,洒水不足等。
(2) 局部下沉:边缘和转角处夯压不实,留接槎没按规定搭接和夯实。
(3) 级配不良:应配专人及时处理砂窝、石堆等问题,做到砂石级配良好。
(4) 在地下水位以下的地基,其最下层的铺筑砂石厚度可增加50mm。
(5) 密实度不符合要求:坚持分层检查砂石地基的质量。每层纯砂检查点的干砂质量密度必须符合规定,否则不能进行上层的施工。
(6) 砂石垫层厚度不宜小于100mm。冻结的天然砂石不得使用。

1.1.8.9 打预制钢筋混凝土桩
本技术交底适用于工业与民用建筑中的打预制钢筋混凝土桩工程。
1. 材料要求
(1) 预制钢筋混凝土桩:规格质量必须符合设计要求和施工规范的规定,并有出厂合格证。
(2) 焊条(接桩用):型号、性能必须符合设计要求和有关标准的规定。一般宜用E4303。
(3) 钢板(接桩用):材质、规格符合设计要求,宜用低碳钢。
2. 主要机具
一般应备有:柴油打桩机、电焊机、桩帽、运桩小车、索具、钢丝绳、钢垫板或槽钢,以及钢尺等。

3. 作业条件

(1) 桩基的轴线和标高均已测定完毕，并经过检查办了预检手续。桩基的轴线和高程的控制桩，应设置在不受打桩影响的地点，并应妥善加以保护。

(2) 处理完高空和地下的障碍物。如影响邻近建筑物或构筑物的使用和安全时，应会同有关单位采取有效措施，予以处理。

(3) 场地应碾压平整，排水畅通。保证桩机的移动和稳定垂直。

(4) 根据轴线放出桩位线；用木橛或钢筋头钉好桩位，并用白灰做上标志，便于施打。

(5) 打试验桩。施工前必须打试验桩，其数量不少于2根。确定贯入度并校验打桩设备，施工工艺以及技术措施是否适宜。

(6) 要选择和确定打桩机进出路线和打桩顺序制定施工方案，做好技术交底。

4. 操作工艺

工艺流程：

就位桩机 → 起吊预制桩 → 稳桩 → 打桩 → 接桩 → 送桩 → 中间检查验收 → 移桩机

(1) 就位桩机。打桩机就位时，应对准桩位，保证垂直、稳定，确保在施工中不发生倾斜、移动。

(2) 起吊预制桩。先拴好吊桩用的钢丝绳和索具，然后应用索具捆绑住桩上端吊环附近处，一般不宜超过30cm，再起动机器起吊预制桩。使桩尖垂直对桩位中心，缓缓放下插入土中，位置要准确；再在桩顶扣好桩帽或桩箍，即可除去索具。

(3) 稳桩。桩尖插入桩位后，先用落距较小冷锤1~2次，桩入土一定深度再使桩垂直稳定。10m以内短桩可目测或用线锤双向校正；10m以上或打接桩必须用线锤或经纬仪的双向校正，不得用目测。桩插入时垂直度偏差不得超过0.5%。

桩在打入前，应在桩的侧面或桩架上设置标尺，以便在施工中观测、记录。

(4) 打桩。用落锤—或单动锤打桩时，锤的最大落距不宜超过1m；用柴油锤打桩时，应使锤跳动正常。

1) 打桩宜重锤低击，锤重的选择应根据工程地质条件、桩的类型、结构、密集程度及施工条件来选用。

2) 打桩顺序根据基础的设计标高，先深后浅；依桩的规格宜先大后小，先长后短。由于桩的密集程度不同，可自中间向两个方向对称进行或向四周进行，也可由一侧向单一方向进行。

(5) 接桩：

1) 在桩长不够的情况下，采用焊接接桩，其预埋件表面应清洁；上下节之间的间隙应用铁片垫实焊牢；焊接时，应采取措施，减少焊缝变形。焊缝应连续焊满。

2) 接桩时，一般在距地面1m左右时进行。上下节桩的中心线偏差不得大于10mm，节点弯曲，高不得大于1%桩长。

3) 接桩处入土前，应对外露铁件，再次补刷防腐漆。

(6) 送桩。设计要求送桩时，则送桩的中心线应与桩身吻合一致，方能进行送桩。若桩顶不平可用麻袋或厚纸垫平。送桩留下的桩孔应立即回填密实。

(7) 检查验收。每根桩已打到贯入度要求,而桩尖标高进入持力层接近设计标高时,或打至设计标高时,应进行中间验收在进行控制时,一般要求最后三次十锤的平均贯入度,不大于规定的数值,或以桩尖打至设计标高来控制,符合设计要求后,填好施工记录。然后移桩机到新桩位。如打桩发生与要求相差较大时,应经同有关单位研究处理。

(8) 打桩过程中,遇见下列情况应暂停,并及时与有关单位研究处理。

1) 贯入度剧变;

2) 桩身突然发生倾斜、位移或有严重回弹;

3) 桩顶或桩身出现严重裂缝或破碎。

(9) 待全部桩打完后,开挖至设计标高,做最后检查验收,并将技术资料提交总包。

(10) 冬期在冻土区打桩有困难时,应先将冻土挖除或解冻后进行。

5. 质量标准

(1) 保证项目

1) 钢筋混凝土预制桩的质量必须符合设计要求和施工规范的规定,并有出厂合格证。

2) 打桩的标高或贯入度、桩的接头节点处理必须符合设计要求和施工规范的规定。

(2) 允许偏差项目:见表 1-302。

打钢筋混凝土预制桩允许偏差 表 1-302

项次	项 目		允许偏差(mm)	检验方法
1	桩中心位置偏移	有基础梁的桩 垂直基础梁的中心线方向	100	用经纬仪或拉线和尺量检查
		有基础梁的桩 沿基础梁的中心线方向	150	
2		桩数为 1~2 根或单排桩	100	
3		桩数为 3~20 根	$d/2$	
4		桩数多于 20 根 边缘桩	$d/2$	
		桩数多于 20 根 中间桩	d	

注:d 为桩的直径或截面边长。

6. 成品保护

(1) 桩应达到设计强度的 70% 方可起吊,达到 100% 才能运输。

(2) 桩在起吊和搬运时,必须作到吊点符合设计要求,应平稳和不得损坏。

(3) 桩的堆放应符合下列要求:

1) 场地应平整、坚实,不得产生不均匀下沉。

2) 垫木与吊点的位置相同,并应保持在同一平面内。

3) 同桩号的桩应堆放在一起,桩尖应向一端。

4) 多层垫木应上下对齐,最下层的垫木应适当加宽。堆放层数不宜超过 4 层。

(4) 妥善保护好桩基的轴线和标高的控制桩,不得由于碰撞和振动而位移。

(5) 打桩时如发现地质资料与提供的数据不符时,应停止施工与有关单位研究处理。

(6) 在邻近有建筑物或岸边、斜坡上打桩时,应会同有关单位采取有效措施。施工时应随时进行观测。

(7) 打桩完毕的基坑开挖时,应制定合理的施工顺序和技术措施,防止桩压的位移和倾斜。

7. 应注意的质量问题

(1) 预制桩必须提前订制,打桩时预制桩强度必须达到设计强度的100%,并应增加养生期一个月后方准施打。

(2) 桩身断裂。由于桩身弯曲过大,强度不足及地下有障碍物等原因造成,或桩在堆放、起吊、运输过程中产生的断裂没有发现而致。

(3) 桩顶破碎。由桩顶强度不够及钢筋网片不足、主筋距桩顶太小,或桩顶不平,施工机具选择不当等原因造成。

(4) 桩身倾斜。由于场地不平,打桩机底盘不水平或稳桩不垂直,桩尖在地下遇见硬物等原因造成。

(5) 接桩处接脱开裂。连接处表面不干净,连接铁件不平、焊接质量不符合要求、接桩上下中心线不在同一条线上等造成。

1.1.8.10 长螺旋钻成孔灌注桩

本技术交底适用于民用与工业建筑地下水位以上的一般粘性土、砂土及人工填土地基,长螺旋钻成孔灌注桩工程。

1. 材料要求

(1) 水泥:宜用32.5级矿渣硅酸盐水泥。

(2) 砂:中砂或粗砂,含泥量不大于5%。

(3) 石子:卵石或碎石,粒径5~32mm,含泥量不大于2%。

(4) 钢筋:品种和规格均符合设计规定,并有出厂合格证及试验报告。

(5) 垫块:用1:3水泥砂浆埋22号火烧丝,提前预制成,或采用塑料卡。

(6) 火烧丝:规格18~20号。

(7) 外加剂、掺合料:根据施工需要通过试验确定。

2. 主要机具

(1) 长螺旋钻孔机:常用长螺旋钻孔机械的主要技术参数,见表1-303。

常用长螺旋钻孔工作主机的主要技术参数　　　表1-303

机械名称	电机功率(kW)	回转速度(r/min)	回转扭矩(kg·m)	钻进下压力(kg)	钻进速度(m/min)	外形尺寸 长×宽×高(m)
履带式 LZ型	30	81	340	3800	2	8.0×3.21×21.78
汽车式 QZ-4型	17	120	140		1	7.3×2.65

(2) 机动小翻斗车或手推车:装卸运土或运送混凝土。

(3) 长、短棒式振捣器、部分加长软轴,振捣混凝土用。

(4) 盖板：盖孔口用。

(5) 溜筒：加大盖板中间孔洞，垂直焊有圆筒；作浇灌混凝土用。

(6) 测孔深的测绳、手把灯、低压变压器和测垂直度的线锤等用具。

3．作业条件

(1) 地上、地下障碍物都处理完毕，达到"三通一平"。施工用的临时设施准备就绪。

(2) 场地标高一般应为承台梁的上皮标高，并经过夯实或辗压。

(3) 根据设计图纸放出轴线及桩位，抄上水平标高橛，并经过预检验证。

(4) 分段制作好钢筋笼，其长度以 5~8m 为宜。

(5) 施工前应作成孔试验，数量不少于 2 根。

4．操作工艺

成孔工艺流程：

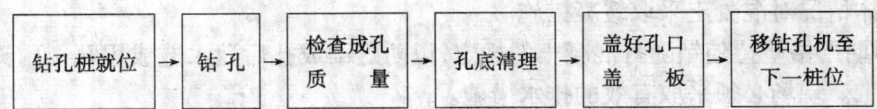

浇灌混凝土工艺流程：

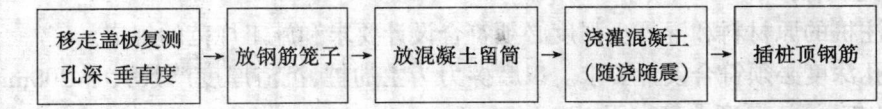

(1) 钻孔机就位：钻孔机就位时，必须保持平稳，不发生倾斜、移位。为准确控制钻孔深度，应在桩架上或桩管上作出控制的标尺，以便在施工中进行观测、记录。

(2) 钻孔：调直机架挺杆，对好桩位（用对位圈），开动机器钻进、出土，达到控制深度、停钻、提钻。

(3) 检查成孔质量：

1) 钻深测定。用测深绳(锤)或手提灯测量孔深及虚土厚度。虚土厚度等于测量深度与钻孔深的差值。虚土厚度一般不应超过 10cm。

2) 孔径控制。钻进遇有含石块较多的土层，或含水量较大的软塑粘土层时，必须防止钻杆晃动引起孔径扩大，致使孔壁附着扰动土和孔底增加回落土。

(4) 孔底土清理：钻到预定钻深后，必须在深处进行空转清土，然后停止转动；提钻杆，不得回转钻杆。孔底的虚土厚度超过质量标准时，要分析原因，采取处理措施。进钻过程中散落在地面上的土，必须随时清除运走。

(5) 移动钻机到下一位：经过成孔质量检查后，应按表逐项填好桩孔施工记录。然后盖好孔口盖板，并力求防止在盖板上行车走人，最后再移走钻孔机到下一桩位。

(6) 浇灌混凝土：

1) 移走盖孔盖板，再次复查孔深、孔径、孔壁、垂直度及孔底虚土厚度。

2) 吊放钢筋笼：钢筋笼上必须选绑好砂浆垫块（或卡好塑料卡）；吊入钢筋笼时，要对准孔位，吊直扶稳，缓慢下沉，避免碰撞孔壁。钢筋笼下放到设计位置时，应立即固定。两段钢筋笼连接时，应采用焊接，以确保钢筋的位置正确，保护层符合要求。浇灌混凝土前并再次检查测量孔内虚土厚度。

3）放好混凝土溜筒，应边浇灌混凝土，分层振捣密实，分层高度按捣固的工具而定；一般不大于1.5m。

4）灌注混凝土至桩顶时，应适当超过桩顶设计标高，以保证在凿除浮浆后，桩标高能符合设计要求。拔出混凝土溜筒和桩顶插入钢筋；钢筋要保持垂直插入，保证有足够的保护层；防止插斜、插偏。

5）混凝土的坍落度一般宜为8～10cm；为保证其和易性及坍落度，应注意调整砂率，加减水剂和粉煤灰等。

6）同一配合比的试块，每班不得少于一组。

(7) 冬、雨期施工：

1）冬期当温度低于0℃以下浇灌混凝土时，应采取加热保温措施。浇灌时，混凝土的温度按冬施方案规定执行。在桩顶未达到设计强度50%以前不得受冻。当气温高于30℃时，应根据具体情况对混凝土采取缓凝措施。

2）雨期严格坚持随钻随打混凝土的规定，以防遇雨成孔后灌水造成塌孔。雨天不能进行钻孔施工。现场必须采取有效的排水措施。

5．质量标准

(1) 保证项目

1）灌注桩的原材料和混凝土强度必须符合设计要求和施工规范的规定。

2）成孔深度必须符合设计要求。以摩擦力为主的桩，沉渣厚度严禁大于300mm；以端承力为主的桩，沉渣厚度严禁大于100mm。

3）实际浇筑混凝土量严禁小于计算体积。

4）浇筑混凝土后的桩顶标高及浮浆处理，必须符合设计要求和施工规范的规定。

(2) 允许偏差项目见表1-304。

长螺旋钻成孔灌注桩允许偏差   表1-304

项次	项目			允许偏差（mm）	检查方法
1	钢筋笼主筋间距			±10	尺量检查
2	钢筋笼箍筋间距			±20	尺量检查
3	钢筋笼直径			±10	尺量检查
4	钢筋笼长度			±100	尺量检查
5	桩的位置偏移	垂直于桩基中心线	1～2根桩	$d/6$ 且不大于200	拉线和尺量检查
			单排桩		
			群桩基础的边桩		
		沿桩基中心线	条形基础的桩	$d/4$ 且不大于300	
			群桩基础的中间桩		
6	垂直度			$H/100$	吊线和尺量检查

注：d为桩的直径，H为桩长。

6．成品保护

(1) 钢筋笼在制作、运输和安装过程中,应采取措施防止变形。放入桩孔时,应有保护垫块,或垫管和垫板。

(2) 钢筋笼在吊放入孔时,不得碰撞孔壁。灌注混凝土时,应采取措施固定其位置。

(3) 已完桩的基础开挖,应制定合理的施工顺序和技术措施,防止桩的位移和倾斜,并检查每根桩的纵横水平偏差。

(4) 成孔放入钢筋笼后,并在4h内浇筑混凝土。在浇注过程中,应有不使钢筋笼上浮和防止污染泥浆的措施。

(5) 安装钻孔机、运输钢筋笼以及打混凝土时,均应注意保护好现场的轴线桩、高程桩。

(6) 桩头外留的主筋插铁要妥善保护,不得任意弯折或压断。

(7) 桩头混凝土强度,在没有达到5MPa时不得辗压,以防桩头损坏。

7. 应注意的质量问题

(1) 孔底虚土过多:钻孔完毕,应及时盖好孔口,并防止在盖板上过车和行车。操作中应及时清理虚土。必要时可二次投钻清理虚土。

(2) 塌孔:注意土质变化,遇有砂卵石或流塑淤泥、上层滞水渗漏等情况,应立即采取措施。

(3) 桩身混凝土质量差,有缩径、空洞、夹土等,要严格按操作工艺边灌混凝土边振捣的规定执行。严禁把土及杂物和混凝土一起灌入孔中。

(4) 钢筋笼变形,钢筋笼在堆放、运输、起吊、入孔等过程中,没有严格按操作规定办。必须加强对操作工人的技术交底,严格执行保证质量的措施。

(5) 当出现钻杆跳动,机架晃动,钻不进尺等异常情况,应立即停车检查。

(6) 混凝土灌到桩顶时,应随时测量顶部标高,以免过多截桩。

(7) 钻进砂层遇地下水时,钻深应不超过初见水位,以防坍孔。

1.1.8.11 现浇桩基承台梁混凝土

本技术交底适用于工业与民用建筑桩基现浇混凝土承台梁工程。

1. 材料要求

(1) 水泥:42.5级矿渣硅酸盐水泥或普通硅酸盐水泥。具有出厂合格证或进场复试报告。

(2) 砂:粗砂或中砂,含泥量不大于5%。

(3) 石子:卵石或碎石,粒径5~32mm,含泥量不大于2%。

(4) 钢筋:品种和规格均符合设计要求,并有出厂合格证及试验报告。

(5) 火烧丝:规格18~22号。

(6) 砂浆垫块:用1:3水泥砂浆埋22号火烧丝,提前预制,使用时要达到强度。

(7) 外加剂、掺合料:应根据施工方案的规定通过试验确定。

2. 主要机具

(1) 支模板应备有:组合钢模板和零配件、木模板和钉子以及木工锯、斧、锤子、钢尺等。

(2) 绑扎钢筋:应备有钢筋钩子、搬子、小撬棍、断丝钳、铡刀(切断火烧丝用),弯钩机及钢尺等。

(3) 浇灌混凝土:应备有磅秤、混凝土搅拌机、插入式振捣器、平尖铁锹、胶皮管子、手推车、木抹子、铁盘等。

3. 作业条件

(1) 桩基施工已全部完成,并按设计标高、尺寸挖完土,而且办完桩基施工验收记录。

(2) 桩顶疏松混凝土全部凿完,如桩顶低于设计标高时,须用同级混凝土接高,并达到一定强度,再将埋入承台内的桩顶部分凿毛、洗净。如预制桩顶伸入承台梁超过设计规定时,应预先剔凿、桩顶伸入承台梁深度应符合设计要求。

(3) 桩顶伸入承台梁中的钢筋长度应符合设计及施工规范要求,一般不小于 $30d$,长度不够应接长。

(4) 对于冻胀土地区,已按设计要求完成承台梁下防冻胀的处理措施。

(5) 应将槽底虚土、杂物等垃圾清除干净。

4. 操作工艺

工艺流程:

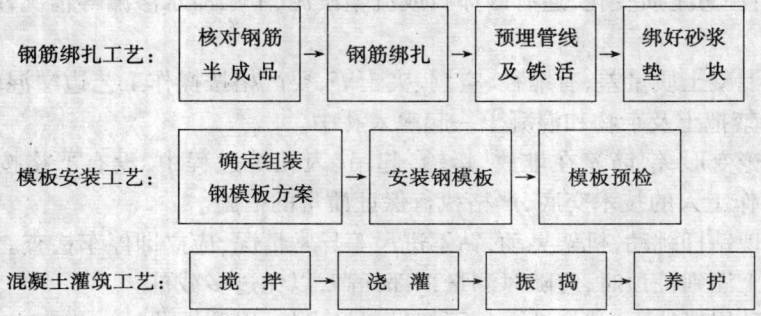

(1) 钢筋绑扎

1) 核对成型钢筋:钢筋绑扎前,应先按设计图纸核对加工的半成品钢筋。对其规格、形状、型号、品种经过检验,然后挂牌堆放好。

2) 钢筋绑扎:钢筋应按顺序绑扎,一般情况下,先长轴后短轴,由一端向另一端依次进行。操作时按图纸要求划线、铺铁、穿箍、绑扎,最后成型。

3) 预埋管线及铁活:预留孔洞位置应正确;桩伸入承台梁的铁筋、承台梁上的柱子、板墙插铁,应按图纸绑好,绑扎应牢固(应采用十字扣绑扎或焊牢,其标高、位置、搭接锚固长度等尺寸应准确,不得遗漏和移位)。

4) 受力钢筋搭接接头位置应正确。其接头应相互错开,上铁在跨中,下铁应尽量在支座处;每个搭接接头的长度范围内,搭接钢筋面积不应超过该长度范围内钢筋总面积的1/4。所有受力钢筋和箍筋交接处全绑扎,不得跳扣。

5) 绑砂浆垫块:底部钢筋下垫水泥砂浆垫块,一般保护层的厚度不小于50mm,每隔1m放一块,侧面的垫块应与钢筋绑牢,不应遗漏。

(2) 安装模板

1) 确定组装钢模板方案:应先制定出承台梁组装钢模板的组装方案,并经计算确定对拉螺栓的直径、长度、位置和纵横龙骨、连杆点的间距及尺寸位置。遇有钢模板不合模数时,可另加木模板补缝。

2) 安装钢模板：安装组合钢模板由平面模板、阴、阳角模板拼成。其纵横肋拼接用的 U 形卡、插销等零配件，要求齐全牢固，不松动不遗漏。

3) 模板预检：模板安装完成后，应对其断面尺寸与标高、对拉螺栓、连杆支撑等进行预检，均应符合设计图纸和质量标准的要求。

(3) 混凝土浇灌

1) 搅拌：按配合比计算出每盘水泥、砂子、石子的重量以及外加剂的用量。操作时要每车过磅；先倒石子接着倒水泥，后倒砂子，最后加水搅拌。外加剂一般随水加入。第一盘搅拌要执行开盘批准的规定。

2) 浇灌：桩头、槽底及帮模（木模时）应浇水润湿。

承台梁浇灌混凝土时，应按顺序直接将混凝土倒入模板中；如甩槎超过初凝时间，应按施工缝要求处理。若使用塔机吊斗直接卸料入模时，其吊斗出料口距操作面高度，以 30～40cm 为宜，并不得集口一处倾倒。

3) 振捣：应沿承台梁浇筑的顺序方向，采用斜向振捣法，振捣棒与水平面倾角的 3°左右。棒头朝前进方向，棒间距以 50cm 为宜，防止漏振。振捣时间以混凝土表面翻浆出气泡为宜。混凝土表面应随振捣随按标高线，用木抹子搓平。

4) 留槎：纵横梁连处及桩顶一般不宜留槎。留槎应在相邻两桩中间的 1/3 范围内，甩槎处应预先用模板挡好，留成直槎。继续施工时，接槎处混凝土应用水润湿并浇浆，使新旧混凝土接合良好，然后用原强度等级混凝土进行浇灌。

5) 养护：混凝土浇灌后，在常温条件下 12h 内应覆盖浇水养护，浇水次数以保持混凝土湿润状态为宜，养护时间不少于七昼夜。

(4) 冬期施工

1) 钢筋焊接宜在室内进行。在室外焊接时，最低气温不宜低于 -20℃，且应有防雪挡风措施。焊接后的接头严禁立即碰到冰雪。

2) 拌制混凝土时，骨料中不得带有冰雪及冰团，拌合时间应比常温规定时间延长 50%。

3) 基土应进行保温，不得受冻。

4) 混凝土的养护应按冬季施工方案执行。混凝土的试块应增加二组与结构同条件养护。

5. 质量标准

(1) 钢筋分项工程

1) 保证项目

A. 钢筋的品种和质量、焊条的牌号、性能必须符合设计要求和有关标准的规定。进口钢筋焊接前必须进行化学成分检验和焊接试验，符合有关规定后方可焊接。

B. 钢筋表面必须清洁。如有颗粒状或片状老锈、经除锈后仍留有麻点的钢筋严禁按原规格使用。

C. 钢筋的规格、形状、尺寸、数量、间距、锚固长度、接头设置必须符合设计要求和施工规范的规定。

D. 焊接接头机械性能试验结果必须符合钢筋焊接及验收的专门规定：

2）基本项目

A. 绑扎钢筋的缺扣、松扣数量不超过绑扣数的10%，且不应集中。

B. 弯钩的朝向应正确。绑扎接头应符合施工规范的规定，搭接长度均不小于规定值。

C. 用Ⅰ级钢筋制作的箍筋，其数量符合设计要求，弯钩的角度和平直长度应符合施工规范的规定。

D. 对焊接头无横向裂纹和烧伤，焊接均匀。接头处弯折不大于4°，接头处钢筋轴线位移不得大于$0.1d$，且不大于2mm。

E. 电弧焊接头焊缝表面平整，无凹陷，焊瘤、接头处无裂纹、气孔、焊渣及咬边。接头处绑条沿接头中心线的纵向位移不得大于$0.5d$，且未大于3mm；接头处钢筋的轴线位移不大于$0.1d$，且不大于3mm；焊缝厚度不小于$0.05d$；焊缝宽度不小于$0.1d$；焊缝长度不小于$0.5d$；接头处弯折不大于4°。

3）允许偏差项目：见表1-305。

钢筋安装及预埋件位置允许偏差　　　　　　　　表1-305

项次	项目		允许偏差(mm)	检查方法
1	骨架的宽度、高度		±5	尺量检查
2	骨架的长度		±10	尺量检查
3	箍筋构造筋间距	焊接	±10	尺量连续三档取其最大值
		绑扎	±20	
4	受力钢筋	间距	±10	尺量两端、中间各一点取最大值
		排距	±5	
5	钢筋弯起点位移		20	尺量检查
6	焊接预埋件	中心线位移	5	尺量检查
		水平高差	+3、-0	
7	受力钢筋保护层	基础	±10	尺量检查

（2）模板分项工程

1）保证项目

A. 模板及其支架必须具有足够的强度、刚度和其稳定性；其支架的支承部分有足够的支承面积。

B. 安装在基土上，基土必须坚实并有排水措施。

2）基本项目

A. 模板接缝处接缝的最大宽度不应大于1.5mm。

B. 模板与混凝土的接触面应清除干净，并采取防止粘结措施。粘浆和漏涂隔离剂累计面积不大于1000cm²。

3）允许偏差项目：见表1-306。

1.1 建筑工程

桩基承台梁模板安装和预埋件允许偏差　　　　　表 1-306

项次	项　目		允许偏差(mm)	检 查 方 法
1	轴 线 位 移		5	尺 量 检 查
2	标　　高		±5	水准仪或拉线检查
3	截 面 尺 寸		±10	尺 量 检 查
4	相邻两板表面高低差		2	直尺和尺量检查
5	表 面 平 整 度		5	2m靠尺和塞尺检查
6	预埋钢板中心线位移		3	
7	预埋管预留孔中心线位移		3	
8	预埋螺栓	中心线位移	2	拉线和尺量检查
		外露长度	+10，-0	
9	预留洞	中心线位移	10	
		截面内部尺寸	+10，-0	

(3) 混凝土分项工程

1) 保证项目

A．混凝土所用的水泥、水、骨料、外加剂等必须符合施工规范和有关规定。

B．混凝土的配合比、原材料计量、搅拌、养护和施工缝处理必须符合施工规范的规定。

C．评定混凝土强度的试块，必须按《混凝土强度检验评定标准》(GBJ 107—87)的规定取样、制作、养护和试验，其强度必须符合施工规范的规定。

D．对设计不允许有裂缝的结构，严禁出现裂缝；设计允许出现裂缝的结构，其裂缝宽度必须符合设计要求。

2) 基本项目

A．混凝土应振捣密实。蜂窝面积一处不大于 $200cm^2$，累计不大于 $400cm^2$；无孔洞。

B．任何一根主筋均不得有露筋。

C．无缝隙夹渣层。

3) 允许偏差项目：见表：1-307。

桩基承台梁混凝土工程允许偏差　　　　　表 1-307

项次	项　目	允许偏差(mm)	检 查 方 法
1	轴 线 位 移	10	尺 量 检 查
2	标　　高	±10	用水准仪或尺量检查
3	截 面 尺 寸	+15，-10	尺 量 检 查
4	表 面 平 整 度	8	用2m靠尺和塞尺检查
5	预埋钢板中心线位移	10	尺 量 检 查
6	预留管、预留孔中心线位移	5	尺 量 检 查
7	预埋螺栓中心线位移	5	尺 量 检 查
8	预埋洞中心线位移	15	尺 量 检 查

6．成品保护

(1) 安装机模板和浇筑混凝土时,应注意保护钢筋,不得攀踩钢筋。
(2) 钢筋的混凝土保护层厚度一般不小于50mm,其钢筋垫块不得遗漏。
(3) 冬期施工应覆盖保温材料,防止混凝土受冻。
(4) 拆模时应避免重撬、硬砸,以免损伤混凝土和损坏钢模板。

7. 应注意的质量问题

(1) 蜂窝、露筋:由于模板拼装不严,混凝土漏浆造成蜂窝;振捣不按工艺操作造成振捣不密实而露筋。
(2) 缺棱、掉角:配合比不准,搅拌不均匀或拆模过早、养护不够都会致使混凝土棱角损伤。
(3) 偏差过大:支模的支撑、卡子、拉杆间距过大或不牢固;混凝土局部浇筑过高。或振捣时间过长,都会造成混凝土鼓肚、错台等缺陷。
(4) 插铁钢筋位移:插铁固定不牢固,振捣棒或塔吊料斗碰撞钢筋,致使钢筋位移。
(5) 对于地震设防区,当承梁采用支模灌筑时,承台梁侧面应按设计要求回填夯实。

1.1.9 工程质量检验评定

此项归竣工组卷阶段第十二节。

1.1.9.1 建筑安装工程质量检验评定统一标准(GBJ 300—88)

1. 总则

(1) 为统一建筑安装工程质量检验评定方法,促进企业加强管理,确保工程质量,特制定本标准。
(2) 本标准适用于工业与民用建筑的建筑工程和建筑设备安装工程的质量检验评定。
(3) 本标准主要是根据国家颁发的有关技术标准和建筑安装工程施工及验收规范等编制的。本标准应和《建筑工程质量检验评定标准》GBJ 301—88、《建筑采暖卫生与煤气工程质量检验评定标准》GBJ 302—88、《建筑电气安装工程质量检验评定标准》GBJ 303—88、《通风与空调工程质量检验评定标准》GBJ 304—88、《电梯安装工程质量检验评定标准》GBJ 310—88配合使用。
(4) 适用范围:"原标准"的适用范围规定,其适用于工业与民用建筑物和构筑物的建筑工程和安装工程。这里讲的安装工程包括建筑设备安装工程和机械设备等生产设备及其管道的安装工程。根据多年的实践,在"统一标准"中规定新标准不适用于机械设备等生产设备及其管道工程的安装。而且这些安装工程的检验评定标准,当时尚处在准备修订或修订的初期,也无法将其要求全部集中起来。所以根据全国审定会的意见,将"统一标准"的适用范围仅限于工业与民用建筑工程和建筑设备安装工程。所指的建筑工程即房屋建筑工程和与房屋建筑工程类似的构筑物,所指的建筑设备安装工程,系与建筑物有关的建筑采暖卫生与煤气工程、建筑电气安装工程、通风与空调工程和电梯安装工程。不包括以往的通用机械设备安装、容器、工业管道、自动化仪表安装、工业窑炉砌筑等工程。适用范围较原标准相应缩小。另外,根据我国建筑业的组织分工现状,以及便于工程验收评定、职责明确,《建筑安装工程质量检验评定统一标准》所规定的范围,只是现场进行的建筑工程和建筑设备安装工程,不包括由生产厂(含现场预制)提供的构件、配件的质量评定,此部分只按其出厂质量等级来使用;"电梯安装工程"原属通用机械设备安装工程内容之一,由于其是属于建筑工程的构成部分,一般与建筑工程一起交工,为了满足建筑物的使用要求,将其单独列为单位工程的一个分部工程,以便于单位工程竣工检验评定。

1.1 建筑工程

另外,对于超高层的钢结构、特种混凝土或有特殊要求的钢筋混凝土,砖砌体结构的质量检验评定要按照新标准中有关分项工程质量检验评定的规定,结合上述工程的具体特性制订地区和部门的质量验评标准,或经地区和部门主管部门认可的企业质量标准,评定其质量等级并参加相关分部工程的质量评定。

为了方便管理,全国审定会议建议本标准单独编写颁发,并定名为《建筑安装工程质量检验评定统一标准》,单成一册,单独编号,与建筑工程和建筑采暖卫生与煤气工程、建筑电气安装工程、通风与空调工程和电梯安装工程等建筑设备安装工程的质量检验评定配套使用。

(5) 与验评标准配合使用的规范、标准:验评标准的主要质量指标是根据国家颁发的建筑安装工程施工及验收规范等编制的,因此,各分项工程的主要质量指标和要求是根据国家颁发的相应的技术标准和建筑安装工程施工及验收规范提出的。

除了施工及验收规范外,国家还颁发有各种设计规范、规程、规定、标准及建筑材料质量标准等有关技术标准以及标准图集等。这些技术标准很多是与施工及验收规范互相补充的,质量检验评定也考虑了这方面的情况。如在砖石结构工程中,不仅要严格按《砖石工程施工及验收规范》GBJ 203—83 施工,而且要符合《砌体结构设计规范》GBJ 3—88 的规定和《多层砖房设置钢筋混凝土构造柱抗震设计与施工规程》JGJ 13—82 的要求,以及《建筑物抗震构造详图》CG329 等的做法。

此外,建筑施工所用的材料及半成品、成品,对其材质及性能要求,要依据国家和有关部门颁发的技术标准进行检测和验收;并参考了一些施工工艺和尚未纳入国家的规范和标准规定(如有关大模板的规程、组合钢模技术规范等)。因此说,本标准的编制依据"主要是根据国家颁发的有关技术标准和建筑安装工程施工及验收规范"。

在执行统一标准时,必须同时执行相应的标准,统一标准是规定质量等级评定程序及组织的规定和分部、单位工程的评定指标;相应标准是各分项工程质量验评的标准的具体内容,因此应用标准时必须相互协调,同时满足二者的要求。各分项工程评定的具体方法见分项工程质量检验评定。

2. 质量检验评定的划分

(1) 建筑安装工程的质量应按分项、分部和单位工程划分进行检验评定。

(2) 建筑工程分项、分部工程的划分应符合以下规定:

分项工程:一般应按主要工种工程划分。例如,砌砖工程、钢筋工程、玻璃工程等。

分部工程应按建筑的主要部位划分为地基与基础工程、主体工程、地面与楼面工程、门窗工程、装饰工程、屋面工程等。

多层及高层房屋工程中的主体分部工程必须按楼层(段)划分分项工程;单层房屋工程中的主体分部工程应按变形缝划分分项工程,其他分部工程的分项工程可按楼层(段)划分,在评定各分部工程质量时,其分项工程均应参加评定。

分项、分部工程的名称应符合表 1-308。

(3) 建筑设备安装工程分项、分部工程的划分应符合以下规定:

分项工程:一般应按工种种类及设备组别等划分。例如,室内给水管道安装工程,电气配管及管内穿线工程,通风风管及部件安装工程,电梯导轨组装工程等。

分部工程:应按工程的专业划分为建筑采暖卫生与煤气工程,建筑电气安装工程,通风与空调工程,电梯安装工程等。

1 地基与基础工程施工阶段

建筑工程分项、分部工程名称 表1-308

序号	分部工程名称	分项工程名称
1	地基与基础工程	土方,爆破,灰土、砂、砂石和三合土地基,重锤夯实地基,强夯地基,挤密桩,振冲地基,旋喷地基,打(压)桩,灌筑桩,沉井和沉箱,地下连续墙,防水混凝土结构,水泥砂浆防水层,卷材防水层,模板,钢筋,混凝土,构件安装,预应力钢筋混凝土,砌砖,砌石,钢结构焊接,钢结构螺栓连接,钢结构制作,钢结构安装,钢结构油漆等
2	主体工程	模板,钢筋,混凝土,构件安装,预应力钢筋混凝土,砌砖,砌石,钢结构焊接,钢结构螺栓连接,钢结构制作,钢结构安装,钢结构油漆,木屋架制作,木屋架安装,屋面木骨架等
3	地面与楼面工程	基层,整体楼、地面,板块楼、地面,木质板楼、地面等
4	门窗工程	木门窗制作,木门窗安装,钢门窗安装,铝合金门窗安装等
5	装饰工程	一般抹灰,装饰抹灰,清水砖墙勾缝,油漆,刷(喷)浆,玻璃,裱糊,饰面,罩面板及钢木骨架,细木制品,花饰安装等
6	屋面工程	屋面找平层,保温(隔热)层,卷材防水,油膏嵌缝涂料屋面,细石混凝土屋面,平瓦屋面,薄钢板屋面,波瓦屋面,水落管等

注:1. 地基与基础分部工程,包括设计标高±0.00以下结构及防水分项工程;
2. 模板工程和预制构件、配件的制作分项工程不参加分部工程质量评定,但构件、配件质量必须符合合格标准,并检查出厂合格证。

各分部工程中的分项工程可按系统、区段划分。在评定分部工程质量时,均应参加评定。

分项、分部工程的名称应符合表1-309的规定。

建筑设备安装工程分项、分部工程名称表 表1-309

序号	分部(或单位)工程名称		分项工程名称
1	建筑采暖卫生与煤气工程	室内	给水管道安装,给水管道附件及卫生器具给水配件安装,给水附属设备安装,排水管道安装,卫生器具安装,采暖管道安装,采暖散热器及太阳能热水器安装,采暖附属设备安装,煤气管道安装,锅炉安装,锅炉附属设备安装,锅炉附件安装等
		室外	给水管道安装,排水管道安装,供热管道安装,煤气管道安装,煤气调压装置安装等
2	建筑电气安装工程		架空线路和杆上电气设备安装,电缆线路,配管及管内穿线,瓷瓦、瓷柱(珠)及瓷瓶配线,护套线配线,槽板配线,配线用钢索,硬母线安装,滑接线和移动式软电缆安装,电力变压器安装,高压开关安装,成套配电柜(盘)及动力开关柜安装,低压电器安装,电机的电气检查和接线,蓄电池安装,电气照明器具及配电箱(盘)安装,避雷针(网)及接地装置安装等。
3	通风与空调工程		金属风管制作,硬聚氯乙烯风管制作,部件制作,风管及部件安装,空气处理室制作及安装,消声器制作及安装,除尘器制作及安装,通风机安装,制冷管道安装,防腐与油漆,风管及设备保温,制冷管道保温等
4	电梯安装工程		曳引装置组装,导轨组装,轿箱、层门组装,电气装置安装,安全保护装置,试运转等

(4) 单位工程的划分应符合以下规定：

建筑工程和建筑设备安装工程共同组成一个单位工程。

新(扩)建的居住小区和厂区室外的给水、排水、供热、煤气等建筑采暖卫生与煤气工程组成一个单位工程；室外的架空线路、电缆线路、路灯等建筑电气安装工程组成一个单位工程；道路、围墙等工程组成一个单位工程。

(5) 划分的目的

一个房屋建筑(构筑物)的建成，由施工准备工作开始到竣工交付使用，要经过若干工序、若干工种的配合施工。所以，一个工程质量的优劣，取决于各个施工工序和各工种的操作质量。因此，为了便于控制、检查和评定每个施工工序和工种的质量，就把这些叫做分项工程。

由于分项工程划分的数量不易太多，工程量也不宜太大，工种比较单一，因此往往不易反映出一些工程的全部质量面貌。所以又按建筑工程的主要部位、用途划分为分部工程来综合检验评定分项工程的质量。

单位工程竣工交付使用是建筑企业把最终的产品交给用户，在交付使用前应对整个建筑工程(构筑物)进行质量评价。

分项、分部和单位工程的划分目的，是为了方便质量管理和控制工程质量，根据某项工程的特点，将其划分为若干个分项、分部和单位工程，以对其进行质量控制和检验评定。

特别应该注意的是，不论如何划分分项工程，都要有利用检验评定，能取得较完整的技术数据；而且要防止造成在一个分部工程内，分项工程的大小过于悬殊，有的按层段划分、有的按系统划分等不一致的情况出现，以免由于分项工程划分不当，影响分部工程的评定结果。

(6) 建筑工程分项、分部工程的划分

1) 分项工程的划分：

建筑工程分项工程的划分应按主要工种工程划分，但也可按施工程序的先后和使用材料的不同划分，如瓦工的砌砖工程，钢筋工的钢筋绑扎工程，木工的木门窗安装工程，油漆工的混色油漆工程等。也有一些分项工程并不限于一个工种，如钢木组合屋架制作工程则是由几个工种配合施工的。

考虑到主体分部工程涉及人身安全以及它在单位工程中的重要性，对楼房还必须按楼层(段)，单层建筑应按变形缝划分分项工程。对于其他分部工程的分项工程没有强行统一，一般情况下按楼层(段)划分，以便于质量控制，完成一层，验收评定一层，及时发现问题，及时返修。所以，在能按楼层划分时，应尽可能按楼层划分；对一些小的项目，或按楼层划分有困难的项目，也可不按楼层划分，但在一个单位工程中尽可能一致。所以，参与分部工程评定的分项工程的个数，有时评定一个分部工程，同样一个名称的分项工程是几个或几十个。

主体工程完工后，将各分项工程的评定结果，均单独进入分部工程质量等级评定。这样规定统一了主体分部工程的质量评定，以免不同的划分方法和进入分部工程评定项数不同，使主体分部工程的质量等级不一致。如一个六层砖混结构工程，每层的砌砖、钢筋、混凝土、构件吊装分项工程都作为一个分项工程评定一次，六层各项都要评定 6 次。这个工程的主体分部工程质量评定至少应有 24 个分项工程；对一个钢筋混凝土框架结构，每一楼层的模板、钢筋、混凝土一般应按施工先后，把竖向构件和水平构件的同工种工程各分为两个分项工程。

2) 分部工程的划分：

建筑工程按主要部位划分为地基与基础、主体、地面与楼面、门窗、装饰、屋面等6个分部工程。其具体划分是：

地基与基础分部工程，包括±0.000以下的结构及防水分项工程。凡有地下室的工程，其首层地面下的结构（现浇混凝土楼板或预制楼板）以下的项目，均纳入"地基与基础"分部工程；没有地下室的工程，墙体以防潮层分界，室内以地面垫层以下分界，灰土、混凝土等垫层应纳入"地面与楼面"分部工程；桩基础以承台上皮分界。

主体分部工程与原标准没有大的变化，对非承重墙做了明确规定。凡使用板块材料，经砌筑、焊接的隔墙纳入主体分部工程，如各种砌块、加气条板等；凡采用轻钢、木材等用铁钉、螺丝或胶类粘结的均纳入装饰分部工程，如轻钢龙骨、木龙骨的吊顶、隔墙、石膏板隔墙等。

地面与楼面分部工程为了解决地面渗漏、坡度、面层厚度不均、空裂等问题，将"基层工程"作为一个分项工程评定。

门窗分部工程将原标准中有关细木装饰、油漆、玻璃等分项工程纳入了"装饰分部工程"。

本分部只包括各种门窗的安装工程。

装饰工程分部包括室内外的装修、装饰项目，如清水砖墙的勾缝工程、细木装饰、油漆、刷浆、玻璃等。

屋面工程分部包括屋顶的找平层、保温（隔热）层及各种防水层、保护层等。对地下防水、墙面防水应分别列入所在部位的"地基与基础"、"主体"分部工程。

另外，对有地下室的工程，除将±0.000以下结构及防水部分的分项工程列入"地基与基础"分部工程外，其他地面、装饰、门窗等分项工程仍分别纳入相应的地面与楼面、装饰和门窗等分部工程内。

3) 建筑工程各分部工程及所含主要分项工程名称见表1-308。

对表中列的一些分项工程，如模板工程和木门窗制作等预制构件、配件制作分项工程不参加相关分部工程质量评定。模板工程对混凝土工程的质量有直接影响，分项工程的质量必须评定，因为混凝土的质量已经反映了模板的质量，且模板工程也不是工程的构成部分，只是形成混凝土工程的工具或过程，不参加分部工程的评定。对工厂预制构件、配件，安装前必须检查产品出厂合格证和对照合格证对实物进行核对，查看进场的构、配件是否与合格证标志一致，以及检查堆放搬运过程是否损坏等。预制构、配件的质量符合设计及有关标准要求后，才能安装。对现场预制的混凝土构件应也按《预制混凝土构件质量检验评定标准》进行评定。并参加分部工程的评定。对木门窗制作，由于多数是提供半成品，别的标准也没有这方面的规定，原标准也将该项列入，故保留，由于其制作质量对安装影响很大，安装前或进场后，应按制作标准验收，但不参加相关分部工程质量的评定。

(7) 建筑设备安装工程分项、分部工程的划分

1) 分项工程的划分：

建筑设备安装工程的分项工程一般应按工种种类及设备组别等划分，同时也可按系统、区段来划分。如采暖卫生与煤气工程分部的分项工程，其碳素钢管有给水管道、排水管道等；再如管道安装有碳素钢管道、铸铁管道、混凝土管道、陶土管道等；从设备组别来分，有锅

炉安装、锅炉附属设备安装、卫生器具安装等。另外,对于管道的工作压力不同,质量要求也不同的,也应分别划分为不同的分项工程。同时,也应根据工程的特点,按系统或区段来划分各自的分项工程,如住宅楼的下水管道,可按每个单元排水系统来划分为一个分项工程。对于大型公共建筑的通风管道工程,一个楼层可分为数段来检验评定,每段则为一个分项工程等。

2) 分部工程的划分:

建筑设备安装工程按专业划分为建筑采暖卫生与煤气工程、建筑电气安装工程、通风与空调工程和电梯安装工程等4个分部工程。

建筑设备安装工程的4个分部工程,与"原标准"的划分基本相同。只对少数其包含的分项工程内容作了一些调整。

建筑采暖卫生与煤气分部工程,包括了"原标准"的采暖、卫生(上下水管道),增加了煤气工程。这是考虑在相当一部分工程中,煤气管道工程已是房屋建筑工程的重要组成部分,但目前单独列为一个分部工程,条件还不够成熟,而暂列入性质相近的本分部工程中。

建筑电气安装分部工程,加上"建筑"是为了区别于其他电气工程,而且仅指安装工程。为了适应应用范围的变化,一些分项工程的名称也作了适当变化,如将钢管配线工程改为配管及管内穿线工程,木槽板配线工程改为槽板配线工程等,并增加了照明用钢索分项工程。

通风与空调分部工程,增加了制冷管道安装等分项工程。

电梯安装分部工程,是由"原标准"通用机械设备安装工程(TJ 305—75)中的"十一电梯安装"修订而成。这是考虑电梯是现代建筑物的一个重要组成部分,其质量的好坏,对高层建筑的宾馆、办公楼、住宅等关系重大,故将其单独划分为一个分部工程,并将其安装划分为6个分项工程来进行检验评定,共同组成电梯安装分部工程,以保证其安全及正常运行。

3) 建筑设备安装工程各分部工程及所含主要分项工程名称见表1-328。

表中列的分项工程名称,其中有安装分项,也有少数制作分项工程,由于这些制作分项工程多数为非标准设备,常由安装单位自己配制,且多数为半成品,其质量对系统的质量有直接影响。所以,建筑设备的非标准设备制作分项工程,参加该分部工程质量的评定。

(8) 单位工程的划分

1) 房屋建筑(构筑物)单位工程:

房屋建筑(构筑物)的单位工程是由建筑工程和建筑设备安装工程共同组成,目的是突出房屋建筑(构筑物)的整体质量。这样划分与原标准的民用建筑工程相似。不论是民用建筑还是工业建筑,都是一个单位工程,以统一工程内容,统一评定规则。

实际评定时,一个独立的、单一的建筑物(构筑物)均为一个单位工程,如在一个住宅小区建筑群中,每一个独立的建筑物(构筑物),即一栋住宅楼,一个商店、锅炉房、变电站,一所学校的一个教学楼,一个办公楼、传达室等均各为一个单位工程。

对特殊工业厂房(构筑物)的单位工程,可根据实际情况,具体划定单位工程。

一个单位工程有的是由建筑工程的6个分部工程、建筑设备安装工程的4个分部工程,共10个分部工程组成,不论其工作量大小,都作为一个分部工程参与单位工程的评定,但有的单位工程中,不一定全有这些分部工程。如有些构筑物可能没有门窗安装分部工程;有的可能没有屋面工程等。对建筑设备安装工程来讲，一些高级宾馆、公共建筑可能四个分部工程全有，一般工程有的就没有通风与空调及电梯安装分部工程。有的构筑物可能连建筑采暖卫生与煤气分部工程也没有。所以说，房屋建筑物(构筑物)的单位工程目前最多是由十个分部工程所组成。

2) 室外单位工程：

为了加强室外工程的管理和评定，促进室外工程质量的提高，将室外工程分为三个单位工程：

A．由给水管道、排水管道、采暖管道和煤气管道等组成的室外采暖卫生与煤气工程；

B．由电线架空线路、电缆线路、路灯等组成的室外建筑电气安装工程；

C．由道路、围墙、花坛、花廊、花架、建筑小品等组成的室外建筑工程。

这样使室外工程的检验评定统一了，同时还明确为"新(扩)建的居住小区和厂区"。对在原有小区内增设一排路灯，埋一条管线，做一段道路不能作为一个单位工程来评定。由于室外工程的多样化，分项、分部工程的划分没作统一规定，可根据实际情况具体划分。对单位工程的组成，也可按实际情况，可由分项工程直接组成室外单位工程。另外，在居住小区和厂区内如有市政道路及工业管道时，应按专门的标准检验评定。

为了保证分项、分部、单位工程的划分评定，应将其作为施工组织设计的一个组成部分，事前给予明确规定，则会对质量控制起到好的作用。

3. 质量检验评定的等级

(1) 本标准的分项、分部、单位工程质量均分为"合格"与"优良"两个等级。

(2) 分项工程的质量等级应符合以下规定：

1) 合格

A．保证项目必须符合相应质量检验评定标准的规定；

B．基本项目抽检的处(件)应符合相应质量检验评定标准的合格规定；

C．允许偏差项目抽检的点数中，建筑工程有70%及其以上、建筑设备安装工程有80%及其以上的实测值应在相应质量检验评定标准的允许偏差范围内。

2) 优良

A．保证项目必须符合相应质量检验评定标准的规定；

B．基本项目每项抽检的处(件)应符合相应质量检验评定标准的合格规定；其中有50%及其以上的处(件)符合优良规定，该项即为优良；优良项数应占检验项数50%及其以上。

C．允许偏差项目抽检的点数中，有90%及其以上的实测值应在相应质量检验评定标准的允许偏差范围内。

(3) 分部工程的质量等级应符合以下规定：

1) 合格：所含分项工程的质量全部合格。

2) 优良，所含分项工程的质量全部合格，其中有50%及其以上为优良(建筑设备安装工程中，必须含指定的主要分项工程)。

注：指定的主要分项工程，如：建筑采暖卫生与煤气分部工程为锅炉安装，煤气调压装置安装分项工程，建筑电气安装分部工程为电力变压器安装、成套配电柜(盘)及动力开关柜安装、电缆线路分项工程，通

风与空调分部工程为有关空气洁净的分项工程,建筑电梯安装分部工程为安全保护装置、试运转分项工程等。

(4) 单位工程的质量等级应符合以下规定:

1) 合格

A. 所含分部工程的质量应全部合格;

B. 质量保证资料应基本齐全;

C. 观感质量的评定得分率应达到70%及其以上。

2) 优良

A. 所含分部工程的质量应全部合格,其中有50%及其以上优良,建筑工程必须含主体和装饰分部工程;以建筑设备安装工程为主的单位工程,其指定的分部工程必须优良。如锅炉房的建筑采暖卫生与煤气分部工程;变、配电室的建筑电气安装分部工程;空调机房和净化车间的通风与空调分部工程等。

B. 质量保证资料应基本齐全。

C. 观感质量的评定得分率应达到85%及其以上。

注:室外的单位工程不进行观感质量评定。

(5) 当分项工程质量不符合相应质量检验评定标准合格的规定时,必须及时处理,并应按以下规定确定其质量等级:

1) 返工重做的可重新评定质量等级;

2) 经加固补强或经法定检测单位鉴定能够达到设计要求的,其质量仅应评为合格;

3) 经法定检测单位鉴定达不到原设计要求,但经设计单位认可能够满足结构安全和使用功能要求可不加固补强的;或经加固补强改变外形尺寸或造成永久性缺陷的,其质量可定为合格,但所在分部工程不应评为优良。

(6) 分项工程质量的检验评定

1) 分项工程的质量等级标准:

分项、分部、单位工程的质量均分为"合格"和"优良"两个等级。

分项工程由保证项目、基本项目和允许偏差项目三部分组成。在保证项目符合规定后,基本项目和允许偏差项目都达到合格规定时,分项工程才能评为合格;当基本项目和允许偏差项目都达到优良规定时,分项工程才能评为优良,其中只要基本项目或允许偏差项目,有一个达不到优良规定时,分项工程只能评为合格。

2) 保证项目:

保证项目的条文是必须达到的要求,这是保证工程安全或使用功能的重要检验项目。条文中采用"必须"或"严禁"用词来表示,以突出其重要性。保证项目是评定合格或优良都必须达到的质量指标,因为这个项目是确定分项工程主要性能的,如果提高要求就等于提高性能指标,就会增加工程造价;降低要求就相当于降低基本性能指标,就会严重影响工程的安全性能。所以合格、优良均应同样遵守。如砌砖工程的砂浆强度、水平灰缝的砂浆饱满度是关系到砌体强度的重要性能,所以必须满足标准要求。

保证项目包括的内容主要有:

A. 重要材料、构件及配件、成品及半成品、设备性能及附件的材质、技术性能等。检查出厂证明及试验数据,如水泥、钢材的质量;预制楼板、墙板、门窗等构配件的质量;风机等设备的质量。检查出厂证明，其技术数据、项目符合有关技术标准规定。

B．结构的强度、刚度和稳定性等检验数据、工程性能的检测。如混凝土、砂浆的强度；钢结构的焊缝强度；管道的压力试验；风管的系统测定与调整；电气的绝缘、接地测试；电梯的安全保护、试运转结果等。检查测试记录，其数据及项目要符合设计要求和施工规范规定。

对一些材料、构配件质量及工程性能的测试数据有疑问时，应进行复试、鉴定及实地检验。

3）基本项目：

基本项目是保证工程安全或使用性能的基本要求。条文中采用"应"、"不应"用词来表示。其指标分为"合格"及"优良"二个等级，并尽可能给出量的规定。这是这次修订改变较大的主要内容之一。基本项目与保证项目相比虽不象保证项目那样重要，但对使用安全、使用功能、美观都有较大影响，因此"基本项目"的要求，是评定分项工程优良质量等级的条件之一。

基本项目评定时，每个项目中抽查的处（件）全部达到合格，这个项目就评为合格；在合格的基础上，对评定的处（件）进行统计，有 50% 及其以上的处（件）达到优良等级标准，这个项目就评为优良。然后，对已经评定质量等级的项目进行统计，全部项数质量均达到合格，该分项工程的基本项目为合格，在合格基础上，其中有 50% 及其以上项数的质量达到优良，该分项工程的基本项目为优良。若有一处（件）质量达不到合格，这个项目就不能评为合格，基本项目和分项工程质量也不能评为合格。这一规定给施工操作提出了要求，有利于施工过程中的质量控制，进一步确保了工程质量。

基本项目包括的内容主要有：

A．允许有一定偏差的项目，但又不宜纳入允许偏差项目的，而放在基本项目中，用数据规定出"优良"和"合格"的标准。如钢筋绑扎的缺扣、松扣；砖砌体上下错缝；砖混结构留置构造柱；电梯曳引绳张力的互相差值等。

B．对不能确定偏差值而又允许出现一定缺陷的项目，则以缺陷的数量来区分。如砖砌体预埋拉结筋，其留置间距偏差，按砖的行数区分"合格"与"优良"，混凝土钢筋露筋，按露出的长度区分"合格"与"优良"。

C．一些无法定量的而采用定性的项目。如碎拼大理石地面，合格：颜色协调，无明显裂缝和坑洼；优良：颜色协调，间隙适宜，磨光一致，无裂缝、坑洼和磨纹。油漆工程中，中级油漆的光亮和光滑项目，合格：大面光亮、光滑；优良：要求大小面均要光亮、光滑，均匀一致。卫生器具给水配件安装项目，合格：镀铬件完好无损伤，接口严密，启闭部分灵活；优良：在合格的基础上，安装端正，表面洁净，充外露油麻等。

4）允许偏差项目：

允许偏差项目是分项工程检验项目中规定有允许偏差范围的项目。条文中采用"应"、"不应"用词表示。检验时允许有少量检查点的实测值，可略超过允许偏差值范围，并以其所占比例作为区分分项工程合格和优良等级的条件之一。在检验时，所有抽查点均要求满足标准规定值的项目，而应按其性质分别列入"保证项目"或"基本项目"。

允许偏差项目的允许偏差值是结合对结构性能或使用功能、观感质量等的影响程度，根据一般操作水平给出一定的允许偏差范围。

允许偏差值,大部分在有关施工规范中做了明确规定。在本验评标准的修订过程中,有的进行了补充,如砌砖工程中的"门洞口高度";有的进行了调整,如现浇钢筋混凝土工程中,单层与多层、高层框架、多层大模、高层大模这四类结构之间的允许偏差值有些项目这次做了相应调整。

允许偏差项目包括的内容主要有:

A. 有正、负要求的数值。以"+"、"-"符号代表正和负。"+0"读作正偏差为零,"-0"读作负偏差为零。凡正负值相同时,在数字前用双符号,如±5;偏差值要求不同时,则上下并列数字如 $^{+5}_{-2}$。有的只标注一个数值,则表示另一向不控制,如基础土方开挖的长度、宽度,"-0"则表示负偏差为零,不能欠挖;正偏差不限,可以多挖,但挖多了不经济。如标高有正负的区分。

B. 允许偏差值直接注明数字,不标符号。如混凝土结构表面平整度为8mm;卷材或板材的管道保温表面平整度为4mm。

C. 要求大于或小于某一数值。如平瓦屋面的脊瓦和坡瓦的搭接长度大于等于40mm,室内排水管安装,碳素钢管立管垂直度全长(5m以上)不大于10mm。

D. 要求在一定范围内的数值。多数是间隙要求,如门窗留缝宽度、板块地面缝的间隙等,一般用双数字表示,如木门内门扇与地面间留缝宽度6~8mm。

E. 采用相对比例值确定偏差值。如混凝土柱、墙全高垂直度偏差应小于或等于$H/1000$,且不大于20mm(H为柱墙高度);电气中母线安装,母线平弯最小弯曲半径,铝排大于2.5δ(δ为母线厚度)。

(7) 分部工程质量的检验评定

1) 分部工程的质量等级标准:

分部工程的质量等级,是由其所包含的分项工程的质量等级,通过统计来确定的。所包含的分项工程,既包括建筑工程分部、分项工程名称表和建筑设备安装工程分部、分项工程名称表内所列的分项工程,也包括建筑工程按楼层(段)、变形缝和建筑设备安装工程按系统、区段划分的分项工程,这些分项工程均须独立参加分部工程的质量评定。特别要强调的是,由于分项工程是以其优良项数来确定分部工程的质量优良等级,一个分部工程如果划分不同数量的分项工程,评定出的分部工程质量等级也往往不相同,所以对分项工程的划分规则必须严格遵守。

对建筑设备安装工程分部,除了注意所含分项工程数量之外,还应注意指定的主要分项工程评定的质量等级。标准规定建筑设备安装各分部工程中,常有一个或几个分项工程,对其功能质量起关键作用,因而规定该分部工程优良,其所含指定的主要分项工程必须优良。这些分项工程,一般是设计中指定的。这些指定的主要分项工程,通常如建筑采暖卫生与煤气分部工程的锅炉安装分项工程、煤气调压装置安装分项工程;建筑电气安装分部工程的电力变压器安装分项工程、成套配电柜(盘)及动力开关柜安装分项工程、电缆线路分项工程;通风与空调分部工程的有关空气洁净的分项工程;电梯安装分部工程的安全保护装置分项工程、试运转分项工程等。同时还应注意,所有分项工程必须都达到合格标准,才能进行分部工程质量等级评定。也就是说,在评定分部工程质量等级时,不允许有不合格的分项工程存在,如出现不合格分项工程时,必须处理使其达到合格。在合格的基础上,其中优良的分项工程占本分部工程所含分项工程项数的50%及其以上时,分部工程质量可评为优良等级;不足50%,只能评为合格。

2) 分部工程的评定:

A. 为了统一单位工程的评定,新标准将民用房屋和工业厂房,统一规定单位工程由建筑工程的6个分部工程(地基与基础、主体、地面与楼面、门窗、装饰和屋面工程)和建筑设备安装工程的4个分部工程(建筑采暖卫生与煤气工程、建筑电气安装工程、通风与空调工程和电梯安装工程)共10个分部工程组成。评定建筑设备安装分部工程质量优良时,优良分项工程中必须含指定的主要分项工程。由于这些分项工程对分部工程质量起重要作用,所以要重点检查这些分项工程的质量评定情况,特别是保证项目和基本项目的质量是否符合优良规定。如锅炉房工程中,指定建筑采暖卫生与煤气分部工程必须优良,其锅炉安装分项工程就成为指定的主要分项工程,锅炉安装分项工程质量达不到优良时,该分部工程就不能评为优良,锅炉房单位工程,如果其核心工程锅炉安装工程不优良,其整体使用功能将受到严重影响,也就不能评为优良,这是理所当然的。这就是指定这些主要分项工程必须优良的理由所在。

B. 分部工程的质量等级评定,由相当于施工队一级的技术负责人组织评定,专职质量检查员核定,主要用统计方法评定,如有指定主要分项工程时,除注意核查此分项工程的保证项目外,还应重点审查基本项目和允许偏差项目是否达到优良的要求。

C. 需要重点评定的分部工程是地基与基础和主体分部工程,由于这两个分部在保证工程结构安全方面起主导作用,并且多数都将被隐蔽,如果不在完工后及时检查和评定,及时发现质量问题,及时得到纠正,被隐蔽以后就会给工程留下隐患。同时这两个分部工程技术较复杂,施工过程有很多施工试验记录,这些试验记录中的数据,就反映该工程的质量状况。对这些数据的要求在验评标准或有关施工规范中都有明确规定。按照我国的施工组织管理情况,目前各企业多数由技术部门负责这些工作,所以在新标准中,明确规定这两个分部工程质量,由企业技术部门和质量部门组织核定。评定方法除了使用统计方法评定以外,尚应检查其技术资料和组织有关人员到现场对工程进行检查。检查的主要内容有:

(a) 检查各分项工程的划分是否正确,特别是主体分部工程的分项工程,不同的划分方法,其分项工程的个数不同,分部工程质量的评定结果也不一致。

(b) 检查各分项工程的保证项目评定是否正确,其主要使用的原材料质量证明、混凝土、砂浆配合比及强度试验报告等质量保证资料是否具备和数据正确,是否达到验评标准、规范的规定和设计要求。

(c) 系统核查主要质量保证资料。最常遇到的是混凝土、砂浆强度等的评定。

混凝土强度评定。按照施工组织设计划分的验收批,根据强度等级相同,龄期相同,生产工艺条件和配合比基本相同的混凝土组成。

对于1989年9月1日之后新开工的工程,如是按新规范设计的,则应按《混凝土强度检验评定标准》GBJ 107—87的规定取样、制作试块、养护和试验强度;如果是按 TJ 10—74规范设计,应先将混凝土标号换算为混凝土强度等级,再评定其强度:

采用统计方法评定时,应符合下列规定:

$$m_{f_{cu}} - \lambda_1 S_{f_{cu}} \geqslant 0.9 f_{cu,k}$$

$$f_{cu,\min} \geqslant \lambda_2 f_{cu,k}$$

采用非统计方法评定时,应符合下列规定:
$$m_{f_{cu}} \geqslant 1.15 f_{cu,k}$$
$$f_{cu,min} \geqslant 0.95 f_{cu,k}$$

式中 $m_{f_{cu}}$——同一验收批混凝土立方体抗压强度的平均值(N/mm²);

$S_{f_{cu}}$——同一验收批混凝土立方体抗压强度的标准差(N/mm²),当 $S_{f_{cu}}$ 的计算值小于 $0.06 f_{cu,k}$ 时,取 $S_{f_{cu}} = 0.06 f_{cu,k}$;

$f_{cu,k}$——混凝土立方体抗压强度标准值(N/mm²);

$f_{cu,min}$——同一验收批混凝土立方体抗压强度的最小值(N/mm²);

λ_1, λ_2——合格判定系数。按表1-310采用。

合格判定系数　　　　表1-310

合格判定系数	试 块 组 数		
	10~14	15~24	≥25
λ_1	1.70	1.65	1.60
λ_2	0.90	0.85	0.85

砂浆强度评定。主体分部的砌筑砂浆和基础分部工程的砌筑砂浆,按单位工程内的同品种、同强度等级各为一验收批进行评定,应符合下列规定:

同品种、同强度等级各组试块的平均强度不小于设计强度;

任一组试块的强度不小于设计强度的75%。

另外,还有钢筋、砖的试验资料。

(d)现场检查。基础工程或主体结构完成后,在进行回填或装饰前要进行现场检查,这是基础分部工程和主体分部工程质量检验评定的一项重要内容。未经验收的地基与基础或主体分部工程不应评定,工程也不应进入回填隐蔽和抹灰等装饰施工。如因施工需要,验收可分几段进行。有地下室的工程,地下室的结构验收应列入地基与基础分部工程。

现场检查主要是结构工程外观的观感检查。组织有关人员,到现场对工程全数或抽样,全面宏观检查主要部位的质量。检查有没有与质量保证资料不相符的地方;检查基本项目有没有达不到合格标准规定的地方;以及墙、柱、梁、板等是否有不应出现的裂缝、下沉、变形、损伤等情况。该项检查应由施工企业的技术、质量部门邀请建设、设计、监督机构的代表参加,填写结构工程验收意见。如发现有质量问题,必须进行处理,并应有处理办法及处理结果的复验记录。

参加结构工程验收的人员共同签认,并注明日期。

D.特殊要求的评定:

由于电梯是垂直运输工具,且多是运送大量人员的,其质量的优劣直接影响人身安全。规定电梯安装各分项工程质量检验评定应全数检查,不同于其他分项工程抽样检查。电梯是以单台为基本单位发挥其功能的,一台电梯是一个不可分割的整体,所以单台电梯质量的评定也非常必要,这也方便了和电梯生产厂家的质量指标取得一致。为此,单台电梯在分项工程评定和分部工程评定之外,又增加了在分项工程质量评定的基础上,评定单台电梯质量等级。当只有一台电梯时,单台评定和电梯分部评定是一致的。

单台电梯的质量等级标准为:

(a) 合格

所含分项工程全部合格;

质量保证资料基本符合要求。

(b) 优良

所含分项工程全部合格,其中有 50% 及其以上优良,在优良项中必须含"安全保护装置"和"试运转"两个分项工程;

质量保证资料符合要求。

电梯安装分部工程的质量等级为:

(a) 合格

所含电梯单台质量全部合格;

质量保证资料基本符合要求。

(b) 优良

所含电梯单台质量全部合格,其中单台和分项均有 50% 及其以上为优良。且各台的"安全保护装置"和"试运转"分项必须优良;

质量保证资料符合要求。

(8) 单位工程质量的综合评定

1) 单位工程的质量等级标准:

原标准单一由分部工程质量等级评定之后,用统计方法来评定单位工程的质量等级,即上述的第一个条件。现在改为由分部工程质量等级统计评定,作为评定的指标之一,同时,又将对影响单位工程结构安全和重要使用功能的技术资料、数据(简称质量保证资料)进行系统核查,对建筑设备安装工程系统进行综合测试。通过这些测试检验数据,来系统核查结构安全、设备性能;并采用通用的专家评分的方法,由经过专门训练的技术人员进行观感评分。对建筑、安装的内在性能、外观和使用功能的三个方面,比较全面的来综合评定单位工程的质量等级。统一规定单位工程由建筑工程的 6 个分部工程和建筑设备安装工程的 4 个分部工程等 10 个分部工程共同组成一个单位工程,统一了单位工程的评定内容,突出了整体质量,重视了使用功能。

为了加强对室外工程的管理,将居住小区和厂区内室外的采暖卫生与煤气管道工程;室外的架空线路、电缆线路、路灯等电气线路工程;道路、围墙等建筑工程。分别组成三个室外单位工程。由于其分散,且工程的形态不一,观感评分不易掌握,所以标准规定对这些项目不进行观感评分。

2) 单位工程的检验评定:

单位工程质量是由分部工程质量等级统计汇总、直接反映单位工程结构性能质量和使用性能质量的质量保证资料核查和观感质量评分三部分来综合评定的。

A. 分部工程质量等级统计汇总:其目的是突出施工过程中的质量控制,把分项工程质量的检验评定作为保证分部工程和单位工程质量的基础,哪个分项工程质量达不到合格标准,必须进行返工或修理等处理达到合格后才能进行交工。这样分部工程质量才有保证,各分部工程的质量保证了,单位工程的质量才有保证。

分部工程质量评定汇总时,要注意主体分部工程、装饰分部工程和以建筑设备安装工程为主的单位工程,其指定的分部工程必须优良,以及注意在这些必须优良的分部工程内,是否含有定为合格的分项工程,然后再计算分部工程项数的优良率。

B. 质量保证资料核查:其目的是强调建筑结构、设备性能、使用功能方面主要技术性能的检验。每个分项工程都规定了"保证项目",并提出了主要技术性能的要求,但是,由于分项工程的局限性,对一些主要技术性能的表现不够明确和全面。如混凝土分项工程的混凝土强度、砌砖分项工程的砌筑砂浆强度,一个分项工程,一般只有一组或几组混凝土或砂浆试块,这样在分项工程中就无法执行混凝土、砂浆强度评定中的平均值和最小值的规定,检查单位工程的质量保证资料,对主要技术性能进行系统的检验评定。又如一个空调系统也只有单位工程才能综合调试,取得需要的数据。

同时,对一个单位工程全面进行技术资料核验,还可以防止局部错漏,从而进一步加强工程质量的控制。对建筑设备进行系统的核验,便于同设计要求对照检查,达到设计效果。

质量保证资料对一个单位工程来讲,看其是否能够反映保证结构安全和主要使用功能是否达到设计要求,如果能够反映出来,即或按标准及规范要求有少量欠缺时,也就可以认为。因此,在标准中规定质量保证资料应基本齐全,就是这个意思。但在验评分项工程时是必须齐全的。

C. 观感质量评分:其是在工程全部竣工后进行的一项重要评定工作,是全面评价一个单位工程的外观及使用功能质量,促进施工过程的管理、成品保护,提高社会效益和环境效益。观感质量检查绝不是单纯的外观检查,而是实地对工程的一个全面检查,核实质量保证资料,核查分项、分部工程核验评定的正确性,及对在分项工程中不能检查的项目进行检查等。如工程完工绝大部分荷载已经上去,工程有没有不均匀下沉、有没有出现裂缝等,直观地从宏观上核实工程的安全可靠性能和使用功能,若出现不应出现的裂缝和严重影响使用功能的情况,应该首先弄清原因,然后再评定分值。地面严重空鼓、起砂、墙面空鼓粗糙、门窗开关不灵、关闭不严等项目的质量缺陷很多,就说明在该分项、分部工程评定时,掌握标准不严。分项分部无法测定和不便测定的项目,在单位工程观感评定中,给予核查。如建筑物的全高垂直度、上下窗口位置偏移及一些线角顺直等项目,只有在单位工程质量最终检验检查时,才能了解的更确切。

系统地对单位工程进行检查,可全面地衡量单位工程质量的实际情况,突出对工程整体检验和对用户着想的观点。分项、分部工程的检验评定,对其本身来讲虽是产品检验,但对交付使用一幢房子来讲,又是施工过程中的质量控制。只有单位工程的检验评定,才是最终建筑产品的检验评定。所以,在新标准中,既加强了施工过程中的质量控制(分项、分部工程的检验评定),又严格进行了单位工程的最终评定,使建筑工程的质量得到了保证。

单位工程三级划分、三级评定、两个质量等级评定系列见表:1-311。

4. 质量检验评定程序及组织

(1)分项工程质量应在班组自检的基础上,由单位工程负责人组织有关人员检验评定,专职质量检查员核定。

1 地基与基础工程施工阶段

单位工程三级划分、三级评

```
单位工程
├─ 建筑工程（共6个分部）
│   ├─ 地基基础分部 ── 各分项工程 ── 分次检查……评定分项等级（要求同主体分部）……
│   │
│   ├─ 主体分部
│   │   ├─ 砌砖分项
│   │   ├─ 钢筋分项      分层段检查
│   │   ├─ 混凝土分项   ……评定分项等级
│   │   └─ 吊装分项等
│   │       ├─ 保证项目 ── 必须符合规定                          以班组自检为基础
│   │       ├─ 基本项目 ┬ 合格：各处全部合格                    合格：保证项目符合规定，基本项目与允许偏差项目均合格
│   │       │           └ 优良：优良项≥50%                      优良：保证项目符合规定，基本项目与允许偏差项目均优良
│   │       └─ 允许偏差项目 ┬ 合格：合格点率≥70%                单位工程负责人组织评定
│   │                       └ 优良：合格点率≥90%                质量检查员核定
│   │
│   ├─ 地面楼面分部 ── 各分项工程 ── 分别检查……评定分项等级（要求同上）……
│   ├─ 门窗分部 ── 各分项工程 ── 分别检查……评定分项等级（要求同上）……
│   ├─ 装饰分部 ── 各分项工程 ── 分别检查……评定分项等级（要求同上）……
│   └─ 屋面分部 ── 各分项工程 ── 分别检查……评定分项等级（要求同上）……
│
└─ 建筑设备安装工程（共4个分部）
    ├─ 暖卫煤气分部 ── 各分项工程 ── 分系统检查……评定分项等级（要求同电气分部）
    │
    ├─ 电气分部
    │   ├─ 配管穿线
    │   ├─ 低压电气    分系统检查
    │   ├─ 照明器具  ……评定分项等级
    │   └─ 避雷分项
    │       ├─ 保证项目 ── 必须符合规定                          以班组自检为基础
    │       ├─ 基本项目 ┬ 合格：各处全部合格                    合格：保证项目符合规定，基本项目与允许偏差项目均合格
    │       │           └ 优良：优良项≥50%                      优良：保证项目符合规定，基本项目与允许偏差项目均优良
    │       └─ 允许偏差项目 ┬ 合格：合格点率≥80%                单位工程负责人组织评定
    │                       └ 优良：合格点率≥90%                质量检查员核定
    │
    ├─ 通风空调分部 ── 各分项工程 ── 分系统检查……评定分项等级（要求同电气分部）……
    │
    └─ 电梯分部 ── 各分项工程 ── 分台检查……评定分项等级（要求同电气分部）
```

1.1 建筑工程

定、二个质量等级评定系列　　　　　　　　　　　　　　　　　　　　　表1-311

分部质量等级评定（要求同主体分部）

分部工程质量等级评定
- 合格：各分项均合格
- 优良：
  - 各分项工程均合格，其中优良分项≥50%
  - 无处理后定为合格的分项
- 施工队一级的技术负责人组织评定
- 企业技术和质量部门组织核定

分部工程质量等级评定
- 合格：各分项均合格
- 优良：
  - 各分项均合格，其中优良分项≥50%
- 施工队一级的技术负责人组织评定
- 专职质量检查员核定

分部质量等级评定（要求同电气分部）……

分部工程质量等级评定
- 合格：各分项均合格
- 优良：
  - 各分项均合格，其中优良分项≥50%
  - 指定分项优良
- 施工队一级的技术负责人组织评定
- 专职质量检查员核定

分部质量等级评定（要求同电气分部）

分部工程质量等级评定
- 合格：
  - 电梯单台均合格
  - 质量保证资料基本符合要求
- 优良：
  - 电梯单台均合格，其中优良单台和分项≥50%
  - 质量保证资料符合要求

注：电梯还进行单台质量评定

分部工程质量评定汇总：
- 合格：所有分部工程均合格
- 优良：
  - 合格：各分部工程均合格其中，优良分部数≥50%
  - 其中主体分部工程：优良
  - 装饰分部工程：优良
  - 安装指定主要分部工程：优良

质量保证资料评定：合格与优良均要求基本齐全

观感质量评定：
- 合格：得分率≥70%
- 优良：得分率≥85%

单位工程质量等级评定
- 合格：三项均达到合格标准
- 优良：三项均达到优良标准
- 企业技术负责人组织评定
- 工程质量监督或主管部门核定

分项工程质量检验评定表应采用统一的格式,见表1-312。

分项工程质量检验评定表 表1-312

工程名称:　　　　　　　　　　　部位:

项目		质量情况										
保证项目	1											
	2											
	3											

项目		质量情况										等级
		1	2	3	4	5	6	7	8	9	10	
基本项目	1											
	2											
	3											

项目		允许偏差(mm)	实测值(mm)									
			1	2	3	4	5	6	7	8	9	10
允许偏差项目	1											
	2											
	3											
	4											

检查结果	保证项目	
	检验项目	检查　　项,其中优良　　项,优良率　　%
	实测项目	实测　　点,其中合格　　点,合格率　　%

评定等级	工程负责人: 工　　长: 班组长:	核定意见	专职质量检查员 　　年　月　日

(2) 分部工程质量应由相当于施工队一级的技术负责人组织评定,专职质量检查员核定。其中地基与基础、主体分部工程质量应由企业技术和质量部门组织核定。

分部工程质量检验评定表应采用统一的格式,见表1-313。

(3) 单位工程质量应由企业技术负责人组织企业有关部门进行检验评定,并应将有关评定资料提交当地工程质量监督或主管部门核定。

质量保证资料核查表应采用统一的格式,见表1-314。

单位工程观感质量评定表应采用统一的格式,见表1-315。

单位工程质量综合评定表应采用统一的格式,见表1-316。

(4) 单位工程当由几个分包单位施工时,其总包单位应对工程质量全面负责;各分包单位应按本标准和相应质量检验评定标准的规定,检验评定所承建的分项、分部工程的质量等级,并应将评定结果及资料交总包单位。

1.1 建筑工程

分部工程质量评定表

表 1-313

工程名称

序号	分项工程名称	项数	其中优良项数	备注
1				
2				
3				
4				
5				
6				
7				
⋮				
合计				优良率　　　%

评定等级	技术负责人：	核定意见		
	工程负责人：			核定人：

年　月　日

质量保证资料核查表

表 1-314

工程名称：

序		项目名称	份数	核查情况
1	建筑工程	钢材出厂合格证、试验报告		
2		焊接试(检)验报告,焊条(剂)合格证		
3		水泥出厂合格证或试验报告		
4		砖出厂合格证或试验报告		
5		防水材料合格证、试验报告		
6		构件合格证		
7		混凝土试块试验报告		
8		砂浆试块试验报告		
9		土壤试验、打(试)桩记录		
10		地基验槽记录		
11		结构吊装、结构验收记录		

1 地基与基础工程施工阶段

续表

序	项 目 名 称		份 数	核查情况
12	建筑采暖卫生与煤气工程	材料、设备出厂合格证		
13		管道、设备强度、焊口检查和严密性试验记录		
14		系统清洗记录		
15		排水管灌水、通水试验记录		
16		锅炉烘、煮炉、设备试运转记录		
17	建筑电气安装工程	主要电气设备、材料合格证		
18		电气设备试验、调整记录		
19		绝缘接地电阻测试记录		
20	通风与空调工程	材料、设备出厂合格证		
21		空调调试报告		
22		制冷管道试验记录		
23	电梯安装工程	绝缘、接地电阻测试记录		
24		空、满、超载运行记录		
25		调整、试验报告		
核查结果	企业技术部门 或监督部门 章 负责人 年 月 日			

注：1. 本表适用于工业与民用建筑的建筑工程和建筑设备安装工程。有特殊要求的工程，可据实增加检查项目；
2. 合格证、试(检)验单或记录单内容应齐全、准确、真实；抄件应注明原件存放单位，并有抄件人、抄件单位的签字和盖章。

单位工程观感质量评定表　　　　　　　　　　　　　　表1-315

工程名称：

序号	项 目 名 称		标准分	评 定 等 级					备 注
				一级 100%	二级 90%	三级 80%	四级 70%	五级 0	
1	建筑工程	室外墙面	10						
2		室外大角	2						
3		外墙面横竖线角	3						
4		散水、台阶、明沟	2						
5		滴水槽(线)	1						
6		变形缝、水落管	2						
7		屋面坡向	2						
8		屋面防水层	3						
9		屋面细部	3						

1.1 建筑工程

续表

序号	项目名称		标准分	评定等级					备注
				一级 100%	二级 90%	三级 80%	四级 70%	五级 0	
10	建筑工程	屋面保护层	1						
11		室内顶棚	4(5)						
12		室内墙面	10						
13		地面与楼面	10						
14		楼梯、踏步	2						
15		厕浴、阳台泛水	2						
16		抽气、垃圾道	2						
17		细木、护栏	2(4)						
18		门安装	4						
19		窗安装	4						
20		玻璃	2						
21		油漆	4(6)						
22	室内给排水	管道坡度、接口、支架、管件	3						
23		卫生器具、支架、阀门、配件	3						
24		检查口、扫除口、地漏	2						
25	室内采暖	管道坡度、接口、支架、弯管	3						
26		散热器及支架	2						
27		伸缩器、膨胀水箱	2						
28	室内煤气	管道坡度、接口、支架	2						
29		煤气管与其他管距离	1						
30		煤气表、阀门	1						
31	室内电器安装	线路敷设	2						
32		配电箱(盘、板)	2						
33		照明器具	2						
34		开关、插座	2						
35		防雷、动力	2						

续表

序号	项目名称		标准分	评定等级					备注
				一级 100%	二级 90%	三级 80%	四级 70%	五级 0	
36	通风	风管支架	2						
37		风口、风阀、罩	2						
38		风机	1						
39	空调	风管、支架	2						
40		风口、风阀	2						
41		空气处理室机组	1						
42	电梯	运行、平层、开关门	3						
43		层门、信号系数	1						
44		机房	1						
合计			应得　　　分,实得　　　分,得分率　　　%						

检查人员：

注：1. 表中某项目含有若干分项时,其标准分值可根据比重大小先行分配,然后分别评定等级；
2. 检查数量：室外和屋面全数检查；室内按有代表性的自然间抽查10%,应包括附属房间及厅道等；
3. 评分等级标准：抽查或全数检查的处(件)均符合相应质量检验评定标准合格规定的项目,评为四级；其中,有20%～49%的处(件)达到本标准优良规定者,评为三级；有50%～79%的处(件)达到本标准优良规定者,评为二级；有80%及其以上的处(件)达到本标准优良规定者,评为一级。有不符合本标准合格规定的处(件)者,评为五级,并应处理；
4. 表中带括号的标准分,表示工作量大时的标准分；
5. 表中电梯的标准,是按一台列的分,当为两台时,总分为10分；三台及三台以上时总分为15分；
6. 由于观感评分受评定人的技术水平、经验等的主观影响,所以评定时应由三人以上共同评定。

单位工程质量综合评定表　　　　表1-316

工程名称：　　　　　　　施工单位：　　　　　　　开工日期：　年　月　日
建筑面积：　　　　　　　结构类型：　　　　　　　竣工日期：　年　月　日

项次	项目	评定情况	核定情况
1	分部工程评定汇总	共　　　分部,其中优良　　　分部,优良率　　　% 主体分部质量等级 装饰分部质量等级 安装主要分部质量等级	
2	质量保证资料	共核查　　　项,其中符合要求　　　项,经鉴定符合要求　　　项	
3	观感评定	应得　　　分 实得　　　分 得分率　　　%	

续表

项次	项目	评定情况	核定情况
4		企业评定等级： 企业经理　　　　　公章 企业技术负责人　　年 月 日	工程质量监督 　主管部门 核定结果： 站　　长　　　　　公章 主管部门负责人 　　　　　　　年 月 日

(5) 生产者自我检查是检验评定的基础：

标准规定"分项工程质量应在班组自检的基础上，由单位工程负责人组织有关人员进行评定，专职质量检查员核定"。

质量检验评定首先是班组在施工过程中的自我检查，自我检查就是按照施工规范和操作工艺的要求，边操作边检查，将误差控制在规定的限值内。这就要求施工班组搞好自检、互检、交接检。自检、互检主要是在本班组（本工种）内部范围进行，由承担分项工程的工种工人和班组长等参加。在施工操作过程中或工作完成后，对产品进行自我检查和互相检查，及时发现问题，及时整改，防止质量检查成为"马后炮"。班组自我质量把关，在施工过程中控制质量，经过自检、互检使工程质量达到合格或优良标准。单位工程负责人组织有关人员（工长、班组长、班组质量员），对分项工程（工种）检验评定，专职质量检查员核定，作为分项工程质量评定及下一道工序交接的依据。自检、互检突出了生产过程中加强质量控制，从分项工程开始加强质量控制，要求本班组（或工种）工人在自检的基础上，互相之间进行检查督促，取长补短，由生产者本身把好质量关，把质量问题和缺陷解决在施工过程中。

自检、互检是班组在分项（或分部）工程交接（分项完工或中间交工验收）前，由班组先进行的检查；也可是分包单位在交给总包之前，由分包单位先进行的检查；还可以是由单位工程负责人（或企业技术负责人）组织有关班组长（或分包）及有关人员参加的交工前的检查，对单位工程的观感和使用功能等方面易出现的质量疵病和遗留问题，尤其是各工种、分包之间的工序交叉可能发生建筑成品损坏的部位，均要及时发现问题及时改进，力争单位工程一次验收通过。

交接检是各班组之间，或各工种、各分包之间，在工序、分项或分部工程完毕之后，下一道工序、分项或分部工程开始之前，共同对前一道工序、分项或分部工程的检查，经后一道工序认可，并为他们创造了合格的工作条件。例如，基础公司把桩基交给土建公司，瓦工班组把某层砖墙交给木工班组支模，木工班组把模板交给钢筋班组绑扎钢筋，钢筋班组把钢筋交给混凝土班组浇筑混凝土，土建施工队把主体工程（标高、预留钢、预埋铁件）交给安装队安装水电等等。交接检通常由单位工程负责人（或施工队技术负责人）主持，由有关班组长或分包单位参加。其是下道工序对上道工序质量的验收，也是班组之间的检查、督促和互相把关。交接检是保证下一道工序顺利进行的有力措施，也有利于分清质量责任和成品保护，也可以防止下道工序对上道工序的损坏。其促进了质量的控制。

在分项工程、分部工程完成后，由施工企业专职质量检查员，对工程质量进行核定。其中地基与基础分部工程、主体分部工程，由企业技术、质量部门组织到施工现场进行检查验收和质量核定,以保证达到标准的合格规定,以便顺利进行下道工序。专职质量检查员正确掌握国家验评标准,是搞好质量管理的一个重要方面。

以往单位工程质量检查达不到合格,其中一个重要原因就是自检、互检、交接检执行不认真,检查马虎,流于形式,有的根本不进行自检、互检、交接检,干成啥样算啥样。有的工序、分项(分部)以及分包之间,不检查、不验收、不交接就进行下道工序,单位工程不自检就交给用户,结果是质量粗糙,使用功能差,质量不好,责任不清。

(6) 谁生产谁负责质量:

质量检查首先是班组在生产过程中的自我检查,这是一种自我控制性的检查,是生产者应该做的工作。按照操作规程进行操作,依据验评标准进行工程质量检查,使生产出的产品达到标准规定的合格或优良,然后交给单位工程负责人,组织进行分项工程质量等级的检验评定。

施工过程中,操作者按规范要求随时检查,为体现谁生产谁负责质量的原则,标准中规定单位工程负责人组织检验评定分项工程质量等级;相当于施工队一级的技术负责人组织评定分部工程质量等级;企业技术负责人组织单位工程质量检验评定。在有总分包的工程中总包单位对工程质量应全面负责,分包单位应对自己承建的分项、分部工程的质量等级负责,这些都体现了谁负责生产谁负责质量的原则,自己要把关,自己认真评定后才交给下一道工序(即用户)。

好的质量是施工出来的,操作人员没有质量意识,管理人员没有质量观念,不从自己的工作做起,想搞好质量是不可能的。所以,这次标准修订过程中,规定了各级都要承担质量责任,从分项工程就严格掌握标准,加强控制,把质量问题消灭在施工过程中。而且层层把关,各负其责,为搞好质量而共同努力。

(7) 加强第三方认证:

在标准中,分项、分部工程质量检验评定规定了由专职质量检查员核定的内容。这种核定是企业内部质量部门的检验,也是质量部门代表企业验收产品质量,以保证企业生产合格的产品,以克服干成什么样就算什么样的状况。分项、分部工程的质量等级不能由班组来自我评定,应以专职质量检查员核定的质量等级为准。达不到标准的合格规定,生产者要负责任,质量部门要起到督促检查的作用。

质量监督是按城市建立有权威的工程质量监督机构,根据有关法规和技术标准,对本地区的工程质量进行了监督检查,这种检查是第三方的监督检查认证。第三方认证是质量监督部门代表当地政府对企业交付的工程(产品)进行检验核定其质量等级。因此当地质量监督部门,对工程进行质量等级的核定是最后单位工程评定的质量等级,是工程交工验收的依据。

(8) 检验评定程序及组织:

1) 检验评定程序:

为了方便工程的质量管理,根据工程特点,把工程划分为分项、分部和单位工程。检验评定的顺序首先检验评定分项工程质量等级,再评定分部工程,最后评定单位工程的质量等级。

对分项工程、分部工程、单位工程的质量检验评定,都是由先评定再核定两个程序组成。

2) 检验评定组织:

标准明确规定,分项、分部和单位工程分别由单位工程负责人、相当于施工队一级的技术负责人、企业技术负责人组织评定。但由于地基与基础和主体分部工程的质量,关系到建筑的整体结构安全、技术性能,其施工方案、技术管理多数单位都是由企业技术部门负责,检验评定也应由企业的技术和质量部门来组织核定,这是符合当前多数企业的实际情况的,这样做也突出了这两个分部的重要性。

至于一些有特殊要求的建筑设备安装工程,以及一些使用新技术、新结构的项目,应按设计和主管部门要求组织有关人员检验评定。

各项检验评定程序的相互关系,见表1-317。

各项检验评定程序关系对照　　　　　表1-317

序号	质量检验评定用表名称	质量自检人	质量等级评定		质量等级核定
			验评组织人	参加验评人员	
1	分项工程质量检验评定表	班组长	单位工程负责人	工长、班组长	专职质量检查员
2	分部工程质量评定表	单位工程负责人	相当施工队一级的技术负责人	单位工程负责人、工长(有特殊要求的建筑设备安装工程、新技术、新结构,按设计要求)	专职质量检查员(地基与基础工程、主体工程由企业技术和质量部门组织核定)
3	质量保证资料核查表	相当施工队一级的技术负责人	企业技术负责人	单位工程负责人、分包单位、相当施工队一级的技术负责人、企业技术和质量部门	市(县)工程质量监督站
4	单位工程观感质量评定表	相当施工队一级的技术负责人	企业技术负责人	单位工程负责人、分包单位、相当施工队一级的技术负责人、企业技术和质量部门	市(县)工程质量监督站
5	单位工程质量综合评定表	相当施工队一级的技术负责人	企业技术负责人组织,企业经理和技术负责人共同签字负责	单位工程负责人、分包单位、相当施工队一级的技术负责人、企业技术和质量部门	市(县)工程质量监督站

5. 分项工程质量达不到合格标准,返工处理后质量等级的确定

分项工程质量不符合合格的规定,通常应该在分项工程质量检验评定过程中发现,对不合格的分项工程要进行分析,找出是哪个或哪几个项目达不到质量合格标准的规定。其中包括分项工程的保证项目、基本项目有哪些条款不符合标准规定,也包括允许偏差项目的合格率低于70%,或某项实测数值超过允许偏差值太多,影响到结构的安全。造成不符合合格规定的原因很多,有操作技术方面的,也有管理不善方面的。因此,一旦发现分项工程质量任一项不符合合格规定时,必须及时组织有关人员,查找分析原因,并按有关技术管理规定制定补救方案,及时进行处理。经处理后的分项工程,再按规定确定其质量等级。该种质量等级的确定通常有以下几种情况：

（1）返工重做的分项工程：

返工重做包括全部或局部推倒重来的处理，处理后经复查，质量能达到原设计要求。如某住宅楼一层砌砖，检验评定时，发现砖的强度等级为MU5，达不到设计要求的MU10，推倒后重新使用MU10砖砌筑的砖砌体工程的质量，可以重新评定其质量等级。

重新评定质量等级时，要对该分项工程按规定，重新抽样、选点、检查和评定，重新填分项工程质量评定表，重新评定的质量等级就是该分项工程的质量等级。质量等级可以是合格，也可以是优良。

（2）经加固补强或鉴定的分项工程：

1）经加固补强能够达到要求的分项工程：

这是指加固补强后，未造成改变外形尺寸或未造成永久性缺陷后果的。如混凝土浇筑措施不够落实，发生了孔洞或主筋露筋的缺陷，其缺陷超过了合格标准的规定。按技术措施用高一级强度的细骨料混凝土进行补救，经检查补救后能达到设计要求的。

2）经法定检测单位鉴定达到设计要求的分项工程：

这主要是指当留置的试块失去代表性，或因故缺少试块的情况，以及试块试验报告缺少某项有关主要内容，也包括对试块或试验结果报告有怀疑时，请国家或地方认定批准的检测机构，对工程进行检验测试。其测试结果证明，该分项的工程质量能够达到原设计要求的。

凡出现上述情况，其所涉及的分项工程的质量不论其处理后，是达到合格还是优良的质量等级，都只能评为合格，不能评为优良。理由是虽然达到设计要求，但毕竟是发生了事故，事实上也存在着缺陷，因此评为优良是不合适的。但只要引起注意，加强管理，制定有效措施，把这个分部工程中的其他分项工程质量搞好，并不影响分部工程的质量等级评为优良。但对一些单位，不引起注意，不吸取教训，连续出现鉴定项目或补强项目，或不能评为优良的分项工程大于50%时，就会影响到所在分部工程的质量，不能评为优良等级。

（3）改变了外形尺寸或造成永久性缺陷的分项工程：

即经法定检测单位鉴定达不到原设计要求，但经设计单位鉴定认可，尚能满足工程的结构安全和使用功能要求，可不加固补强的；或经加固补强改变了外形尺寸或造成永久性缺陷的分项工程，其质量等级的确定。

1）经法定检测单位鉴定，其反映工程质量的数据虽未满足原设计要求，但经过设计单位验算尚可满足结构安全和使用功能要求的，可不加固补强的分项工程。如某五层砖混结构，一、二、三层用M10砂浆砌筑，四、五层为M5砂浆砌筑。在施工过程中，由于管理不善等，其三层砂浆强度仅达到M7.5，没达到设计要求，按规定应评为不合格，但经过原设计单位验算，砌体强度尚可满足结构安全和使用功能，可不返工和加固。

2）一些出现达不到设计要求的工程，经过验算满足不了结构安全和使用功能要求，需要进行加固补强，但加固补强后，改变了外形尺寸或造成永久性缺陷。这是指经过补强加大了截面，增大了体积，设置了支撑，加设了牛腿等，使原设计的外形尺寸有了变化。如墙体强度严重不足，采用双面加钢筋网灌喷豆石混凝土补强，加厚了墙体，缩小了房间的使用面积等。

造成永久性缺陷是指通过加固补强后，只是解决了结构性能问题，而其本质并未达到原设计要求的，均属造成永久性缺陷。如某工程地下室发生渗漏水，采用从内部增加防水层堵漏,虽然不渗漏了,满足了使用要求,但却使那部分墙体长期处于潮湿甚至水饱和状态;又如某工程的空心楼板的型号用错,以小代大,虽采取在板缝中加筋和在上边加铺钢筋网等措施,使承载力达到设计要求,但总是留下永久性缺陷。

以上二种情况,其工程质量可定为合格,但所在分部工程质量不能评为优良。因上述情况,分项工程的质量已不能再评为合格了,但由于其尚可满足结构安全和使用功能要求,对这样的分项工程质量,只"定"为合格,而不再评为优良是合理的。如果不能满足结构性能和使用功能的基本要求,分项工程也不能"定"为合格。

定为合格的分项工程,如在地基与基础、地面与楼面、门窗、屋面工程分部工程,在单位工程评定时,标准未规定为主要分部工程的,则其只影响评定相关分部工程的优良率,如果分部工程优良率达到50%及其以上,所在单位工程还是可以评为优良的。如果以分部工程为主定为合格的分项工程在主体分部工程或装饰分部工程及建筑设备安装分部工程指定必须优良的分部工程,则单位工程就不能评为优良。

(4) 做好原始记录:

经处理的分项工程必须有详尽的记录资料,原始数据应齐全、准确,能较确切说明问题的演变过程和结论,这些资料不仅应纳入分项工程质量评定资料中,还应纳入单位工程质量保证资料中,以便据以确定单位工程的质量等级。影响到结构安全的资料,应包括在竣工资料中,以便在工程使用、管理、维修及改建、扩建时作为参考依据等。

1.1.9.2 评定表格使用说明及举例

1. 分项工程评定表格使用说明及举例

(1) 分项工程评定用表的填写方法:

在实际的工程质量检验评定中,是通过评定用表来进行的,评定表是各分项工程专用的,是将某一分项工程的保证项目、基本项目和允许偏差项目的质量指标,逐一列入分项工程的样表,并预先印制好的专门表格。保证项目逐条列在表格中;允许偏差全部列在表中;基本项目由于分为"合格"与"优良"的质量指标,指标的文字较多,将其全部列入表中有困难,只将该条的标题列出,合格、优良的质量指标附于表后,并将保证项目、允许偏差项目的检查数量、检验方法也附在表后。

各项目的填写方法及注意事项如下:

1) 表头上"工程名称"和"部位"的填写:

工程名称应填写单位工程的名称,如机加工车间厂房。在单位工程较多的建筑群中,还应把小区或单位的名称及单位工程的编号写上。如×××小区×号楼、××厂××号厂房等。

部位应填写分项工程所在单位工程的位置,通常填写所在分部工程的名称。如主体三层砌砖工程。

2) 保证项目栏中"质量情况"栏目的填写:

将该项目质量保证资料中的检测数据、质量结论,用简练的文字或数据给予填写。说明满足标准、规范规定的情况,尽量不用"符合要求"等笼统用词来填写。

3) 基本项目栏中"质量情况"和"等级"二个栏目的填写:

质量情况栏分为若干小格(一般分为10格),每一个小格内填写一个检查处(件)的相应项目的检查结果等级,记录时,凡是采用数据来确定优良、合格等级的,应填入实际检查取得的数据。这样不但能评出质量等级,还能较详细地分析操作技术水平,以及有利本身各时期、各班组之间数据的相互比较。凡不能以数据填入格内的,可用评定代号填写,如优良"√",合格"○",不合格"×"。其填写程序是:

A. 填写每一个小格,逐一检查每一项的检查处(件)所达到相应标准的合格或优良质量等级,并分别将各处的数据或评定代号依次填入每一个小格内。

B. 评定每一项目的质量等级。如果每一项的所有检查处(件)全部达到合格,则该项目评为合格。在合格基础上,其中检查处(件)有50%及其以上达到优良,该项目可评为优良。优良处(件)达不到50%时,该项目也只能评为合格。等级栏内填写合格或优良评定结果。如果检查处(件)有一个处(件)达不到合格标准时,该项目则不能评为合格,必须进行返修,直到全部检查处(件)都达到合格。

C. 统计基本项目中各项目的优良率。在每个项目都评出质量等级后,再将各项目进行(竖向)统计。各项目都达到合格,则分项工程的基本项目评为合格。在合格的基础上,且项数中有50%及其以上为优良时,则该分项工程的基本项目评为优良;如优良项不足所评项数的50%,则分项工程的基本项目仍评为合格。

4) 允许偏差项目"实测值"栏的测量值记录:

允许偏差项目的检验是实地测量各点的数值。把测得的实际数字,依次填写在实测值的各个小格内。有正负值要求的项目,应在实际测量得到的数字前冠以"+"或"-"号区别。当某点实际测得的数值超出允许偏差值时,应将该点的数字连同正负号,用红色圆圈标出,以便统计超差点时一目了然。

实测值的测量方法,在各具体分项中都有说明,附在评定表格的背面。

5) 检验结果栏:

检验结果栏是综合上述保证项目、基本项目和允许偏差项目的评定结果。将保证项目各项的数据与设计要求及规范规定相比较,把检查×项×项符合要求填入相应的栏格内。将基本项目的等级栏格竖向统计,把检查×项×项达到优良,及优良率计算后,都填入相应栏格内。把允许偏差项目实测的点数和在允许偏差值及其以内的点数,按其比值计算出测点合格率后,都填入相应栏格内。

6) 评定等级栏:

此栏分为评定和核定两格,评定等级是由单位工程负责人,组织工长、班组长等有关人员评定的结果,由单位工程负责人填写。核定等级是由专职质量检查员,根据单位工程负责人组织有关人员评定的结果,核查技术资料、现场了解情况后,按核定的结果填写。通常专职质量检查员,也一起参加单位工程负责人组织的检查评定,随时交换意见,一般多听取和尊重专职质量检查员的意见,其评定和核定的质量等级是一致的。只有意见难取得一致时,才出现评定和核定质量等级不一致。分项工程的质量等级以核定质量等级为准。

最后有关人员签字负责,注明评定日期。

(2) 分项工程检验评定举例:

1) 建筑工程主体分部工程所含分项工程质量等级评定举例:

混凝土分项工程:

本分项工程适用于工业与民用的建筑物(构筑物)现场直接浇筑于工程上的普通混凝土浇筑工程。浇筑方法可以手工,也可用泵送。施工之前应划分好分项工程,如果是多层或单层有变形缝时,要按楼层或变形缝划分,并注意分项工程的划分各层要基本一致,且大小也应基本一致,并与模板、钢筋分项工程对应。注意浇筑中的次序,适当而周密的振捣是保证混凝土工程质量的重要环节。浇筑过程中,对模板的监护也是一个重要内容。

现以某厂六层钢筋混凝土框架办公楼,一层的钢筋混凝土柱的混凝土浇筑分项工程为例,说明评定程序。

工程概况:某厂办公楼,现浇钢筋混凝土框架结构,共六层,首层高 3.2m,建筑面积 8488m²,先施工框架,后做填充墙,该办公楼一层共有 116 根柱,按规定抽取 10%,共应抽取 12 根柱检查。混凝土浇筑应在模板、钢筋分项工程评定质量等级达到合格规定后进行。

A. 保证项目:

32.5 级普通硅酸盐水泥出厂合格证 1 份,其质量指标符合 32.5 级水泥的规定,出厂日期到使用时未超过三个月;石子分析报告 1 份,2~4cm 碎石,其颗粒级配、物理性能均符合规定,砂子分析报告 1 份,粗河砂,颗粒、物理性能符合规定,其中草根等杂质较多,在使用前进行了过筛和检验;水用饮用自来水,无外加剂。

有配合比试验单 1 份,符合规定,现场计量器具设施完善准确,计量管理有效;强制式搅拌机搅拌充分正常,浇筑方法符合规范规定,捣固密实,每根柱子未留施工缝;养护采用每天浇水 2 次养护,有专人管理。

设计 C20 混凝土,2 组混凝土试块,其强度分别为 24.3N/mm²、22.8N/mm²,强度满足规范要求,未发现裂缝。

保证项目检查 4 项符合规范规定。

B. 基本项目:

蜂窝:检查 12 根柱,8 根有少许蜂窝,但最大的 1 处均小于 200cm²,每根累计面积也远小于 400cm²,1 根基本无蜂窝,这 9 根评为优良;另外 3 根每根在楼板接头处,虽有 2~3 处蜂窝,但最大 1 处也小于 1000cm²,每根上累计面积也小于 2000cm²,评为合格。蜂窝项目评为优良。

孔洞:检查 12 根柱,有 10 根柱没有孔洞,为优良;有 2 根在模板接头处,各有 1 处大于蜂窝深度的地方,但面积均小于 40cm²,评为合格。孔洞项目评为优良。

露筋:12 根柱上均无主筋露出的地方,全部优良。此项评为优良。

缝隙夹渣:12 根柱上,全无缝隙夹渣层,全部优良,此项评为优良。

基本项目检查 4 项,全部符合优良规定,优良率 100%。

C. 允许偏差项目:

柱子应检查的项目有轴线位移、截面尺寸、每层的垂直度和表面平整度 4 个项目。轴线位移每根柱测 1 点,截面尺寸每根柱测一个断面计 2 点,垂直度和平整度测 2 个方向各 1 点,共实测 84 点,在允许偏差值范围内的 76 点,合格点率为 90.5%。

主体一层框架柱混凝土分项工程评为优良,填写方法详见表 1-318。

2) 建筑工程主体分部工程所含分项工程质量等级评定举例:

混凝土分项工程质量检验评定表

表 1-318

工程名称：某框架结构办公楼　　　　　　　　　　部位：主体一层框架柱：(单层多层)

		项　目					质　量　情　况						
保证项目	1	混凝土所用的水泥、水、骨料、外加剂等必须符合施工规范和有关标准的规定					水泥合格证 1 份，粗细骨料试验单各 1 份，饮用水均符合规定，无外加剂						
	2	混凝土的配合比、原材料计量、搅拌、养护和施工缝处理必须符合施工规范的规定					配合比单 1 份，无施工缝，现场计量设施完善，搅拌正常，浇水养护，每日 2 次						
	3	评定混凝土强度的试块，必须按《混凝土强度检验评定标准》(GBJ 107—87)的规定取样、制作、养护和试验，其强度必须符合本标准第 5.3.3. 条规定(略)					C20 试块 2 组，分别达到 24.3N/mm² 和 22.8N/mm²，符合要求						
	4	设计不允许有裂缝的结构，严禁出现裂缝；允许出现裂缝的结构，其裂缝宽度必须符合设计要求					未发现裂缝						

		项目	质　量　情　况										等级
			1	2	3	4	5	6	7	8	9	10	
基本项目	1	蜂窝	√	√	○	√	○	√	√	√○	√√		优　良
	2	孔洞	√	√	○	√	○	√	√	√√	√√		优　良
	3	主筋露筋	√	√	√	√	√	√	√	√	√√		优　良
	4	缝隙夹渣层	√	√	√	√	√	√	√	√	√√	√√	优　良

		项目	允许偏差 (mm)				实测值 (mm)									
			单层多层	高层框架	多层大模	高层大模	1	2	3	4	5	6	7	8	9	10
允许偏差项目	1 轴线位移	独立基础	10	10	10	10										
		其他基础	15	15	15	15										
		柱、墙、梁	8	5	8	6	6	7	7	4	8	3	2	⑨	3 3	2 3
	2 标高	层　高	±10	±5	±10	±10										
		全　高	±30	±30	±30	±30										
	3 截面尺寸	基　础	+15 −10	+15 −10	+15 −10	+15 −10										
		柱、墙、梁	+8 −5	±5	+5 −2	+5 −2	+2 0	+4 ⑩	+4 +3	+1 +5	−1 ⑨	+5 0	+2 +1	⑪ +7	+2 +1 +2 +2	+4 +4 +3 −1
	4 柱、墙垂直度	每　层	5	5	5	5	4 2	3 2	5 2	2 2	5 4	3 4	⑥ 2	3 2	2 3 3 1	4 5 4 1
		全　高	H/1000 且≯20	H/1000 且≯30	H/1000 且≯20	H/1000 且≯30										
	5	表面平整度	8	8	4	4	2 7	4 4	4 ⑨	6 8	7 5	⑥ 2	5 ⑩	2 4	1 3 3 2	2 3 1 3

续表

项目			允许偏差（mm）				实测值（mm）									
			单层多层	高层框架	多层大模	高层大模	1	2	3	4	5	6	7	8	9	10
允许偏差项目	6	预埋钢板中心线位置偏移	10	10	10	10										
	7	预埋管、预留孔中心线位置偏移	5	5	5	5										
	8	预埋螺栓中心线位置偏移	5	5	5	5										
	9	预留洞中心线位置偏移	15	15	15	15										
	10	电梯井 井筒长、宽对中心线	+25 −0	+25 −0	+25 −0	+25 −0										
		井筒全高垂直度	$H/1000$ 且≮30	$H/1000$ 且≮30	$H/1000$ 且≮30	$H/1000$ 且≮30										
检查结果	保证项目		检查4项均符合要求													
	基本项目		检查4项，其中优良4项，优良率100%													
	允许偏差项目		实测84点，其中合格76点，合格率90.5%													
评定等级	优良		工程负责人：××× 工　　长：××× 班　组　长：×××				核定等级		优良 质量检查员：×××							

注：1. H 为柱、墙全高。
2. 滑模、升板等结构的检验应按专门规定执行。
3. 蜂窝、孔洞、露筋、缝隙夹渣层等缺陷，在装饰前应按施工规范规定进行修整。
4. 表中允许偏差项目中带圈的数字为超差点。

1988年10月19日

砌砖分项工程：

适用范围及施工特点。本分项工程适用于普通砖、空心砖、灰砂砖和粉煤灰砖的砌体工程。砌体在砖混结构中多数为承重墙，在框架结构中多数为填充墙或隔墙，以及单层厂房的承重墙和以承担自重为主的围护墙等。砖砌体质量不仅受操作水平的影响，而且受材料、环境、作业条件等因素的约束。因影响因素多，质量差异大，严格控制和评定其质量，比别的分项工程更为重要。砖和砂浆的品种、强度等级、水平灰缝的砂浆饱满度及组砌方法是影响工程质量的主要项目。

工程概况：某住宅小区5号住宅楼，5层砖混结构，建筑面积3679m²。该楼与旁边6号楼进行流水作业，每层为一流水段，MU10砖、M5混合砂浆砌筑，每层面积736m²，68房间。三层砌砖完，评定其质量等级。

检查数量：保证项目全数检查，对水平灰缝砂浆饱满度，每步架抽查不少于3处，用百格网量其底面与砂浆的粘结痕迹面积，每处掀3块砖，取其平均值。其他项目，外墙按楼层（或4m高以内）每20m抽查1处，每处3延长米，但不少于3处；内墙按有代表性的自然间抽查10%，但不少于3间。本工程抽查6间房，外墙由脚手架上检查4点，共10点。

A．保证项目：

砌砖工程的主要质量特性是砌体的整体强度。这是保证项目的中心，包括砖、砂浆的强度，水平灰缝砂浆饱满度，留槎等项目。

（a）砖的质量：本工程使用 MU10 机制红砖，有出厂合格证 1 份，批量 20 万块，抗压强度、抗折强度及外观质量符合一级品。质量符合设计要求，批量满足实际使用量。

（b）砂浆强度：砂浆有试验室做的配合比试配单，M5 混合砂浆，现场计量用具齐全，有专人管理，计量认真，管理有效。本层砌体约 300m³，按规定应留置 2 组试块。试块尚未到龄期，可以暂评定本分项工程，待砂浆试块强度试验结果出来后，再正式评定其质量等级。

（c）水平灰缝砂浆饱满度：每步架翻 3 组，每组翻 3 块，取其平均值，共检查 6 组，均达到 80％ 以上，现场了解，该班组管理均衡有效，无严重不饱满的情况。饱满度最好一组为92％，最少的 1 组为 82％。所使用的测量砂浆饱满度的方法是正确的，符合标准规定。这样不仅检查了砂浆的饱满度，同时也检查了砂浆的和易性和砖的浸水情况。

（d）留槎：本工程大墙转角处同时砌筑，没有留槎。内外墙交接处均有构造柱，方便了砌筑。内纵墙与横墙的交接处留了斜槎，施工洞口留的直槎，每 8 皮砖加设一层（2 根）拉结筋，洞口上加了过梁。砌筑接槎时，都将槎口砖表面清理干净，并浇水润湿，灰缝较均匀，砂浆塞的密实。

保证项目资料齐全，整理及时，表格数据完善符合标准规定。试块到龄期试压后，达到设计强度的要及时补填入评定的栏目内；如试压强度达到 100％ 以上，原评定有效；如试块强度达不到设计要求，则要立即查清原因，采取措施，并对工程进行处理，符合要求后，才能继续施工。两组试块，设计强度分别达到设计强度的 112％ 和 123％，填入表中。原评定有效。

B．基本项目：

基本项目有错缝、接槎、拉结筋、构造柱及清水墙面等五方面。

（a）错缝：错缝是搞好砌体质量的一个重要指标，关系到砌体的整体性。关键是 ±0.00 以上第一皮砖的摆砖搁底，以及半截砖随砌随用，防止集中使用。把上下两皮砖的搭接长度小于 25mm 的错缝规定为通缝。连续通缝的皮数越多，对砌体整体性影响就越大。除规定在砖柱、墙垛处不能有包心砌法外，在一个检查处（室外 3 延长米长；4m 高的墙内；室内 1 个房间的 4 面墙）范围内，合格允许 4～6 皮砖的通缝不超过 3 处，即有 4 皮砖的通缝 4 处就是不合格，如有 1 处通缝达到 7 皮砖，也是不合格。优良则不允许有 4 皮砖的通缝，有 1 处就不能评优良，只能评合格。3 皮砖的通缝则没有限制处数。这是因为通缝包括内外通缝，砖石工程施工及验收规范规定，可用三顺一丁的组砌方法，即 3 皮砖的通缝可以有多数，也可以评优良。本项目有 7 处达到优良，3 处评为合格，可评为优良。

（b）接槎：砖砌体接槎也是保证整个房屋墙体整体性的一个重要指标，关系到墙体的质量，为保证槎口的灰浆饱满，施工过程应尽量少留槎，能同时砌筑的就不要留槎，非留不可时，应尽可能留成斜槎。如在临时间断处留斜槎困难时，留直槎必须做成阳槎，并按规定加拉结筋。本条主要是针对留直槎提出的要求。接槎处由于留槎时砖不平直、接槎时槎口不浇水润湿，就影响了灰浆的密实，灰浆不易饱满，从而影响到结构的整体性，通常灰缝厚度小于 5mm 就不易塞进灰浆，作为缺陷。允许缺陷的个数，是指在一层高度范围内的限值，层高超过 4m 时，按 4m 为 1 层计算。本项目没有发现超过 5 个缺陷点的接槎，故 10 点都评为优良。

1.1 建筑工程

(c) 拉结筋:设置拉结筋是为了增加构造柱与砖墙的整体性。其数量、长度应符合设计要求。设计无要求时,应按规范规定配置,其伸入每边的长度不少于50cm,每50cm高度埋设一道,每12cm厚度的墙埋一根 $\phi 6$ 拉结筋,末端应有90°弯钩。按皮数杆规定的位置埋设,在一个构造柱处,其中凡有一道拉结筋位置差2皮、3皮砖时,可评为合格。超过3皮达到4皮及以上时,就不能评为合格,应进行返修处理。每个接槎处的拉结筋数量、长度符合设计要求,位置不差或只差1皮时,可评为优良。本项2处位置不差,1处只差1皮,3处评为优良;7处位置差,达到2、3皮,没有达到4皮的,都评为合格。

(d) 构造柱:构造柱是近年为了增加房屋的抗震性能而大量使用的。构造柱要求位置正确,使墙体与构造柱联结为整体,留设大马牙槎,有利于增加整体刚度。其作用一是使砌体和构造柱联结成整体;二是大马牙槎先退后进,有利于柱子底部落地灰、砖渣等杂物的清除干净,使构造柱接头加强;三是有利于检查构造柱混凝土的密实情况。留置位置应正确,但标准中没有给出定量指标。检查时重点要控制柱的根部位置,按轴线位置偏移允许偏差 $\leqslant 10mm$ 就为正确。"上下顺直"可参照允许偏差相应的要求检查。大马牙槎的每一个槎口,高度宜为4～5皮砖。槎口进退宜为1/4砖为好。各柱大马牙槎先退后进,清理干净,有5个柱上下顺直欠缺,评为合格;其余5个柱评为优良。

(e) 墙体:没有清水墙。

C. 允许偏差项目:

共测87点,其中80点合格,合格点率91.9%。

允许偏差项目的测量,一般都比较熟识,在砌砖工程中,常常对轴线位置偏移及基础和砌体顶面标高等项目不够重视。其主要原因是这些项目的测量较麻烦,有的对测检方法不了解。"轴线位置偏移"是指砌砖分项工程砌完后,先标出砌体顶面几何轴线位置与通过控制桩标志的轴线位置相比较之差值。实测方法是,先测外围纵横墙的轴线位置偏移,然后再测量中部轴线的位置偏移。测基础时,可将龙门桩上的控制轴线,引移到基础顶面;楼层可用投影方法把底层的轴线引到楼层的砖墙顶面。关于"砖砌体顶面标高"偏差值的测定,要先在现场内核定临时水准点,用水准仪实测砌体顶面的标高与设计标高之差值,实测点的位置应选在大角、内外墙交接处以及大梁的梁垫底面为好。由于一些单位忽视这两项测量内容,造成了梁底标高超差,楼板的搁置长度不足,楼梯踏步高差大,以及地面标高失控等,从而影响到建筑的整体质量。

另外,表1-319的附注"每层垂直度偏差大于15mm时,应进行处理"的规定,目的是说明,在砌体工程中,垂直度超过允许偏差值,不仅要控制点数比例,同时也要控制偏差值不能超过太多。但也不便对每一项的偏差值都给出一个限值,只对垂直度给出了限值。当这个限值被超过时,分项工程也不能评为合格。其他限值也应本着这个精神,不能超差太大。分项工程垂直度偏差未达到15mm的点,不必处理,如表1-319所示。

D. 专职质量检查员核定工作程序如下:

3) 建筑工程装饰分部工程所含分项工程质量等级评定举例:

一般抹灰工程:

适用范围:适用于室内、外墙、顶的各种基体表面的抹灰,主要种类有石灰砂浆、水泥混合砂浆、水泥砂浆、聚合物水泥砂浆、膨胀珍珠岩水泥砂浆和麻刀石灰、纸筋石灰、石膏灰等。

砌砖分项工程质量检验评定表

表 1-319

工程名称：某小区 5 号住宅楼　　　　部位：三层

	项　目					质　量　情　况						
保证项目	1	砖的品种、强度等级必须符合设计要求				MU10 机制红砖，有出厂合格证，其批量能满足用量需要						
	2	砂浆品种必须符合设计要求，强度必须符合验评标准的规定				M5 混合砂浆，有试配单，现场计量准确，2 组试块分别达到设计强度的 112% 和 123%						
	3	砌体砂浆必须密实饱满，实心砖砌体水平灰缝的砂浆饱满度不小于 80%				82、84、92、89、88、89						
	4	外墙的转角处严禁留直槎，其他临时间断处，留槎的做法必须符合施工规范的规定				转角处同时砌筑、内墙丁字处有构造柱、内纵墙留有斜槎，施工洞直槎有拉筋						

	项　目	质　量　情　况										等级
基本项目		1	2	3	4	5	6	7	8	9	10	
	1 错　缝	√	√	√	√	√	○	○	○	√		优良
	2 接　槎	√	√	√	√	√	√	√	√	√		优良
	3 拉结筋	○	○	○	○	√	√	√	√	√		合格
	4 构造柱	○	○	○	○	○	○	○	○	√		
	5 清水墙面	○	○	√	√	√	√	√	√	○		优良

	项　目			允许偏差 (mm)	实测值 (mm)									
					1	2	3	4	5	6	7	8	9	10
允许偏差项目	1	轴线位移		10	3	5	5	9	10	10	8	2	5	5
	2	基础和墙砌体顶面标高		±15	-3	-5	-2	0	+2	+3	-10	⑭	-10	-6
	3	垂直度	每层	5	4	⑦	5	1	4	0	⑥	3	2	1
			全高 ≤10m	10										
			全高 >10m	20										
	4	表面平整度	清水墙、柱	5	2	3	6	2	6	8	⑩	4	6	5
			混水墙、柱	8										2	5
	5	水平灰缝平直度	清水墙	7	6	8	10	10	8	8	9	6	4	4
			混水墙	10										
	6	水平灰缝厚度（10 皮砖累计）		±8	-4	-6	-8	-6	⑲	-1	-0	-1	-2	-1
	7	清水墙面游丁走缝		20										
	8	门窗洞口（后塞口）	宽度	±5	±2	+4	+5	+5	+1	0	+1	+2	0	⑦
			门口高度	+15 / -5	+10	+15	+8	+10	+5	+12				
	9	预留构造柱截面	（宽度、深度）	±10	+5 / +4	+1 / +4	0 / ⑬	+10 / +6	+6 / +9					
	10	外墙上下窗口偏移		20										

检查结果	保证项目	检查 4 项，4 项符合要求
	基本项目	检查 4 项，其中优良 3 项，优良率 75%
	允许偏差项目	实测 87 点，其中合格 80 点，合格率 91.9%

评定等级	优　良	工程负责人：××× 工　长：×× 班组长：×××	核定等级	优　良　质量检查员：××

注：1. 每层垂直度偏差大于 15mm 时，应进行处理。
　　2. 表中允许偏差项目中带圈的数字为超差点。

1989 年 8 月 20 日

1.1 建筑工程　407

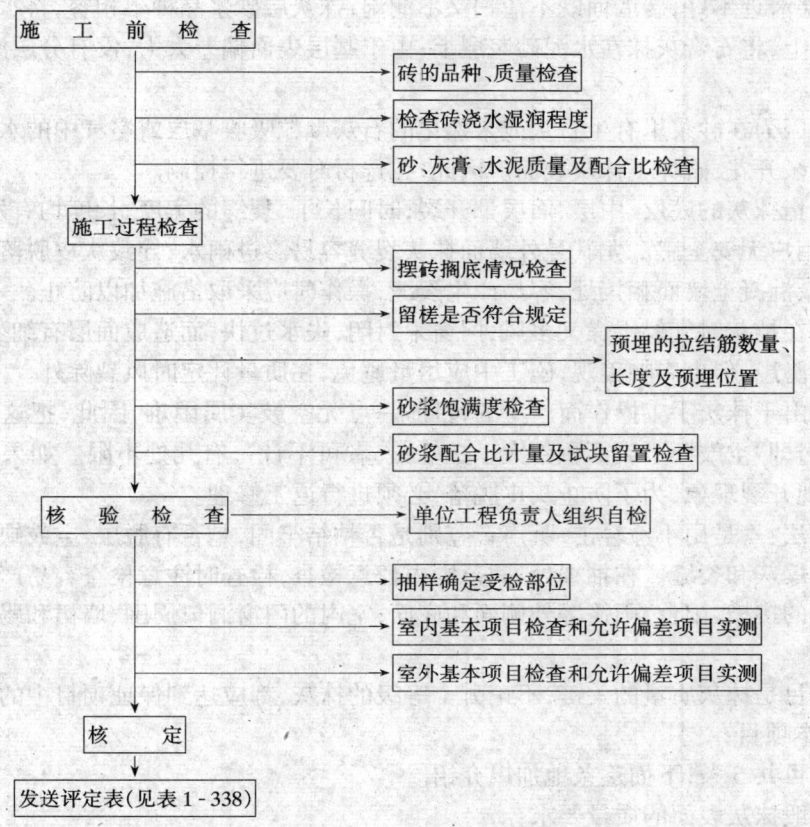

抹灰等级：一般抹灰按照质量要求和主要工序划分为普通、中级和高级三个等级。主要工序：普通抹灰为分层赶平、修整，表面压光；中级抹灰为阳角找方，设置标筋，分层赶平、修整，表面压光；高级抹灰为阴阳角找方，设置标筋，分层赶平、修整，表面压光。抹灰等级应由设计部门在施工图中注明。

一般抹灰用在室外，能保护主体结构，抗风雪、日晒和雨淋，增强保温、隔热、防潮、隔声等作用；若用在室内，可增强墙体的保温、隔热、抗渗、隔声能力，增加室内亮度，改善工作和居住条件的作用。但其主要作用还是保证使用功能和装饰效果。

为了使一般抹灰真正达到它应起的作用，规定了每个分项工程由保证项目、基本项目和允许偏差项目三方面进行全面核查。

质量标准及检验方法：

A．保证项目：

各抹灰层之间及抹灰层与基体之间必须粘结牢固，无脱层、空鼓，面层无爆灰和裂缝(风裂除外)等缺陷。

抹灰层粘结牢固，而无脱层、空鼓、爆灰、开裂等缺陷，这是粘结牢固的具体要求。如果抹灰粘结不牢，不仅达不到装饰美化的作用，而且还会造成安全隐患，灰皮脱落有可能伤人毁物，为此，一定严格控制。

施工中预先控制，要求各层灰浆的品种、配合比符合设计要求，操作方法符合操作规程或工艺标准。影响抹灰层粘结不牢的因素很多，如错用砂浆品种，设计用水泥砂浆而误用混合砂浆；基层清理不好，砖墙面既不清扫又不润湿；抹灰层砂浆品种不相容，将水泥砂浆抹在石灰砂浆层上，将石膏灰抹在水泥砂浆层上；由于基层表面偏差太大，没有分层涂抹，一次抹灰超厚。

爆灰是因为在砂浆里有生石灰或未熟化的石灰颗粒吸收基层或空气中的水分而发生膨胀，产生鼓泡、开花，破坏了抹灰表面。因此，在选材时要进行控制。

裂缝是指抹灰的底层、中层、面层都开裂，时间长了，裂缝的宽度、长度均有发展，既影响美观，又使用户无安全感。尤其是外墙面抹灰裂缝容易渗进雨水，导致灰皮脱落。在室内木基层与砖墙、混凝土墙面相接处，容易产生裂缝，操作时应采取措施加以防止。

风裂是在抹灰时气候干燥又多风，门窗未封闭，失水过快，而造成面层有细少裂纹，虽不会产生安全隐患，但也影响美观，施工中应尽量避免，在质量评定时风裂除外。

空鼓是由于抹灰手工操作而产生的，目前一点无空鼓实属困难，因此，把这种缺陷控制在最小程度，即"空鼓而不裂面积不大于 $200 cm^2$ 者可不计"，有几处不限。如果空鼓面积大了，或者出现开裂现象，为了防止灰皮脱落，必须进行返工修理。

检验方法：一是用小锤轻击，听声音鉴别是否粘结牢固，是否有脱层、空鼓缺陷。二是观察检查有无爆灰和裂缝。在抽查处、间范围内任意检查，检查时注意检查容易产生问题的部位。如室外的挑檐、阳台、雨篷等外侧面和底面；室内的门窗洞口周围、墙裙和踢脚的上边缘等。

保证项目是抹灰质量的关键，不论哪个等级的抹灰，都应达到保证项目中的规定。

B．基本项目：

基本项目共 5 条，下面逐条地加以介绍。

(a) 一般抹灰表面的质量要求：

普通抹灰

合格：大面光滑，接槎平顺。

优良：表面光滑、洁净，接槎平整。

中级抹灰

合格：表面光滑、接槎平整，线角顺直（毛面纹路基本均匀）。

优良：表面光滑、洁净，接槎平整，线角顺直清晰（毛面纹路均匀）。

高级抹灰

合格：表面光滑、洁净，颜色均匀，线角和灰线平直方正。

优良：表面光滑、洁净，颜色均匀，无抹纹，线角和灰线平直方正，清晰美观。

普通抹灰：操作时分层赶平，表面压光，大面上眼看是光滑的，接槎处无凸凹，且接槎平顺的评为合格；操作者认真，虽然是普通抹灰，但实际干的活与中级抹灰表面相似，表面光滑、洁净，接槎平整的，评为优良。

中级抹灰：观察和手摸检查，确认表面光滑无漏压，接槎平整无挡手感，所有的阴阳角顺直无弯曲竹节状者评合格；优良是在合格基础上要求洁净和线角清晰。洁净表面无整块纸筋，麻刀，无灰疙瘩，门窗框上所沾的灰浆用刷子刷净，抹灰的边角方正规矩。线角不单是顺直，而且给人以美的感觉，并使用户能够满意。条文中毛面纹路指抹水泥砂浆或水泥混合砂浆表面不压光而做成毛面，是使用木抹子搓或者用水刷子带成的纹路，不要求光滑，但按其纹路优劣分成两个档次。

高级抹灰：其质量应严格控制。因为高级抹灰从选材到操作工序以及应用的部位，都不同于中级抹灰，其质量除具备中级抹灰优良要求外，还要强调"颜色均匀"。如抹纹显著，受光影作用，将会使表面颜色不均匀，合格要求无明显抹纹，而优良要求无抹纹。

线角系指抹灰的阴阳角；"灰线"指装饰灰线。在顶棚与墙的相交处、顶棚灯具的周围、门窗的上部等，用模具扯成各种凸凹线型。现在有的把装饰灰线在工厂里预制成型，再运到现场安装，不管是现制或预制，其质量均执行本条规定。

(b) 孔洞、槽、盒和管道后面的抹灰表面质量要求：

合格：尺寸正确，边缘整齐；管道后面平顺。

优良：尺寸正确、边缘整齐、光滑；管道后面平整。

由于这些部位在施工中常常注意不够，且又宜损坏，不易操作和修补，故单独提出要求。"尺寸正确"是指抹灰部位预留的孔洞、槽、盒位置的尺寸和大小尺寸都符合设备安装的需要，如果安装设备时需要剔凿、凑合或勉强装上，这不能说尺寸正确；"边缘整齐"指孔洞、槽、盒圆的成圆，方的成方，边缘要修整，充分保证使用功能。"光滑"指槽、盒等里口和外表面眼看光滑，手摸无刺手感，活做得仔细认真。

管道后面抹灰质量也含暖气片等类似设备后边的抹灰表面质量。要求其平顺，不得有凸凹不平的痕迹。也不得有残余灰浆，因操作条件所限，不能和大面要求一个水平，达到平顺者为合格。如能采取措施，将管子后面的抹灰达到和大面上抹灰目测一样，或者基本一样时，应视为平整。

(c) 护角和门窗框与墙体间缝隙的填塞质量要求：

合格：护角材料、高度符合施工规范规定；门窗框与墙体间缝隙填塞密实。

优良：护角符合施工规范规定，表面光滑平顺；门窗框与墙体间缝隙填塞密实，表面平整。

对护角和门窗框与墙体间缝隙的堵塞质量，有两方面内容：

在室内的墙面抹石灰砂浆时，墙面、柱面和门窗口的阳角处必须做护角。所用砂浆为1:2～3的水泥砂浆，护角高度不低于2m(超出2m者不限)者为合格；当砂浆配合比和护角高度符合要求，而且护角两侧宽度不少于50mm，多者不限，护角与墙面抹灰交接处平顺不显接槎者为优良。

门窗框与墙体间缝隙的填塞必须密实，填塞材料按设计要求，表面平整美观的可评优良。

检验护角，要用小锤轻击或者在护角的不明显处刻划；检验门框与墙体间缝隙填塞质量时，要用小锤轻击门框里侧。但应注意轻轻敲击，防止损坏护角及门框。

(d) 分格条(缝)的质量要求：

合格：宽度、深度基本均匀，楞角整齐，横平竖直。

优良：宽度、深度均匀，平整光滑，楞角整齐，横平竖直、通顺。

做分格条(缝)时先弹线，将规格尺寸一致的米厘条预先浸湿，镶贴后适时取出，保护楞角，如有损坏加以修整即可达到合格标准。操作时仔细认真，缝内平整光滑，十字缝处上下左右对齐，无间断无错位，条缝规矩美观，即达到优良标准。

(e) 滴水线和滴水槽的质量要求：

合格：滴水线顺直；滴水槽深度、宽度均不小于10mm。

优良：流水坡向正确；滴水线顺直；滴水槽深度、宽度均不小于10mm,整齐一致。

滴水线（或称鹰嘴）成锐角顺直；滴水槽应镶贴米厘条,使槽的深度、宽度均不小于10mm,能起到挡水防止污水污染墙面作用即为合格；尚能做到流水坡向正确,如女儿墙顶面坡向屋面,避免了顶面灰尘污染立面。再加上滴水槽的深度、宽度符合要求,槽距抹灰边缘尺寸一致,槽内平整光滑和棱角完好,外观达到整齐一致者评为优良。

至于在什么部位做滴水线或滴水槽,施工规范已有规定,特殊艺术处理时,应按设计要求处理。

观察检查,如检查人员对尺寸大小有争议时,也可尺量。

C. 允许偏差项目：

一般抹灰的允许偏差和检验方法应符合表1-320的规定。

一般抹灰的允许偏差和检验方法　　　　表1-320

项次	项目	允许偏差(mm)			检验方法
		普通	中级	高级	
1	表面平整	5	4	2	用2m靠尺和楔形塞尺检查
2	阴、阳角垂直	—	4	2	
3	立面垂直		5	3	用2m托线板检查
4	阴、阳角方正		4	2	用方尺和楔形塞尺检查
5	分格条(缝)平直		3	—	拉5m线和尺量检查

注：1. 外墙一般抹灰,立面总高度的垂直偏差应符合验评标准表5.3.9和表6.1.11的有关规定。
　　2. 中级抹灰,本表第4项阴角方正可不检查。
　　3. 顶棚抹灰,本表第1项表面平整可不检查,但应平顺。

一般抹灰的允许偏差有5项,按三个等级的抹灰分别规定了允许偏差值。操作时应将偏差控制在允许范围内；班组自检时,应全数检查；质量等级评定时,抽样检查。为了统一检验评定方法,使质量好坏有可比性,因此,于选点位置及数量是值得研究的问题。

选择检测点的位置,可事先按照施工图确定抽查间（或处）数,同时确定允许偏差检测位置。

检测点的数量选择不同,评定结果也不同,考虑操作难易程度和对装饰效果影响太大,按"表面平整"和"立面垂直"各查2点,其余均查1点的比例来进行检测较好。

立面垂直：指室外抽检处、室内抽检房间的墙面垂直度,通常选择墙距地300mm以上、距墙角500mm以外,大面便于施测的部位。

表面平整：在立面垂直检测完毕后,随即进行检查,如测点要求多时以将尺贴在高度便于检查人员检查的地方为宜,顶棚抹灰目测,要求顺平,不做实测实量。

阴、阳角垂直：指抹灰墙面、柱面、门窗口的阴阳角垂直度。阴角可在角的一侧,距地300mm左右,距角150mm左右贴尺；阳角可在角的一侧,距地300mm左右,距角100mm左右贴尺。

阴、阳角方正：用方尺和楔形塞尺检查,检查部位以平身持尺,便于施测为宜。因为门窗口阳角里侧一般为100mm左右,因此采用的方尺大小可在100～200mm,标准中未作具体规定。中级抹灰工序仅作阳角找方,因此阴角方正可不检查。"不检查"不能理解成无限度的随意操作，其允许偏差4mm有指导意义，况且有的单位为强化质量控制，自行决定要检查。

分格条(缝)平直：分格在5m长范围内的允许偏差为3mm。如分格条缝仅有1～2m长，可目测达到横平竖直即可。

表1-320注1外墙一般抹灰，立面总高度垂直偏差应符合有关规定，指的是现浇混凝土结构全高单层，多层为$H/1000$且不大于20mm，高层为$H/1000$且不大于30mm；砖砌体≤10m为10mm，>10m为20mm，用经纬仪或吊线和尺量检查。具体到实际工程，有的项目可能没有，没有的项目不检查。

质量检验评定实例：

（a）工程概况：

某机关办公楼6层混合结构，室内墙面抹石灰砂浆(中级)，每层为一个分项工程，施工安排从第六层开始由上往下进行。为了总结经验，及时发现问题，及时改进，现对做完的6层室内墙面抹灰分项工程，进行检验评定。

（b）检查数量：

按规定，室外以4m左右高为一检查层，每20m长抽查1处(每处3延长米)，但不少于3处；室内按有代表性的自然间抽查10%，过道按10延长米，礼堂、厂房等大间可按两轴线为1间，但不少于3间。

第六层室内抹灰共56间，按10%抽查6间，选择有代表性的自然间，计划查办公室3间、单身宿舍1间、厕所1间、楼梯间1间。

（c）逐间检验评定：

第1间(办公室)：

保证项目 从现场了解到砖墙面提前1d浇水润湿，用1:3石灰膏砂浆打底，同种砂浆抹中层、纸筋灰罩面；钢筋混凝土基层也清理得很干净，用1:3:9水泥石灰膏砂浆打底，中层和面层同砖墙抹灰；为预防爆灰，所用的石灰膏提前一个月用块灰淋制。用小锤轻击和观察，门窗口周围的抹灰、电器槽盒附近、墙面平身高度的抹灰，未发现脱层、裂缝等缺陷。但有局部风裂、有面积不大于200cm²空鼓2处，因此确认材料符合标准要求，抹灰层粘结牢固。

基本项目 共5项实查3项，因室内抹灰无滴水线(槽)和分格条(缝)，所以少查2项。对整间墙面的每个点抹灰任意目测和手摸检查，目测接槎平整、阴阳角顺直，表面手感光滑，够合格标准。但发现阴角抹得不够光滑、墙面与顶棚相交接处不够整齐，阴阳角缺少清晰感，局部表面发黄显得不洁净，为此只能评为合格。

该间墙面有2个电插销和一个电开关，其位置都留得准确，插销和电开关周围的抹灰和大面一样光滑，有整齐感；暖气片后边的抹灰先抹的，与大面接槎顺平，有一立管其后面抹灰平整无粗糙感，为此该项评为优良。

门窗口处阳角，用小钉子刻划和用小锤轻击，可证实阳角从下至上都是用1:3水泥砂浆抹的，抹得光滑顺直并与墙面抹灰接槎平顺；门窗框与墙体之间缝隙填塞，用小锤轻击框的里口证实密实。该项评为优良。

把以上三项检查结果，用符号填在表1-321的"评定表"内。

允许偏差项目 实查4项。在没有门窗口的两边大面墙上分别贴尺(托线板)，看线坠所在刻度位置记垂直偏差，同时用塞尺检查表面平整；在门口的阳角处贴尺查垂直，同时用方尺查方正。将测得实际数字，填写在表1-321的"评定表"内。

一般抹灰分项工程质量检验评定表(室内)　　表 1-321

工程名称：某机关办公室　　　　部位：第六层抹灰(中级)

	项　目											质量情况	
保证项目	材料的品种、质量必须符合设计要求 各抹灰层之间及抹灰层与基体之间必须粘结牢固，无脱层、空鼓，面层无爆灰和裂缝(风裂除外)等缺陷											中级石灰砂浆，材料符合要求，粘结牢固，有2处不大于200cm^{2}的空鼓，无裂缝，但有轻微风裂	

		项　目	质　量　情　况										等级
			1	2	3	4	5	6	7	8	9	10	
基本项目	1	表面	○	○	○	√	○	○					合格
	2	孔洞、槽、盒和管道后抹灰表面	√	√	√	√	○	○					优良
	3	护角、门窗框与墙体间缝隙	√	○	○	○	√	○					合格
	4	分格条(缝)											

		项　目	允许偏差(mm)			实　测　值　(mm)									
			普通	中级	高级	1	2	3	4	5	6	7	8	9	10
允许偏差项目	1	立面垂直	—	5	3	5	4	⑦	4	⑦	5				
						4	5	5	3	4	⑦				
	2	表面平整	5	4	2	⑤	3	⑥	4	3	⑥				
						4	3	⑥	3	4	3				
	3	阴阳角垂直	—	4	2	4	3	4	2	2	1				
	4	阴阳角方正	—	4	2	3	4	⑥	2	4	2				
	5	分格条(缝)平直	—	3											

检查结果	保证项目	检查1项，符合要求
	基本项目	检查3项，其中优良1项，优良率33%
	允许偏差项目	实测36点，其中合格28点，合格率77.8%

评定等级	合格	工程负责人：××× 工　　长：×× 班 组 长：×××	核定等级	合　　格 质量检查员：×××

注：表中允许偏差项目中带圈的数字表示超差点。

1989年9月20日

阴阳角的垂直可以在同一间分别检测,也可在两个自然间里交替抽测;阳角方正可随垂直同时检查,也可在门窗口处分别查垂直与方正。

当第 1 间检验完毕,再用同样方法依次检查其他间。

分项质量等级:

材料符合要求,抹灰层粘结牢固;基本项目查 3 项,优良率 33%;允许偏差项目实测 36 点,合格率 77.8%,该分项评为合格,详见表 1-321。

4) 建筑工程装饰分部工程所含分项工程质量等级评定举例:

油漆分项工程

本分项工程适用于各类工程的油漆工程的检验评定。基层可以是木质、金属,以及坚固、平整、干燥的抹灰墙面等。混色油漆、清漆和美术油漆工程,不包括对钢结构以防护为主的油漆,以及防酸、碱等特殊要求的油漆。油漆的主要目的是美观,同时,也具有保护金属防止锈蚀,保护木材防止受潮等功能。其漏刷和涂刷遍数、脱皮和反锈,以及色泽、颜色、图案等是影响油漆工程质量的主要项目。

A. 检查数量:

室外按油漆面积抽查 10%,室内按有代表性的自然间抽查 10%,过道按 10 延长米,礼堂、厂房等大间按两轴线为 1 间,但不少于 3 间。检验方法主要是观察、手摸或尺量检查。

B. 工程概况:

某住宅工程,砖混结构 5 层,5 个单元,建筑面积 5186m²。每个单元一梯三户,均为三室一厅户型,有厨房、卫生间各 1 间,每户有 6 个自然间。钢窗木门,有简易窗帘盒,厨房有两个木质碗柜。设计要求全部为混色中级油漆,室外为深绿色,室内为米黄色。

按单元划分分项工程,评定一单元油漆分项工程。抽取居室 5 间,厨、厕各 2 间,厅 1 间,共 10 间(处)检查。为了更切合实际正确执行标准,将木材面和金属面分别评定。每间作为 2 点评定,金属面由于过厅没有窗户,故共计 19 点。

C. 保证项目:

所用油漆有出厂合格证,油性调合漆,其成分、颜色、品种、制造时间符合设计要求。涂刷遍数,三遍成活或四遍成活;未发现有脱皮及大的漏刷和反锈,个别木门小五金底、纱窗压纱条下有漏刷处,应补刷。

D. 基本项目:

透底、流坠、皱皮:10 个木门里外大面均无透底、流坠及皱皮现象,门四周侧面有流坠及轻微皱皮,有 3 个门只在装合页面有少许流坠,3 点评为优良,7 点评为合格;9 个钢窗里外面无透底、流坠及皱皮,但四周侧面流坠和皱皮较明显,多数集中在有焊接小五金的周围,9 点全部评为合格。此项计 3 点优良,16 点合格,评为合格。

光亮和光滑:木门里外大面,钢窗里外面光亮、光滑,侧面小面基本光亮光滑,有 7 个钢窗侧面光滑不够且不均匀,主要原因是窗加工粗糙及基层粗糙造成的,故此项计 7 点评为合格,12 点评为优良,评为优良。

分色裹楞:有 5 个窗及 3 个阳台门有分色线。钢窗裹楞较多,分色线不齐,木门室外外色压内色较多,都大于 1mm,8 点都只能评为合格。此项计 8 点都评为合格,评为合格。

装饰、分色线平直:无此项目。

颜色、刷纹:10 个木门颜色刷纹一致通顺,不显刷纹,评为优良;9 个钢窗侧面颜色一致较差,刷纹较乱,评为合格。此项计 10 点优良,9 点合格,评为优良。

五金、玻璃等污染:4 个木门的五金洁净,没有玻璃,评为优良,其余 6 个门的五金和玻璃基本洁净,9 个窗的玻璃及五金多数受污染,虽经过清理,但仍有轻微痕迹,故评为合格。此项计 4 点优良,15 点合格,评为合格。

基本项目检查 5 项,2 项优良,3 项合格,基本项目评为合格。

一单元油漆分项工程评为合格,但个别漏刷处应补刷。

评定结果详见表 1-322。

混色油漆(中级)分项工程质量检验评定表　　表 1-322

工程名称:某 5 层砖混结构住宅　　　　部位:单元油漆

保证项目		项　目				质　量　情　况						
	1	材料的品种、质量必须符合设计要求和有关标准规定				油漆合格证 2 份,其指标符合设计要求						
	2	混色油漆工程严禁脱皮、漏刷和反锈				无脱皮、反锈,个别木门小五金底有漏刷						

基本项目	项目		质　量　情　况									等级
			1	2	3	4	5	6	7	8	9	10	
	1	透底、流坠、皱皮	○	○	√	○	√	○	○	○	○	○	合格
			○	○	○	○	○	√	○	○	○	○	
	2	光亮和光滑	√	√	√	○	√	○	○	○	√	√	优良
			√	√	√	○	○	○	√	○	√	√	
	3	分色裹楞											合格
	4	装饰线、分色线平直											
	5	颜色、刷纹	√	√	√	○	√	○	√	○	○	√	优良
			√	√	√	○	√	√	√	○	○	○	
	6	五金、玻璃等	○	√	○	√	○	√	√	○	○	○	合格
			○	√	○	√	√	√	√	√	○	√	

检查结果	保证项目	检查 2 项,2 项符合要求
	基本项目	检查 5 项,其中优良 2 项,优良率 40%

评定等级	合　格	工程负责人:××× 工　长:××× 班组长:×××	核定等级	合　格 质量检查员:×××

1988 年 11 月 20 日

5) 建筑采暖卫生与煤气分部工程所含分项工程质量等级评定举例:

室内排水管道安装分项工程

本分项工程适用于室内生活排水、雨水排水用的铸铁管、碳素钢管、石棉水泥管、预应力钢筋混凝土管、钢筋混凝土管、混凝土管、陶土管、缸瓦管和硬聚氯乙烯塑料管的安装。不同材料的管道应单独评定。除碳素钢管排水管道的连接采用丝口连接、法兰连接和焊接连接以外,多数管材使用承插和套箍接口连接的形式,其多为石棉水泥填料接口。本项工程的重点是管径、管道的接口连接和水平管道的坡度,是保证使用功能不存水和不渗漏的关键。

现以室内生活铸铁排水管道安装分项工程为例,说明评定程序。

A．工程概况:

某住宅工程砖混结构 5 层,5 个单元,建筑面积 5186m^2。每个单元一梯三户,均为三室一厅户型。每户一个给水系统,二个排水系统。铸铁排水管的立管及主要管道的管径为 150mm,地漏排水管径 75mm,主要卫生设施管道及地漏管道入立管,全部使用斜三通,符合设计要求和规范规定。承插接口使用油麻石棉水泥打口。

评定一单元甲系统排水分项工程。

B．保证项目:

埋地管段有 8 个接口,隐蔽前进行灌水试验,8 个接口处均未发现渗漏。全系统试水时,10 个配水点的 7 个配水点的水龙头同时开放,排水管水流畅通,经观察各层的接口处未发现渗漏现象。各层水平管,因小于 2m 不便测量,观察检查有坡度,无倒泛水情况;埋地管道经用水平仪测量坡度在 10‰~12‰ 之间,由于管段只 6m 多长,坡度只测一点。管道及支座均放在夯实的土层,无冻土层。保证项目检查四项均符合规定。

C．基本项目:

承插及套箍接口,检查 10 处接口,均用油麻填充,用石棉水泥捻口,无抹口,填料密实饱满,有 3 个口捻口填料稍有凹入,灰口表面平整光滑欠缺,1 个口环缝间隙不够均匀,评为合格;其余 6 个口,环缝间隙均匀,灰口表面平整光滑,评为优良。支(吊、托)架及管座(墩)检查 10 个点,构造正确,埋设平整牢固,且有 5 个点排列整齐,支架与管子接触紧密评为优良;其余 5 个点评为合格。管道和金属支架涂漆检查 10 处,防锈漆一道及面漆两道符合设计要求,附着良好,无脱皮、起泡和漏涂,无污染现象,3 处无流淌,色泽一致,评为优良;7 处评为合格。基本项目检查 3 项,2 项优良,1 项合格,优良项数占 66.7%。

D．允许偏差项目:

共实测 23 点,合格 20 点,合格率 87%。

一单元甲系统铸铁排水分项工程评为合格。详见表 1-323。

2．分部工程评定表格使用说明及举例

(1) 分部工程评定用表的填写方法:

分部工程的评定也是应用评定用表来进行的。评定表是各分部工程通用的,先把分部工程的名称填在表名的前面,其他各项目的填写方法及注意事项如下:

1) 工程名称的填写:

工程名称的填写同分项工程评定用表中的单位工程名称一致,填写方法也同分项工程。

2) 表中分项工程名称、项数及其中优良项数和备注栏:

A．分项工程名称栏:

依次填写该分部工程所包含的每个分项工程名称。如某砖混结构主体分部工程的分项工程名称是:砌砖工程、钢筋工程、混凝土工程、构件安装工程等。对于不同材料、不同做法的同一分项工程应单独列项,单独占一个序号。如整体楼地面工程,应将水泥砂浆地面和普通水磨石地面分开单列。

室内排水管道安装分项工程质量检验评定表

表 1-323

工程名称：某住宅工程铸铁生活排水管　　　　部位：一单元甲系统

		项　目	质　量　情　况
保证项目	1	管道的材质、规格、尺寸必须符合设计要求。隐蔽的排水和雨水管道的灌水试验结果，必须符合设计要求和施工规范规定	埋地管段灌水试验接口处无渗漏，管材及尺寸符合设计要求
	2	管道的坡度必须符合设计要求或施工规范规定	坡度在 10‰～12‰，符合要求
	3	管道及管道支座(墩)，严禁铺设在冻土和未经处理的松土上	土经过夯实，无冻土
	4	排水塑料管必须按设计要求装设伸缩节。如设计无要求，伸缩节间距不大于 4m 设置	
	5	排水系统竣工后的通水试验结果，必须符合设计要求和施工规范规定	1/3 以上配水点同时开放，各管道排水畅通

		项　目		质　量　情　况										等级
				1	2	3	4	5	6	7	8	9	10	
基本项目	1	金属和非金属管道的承插和套箍接口		√	√	○	√	√	○	○	√	○	√	优良
	2	镀锌碳素钢排水管道	螺纹连接											
			法兰连接											
	3	非镀锌碳素钢排水管道	螺纹连接											
			法兰连接											
			焊　接											
	4	管道支(吊、托)梁及管座(墩)		○	○	○	○	√	√	○	○	√	○	优良
	5	管道、箱类和金属支架涂漆		○	○	○	√	√	○	○	√	√	○	合格

		项　目		允许偏差 (mm)	实测值 (mm)									
					1	2	3	4	5	6	7	8	9	10
允许偏差项目	1	坐　标		15	12	10	15	9	5	⑰	5	2		
	2	标　高		±15	+11	+12	⑲	+12	+10					
	3	水平管道纵、横方向弯曲	铸铁管 每 1m	1	0.5	1	1	0	1					
			铸铁管 全长(25m 以上)	≥25										
			碳素钢管 每 1m 管径小于或等于 100mm	0.5										
			碳素钢管 每 1m 管径大于 100mm	1										
			碳素钢管 全长(25m 以上) 管径小于或等于 100mm	≥13										
			碳素钢管 全长(25m 以上) 管径大于 100mm	≥25										
			塑料管 每 1m	1.5										
			塑料管 (全长 25m 以上)	≥38										
			石棉水泥管 预应力钢筋混凝土管 钢筋混凝土管 陶土管 缸瓦管 每 1m	3										
			全长(25m 以上)	≥75										
	4	立管垂直度	铸铁管 每 1m	3	2	⑤	0	1	3					
			铸铁管 全长(5m 以上)	≥15										
			碳素钢管 每 1m	2										
			碳素钢管 全长(5m 以上)	≥10										
			塑料管 每 1m	3										
			塑料管 全长(5m 以上)	≥15										
			石棉水泥管 陶土管 缸瓦管 每 1m	4										
			全长(10m 以上)	≥40										

检查结果	保证项目	检查 4 项均符合要求
	基本项目	检查 3 项，其中优良 2 项，优良率 66.7%
	允许偏差项目	实测 23 点，其中合格 20 点，合格率 87%

评定等级	合格	工程负责人：××× 工　　长：××× 班 组 长：×××	核定等级	合　格 质量检查员：×××

注：表中带圈数字为允许偏差项目中的超差点。

1988 年 10 月 10 日

B．项数栏：

应将同一种分项工程检查的项数汇总填入本栏格。按楼层(段)、变形缝、系统、区段划分的分项工程，都应单独作为一个分项工程统计。如某六层砖混结构，分两个流水段施工，其主体分部工程应有砌砖分项工程12项，钢筋分项工程12项，混凝土分项工程12项，构件安装分项工程12项。填写在四个栏格内，每一项栏格内为12项。

C．其中优良项数栏：

其是指每一个分项工程的项数中，评为优良的项数。如前例中，砌砖分项12项中，有几项是评为优良，就填写几项是优良。

D．备注栏：

一般注明优良分项所在的部位，以及应说明的问题。如前例中，砌砖分项12项中有3项是优良，备注栏格就填写，1层1段、1层2段、2层2段等。建筑设备某分部中有指定分项的内容，以及有经过设计单位验算签认，可不加固补强的，或经加固补强改变外形尺寸或造成永久性缺陷的，定为合格的分项工程，也应在本栏格内注明。

3) 合计栏：

为统计本分部所含分项工程质量等级的优良项占的百分率，汇总各分项工程的项数及优良项数栏格的优良项数，将数字填入合计栏格内。两者之比，则计算出优良率，填入备注栏下的格内。

4) 评定等级栏：

应由相当于施工队一级的技术负责人组织评定。根据合计栏内的分项工程数量、其中的优良项数和优良率，以及有无指定必须优良的主要分项工程，有无定为合格的分项工程，并进行核实。评出本分部工程的质量等级。地基与基础、主体分部由企业技术和质量部门组织核定；其余分部工程由专职质量检查员核定。

技术负责人、工程负责人、核定人共同签认，并注明日期。

(2) 分部工程检验评定举例

1) 主体分部工程：

工程概况：某住宅小区5号楼，混合结构共6层，建筑面积4135m²，5个单元，砖墙承重，MU10砖，基础及1~3层为M10水泥砂浆砌筑，4~6层为M5砂浆砌筑。每层设有240mm×240mm钢筋混凝土构造柱及240mm×180mm的圈梁，混凝土为C20。预制钢筋混凝土空心楼板、楼梯段、休息平台、阳台和雨篷。外墙面全部水刷石饰面。

基础及主体施工每层分两段流水施工，每层分为二个分项工程评定。

主体分部工程应由企业技术部门和质量部门组织核定。先检查分项工程划分是否正确，有无不合格分项，有无定为合格的分项工程。

A．统计分项工程及其优良项数：

砌砖分项工程12个，全部合格，其中优良3个，即一层1、2段，二层2段。

钢筋分项工程12个，全部合格，其中优良5个，部位在一层1段，二层2段，三层1、2段，五层1段。

混凝土分项工程12个，全部合格，其中优良5个，部位在一层1、2段，二层1段，五层1段，六层1段。

构件安装分项工程12个，全部合格，其中优良8个，部位在一层1、2段，二层1段，三层

1、2段,四层1段,五层2段,六层2段。

参加主体分部工程评定的共计48个分项工程,其中优良21个分项工程,优良率43.8%。模板分项工程12个都达到合格,不参加评定。

B. 系统核查质量保证资料:

混合结构必须核查的质量保证资料,主要是砂浆强度和混凝土强度评定,以及砖、钢材的质量合格证。

(a) 砂浆:

1～3层,M10,共9组

$$平均强度 = \frac{14.1+10.4+11.2+10.8+13.9+17.0+13.8+9.6+10.8}{9}$$
$$= 12.4 \text{N/mm}^2$$

$$平均强度 = 12.4 \text{N/mm}^2 > f_{m,k} = 10 \text{N/mm}^2$$

最小一组强度 $= 9.6 \text{N/mm}^2 > 0.75 f_{m,k} = 7.5 \text{N/mm}^2$

四～六层砂浆M5,共6组。

$$平均强度 = \frac{7.4+6.5+9.2+5.5+5.1+7.1}{6} = 6.8 \text{N/mm}^2$$

$$平均强度 = 6.8 \text{N/mm}^2 > f_{m,k} = 5.0 \text{N/mm}^2$$

$$最小一组强度 = 5.1 > 0.75 f_{m,k} = 3.75 \text{N/mm}^2$$

水平灰缝砂浆饱满度都达到80%以上,每个分项工程都不少于6组。

(b) 混凝土:全部为C20,试块共14组。作为一个验收批,用GBJ 107—87第4.1.3条非统计方法评定:

$$m_{f_{cu}} = \frac{22.0+23.3+21.6+25.7+20.4+21.8+26.0+25.6}{14}$$
$$+ \frac{22.0+20.5+21.1+19.4+19.8+20.0}{14} = 22.1 \text{N/mm}^2$$

$$S_{f_{cu}} = 0.58 \text{N/mm}^2 < 0.06 f_{cu,k} = 1.2 \text{N/mm}^2, 取 S_{f_{cu}} = 1.2 \text{N/mm}^2$$

$$m_{f_{cu,k}} = 22.1 \text{N/mm}^2 \geqslant 0.9 f_{cu,k} + \lambda_1 S_{f_{cu}} = 18 + 2 = 20 \text{N/mm}^2$$

$f_{cu,min} = 19.4 \geqslant \lambda_2 f_{cu,k} = 0.9 \times 20 = 18 \text{N/mm}^2$,强度满足标准规定。

另外,砖及钢筋的试验报告数据符合规定,代表批量满足工程用量需要。

C. 现场检查工程质量:

主体分部工程质量现场检查,由施工企业技术科、质量科组织设计、建设单位及监督站代表共7人,现场进行全面宏观观查检察砌砖、混凝土、构件吊装的质量。未发现有与质量保证资料不符的地方。墙、柱、梁、板未有发现裂缝,超过规定的变形、损伤等现象,也未看到有超过基本项目规定的不合标准的项目。

D. 综合评定:

主体分部工程共包括48个分项工程(不含模板分项工程),其中优良21项,优良率43.8%;砂浆、混凝土强度符合设计要求;现场观察检查未发现不符合标准规定的缺陷。

主体分部工程质量评为合格质量等级,详见表1-324。

1.1 建筑工程

主体分部工程质量检验评定表   表 1-324

工程名称：××住宅小区 5 号楼，砖混 6 层，两段流水

序号	分项工程名称	项数	其中优良项数	备注
1	砌砖工程	12	3	优良部位：一层 1、2 段，二层 2 段
2	钢筋工程	12	5	优良部位：一层 1 段，二层 2 段，三层 1、2 段、五层 1 段
3	混凝土工程	12	5	优良部位：一层 1、2 段，二层 1 段，五层 1 段，六层 1 段
4	构件安装工程	12	8	优良部位：一层 1、2 段，二层 1 段，三层 1、2 段，四层 1 段，五层 2 段，六层 2 段
5				
6				
	合计	48	21	优良率 43.7%
评定等级	合格 工程负责人：××× 技术负责人：×××	核定等级		合格 质量科：×××

1988 年 10 月 19 日

2) 装饰分部工程：

工程概况：某机关办公楼，六层砖混结构，室外墙面首层水刷石，首层以上涂料，室内墙面顶棚喷大白浆，钢木门窗刷混色油漆（中级），安装平板玻璃，厕所间瓷砖墙裙，楼梯木扶手圆钢栏杆。全部分项工程合计 32 项，全部合格，其中优良项数 15 项，优良率 47%。根据《建筑安装工程质量检验评定统一标准》GBJ 300—88 第 3.0.3 条的规定，合格要求所含分项工程的质量全部合格。优良要求所含分项工程的质量全部合格，其中有 50% 及其以上为优良。因此，装饰分部工程质量等级评为合格，详见表 1-325。

装饰分部工程质量评定表   表 1-325

工程名称：某机关办公楼

序号		分项工程名称	项数	其中优良项数	备注
1	室外	水刷石	1	1	首层优良
2		喷涂	5	2	二、三层优良
3	室内	中级抹灰	6	2	一、六层优良
4		中级喷浆	6	3	一、二、六层优良
5		中级油漆	6	3	一、二、三层优良
6		玻璃	6	4	一、二、四、六层优良
7		瓷砖墙裙	1	—	
8		扶手栏杆	1	—	
9					
10					
11	合计		32	15	优良率 47%
评定等级	合格 技术负责人 ×× 工程负责人 ×××		核定等级		合格 核定人 ×××

1989 年 10 月 5 日

3. 单位工程质量综合评定表格使用说明及举例

(1) 单位工程评定用表的填写方法

1) 表头中工程名称、建筑面积、施工单位、开工及竣工日期的填写：

工程名称应与所包含分部、分项工程所填写的单位工程名称一致；建筑面积填写实际施工的面积，其计算方法按有关规定执行，一般在施工组织设计中（或施工计划中）已计算好；结构类型按有关结构类型填写，通常在施工组织设计中，或设计图纸的说明中也已明确；施工单位应填写总承包单位；开工、竣工日期要填写实际开工、竣工的年月日，开工及竣工按国家有关专门规定执行。

2) 分部工程质量评定汇总栏中评定情况和核定情况两部分的填写：

A. 评定情况栏由企业质量部门进行统计和填写。将所包含的分部工程数量及其中达到优良质量等级的分部工程数量和优良率，分别填入相应空格内。不得有不合格的分部工程。同时注明主体分部工程、装饰分部工程和指定的安装主要分部工程的质量等级。统计时要注意：

(a) 分项工程的划分应符合标准规定，各分项工程的质量指标、检查内容齐全；质量情况记录、实测记录统计、评定方法及程序正确；评定结论准确，签证齐全。如有加固补强和经过处理定为合格的分项工程，要有复查结论。不得有不合格的分项工程。

(b) 核查各分部工程质量等级的评定。各分部工程包含的分项工程个数要符合标准规定，统计各分部工程中的分项工程个数及其中的优良分项个数，计算优良率。在评定分部工程为优良等级时，还要注意是否存在 305 条（三）的情况。分部工程划分要符合标准规定，统计分部工程个数及其中优良分部个数，计算分部工程优良率，评定单位工程质量等级。在评定单位工程优良时，还要注意主体、装饰及指定的建筑设备安装分部工程是否达到优良等级。核查地基与基础、主体分部工程是否由企业技术、质量部门评定及其评定情况。

B. 核定情况栏由工程质量监督部门和主管部门进行核查填写，内容、程序与要求同评定的内容、程序和要求。

3) 质量保证资料栏中也分评定和核定两部分

A. 评定情况栏由企业技术部门和质量部门按质量保证资料核查表所列项目进行，其评定步骤是：

(a) 确定核查表中所列每一个项目是否符合要求，根据所查单位工程结构情况，每项的内容都应符合设计文件和有关施工规范及专门规定的要求，逐项检查给以评价，将资料份数填入份数栏内，将评价填入核查情况栏内。

全表共 25 项资料，是汇总了各分项工程有关保证单位工程结构安全、使用功能和使用安全的主要内容。其每一项资料包含的内容，就是单位工程包含的有关分项工程的保证项目要求内容的汇总。在验评标准各分项工程的保证项目中，都有要求。所评定的单位工程中，包括哪些分项工程，就检查哪些分项工程的内容。如某混合住宅单位工程使用有预应力混凝土空心楼板及预制楼梯段、休息平台及阳台等。其第 6 项"构件合格证"就应有预应力混凝土空心板，预制楼梯段、休息平台及阳台的合格证，对照设计要求检查其规格型号、各项数据是否达到要求，以及合格证代表的数量能否满足工程使用数量等。再如某单位工程包括高压开关安装分项工程，质保资料中，就应检查高压开关的试验调整记录，而一般住宅工程的低压电器安装分项工程只包括低压配电板、箱、开关插座等的安装；不要求进行调试，只要求进行绝缘接地测试就行了。下面举一例说明。

如：第一项钢材出厂合格证、试验报告。各种规格、品种的钢筋都要有出厂证明,化学成分和力学性能要符合设计要求和《钢筋混凝土用钢筋》(GB 13013—91)(GB 1499—91)等有关标准的规定;主要受力钢筋应抽样复试力学性能并符合设计要求;进口钢筋如焊接时,还应进行化学成分试验,必须具有化学成分试验报告。检查出厂合格证及试验单时,其内容应有品种、牌号、规格数量、力学性能、化学成分和表面质量等。

力学性能主要应有屈服点、抗拉强度、伸长率、冷弯等项目的数据和结论等内容。

化学成分主要应有碳、硅、锰、钒、钛、铌、磷、硫含量的数据和结论等内容。

表面质量不得有裂缝、结疤和折叠,其他缺陷的深度和高度不得大于所在部位的尺寸允许偏差。

型钢材要有出厂合格证、质量保证书和试验报告,其品种、型号、规格和质量要符合设计要求和有关施工规范的规定。

如对质量有疑义时,应抽样检验,其结果(数据和结论)要符合国家标准规定和设计文件要求。

当工程在施工过程中,有返工重做、经设计验算、经法定检测单位鉴定及加固处理的事件时,也应具有相应的有关资料或加固补强的记录和复查结论。要逐项进行检查,并在检查栏内记述清楚。

(b) 出厂合格证、试验单或记录单内容应齐全、数据准确、真实;抄件应注明原件存放单位,并有抄件人的签字、抄件单位的公章。检查工作应先分专业进行,将有关项目核查并记录后,交由总包单位进行汇总,核定单位工程每一项的质量保证资料是否都符合要求,数据是否齐全。

(c) 将检查结果填入评定情况栏,注明共检查多少项,其中符合要求的多少项,经鉴定的项目有多少项。经鉴定的项目是指发生了统一标准第 305 条(二)、(三)款规定内容的情况,只要有一个分项存在有这种情况,则这项资料就为经鉴定的项目。发生第 305 条(二)款规定内容情况,只影响分项工程的质量等级评定;发生第 305 条(三)款规定内容情况,就影响分部工程的质量等级评定。所以检查时要注意这方面的情况。

B. 核定情况栏由工程质量监督或主管部门填写,核定程序与评定程序是一致的。核查结论与评定若不一致时,在栏内注明结论意见。

4) 观感质量评定栏,也分评定和核定情况栏两部分

A. 评定情况栏由企业技术负责人组织企业的技术、质量部门组成评定组进行评定,为了减少受评定人员技术水平、经验等的主观影响,评定组应由 3 人以上(含 3 人)组成,共同评定。实际评定时,按照统表 3"单位工程观感质量评定表"所列项目进行,其步骤是:

(a) 项目和标准分值的确定:

表列项目共 44 项,均是对工程的结构安全、使用功能以及美观有影响的,工程竣工后能看到的内容,通常情况下是能进行检查的项目。根据各项目在单位工程中,对质量的影响程度及所占工程量大小,分配一定的标准分值。由于是按部位及比重分配的标准分值,对不同建筑标准的工程,即一般工程、高标准工程都是适用的。在实际使用时,按工程实际有的项目评定,没有的项目不评定。

一个单位工程包括"建筑工程"和"建筑设备安装工程"两大部分。总标准分值为 134

分。其中：建筑工程为80分（通常为75分，即不用括号内的分值时）；采暖卫生与煤气工程的室内采暖7分，室内给排水8分；室内煤气4分，共为19分；电气工程为10分；通风与空调工程的通风、空调各5分，共为10分；电梯工程按台计，每台5分，对超过3台电梯的工程，其最多分值为15分。

(b) 确定检查数量：

室外和屋面按规定全数检查。室外全数检查，采用分为若干个检查点进行的方法。一般室外墙面项目按长度每20m左右选一点，通常选8点或10点。如"一字形"建筑前后大墙各4点，两山墙各1点，每点一般为一个开间或3m左右。屋面分为4~8点检查。

室内按有代表性的自然间抽查10%（包括附属房间及厅道等）。有代表性的自然间，是指各类不同做法的各种房间。如公共建筑的附属房间包括公用房间、贮藏室等，通道包括楼道、楼梯间等；住宅建筑的附属房间包括厨房、厕所、过厅以及地下室等。

检查点或房间的选择方法，应采用随机抽取的方法进行，一般应在平面图上勾定房间部位，按即定房间逐间进行检查。选点时应注意照顾到代表面，同时突出重点。如多层、高层建筑跳层检查时，应包括首层和顶层，其目的是要重点检查地面下沉、空裂和屋面渗漏等重要方面。其他数量较少的房间（项目）在抽样时也应照顾到。

(c) 标准分值的再分配：

一个单位工程的观感检查项目共44项，在实际检查时，由于有些项目中，常包括几个分项或几种做法，不便于在一起评定，可根据实际情况再分小项目进行，其分值也可分开，分别进行评定。如室外墙面可能包括清水墙面、干粘石墙面及水泥砂浆抹面等多种做法，几种饰面一起评定难度较大。凡遇到这种项目，就可根据各种做法各占的比例，把分值进行分配后，再进行检查。如某工程室外墙面的清水墙、干粘石及水泥砂浆抹面各占比重为6：3：1，其分值为清水墙面6分，窗心、阳台栏板干粘石3分，腰线勒脚水泥砂浆为1分，分别进行检查。又如第6项变形缝、水落管项目，遇到某工程只有水落管，没有变形缝，水落管只能按1分来评定。

有两个标准分值的项目，即第11项、17项、21项，按实际检查工程建筑标准的高低来确定选用高分值或低分值。第11项室内顶棚，在要求吊顶或做复杂花饰顶棚的高档宾馆工程中用高分值5分，一般住宅工程不抹灰或简单找平抹灰的情况下用低分值4分。第17项细木、护栏及第21项油漆，在要求有较高细木装饰的，有花格墙、木隔断、木墙裙、木楼梯扶手及各种护罩等细木多、油漆多、要求也高的建筑物中，标准分值细木选用4分、油漆选用6分的高分值。如一般建筑标准的建筑物中，只有门贴脸、碗柜、简单楼梯扶手等简单细木，标准分值细木选用2分、油漆选用4分的低分值。有的工程没有细木、护栏内容，第17项就不评，也不计分值。

(d) 检验评定：

a. 确定每一检查点或房间的质量等级：

检查组在确定每个检查点的质量等级时，不能各打各的分，最后取平均值。正确的方法是评定人，要在每一个检查点或房间，经过协商共同评定质量等级。每个检查点或房间只评"合格"、"优良"两个质量等级，其质量指标可对照相应分项工程项目标准规定，对选取的检查点逐项进行评定。

在表列项目中，有的属一个分项工程，有的是一个分项工程中的某一项目。如"水泥地面工程"就是由整体楼地面工程中的主要内容组成,但并不是全部分项工程,该分项工程尚有"踏步台阶"、"镶边"的具体规定未包括。"镶边"在磨石地面中才出现。而踏步台阶影响使用非常明显,本表中已单列项目,所以它只是该分项工程中的一个项目。这些项目的质量指标,除了有明确条文外,在检查每一点(房间)时还应依据相应分项工程的保证项目、基本项目和允许偏差项目的质量指标,来确定其质量等级。如不能满足基本条件,或达不到合格规定的要求,则该项目的检查点或房间只能定为"不合格",该项目就只能评为"五级"。因此,对于重要项目影响使用功能的程度,对缺陷数量较多的项目要慎重衡量每个检查点的质量等级,要做到既严格标准,又实事求是。每个检查点或房间的检查项目都达到合格,该检查点或房间评为合格,达到优良标准评为优良。现举一例说明观感质量评定的评定方法。

如第13项"地面与楼面"项目。某5号住宅工程有水泥地面与预制水磨石地面两种。二~六层住宅全部为水泥砂浆面层,首层5间小房间为水泥砂浆面层;首层其他房间为商店营业室,其地面为预制水磨石块面层。按面积水泥地面约占80%,其标准分应为8分;预制水磨石地面应为2分。水泥地面抽查居室10间,厨、厕各4间,楼梯2跑共20间。经逐间检查,16个房间地面无空鼓;表面洁净,无裂纹、脱皮、麻面和起砂缺陷;厨房、厕所经泼水检查,无倒泛水和明显积水现象,地漏结合处严密平顺,无渗漏;踢脚线高度一致,与墙结合牢固,上口有轻微空鼓,但小于20cm长,这些房间评为优良。首层1间水泥地面局部有轻微起砂,但不明显,踢脚线出墙厚度不均匀,评为合格。二层1厨房间,由于过早上人,造成地面脱皮、起砂,较明显,并有三处硬伤,建议及时修补,评为合格。2跑楼梯,踏步宽度均匀,高度差均在10mm左右,齿角多数整齐,少数有缺口,但都不大于15mm,防滑条顺直,界于合格与优良之间,故评1跑合格,1跑优良。水泥地面20间中,17间评为优良,3间评为合格。评定等级为一级,实得分为8分。预制磨石块地面按两轴线为1间;抽查6个检查间,由于作了二次磨光,效果较好,平整光滑,颜色一致,缝隙均匀,板块无裂纹、缺棱、掉角等缺陷;踢脚线结合牢固,但柱子上踢脚线高度不够一致,墙上出墙厚度不均,有的地方太厚,达到30mm。评定结果,6间中3间评为优良,3间评为合格,评定等级为二级,实得分为1.8分。

b. 记录:

分点(或房间)检查的项目,采用逐点(或房间)记录,其方法有多种,现推荐二种。一种是在备注栏内以"√"(优良)、"○"(合格)和"×"(不合格)的形式记录;另一种是将"合格"点(或房间)在表中"四级"栏内打点记录,将"优良"点(或房间)在表中"二级"栏内打点记录。

c. 统计评定项目等级:

某一项目,在预先确定的检查点(或房间)都检查完之后,进行统计评定项目的评定等级工作。首先检查记录各点(或房间)都必须达到合格等级或优良等级,然后统计达到优良点(或房间)的数量。当检查点(或房间)全部达到合格,其中优良点(或房间)的数量占总检查点(或房间)数的19%以下,为四级;20%~49%为三级;50%~79%为二级;80%以上为一级(分值按4舍5入取整数)。如果有一点(或房间)达不到"合格"规定,该项目定为五级。

d. 等级填写:

当某项目确定等级之后,应在评定等级栏相应的等级格内,填写其实得分值。如屋面防水层,按上列程序确定为二级,则于表的对应栏格内填写"2.7"分,即为该项目的实得分值($3 \times 90/100 = 2.7$)。

e. 计算得分率：

应得分：将所查项目的标准分相加，或将表中该工程没有项目的标准分去掉，得出所查项目标准分的总和，即为该单位工程观感质量评分的应得分。记入合计栏应得分格内。

实得分：将所查项目各评定等级所得分值进行统计，然后将各评定等级的得分进行汇总，即为该单位工程的观感质量评分的实得分。记入合计栏实得分格内。

应得分与实得分的项目是对应的，但要注意评定等级为五级时，实得分为零，不要忘了统计应得分。实得分与应得分之比值，则为该单位工程观感质量的得分率。记入合计栏得分率格内。

f. 备注栏的填写：

备注栏是将各项目检查出来的主要问题，好的做法及经验，以及存在问题及质量事故的处理情况等，给予简要记录。

评定组检查人员签字认证，注明日期。最后将评定结果（即合计栏的数据）填入观感质量评定栏的评定情况格内。

B. 核定情况栏由工程质量监督部门或主管部门组织核定检查。其要求、步骤、使用表格，同评定是一样的，就是重复进行一次。核定结束，将核定结果填入观感质量评定栏的核定情况格内。

5）单位工程质量综合评定：

用分部工程质量评定汇总、质量保证资料评定和观感质量评定三项的检验评定结果，来综合评定单位工程的质量等级。

分部工程质量评定汇总和观感质量评定，分为"合格"、"优良"两个质量等级；质量保证资料评定只有基本齐全的要求，不分等级。

当质量保证资料基本齐全，分部工程质量评定汇总，分部优良率达到50%及其以上，且主体、装饰以及指定的安装主要分部的质量等级达到优良，观感质量评定得分率达到85%及其以上时，单位工程的质量评为优良等级。

当质量保证资料基本齐全，分部工程质量评定汇总，分部优良率达不到50%；或主体、装饰以及指定安装分部工程之一达不到优良，或观感质量评定得分率在70%及其以上，达不到85%时，单位工程的质量评为合格等级。

企业评定和监督或主管部门核定的程序都是一样的。

将综合评定的单位工程质量等级分别填入评定等级栏和核定栏内。当评定和核定结果接近时，应承认评定结果，以评定等级为该工程的质量等级。结果相差较远（大于5%以上时）要分析原因，如为评定方面的原因，应以核定结果为该工程的质量等级。

有关人员签字认证，注明日期，并按要求加盖公章。

(2) 单位工程检验评定举例：

工程概况：某小区5号住宅楼工程，砖混结构共六层，建筑面积3865m^2，首层为商店，二层以上为标准住宅，条形建筑，5个单元，长68m，1987年9月18日开工，1988年8月30日竣工，某建筑公司承担施工，企业自评质量等级为合格。工程质量监督站进行核查评定。

1）分部工程质量评定汇总：

该住宅工程共8个分部工程，企业自评其中6个分部为优良，且主体、装饰分部为优良，没有安装主要分部,分部优良率为75%。符合标准评定为"优良"等级的条件。经核查分项、分部的划分基本符合规定,分项、分部的评定符合程序,评定项目齐全,项目均能满足要求,评定基本正确。地基与基础、主体分部的评定由企业技术部门组织,结构验收现场检查有记录,符合设计要求;混凝土强度、砂浆强度评定准确,强度符合规范规定。符合本工程评为"优良"等级的条件。

检查中发现不足的问题:

A. 分项评定中,个别项目评定人员缺班组长签字;混凝土工程实测点偏少。

B. 基础分部工程中,缺少土方回填分项工程评定。

C. 主体分部工程中,将"模板分项工程评定"纳入,不符合本标准规定。

D. 装饰分部工程中,喷浆与油漆分项工程评定为按单元划分,但分配数量不一致(有一个单元,也有二个单元的,而首层单独做为一个分项)。

2) 质量保证资料核查:

该工程应具有质量保证资料不少于16项,企业自查16项,符合要求的16项,基本符合标准规定。经核查各项资料的具体情况是:

A. 钢材出厂合格证、试验报告 共有资料12分,Φ16、Φ14、Φ16、Φ10钢材各有1份出厂合格证(抄件),并有试验报告;$\phi 8$、$\phi 6$各有2份合格证(抄件),计12分。其代表批量能满足工程需用量;力学性能符合《钢筋混凝土用钢筋》GB 1499—84的规定。不足的是抄件是复印件,有少数字迹不清,有2份缺抄件人签名,多数没注明使用部位。基本符合要求。

B. 焊接试(检)验报告、焊条(剂)合格证 本工程钢筋采用绑扎,只有少数构造柱用的$\phi 16$钢筋接头用闪光焊,有试验报告1份,其力学性能符合设计要求。

C. 水泥出厂合格证或试验报告 水泥出厂合格证6份,普通硅酸盐水泥32.5号,标号及品质指标符合水泥标准GB 175—85的有关规定。但从进场时间分析,主要是主体施工期间进的货,有的时间衔接不够,中间有4、5个月的时间未进场水泥,也无水泥试验报告;有一半合格证代表批量未注明,全未注明使用部位。但检查混凝土及砂浆的强度符合设计要求,故水泥出厂合格证项目核定为基本符合规定。

D. 砖出厂合格证或试验报告 共有10份,其中出厂合格证6份,都是抄件;现场抽样做了4组试验,试验结果均达到普通粘土砖(JC 149—73)MU10砖的指标。符合设计要求不低于MU7.5的要求。试验报告代表的批量满足工程用砖数量要求。

E. 防水材料合格证、试验报告 共有4份。1份沥青合格证,其针入度、软化点、延伸度指标符合《建筑石油沥青》GB 494—75的10号沥青的指标。2份配合比试验单,其耐热度在60℃下不流淌,油毡不滑动;柔韧性在10mm直径棒上弯曲,未出现裂纹;粘结力用一次撕开检验,任一面的撕开部分面积,不到二分之一。油毡有一份合格标签,但缺现场施工温度测试记录。防水材料资料项目基本符合规定。

F. 构件合格证 构件分3次进场,合格证3份,其预应力混凝土空心楼板、混凝土楼梯段、休息平台、阳台的规格、型号和数量符合工程设计要求和实用数量,质量及技术指标符合设计要求。

G. 混凝土试块试验报告 试块组数满足规范取样规定,每一施工段留取一组试块,每层2组,首层为4组,共14组,作为一个验收批,按GBJ 107—87,用统计方法评定,设计强度等级为C20,14组平均强度22.1N/mm^2,大于$0.9f_{cu,k} + \lambda_1 Sf_{cu} = 20$N/mm^2;最小组强度为 19.4N/mm², 大于 $\lambda_2 f_{cu,k}$ = 18N/mm²。强度符合规范规定。

  H. 砂浆试块试验报告 试块组数满足规范取样规定, 每一施工段取 1 组试块, 共计 14 组。设计 M7.5 水泥砂浆, 均达到 M7.5 以上, 14 组平均为 10.5N/mm², 达到设计强度等级的 150%, 最低值 8.3N/mm², 达到设计强度等级的 110%, 最高达到设计等级的 180%。强度偏高较多, 浪费大, 应加以控制。砂浆强度符合规范规定。

  I. 土壤试验、打(试)桩记录 本工程为钢筋混凝土条形基础和独立柱基。只有房心及四周回填土夯实测定记录 4 份。干土密度符合规范规定。

  J. 地基验槽记录 2 份验槽记录, 其记载土质情况符合设计要求, 槽基的几何尺寸、槽底标高符合设计要求。有设计、建设、质量监督的代表签字认证。符合规范规定。

  K. 结构吊装、结构验收记录 每层构件分两段吊装, 按 2 个分项工程记录, 计有 12 份吊装记录, 附有简图, 注明了构件型号、搁置长度, 符合设计要求; 1 份结构验收记录, 主体完成后, 装饰之前, 组织了监督、企业的技术、质量部门、建设单位、设计单位等有关人员进行现场检验, 各部位均达到合格要求, 未发现裂缝、下沉等异常现象, 有同意进入装饰的结论。此项目符合规定。

  L. 建筑采暖卫生与煤气工程材料、设备出厂合格证 有合格证 4 份。主要管材、卫生器具有合格证, 有部分暖气、给水的阀门无耐压试验资料, 但系统试压无渗漏。卫生器具合格证是合格标签。基本符合规定。

  M. 管道、设备强度、焊口检查和严密性试验记录 有暖气管道焊口检查记录 1 份, 暖气片试压记录 2 份, 分 5 个系统的管道强度和严密性试压记录 2 份, 供水管试压记录 1 份, 共 6 份。有的 1 次试压个别地方渗漏, 修理后重试, 能达到设计要求。缺点是未注明试压是在隐蔽管段隐蔽之前。基本符合要求。

  N. 排水管灌水、通水试验记录 埋地管段灌水试验无渗漏, 符合规范规定; 通水试验记录注明未发现下水管道渗漏和堵塞情况。符合规定。

  O. 主要电气设备、材料合格证 共有 9 份。主要是导线的合格标签, 开关的合格证, 比较齐全。基本符合要求。

  P. 绝缘、接地电阻测试记录 避雷网接地电阻值小于 10Ω; 绝缘电阻, 导线间及导线对地的绝缘电阻值大于 0.5MΩ, 共测 30 个回路。符合设计要求。

  总体上看质量保证资料基本齐全。

  3) 观感质量评定:

  A. 确定检查部位:

  室外: 前后大墙各 4 点、山墙各 1 点共 10 点, 各点为一间左右(3~3.3m)。每点自下而上检查所有应检项目。4 个大角全数检查。水落管共查 6 个, 变形缝前后 2 处, 屋面 1 处共 3 处, 1 处为 1 点。屋面分为 4 点检查。

  室内: 选取 1、3 两个单元检查。1 单元查首层、顶层、三、四层各 1 户, 3 单元首层、顶层、二、三层各 1 户, 共 8 户。每户居室 2 间, 厨、厕各 1 间; 楼梯间查 3 单元首层、三层、顶层各为 1 间, 共检查 35 间房, 约总数的 10%, 各间中有什么项目查什么项目。

  抽气(烟道)孔于检查厨房、厕所的同时检查; 垃圾道随楼梯间查, 每单元查 2 处倾倒口, 1 处出灰口。

  阳台泛水于检查阳台门时检查。

B. 分值再分配：

各检查项目中，室外墙面、室内顶棚、室内墙面、地面与楼面均各有数项内容，应进行分值再分配，其余项目不再进行分值分配。

室外墙面包括清水墙面和混水墙面两种，由于二层以上以清水墙面为主，首层为水刷石，上层阳台为干粘石。从数量上清水与混水之比为7:3，按清水墙面7分，混水墙面3分分配。

室内顶棚包括预制楼板安装及勾缝、披腻子、喷浆两项，对观感影响基本相同。一个要求平整，一个要求均匀一致，平均分配各2分。

室内墙面有抹灰及喷浆两大方面。分配抹灰7分，喷浆3分。

地面与楼面工程项目，共有水泥地面和预制磨石地面两大类。按比例水泥地面8分，预制磨石地面2分。

C. 各项目评定情况：

室外墙面 共查10点，其中清水墙面包括组砌方法、墙面平整、砖缝平直、勾缝深度一致、平整光洁、墙面洁净及颜色一致等内容。检查中发现，1个窗台部位所加非整砖上下层不在一个位置，圈梁部位个别有因浇筑混凝土造成的外张情况，评为合格等级；山墙2个检查点部位均有较明显的游丁情况，个别圈梁部位的砖外张，堵脚手眼用砖颜色不一，墙面有轻度污染，均评为合格等级；1检查点施工洞口处周围污染清理不净、发花，堵砖颜色不一致，勾缝清扫不净、深浅不一致，丁字交接不平，评为合格，并要求处理；1检查点单元入口处，两侧为24cm通天混水垛，窗旁加非整砖，窗口位置上下基本对齐，评为合格等级；1检查点阳台部位，由于阳台安装位置偏移，产生了立缝偏移，阳台下有个别漏勾缝，评为合格等级；1检查点从窗中到窗中部位，垛中有轻度鼓胀，属浇筑组合柱混凝土所致，评为合格。以上是6点合格。另4点虽有勾缝深度稍有出入但较平整，墙面有轻度污染但清理较认真，且无明显痕迹，组砌合理，砖缝横平竖直，窗台部位所加非整砖均在中上下在同一部位，均评为优良等级。

共查10点，均符合标准合格规定，其中有40%点为优良，故评为三级。清水墙面占7分，则其80%应得5.6分。

混水墙面共包括首层墙面水刷石、勒脚刷豆石、阳台栏板干粘石、楼梯口通天柱和檐口抹水泥及窗台抹水泥等项目，为评定内容。检查中发现有2个检查点有空鼓，但面积较小（在200cm²之内），并有局部冲洗过度，个别掉粒，评为合格等级；1个检查点窗膀处刷石不到根，阳角处有轻度接槎痕迹，而阳台栏板粘石颜色稍有不匀，评为合格等级；1个检查点为楼梯间通天柱抹水泥，分格条底灰不太饱满，拐角两面不太平顺，阴角与清水墙面交接处不够方正，评为合格。其他各检查点表面均较板实，在检查室内时到阳台摸干粘石基本不掉粒、阳角无黑边、棱角整齐，颜色大多一致无明显露浆，均评为优良等级。

本项共查10点，其中4点合格，6点优良，应评为二级，得2.7分。

室外大角 本项在分项实测项目中有垂直度全高允许偏差20mm的要求，在评定中也无实测必要（如偏差过大，应予测量）。所以评定中以两个方向通顺情况及七分头尺寸、盘角摆砖平直情况确定其等级。1个大角有轻度小弯，不够顺直，1个大角七分头尺寸不准，立缝大小不匀，此2点评为合格等级；另2点角直缝平，七分头较准确，评定为优良。

本项共查4点，2优2合，优良占50%，应评为二级，得1.8分。

外墙面横竖线角　主要包括外露柱的阴阳角,窗台、璇脸、腰线的平直和宽度,阳台栏板、分户板的上下和左右通顺,窗口部位包括窗膀及窗台、璇脸侧面上下通顺等。

阳台侧面控制较好,窗台和璇脸端头收头位置正确,大部竖向线角通顺,但其阳台分户板个别不够通顺,楼梯间的窗口旁个别有偏斜,明柱的阴角个别不够顺直,阳台扶手(在阳台上横穿)有标高不够一致的情况,故评 5 点为合格,5 点为优良。

本项优良率项占 50% 应评为二级,得 2.7 分。

散水、台阶、明沟　主要包括表面抹压质量,棱角整齐、通顺,做法合理(边角收头,分格缝条,与墙面结合等),尺寸准确等检查内容。检查中看到,抹灰质量很好,表面平整光洁,散水边部也已压光,清晰美观,无空鼓裂缝情况,分格缝位置正确,均灌入沥青砂浆,勾抹平整;台阶也很规矩,8 点评为优良。但 1 点台阶宽度不一致,1 点单元门进口处稍有起砂,评为合格,且要求处理。

共查 10 点,8 点优良,2 点合格,应评为一级,得满分 2 分。

滴水槽(线)包括阳台、雨罩、窗台、璇脸、挑檐等突出建筑物部位,首层均做了米厘条且勾了黑缝,但在单元入口处有窗台下漏做滴水线而上层的鹰嘴有缺棱掉角情况,故而评 2 点为优良,6 点为合格,2 点不符合合格规定。

本项目应评为五级,不得分。

变形缝、水落管　变形缝主要包括是否彻底分开,交接是否合理,固定及防腐等。水落管主要包括安装牢固,承插合理(方向、长度),卡子间距,距墙尺寸,距地高度,防腐油漆,上下顺直等。

变形缝 3 个检查点,底层商店与主楼处变形缝虽已断开,但门口处相连;在单元分界的檐口处相连,故此 2 点均不符合合格标准;另 1 点变形缝规矩,评为优良;水落管 6 个检查点,存在卡距不匀、侧视距墙不一致问题均评为合格等级。

本项应评为"五级"(如将变形缝、水落管分开,可评变形缝为五级;水落管为"四级"。这要在检查之前确定分不分开)。

屋面坡向　按变形缝两边,每边前后坡各 1 点共分为 4 个检查点进行评定,检查未发现倒坡、坑洼、积水问题,4 点均评为优良。

本项目应评为一级,得满分。

屋面防水层　也按 4 点检查,1 点粘结牢固,无空鼓,3 点有个别起泡、空鼓现象,故评为 1 优良 3 合格。

本项目应评为三级,得 2.4 分。

屋面细部　也按 4 点检查,包括檐口压毡收头、臭气管包起高度及护毡抹灰质量,出入孔及通风孔根部做法及有无滴水沿,雨水口油毡作法等。发现臭气管根部包起高度不够,无滴水沿,4 点均评为合格。

本项目应评为四级,得 2.1 分。

屋面保护层　也按 4 点检查,豆石均过了粗细筛,粒径适宜,光洁无污染,平整板实,仅发现 1 点有个别粘结不牢,3 点评为优良,1 点评为合格。

本项目应评为二级,得 0.9 分。

室内顶棚　分为板底平整和喷浆两个项目,各占 2 分。

板底平整:由于楼板安装时找平不够,且构件本身有一定翘曲,使板底出现高差,虽然勾抹时已向外顺平,但多数仍较明显;其中2间中间较平,但压墙处阴角出现软弯,故25点评为合格,10点评为优良。

本项目应评为三级,得1.6分。

喷浆:由于顶棚不便触摸,观看认为喷浆点及颜色均匀,无疙瘩溅沫现象,均达到较好水平,仅1间因有反潮水影评为合格等级,其他24间评为优良。

本项目优良点达97%,应评为一级,得2分。

室内墙面 分为抹灰与喷浆两个项目,分别占7分和3分。

抹灰:包括抹白灰、抹水泥、局部磁砖墙裙。检查认为,该工程抹灰口角方正,阴阳角平直通顺,墙裙上口出墙一致、平直光滑,但厕所间下水管道背后到顶处不够方正,厨房墙裙抹水泥个别有不大于 $200cm^2$ 的空鼓,首层浴室磁砖墙面有个别粘结不实,磁砖压向个别不一致。因此,居室优良者居多,合计评为优良21间,其余14间评为合格。

本项目优良间占60%,应评为二级,得6.3分。

喷浆:室内喷浆喷点均匀,加胶适宜无掉粉结板现象,无污染,但商店内库房油漆墙有个别涂刷不够均匀,1处油漆墙与浆活交接处在门口旁部位有内低外高现象,总的油漆墙光亮均匀一致、分色整齐,33间评定为优良,2间评为合格。

本项目优良点占80%以上,应评为一级,得3分。

地面与楼面 多数为水泥地面,底层商店营业室为预制磨石地面,另有一间浴室为玛赛克地面,归入预制磨石点数中。

水泥地面:所有地面均较洁净,无裂纹、脱皮、起砂等缺陷。但在户门与楼梯间交接处接槎明显,1间因楼板存水滴伤水泥面层造成局部修补;踢脚线上口及炉片后有轻微空鼓多处,踢脚线出墙厚度不够均匀,有2间缺陷较集中评为合格,其余32间评为优良。

本项目优良点占90%以上,应评为一级,得8分。

预制磨石地面:安装较平整又进行了二次磨光,效果较好,颜色也均匀一致,缝隙基本一致,配色适宜;但柱子踢脚线无45°割角,且端头未磨光、石粒不够清晰、门口膀处踢脚线有小头外露者。由于数量较少,共检查6间,3间评为优良,3间评为合格。

本项目优良间占50%,应评为二级,得1.8分。

楼梯、踏步 由于是预制楼梯,只检查了8点首末步与相邻踏步高差,其中4点基本一致,3点高差大于10mm,而首层起步由于楼梯段安装标高偏低,抹地面又不宜过低(关系室内外的平整),故而其高差25mm,不符合地面工程中的合格规定。但仅此一点,应进行处理。如此点合格,本项目可评为二级,由于此点影响本项目降低一级,评为三级,得1.6分。

厕浴、阳台泛水 厕所间地面均坡向地漏,个别有局部存水,个别地漏不平,总的较好;而阳台下水管(侧向埋管直接排水)有不少管下皮与抹灰交待不平,个别埋进近半个管,阳台地面局部积水也较多。检查结果。8个厕所间评优良,8个阳台泛水评为合格。

本项目优良间占50%,应评为二级,得1.8分。

抽气、垃圾道 检查的厕所逐间检查,检查厨房时也带着检查;垃圾道检查1、3单元,各查2个倒灰口,1个出灰口。两个项目分开检查,各1分。

抽气道:经点火试验,凡吸风者及火苗向外吹出者均为符合要求。共有16个抽风口,安装粗糙,金属网多数活动,勉强评为合格,且有2处不通,评为不合格。

本项目有2点不合格,且多数粗糙,应评为五级,不得分。

垃圾道　垃圾道内砖墙面均已抹灰,较为光洁,但垃圾斗安放角度稍直,而垃圾斗内仅刷了防锈漆,未刷面漆,均评为合格。

本项目应评为四级,得0.7分。

细木、护栏

细木:包括房间内窗帘盒,窗帘耳子,壁柜、搁楼,厨房的厨柜、搁板,厕所镜子等,有24间有项目。8个厨房碗柜较粗,其余项目质量好。

护栏:包括楼梯护栏及扶手、中户门亮子防护栏及商店屋面与住宅阳台的安全栏、首层窗户的护栏等。检查室外时随同进行检查。共检查16间,加工焊瘤较多,安装时未进行认真处理,观感效果差。

二者综合有6处只有护栏,没有细木,评为合格。有10间细木、护栏都有,优良、合格各5间。有6间只有细木评为优良。8个厨房细木6个评优良,2个评合格。

本项目优良点为17点,合格点13点,应评为二级,得1.8分。

门安装　主要指户门、居室门、厕所门、厨房门、壁厨门等,一般阳台门联窗可纳入窗安装中。

本工程为木框木扇,安装缝隙均匀、坡口适宜、五金齐全、五金位置适宜、裁口朝向正确、开关灵活,住户各种门均评为优良;但商店中一樘双扇弹簧门,合页开启后不一致,一樘双扇平开门,裁口相压反向,应评为合格。

本项目优良点为33点,合格为2点,优良点占94%,应评为一级,得4分。

窗安装　包括窗和门联窗。

本工程均为钢窗和钢门联窗,主要检查安装质量。门联窗安装平整、拼接规矩、安装牢固平整、附件齐全,共检查24间,其中16间评为优良;但有个别窗安装时,位置有稍斜或有的垂直稍差,8间评为合格。

本项目优良间占60%以上,应评为二级,得3.6分。

玻璃　底灰饱满,八字适宜,光滑密实。但钢窗玻璃卡子有显露情况,木压条未认真刨光并钉帽较为明显,磨砂玻璃安装朝向(主要是厕所门)不对,共检查35间,23间评为合格,12间评优良。

本项目优良率只占30%多,应评为三级,得1.6分。

油漆　中级油漆,按4分评定。内容包括门窗及细木、护栏等项目的油漆。各室内查门窗及细木、楼梯间护栏,查室外时对护栏及门窗外侧也一并进行检查。

门窗油漆光亮光滑,无透底、漏刷和流坠现象,基本未污染五金、玻璃等,但铁活和厕所门下小面有个别漏刷。检查有漏刷的房间12间,评为合格等级,并要求补刷;评为优良等级的房间23间。

本项目优良房间占60%以上,应评为二级,得3.6分。

给排水管道坡度、接口、支架、管件　只有厨房、厕所间有管道,共有厨、厕间各8个。给排水立管垂直、距墙一致。给水水平管道顺直,无明显倒坡;接口螺纹连接牢固,螺纹根部外露螺纹2～3扣,规整、洁净,无外露油麻;个别管镀锌层有损伤,但都涂了防腐漆及银粉漆;水龙头处支架埋设牢固,但不够端正,有二处低头下弯,管件应用正确。排水水平管坡度坡向正确,接口密实饱满,与承口边缘齐平,多数对口环缝间隙均匀;管件选用符合设计要求,局部防腐油漆有漏刷。评为优良的6点,评为合格的10点。

本项目优良点占 40%，应评为三级，得 2.4 分。

卫生器具、支架、阀门、配件　检查的内容有厨房的洗涤盆及支架、阀门、水表、给水龙头等；厕所的大便器、水箱、拖布池、阀门、水表及水龙头。洗涤盆、大便器排水口的管径，接口正确严密不漏，排水栓低于盆底，坡度适宜不存水，洗涤盆放置平稳与支架接触紧密，但支架防腐涂刷不均，局部有漏刷，要求补刷。水表、水龙头、阀门安装位置适宜，但有 4 处不够端正，评为优良 9 点，评为合格 7 点。

本项目优良点占 50% 以上，应评为二级，得 2.7 分。

检查口、扫除口、地漏　检查内容有排水立管的检查口，扫除口（设计未考虑），拖布池内有一地漏。检查口位置适宜、端正，口的方向便于使用；地漏与周围池底结合严密，但有的地漏不平，评为优良点 3 个，评为合格点 13 个。

本项目优良点不足 20%，应评为四级，得 1.4 分。

采暖管道坡度、接口、支架、弯管　检查内容有居室、厨房的暖气、立管、支管、固定支架等。立管距墙均匀，穿楼层设有套管；水平管道顺直，坡度均朝水流方向，坡度在 2‰～3‰ 范围；入散热器支管弯管，少数椭圆率大于 1/10；螺丝接口正确，牢固，根部螺纹外露，少数有外露油麻，支架位置适宜，但个别处有松动现象，要求修补。共检查 24 间，评为优良的 11 间，其余 13 间均评为合格。

本项目优良率 45%，应评为三级，得 2.4 分。

散热器及支架　铸铁 M132 散热器，挂靠牢固，距墙适宜一致，支架位置正确，但肋片完好没有选择，有的将掉肋面朝外，个别支架挂钩防腐漆漏刷。共检查 24 间，评为优良 18 间，合格 6 间。

本项目优良率为 75%，应评为二级，得 1.8 分。

伸缩器、膨胀水箱　本工程每个单元一个进户管，设计未设伸缩器，膨胀水箱检查 2 处，位置适当，使用效果较好，但不端正，均评为合格。

本项目全部合格应评为四级，得 1.4 分。

线路敷设　本工程为配管穿线，只在 3 单元楼梯间的首、三、顶层的配线箱内可见管口，管口光滑，装有塑料护口，导线留置余量适当，3 个检查点均评为优良。

本项目应评为一级，得 2 分。

配电箱（盘、板）　位置正确端正，箱盖紧贴墙面，箱内结线整齐，部件齐全，箱体开孔合适，油漆粗糙，木箱加工粗糙，1 点评为优良，2 点评为合格。

本项目优良点占 33%，应评为三级，得 1.6 分。

照明器具　35 个检查间均有灯具，除商店为日光灯外，其余均为白炽灯，灯具的木台安装牢固，位置适宜，有部分器具不在木台中心，导线及器具连接紧密。评为优良 11 间。其余 24 间评为合格。

本项目优良检查点占 31%，应评为三级，得 1.6 分。

开关、插座　拉线开关、开关切断相线安装牢固，位置适宜，但有的不在木台中心。居室、厨、厕均设有单相插座，暗插座盖紧贴墙面，但有的不够端正，且有的不是左零线右相线。检查结果，5 间评为优良，30 间评为合格。

本项目优良点占 14%，应评为四级，得 1.4 分。

防雷、动力　本工程没有动力工程，屋顶上设有避雷带。全数进行检查，随同建筑工程将屋面分为4个检查点,2个引下线各为1个检查点,共6个检查点。屋顶避雷网支持件间距均匀,固定牢靠,个别接头焊接处防腐处理漏做,引下线顺直,保护管固定牢靠;断线卡设置位置适宜,便于使用,接触良好。5个检查点评为优良,1点评为合格。

本项目优良点占83%,应评为一级,得2分。

经逐项进行评定,共检查32项,应得分合计为100分,实得分合计84.3分,得分率为84.3%,符合合格规定。与企业评定结果基本一致,所以采用企业评定的数据。

4)综合评定单位工程的质量等级:

本工程分部工程质量评定汇总具备了评定为优良的条件;质量保证资料评定达到基本齐全;观感质量评定得分率为84.3%,不足评定优良工程的条件。

核定结果:符合"合格"质量等级,与企业评定基本一致。详见表1-326~表1-328。

单位工程质量综合评定表　　　　　　　　　表1-326

工程名称:某5号住宅		施工单位:某建筑公司	开工日期:1987年9月18日
建筑面积:3865m²		结构类型:砖混六层	竣工日期:1988年8月30日

项次	项目	评定情况	核定情况
1	分部工程质量评定汇总	共　　8　　分部 其中:优良　　6　　分部 　　　　优良率　　75% 主体分部质量等级　　优良 装饰分部质量等级　　优良 安装主要分部质量等级(无要求)	分项、分部的划分和评定基本正确 基础分部缺土方分项工程 装饰分部缺砖墙勾缝分项工程 室内装饰、油漆、抹灰等按单元划分分项工程 同意评定情况
2	质量保证资料评定	共核查　　16　　项 其中:符合要求　　16　　项 　　　　经鉴定符合要求	16项中符合要求16项,质量保证资料基本齐全;油毡只有合格标签,暖气片及给水阀门有的未做耐压试验 　同意评定情况
3	观感质量评定	应得　　100　　分 实得　　84.3　　分 得分率　　84.3　　%	应得100分 实得84.3分 得分率84.3%
4		企业评定等级: 　　　　合格 企业经理:××× 企业技术负责人:××× 　　　　公　章 1988年8月30日	工程质量监督 或主管部门　核定:合　格 负责人:××× 　　　　公　章 1988年9月2日

1.1 建筑工程

质量保证资料核查表

表1-327

工程名称：某5号住宅

序号	项目名称		份数	核查情况
1	建筑工程	钢材出厂合格证、试验报告	12	主要部位钢筋有试验报告，焊接符合要求
2		焊接试(检)验报告,焊条(剂)合格证	1	
3		水泥出厂合格证或试验报告	6	MU10砖符合设计要求
4		砖出厂合格证或试验报告	10	缺防水材料试验
5		防水材料合格证、试验报告	4	楼板、楼梯段、休息平台有合格证
6		构件合格证	3	
7		混凝土试块试验报告	14	14组设计C20混凝土试块，平均强度22.1N/mm^2，最低强度19.4N/mm^2
8		砂浆试块试验报告	14	
9		土壤试验、打(试)桩记录	4	
10		地基验槽记录	2	14组设计M7.5砂浆试块，平均强度10.5N/mm^2，检查资料齐全
11		结构吊装、结构验收记录	13	
12	建筑采暖卫生与煤气工程	材料、设备出厂合格证	4	个别阀门无耐压试验
13		管道、设备强度、焊口检查和严密性试验记录		强度试验、焊口检查资料齐全,符合要求
14		系统清洗记录	6	
15		排水管灌水、通水试验记录		灌水试验,通水试验记录各1份
16		锅炉烘、煮炉、设备试运转记录	2	
17	建筑电气安装工程	主要电气设备、材料合格证	9	资料较齐全,符合要求
18		电气设备试验、调整记录		
19		绝缘、接地电阻测试记录	3	
20	通风与空调工程	材料、设备出厂合格证		
21		空调调试报告		
22		制冷管道试验记录		
23	电梯安装工程	绝缘、接地电阻测试记录		
24		空、满、超载运行记录		
25		调整、试验报告		
核查结果	基本齐全 企业技术部门 负责人：××× 或监督部门			公 章 1988年9月2日

单位工程观感质量评定表

表 1-328

工程名称：某 5 号住宅

序号	项目名称		标准分	评定等级					备注
				一级 100%	二级 90%	三级 80%	四级 70%	五级 0	
1	建筑工程	室外墙面	10		2.7	5.6			
2		室外大角	2		1.8				
3		外墙面横竖线角	3		2.7				
4		散水、台阶、明沟	2	2					
5		滴水槽(线)	1						
6		变形缝、水落管	2					0	有的漏做
7		屋面坡向	2	2				0	变形缝有二处未分开
8		屋面防水层	3			2.4	2.1		
9		屋面细部	3						
10		屋面保护层	1		0.9				
11		室内顶棚	4	2		1.6			
12		室内墙面	10	3	6.3				
13		地面与楼面	10	8	1.8				
14		楼梯、踏步	2			1.6			
15		厕浴、阳台泛水	2		1.8				差25mm，应进行处理二处不通畅
16		抽气、垃圾道	2				0.7		
17		细木、护栏	2(4)		1.8				
18		门 安 装	4	4					
19		窗 安 装	4		3.6				
20		玻 璃	2			1.6			
21		油 漆	4(6)		3.6				
22	室内给排水	管道坡度、接口、支架、管件	3			2.4			
23		卫生器具、支架、阀门、配件	3		2.7				
24		检查口、扫除口、地漏	2				1.4		坐标不准
25	室内采暖	管道坡度、接口、支架、弯管	3			2.4			
26		散热器及支架	2		1.8				
27		伸缩器、膨胀水箱	2				1.4		
28	室内煤气	管道坡度、接口、支架	2						
29		煤气管与其他管距离	1						
30		煤气表、阀门	1						
31	室内电气安装	线路敷设	2	2					
32		配线箱(盘、板)	2			1.6			
33		照明器具	2			1.6			
34		开关、插座	2				1.4		
35		防雷、动力	2	2					
36	通风空调	风管、支架	2						
37		风口、风阀、罩	2						
38		风 机	1						
39		风管、支架	2						
40		风口、风阀	2						
41		空气处理室、机组	1						
42	电梯	运行、平层、开关门	3						
43		层门、信号系统	1						
44		机 房	1						
		小 计		25	31.5	20.8	7	0	

合 计　　应得　100　分，实得　84.3　分，得分率　84.3　%

检查人员：×××，×××，×××

1988年9月2日

4. 单位工程质量保证资料核查

(1) 单位工程质量保证资料核查项目：

单位工程质量保证资料核查是单位工程综合评定质量等级的一级重要内容，做好这项资料核查，对确保单位工程的结构安全和重要使用功能十分重要。"统一标准"附录三规定了单位工程质量保证资料核查的25个项目。核查每个项目资料的齐全程度，是整个资料核查的基础，每一个项目核查后，就可以确定整个单位工程的质量保证资料是否基本齐全。25个项目的具体内容见表1-329。

单位工程质量保证资料的核查项目　　　　表1-329

序号		项目名称	份数	核查情况
1	建筑工程	钢材出厂合格证、试验报告		
2		焊接试(检)验报告，焊条(剂)合格证		
3		水泥出厂合格证或试验报告		
4		砖出厂合格证或试验报告		
5		防水材料合格证、试验报告		
6		构件合格证		
7		混凝土试块试验报告		
8		砂浆试块试验报告		
9		土壤试验、打(试)桩记录		
10		地基验槽记录		
11		结构吊装、结构验收记录		
12	建筑采暖卫生与煤气工程	材料、设备出厂合格证		
13		管道、设备强度、焊口检查和严密性试验记录		
14		系统清洗记录		
15		排水管灌水、通水试验记录		
16		锅炉烘、煮炉、设备试运转记录		
17	建筑电气安装工程	主要电气设备、材料合格证		
18		电气设备试验、调整记录		
19		绝缘、接地电阻测试记录		
20	通风与空调工程	材料、设备出厂合格证		
21		空调调试报告		
22		制冷管道试验记录		
23	电梯安装工程	绝缘、接地电阻测试记录		
24		空、满、超载运行记录		
25		调整、试验报告		

(2) 各项目的基本内容和要求：

为了使用方便，在一般情况下，要将"统一标准"附录三表中各项目的内容和要求从各规范中摘抄如下，供评定时参考。

1) 钢材出厂合格证及试验报告：

钢筋：各种规格、品种的钢筋有出厂证明，应有钢种、牌号、规格、数量、力学性能、化学成分、厂名、出厂日期等。化学成分和力学性能指标符合设计要求和有关规范规定。

主要受力筋应复试力学性能并符合设计要求。

进口钢筋，凡焊接者还应有化学成分试验报告。

型钢：有出厂证明，材质符合设计要求，如对质量有疑义时，应抽样检验，其结果符合国家标准规定和设计文件要求。化学成分、力学性能和复试检验项目见附录。

2) 焊接试(检)验报告，焊条(剂)合格证：

焊接试(检)验，其试件数量、取样和焊缝质量的试验结果符合设计要求或有关规范规定。

焊条(丝)和焊剂，有出厂合格证。与焊接形式所要求品种、规格一致，需烘焙的有烘焙记录，并符合要求。

3) 水泥出厂合格证或试验报告：

使用的水泥应有出厂合格证。应有细度、凝结时间、安定性、强度等内容。

进口、过期、无出厂合格证的水泥或对材质有怀疑者，应有按规定取样的试验报告，并按其试验结果使用。

各项品质要求见附录。

4) 砖出厂合格证或试验报告：

与实际使用品种和数量相符的分批量出厂合格证，无出厂合格证时，应有按规定取样的试验报告，其结果符合设计要求。主要指标是抗压强度、抗折强度以及外观质量检查。

5) 防水材料合格证、试验报告：

卷材：有出厂合格证(内容有不透水性、吸水性、耐热度、拉力、柔度等)，规格、品种符合设计要求。无出厂合格证、设计有要求或对材质有怀疑时应有取样试验报告。

胶结材料：有出厂合格证和试验报告(内容有针入度、软化点、延度等)。

玛琋脂：有试验室试验单(内容有耐热度、柔韧性、粘结力等)，符合使用要求；有熬制和使用过程中的现场配制的取样试验报告。

其他防水材料，按设计要求进行试验，其技术性能达到设计要求。

6) 构件合格证：

混凝土、钢筋混凝土、加气混凝土、钢结构构件及其他重要构配件(包括生产厂、现场预制的构配件)有出厂合格证，各种构件的合格证其试验内容符合设计要求和规范规定。

7) 混凝土试块试验报告：

现场配制混凝土，有试验室试配单。现场使用的配合比与试配单相符。品种、强度等级满足设计要求。

采用商品混凝土，应于现场浇筑地点制作试块，作为评定质量的依据。

试块组数及制作符合规定。试压、抗渗、抗冻等性能符合设计要求。

8) 砂浆试块试验报告：

砌筑砂浆有经试验室确定的重量配合比单。现场配比与试配单相符。砂浆的品种、强度及掺合料符合设计要求和规范规定。

试块制作组数及制作符合规定,试压结果符合设计要求。

9) 土壤试验、打(试)桩记录:

土壤试验包括素土、灰土、回填砂或砂石等。检验方法主要为干土质量密度试验,标准贯入仪检查,静力触探或轻便触探等。

干土质量密度试验按规定数度分层取样试验,并有分层取点平面示意图及编号,试验单编号与平面图对应。试验单应注明土质及要求干土质量密度,素土实际干土质量密度合格率应不少于90%,不合格干土质量密度的最低值与要求之差不大于$0.08g/cm^2$;灰土、砂、砂石实际干土质量密度不低于设计要求最小干土质量密度。

贯入测定、强夯等,有详细记录,并与试夯所确定数据要求相符。

打(试)桩记录:包括各种预制和灌注桩,必须采用规范附表格式记录,其数据应符合设计要求和规范规定并附验收平面图。

10) 地基验槽记录:

地基验槽主要内容:土质情况、槽基的几何尺寸、槽底标高、障阻物等是否与设计要求相符。须有设计、建设、施工三方签字。有打钎要求者应有打钎记录及平面图,钎径、锤重、落距均填写清楚并有操作及检查人签字。须进行处理者,应有处理记录及平面图,注明处理部位、深度及方法,并经复验签证。

11) 结构吊装、结构验收记录:

结构吊装记录:一般应有构件型号、部位、搁置长度、固定方法等检查记录;框架结构吊装,必须有专用表格,逐层逐段验收并附分层(段)平面图。

结构验收记录:结构完工后或分层段由设计、建设、施工单位共同验收并签证。

12) 采暖卫生与煤气材料、设备出厂合格证:

给水、采暖、煤气管道系统的管材、管件及阀门;采暖锅炉、交换器、水泵、风机等设备;煤气系统的调压装置及附件等的出厂合格证。

13) 管道、设备强度、焊口检查和严密性试验记录:

强度试验记录:包括单项试压和系统试压,结果符合设计要求或规范规定。

焊口检查记录:按设计要求进行观察检查、渗透、透视或照相检查。

严密性试验记录:包括煤气管道、设备及附件,给水、采暖、热水系统主干管起切断作用的阀门以及设计有要求的项目,除了严密性应符合要求,尚应检查其试验程序、升压、降压情况等,并符合规范规定。

14) 系统清洗记录:

管道、设备安装前应清理除垢,设计要求或规范规定的管道系统,应有竣工后或交用前的冲洗除污(吹洗、脱脂)记录。其内容符合设计要求。

15) 排水管灌水、通水试验记录:

排水系统有按系统或分段做灌水试渗漏试验记录,试验结果符合设计、要求或规范规定。

通水试验:包括室内给水系统同时开放最大数量配水点的额定流量,消火栓组数的最大消防能力,室内排水系统的排放效果等试验记录,结果符合设计要求。

16) 锅炉烘、煮炉记录；设备试运转记录：

烘炉记录：包括锅炉本体及热力交换站的有关管道和设备，火焰烘炉温度升、降温记录，烘烤时间和效果应符合设计要求和规范规定。

煮炉记录：煮炉的药量及成分、加药程序、蒸汽压力、升降温控制、煮炉时间及煮完后的冲洗、除垢，均应有详细记录。操作者、施工负责人及质量检查人员应共同签证。

设备试运转记录：主要包括锅炉、水泵、风机和热交换站、煤气调压站等设备管道及附件。其运转工作性能（热工、机械性能，压力及安全性能等）及水质、烟尘排放浓度等，均应符合设计要求和有关专门规定。

记录应包括单机试运转和设计有要求的联合整体试运转记录。结论符合设计要求。

17) 主要电气设备、材料合格证：

主要的设备应包括：电力变压器、高低压成套配电柜、动力照明配电箱；高压开关、低压大型开关、蓄电池和其他应急电源等，其应有合格证，其性能符合设计要求；主要材料应包括：硬母线、电线、电缆及其附件、大型灯具、水泥电杆、变压器油和蓄电池用硫酸等，其应有合格证。低压设备及附件等，也应有出厂证明。

18) 电气设备试验、调整记录：

主要设备使用前，必须开箱检验及试验。如各种阀、表的校验，各种断路器的外观检验、调整及操动试验，各类避雷器、电容器、变压器及附件、互感器、电机、盘柜、低压电器的检验和调整试验等，并应按规定进行耐压试验或调整试验。其结论符合设计要求。

有要求进行试运转检验、调整的项目，应有过程记录。设计有要求的工程应有系统或全负荷试验。其结论符合设计要求。其重点有全部的高压电气装置及其保护系统（如电力变压器、高压开关柜、高压电机等）、蓄电池充放电记录、具有自动控制系统的低压电机及电加热设备、各种音响讯号监视系统等。

19) 绝缘、接地电阻测试记录：

绝缘电阻测试记录：主要包括设备绝缘电阻测试，线路导线间、导线对地间的测试记录，低压回路的绝缘电阻测试（如各照明电路支路、电机支路、电机绝缘等），其结论符合设计要求。

接地电阻测试记录：主要包括设备、系统的保护接地装置（分类、分系统进行的）测试记录，变压器工作接地装置的接地电阻，以及其他专用接地装置的接地电阻测试记录，避雷系统及其他接地装置的接地电阻的测试记录。其结论符合设计要求。

20) 通风与空调材料、设备出厂合格证：

材料包括风管及部件制作或安装所使用的各种板材、线材及附件；制冷管道系统的管材；防腐、保温等材料。

设备主要包括空气处理设备（消声器、除尘器等）、通风设备（空调机组、热交换器、风机盘管、诱导器、通风机等）、制冷设备（各式制冷机及其附件等）各系统中的专用设备等，都应有出厂合格证。其性能符合设计要求。

21) 空调调试报告：

各项设备的单机试运转（如风机、制冷机、水泵、空气处理室、除尘过滤设备等）；无生产负荷联合试运转的测定，其测定内容及过程应符合设计要求。

对洁净系统测试静态室内空气含尘浓度、室内正压值等达到设计和使用要求。

22）制冷管道试验记录：

包括系统的强度、严密性试验和工作性能试验两方面。

强度、严密性试验包括阀门、设备及系统。

工作性能试验包括管（件）及阀门清洗、单机试运转、系统吹污、真空试验、检漏试验及带负荷试运转等符合设计要求。

23）电梯安装工程的绝缘、接地电阻测试记录：

绝缘电阻测试（设备、线间、线地间、接头及系统）和接地电阻测试（设备及系统保护接地），结果符合设计要求和规范规定。

24）电梯的空、满、超载运行记录：

按不同荷载情况分别记录，内容应包括起动、运行和停止时的振动、制动、摩擦及有温升限值的升温情况以及有关性能装置的工作情况。多台程序控制电梯应有联合试运行记录。

25）电梯的调整、试验报告：

包括各部位，各系统（曳引、运行、安全保护装置等）的调整、试验报告和整机与试运行相结合进行的调整和试验报告。其结论符合设计要求。

5. 单位工程观感质量评定

（1）单位工程观感质量评定项目：

单位工程的观感质量评定，是单位工程综合评定质量等级的一项重要内容，做好这项质量评分对单位工程的评定十分重要。"统一标准"附录四规定了单位工程的观感质量评分共44个项目，评定每个项目的质量等级是观感质量评定的基础，每个点只评合格、优良、不合格三个质量等级，只有把每一个点的质量等级确定了，整个单位工程的质量等级就可以确定了。每个点合格、优良质量指标，就是各分项工程标准中的能观察到的保证项目、基本项目以及允许偏差项目。

单位工程观感质量评定的 44 个项目，主要是按部位划分的，为了正确评定，若一个项目中包含几个分项时，其标准分值可根据比重大小进行分配，分成几个分项（请注意的是，不能划分得比分项工程再小），然后再进行评定。为了便于检查时逐点记录，现推荐一种单位工程观感质量评定记录表（见表 1-330）。

（2）单位工程观感质量各检查点合格、优良的质量要求：

为了方便评定各检查点的质量等级，现将各项目的合格、优良质量指标从标准中摘录出来列于表 1-331。

440　1　地基与基础工程施工阶段

表1-330

单 位 工 程 观 感 质 量 评 定 记 录 表

序号	项目名称	标准分	子项名称	子项标准分	检测点评定等级																	项目评定等级
					1	2	3	4	5	6	7	8	9	10	11	12	13	14	15	16	17	18	19	20	
1	室外墙面	10																								
2	室外大角	2																								
3	外墙面横竖线角	3	阳台 窗膀 分格条、腰线																							
4	散水、台阶、明沟	2	散水、明沟 台阶																							
5	滴水槽(线)	1																								
6	变形缝、水落管	2	变形缝 水落管																							
7	屋面坡度	2																								
8	屋面防水层	3																								
9	屋面细部	3																								
10	屋面保护层	2																								
11	室内顶棚	4(5)	抹灰																							

建 筑 工 程

1.1 建筑工程 441

续表

序号	项目名称	标准分	子项名称	子项标准分	检测点评定等级																	项目评定等级
					1	2	3	4	5	6	7	8	9	10	11	12	13	14	15	16	17	18	19	20	
11	室内顶棚	4(5)	刷浆																						
12	室内墙面	10	刷浆(裱糊)																						
			抹灰																						
			墙裙																						
13	地面与楼面	10	水泥地面																						
			磨石地面																						
			马赛克地面																						
14	楼梯、踏步	2																							
15	厕浴、阳台泛水	2	厕浴																						
			阳台泛水																						
16	抽气、垃圾道	2	抽气(烟道)																						
			垃圾道																						
17	细木、护栏	2(4)	细木																						
			护栏																						
18	门安装	4																							
19	窗安装	4																							
20	玻璃	2																							

续表

序号	项目名称	标准分	子项名称	子项标准分	检测点评定等级 1 2 3 4 5 6 7 8 9 10 11 12 13 14 15 16 17 18 19 20	项目评定等级
21	建筑工程 油漆	4(6)				
22	室内给排水 管道坡度、接口支架、管件	3	管道坡度			
			接口			
			支架			
			管件			
23	卫生器具、支架、阀门、配件	3	卫生器具			
			支架			
			阀门			
			配件			
24	检查口、扫除口、地漏	2	检查口			
			扫除口			
			地漏			
25	室内采暖 管道坡度、接口、支架、弯管	3	管道坡度			
			接口			
			支架			
			弯管			
26	散热器及支架	2	散热器			
			支架			

1.1 建筑工程

续表

序号	项目名称	标准分	子项名称	子项标准分	检测点评定等级																			项目评定等级
					1	2	3	4	5	6	7	8	9	10	11	12	13	14	15	16	17	18	19	20	
27	室内采暖		伸缩器膨胀水箱	2																					
28	室内		管道坡度 接 口 支 架	2																					
29	煤气		煤气管与其他管距离	1																					
30			煤气表、阀门	1																					
31			线路敷设 配 管 穿 线	2																					
32	室内电气安装		配电箱(盘)	2																					
33			照明器具	2																					
34			开关、插座 开 关 插 座	2																					
35			防雷、动力 针 引下线 动 力	2																					

444　1　地基与基础工程施工阶段

续表

序号	项目名称		标准分	子项名称	子项标准分	检 测 点 评 定 等 级																			项目评定等级
						1	2	3	4	5	6	7	8	9	10	11	12	13	14	15	16	17	18	19	20	
36	通风	风管、支架	2	风管	2																					
				支架																						
37		风口、风阀、风罩	2	风口	2																					
				风阀																						
				罩	1																					
38	空调	风机	1																								
39		风管、支架	2	风管	2																					
				支架																						
40		风口、风阀	2	风口	2																					
				风阀																						
41		空气处理机组	1	空气处理室机组	1																					
42	电梯	运行平层开关门	3	运行	3																					
				平层																						
				开关门																						
43		层门,信号系统	1	层门	1																					
				信号系统																						
44		机房	1																								

观感质量各检查点合格、优良的质量要求   表1-331

序号	部位	项目名称		质量要求
1	室外墙面	一般抹灰工程包括石灰砂浆、水泥混合砂浆、水泥砂浆、聚合物水泥砂浆、膨胀珍珠岩水泥浆和麻刀石灰、纸筋石灰、石膏灰等	适用于普通抹灰、中级抹灰、高级抹灰	保证项目 各抹灰层之间及抹灰层与基体之间必须粘结牢固,无脱层、空鼓,面层无爆灰和裂缝(风裂除外)等缺陷(空鼓而不裂面积不大于200cm²者可不计) 基本项目 1. 孔洞、槽、盒和管道背面表面 合格:尺寸正确、边缘整齐;管道后面平顺 优良:尺寸正确、边缘整齐、光滑;管道后面平整 2. 护角和门窗框与墙体间隙的堵塞 合格:护角材料、高度符施工规范规定;门窗框与墙体间缝隙填塞密实 优良:护角符合施工规范规定,表面光滑平顺;门窗框与墙体间缝隙填塞密实,表面平整 3. 分格条(缝) 合格:宽度、深度基本均匀,棱角整齐,横平竖直 优良:宽度、深度均匀,平整光滑,棱角整齐,横平竖直,通顺 4. 滴水线和滴水槽 合格:滴水线顺直;滴水槽深度、宽度均不小于10mm 优良:流水坡向正确;滴水线顺直;滴水槽深度、宽度均不小于10min,整齐一致 允许偏差项目 合格:表面平整、立面垂直、阴阳角垂直及方正、分格条(缝)平直,多数部位小于允许偏差值 优良:上述项目绝大多数部位小于允许偏差值
			普通抹灰	合格:大面光滑,接槎平顺 优良:表面光滑、洁净,接槎平整
			中级抹灰	合格:表面光滑,接槎平整,线角顺直(毛面纹路基本均匀) 优良:表面光滑、洁净,接槎平整,线角顺直清晰(毛面纹路均匀)
			高级抹灰	合格:表面光滑、洁净,颜色均匀,线角和灰线平直方正 优良:表面光滑、洁净,颜色均匀,无抹纹,线角和灰线平直方正,清晰美观
		装饰抹灰包括水刷石、水磨石、斩假石、干粘石、假面砖、拉毛灰、拉条灰、洒毛灰、喷砂、喷涂、滚涂、弹涂、仿面和彩色抹灰工程等		保证项目 各抹灰层之间及抹灰层及基体之间必须粘结牢固,无脱层、空鼓和裂缝等缺项(空鼓而不裂的面积不大于200cm²者,可不计) 基本项目 下面分别列出 允许偏差项目 合格:表面平整、立面垂直、阴阳角垂直及方正、墙裙及勒脚上口平直、分格条(缝)平直等项目多数部位小于允许偏差值 优良:上述项目绝大多数部位小于允许偏差值
		装饰抹灰	水刷石表面	合格:石粒紧密平整,色泽均匀,无掉粒 优良:石粒清晰,分布均匀,紧密平整,色泽一致,无掉粒和接槎痕迹
			水磨石表面	合格:表面平整光滑,石子显露均匀 优良:表面平整光滑,石粒显露密实均匀,无砂眼、磨纹和漏磨处,分格条位置准确,全部露出

续表

序号	部位	项目名称	质量要求
1	室外墙面	斩假石表面	合格：剁纹均匀、顺直，棱角无损坏 优良：剁纹均匀、顺直，深浅一致、颜色一致，无漏剁处，留边宽窄一致，棱角无损坏
		干粘石表面	合格：石粒粘结牢固，分布均匀，表面平整，颜色一致 优良：石粒粘结牢固，分布均匀，表面平整，颜色一致，不显接槎，无露浆无漏粘，阳角处无黑边
		假面砖表面	合格：表面平整，色泽基本均匀，无掉角、脱皮和起砂等缺陷 优良：表面平整，沟纹清晰，留缝整齐，色泽均匀，无掉角、脱皮、起砂等缺陷
	装饰抹灰	拉条灰表面	合格：拉条顺直，深浅一致，表面光滑，上下端灰口齐平 优良：拉条顺直，清晰，深浅一致，光滑洁净，间隔均匀，不显接槎，上下端灰口齐平
		拉毛灰、洒毛灰表面	合格：花纹、斑点、颜色均匀 优良：花纹、斑点均匀，颜色一致，不显接槎
		喷砂表面	合格：表面平整，砂粒粘结牢固，颜色均匀 优良：表面平整，砂粒粘结牢固，均匀、密实，颜色一致
		喷涂、滚涂、弹涂表面	合格：颜色、花纹、色点大小均匀，无漏涂 优良：颜色一致，花纹、色点大小均匀，不显接槎，无漏涂、透底和流坠
		仿石、彩色抹灰表面	合格：表面密实，线条、纹理清晰 优良：表面密实，线条、纹理清晰，颜色协调，不显接槎
		分格条(缝)	合格：宽度、深度基本均匀，棱角整齐，横平竖直 优良：宽度、深度均匀，平整光滑，棱角整齐，横平竖直、通顺
		护角	合格：护角材料、高度符合施工规范规定 优良：护角符合施工规范规定，表面光滑平顺
		清水墙勾缝表面	合格：粘结牢固，压实抹光；横平竖直，交接处平顺，无丢缝；灰缝颜色基本一致，砖面无明显污染 优良：粘结牢固，压实抹光，无开裂等缺陷；横平竖直，交接处平顺，深浅宽窄一致，无丢缝；灰缝颜色一致，砖面洁净
		刷浆(喷浆)	保证项目 一般刷浆(喷浆)严禁掉粉、起皮、漏刷和透底 基本项目 普通刷浆(喷浆) 合格：有少量反碱咬色，不超过5处；喷点、刷纹2m正视无明显缺陷；有少量流坠、疙瘩、溅沫，门窗、灯具等基本洁净 优良：有少量反碱咬色，不超过3处；2m正视喷点均匀，刷纹通顺；有轻微少量流坠、疙瘩、溅沫，门窗、灯具等洁净 中级刷浆(喷浆) 合格：有轻微少量反碱咬色，不超过3处；2m正视喷点均匀、刷纹通顺；有轻微少量流坠、疙瘩、溅沫，不超过5处；颜色一致，装饰线、分色线平直，偏差不大于3mm；门窗、灯具等基本洁净 优良：有轻微少量反碱咬色，不超过1处；1.5m正视喷点均匀，刷纹通顺，有轻微少量流坠、疙瘩、溅沫，不超过3处；颜色一致，有轻微少量砂眼、划痕；

续表

序号	部位	项目名称	质量要求
1	室外墙面	刷浆(喷浆)	装饰线、分色线平直偏差不大于2mm；门窗、灯具等洁净 高级刷浆(喷浆) 合格：明显处无反碱咬色；1.5m正视喷点均匀，刷纹通顺；明显处无流坠、疙瘩、溅沫；正视颜色一致，有轻微少量砂眼、划痕；装饰线、分色线平直偏差不大于2mm；门窗洁净、灯具等基本洁净 优良：无反碱咬色；1m正斜视喷点均匀刷纹通顺；无流坠、疙瘩、溅沫；正斜视颜色一致，无砂眼，无划痕；装饰线、分色线平直偏差不大于1mm；门窗灯具等洁净
		美术刷浆(喷浆)	保证项目 美术刷浆(喷浆)的图案、花纹和颜色必须符合设计或选定样品要求；底层的质量必须符合一般刷浆(喷浆)相应等级的规定 基本项目 合格：纹理花点无明显缺陷；线条均匀平直；接边和镶边线条的搭接错位不大于2mm 优良：纹理、花点分布均匀，质感清晰，协调美观；线条均匀平直，颜色一致，无接头痕迹；接边和镶边线条的搭接错位不大于1mm
		饰面	保证项目 饰面板(砖)的品种、规格、颜色和图案符合设计要求 板(砖)安装(镶贴)必须牢固，以水泥为主要粘结材料时，严禁空鼓，无歪斜、缺棱掉角和裂缝等缺陷 基本项目 1．饰面板(砖)表面 合格：表面基本平整、洁净 优良：表面平整、洁净，色泽协调一致 2．接缝 合格：接缝填嵌密实、平直、宽窄均匀 优良：接缝填嵌密实、平直、宽窄一致，颜色一致，阴阳角处的板(砖)压向正确，非整砖的使用部位适宜 3．板(砖)套割 合格：套割缝隙不超过5mm，墙裙、贴脸等上口平顺 优良：用整砖套割吻合、边沿整齐；墙裙、贴脸等上口平顺，突出墙面的厚度一致 4．滴水线 合格：滴水线顺直 优良：滴水线顺直、流水坡向正确 允许偏差项目 合格：表面平整、立面垂直、阳角方正、接缝平直及高低差、接缝宽度偏差、墙裙上口平直等项目多数部位小于允许偏差值 优良：上述项目绝大多数部位小于允许偏差值
		花饰安装	保证项目 花饰的品种、规格、图案和安装方式符合设计要求 花饰安装必须牢固，无裂缝、翘曲和缺棱掉角等缺陷 基本项目 表面质量 合格：花饰表面和安装花饰的基层洁净 优良：花饰表面和安装花饰的基层洁净，接缝严密吻合

续表

序号	部位	项目名称	质量要求
1	室外墙面	花饰安装	允许偏差项目 合格：条形花饰的水平、垂直偏差，单独花饰中心线位置偏移等项目多数部位小于允许偏差值 优良：上述项目绝大多数部位小于允许偏差值
2		室外大角	合格：基本顺直 优良：顺直、不缺棱掉角 垂直度参考如下 砖墙：高度小于或等于10m时，偏差为10mm；大于10m时，偏差为20mm 混凝土墙：单层多层20mm；多层大模板20mm；高层大模板30mm；高层框架30mm；装配式大板10mm 石墙：细料石15mm；半细料石20mm；粗料石25mm；毛料石30mm 基本达到为合格；达到或小于上列数值为优良
3		外墙面横竖线角	合格：基本横平竖直 优良：横平竖直 竖直可参考按构件吊装水平位移偏差的2倍考虑，阳台等凸出10mm；混凝土结构8mm；横平可参考，按构件吊装标高差的2倍考虑。阳台等±5mm；混凝土结构±30mm 基本达到为合格，达到或小于上列数值为优良
4		散水、台阶、明沟	合格：抹灰合格，表面密实压光，无明显裂缝、脱皮、麻面和起砂等缺陷；纵向按规定设置分格缝，横向与横根交接处设沉降缝，填嵌材料符合设计要求，坡度无倒泛水。台阶相邻两步高差不大于20mm，齿角整齐。明沟坡向正确，棱角整齐 优良：在合格基础上，表面密实光洁，坡度坡向正确，缝内填料平整适宜。抹灰优良，台阶两步高差10mm。沟边整齐一致
5		滴水线和滴水槽	合格：滴水线顺直；滴水槽深度、宽度均不大于±0mm 优良：流水坡向正确；滴水线顺直；滴水槽深度、宽度均不小于10mm，整齐一致
6		变形缝、水落管	变形缝包括沉降缝、伸缩缝和防震缝 合格：缝宽符合设计要求，屋顶、散水全部断开，上下宽度基本一致，需填塞时，材料符合设计要求，盖缝条上下顺直，固定牢固，能保证功能 优良：在合格基础上，变形缝盖板封闭严密，功能良好，洁净水落管包括水落斗 水落管的制作和安装 合格：制作符合设计要求，接缝焊口无开焊，咬口无开缝，安装牢固，管箍固定方法正确，排水畅通，无渗漏；上下节管连接紧密，承插方向、长度（不小于40mm）正确，管箍间距符合规定；水管正视顺直；除锈干净；刷防锈漆和两边罩面漆。如用薄钢板制作时，两面均刷防锈漆，无漏涂。阳台、雨篷出水管长度、坡度适宜，无存水 优良：在合格基础上，水管正侧视顺直，油漆颜色均匀，无脱皮、漏刷。排水口距地高度符合规定，弯管的结合角度成钝角。阳台、雨篷出水管长度、坡度正确，上下位置对齐，无存水
7		屋面坡向	合格：屋面、天沟、沿沟的排水方向、坡度符合设计要求，平整度质量合格，无明显积水现象 优良：在合格基础上，平整度优良，无积水现象

1.1 建筑工程

续表

序号	部位	项目名称	质量要求
8~10	屋面	卷材防水屋面 - 卷材防水层	合格：油毡卷材和胶结材料的品种、标号及玛琋脂配合比符合设计要求和施工规范规定；卷材防水层严禁有渗漏现象 冷底子油涂刷均匀，油毡铺贴方法、压接顺序和搭接长度基本符合规范规定，粘贴牢固，无滑移、翘边缺陷 优良：在合格基础上，无滑移、翘边、起泡、皱折等缺陷
		屋面细部	卷材防水屋面细部包括泛水、檐口、变形缝和排气屋面孔道的留设，水落口及变形缝、檐口等处薄钢板的安装 合格：泛水、檐口、变形缝处油毡粘贴牢固，封盖严密，卷材附加层、泛水立面收头等做法基本符合施工规范规定。排气道纵横贯通，排气孔安装牢固，封闭严密。薄钢板各种配件均安装牢固，并涂刷防锈漆 优良：在合格基础上，卷材附加层、泛水立面收头等做法符合施工规范规定。排气道无堵塞，排气孔位置正确。薄钢板安装牢固，水落口平正，变形缝檐口等处薄钢板安装顺直，防锈漆涂刷均匀
		保护层	卷材屋面保护层包括绿豆砂保护层和板材及整体保护层 合格：豆砂粒径宜为3~5mm，色浅，耐风化，颗粒均匀。筛选干净，撒铺均匀，粘结牢固。板材按块材楼地面标准评定，整体保护层按整体楼、地面标准评定 优良：在合格基础上，豆砂要预热干燥，表面洁净。板材和整体保护层，按块材和整体楼地面标准评定
		油膏嵌缝涂料屋面 - 防水层	保证项目： 嵌缝油膏和防水涂料的质量必须符合设计要求；油膏必须嵌填严密、粘结牢固，无开裂；涂料防水层必须平整、厚度均匀，无脱皮、起皮、裂缝、鼓泡等缺陷 基本项目： 1．板缝基层 合格：板缝做法符合施工规范规定，板缝表面平整密实，干燥洁净，并涂刷冷底子油 优良：在合格基础上，冷底子油涂刷均匀，无松动、露筋、起砂、起皮等缺陷 2．保护层 合格：嵌缝后的保护层，粘结牢固，覆盖严密 优良：在合格基础上，保护层盖过嵌缝油膏两边各不少于20mm
		屋面细部	细部包括凸出屋面的连接处(女儿墙、墙、天窗壁、伸出屋顶的烟道、排气管、管道、变形缝等)檐口、檐沟、天沟、泛水等处的处理 合格：各处细部均处理，并不漏水 优良：在合格基础上，各细部做法一致，美观
		保护层	合格：在防水涂料最后一道涂层结膜硬化之后，应在涂层做浅色保护层 优良：在合格基础上，保护层厚度均匀，无漏刷
		细石混凝土屋面 - 防水层	保证项目：原材料、外加剂、混凝土防水性能及强度符合施工规范规定。钢筋品种、规格、位置及保护层厚度符合设计要求及施工规范规定 防水层外观 合格：防水层表面平整，压实抹光，无裂缝 优良：在合格基础上，防水层厚度均匀一致，且无起壳、起砂等缺陷
		细部做法	合格：泛水、檐口做法正确，高度符合要求，分格缝的设置位置和间距做法

序号	部位		项目名称	质量要求
8~10	屋面	细石混凝土屋面	细部做法	基本符合施工规范规定,缝格和檐口顺直,油膏嵌缝 优良:在合格基础上,分格缝的位置和间距做法符合施工规范规定,缝格和檐口平直
		平瓦屋面	平瓦防水层	保证项目: 平瓦的质量必须符合有关标准的规定;大风和地震地区,以及坡度超过30°的屋面或楞摊瓦屋面,必须用铁丝将瓦与挂瓦条扎牢 基本项目: 合格:挂瓦条分档均匀,铺钉牢固,瓦面基本整齐 优良:在合格基础上,挂瓦条、铺钉平整、瓦面平整,行列整齐,搭接紧密,檐口平直 允许偏差项目: 合格:脊瓦和坡瓦的搭接长度,天沟、斜沟、檐沟铁皮伸入瓦下长度,瓦头挑出檐口的长度,突出屋面的墙或烟囱的侧面瓦伸入泛水长度等项目多数部位小于允许偏差值 优良:上述项目绝大多数部位小于允许偏差值
			细部做法	1.屋脊和斜脊 合格:脊瓦搭盖正确,封固严密,屋脊和斜脊顺直 优良:在合格基础上,脊瓦间距均匀,屋脊和斜脊平直,无起伏现象 2.天沟、斜沟、檐沟和泛水 合格:天沟、斜沟、檐沟和泛水做法基本符合施工规范规定,结合严密,无渗漏 优良:在合格基础上,天沟、斜沟、檐沟和泛水平直整齐
		薄钢板和波形薄钢板屋面	钢板防水层	保证项目: 薄钢板和波形薄钢板的材质及厚度必须符合设计要求和施工规范规定,钢板必须用防水垫圈的镀锌螺栓(螺钉)固定,固定点设在波峰上 基本项目: 合格:拼板的固定方法正确,横竖拼缝及其交接处的咬口严密;波形薄钢板的搭接缝严密 优良:在合格的基础上,主咬口相互平行且高低一致,螺栓(螺钉)的数量符合施工规范规定 允许偏差项目: 合格:咬口的错开距离,檐口钢板挑出长度,泛水高度,钢板搭接长度,屋脊、斜脊、天沟和泛水处搭接长度等项目多数部位满足允许偏差值 优良:上述项绝大多数部位满足允许偏差值
			保护层	钢板油漆: 合格:除锈干净,涂刷防锈漆和二度罩面漆,如用薄钢板制作时,两面均涂刷防锈漆。油漆无脱皮、漏涂 优良:在合格的基础上,油漆涂刷均匀,如用薄钢板制作时,两面均涂刷防锈漆和两度罩面漆
			细部作法	合格:天沟、斜沟、檐沟和泛水做法基本符合施工规范规定,结合严密,无渗漏 优良:在合格的基础上,天沟、斜沟、檐沟和泛水平直整齐
		波形石棉瓦屋面	波瓦防水层	保证项目: 波形石棉瓦的质量必须符合有关标准规定;波瓦必须先钻孔打眼,后用带防水垫圈的镀锌螺栓(螺钉)予以固定,固定点必须在靠近波瓦搭接部分的波峰上

1.1 建筑工程

续表

序号	部位	项目名称	质量要求
8~10	屋面	波形石棉瓦屋面 波瓦防水层	基本项目： 合格：固定牢固，无渗漏现象 优良：在合格基础上，铺设顺主导风向，搭接宽度大于半波，割角正确，每张瓦上的螺钉不少于2个。风大地区钉数应增加 允许偏差项目： 合格：瓦的搭接长度，长边错缝，对角缝，天沟、斜沟铁皮伸入瓦下的长度，泛水与瓦的搭接长度，瓦伸入檐沟的长度等项目大多数部位满足允许偏差值 优良：上述项目绝大多数部位满足允许偏差值
		细部做法	合格：脊瓦搭盖正确，嵌封严密，屋脊和斜脊顺直。天沟、斜沟和泛水填塞严密，固定牢固，无渗漏 优良：在合格基础上，脊瓦间距均匀，屋脊和斜脊平直，无起伏现象。天沟、斜沟和泛水坡度正确，无积水现象
11	室内顶棚	一般普通抹灰顶棚	室内顶棚的保证项目同室内墙面装饰保证项目的要求，吊顶等装饰大厅顶棚的质量要求，按设计要求评定，但对顶棚的安全性要更注意检查，以防脱落伤人 合格：大面光滑，接槎平顺 优良：表面光滑、洁净，接槎平整
		中级抹灰顶棚	合格：表面光滑，接槎平整，线角顺直（毛面纹路基本均匀） 优良：表面光滑、洁净，接槎平整，线角顺直清晰（毛面纹路均匀）
		高级抹灰顶棚	合格：表面光滑、洁净，颜色均匀，线角和灰线平直方正 优良：表面光滑、洁净，颜色均匀，无抹纹，线角和灰线平直方正、清晰美观
		装饰抹灰顶棚	保证项目同装饰抹灰墙面，但其安全性要更注意检查，以防脱落伤人 (1) 拉毛灰、洒毛灰 合格：花纹、斑点、颜色均匀 优良：花纹、斑点均匀，颜色一致，不显接槎 (2) 喷砂 合格：表面平整，砂粒粘结牢固，颜色均匀 优良：表面平整，砂粒粘结牢固、均匀、密实，颜色一致 (3) 喷涂、滚涂、弹涂 合格：颜色、花纹、色点大小均匀，无漏涂 优良：颜色一致，花纹、色点大小均匀，不显接槎，无漏涂透底和流坠 (4) 彩色抹灰 合格：表面密实，线条、纹理清晰 优良：在合格基础上，颜色协调，不显接槎
		油漆顶棚	按油漆项目的标准评定 (1) 混色油漆分为普通、中级、高级油漆来评定 (2) 清漆工程分为中级、高级油漆来评定 (3) 美术油漆按美术油漆的项目标准评定
		刷浆（喷浆）顶棚	顶棚的表面平整、密实，线条、纹理顺直清晰，主要检查抹灰质量项目，有刷浆（喷浆）的项目主要检查颜色、色彩。接槎痕迹抹灰、刷浆（喷浆）都有，都要检查，浆活可单独检查，也可同抹灰等一起检查评定

续表

序号	部位	项目名称	质量要求
11	室内顶棚	刷浆（喷浆）顶棚	(1) 一般刷浆（喷浆） 保证项目： 严禁掉粉、起皮、漏刷和透底 基本项目： 分为普通、中级、高级来评定，其质量要求按(1)项外墙面刷浆的质量指标来评定 (2) 美术刷浆（喷浆） 保证项目： 美术刷浆（刷浆）的图案、花纹和颜色必须符合设计或选定样品的要求。底层严禁掉粉、起皮、漏刷和透底 基本项目： 其质量要求按(1)项外墙面美术刷浆的质量指标来评定
		裱糊	保证项目： 壁纸、墙布必须粘结牢固，无空窗、翘边、皱折等缺陷 基本项目： (1) 表面 合格：色泽一致，无斑污 优良：在合格基础上，无胶痕 (2) 拼接 合格：横平竖直，图案端正，拼缝处图案、花纹基本吻合，阳角处无接缝 优良：在合格基础上，拼缝处图案、花纹吻合，距墙 1.5m 处正视，不显拼缝，阳角处搭接顺光 (3) 细部 合格：裱糊与挂镜线、贴脸板、踢脚线、电气槽盒等交接紧密，无漏贴及不糊盖需拆卸的活动件 优良：在合格基础上，无缝隙及补贴情况
		罩面板顶棚	保证项目： 罩面板安装必须牢固，无脱层、翘曲、折裂、缺棱掉角等缺陷。主梁、搁栅（主筋、横撑）安装必须位置正确，连接牢固，无松动 基本项目： (1) 罩面板表面 合格：表面平整、洁净 优良：表面平整、洁净、颜色一致、无污染、反锈、麻点和锤印 (2) 接缝或压条 合格：接缝宽窄均匀；压条顺直，无翘曲 优良：接缝宽窄一致、整齐；压条宽窄一致、平直，接缝严密 (3) 钢木骨架的吊杆、主梁、搁栅（立筋、横撑）外观 合格：有轻度弯曲，但不影响安装；木吊杆无劈裂 优良：顺直、无弯曲、无变形；木吊杆无劈裂 (4) 填充料 合格：用料干燥，铺设厚度符合要求 优良：在合格基础上，厚度均匀一致 (5) 灰板条和金属网的抹灰基层 合格：灰板条钉结牢固，接头在搁栅（立筋）上，间隙大小符合要求；金属网钉牢，接头在搁栅（立筋）上 优良：在合格基础上，灰板条交错布置，对头缝大小符合要求；金属网钉平，无翘边

续表

序号	部位	项目名称	质量要求
11	室内顶棚	罩面板顶棚	允许偏差项目： 合格：表面平整，立面垂直，压条、接缝平直，接缝高低差，压条间距一致等项目多数部位满足允许偏差值 优良：上述项目绝大多数部位满足允许偏差值
		花饰安装	保证项目： 花饰的品种、规格、图案和安装方法符合设计要求。花饰安装必须牢固，无裂缝、翘曲和缺棱掉角等缺陷 基本项目： 合格：花饰表面和安装花饰的基层洁净 优良：在合格基础上，接缝严密吻合（顶棚的评定，除了各项目分别评定外，还有一个综合评定，包括尺度、比例、色彩、协调、格调等，其中也包括灯饰、灯具在内，并有与四周墙面及整个房间的整体协调等，供参考） 允许偏差项目： 合格：花饰的平直及中心线位移项目多数满足允许偏差值 优良：上述项目绝大多数部位满足允许偏差值
12	室内墙面	一般抹灰工程	见室外墙面（包括石灰砂浆、水泥混合砂浆、水泥砂浆、聚合物水泥砂浆、膨胀珠珍岩水泥砂浆和麻刀石灰、纸筋石灰、石膏灰等的普通、中级、高级抹灰）
		装饰抹灰	见室外墙面（包括水刷石、水磨石、斩假石、干粘石、假面砖、拉条灰、拉毛灰、喷砂、喷涂、滚涂、仿石和彩色抹灰弹涂等）
		清水砖墙勾缝表面	见室外墙面
		刷浆（喷浆）	见室外墙面
		美术刷浆（喷浆）	见室外墙面
		裱糊墙面	见室内顶棚裱糊
		饰面板(砖)墙面	见室外墙面
		罩面板及钢木骨架安装墙面	见室内顶棚罩面板顶棚
		花饰安装	见室内顶棚花饰安装
13	地面与楼面	整体楼、地面	保证项目： 各种面层的材质、强度（配合比）和密实度必须符合设计要求。面层与基层的结合必须牢固，无空鼓（空鼓面积 400cm^2，无裂纹，且在一个检查范围内不多于2处者，可不计） 基本项目： (1) 细石混凝土、混凝土、钢屑水泥和菱苦土面层 合格：表面密实压光，无明显裂纹、脱皮、麻面和起砂等缺陷 优良：表面密实光洁，无裂纹、脱皮、麻面和起砂等现象 (2) 水泥砂浆层面 合格：表面无明显脱皮和起砂等缺陷；局部虽有少数细小收缩裂纹和轻微麻面，但其面积不大于 800cm^2，且在一个检查范围内不多于2处 优良：表面洁净，无裂纹、脱皮、麻面和起砂等现象 (3) 水磨石面层 合格：表面基本光滑，无明显裂纹和砂眼；石粒密实，分格条牢固 优良：表面光滑，无裂纹、砂眼和磨纹；石粒密实、显露均匀，颜色图案一致，不混色；分格条牢固、顺直和清晰

续表

序号	部位	项目名称	质量要求
13	地面与楼面	整体楼、地面	(4) 碎拼大理石面层 合格：颜色协调，无明显裂缝和坑洼 优良：颜色协调，间隙适宜，磨光一致，无裂缝、坑洼和磨纹 (5) 沥青混凝土、沥青砂浆面层 合格：表面密实，无裂缝 优良：表面密实，无裂缝、蜂窝等现象 (6) 地漏和供排除液体用的带有坡度的面层 合格：坡度满足排液要求，不倒泛水，无渗漏 优良：坡度符合设计要求，不倒泛水，无渗漏，无积水，地漏(管道)结合处严密平顺 踢脚线的质量(各种地面一致的要求) 合格：高度一致，与墙面结合牢固，局部空鼓长度不大于400mm，且在一个检查范围内不多于2处 优良：高度一致，出墙厚度均匀；与墙面结合牢固，局部空鼓长度不大于200mm，且在一个检查范围内不多于2处 楼地面镶边(各种地面的要求一致) 合格：各种面层邻接处的镶边用料及尺寸符合设计要求和施工规范规定 优良：各种面层邻接处的镶边用料及尺寸符合设计要求和施工规范规定；边角整齐光滑，不同颜色的邻接处不混色 允许偏差项目： 合格：表面平整度，缝格平直及踢脚线上口平直等项目多数部位满足允许偏差值 优良：上述项目绝大多数部位满足允许偏差值
		板块楼、地面	保证项目： 板块的品种、质量符合设计要求；面层与基层的结合必须牢固，无空鼓 (单块板块料边角有局部空鼓，且每个检查间不超过抽查总数的5%者，可不计) 基本项目： (1) 板块面层的表面质量 合格：色泽均匀，板块无裂纹、掉角和缺棱等缺陷 优良：表面洁净，图案清晰，色泽一致，接缝均匀，周边顺直，板块无裂纹、掉角和缺棱等现象 (2) 地漏和供排除液体用的带有坡度的面层 合格：坡度满足排除液体要求，不倒泛水，无渗漏 优良：坡度符合设计要求，不倒泛水，无积水，与地漏(管道)结合处严密牢固，无渗漏 (3) 踢脚线的铺设 合格：接缝平整，结合牢固 优良：表面洁净，接缝平整均匀，高度一致，结合牢固，出墙厚度适宜 (4) 楼、地面镶边 合格：面层邻接处的镶边用料及尺寸符合设计要求和施工规范规定 优良：面层邻接处的镶边用料及尺寸符合设计要求和施工规范规定；边角整齐、光滑 允许偏差项目： 合格：表面平整，缝格平直，接缝高低、板块间隙宽度大小及踢脚线上口平直等项目多数部位满足允许偏差值

续表

序号	部位	项目名称	质量要求
13	地面与楼面	板块楼、地面	优良：上述项目绝大多数部位满足允许偏差值
		木质板楼、地面	保证项目： 本材材质和铺设时的含水率必须符合设计要求，木搁栅、毛地板和垫木须防腐处理，安装必须牢固、平直，在混凝土基层上铺设搁栅，其间距和固定方法必须符合设计要求。面层铺钉牢固无松动，粘结牢固无空鼓(空鼓面积不大于单块板块面积的1/8，且每1检查间不超过检查总数5%者，可不计) 基本项目： (1) 木质板面层表面质量 1) 木板和拼花木板面层 合格：面层刨平磨光，无明显刨痕、戗茬；图案清晰；清油面层颜色均匀 优良：面层刨平磨光，无刨痕、戗茬和毛刺等现象；图案清晰；清油面层颜色均匀一致 2) 硬质纤维板面层 合格：图案尺寸符合设计要求，板面无明显翘鼓 优良：图案尺寸符合设计要求，板面无翘鼓 (2) 木质板面层板间接缝 1) 木板面层 合格：缝隙基本严密，接头位置错开 优良：缝隙严密，接头位置错开，表面洁净 2) 拼花木板面层 合格：接缝对齐，粘、钉严密 优良：接缝对齐，粘、钉严密；缝隙宽度均匀一致；表面洁净，粘结无溢胶 3) 硬质纤维板面层 合格：接缝均匀，无明显高差 优良：接缝均匀，无明显高差，表面洁净，粘结面层无溢胶 (3) 踢脚线的铺设 合格：接缝基本严密 优良：接缝严密，表面光滑，高度、出墙厚度一致 允许偏差项目： 合格：表面平整度，板面拼缝平接及缝隙宽度，踢脚线上口平直等项目多数部位满足允许偏差值 优良：上述项目绝大多数部位满足允许偏差值
14		楼梯踏步	合格：相邻两步宽度和高度差不超过20mm；齿角基本整齐；防滑条顺直；板块面层缝隙宽度基本一致，相邻两步高差不超过15mm，防滑条顺直；相邻两步宽度和高度差不超过10mm； 优良：齿角整齐，防滑条顺直；板块面层缝隙宽度一致，相邻两步高差不超过10mm；防滑条顺直
15		厕浴、阳台泛水	合格：坡度满足排除液体要求，不倒泛水，无渗漏 优良：坡度符合设计要求，不倒泛水，无渗漏，无积水；与地漏(管道)结合处严密平顺
16		抽气、垃圾道	合格：尺寸、位置、配件符合设计要求，不堵塞，基本平整、通顺，使用方便 优良：在合格的基础上，平整、通顺，使用方便、美观

续表

序号	部位	项目名称	质量要求
17	细木、护栏		保证项目： 树种、材质等级、含水率和防腐处理符合设计要求，与基层必须镶钉牢固，无松动 基本项目： 合格： (1) 制作：尺寸正确，表面光滑，线条顺直 (2) 安装：安装位置正确，割角整齐，接缝严密 优良： (1) 制作：尺寸正确，表面平直光滑，棱角方正，线条顺直，不露钉帽，无戗槎、刨痕、毛刺、锤印等缺陷 (2) 安装：安装位置正确，割角整齐，交圈，接缝严密，平直通顺，与墙面紧贴，出墙尺寸一致 允许偏差项目： 合格：楼梯栏杆垂直，间距、扶手纵向弯曲，护墙板上口平直，表面平整、垂直，压缝条间距、窗台板、窗帘盒两端高低差及两端距窗洞长度差，贴脸板内边沿至门窗框裁口距离，挂镜线上口平直等项目多数部位满足允许偏差值 优良：上述项目绝大多数部位满足允许偏差值
18～19	门窗安装	木门窗安装	保证项目： 门窗框安装位置必须符合设计要求；安装牢固，固定点符合设计要求 基本项目： (1) 门窗框与墙体间填塞保温材料 合格：基本填塞饱满 优良：填塞饱满、均匀 (2) 门、扇安装 合格：裁口顺直，刨面平整，开关灵活，无倒翘 优良：在合格基础上，刨面光滑，开关稳定，无回弹 (3) 门窗小五金安装 合格：位置适宜，槽边整齐，小五金齐全，规格符合要求，木螺丝拧紧 优良：在合格基础上，槽深一致，尺寸准确，木螺丝拧紧卧平，插销开启灵活 (4) 门窗披水、盖口条、压缝条、密封条的安装 合格：尺寸一致，与门窗结合牢固严密 优良：在合格基础上，平直光滑，无缝隙 允许偏差项目： 合格：框正、侧面垂直度，框对角线长度差，框与扇、扇与扇接触处高低差，扇对口、扇与框间留缝宽度，门扇与地面间留缝宽度等项目多数部位满足允许偏差值 优良：上述项目绝大多数满足允许偏差值
		钢门窗安装	保证项目： 钢门窗及其附件必须符合设计要求；安装位置、开启方向符合设计要求；安装牢固；埋件数量、位置、连接方法符合设计要求 基本项目： (1) 门窗扇安装 合格：关闭严密，开关灵活，无倒翘 优良：在合格基础上，无阻滞、回弹 (2) 门窗附件安装

续表

序号	部位	项目名称	质量要求
18~19	门窗安装	钢门窗安装	合格:附件齐全,安装牢固,启闭灵活适用 优良:在合格基础上,位置正确、端正 (3) 框与墙体间缝隙填塞 合格:填嵌饱满,材料符合设计要求 优良:在合格基础上,填嵌密实,表面平整,方法符合设计要求 允许偏差项目: 合格:框对角线长度差,框与扇配合间隙,窗框扇搭接量,门窗框正、侧面垂直度,框的水平度,门与地面缝隙,双层门窗内外框中心距等项目多数部位满足允许偏差值 优良:上述项目绝大多数满足允许偏差值
		铝合金门窗安装	保证项目: 铝合金门窗及其附件质量必须符合设计要求和有关标准的规定;铝合金门窗安装的位置、开启方向,必须符合设计要求;铝合金门窗框安装必须牢固;预埋件的数量、位置、埋设连接方法及防腐处理必须符合设计要求 基本项目: 1. 门窗扇安装 (1) 平开门窗扇 合格:关闭严密,间隙基本均匀,开关灵活 优良:关闭严密,间隙均匀,开关灵活 (2) 推拉门窗扇 合格:关闭严密,间隙基本均匀,扇与框搭接量不小于设计要求的80% 优良:关闭严密,间隙均匀,扇与框搭接量符合设计要求 (3) 弹簧门扇 合格:自动定位准确,开启角度为90°+3°,关闭时间在3~15s范围之内 优良:自动定位准确,开启角度为90°+1.5°,关闭时间在6~10s范围之内 2. 铝合金门窗附件安装 合格:附件齐全,安装牢固,灵活适用,达到各自的功能 优良:附件齐全,安装位置正确、牢固,灵活适用,达到各自的功能,端正美观 3. 铝合金门扇框与墙体间缝隙填嵌质量 合格:填嵌饱满,填塞材料符合设计要求 优良:填嵌饱满密实,表面平整、光滑,无裂缝,填嵌材料、方法符合设计要求 4. 铝合金门窗外观质量 合格:表面洁净,大面无划痕、碰伤、锈蚀,涂胶大面光滑,无气孔 优良:表面洁净,无划痕、碰伤、无锈蚀,涂胶表面光滑、平整、厚度均匀,无气孔 允许偏差项目: 合格:门框窗两对角线长度差,门窗框正、侧面垂直度、水平度,双层门窗内外框中心距;平开窗的扇与框搭接宽度差,同樘门窗相邻扇的横端角高度差;推拉扇的门窗开启力限值,门窗框与框或相邻扇立边平行度;弹簧门扇的门扇对口缝或扇与框之间立、横缝留缝限值,门扇与地面间隙留缝,门扇对口缝关闭时平整等项目多数部位满足允许偏差值 优良:上述项目绝大多数部位满足允许偏差值
20		玻璃	保证项目: 玻璃裁制尺寸正确,安装牢固、平整,无松动现象 基本项目:

序号	部位	项目名称	质量要求
20	门窗安装	玻璃	(1) 油灰填抹 合格:底灰饱满,油灰与玻璃、裁口粘结牢固,边缘与裁口齐平 优良:在合格基础上,油灰四角成八字形,表面光滑,无裂纹、麻面和皱皮 (2) 固定玻璃的钉子或钢丝卡 合格:钉子、卡子数量、规格符合规定 优良:在合格基础上,钉子、卡子不在油灰表面显露 (3) 木压条镶钉 合格:木压条与裁口边缘紧贴,割角整齐 优良:木压条与裁口边缘贴齐平,割角整齐,连接紧密,不露钉帽 (4) 橡皮垫镶嵌 合格:橡皮垫与裁口、玻璃及压条紧贴 优良:在合格基础上,整齐一致 (5) 玻璃砖安装 合格:排列位置正确,镶嵌密实 优良:在合格基础上,排列均匀、整齐,接缝均匀平直 (6) 彩色、压花玻璃拼装 合格:颜色、图案符合设计要求 优良:在合格基础上,接缝吻合 (7) 玻璃安装后表面 合格:表面无明显斑污,安装朝向正确 优良:表面清洁,无油灰、浆水、油漆等斑污,安装朝向正确
21	油漆	混色油漆	在严禁脱皮、漏刷和反锈基础上分合格与优良两个等级 (1) 普通油漆 合格:大面有轻微流坠、透底和皱皮;大面光亮;大面无分色裹楞;装饰线、分色线偏差不大于 3mm;大面颜色均匀;五金、玻璃基本洁净 优良:大面无流坠、透底、皱皮;大面光亮、光滑;大面无分色裹楞现象,小面偏差不大于 2mm;装饰线、分色线偏差不大于 2mm;颜色刷纹均匀;五金、玻璃洁净 (2) 中级油漆 合格:大面无透底、流坠、皱皮;大面光亮、光滑;大面无分色裹楞,小面不大于 2mm;分色线平直(偏差不大于 2mm);大面颜色一致,刷纹通顺;五金、玻璃基本洁净 优良:合格基础上,小面明显处无透底、流坠、皱皮;小面光亮、光滑、装饰线、分色线偏差不大于 1mm,颜色均匀一致通顺;五金、玻璃洁净 (3) 高级油漆 合格:大面及小面明显处无透底、流坠、皱皮;光亮均匀一致,光滑无挡手感;分色裹楞大面无,小面允许偏差 1mm;装饰线、分色线平直差不大于 1mm;颜色一致,刷纹通顺;五金洁净;玻璃基本洁净 优良:大小面均无透底、流坠、皱皮;光亮足,光滑无挡手感;大小面均无分色裹楞现象;装饰线、分色线平直;颜色一致无刷纹;五金、玻璃洁净
		清色油漆	在严禁脱皮、漏刷和斑迹的基础上分合格与优良两个等级 (1) 中级油漆 合格:木纹清楚;光亮、光滑;大面无裹楞、流坠、皱皮;大面颜色基本一致;五金玻璃基本洁净 优良:在合格基础上,棕眼刮平;光亮足;小面明显处无裹楞、流坠、皱皮,无刷纹;五金、玻璃洁净

1.1 建筑工程

续表

序号	部位	项目名称	质量要求
21	油漆	清色油漆	(2)高级油漆 合格：棕眼刮平，木纹清楚；光亮柔合，光滑；大面及小面明显处无裹楞、流坠、皱皮；颜色基本一致，无刷纹；五金洁净，玻璃基本洁净 优良：在合格基础上，光滑无挡手感；大小面均无裹楞、流坠、皱皮；颜色一致无刷纹；五金、玻璃洁净
		美术油漆	在图案、颜色和所用材料的品种必须符合设计和选定样品的要求；底层油漆的质量必须符合相应等级的有关规定的基础上分合格与优良两个等级 合格：无明显漏涂、斑污、流坠、接槎；具有被摹仿材料的纹理；鸡皮皱的起粒和拉毛的大小花纹分布均匀，图案无位移；颜色均匀，全长歪斜不大于2~3mm 优良：在合格的基础上，图案颜色鲜明，轮廓清晰，摹仿的纹理逼真；不显接槎，无起皮和裂纹；纹理和轮廓清晰；搭接错位不大于0.5mm；全长斜不大于1~2mm
22	室内给排水	管道坡度、接口、支架、管件	室内给水工程 各系统试压结果，压力符合设计要求，无渗漏。管道必须清洗，管道及支架(墩)不在冻土及朽木上 (1)管道坡度 合格：坡度的正负偏差不超过设计要求坡度值的1/3，安装横平竖直，距墙、标高基本符合规定 优良：坡度符合设计要求，并均匀一致，距离、标高符合规定 (2)管道接口 1)丝接 合格：管螺纹加工精度符合国标《管螺纹》的规定，螺纹清洁，规整，断丝或缺丝不大于螺纹全扣丝的10%。连接牢固，根部有外露螺纹，镀锌管无焊口，螺纹清洁、规整，使用管件正确，镀锌管无焊接口 优良：在合格的基础上，螺纹无断丝；镀锌管和管件的镀锌层无破损，外露螺纹防腐良好且无外露油麻等缺陷 2)法兰接 合格：对接平行、紧密，与管子中心线垂直，螺杆露出螺母；补垫材质符合设计要求和施工规范规定且无双层，法兰型号符合要求 优良：在合格的基础上，螺母在同侧，螺杆露出螺母长度一致，且不大于螺杆直径的1/2 3)焊接 合格：焊口平直度、焊缝加强面符合施工规范规定；焊口表面无烧穿、裂纹和明显的结瘤、夹渣及气孔等缺陷 优良：在合格的基础上，焊波均匀一致，焊缝表面无结瘤、夹渣和气孔 4)承插、套箍 合格：接口结构和所用填料符合设计要求和施工规范规定；灰口密实、饱满，填料凹入承口边缘不大于2mm；胶圈接口平直无扭曲；对口间隙准确，使用管件正确 优良：在合格的基础上，环缝间隙均匀，灰口平整、光滑，养护良好；胶圈接口回弹间隙符合施工规范规定 (3)管道支架 合格：构造正确，埋设平正牢固，位置合理，标高间距符合规定。油漆种类和涂刷遍数符合设计要求；附着良好，无脱皮、起泡和漏涂 优良：在合格的基础上，排列整齐，支架与管子接触紧密，漆膜厚度均匀，色泽一致，无流淌及污染现象

续表

序号	部位	项目名称	质量要求
22	室内给排水	管道坡度、接口、支架、管件	室内排水工程 各系统管道的灌水试验结果符合设计要求,无渗漏 (1) 管道的坡度 坡度必须符合设计要求或施工规范规定,在此基础上分为合格与优良两个等级 合格:坡度正确,距离、标高基本符合要求,安装顺直 优良:在合格的基础上,坡度均匀一致,距离、标高符合要求 (2) 接口管件 见室内给水工程(2),其中4)的凹入承口边缘在此应不大于5mm。排水塑料管必须安装伸缩节,其间距不大于4m (3) 管道支架 见室内给水工程(3) (4) 管道、箱类和金属支架涂漆见室内给水工程(4)
23	室内给排水	卫生器具、支架、阀门、配件	(1) 卫生器具(支架)安装 合格:木砖和支、托架防腐良好,埋设平正牢固,器具放置平稳,排水管径及出口连接牢固、严密不漏,位置、标高基本正确,排水坡度符合要求 优良:在合格的基础上,器具洁净、支架与器具接触紧密。位置、标高正确,成排器具排列整齐,标高一致。排水栓底于盆、槽底面2mm,低于地表面5mm (2) 阀门 合格:型号、规格符合设计要求,耐压强度和严密性试验结果符合规范规定,位置进出口方向正确,连接紧密牢固 优良:在合格的基础上,启闭灵活,朝向合理,表面洁净 (3) 配件(包括饮水器、水表、消火栓、喷头及水龙头、角阀等) 合格:安装位置、标高符合规定,进出口方向、朝向正确,镀铬件等成品保护良好,接口紧密,启闭部分灵活,消防箱油漆完整,标志清晰正确 优良:在合格的基础上,安装端正,表面洁净,接口无外露麻油,消防栓的水龙带与消防栓和快速接头的绑扎紧密,并卷折挂在托盘或支架上
24	室内给排水	检查口、扫除口、地漏	(1) 检查口 合格:设置数量必须符合规定,高度、朝向基本满足使用功能的要求,封盖严密无渗漏,标高允许偏差+150mm,-100mm 优良:在合格的基础上,标高朝向方便使用 (2) 扫除口 合格:设置数量符合规定,位置基本符合规定,封堵严密无渗漏 优良:在合格的基础上,位置符合规定,方便使用,地面扫除口与地面齐平 (3) 地漏 合格:平正、牢固,低于排水表面,无渗漏 优良:在合格的基础上,排水栓低于盆、槽底表面2mm,低于地表面5mm;地漏低于安装处排水表面5mm。周边整齐、平整
25	室内采暖	管道坡度、接口、支架、弯管	(1) 管道坡度 合格:坡度的正负偏差不超过设计要求坡度值的1/3 优良:坡度符合设计要求 (2) 接口 同室内给水工程的管道接口 (3) 支架

1.1 建筑工程   461

续表

序号	部位	项目名称	质量要求
25		管道坡度、接口、支架、弯管	合格:构造正确,埋设牢固平正 优良:在合格的基础上,排列整齐,支架与管子接触紧密 (4) 弯管 合格:弯曲半径数正确,椭圆率,折皱不平度符合规定 优良:在合格的基础上,弯曲度均匀,部位准确,与管道坡度一致
26	室内采暖	散热器及支架	(1) 散热器(暖风机、辐射板、铸铁及钢制散热器等)铸铁翼型散热器安装 合格:水压试验必须符合要求,安装牢固位置正确,接口严密,无渗漏。长翼型:顶部掉翼不超过1个,长度不大于50mm;侧面不超过2个,累计长度不大于200mm;圆翼型:每根掉翼数不超过2个,累计长度不大于一个翼片周长的1/2 优良:在合格的基础上,距离一致,表面洁净,无掉翼 钢串片散热器肋片安装 合格:水压试验符合要求,安装牢固,位置正确,接口严密,无渗漏。松动肋片不超过肋片总数的2% 优良:在合格的基础上,距离一致,多排的排列整齐,肋片整齐无翘曲 (2) 支架 合格:数量和构造符合设计要求和施工规范规定,位置正确,埋设平正牢固,涂漆符合管道油漆的合格要求 优良:在合格的基础上,排列整齐,与散热器接触紧密,涂漆符合管道油漆的优良要求
27		伸缩器、膨胀水箱	(1) 伸缩器 合格:伸缩器和固定支架的安装位置必须符合设计要求,并应按有关规定进行预拉伸;椭圆率符合规定 优良:在合格的基础上,弯曲半径对称均匀,与管道坡度一致 (2) 膨胀水箱支架及底座 合格:水箱、水箱支架或底座尺寸及位置符合设计要求,埋设平正牢固。油漆种类和涂刷遍数符合设计要求,附着良好,无脱皮、起泡和漏涂 优良:在合格的基础上,水箱和支架接触紧密。漆膜厚度均匀,色泽一致,无流淌及污染现象
28	室内煤气	管道坡度、接口、支架	(1) 管道坡度 必须符合设计要求 (2) 管道接口 管道接口的耐压强度同室内给水工程的管道接口 (3) 管道支架 同室内给水工程的管道支架
29		煤气管与其他管距离	煤气引入管和室内煤气管道与其他各类管道、电力电缆、电线和电气开关等的最小水平、垂直和交叉净距,必须符合设计要求和标准规定。埋地煤气管与给排水、供热管沟、电力电缆、通讯电缆间水平距离不小于1m;垂直距离给排水管、供热管沟、在导管内的电线不小于150mm;直接埋的电缆不小于600mm。在室内与给排水;采暖、热水管道间距同一平面不小于50mm,不同平面不小于10mm,与电线的间距同一平面不小于50mm,不同平面不小于20mm。与配电箱盘的距离不小于300mm,与电气开关和接头的距离不小于150mm
30		煤气表阀门	(1) 煤气表 合格:坐标、标高、距灶具距离及进出管位置符合要求。附件齐全,表面不脱

续表

序号	部位	项目名称	质量要求
30	室内煤气	煤气表阀门	漆，固定牢固平正 优良：在合格的基础上，读数方便，表体清洁无污染 (2) 阀门 合格：型号、规格、耐压强度和严密性试验结果符合设计要求；位置、进出口方向正确，连接牢固紧密 优良：在合格的基础上，启闭灵活，朝向合理，表面洁净
		各管道的套管	合格：加设套管构造正确，固定牢固，管口齐平 优良：在合格基础上，穿楼板套管，顶部高出地面不少于20mm，底部与天棚齐平，墙套管两端与饰面平，环缝均匀，周围补洞平整，无裂纹
31	室内电气安装	线路敷设	(1) 配管及管内穿线工程 导线间和导线对地间的绝缘电阻值大于0.5MΩ 合格：管子敷设连接紧密，管口光滑，护口齐全，明配管及其支架平直牢固，排列整齐，管子弯曲处无明显折皱，油漆防腐完整，暗配管保护层大于15mm；盒(箱)设置正确，固定可靠，管子进入盒(箱)处顺直，在盒(箱)内露出的长度小于5mm；用锁紧螺母(纳子)固定的管口，管子露出锁紧螺母的螺纹为2～4扣；穿过变形缝处有补偿装置，补偿装置能活动自如；穿过建筑物和设备基础处加套保护管；在盒(箱)内导线有适当余量；导线在管子内无接头；不进入盒(箱)的垂直管子的上口穿线后密封处理良好；导线连接牢固，包扎严密，绝缘良好，不伤芯线。接地支线连接紧密、牢固，接地(接零)线截面选用正确。需防腐的部分涂漆均匀无遗漏 优良：在合格的基础上，线路进入电气设备和器具的管口位置正确；补偿装置平整，管口光滑，护口牢固，与管子连接可靠；加套的保护管在隐蔽工程记录中标示正确，盒(箱)内清洁无杂物，导线整齐，护线套(护口、护线套管)齐全，不脱落，接地支线走向合理，色标准确，刷漆后不污染建筑物 (2) 瓷夹、瓷柱(珠)及瓷瓶配线工程 合格：导线严禁有扭绞、死弯和绝缘层损坏等缺陷。瓷件及其支架安装牢固，瓷件无损坏，瓷瓶不倒装，导线或瓷件固定点的间距正确，支架油漆完整，导线敷设平直、整齐，与瓷件固定可靠；穿过梁、墙、楼板和跨越线路等处有保护管；跨越建筑物变形缝的导线两端固定可靠，并留有适当余量；导线连接牢固，包扎严密，绝缘良好，不伤芯线；导线接头不受拉力 优良：在合格基础上，瓷件排列整齐，间距均匀，表面清洁；导线进入电气器具处绝缘处理良好；转弯和分支处整齐 (3) 护套线配线工程 合格：导线严禁有扭绞、死弯、绝缘层损坏和护套断裂等缺陷。塑料护套线严禁直接埋入抹灰层。护套线敷设应平直、整齐，固定可靠；穿过梁、墙、楼板和跨越线路等处有保护管；跨越建筑物变形缝的导线两端固定可靠，并留有适当余量；护套线的连接牢固，包扎严密，绝缘良好，不伤芯线；接头设在接线盒或电气器具内；板孔内无接头。导线横平竖直 优良：在合格的基础上，导线明敷部分紧贴建筑物表面；多根平行敷设间距一致，分支和弯头处整齐；接线盒位置正确，盒盖齐全平整，导线进入接线盒或电气器具时留有适当余量 (4) 槽板配线工程 合格：槽板敷设应紧贴建筑物表面，固定可靠，横平竖直，直线段的盖板接口与底板接口错开，其间距不小于100mm，盖板锯成斜口对接；木槽板无劈裂，塑料槽板无扭曲变形；槽板线路穿过梁、墙和楼板有保护管；跨越建筑物变形缝处槽板断开，导线加套保护软管并留有适当余量，保护软管与槽板结合严密；导线连接牢固，包扎严密，绝缘良好，不伤芯线，槽板内无接头

1.1 建筑工程　463

续表

序号	部位	项目名称	质量要求
31	室内电气安装	线路敷设	优良:在合格的基础上,槽板沿建筑物表面布置合理,盖板无翘角;分支接头做成丁字三角叉接,接口严密整齐;槽板表面色泽均匀无污染;线路与电气器具、木台连接严密,导线无裸露现象;接头设在器具或接线盒内 (5)配线用钢索工程 合格:终端拉环必须固定牢靠,拉紧调节装置齐全,索端头用专用金属卡具,数量不少于2个。钢索的中间固定点间距不大于12m;吊钩可靠地托住钢索,吊杆或其他支持点受力正常,吊杆不歪斜,油漆完整;接地支线连接牢固、紧密,接地线截面选用正确,需防腐的部分涂漆均匀无遗漏 优良:在合格的基础上,吊点均匀,钢索表面整洁,镀锌钢索无锈蚀,塑料护套钢索的护套完好。固定点间距相同,钢索的弛度一致。接地线路走向合理,色标准确,涂刷后不污染设备和建筑物
32		配电箱(盘、板)	合格:配电箱(盘、板)安装应位置正确,部件齐全,箱体开孔合适,切口整齐;暗式配电箱箱盖紧贴墙面;零线经汇流排(零线端子)连接,无绞接现象;箱体(盘、板)油漆完整。接地(接零)支线连接紧密、牢固,接地(接零)线截面选用正确,防腐良好 优良:在合格的基础上,箱体内外清洁,箱盖开闭灵活,箱内结线整齐,回路编号齐全、正确;管子与箱体连接有专用锁紧螺母。接地线路走向合理,色标准确;涂刷后不污染设备和建筑物
33		照明器具	合格:大(重)型灯具用的吊钩、预埋件必须埋设牢固。器具及其支架牢固端正,位置正确,有木台的安装在木台中心;暗插座、暗开关的盖板紧贴墙面,四周无缝隙。工厂罩弯管灯、防爆弯管灯的吊攀齐全,固定可靠;电铃、光学号牌等讯响显示装置部件完整,动作正确,讯响显示清晰。灯具及其控制开关工作正常,安全和接地可靠 优良:在合格的基础上,器具表面清洁,灯具内外干净明亮,吊杆垂直,双链平行
34		开关、插座	合格:明装平正牢固,居木台中心,油漆完整;暗开关、暗插座的盖板紧贴墙面,四周无缝隙,位置正确高度一致;接线正确,开关切断相线,螺口灯头相线接在中心触点的端子上;同样用途的三相插座接线,相序排列一致;单相插座的接线,面对插座,右极接相线,左极接零线;单相三孔、三相四孔插座的接地(接零)线接在正上方;插座的接地(接零)线单独敷设,不与工作零线混同 优良:在合格的基础上,内外清洁,板面端正。成排的高度一致,排列整齐
35		防雷、动力	合格:避雷针(网)安装必须符合设计要求,位置正确,固定牢靠,防腐良好;针体垂直,避雷网规格尺寸和弯曲半径正确;避雷针及支持件的制作质量符合设计要求。设有标志灯的避雷针,灯具完整,显示清晰;接地(接零)线敷设应平直、牢固,固定点间距均匀,跨越建筑物变形缝有补偿装置,穿墙有保护管,油漆防腐完整;防雷接地引下线的保护管固定牢靠,断线卡设置便于检测,接触面镀锌或镀锡完整,螺栓等紧固件齐全 优良:在合格的基础上,避雷网支持件间距均匀;避雷针针体垂直度偏差不大于顶端针杆的直径,防腐均匀,无污染建筑物
36	通风	风管、支架	(1)金属风管 合格:风管的规格、尺寸符合设计尺寸规格,咬缝紧密,宽度均匀,无孔洞、半咬口和胀裂缺陷,直管纵向咬缝错开,焊缝严禁烧穿、漏焊和裂缝等缺陷,纵向焊缝必须错开。风管折角平直,圆弧均匀,两端面平行,无明显翘角,表面凹凸不大于10mm;风管与法兰连接牢固,翻边基本平整,宽度不小于6mm,紧贴法兰;有凝结水、湿空气的底部接缝风管要有坡度和密封处理。法兰的孔距符合设计要求和施工规范的规定,焊接牢固,焊缝处不设置螺孔;风管加固牢固可靠;不锈钢板和铝板风管表面无明显刻痕,复合钢板风管表面,无破损。铝管的法兰接连螺栓

续表

序号	部位	项目名称	质量要求
36	通	风管、支架	镀锌,并在两侧加镀锌垫圈 优良:在合格的基础上,无翘角,表面凹凸不大于 5mm;翻边平整;螺孔具备互换性;风管加固应牢固可靠、整齐、间距适宜、均匀对称;不锈钢板和铝板风管表面无刻痕、划痕、凹穴等缺陷,复合钢板风管表面无损伤 (2)硬聚氯乙烯风管 合格:风管规格尺寸符合设计要求,焊缝的坡口形式和焊接质量符合施工规范规定,焊缝无裂纹、焦黄、断裂等缺陷,纵向焊缝错开。风管表面基本平整,圆弧均匀,拼缝处无明显凹凸,两端面平行,无明显扭曲和翘角,焊缝饱满,风管加固牢固可靠 优良:在合格的基础上,表面平整,凹凸不大于 5mm,拼缝处无凹凸,两端面平行,无扭曲和翘角,焊条排列整齐;加固整齐美观,风管与法兰连接处的三角支撑间距适宜,均匀对称 (3)洁净系统的风管 合格:风管、配件、部件和静压箱的所有接缝必须严密不漏。风管内表面必须平整光滑,严禁有横向拼接缝和管内设加固成采用凸棱加固的方法;阀门的活动、固定件、拉杆等零件用碳素钢加工时必须做镀锌处理,轴与阀体连接处的缝隙必须密封。风管连接严密不漏,法兰、柔性短管的垫料及接头方法符合设计要求。管内壁清洁,无浮尘、油污、锈蚀及杂物等 优良:在合格基础上,整齐美观,使用方便灵活 (4)支架 合格:支、吊、托架的形式、规格、埋设位置、间距符合设计要求,埋设牢固、平整、砂浆饱满;支架严禁设在风口、阀门及检视门处,与管道间的衬垫合理。不锈钢板、铝板风管用碳素钢支架时,需进行防腐绝缘及隔绝处理。油漆颜色符合设计要求,无漏涂 优良:在合格的基础上,支架与管道接触紧密,吊杆垂直、横杆水平、固定处与墙齐平,不突出墙面。防腐(油漆)颜色一致,整齐美观,不污染管道、设备及支撑面
37	风	风口、风阀、罩	(1)风口 合格:风口尺寸、规格符合设计要求,格、孔、片、扩散圈间距一致,边框、叶片平直整齐。安装位置正确,外露部分平整 优良:在合格的基础上,同一房间内标高一致,排列整齐,外露部分平整、外形光滑、美观 (2)风阀 合格:风阀规格、尺寸符合设计要求;防火阀必须关闭严密,转动部分采用耐腐蚀材料,外壳、阀板的材料厚度严禁小于 2mm。组合件尺寸正确,叶片与外壳无碰擦。有启闭标记。多叶阀叶片贴合、搭接一致,轴距偏差不大于 2mm。安装牢固、位置、标高和方向正确,操作方便。防火阀检查孔位置便于操作。斜插板阀垂直安装时,阀板必须向上拉启;水平安装时,阀板顺气流方向插入 优良:在合格的基础上,阀板与手柄方向一致,启闭方向及标记明确,多叶阀轴距偏差不大于 1mm (3)罩 合格:罩规格、尺寸符合设计要求;安装位置正确,连接牢固,活动件灵活可靠;罩口尺寸偏差每米不大于 4mm,油漆品种、遍数、标记符合设计要求 优良:在合格的基础上,罩口尺寸偏差每米不大于 2mm,无尖锐的边缘;安装排列整齐。油漆光洁均匀,颜色一致,清晰、美观
38		风机	合格:风机叶轮严禁与壳体碰擦,散装风机进风斗与叶轮的间隙必须均匀并符合技术要求。地脚螺栓必须拧紧,并有防松装置;垫铁放置位置必须正确、接触紧密,每组不超过 3 块;试运转时叶轮旋转方向必须正确;试运转滑动(滚动)轴

续表

序号	部位	项目名称	质 量 要 求
38	通风	风机	升温不超过70℃(80℃)。风机安装的允许偏差符合有关规定 优良:在合格的基础上,保护良好;无损伤,成排安装排列整齐、美观;试运转滑动(滚动)轴承升温不超过35℃(40℃)
39	空调	风管、支架	风管、支架同36项通风的风管及支架要求。除按其检查外,还应按下列要求检查 (1)风管保温 合格:保温材料的材质、规格及防火性能符合设计要求,电加热器及其前后800mm范围内隔热材料必须用非燃烧材料。水管、风管与空调设备的接头处以及易产生凝结水的部位,必须保温良好,严密无空隙 隔热层:粘贴隔热层粘贴牢固,拼缝用粘结材填嵌饱满、密实。卷、散材隔热层,紧贴表面,包扎牢固,散材无外露 保护层:玻璃布、塑料布防护层松紧适度,搭接基本均匀。油毡保护层搭接顺水流方向,沥青粘结封口严密,不渗水,间断捆扎牢固。薄金属板保护层,搭接顺水流方向,宽度适宜,接口平整,固定牢靠。油漆涂层遍数,漆的品种、标记符合设计要求,漆膜附着牢固、光滑均匀 优良:在合格的基础上,隔热层:粘结隔热层,拼缝均匀,平整一致,纵向缝错开。卷、散材隔热层,包扎松紧适度,表面平顺一致。保护层:玻璃布、塑料布搭接宽度均匀,平整美观。油毡保护层搭接宽度适宜,外形整齐美观。薄金属板,搭接宽度均匀,外形美观。油漆颜色一致,无皱纹等 (2)支架 同36项内容检查
40		风口、风阀	风口、风阀同37项通风的风口、风阀要求,按其内容检查
41		空气处理室、机组	(1)空气处理室 合格:处理板壁拼接顺水流方向,喷淋段的水池严禁渗漏,挡水板保持一定的水封,分层组装的挡水板,每层都有排水装置;分段组装连接严密;热交换器水压试验合格,管路无堵塞,散热面完整无损坏。风机盘管、诱导管与出、进水管连接无渗漏,与风口及回风室连接严密。高效过滤器安装方向正确,波纹板过滤器竖向安装时,波纹板垂直地面,过滤器与框架之间连接严密,无渗漏、变形、破损和漏胶等现象。洁净系统过滤器室等安装后,保证室内壁清洁,无浮尘、油污、锈蚀、杂物等。挡水板折角及间距符合设计要求,折线平直,间距偏差不大于2mm,与处理室板壁接触处设泛水,框架牢固,喷嘴的排列及方向正确,间距偏差不大于10mm;密闭检视门及门框平正,牢固,无滴漏,开关无明显滞涩;凝结水的引流管(槽)畅通;表面式热交换器的框架平正、牢固;安装平稳,热交换器之间和热交换器与围护结构四周无明显缝隙;空气过滤器安装平正、牢固,过滤器与框架、框架与围护结构之间无明显缝隙,窗台式空调器固定牢固,遮阳、防雨措施不阻挡冷凝器排风;凝结水盘应有坡度,与四周缝隙封闭 优良:在合格的基础上,框架平正,间距偏差不大于5mm;无渗漏,开关灵活;热交换器之间和热交换器与围护结构四周缝隙封严;空气过滤器与框架、框架与围护结构之间缝隙封严,过滤器便于拆卸;窗台式空调器安装正面横平竖直,与四周缝隙封严,与室内协调美观 (2)机组(包括消声器、除尘器、通风机、空气压缩机及制冷管道等的安装情况) 1)消声器 合格:型号、尺寸、安装气流方向符合设计要求,框架牢固,共振腔的隔板尺寸正确,隔板与壁板结合处紧贴,外壳严密不渗漏;消声片单体安装固定端牢固,片距均匀;单独设置支、吊架。消声材料敷设,片状材粘贴牢固,基本平整,散状材充填基本均匀,无明显下沉;消声材复面,复面材顺气流方向拼接,无损坏,穿孔板无毛刺,孔距排列基本均匀

续表

序号	部位	项 目 名 称	质 量 要 求
41	空调	空气处理室、机组	优良：在合格基础上，消声材料、片状材粘贴平整，散状材充填均匀，无下沉；复面材拼装整齐，孔距排列均匀，油漆防腐处理良好 2）除尘器 合格：规格、尺寸符合设计要求；双级蜗旋除尘器的叶片方向正确，旁路分离室的泄灰口光滑无毛刺；旋筒式水膜除尘器的外筒内壁严禁有突出的横向接缝；湿式除尘器的水管连接处和存水部位不漏，排水部位畅通。除尘器内表面平整，无明显凹凸，圆弧均匀，拼缝错开，焊缝表面无裂纹、夹渣、明显砂眼、气孔等缺陷。活动或转动部件灵活，无明显滞涩 优良：在合格的基础上，内表面平整，无凹凸，活动或转动部件灵活可靠，松紧适度 3）通风机 同38项的要求，按其内容检查 4）制冷管道 合格：管道、管件、支架与阀门的型号、规格、材质及工作压力，以及管道系统的工艺流向、坡度标高符合设计要求。管道内壁清洁、干燥，阀门进行清洗。焊缝与热影响区严禁有裂纹，焊缝表面无夹渣、气孔等缺陷，氨系统管道焊口按《工业管道工程施工及验收规范》（GBJ 235—82）规定检查。接压缩机的吸、排气管道单独设支架，无强制对口连接。管道系统吹污、气密性试验、真空度试验符合施工规范规定 穿过墙、楼板设金属套管，固定牢靠，长度适宜，套管内无管道焊缝、法兰及螺纹接口，套管与管道周围空隙，用隔热不燃材料填塞。支、吊、托架及阀门安装同室内给排水，按其合格标准检查 优良：在合格基础上，穿墙套管与墙齐平，穿楼板套管下边与楼板齐平，上边高出楼板20mm；套管与管道四周间隙均匀。支、吊、托架及阀门达到优良标准
42	电梯	运行、平层、开关门	(1) 运行要达到下列要求 1) 电梯起动、运行和停止，轿厢内无较大的震动和冲击，制动器可靠 2) 运行控制功能达到设计要求，指令、召唤、定向、程序转换、开车、截车、停车、平层等准确无误，声光信号显示清晰，正确 3) 减速器油的温升不超过60℃，且最高温度不超过85℃ 4) 超载试验电梯能安全起动、运行、停止；曳引机工作正常 5) 安全钳试验，空厢以检修速度下降能安全钳动作，电梯能可靠地停止，动作后能正常恢复 (2) 开关门 合格：门扇平整，启闭时无摆动、撞击和阻滞现象。中分式门关闭时上下部同时合拢 优良：门扇平整、洁净，无损伤。启闭轻快平稳。中分式门关闭时上下部同时合拢，门缝一致 (3) 平层 电梯准确平层，甲类梯±5mm；乙类梯±15～30mm(1.5、1.75(m/s)为±15mm；0.75、1(m/s)为±30mm)；丙类梯±15mm 试验数次，80％在允许偏差范围内为合格；90％在允许偏差范围内为优良
43		层门信号系统	合格：层门指示灯盒、召唤盒安装位置正确，使用方便，其面板与墙面贴实，横竖端正 优良：在合格的基础上，排列整齐，清洁美观
44		机 房	合格：电梯电源单独敷设，电气设备、配线的绝缘电阻值大于0.5MΩ；保护接地、接零系统良好；电线管、槽、箱、盒连接牢固，接触良好，绝缘可靠，标志清楚，无遗漏，随行电缆绑扎牢固，排列整齐，无扭曲，在极限状态不受力，不拖地。配电柜、控制屏等布置合理，横竖端正 优良：在合格的基础上，整齐美观

1.1.9.3 建筑工程各分项工程评定用表
1. 土方分项工程质量检验评定表(表1-332)

土方分项工程质量检验评定表 表 1-332

工程名称：　　　　　　　　　　　　　　　部位：

	项　目					质量情况									
保证项目	1	柱基、基坑、基槽和管沟基底的土质,必须符合设计要求,并严禁扰动													
	2	填方的基底处理,必须符合设计要求和施工规范的规定													
	3	填方和柱基、基坑、基槽、管沟回填的土料,必须符合设计要求和施工规范的规定													
	4	填方和柱基、基坑、基槽、管沟的回填,必须按规定分层夯压密实。取样测定压实后的干土密实,其合格率不应小于90%,不合格干土密度的最低值与设计值的差不应大于0.08g/cm³,且不应集中													

			允许偏差(mm)				实 测 值 (mm)								
允许偏差项目	项　目		柱基、基坑、基槽、管沟	挖方、填方、场地平整		排水沟	地(路)面基层								
				人工施工	机械施工			1	2	3	4	5	6	7	8	9	10
	1	标　高	+0 −50	±50	±100	+0 −50	+0 −50									
	2	长度、宽度	−0	−0	−0	+100 −0	—									
	3	边坡偏陡	不允许	不允许	不允许	不允许	—									
	4	表面平整度	—	—	—	—	20									

检查结果	保证项目	
	允许偏差项目	实测　　点,其中合格　　点,合格率　　%

评定等级	工程负责人： 工　长： 班组长：	核定等级	质量检查员：

注：地(路)面基层的偏差只适用于直接在挖、填上做地(路)面的基层。

　　　　　　　　　　　　　　　　　　　　　　　　　　　　　　年　月　日

说　明

本表适用于柱基、基坑、基槽和管沟的开挖与回填,以及挖方、填方、场地平整、排水沟等土方工程。

保证项目

　　检查数量:1～3 项全数检查。

　　　　　　4 项环刀法的取样数量:柱基回填,抽查柱基总数的 10%,但不少于 5 个;基槽和管沟回填,每层按长度 20～50m 取样 1 组,但不少于 1 组;基坑和室内填土,每层按 100～500m² 取样 1 组,但不少于 1 组;场地平整填方,每层按 400～900m² 取样 1 组,但不少于 1 组。灌砂或灌水法的取样数量可较环刀法适当减少。

　　检验方法:1 项观察检查和检查验槽记录。

　　　　　　2 项观察检查和检查基底处理记录。

　　　　　　3 项野外鉴别或取样试验。

　　　　　　4 项观察检查和检查取样平面图及试验记录。

允许偏差项目

　　检查数量:1 项柱基按总数抽查 10%,但不少于 5 个,每个不少于 2 点;基坑每 20m² 取 1 点,每坑不少于 2 点;基槽、管沟、排水沟、路面基层每 20m 取 1 点,但不小于 5 点;挖方、填方、地面基层每 30～50m² 取 1 点,但不少于 5 点;场地平整每 100～400m² 取 1 点,但不少于 10 点。

　　　　　　2～3 项每 20m 取 1 点,每边不少于 1 点。

　　　　　　4 项每 30～50m² 取 1 点。

　　检查方法:1 项用水准仪检查。

　　　　　　2 项用经纬仪、拉线和尺量检查。

　　　　　　3 项观察或用坡度尺检查。

　　　　　　4 项用 2m 靠尺和楔形塞尺检查。

2. 爆破分项工程质量检验评定表(表1-323)

爆破分项工程质量检验评定表　　　　　　　表 1-333

工程名称：　　　　　　　　　　　　　　部位：

保证项目	项目				质量情况									
	柱基、基坑、基槽、管沟和水下爆破后基底的岩土状态必须符合设计要求													
允许偏差项目	项目	允许偏差(mm)			实测值(mm)									
		柱基、基坑、基槽、管沟	场地平整	水下爆破	1	2	3	4	5	6	7	8	9	10
	1　标高	+0 -200	+100 -300	+0 -400										
	2　长度、宽度	+200 -0	+400 -100	+1000 -0										
	3　边坡偏陡	不允许	不允许	不允许										

检查结果	保证项目					
	允许偏差项目	实测　　点,其中合格　　点,合格率　　%				

评定等级	工程负责人： 工　　长： 班 组 长：	核定等级	质量检查员：

注：柱基、基坑、基槽、管沟和水下爆破应将炸松的石渣清除后检查。场地平整应在整平完毕后检查。

　　　　　　　　　　　　　　　　　　　　　　　年　月　日

说　明

本表适用于开挖柱基、基坑、基槽、管沟和场地平整的爆破工程以及水下爆破工程。

保证项目

　　检查数量：全数检查。
　　检验方法：观察检查和检查验槽记录。

允许偏差项目

　　检查数量：1项柱基按总数抽查10%，但不少于5个，每个不少于2点；基坑每20m² 取1点，每坑不少于2点；基槽、管沟每20m取1点，但不少于5点；场地平整每100～400m² 取1点，但不少于10点。2～3项每20m取1点，每边不少于1点。

　　检验方法：1项用水准仪检查。2项用经纬仪、拉线和尺量检查。3项观察或用坡度尺检查。

3. 灰土、砂石、砂和三合土地基分项工程质量检验评定表(表1-334)

灰土、砂石、砂和三合土地基分项工程质量检验评定表　　　表1-334

工程名称：　　　　　　　　　　　　　　　部位：

保证项目		项　目	质　量　情　况									
	1	基底的土质必须符合设计要求										
	2	灰土、砂、砂石和三合土的干土质量密度或贯入度，必须符合设计要求和施工规范的规定										

基本项目		项　目	质量情况										等级
			1	2	3	4	5	6	7	8	9	10	
	1	灰土、砂、砂石和三合土的配料、分层虚铺厚度及夯压程度											
	2	灰土、砂、砂石和三合土的留接槎											

允许偏差项目		项　目		允许偏差(mm)	实测值(mm)									
					1	2	3	4	5	6	7	8	9	10
	1	顶面标高		±15										
	2	表面平整度	灰土	15										
			砂、砂石、三合土	20										

检查结果	保证项目	
	基本项目	检查　　项，其中优良　　项，优良率　　％
	允许偏差项目	实测　　点，其中合格　　点，合格率　　％

评定等级	工程负责人： 工　　长： 班组长：	核定等级	质量检查员：

年　月　日

说　　明

本表适用于灰土、砂、砂石和三合土铺筑的人工地基、垫层和灰土防潮层等工程。

保证项目

　　检查数量：全数检查。

　　检验方法：1 项观察检查和检查验槽记录。

　　　　　　　2 项观察检查和检查分层试(检)验记录。

基本项目

　　评定代号：优良√，合格○，不合格×。

　　1 项灰土、砂、砂石和三合土的配料、分层虚铺厚度及夯压程度

　　合格：配料正确，拌合均匀，虚铺厚度符合规定，夯压密实。

　　优良：在合格基础上，灰土与三合土表面无松散和起皮。

　　检查数量：柱坑按总数抽查 10%，但不少于 5 个；基坑、槽沟每 $10m^2$，抽查 1 处，但不少于 5 处。

　　检验方法：观察检查。

　　2 项灰土、砂、砂石和三合土的留、接槎

　　合格：分层留槎位置正确，接槎密实。

　　优良：分层留槎位置、方法正确，接槎密实、平整。

　　检查数量：不少于 5 个接槎处，不足 5 处时，逐个检查。

　　检验方法：观察和尺量检查。

允许偏差项目

　　检查数量：柱坑按总数抽查 10%，但不少于 5 个；基坑、槽沟每 $10m^2$，抽查 1 处，但不少于 5 处。每处检查 1 点。

　　检验方法：1 项用水准仪或拉线和尺量检查。

　　　　　　　2 项用 2m 靠尺和楔形塞尺检查。

4. 重锤夯实、强夯地基分项工程质量检验评定表(表1-335)

重锤夯实、强夯地基分项工程质量检验评定表　　　　表1-335

工程名称：　　　　　　　　　　　　　　　　　部位：

		项　目	质　量　情　况										
保证项目	1	重锤夯实	重锤夯实地基试夯的密实度和夯实深度必须达到设计要求										
	2		重锤夯实地基的最后下沉量和总下沉量必须符合设计要求或施工规范的规定										
	3	强夯	强夯地基施工的锤重、落距、夯击点布置及各夯击点的夯击次数必须符合设计要求										
	4		强夯的夯击遍数和两遍之间的间歇时间必须符合设计要求或施工规范的规定										
允许偏差项目		项　目	允许偏差(mm)		实　测　值　(mm)								
			重锤夯实	强　夯	1	2	3	4	5	6	7	8	9	10
	1	夯击点中心位移	—	150										
	2	顶面标高	±20	±20										
	3	表面平整度	—	30										
检查结果	保证项目													
	允许偏差项目	实测　　　点,其中合格　　　点,合格率　　　%												
评定等级	工程负责人： 工　　长： 班组长：			核定等级	质量检查员：									

年　月　日

1.1 建筑工程 473

说 明

本表适用于地下水位以上的粘性土、砂土、湿陷性黄土、杂填土和分层填土的夯实工程以及碎石土、砂土、粘性土、湿陷性黄土及人工填土等地基加固工程的强夯。

保证项目

1 项　检查数量:全数检查。
　　　检验方法:检查试夯报告。
2 项　检查数量:独立基础每个不少于 1 处,基槽每 30m² 不少于 1 处,整片地基每 50m² 不少于 1 处。
　　　检验方法:用水准仪检查和检查施工记录。
3 项　检查数量:全数检查。
　　　检验方法:观察检查和检查施工记录。
4 项　检查数量:全数检查。
　　　检验方法:观察检查和检查施工记录。

允许偏差项目

　　检查数量:按夯击点数量抽查 5%,每处检测 1 点。
　　检验方法:1 项用经纬仪或拉线和尺量检查。
　　　　　　2 项用水准仪或拉线和尺量检查。
　　　　　　3 项用 2m 靠尺和楔形塞尺检查。

5. 挤密、振冲、旋喷地基分项工程质量检验评定表(表1-336)

挤密、振冲、旋喷地基分项工程质量检验评定表　　　　表1-336

工程名称：　　　　　　　　　　　　　　　　　　部位：

<table>
<tr><td colspan="4">项　　目</td><td colspan="11">质　量　情　况</td></tr>
<tr><td rowspan="6">保证项目</td><td>1</td><td rowspan="2">挤密</td><td>桩的桩数、孔径、填料质量及配合比必须符合设计要求或施工规范的规定</td><td colspan="11"></td></tr>
<tr><td>2</td><td>桩身的密实度必须符合设计要求或施工规范的规定</td><td colspan="11"></td></tr>
<tr><td>3</td><td rowspan="2">振冲</td><td>地基的桩数、孔径、填料质量及级配必须符合设计要求</td><td colspan="11"></td></tr>
<tr><td>4</td><td>每根桩的填料总量和密实度(包括桩顶)必须符合设计要求或施工规范的规定</td><td colspan="11"></td></tr>
<tr><td>5</td><td rowspan="2">旋喷</td><td>水泥的品种、强度等级，水泥浆的水灰比和外加剂的品种、掺量必须符合设计要求</td><td colspan="11"></td></tr>
<tr><td>6</td><td>旋喷深度、直径及旋喷体强度必须符合设计要求</td><td colspan="11"></td></tr>
<tr><td rowspan="12">允许偏差项目</td><td colspan="3">项　　目</td><td>允许偏差 (mm)</td><td colspan="10">实　测　值　(mm)</td></tr>
<tr><td colspan="3"></td><td></td><td>1</td><td>2</td><td>3</td><td>4</td><td>5</td><td>6</td><td>7</td><td>8</td><td>9</td><td>10</td></tr>
<tr><td>1</td><td colspan="2">成孔中心位移</td><td>50</td><td colspan="10"></td></tr>
<tr><td>2</td><td colspan="2">成孔垂直度</td><td>1.5H/100</td><td colspan="10"></td></tr>
<tr><td rowspan="3">3</td><td rowspan="3">挤密</td><td>沉管法</td><td>−20</td><td colspan="10"></td></tr>
<tr><td>爆扩法</td><td>±50</td><td colspan="10"></td></tr>
<tr><td>冲击法</td><td>+100　−50</td><td colspan="10"></td></tr>
<tr><td rowspan="3">4</td><td>沉管法</td><td></td><td>≤100</td><td colspan="10"></td></tr>
<tr><td>爆扩法</td><td>深度</td><td>≤300</td><td colspan="10"></td></tr>
<tr><td>冲击法</td><td></td><td>≤300</td><td colspan="10"></td></tr>
<tr><td>5</td><td colspan="2">振冲桩顶中心位移</td><td>d/5</td><td colspan="10"></td></tr>
<tr><td>6</td><td rowspan="2">旋喷</td><td>桩位中心位移</td><td>50</td><td colspan="10"></td></tr>
<tr><td>7</td><td>旋喷管垂直度</td><td>1.5H/100</td><td colspan="10"></td></tr>
<tr><td rowspan="2">检查结果</td><td colspan="3">保证项目</td><td colspan="11"></td></tr>
<tr><td colspan="3">允许偏差项目</td><td colspan="11">实测　　　点，其中合格　　　点，合格率　　　%</td></tr>
<tr><td rowspan="3">评定等级</td><td colspan="6">工程负责人：</td><td rowspan="3">核定等级</td><td colspan="7"></td></tr>
<tr><td colspan="6">工　长：</td><td colspan="7"></td></tr>
<tr><td colspan="6">班组长：</td><td colspan="7">质量检查员：</td></tr>
</table>

注：H 为成孔深度、旋喷管长度；d 为桩的直径。

年　月　日

说　明

　　本表适用于砂桩、土桩、灰土桩及碎石桩等挤密桩；适用于松散砂土或经试验证明加固有效的粘性土或人工填土的地基挤密加固；适用于砂土、粘性土、湿陷性黄土和人工填土的地基加固工程。

保证项目
　　　检查数量：全数检查。
　　　检验方法：1、3 项观察检查和检查施工记录、试验报告。
　　　　　　　2 项检查试验记录、施工记录。
　　　　　　　4 项观察检查和检查施工记录。
　　　　　　　5 项观察检查和检查出厂证明、试验报告。
　　　　　　　6 项钻机取样、标准贯入、平板载荷试验、开挖检查和检查施工记录。

允许偏差项目
　　　检查数量：按桩数抽查 5%。每项均检测 1 点。
　　　检验方法：1 项用经纬仪或拉线和尺量检查。
　　　　　　　2、7 项用测斜仪或吊线和尺量检查。
　　　　　　　3、4 项尺量检查。
　　　　　　　5、6 项拉线和尺量检查。

6. 打(压)桩分项工程质量检验评定表(表1-337)

打(压)桩分项工程质量检验评定表　　　　　表1-337

工程名称：　　　　　　　　　　　　　　　　　部位：

保证项目	项　目				质　量　情　况									
	1	钢筋混凝土预制桩、木桩、钢板桩、钢管桩的质量必须符合设计要求和施工规范的规定												
	2	打(压)桩的标高或贯入度、桩的接头节点处理必须符合设计要求和施工规范的规定												

允许偏差项目		项　目		允许偏差(mm)	实测值 (mm)									
					1	2	3	4	5	6	7	8	9	10
	1	方、管、圆桩中心位置偏移	有基础梁的桩	垂直基础梁的中心线方向	100										
				沿基础梁的中心线方向	150										
	2		桩数为1~2根或单排桩		100										
	3		桩数为3~20根		$d/2$										
	4		桩数多于20根	边缘桩	$d/2$										
				中间桩	d										
	5	板桩	位置偏移		100										
			垂直度		$H/100$										

检查结果	保证项目			
	允许偏差项目	实测　　点,其中合格　　点,合格率　　%		
评定等级	工程负责人： 工　　长： 班组长：	核定等级	质量检查员：	

注：d 为桩的直径或截面边长；H 为桩长。

　　　　　　　　　　　　　　　　　　　　　　　　　　　年　月　日

说　明

本表适用于钢筋混凝土预制桩(方桩、管桩、板桩)、钢管桩、钢板桩和木桩(方桩、圆桩、板桩)的打(压)桩工程。

保证项目

　　1项　检查数量：全数检查。
　　　　检验方法：观察检查和检查出厂合格证。
　　2项　检查数量：全数检查。
　　　　检验方法：观察检查和检查施工记录、试验报告。

允许偏差项目

　　检查数量：按不同规格桩数各抽查10%，但均不少于3根。各项均检测1点。允许偏差采用相对值者(如 $d/2$)应填入绝对值。
　　检验方法：用经纬仪或拉线和尺量检查。

1.1 建筑工程

7. 混凝土和钢筋混凝土灌注桩分项工程质量检验评定表(表1-338)

混凝土和钢筋混凝土灌注桩分项工程质量检验评定表　　表1-338

工程名称：　　　　　　　　　　　　　　　　　　部位：

		项　目				质　量　情　况								
保证项目	1	原材料和混凝土强度必须符合设计要求和施工规范的规定												
	2	成孔深度必须符合设计要求。以摩擦力为主的桩,沉渣厚度严禁大于300mm;以端承力为主的桩,沉渣厚度严禁大于100mm												
	3	实际浇筑混凝土量严禁小于计算体积。套管成孔灌注桩任意一段平均直径与设计直径之比严禁小于1												
	4	浇筑后的桩顶标高及浮浆的处理必须符合设计要求和施工规范的规定												

		项　目			允许偏差(mm)	实　测　值　(mm)									
						1	2	3	4	5	6	7	8	9	10
允许偏差项目	1	钢筋笼	主　筋　间　距		±10										
	2		箍　筋　间　距		±20										
	3		直　　　径		±10										
	4		长　　　度		±100										
	5	桩的位置偏移	泥浆护壁成孔、干成孔、爆扩成孔灌注桩	垂直于桩基中心线	1~2根桩、单排桩、群桩基础的边桩	$d/6$且≯200										
				沿桩基中心线	条形基础的桩、群桩基础的中间桩	$d/4$且≯300										
	6		套管成孔灌注桩	1~2根或单排桩		70										
				3~20根桩基的桩		$d/2$										
				桩数多于20根	边　缘　桩	$d/2$										
					中　间　桩	d										
	7		垂　直　度		$H/100$										

检查结果	保　证　项　目	
	允许偏差项目	实测　　　点,其中合格　　　点,合格率　　　%

评定等级	工程负责人： 工　　长： 班组长：	核定等级	质量检查员：

注：d 为桩的直径；H 为桩长。

年　月　日

说 明

本表适用于泥浆护壁成孔、干成孔、套管成孔和爆扩成孔的混凝土和钢筋混凝土灌注桩。

保证项目

  检查数量:全数检查。

  检验方法:1 项观察检查和检查材料合格证、试验报告。

    2、3 项观察检查和检查施工记录。

    4 项观察和尺量检查。

允许偏差项目

  检查数量:按桩数抽查 10%,但不少于 3 根。每项目均检测 1 点。允许偏差采用相对值者(如 $d/2$)应填入绝对值。

  检验方法:1、2、3、4 项尺量检查。

    5、6 项拉线和尺量检查。

    7 项吊线和尺量检查。

8. 沉井、沉箱基础分项工程质量检验评定表(表1-339)

沉井、沉箱基础分项工程质量检验评定表　　　　表1-339

工程名称：　　　　　　　　　　　　　部位：

保证项目		项　目			质　量　情　况										
	1	混凝土抗压强度和抗渗等级及下沉前混凝土的强度均必须符合设计要求和施工规范的规定													
	2	沉井、沉箱的封底必须符合设计要求和施工规范的规定													

允许偏差项目		项　目			允许偏差 (mm)	实 测 值 (mm)									
						1	2	3	4	5	6	7	8	9	10
	1	井、箱制作质量	平面尺寸	长度、宽度	$\pm l/200$ 且 $\not> 100$										
	2			曲线部分半径	$\pm r/200$ 且 $\not> 50$										
	3			对角线差	$b/100$										
	4		井、箱壁厚度		± 15										
	5	下沉后质量	刃脚平均标高		± 100										
	6		底面中心位置偏移	$H>10m$	$\leqslant H/100$										
				$H\leqslant 10m$	100										
	7		刃脚底面高差	$L>10m$	$L/100$ 且 $\not> 300$										
				$L\leqslant 10m$	100										

检查结果	保证项目					
	允许偏差项目		实测　　点,其中合格　　点,合格率　　%			
评定等级	工程负责人： 工　　长： 班组长：			核定等级		质量检查员：

注：1. 适用于陆地沉井、沉箱。
　　2. l 为长度或宽度；r 为半径；b 为对角线长；H 为下沉总深度；L 为最高与最低两角间距离。

年　月　日

说　明

本表适用于混凝土、钢筋混凝土、毛石混凝土和砖沉井及钢筋混凝土沉箱的制作、下沉和封底工程。

保证项目

　　检查数量：全数检查。
　　检验方法：1项观察检查和检查试验报告。
　　　　　　　2项观察检查和检查混凝土试验报告。

允许偏差项目

　　检查数量：沉井、沉箱的制作质量按浇筑段(节)内外各抽查1~5处；下沉后的质量按每座沉井、沉箱检查。每项均检测1点。允许偏差采用相对值者(如 $H/100$) 应填入绝对值。
　　检验方法：1、3、4项用尺量检查。2项用拉线和尺量检查。5、7项用水准仪检查。6项用吊线和尺量检查或用经纬仪检查。

9. 地下连续墙分项工程质量检验评定表(表1-340)

地下连续墙分项工程质量检验评定表　　　　表1-340

工程名称：　　　　　　　　　　　　　部位：

		项　目	质　量　情　况									
保证项目	1	所用原材料、混凝土抗压强度、抗渗等级必须符合设计要求和施工规范的规定										
	2	挖槽的平面位置、深度、宽度和垂直度必须符合设计要求										
	3	泥浆配制质量、稳定性、槽底清理和置换泥浆必须符合施工规范的规定										

		项　目	质　量　情　况										等级
			1	2	3	4	5	6	7	8	9	10	
基本项目	1	钢筋骨架和预埋管件											
	2	连续墙裸露面											
	3	连续墙的接头											

		项　目	允许偏差(mm)	实测值(mm)									
				1	2	3	4	5	6	7	8	9	10
允许偏差项目	1	成墙后墙顶中心线偏差	30										
	2	凿去浮浆层后的墙顶标高	±30										
	3	裸露表面局部突出	100										

检查结果	保证项目			
	基本项目	检查　　项,其中优良　　项,优良率　　%		
	允许偏差项目	实测　　点,其中合格　　点,合格率　　%		

评定等级	工程负责人： 工　长： 班组长：	核定等级	质量检查员： 　　　　　　年　月　日

说 明

本表适用于抓斗式和回转钻头式挖槽机成槽,以泥浆护壁的现浇混凝土或钢筋混凝土地下连续墙工程。

检查数量:按单元槽段全数检查。

保证项目

检验方法:1 项观察检查和检查材料合格证、试验报告。

2 项尺量检查和检查挖槽施工记录。

3 项取样检查和检查泥浆质量记录。

基本项目

评定代号:优良√,合格○,不合格×。

1 项钢筋骨架和预埋管件

合格:安装后基本无变形,预埋件无松动和遗漏,标高、位置符合要求。

优良:安装后无变形,预埋件牢固,标高、位置及保护层厚度正确。

检验方法:观察、尺量检查和检查施工记录。

2 项连续墙裸露面

合格:表面密实,无渗漏。孔洞、露筋、蜂窝累计的面积不超过单元槽段裸露面积的5%。

优良:在合格的基础上,蜂窝累计的面积不超过单元槽段裸露面积的2%。

检验方法:观察和尺量检查。

3 项连续墙接头

合格:接缝处仅有少量夹泥,无漏水现象。

优良:接缝处无明显夹泥和渗水现象。

检验方法:观察检查。

允许偏差项目

检查数量:按单元槽段全数检查各项均测 2 点。

检验方法:全部用拉线和尺量检查。

10. 防水混凝土结构分项工程质量检验评定表(表1-341)

防水混凝土结构分项工程质量检验评定表 表1-341

工程名称：　　　　　　　　　　　　　部位：

		项　目	质　量　情　况										
保证项目	1	防水混凝土的原材料、外加剂等及预埋件，必须符合设计要求和施工规范规定											
	2	防水混凝土抗渗等级和强度必须符合设计要求和表1-347的规定											
	3	防水混凝土结构的施工缝、变形缝、止水片、穿墙管件、支模铁件等的设置和构造均须符合设计要求和施工规范的规定。严禁有渗漏											

		项　目	质　量　情　况										等级
			1	2	3	4	5	6	7	8	9	10	
基本项目	1	混凝土外观											
	2	沥青胶结材料防水层											

检查结果	保证项目				
	基本项目	检查　　项，其中优良　　项，优良率　　%			
评定等级	工程负责人： 工　长： 班组　长：		核定等级		质量检查员： 　　年　月　日

说　明

本表适用于具有防水功能的整体式混凝土或钢筋混凝土结构及其附加的沥青防水层。

检查数量：每 $100m^2$ 抽查1处，但不少于3处。

保证项目

　　检验方法：1项检查产品出厂合格证、试验报告。
　　　　　　 2项检查配合比和试块试验报告。
　　　　　　 3项观察检查和检查隐蔽工程验收记录。

基本项目

　　评定代号：优良√，合格○，不合格×。有数字时应记录检查数值。

　　1项混凝土外观

　　合格：混凝土表面平整，无露筋、蜂窝等缺陷，预埋件的位置基本正确，可满足使用要求。

　　优良：在合格的基础上，预埋件位置正确。

　　检验方法：观察检查。

　　2项沥青胶结材料防水层

　　合格：配合比符合要求，涂刷均匀，无漏涂和脱层。

　　优良：配合比及胶结材料的加热和使用温度均符合要求，涂层均匀，厚度适宜，无漏涂、脱层、流淌等缺陷。

　　检验方法：观察检查和检查隐蔽工程验收记录。

1.1 建筑工程

11. 水泥砂浆防水层分项工程质量检验评定表(表1-342)

表 1-342

水泥砂浆防水层分项工程质量检验评定表

工程名称：　　　　　　　　　　　部位：

保证项目	项 目		质 量 情 况									
	1	防水砂浆的原材料、外加剂、配合比及其分层做法必须符合设计要求和施工规范规定										
	2	水泥砂浆防水层各层之间必须结合牢固，无空鼓										

基本项目	项 目	质 量 情 况										等级
		1	2	3	4	5	6	7	8	9	10	
	1	外　观										
	2	施 工 缝										

检查结果	保证项目	
	基本项目	检查　　项，其中优良　　项，优良率　　%

评定等级	工程负责人： 工　　长： 班组长：	核定等级	质量检查员：

年　月　日

说　明

本表适用于地下砖石结构或混凝土结构基层上加抹掺有防水外加剂的水泥砂浆防水层或多层抹压法防水层。

检查数量：每 100m² 抽查 1 处，但不应少于 3 处。

保证项目
　　检验方法：1项观察检查和检查产品出厂合格证、试验报告及施工配合比。
　　　　　　2项观察和用小锤轻击检查。

基本项目　评定代号：优良√，合格○，不合格×。
　　1项外观检验方法：观察检查。
　　合格：表面无裂纹、起砂，阴阳角处呈圆弧形或钝角。
　　优良：表面平整、密实，无裂纹、起砂、麻面等缺陷，阴阳角处呈圆弧形或钝角，尺寸符合要求。
　　2项施工缝检验方法：观察和尺量检查。
　　合格：留槎位置正确，搭接紧密。
　　优良：留槎位置正确，按层次顺序操作，层层搭接紧密。

12. 卷材防水层分项工程质量检验评定表(表1-343)

卷材防水层分项工程质量检验评定表　　　　　表1-343

工程名称：　　　　　　　　　　　　　部位：

保证项目	项目		质量情况									
	1	卷材与胶结材料必须符合设计要求和施工规范规定										
	2	卷材防水层及其变形缝、预埋管件等细部做法必须符合设计要求和施工规范规定										

基本项目	项目		质量情况									等级
			1	2	3	4	5	6	7	8	9	10	
	1	基 层											
	2	防水层											
	3	保护层											

检查结果	保证项目	
	基本项目	检查　　项,其中优良　　项,优良率　　%

评定等级	工程负责人： 工　　长： 班组长：	核定等级	
		质量检查员：	
			年　月　日

说　明

本表适用于以沥青胶结材料铺贴的地下卷材防水层工程。

检查数量：每100m² 抽查1处,但不少于3处。

保证项目

检验方法：1项观察检查和检查产品出厂合格证、试验报告,现场取样试验记录。

2项观察检查和检查隐蔽工程验收记录。

基本项目　评定代号：优良√,合格○,不合格×。

1项基层

合格：基层牢固、表面洁净,阴阳角处呈圆弧形或钝角,冷底子油涂布均匀。

优良：基层牢固、表面洁净、平整,阴阳角处呈圆弧形或钝角,冷底子油涂布均匀,无漏涂。

检验方法：观察检查和检查隐蔽工程验收记录。

2项防水层

合格：铺贴方法和搭接、收头符合施工规范规定,粘结牢固紧密,接缝封严,无损伤。

优良：在合格的基础上无空鼓等缺陷。

检验方法：观察检查和检查隐蔽工程验收记录。

3项保护层

合格：保护层与防水层结合紧密。

优良：保护层与防水层粘结牢固,结合紧密,厚度均匀一致。

检验方法：观察检查。

13. 模板分项工程质量检验评定表(表1-344)

模板分项工程质量检验评定表　　　　表1-344

工程名称：　　　　　　　　　部位：

保证项目	项　目			质　量　情　况										
	模板及其支架必须具有足够的强度、刚度和稳定性；其支架的支承部分必须有足够的支承面积。如安装在基土上，基土必须坚实并有排水措施。对湿陷性黄土，必须有防水措施；对冻胀性土，必须有防冻融措施													

基本项目		项　目		质　量　情　况										等级
				1	2	3	4	5	6	7	8	9	10	
	1	接缝宽度													
	2	接触面清理、隔离措施	墙、板、基础											
			梁柱											

允许偏差项目		项　目		允许偏差(mm)				实测值(mm)										
				单层多层	高层框架	多层大模	高层大模	1	2	3	4	5	6	7	8	9	10	
	1	轴线位移	基础	5	5	5	5											
			柱、墙、梁	5	3	5	3											
	2	标高		±5	+2 −5	±5	±5											
	3	截面尺寸	基础	±10	±10	±10	±10											
			柱、墙、梁	+4 −5	+2 −5	±2	±2											
	4	每层垂直度		3	3	3	3											
	5	相邻两板表面高低差		2	2	2	2											
	6	表面平整度		5	5	2	2											
	7	预埋钢板中心线位移		3	3	3	3											
	8	预埋管预留孔中心线位移		3	3	3	3											
	9	预埋螺栓	中心线位移	2	2	2	2											
			外露长度	+10 −0	+10 −0	+10 −0	+10 −0											
	10	预留洞	中心线位移	10	10	10	10											
			截面内部尺寸	+10 −0	+10 −0	+10 −0	+10 −0											

检查结果	保证项目					
	基本项目	检查	项,其中优良	项,优良率	%	
	允许偏差项目	实测	点,其中合格	点,合格率	%	

评定等级	工程负责人： 工　长： 班组长：	核定等级	质量检查员：

年　月　日

说　明

本表适用于工业与民用建筑工程的现浇混凝土工程用的模板工程。

保证项目

　　检查数量:全数检查。

　　检验方法:对照模板设计,现场观察或尺量检查。

基本项目

　　评定代号:优良√,合格○,不合格×(有数字应记录数字)。

　　检查数量:按梁、柱和独立基础的件数各抽查10%,但均不少于3件;带形基础、圈梁每
　　　　　　30~50m抽查1处(每处3~5m),但均不少于3处;墙和板按有代表性的自
　　　　　　然间抽查10%,礼堂、厂房等大间按两轴线为1间,墙每4m左右高为1个检
　　　　　　查层,每面为1处,板每间为1处,但均不少于3处。

　　1 项接缝宽度

　　合格:不大于2.5mm。

　　优良:不大于1.5mm。

　　检验方法:观察和用楔形塞尺检查。

　　2 项接触面清理、隔离措施

　　检验方法:观察和尺量检查。

　　(1) 每件(处)墙、板、基础的模板上粘浆和漏涂隔离剂累计面积应符合以下规定:

　　合格:不大于2000cm^2。

　　优良:不大于1000cm^2。

　　(2) 每件(处)梁、柱的模板上粘浆和漏涂隔离剂累计面积应符合以下规定:

　　合格:不大于800cm^2。

　　优良:不大于400cm^2。

　　注:对设计有特殊要求,拆模后不再装饰的混凝土,其模板必须清理干净,接缝严密,满涂隔离剂。

允许偏差项目

　　检查数量:同基本项目。其中1、6项各检查2点,其他各项均检查1点。

　　检验方法:1、3项用尺量检查。

　　　　　　2 项用水准仪或拉线和尺量检查。

　　　　　　4 项用2m托线板检查。

　　　　　　5 项用直尺和尺量检查

　　　　　　6 项用2m靠尺和楔形塞尺检查。

　　　　　　7、8、9、10项用拉线和尺量检查。

14. 钢筋绑扎(焊接)分项工程质量检验评定表(表1-345)

钢筋绑扎(焊接)分项工程质量检验评定表　　　　表1-345

工程名称：　　　　　　　　　　　　　部位：

		项　目		质　量　情　况										
保证项目	1	钢筋的品种和质量必须符合设计要求和有关标准的规定												
	2	冷拉冷拔钢筋的机械性能必须符合设计要求和施工规范的规定												
	3	钢筋的表面必须清洁。带有颗粒状或片状老锈,经除锈后仍留有麻点的钢筋严禁按原规格使用												
	4	钢筋的规格、形状、尺寸、数量、间距、锚固长度、接头设置必须符合设计要求和施工规范的规定												
	5	焊接制品的机械性能必须符合钢筋焊接及验收的专门规定												

		项　目		质　量　情　况										等级
				1	2	3	4	5	6	7	8	9	10	
基本项目	1	钢筋网片、骨架绑扎(焊接)												
	2	钢筋弯钩朝向、绑扎接头、搭接长度												
	3	箍筋数量、弯钩角度和平直长度												
	4	点焊焊点												

		项　目		允许偏差(mm)	实测值 (mm)									
					1	2	3	4	5	6	7	8	9	10
允许偏差项目	1	网的长度、宽度		±10										
	2	网眼尺寸	焊接	±10										
			绑扎	±20										
	3	骨架的宽度、高度		±5										
	4	骨架的长度		±10										
	5	受力钢筋	间距	±10										
			排距	±5										
	6	箍筋、构造筋间距	焊接	±10										
			绑扎	±20										
	7	钢筋弯起点位移		20										
	8	焊接预埋件	中心线位移	5										
			水平高差	+3 -0										
	9	受力钢筋保护层	基础	±10										
			梁柱	±5										
			墙板	±3										

检查结果	保证项目				
	基本项目	检查	项,其中优良	项,优良率	%
	允许偏差项目	实测	点,其中合格	点,合格率	%

评定等级	工程负责人: 工　　长: 班 组 长:	核定等级	质量检查员:

注：本分项工程中如有钢筋焊接接头,焊接接头质量应先检验评定,然后和本表内容作为一个分项工程一起评定。

　　　　　　　　　　　　　　　　　　　　　　　　　　　　　　　　　　　年　月　日

说 明

本表适用于钢筋绑扎(焊接)工程。

保证项目 检查数量:全数检查。

　　　　检验方法:1 项检查出厂质量证明书和试验报告。

　　　　　　　　注:进口钢筋需先经化学成分检验和焊接试验,符合有关规定后方可用于工程。

　　　　　　　2 项检查出厂质量证明书、试验报告和冷拉记录。

　　　　　　　3 项观察检查。

　　　　　　　4 项观察或尺量检查。

基本项目 评定代号:优良√,合格○,不合格×。

　　　　检查数量:按梁、柱和独立基础的件数各抽查10%,但均不少于3件;带形基础、圈梁每30~50m抽查1处(每处3~5m),但均不少于3处;墙和板按有代表性的自然间抽查10%,礼堂、厂房等大间接两轴线为1间,墙每4m左右高为1个检查层,每面为1处,板每间为1处,但均不少于3处。点焊网片、骨架按同一类型制品抽查5%,梁、柱、桁架等重要制品抽查10%,但均不少于3件。

1 项钢筋网片、骨架绑扎(焊接)

　(1) 绑扎　合格:缺扣、松扣的数量不超过应绑扣数的20%,且不应集中。

　　　　　　优良:缺扣、松扣的数量不超过应绑扣数的10%,且不应集中。

　(2) 焊接　合格:骨架无漏焊、开焊。钢筋网片漏焊、开焊不超过焊点数的4%,且不应集中;板伸入支座范围内的焊点无漏焊、开焊。

　　　　　　优良:在合格的基础上,钢筋网片漏焊、开焊不超过焊点数的2%。

检验方法:观察和手扳检查。

2 项钢筋弯钩朝向、绑扎接头、搭接长度

合格:搭接长度均不小于规定值的95%。

优良:搭接长度均不小于规定值。

检验方法:观察和尺量检查。

3 项箍筋数量、弯钩角度、平直长度

合格:数量符合设计要求,弯钩角度和平直长度基本符合施工规范的规定。

优良:数量符合设计要求,弯钩角度和平直长度符合施工规范规定。

检验方法:观察或尺量检查。

4 项点焊焊点

合格:焊点无裂纹、多孔性缺陷及明显烧伤。焊点压入深度符合钢筋焊接及验收的专门规定。

优良:在合格的基础上,焊点处熔化金属均匀,无烧伤。

检验方法:用小锤、放大镜检查。

允许偏差项目

　　　　检查数量:同上面基本项目。其中各项目每处均检查1点。

　　　　检验方法:1、3、4、7、8、9 项用尺量检查。

　　　　　　　　2、6 项用尺量连续三档取其最大值。5 项用尺量两端中间各1点取其最大值。

15. 钢筋焊接接头分项工程质量检验评定表(表 1-346)

钢筋焊接接头分项工程质量检验评定表　　表 1-346

工程名称：		部位：										
		项　目				质　量　情　况						
保证项目	1	焊条、焊剂的牌号、性能以及接头中使用的钢板和型钢均必须符合设计要求和有关标准的规定										
	2	钢筋焊接接头、焊接制品的机械性能必须符合钢筋焊接及验收的专门规定										

		项　目	质　量　情　况									等　级
			1	2	3	4	5	6	7	8	9	10	
基本项目	钢筋焊接接头	点焊焊点											
		对焊接头											
		电弧焊接头											
		电渣压力焊接头											
		埋弧压力焊接头											

检查结果	保证项目	
	基本项目	检查　　　项,其中优良　　　项,优良率　　　%

评定等级	工程负责人： 工　　长： 班 组 长：	核定等级	质量检查员：

注：d 为钢筋直径(mm)。

年　月　日

说　明

本表适用于钢筋焊接接头。

保证项目

　　检查数量:全数检查。

　　检验方法:1 项检查出厂质量证明书和试验报告。
　　　　　　2 项检查焊接试件试验报告。

基本项目

　　评定代号:优良√,合格○,不合格×(有数字的填写具体数字)。

　　　　　　　钢筋焊接接头尺寸和外观质量

　　检查数量:对焊接头抽查 10%,但不少于 10 个接头;电弧焊、电渣压力焊接头应逐个检查;埋弧压力焊抽查 10%,但不少于 5 件。

　　检验方法:用小锤、放大镜、钢板尺和焊缝量规检查。

2 项对焊接头

合格:接头处弯折不大于 4°;钢筋轴线位移不大于 $0.1d$,且不大于 2mm。无横向裂纹。Ⅰ、Ⅱ、Ⅲ级钢筋无明显烧伤;Ⅳ级钢筋无烧伤。低温对焊时,Ⅱ、Ⅲ级钢筋均无烧伤。

优良:在合格的基础上,无横向裂纹和烧伤,焊包均匀。

3 项电弧焊接头

合格:绑条沿接头中心线的纵向位移不大于 $0.5d$,接头处弯折不大于 4°;钢筋轴线位移不大于 $0.1d$,且不大于 3mm,焊缝厚度不小于 $0.05d$,宽度不小于 $0.1d$,长度不少于 $0.5d$。无较大的凹陷、焊瘤,接头处无裂纹。咬边深度不大于 0.5mm(低温焊接咬边深度不大于 0.2mm)。绑条焊、搭接焊在长度 $2d$ 的焊缝表面上;坡口焊、溶槽绑条焊在全部焊缝上气孔及夹渣均不多于 2 处,且每处面积不大于 $6mm^2$。预埋件和钢筋焊接处,直径大于 1.5mm 的气孔或夹渣,每件不超过 3 个。

优良:在合格的基础上,焊缝表面平整,无凹陷、焊瘤。接头处无裂纹、气孔、夹渣及咬边。

4 项电渣压力焊接头

合格:接头处弯折不大于 4°;钢筋轴线位移不大于 $0.1d$,且不大于 2mm,无裂纹及明显烧伤。

优良:在合格的基础上,焊包均匀,无裂纹及烧伤。

5 项埋弧压力焊接头

合格:接头处弯折不大于 4°;钢筋无明显烧伤。咬边深度不超过 0.5mm。钢板无焊穿、凹陷。

优良:在合格的基础上,焊包均匀,钢筋无烧伤、咬边,钢板无焊穿、凹陷。

16. 混凝土分项工程质量检验评定表(表1-347)

混凝土分项工程质量检验评定表　　　　表1-347

工程名称:　　　　　　　　　部位:

		项　目						质　量　情　况						
保证项目	1	混凝土所用的水泥、水、骨料、外加剂等必须符合施工规范和有关标准的规定												
	2	混凝土的配合比、原材料计量、搅拌、养护和施工缝处理必须符合施工规范的规定												
	3	评定混凝土强度的试块,必须按《混凝土强度检验评定标准》(GBJ 107—87)的规定取样、制作、养护和试验,其强度必须符合本标准第5.3.3条规定(略)												
	4	设计不允许有裂缝的结构,严禁出现裂缝;允许出现裂缝的结构其裂缝宽度必须符合设计要求												

		项　目	质　量　情　况										等　级
			1	2	3	4	5	6	7	8	9	10	
基本项目	1	蜂窝											
	2	孔洞											
	3	主筋露筋											
	4	缝隙夹渣层											

		项　目		允　许　偏　差　(mm)				实　测　值　(mm)										
				单层多层	高层框架	多层大模	高层大模	1	2	3	4	5	6	7	8	9	10
允许偏差项目	1	轴线位移	独立基础	10	10	10	10										
			其他基础	15	15	15	15										
			柱、墙、梁	8	5	8	5										
	2	标高	层　高	±10	±5	±10	±10										
			全　高	±30	±30	±30	±30										
	3	截面尺寸	基　础	+15 −10	+15 −10	+15 −10	+15 −10										
			柱、墙、梁	+8 −5	±5	+5 −2	+5 −2										
	4	柱、墙垂直度	每　层	5	5	5	5										
			全　高	$H/1000$ 且≯20	$H/1000$ 且≯30	$H/1000$ 且≯20	$H/1000$ 且≯30										
	5	表面平整度		8	8	4	4										
	6	预埋钢板中心线位置偏移		10	10	10	10										
	7	预埋管、预留孔中心线位置偏移		5	5	5	5										
	8	预埋螺栓中心线位置偏移		5	5	5	5										
	9	预留洞中心线位置偏移		15	15	15	15										
	10	电梯井	井筒长、宽对中心线	+25 −0	+25 −0	+25 −0	+25 −0										
			井筒全高垂直度	$H/1000$ 且≯30	$H/1000$ 且≯30	$H/1000$ 且≯30	$H/1000$ 且≯30										

检查结果	保证项目	
	基本项目	检查　　　项,其中优良　　　项,优良率　　　%
	允许偏差项目	实测　　　点,其中合格　　　点,合格率　　　%

评定等级	工程负责人: 工　长: 班组长:	核定等级	质量检查员:

注:1. H 为柱、墙全高。
　　2. 滑模、升板等结构的检验应按专门规定执行。
　　3. 蜂窝、孔洞、露筋、缝隙夹渣层等缺陷,在装饰前应按施工规范规定进行修整。

年　　月　　日

说　明

本表适用于工业与民用建筑工程现场浇筑的混凝土工程。

保证项目：

　　检查数量：全数检查。

　　检验方法：1 项检查出厂合格证或试验报告。

　　　　　　　2 项观察检查和检查施工记录。

　　　　　　　3 项检查标准养护龄期 28d 试块抗压强度的试验报告（含用统计方法或非统计方法评定）。

　　　　　　　4 项观察和用刻度放大镜检查。

基本项目

　　评定代号：优良√，合格○，不合格×（有数字应记录检查数字）。

　　检查数量：按梁、柱和独立基础的件数各抽查 10%，但均不少于 3 件；带形基础、圈梁每 30～50m 抽查 1 处（每处 3～5m），但均不少于 3 处；墙和板按有代表性的自然间抽查 10%，礼堂、厂房等大间按两轴线为 1 间，墙每 4m 左右高为 1 个检查层，每面为 1 处，板每间为 1 处，但均不少于 3 处。

　　1 项蜂窝

　　合格：梁、柱上一处不大于 1000cm^2，累计不大于 2000cm^2；基础、墙、板上一处不大于 2000cm^2，累计不大于 4000cm^2。

　　优良：梁、柱上一处不大于 200cm^2，累计不大于 400cm^2；基础、墙、板上一处不大于 400cm^2，累计不大于 800cm^2。

　　检验方法：尺量外露石子面积及深度。

　　注：蜂窝系指混凝土表面无水泥浆，露出石子的深度大于 5mm，但小于保护层厚度的缺陷。

　　2 项孔洞。

　　合格：梁、柱上一处不大于 40cm^2，累计不大于 80cm^2；基础、墙、板上一处不大于 100cm^2，累计不大于 200cm^2。

　　优良：无孔洞

　　检验方法：凿去孔洞周围松动石子，尺量孔洞面积及深度。

　　注：孔洞系指深度超过保护层厚度，但不超过截面尺寸 1/3 的缺陷。

　　3 项主筋露筋

　　合格：梁、柱上的露筋长度不大于 10cm，累计不大于 20cm；基础、墙、板上的露筋长度不大于 20cm，累计不大于 40cm。

　　优良：无露筋。

　　检验方法：尺量钢筋外露长度。

　　注：露筋系指主筋没有被混凝土包裹而外露的缺陷，但梁端主筋锚固区内不允许有露筋。

1.1 建筑工程

4 项缝隙夹渣层

合格：梁、柱上的缝隙夹渣层长度和深度均不大于5cm；基础、墙、板上的缝隙夹渣层长度不大于20cm，深度不大于5cm，且不多于两处。

优良：无缝隙夹渣层。

检验方法：凿去夹渣层，尺量缝隙长度和深度。

注：缝隙夹渣层系指施工缝处有缝隙或夹有杂物。

允许偏差项目

检查数量：同基本项目。其中柱、墙垂直，电梯井、表面平整各测2点，其余各项均测1点。

检验方法：1、3、6、7、8、9和10项的电梯井的井筒长、宽对中心线用尺量检查。

2项用水准仪或尺量检查。

4项柱、墙垂直度，每层用2m托线板检查，全高用经纬仪或吊线和尺量检查。

5项用2m靠尺和楔形塞尺检查。

10项电梯井井筒全高垂直度，用吊线和尺量检查。

17．混凝土设备基础分项工程质量检验评定表(表1-348)

混凝土设备基础分项工程质量检验评定表　　表1-348

工程名称：　　　　　　　部位：

		项　　目	质　量　情　况
保证项目	1	混凝土所使用的水泥、水、骨料、外加剂等必须符合施工规范和有关的规定	
	2	混凝土的配合比、原材料计量、搅拌、养护和施工缝处理必须符合施工规范的规定	
	3	评定混凝土强度的试块，必须按《混凝土强度检验评定标准》(GBJ 107—87)的规定取样、制作、养护和试验，其强度必须符合标准第5.3.3条规定(略)	

		项　目	质　量　情　况										等　级
			1	2	3	4	5	6	7	8	9	10	
基本项目	1	蜂　窝											
	2	孔　洞											
	3	主筋露筋											
	4	缝隙夹渣层											

1 地基与基础工程施工阶段

续表

		项 目		允许偏差(mm)	实 测 值 (mm)									
					1	2	3	4	5	6	7	8	9	10
允许偏差项目	1	坐标位移(纵横轴线)		±20										
	2	不同平面的标高		+0 -20										
	3	平面外形尺寸		±20										
		凸台上平面外形尺寸		+0 -20										
		凹穴尺寸		+20 -0										
	4	平面水平度	每 米	5										
			全 长	10										
	5	垂直度	每 米	5										
			全 高	10										
	6	预埋地脚螺栓	标高(顶部)	+20 -0										
			中心距	±2										
	7	预埋地脚螺栓孔	中心线位置偏移	±10										
			深度尺寸	+20 -0										
			孔铅垂度	10										
	8	预埋活动地脚螺栓锚板	标 高	+20										
			中心线位置偏移	±5										
			带螺纹孔锚板平整度	2										
			带槽锚板平整度	5										
检查结果	保证项目													
	基本项目	检查 项,其中优良 项,优良率 %												
	允许偏差项目	实测 点,其中合格 点,合格率 %												
评定等级	工程负责人: 工 长: 班组长:			核定等级	质量检查员:									

注:蜂窝、孔洞、露筋、缝隙夹渣层等缺陷,在装饰前应按施工规范规定进行修理。　　　年　月　日

说　明

本表适用于工业与民用建筑现浇混凝土设备基础工程。
保证项目
　　检查数量:全数检查。
　　检验方法:1 项检查出厂合格证或试验报告。
　　　　　　2 项观察检查和检查施工记录。
　　　　　　3 项检查标准养护龄期 28d 试块抗压强度的试验报告(含用统计方法或非统

计方法评定)。

基本项目

评定代号:优良√,合格○,不合格×。

检查数量:按各类型设备基础的件数各抽查10%,但均不少于3件。

1 项蜂窝

合格:基础上的一处蜂窝面积不大于2000cm²,累计不大于4000cm²。

优良:基础上的一处蜂窝面积不大于400cm²,累计不大于800cm²。

检验方法:尺量外露石子面积及深度。

注:蜂窝系指混凝土表面无水泥浆,露出石子的深度大于5mm,但小于保护层厚度的缺陷。

2 项孔洞

合格:基础上的一处孔洞面积不大于100cm²,累计不大于200cm²。

优良:无孔洞。

检验方法:凿去孔洞周围松动石子,尺量孔洞面积及深度。

注:孔洞系指深度超过保护层厚度,但不超过截面尺寸1/3的缺陷。

3 项主筋露筋

合格:基础上的一处露筋长度不大于20cm,累计不大于40cm。

优良:无露筋。

检验方法:尺量钢筋外露长度。

注:露筋系指主筋没有被混凝土包裹而外露的缺陷。

4 项缝隙夹渣层

合格:基础的缝隙夹渣层长度不大于20cm,深度不大于5cm,且不多于2处。

优良:无缝隙夹渣层。

检验方法:凿去夹渣层,尺量缝隙长度和深度。

注:缝隙夹渣层系指施工缝处有缝隙或夹有杂物。

允许偏差项目

检查数量:同基本项目。其中坐标位移、平面外形、凸台上平面外形、凹穴尺寸各测2点,其余项目各测1点。

检验方法:1 项用经纬仪或拉线和尺量检查。

2 项用水准仪或拉线和尺量检查。

3 项和7 项深度尺寸,用尺量检查。

4 项用水准仪或水平尺和楔形塞尺检查。

5 项用经纬仪或吊线和尺量检查。

6 项在根部及顶端用水准仪或拉线和尺量检查。

7 项中心线位置偏移,尺量纵横两个方向;孔铅垂度,吊线和尺量检查。

8 项标高和中心线位置偏移,拉线和尺量检查;带螺纹孔锚板平整度和带槽锚板平整度,用直尺和楔形塞尺检查。

18. 构件安装分项工程质量检验评定表(表1-349)

构件安装分项工程质量检验评定表　　表1-349

工程名称：　　　　　　　　　　　部位：

		项　目			质　量　情　况										
保证项目	1	吊装时，构件的混凝土强度、预应力混凝土构件孔道灌浆的水泥砂浆强度、下层结构承受内力的接头(接缝)的混凝土或砂浆的强度，必须符合设计要求和施工规范的规定													
	2	构件的型号、位置、支点锚固必须符合设计要求，且无变形损坏现象													
	3	构件接头(接缝)的混凝土(砂浆)必须计量准确，浇捣密实，认真养护，其强度必须达到设计要求或施工规范的规定													

		项　目		质　量　情　况										等级
				1	2	3	4	5	6	7	8	9	10	
基本项目	1	圆孔板堵孔就位												
	2	构件接头焊接	钢筋接头											
			钢材接头											

		项　目		允许偏差(mm)	实　测　值　(mm)									
					1	2	3	4	5	6	7	8	9	10
允许偏差项目	1	环形基础	中心线对轴线位移	10										
			杯底安装标高	+0 -10										
	2	柱	中心线对定位轴线位移	5										
			上下柱接口中心线位移	3										
			垂直度 ≤5m	5										
			垂直度 >5m	10										
			≥10m 多节柱	1‰柱高且≤20										
			牛腿上表面和柱顶标高 ≤5m	+0 -5										
			牛腿上表面和柱顶标高 >5m	+0 -8										
	3	梁和吊车梁	中心线对定位轴线位移	5										
			梁上表面标高	+0 -5										
	4	屋架	下弦中心线对定位轴线位移	5										
			垂直度 桁架、拱形屋架	1/250 屋架高										
			垂直度 薄腹架	5										
	5	天窗架	构件中心线对定位轴线位移	5										
			垂直度	1/300 天窗架高										
	6	托架梁	底座中心线对定位轴线位移	5										
			垂直度	10										
	7	板	相邻板下表面平整度 抹灰	5										
			相邻板下表面平整度 不抹灰	3										
	8	楼梯阳台	水平位移	10										
			标高	±5										
	9	工业厂房墙板	墙板两端高低差	±5										
			标高	±5										

检查结果	保证项目				
	基本项目	检查　　项,其中优良		项,优良率	%
	允许偏差项目	实测　　点,其中合格		点,合格率	%

评定等级	工程负责人： 工　　长： 班　组　长：	核定等级	质量检查员：

注：该表适用于一般工业与民用建筑构件安装工程质量检验评定。

　　　　　　　　　　　　　　　　　　　　　　　　　　年　月　日

说 明

本表适用于工业与民用建筑工程的混凝土预制构件吊装工程。

保证项目

　　检查数量:全数检查。

　　检验方法:1 项检查构件出厂证明及同条件养护试块试验报告。

　　　　　　2 项观察或尺量检查和检查吊装记录。

　　　　　　3 项观察检查和检查标准养护龄期 28d 试块试验报告及施工记录。

基本项目

　　评定代号:优良√,合格○,不合格×。

　　1 项圆孔板堵孔、就位

　　合格:标高、座浆、圆孔板堵孔、板缝宽度基本符合设计要求及施工规范的规定。

　　优良:标高、座浆、圆孔板堵孔、板缝宽度符合设计要求及施工规范的规定。

　　检查数量:按圆孔板数量抽查 10%,但不少于 10 块。

　　检验方法:观察或尺量检查。

　　2 项构件接头焊接

　　(1) 钢筋接头

　　合格:焊缝长度符合要求,无较大的凹陷、焊瘤,接头处无明显裂纹和气孔。咬边深度不大于 0.5mm(低温焊接咬边深度不大于 0.2mm)。

　　优良:焊缝长度符合要求,表面平整,无凹陷、焊瘤,接头处无裂纹、气孔、夹渣及咬边。

　　检查数量:按构件数量抽查 10%,但不少于 10 块。

　　检验方法:观察或尺量检查。

　　(2) 钢材接头:用钢结构焊接分项工程质量评定表。

允许偏差项目

　　检查数量:按各种不同类型的构件各抽查 10%,但均不少于 3 件(柱子垂直度、轴线位移各检查 2 点,其余各检查 1 点)。

　　检验方法:位移用尺量检查。

　　　　　　标高用水准仪或尺量检查。

　　　　　　垂直度用经纬仪或吊线和尺量检查。

　　　　　　相邻板下表面平整度用直尺和楔形塞尺检查。

19. 构件安装分项工程质量检验评定表(用于大模板及装配式大板建筑)(表1-350)

构件安装分项工程质量检验评定表(用于大模板及装配式大板建筑) 表1-350

工程名称： 部位：

		项 目		质 量 情 况
保证项目	1	吊装时,构件的混凝土强度、预应力混凝土构件孔道灌浆的水泥砂浆强度、下层结构承受内力的接头(接缝)的混凝土或砂浆的强度,必须符合设计要求和施工规范的规定		
	2	构件的型号、位置、支点锚固必须符合设计要求,且无变形损坏现象		
	3	构件接头(接缝)的混凝土(砂浆)必须计量准确,浇捣密实,认真养护,其强度必须达到设计要求或施工规范的规定		
	4	外墙板防水构造的做法必须符合设计要求和有关的专门规定		

		项 目		质 量 情 况										等 级
				1	2	3	4	5	6	7	8	9	10	
基本项目	1	圆孔板堵孔、就位												
	2	构件接头	钢筋接头											
			钢材接头											

		项 目		允许偏差(mm)		实 测 值 (mm)									
				大模板	装配式大板	1	2	3	4	5	6	7	8	9	10
允许偏差项目	1	轴线位移		5	3										
	2	标高	层高	±10	±10										
			全高	±20	±20										
	3	垂直度	墙板	5	3										
			全高	1‰全高且≥20	10										
			每层山墙内倾	2	2										
	4	墙板拼缝	高差	±5	±5										
			垂直	5	5										
	5	楼板搁置长度		±10	±10										
		大楼板同一轴线相邻板上表面高差		5	5										
		小楼板下表面相邻板高差	抹灰	5	5										
			不抹灰	3	3										
	6	楼梯、阳台、雨罩	位移	10	10										
			标高	±5	±5										

检查结果	保证项目				
	基本项目	检查	项,其中优良	项,优良率	%
	允许偏差项目	实测	点,其中合格	点,合格率	%

评定等级	工程负责人：	核定等级	
	工 长：		
	班组长：		质量检查员：

年 月 日

说 明

本表适用于大模板及装配式大板建筑的构件安装。

保证项目

检查数量:全数检查。

检验方法:1 项检查构件出厂证明及同条件养护试块试验报告。

2 项观察或尺量检查和检查吊装记录。

3 项观察检查和检查标准养护龄期 28d 试块抗压试验报告及施工记录。

4 项观察检查。

基本项目

评定代号:优良√,合格○,不合格×。

1 项圆孔板堵孔、就位

合格:标高、座浆、圆孔板堵孔、板缝宽度,基本符合设计要求及施工规范的规定。

优良:标高、座浆、圆孔板堵孔、板缝宽度符合设计要求及施工规范的规定。

检查数量:按圆孔板数量抽查 10%,但不少于 10 块。

检验方法:观察或尺量检查。

2 项构件接头

(1) 钢筋接头

合格:焊缝长度符合要求,无较大的凹陷、焊瘤,接头处无明裂纹和气孔。咬边深度不大于 0.5mm(低温焊接咬边深度不大于 0.2mm)。

优良:焊缝长度符合要求,表面平整,无凹陷、焊瘤,接头处无裂纹、气孔、夹渣及咬边。

检查数量:按构件数量抽查 10%,但不少于 10 块。

检验方法:观察或尺量检查。

(2) 钢材接头

用表 8-1-1 钢结构焊接分项工程质量评定表。

允许偏差项目

检查数量:按各种不同类型的构件各抽查 10%,但均不少于 3 件(柱子垂直度、轴线位移各检查 2 点,其余各检查 1 点)。

检验方法:位移、楼板搁置长度用尺量检查。

标高用水准仪或尺量检查。

垂直度、墙板、每层山墙内倾用 2m 托线板检查。

全高用经纬仪或吊线和尺量检查。

墙板拼缝高差,楼板上、下表面高差用直尺和楔形塞尺检查。

20．预应力钢筋混凝土分项工程质量检验评定表(表1-351)

预应力钢筋混凝土分项工程质量检验评定表　　　　表1-351

工程名称：　　　　　　　　　　　部位：

		项　目					质　量　情　况								
保证项目	1	钢筋按表1-345评定													
	2	混凝土按表1-345评定													
	3	预应力筋所用的锚夹具质量必须符合设计要求和施工规范及专门规定													
	4	钢丝镦头强度必须符合施工规范的规定。其外形尺寸及外观质量应符合有关标准的规定													
	5	后张法张拉预应力筋时，混凝土强度及块体立缝混凝土(砂浆)强度必须符合设计要求和施工规范的规定													
	6	锚固阶段张拉端预应力筋的内缩量必须符合施工规范第6.2.7条的规定													
	7	后张法孔道水泥浆强度必须符合设计要求或施工规范的规定													

		项　目			质　量　情　况									等　级
基本项目					1	2	3	4	5	6	7	8	9	10	
	1	实测预应力值与设计规定值偏差													
	2	构件截面断丝和滑丝的数量													

		项　目			允许偏差(mm)	实测值(mm)									
						1	2	3	4	5	6	7	8	9	10
允许偏差项目	1	截面尺寸	长度	块体	±5										
				薄腹梁、桁架	+15 −10										
			宽度		±5										
			高度		±5										
	2	侧向弯曲			L/1000 且≥20										
	3	保护层厚度			+10 −5										
	4	块体对角线差			10										
	5	块体表面平整度			5										
	6	预应力筋预留孔道位置偏移			5										
	7	预埋钢板	中心线位置偏移		10										
			上表面平整度		5										
			构件两端锚固支承面平整度		2										
	8	预埋螺栓	中心线位置偏移		5										
			外露长度		+10 −5										
	9	预埋管预留孔中心线位置偏移			5										
	10	预留洞中心线位置偏移			15										
	11	块体拼装	纵轴线位置偏移		3										
			立缝宽度		+10 −5 但最小宽度不小于10										
	12	采用钢丝束镦头锚具钢丝下料长度相对差值			l/5000 且≥5										

检查结果	保证项目				
	基本项目	检查　　　项，其中优良　　　项，优良率　　　%			
	允许偏差项目	实测　　　点，其中合格　　　点，合格率　　　%			

评定等级	工程负责人： 工　　长： 班 组 长：	核定等级	质量检查员：

注：L 构件长度；l 钢丝下料长度。

年　月　日

说 明

本表适用于现场整体后张法预应力钢筋混凝土工程。

保证项目

1 项按表 1-345 的检验方法评定。

2 项按表 1-347 的检验方法评定。

3 项检查数量:按施工规范第 6 章第 6.1.2 条的规定抽取试样。

检验方法:检查锚夹具出厂证明,硬度、锚固性能、探伤及外观检查报告。

4 项检查数量:按施工规范第 6 章第 6.1.3 条的规定抽取试样。

检验方法:用游标卡尺检查和检查抗拉试验报告。

5 项检查数量:全数检查。

检验方法:检查同条件养护混凝土(砂浆)试块的试验报告。

6 项检查数量:全数检查。

检验方法:检查施加预应力记录。

7 项检查数量:全数检查。

检验方法:全面观察检查和检查水泥浆试块的试验报告。

基本项目

评定代号:优良√,合格○,不合格×。

1 项实测预应力值与设计规定值偏差

检查数量:按预应力混凝土工程不同类型件数各抽查 10%,但均不少于 3 件。

检验方法:检查施加预应力记录。

(1) 机械张拉

合格:不超过 ±5%。

优良:不超过 ±3%。

(2) 电热张拉

合格:不超过 +10%～-5%。

优良:不超过 +5%～-3%。

2 项构件截面断丝和滑丝的数量

合格:不超过钢丝总数的 3%,且一束钢丝不超过 1 根。

优良:无断丝和滑丝。

检查数量:全数检查。

检验方法:全面观察或检查施加预应力记录。

允许偏差项目

检查数量:按预应力混凝土结构构件不同类型件数各抽查 10%,但均不少于 3 件。

检验方法:1、3、6、8、9、10、12 项和 7 项的中心线位置偏移,11 项的立缝宽度用尺量检查。2 项和 11 项的纵轴线位置偏移用拉线和尺量检查。4 项尺量两个对角线。5 项和 7 项的平整度用直尺和楔形塞尺检查。

21. 砌砖分项工程质量检验评定表(表1-352)

砌砖分项工程质量检验评定表　　　　表1-352

工程名称：　　　　　　　　　　　部位：

		项　　目		质 量 情 况
保证项目	1	砖的品种、强度等级必须符合设计要求		
	2	砂浆品种必须符合设计要求,强度必须符合验评标准的规定		
	3	砌体砂浆必须密实饱满,实心砖砌体水平灰缝的砂浆饱满度不小于80%		
	4	外墙的转角处严禁留直槎,其他临时间断处,留槎的做法必须符合施工规范的规定		

		项　　目	质　量　情　况　1 2 3 4 5 6 7 8 9 10	等　　级
基本项目	1	错　　缝		
	2	接　　槎		
	3	拉 结 筋		
	4	构 造 柱		
	5	清水墙面		

		项　　目		允许偏差(mm)	实　测　值　(mm)　1 2 3 4 5 6 7 8 9 10
允许偏差项目	1	轴线位移		10	
	2	基础和墙砌体顶面标高		±15	
	3	垂直度	每　　层	5	
			全高 ≤10m	10	
			全高 >10m	20	
	4	表面平整度	清水墙、柱	5	
			混水墙、柱	8	
	5	水平灰缝平直度	清 水 墙	7	
			混 水 墙	10	
	6	水平灰缝厚度(10皮砖累计)		±8	
	7	清水墙面游丁走缝		20	
	8	门窗洞口(后塞口)	宽　度	±5	
			门口高度	+15 −5	
	9	预留构造柱截面	(宽度、深度)	±10	
	10	外墙上下窗口偏移		20	

检查结果	保 证 项 目			
	基 本 项 目	检查　　　项,其中优良　　　项,优良率　　　%		
	允许偏差项目	实测　　　点,其中合格　　　点,合格率　　　%		

评定等级	工程负责人： 工　　长： 班 组 长：	核定等级		质量检查员：

注：每层垂直度偏差大于15mm时,应进行处理。

　　　　　　　　　　　　　　　　　　　　　　　　　　年　月　日

说 明

本表适用于普通砖、空心砖、灰砂砖和粉煤灰砖的砌体工程。

保证项目

检查数量：1、2、4项全数检查；3项每步架抽查不少于3处。

检验方法：1项观察检查、检查出厂合格证或试验报告。

2项检查试块试验报告；同品种、同强度等级砂浆各组试块的平均强度不小于$f_{m,k}$；任意一组试块的强度不小于$0.75f_{m,k}$。

注：砂浆强度按单位工程内同品种、同强度等级砂浆为同一验收批评定。单位工程中同品种、同强度等级砂浆按取样规定，仅有一组试块时，其强度不应低于$f_{m,k}$。

3项用白格网检查砖底面与砂浆的粘结痕迹面积，每处掀3块砖取其平均值。

4项观察检查。

基本项目

评定代号：优良√，合格○，不合格×。有数值者应填数字。

检查数量：外墙按楼层（或4m高以内）每20m抽查1处，每处3延长米，但不少于3处；内墙按有代表性的自然间抽查10%，但不少于3间（每间不少于2处，柱不少于5根。

1 项错缝

合格：砖柱、垛无包心砌法；窗间墙及清水墙面无通缝；混水墙每间（处）4～6皮砖的通缝不超过3处。

优良：在合格的基础上，混水墙每间（处）无4皮砖的通缝。

检验方法：观察或尺量检查。

注：通缝系指上下二皮砖搭接长度小于25mm。

2 项接槎

合格：接槎处灰浆密实，缝、砖平直，每处接槎部位水平灰缝厚度小于5mm或透亮的缺陷不超过10个。

优良：在合格的基础上，缺陷不超过5个。

检验方法：观察或尺量检查。

3 项拉结筋

合格：数量、长度均应符合设计要求和施工规范规定，留置间距偏差不超过3皮砖。

优良：在合格的基础上，留置间距偏差不超过1皮砖。

检验方法：观察或尺量检查。

4 项构造柱

合格：设计要求留设构造柱时，留置位置正确，大马牙槎先退后进；残留砂浆清理干净。

优良：设计要求留设构造柱时，留置位置正确，大马牙槎先退后进，上下顺直；残留砂浆清理干净。

检验方法：观察检查。

5 项清水墙面

合格:组砌正确,刮缝深度适宜,墙面整洁。

优良:组砌正确,竖缝通顺,刮缝深度适宜、一致,楞角整齐,墙面清洁美观。

检验方法:观察检查。

允许偏差项目

检查数量:同基本项目。

检验方法:1 项用经纬仪或拉线和尺量检查。

2 项用水准仪和尺量检查。

3 项每层用 2m 托尺板检查,全高用经纬仪或吊线和尺量检查。

4 项用 2m 靠尺和楔形塞尺检查。

5 项用拉 10m 线和尺量检查。

6 项用与皮数杆比较尺量检查。

7 项用吊线和尺量检查,以底层第一皮砖为准。

8、9 项用尺量检查。

10 项用经纬仪或吊线检查以底层窗口为准。

1.1 建筑工程

22. 砌石分项工程质量检验评定表(表1-353)

砌石分项工程质量检验评定表   表1-353

工程名称：　　　　　　　　　　　　　　　部位：

		项　目	质　量　情　况										
保证项目	1	石料的质量、规格必须符合设计要求和施工规范规定											
	2	砂浆品种必须符合设计要求,强度必须符合验评标准的规定											
	3	转角处必须同时砌筑,交接处不能同时砌筑时必须留斜槎											

		项　目	质量情况										等级
			1	2	3	4	5	6	7	8	9	10	
基本项目	1	石砌体组砌											
	2	墙面勾缝											

		项　目	允许偏差 (mm)							实测值 (mm)										
			毛石砌体		料石砌体																
					毛料石		粗料石		半细料石	细料石	1	2	3	4	5	6	7	8	9	10
			基础	墙	基础	墙	基础	墙	墙、柱	墙、柱										
允许偏差项目	1	轴线位移	20	15	20	15	15	10	10	10										
	2	基础和墙砌体顶面标高	±25	+15	±25	±15	±15	±15	±10	±10										
	3	砌体厚度	+30 -0	+20 -10	+30 -10	+20 -10	+15 -0	+10 -5	+10 -5	+10 -5										
	4	墙面垂直度 每层	—	20	—	20	—	10	7	5										
		全高	—	30	—	30	—	25	20	15										
	5	表面平整度 清水墙、柱	—	20	—	20	—	10	7	5										
		混水墙、柱	—	20	—	20	—	15	—	—										
	6	清水墙水平灰缝平直度	—	—	—	—	—	10	7	5										

检查结果	保证项目				
	基本项目	检查	项,其中优良	项,优良率	%
	允许偏差项目	实测	点,其中合格	点,合格率	%

评定等级	工程负责人： 工　长： 班组长：	核定等级	质量检查员：

年　月　日

说　明

本表适用于毛石、料石砌体工程。

保证项目

检查数量:全数检查。

检验方法:1 项观察检查或检查试验报告。

2 项检查试块试验报告。同标号砂浆各组试块的平均强度不小于 $f_{m,k}$;任意一组试块的强度不小于 $0.75 f_{m,k}$。

注:砂浆强度按单位工程内同品种、同强度等级砂浆,按取样规定,为同一验收批评定;当单位工程中内同品种、同强度等级砂浆,按取样规定,仅有一组试块时,其强度不应低于 $f_{m,k}$。

3 项观察检查。

基本项目

评定代号:优良√,合格○,不合格×。

检查数量:外墙,按楼层(或 4m 高以内)每 20m 抽查 1 处,每处 3 延长米,但不少于 3 处;内墙,按有代表性的自然间抽查 10%,但不少于 3 间,每间不少于 2 处,柱子不少于 5 根。

1 项石砌体组砌

合格:内外搭砌,上下错缝,拉结石、丁砌石交错设置;毛石墙、拉结石每 $0.7m^2$ 墙面不少于 1 块;料石灰缝厚度符合施工规范规定。

优良:内外搭砌,上下错缝,拉结石、丁砌石交错设置,分布均匀;毛石分皮卧砌,无填心砌法,拉结石每 $0.7m^2$ 墙面不少于 1 块;料石放置平稳,灰缝一致,厚度符合施工规范规定。

检验方法:观察检查。

2 项墙面勾缝

合格:勾缝密实,粘结牢固,墙面洁净。

优良:勾缝密实,粘结牢固,墙面洁净,缝条光洁、整齐、清晰美观。

检验方法:观察检查。

允许偏差项目

检查数量:外墙按楼层(或 4m 高以内)每 20m 抽查 1 处,每处 3 延长米,但不少于 3 处;内墙按有代表性的自然间抽查 10%,但不少于 3 间。每间不少于 2 处,柱子不少于 5 根,检查全高不少于 3 点(4 个大角);砌体厚度、墙面垂直度、平整度每间(处)测 2 点,其余每间(处)均测 1 点。

检验方法:1 项用经纬仪或拉线和尺量检查。

2 项用水准仪和尺量检查。

3 项用尺量检查。

4 项用经纬仪或吊线和尺量检查。

5 项细石料用 2m 靠尺和楔形塞尺检查,其他用两直尺垂直于灰缝拉 2m 线和尺量检查。

6 项用拉 10m 线和尺量检查。

23. 木屋架和梁、柱制作分项工程质量检验评定表(表1-354)

木屋架和梁、柱制作分项工程质量检验评定表　　　　表1-354

工程名称：　　　　　　　　部位：

保证项目		项　目		质　量　情　况										
	1	木材的树种、材质等级、含水率和防腐、防虫、防火处理必须符合设计要求和施工规范的规定												
	2	钢材及附件的材质、型号、规格和连接构造等必须符合设计要求和施工规范及专门规定												
	3	屋架支座节点、脊节点和上、下弦接头的构造必须符合设计要求和施工规范的规定												

基本项目		项　目		质　量　情　况										等级
				1	2	3	4	5	6	7	8	9	10	
	1	钢拉杆、垫板、螺帽												
	2	木腹杆与上下弦连接												

允许偏差项目		项　目		允许偏差(mm)	实测值(mm)									
					1	2	3	4	5	6	7	8	9	10
	1	构件截面尺寸	方木构件高、宽	−3										
			板材厚、宽	−2										
			原木构件梢径	−5										
	2	结构长度	长度不大于15m	±10										
			长度大于15m	±15										
	3	屋架高度	跨度不大于15m	±10										
			跨度大于15m	±15										
	4	受压或压弯构件纵向弯曲	方木构件	$L/500$										
			原木构件	$L/200$										
	5	弦杆节点间距		±5										
	6	齿连接刻槽深度		±2										
	7	支座节点受剪面	长　度	−10										
			宽度　方木	−3										
			圆木	−4										
	8	螺栓中心间距	进孔处	±0.2d										
			出孔处 垂直木纹方向	±0.5d,且≥$B/25$										
			顺木纹方向	±1d										
	9	钉进孔处的中心间距		±1d										
	10	屋架起拱		+20 −10										

检查结果	保　证　项　目				
	基　本　项　目	检查	项,其中优良	项,优良率	%
	允许偏差项目	实测	点,其中合格	点,合格率	%

评定等级	工程负责人： 工　　长： 班 组 长：	核定等级	质量检查员：

注：1. d为螺栓或钉的直径；L为构件长度；B为板束总厚度。
　　2. 项次4允许偏差系制作时允许挠曲值。

年　月　日

说 明

本表适用于工业与民用建筑工程的木屋架、钢木组合屋架、梁、柱等制作。

保证项目

  检查数量：全数检查。

  检验方法：1 项观察检查和检查测定记录。

      2 项观察、尺量检查和检查出厂合格证、试验报告。

      3 项观察、尺量检查和检查大样技术复核单。

基本项目

  评定代号：优良√，合格○，不合格×。

  1 项钢拉杆、垫板、螺帽

  合格：螺帽数量及螺杆伸出螺帽长度符合施工规范的规定，钢拉杆顺直，各钢件应作防锈处理。

  优良：在合格基础上，垫板平整紧密，各钢件防锈处理均匀。

  检查数量：按拉杆数量抽查 10%，但不少于 3 件。

  检验方法：观察和尺量检查。

  2 项木腹杆与上、下弦连接

  合格：腹杆轴线与承压面垂直，连接紧密，扒钉牢固。木构件在扒钉孔一侧的裂缝长度不大于 50mm，且不大于扒钉孔到木腹杆端部长度的 1/3。

  优良：腹杆轴线与承压面垂直，连接紧密，扒钉牢固，且在扒钉孔处无裂缝。

  检查数量：按不同连接、接头形式接点，各抽查 10%，但均不少于 3 个。

  检验方法：观察和用手推拉检查。

允许偏差项目

  检查数量：木屋架逐榀检查，梁、柱抽查 10%，但均不少于 3 件。抽查的件数逐项各测 1 点。

  检验方法：1、5、6、7、8、9 项尺量检查。

      2 项尺量检查屋架支座节点中心间距，梁、柱检查全长(高)。

      3 项尺量检查脊节点中心与下弦中心距离。

      4 项拉线尺量检查。

      10 项以两支座节点下弦中心线为准，拉一水平线，用尺量跨中下弦中心线与拉线之间距离。

24. 木屋架安装分项工程质量检验评定表(表1-355)

木屋架安装分项工程质量检验评定表 表1-355

工程名称：　　　　　　　　　　　部位：

保证项目		项　目								质量情况			
	1	制作质量必须符合设计要求，运输中无变形或损坏											
	2	支座、支撑连接等构造必须符合设计要求和施工规范的规定。连接必须牢固、无松动											

基本项目		项　目	质量情况										等级
			1	2	3	4	5	6	7	8	9	10	
	1	木屋架、梁柱的支座部位处理												
	2	木屋架、梁柱的支座部位防腐处理												

允许偏差项目		项　目	允许偏差(mm)	实测值(mm)									
				1	2	3	4	5	6	7	8	9	10
	1	结构中心线的间距	±20											
	2	垂直度	$H/20$ 且≥15											
	3	受压或受弯构件纵向弯曲	$L/300$											
	4	支座轴线对支承面中心位移	10											
	5	支座标高	±5											

检查结果	保证项目			
	基本项目	检查　　项，其中优良		项，优良率　　%
	允许偏差项目	实测　　点，其中合格		点，合格率　　%

评定等级	工程负责人： 工　　长： 班 组 长：	核定等级	质量检查员：

注：1. H 为屋架、柱的高度；L 为构件长度。
　　2. 允许偏差项目项次3的允许偏差系指安装后的弯曲或挠曲值。　　　　　年　月　日

说　明

本表适用于方木、圆木屋架和钢木组合屋架及木梁、柱等安装工程。

保证项目

　　检查数量:全数检查。

　　检验方法:1项观察检查和检查验收记录。

　　　　　　2项观察检查和用手推拉检查。

基本项目

　　评定代号:优良√,合格○,不合格×。

　　1项木屋架、梁、柱的支座部位处理

　　合格:屋架及梁的支座部位不封闭在墙体之内,构体的两侧及端部留出空隙,木柱下设柱墩。

　　优良:在合格基础上,留出的空隙均不小于50mm。木柱下设柱墩。

　　检查数量:按支座总数抽查10%,但不少于3个。

　　检验方法:观察和尺量检查。

　　2项木屋架、梁、柱的支座部位防腐处理

　　合格:木构件与砖石砌体、混凝土的接触处,以及支座垫木有防腐处理。

　　优良:在合格基础上,防腐的药剂、处理方法、吸收量符合施工规范规定。

　　检查数量:按支座总数抽查10%,但不少于3个。

　　检验方法:观察、尺量检查和检查施工记录。

允许偏差项目

　　检查数量:木屋架逐榀检查,梁、柱抽查10%,但不少于3件。每项均测1点。

　　检验方法:1、4项尺量检查。

　　　　　　2项吊线尺量检查。

　　　　　　3项吊(拉)线尺量检查。

　　　　　　5项用水准仪检查。

1.1 建筑工程

25. 屋面木骨架分项工程质量检验评定表(表 1-356)

屋面木骨架分项工程质量检验评定表 表 1-356

工程名称：　　　　　　　　部位：

<table>
<tr><th colspan="2" rowspan="2"></th><th colspan="2">项　目</th><th colspan="11">质　量　情　况</th></tr>
<tr><td colspan="13"></td></tr>
<tr><td rowspan="2">保证项目</td><td>1</td><td colspan="2">木材的树种、材质等级、含水率和防腐、防虫、防火处理必须符合设计要求和施工规范的规定</td><td colspan="11"></td></tr>
<tr><td>2</td><td colspan="2">檩条必须安装牢固，接头位置、固定方法必须符合设计要求和施工规范的规定</td><td colspan="11"></td></tr>
</table>

		项　目	质　量　情　况										等级
			1	2	3	4	5	6	7	8	9	10	
基本项目	1	檩条安装											
	2	屋面板											
	3	封山板、封檐板											

		项　目		允许偏差(mm)	实测值(mm)									
					1	2	3	4	5	6	7	8	9	10
允许偏差项目	1	檩条椽条	方木截面	−2										
			圆木梢径	−5										
			间距	−10										
			方木上表面平直	4										
			原木上表面平直	7										
			悬臂檩接头位置	$L/50$										
	2	油毡搭接宽度		−0										
	3	挂瓦条间距		±5										
	4	封山、封檐板平直	下边缘	5										
			表面	8										

检查结果	保证项目				
	基本项目	检查	项，其中优良	项，优良率	%
	允许偏差项目	实测	点，其中合格	点，合格率	%

评定等级	工程负责人： 工　长： 班组长：	核定等级	
			质量检查员：

注：L 为檩条跨度。

年　月　日

说 明

本表适用于木屋面檩条、椽条、屋面板等制作和安装工程。

保证项目

　　检查数量：全数检查。

　　检验方法：1 项观察检查和检查测定记录。

　　　　　　　2 项观察和用手推拉检查。

基本项目

　　评定代号：优良√，合格○，不合格×。有偏差值者应记数字。

　　检查数量：抽查不少于 3 间。

　　1．椽条安装

　　合格：椽与檩钉结牢固，屋脊处两椽条拉接可靠。椽条接头设在檩条上，并错开布置；无错开布置的，相邻接头不多于 2 个。

　　优良：椽与檩钉结牢固，屋脊处两椽条拉接可靠。椽条接头设在檩条上，并逐根错开布置。

　　检验方法：观察和用手推拉检查。

　　2．屋面板

　　合格：屋面板厚度符合设计要求，铺钉平整，接头应在檩、椽条上分段错开，每段接头处板的总宽度不大于 1.5m，无漏钉。

　　优良：屋面板厚度符合设计要求，铺钉平整，接头应在檩、椽条上分段错开，每段接头处板的总宽度不大于 1m，无漏钉。

　　检验方法：观察和尺量检查。

　　3．封山板、封檐板

　　合格：表面刨光，接头采用龙凤榫并镶接严密，下边缘至少低于檐口平顶 25mm。

　　优良：表面光洁，接头采用燕尾榫并镶接严密，下边缘至少低于檐口平顶 25mm。

　　检验方法：观察和尺量检查。

允许偏差项目

　　检查数量：抽检不少于 3 间，每间各检查 2 点。

　　检验方法：1 项的方木截面、间距、悬臂檩接头位置：尺量检查；圆木梢径，尺量检查椭圆时，取大小径的平均值；方原木上表面平直；每坡拉线尺量检查。

　　　　　　　2、3 项尺量检查。

　　　　　　　4 项拉 10m 线，不足 10m 拉通线尺量检查。

26. 钢结构焊接分项工程质量检验评定表(表1-357)

钢结构焊接分项工程质量检验评定表　　表1-357

工程名称：　　　　　　　　　　　　　部位：

		项　目		质量情况
保证项目	1	焊条、焊剂、焊丝和施焊用的保护气体等必须符合设计要求和钢结构焊接的专门规定		
	2	焊工必须经考试合格,并取得相应施焊条件的合格证		
	3	承受拉(压)力且要求与母材等强度的焊缝,必须经超声波、X射线探伤检验,其结果必须符合设计要求、施工规范和钢结构焊接的专门规定		
	4	焊缝表面严禁有裂纹、夹渣、焊瘤、烧穿、弧坑、针状气孔和熔合性飞溅等缺陷。气孔、咬边必须符合施工规范规定		

基本项目	项　目	质　量　情　况										等级
		1	2	3	4	5	6	7	8	9	10	
	焊缝外观											

允许偏差项目		项　目		允许偏差(mm)	实　测　值(mm)									
					1	2	3	4	5	6	7	8	9	10
	1 对接焊缝	焊缝余高(mm)	$b<20$	一级 0.5～2.0										
				二级 0.5～2.5										
				三级 0.5～3.5										
			$b\geqslant 20$	一级 0.5～3.0										
				二级 0.5～3.5										
				三级 0.5～4.0										
		焊缝错边		一级 $<0.1\delta$且$\geqslant 2$										
				二级 $<0.1\delta$且$\geqslant 2$										
				三级 $<0.1\delta$且$\geqslant 3$										
	2 贴角焊缝	焊缝余高(mm)	$k\leqslant 6$	一级										
				二级 0～+1.5										
				三级										
			$k>6$	一级										
				二级 0～+3.0										
				三级										
		焊角宽(mm)	$k\leqslant 6$	一级										
				二级 0～+1.5										
				三级										
			$k>6$	一级										
				二级 0～+3.0										
				三级										
	3	T型接头要求焊透的k型焊缝(mm)	$k=\delta/2$	一级										
				二级 0～+1.5										
				三级										

检查结果	保证项目				
	基本项目	检查	项,其中优良	项,优良率	%
	允许偏差项目	实测	点,其中合格	点,合格率	%

评定等级	工程负责人： 工　　长： 班 组 长：	核定等级	质量检查员：

注：b为焊缝宽度,k为焊角尺寸,δ为母材厚度。

年　月　日

说　　明

本表适用于钢结构制作、安装中的焊接工程。

保证项目

检查数量：全数检查。

检验方法：1 项观察检查和检查出厂合格证、烘焙记录。

2 项检查焊工合格证和考核日期。

3 项检查探伤报告和 X 射线底片。

注：承受拉力且要求与母材等强度的焊缝，即施工规范中的一级焊缝；承受压力且采用与母材等强度的焊缝，即施工规范中的二级焊缝。

4 项观察和用焊缝量规及钢尺检查，必要时可采用渗透探伤检查。

基本项目

评定代号：优良√，合格○，不合格×。

焊缝外观：

合格：焊波较均匀，正面的焊渣和飞溅物清除干净。

优良：焊波均匀，焊渣和飞溅物清除干净。

检查数量：按焊缝数量抽查 5%，每条焊缝检查 1 处，但不少于 5 处。

检验方法：观察检查。

允许偏差项目

检查数量：按各种焊缝数量各抽查 5%，但均不少于 1 条。长度小于 500mm 的焊缝，每条检查 1 处；长度 500~2000mm 的焊缝每条检查 2 处；长度大于 2000mm 的焊缝每条检查 3 处（每处各检查 1 点）。

检验方法：用焊缝量规检查。

27. 钢结构螺栓连接分项工程质量检验评定表(表1-358)

钢结构螺栓连接分项工程质量检验评定表 表1-358

工程名称：　　　　　　　　　　　　　　　　部位：

		项　目	质　量　情　况
保证项目	1	高强螺栓的型式、规格和技术条件必须符合设计要求和有关标准规定。高强螺栓必须经试验确定扭矩系数或复验螺栓预拉力。当结果符合钢结构用高强螺栓的专门规定时,方准使用	
	2	构件的高强螺栓连接面的摩擦系数必须符合设计要求。表面严禁有氧化铁皮、毛刺、焊疤、油漆和油污等	
	3	高强螺栓必须分两次拧紧,初拧、终拧质量必须符合施工规范和钢结构用高强螺栓的专门规定	

		项　目	质量情况										等级
			1	2	3	4	5	6	7	8	9	10	
基本项目	1	高强螺栓接头外观											
	2	大六角头高强螺栓终拧											
	3	扭剪型高强螺栓终拧											

检查结果	保证项目	
	基本项目	检查　　　项,其中优良　　　项,优良率　　　%

评定等级	工程负责人： 工　长： 班组长：	核定等级	质量检查员：

　　　　　　　　　　　　　　　　　　　　　　　　　　　　　　年　月　日

说 明

本表适用于钢结构制作、安装中的高强螺栓连接工程。

保证项目

  检查数量：全数检查。

  检验方法：1 项检查出厂合格证和试(复)验报告。

      2 项观察检查和检查试验报告。

      3 项观察检查和检查施工记录。

基本项目

  评定代号：优良√，合格○，不合格×。

  1 项高强螺栓接头外观

  合格：正面螺栓穿入方向一致，外露长度不少于 2 扣。

  优良：在合格的基础上，外露长度一致。

  检查数量：按节点数抽查 5%，但不少于 5 个。

  检验方法：观察检查。

  2 项大六角头高强螺栓终拧

  合格：终拧扭矩经检查后补拧或更换螺栓才能达到施工规范的规定。

  优良：终拧扭矩经检查一次达到施工规范的规定。

  检查数量：用小锤逐颗检查；用扭矩扳手按每个节点螺栓数抽查 10%，但不少于 10 颗。

  检验方法：用小锤和扭矩扳手检查。

  3 项扭剪型高强螺栓终拧

  合格：除构造原因外，尾部梅花卡头未拧掉的螺栓不超过总数的 5%。

  优良：除构造原因外，螺栓尾部梅花卡头均在终拧中拧掉。

  检查数量：按节点数抽查 10%，但不少于 5 个。

  检验方法：观察检查。

  注：1．构造原因系指因结构构造而无法使用专用终拧扳手，造成螺栓尾部梅花卡头未拧掉者。

    2．尾部梅花卡头未拧掉的螺栓应采用扭矩法紧固。

28. 单层钢柱制作分项工程质量检验评定表(表1-359)

单层钢柱制作分项工程质量检验评定表　　　　表1-359

工程名称：　　　　　　　　　部位：

保证项目		项目		质量情况									
	1	钢材的品种、型号、规格和质量必须符合设计要求和施工规范的规定											
	2	钢材切割断面必须无裂纹、夹层和大于1mm的缺棱											

基本项目		项目		质量情况										等级
				1	2	3	4	5	6	7	8	9	10	
	1	构件外观												
	2	磨光顶紧的构件组装面												

允许偏差项目		项目		允许偏差(mm)	实测值 (mm)									
					1	2	3	4	5	6	7	8	9	10
	1	柱底面到柱端与桁架连接的最上一个安装孔的距离	$L \leq 15m$	±10										
			$L > 15m$	±15										
	2	柱底面到牛腿支承面距离	$L_1 \leq 10m$	±5										
			$L_1 > 10m$	±8										
	3	连接同一构件的任意两组安装孔距离		±2										
	4	受力支托板表面到第一个安装孔距离		±1										
	5	牛腿平面翘曲		2										
	6	柱身挠曲矢高		$L/1000$ 且≥12										
	7	柱身扭曲	牛腿处	3										
			其他处	8										
	8	柱截面几何尺寸	接合处	±3										
			其他处	±5										
	9	翼缘板倾斜度	$b \leq 400mm$	$b/100$										
			$b > 400mm$	5										
			接合处	1.5										
	10	柱脚底板翘曲		3										
	11	柱脚螺栓孔中心对柱中心线的偏移		±1.5										

检查结果	保证项目				
	基本项目	检查	项,其中优良	项,优良率	%
	允许偏差项目	实测	点,其中合格	点,合格率	%

评定等级	工程负责人： 工　　长： 班　组　长：	核定等级	质量检查员：

注：L 柱长度；L_1 柱底面到牛腿支承面距离；b 翼缘板宽度。

年　月　日

说　明

本表适用于单层钢柱制作工程。

检查数量：按各种柱(节点)数抽查10%,但不少于3件,每项测1点。

保证项目

检验方法：1项检查出厂合格证、质量保证书和试验报告。

2项观察和用钢尺检查,必要时用渗透、超声波探伤检查。

基本项目

评定代号：优良√,合格〇,不合格×。

1项构件外观

合格：构件正面无明显凹面和损伤。

优良：构件表面无明显凹面和损伤,表面划痕不超过0.5mm。

检验方法：观察检查。

2项磨光顶紧的构件组装面

合格：顶紧面紧贴不少于75%,且边缘最大间隙不超过0.8mm。

优良：顶紧面紧贴不少于80%,且边缘最大间隙不超过0.8mm。

检验方法：构件组装时用0.3mm和0.8mm厚的塞尺及钢尺检查。

允许偏差项目

检验方法：1、2、3、4、8、11项用钢尺检查。

5、6项用拉线、直角尺和钢尺检查。

7项用拉线、吊线和钢尺检查。

9项用直角尺和钢尺检查。

10项用1m直尺和塞尺检查。

29. 高层多节柱制作分项工程质量检验评定表(表 1-360)

高层多节柱制作分项工程质量检验评定表　　表 1-360

工程名称：				部位：									
保证项目		项　目				质　量　情　况							
	1	钢材的品种、型号、规格和质量必须符合设计要求和施工规范的规定											
	2	钢板切割断面必须无裂纹、夹层和大于1mm的缺棱											
基本项目		项　目			质　量　情　况								等级
					1	2	3	4	5	6	7	8	9	10	
	1	构 件 外 观												
	2	磨光顶紧的构件组装面												
允许偏差项目		项　目		允许偏差(mm)	实测值 (mm)								
					1	2	3	4	5	6	7	8	9	10
	1	一 节 柱 长		±3										
	2	多 节 柱 总 长		±7										
	3	柱身挠曲矢高		$L/1000$ 且≯5										
	4	牛腿的翘曲或扭曲	$L_2{\leqslant}600\text{mm}$	2										
			$L_2>600\text{mm}$	3										
	5	柱截面几何尺寸		±3										
	6	翼缘板倾斜度	$b{\leqslant}400\text{mm}$	$b/100$										
			$b>400\text{mm}$	5										
			接 合 处	1.5										
	7	腹板中心线偏移	接 合 处	2										
			其 他 处	3										
	8	柱脚底板翘曲		3										
	9	柱腿螺栓孔对柱中心线偏移		1.5										
	10	每节柱柱身扭曲		5										
	11	柱底刨平面到牛腿支承面的距离		±2										
检查结果	保证项目													
	基本项目			检查　　项,其中优良　　项,优良率　　%										
	允许偏差项目			实测　　点,其中合格　　点,合格率　　%										
评定等级	工程负责人： 工　　长： 班 组 长：			核定等级	质量检查员：									

注：L 为一节柱长；L_2 为牛腿长；b 为翼缘板宽度。　　　　　　　　　　　　　年　月　日

说 明

本表适用于高层多节柱制作工程。

检查数量:按柱(节点)数抽查10%,但不少于3件,每项测1点。

保证项目

检验方法:1 项检查出厂合格证,质量保证书和试验报告。

2 项观察和用钢尺检查,必要时用渗透、超声波探伤检查。

基本项目

评定代号:优良√,合格○,不合格×。

1 项构件外观

合格:构件正面无明显凹面和损伤。

优良:构件表面无明显凹面和损伤,表面划痕不超过0.5mm。

检验方法:观察检查。

2 项磨光顶紧的构件组装面

合格:顶紧面紧贴不少于75%,且边缘最大间隙不超过0.8mm。

优良:顶紧面紧贴不少于80%,且边缘最大间隙不超过0.8mm。

检验方法:构件组装时用0.3mm和0.8mm厚的塞尺及钢尺检查。

允许偏差项目

检验方法:1、2、5、7、9、11 项用钢尺检查。

3、4 项用拉线、直角尺和钢尺检查。

6 项用直角尺和钢尺检查。

8 项用1m直尺和塞尺检查。

10 项用拉线、吊线和钢尺检查。

30. 焊接实腹梁分项工程质量检验评定表(表1-361)

焊接实腹梁分项工程质量检验评定表　　　　　　　　　　表1-361

工程名称：　　　　　　　　　　　　　部位：

保证项目	项 目			质　量　情　况									
	1	钢材的品种、型号、规格和质量必须符合设计要求和施工规范的规定												
	2	钢材切割断面必须无裂纹、夹层和大于1mm的缺棱												

基本项目	项　　　目	质　量　情　况										等级
		1	2	3	4	5	6	7	8	9	10	
	1	构 件 外 观											
	2	磨光顶紧的构件组装面											

允许偏差项目		项　　目	允许偏差 (mm)	实　测　值　(mm)									
				1	2	3	4	5	6	7	8	9	10
	1	梁 跨 度	端部刀板封头	-5										
			其他型式	$\pm L/2500$ 且 $\not> 10$										
	2	端部高度	$H\leqslant 2m$	± 2										
			$H>2m$	± 3										
	3	两端最外侧安装孔距离		± 3										
	4	起 拱 度		± 5 且不得下挠										
	5	侧 弯 矢 高		$L/2000$ 且 $\not> 10$										
	6	扭 曲		$h/250$										
	7	腹板局部平直度	$\delta<14mm$	$3L/1000$										
			$\delta\geqslant 14mm$	$2L/1000$										
	8	翼缘板倾斜度		2										
	9	上翼缘板与轨道接触面平直度		1										
	10	腹板中心线偏移		3										
	11	翼缘板宽度		± 3										

检查结果	保证项目				
	基本项目	检查　　项,其中优良　　项,优良率　　%			
	允许偏差项目	实测　　点,其中合格　　点,合格率　　%			

评定等级	工程负责人： 工　　长： 班 组 长：	核定等级	质量检查员：

注：L 为梁长；H 为梁的端部高；δ 为腹板厚度。

　　　　　　　　　　　　　　　　　　　　　　　　　　　　　　　　　年　月　日

说 明

本表适用于焊接实腹梁制作工程。

检查数量：按各种梁的数量抽查10%，但均不少于3件。每项测1点。

保证项目

检验方法：1项检查出厂合格证、质量保证书和试验报告。

2项观察和用钢尺检查，必要时用渗透、超声波探伤检查。

基本项目

评定代号：优良√，合格○，不合格×。

1项构件外观

合格：构件正面无明显凹面和损伤。

优良：构件表面无明显凹面和损伤，表面划痕不超过0.5mm。

检验方法：观察检查。

2项磨光顶紧的构件组装面

合格：顶紧面紧贴不少于75%，且边缘最大间隙不超过0.8mm。

优良：顶紧面紧贴不少于80%，且边缘最大间隙不超过0.8mm。

检验方法：构件组装时用0.3mm和0.8mm厚的塞尺及钢尺检查。

允许偏差项目

检验方法：1、2、3、10、11项用钢尺检查。

4、5、6项用拉线、吊线和钢尺检查。

7、9项用1m直尺、200mm直尺和塞尺检查。

8项用直角尺和钢尺检查。

1.1 建筑工程

31. 钢屋架、屋架梁及桁架制作分项工程质量检验评定表(表1-362)

钢屋架、屋架梁及桁架制作分项工程质量检验评定表　　　　表1-362

工程名称：　　　　　　　　　　　　部位：

保证项目		项目		质量情况										
	1	钢材的品种、型号、规格和质量必须符合设计要求和施工规范的规定												
	2	钢材切割断面必须无裂纹、夹层和大于1mm的缺棱												

基本项目		项目		质量情况										等级
				1	2	3	4	5	6	7	8	9	10	
	1	构件外观												
	2	磨光顶紧的构件组装面												

允许偏差项目		项目		允许偏差(mm)	实 测 值 (mm)									
					1	2	3	4	5	6	7	8	9	10
	1	屋(桁)架最外端两个孔或两端支承面最外侧距离	$L \leqslant 24m$	+3 / -7										
			$L > 24m$	+5 / -10										
	2	桁架或天窗中点高度		±3										
	3	桁架起拱	设计要求起拱	+10 / -0										
			设计不要求起拱	±L/5000										
	4	桁架弦杆在相邻节点间平直度		$l/1000$ 且 $\not> 5$										
	5	固定檩条的连接件间距		±5										
	6	固定檩条或其他构件的孔中心距	孔组距	±3										
			组内孔距	±1.5										
	7	支点处固定上下弦杆的安装孔距离		±2										
	8	支承面到第一个安装孔距离		±1										
	9	杆件节点杆件几何中心线交汇点		3										

检查结果	保证项目					
	基本项目	检查	项,其中优良	项,优良率		%
	允许偏差项目	实测	点,其中合格	点,合格率		%

评定等级	工程负责人：	核定等级	
	工　　长：		
	班 组 长：		质量检查员：

注：L 为屋桁架长度；
　　l 为弦杆在相邻节点间距离。

年　　月　　日

说 明

本表适用于钢屋架、屋架梁及桁架的制作。

检查数量：按各种屋桁架、梁的数量抽查 10%，但不少于 3 件。每个项目测 1 点。

保证项目

检验方法：1 项检查出厂合格证、质量证明书和试验报告。

2 项观察和用钢尺检查，必要时用渗透、超声探伤检查。

基本项目

评定代号：优良√，合格○，不合格×。

1 项构件外观

合格：构件正面无明显凹面和损伤。

优良：构件表面无明显凹面和损伤，表面划痕不超过 0.5mm。

检验方法：观察检查。

2 项磨光顶紧的构件组装面

合格：顶紧面紧贴不少于 75%，且边缘最大间隙不超过 0.8mm。

优良：顶紧面紧贴不少于 80%，且边缘最大间隙不超过 0.8mm。

检验方法：构件组装时用 0.3mm 和 0.8mm 厚的塞尺及钢尺检查。

允许偏差项目

检验方法：1、2、5、6、7、8 项用钢尺检查。

3、4 项用拉线和钢尺检查。

9 项划线后用钢尺检查。

32. 墙架、连接系统构件制作分项工程质量检验评定表(表1-363)

墙架、连接系统构件制作分项工程质量检验评定表   表1-363

工程名称：　　　　　　　　　　　部位：

		项　　　目		质　　量　　情　　况
保证项目	1	钢材的品种、型号、规格和质量必须符合设计要求和施工规范的规定		
	2	钢材切割断面必须无裂纹、夹层和大于1mm的缺棱		

	项　　目	质　量　情　况										等级
		1	2	3	4	5	6	7	8	9	10	
基本项目	构件外观											
	磨光顶紧的构件组装面											

		项　目	允许偏差 (mm)	实　测　值　(mm)									
				1	2	3	4	5	6	7	8	9	10
允许偏差项目	1	构件长度	±3										
	2	焊接H型钢截面高度　接合部位	±2										
		其他部位	±3										
	3	焊接H型钢截面宽度	±3										
	4	构件两端最外侧安装孔距	±3										
	5	构件两组安装孔距	±3										
	6	同组螺栓　相邻两孔距	±1										
		任意两孔距	±1.5										
	7	构件挠曲矢高	$L/1000$ 且 $\geqslant 10$										

检查结果	保证项目				
	基本项目	检查　　　项,其中优良　　　项,优良率　　　%			
	允许偏差项目	实测　　　点,其中合格　　　点,合格率　　　%			

评定等级	工程负责人： 工　　长： 班组长：	核定等级	质量检查员：

注：L 为构件长度。　　　　　　　　　　　　　　　　　　　　　年　月　日

说 明

本表适用于钢材制作的墙架、连接系统构件的制作工程。

保证项目

检查数量：全数检查。

检验方法：1 项检查出厂合格证、质量保证书和试验报告。
         2 项观察和用钢尺检查，必要时用渗透、超声波探伤检查。

基本项目

评定代号：优良√，合格○，不合格×。

1 项构件外观

检查数量：按各种构件件数各抽查 10%，但均不少于 3 件。

合格：构件正面无明显凹面和损伤。

优良：在合格基础上，表面划痕不超过 0.5mm。

检验方法：观察检查。

2 项磨光顶紧的构件组装面

检查数量：按节点数抽查 10%。但不少于 3 个。

合格：顶紧面紧贴不少于 75%，且边缘最大间隙不超过 0.8mm。

优良：顶紧面紧贴不少于 80%，且边缘最大间隙不超过 0.8mm。

检验方法：构件组装时用 0.3mm 和 0.8mm 厚的塞尺及钢尺检查。

允许偏差项目

检查数量：按各种构件件数各抽查 10%，但均不少于 3 件。

检验方法：1～6 项用钢尺检查。
         7 项用拉线和钢尺检查。

33. 固定式钢直梯、斜梯、防护栏杆、平台制作分项工程质量检验评定表(表1-364)

固定式钢直梯、斜梯、防护栏杆、平台制作分项工程质量检验评定表　　表1-364

工程名称：　　　　　　　　　　　　部位：

		项　目		质　量　情　况										
保证项目	1	钢材的品种、型号、规格和质量必须符合设计要求和施工规范的规定												
	2	钢材切割断面必须无裂纹、夹层和大于1mm的缺棱												
	3	梯子、栏杆制作后必须作强度检验，其结果必须符合有关国家标准的规定												

		项　目		质　量　情　况										等　级
				1	2	3	4	5	6	7	8	9	10	
基本项目	1	构件外观												
	2	磨光顶紧的构件组装面												

		项　目		允许偏差(mm)	实测值(mm)									
					1	2	3	4	5	6	7	8	9	10
允许偏差项目	1	平台长度、宽度		±4										
	2	平台两对角线		6										
	3	平台支柱高度		±5										
	4	平台支柱平直度		$H/1000$										
	5	平台表面平直度：1m范围内		3										
	6	梯梁长度		±5										
	7	梯宽度		±3										
	8	梯安装孔距		±3										
	9	梯梁纵向挠曲矢高		$L/1000$										
	10	踏步(棍)间距		±5										
	11	踏板、棍平直度	梯宽度	$B/1000$ 且≯5										
			踏板宽度	$b/100$										
	12	栏杆高度		±5										
	13	栏杆立柱间距		±10										

检查结果	保证项目			
	基本项目	检查　　项，其中优良　　项，优良率　　%		
	允许偏差项目	实测　　点，其中合格　　点，合格率　　%		

评定等级	工程负责人： 工　　长： 班 组 长：	核定等级	质量检查员：

注：H为柱高度；L为梯梁长度；B为梯宽度；b为踏板宽度。

年　月　日

说　　明

本表适用于固定式钢直梯、斜梯、防护栏杆及平台的制作。

检查数量：按各种构件数量各抽查10%，但均不少于3件。

保证项目

检验方法：1 项检查出厂合格证，质量保证书和试验报告。

2 项观察和用钢尺检查，必要时用渗透、超声波探伤检查。

3 项检查检验记录。其结果必须符合国家标准《固定式钢直梯》(GB 4053.1—83)、《固定式钢斜梯》(GB 4053.2—83)和《固定式防护栏杆》(GB 4053.3—83)的规定。

基本项目

评定代号：优良√，合格○，不合格×。

1 项构件外观

合格：构件正面无明显凹面和损伤。

优良：构件表面无明显凹面和损伤，表面划痕不超过0.5mm。

检验方法：观察检查。

2 项磨光顶紧的构件组装面

合格：顶紧面紧贴不少于75%，且边缘最大间隙不超过0.8mm。

优良：顶紧面紧贴不少于80%，且边缘最大间隙不超过0.8mm。

检验方法：构件组装时用0.3mm和0.8mm厚的塞尺及钢尺检查。

允许偏差项目

检查数量：每项各测1点。

检验方法：1、2、3、6、7、8、10、12、13 项用钢尺检查。

4、9 项用拉线和钢尺检查。

5 项用1m直尺和塞尺检查。

11 项用直尺和塞尺检查。

34. 钢构件制孔、钢构件端部铣平分项工程质量检验评定表(表1-365)

钢构件制孔、钢构件端部铣平分项工程质量检验评定表　　表1-365

工程名称：　　　　　　　　　　　　　　　　　　　　部位：

保证项目		项　目		质　量　情　况										
	1	钢材的品种、型号、规格和质量必须符合设计要求和施工规范的规定												
	2	钢材切割断面必须无裂纹、夹层和大于1mm的缺棱												

基本项目		项　目		质　量　情　况										等级
				1	2	3	4	5	6	7	8	9	10	
	1	构件外观												
	2	磨光顶紧的构件组合面												

允许偏差项目		项　目		允许偏差(mm)	实测值 (mm)									
					1	2	3	4	5	6	7	8	9	10
	1	精制螺栓	直径10~18mm	螺栓杆	+0 −0.18										
				螺栓孔	+0.18 −0										
	2		直径18~30mm	螺栓杆	+0 −0.21										
				螺栓孔	+0.21 −0										
	3		直径30~50mm	螺栓杆	+0 −0.25										
				螺栓孔	+0.25 −0										
	4	高强度螺栓孔			+1 −0										
	5	同组螺栓	相邻两孔距	≤500mm	±0.7										
			任意两孔距	≤500mm	±1										
				500~1200mm	±1.2										
	6	相邻两组的端孔距		≤500mm	±1.2										
				500~1200mm	±1.5										
				1200~3000mm	±2										
				>3000mm	±3										
	7	两端铣平时构件长度			±2										
	8	铣平面的平直度			0.3										
	9	铣平面的倾斜度(正切值)			1/1500										
	10	表面粗糙度			0.03										

检查结果	保证项目					
	基本项目	检查	项,其中优良	项,优良率		%
	允许偏差项目	实测	点,其中合格	点,合格率		%

评定等级	工程负责人： 工　长： 班组长：	核定等级	质量检查员：

年　月　日

说　　明

本表适用于钢构件制孔及端部铣平的加工制作。

检查数量：按各种制孔抽查10%，但均不少于3个。

保证项目

检验方法：1项检查出厂合格证，质量保证书和试验报告。

2项观察和用钢尺检查，必要时用渗透、超声波探伤检查。

基本项目

评定代号：优良√，合格○，不合格×。

1项构件外观

合格：构件正面无明显凹面和损伤。

优良：构件表面无明显凹面和损伤，表面划痕不超过0.5mm。

检验方法：观察检查。

2项磨光顶紧的构件组合面

合格：顶紧面紧贴不少于75%，且边缘最大间隙不超过0.8mm。

优良：顶紧面紧贴不少于80%，且边缘最大间隙不超过0.8mm。

检验方法：构件组装时用0.3mm和0.8mm厚的塞尺及钢尺检查。

允许偏差项目

检验方法：1、2、3、4项用量规检查。

　　　　　5、6、7项用钢尺检查。

　　　　　8项用直尺和塞尺检查。

　　　　　9项用直角尺和塞尺检查。

　　　　　10项用样板检查。

35. 钢结构主体与围护系统安装分项工程质量检验评定表(表1-366)

钢结构主体与围护系统安装分项工程质量检验评定表 表1-366

工程名称：　　　　　　　　　　　　　　　部位：

		项目		质量情况									
保证项目	1	构件必须符合设计要求和施工规范规定。由于运输、堆放和吊装造成的构件变型必须矫正											
	2	垫铁规格、位置正确，与柱底面和基础接触紧贴平稳，点焊牢固。座浆垫铁的砂浆强度必须符合规定											
	3	栏杆安装后必须做强度检验，其结果必须符合国家标准《固定式防护栏杆》(GB 4053.3—83)的规定											

		项　　目		质　量　情　况										等　级
				1	2	3	4	5	6	7	8	9	10	
基本项目	1	标　记												
	2	结构外观												
	3	磨光顶紧面												

		项　　目		允许偏差 (mm)	实　测　值 (mm)									
					1	2	3	4	5	6	7	8	9	10
允许偏差项目	1		中心线与定位轴线偏移	5										
	2	柱	基准点标高 有吊车梁	+3 −5										
			无吊车梁	+5 −8										
	3		单层柱垂直度 $H \leqslant 10\mathrm{m}$	10										
			$H > 10\mathrm{m}$	$H/1000$且$\not> 25$										
	4		多节柱垂直度 底层柱	10										
			顶层柱	35										
	5		侧向弯曲	$H/1000$且$\not> 15$										
	6	屋架、纵、横梁	桁架弦杆在相邻节点间平直度	$l/1000$且$\not> 5$										
	7		檩条间距	±5										
	8		垂直度	$h/250$且$\not> 15$										
	9		侧向弯曲	$L/1000$且$\not> 10$										

检查结果	保证项目				
	基本项目	检查　　　项，其中优良　　　项，优良率　　　%			
	允许偏差项目	实测　　　点，其中合格　　　点，合格率　　　%			

评定等级	工程负责人： 工　　长： 班组长：	核定等级	质量检查员：

注：H为柱的高度；h为屋架、纵、横梁高度；L为屋架、纵、横梁长度；l为弦杆在相邻节点间距离。

年　月　日

说 明

本表适用于钢结构的主体与围护系统安装工程。

保证项目

  检查数量:全数检查。

  检验方法:1 项观察或拉线、用钢尺检查、检查构件出厂合格证及附件。

      2 项观察和用小锤敲击检查,检查砂浆试块强度试验报告。

      3 项检查检验记录。

基本项目

  评定代号:优良√,合格○,不合格×。

  1 项标记

  合格:钢柱等主要构件有中心和标高标记。

  优良:要求有标记的构件,都有标记,中心和标高基准点等标记完备清楚。

  检查数量:按各种构件件数各抽查 10%,但均不少于 3 件。

  检验方法:观察检查。

  2 项结构外观

  合格:表面干净,结构正面无焊疤、油污和泥砂。

  优良:表面干净,无焊疤、油污和泥砂。

  检查数量:按各种构件抽查 10%,但均不少于 3 件。

  检验方法:观察检查。

  3 项磨光顶紧面

  合格:顶紧面紧贴不少于 70%,且边缘最大间隙不超过 0.8mm。

  优良:顶紧面紧贴不少于 75%,且边缘最大间隙不超过 0.8mm。

  检查数量:按接点数抽查 10%,但不少于 3 个。

  检验方法:用 0.3mm 和 0.8mm 厚的塞尺及钢尺检查。

允许偏差项目

  检查数量:按各种构件件数各抽查 10%,但均不少于 3 件。其中:柱中心线与定位轴线偏移、单层和多节柱子垂直度、柱的侧向弯曲以及吊车梁中心线对牛腿中心偏移,每件检查 2 点,其余各项每件均检查 1 点。

  检验方法:1 项用吊线和钢尺检查。

      2 项用水准仪检查。

      3、4、8 项用经纬仪或吊线和钢尺检查。

      5 项用经纬仪或拉线和钢尺检查。

      6、9 项用拉线和钢尺检查。

      8 项用钢尺检查。

1.1 建筑工程

36．钢结构吊车梁安装分项工程质量检验评定表(表1-367)

钢结构吊车梁安装分项工程质量检验评定表　　　　表1-367

工程名称：　　　　　　　　　　部位：

		项　目		质 量 情 况										
保证项目	1	构件必须符合设计要求和施工规范规定，由于运输、堆放、吊装造成的构件变型必须矫正												
	2	垫铁规格、位置正确，与柱底面和基础接触紧贴平稳，点焊牢固。座浆垫铁的砂浆强度必须符合规定												

		项　目		质 量 情 况										等　级
				1	2	3	4	5	6	7	8	9	10	
基本项目	1	标　记												
	2	结 构 外 观												
	3	磨光顶紧面												

		项　目		允许偏差(mm)	实 测 值 (mm)									
					1	2	3	4	5	6	7	8	9	10
允许偏差项目	1	跨间同一横截面内吊车梁顶面高差	在支座处	10										
			在其他处	15										
	2	吊车梁	在房屋跨间任一截面的跨距	±10										
	3		垂　直　度	$H/500$										
	4		上表面标高	±5										
	5		相邻两柱间梁面高差	$L/1500$ 且 $\geqslant 10$										
	6		接头部位中心错位	3										
	7		制动板表面平直度(每 m)	3										
	8		制动梁弦杆在相邻节点间平直度	$l/1000$ 且 $\geqslant 5$										
	9		侧　向　弯　曲	$L/1000$ 且 $\geqslant 10$										
	10		中心线对牛腿中心线偏移	±5										

检查结果	保证项目				
	基本项目	检查　　　项，其中优良		项，优良率	%
	允许偏差项目	实测　　　点，其中合格		点，合格率	%

评定等级	工程负责人： 工　　长： 班组长：	核定等级	质量检查员：

注：H 为梁高度；L 为梁长度；l 为弦杆在相邻节点间距离。

年　月　日

说 明

本表适用于钢结构吊车梁安装工程。

保证项目

  检查数量:全数检查。

  检验方法:1 项观察或拉线用钢尺检查,检查构件出厂合格证及附件。

      2 项观察和用小锤敲击检查,检查砂浆试块强度试验报告。

基本项目

  评定代号:优良√,合格○,不合格×。

  1 项标记

  合格:钢柱等主要构件有中心和标高标记。

  优良:要求有标记的构件,都有标记,中心和标高基准点等标记完备清楚。

  检查数量:按各种构件件数各抽查10%,但均不少于3件。

  检验方法:观察检查。

  2 项结构外观

  合格:表面干净,结构正面无焊疤、油污和泥砂。

  优良:表面干净,无焊疤、油污和泥砂。

  检查数量:按各种构件件数各抽查10%,但均不少于3件。

  检验方法:观察检查。

  3 项磨光顶紧面

  合格:顶紧面紧贴不少于70%,且边缘最大间隙不超过0.8mm。

  优良:顶紧面紧贴不少于75%,且边缘最大间隙不超过0.8mm。

  检查数量:按接点数抽查10%,但不少于3个。

  检验方法:用0.3mm 和0.8mm 厚的塞尺及钢尺检查。

允许偏差项目

  检查数量:按各种构件件数各抽查10%,但均不少于3件。其中:定位轴线偏移、垂直度、侧向弯曲及吊车梁中心线对牛腿中心偏移,每件检查2点,其余各项每件均检查1点。

  检验方法:1、4、5 项用水准仪和钢尺检查。

      2、6、10 项用钢尺检查。

      3 项用吊线和钢尺检查。

      7 项用1m 直尺和塞尺检查。

      8、9 项用拉线和钢尺检查。

37. 固定式钢梯、栏杆、平台安装分项工程质量检验评定表(表1-368)

固定式钢梯、栏杆、平台安装分项工程质量检验评定表 表1-368

工程名称：　　　　　　　　　　　部位：

		项　　目										质量情况	
保证项目	1	构件必须符合设计要求和施工规范规定,由于运输、堆放和吊装造成的构件变形必须矫正											
	2	垫铁规格、位置正确,与柱底面和基础接触紧贴平稳,点焊牢固。座浆垫铁的砂浆强度必须符合规定											
	3	栏杆安装后必须作强度检验,其结果必须符合国家标准《固定式防护栏杆》(GB 4053.3—83)的规定											

		项　目	质　量　情　况										等　级
			1	2	3	4	5	6	7	8	9	10	
基本项目	1	标　记											
	2	结　构　外　观											
	3	磨光顶紧面											

		项　目	允许偏差(mm)	实 测 值 (mm)									
				1	2	3	4	5	6	7	8	9	10
允许偏差项目	1	平台标高	±10										
	2	平台梁水平度	$L/1000$ 且 $\not> 20$										
	3	平台支柱垂直度	$H/1000$ 且 $\not> 15$										
	4	承重平台梁侧向弯曲	$L/1000$ 且 $\not> 10$										
	5	承重平台梁垂直度	$h/250$ 且 $\not> 15$										
	6	直梯垂直度	$H_T/1000$ 且 $\not> 15$										

检查结果	保证项目			
	基本项目	检查　　　项,其中优良		项,优良率　　%
	允许偏差项目	实测　　　点,其中合格		点,合格率　　%

评定等级	工程负责人： 工　　长： 班组长：	核定等级	质量检查员：

注：L 为梁长度；H 为柱高度；h 为梁高度；H_T 为直梯高度。

年　月　日

说 明

本表适用于固定式钢梯、斜梯、栏杆、平台安装。

保证项目

  检查数量:全数检查。

  检验方法:1 项观察或拉线用钢尺检查,检查构件出厂合格证及附件。

      2 项观察和用小锤敲击检查,检查砂浆试块强度试验报告。

      3 项检查检验记录。

基本项目

  评定代号:优良√,合格○,不合格×。

 1 项标记

  合格:钢柱等主要构件有中心和标高标记。

  优良:要求有标记的构件,都有标记,中心和标高基准点等标记完备清楚。

  检查数量:按各种构件件数各抽查 10%,但均不少于 3 件。

  检验方法:观察检查。

 2 项结构外观

  合格:表面干净,结构正面无焊疤、油污和泥砂。

  优良:表面干净,无焊疤、油污和泥砂。

  检查数量:按各种构件件数各抽查 10%,但均不少于 3 件。

  检验方法:观察检查。

 3 项磨光顶紧面

  合格:顶紧面紧贴不少于 70%,且边缘最大间隙不超过 0.8mm。

  优良:顶紧面紧贴不少于 75%,且边缘最大间隙不超过 0.8mm。

  检查数量:按接点数抽查 10%,但不少于 3 个。

  检验方法:用 0.3mm 和 0.8mm 厚的塞尺及钢尺检查。

允许偏差项目

  检查数量:按各种构件件数各抽查 10%,但均不少于 3 件。其中:支柱垂直度每件检查 2 点,其余各项每件各检查 1 点。

  检验方法:1、2 项用水准仪测量检查。

      3 项用经纬仪或吊线和钢尺检查。

      4 项用拉线和钢尺检查。

      5、6 项用吊线和钢尺检查。

1.1 建筑工程

38. 钢结构油漆分项工程质量检验评定表(表1-369)

钢结构油漆分项工程质量检验评定表 表1-369

工程名称：　　　　　　　　　　　部位：

		项　　目										质量情况	
保证项目	1	油漆、稀释剂和固化剂等种类及质量必须符合设计要求											
	2	经酸洗和喷丸(砂)工艺处理的钢材表面必须露出金属色泽；对机械除锈的钢材表面严禁有锈皮，涂漆基层必须无焊渣、焊疤、灰尘、油污和水等杂质											
	3	严禁误涂、漏涂，无脱皮和反锈											

	项　目	质　量　情　况										等级
		1	2	3	4	5	6	7	8	9	10	
基本项目	1 油漆外观											
	2 补刷油漆											

	项目	要求厚度(μm)	允许偏差(μm)	实测值(μm)									
				1	2	3	4	5	6	7	8	9	10
允许偏差项目	干漆膜总厚度	室内 125	-25										
		室外 150	-25										

检查结果	保证项目		
	基本项目	检查　　项,其中优良　　项,优良率　　%	
	允许偏差项目	实测　　点,其中合格　　点,合格率　　%	

评定等级	工程负责人： 工　　长： 班 组 长：	核定等级	质量检查员：

注：干漆膜厚度设计另有要求时，应以设计为准。

年　月　日

说 明

本表适用于钢结构的油漆工程。

保证项目

  检查数量:全数检查。

  检验方法:1 项检查出厂合格证或复验报告。

      2 项观察和用铲刀检查。

      3 项观察检查。

基本项目

  评定代号:优良√,合格○,不合格×。

  检查数量:按各种构件件数各抽查 10% ,但均不少于 3 件,每件检查 3 处。

  检验方法:观察检查。

  1 项油漆外观

  合格:涂刷均匀,无明显皱皮、流坠。

  优良:涂刷均匀、色泽一致,无皱皮和流坠,分色线清楚整齐。

  2 项补刷油漆

  合格:补刷漆膜完整。

  优良:损坏的漆膜,按涂漆工艺分层补刷,漆膜完整、附着良好。

允许偏差项目

  检查数量:按各种构件件数各抽查 10%,但均不少于 3 件。每件测 5 处,每处的数值应是 3 个相距约 50mm 的测点漆膜厚度的平均值。

  检验方法:用干漆膜测厚仪检查。

附录一 关于颁发《北京市住宅工程实行初装修竣工质量核定规定(试行)》的通知

(97)质监总站第 108 号

现将《北京市住宅工程实行初装修竣工质量核定规定(试行)》印发给你们,请认真贯彻执行,并将执行中的问题及时函告我们。

特此通知

北京市建设工程质量监督总站
1997 年 9 月 25 日

北京市住宅工程实行初装修竣工质量核定规定(试行)

第一条 为了适应居民生活水平日益提高的需要,便于居民家庭室内装修、装饰,减少浪费,确保住宅工程质量,依据建设部和本市有关规定,制定本规定。

第二条 凡在本市行政区域内新建的实行初装修竣工质量核定的住宅工程,均应执行本规定。

第三条 住宅工程实行初装修竣工质量核定,是指户门以内的装修项目,只完成到初步装修。工程竣工核定合格后,住户可根据国家和本市有关规定,对房屋进行再装修。

第四条 实行初装修的工程项目,做法和技术质量要求,应在设计文件中予以确定,建设(开发)单位与施工单位在工程承包合同中予以确认。

第五条 初装修住宅工程竣工质量应具备下列条件:

一、全部外饰面,包括阳台、雨罩的外饰面应按设计文件完成装修工程。

二、公用部位、公共设施应按设计文件完成全部装修。

三、各种管道(给、排、雨水、暖、热)全部完成并进行通水、试压、通球试验和暖气热工调试。

四、电气设备(配电箱、柜、盘、插座、开关、灯具等)安装到位,按规定完成各种测试项目。

五、屋面工程全部项目按设计完成,并进行蓄水、淋水试验。

第六条 住宅工程初装修的部位、项目和质量要求:

一、户门以内卧室、客厅、厨房、卫生间、封闭阳台及过道的墙面达到表面平整、线角顺直。

（一）墙体抹灰工程应做到表面压实，粘接牢固、无裂缝。

（二）大开间的轻质隔墙如设计文件规定不做的，由用户装修时自行设计、施工。

（三）卧室、厨房等内门、窗可以只留门、窗洞口，应设置安装门、窗的预埋件并标出位置。

（四）开关、插座、灯具位置正确，安装平整、牢固。

（五）各种管道、设备、卫生器具安装后距墙预留量应满足再装修的尺寸要求。

二、户门以内各种房间采用预制楼板或现浇板的顶棚，应做到不抹灰、用腻子找平，达到板缝密实、无裂缝，接槎平顺无错台，表面平整、色泽基本均匀、线角顺直。

三、户门以内地面工程

（一）各种房间基层地面混凝土，做到表面平整、压实，达到粘结牢固、无裂缝。

（二）有防水要求房间的地面应完成防水层、保护层，并应进行两次蓄水试验做到无渗漏。

（三）地漏与泛水坡度符合设计要求，达到不倒泛水，结合处严密平顺，无渗漏。

（四）各种房间水泥地面基层标高，应考虑预留再装修时的高度尺寸要求；

（五）踢脚线高度不小于120mm。采用水泥砂浆抹灰的，应与墙面基层抹灰平顺，强度、粘结应符合要求。

四、户门以内的暖卫各种管道、设备安装到位，达到通水要求，各种截门，水嘴、面盆、家具盆安装齐全，满足使用功能。

五、房门以内的电气管线安装到位，灯具应能满足照明要求，并进行照明全负荷试验。

第七条 实行初装修竣工的住宅工程，满足本规定第五、六两条要求的，建设（监理）单位可按规定组织三方验收，达到合格标准的，向质量监督机构申报竣工工程质量核定。

第八条 工程质量监督机构依据设计文件、施工合同规定和国家验评标准中有关项目质量标准，对实行初装修的工程进行竣工核定。

第九条 初装修竣工的住宅工程，建设单位应积极创造条件，提前征求用户对装饰、装修的要求，便于初装修项目的施工，确保再装修后工程的结构安全和使用功能。

第十条 房屋管理部门应加强对住户自行装修住宅的管理工作，住房自行家庭装修应按国家和本市有关规定执行。

第十一条 本规定由北京市建设工程质量监督总站负责解释。

第十二条 本规定自颁发之日起执行。

附录二 关于颁发《北京市公共建筑工程实行初装修质量核定规定(试行)》的通知

(97)质监总站第109号

现将《北京市公共建筑工程实行初装修质量核定规定(试行)》印发给你们,请认真贯彻执行,并将执行中的问题及时函告我们。

特此通知

北京市建设工程质量监督总站
1997年9月25日

北京市公共建筑工程实行初装修质量核定规定(试行)

第一条 为了加强公共建筑工程质量管理和监督,依据国家和本市有关法规、标准和《北京市建设工程竣工质量核定办法(试行)》,制定本规定。

第二条 公共建筑工程实行初装修质量核定,是指公共建筑单位工程中商场、娱乐厅、会议厅、写字间、客房等,按合同和设计文件规定范围以内的墙面、楼(地)面、吊顶、内门窗等部位完成初步装修项目,符合规范要求和质量标准,经建设(监理)、设计、施工单位验收合格后,由工程质量监督机构实施初装修核定。

第三条 凡在本市行政区域内进行建设的实行初装修质量核定的公共建筑工程,均应执行本规定。

未实行初装修的公共建筑工程,仍按《北京市建设工程竣工质量核定办法(试行)》对单位工程竣工质量进行核定。

第四条 公共建筑工程实行初装修质量核定的工程中,屋面工程、外墙饰面、楼内公共活动场所及公用设施等均应按设计文件和合同规定的内容,完成全部装修工程,达到使用条件。

第五条 公共建筑工程初装修项目,应在设计文件和施工承包合同中明确规定。

公共建筑工程实行初装修的部位和项目应达到下列要求:

一、楼(地)面工程的初装修,应完成地面基层;有防水要求的地面,应按规定进行蓄水试验。

二、顶棚工程中按设计文件规定,完成初装修项目的内容。吊顶施工及吊顶内的电气安装工程、通风空调安装工程可以纳入再装修项目。

三、墙体完成墙面抹灰或基层找平工程。

四、内门、窗工程应完成设计文件规定内容，如预留洞口不安装门、窗的，应标出预埋件的位置。

五、给水、排水、供热完成管道、设备安装工程，并按规定进行通球、通水、灌水、压力试验。

六、暗敷设的电气线路按设计文件完成，并按规定进行绝缘、接地等必要的试验。

七、通风空调工程管道风口安装到户内。

第六条　公共建筑工程完成本规定第四条、第五条规定项目内容，并取得《人防工程质量监督核定证书》、《电梯安装质量监督核定证书》、并经过消防等部门的验收。可由建设（监理）单位组织设计、施工单位验收，向工程质量监督机构申报初装修质量核定，经核定合格发给《建设工程初装修质量核定单》，建设单位可对房屋进行出售、出租，使用单位可对初装修工程进行再装修，但工程不得交付使用。

第七条　再装修工程开工前，建设单位应按规定到工程质量监督机构办理监督注册手续，并缴纳监督管理费。

第八条　再装修工程必须实行总承包负责制。分包单位的施工质量和有关施工技术资料、记录，由总包单位负责整理、归档。

第九条　单位工程再装修完工后，由建设（监理）单位按规定申报再装修项目质量核定，工程质量监督机构核定合格后，发给《建设工程再装修竣工质量核定单》，可以交付使用，但使用部分必须与未进行再装修的工程部位隔离，并设置安全防护。

第十条　单位工程全部完工后，建设单位应按《北京市建设工程质量竣工核定办法（试行）》规定程序，申报单位工程竣工质量核定。经工程质量监督机构核定合格的工程，发给《建设工程质量合格证书》。

第十一条　本规定由北京市建设工程质量监督总站负责解释。

第十二条　本规定自颁发之日起施行。

公建工程初装修质量核定单

编号

工程名称		建筑面积	
工程地点		结构类型	
开工日期		完工日期	
建设单位		施工单位	
设计单位		监理单位	
核定部位			
核定项目			
公用部位			
暖 卫			
通 风			
电 气			
电梯核定情况			
核定等级			
核定单位负责人		监督站盖章 年 月 日	
核定负责人			
备 注			

公建工程再装修竣工质量核定单

编号

工程名称		建筑面积	
工程地点		结构类型	
开工时间		竣工时间	
建设单位		施工单位	
设计单位		监理单位	
核定项目部位			
核定结果			
核定等级			
核定意见		监督站盖章 年　月　日	
核定单位负责人			
核定负责人			

1.1.10 设计变更洽商记录

设计变更洽商记录是设计单位、建设单位、施工单位协商解决施工过程中随时发生问题的文件记载,其目的是弥补施工中的设计不足。

其形式可分为:设计变更洽商和经济洽商。

设计变更洽商:有基础变更处理洽商、主体部位变更洽商的结构洽商,有改变原设计工艺的洽商。

经济洽商:是正确解决建设单位、施工单位经济补偿的协议文件。

(1) 设计变更洽商是发生在设计单位、建设单位、施工单位三方的,必须三方签字。经济洽商发生在建设单位、施工单位之间,由建设单位、施工单位双方签字,要求签字必须齐全。

(2) 设计变更洽商是指导施工的重要依据,必须真实的反映工程的实际情况。因此记录内容要求条理清楚、明确具体,除文字说明外,必要时附平面图、剖面图,以利施工。

(3) 设计单位如委托建设单位办理,签证应有书面委托手续。

(4) 相同工程如需用同一个洽商时,可用复印件或抄件,用抄件时,抄件人应在抄件上签字,并注明原件存放编号。

(5) 分包工程的有关工程设计变更洽商记录,应通过工程总包单位找各方代表参加办理洽商记录,由分包单位整理,工程竣工时由总包单位汇总移交存档。

(6) 设计变更洽商随工程进度要及时办理注明变更洽商日期,不得拖拉,以利施工。

(7) 必须填写变更设计洽商记录编号并和施工图上的洽商编号相对应,以利查找。

(8) 洽商记录按签订日期先后顺序整理。

(9) 洽商经签证后,不得随意涂改或删除。

设计变更、洽商记录见表1-370。

设计变更、洽商记录　　　　　　　　　　　　表1-370

	年　　月　　日　　午　　第　　号
工程名称:	
记录内容	
建设单位　　　　　　施工单位　　　　　　设计单位	

1.2 建筑设备安装工程

1.2.1 采暖卫生与煤气工程

1.2.1.1 技术交底

表格式样同土建工程用表。

要求:应根据本工程的特点,依据规范、规程、施工工艺、设计要求等写出各分项工程技术交底内容,交底方与接受任务方应有签认手续。技术交底工作应在施工前进行完毕,要交工艺、交标准、交操作规程,使技术交底真正起到指导施工的作用。

内容:工具、材料准备;室内给、排水管道安装;室外给排水管道安装;卫生器具安装;散热器及热水管道安装;煤气管道及设备安装;调压装置安装等。在地基与基础施工阶段,要有埋地(或暗装)各种管道(给、排水、采暖等)的交底内容。

采暖卫生与煤气安装工程中的各分项工程的技术交底均应包括以下内容:

1. 对材料、设备的要求;
2. 主要机具;
3. 作业条件;
4. 操作工艺;
5. 质量标准(即质量检验评定标准);
6. 成品保护;
7. 应注意的质量问题。

下面以室内采暖管道分项工程技术交底为例说明。

室内采暖管道安装技术交底

本技术交底内容适用于民用及一般工业建筑热水温度不超过150℃的采暖管道安装工程。

1. 材料要求

(1) 管材:碳素钢管、无缝钢管。管材不得弯曲、锈蚀,无飞刺、重皮及凹凸不平现象。

(2) 管件:无偏扣、方扣、乱扣、断丝和角度不准确现象。

(3) 阀门:铸造规矩,无毛刺、无裂纹,开关灵活严密,丝扣无损伤,直度和角度正确,强度符合要求,手轮无损伤。

(4) 其他材料:型钢、圆钢、管卡子、螺栓、螺母、油、麻、垫、电气焊条等选用时应符合设计要求。

2. 主要机具

(1) 机具:砂轮锯、套丝机、台钻、电焊机、煨弯器等。

(2) 工具:压力案、台虎钳、电焊工具、管钳、手锤、手锯、活扳子等。

(3) 其他:钢卷尺、水平尺、线锤、粉笔、小线等。

3. 作业条件

(1) 干管安装:位于地沟内的干管,应把地沟内杂物清理干净,安装好托吊卡架,未盖沟盖板前安装。位于楼板下及顶层的干管,应在结构封顶后或结构进入安装层的一层以上后安装。

(2) 立管安装必须在确定准确的地面标高后进行。

(3) 支管安装必须在墙面抹灰后进行。

4. 操作工艺

(1) 工艺流程：

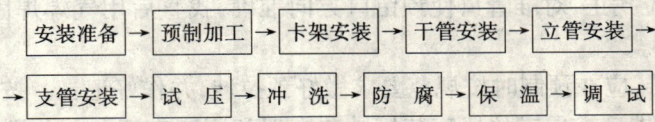

(2) 安装准备：

1) 认真熟悉图纸，配合土建施工进度，预留槽洞及安装预埋件。

2) 按设计图纸画出管路的位置、管径、变径、预留口、坡向、卡架位置等施工草图，包括干管起点、末端和拐弯、节点、预留口、坐标位置等。

(3) 干管安装：

1) 按施工草图进行管段的加工预制，包括断管、套丝、上零件、调直，核对好尺寸。

2) 安装卡架，按设计要求或规定间距安装。吊卡安装时，先把吊棍按坡向、顺序依次穿在型钢上，吊环按间距位置套在管上，再把管抬起穿上螺栓拧上螺母，将管固定。安装托架上的管道时，先把管就位在托架上，把第一节管装好 U 形卡，然后安装第二节管，以后各节管均照此进行，紧固好螺栓。

3) 干管安装应从进户或分支路开始，装管前要检查管腔并清理干净。在丝头处涂好铅油缠好麻，一人在末端扶平管道，一人在接口处把管相对固定对准丝扣，慢慢转动入扣，用一把管钳咬住前节管件，用另一把管钳转动管至松紧适度，对准调直时的标记，要求丝扣外露 2~3 扣，并清掉麻头依此方法装完为止(管道穿过伸缩缝或过沟处，必须先穿好钢套管)。

4) 制作羊角弯时，应煨两个 75°左右的弯头，在联接处锯出坡口，主管锯成鸭嘴形，拼好后即应点焊、找平、找正、找直后，再进行施焊。羊角弯接合部位的口径必须与主管口径相等，其弯曲半径应为管径的 2.5 倍左右。干管过墙安装分路作法见图 1-49。

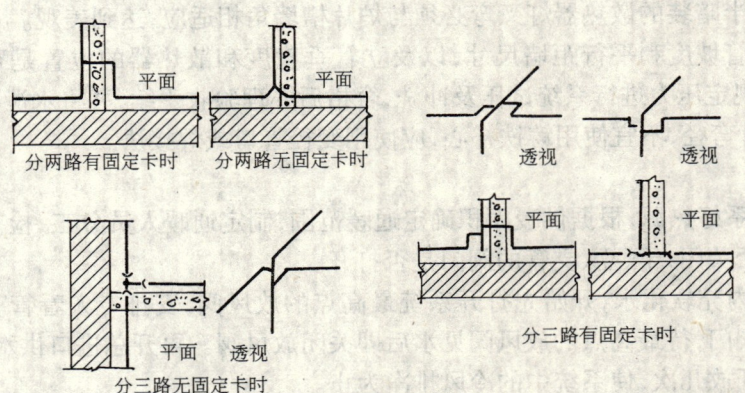

图 1-49

5）分路阀门离分路点不宜过远。如分路处是系统的最低点，必须在分路阀门前加泄水丝堵。集气罐的进出水口，应开在偏下约为罐高的 1/3 处。丝接应与管道联接调直后安装。其放风管应稳固，如不稳可装两个卡子，集气罐位于系统末端时，应装托、吊卡。

6）采用钢管焊接，先把管子选好调直，清理好管膛，将管运到安装地点，安装程序从第一节开始，把管就位找正，对准管口使预留口方向准确，找直后用气焊焊固定，然后施焊，焊完后保证管道正直。

7）遇有伸缩器，应在预制时按规范要求做好预拉伸，并作好记录。按位置固定，与管道连接好。波纹伸缩器应按要求位置安装好导向支架和固定支架。并分别安装阀门、集气罐等附属设备。

8）管道安装完，检查坐标、标高、预留口位置和管道变径等是否正确，然后找直，用水平尺校对复核坡度，调整合格后，再调整吊卡螺栓 U 形卡，使其松紧适度，平正一致，最后焊牢固定卡处的止动板。

9）摆正或安装好管道穿结构处的套管，填堵管洞口，预留口处应加好临时管堵。

(4) 立管安装：

1）核对各层预留孔洞位置是否正确，将预制好的管道按编号顺序运到安装地点。

2）安装前先卸下阀门盖，有钢套管的先穿到管上，按编号从第一节开始安装。涂铅油麻缠将立管对准接口转动入扣，一把管钳咬住管件，一把管钳拧管，拧到松紧适度，对准调直时的标记要求，丝扣外露 2~3 扣，预留口平正为止，并清净麻头。

3）检查立管的每个预留口标高、方向、半圆弯等是否准确、平整。将事先整好的管卡子松开，把管放入卡内拧紧螺栓，用吊杆、线坠从第一节管开始找好垂直度，扶正钢套管，最后填堵孔洞，预留口必须加好临时丝堵。

(5) 支管安装：

1）检查散热器安装位置及立管预留口是否准确。量出支管尺寸和灯叉弯的大小尺寸。

2）配支管，按量出支管的尺寸，减去灯叉弯的量，然后断管、套丝、煨灯叉弯和调直。将灯叉弯头抹铅油缠麻，装好油任，连接散热器，把麻头清净。

3）暗装或半暗装的散热器灯叉弯必须与炉片槽墙角相适应，达到美观。

4）检查支管坡度和平行距墙尺寸，以及立管垂直度和散热器的位置是否符合规定要求。按设计或规定压力进行系统试压及冲洗，合格后办理验收手续，并将水泄净。

5）立、支管弯径，不宜使用铸铁补心，应使用变径管口或焊接法。

(6) 通暖：

1）首先联系好热源，根据供暖面积确定通暖范围，制定通暖人员分工，检查供暖系统中的泄水阀门是否关闭，干、立、支管的阀门是否打开。

2）向系统内充软化水，开始先打开系统最高点的放风阀，安排专人看管。慢慢打开系统回水干管的阀门，待最高点的放风阀见水后即关闭放风阀。再开总进口供水管阀门，高点放风阀要反复开放几次，使系统中的冷风排净为止。

3）正常运行半小时后，开始检查全系统，遇有不热处应先查明原因，需冲洗检修时，则关闭供回水阀门，然后分先后开关供回水阀门放水冲洗，冲净后再按照上述程序通暖运行，直到正常为止。

4) 冬季通暖时,必须采取临时取暖措施,使室温保持+5℃以上才可进行。遇有热度不均,应调整各分路立管、支管上的阀门,使其基本达到平衡后,进行正式检查验收,并办理验收手续。

5．质量标准

（1）保证项目：

1) 隐蔽管道和整个采暖系统的水压试验结果,必须符合设计要求和施工规范规定。

检验方法：检查系统或分区(段)试验记录。

2) 管道固定支架的位置和构造必须符合设计要求和施工规范规定。

检验方法：观察和对照设计图纸检查。

3) 伸缩器的安装位置必须符合设计要求,并应按有关规定进行预拉伸。

检验方法：对照设计图纸检查和检查预拉伸记录。

4) 管道的对口焊缝处及弯曲部位严禁焊接支管,接口焊缝距起弯点、支、吊架边缘必须大于50mm。

检验方法：观察和尺量检查。

5) 除污器过滤网的材质、规格和包扎方法必须符合设计要求和施工规范规定。

检验方法：解体检查。

6) 采暖供应系统竣工时,必须检查吹洗质量情况。

检验方法：检查吹洗记录。

（2）基本项目：

1) 管道坡度应符合设计要求。

检验方法：用水准仪（水平尺）、拉线和尺量检查测量记录。

2) 碳素钢管道的螺纹连接应螺纹清洁、规整,无断丝或缺丝,连接牢固,管螺纹根部外露螺纹2～3扣,接口处无外露、油麻等缺陷。

检验方法：观察或解体检查。

3) 碳素钢管道的焊接焊口平直度、焊缝加强面应符合设计规范规定,焊口面无烧穿、裂纹和明显结瘤、夹渣及气孔等缺陷、焊波均匀一致。

检验方法：观察或用焊接检测尺检查。

4) 阀门安装应型号、规格、耐压强度和严密性试验结果符合设计要求和施工规范规定。安装位置、进出口方向正确,连接牢固紧密,启闭灵活,朝向便于使用,表面洁净。

检验方法：手扳检查和检查出厂合格证。

5) 管道支(吊托)架及管座(墩)的安装应符合以下要求：构造正确,埋设平整牢固；排列整齐,支架与管道接触紧密。

检验方法：观察和手扳检查。

6) 安装在墙壁和楼板内的套管应符合以下规定：楼板内套管顶部高出地面不少于20mm。底部与天棚面齐平,墙壁内的两端套管与饰面平,固定牢固,管口齐平,环缝均匀。

检验方法：观察和尺量检查。

7) 管道、箱类和金属支架涂漆应符合以下规定：油漆种类和涂刷遍数符合设计要求,附着良好,无脱皮、起泡和漏涂,漆膜厚度均匀,色泽一致,无流淌及污染现象。

检验方法:观察检查。
(3) 允许偏差项目:
室内采暖管道安装的允许偏差和检验方法见表1-371。

室内采暖管道安装的允许偏差和检验方法(mm)　　　　表1-371

项次	项	目		允许偏差	检验方法
1	水平管道纵横方向弯曲(mm)	每1m	管径小于或等于100 管径大于100	0.5 1	用水平尺、直尺拉线和尺量检查
		全 长 (25m以上)	管径小于或等于100 管径大于100	不大于13 不大于25	
2	弯管	椭圆率 $\dfrac{D_{max}-D_{min}}{D_{max}}$	管径小于或等于100 管径大于100	10/100 8/100	用外卡钳和尺量
		折皱不平度	管径小于或等于100 管径大于100	4 5	

6. 成品保护
(1) 安装好的管道不得用做吊拉负荷及做支撑,也不得做蹬踩。
(2) 搬运材料、机具及施焊时,要有具体防护措施,不得将已做好的墙面和地面弄脏、砸坏。
(3) 管道安装好后,应将阀门的手轮卸下,保管好,竣工时统一装好。
7. 应注意的质量问题
(1) 管道坡度不均匀,造成的原因是安装干管后又开口,接口以后不调直,或吊卡松紧不一致,立管卡子未拧紧,灯叉弯不平,及管道分路预制时,没有进行联接调直。
(2) 立管不垂直,主要因支管尺寸不准,推拉立管造成。分层立管上下不对正,距墙不一致,主要是剔板洞时,不吊线而造成。
(3) 支管灯叉弯上下不一致,主要原因是煨弯的大小不同,角度不均,长短不一造成。
(4) 套管在过墙两侧或预制板下面外露,原因是套管过长或钢套管没焊架铁造成。
(5) 麻头清理不净,原因是操作人员未及时清理造成。
(6) 试压及通暖时,管道被堵塞。主要是安装时,预留口没装临时堵,掉进杂物造成。

1.2.1.2　设计变更、洽商记录
表格式样同土建工程用表。
设计变更、洽商记录是对施工图纸的补充和修改。内容应详细具体,必要时附图,并应由设计单位、建设单位、施工单位三方签证。

1.2.1.3　产品质量合格证
产品质量合格证是证明施工单位所使用的设备、材料是合格产品的依据之一。所以施

工中所采用的设备、材料必须有制造、生产单位提供的产品质量合格证书。

1. 内容

对须有合格证的产品一般有三类：

(1) 材料：管材、管件、法兰、衬垫等原材料以及防腐、保温、隔热等附料；

(2) 设备器具：散热器、暖风机、热水器辐射板、卫生器具、水箱、水罐、热交换器等；

(3) 阀门、仪表及调压装置等。

一般地说，购进什么产品，就应该有什么产品的合格证。在地基与基础施工阶段，一般只使用到管材和管件，所以在此施工阶段，应有管材及管件的合格证。

2. 整理要求

(1) 要有产品合格证目录表(表1-372)。

产品合格证目录表 表1-372

工程名称：

序号	产品名称	规格型号	使用部位	数量	备注
1					
2					
3					
⋮					

(2) 将各种合格证编号，并顺序粘贴在白纸上。

(3) 每种设备和材料的合格证只需一份。

1.2.1.4 隐蔽工程检查记录(表格式样同土建工程用表)

1. 隐检项目

直埋于地下及结构中、暗敷于沟道中、管井中、吊顶内、不便进入的设备层内，以及有保温、隔热要求的管道及设备。在地基与基础施工阶段,隐检项目主要为暗敷的给、排水管道及其他各种管道。

2. 隐检内容

安装位置、标高、坡度、接口处理、变径位置、防腐作法及效果、附件使用、支架固定、焊接情况、保温质量、基底处理效果、支墩情况等。

3. 隐检要求

(1) 按系统、工序进行;

(2) 要写出实际设备及材料的规格、型号及具体做法。

1.2.1.5 预检记录(表格式样同土建工程用表)

预检记录是指各种管道、设备安装前的检查。内容包括:预留孔洞位置、管道及设备位置、规格尺寸、标高、坡度、材质、防腐材料种类、坐标、埋件的规格尺寸及位置等。

在地基与基础施工阶段,预检记录一般应有管道入口孔洞的位置及规格尺寸,设备基础位置及规格尺寸,管道的基底处理及支墩砌筑,管道的规格、坡度、选用防腐材料的种类等项内容。

1.2.1.6 施工试验记录

施工试验,一般民用建筑工程包括以下九项内容:

1. 强度试验(表 1-373)

暖卫强度试验记录 表 1-373

安装单位: 试验时间 年 月 日

单位工程名称		总包单位			
试验项目部位		分包单位			
试验要求					
试验情况记录					
试验结论					
建设单位	总包单位	分包单位	安装单位		
			质检	队长	工长

(1) 试验项目:输送各种介质的承压管道、设备、阀门和密封罐等应进行单项强度试验,系统安装工作完成后再进行系统强度试验(也可分区、段进行)。

(2) 试验表格填写要求:

1) 要填写实际试验压力和试压时间;
2) 注明试验日期;
3) 试验时应邀请建设单位及有关单位参加;
4) 试验人及参加试验人员应及时签字。

(3) 试压标准:

1) 给水管道试压标准见表1-374。

表 1-374

系 统 类 别	管　　材	工作压力 P(MPa)	试验压力(MPa)
室 内 给 水	钢　　管	P	$1.5P$ 但不小于0.6 不大于1.0
	给水铸铁管	P	
室 外 给 水	钢　　管	P	$P+0.5$ 但不小于0.5
	给水铸铁管	$P \leqslant 0.5$	$2P$
		$P > 0.5$	$P+0.5$

水压试验时,先升至试验压力,10min 压力降不大于0.05MPa,然后由试验压力降至工作压力作外观检查,不渗不漏为合格。

综合试压时,冷、热水管道,以不小于0.6MPa、不大于1MPa 的压力试压,1h 内压力降不超过0.05MPa,不渗不漏为合格。

2) 消防管道试压标准:

试验压力为工作压力加 0.4MPa,但最低不小于1.4MPa,其压力保持2h 无渗漏为合格。

如在冬季结冰季节,不能用水进行试验时,可采用0.3MPa 压缩空气进行试压,其压力应保持24h 不降压为合格。

3) 采暖系统试压标准:

A. 铸铁散热器及钢管散热器安装前均应进行水压试验,工作压力≤0.25MPa,试验压力0.4MPa;工作压力>0.25MPa,按工作压力的1.5 倍试压,2~3min 不渗不漏为合格。

B. 供热管道(饱和蒸气压力<0.8MPa 的蒸气系统,热水温度≤150℃的热水管道)的试验压力应为工作压力的1.5 倍,但不得小于0.6MPa,10min 内压力降不超过0.05MPa,不渗不漏为合格。

C. 综合试压(即整个采暖系统安装工作完成后的压力试验。包括管道、散热器、阀门、配件等,试验地点应选在暖气入口处为宜)。

用不小于0.6MPa 表压试压,1h 内压力降不超过0.05MPa,不渗不漏为合格。

2. 严密性试验(表1-375)

煤气管道及设备除应按设计要求进行压力试验外,还应做严密性试验,填写记录单时应写清检查项目、内容、试验方法、情况处理及结论。

1 地基与基础工程施工阶段

暖卫、煤气工程试验记录　　　　　　　　　　　　　表 1-375

施工单位：　　　　　　　　　　　　　　　试验时间：　　年　月　日

工程名称			
试验部位		试验内容	
试验要求			
试验情况及结论			
建设单位	施工单位		
	质检员	工长	试验员

3. 灌水试验(表 1-376)

暖卫专业灌水、通水试验记录　　　　　　　　　表 1-376

安装单位：　　　　　　　　　　　　　　　试验时间：　　年　月　日

单位工程名称		总包单位		
试验项目部位		分包单位		
试验要求				
试验情况记录				
试验结论				
建设单位	总包单位	分包单位	安装单位	
			质检 队长	工长

灌水试验亦称闭水试验，凡暗装于管井内、直埋于地下的下水管道、雨水管道、开式水箱等均应在隐蔽前做灌水试验。

（1）室内排水管道灌水试验：

注水高度以一层楼高度为标准（在条件不具备的情况下亦可在首层地面部位进行），满水 15min 后，再灌满延续 5min，液面不下降，不渗不漏为合格。

（2）室内暗装雨水管道灌水试验：

由上部最高雨水漏斗至立管底部排出口,满水 15min,再灌满延续 5min,液面不下降,不渗不漏为合格。

(3) 水箱的灌水试验应满水 24h 后观察,不渗不漏为合格。

(4) 灌水试验单填写中应注意的问题:

1) 写清注水位置;

2) 写清注水时间;

3) 各系统应分别注明;

4) 结论明确。

4. 冲、吹洗试验(表 1-377)

暖卫专业吹洗试验记录   表 1-377

安装单位:				试验时间:	年 月 日	
单位工程名称			总包单位			
试验项目部位			分包单位			
试验要求						
试验情况记录						
试验结论						
建设单位	总包单位	分包单位	安装单位			
			质检员	队长	工长	

(1) 生活、生产冷、热水管道,在交付使用前须用水冲洗。冲洗时,要求以系统最大设计流量或不小于 1.5m/s 的流速进行,直到各出水口的水色透明度与进水目测一致为合格。

(2) 采暖管道:

1) 管道投入使用前必须冲洗,冲洗前应将管道上安装的流量孔板、滤网、温度计、调节阀及恒温阀拆除,待冲洗合格后再安上。

2) 热水管道供回水管及凝结水管用清水冲洗,冲洗时以系统能达到的最大压力和流量进行,直到出水口水色透明度与入水口处目测一致为合格。

3) 蒸气管道宜用蒸气吹扫,吹扫前应缓慢升温暖管,且恒温 1h 后进行吹扫,吹扫后自然降温至环境温度,如此反复一般不少于三次。一般蒸气管道可用刨光木板置于排气口处检查,板上无铁锈、脏物为合格。

4) 医用集中供氧系统和集中压缩空气系统的铜管部分在安装前须做脱脂处理,全部系统安装后都要用氮气吹洗,以排气口处的白布洁白为合格。医用集中供氧、吸引系统的强度试验、气密试验和运行试验,按国家行业标准《医用集中供氧系统装置通用技术条件》和《医用集中吸引系统装置通用技术条件》进行。

(3) 煤气、压缩气管道系统安装完毕后应做吹洗试验。

冲、吹洗试验应分段或分系统进行，不得以水压试验的无压排水代替冲洗试验。

此项记录填写中，应注意写清注水部位、放水部位，冲、吹、洗情况及效果，参加试验的有关人员应及时签字。

5．通水试验（表1-376）

给水（冷热）、消防、雨水管道、卫生器具及排水系统应进行通水试验。通水试验必须分系统、分区段进行。

6．调试记录（表1-375）

安全阀、水位计、减压阀及煤气调压装置等投入运行前应按设计要求的工作压力、工作状况遵照规范进行调试，燃气调压装置由燃气管理部门调试。

7．预拉伸记录（表1-375）

各类伸缩器安装前应按规范和设计要求做预拉伸，将计算数据和预拉伸情况做好记录，并将伸缩器的制做尺寸附图说明。

8．锅炉烘、煮炉记录（表1-375）

（1）烘炉记录：包括锅炉炉体及热力交换站、管道和设备。内容包括烘炉温度升温记录，烘炉时间及效果。

（2）煮炉记录：包括煮炉的药量及成分，加药程序、蒸气压力、升降温控制，煮炉时间及煮后的清洗、除垢情况。

9．设备试运转记录（表1-375）

（1）单机试运转：包括水泵、风机等设备的单机运转；

（2）系统试运转：主要包括水处理系统、采暖系统、机械排水系统、压力给水系统、煤气调压系统等全负荷试运行。内容包括全过程各种试验数据，控制参数及运行状况。

注：8、9两项内容应请当地压力容器检验管理部门参加试验并签署意见。

在地基与基础施工阶段的施工试验内容主要是埋地给水管道的压力试验和排水管道的灌水试验两项内容。

1.2.1.7 工程质量检验评定

采暖卫生与煤气工程是建筑设备安装工程4个分部工程之一，包括室内给水、排水、采暖和热水供应，室内煤气管道及器具安装工程；室外给水、排水、供热、煤气管道和调压装置安装工程；锅炉、锅炉附属设备和锅炉附件安装工程等内容。

1．表格种类

采暖卫生与煤气工程质量检验评定表格有"分项工程质量检验评定表"、"观感质量检验评定表"及"分部工程质量检验评定表"等三种表格。其中分项工程质量检验评定表格有17种。

2．质量检验评定等级标准

分项、分部、单位工程质量均分为"合格"与"优良"两个等级。

（1）分项工程的质量等级

1）合格：

保证项目必须符合规定；基本项目抽检处（件）应符合相应质量检验评定标准的合格规定；允许偏差项目，设备安装工程80%点应在允许偏差以内，其余值也应基本达到相应质量验评标准。

2) 优良：

保证项目必须合格；基本项目必须有50%及其以上处(件)符合优良规定，允许偏差项目的抽测点中有90%以上点合格，该项目为优良。

(2) 分部工程质量等级：

1) 合格：所含分项工程质量全部合格；

2) 优良：所含分项工程质量全部合格，其中有50%及其以上优良项(必须含指定的主要分项工程)。

3. 用词解释

(1) 保证项目中用词为"必须"、"严禁"，这说明保证项目的重要性，属影响使用安全及使用功能的重要项目，是合格与优良标准都必须达到的质量要求。

(2) 基本项目与保证项目相比，基本项目虽不象保证项目那样重要，但它在质量评定时占有重要位置，对使用功能、安全、美观等都有一定影响。基本项目中用词为"应"与"不应"，属二类用语，但此项也必须合格，若有一处不合格，该分项工程也不能评为合格，需返工处理合格后，方可交工。

(3) 允许偏差项目中有一句"其余值也应基本达到相应质量验评标准"的话，这里虽没有量值限制，但也不能超出允许偏差太远，不然可能会对使用安全和使用功能造成影响，执行时视情况而定。

4. 分项工程质量检验评定

(1) 室内给水管道安装分项工程质量检验评定(表1-378)；

(2) 室内给水管道及卫生器具给水配件安装分项工程质量检验评定(表1-379)；

(3) 室内给水附属设备安装分项工程质量检验评定(表1-380)；

(4) 室内排水管道安装分项工程质量检验评定(表1-381)；

(5) 卫生器具安装分项工程质量检验评定(表1-382)；

(6) 室内采暖和热水管道分项工程质量检验评定(表1-383)；

(7) 散热器及太阳能热水器分项工程质量检验评定(表1-384)；

(8) 室内采暖和热水供应附属设备安装分项工程质量检验评定(表1-385)；

(9) 室内煤气分项工程质量检验评定(表1-386)；

(10) 室外给水管道安装分项工程质量检验评定(表1-387)；

(11) 室外排水管道安装分项工程质量检验评定(表1-388)；

(12) 室外供热管道安装分项工程质量检验评定(表1-389)；

(13) 室外煤气管道安装分项工程质量检验评定(表1-390)；

(14) 调压装置安装分项工程质量检验评定(表1-391)；

(15) 锅炉安装分项工程质量检验评定(表1-392)；

(16) 锅炉附属设备安装分项工程质量检验评定(表1-393)；

(17) 锅炉附件安装分项工程质量检验评定(表1-394)；

在地基与基础施工阶段分项工程的质量检验评定，一般只做室内给水管道的检验评定(表1-378)，室内排水管道的检验评定(表1-381)及室内煤气管道部分的检验评定(表1-386)等三项内容。

室内给水管道安装分项工程质量检验评定表

表 1-378

工程名称： 部位：

保证项目		项 目			质 量 情 况									
	1	隐蔽管道和给水、消防系统的水压试验结果以及使用的管材品种、规格尺寸,必须符合设计要求和施工规范规定												
	2	管道及管道支座(墩),严禁铺设在冻土和未经处理的松土上												
	3	给水系统竣工后或交付使用前,必须进行吹洗												

基本项目		项 目			质 量 情 况										等 级
					1	2	3	4	5	6	7	8	9	10	
	1	管道坡度													
	2	碳素钢管螺纹连接													
	3	碳素钢管法兰连接													
	4	非镀锌碳素钢管焊接													
	5	金属管道的承插和套箍接口													
	6	管道支(吊、托)架及管座(墩)													
	7	阀门安装													
	8	埋地管道的防腐层													
	9	管道、箱类和金属支架涂漆													

允许偏差项目		项 目			允许偏差 (mm)	实 测 值 (mm)									
						1	2	3	4	5	6	7	8	9	10
	1	水平管道纵、横方向弯曲	给水铸铁管	每1m	1										
				全长(25m以上)	≯25										
			碳素钢管	每1m 管径小于或等于100mm	0.5										
				管径大于100mm	1										
				全长(25m以上) 管径小于或等于100mm	≯13										
				管径大于100mm	≯25										
	2	立管垂直度	给水铸铁管	每1m	3										
				全长(5m以上)	≯15										
			碳素钢管	每1m	2										
				全长(5m以上)	≯10										
	3	隔热层	表面平整度	卷材和板材	4										
				涂抹或其他	8										
			厚 度		$+0.1\delta$ -0.05δ										

检查结果	保证项目				
	基本项目	检查 项,其中优良		项,优良率	%
	允许偏差项目	实测 点,其中合格		点,合格率	%

评定等级	工程负责人：	核定等级	
	工 长：		
	班组长：		质量检查员：

注：δ 为隔热层厚度。

年 月 日

说 明

本表适用于给水铸铁管、镀锌和非镀锌碳素钢管道的安装。

保证项目

  检查数量：全数检查。

  检验方法：1 项检查系统或分区（段）试验记录。

      2 项观察检查或检查隐蔽工程记录。

      3 项检查吹洗记录。

基本项目

  评定代号：优良√、合格〇、不合格×。

  1 项管道坡度

  合格：坡度的正负偏差不超过设计要求坡度值的 1/3。

  优良：坡度符合设计要求。

  检查数量：按系统内直线管段长度每 50m 抽查 2 段，不足 50m 不少于 1 段；有分隔墙建筑，以隔墙为分段数，抽查 5%，但不少于 5 段。

  检验方法：用水准仪（水平尺）、拉线和尺量检查或检查隐蔽工程记录。

  2 项碳素钢管道螺纹连接

  合格：管螺纹加工精度符合国际《管螺纹规定》；螺纹清洁、规整，断丝或缺丝不大于螺纹全扣数的 10%，连接牢固，管螺纹根部有外露螺纹；镀锌碳素钢管无焊接口。

  优良：在合格基础上，螺纹无断丝；镀锌碳素钢管和管件的镀锌层无破损，螺纹露出部分防腐蚀良好；接口处无外露油麻等缺陷。

  检查数量：不少于 10 个接口。

  检验方法：观察和解体检查。

  3 项碳素钢管道法兰连接

  合格：对接平行、紧密，与管子中心线垂直，螺杆露出螺母；衬垫材质符合设计要求和施工规范规定，且无双层。

  优良：在合格基础上，螺母在同侧，螺杆露出螺母长度一致，且不大于螺杆直径 1/2。

  检查数量：不少于 5 副。

  检验方法：观察检查。

  4 项非镀锌碳素钢管焊接

  合格：焊口平直度、焊缝加强面符合施工规范规定；焊口表面无烧穿、裂纹和明显的结瘤、夹渣及气孔等缺陷。

  优良：在合格基础上，焊波均匀一致，焊缝表面无结瘤、夹渣和气孔。

  检查数量：不少于 10 个焊口。

  检验方法：观察或用焊接检测尺检查。

  5 项金属管道的承插和套箍接口

  合格：接口结构和所用填料符合设计要求和施工规范规定；灰口密实、饱满，填料凹入承口边缘不大于 2mm；胶圈接口平直无扭曲；对口间隙准确。

优良：在合格基础上，环缝间隙均匀，灰口平整、光滑，养护良好。胶圈接口回弹间隙符合施工规范规定。

检查数量：不少于10个接口。

检验方法：观察和尺量检查。

6 项管道支(吊、托)架及管座(墩)

合格：构造正确、埋设平整、牢固。

优良：在合格基础上，排列整齐，支架与管子接触紧密。

检查数量：各抽查50%，但均不少于5件(个)。

检验方法：观察或用手扳检查。

7 项阀门安装

合格：型号、规格、耐压强度和严密性试验结果，符合设计要求和施工规范规定；位置、进出口方向正确；连接牢固、紧密。

优良：在合格基础上，启闭灵活，朝向合理，表面洁净。

检查数量：按不同规格、型号抽查5%，但不少于10个。

检验方法：手扳检查和检查出厂合格证、试验单。

8 项埋地管道的防腐层

合格：材质和结构符合设计要求和施工规范规定；卷材与管道以及各层卷材间粘贴牢固。

优良：在合格基础上，表面平整，无皱折、空鼓、滑移和封口不严等缺陷。

检查数量：每20m抽查1处，但不少于5处。

检验方法：观察或切开防腐层检查。

9 项管道、箱类和金属支架涂漆

合格：油漆种类和涂刷遍数符合设计要求，附着良好，无脱皮、起泡和漏涂。

优良：在合格基础上，漆膜厚度均匀，色泽一致，无流淌及污染现象。

检查数量：各不少于5处。

检验方法：观察检查。

允许偏差项目

1 项检查数量：按系统直线管段长度每50m抽查2段，不足50m不少于1段，有分隔墙建筑，以隔墙为分段数，抽查5%，但不少于5段。

检验方法：用水平尺、直尺、拉线和尺量检查。

2 项检查数量：一根立管为一段，两层及其以上按楼层分段，各抽查5%，但均不少于10段。

检验方法：吊线和尺量检查。

3 项检查数量：水平管和立管，凡能按隔墙、楼层分段的，均以每一楼层分隔墙内的管段为一个抽查点，抽查数为5%，但不少于5处；不能按隔墙、楼层分段的，每20m抽查1处，但不少于5处。

检验方法：表面平整度用2m靠尺和楔形塞尺检查，厚度用钢针刺入隔热层和尺量检查。

1.2 建筑设备安装工程

室内给水管道附件及卫生器具给水配件安装分项工程质量检验评定表   表1-379

工程名称：   部位：

保证项目	项目				质量情况							
	喷头及管道附件的型号、规格,自动喷洒和水幕消防装置的喷头位置、间距和方向必须符合设计要求和施工规范规定											

基本项目		项目	质量情况										等级
			1	2	3	4	5	6	7	8	9	10	
	1	明装分户水表											
	2	箱式消火栓											
	3	卫生器具给水配件											

允许偏差项目		项目	允许偏差(mm)	实测值(mm)									
				1	2	3	4	5	6	7	8	9	10
	1	大便器高、低水箱角阀及截止阀	±10											
	2	水龙头	±10											
	3	淋浴器莲篷头下沿	±15											
	4	浴盆软管淋浴器挂勾	±20											

检查结果	保证项目	
	基本项目	检查 项,其中优良 项,优良率 %
	允许偏差项目	实测 点,其中合格 点,合格率 %

评定等级	工程负责人: 工　长: 班组长:	核定等级	质量检查员:

年　月　日

说　　明

本表适用于饮水器、水表、消火栓、喷头等管道附件和各类卫生器具的水龙头、角阀、截止阀等给水配件的安装。

保证项目

　　检查数量：全数检查。

　　检验方法：观察和对照图纸及施工规范检查。

基本项目

　　评定代号：优良√，合格○，不合格×。

　　1 项明装分户水表

　　合格：表外壳距墙表面净距为 10～30mm；水表进水口中心距地面高度偏差不大于 20mm。

　　优良：在合格基础上，安装平整，水表进水口中心距地面高度偏差小于 10mm。

　　检查数量：抽查 10%，但不少于 5 个。

　　检验方法：观察和尺量检查。

　　2 项箱式消火栓

　　合格：栓口朝外，阀门距地面、箱隔的尺寸符合施工规范规定。

　　优良：在合格基础上，水龙带与消火栓及快速接头的绑扎紧密，并卷折、挂在托盘或支架上。

　　检查数量：系统的总组数少于 5 组的全检；大于 5 组的抽查 1/2，但不少于 5 组。

　　检验方法：观察和尺量检查。

　　3 项卫生器具给水配件

　　合格：镀铬件完好无损伤，接口严密，启闭部分灵活。

　　优良：在合格基础上，安装端正，表面洁净，无外露油麻。

　　检查数量：各抽查 10%，但均不少于 5 组。

　　检验方法：观察和启闭检查。

允许偏差项目

　　检查数量：各抽查 10%，但均不少于 5 组。

　　检验方法：全部用尺量检查。

1.2 建筑设备安装工程

室内给水附属设备安装分项工程质量检验评定表

表 1-380

工程名称：　　　　　　　　　　　　　　　　部位：

		项目	质量情况
保证项目	1	金属水箱、离心式水泵的型号、规格必须符合设计要求。水泵就位前的基础混凝土强度、坐标、标高尺寸和螺栓孔位置必须符合设计要求和施工规范规定	
	2	水泵试运转的轴承温升必须符合施工规范规定	
	3	敞口水箱的满水试验和密闭水箱的水压试验必须符合设计要求和施工规范规定	

		项目	质量情况										等级
			1	2	3	4	5	6	7	8	9	10	
基本项目	1	水箱支架或底座											
	2	水箱涂漆											

		项目		允许偏差(mm)	实测值 (mm)									
					1	2	3	4	5	6	7	8	9	10
允许偏差项目	1	水箱	坐标	15										
			标高	±5										
			垂直度(每米)	1										
	2	离心式水泵	泵体水平度(每米)	0.1										
			联轴器同心度 轴向倾斜(每米)	0.8										
			联轴器同心度 径向位移	0.1										
	3	水箱保温	保温层厚度	$+0.1\delta$ -0.05δ										
			表面平整度 卷材或板材	5										
			表面平整度 涂抹或其他	10										

检查结果	保证项目				
	基本项目	检查	项,其中优良	项,优良率	%
	允许偏差项目	实测	点,其中合格	点,合格率	%

评定等级	工程负责人： 工　　长： 班 组 长：	核定等级	质量检查员：

注：δ为保温层厚度。

年　月　日

说　明

本表适用于金属水箱和离心式水泵的安装。

保证项目

　　检查数量：全数检查。
　　检验方法：1 项检查交接记录或根据设计图纸对照检查。
　　　　　　　2 项检查温升测试记录。
　　　　　　　3 项满水检查或检查记压记录。

基本项目

　　评定代号：优良√，合格○，不合格×。
　　检查数量：全数检查。
　　1 项水箱支架或底座
　　合格：尺寸及位置符合设计要求，埋设平整牢固。
　　优良：在合格基础上，水箱与支架(座)接触紧密。
　　检验方法：观察和对照设计图纸检查。
　　2 项水箱涂漆
　　合格：油漆种类和涂刷遍数符合设计要求，附着良好，无脱皮、起泡和漏涂。
　　优良：在合格基础上，漆膜厚度均匀，色泽一致，无流淌及污染现象。
　　检验方法：观察检查。

允许偏差项目

　　1 项检查数量：全数检查。
　　检验方法：坐标、标高用水准仪(水平尺)、直尺、拉线和尺量检查；垂直度用吊线和尺量检查。
　　2 项检查数量：全数检查。
　　检验方法：泵体水平度和联轴器同心度：在联轴器互相垂直的四个位置上，用水准仪、百分表或测微螺钉和塞尺检查。
　　3 项检查数量：全数检查，但每台不少于 5 点。
　　检验方法：保温层厚度用钢针刺入保温层检查。表面平整度用 2m 靠尺和楔形塞尺检查。

室内排水管道安装分项工程质量检验评定表

表 1-381

工程名称： 　　　　　　　　　　　　　　　部位：

		项　　目			质 量 情 况										
保证项目	1	管道的材质、规格、尺寸必须符合设计要求。隐蔽的排水和雨水管道的灌水试验结果，必须符合设计要求和施工规范规定													
	2	管道的坡度必须符合设计要求或施工规范规定													
	3	管道及管道支座(墩)，严禁铺设在冻土和未经处理的松土上													
	4	排水塑料管必须按设计要求装设伸缩节。如设计无要求，伸缩节按间距不大于4m设置													
	5	排水系统竣工后的通水试验结果，必须符合设计要求和施工规范规定													

		项　　目			质 量 情 况										等级
					1	2	3	4	5	6	7	8	9	10	
基本项目	1	金属和非金属管道的承插和套箍接口													
	2	镀锌碳素钢排水管道	螺纹连接												
			法兰连接												
	3	非镀锌碳素钢排水管道	螺纹连接												
			法兰连接												
			焊　接												
	4	管道支(吊、托)架及管座(墩)													
	5	管道、箱类和金属支架涂漆													

		项　　目			允许偏差(mm)	实 测 值(mm) 1 2 3 4 5 6 7 8 9 10
允许偏差项目	1	坐　　　标			15	
	2	标　　　高			±15	
	3	水平管道纵横弯曲	铸铁管	每1m	1	
				全长(25m以上)	≯25	
			碳素钢管	每1m 管径小于或等于100mm	0.5	
				管径大于100mm	1	
				全长(25m以上) 管径小于或等于100mm	≯13	
				管径大于100mm	≯25	
			塑料管	每1m	1.5	
				全长(25m以上)	≯38	
			石棉水泥管 预应力钢管 混凝土管 钢筋混凝土管 混凝土管 陶土管 缸瓦管	每1m	3	
				全长(25m以上)	≯75	
	4	立管垂直度	铸铁管	每1m	3	
				全长(5m以上)	≯15	
			碳素钢管	每1m	2	
				全长(5m以上)	≯10	
			塑料管	每1m	3	
				全长(5m以上)	≯15	
			石棉水泥管 陶土管 缸瓦管	每1m	4	
				全长(10m以上)	≯40	

检查结果	保证项目			
	基本项目	检查　　　项，其中优良	项，优良率	%
	允许偏差项目	实测　　　点，其中合格	点，合格率	%

评定等级	工程负责人： 工　　长： 班 组 长：	核定等级	质量检查员：

年　月　日

说 明

本表适用于排水用的铸铁管、碳素钢管、石棉水泥管、预应力钢筋混凝土管、钢筋混凝土管、混凝土管、陶土管、缸瓦管和硬聚氯乙烯塑料管的安装。

保证项目

1 项检查数量：全数检查。
　　检验方法：检查区(段)灌水试验记录。
2 项检查数量：按系统内直线管段长度每 30m 抽查 2 段，不足 30m 不少于 1 段。
　　检验方法：检查隐蔽工程记录或用水准仪(水平尺)、拉线和尺量检查。
3 项检查数量：全数检查。
　　检验方法：观察检查或检查隐蔽工程记录。
4 项检查数量：不少于 5 个伸缩节区间。
　　检验方法：观察和尺量检查。
5 项检查数量：全数检查。
　　检验方法：通水检查或检查通水试验记录。

基本项目

评定代号：优良√，合格○，不合格×。

1 项金属和非金属管道的承插和套箍接口

合格：接口结构和所用填料符合设计要求和施工规范规定；捻口密实、饱满、填料凹入承口边缘不大于 5mm，且无抹口。

优良：在合格基础上，环缝间隙均匀，灰口平整、光滑，养护良好。

检查数量：不少于 10 个接口。

检验方法：尺量和用小锤轻击检查。

2 项镀锌碳素钢排水管道

检查要求同表 1-378 检验项目 2、3 项。

3 项非镀锌碳素钢排水管道

检查要求同表 1-378 检验项目 2、3、4 项。

4 项管道支(吊、托)架及管座(墩)的安装。

合格：构造正确，埋设平整牢固。

优良：在合格基础上，排列整齐，支架与管子接触紧密。

检查数量：各抽查 5%，但均不少于 5 件(个)。

检验方法：观察和用手扳检查。

5 项管道、箱类和金属支架涂漆

合格：油漆种类和涂刷遍数符合设计要求，附着良好，无脱皮、起泡和漏涂。

优良：在合格基础上，漆膜厚度均匀，色泽一致，无流淌及污染现象。

检查数量：各抽查不少于 5 处。

检验方法：观察检查。

允许偏差项目

检查数量：1、2 项立管的坐标，检查管轴线距墙内表面中心距；

横管的坐标和标高，检查管道的起点、终点、分支点和变向点间的直管段，各抽查 10%，但不少于 5 段。

3 项纵横方向弯曲，按系统内直线管段长度每 30m 抽查 2 段，不足 30m 不少于 1 段。

4 项立管垂直度，一根立管为一段，两层及其以上按楼层分段，抽查 5%，但不少于 10 段。

检验方法：1、2、3 项用水准仪（水平尺）、直尺、拉线和尺量检查。

4 项用吊线和尺量检查。

卫生器具安装分项工程质量检验评定表

表 1-382

工程名称： 　　　　　　　　　　　部位：

		项　目		质　量　情　况										
保证项目	1	卫生器具的型号、规格、质量必须符合设计要求。卫生器具排水的排出口与排水管承口的连接处必须严密不漏												
	2	卫生器具的排水管径和最小坡度，必须符合设计要求和施工规范规定												

		项　目	质　量　情　况										等　级
			1	2	3	4	5	6	7	8	9	10	
基本项目	1	排水栓、地漏安装											
	2	卫生器具安装											

		项　目		允许偏差 (mm)	实测值 (mm)									
					1	2	3	4	5	6	7	8	9	10
允许偏差项目	1	坐标	单独器具	10										
			成排器具	5										
	2	标高	单独器具	±15										
			成排器具	±10										
	3	器具水平度		2										
	4	器具垂直度		3										

检查结果	保证项目			
	基本项目	检查　　项，其中优良　　项，优良率　　%		
	允许偏差项目	实测　　点，其中合格　　点，合格率　　%		

评定等级	工程负责人： 工　　长： 班组长：	核定等级	质量检查员：

年　月　日

说 明

本表适用于污水盆、洗涤盆、洗脸(手)盆、盥洗槽、浴盆、淋浴器、大便器、小便器、大便冲洗槽、妇女卫生盆、化验盆、排水栓、地漏、扫除口、加热器、煮沸消毒器和饮水器等卫生器具的安装。

保证项目

  1 项检查数量:各抽查 10%,但均不少于 5 个接口(处)。
    检验方法:通水检查。
  2 项检查数量:各抽查 10%,但均不少于 5 处。
    检验方法:观察或尺量检查。

基本项目

  评定代号:优良√,合格○,不合格×。
  1 项排水栓、地漏安装
  合格:平整、牢固、低于排水表面,无渗漏。
  优良:在合格基础上,排水栓低于盆、槽底表面 2mm,低于地表面 5mm,地低于安装处排水表面 5mm。
  检查数量:各抽查 10%,但均不少于 5 个。
  检验方法:观察和尺量检查。
  2 项卫生器具的安装
  合格:木砖和支、托架防腐良好,埋设平整牢固,器具放置平稳。
  优良:在合格基础上,器具洁净,支架与器具接触紧密。
  检查数量:各抽查 10%,但均不少于 5 组。
  检验方法:观察和手扳检查。

允许偏差项目

  检查数量:各抽查 10%,但均不少于 5 组。
  检验方法:1、2 项拉线、吊线和尺量检查。
      3 项用水平尺和尺量检查。
      4 项吊线和尺量检查。

室内采暖和热水管道分项工程质量检验评定表

表 1-383

工程名称：　　　　　　　　　　　　　　部位：

		项　目			质　量　情　况
保证项目	1	管材的材质、规格必须符合设计要求，隐蔽管道和整个采暖、生活热水供应系统的水压试验结果，必须符合设计要求和施工规范规定			
	2	管道固定支架的位置和构造必须符合设计要求和施工规范规定			
	3	伸缩器的安装位置必须符合设计要求，并应按有关规定进行预拉伸			
	4	管道的对口焊缝处及弯曲部位严禁焊接支管，接口焊缝距起弯点、支、吊架边缘必须大于 50mm			
	5	减压器调压后的压力必须符合设计要求			
	6	除污器过滤网的材质、规格和包扎方法必须符合设计要求和施工规范规定			
	7	采暖、热水供应系统竣工后或交付使用前必须进行吹洗			

		项　目	质　量　情　况　1 2 3 4 5 6 7 8 9 10	等　级
基本项目	1	管道坡度		
	2	镀锌碳素钢管道的连接		
	3	非镀锌碳素钢管道的连接		
	4	阀门安装		
	5	管道支(吊、托)架及管座(墩)		
	6	安装在墙壁和楼板内的套管		
	7	管道、箱类和金属支架涂漆		

		项　目		允许偏差	实测值(mm) 1 2 3 4 5 6 7 8 9 10
允许偏差项目	1	水平管道纵、横方向弯曲(mm)	每 1m	管径小于或等于100mm	0.5	
				管径大于100mm	1	
			全长(25m 以上)	管径大于或等于100mm	≯13	
				管径大于100mm	≯25	
	2	立管垂直度(mm)	每 1m		2	
			全长(5m 以上)		≯10	
	3	弯管	椭圆率 $\frac{D_{max}-D_{min}}{D_{max}}$	管径小于或等于100mm	10/100	
				管径大于100mm	8/100	
			折皱不平度(mm)	管径小于或等于100mm	4	
				管径大于100mm	5	
	4	减压器、疏水器、除污器、蒸汽喷射器		几何尺寸(mm)	10	
	5	管道保温	厚度(mm)		$+0.1\delta$ -0.05δ	
			表面平整度	卷材或板材(mm)	5	
				涂抹或其他(mm)	10	

检查结果	保证项目			
	基本项目	检查　　项，其中优良		项，优良率　　％
	允许偏差项目	实测　　点，其中合格		点，合格率　　％

评定等级	工程负责人： 工　　长： 班 组 长：	核定等级	质量检查员：

注：δ 为保温层厚度；

D_{max}，D_{min} 分别为管子最大外径及最小外径。

年　月　日

说 明

本表适用于饱和蒸汽压力不大于 0.8MPa、热水温度不超过 150℃ 的镀锌和非镀锌碳素钢管道的安装。

保证项目

　　检查数量:全数检查。

　　检验方法:1 项检查系统或分区(段)试验记录。

　　　　　　2 项观察和对照设计图纸检查。

　　　　　　3 项对照设计图纸检查和检查预拉伸记录。

　　　　　　4 项观察和尺量检查。

　　　　　　5 项检查调压记录。

　　　　　　6 项解体检查。

　　　　　　7 项检查吹洗记录。

基本项目

　　评定代号:优良√,合格○,不合格×。

　　1 项管道坡度

　　合格:坡度的正负偏差不超过设计要求坡度值的 1/3。

　　优良:坡度符合设计要求。

　　检查数量:按系统内直线管段长度每 50m 抽查 2 段,不足 50m 不少于 1 段,有分隔墙建筑,以隔墙为分段数,抽查 5%,但不少于 5 段。

　　检验方法:用水准仪(水平尺)、拉线和尺量检查或检查测量记录。

　　2 项镀锌碳素钢管道的连接

　　检查要求同表 1-378 基本项目的 2、3 项。

　　3 项非镀锌碳素钢管道的连接

　　检查要求同表 1-378 基本项目的 2、3、4 项。

　　4 项阀门安装

　　合格:型号、规格、耐压强度和严密性试验结果,符合设计要求和施工规范规定;安装位置、进出口方向正确,连接牢固、紧密。

　　优良:在合格基础上,启闭灵活,朝向合理,表面洁净。

　　检查数量:按不同规格、型号抽查 5%,但不少于 10 个。

　　检验方法:手扳检查和检查出厂合格证、试验单。

　　5 项管道支(吊、托)架及管座(墩)

　　合格:构造正确,埋设平整牢固。

　　优良:在合格基础上,排列整齐,支架与管子接触紧密。

　　检查数量:各抽查 5%,但均不少于 5 件(个)。

　　检验方法:观察和手扳检查。

　　6 项安装在墙壁和楼板内的套管

　　合格:楼板内套管顶部高出地面不少于 20mm。底部与天棚面齐平,墙隔内的套管两端与饰面平。

优良:在合格的基础上,固定牢固,管口齐平,环缝均匀。

检查数量:各不少于 10 处。

检验方法:观察和尺量检查。

7 项管道、箱类和金属支架涂漆

合格:油泵种类和涂刷遍数符合设计要求;附着良好,无脱皮、起泡和漏涂。

优良:在合格的基础上,漆膜厚度均匀,色泽一致,无流淌及污染现象。

检查数量:各抽查不少于 5 处。

检验方法:观察检查。

允许偏差项目

1 项检查数量:按系统内直线管段长度每 50m 抽查 2 段,不足 50m 不少于 1 段;有分隔墙建筑,以隔墙为分段数,抽查 5%,但不少于 5 段。

检验方法:用水平尺直尺、拉线和尺量检查。

2 项检查数量:一根立管为 1 段,两层及其以上按楼层分段数,各抽查 5%,但均不少于 10 段。

检验方法:用吊线和尺量检查。

3 项检查数量:导管上的弯管抽查 10%,但不少于 5 个;立、支管上的弯管抽查 5%,但不少于 10 个。

检验方法:用外卡钳和尺量检查。

4 项检查数量:全数检查。

检验方法:尺量检查。

5 项检查数量:凡能按隔墙、楼层分段的,均以每一楼层分隔墙内的管段为一个抽查点,抽查为 5%,但不少于 5 处,不能按隔墙、楼层分段的,每 20m 抽查 1 处。

检验方法:管道保温厚度用钢针刺入保温层和尺量检查;表面平整度用 2m 靠尺和楔形塞尺检查。

散热器及太阳能热水器分项工程质量检验评定表

表 1-384

工程名称： 　　　　　　　　　　　　　　　　　　　　　　部位：

保证项目		项　目				质　量　情　况										
	1	暖风机、辐射板和铸铁、钢制散热器的型号、规格、质量及安装前的水压试验必须符合设计要求和施工规范规定														
	2	背面需做保温层的辐射板，保温层必须紧贴在辐射板上，严禁有空隙														

基本项目		项　目				质　量　情　况										等级
						1	2	3	4	5	6	7	8	9	10	
	1	铸铁翼型散热器安装后的翼片完好														
	2	钢串片散热器肋片完好														
	3	散热设备支、吊、托架														
	4	散热设备及其支、吊、托架涂漆														

允许偏差项目		项　目				允许偏差	实　测　值（mm）									
							1	2	3	4	5	6	7	8	9	10
	1	散热器		坐标	内表面与墙面距离(mm)	6										
					与窗口中心线(mm)	20										
				标高	底部距地面(mm)	±15										
				中心线垂直度(mm)		3										
				侧面倾斜度(mm)		3										
			全长内的弯曲	灰铸铁	长翼型(60)(38)	2～4片(mm)	4										
						5～7片(mm)	6										
					圆翼型	2m以内(mm)	3										
						3～4m(mm)	4										
					M132柱型	3～14片(mm)	4										
						15～24片(mm)	6										
				钢制	串片型	2节以内(mm)	3										
						3～4节(mm)	4										
					板型	$L<1m$(mm)	4										
						$L>1m$(mm)	6										
					扁管型	$L<1m$(mm)	3										
						$L<1m$(mm)	5										
					柱型	3～12片(mm)	4										
						13～20片(mm)	6										
	2	壁挂式暖风机		标高	中心线距地面(mm)	±20										
	3	辐射板		标高	中心线距地面(mm)	±20										
				坡度	水平安装不小于5/1000	+1/1000 −0										
	4	板式直管太阳能热水器		标高	中心线距地面(mm)	±20										
				固定安装朝向	最大偏移角(度)	≥15°										

检查结果	保证项目				
	基本项目	检查	项，其中优良	项，优良率	%
	允许偏差项目	实测	点，其中合格	点，合格率	%

评定等级	工程负责人： 工　　长： 班组长：	核定等级	质量检查员：

年　月　日

说　明

本表适用于灰铸铁长翼形、圆翼形、柱型和 M132 型散热器；钢制扁管型、板型、柱型和串片型散热器；暖风机、辐射板以及板式直管太阳能热水器的安装。

保证项目

　　检查数量：1 项全数检查。2 项辐射板总数小于 5 组，每组抽查 2 点，但总抽查点数不少于 5 点；大于 5 组每组抽查 1 点。

　　检验方法：1 项检查试验记录。2 项用小锤轻击或局部解体检查。

基本项目

　　评定代号：优良√，合格○，不合格×。

　　1 项铸铁翼型散热器安装后的翼片完好

　　合格：长翼形，顶部掉翼不超过 1 个，长度不大于 50mm；侧面不超过 2 个，累计长度不大于 200mm；圆翼形，每根掉翼数不超过 2 个，累计长度不大于一个翼片周长的 $\frac{1}{2}$。

　　优良：在合格基础上，表面洁净，无掉翼。

　　检查数量：全数检查。

　　检验方法：观察和尺量检查。

　　2 项钢串片散热器肋片完好

　　合格：松动肋片不超过肋片总数的 2%。

　　优良：在合格基础上，肋片整齐无翘曲。

　　检查数量：不少于 10 根。

　　检验方法：观察和手扳检查。

　　3 项散热设备支、吊、托架

　　合格：数量和构造符合设计要求和施工规范规定；位置正确，埋设乎整牢固。

　　优良：在合格基础上，支(吊、托)架排列整齐，与散热设备接触紧密。

　　检查数量：不少于 5 组。

　　检验方法：观察和手扳检查。

　　4 项散热设备及其支、吊、托架涂漆

　　合格：油漆种类和涂刷遍数符合设计要求；附着良好，无脱皮、起泡和漏涂。

　　优良：在合格基础上，漆膜厚度均匀，色泽一致，无流淌及污染现象。

　　检查数量：各抽查 5%，但均不少于 10 组。

　　检验方法：观察检查。

允许偏差项目

　　检查数量：1 项抽查 5%，但不少于 10 组。2、3 项暖风机和辐射板按不同规格和型号各抽查 $\frac{1}{2}$，但不少于 5 组。4 项全数检查。

　　检验方法：1 项坐标、标高和全长内的弯曲用水准仪(水平尺)、直尺、拉线和尺量检查；中心线垂直度和侧面倾斜度用吊线和尺量检查。2、3 项用水准仪(水平尺)、直尺、拉线和尺量检查。4 项偏移角用分度仪检查；标高用水准仪(水平尺)、直尺、拉线和尺量检查。

室内采暖和热水供应附属设备安装分项工程质量检验评定表　　　表1-385

工程名称：　　　　　　　　　部位：

		项　目		质　量　情　况										
保证项目	1	金属水箱、离心式水泵的型号、规格必须符合设计要求。水泵安装前，基础混凝土强度、坐标、标高尺寸和螺栓孔位置必须符合设计要求或施工规范规定												
	2	水泵试运转的轴承温升必须符合施工规范规定												
	3	敞口水箱的满水试验和密闭水箱的水压试验必须符合设计要求和施工规范规定												

		项　目	质　量　情　况										等　级
			1	2	3	4	5	6	7	8	9	10	
基本项目	1	水箱支架或底座											
	2	水箱涂漆											

		项　目		允许偏差(mm)	实测值(mm)									
					1	2	3	4	5	6	7	8	9	10
允许偏差项目	1	水箱	坐标	15										
			标高	±5										
			垂直度(每米)	1										
	2	离心式水泵	泵体水平度(每米)	0.1										
			联轴器同心度 轴向倾斜(每米)	0.8										
			联轴器同心度 径向位移	0.1										
	3	水箱保温	保温层厚度	$+0.1\delta$ -0.05δ										
			表面平整度 卷材或板材	5										
			表面平整度 涂抹或其他	10										

检查结果	保证项目				
	基本项目	检查	项，其中优良	项，优良率	%
	允许偏差项目	实测	点，其中合格	点，合格率	%

评定等级	工程负责人： 工　　长： 班组长：	核定等级	质量检查员：

注：δ为保温层厚度。

年　月　日

说　明

本表适用于金属水箱和离心式水泵的安装。

保证项目

检查数量：全数检查。

检验方法：1 项检查交接记录或根据设计图纸对照检查。

2 项检查温升测试记录。

3 项满水检查或检查试压记录。

基本项目

评定代号：优良√，合格○，不合格×。

检查数量：全数检查。

1 项水箱支架或底座

合格：尺寸及位置符合设计要求，埋设平正牢固。

优良：在合格基础上，水箱与支架（座）接触紧密。

检验方法：观察和对照设计图纸检查。

2 项水箱涂漆

合格：油漆种类和涂刷遍数符合设计要求，附着良好，无脱皮、起泡和漏涂。

优良：在合格基础上，漆膜厚度均匀，色泽一致，无流淌及污染现象。

检验方法：观察检查。

允许偏差项目

1 项检查数量：全数检查。

检验方法：坐标、标高用水准仪（水平尺）、直尺、拉线和尺量检查；垂直度用吊线和尺量检查。

2 项检查数量：全数检查。

检验方法：在联轴器互相垂直的四个位置上，用水准仪、百分表或测微螺钉和塞尺检查。

3 项检查数量，全数检查。但每台不少于 5 点。

检验方法：保温层温度用钢针刺入保温层检查；表面平整度用 2m 靠尺和楔形塞尺检查。

室内煤气分项工程质量检验评定表

表1-386

工程名称：　　　　　　　　　　　　　　部位：

		项　目			质　量　情　况
保证项目	1	管道的耐压强度和严密性试验结果及管材、器具的型号、规格必须符合设计要求			
	2	管道的坡度必须符合设计要求			
	3	管道及管道支座(墩)，严禁铺设在冻土和未经处理的松土上			
	4	煤气引入管和室内煤气管道与其他各类管道、电力电缆、电线和电气开关等的最小水平、垂直和交叉净距，必须符合设计要求			

		项　目	质　量　情　况											等级
			1	2	3	4	5	6	7	8	9	10	
基本项目	1	镀锌碳素钢管道的连接											
	2	非镀锌碳素钢管道的连接											
	3	管道支(吊、托)架及管座(墩)											
	4	阀门安装											
	5	安装在墙壁和楼板内的套管											
	6	埋地管道的防腐层											
	7	管道和金属支架涂漆											

		项　目		允许偏差(mm)	实测值(mm)									
					1	2	3	4	5	6	7	8	9	10
允许偏差项目	1	坐　标		10										
	2	标　高		±10										
	3	水平管道纵、横方向弯曲	每1m 管径小于或等于100mm	0.5										
			每1m 管径大于100mm	1										
			全长(25m以上) 管径小于或等于100mm	≯13										
			全长(25m以上) 管径大于100mm	≯25										
	4	立管垂直度	每1m	2										
			全长(5m以上)	≯10										
	5	进户管阀门	阀门中心距地面	±15										
	6	煤气表	表底部距地面	±15										
			表后面距墙内表面	5										
			中心线垂直度	1										
	7	煤气嘴	距炉台表面	±15										
	8	管道保温	厚度	+0.1δ −0.05δ										
			表面平整度 卷材或板材	5										
			表面平整度 涂抹或其他	10										

检查结果	保证项目				
	基本项目	检查	项，其中优良	项，优良率	%
	允许偏差项目	实测	点，其中合格	点，合格率	%

评定等级	工程负责人： 工　　长： 班　组　长：	核定等级	
			质量检查员：

注：δ为管道保温层厚度。

年　月　日

说 明

本表适用于工作压力不大于 0.005MPa 的室内低压煤气管道及器具安装工程。

保证项目

1 项检查数量:全数检查。检验方法:检查系统或分区(段)试验记录。
2 项检查数量:按系统内直线管段长度每 30m 抽查 2 段。不足 30m 不少于 1 段;有分隔墙建筑,以隔墙为分段数,抽查 5%,但不少于 5 段。检验方法:用水准仪(水平尺)、拉线和尺量检查或检查测量记录。
3 项检查数量:全数检查。检验方法:观察检查或检查隐蔽工程记录。
4 项检查数量:全数检查。检验方法:观察和尺量检查。如无设计要求,必须符合下列三个表的规定。

埋地煤气管与其他相邻管道及电缆间的最小水平净距

序 号	项 目		水平净距(mm)
1	与给、排水管		1000
2	与供热管的管沟外壁		
3	与电力电缆		
4	与通讯电缆	直埋	
		在导管内	

埋地煤气管与其他相邻管道及电线间的最小垂直净距

序 号	项 目		垂直净距(当有套管时,以套管计)(mm)
1	与给、排水管		150
2	与供热管的管沟底或顶部		150
3	电 缆	直埋	600
		在导管内	150

煤气管与其他相邻管道及电线、电表箱、电器开关接头之间的距离

类 别 走 向	煤气管与给、排水、采暖和热水供应管道的间距(mm)	煤气管与电线的间距(mm)	煤气管与配电箱、盘的距离(mm)	煤气管与电气开关和接头的距离(mm)
同一平面	≥50	≥50	≥300	≥150
不同平面	≥10	≥20		

基本项目

评定代号:优良√,合格○,不合格×。
1 项镀锌碳素钢管道的连接:检查要求同表 1-378 基本项目的 2、3 项。
2 项非镀锌碳素钢管道的连接:检查要求同表 1-378 基本项目的 2、3、4 项。
3 项管道支(吊、托)架及管座(墩)
  合格:构造正确,埋设平整牢固。
  优良:在合格基础上,排列整齐,支架与管子接触紧密。
  检查数量:各抽查 5%,但均不少于 5 件(个)。检验方法:观察和用手扳检查。
4 项阀门安装

合格:型号、规格、耐压强度和严密性试验结果,符合设计要求;位置、进出口方向正确,连接牢固紧密。

优良:在合格基础上,启闭灵活,朝向合理,表面洁净。

检查数量:按不同规格、型号抽查全数的5%,但不少于10个。检验方法:用手扳检查和检查出厂合格证、试验单。

5项安装在墙壁和楼板内的套管

合格:楼板内套管,顶部高出地面不少于20mm,底部与顶棚面齐平,墙壁内的套管两端与饰面平。

优良:在合格基础上,固定牢固,管口齐平,环缝均匀。

检查数量:各不少于10处。检验方法:观察和尺量检查。

6项埋地管道的防腐层

合格:材质和结构符合设计要求和施工规范规定;卷材与管道以及各层卷材间粘贴牢固。

优良:在合格基础上,表面平整,无皱折、空鼓、滑移和封口不严密等缺陷。

检查数量:每20m抽查1处,但不少于5处。检验方法:观察或切开防腐层检查。

7项管道和金属支架涂漆

合格:油漆种类和涂刷遍数符合设计要求,附着良好,无脱皮、起泡和漏涂。

优良:在合格基础上,漆膜厚度均匀,色泽一致,无流淌及污染现象。

检查数量:各抽查不少于5处。检验方法:观察检查。

允许偏差项目

1、2项 检查数量:立管的坐标,检查管轴线与墙内表面的中心距;横管的坐标和标高,检查管道的起点、终点、分支点及变向点间的直管段,各抽查10%,但均不少于5段。检验方法:用水准仪(水平尺)、直尺、拉线和尺量检查。

3项 检查数量:按系统内直线管段长度每30m抽查2段,不足30m不少于1段。有分隔墙建筑,以隔墙为分段数抽查5%,但不少于5段。检验方法:用水平尺、直尺、拉线和尺量检查。

4项 检查数量:一根立管为1段,两层及其以上按楼层分段,各抽查5%,但均不少于10段。检验方法:吊线和尺量检查。

5项 检查数量:全数检查。检验方法:用尺量检查。

6、7项 检查数量:各抽查10%,但均不少于5个。检验方法:用尺或吊线和尺量检查。

8项 检查数量:每20m抽查1处,但不少于5处。检验方法:厚度用钢针刺入保温层检查,平整度用靠尺和塞尺检查。

室外给水管道安装分项工程质量检验评定表

表 1-387

工程名称：　　　　　　　　　　　　　部位：

		项　目	质　量　情　况
保证项目	1	埋地、敷设在沟槽内和架空管网的水压试验结果以及使用的管材品种、规格尺寸必须符合设计要求和施工规范规定	
	2	管道及管道支座(墩)，严禁铺设在冻土和未经处理的松土上	
	3	给水管网竣工后或交付使用前，必须对系统进行吹洗	

		项　目	质　量　情　况										等级
			1	2	3	4	5	6	7	8	9	10	
基本项目	1	管道坡度											
	2	金属和非金属管道的承插、套箍接口											
	3	镀锌碳素钢管道的连接											
	4	非镀锌碳素钢管道的连接											
	5	管道支(吊、托)架及管座(墩)											
	6	阀门安装											
	7	埋地管道的防腐层											
	8	管道和金属支架涂漆											

		项　目		允许偏差 (mm)	实　测　值　(mm)									
					1	2	3	4	5	6	7	8	9	10
允许偏差项目	1	坐标	铸铁管 埋　地	50										
			铸铁管 敷设在沟槽内	20										
			碳素钢管 埋　地	40										
			碳素钢管 敷设在沟槽内及架空	15										
			预、自应力钢筋混凝土管、石棉水泥管 埋　地	50										
			预、自应力钢筋混凝土管、石棉水泥管 敷设在沟槽内	20										
	2	标高	铸铁管 埋　地	±30										
			铸铁管 敷设在沟槽内	±20										
			碳素钢管 埋　地	±15										
			碳素钢管 敷设在沟槽内	±10										
			预、自应力钢筋混凝土管、石棉水泥管 埋　地	±30										
			预、自应力钢筋混凝土管、石棉水泥管 敷设在沟槽内	±20										
	3	水平方向管道纵、横方向弯曲	铸铁管 每1m	1.5										
			铸铁管 全长(25m以上)	≥40										
			碳素钢管 每1m 管径≤100mm	0.5										
			碳素钢管 每1m 管径>100mm	1										
			碳素钢管 全长(25m以上) 管径≤100mm	≥13										
			碳素钢管 全长(25m以上) 管径>100mm	≥25										
			预、自应力钢筋混凝土管、石棉水泥管 每1m	2										
			预、自应力钢筋混凝土管、石棉水泥管 全长(25m以上)	≥50										
	4	隔热层	厚度	+0.1δ -0.05δ										
			表面平整 卷材或板材	5										
			表面平整 涂抹或其他	10										

检查结果	保证项目			
	基本项目	检查　　项，其中优良　　项，优良率　　%		
	允许偏差项目	实测　　点，其中合格　　点，合格率　　%		
评定等级	工程负责人： 工　　长： 班 组 长：	核定等级	质量检查员：	

注：δ为隔热层厚度。

年　月　日

说 明

本表适用于民用建筑群(小区)工作压力不大于0.6MPa的室外给水和消防管网的给水铸铁管、镀锌和非镀锌碳素钢管、预应力和自应力钢筋混凝土管、石棉水泥管安装。

保证项目

  检查数量:全数检查。

  检验方法:1 项检查管网或分段试验记录。

      2 项观察检查或检查隐蔽工程记录。

      3 项检查吹洗记录。

基本项目

  评定代号:优良√,合格○,不合格×。

  1 项管道坡度

  合格:坡度的正负偏差不超过设计要求坡度值的1/3。

  优良:坡度符合设计要求。

  检查数量:按管网内直线管道长度每100m抽查3段,不足100m不少于2段。

  检验方法:用水准仪(水平尺)、拉线和尺量检查或检查测量记录。

  2 项金属和非金属管道的承插、套箍接口

  合格:接口结构和所用填料符合设计要求和施工规范规定;灰口密实、饱满。填料凹入承口边缘不大于2mm;胶圈接口平直、无扭曲,对口间隙准确。

  优良:在合格基础上,环缝间隙均匀,灰口平整、光滑,养护良好;胶圈接口回弹间隙符合设计要求。

  检查数量:不少于10个接口。

  检验方法:观察和尺量检查。

  3 项镀锌碳素钢管道的连接

  检查要求同表1-378基本项目2、3项。

  4 项非镀锌碳素钢管道的连接

  检查要求同表1-378基本项目2、3、4项。

  5 项管道支(吊、托)架及管座(墩)

  合格:构造正确、埋设平正牢固。

  优良:在合格基础上,排列整齐,支架与管子接触紧密。

  检查数量:不少于10个。

  检验方法:观察和尺量检查。

  6 项阀门安装

  合格:型号、规格、耐压强度和严密性试验结果,符合设计要求和施工规范规定,位置、进出口方向正确,连接牢固、紧密。

  优良:在合格基础上,启闭灵活,朝向合理,表面洁净。

  检查数量:按不同规格、型号抽查10%,但不少于10个。

  检验方法:手扳检查和检查出厂合格证、试验单。

7 项埋地管道的防腐层

合格:材质和结构符合设计要求和施工规范规定,卷材与管道以及各层卷材间粘贴牢固。

优良:在合格基础上,表面平整,无皱折、空鼓、滑移和封口不严等缺陷。

检查数量:每 50m 抽查 1 处,但不少于 10 处。

检验方法:观察或切开防腐层检查。

8 项管道和金属支架涂漆

合格:油漆种类和涂刷遍数符合设计要求;附着良好,无脱皮、起泡和漏涂。

优良:在合格基础上,漆膜厚度均匀,色泽一致,无流淌及污染现象。

检查数量:各不少于 10 处。

检验方法:观察检查。

允许偏差项目

检查数量:1、2、3 项分别按管网的起点、终点、分支点和变向点,查各点之间的直线管段,每 100m 抽查 3 点(段),不足 100m 不少于 2 点(段)。

4 项每 100m 抽查 3 处,不足 100m 不少于 2 处。

检验方法:1、2 项用水准仪(水平尺)、直尺、拉线和尺量检查。

3 项用水平尺、直尺、拉线和尺量检查。

4 项厚度用钢针刺入保温层检查;表面平整度用 2m 靠尺和楔形塞尺检查。

1.2 建筑设备安装工程

室外排水管道安装分项工程质量检验评定表　　　　表1-388

工程名称：　　　　　　　　　　　　部位：

项 目				质 量 情 况
保证项目	1	管道的材质、规格及污水管道(雨水和与其性质相似的管道除外)的渗出和渗入水量试验结果，必须符合设计要求		
	2	管道的坡度必须符合设计要求和施工规范规定		
	3	管道及管座(墩)，严禁铺设在冻土和未经处理的松土上		
	4	管道穿过井壁处必须严密不漏水		

基本项目	项 目			质 量 情 况										等级
				1	2	3	4	5	6	7	8	9	10	
	1	管道承插接口												
	2	管道的支座(墩)												
	3	管道抹带接口												

允许偏差项目	项 目			允许偏差(mm)	实测值(mm)									
					1	2	3	4	5	6	7	8	9	10
	1	管道	坐标	埋地	50										
				敷设在沟槽内	20										
	2		标高	埋地	±10										
				敷设在沟槽内	±10										
	3		水平管道纵、横方向弯曲	每1m	2										
				全长(25m以上)	≯50										
	4	井盖	标高	=5											
	5	化粪池丁字管	标高	±10											

检查结果	保证项目		
	基本项目	检查　　项，其中优良　　项，优良率　　%	
	允许偏差项目	实测　　点，其中合格　　点，合格率　　%	

评定等级	工程负责人： 工　　长： 班组长：	核定等级	
		质量检查员：	

　　　　　　　　　　　　　　　　　　　　　　　　　年　月　日

说　明

本表适用于民用建筑群(小区)室外排水和雨水管网的预应力钢筋混凝土管、钢筋混凝土管、混凝土管、石棉水泥管、陶土管和缸瓦管等非金属管道的安装。

保证项目

1项检查数量：以检查井为分段，抽查10%，但不少于3段。

1000m 长管道在一昼夜内允许渗出或渗入水量

管　材	管　径　(mm)								
	小于150	200	250	300	350	400	450	500	600
	渗　水　量　(m³)								
钢筋混凝土管、混凝土管、石棉水泥管	7	20	24	28	30	32	34	36	40
缸瓦管	7	12	15	18	20	21	22	26	28

注：1. 排除腐蚀性污水的管道，不允许渗漏。
　　2. 当地下水位不高出管顶 2m 时，可不做渗入水量试验。

　　　　　检验方法：检查渗出、渗入水量试验记录。
2 项　检查数量：按管网内直线管段长度每 100m 抽查 3 段，不足 100m 不少于 2 段。
　　　　　检验方法：用水准仪(水平尺)、拉线和尺量检查或检查测量记录。
3 项　检查数量：全数检查。
　　　　　检验方法：观察检查或检查隐蔽工程记录。
4 项　检查数量：不少于 5 座井(池)。
　　　　　检验方法：观察或灌水检查。

基本项目

评定代号：优良√，合格○，不合格×。

1 项管道承插接口

合格：接口结构和所用填料符合设计要求和施工规范规定；灰口密实、饱满。填料表面凹入承口边缘不大于 5mm。

优良：在合格基础上，环缝间隙均匀，灰口平整、光滑，养护良好。

检查数量：不少于 10 个接口。

检验方法：观察和尺量检查。

2 项管道的支座(墩)

合格：构造正确，埋设平正牢固。

优良：在合格基础上，排列整齐，支座与管子接触紧密。

检查数量：不少于 10 个。

检验方法：观察检查。

3 项管道抹带接口

合格：抹带材质、高度和宽度符合设计要求，并无间断和裂缝。

优良：在合格基础上，表面平整，高度和宽度均匀一致。

检查数量：不少于 10 个接口。

检验方法：观察和尺量检查。

允许偏差项目

检查数量：1～3 项坐标、标高和纵、横方向弯曲，分别查两个检查井间的直线管段，各抽查 10%，但不少于 10 段。4 项井盖抽查 5%，但不少于 10 个。5 项化粪池丁字管，全数检查。

检验方法：1～5 项用水准仪(水平尺)、直尺、拉线和尺量检查。

室外供热管道安装分项工程质量检验评定表

表1-389

工程名称： 部位：

		项　目			质 量 情 况										
保证项目	1	埋设、铺设在沟槽内和架空管道的水压试验结果及管道的材质、规格必须符合设计要求和施工规范规定													
	2	管道固定支架的位置和构造必须符合设计要求和施工规范规定													
	3	伸缩器的位置必须符合设计要求，并应按规定进行预拉伸													
	4	减压器调压后的压力必须符合设计要求													
	5	除污器过滤网的材质、规格和包扎方法必须符合设计要求和施工规范规定													
	6	供热管网竣工后或交付使用前必须进行吹洗													
	7	调压板的材质、孔径和孔位必须符合设计要求													

		项　目			质　量　情　况										等　级
					1	2	3	4	5	6	7	8	9	10	
基本项目	1	管道坡度													
	2	非镀锌碳素钢管道的连接													
	3	镀锌碳素钢管道的连接													
	4	阀门安装													
	5	管道支(吊、托)架的安装													
	6	管道和金属支架涂漆													
	7	埋地管道的防腐层													

		项　目			允许偏差	实 测 值 (mm)									
						1	2	3	4	5	6	7	8	9	10
允许偏差项目	1	坐　标　(mm)	敷设在沟槽内及架空		20										
			埋　地		50										
	2	标　高　(mm)	敷设在沟槽内及架空		±10										
			埋　地		±15										
	3	水平管道纵、横方向弯曲	每1m(mm)	管径≤100mm	0.5										
				管径>100mm	1										
			全长(25m以上)(mm)	管径≤100mm	≯13										
				管径>100mm	≯25										
	4	弯管	椭圆率 $\dfrac{D_{max}-D_{min}}{D_{max}}$	管径≤100mm	10/100										
				管径125~400mm	8/100										
			皱折不平度(mm)	管径≤100mm	4										
				管径125~200mm	5										
				管径250~400mm	7										
	5	减压器、疏水器、除污器、蒸汽喷射器几何尺寸(mm)			5										
	6	保温	厚度		-0.1δ $+0.05\delta$										
			表面平整度	卷材或板材(mm)	5										
				涂抹或其他(mm)	10										

检查结果	保 证 项 目					
	基 本 项 目	检查	项,其中优良	项,优良率		%
	允许偏差项目	实测	点,其中合格	点,合格率		%

评定等级	工程负责人： 工　长： 班组长：	核定等级	质量检查员：

注：D_{max}、D_{min}分别为管道的最大及最小外径，δ为保温层厚度。

年　月　日

说　明

本表适用于民用建筑群(小区)饱和蒸汽压力不大于0.8MPa、热水温度不超过150℃的室外采暖供热和生活热水供应管网安装。

保证项目

检查数量:全数检查。

检验方法:1 项检查管网或分段试验记录;

　　　　　2 项观察和对照设计图纸检查;

　　　　　3 项对照设计图纸检查和检查预拉伸记录;

　　　　　4 项检查调压记录;

　　　　　5 项解体检查;

　　　　　6 项检查吹洗记录;

　　　　　7 项检查安装记录或解体检查。

基本项目

评定代号:优良√,合格○,不合格×。

1 项管道的坡度

合格:坡度的正负偏差不超过设计要求坡度值的1/3;

优良:坡度符合设计要求。

检查数量:按管网内直线管段长度每100m抽查3段,不足100m,不少于2段。

检验方法:用水准仪(水平尺)、拉线和尺量检查或检查测量记录。

2 项非镀锌碳素钢管道的连接

检查要求同表1-378基本项目2、3、4项。

3 项镀锌碳素钢管道的连接

检查要求同表1-378基本项目2及3项。

4 项阀门安装

合格:型号、规格、耐压强度和严密性试验结果,符合设计要求和施工规范规定,位置、进
　　　出口方向正确,连接牢固、紧密。

优良:在合格基础上,启闭灵活,朝向合理,表面洁净。

检查数量:按不同规格、型号抽查10%,但不少于10个。

检验方法:手扳检查和检查出厂合格证、试验单。

5 项管道支(吊、托)架的安装

合格:构造正确,埋设平正牢固

优良:在合格基础上,排列整齐,支架与管子接触紧密。

检查数量:不少于10个。

检验方法:观察和尺量检查。

6 项管道和金属支架涂漆

合格:油漆种类和涂刷遍数符合设计要求,附着良好,无脱皮、起泡和漏涂。

优良:在合格基础上,漆膜厚度均匀,色泽一致,无流淌及污染现象。

检查数量:各不少于10处。
检验方法:观察检查。
7项埋地管道防腐层
合格:材质和结构符合设计要求和施工规范规定,卷材与管道以及各层卷材间粘贴牢固。
优良:在合格基础上,表面平整,无皱折、空鼓、滑移和封口不严等缺陷。
检查数量:每50m抽查一处,但不少于10处。
检验方法:观察或切开防腐层检查。

允许偏差项目

1~3项　检查数量:分别按管网的起点、终点、分支点和变向点,查各点间的直线管段,每100m抽查3点(段),不足100m不少于2点(段)。

　　　　检验方法:用水准仪(水平尺)、直尺、拉线和尺量检查。

4项　　检查数量:按管网内弯管(含方型伸缩器弯)的全数抽查10%,但不少于10个。

　　　　检验方法:用外卡钳和尺量检查。

5项　　检查数量:全数检查。

　　　　检验方法:尺量检查。

6项　　检查数量:每100m抽查3处,不足100m不少于2处。

　　　　检验方法:厚度用钢针刺入保温层检查;平整度用2m靠尺和楔形塞尺检查。

室外煤气管道安装分项工程质量检验评定表

表1-390

工程名称：　　　　　　　　　　　　部位：

		项　目			质量情况
保证项目	1	管网的耐压强度和严密性试验结果及管道的材质规格，必须符合设计要求			
	2	管道的坡度必须符合设计要求			
	3	管道及管座(墩)，严禁铺设在冻土和未经处理的松土上			
	4	管网竣工后或交付使用前必须根据设计要求进行吹扫			
	5	埋地煤气管道与建筑物、构筑物的基础或相邻管道之间的最小水平、垂直净距必须符合设计要求或《建筑采暖卫生与煤气工程质量检验评定标准》(GBJ 302—88)中表9.1.6—1和9.1.6—2的规定			
	6	伸缩器的位置必须符合设计要求，并按规定进行预拉伸			

		项　目	质量情况 1 2 3 4 5 6 7 8 9 10	等级
基本项目	1	管道螺纹或法兰连接		
	2	非镀锌管道的焊接		
	3	铸铁管道承插接口		
	4	管道支(吊、托)架及管座(墩)		
	5	阀门安装		
	6	埋地管道的防腐层		
	7	管道和金属支架涂漆		

		项　目			允许偏差	实测值 (mm) 1 2 3 4 5 6 7 8 9 10
允许偏差项目	1	坐标	铸铁管(mm)	埋地	50	
				敷设在沟槽内	20	
			碳素钢管(mm)	埋地	50	
				敷设在沟槽内	20	
	2	标高	铸铁管(mm)	埋地	±30	
				敷设在沟槽内	±20	
			碳素钢管(mm)	埋地	±15	
				敷设在沟槽内	±10	
	3	水平管道纵、横方向弯曲	铸铁管(mm)	每1m	1.5	
				全长(25m以上)	≯40	
			碳素钢管(mm)	每1m 管径≤100mm	0.5	
				每1m 管径>100mm	1	
				全长(25m以上) 管径≤100mm	≯13	
				全长(25m以上) 管径>100mm	≯25	
	4	弯管	椭圆率 $\frac{D_{max}-D_{min}}{D_{max}}$	管径≤100mm	10/100	
				管径125~400mm	8/100	
			皱折不平度(mm)	管径≤100mm	4	
				管径125~200mm	5	
				管径250~400mm	7	
	5	凝水器	凝水器缸体水平度(mm)		3	
			抽水管垂直度(每1m)(mm)		2	
			纵向轴线(mm)		10	
			抽水管顶端距防护罩盖或井盖盖顶高度(mm)		±10	
	6	井盖	标高(mm)		±5	

检查结果	保证项目			
	基本项目	检查　　项，其中优良　　项，优良率　　%		
	允许偏差项目	实测　　点，其中合格　　点，合格率　　%		

评定等级	工程负责人： 工　长： 班组长：	核定等级	质量检查员：

注：D_{max}、D_{min}分别为管子最大及最小外径。

年　月　日

说 明

本表适用于民用建筑群(小区)工作压力不大于0.3MPa的室外煤气铸铁管道和碳素钢管道的安装。

保证项目

检查数量：1、3、4、5、6项全数检查。
　　　　　2项按管网内直线管段长度每100m抽查3段，不足100m不少于2段。
检验方法：1项检查管网或分段试验记录。
　　　　　2项用水准仪(水平尺)、拉线和尺量检查或检查测量记录。
　　　　　3项观察检查或检查隐蔽工程记录。
　　　　　4项检查吹扫记录。
　　　　　5项对照附表1、附表2检查。观察和尺量检查。
　　　　　6项对照设计图纸检查和检查预拉伸记录。

埋地煤气管道与建、构筑物或其他相邻管道之间的最小水平净距　　附表1

序号	项目		埁地煤气管道		
			低压(m)	中压(m)	次高压(m)
1	与建筑物、构筑物的基础		2.0	3.0	4.0
2	与供热管的管沟外壁		1.0	1.0	1.5
3	与给、排水管		1.0	1.0	1.6
4	与电力电缆		1.0	1.0	1.0
5	与通讯电缆	直埋	1.0	1.0	1.0
		在导管内	1.0	1.0	1.0
6	与其他煤气管道	管径小于或等于300mm	0.4	0.4	0.4
		管径大于300mm	0.5	0.5	0.5
7	与电杆(塔)的基础	电压小于或等于35kV	1.0	1.0	1.0
		电压大于35kV	5.0	5.0	5.0
8	与通信、照明电杆(至电杆中心)		1.0	1.0	1.0
9	与街树(至树中心)		1.1	1.2	1.2

埋地煤气管道与建、构筑物或其他相邻管道之间的最小垂直净距　　附表2

序号	项目		埋地煤气管道(当有套管时，以套管计)(m)
1	给、排水管或其他煤气管道		0.15
2	供热管的管沟底或顶部		0.15
3	电缆	直埋	0.50
		在导管内	0.15

基本项目

评定代号：优良√，合格○，不合格×。

1 项 管道螺纹或法兰连接

检查要求同表 1-378 基本项目 2、3 项。

2 项 非镀锌管道的焊接

合格：(1) 焊口平直度、焊缝加强面的质量符合施工规范规定，焊口表面无烧穿、裂纹和明显结瘤、夹渣及气孔等缺陷；

(2) 焊口无损探伤检查，焊缝分类及合格标准符合设计要求。如设计无要求，焊缝类别按类Ⅳ，射线探伤数量应符合国际《现场设备、工业管道焊接施工及验收规范》(GBJ 236—82) 表 7.3.8-2 Ⅲ 级 A 的规定。

优良：在合格基础上，焊波均匀一致，焊缝无结瘤、夹渣和气孔。

检查数量：焊口平直度，焊缝加强面不少于 10 个焊口；焊口无损探伤，抽查 10%，但不少于 10 个焊口。

检验方法：观察和尺量检查及检查探伤检验报告。

3 项 铸铁管道的承插、套箍接口

合格：接口结构和所用填料符合设计要求和施工规范规定，灰口密实、饱满，填料凹入承口边缘不大于 2mm，胶圈接口平直无扭曲，对口间隙准确。

优良：在合格基础上，环缝间隙均匀，灰口平整、光滑，养护良好，胶圈接口回弹间隙符合设计要求。

检查数量：不少于 10 个接口。

检验方法：观察和尺量检查。

4 项 管道支(吊、托)架及管座(墩)

合格：构造正确，埋设平正牢固。

优良：在合格基础上，排列整齐，支架与管子接触紧密。

检查数量：各抽查 5%，但均不少于 5 件(个)。

检验方法：观察和尺量检查。

5 项 阀门安装

合格：型号、规格、耐压强度和严密性试验结果，符合设计要求和施工规范规定，位置、进出口方向正确，连接牢固、紧密。

优良：在合格基础上，启闭灵活，朝向合理，表面洁净。

检查数量：按不同规格、型号抽查 10%，但不少于 10 个。

检验方法：手扳检查和检查出厂合格证、试验单。

6 项 埋地管道的防腐层

检查数量：每 50m 抽查 1 处，但不少于 10 处。

检验方法：观察和切开防腐层检查。

合格：材质和结构符合设计要求和施工规范规定，卷材与管道以及各层卷材间粘贴牢固。

优良：在合格基础上，表面平整，无皱折、空鼓、滑移和封口不严等缺陷。

7 项 管道和金属支架涂漆

检查数量：各不少于 10 处。

检验方法：观察检查。

合格:油漆种类和涂刷遍数符合设计要求,附着良好,无脱皮、起泡和漏涂。
优良:在合格基础上,漆膜厚度均匀、色泽一致,无流淌及污染现象。

允许偏差项目

1~3项　检查数量:分别按管网的起点、终点、分支点和变向点查各点之间的直线管段,每100m抽查3点(段),不足100m不少于2点(段)。
　　　　检验方法:用水准仪(水平尺)、直尺、拉线和尺量检查。

4项　　检查数量:按管网内弯管(含方型伸缩器弯)的全数抽查10%,但不少于10个。
　　　　检验方法:用外卡钳和尺量检查。

5~6项　检查数量:全数检查。
　　　　检验方法:(1)凝水器水平度:用水平尺和直尺检查;(2)垂直度:用吊线和尺量检查;(3)轴线:用直尺、拉线和尺量检查;(4)高度和标高:用水准仪(水平尺)、直尺、拉线和尺量检查。

调压装置安装分项工程质量检验评定表

表 1-391

工程名称：　　　　　　　　　　　　　　　部位：

		项　目	质　量　情　况
保证项目	1	调压装置及连接管的耐压强度和严密性试验结果，必须符合设计要求	
	2	调压装置的调压器、过滤器、压力计和安全阀等附件及仪表的规格、型号和性能指标，必须符合设计要求	
	3	调压器、指挥器的安装朝向和调压器旁通管的管径，必须符合设计要求和产品说明书的规定。调压阀杆严禁歪扭和倾斜，其轴线与水平面必须垂直	
	4	调压器调压后的压力必须符合设计要求	
	5	管道和调压器安装竣工后或交付使用前必须根据设计要求进行吹扫	

		项　目	质量情况										等级
			1	2	3	4	5	6	7	8	9	10	
基本项目	1	阀门安装											
	2	管道和阀门手轮涂色											
	3	管道螺纹或法兰连接											
	4	非镀锌管道焊接											
	5	管道支(吊、托)架及座(墩)											
	6	管道和金属支架涂漆											

		项　目	允许偏差(mm)	实测值 (mm)									
				1	2	3	4	5	6	7	8	9	10
允许偏差项目	1	调压器高度	±15										
	2	过滤器高度	±15										
	3	放散管阀门高度	±20										
	4	安全水封高度	±20										

检查结果	保证项目	
	基本项目	检查　　　项，其中优良　　　项，优良率　　　%
	允许偏差项目	实测　　　点，其中合格　　　点，合格率　　　%

评定等级	工程负责人： 工　　长： 班组长：	核定等级	质量检查员： 年　月　日

说　明

本表适用于工作压力不大于 0.3MPa 的室外输送次高压、中压和低压煤气调压装置的安装。

保证项目

　　检查数量：全数检查。

　　检验方法：1 项检查试验记录。

　　　　　　　2 项对照设计图纸或产品说明书检查。

　　　　　　　3 项对照设计图纸和产品说明书检查。

　　　　　　　4 项检查调压记录。

　　　　　　　5 项检查吹扫记录。

基本项目

　　评定代号：优良√，合格○，不合格×。

　　1 项阀门安装

　　合格：型号、规格、耐压强度和严密性试验结果，符合设计要求和施工规范规定；位置、进
　　　　　出口方向正确，连接牢固、紧密。

　　优良：在合格基础上，启闭灵活，朝向合理，表面洁净。

　　检查数量：按不同规格、型号抽查 10%，但不少于 10 个。

　　检验方法：用手扳检查和检查出厂合格证、试验单。

　　2 项管道和阀门手轮涂色

　　合格：颜色区分符合设计要求。

　　优良：在合格基础上，色泽鲜明，均匀一致。

　　检查数量：全数检查。

　　检验方法：对照设计图纸检查。

　　3 项管道螺纹或法兰连接　检查要求同表 1-380 基本项目 1。

　　4 项非镀锌管焊接　检查要求同表 1-380 基本项目 2。

　　5 项管道支(吊、托)架及管座(墩)

　　合格：构造正确，埋设平正牢固。

　　优良：在合格基础上，排列整齐，支架与管子接触紧密。

　　检查数量：各抽查 5%，但均不少于 5 件(个)。

　　检验方法：观察或用手扳检查。

　　6 项管道和金属支架涂漆

　　合格：油漆种类和涂刷遍数符合设计要求；附着良好，无脱皮、起泡和漏涂。

　　优良：在合格基础上，漆膜厚度均匀，色泽一致，无流淌及污染现象。

　　检查数量：各不少于 10 处。

　　检验方法：观察检查。

允许偏差项目

　　检查数量：全数检查。

　　检验方法：尺量检查。

锅炉安装分项工程质量检验评定表

表1-392

工程名称： 　　　　　　　　　　　　部位：

	项 目	质 量 情 况
保证项目	1　锅炉和省煤器的型号、规格及水压试验结果，必须符合设计要求和施工规范规定	
	2　锅炉和省煤器安装前，基础混凝土强度、坐标、标高尺寸和螺栓孔位置必须符合设计要求	
	3　锅炉的烘炉必须按施工规范规定进行	
	4　锅炉试运行前的煮炉必须按设备技术文件和施工规范规定进行	
	5　机械传动炉排烘炉前必须按施工规范规定进行冷态运转试验	

基本项目	项 目	质 量 情 况										等级
		1	2	3	4	5	6	7	8	9	10	
1	铸铁省煤器肋片的完好											
2	锅炉及泵类配管											

允许偏差项目		项 目		允许偏差 (mm)	实 测 值 （mm）									
					1	2	3	4	5	6	7	8	9	10
	1	锅 炉	坐 标	10										
			标 高	±5										
			中心线垂直度　立式锅炉炉体全高	4										
			中心线垂直度　卧式锅炉炉体	3										
	2	链条炉排	炉排中心线位置	2										
			前轴和后轴的轴心线的相对标高差	5										
		往复推动炉排	炉排片间隙　纵 向	±0.5										
			炉排片间隙　两 侧	+1										
	3	铸铁省煤器	支承架水平方向位置	±3										
			支承架的标高	±5										
	4	设备保温	厚 度	+0.1δ −0.05δ										
			表面平整度　卷材或板材	5										
			表面平整度　涂抹或其他	10										

检查结果	保证项目				
	基本项目	检查	项，其中优良	项，优良率	%
	允许偏差项目	实测	点，其中合格	点，合格率	%

评定等级	工程负责人：	核定等级	
	工　长：		
	班组长：		质量检查员：

注：δ为保温层厚度。

　　　　　　　　　　　　　　　　　　　　　　　　　　　　　　年　月　日

说　明

本表适用于工作压力不大于 0.8MPa、热水温度不超过 150℃ 的立式、卧式整体锅炉和省煤器安装。

保证项目

　　检查数量：全数检查。

　　检验方法：1 项检查试验记录。

　　　　　　　2 项检查交接记录或根据设计图纸对照检查。

　　　　　　　3 项检查烘炉记录。

　　　　　　　4 项检查煮炉记录。

　　　　　　　5 项检查冷态试运转记录。

基本项目

　　评定代号：优良√，合格○，不合格×。

　　1 项铸铁省煤器肋片的完好

　　合格：每根管上破损肋片不超过总肋片数的 10%。整个省煤器有破损肋片的导管不超
　　　　过总管数的 10%。

　　优良：每根管的破损肋片和有破损肋片的管均不少于 5%。

　　检查数量：全数检查。

　　检验方法：检查安装检验记录。

　　2 项锅炉及泵类配管

　　按室内给水、排水、采暖、热水供应有关条款评定。

允许偏差项目

　　检查数量：锅炉坐标、标高、中心线垂直度，炉排和省煤器均逐台检查；锅炉和省煤器保
　　　　　　温层，每台设备不少于 5 点。

　　检验方法：1 项坐标、标高，2 项链条炉排：用水准仪（水平尺）、直尺、拉线和尺量检查。

　　　　　　　1 项中心线垂直度，3 项支承架的标高：用吊线和尺量检查。

　　　　　　　2 项往复推动炉排：用塞尺检查。

　　　　　　　3 项支承架的水平方向位置：尺量检查。

　　　　　　　4 项厚度：用钢针刺入保温层检查；表面平整：用 2m 靠尺和楔形塞尺检查。

锅炉附属设备安装分项工程质量检验评定表

表 1-393

工程名称： 部位：

		项 目		质 量 情 况										
保证项目	1	鼓、引风机和水泵等设备，就位前的基础混凝土强度、坐标、标高尺寸和螺栓孔位置必须符合设计要求和施工规范规定												
	2	风机、水泵试运转时的轴承温升必须符合施工规范规定												
	3	敞口水箱、罐的满水试验和密闭箱、罐(如离子交换器、卧式热交换器等)的水压试验结果，必须符合设计要求和施工规范规定												

		项 目		质 量 情 况										等级
				1	2	3	4	5	6	7	8	9	10	
基本项目	1	设备支架和座(墩)												
	2	箱、罐等设备涂漆												

		项 目		允许偏差 (mm)	实 测 值 (mm)									
					1	2	3	4	5	6	7	8	9	10
允许偏差项目	1	鼓、引风机	坐 标	10										
			标 高	±5										
	2	机械除尘器、离子交换器、盐水溶解池、卧式热交换器、其他箱、罐	坐 标	15										
			标 高	±5										
			垂直度(每米)	1										
	3	离心式水泵、蒸汽往复泵	泵体水平度(每米)	0.1										
			联轴器同心度 轴向倾斜(每米)	0.8										
			联轴器同心度 径向位移	0.1										
	4	卧式热交换器等设备保温	厚 度	$+0.1\delta$ -0.05δ										
			表 面 平整度 卷材或板材	5										
			表 面 平整度 涂抹或其他	10										

检查结果	保证项目				
	基本项目	检查	项,其中优良	项,优良率	%
	允许偏差项目	实测	点,其中合格	点,合格率	%

评定等级	工程负责人： 工 长： 班组长：	核定等级	
			质量检查员：

注：δ 为保温层厚度。

年 月 日

说　明

本表适用于锅炉的鼓风机、引风机、机械除尘器、积水设备、卧式热交换器、离心式水泵和蒸汽往复泵的安装。

保证项目

  检查数量:全数检查。

  检验方法:1 项检查交接记录或根据图纸对照检查。

      2 项检查温升测试记录。

      3 项检查满水和试压记录。

基本项目

  评定代号:优良√,合格○,不合格×。

  检查数量:全数检查。

  1 项设备支架和座(墩)

  合格:位置和结构构造符合设计要求,埋设平正牢固。

  优良:在合格基础上,支架(座)与设备接触紧密。

  检验方法:观察和对照设计图纸检查。

  2 项箱、罐等设备涂漆

  合格:油漆种类和涂刷遍数符合设计要求,附着良好,无脱皮、起泡和漏涂。

  优良:在合格基础上,漆膜厚度均匀,色泽一致,无流淌及污染现象。

  检验方法:观察检查。

允许偏差项目

  检查数量:鼓、引风机、水泵、机械除尘器等设备全数检查。附属设备保温层,每台设备不少于 5 点。

  检验方法:1～2 项坐标、标高:用水准仪(水平尺)、直尺、拉线和尺量检查;垂直度:用吊线和尺量检查。

      3 项泵体水平度、联轴器同心度:在联轴器互相垂直的四个位置上,用水准仪、百分表或测微螺钉和塞尺检查。

      4 项设备保温厚度:用钢针刺入保温层检查;表面平整度:用 2m 靠尺和楔形塞尺检查。

锅炉附件安装分项工程质量检验评定表

表 1-394

工程名称：　　　　　　　　　　　　部位：

	项　目		质　量　情　况									
保证项目	1	分汽缸、分水器安装前的水压试验结果，必须符合设计要求和施工规范规定										
	2	各种附件的规格、型号必须符合设计要求或施工规范规定										
	3	安全阀、压力表和水位表的安装必须符合施工规范和《蒸汽锅炉安全监察规程》、《热水锅炉安全技术监察规程》的有关规定										
	4	减压器调压后的压力必须符合设计要求										
	5	除污器过滤网的材质、规程和包扎方法，必须符合设计要求或施工规范规定										

	项　目	允许偏差(mm)	实测值（mm）									
允许偏差项目			1	2	3	4	5	6	7	8	9	10
	1 注水器、减压器、疏水器几何尺寸	5										
	2 分汽缸、分水器、注水器标高	±5										

检查结果	保证项目	
	允许偏差项目	实测　　点，其中合格　　点，合格率　　%

评定等级	工程负责人： 工　长： 班组长：	核定等级	质量检查员：

年　　月　　日

说　明

本表适用于分汽缸、分水器、注水器、疏水器、减压器、除污器的安装。

检查数量：全数检查。

保证项目

检查方法：1 项检查试验记录。
　　　　　2 项对照设计图纸检查。
　　　　　3 项对照规范、规程检查。
　　　　　4 项检查调压记录。
　　　　　5 项解体检查。

允许偏差项目

检验方法：尺量检查。

5. 分部工程质量检验评定(表1-395)

分部工程的等级标准:

(1) 合格:所含分项工程的质量全部合格。

(2) 优良:所含分项工程的质量全部合格,其中有50%及其以上的优良项(须含指定的主要分项工程)。

分部工程质量评定表,是各分项工程的检验评定汇总表。采暖、卫生与煤气工程共有17项分项工程,各工程根据各自应有的分项工程内容填入此表。

6. 暖卫、煤气工程观感质量评定(表1-396)

(1) 观感评定的等级:

观感质量评定是工程质量评定中的一项重要内容。观感评定的质量等级共分为五级,对应不同的得分率(一级得分率为100%、二级得分率为90%、三级得分率为80%、四级得分率为70%、五级得分率为0)。

在建筑安装工程质量检验统一标准GBJ 300—88中给出的"单位工程观感质量评定表"中,只给出了各种标准,但此表不便于在工程观感评定中使用。在观感评定中应用的表格是其变通表(见表1-396)。

(2) 进行观感评定时应注意的问题:

1) 表中某项含若干分项时,其标准值可根据比重大小先行分配,然后分别评定等级;

2) 室内有代表性的自然间抽查10%,应包括附属房间及厅道等;

3) 等级评定标准:抽查或全数检查的点(房间)均符合质量检验标准合格规定的评为四级(得分率为70%);其中有20%~49%的点(房间)达到标准优良规定者,评为三级(得分率为80%);有50%~79%的点(房间)达到标准优良规定者,评为二级(得分率为90%);有80%及其以上的点(房间)达到标准优良规定者,评为一级(得分率为100%);有不符合标准合格规定的点(房间者),评为五级(得分率为0)并应处理。

4) 观感评定由于受评定人技术水平、经验等的主观影响,所以评定时应由三人以上评定为宜。

观感质量评定应在设备安装工作完成后进行。

1 地基与基础工程施工阶段

分部工程质量评定表 表 1-395

工程名称：

序号	分项工程名称	项数	其中优良项数	备注
1				
2				
3				
4				
5				
6				
7				
8				
9				
10				
11				
12				
合　　计			优良率　　　%	

评定等级	技术负责人： 工程负责人：	核定意见	
			核定人： 年　月　日

1.2 建筑设备安装工程

单位工程观感质量评定表(暖卫、煤气工程)

表 1-396

工程名称:　　　　　　　　施工单位:

序号	项	目		应得分	检查记录										等级	实得分
					1	2	3	4	5	6	7	8	9	10		
1	室内给排水	管道坡度	给水	2												
2		接口管件	排水	2												
3		卫生器具、支架		1												
4		卫生器具阀门配件		1												
5		支、托、吊架		1												
6		检查口 清扫口 地漏		1												
7	室内采暖	管道坡度 支管 接口		3												
8		支、托、吊架		1												
9		散热器及支架		2												
10		伸缩器 膨胀水箱		1												
11	室内煤气	管道坡度 接口 支架		2												
12		煤气管与其他管距离		1												
13		煤气表、阀门		1												
评定结果	应得　　　分　　　　实得　　　分　　　　得分率　　　%															

检查单位　　　　　　检查人　　　　　　　　　　　　　　　　　　年　月　日

附录 北京市建筑工程暖卫设备安装质量若干规定

(94)质监总站 036 号

第一部分 质量管理基本规定

1. 本规定适用于一般工业及民用建筑的室内暖卫工程及整体锅炉安装工程的施工及验收(室内工业给、排水和有特殊要求的建筑应按专门规定执行)。

2. 暖卫设备安装专业施工应具有健全的专业质量保证体系，施工队技术负责人应具有相当专业助理工程师以上技术职务人员担任，专业管理人员和工长必须持有市建委核发的岗位合格证。

3. 暖卫工程施工方案、技术质量交底、各项试验记录、检验记录、隐蔽工程验收、洽商记录等技术文件应根据现场施工及时填写，其日期、项目、部位、内容、结果、签字应齐全，施工工地必须具有以上有关技术资料以备核查。

第二部分 通用规定

1. 暖卫使用的管材、零件、配件及设备必须使用合格产品，对其质量有疑问的须经法定"产品质量监督检验站"进行检测合格后，方可使用。凡使用不合格产品影响安装质量及使用功能的均按工程质量问题处理。

2. 碳素钢管不得直接埋在焦渣层等含有腐蚀性土壤层中，必须按设计要求做好防腐层，并由设计决定管道周围填以保护性材料。

3. 埋设的暖卫管道变径管件均不得使用补心变径，应使用大小头变径。埋设管道不得设有油任，法兰等活接头。

4. 暖、卫管道分支使用气焊开口分支时，不得减小分支管内径。使用电、气焊制作三通应符合施工规范第 9.2.9 条，第 9.2.11 条，第 9.2.12 条规定，并需及时将焊渣、焊瘤清除干净。

5. 住宅工程暖卫及冷、热水支管管径小于 $DN25$，管中心距墙不超过 60mm 可采用单管卡作托架，支架间距不得超过 1.5m，而且在拐弯及易受外力变形部位需加设管卡。单、双管卡规格应按标准图集使用 $25mm \times 3mm$ 扁钢制成。

6. 暖、卫管道安装型钢支架螺栓孔径≤M12 支架，不得使用电、气焊开孔、扩孔、切割，应使用专用机具。螺栓孔径＞M12 的管道支架如需气焊开孔、切割时应对开孔及切割处进行处理。支架孔眼及支架边缘应平整、光滑，孔径不得超出穿孔螺栓或园钢直径的 5mm。

第三部分 室内给排水工程

1. 住宅工程生活给水及生活、消防合用给水管路使用管材及连接方式应按施工及验收规范第 3.1.2 条,第 3.1.3 条,第 3.2.1 条规定执行。但管径≥DN125 以上的镀锌管材考虑实际加工及管件供应困难时可采用焊接方式。丝接或焊接后必须将焊口及和镀锌层破坏处做好防腐处理。

2. 设计明确规定的或使用单位要求给水标准高的建筑工程必须按规范及设计要求施工,管径≥DN125 镀锌给水管路丝接困难可使用焊接法兰连接,初步安装后,校对好位置、尺寸,重新拆下进行加工镀锌处理再最后进行安装。

3. 独立的消火栓系统给水管道使用镀锌钢管连接时,可采用焊接,但必须保证焊口质量符合施工规范规定并做好防腐处理。

4. 凡有保温层的以及暗敷设给水管道在管道隐蔽前必须做水压试验,试验压力及要求按规范第 3.1.5 条执行。试验合格后方可进行隐蔽工程验收,埋设管道其埋设管下部回填夯实后方可敷设,不经试压合格不得进行管道隐蔽。

5. 住宅工程厨、厕间给水支管水表外壳距净墙面不得大于 30mm,不得小于 10mm。表位前后的直线管段长度超过 300mm 时,支管应煨弯沿墙敷设。厨厕间吊柜等设备不应妨碍水表观察。

6. 住宅工程厨房间、卫生间给水立管穿楼板、墙面一般可不设置钢套管,立管根部与土建配合做出 20～50mm 水泥台度防止管根积水。如设计要求加设钢套管,其套管高出地面 50mm、规格应比管道大二号,并填塞密封膏封闭严密。

7. 室内给水管道穿越门厅、居室、壁厨、门口上部、吊顶、管井内及管道结露影响使用的部位,均应作防结露保温层。保温层使用材料和作法要求由设计人员确定。

8. 非采暖房间的冷、热水系统管道以及水管、水表、阀类均应有可靠的防冻保温层。冷、热水系统管道穿越采光井、伸缩缝等处必须有防冻、防水的保温措施。排水管道一般不得穿过沉降缝、伸缩缝。

9. 多层住宅生活给水立管管径≤DN25 使用单管卡固定,大于 DN25 立管如不设穿楼板套管可不设立管卡架。高层住宅工程的给水立管必须按规范安装立管卡架,卡架设置应考虑美观及不妨碍使用。可以在安装落地卡架上抹水泥墩台。

10. 排水铸铁管承插口连接变径不应使用同径套袖作变径,应使用异径大小头套袖变径,避免环形捻口缝隙过大或过小影响捻口严密性。

11. 住宅工程内排雨水管材,设计采用焊接钢管时,宜选用镀锌钢管,管径大于 DN100 可进行焊接,并将镀锌层破坏处做好防腐处理。

12. 排水立管与排出管连接处支撑必须牢固,明管可采用托、吊支架固定。埋设或地沟内敷设的给、排水管道不得采用干码砖或支垫木块等方法支撑,必须按规定间距采用砌筑体可靠支撑固定。埋设基础要坚实可靠,不得敷设在冻土或松土上。

13. 六层以下住宅铸铁排水立管可不设固定卡,高层住宅铸铁排水立管可隔层设置落地固定卡架固定。铸铁排水立管凡穿楼板处,用细石混凝土(填加防水膨胀剂)浇筑固定,不得渗漏。并在地面抹上水泥台度保护管根不积水。

14. 住宅工程厨、厕间污水铸铁托吊支管长度不超过 1.5m 可以不设吊架,排水托吊管卡架规格应符合华北标准图集 91SB1 规定要求选用。

15. 排水管道的立管与横支管之间安装位置不允许情况下,可使用 T 型三通、正四通连接。其他按规范要求执行。

16. 排水管道的透气管出屋顶高度：非上人屋面应为600～700mm，其他应执行规范第4.2.9条的注1—3。

17. 吊顶内、管井、设备层等需作保温层的排水管道以及埋设的排水管道在隐蔽前必须进行灌水试验，否则不得隐蔽。灌水方法及要求应符合规范第4.2.16条、第4.3.5条规定。同时应作好灌水试验记录，防腐后进行隐蔽工程验收。

18. 生活给水箱泄水管、溢水管、空调冷凝管、给水管均不能与生活污水管道及设备直接连接，生活饮用水管道严禁与大便器（槽）直接连接，必须有可靠的空气隔断及防污染装置。雨水管不得与污水管相连。

19. 设在吊顶内、公共厕所及管道结露影响使用要求的污水横管均应按设计要求做防结露保温层。保温层厚度及材料应由设计决定。

20. 风机盘管冷凝管与滴水盘使用软连接时其水平软管长度不应大于300mm（避免出现挠度造成污物堵塞）。

21. 空调冷凝管坡度应按排水管坡度考虑，如在吊顶内坡度受空间限制，最小坡度不得小于1%，并且应由设计确定就近排放。吊顶内冷凝管应做防结露保温。

22. 卫生器具的固定应采用预埋固定件或膨胀螺栓，座便器固定螺栓不小于M6，便器冲水箱固定螺栓不小于M10。并用橡胶垫和平光垫压紧，凡是固定卫生器具的螺栓、螺母、垫圈均应使用镀锌件。膨胀螺栓只限于混凝土板、墙。轻质隔墙不得使用。

23. 洗脸盆、家具盆支架安装必须牢固，器具与支架接触紧密，支架与器具之间不得用垫灰、垫块方法固定器具标高。家具盆使用扁钢支架时扁钢不小于40mm×3mm，螺栓不小于M8，家具盆扁钢支架边缘搬边部分不能大于50mm，不小于20mm，搬边部分应光滑不得有割口糙边，并与盆面接触紧密。各类支架均应做好防腐及面漆。

24. 洗脸盆支架使用DN15钢管制作应采用镀锌钢管，尾端做好燕尾，栽墙牢固，用镀锌螺栓做固定件，固定脸盆不得活动。

25. 排水地漏及三用排水器不得设置在不防水地面上，交工前必须清除水封处污物，地漏水封深度不得小于50mm，扣碗安装位置正确，铸铁篦子做好防腐并开启灵活，不得用灰抹住。

26. 座便器低水箱必须使用防虹吸水箱配件，并具有北京市法定检测单位证明。

27. 后排水座便器的冲水弯管皮碗绑扎应使用喉箍卡严或14号铜丝缠绕二道绑扎严紧。排水胶管固定方法同前，并应有10mm坡度，坡向排水立管不得出现死弯，接口不得渗水。

28. 蹲便器、座便器与排水管接口处须加环型腻子抹严抹光，座便器栽地固定螺栓不得破坏防水层，蹲便器冲水皮碗处不得用砂浆灌死。

29. 蹲便器高位水箱塑料冲洗管距地1m压设置单管卡固定牢固。

30. 卫生间内浴盆检修门不应贴地安装，检修门应有距地20～50mm止水带，防止卫生间地面水流入浴盆下。

31. 卫生器具配件：塑料下水口及返水弯等不得使用再生塑料制品，应保证其圆度、硬度不得造成渗漏、脱落等质量问题。必要时应检查有关法定单位的产品监督检验证明。返水弯与排水管甩口应用油麻密封膏填塞封闭。

32. 建筑工程排水管道使用UPVC管应按《建筑排水硬聚氯乙烯管道施工及验收规程》

(CJJ 30—89)及有关工艺标准施工。

33．生活与消防合用高位水箱时,消防管路必须有10min的高位消防贮水量,为此水箱消防管出口与生活给水管出口应有以上贮水量间距,其间距必须由设计人确定,施工中必须按设计提供的间距接管(生活给水出水管在上部,消防给水出水管在下部)。

34．给水管道安装完毕必须进行冲洗,直到污浊物冲洗干净,给、排水系统如不进行通水,不得进行交工、验收。

35．排水管道通球试验必须在通水试验之后进行,其球径及通球方法、部位必须按建委有关文件执行。合格后方可进行工程交验。

第四部分　室内热水采暖工程

1．热水采暖入口应按设计要求设置压力表、温度计、串连管等装置(按华北标准图集91SB1暖51施工,但过滤器前必须加设切断阀门,规格同供水管),如工程竣工因季节或热源等因素暂不通暖时,必须留出仪表甩口,待通暖热工调试前安装完毕。土建亦须配套,设置检查口及积水坑(按华北标准图集91SB1暖)。

2．室内采暖管道变径不应使用补心变径,应用异径管箍或摔大小头焊口连接,水平干管应按排气要求采用偏心变径,立管变径采用同心变径。变径位置应不大于分支点300mm。

3．住宅工程室内采暖干管安装不应使用油任连接,如设计要求必须设置可拆连接件时,应采用法兰连接件。

4．住宅工程单管顺序式热水采暖系统无闭合管的立管阀门可不安装油任,有闭合管的立管阀门应设油任,但闭合管可不加油任。

5．室内热水采暖管道的方型伸缩器宜用整根管煨制,如有焊口应安排在方型伸缩器垂直臂中间位置。管径≥DN100的方型伸缩器可采用压制弯头焊接,但弯头应与导管管壁相同。方型伸缩器应结合布置在两个固定支架中心或不少于两固定支架间距离的1/3处。

6．采暖管道用焊接钢管连接时直径≥DN40时宜采用焊接,管道直径<DN40时宜采用丝接,如采用焊接时,其对口间隙及错口偏差不应超出施工规范标准(即不超过2mm)。

7．暖气干管分环路进行分支连接时,应考虑管道伸缩要求一般不得采用丁字直线管段连接。

8．暖气立管与横干管连接时应按图集91SBIP29方式连接,如立管直线长度小于15m时,立管与干管可以用二个弯头连接,立管直线长度大于15m时,立管与干管用三个90°弯头与干管连接,横节长度应为300mm,且应有1%坡度,不应使用对丝加弯头代替管段横节做为连接方法,保证立管胀缩得以补偿。

9．采暖管道最高点或可能有空气集聚处应设排气装置,最低点或可能有水积存处应设泄水装置,根据目前本市采暖水质及自动排气阀质量尚不能完全保证自动可靠排除空气,为不防碍用户使用,住宅工程的设计图如将自动排气阀或集气击设在居室或客厅内时,应改变管道坡度,把管道最高点及排气装置安排在厨厕间内(施工单位应与设计单位办理技术洽商)。当装放风管时应接至有排水设施的地漏或洗池中,放风阀门安装高度不低于2.20m,放风管口距池底20mm。自动排气阀的进水端应装阀门。

10. 暖卫管道不得穿越垃圾道、烟道、风道。凡无采暖的环境内采暖管道及设备均应采取保温。

11. 暖气管道穿墙、穿楼板应设置钢套管或铁皮套管、穿厕浴间、厨房间地面须用钢套管，其套管应高出地面50mm。套管规格应比管道管径大二号，并用油麻填塞密封。

12. 穿越壁厨、吊柜内采暖及热水管道，均应采取保温措施，其保温材料应由设计人确定，不得使用对环境及人体有害保温材料。

13. 空调系统冷冻管的管道坡度、卡架间距、规格、放风及泄水、伸缩器及管道安装应按水暖管道要求外，其卡架与管道之间必须由设计确定防冷桥结露的隔冷层厚度和材质。施工时应保证其防结露保温的严密性。

14. 空调冷冻管穿墙及楼板处必须设置可靠的防结露保温层，如设计安装钢套管时其套管应设置在保温层外。

15. 变电、配电所(室)的开关，控制室内采暖管道及设备接口均应焊接并不得设有阀门。

16. 采暖及热水管道活接头及散热器的衬垫必须使用标准石棉橡胶制品，不得使用橡胶衬垫或再生橡胶渗石棉的所谓合成垫，柱形散热器石棉垫厚度应为1.5mm，组对后垫片外露不应超出2mm。

17. 散热器组对后在安装前应做水压试验，铸铁柱形散热器20片以上应加拉条固定。成品散热器运到现场亦应做水压试验，并填写试压纪录。

18. 膨胀水箱安装后，调试前应对水箱水位进行调整，膨胀水箱的最低水位一般应高于热水采暖系统最高点1m以上，最小不得小于0.5m。水箱安装后应按设计要求做好保温，当设计设置循环管时，循环管与系统的连接点和膨胀管连接点应有1.5～2m间距。

19. 暖气干管安装后在保温前应做单项试压，暖气系统安装完毕应做系统综合试压，试压要求应符合设计及施工规范第6.2.8条规定。试压时必须将管道阀门开启并将系统内空气排除干净，不得带有空气进行水压试验。

20. 暖气系统通暖时必须进行热工调试，各环路散热器水温应均匀，按规范及设计要求调试完应填写热工调试纪录，做为竣工资料保证项目归档。工程交工时无条件进行热工调试，必须在竣工单上注明热工调试延期。

第五部分 锅炉及附属设备安装工程

1. 设备基础经土建施工单位、设计单位检验合格后办理设备基础验收，并与设备安装单位进行基础交接手续后，方可进行设备安装。

2. 设备安装单位应配合土建设备基础施工，检查设备基础的规格、尺寸、坐标、标高、孔洞位置；埋件的规格、型号、位置以及基础混凝土强度符合设计及实际设备基础图的要求标准后，填写预检纪录，进行安装施工。

3. 安全阀应独立安装在设备本体上，阀座要平整，它与阀体之间短管不得装有排气管和阀门。锅炉安全阀应有独立的排出管，二个独立的安全阀其排出管不应相连，并排至设计指定的安全地点。

4. 压力表安装应符合暖卫工程施工及验收规范第10.3.4条，第10.3.5条规定要求。

5. 每台水泵出水管均应装有止回阀(气泵及无倒流水系统除外)水要先经止回阀,后经阀门。在水泵出口与止回阀之间应装有压力表。水泵和电机安装地脚罗拴应使用弹簧垫圈及平光垫固定。

6. 除污器过滤网安装位置应正确,滤网目数应符合设计要求。清污口位置应考虑清掏方便(三通过滤器不得贴地安装),除污器前后应有压力表及阀门。

7. 锅炉送风管上应按设计要求装置可调阀门,每台锅炉的烟道均应设有调节风门,各类调节阀应开启灵活。

8. 鼓风机、引风机与金属风(烟)管连接应按设计要求,装有长度不小于150mm的柔性短管,柔性短管的材质及连接方式应由设计人确定,柔性短管安装应保证接合缝牢固、严密,柔性短管不得承受风(烟)管重量。

9. 各类风机、水泵试运行时必须按设计及产品说明要求正确调整旋转方向。

10. 各类金属风管与土建结构风道接合处应密封严密不得漏风。

11. 软化水处理系统的设备、管道及其附件如可能受酸、碱腐蚀时应由设计采取相应有效的防腐措施。盐水系统不得使用普通碳素钢管材,应使用塑料管材、塑料泵或设计指定的有效防腐设备及管材。

12. 各类管道及设备承重支、托、吊架应由设计确定其规格型式及固定方式并保证其安全、可靠。管道及设备承重支架不得直接焊接在管道上或固定在设备法兰上。

13. 锅炉烘炉、煮炉、试运行前必须经有关劳动部门对锅炉及附属设备检验合格办理手续后方可进行。锅炉试运行必须符合施工、验收规范第10.4.6条要求,锅炉房竣工验收应达到施工验收规范第12.0.4条有关规定标准。

1.2.2 建筑电气安装工程

1.2.2.1 技术交底

电气安装工程中的各分项工程的技术交底均应包括以下内容。

1. 对材料、设备的要求;
2. 主要机具;
3. 作业条件;
4. 操作工艺;
5. 质量标准;
6. 成品保护;
7. 应注意的质量问题。

下面以半硬质塑料管暗敷设分项工程技术交底为例说明。

半硬质阻燃型塑料管暗敷设工程技术交底

本技术内容适用于一般民用建筑内的照明工程,不得在高温场所及顶棚内敷设。

1. 材料要求

(1) 阻燃型塑料管及其附件其氧指数应符合消防规范有关要求,并有产品合格证。

(2) 阻燃型塑料管的管壁应薄厚均匀,无气泡及管身变形等现象。

(3) 开关盒、插座盒、接线盒等塑料盒、箱均应外观整齐、开孔齐全及无劈裂等现象。

(4) 镀锌材料:扁铁、木螺丝、机螺丝等。

(5) 辅助材料:铅丝、防腐漆、胶粘剂、水泥、砂子等。

2．主要机具

(1) 铅笔、卷尺、水平尺、线锤、水桶、灰桶、灰铲。

(2) 手锤、錾子、钢锯、锯条、刀锯、木锉等。

(3) 台钻、手电钻、钻头、木钻、工具袋、工具箱、高凳等。

3．作业条件

(1) 配合土建结构施工时,根据砖墙、加气墙弹好的水平线,安装盒、箱与管路。

(2) 配合土建结构施工时,大模板、滑模板施工混凝土墙,在钢筋绑扎过程中预埋套盒及管路,同时办理隐检。

(3) 加气混凝土楼板、圆孔板,应配合土建调整好吊装楼板的板缝时进行配管。

4．操作工艺

工艺流程：

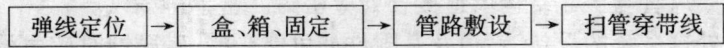

(1) 弹线定位：

1) 墙上盒、箱弹线定位

砖墙、大模板混凝土墙,滑模板混凝土墙盒、箱弹线定位,按弹出的水平线,对照设计图用小线和水平尺测量出盒、箱准确位置,并标注出尺寸。

2) 加气混凝土板、圆孔板、现浇混凝土板,应根据设计图和规定的要求准确找出灯位。进行测量后,标注出盒子尺寸位置。

(2) 盒、箱固定：

1) 盒、箱固定应平正、牢固,灰浆饱满,纵横坐标准确。

2) 砖墙稳住盒、箱：

A．预留盒、箱孔洞：首先按设计图加工管子长度,配合瓦工施工,在距盒箱的位置约300mm处,预留出进入盒、箱的长度,将管子甩在预留孔外,端头堵好。待稳住盒、箱时,一管一孔的穿入盒、箱。

B．剔洞稳住盒、箱,再接短管：按弹出水平线,对照设计图找出盒、箱的准确位置,然后剔洞,所踢孔洞应比盒、箱稍大一些。洞剔好后,先用水把洞内四壁浇湿,并将洞中杂物清理干净。依照管路的走向敲掉盒子的敲落孔,再用高强度等级的水泥砂浆将盒、箱按要求稳入洞中,待水泥砂浆凝固后,再接短管入盒、箱。

3) 大模板混凝土墙稳住盒、箱：

A．预留箱套或箱体固定在钢筋上。

B．用穿筋盒直接固定在钢筋上。

4) 滑模板混凝土墙稳住盒、箱；

A．预留孔洞,下套盒、箱,然后拆除套,再稳住盒、箱；

B．用螺丝将盒、箱固定在扁铁上,然后再将扁铁焊在钢筋上,或直接用穿筋盒固定在钢筋上,并根据墙的厚度焊好支撑钢筋。

5) 加气混凝土板,圆孔板稳住灯头盒。标注灯位的位置,先打孔,然后由下向上剔洞,洞口下小上大。将盒子配上相应的固定体放入洞中,并固定好吊板,待配管后,用高强度等级水泥砂浆稳住。

(3) 管路敷设:

1) 配管要求:

A. 半硬质塑料管的连接可采用套管粘接法和专用端头进行连接。套管的长度不应小于管直径的三倍,接口处应该用胶粘剂粘接牢固;

B. 敷设管路时,应尽量减少弯曲。当线路的直线段的长度超过 15m 时,或直角弯有 3 个且长度超过 8m,均应在中途装设接线盒;

C. 暗敷设应在土建结构施工中,将管路埋入墙体和楼板内。局部剔槽敷管应加以固定并用高标号水泥砂浆保护,保护层不得小于 15mm;

D. 在加气混凝土板内剔槽敷管时,只允许沿板缝剔槽,不允许剔横槽及剔断钢筋。同时剔槽的宽度不得大于 15mm;

E. 滑模板内的竖向立管不许有接头;

F. 管子最小弯曲半径,管子弯曲处的弯扁度应符合质量评定标准的要求。

2) 砖墙敷管:

A. 管路连接。可采用套管粘接法或端头连接。接头处应固定牢固。管路应随同砌砖工序同步砌筑在墙体内。

B. 管进盒、箱连接:可采用粘接或端头连接。管进入盒、箱不允许内进外出,应与盒、箱里口平齐,一管一孔,不允许开长孔。

3) 大模板混凝土墙、滑模板混凝土墙配管时,应先将管口封堵好,管穿盒内不断头,管路沿着钢筋内侧敷设,并用铅丝将管绑扎在钢筋上。受力点应采取补强措施和防止机械损伤的措施。

(4) 扫管、穿带线时,将管口与盒、箱里口切平。

5. 质量标准

(1) 保证项目:

半硬质阻燃型塑料管的材质及适用场所必须符合设计要求和施工规范的规定。

检验方法:观察检查或检查隐蔽工程记录。

(2) 基本项目:

1) 管路连接紧密,管口光滑,保护层大于 15mm。检验方法:观察检查,检查隐蔽工程记录。

2) 盒、箱设置正确,固定可靠,管子进入盒、箱处顺直,在盒、箱内露出的长度应小于 5mm。

检验方法:观察、尺量检查。

3) 穿过变形缝处有补偿装置,补偿装置能活动自如。

检验方法:观察检查和检查隐蔽工程记录。

6. 成品保护

(1) 剔槽打洞时,不要用力过猛,以免造成墙面周围破碎。洞口不易剔得过大、过宽,不要造成土建结构缺陷。

(2) 管路敷设完后应立即进行保护,其他工种在操作时,应注意不要将管子砸扁和踩坏。

(3) 在混凝土板、加气板上剔洞时,注意不要剔断钢筋,剔洞时应先用钻打孔,再扩孔,不允许用大锤由上面砸孔洞。

(4) 配合土建浇灌混凝土时,应派人看护,以防止管路位移或受机械损伤。

7. 应注意的质量问题

(1) 管路有外露现象,或保护层不足 15mm,剔槽时要保证深度,并且及时将管子固定,再用水泥砂浆保护。

(2) 稳住及预埋的盒、箱有歪斜、坐标不准、灰浆不饱满等现象。稳住盒、箱时一定要找准位置,先注入适量的水泥砂浆,再用线锤找正,然后用水泥砂浆将盒、箱周围的缝隙填实。

(3) 管子煨弯处的凹扁度过大及弯曲半径应大于等于 $6D$。煨弯应按要求操作并及时地固定和保护。

(4) 管路不通。朝上的管口容易掉进杂物,因此,应及时将管口封堵好。其他工种作业时,应注意不要碰损敷设完的管路,以免造成管路堵塞。

一般民用工程的分项工程交底应包括:配管配线、配电盘(箱、柜)安装、低压电气安装、照明器具安装、避雷针(网)及接地装置安装等内容。

应该强调的是技术交底的文字内容,应交到施工班组长及施工人员手中,使其切实掌握、了解交底的内容。

在地基与基础施工阶段,要有引入电缆的钢管埋设、地线引入以及利用基础钢筋做地极的等项交底内容。

1.2.2.2 隐蔽工程检查记录

表格式样同土建工程用表,内容应详细、具体,结论清楚,签字手续齐全。

隐检是指为下道工序施工所隐蔽的工程项目在隐蔽前必须进行的隐蔽检查。一般电气安装工程隐检主要有以下五个方面的内容:

1. 暗配管路

包括埋地、墙内、板孔内、密封桥架内、板缝内及混凝土内等。

要求:分部位、分层或分段进行隐检。

内容:位置、规格、标高、弯头、接头、跨接地线的焊接、防腐、管盒固定、管口处理等(填表时应写出具体内容)。

2. 利用结构钢筋做避雷引下线、暗敷避雷引下线及屋面暗设接闪器

要求:除应办理隐检手续外,还应附以平面图、剖面图及文字说明。

内容:材质、规格、型号、焊接情况及相对位置等。

3. 接地体的埋设与焊接

内容:位置、埋深、材质、规格、焊接情况、土壤处理、防腐情况等。

要求:内容应具体,如焊接应写出搭接长度、焊面、焊接质量,防腐应写出防腐材料的种类、遍数等,还应附以"电气接地装置平面图"(表 1-397)

4. 不能进入的吊顶内管路敷设

要求:在封顶前做好隐检。

内容:位置、标高、材质、规格、固定方式方法及上、下层保护情况等。

在地基与基础施工阶段的隐检主要包括:暗引电缆的钢管埋设、地线引入、利用基础钢筋做接地极的钢筋与引线焊接等项内容。

1.2.2.2.3 设计变更、洽商记录

表格式样同土建工程用表,要求同本节的暖卫、煤气工程。

电气接地装置隐检与平面示意图表　　　　　表 1-397

编号:

工 程 名 称				施 工 单 位			
接 地 类 别		组　　数		设 计 要 求	≤　　Ω	图　号	
接地装置平面示意图(绘制比例要适当,注明各组别编号及有关尺寸)							

接地装置敷设情况检查表(尺寸单位:mm)

槽沟尺寸		土质情况		
接地极规格		打进深度		
接地体规格		焊接情况		
防腐处理		接地电阻	(取最大阻值)　Ω	
检验结论		检验日期	年　月　日	
参加人员 签　　字	设计单位	建设单位	施工单位	质 检 员

注:此项工作必须在接地装置敷设后,隐蔽之前进行。

非重点及特殊要求的工程,设计单位可不参加验收签字。

附录 北京市建筑工程电气安装质量若干规定

(94)质监总站037号

第一部分 质量管理基本规定

一、为了加强建筑工程电气安装质量管理，统一标准、做法和要求，提高本市建筑工程电气安装质量。根据国家及本市有关技术规范、标准、规程的规定，结合本市建筑工程电气安装的情况制定本规定。

二、本规定适用于北京市行政区域内的所有建筑工程的电气安装及工程的竣工验收。适用于各监督站所承监的建筑电气工程的巡回监督抽查及竣工核定。

三、本市从事建筑电气工程施工的企业必须具有北京供电局颁发的"供用电工程施工许可证"。

四、建筑施工企业必须在已批准的营业范围内从事建筑电气工程的施工，不准超范围施工。

五、建筑电气工程施工单位的资格和管理能力应与所承包工程的规模和技术要求相适应。工程项目技术负责人应由具有助理工程师以上技术职务的人员担任，并经考核合格。有电工合格证的专业技术工人不少于施工总人数的50%，必须持证上岗。

六、工程施工技术资料应随施工进度及时整理，必须真实地反映工程的实际情况，应按有关要求分类，保证完整、准确，必须由各级施工技术负责人审核。

第二部分 建筑工程电气施工

一、建筑电气设备、器材及材料

（一）根据国家标准 GB 50171—92 第1、0、6条的规定，北京市建筑电气工程中安装的高、低压开关柜及各类箱屏必须采用机械电子部和能源部两部认可的定点厂生产的产品，非定点厂生产的上述电气设备均严禁在建筑工程中安装使用（北京市两部认可定点厂名单见附件一，外省市产品进京必须附有两部认可的定点厂的证书复印件），进口的电气产品必须经国家商检局检定合格。

（二）根据北京市技术监督局[(93)京经质字第295号]文转发国家技术监督局"关于加强对流通领域安全认证的电工产品进行监督管理的通知"的精神规定如下：

1. 各施工单位在建筑电气施工中使用的产品必须符合中国电工产品认证委员会的安全认证要求，其电气设备上应带有安全认证标志（长城标志），凡未经安全认证的此类电工产品均不准使用。首批实行强制管理的电工产品目录和日期见附件二。

2. 各施工单位在(93)京经质字295号文通知规定的实施监督管理之日前购进的"无证书、无标志"电工产品，在确保安全质量的前提下，允许从实施管理日期起两年内（过渡期）安装使用,过期不得继续安装使用。

(三)建筑电气施工中采用的设备、器材及材料必须符合国家现行技术标准的规定,并应有合格证书,设备应有铭牌。

(四)企业所使用的新技术、新材料、新产品、新工艺,必须先经试验(试点)和按国家规定组织鉴定,有相应的规程和标准。未经试验鉴定或未达到技术指标要求者,不得推广使用。

二、配线工程

(一)配管种类的划分及敷设

1. 国家标准 GBJ 232—82 第十三篇已明确的部位按规范规定划分。

2. 对于规范未明确的部位按下列原则确定:

(1)凡敷设在需要通过破坏装饰或结构后方可见到的配管为暗配管。不能上人的固定封闭吊顶、轻钢龙骨板墙内、固定封闭的竖井及通道内的配管为暗配管,上述部位的配管走向、连接,吊、支架固定等按华北标办图集 92DQ5 的有关要求施工。为了便于安装和维修,这些部位除灯具和电气器具自身的接线箱、盒外,不应装设接线盒,由于线路分支等必须加盒时应留检查孔。吊顶内装设的接线盒、灯头盒必须单独固定,其朝向应便于检修和接线。

(2)可上人的吊顶内(有人行通道的吊顶)不封闭式竖井通道内的配管为明配管,其管路走向及支架、固定均应按明配管要求施工。

(二)金属配管及地线连接

1. 暗配金属线管采用套管连接时,根据 GB 50168—92 的规定,套管长度不应小于线管外径的 2.2 倍,管口应对准在套管中心并焊接严密,可不做跨接地线。薄壁金属管($\delta \leqslant 2.0mm$)严禁套管焊接。SC—70 以上线管明配管时因机具原因可使用套管连接。SC—20 以下金属线管暗配时宜丝扣连接,也可套管连接。

2. 线管敷设采用丝扣连接时,管箍两端必须焊接跨接地线,每端焊接长度应不小于元钢直径的 6 倍,并必须两面施焊,扁钢应不小于宽度的 2 倍,并必须三面施焊。金属线管焊接地线规格见表 1 所示。薄壁金属管跨接地线做法参见电气安装工程施工图册 M5—51,也可使用专用的卡子卡接法跨接。

铁管焊接地线选定规格表 表1

管径 (mm)	元钢 (mm)	扁钢 (mm)
15~25	$\phi 5$ 或 $\phi 6$	
32~38	$\phi 6$	
50~63	$\phi 10$	25×3
≥70	$\phi 3 \times 2$	(25×3)×2

3. 配电箱、盒进出线端成排线管地线的连接,必须按要求保证每根线管上的焊接长度,具体可按以下示意图做法(一)、(二)施工。

4. 线路敷设中的金属箱、盒本体必须连接保护地线,对于 TN—S 供电系统或 TN—C—S 供电系统的 S 线段为了不破坏箱、盒饰面,保证其整齐美观,宜将保护地线连接在箱盒的专用接地螺丝上。箱盒的保护地线截面按本部分三款(二)项的表 2 选择。壁厚小于

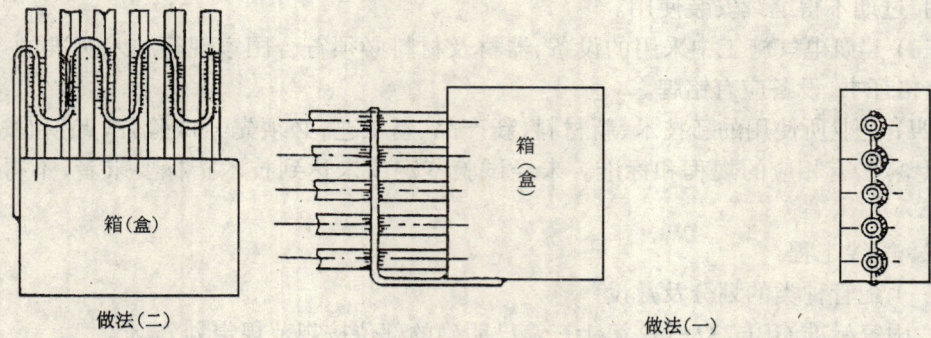

做法（二） 做法（一）

2.5mm 的金属箱、盒本体不应做为管路的跨接地线和用电器具的保护地线压接点。

5．线管进出箱盒处，应采用丝扣锁母固定，线管暗敷设（吊顶内除外）时进出箱盒处可采用焊接法固定，但只宜在管孔四周点焊 3～5 处，烧焊处必须做好防腐处理，并涂刷与箱盒本体相同颜色的面漆两道。

6．金属线管暗敷设在钢筋混凝土结构中，线管宜与钢筋绑扎固定，线管严禁与钢筋主筋焊接固定。

7．额定电压为交流 50V 及以下，直流 120V 及以下者属于安全电压，安全电压配线的金属线管可不做跨接地线。

8．消防按扭接线盒的安装位置宜按"电气安装工程施工图册（1980 年 5 月版）M_1—172Z 方法施工，消防箱暗装时严禁将接线盒敷设在消防箱后侧面的墙上。

9．暗装于墙体等部位的箱盒，电气专业人员必须随工程进度密切配合土建工程做好预埋或预留孔洞。箱口及盒子口与墙体、梁、柱、顶板等的装饰面应平齐，为保证面板及器具的牢固、方正，缩进装饰面 20mm 以上的箱盒必须进行技术处理。为保证箱盒的稳固和防止塑料线管缩出箱盒；箱盒周围必须用高强度等级砂浆或豆石混凝土封堵严实，不得空鼓，箱、盒口周围必须用高强度等级砂浆抹平齐。

10．电气线管与箱盒的材质均宜使用配套的制品，当电气器具有特殊要求时其专用的箱盒可不配套使用。

（三）线槽、桥架安装

1．敷设导线的线槽，按其材质分为金属和塑料等几种制品。线槽内敷设的导线应按回路绑扎成束并应适当固定，导线不得在线槽内接头，安装在任何场所的线槽均须盖板齐全牢固。

2．敷设电缆的桥架或托盘，有钢、铝合金及玻璃钢等几种制品。其电缆敷设按 GB 50168—92 第五条的有关规定实施。

3．线槽、桥架、托盘连接板的螺栓应紧固，螺母应位于线槽、桥架、托盘的外侧。

4．金属线槽、桥架、托盘、钢索、封闭式汇流母线等配线其正常情况下不带电的金属外壳均应牢固的连接为一整体并可靠接地以保证其全长为良好的电气通路。其镀锌制品的线槽、桥架、托盘的搭接处用螺母、平垫、弹簧垫紧固后可不做跨接地线。非镀锌制品的金属线槽、桥架、托盘的搭接处应用跨接地线连为整体。跨接地线截面按本部分三款（二）项的表 2 选择。

5. 电缆可敷设在线槽内,但在桥架或托盘内不应直接敷设导线。

(四) 室内煤气管道与电气配线

根据北京市标准 DBJ 01—702—89 的规定,室内煤气管道与电线、电器设备间距要求如下:

1. 煤气管道与电缆引入管的进线箱水平距离不小于 30cm(管外壁到箱外壁)。
2. 与明装或暗装电线管的水平间距均不小于 10cm。
3. 与明装或暗装在墙内的闸箱、表盘、接线盒的水平间距不小于 10cm。
4. 与明装或暗装电线管交叉净距不小于 3cm。

(五) 电话线管材质

根据北京市标准 DBJ 01—601—92 的规定:"组线箱至各住房出线口间应敷设电话线暗管,管材宜采用钢或硬质 PVC 管"。所以从一九九四年十月一日起半硬阻燃电线管不宜作为住宅建筑内暗配电话线管使用。

(六) 电视线管及插座位置

为了避免交流电源对电视信号的干扰,电视馈线线管、插座与交流电源线管、插座之间宜有 50cm 以上的距离。

(七) 管内穿线及导线连接

1. 国家规范 GBJ 232—82 规定"管内穿线宜在建筑物的抹灰及地面工程结束后进行"。针对建筑电气安装项目逐渐增多,管内穿线的工程量随之加大,为配合工程整体同步竣工,管内穿线可提前进行,但必须满足下列条件:

(1) 混凝土结构工程必须经过结构验收和核定。
(2) 砖混结构工程必须初装修完成以后。
(3) 作好成品保护,箱、盒及导线不应破损及被灰、浆污染。
(4) 穿线后线管内不得有积水及潮气浸入,必须保证导线绝缘强度符合规范要求。

2. 导线的分色:穿入管内的干线可不分色。为了保证安全和施工方便,线管管口至配电箱、盘总开关的一段干线回路及各用电支路应按色标要求分色,L_1 相为黄色,L_2 相为红色,N(中性线)为淡蓝色,PE(保护线)为绿/黄双色。

3. 铝芯导线连接:单股铝芯线应采用北京市电器产品质量监督检验站检验合格的铝芯导线压线帽连接或采用绝缘螺旋接线钮连接,严禁使用熔焊及缠绕法连接。

4. 配线工程中采用暗配管敷设的各个部位,为防鼠害、火灾,导线均须用线管保护,任何情况下,导线均不得明露(金属软管的保护地线除外),箱、盒须用盖板封闭,盖板螺丝应齐全紧固。

(八) 接户线

国家标准 GB 50173—92 规定:"接户线的安装,各地施工方法、质量要求和验收情况各有特点,主要是结合本地区情况,相应地制定一些办法,来满足安全运行的要求。"根据国家标准的规定,北京地区建筑工程的接户线安装做法如下:

1. 低压架空引入的接户线按华北标办建筑电气通用图集 $92DQ_5$ 分册图 5-1 至 5-3 所示图样施工。

2. 低压架空引入的接户线具体要求按北京供电局颁发的"北京地区电气工程安装标准"的规定执行。其中接户线与建筑物有关部分的距离不应小于下列数值:

(1) 与建筑物突出部分的距离：150mm。
(2) 与窗口或阳台的水平距离：800mm。
(3) 与上方窗口或阳台的垂直距离：800mm。
(4) 与下方窗口的垂直距离：300mm。
(5) 与下方阳台地面的垂直距离：2500mm。

三、低压配电设备

（一）N 线及 PE 线端子板（排）的设置

1．公用建筑物照明配电箱、盘、板应应设置 N 线及 PE 线端子板（排）。

2．民用住宅建筑照明总配电箱、盘、板内应设置 N 线和 PE 线端子板（排），各照明支路 N 线及 PE 线应经端子板（排）配出。层箱及户箱、盘不宜设 PE 线端子板（排），各用电器具 PE 线支线与 PE 线干线采用直接连接，并包好绝缘放于二层板后。

3．在照明配电工程中，当采用 TN—C 系统供电时，N 线干线不应设接线端子板（排）。当采用 TN—C—S 系统时，一般应在建筑物进线Ⅱ接配电箱内分别设置 N 母线和 PE 母线，并自此分开。电源进线的 PEN 线应先接到 PE 母线上，再以连接板或其他方式与 N 母线相连，N 线应与地绝缘，PE 线宜采用专门的导线，并应尽量靠近相线敷设，其截面按本部分三款（二）项表 2 选择。

（二）配电箱、盘、板等低压配电设备防触电措施

国家标准"低于成套开关设备"（GB 7251—87）第 6、4、3、1、4 条 C 款规定：对于盖、门、覆板和类似部件，……如果其上装有电压值超过安全超低压范围的电气设备时，应采用保护导体将这些部件和保护电路连接，此保护导体的截面积不应小于从电源到所属电器最大引线的截面积。第 6、4、3、1、6 条 a 款还规定：保护导体的截面积按表 2 的规定选择。

表 2

装置的相导线的截面积 $S(mm^2)$	相应的保护导线的最小面积 $S_P(mm^2)$
$S \leqslant 16$	$S_P = S$
$16 < S \leqslant 35$	$S_P = 16$
$S > 35$	$S_P = S/2$

国家标准 GB 50171—92 第 2、0、6 条还规定：盘、柜、合、箱的接地应牢固良好。装有电器的可开启的门，应以裸铜软线与接地的金属构架可靠连接。

按照上述规定要求，北京地区建筑工程中低压配电设备保护接地线安装做法规定如下：

1．建筑电气工程中安装的低压配电设备（盘、柜、台、箱）等的接地应牢固良好。

2．低压成套开关设备及动力箱、盘等的保护接地线截面按本款表 2 的规定选择，并应与设备的主接地端子有效连接。

3．照明配电箱体及二层金属覆板的保护接地线截面按本款表 2 的前两项规定选择。并应与其专用的接地螺丝有效连接。（二层金属覆板在箱盘订货时应提出设置专用接地螺丝母）。

4．低压照明配电盘、板的金属盘面的保护接地线应与盘面上不可拆卸的螺丝有效连

接,其截面按本款表2前两项规定选择。

5. 低压成套开关设备及独立的低压配电柜、台、箱等装有超过50V电器设备可开启的门、活动面板、活动台面,必须用裸铜软线与接地良好的金属构架可靠地连接,其裸铜软线截面积按本款引用的国家标 GB 7251—87 第 6、4、3、1、4 条 C 款规定选择。

(三) 低压配电设备安装

1. 凡落地安装的低压受电、馈电、仪表、信号、直流电源、电容补偿等立式电气屏、箱、柜等均按低压成套开关设备的施工要求安装。

2. 低压配电设备安装前应对其本身的电气间隙和爬电距离进行检查,并应符合表3的规定。

表3

额定绝缘电压 U	电气间隙(mm)		爬电距离(mm)	
	不大于63A	大于63A	不大于63A	大于63A
$U \leqslant 60$	3	5	3	5
$60 < U \leqslant 300$	5	6	6	8
$300 < U \leqslant 660$	8	10	10	12
$U > 660$	待 补 充			

3. 低压配电间安装的低压成套配电设备的型钢基础固定点间距不应大于1m。基础型钢稳固后其底部应埋入地面内,其顶部宜高出抹平地面10~40mm。

4. 低压配电设备安装于±0.00以下建筑物最低层时,为防进水造成故障,配电设备基础型钢下不宜设置敷线的沟槽,以上出线为宜。

5. 低压成套配电设备落地安装时,其检测基准面应以设备本体的正面、侧面为准。

6. 低压配电箱、盘、柜的平面位置应按图施工,为了安全和操作方便,不应安装于建筑物的各种单扇门的后侧。

四、照明器具

(一) 嵌入顶棚内的照明灯具安装

1. 灯具的灯头引线应用金属软管或阻燃波纹管保护,其保护软管长度不宜超过1m。

2. 灯头线保护软管的两端应用软管专用接头分别与线管、灯头盒及灯具的箱罩、接线盒连接牢固。

3. 灯具应固定在专设的框架上,不应使吊顶龙骨承受灯具荷载。

(二) 普通灯具安装

1. 照明灯具在易燃结构、装饰部位及木器家具上安装时,灯具周围应采取防火隔热措施,并宜选用冷光源的灯具。

2. 链吊式灯具的吊链应使用法兰盘、镀锌铁链或 RVVG 承载电线等配套产品,不宜使用铝质瓜子型链吊装灯具。

3. 带有自在器的软线吊灯,吊线应选用护套软线或套塑料软管保护,灯口应选用安全灯口。吊线垂直展开后灯具底部对地面距离应按图施工,图纸未明确时宜不低于0.8m,不高于1.0m。

4．在保证灯具底座不露光及维修不损坏吊顶的情况下,为节省原材料,底座在$\phi 250mm$以上的灯具吸顶安装时可不加装木台。

(三) 额定电压220V金属灯具的保护接地

1．凡安装距地面高度低于2.4m的灯具其金属外壳必须连接保护地线。

2．凡能进入的吊顶上安装的一般及特殊用途的灯具,使用及维修不便,为了安全其灯具金属外壳均应连接保护地线。

3．灯具的保护接地线应与灯具的专用接地螺丝可靠连接或者压接在灯具不可拆卸的螺丝上。其保护接地线截面应根据灯具的相线截面选择,当灯具相线截面小于1.5mm^2时其保护地线截面应不小于1.5mm^2铜芯绝缘线。

五、开关插座

(一) 一般民用插座的保护接地(零)线

1．为了保证安全和使用功能,民用插座的保护接地(零)线宜选用与相线截面、绝缘同等级的铜芯导线,不宜选用铝芯导线。

2．由PEN(PE)母线引出的保护接地(零)线应为专用导线,正常情况下不应通有负荷电流。

(二) 开关插座的位置及其接线

1．开关、插座的位置应按图施工,为了安全和使用方便,任何场所的窗、镜箱、吊柜上方及管道背后、单扇门后均不应装有控制灯具的开关,其安装高度应符合设计及规程规范要求。

2．开关位置应与灯位相对应。同一单位工程其跷板式开关的开、关方向应一致。

3．开关插座的接线应正确无误,开关必须切断相线,插座接线相序应正确。

4．开关插座连接的导线宜在其圆孔接线端子内折回头压接(孔径允许压双线时)。

5．为了保证安全和使用功能,在配电回路中的各种导线连接,均不得在开关、插座的接线端子处以套接压线方式连接其他支路。

六、接地、防雷及电动机的安装

(一) 接地体(线)的连接

由于国家标准GB 50167—92,GB 50173—92及华北标办92DQ13中关于接地体(线)的搭接焊钓要求不统一,所以北京地区建筑电气工程的各种接地体(线)及避雷网(带)的搭接焊统一按下述做法施工:

1．接地体(线)的连接应采用焊接并应符合以下几点:

(1) 扁钢的搭接长度应为其宽度的二倍,三面施焊。(当扁钢宽度不同时,搭接长度以宽的为准)。

(2) 圆钢的搭接长度应为其直径的6倍,双面施焊。(当直径不同时,搭接长度以直径大的为准)。

(3) 圆钢与扁钢连接时,其搭接长度应为圆钢直径的6倍。

(4) 扁钢与钢管、扁钢与角钢焊接时,除应在其接触部位两侧进厂焊接外,并应焊以由扁钢弯成的弧形(或直角形)与钢管(或角钢)焊接。

(5) 利用建筑物柱子主筋做引下线时,应符合下列规定:

a. 主筋截面不得小于 90mm²。

b. 主筋搭接处按接地线的要求焊接,当主筋连接采用压力埋弧焊、对焊,冷挤压、丝接时其接头处可不焊垮接线及其他的焊接处理。

2. 扁钢接地线做 T 型连接时,暗敷设时可扭弯搭接焊接或采用 T 型焊接加辅助焊片,以保证其搭接焊长度。明敷设时应采用 90°立弯搭接焊接。见以下示意图。

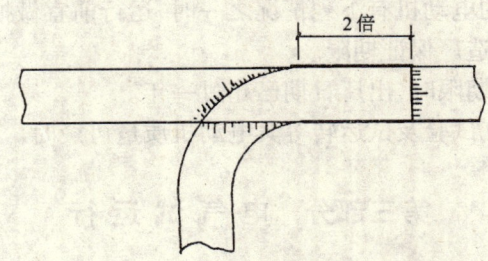

3. 接地线引入室内明敷采用焊接有困难时,可用螺栓连接。采用螺栓连接时,接地线间的非镀锌接触面均应塘锡或采取其他的技术处理,螺栓、螺母、垫圈必须选用镀锌件,螺栓直径及连接长度按《电气工程安装标准》(北京供电局颁发)第 75 条表 7 规定施工。

4. 接地母线穿墙应加保护管,采用金属保护管时保护管应接地。

(二) 防雷

1. 防雷引下线、接地体需要装设断接卡子或测试点的部位、数量按图施工,无要求时按以下规定设置:

(1) 建、构筑物只有一组接地体时,可不做断接卡子,但要设置测试点。

(2) 建、构筑物采用多组接地体时,每组接地体均要设置断接卡子。

(3) 断接卡子或测试点设置的部位应不影响建筑物的外观且应便于测试,暗设时距地高度为 0.5m,明设时距地高度为 1.8m,1.8m 以下部位应用竹管或镀锌角钢保护。

2. 建筑物的防雷

(1) 建筑物的防雷应按设计要求施工,当设计无要求时其建筑物上的避雷针或防雷金属网(带)应和建筑物顶部的其他金属物连接成一整体。

(2) 根据国家规范、标准和建筑电气设计技术规程 JGT 16—83 的规定,一般工业厂房、住宅楼屋面(或女儿墙)上安装的避雷网(带)无 45°保护角要求,若设计无特殊要求时按华北标办 92DQ13 图集的有关做法施工。

(3) 利用屋面金属扶手栏杆做避雷带时,拐弯处应弯成园弧活弯,栏杆应与接地引下线可靠的焊接。

(三) 电动机安装

1. 引入电动机接线盒内的不同相的导线间及相对地裸露部分最小距离按表 4 的要求安装,净距不符合要求时要采取安全技术措施。

表 4

电动机额定电压:U(V)	最小净距(mm)
U≤500	10
500<U≤1200	14

2. 建筑工程中安装的电动机有下列情况之一时,运行前宜做抽芯检查,以保证安全:
(1) 出厂日期超过制造厂保证期限。
(2) 当制造厂无保证期限时,出厂日期已超过一年。
(3) 经外观检查、电气试验及试运转等其电动机质量可疑时。

第三部分 电气试运行

一、照明器具试运行

(一) 建筑工程中的电气照明器具试运行前应进行通电安全检查,并应逐个做好记录(238号文表56所示)。

(二) 电气照明灯具应以电源进户线为系统进行通电试运行,系统内的全部照明灯具均得开启同时投入运行,运行时间为24h。

(三) 全部照明灯具通电运行开始后,要及时测量系统的电源电压、负荷电流,并做好记录。试运过程中每隔8h还需测量记录一次,直到24h运行完为止。上述各项测量的数值要填入试运行记录表内(238号文表57)。

二、电动机试运行

(一) 建筑工程中安装的低压电动机空载启动前应进行绝缘电阻的测量,用500V兆欧表测量其绝缘电阻应不小于0.5MΩ。实际测量值应填写记录在238号文表55中。

(二) 凡电动机与主机采用连轴器或皮带等方式连接时,应在空载情况下作第一次启动运行,空载运行时间应为2h,开始运行及每隔1h要记录其电源电压和空载电流,其结果应记录在表57或相应的表中并归入竣工技术资料档案,与主机以其他型式连接的电动机应在设备试运行时做好运行记录并归档。

第四部分 电气工程的验收评定

一、配管及管内穿线

由于配管及穿线工序施工时间不同,其间隔时间较长,配管工序完成后不能达到"必须按'标准'进行质量检验评定"的要求,所以对国家标准 GBJ 303—88 电2—3—1 表暂做如下调整:

(一) 将配管与穿线分开检验评定(用一张表记录两次评定的时间)

(二) 由于建筑电气工程中配管种类及管径不同,允许偏差项目"1"栏的实测值不便于各种管径的检验评定,电2—3—1 表按下表调整:

调整前：

允许偏差项目		项目			弯曲半径或允许偏差
	1	管子最小弯曲半径	暗配管		≥6D
			明配管	管子只有一个弯	≥4D
				管子有二个弯及以上	≥6D
	2	管子弯曲处的弯扁度			≤0.1D
	3	明配管固定点间距	管子直径(mm)	15～20	30mm
				25～30	40mm
				40～50	50mm
				65～100	60mm
	4	明配管水平、垂直敷设任意2m段内		平直度	3mm
				垂直度	3mm

调整后：

允许偏差项目		项目			弯曲半径或允许偏差
	1	管子最小弯曲半径	配管种类及管径	暗（明） mm	≥6D
				暗（明） mm	≥6D
				暗（明） mm	≥6D
	2	管子弯曲处的弯扁度			≤0.1D
	3	明配管固定点间距	管子直径(mm)	15～20	30mm
				25～30	40mm
				40～50	50mm
				65～100	60mm
	4	明配管水平、垂直敷设任意2m段内		平直度	3mm
				垂直度	3mm

1．评定表调整后施工单位根据工程实际敷设方式及管径填写评定，线管暗敷设时划掉"明"字。

2．每个分项工程以使用最多的三种线管进行弯曲半径的检验评定。

3．在检验弯曲半径的同时检验管的弯扁度，根据实际记入3—5点于"2"栏中。

4．弯曲半径和弯扁度均要根据管子外径和允许偏差的要求记入以毫米为单位的实测值。

（三）管内穿线在保证项目栏有对导线绝缘电阻要求，此分项评定前应进行各支路导线绝缘的摇测，并将各支路的摇测结果填入表55（238号文附）附在分项评定表后。送电试运行前再按系统按单元按户摇测一次线路的绝缘电阻并做好记录做为分部工程的评定依据。

二、电气照明器具及配电箱、盘

国家标准 GBJ 303—88 电 4—7—1 照明器具质量检验评定表中基本项目的"3、4"两项检查数量为处，各施工单位对此理解不统一，现确定"一个器具"做为一"处"进行检验评定。

三、对于一些允许偏差值的超差值应予控制的问题

（一）在分项工程的允许偏差值中，若一些点超差太大，会影响电气安全和使用功能，应有所限制。因此分项工程评定"合格"等级的允许 20% 点超出偏差的测值也应接近允许偏差值的范围，控制其基本达到相应质量检验评定标准的规定。

（二）对于建筑电气工程中安装的插座、开关等允许 20% 的超差点应控制在设计标高的 +15mm 范围内，不应有负向超差，各房间内的插座、开关安装高度相差不应大于 10mm。

（三）当插座的上方有暖气管时，其间距应大于 200mm，下方有暖气管时，其间距应大于 300mm，不符时应采取技术处理。

（四）插座、开关标高的检验计算方法：

1. 凡设计图中注明以地面为准的则以插座、开关面板的下沿计算标高。

2. 凡设计图中注明以顶板为准的则以开关面板（木台或联二木）的上沿计算标高。

（五）照明箱、盘、板垂直度超差过大影响使用功能，其分项工程"合格"允许的 20% 超差点的超差值应不超过 3mm。

附件一

北京市低压成套开关设备生产秩序和产品质量整顿合格企业名单

企 业 名 称	取 证 类 别
北京开关厂	高级型(红证)
北京第二开关厂	高级型(红证)
北京水利局北郊电器工业公司(不含分厂)	高级型(红证)
冶金部自动化研究院传动研究设计所	高级型(红证)
北京市朝阳区燕都开关厂	一般型(绿证)
北京市海淀区东升前进开关厂	一般型(绿证)
北京市通县电控设备厂	一般型(绿证)
首都钢铁公司电机厂	一般型(绿证)
北京市丰台区首航开关厂	一般型(绿证)
北京长城开关厂	一般型(绿证)
北京市朝阳四方电控设备开关厂	一般型(绿证)
北京市海淀区香南电控设备厂	一般型(绿证)
北京市朝阳美达开关厂	一般型(绿证)
北京变压器厂	一般型(绿证)
北京市房山区良乡电器开关厂	一般型(绿证)
北京市朝阳区东光低压成套设备厂	一般型(绿证)
北京市朝阳区长虹开关设备厂	一般型(绿证)
北京市华夏安全设备制造厂	一般型(绿证)
北京市朝阳区光明开关控制设备厂	一般型(绿证)
北京第三低压电器厂	一般型(绿证)
北京电器厂	一般型(绿证)
北京市通县明光电器设备厂	一般型(绿证)
北京市海淀区温泉电器开关厂	一般型(绿证)
北京通州自动控制成套设备厂	一般型(绿证)
北京市崇文开关厂	一般型(绿证)
北京市昌平燕峰开关柜厂	一般型(绿证)
密云县云城开关厂	一般型(绿证)
北京市京通电器厂	一般型(绿证)
北京市丰台华丰电力工程公司(不含分厂)	一般型(绿证)
北京市台上开关厂	一般型(绿证)
北京市怀柔县崎峰电器开关厂	一般型(绿证)
北京燕山开关厂	一般型(绿证)
北京市新明开关厂	一般型(绿证)
北京市朝阳区燕阳开关控制设备厂	一般型(绿证)
北京市海淀区永丰电器开关厂	一般型(绿证)
北京市通县兴华开关厂	一般型(绿证)
北京市丰台区京苑开关厂	一般型(绿证)

1　地基与基础工程施工阶段

续表

企业名称	取证类别
北京市红星鑫欣电器控制设备厂	一般型(绿证)
北京市红星区金星节能电器开关厂	一般型(绿证)
北京市丰台成套电器设备厂	一般型(绿证)
航空航天部三院星航机电设备公司	一般型(绿证)
北京第三开关厂	一般型(绿证)
北京供电局工程处	一般型(绿证)
北京市通县新光电器设备厂	三箱型(黄证)
北京市顺义县牛山开关厂	三箱型(黄证)
北京市朝阳区光明电器开关厂	三箱型(黄证)
北京市西城区长安电器设备厂	三箱型(黄证)
北京市房山区电控设备厂	三箱型(黄证)
北京市朝阳区北郊开关厂	一般型(绿证)
北京市北方开关厂	一般型(绿证)
北京南郊电工器材厂	一般型(绿证)
北京市朝阳区新立开关厂	一般型(绿证)
北京市北方电器开关厂	一般型(绿证)
北京华夏开关厂	一般型(绿证)
北京市顺义电力设备厂	一般型(绿证)
北京开关厂开关电器修造分厂	一般型(绿证)
北京朝阳区华东配电器厂	一般型(绿证)
北京建华开关厂	一般型(绿证)
北京低压电器厂成套分厂	一般型(绿证)
北京朝阳电器开关厂	一般型(绿证)
北京市房山区良乡机电安装公司电器厂	一般型(绿证)
北京市新拓机电厂	一般型(绿证)
北京市丰台区三环开关厂	一般型(绿证)
北京市朝阳区新华开关厂	一般型(绿证)
北京市丰台区光明电器开关厂	一般型(绿证)
北京市石景山建华开关控制设备厂	一般型(绿证)
北京市开关控制设备厂	一般型(绿证)
北京市益华电器控制设备厂	一般型(绿证)

说明：1. 上表取证类别中高级(红证)表明具有生产现有低压成套开关设备所有类型产品的条件,一般型(绿证)表明具有生产固定面板式及三箱类产品的条件,三箱类(黄证)表明具有生产三箱类产品的条件。

2. 一九九四年五月三十日人民日报六版登载通报的厂家,凡无两部认可证书的(红、绿、黄证)单位的产品均不得选用。

附件二
首批实行强制性监督管理的电工产品目录和日期

认证产品名称	产品认证依据的标准	对应的国际标准	实施管理日期
漏电电流动作保护器(漏电保护器、漏电继电器、漏电断路器、漏电保护插头插座、组合式漏电保护器及其他)	GB 6829—86 GB 1497—85 JB 1284—85 及相关国家标准或行业标准	IEC 755	1992.12.31
DZ_{15}系列塑壳式断路器	GB 1497—85 JB 1248—85	IEC 157—1	1992.12.31
家用及类似场所用断路器	GB 10963—89	IEC 898	1993.12.31
额定电压 450/750V 及以下橡皮绝缘软电缆(通电橡套软电缆、电焊机电缆、电梯电缆、橡皮绝缘编织软电线)	GB 5013.1—85~ GB 5013.4—85 GB 3985—83	IEC 245	1992.12.31
额定电压 450/750V 及以下聚氯乙烯绝缘电线电缆(固定敷设用、连接用、安装用、电缆、电线)及屏蔽电线	GB 5023.1—85~ GB 5023.5—85	IEC 227	1992.1231
额定电压 0.6/1kV 及以下船用电力电缆和电线	GB 9331.1—88~ GB 9331.5—88	IEC 92— 350. 351. 352. 359.	
(船用电力电缆、船用控制电缆)	GB 9332.1—88~ GB 9332.5—88	IEC 92—376	
交流弧焊机	JB 3643—84. ZBJ 64006—88. GB 8118—87 GB 7945—87	ISO 700. IEC 974 IEC 501. IEC 26	1992.12.31
电动工具(电站、角向磨光机、冲击电钻、电锤、电剪刀、电冲剪、电动曲线锯、电刨、电动砂光机、模具电磨、电动攻丝机、电动螺丝刀、直向砂轮机、电镐电圆锯、电动刀锯、电动板手、电链锯、非燃性气体喷枪、灌木剪、剪草机、电木铣、修边机)	GB 3883.1—91~ GB 3883.12—91 GB 8224—87 GB 7442—88 ZBK 64007—88 JB 5342—91 JB 8973—85	IEC 745—2—1 ~ IEC 745—2—17	1992.12.31
电冰箱(冷藏箱、冷藏冷冻箱、冷冻箱)	GB 4706.1—92 GB 4706.13—91	IEC 335—1 IEC 335—2—24	1993.12.31

续表

认证产品名称	产品认证依据的标准	对应的国际标准	实施管理日期
电风扇(台扇、吊扇、落地扇、台地扇、壁扇、换气扇)	GB 4706.1—92 GB 4706.27—92 SG 396—85 SB 403—85	IEC 335—1 IEC 342—1 IEC 665	1993.12.31
房间空调器(窗式、分体式、柜式房间空调器)	GB 5956—91	IEC 378	1993.12.31
电视接收机(黑白、彩色电视接收机)	GB 8898—88	IEC 65	1993.12.31
收录机(含组合音响及卡拉 OK 机)	GB 8898—88	IEC 65	

2 主体工程施工阶段

2.1 建筑工程

2.1.1 原材料、半成品、成品出厂质量证明和试验报告

2.1.1.1 水泥

请参阅本书1.1节的有关内容。

2.1.1.2 钢筋

请参阅本书1.1节的有关内容。

2.1.1.3 钢结构用钢材及配件

请参阅本书1.1节的有关内容。

2.1.1.4 焊条、焊剂及焊药

请参阅本书1.1节的有关内容。

2.1.1.5 砖

请参阅本书1.1节的有关内容。

2.1.1.6 骨料

请参阅本书1.1节的有关内容。

2.1.1.7 外加剂

请参阅本书1.1节的有关内容。

2.1.1.8 预制混凝土构件

请参阅本书1.1节的有关内容。

2.1.2 施工试验记录

2.1.2.1 砌筑砂浆

请参阅本书1.1节的有关内容。

2.1.2.2 混凝土

请参阅本书1.1节的有关内容。

2.1.2.3 钢筋焊接

请参阅本书1.1节的有关内容。

2.1.2.4 钢结构焊接

请参阅本书1.1节的有关内容。

2.1.2.5 现场预应力混凝土试验

请参阅本书1.1节的有关内容。

2.1.3 施工记录

2.1.3.1 结构吊装记录

所有吊装构件都应有吊装施工记录。

1. 预制混凝土框架结构、钢结构及大型构件吊装施工记录

其内容包括：构件类别、型号、位置、搭接长度、实际吊装偏差及吊装平面图等。

(1) 结构吊装施工记录见表2-1。

结构吊装施工记录　　　　　　表 2-1

年　月　日

工程名称				施工层段			
施工单位				吊装日期			
施工图号				构件合格证编号			
吊装机具				另附吊装附图			
构件型号名称	安装位置	安装标高	搭接长度	固定方法	连接处理接缝	端头处理	质量情况

技术负责人　　　　　质量检查员　　　　　施工队组　　　　　记　录

表中各项都应填写清楚、齐全、准确、真实。最后签字要齐全。

其中：安装位置——构件安装的平面位置，用轴线表示；

安装标高——安装构件底部标高，要有具体数字，精确至 mm；

搭接长度——梁、板、屋架在支座上搭压的长度，要有具体数字，精确至 mm；

固定方法——构件与结构或其它构件的连接方法；

连接、接缝处理——连接或接缝处理的情况；

端头处理——端头处理的情况；

质量情况——构件外观质量情况；

　　　　　　构件吊装节点处理的质量情况；

另附吊装附图——写附图编号；

吊装附图：应与结构平面布置图一致，并要标清各构件的类别、型号、位置，要与结构吊装施工记录相应。

(2) 构件安装标准及检验方法

1) 柱安装质量标准及检验方法(见表2-2)。

表2-2

项次	项 目			允许偏差(mm)	检验方法
1	杯形基础	中心线对轴线位置偏移		10	用尺量检查
		杯底安装标高		+0 -10	用水准仪检查
2	柱	中心线对定位轴线的位置偏移		5	用尺量检查
		上下柱接口中心线位移		3	用尺量检查
		垂直度	5m及5m以下	5	用经纬仪或吊线和尺量检查
			5m以上	10	
			10m及其以上的多节柱	$\frac{1}{1000}$柱高但不大于20	
		牛腿上表面和柱顶标高	5m及5m以下	+0 -5	水准仪和尺量检查
			5m以上	+0 -8	
		多层水平标高	本 层	±0	水准仪检查
			累计5层或5层以内	大于或等于10	
			5层以上	不大于20	

2) 梁安装标准及检验方法(见表2-3)。

表2-3

项次	项 目		允许偏差(mm)	检验方法
1	梁	下弦中心线对定位轴线的位移	5	用尺量检查
		垂直度 薄 腹 梁	5	线坠、经纬仪和尺检查
		框架主次梁、联系梁	3	线坠和尺量检查
2	吊车梁	中心线对定位轴线的位移	5	用尺量检查
		梁上表面标高	+0 -5	水准仪和尺量检查

3) 屋架安装质量标准及检验方法(见表2-4)。

表2-4

项次	项 目		允许偏差(mm)	检验方法
1	屋架	下弦中心线对定位轴线的位移	5	用尺量检查
		垂直度 桁架、拱形屋架、三角形屋架、下承式五角形屋架	$\frac{1}{250}$屋架高	用经纬仪或吊线和尺量检查
2	天窗架	构件中心线对定位轴线的位移	5	用尺量检查
		垂 直 度	$\frac{1}{300}$天窗架高	用吊线或尺量检查
3	托架梁	底座中心线对定位轴线的位移	5	用尺量检查
		垂 直 度	10	经纬仪或吊线和尺量检查

4）板安装质量标准及检验方法（见表2-5）。

表 2-5

项次	项　目			允许偏差(mm)	检验方法
1	屋面板	搭接长度	墙　上	不小于80	用尺量检查
			梁　上	不小于60	用尺量检查
			天窗架上	不小于50	用尺量检查
		相邻板底平整度（支点处两板高低差）		≤3	用尺量检查
2	空心板	相邻两板下表面平整度	抹　灰	5	用靠尺或楔形塞尺检查
			不抹灰	3	
3	大楼板	楼板搁置长度		±10	用尺量检查
		同一轴线相邻楼板高差		5	用尺量检查
4	加气混凝土板	墙上搭接长度		100	用尺量检查
		梁上搭接长度		80	用尺量检查
		相邻板底平整度（支点处两板高低差）		3	用尺量检查

5）大模板及装配式大板安装质量标准及检验方法（见表2-6）。

表 2-6

项次	项　目		允许偏差(mm)		检验方法
			大模板	装配式大板	
1	轴线位置偏移		5	3	尺量检查
2	标　高	层　高	±10	±10	用水准仪或尺量检查
		全　高	±20	±20	
3	垂直度	墙　板	5	3	用2m托线板检查
		全　高	$\frac{1}{1000}$全高且不大于20	10	用经纬仪或吊线和尺量检查
		每层山墙内倾	2	2	用2m托线板检查
4	墙板拼缝	高　差	±5	±5	用直尺和楔形塞尺检查
		垂直度	5	5	用2m托线板检查
5	楼板搁置长度		±10	±10	尺　量　检　查
	大楼板同一轴线相邻板上表面高差		5	5	
	小楼板下表面相邻板高差	抹　灰	5	5	
		不抹灰	3	3	
6	楼梯、阳台、雨罩	位置偏移	10	10	尺　量　检　查
		标　高	±5	±5	用水准仪或尺量检查

6）钢结构安装质量标准及检验方法（见表2-7、表2-8）。

钢屋架、屋架梁(包括天窗架)安装的允许偏差　　　表 2-7

项次	项　目	允许偏差(mm)	检查方法
1	钢屋架、屋架梁（在跨中顶点对两端支座中心竖向面的偏差）垂直度（Δ）	$\Delta \leq \frac{h}{250}$但不大于15	用拉线、线坠（用经纬仪）和尺检查
2	侧向弯曲（f）	$\frac{L}{1000}$但不大于10	用拉线和尺检查

钢柱安装的允许偏差 表 2-8

项次	项目	允许偏差(mm)	检查方法
1	柱中心线与定位轴线的偏移量(Δ)	5	用尺检查
2	柱基准点标高 (1) 有吊车梁的柱 (2) 无吊车梁的柱	$\Delta\ {+3 \atop -5}$ $\Delta\ {+5 \atop -8}$	用水准仪观测检查
3	侧向弯曲	$f \leqslant \dfrac{H}{1000}$ 但不大于 15.0	用经纬仪或拉线和钢尺检查
4	钢柱轴线的不垂直度： (1) 单层柱 　　$H \leqslant 10m$ 　　$H > 10m$ (2) 多节柱 　　底层柱 　　顶层柱	$\Delta \leqslant 10$ $\Delta \leqslant \dfrac{H}{1000}$ 但不大于 25 $\Delta \leqslant 10$ $\Delta \leqslant 35$	用经纬仪观测或吊线和钢尺检查

注：各层柱的不垂直度均为顶端截面垂直线的偏移量。

7) 钢网架拼装质量标准及检验方法(见表 2-9)。

钢网架拼装质量标准及检验方法 表 2-9

项次	项目			允许偏差(mm)	检验方法
1	小拼单元	单锥体	上弦长度	±2	用尺检查
			锥体高	±2	用尺检查
			上弦对角线长度	±3	用尺检查
			下弦节点中心线偏移	2	用尺检查
		非单锥体	节点中心偏移	2	用尺检查
		平面桁架	焊接空心球节点与钢管中心偏移	2	用尺检查
2	分条、分块单元		条或块长度≤20m,拼接边长度	±5	用尺检查
			条或块长度>20m,拼接边长度	±10	用尺检查
3	总拼		纵横向长度	$\pm\dfrac{边长}{2000}$ 且不大于 30	用尺检查
			支座中心偏移	$\dfrac{边长}{4000}$ 且不大于 20	用尺检查
			相邻支座高差	10	用尺检查
			最低最高支座高差	20	用尺检查

2．大型钢网架结构制作及安装记录

(1) 主要内容

1) 钢网架结构竣工图和设计更改文件；
2) 网架结构所用的钢材和其它材料的质量证明和试验报告；
3) 焊缝质量检验资料，焊工编号或标志；
4) 高强度螺栓各项检验记录；
5) 各道工序质量评定资料；
6) 网架结构挠度值记录。

(2) 钢网架结构竣工图和设计更改文件:钢网架结构竣工图即全套结构图+设计更改标注设计更改文件,钢网架结构施工变更必须要有设计更改文件,文件中要有设计人签字。

(3) 网架结构所用钢材和其它材料必须要有证明和试验报告,具体要求见"钢材出厂质量证明书、试验报告或化学成分检验"。

(4) 焊缝质量检验资料,焊工编号或标志主要包括:焊缝外观检查和实测记录;焊缝超声波检查或 X 射线检查资料。

钢结构焊接的焊工都必须经考试合格,有相应施焊条件的合格证有编号或标志,在焊缝质量检验资料中应注明焊工的编号或标志。

1) 焊缝的外观检查和实测记录

A. 焊缝表面严禁有裂纹、夹渣、焊瘤、烧穿、弧坑、针状气孔和熔合性飞溅等缺陷;

B. 气孔、咬边应符合表 2-10 规定。

焊缝外观检查质量标准　　　　　　　　　　　表 2-10

项次	项目		质量标准	
		一级	二级	三级
1	气孔	不允许	不允许	直径小于或等于 1.0mm 的气孔,在 100mm 长度范围内不得超过 5 个
2	咬边	不要求修磨的焊缝	不允许	深度不超过 0.5mm,累计总长度不得超过焊缝长度的 10%	深度不超过 0.5mm,累计总长度不超过焊缝长度的 20%
		要求修磨的焊缝	不允许	不允许	—

C. 焊缝尺寸的允许偏差和检验方法(见表 2-11)。

表 2-11

项次	项目			允许偏差(mm)			检验方法
				一级	二级	三级	
1	对接焊缝	焊缝余高(mm)	$b<20$	0.5~2	0.5~2.5	0.5~3.5	用焊缝量规检查
			$b\geqslant 20$	0.5~3	0.5~3.5	0.5~4	
		焊缝错边		$<0.1\delta$ 且不大于 2	$<0.1\delta$ 且不大于 2	$<0.1\delta$ 且不大于 3	
2	贴角焊缝	焊缝余高(mm)	$k\leqslant 6$	0~+1.5			用焊缝量规检查
			$k>6$	0~+3			
		焊角宽(mm)	$k\leqslant 6$	0~+1.5			
			$k>6$	0~+3			
3	T型接头要求焊透的K型焊缝(mm)			0~+1.5			

注:b 为焊缝宽度;k 为焊角尺寸;δ 为母材厚度。

焊缝外观应全数检查,实测各种焊接抽查 5%且不少于 1 条,一级焊缝有疑点时应用磁粉复验。

2) 焊缝超声波检查或 X 射线检查资料:

受拉、受压且要求与母材等强度的焊缝,必须经超声波或 X 射线探伤检验。

(5) 高强度螺栓的各项检查记录

1) 高强度螺栓的材质合格证明。对螺栓的质量要求:高强度螺栓用 20MnTiB 钢制作,螺母用 15MnVB 或 35 号钢,垫圈用 45 号钢。

制孔要求:高强度螺栓(六角头螺栓、扭剪型螺栓等)孔的直径应比螺栓杆公称直径大 1.0～3.0mm。螺栓孔应具有 H14(H15)的精度,孔的允许偏差应符合表 2-12 的规定。

高强度螺栓制孔允许偏差　　　　　表 2-12

序号	名 称		允 许 偏 差 (mm)						
1	螺栓	公称直径	12	16	20	(22)	24	(27)	30
		允许偏差	±0.43		±0.52			±0.84	
	螺栓孔	直 径	13.5	17.5	22	(24)	26	(30)	33
		允许偏差	+0.43 0		+0.52 0			+0.84 0	
2	不圆度(最大和最小直径之差)		1.00			1.50			
3	中心线倾斜度		不大于板厚的 3%,且单层板不得大于 2.0mm,多层板迭组合不得大于 3.0mm						

2)构件摩擦面摩擦系数检验报告。高强度螺栓连接,必须对构件摩擦面进行加工处理。处理后的摩擦系数应符合设计要求(构件出厂时,必须附有供复验摩擦系数的三组同材质同处理方法的试件)。

3)螺栓紧固扭矩的抽查记录。对于手动扭矩扳手进行终拧的螺栓,要用经过标定的扭矩扳手抽查螺栓的紧固扭矩。抽查数量为接点螺栓总数的 10%,但不少于一枚,如发现有的螺栓紧固扭矩不足,则应用扭矩扳手对接点上所有螺栓重拧一遍。

(6)各道工序质量评定资料主要包括:

1)钢结构焊接的分项工程质量评定;

2)钢结构螺栓连接的分项工程质量评定;

3)钢结构主体与围护系统安装分项工程质量评定;

4)固定式钢梯、栏杆、平台安装分项工程质量评定;

5)钢结构油漆分项工程质量评定。

(7)网架结构挠度值记录(见表 2-13)。

网架结构挠度值记录表　　　　　表 2-13

工程名称:		施工单位:		
检测日期:		安装日期:		
构件型号名称		实测挠度值		
建设单位签字	技术负责人	质量检查员	记录人	实测人

钢网架安装后应实测网架各主要杆件的挠度值,应做记录,记录宜请建设单位签认。

3. 钢结构工程竣工验收记录

(1)主要内容:

1)钢结构竣工图和设计更改文件;

2) 在安装过程中所达成的协议文件；
3) 安装所用的钢材和其它材料的质量证明书或试验报告；
4) 构件调整后的测量资料，以及整个钢结构工程或单元的安装质量评定资料；
5) 焊缝质量检验资料，焊工编号或标志；
6) 高强度螺栓的检查试验记录；
7) 设计有要求的工程试验记录。

(2) 钢结构竣工图和设计更改文件：
1) 钢结构竣工图和设计更改文件；
2) 安装所用的钢材和其它材料的质量证明书或试验报告；
3) 焊缝质量检验资料，焊工编号或标志；
4) 高强度螺栓的检查试验记录。

(3) 在安装过程中所达成的协议文件：
协议可以是建设单位、设计单位同施工单位达成的协议。但如涉及结构安全方面必须经设计人签认。

(4) 设计有要求的工程试验应有试验记录，并应邀请设计单位参加并签认。

2.1.3.2 现场预应力张拉施工记录

现场预应力张拉施工记录内容主要包括各种试验记录、施工方案、技术交底、张拉记录、张拉设备检定记录、质量检查资料。

1. 各种试验记录

现场预应力张拉施工的试验记录有：

冷拉钢筋和调直后的冷拔低碳钢丝的机械性能试验；

钢筋的点焊、对焊和焊接铁件电弧焊的机械性能试验；

后张法、张拉前混凝土的强度试验报告。

(1) 冷拉钢筋机械性能试验记录：

冷拉钢筋以同规格、同厂别、同炉号、同一进场时间、每20t为一验收批，不足20t时，亦按一验收批计算。

1) 每一验收批中，抽取两根钢筋，每根取两个试样分别进行拉力和冷弯试验。从每根钢筋上任一端去掉 0.5m 以上截取试件各一根。

2) 采用控制冷拉率方法冷拉钢筋时其试样不应少于四根，按炉批测定该级别控制应力下的冷拉率。

冷拉钢筋必试项目有：A. 屈服点、B. 抗拉强度、C. 伸长率、D. 冷弯、E. 控制应力下的冷拉率。

3) 冷拉钢筋的机械性能应符合表2-14要求。

表 2-14

项目	钢筋级别	直径(mm)	屈服点(MPa)	抗拉强度(MPa)	伸长率 δ_{10} (%)	冷弯	
				不 小 于		弯曲角度	弯心直径
1	冷拉Ⅰ级	6~12	274.4	372.4	11	180°	$3d_0$
2	冷拉Ⅱ级	8~25 28~40	411.6	509.6 490	10 10	90° 90°	$3d_0$ $4d_0$

2.1 建筑工程

续表

项目	钢筋级别	直径(mm)	屈服点(MPa)	抗拉强度(MPa)	伸长率 δ_{10}(%)	冷弯 弯曲角度	冷弯 弯心直径
			不	小	于		
3	冷拉Ⅲ级	8~40	490	568.4	8	90°	$5d_0$
4	冷拉Ⅳ级	10~28	686	833	6	90°	$5d_0$

4) 冷拉控制应力及最大冷拉率应符合表 2-15 要求。

表 2-15

项次	钢筋类别	冷拉控制应力(MPa)	最大冷拉率(%)	项次	钢筋类别	冷拉控制应力(MPa)	最大冷拉率(%)
1	Ⅰ级钢筋	280	10	3	Ⅲ级钢筋	500	5
2	Ⅱ级钢筋	420	5.5	4	Ⅳ级钢筋	700	4

5) 测定预应力钢筋冷拉率时控制应力应符合表 2-16 要求。

表 2-16

项次	1	2	3	4
钢筋级别	Ⅰ级钢筋	Ⅱ级钢筋	Ⅲ级钢筋	Ⅳ级钢筋
控制应力(MPa)	314	441	520	736

(2) 调直后冷拔低碳钢丝的机械性能试验记录

1) 使用冷拔低碳钢丝成品：

分为甲级、乙级以同一品种、级别、规格、进厂时间每 5t 为一试验批,不足 5t 时亦按一批计算,每一验收批中抽取三盘,每盘各取试件一组(2 根：拉力、伸长、反复弯曲),共三组(6 根)。

2) 用于预应力的冷拔低碳钢丝：

A. 冷拔低碳钢丝以每一盘为一验收批。

B. 调直前从每一验收批中取试件一组(1 根)做拉力、伸长率试验。调直后取试件一组(2 根)分别做拉力、伸长率和反复弯曲试验。

C. 无调直工序时,每盘取试件一组(2 根)做拉力、伸长率和反复弯曲试验。

3) 取样方法：从一盘钢丝上任意一端去掉 0.5m 以上再截取试件。

4) 冷拔低碳钢丝必试项目有：

A. 抗拉强度,B. 伸长率,C. 反复弯曲。

5) 冷拔低碳钢丝的机械性能应符合表 2-17 要求。

6) 用于预应力冷拔低碳钢丝的机械性能应符合表 2-17 中甲级标准要求。

表 2-17

项目	钢筋级别	直径(mm)	抗拉强度(MPa) Ⅰ组	抗拉强度(MPa) Ⅱ组	伸长率(标距100mm)(%)	反复弯曲(180°)次数不少于
			不	小 于		
1	甲级	5	637	588	3	4
		4	686	637	2.5	
2	乙级	3~5	539	539	2	4

φ3用作非受力筋时,伸长率最低限值可取1.5%。

(3) 钢筋的点焊、对焊以及焊接铁件的电弧焊的机械性能试验

1) 钢筋的纵向连接,应采用对焊;钢筋的交叉连接宜采用点焊;构件中的预埋件宜采用压力埋弧焊或电弧焊。但对高强钢丝、冷拉钢筋、冷拔低碳钢丝、Ⅳ级钢不得采用电弧焊。

2) 对焊时,为了选择合理的焊接参数,在每批钢筋(或每台班)正式焊接前,应焊接六个试件,其中三个做拉力试验,三个做冷弯试验。经试验合格后,方可按既定的焊接参数成批生产。

3) 同直径、同级别、而不同钢种的钢筋可以对焊,但应按可焊性较差的钢种选择焊接参数。同级别、同钢种不同直径的钢筋对焊,两根钢筋截面积之比不宜大于1.5倍。但需在焊接过程中按大直径的钢筋选用参数,并应减小大直径钢筋的调伸长度。上述两种焊接只能用冷拉方法调直,不得利用其冷拉强度。

4) 钢筋的点焊、对焊以及焊接铁件的电弧焊的焊接试验应符合焊接规范的有关要求,其技术资料的整理请参阅本书第二章第四节的内容。

(4) 后张法,张拉前混凝土的强度试验报告

后张法,张拉前混凝土的强度试验报告与普通强度报告相同,只是要求其强度值不低于设计强度标准值的70%。

2. 施工方案和技术交底

现场加工预应力钢筋混凝土构件的施工方案和技术交底除按所要求的内容外,还必须编写清楚钢筋调直、切断、焊接、镦头的施工操作技术要求,预应力筋的夹具与锚具的选定,张拉机具设备的校定、使用与维护,张拉方法,预应力钢筋张拉的操作规程,操作人员的培训考核,应力检测的标准,放张的审批程序和放张顺序等。

3. 张拉记录

预应力筋张拉和放张时,均应填写施加预应力记录表,见表2-18。

预应力构件钢筋应力测定记录表 表2-18

月 日	班	班 长	操作人	型 号	设计根数	实际根数

单位:kN

1	2	3	4	5	6	7	8	9
10	11	12	13	14	15	16	17	18
19	20	21	22	23	24	25	26	27

总 读 数	实测拉力	设计拉力	相 差 值	相 差(%)

平均每根	最高	最低	相 差	相差百分比	发 现 问 题

质量检查员:　　　　　　　　　　　　　　　　　　　　　　　　测定人:

4. 张拉设备检定记录

(1) 预应力钢筋张拉的主要设备有：
1) 预应力钢筋拉伸机；
2) 油压千斤顶；
3) 电动油泵；
4) 预应力张拉机；
5) 弹簧测力计。

(2) 校验
1) 张拉机具与设备应定期校验，并做好校验记录。校验期限规定如下：
A．使用次数较频繁的张拉设备。每三个月校验一次；
B．使用次数较一般的张拉设备。每六个月校验一次；
C．弹簧测力计，每一个月校验一次；
D．凡经过检修或大修的张拉设备，使用前必须校验；
E．首次使用或存放期超过半年的张拉设备，使用前必须校验；
F．进入冬期施工的张拉设备，必须重新校验。

2) 张拉机具与设备在使用过程中，若油封损坏漏油，则不得继续使用，必须更换；若遇预应力筋连续断裂或其它反常现象等，应重新校验；若油压表的指针不稳，不回零位、弯曲不直、走动失常、跳动过大，则必须更换合格的油压表。

3) 千斤顶的校验方法，宜采用传感器校验。若采用试验机校验时，试验机应当鉴定合格，精度不得低于 2%，取千斤顶试验机的读数为准。千斤顶的校验误差一般不得超过 ±3%。
千斤顶与油压表宜配套校验，以减少累计误差。若采用标准油压表，允许不配套校验。

4) 校验后要有检定记录，记录中宜写明检验方法、测试数据、校验结论和校验技术部门的签字盖章。

5．质量检查资料
现场加工预应力钢筋混凝土构件的质量检查资料有：预检、钢筋隐检、应力检测、构件质量检验评定。

(1) 预检：预检包括预应力钢筋夹具、锚具的检验，模板的预检，长线台面及台模检验。
1) 预应力钢筋夹具和锚具的检验：
预应力钢筋夹具与锚具应有出厂证明，进场时应按下列项目进行检查验收，合格后方准使用。
A．外观检查。
B．硬度检验。
C．锚固能力试验。

预应力筋的锚具，应有出厂证明书。锚具进场时应按下列规定验收：
A．外观检查：从每批中抽取 10% 的锚具，但不少于 10 套，检查锚具的外观和尺寸。如有一套表面有裂纹或超过允许偏差，则另取双倍数量的锚具重做检查；如仍有一套不符合要求，则应逐套检查，合格者方可使用；
B．硬度检验：从每批中抽取 5% 的锚具，但不少于 5 套作硬度试验。锚具的每个零件测试三点，其硬度平均值应在设计要求的范围内，且任一点的硬度，不应大于或小于设计要求范围三个洛氏硬度单位。如有一个零件不合格，则另取双倍数量的零件重做试验；如仍有

一个零件不合格,则应逐个检验,合格者方可使用;

C．锚固能力试验：经上述两项检验合格后,从同批中抽取 3 套锚具,将锚具装在预应力筋的两端,在无粘结的状态下置于试验机或试验台上试验。如有一套不符合要求,则另取双倍数量的锚具重做试验。如仍有一套不合格,则该批锚具为不合格品。

注：同一材料和同一生产工艺的锚具,不超过 200 套为一批。

预检中应将各项检查、试验项目填写清楚,有结论并将检查试验单附于其后。

2) 模板预检：

模板预检请参阅本书第一章有关内容。

3) 长线台面检验：

台面底模,宜采用预应力混凝土台面。制作台面底模时,应视施工范围的土质情况和具体条件,设置排水系统和确定台面垫层、基层、面层的作法。制作好的台面,不得有空鼓、裂缝、起皮、起砂、气泡、砂眼、干裂等缺陷。使用时应不下沉,不变形。

4) 胎模检验：

制作混凝土胎模或砖胎模时,应翻制足尺实样。除满足设计规定外,尚应符合下列要求：

A．沿构件垂直高度做成 1/10 坡度的斜面。

B．棱角都做成小圆弧角。

C．底模沿子必须高出底面 6cm,胎模棱角应找方成线,表面平整光滑。

D．活动混凝土胎模重量应不小于构件自重的 1.5 倍。

E．在地坪上沿胎模两边每隔 1m 左右预埋一个扣环或防腐木条,做为支模时的支撑点。活动混凝土胎模底模沿子处应镶入拐铁,以便嵌固侧模。

(2) 钢筋的隐检

1) 基本要求：

钢筋、型钢、钢板和焊条的规格、品种及质量,必须符合设计要求和本节的规定。

钢筋骨架和焊接网,所用钢筋品种、规格、根数、接头位置、数量,必须符合设计要求和施工规范规定。骨架要绑扎牢固。钢筋表面不应有油污和颗粒状或片状老锈。

冷拉钢筋和调直后的冷拔低碳钢丝的机械性能应符合规定。

钢筋的点焊、对焊以及焊接铁件的电弧焊,其机械性能必须符合设计要求及规范规定。

2) 分类：

钢筋按加工程度分为：半成品和成品。

A．钢筋半成品：钢材经过调直、切断、冲剪、弯曲、焊接等工序中的一项或多项加工成的半成品。

B．钢筋成品：钢筋半成品经过绑扎或焊接,组装成的钢筋骨架或钢筋网。

3) 质量标准

钢筋半成品和成品质量标准应符合表 2-19、表 2-20 规定。

4) 质量等级和检验：

钢筋半成品的质量等级检验：

质量分为合格品、不合格品二个等级。

钢筋半成品质量标准
(单位:mm; d = 钢筋直径)

表 2-19

项次	工序名称	项	目	允许偏差	备 注
1	冷拉	拉长率	Ⅰ级钢	±1%	
			Ⅱ Ⅲ级钢	+0.5% −0	
			Ⅳ级钢	+0.2% −0	
		热镦头预应力筋有效长度		+0 −5	
		表面裂纹断面明显粗细不匀		不允许	
2	调直	局部弯曲	冷拉调直	4	
			调直机调直	2	
		表面划伤或锤痕		不允许	
3	冷拔	非预应力钢丝直径	$\phi 4$ 及 $\phi 4$ 以下	±1	
			$\phi 4$ 以上	±0.15	
		预应力钢丝直径	$\phi 4$ 及 $\phi 4$ 以下	+0.06 −0.03	
			$\phi 4$ 以上	+0.08 −0.04	
		钢丝截面椭圆度	$\phi 4$ 及 $\phi 4$ 以下	0.1	
			$\phi 4$ 以上	0.15	
		表面斑痕、裂缝、纵向拉痕		不允许	
4	切断	长度	调直机切断	±1	非预应力筋可按 +0 −5 检验
			切断机切断	+0 −5	
		钢筋断口马蹄形		不允许	
5	钢板冲剪与气割	规格尺寸		+0 −5	
		窜角		3	
		表面平整		2	
6	弯曲	箍筋内径尺寸		±2	
		其他钢筋	长度	+0 −5	
			弓铁高度	+0 −3	
			起弯点位移	15	
			对焊焊口与起弯点距离	不小于 $10d$	
			弯钩相对位移	8	
7	折叠	成型尺寸		±10	
8	点焊	脱点及漏点	周边两行	不允许	
			中间部分	允许有分散的个别点	
		焊点压入深度	热轧钢筋	35%~45%	
			冷加工钢筋	25%~35%	

续表

项次	工序名称	项目		允许偏差	备注
8	点焊	错点钢筋、起弧蚀损		允许少量轻微	
9	对焊	两根钢筋的轴线	折角	<4°	
			偏移	<0.1d 且不大于 2mm	
		接头处表面裂纹及斜口		不允许	
		卡具处钢筋烧伤		不允许	
10	电弧焊	焊缝	长度	−0.5d	
			宽度	−0.1d	
			高度	−0.05d	
			咬肉深度	<0.05d 且不大于 1mm	
			表面裂纹	不允许	
			气孔、夹渣及药皮不净	轻微	
11	接触埋弧焊	焊接件的钢板与锚固筋接触面周围缺焊		不允许	
12	焊接铁件	规格尺寸		+0 / −5	
		表面平整		3	
		锚爪	长度	±5	
			偏移	5	
13	冷镦	有效长度		±1	
		镦头	直径	≥1.5d	
			厚度	0.7~0.9d	
			中心偏移	±1	
14	热镦	镦头	直径	≥1.5d	
			中心偏移	±2	
		夹具处钢筋烧伤		不允许	

钢筋成品(骨架、网)质量标准
（单位：mm）   表 2-20

项次	项目		允许偏差
1	长		±5
2	宽		±5
3	高		±3
4	主筋间距		▲±5
5	主筋排距		▲±5
6	起弯点位移		20
7	箍筋(网格)间距	绑扎	±20
		点焊	±5
8	骨架或网片端头不齐		5
9	网片窜角		5

注：有"▲"的项目，其允许偏差值不得放宽 2 倍。

合格品：抽检件，满足"基本要求"和质量标准。

不合格品:抽检件,有一项未达到基本要求或质量标准。

检查验收方法:

每班抽件检查不少于二次,每次以同一班组,同一工序的产品为一批,每批抽件不少于三件。

对"基本要求"内容,必须逐项检验。

检验时,一律记录最大偏差。

抽检件符合合格品要求者,该批按合格验收。不合格时,经返修或处理后,重新检查验收。

钢筋成品的质量等级和检验:质量分为合格品、不合格品二个等级。

合格品:满足"基本要求",有70%的项目符合质量标准。其余项目的偏差,不得超过该项允许偏差2倍者。

不合格品:有下列情况之一者:

有一项未满足"基本要求";

符合质量标准的项目不足70%者;

有一项偏差超过允许偏差2倍者。

检查验收方法:

对"基本要求"内容,必须逐项检验。

按所规定的内容,逐件目测,作出验收标志。并以同一班组,同一品种为一批抽件检验,抽检数每台班5%,但不得少于三件。

检验时,记录最大偏差。

抽检件符合合格品要求者,该批按合格验收。

不合格时,必须返修或处理,返修后,重新检查验收。但不得参加评定。

5)评定:

优良率做为评定钢筋成品质量水平的依据。计算公式:

$$优良率=\frac{优良品总件数}{抽检总件数}\times 100\%$$

优良品,仅做为评定优良率的依据。凡在合格品中有90%的项目符合质量标准者,判定为优良品。

(3)应力测定记录:

施工中应检查不少于一块构件中的每根钢丝应力值(用钢丝内力测定仪测定)。同一构件内,全部预应力钢丝总的张拉应力偏差不得大于设计规定预应力值的5%;每根钢丝的应力偏差值不得大于设计规定预应力值的5%,也不得小于设计规定预应力值的10%。预应力构件钢筋应力测定记录表(见表2-21)。

预应力构件钢筋应力测定记录表 表2-21

月 日	班	班 长	操 作 人	型 号	设计根数	实际根数
单位:kN						

1	2	3	4	5	6	7	8	9

续表

10	11	12	13	14	15	16	17	18
19	20	21	22	23	24	25	26	27

总读数		实测拉力		设计拉力		相差值		相差%

平均每根	最高	最低	相差	相差百分比	发现问题

质量检查员：   测定人：

（4）构件质量检验评定：构件质量检验评定请参阅本节有关内容。

2.1.3.3 沉降观测记录

凡设计有要求的都要做沉降观察记录。

1．建筑物和构筑物沉降观测

建筑物和构筑物沉降观测的每一区域，必须有足够数量的水准点，并不得少于两个。水准点应考虑永久使用，埋设坚固（不应埋设在道路、仓库、河岸、新填土、将建设或堆料的地方，以及受震动影响的范围内），与被观测的建筑物和构筑物的间距为 30～50m。水准点帽头宜用铜或不锈钢制成，如用普通钢代替，应注意防锈。水准点埋设须在基坑开挖前 15 天完成。

2．观测点的设置

观测点的布置，应按能全面地查明建筑物和构筑物基础沉降的要求，由设计单位根据地基的工程地质资料及建筑结构的特点确定。

3．承重砖墙各观测点的设置

承重砖墙的各观测点，一般可沿墙的长度每隔 8～12m 设置一个，并应设置在建筑物的转角处、纵墙和横墙的交接处及纵墙和横墙的中央，建筑物沉降缝的两侧也应设置观测点。当建筑物的宽度大于 15m 时，内墙也应在适当位置设观测点。

4．框架式结构建筑物各观测点的设置

框架式结构的建筑物，应在每个柱基或部分柱基上安设观测点。具有浮筏基础或箱形基础的高层建筑，观测点应沿纵横轴线和基础（或接近基础的结构部分）周边设置。新建与原有建筑物的连接处两边，都应设置观测点。烟囱、水塔、油罐及其他类似构筑物的观测点，应沿周边对称设置。

5．沉降观察使用仪器

沉降观察宜采用精密水准仪及钢水准尺进行，在缺乏上述仪器时，也可采用精密的工程水准仪（带有符合水准器）和刻度精确的水准尺进行。观察时应使用固定的测量工具，人员宜固定。每次观察均需采用环形闭合方法或往返闭合方法当场进行检查。同一观察点的两次观测之差不得大于 1mm。

6．水准测量方法

水准测量应采用闭合法进行。

（1）采用二等水准测量应符合 $\pm 0.4\sqrt{n}$ mm 的要求；

(2) 采用三等水准测量应符合 $\pm 1.0\sqrt{n}$ mm 的要求。

注：n 为水准测量过程中水准仪安设的次数。

7. 沉降观测的次数和时间

沉降观测的次数和时间，应按设计要求，一般第一次观测应在观测点安设稳固后及时进行。民用建筑每加高一层应观测一次，工业建筑应在不同荷载阶段分别进行观测，整个施工时间的观测不得少于4次。建筑物和构筑物全部竣工后的观测次数：第一年4次；第二年2次，第三年后每年1次，至下沉稳定（由沉降与时间的关系曲线判定）为止。观测期限一般为：砂土地基二年，粘性土地基五年，软土地基十年。

当建筑物和构筑物突然发生大量沉降、不均匀沉降或严重的裂缝时，应立即进行逐日或几天一次的连续观测，同时应对裂缝进行观测。

8. 建筑物的裂缝观测

建筑物的裂缝观测，应在裂缝上设置可靠的观测标志（如石膏条等），观测后应绘制详图，画出裂缝的位置、形状和尺寸，并注明日期和编号。必要时应对裂缝照相。

9. 沉降观测资料

沉降观测资料应及时整理和妥善保存，作为该工程技术档案的一部分，并应附有下列各项资料：

1) 根据水准点测量得出的每个观测点高程和其逐次沉降量。参照表2-22填写。

沉降观测记录 表2-22

编号：

工程名称：			观测点布置简图			
水准点编号：						
水准点所在位置：						
水准点高程：						
观测日期：						
自　　年　　月　　日起						
至　　年　　月　　日止						
观测点	观测日期	实测标高(m)	本期沉降量(cm)	总沉降量(cm)		说　明
复　核		计　算		测　量		

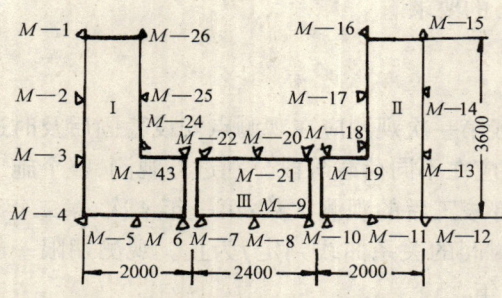

图 2-1 观测点平面布置示意图(单位 mm)

2) 根据建筑物和构筑物的平面图绘制的观测点的位置图(参见图 2-1),根据沉降观测结果绘制的沉降量、地基荷载与延续时间三者的关系曲线图(参见图 2-2(a))及沉降量分布曲线图(参见图 2-2(b))。

3) 计算出的建筑物和构筑物的平均沉降量、相对弯曲和相对倾斜值。

4) 水准点的平面布置图和构造图,测量沉降的全部原始资料。

5) 施工时建筑物和构筑物标高的水准测量记录及晴雨气象资料。

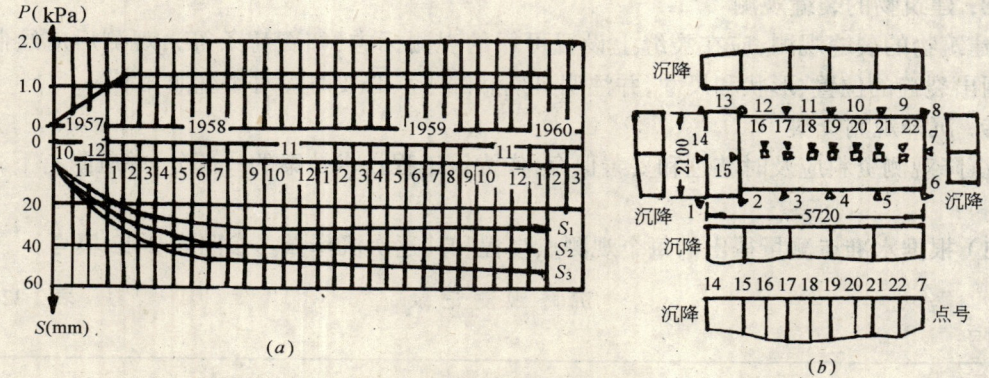

图 2-2 沉降观测结果综合示意图(单位 mm)

6) 根据上述内容编写沉降观测分析报告(其中应附有工程地质和工程设计的简要说明)。

2.1.4 预检记录

2.1.4.1 楼层放线

楼层放线预检是保证建筑物位置位移在允许偏差范围之内的重要手段。其内容有:

(1) 校核各楼层墙柱轴线、边线、门窗洞口位置线。

检验方法:根据墙柱轴线和施工平面图用尺量方法校核墙体边线和门窗洞口位置线是否符合设计要求。

(2) 楼层放线应分层、分施工段、分施工部位进行预检,并填写楼层测量记录。见表 2-23。

楼 层 测 量 记 录　　　　　表 2-23
年　月　日

工程名称		图纸编号	
施工单位		抄测日期	
坐标依据		楼　　层	
高程依据		施测人	

续表

抄测平面示意图	
复查结果	

技术负责人　　　　　　　　　复　查　　　　　　　抄　测
施工员　　　　　　　　　　　质检员

楼层测量记录的填写方法：

工程名称、施工单位、图纸编号、抄测日期、楼层、施测人,由工地技术负责人填写。坐标依据、高程依据由规划部门提供。抄测平面示意图应有方向和轴线标号。复测结果是对该楼层的测量复查结果情况的说明,应填写清楚。技术负责人、复查人、抄测人、施工员、质检员签字应齐全。

2.1.4.2　楼层50cm水平控制线

1. 定义

楼层50cm水平线是控制建筑物标高及结构标高的水平线,在墙体砌至1m高左右,抄平弹线而成。作用是控制门窗口、过梁、楼板、模板、吊顶、地面、踢脚等标高。为了保证建筑和结构标高的准确无误,必须认真做好楼层50cm水平线的预检工作。

2. 检验方法

用水平仪校核50cm水平线的位置及平整度。

3. 填写预检记录

2.1.4.3　模板工程

同第一章内容。

2.1.4.4　预制构件吊装(砖混结构)

为了保证建筑物的结构安全,保证施工符合图纸要求,对预制构件吊装工作必须在班组自检合格的基础上进行预检。

1. 预检内容

包括构件型号、构件支点的搁置长度、楼板堵孔、清理、标高、位置、垂直偏差(见表2-24),及构件外观检查等,绘制吊装平面图,见表2-25。

构件安装的允许偏差　　　　　　　　　　　　　　表2-24

项次	项　　目		允许偏差(mm)
1	杯形基础	中心线对轴线位移	10
		杯底安装标高	-10
2	柱	中心线对定位轴线的位移	5
		上下柱接口中心线位移	3

续表

项次	项	目		允许偏差(mm)
2	柱	垂直度	≤5m	5
			>5m	10
			≥10m 的多节柱	1/1000 标高但不大于 20
		牛腿上表面和柱顶标高	≤5m	−5
			>5m	−8
3	梁或吊车梁	中心线对定位轴线的位移		5
		梁上表面标高		−5
4	屋架	下弦中心线对定位轴线的位移		5
		垂直度	桁架、拱形屋架	1/250 屋架高
			薄腹梁	5
5	天窗架	构件中心线对定位轴线的位移		5
		垂直度		1/300 天窗架高
6	托架梁	底座中心线对定位轴线的位移		5
		垂直度		10
7	板	相邻两板下表面平整	抹 灰	5
			不抹灰	3
8	楼梯阳台	位 移		10
		标 高		±5
9	大型墙板	中心线对定位轴线的位移		3
		垂 直 度		3
		每层山墙内倾(或外倾)		2
		建筑物全高垂直度		10

构件安装平面图　　　　　　　　　　　　　表 2-25

工程名称		施工单位	
安装部位		安装项目	
平面示意图			
注			
安装负责人(签字)		质量检查员(签字)	

2. 预检方法

根据图纸的构件型号、标高位置,用尺量和观感检查其外观、支点的搁置长度、楼板、堵孔、清理、胡子筋处理等。

2.1.4.5　皮数杆

校核门窗洞口位置、过梁的位置、拉结筋、木砖的位置。

检验方法:尺量检查。

2.1.4.6　混凝土施工缝留置的方法、位置和接槎的处理

1. 意义

混凝土施工缝是保证结构构件质量,保证结构安全的重要因素。根据构件类型及受力的不同状况(弯矩、剪力),对混凝土施工缝的位置有不同的要求,处理不好,将造成重大事故,必须引起高度的重视。对混凝土施工缝留置位置必须在班组自检合格的基础上由技术员组织预检,以满足规定要求。

2. 预检内容

留置方法、位置、接槎处理等。

3. 混凝土施工缝的留置

(1) 留置在结构受剪力较小的部位。

(2) 便于继续施工的部位。

(3) 在规定的时间内预期可完成工作的范围内。

4. 常用结构的施工缝部位

(1) 柱应留水平施工缝的部位是:基础顶面、梁或吊车梁牛腿下面、无梁楼板柱帽下面。

(2) 和板连成整体的大截面梁留在板底面以下 20～30mm 处,当板下有梁托时,留在梁托下部。

(3) 单向板应设垂直施工缝,留在平行于板的短边的任何位置。

(4) 有主次梁的楼板应留在次梁跨度 1/3 的范围内。

5. 施工缝的留置法

(1) 水平施工缝:应在留缝的位置弹线,将混凝土振实振平。

(2) 垂直施工缝:较薄的楼板、深度不大的次梁可用木板支模。较厚的基层底板,应绑扎铅丝网,深度大的梁、板墙等,可用粗钢筋加固绑扎。

6. 施工缝的处理

(1) 混凝土强度达到 1.18MPa 时,才可继续施工。在浇筑混凝土前,应清理垃圾、水泥残渣,对旧混凝土凿毛,用水清洗湿润。

(2) 将钢筋调整修理、清理干净。

(3) 浇筑时水平施工缝宜先铺上厚 10～15mm 的同强度等级水泥砂浆。

(4) 结构设计留置的后浇缝宜用膨胀混凝土浇筑。

(5) 预制梁柱与现浇混凝土连接也应按施工缝处理,水平缝应干捻水泥砂浆,竖缝应浇筑膨胀混凝土。

(6) 楼板、次梁、底板的竖向施工缝继续施工接缝方式有两种:一种从施工缝开始继续浇筑,这时要注意避免直接投料,应用铁锹铲混凝土,用锹背向缝处已凝固的混凝土喂料。第二种从另一侧向施工缝处浇筑,混凝土挤向施工缝,应有多余的砂浆挤出,刮平。

(7) 施工缝处要加强养护。

2.1.4.7 预检工程检查记录单的使用要求和检查方法

预检工程检查记录单是某一分项预检工程检查验收的综合意见。表内前半部分包括:工程名称、施工单位、要求检查时间、预检内容、预检部位名称、说明、检查日期、编号等内容。预检部位名称,是预检的部位、项目,如××层定位放线;说明是预检概括项目的具体内容,如××龙门桩,××轴—××轴的轴线位置,由填表人填写。质量检查人员按其检查内容检查验收。表内后半部分内容,检查意见由工地技术负责人填写;要求复查时间,由被检人员填写；复查意见，复查日期，由复查人填写；填表人、参加检查人员、工地技术负责人、质量检查员、工长、班组长签字盖章。

其中检查意见是检查内容的结论，要求简明确切。如符合要求即填符合××规定（规范、设计图纸、洽商）要求，如有不符合要求，即指出具体部位、尺寸、项目、缺陷内容，并填明复查时间。

复查意见是复查项目的复查结果，要求简明确切，并要有复查人签字，注明复查时间。

填写预检工程检查记录单的要求：

(1) 内容、子目填写齐全，不得缺项漏项；
(2) 预检及时，实事求是；
(3) 预检工作必须在班组自检基础上，由技术员组织有关人员参加进行；
(4) 预检工作应分层、分施工段、分部位进行；
(5) 预检时间及内容应与质量评定时间内容相呼应；
(6) 参加预检的各方签字应齐全。

2.1.5 隐蔽工程验收记录

2.1.5.1 钢筋绑扎工程

1．钢筋隐检的部位

梁、柱、板、墙、阳台、雨罩、楼梯等构件钢筋的绑扎与安装。

2．隐检内容

品种、规格、尺寸、数量、间距、接头、位置、搭接倍数、平直、弯折、弯钩、箍筋、绑扎、预埋件、保护层等。

3．有关规定

钢筋绑扎接头的规定：

(1) 搭接长度的末端与钢筋弯曲处的距离，不得小于钢筋直径的10倍，接头不宜位于构件最大弯距处；
(2) 受拉区域内，Ⅰ级钢筋绑扎接长的末端应做弯钩，Ⅱ、Ⅲ级钢筋可不做弯钩；
(3) 直径等于或小于12mm的受压Ⅰ级钢筋的末端，以及轴心受压构件中任意直径的受力钢筋的末端，可不做弯钩，但搭接长度不应小于钢筋直径的35倍。

钢筋搭接处，应在中心和两端用铁丝扎牢。

绑扎接头的搭接长度应符合表2-26的规定。

受拉钢筋绑扎接头的搭接长度 表2-26

钢筋类型		混凝土强度等级		
		C20	C25	高于C25
	Ⅰ级钢筋	$35d$	$30d$	$25d$
月牙纹	Ⅱ级钢筋	$45d$	$40d$	$35d$
	Ⅲ级钢筋	$55d$	$50d$	$45d$
冷拔低碳钢丝		300mm		

注：1．当Ⅱ、Ⅲ级钢筋直径d大于25mm时，其受拉钢筋的搭接长度应按表中数值增加$5d$采用；2．当螺纹钢筋直径d不大于25mm时，其受拉钢筋的搭接长度应按表中数值减少$5d$采用；3．当混凝土在凝固过程中受力钢筋易受扰动时，其搭接长度宜适当增加；4．在任何情况下，纵向受拉钢筋的搭接长度不应小于30mm；受压钢筋的搭接长度不小于200mm；5．轻骨料混凝土的钢筋绑扎接头搭接长度应按普通混凝土搭接长度增加$5d$，对冷拔低碳钢丝增加50mm；6．当混凝土强度等级低于C20时，Ⅰ、Ⅱ级钢筋的搭接长度应按表中C20的数值相应增加$10d$，Ⅲ级钢筋不宜采用；7．对有抗震要求的受力钢筋的搭接长度，对一、二级抗震等级应增加$5d$；8．两根直径不同钢筋的搭接长度，以较细钢筋的直径计算。

受力钢筋的绑扎接头位置应相互错开。从任一绑扎接头中心至搭接长度 l_l 的1.3倍区段范围内有绑扎接头的受力钢筋,其截面面积占受力钢筋总截面面积的百分率如下:

受拉区不得超过25%;受压区不得超过50%。

焊接网采用绑扎连接时,应符合下列规定:

焊接网的搭接接头,不宜位于构件的最大弯矩处;焊接网在受力钢筋方向的搭接长度,应符合表2-27的规定。

受拉焊接骨架和焊接网绑扎接头的搭接长度 表2-27

钢 筋 类 型		混 凝 土 强 度 等 级		
		C20	C25	高于C25
Ⅰ 级 钢 筋		30d	25d	20d
月 牙 纹	Ⅱ 级 钢 筋	40d	35d	30d
	Ⅲ 级 钢 筋	45d	40d	35d
冷 拔 低 碳 钢 丝		250mm		

注:1.搭接长度除应符合本表规定外,在受拉区不得小于250mm,在受压区不得小于200mm;2.当混凝土强度等级低于C20时,Ⅰ级钢筋的搭接长度不得小于40d,Ⅱ级钢筋的搭接长度不得小于50d;3.当月牙纹钢筋直径 d 大于25mm时,其搭接长度应按表中数值增加5d;4.当螺纹钢筋直径 d 不大于25mm时,其搭接长度应按表中值减少5d;5.当混凝土在凝固过程中受力钢筋易受扰动时,其搭接长度宜适当增加;6.轻骨料混凝土的焊接骨架和焊接网绑扎接头的搭接长度,应按普通混凝土搭接长度增加5d,对冷拔低碳钢丝增加50mm;7.当有抗震要求时,对一、二级抗震等级应增加5d。

焊接网在非受力方向的搭接长度,宜为100mm。

箍筋要求及抗震设防箍筋加密范围的规定:

用Ⅰ级钢筋或冷拔低碳钢丝制作的箍筋,其末端弯钩的弯曲直径应大于受力钢筋直径,且不小于箍筋直径的2.5倍。弯钩的平直部分长度,一般结构不宜小于箍筋直径的5倍;有抗震要求的结构不应小于箍筋直径的10倍。

箍筋加密范围(抗震设防):

砖混:构造柱必须与圈梁连接,在柱与圈梁相交的节点处应适当加密柱的箍筋,加密圈梁上下均不应小于1/6层高或15cm,箍筋间距不宜大于10cm。

多层框架:柱、梁的箍筋设置应符合下列要求(见图2-3):

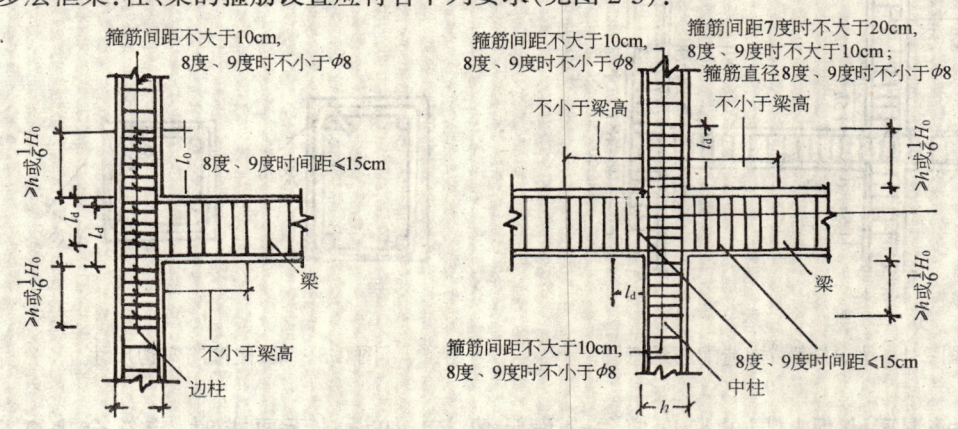

图2-3 节点构造示意图

l_0—按受拉考虑的锚固(搭接)长度,且不应小于 h;H_0—柱的净高梁柱节点附近及柱脚附近柱的箍筋加密不宜小于柱截面长边或1/6柱的净高,箍筋间距不宜大于10cm,箍筋直径在设计烈度为8度和9度时,不宜小于$\phi 8$。

梁柱节点内部柱的箍筋:边柱节点内部的箍筋间距不宜大于10cm,设计烈度为8度和9度时,箍筋直径不应小于$\phi 8$,中柱节点内部的箍筋,设计烈度为7度时,箍筋间距不宜大于20cm;设计烈度为8度和9度时,箍筋间距不宜大于10cm,箍筋直径不应小于$\phi 8$。

有抗震要求和受扭结构,箍筋弯钩不应小于135°。

单层钢筋混凝土柱厂房:

不等高厂房,牛腿(或柱肩)的箍筋应加密,箍筋的直径应不小于$\phi 8$,间距不应大于10cm。

柱顶下50cm高度范围内的箍筋应加密。设计烈度为8度和9度时,有吊车的变截面柱的上柱,自牛腿面至吊车梁面以上30cm高度范围内,其箍筋直径不宜小于$\phi 8$,间距不宜大于10cm,肢距不宜大于20cm。

梁柱节间附近梁的加密范围不宜小于梁截面高度,设计烈度为8度和9度时,箍筋间距不宜大于15cm。

梁的箍筋应为封闭式,其间距不宜大于梁截面高度的一半或梁截面宽度,并不宜大于25cm。

高层框架:梁、柱节点区邻近处箍筋应加密,加密范围见图2-4。梁、柱箍筋直径,设计烈度为7度时,不得小于6mm,设计烈度为8度时,不得小于8mm,设计烈度为9度时,不得小于10mm。

梁、柱箍筋弯钩尺寸见图2-5。弯钩角度应为135°,当箍筋用焊接接头时,单面焊接焊缝长度不得小于10d。

安装钢筋时,配置的钢筋级别、直径、根数和间距均应符合设计要求。绑扎或焊接的钢筋网和钢筋骨架不得有变形、松脱和开焊。

钢筋保护层的规定:

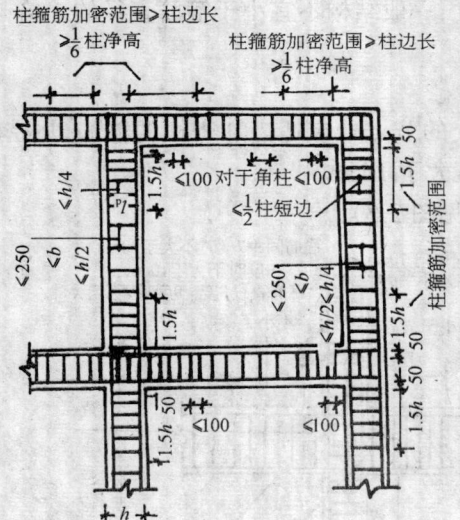

图2-4 梁、柱箍筋构造配筋示意图

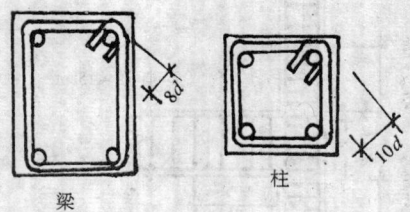

图2-5 梁、柱箍筋弯钩尺寸

钢筋混凝土保护层的厚度应符合设计要求。如设计无要求时,应符合表2-28的规定。

钢筋的混凝土保护层厚度(mm)   表 2-28

环境与条件	构件名称	混凝土强度等级		
		低于 C25	C25 及 C30	高于 C30
室内正常环境	板、墙、壳	15		
	梁和柱	25		
露天或室内高湿度环境	板、墙、壳	35	25	15
	梁和柱	45	35	25
有垫层	基础	35		
无垫层		70		

注：① 轻骨料混凝土的钢筋保护层厚度应符合国家现行标准《轻骨料混凝土结构设计规程》的规定；
② 处于室内正常环境由工厂生产的预制构件，当混凝土强度等级不低于 C20 且施工质量有可靠保证时，其保护层厚度可按表中规定减少 5mm，但预制构件中的预应力钢筋（包括冷拔低碳钢丝）的保护层厚度不应小于 15mm；处于露天或室内高湿度环境的预制构件，当表面另作水泥砂浆抹面层且有质量保证措施时，保护层厚度可按表中室内正常环境中构件的数值采用；
③ 钢筋混凝土受弯构件，钢筋墙头的保护层厚度一般为 10mm；预制的肋形板，其主肋的保护层厚度可按梁考虑；
④ 板、墙、壳中分布钢筋的保护层厚度不应小于 10mm；梁柱中箍筋和构造钢筋的保护层厚度不应小于 15mm。

钢筋代换的规定：

在施工中，若缺乏设计图中所要求的种类、级别或规格时，可进行钢筋代换，但必须遵守代换原则，以满足结构设计的要求。

代换原则：

(1) 不同种类的钢筋代换，按抗拉设计值相等的原则进行代换；对相同种类和级别的钢筋代换，应按等面积原则进行代换；

(2) 钢筋代换后，应满足混凝土结构设计规范中所规定的钢筋间距、锚固长度、最小直径、根数等要求；

(3) 对重要受力构件，不宜用 I 级光圆钢筋代换变形钢筋；

(4) 梁的纵向受力钢筋与弯起钢筋应分别进行代换；

(5) 当构件受抗裂、裂缝宽度或挠度控制时，钢筋代换后应进行抗裂、裂缝宽度或挠度验算；

(6) 有抗震要求的梁、柱和框架，不宜以强度等级较高的钢筋代替原设计中的钢筋。如必须代换时，其代换的钢筋检验所得的实际强度，尚应符合下列规定要求：

1) 钢筋的抗拉强度实测值与屈服强度实测值的比值应大于 1.25；

2) 钢筋的屈服强度实测值与钢筋强度标准值的比值，当按一级抗震等级设计时不应大于 1.25，当按二级抗震设计时不应大于 1.4。

(7) 预制构件的吊环，必须采用未经冷拉的 I 级热轧钢筋制作，严禁以其他钢筋代换。

板缝及胡子筋处理的规定：

现浇板缝(带)应符合设计要求，短向圆孔板板缝宽≥40mm，胡子筋成 45°角和通筋绑扎。长向板端头胡子筋每块板焊接两根，两端板胡子筋和圈梁连结处焊接至少两点。板缝用 C20 豆石混凝土浇灌严密。

2.1.5.2 钢筋焊接工程

1. 意义

焊接质量好坏,直接影响到结构安全。焊接型式、焊接种类、焊条、焊口等因素对焊接质量有很大影响,因此现场结构焊接必须做隐检。

2．类型

现场结构焊接主要包括现场结构钢筋焊接和预制构件现场焊接连接。

3．钢筋焊接隐检

(1) 隐检范围:

工业与民用房屋构筑物的钢筋混凝土和预应力混凝土结构中钢筋、钢筋骨架和钢筋网片。

预制构件焊接主要包括外墙板缝槽钢筋焊接,大楼板连接筋焊接,阳台尾筋焊接,楼梯、阳台栏板等焊接。

焊接的形式、种类及焊口形式见表2-29。

焊接方法适用范围　　　　表2-29

项次	焊接方法		接 头 型 式	适 用 范 围	
				钢筋级别	直径(mm)
1	电阻点焊			Ⅰ～Ⅱ级 冷拔低碳钢丝	6～14 3～15
2	闪光对焊			Ⅰ～Ⅲ级 Ⅳ级	10～40 10～25
3	帮条焊	双面焊		Ⅰ～Ⅲ级	10～40
		单面焊		Ⅰ～Ⅲ级	10～40
	搭接焊	双面焊		Ⅰ、Ⅱ级	10～40
		单面焊		Ⅰ、Ⅱ级	10～40
	熔槽帮条焊			Ⅰ～Ⅲ级	25～40
4	坡口焊	平焊		Ⅰ～Ⅲ级	18～40
		立焊		Ⅰ～Ⅲ级	18～40

续表

项次	焊接方法		接头型式	适用范围	
				钢筋级别	直径(mm)
	钢筋与钢板搭接焊			Ⅰ、Ⅱ级	8~40
4	预埋件T形接头电弧焊	贴角焊		Ⅰ、Ⅱ级	6~16
		穿孔塞焊		Ⅰ、Ⅱ级	≥18
	电渣压力焊			Ⅰ、Ⅱ级	14~40
5	预埋件T形接头埋弧压力焊			Ⅰ、Ⅱ级	6~20

注：1. 5号钢钢筋的焊接同Ⅱ级钢筋；50/75kg级钢筋的焊接同Ⅳ级钢筋；
　　2. 电阻点焊时，适用范围的钢筋直径系指较小钢筋的直径。
　　采用其他焊接方法或其他品种、规格钢筋时，应经鉴定或试验合格后，方可使用。

(2) 电弧焊的质量要求：

钢筋帮条焊宜采用双面焊，见图 2-6(a)。不能进行双面焊时，也可采用单面焊，见图 2-6(b)。

帮条宜采用与主筋同级别、同直径的钢筋制作，其帮条长度 L，见表 2-30。

钢筋搭接焊只适用于Ⅰ、Ⅱ级钢筋。焊接时，宜采用双面焊，见图 2-7(a)。不能进行双面焊时，也可采用单面焊，见图 2-7(b)。搭接长度 L 应与帮条长度相同。

钢筋帮条接头或搭接接头的焊缝厚度 h 应不小于 0.3 钢筋直径，焊缝宽度 b 不小于 0.7 钢筋直径，见图 2-8。

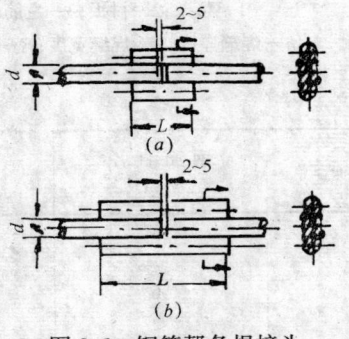

图 2-6 钢筋帮条焊接头

钢筋帮条长度　　　　表 2-30

项次	钢筋级别	焊缝型式	帮条长度 L
1	Ⅰ级	单面焊	≥8d
		双面焊	≥4d
2	Ⅱ、Ⅲ级	单面焊	≥10d
		双面焊	≥5d

注：d 为钢筋直径。

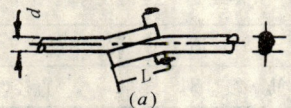
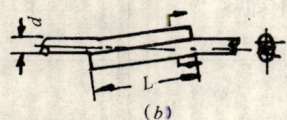

图 2-7 钢筋搭接焊接头

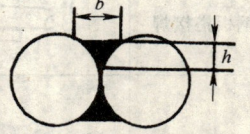

图 2-8 焊缝尺寸示意图
b—焊缝宽度；h—焊缝厚度

钢筋帮条焊或搭接焊时，钢筋的装配和焊接应符合下列要求：

帮条焊时，两主筋端头之间应留 2～5mm 的间隙。

搭接焊时，钢筋宜预弯，以保证两钢筋的轴线在一直线上。

帮条与主筋之间用四点定位焊固定。搭接焊时，用两点固定。定位焊缝应离帮条或搭接端部 20mm 以上。

焊接时，引弧应在帮条或搭接钢筋的一端开始，收弧应在帮条或搭接钢筋端头上，弧坑应填满。第一层焊缝应有足够的熔深，主焊缝与定位焊缝，特别是在定位焊缝的始端与终端，应熔合良好。

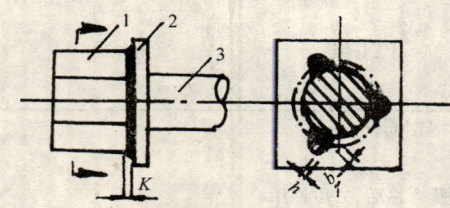

图 2-9 预应力钢筋帮条焊锚头
1—帮条；2—衬板；3—主筋
h—焊缝厚度；b—焊缝宽度；K—焊脚

注：在现场预制构件安装条件下，节点处钢筋进行搭接焊时，如钢筋预弯确有困难，可不预弯。

Ⅱ、Ⅲ级钢筋作为预应力主筋时，锚固端可采用帮条焊锚头，其形式见图 2-9。帮条尺寸及焊缝尺寸见表 2-31。帮条端面应平整，并与锚固板紧密接触。锚固板应与钢筋轴线相垂直，以利钢筋张拉时受力均匀，防止扭曲折断。

帮条及焊缝尺寸　　　　　表 2-31

项次	钢筋直径(mm)	帮条尺寸(mm)(根数×直径×长度)	焊缝尺寸(mm)			锚固板尺寸(mm)(厚×长×宽)
			b	h	k	
1	40	3×28×60	18	9	6	20×120×120
2	36	3×25×60	16	8	6	20×110×110
3	32	3×22×55	14	7	6	20×100×100
4	28	3×20×55	14	7	4	20×90×90
5	25	3×18×55	12	6	4	15×80×80

帮条锚头的焊接应在预应力钢筋冷拉之前进行。严禁在主筋上引弧，为了防止过热和烧伤，宜由几个锚头轮流施焊。

作好焊前准备工作，选择合适的焊条直径和焊接电源，多层焊中的及时清渣，都是保证质量的重要措施，必须认真遵守。

(3) 钢筋气压焊的质量要求：

外观检查项目和质量要求如下：

偏心量 e 不得大于钢筋公称直径的 0.15 倍,同时不得大于 4mm,见图 2-10。

当不同直径钢筋相焊接时,按较小钢筋直径计算。

当超过限量时应切除重焊。

两钢筋轴线弯折角不得大于 4°。当超过限量时,应重加热矫正。

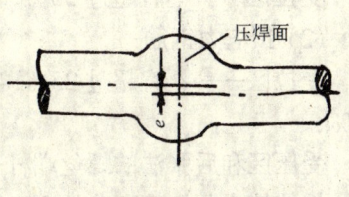

图 2-10 偏心量

镦粗直径 d_m 应不小于钢筋公称直径的 1.4 倍,见图 2-11。当小于此限量时,应重新加热镦粗。

镦粗长度 L_d 应不小于钢筋公称直径的 1.2 倍,且凸起部分平缓圆滑,见图 2-12。当小于此限量时,应重新加热镦长。

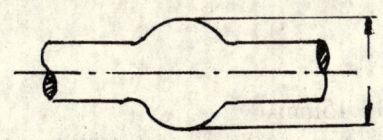

图 2-11 镦粗直径

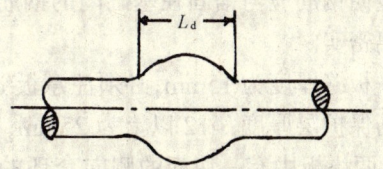

图 2-12 镦粗长度

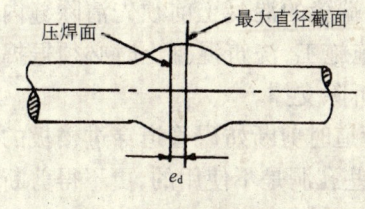

图 2-13 压焊面偏移

压焊面偏移 e_d 不得大于钢筋公称直径的 0.2 倍,见图 2-13。

钢筋气压焊接头弯曲试验时弯心直径应符合表 2-32 的规定。

钢筋气压焊接头不得有环向裂纹,若发现有此种裂纹时,应切除重焊。

镦粗区表面不得有严重烧伤。

气压焊接头弯曲试验弯心直径　　　　表 2-32

钢 筋 等 级	弯 心 直 径	
	$d \leqslant 25$mm	$d > 25$mm
Ⅰ	2d	3d
Ⅱ	4d	5d
Ⅲ	5d	6d

注：d 为钢筋直径(mm)。

钢筋焊接接头的有关规定：

钢筋采用焊接接头时,设置在同一构件内的焊接接头应相互错开。在受力钢筋直径 35 倍的区段范围内(不小于 500mm),一根钢筋不得有二个接头(构件全长钢筋应尽量少设焊接接头)。有接头的钢筋截面面积占钢筋总截面面积的百分率,应符合下列规定：

(1) 非预应力钢筋：

受拉区——不宜超过 50%；受压区和装配式结构节点——不限制。

(2) 预应力钢筋：

受拉区——不宜超过 25%；当采用闪光对焊且有保证焊接质量可靠措施时，可放宽至 50%；

受压区和后张法的螺丝端杆——不限制。

焊接接头距钢筋弯曲处不应小于钢筋直径的 10 倍，也不宜位于构件的最大弯矩处。

外墙板键槽钢筋焊接的有关要求：

(1) 底层外墙板的竖向主筋 2ϕ12 应与锚固在基础内的插筋焊接，并连续贯通整个建筑物的全高。当 2ϕ12 主筋与吊环在键槽中焊接连接时应保证搭接长度不小于单面焊接长度 8d 的规定，如焊接长度不够时应采用加帮条或钢板焊接。

(2) 安装外墙板时竖向板缝侧面套环必须平整，按要求插入竖向钢筋，搭接长度 40d，底层的竖向钢筋应与锚固在基础内的钢筋焊接，竖缝用与相邻内墙同强度等级的混凝土浇灌和振捣密实。

水平板缝厚度为 15mm，必须注意板缝坐浆饱满。

钢筋保护层厚度：ϕ12 以上为 25mm；ϕ12 以下为 10～15mm。

(3) 两块板中有一块板的侧向套环的最下一个安装时须在中间剪开，待安装完后与柱筋绑扎好。

大楼板连接焊接的有关要求：

(1) 现浇板缝除形成大楼板自身的支座外，尚为板与板、板与墙、墙与墙相连结的关键部位，施工中必须保证新旧混凝土结成整体。为此在浇筑板端缝的混凝土前须先清除缝内的残渣污物，整理好配筋，按新旧混凝土结成整体的操作措施施工，浇筑混凝土时必须振捣密实，加强养护，待混凝土强度达到设计强度的 70% 后方可拆除支撑。

(2) 通过板上孔洞的预应力筋，在拆除支撑以后，安装管道时剪断妨碍管道穿过楼板的部分预应力筋，尽量保留不需剪断的钢筋。在具体施工中有些孔洞是不使用的，更不得剪断其中的钢筋，而需现场支模做二次整体浇灌。

(3) 靠近大楼板支座处的矩形洞口，如安装需要可剔凿其 60～75mm 宽洞边混凝土框，但不得切断洞边框的配筋，安装完毕后再浇混凝土将板边补好。

阳台尾筋焊接的有关要求：

保证焊接质量，满足搭接倍数，如设计无要求，尾筋用同材质的钢筋双面焊 150mm，单面焊 300mm（电弧焊）。

楼梯、阳台板焊接的有关要求：

构件安装应随层焊接，将构件预埋件用扁铁或钢筋围焊牢固。

以上各项均应按各自不同要求做隐检。钢筋隐检应分施工段、分层进行，分别填写钢筋隐检记录，并符合施工程序要求。

2.1.5.3 外墙板空腔立缝、平缝、十字缝接头、阳台、雨罩、女儿墙平缝及外立缝的质量要求

外墙板空腔防水应接缝严密，做法正确，即使使用新型防水材料，其基层处理细部做法和要求也基本相同。因此基层处理和细部做法必须严格施工，做好隐检。

(1) 首层应按图纸现制通长整体混凝土挡水台,外侧做好防水坡。应在基础或地下室圈梁中预留插铁,配纵向钢筋,支模后浇灌豆石混凝土,待混凝土强度≥5MPa后方准安装外墙板。

(2) 吊装就位前必须再次检查挡水台,如有局部破损应及时修补,才能安装。安装时应轻吊轻放,尽量一次就位准确,必要时可撬动墙板内侧,不准在披水、挡水台上撬动墙板。

(3) 安装外墙板应以墙边线为准,做到外墙面顺平,墙身垂直,缝隙均匀一致,不得出现企口缝错位,把平腔挤严的现象。外墙板标高必须正确,防止披水高于挡水台。板底的找平层灰浆边须密实。应特别注意首层外墙板的安装质量,使之成为以上各层的基准。

(4) 油毡聚苯每层必须通长成条,宽度适宜,嵌插到底,周围必须严密,不得分段接插,不得鼓出或崩裂,以防止浇灌墙体节点混凝土时堵塞空腔。

(5) 防水处理应由培训合格的专业班组负责施工。防水塑料条宜选用厚度1.5~2.0mm,硬度适当的软质聚氯乙烯防水塑料条。防水塑料条的长度和宽度必须和墙缝相适应,其宽度为立缝宽度加25mm,高度为层高加100~150mm,以便封闭空腔上口,防止浇灌混凝土时混凝土或杂物掉入堵塞腔槽。下端剪成圆弧形缺口,以便留排水孔。在结构施工时,防水塑料条必须随层同步从上往下插入立缝空腔中,严禁结构吊装完毕后做装饰时由缝前后塞。嵌插塑料条时,要防止脱槽。低温施工时塑料条应放入保温桶中,软化后再插入。水平缝的纸卷(油毡条)要塞紧。

(6) 十字缝接头处的上层塑料条应插到下层外墙板的排水坡上。半圆形塑料排水孔要保持畅通,可伸出墙皮15mm向下倾斜。

(7) 墙体丁字节点混凝土灌筑后,应检查立腔、平腔是否畅通,如有漏浆或杂物等堵塞,应及时清理干净。无法清理时,整条墙缝应用防水油膏嵌填(见图2-14、图2-15)。

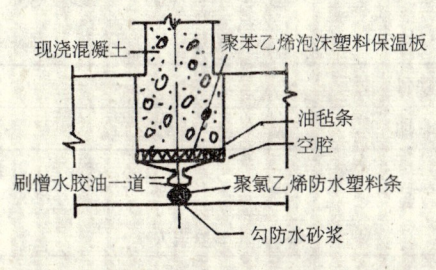

图2-14 垂直缝

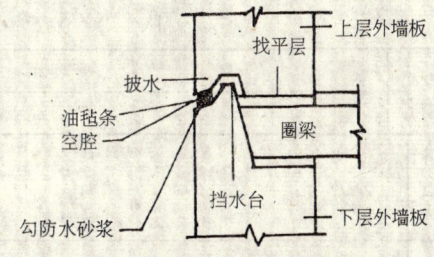

图2-15 水平缝

(8) 阳台板泛水应正确,排水口应畅通。阳台板上、下平缝的全长及两端相邻的立缝,上下延伸20mm,都应嵌填防水油膏(见图2-17),外再抹防水砂浆,十字缝处的排水孔不能堵塞。雨罩板平立缝的施工要求与阳台板相同。两阳台板或雨罩对接处必须嵌填防水油膏或贴油毡(见图2-16、图2-17)。

(9) 女儿墙平缝及外立缝,当采用构造防水时,要求与外墙板平缝、立缝相同,内立缝应嵌防水油膏;当采用材料防水时,必须使平缝、外立缝、顶缝、内立缝交圈密封,内立缝油膏应与屋面油毡搭接。顶部用6mm厚豆石混凝土压顶并做成向内泛水。压顶的下沿做出鹰嘴。

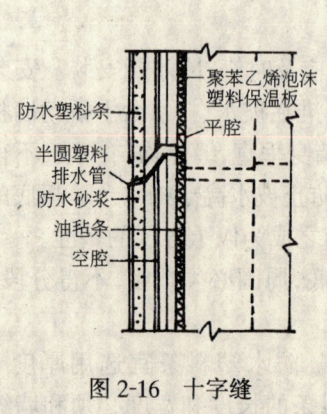

图 2-16 十字缝

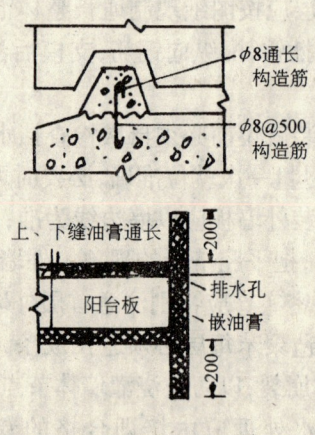

图 2-17 防水阳台

2.1.5.4 隐蔽工程检查记录单使用要求和填写方法

1. 填写方法

隐蔽工程检查验收记录单(见表 2-33)是对某一项隐蔽工程检查验收的综合意见,表内前半部分内容包括:工程名称、隐检项目、检查部位、隐检内容、填写日期。前半部分由施工队质检员填写,各部门检查人员按其项目进行验收。表内后半部分内容:检查意见,由质检员检查后填写,要求检查意见真实确切不得弄虚做假,由设计负责人,建设单位负责人,施工单位负责人,联合检查后分别签写意见。如检查中存在问题应填写清楚,并进行复查,写明复查意见。此外,应填写隐检记录编号,以便查找和整理。

隐蔽工程检查记录　　　　　　　　　　　表 2-33

	队		编号	
工程名称		隐检项目		
检查部位		填写日期		
隐检内容				填表人
检查意见	年　月　日	复查意见		年　月　日
建设单位	设计单位	施工单位		
		技术队长 施工员 质检员		

注:此表为通用表格。

2. 填写要求

(1) 隐检记录各项目必须填写齐全,不得漏填。
(2) 隐检手续应及时办理,不得后补。
(3) 隐检内容应齐全,不得漏检。
(4) 检查意见(复查意见)具体明确。
(5) 设计单位、建设单位、施工单位负责人应签字齐全,不得漏签或代签。
(6) 基础、主体钢筋工程、现场结构焊接工程(钢筋焊接,外墙板键槽钢筋焊接,大楼板的连接筋焊接,阳台尾筋和楼梯、阳台栏板等焊接)隐检应分层、分部位、分施工段分别做隐检。
(7) 各项目隐检内容时间和质量评定时间相对应。
(8) 如钢筋焊接经检查后不符合要求时,需补焊或重焊,并要有复验合格记录,由复验人签字。
(9) 隐检应符合施工程序,不在同一程序中施工的工程不得一次进行,更不得填写一张隐检单。

2.1.6 主体结构工程验收记录
见本书"1 地基与基础工程施工阶段"有关内容。

2.1.7 技术交底
2.1.7.1 砌砖墙
本技术交底适用于一般砖混、外砌内模、有抗震构造柱的砖墙砌筑工程。

1. 材料要求

(1) 砖:品种、强度等级必须符合设计要求,并有出厂合格证或试验单。清水墙的砖应色泽均匀,边角整齐。
(2) 水泥:品种与强度等级应根据砌体部位及所处环境选择,一般宜采用 325 级普通硅酸盐水泥或矿渣硅酸盐水泥。
(3) 砂子:中砂,配制 M5 以下砂浆所用砂子的含泥量不超过 10%。M5 及其以上砂浆的砂子含泥量不超过 5%,使用前用 5mm 孔径的筛子过筛。
(4) 掺合料:白灰膏熟化时间不少于 7d,严禁使用脱水硬化和冻结的石灰膏。
(5) 其它材料:木砖应刷防腐剂;墙体拉结钢筋及预埋件等。

2. 主要机具

应备有搅拌机、手推车、磅秤、垂直运输设备,大铲、刨锛、瓦刀、扁子、托线板、线坠、小白线、卷尺、铁水平尺、皮数杆、小水桶、灰槽、砖夹子、笤帚等。

3. 作业条件

(1) 完成室外及房心回填土,安装好暖气盖板。
(2) 办完地基、基础工程隐检手续。
(3) 按标高抹好水泥砂浆防潮层。
(4) 弹好墙身线、轴线,根据现场砖的实际规格尺寸,再弹出门窗洞口位置线,经验线符合设计图纸的尺寸要求,办完预检手续。
(5) 按标高立好皮数杆,皮数杆的间距以 15~20m 为宜。
(6) 砂浆由试验室做好试配,准备好试模。

4. 操作工艺

工艺流程:

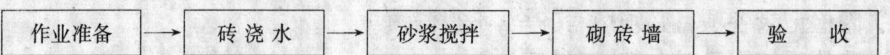

(1) 砖浇水：粘土砖必须在砌筑前一天浇水湿润，一般以水浸入砖四边 1.5cm 为宜，含水率为 10%～15%，常温施工不得用干砖上墙；雨季不得使用含水率达到饱和状态的砖砌墙；冬期浇水有困难，则必须适当增大砂浆稠度。

(2) 砂浆搅拌：砂浆配合比应采用重量比，计量精度水泥为 ±2%，砂、灰膏控制在 ±5% 以内。宜用机械搅拌，搅拌时间不少于 1.5min。

(3) 砌砖墙：

1) 组砌方法：砌体一般采用一顺一丁（满丁满条）、梅花丁或三顺一丁砌法。不采用五顺一丁砌法，砖柱不得采用先砌四周后填心的包心砌法。

2) 排砖撂底（干摆砖）：一般外墙第一层砖撂底时，两山墙排丁砖，前后纵墙排条砖。根据弹好门窗洞口位置线，认真核对窗间墙、垛尺寸长度是否符合排砖模数。如不符合模数时，可将门窗口的位置左右移动。若有破活，七分头或丁砖应排在窗口中间、附墙垛或其它不明显部位。移动门窗口位置时，应注意暖卫主管及门窗口开启时不受影响。另外在排砖时还要考虑在门窗口上边的砖墙合拢时也不出现破活。所以排砖时必须有个全盘考虑。即前后檐墙排第一皮砖时，要考虑甩窗口后砌条砖，窗角上必须是七分头才是好活。

3) 选砖：砌清水墙应选择棱角整齐，无弯曲、裂纹，颜色均匀、规格基本一致的砖。敲击时声音响亮、焙烧过火变色、变形的砖可用在基础及不影响外观的内墙上。

4) 盘角：砌砖前应先盘角，每次盘角不要超过五层，新盘的大角，及时进行吊靠，如有偏差要及时修整。盘角时要仔细对照皮数杆的砖层和标高，控制好灰缝大小使水平灰缝均匀一致。大角盘好后再复查一次，平整和垂直完全符合要求后才可以挂线砌墙。

5) 挂线：砌筑一砖半墙必须双面挂线，如果长墙几个人使用一根通线，中间应设几个支线点，小线要拉紧，每层砖都要穿线看平，使水平缝均匀一致、平直通顺；砌一砖厚混水墙时宜采用外手挂线，可以照顾砖墙两面平整，为控制抹灰厚度奠定基础。

6) 砌砖：砌砖宜采用一铲灰、一块砖、一挤揉的"三一"砌砖法，即满铺满挤操作法。砌砖时砖要放平，里手高，墙面就要张；里手低，墙面就要背。砌砖一定要跟线，"上跟线、下跟棱，左右相邻要对平"。水平灰缝厚度和竖向灰缝宽度一般为 10mm，但不应小于 8mm，也不应大于 12mm。为保证清水墙面立缝垂直、不游丁走缝，当砌完一步架高时，宜每隔 2m 左右水平间距在丁砖立楞位置弹两道垂直线，以分段控制游丁走缝。在操作过程中，要认真进行自检，如出现有偏差，应随时纠正，严禁事后砸墙。清水墙不允许有三分头，不得在上部任意变活、乱缝。砌筑砂浆应随搅拌随使用，水泥砂浆必须在 3h 内用完，水泥混合砂浆必须在 4h 内用完，不得使用过夜砂浆，砌清水墙应随砌随划缝，划缝深度为 8～10mm，深浅一致，清扫干净，混水墙应随砌随将舌头灰刮尽。

7) 留槎：外墙转角处应同时砌筑。内外墙交接处必须留斜槎，槎子长度不应小于墙体高度的 2/3，槎子必须平直、通顺。分段位置应在变形缝或门窗口角处。隔墙与墙或柱子同时砌筑时可留阳槎加预埋拉结筋。沿墙高每 50cm 预留 φ6 钢筋 2 根，其埋入长度从墙的留槎处算起每边均不小于 50cm，末端应加 90°弯钩。隔墙顶应用立砖斜砌挤紧。

8) 木砖、预留孔洞和墙体拉结筋：木砖预埋时应小头在外，大头在内，数量按洞口高度决定。洞口高在 1.2m 以内，每边放 2 块，高 1.2～2m 每边放 3 块；高 2～3m 每边放 4 块。

预埋砖的部位一般在洞口上下边四皮砖,中间均匀分布。木砖要提前做好防腐处理。钢门窗安装的预留孔,硬架支模,暖卫管道均应按设计要求预留,不得事后剔凿。墙体抗震拉结筋的位置、钢筋规格、数量、间距长度、弯钩等均应按设计要求留置,不应错放、漏放。

9) 安装过梁、梁垫:安装过梁、梁垫时其标高、位置及型号必须准确,坐灰饱满,如坐灰厚度超过2cm时要用豆石混凝土铺垫,过梁安装时两端支承点的长度应一致。

10) 构造柱做法:凡设有构造柱的结构工程,在砌砖前,先根据设计图纸将构造柱位置进行弹线,并把构造柱插筋处理顺直。砌砖墙时与构造柱联结处砌成马牙槎,每一个马牙槎沿高度方向的尺寸不宜超过30cm(即五皮砖)。

砖墙与构造柱之间应沿墙高每50cm设置$2\phi6$水平拉结钢筋连接,每边伸入墙内不应少于1m。

(4) 冬期施工:在预计连续10d内平均气温低于+5℃或当日最低温度低于-3℃时,即进入冬期施工。冬期使用的砖要求在砌筑前清除冰霜,水泥宜用普通硅酸盐水泥,灰膏要防冻,如已受冻要融化后方能使用。砂中不得含有大于1cm的冻块,材料加热时,砂加热温度不超过40℃,水加热不超过80℃。砖正温时适当浇水,负温即要停止,可适当增大砂浆稠度。冬期不应使用无水泥砂浆,砂浆中掺盐时,应用波美比重计检查盐溶液浓度。但对绝缘、保温或装饰有特殊要求的工程不得掺盐;砂浆使用温度不应低于+5℃,掺盐量应符合冬施方案的规定。采用掺盐砂浆砌筑时,砌体中的钢筋应预先作防腐处理,涂防锈漆两道。

5. 质量标准

(1) 保证项目:

1) 砖的品种、强度等级必须符合设计要求。

2) 砂浆品种及强度应符合设计要求。同品种、同强度等级砂浆各组试块的平均强度不小于f_m,k(设计要求砂浆抗压强度试块标准养护28d即抗压强度);任意一组试块的强度不小于$0.75f_m,k$。

3) 砌体砂浆必须密实饱满,实心砖砌体水平灰缝的砂浆饱满度不小于80%。

4) 外墙转角处严禁留直槎,其他临时间断处留槎做法必须符合施工规范的规定。

(2) 基本项目:

1) 砌体上下错缝,砖柱、垛无包心砌法;窗间墙及清水墙面无通缝;混水墙每间(处)无4皮砖的通缝(通缝指上下二皮砖搭接长度小于25mm)。

2) 砖砌体接槎处灰浆密实,缝、砖平直,每处接槎部位水平灰缝厚度小于5mm或透亮的缺陷不超过5个。

3) 预埋拉筋的数量、长度均符合设计要求和施工规范规定,留置间距偏差不超过一皮砖。

4) 构造柱留置正确,大马牙槎先退后进;上下顺直;残留砂浆清理干净。

5) 清水墙组砌正确,竖缝通顺、刮缝深度适宜、一致,楞角整齐,墙面清洁美观。

(3) 允许偏差项目:见表2-34。

6. 成品保护

(1) 墙体拉结筋,抗震构造柱钢筋,大模板混凝土墙体钢筋及各种预埋件、暖卫、电气管线等,均应注意保护,不得任意拆改或损坏。

砖墙砌筑允许偏差　　　　　　　　　　表 2-34

项次	项目			允许偏差（mm）	检验方法
1	轴线位置偏移			10	用经纬仪或拉线和尺量检查
2	基础和墙砌体顶面标高			±15	用水准仪和尺量检查
3	垂直度	每层		5	用2m托线板检查
		全高	≤10m	10	用经纬仪或吊线和尺量检查
			>10m	20	
4	表面平整度	清水墙、柱		5	用2m靠尺和楔形塞尺检查
		混水墙、柱		8	
5	水平灰缝平直度	清水墙		7	拉10m线和尺量检查
		混水墙		10	
6	水平灰缝厚度（10皮砖累计数）			+8	与皮数杆比较尺量检查
7	清水墙面游丁走缝			20	吊线和尺量检查，以底层第一皮砖为准
8	门窗洞口（后塞口）	宽度		+5	尺量检查
		门口高度		+15 −5	
9	预留构造柱截面（宽度、深度）			±10	尺量检查
10	外墙上下窗口偏移			20	用经纬仪或吊线检查以底层窗口为准

注：每层垂直度偏差大于15mm者，应进行处理。

（2）砂浆稠度应适宜，砌墙时应防止砂浆溅脏墙面。

（3）在吊放平台脚手架或安装大模板时，指挥人员和吊车司机要认真指挥和操作，防止碰撞刚砌好的砖墙。

（4）在高车架进料口周围，应用塑料薄膜或木板等遮盖，保持墙面洁净。

（5）尚未安装楼板或屋面板的墙和柱，当可能遇到大风时，应采取临时支撑等措施，以保证施工中的稳定性。

7．应注意的质量问题

（1）基础墙与墙错台：基础砖摺底要正确，收退大方角两边要相等，退到墙身之前要检查轴线和边线是否正确，如偏差较小可在基础部位纠正，不得在防潮层以上退台或出沿。

（2）清水墙游丁走缝：排砖时必须把立缝排匀，砌完一步架高度，每隔2m间距在丁砖立楞处用托线板吊直弹线，三步架往上继续吊直弹粉线，由底往上所有七分头的长度应保持一致，上层分窗口位置时必须同下窗口保持垂直。

（3）灰缝大小不匀：立皮数杆要保证标高一致，盘角时灰缝要掌握均匀，砌砖时小线要拉紧，防止一层线松，一层线紧。

（4）窗口上部立缝变活：清水墙排砖时，为了使窗间墙、垛排成好活，把破活排在中间位置，在砌过梁上第一行砖时，不得随意变动破活位置。

(5) 砖墙鼓胀：外砖内模墙体砌筑时，在窗间墙上，抗震柱两边分上中下留出 6cm×12cm 通孔，抗震柱外墙面垫 5cm 厚木板，用花篮螺栓与大模板连接牢固，混凝土要分层浇灌，振捣棒不可直接触及外墙。楼层圈梁外三皮 12cm 砖墙也应认真加固。如在振捣时发现砖墙已鼓胀，则应及时拆掉重砌。

(6) 混水墙粗糙：舌头灰未刮尽，半头砖集中使用造成通缝；一砖厚墙背面偏差较大；砖墙错层造成螺丝墙。半头砖要分散使用在较大的墙体上，首层或楼层的第一皮砖要查对皮数杆的标高及层高，防止到顶砌成螺丝墙，一砖厚墙采用外手挂线。

(7) 构造柱砌筑不符合要求：构造柱砖墙应砌成大马牙槎，设置好拉结筋从柱脚开始两侧都应先退后进，当齿深 12cm 时上口一皮进 6cm，再上一皮进 12cm，以保证混凝土浇灌上角密实。构造柱内的落地灰、砖渣杂物应清理干净防止夹渣。

2.1.7.2 砌加气混凝土砌块墙

本技术交底适用于一般工业与民用建筑，蒸压加气混凝土砌块墙砌筑工程。

1. 材料要求

(1) 蒸压加气混凝土砌块，一般规格为 600×200、600×250、600×300（mm）厚度、模数制为 25 和 60（mm）两种进位的加气混凝土砌块。

其强度：当干密度为 500kg/m³ 时，等级为 MU3，当干密度为 700kg/m³ 时，等级为 MU5。设计规定的其它干密度和强度等级的蒸压加气混凝土块，质量应符合部颁标准及《蒸压加气混凝土砌块》《GB/T 11968—1997》的各项指标要求。

(2) 水泥：32.5 级及其以上的普通硅酸盐或矿渣硅酸盐水泥。

砂子：中砂，含泥量不超过 5%，过 5mm 孔径筛。

(3) 混凝土预制块，木砖，锚固铁板（75mm×50mm×3mm），$\phi 6 \sim \phi 10$ 钢筋，铁扒钉（$\phi 4 \sim \phi 6$），小木楔等。

2. 主要机具

(1) 搅拌机、后台计量设备、5mm 筛子、手推车、大铲、铁锹、刀锯、手摇钻、线锤、托线板、小白线、灰桶、铺灰铲、小锤、小水桶、水平尺、砂浆吊斗及垂直运输工具等。

3. 作业条件

(1) 现场存放场地应夯实，平整，不积水，码放应整齐。装运过程轻拿轻放，避免损坏。并尽量减少二次倒运。

(2) 根据墙体尺寸和砌块规格，妥善安排砌筑平面排块设计，尽可能地减少现场切割量。根据砌块厚度与结构净空高度及门窗洞口尺寸切实安排好立面、剖面的排块设计，避免浪费。

(3) 砌加气混凝土块的部位在结构墙体上按+500mm 标高线分层划出砌块的层数，安排好灰缝的厚度。在相应的部位弹好墙身门洞口尺寸线，在结构墙柱上弹好加气混凝土墙的立面边线。标柱窗口位置。

(4) 砌筑前应做完地面垫层，加气墙根部先砌好两层实心砖（踢脚高度），或做成混凝土带。

(5) 门洞两侧可浇注成钢筋混凝土小立柱，作为边框，也可以在砌筑同时按规定间距摆放混凝土预制块（内埋木砖），用来固定门框。

(6) 砌墙的前一天，应将加气混凝土墙与结构相接的部位洒水湿润，保证砌体粘结牢固。

(7) 遇有穿墙管线，应预先核实其位置、尺寸。以预留为主，减少事后剔凿，损害墙体。

(8) 按照设计要求预先在结构墙柱上每1m左右焊好预留拉结钢筋。

4. 操作工艺

工艺流程：

(1) 基层处理：将砌筑加气混凝土墙根部位的砖或混凝土带上表面清扫干净，用砂浆找平，拉线，用水平尺检查其平整度。

(2) 砌加气混凝土块：

1) 砌筑时按墙宽尺寸和砌块的规格尺寸，按排块设计，进行排列摆块，不够整块时可以锯割成需要的尺寸，但不得小于砌块长度的$1/3$（$600×1/3$mm）。竖缝宽20mm，水平灰缝15mm为宜。当最下一皮的水平灰缝厚度大于20mm时，应用豆石混凝土找平层铺砌。砌筑时，满铺满挤，上下丁字错缝，搭接长不宜小于砌块长度的1/3，转角处相互咬砌搭接。双层隔墙，每隔两皮砌块钉扒钉加强，扒钉位置应梅花形错开。砂浆强度等级按设计规定。

2) 加气墙与结构墙柱联接处，必须按设计要求设置拉结筋。设计无要求时，竖向间距为500mm左右，埋压$2\phi6$钢筋。埋直平铺在水平灰缝内，两端伸入墙内不小于70mm。未预留拉结筋部位，需要用粘结砂浆粘结，粘结砂浆的重量配合比为：水泥∶108胶∶中砂（用窗纱过筛）= 1∶0.2∶2。砌块端头与墙柱接缝处各涂刮厚度为5mm的粘结砂浆，挤紧塞实，将挤出的砂浆刮平。

3) 墙体应有可靠的拉结。一般每1.5m的高度预留$2\phi6$钢筋伸入墙内，平铺在灰缝内作为拉结。当墙的高度大于3m时，应按设计规定做钢筋混凝土拉带。如设计无规定时，一般每隔1.5m加设$2\phi6$或$5\phi6$钢筋带，确保墙体的整体稳定性。

(3) 砌块与门窗口联结：

1) 如采用后塞口时，将预制好埋有木砖或铁件的混凝土块，按洞口高度在2m以内每侧砌置三块，洞口高度大于2m时砌置四块，混凝土块四周的砂浆要饱满密实（如门框的用料为黄花松，每侧应砌置四块混凝土块）。安装门框时用手钻在边框上预先钻好钉眼，然后用钉子将门框与混凝土内的木砖钉牢。

2) 也可以将门窗洞口周边做成钢筋混凝土边框，边框与门窗木框边缝的余量每边为15mm，混凝土边框内再留木砖或铁埋件。门窗上口及窗洞口一般可做成钢筋混凝土拉结带，且全长贯通，以增强加气混凝土墙体在门窗洞口等薄弱部位的整体性。

3) 如采用先立口时，砌块和门框外侧，均涂抹粘结砂浆5mm，挤压密实，同时校正墙面的垂直、平整和门框的位置。随即每侧在木框上均匀地钉三个将钉帽砸扁的钉子与加气混凝土块钉牢。方法是钉子预先钉在门框上，且钉帽外露，待砌筑高度超过钉子时，再往砌块里钉。

4) 门洞上角过梁端部或其它可能出现裂缝的薄弱部位，应钉涂有防锈漆的铅丝网，减少抹灰层裂缝。

5) 门窗口过梁部位，当洞口宽度小于500mm时，又无钢筋混凝土带，可采用三个砌块先加工成楔形，用粘结砂浆事先粘结成过梁形状，经自然养护2~3d之后使用。砌筑时先在门窗口上槛及压脊部位铺粘结砂浆后安装就位。

当洞口宽度大于500mm时,上口可按上述做成钢筋混凝土拉带梁。

(4) 砌块与楼板(或梁底)的联结:楼板的底部(或梁底),应预留拉结筋,便于与加气混凝土墙体拉结。当楼板或梁底未事先留置拉结筋时,先在砌块与楼板接触处涂抹粘结砂浆,用力挤严实,每砌完一块用小木楔(间距约600mm)在砌块上皮紧贴楼板底(或梁底)背紧,用粘结砂浆填实,灰缝刮平。或在楼板底(梁底)斜砌一排砖,以保证加气混凝土墙体顶部稳定、牢固。

5. 质量标准

(1) 保证项目:

1) 使用的原材料和加气混凝土块品种,强度必须符合设计要求,质量应符合《蒸压加气混凝土砌块》GB 11968—1997标准的各项技术性能指标,并有出厂合格证。

2) 砂浆的品种、强度等级必须符合设计要求。砌块接缝砂浆必须饱满,按规定制作砂浆试块,试块的平均抗压强度不得低于设计强度,其中任意一组的最小抗压强度不得小于设计强度的75%。

3) 转角处必须同时砌筑,严禁留直槎,交接处应留斜槎。

(2) 基本项目:

1) 通缝:每道墙3皮砌块的通缝不得超过3处,不得出现四皮砌块及四皮砌块高度以上的通缝。灰缝均匀一致。

2) 接槎:砂浆要密实,砌块要平顺,不得出现破槎、松动,做到接槎部位严实。

3) 拉结筋(或钢筋混凝土拉结带):间距、位置、长度及配筋的规格、根数符合设计要求。位置、间距的偏差不得超过一皮砌块,在灰缝中设置,视砌块的厚度而调整。

(3) 允许偏差项目:见表2-35。

加气混凝土砌体允许偏差表　　　　表2-35

项次	项　　目	允许偏差(mm)	检　验　方　法
1	墙面垂直	5	用靠尺及线坠检查
2	墙面平整度	8	用2m靠尺塞尺检查
3	轴线位移	10	尺量
4	水平灰缝平直(10m以内)	10	拉通长线用尺量
5	门窗洞口宽度	±5	尺量
6	门口高度	+15　-5	尺量
7	外墙窗口上下偏移	20	以底层为准用经纬仪或吊线检查

6. 成品保护

(1) 门框安装后施工时应将门框两侧+300~600mm高度范围钉铁皮保护,防止施工中撞坏。

(2) 砌块在装运过程中,轻装轻放,计算好各房间的用量,分别码放整齐。搭拆脚手架时不要碰坏已砌墙体和门窗口角。

(3) 落地砂浆及时清除,收集再用。以免与地面粘结,影响下道工序施工。

(4) 设备槽孔以预留为主,尽量减少剔凿,必要时剔凿设备孔槽不得乱剔硬凿损坏,可划准尺寸用刀刃镂划。如造成墙体砌块松动,必须进行补强处理。

7. 应注意的质量问题

(1) 碎块上墙。原因是施工搬运中损坏较多,事前又不进行粘结,随意将破碎块砌墙,影响墙体的强度。应在砌筑前先将断裂块加工粘制成规格尺寸,然后再用。碎小块未经加工不得使用。

(2) 墙体与板梁底部的连接不符合要求,出现较大空隙。原因是结构施工时板、梁底部未事先留置拉结筋,砌筑时又不采取拉结措施,影响墙体的稳定性。在结构施工时按要求在板、梁底部留好拉结筋,按要求做到墙顶连接牢固。

(3) 粘结不牢。原因是用混合砂浆加107胶代替粘结砂浆使用,导致粘结不牢。应按操作工艺要求的配合比调制粘结砂浆,砌筑时用力挤压密实。

(4) 拉结钢筋不符合规定。原因是拉结筋、拉结带不按规定预留、设置,造成砌体不稳定。拉结筋、拉结带应按设计要求留置,具体间距可视砌块灰缝而定,但不大于100mm。

(5) 门窗洞口构造做法不符合规定。原因是未事先加工混凝土块,不符合设计构造大样图的规定,造成门窗洞口不牢。应先预制加工好足够的混凝土垫块,注意过梁梁端压接部位按规定放好四皮机砖,或放混凝土垫块。宜在门窗洞上口设钢筋混凝土带并整道墙贯通。

(6) 灰缝不匀。原因是砌筑前对灰缝大小不进行计算,不作分层标记,不拉通线,使灰缝大小不一致。应先对墙体尺寸及砌块规格进行安排,适当调配皮数,将灰缝作出标记,拉通线砌筑,做到灰缝基本一致,墙面平整,灰缝饱满。

(7) 排块及局部做法不合理。原因是砌筑前对整体立面、剖面及水平砌筑时不按规定排块,造成构造不合理,影响砌体质量。砌筑时排块及构造做法,应依照《建筑构造通用图集》88J2(二)的有关规定执行。

2.1.7.3 砖混结构模板

本技术交底适用于工业与民用建筑砖混结构,外墙内模和外板内模结构构造柱、圈梁、板缝的支模板工程。

1. 材料设备要求

(1) 木板(厚度为20~50mm),定型组合钢模板(长度为600mm、750mm、900mm、1200mm、1500mm(宽度为100mm、150mm、200mm、250mm、300mm),阴、阳角模,连结角模。

(2) 方木、木楔、支撑(木或钢),定型组合钢模板的附件(U形卡、L形插销、3形扣件、碟形扣件、对拉螺栓、钩头螺栓、紧固螺栓),铅丝(12~14号),隔离剂等。

2. 主要机具

打眼电钻、扳手、钳子。

3. 作业条件

(1) 弹好墙身+50cm水平线,检查砖墙(或混凝土墙)的位置是否符线。办理预检手续。

(2) 构造柱钢筋绑扎完毕,并办好隐检手续。

(3) 模板拉杆如需螺栓穿墙,砌砖时应按要求预留螺栓孔洞。

(4) 检查构造柱内的灰浆清理:包括砖墙舌头灰,钢筋上挂的灰浆及柱根部的落地灰。

4. 操作工艺

工艺流程:

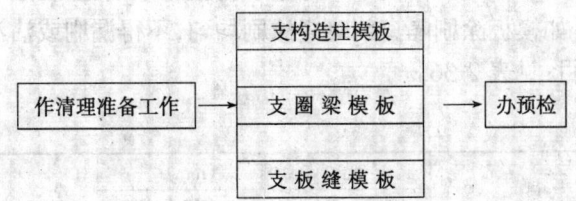

(1) 支模前将构造柱圈梁及板缝处杂物全部清理干净。
(2) 支模板
1) 构造柱模板:
A. 砖混结构的构造柱模板,可采用木模板或定型组合钢模板。可用一般的支模方法,为防止浇筑混凝土时模板鼓胀,影响外墙平整,用木模或组合钢模板贴在外墙面上,并每隔1m以内设两根拉条,拉条与内墙拉结,拉条直径不应小于$\phi 20$。拉条穿过砖墙的洞要预留,留洞位置要求距地面30cm开始,每隔1m以内留一道,洞的平面位置在构造柱大马牙槎以外一个砖处。
B. 外砖内模结构的组合柱,用角模与大模板连接,在外墙处为防止浇筑混凝土挤胀变形应进行加固处理,模板贴在外墙面上,然后用拉条拉牢。
C. 外板内模结构山墙处组合柱,模板采用木模板或组合钢模板,用斜撑支牢。
D. 根部应留置清扫口。
2) 圈梁模板:
A. 圈梁模板可采用木模板或定型组合钢模板上口弹线找平。
B. 圈梁模板采用落地支撑时,下面应垫方木,当用木方支撑时下面用木楔楔紧。用钢管支撑时高度调整合适。
C. 钢筋绑扎完以后,模板上口宽度进行校正定位,并用木撑进行校正定位,用铁钉临时固定。如采用组合钢模板,上口应用卡具卡牢,保证圈梁的尺寸。
D. 砖混,外砖内模结构的外墙圈梁,用横带扁担穿墙,平面位置距墙两端24cm开始留洞,中间每隔50cm左右留一道,每面墙不宜少于5个洞。
3) 板缝模板:
A. 板缝宽度为4cm,可用50mm×50mm方木或角钢作底模。大于4cm者应当用木板做底模,宜伸入板底5~10mm留出凹槽,便于拆模后顶棚抹砂浆找平。
B. 板缝模板宜采用木支撑或钢管支撑。4cm以下板缝采用吊关方法。
C. 支撑下面应当采用木板和木楔垫牢,不准用砖垫。
5. 质量标准
(1) 保证项目:
模板及其支架必须具有足够的强度、刚度和稳定性,其支撑部分应有足够的支撑面积,如安装在基土上,基土必须坚实,并有排水措施。对湿陷性黄土,必须有防水措施;对冻胀性土,必须有防冻融措施。
(2) 基本项目:
1) 模板接缝处应严密,预埋件应安置牢固,缝隙不应超过1.5mm。

2) 模板与混凝土的接触面应清理干净并采取防止粘结措施,粘浆和漏刷隔离剂累计面积应不大于400cm²。如模板涂刷隔离剂时应涂刷均匀,不得漏刷或沾污钢筋。

(3) 允许偏差项目:见表2-36。

表 2-36

项目	项　　目	允许偏差(mm)		检 验 方 法
		单层、多层	多层大模	
1	轴线位移:柱、梁	5	6	尺量检查
2	标　高	±5	±5	用水准仪或拉线和尺量检查
3	截面尺寸:柱、梁	+4、-5	±2	尺量检查
4	每层垂直度	3	3	用2m托线板检查
5	相邻两板表面高低差	2	2	用直尺和尺量检查
6	表面平整度	5	2	用2m靠尺和楔形塞尺检查
7	预埋钢板中心线位移	3	3	拉线和尺量检查

6. 成品保护

(1) 在砖墙上支撑圈梁模板时,防止撞动最上一皮砖。

(2) 支完模板后,应保持模内清洁,防止掉入砖头、石子、木屑等杂物。

(3) 应保护钢筋不受扰动。

7. 应注意的质量问题

(1) 构造柱处外墙砖挤鼓变形:支模板时应在外墙面采取加固措施。

(2) 圈梁模板外胀:圈梁模板支撑没卡紧,支撑不牢固,模板上口拉杆碰坏或没钉牢固。浇筑混凝土时没专人修理模板。

(3) 混凝土流坠:模板板缝过大没有用纤维板、木板条等贴牢;外墙圈梁没有先支模板后浇筑圈梁混凝土,而是包砖代替支模板再浇筑混凝土,致使水泥浆顺砖缝流坠。

(4) 板缝模板下沉:悬吊模板时铅丝没有拧紧吊牢;采用钢木支撑时,支撑下面垫木没有楔紧钉牢。

2.1.7.4 框架结构定型组合钢模板

本技术交底适用于工业与民用建筑现浇框架剪力墙结构定型组合钢模板安装与拆除。

1. 材料设备要求

(1) 定型组合钢模板:长度为600、750、900、1200、1500mm,宽度为100、150、300、250、300mm。

(2) 定型钢角模:阴阳角模、连接角模。

(3) 连结件:U形卡,L形插销,3形扣件,碟形扣件,对拉螺栓,紧固螺栓。

(4) 卡具:柱箍、定型空腹钢楞、钢管支柱、钢斜撑、钢桁架、梁托架、木材等。

(5) 钢模板及配件修复后应符合质量标准。

(6) 隔离剂:主要用废机油。

2. 主要机具

斧子、锯、扳手、打眼电钻、线锤、靠尺板、方尺、铁水平、撬棍等。

3. 作业条件

(1) 模板设计:根据工程结构型式和特点及现场施工条件,对模板进行设计,确定模板平面布置,纵横龙骨规格、数量、排列尺寸,柱箍选用的型式及间距,梁板支撑间距,模板组装形式(就位组装或预制拼装),连接节点大样。验算模板和支撑的强度、刚度及稳定性。绘制全套模板设计图(模板平面图、分块图、组装图、节点大样图、零件加工图)。

模板数量应在模板设计时按流水段划分,进行综合研究,确定模板的合理配置数量。

(2) 预制拼装:

1) 拼装场地应夯实平整,条件许可时应设拼装操作平台。

2) 按模板设计图进行拼装,相邻两块板的每个孔都要用U形卡卡紧,龙骨用钩头螺栓外垫碟形扣件与平板边肋孔卡紧。

3) 柱子、剪力墙模板在拼装时应预留清扫口或灌浆口。

(3) 模板拼装后进行编号,并涂刷脱模剂,分规格堆放。

(4) 放好轴线、模板边线、水平控制标高,模板底口应做水泥砂浆找平层,检查并校正柱子用的地锚是否已预埋好。

(5) 柱子、墙钢筋绑扎完毕,水电管线及预埋件已安装,绑好钢筋保护层垫块,并办完隐检手续。

4. 操作工艺

(1) 安装柱模板:

工艺流程:

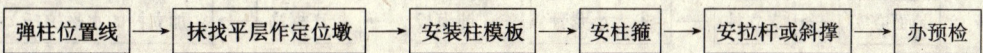

1) 按标高抹好水泥砂浆找平层,按位置线做好定位墩台,以便保证柱轴线边线与标高的准确,或者按照放线位置,在柱四边离地5~8cm处的主筋上焊接支杆,从四面顶住模板以防止位移。

2) 安装柱模板:通排柱,先装两端柱,经校正、固定,拉通线校正中间各柱。模板按柱子大小,预拼成一面一片(一面的一边带一个角模),或两面一片就位后先用铅丝与主筋绑扎临时固定,用U形卡将两侧模板连接卡紧,安装完两面再安另外两面模板。

3) 安装柱箍:柱箍可用角钢、钢管等制成,采用木模板时可用螺栓、方木制作钢木箍。柱箍应根据柱模尺寸、侧压力大小在模板设计中确定柱箍尺寸间距。

4) 安装柱模的拉杆或斜撑。柱模每边设2根拉杆,固定于事先预埋在楼板内的钢筋环上,用经纬仪控制,用花篮螺栓调节校正模板垂直度。拉杆与地面夹角宜为45°,预埋的钢筋环与柱距离宜为3/4柱高。

5) 将柱模内清理干净,封闭清理口,办理柱模预检。

(2) 安装剪力墙模板:

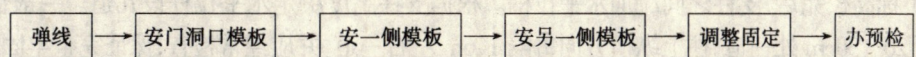

1) 按位置线安装门洞模板,下预埋件或木砖。

2) 把预先拼装好的一面模板,按位置线就位,然后安装拉杆或斜撑,安塑料套管和穿墙螺栓,穿墙螺栓规格和间距在模板设计时应明确规定。

3) 清扫墙内杂物,再安另一侧模板,调整斜撑(拉杆)使模板垂直后,拧紧穿墙螺栓。

4) 模板安装完毕后,检查一遍扣件、螺栓是否紧固,模板拼缝及下口是否严密,办完预检手续。

(3) 安装梁模板：

1) 柱子拆模后在混凝土上弹出轴线和水平线。

2) 安装梁钢支柱之前（如为底地面必须夯实）支柱下垫通长脚手板。一般梁支柱采用单排，当梁截面较大时可采用双排或多排，支柱的间距应由模板设计规定，一般情况下，间距以60~100cm为宜。支柱上面垫10cm×10cm方木，支柱加剪力撑和水平拉杆。离地50cm设一道，以上每隔2m设一道。

3) 按设计标高调整支柱的标高，然后安装梁底板，并拉线找直，梁底板应起拱，当梁跨度等于及大于4m时，梁底板按设计要求起拱。如设计无要求时，起拱高度宜为1/1000~3/1000。

4) 绑扎梁钢筋，经检查合格后办理隐检，并清除杂物，安装侧模板，把两侧模板与底板用U形卡联接。

5) 用梁托架或三角架支撑固定梁侧模板。龙骨间距应由模板设计规定，一般情况下宜为75cm，梁模板上口用定型卡子固定。当梁高超过60cm时，加穿梁螺栓加固。

6) 安装后校正梁中线、标高、断面尺寸。将梁模板内杂物清理干净、检查合格后办预检。

(4) 安装楼板模板：

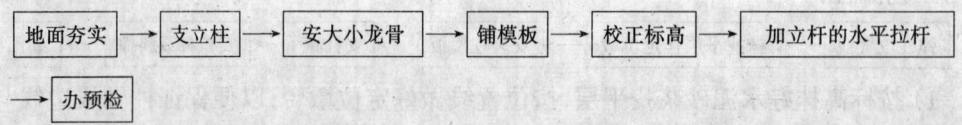

1) 底层地面应夯实，并垫通长脚手板，楼层地面立支柱前也应垫通长脚手板，采用多层支架支模时，支柱应垂直，上下层支柱应在同一竖向中心线上。

2) 从边跨一侧开始安装，先安第一排龙骨和支柱，临时固定在梁上，再安第二排龙骨和支柱，依次逐排安装。支柱与龙骨间距应根据模板设计规范设计规定。一般支柱间距为80~120cm，大龙骨间距为60~120cm，小龙骨间距为40~60cm。

3) 调节支柱高度，将大龙骨找平。

4) 铺定型组合钢模板块：可从一侧开始铺，每两块板间边肋用U形卡连接，U形卡每面每两块间至少用两个连接。每个U形卡卡紧方向应正反相间，不要安在同一方向。楼板在大面积上均应采用大尺寸的定型组合钢模板块，在拼缝处可用窄尺寸的拼缝模板或木板代替，但均应拼缝严密。

5) 平台板铺完后，用水平仪测量模板标高，进行校正，并用靠尺找平。

6) 标高校完后，支柱之间应加水平拉杆。根据支柱高度决定水平拉杆设几道。一般情况下离地面20~30cm处一道，往上纵横方向每隔1.6m左右一道，并应经常检查，保证完整牢固。

7) 将模板内杂物清理干净，办预检。

(5) 模板拆除：

墙、柱、梁模板应优先考虑整体拆除，便于整体转移后，重复进行整体安装。

1) 柱子模板拆除：先拆掉柱斜拉杆或斜支撑，再卸掉柱箍，再把连接每片柱模板的U形卡拆掉，然后用撬棍轻轻撬动模板，使模板与混凝土脱离。

2) 墙模板拆除：先拆除穿墙螺栓等附件，再拆除斜拉杆或斜撑，用撬棍轻轻撬动模板，使模板离开墙体,即可把模板吊运走。

3) 楼板、梁模板拆除:

A. 应先拆梁侧帮模,再拆除楼板模板,楼板模板拆模先拆掉水平拉杆,然后拆除支柱,每根龙骨留1~2根支柱暂不拆。

B. 操作人员站在已拆除的空隙,拆去近旁余下的支柱使其龙骨自由坠落。

C. 用钩子将模板钩下,等该段的模板全部脱模后,集中运出,集中堆放。

D. 楼层较高,支模采用双层排架时,先拆上层排架,使龙骨和模板落在底层排架上,上层钢模全部运出后,再拆底层排架。

E. 有穿墙螺栓者先拆掉穿墙螺栓和梁托架,再拆除梁底模。

F. 柱模板拆除时混凝土强度应能保证其表面及楞角不因拆除模板受损坏,方可拆除。墙模板拆除时混凝土强度必须超过1MPa时,方可拆除。板与梁模板强度如设计无规定时,应符合施工规范的规定。

4) 拆下的模板及时清理粘连物,涂刷脱模剂,拆下的扣件及时集中收集管理。

5. 质量标准

(1) 保证项目:

模板及其支架必须具有足够的强度、刚度和稳定性;其支承部分应有足够的支承面积。如安装在基土上,基土必须坚实,并有排水措施。对冻胀土必须有防冻融措施。

(2) 基本项目:

模板接缝宽度不得大于1.5mm。模板表面清理干净并采用防止粘结措施。模板上粘浆和漏涂隔离剂累积面积,墙、板应不大于$1000cm^2$;柱、梁应不大于$400cm^2$。

(3) 允许偏差项目:见表2-37。

模板安装和预埋件、预留孔洞的允许偏差 表2-37

项 目		允许偏差 (mm)		检查方法
		单层多层	高层框架	
柱、墙、梁轴线位移		5	3	尺量检查
标 高		+5	+2 -5	用水准仪或拉线和尺量检查
墙、柱、梁截面尺寸		+4 -5	+2 -5	尺量检查
每层垂直度		3	3	用2m托线板检查
相邻两板表面高低差		2	2	用直尺和尺量检查
表面平整度		5	5	用2m靠尺和楔形塞尺检查
预埋钢板、预埋管、预留孔中心线位移		3	3	
预埋螺栓	中心线位移	2	2	拉线和尺量检查
	外露长度	+10 -0	+10 -0	
预留洞	中心线位移	10	10	
	截面内部尺寸	+10 -0	+10 -0	

6. 成品保护

(1) 吊装模板时轻起轻放，不准碰撞，防止模板变形。
(2) 拆模时不得用大锤硬砸或撬棍硬撬，以免损伤混凝土表面和楞角。
(3) 拆下的钢模板，如发现模板不平时或肋边损坏变形应及时修理。
(4) 钢模在使用过程中应加强管理，分规格堆放，及时补涂刷防锈剂。

7．应注意的质量问题

(1) 柱模板容易产生的问题是：截面尺寸不准，混凝土保护层过大，柱身扭曲。防止办法是：支模前按图弹位置线，校正钢筋位置，支柱前柱子应做小方盘模板，保证底部位置准确。根据柱子截面尺寸及高度，设计好柱箍尺寸及间距，柱四角做好支撑及拉杆。

(2) 梁板模板容易产生的问题是：梁身不平直，梁底不平，梁侧面鼓出，梁上口尺寸加大，板中部下挠。防治办法是：梁板模板应通过设计确定龙骨、支柱的尺寸及间距，使模板支撑系统有足够强度及刚度，防止浇混凝土时模板变形。模板支柱的底部应支在坚实地面上，垫通长脚手板防止支柱下沉，梁板模板应按设计要求起拱，防止挠度过大。梁模板上口应有拉杆锁紧，防止上口变形。

(3) 墙模板容易产生的问题是：墙体混凝土厚薄不一致，截面尺寸不准确，拼接不严，缝子过大造成跑浆。模板应根据墙体高度和厚度通过设计确定纵横龙骨的尺寸及间距，墙体的支撑方法，角模的形式。模板上口应设拉结，防止上口尺寸偏大。

2.1.7.5 砖混、外砖内模结构钢筋绑扎

本技术交底适用于工业与民用建筑砖混结构、外砖内模结构的构造柱、圈梁、板缝钢筋绑扎工程。

1．材料要求

(1) 钢筋出厂合格证和复试试验报告结论均要符合设计和规范要求。
(2) 成型钢筋、20～22号火烧丝、水泥砂浆垫块(或塑料卡)。

2．主要机具

钢筋钩子、小撬棍、钢筋扳子、绑扎架、钢丝刷、运钢筋手推车、粉笔、脚手架、工作台等。

3．作业条件

(1) 按施工平面图规定的位置平整好场地，按不同规格型号垫好堆放。
(2) 进场钢筋应对照设计图纸和配料单，详细核对其型号、尺寸、数量、钢号、对焊的接焊质量。
(3) 弹好标高水平线及构造柱、外砖内模混凝土墙的外皮线。
(4) 圈梁及板缝模板已做完预检记录，并将模内杂物清理干净。
(5) 预制圆孔板的端孔已按标准图(京92G41)的要求堵好。

4．操作工艺

(1) 构造柱钢筋绑扎：

工艺流程：

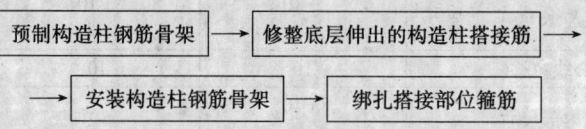

1) 预制构造柱钢筋骨架：

A．先将两根竖向受力筋平放在绑扎架上，画箍筋间距。

B. 根据画线位置,将箍筋套在受力筋上逐个绑扎;要预留出搭接部位的长度。为防止骨架变形宜采用反十字扣或套扣绑扎。注意箍筋搭接处,沿受力钢筋方向错开绑扎。

C. 穿另二根受力筋并与箍筋绑扎牢固。箍筋端头平直长度不小于 $10d$ (d 为箍筋直径),弯钩角度不小于 $135°$。

D. 在柱顶、柱脚与圈梁钢筋交接的部位,应按设计要求加密柱的箍筋,加密范围一般在圈梁上下均不应小于六分之一层高或 $45cm$,箍筋间距不宜大于 $10cm$(柱脚的加密箍筋待柱骨架立起搭接后再绑扎)。

2) 修整底层伸出的搭接筋:根据已放好的构造柱位置线,检查搭接筋位置及搭接长度是否符合设计和规范要求。

底层构造柱的竖筋与基础圈梁锚固,无基础圈梁时埋设在柱根混凝土座内(见图2-18)。当墙体附有管沟时,构造柱埋设深度应大于沟深。

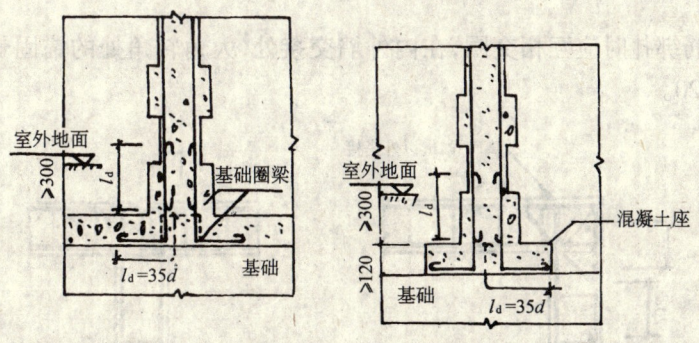

图 2-18 构造柱根部钢筋示意图

墙与构造柱的连接构造见图 2-19。

3) 先将箍筋(搭接处的)套在搭接筋上,然后再将预制构造柱钢筋骨架立起,对正伸出的搭接筋,注意搭接倍数不低于 $35d$,对好标高线后在竖筋搭接部位各绑三个扣,待骨架调正后绑根部加密箍筋。

4) 构造柱钢筋必须与各层纵横墙的圈梁钢筋绑扎连接,形成一封闭框架。

5) 为固定构造柱钢筋的位置,在砌砖墙马牙槎时,沿墙高每 $50cm$ 设两根 $\phi 6$ 水平拉结筋与构造柱钢筋绑扎连接。

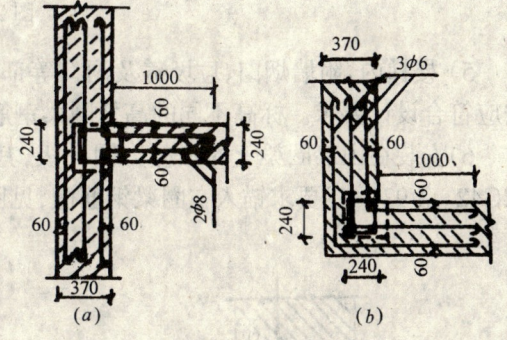

图 2-19
(a) 内外墙拉结筋与构造柱连接示意图;
(b) 转角墙拉结筋与构造柱连接示意图

6) 当构造柱设置在无横墙的外墙时,构造柱、钢筋与现浇或预制横梁梁端连结绑扎构造,要符合《设置钢筋混凝土构造柱多层砖房抗震技术规程》JGJ/T 13—94。

7) 砌完砖墙之后,应对构造柱钢筋进行修整,以保证钢筋位置及间距的准确。

(2) 圈梁钢筋的绑扎:

工艺流程:

1) 支完圈梁模板后,即可绑扎圈梁钢筋,如果采用预制绑扎骨架时,可将骨架按编号吊装就位进行组装。

如在模内绑扎时,按设计图纸要求间距,在模板侧绑画箍筋位置,放箍筋后穿受力钢筋,绑扎箍筋。注意箍筋必须垂直受力钢筋,箍筋搭接处应沿受力钢筋互相错开。

2) 圈梁和构造柱钢筋交叉处,圈梁钢筋宜放在构造柱受力钢筋内侧,圈梁钢筋搭接时,其搭接或锚固长度要符合设计要求。

3) 圈梁钢筋的搭接长度:当混凝土为 C20 时,Ⅰ级钢筋搭接长度不少于 $30d$,Ⅱ级钢筋不少于 $40d$(d 为受力筋直径)。受力钢筋接头的位置应相互错开,绑扎接头时在规定的搭接长度任一区段内(焊接接头时在焊接接头处的 $35d$ 且不小于 500mm 区段内),有接头的受力钢筋截面面积占受力钢筋总截面面积的百分率受拉区不大于 25%,受压区不大于 50%。

4) 圈梁钢筋绑扎时应互相交圈,在内外墙交接处,大角转角处的锚固长度均要符合设计要求,见图 2-20。

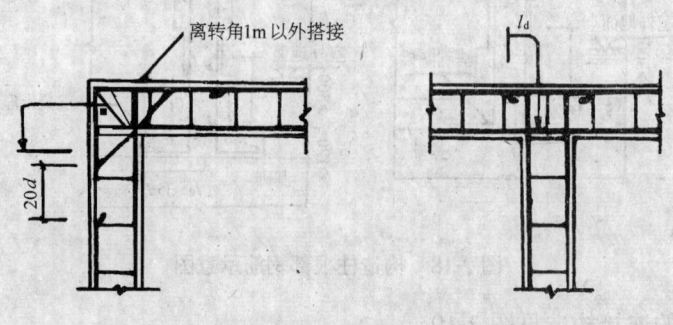

图 2-20

5) 楼梯内、附墙烟囱、垃圾道及洞口等部位的圈梁钢筋被切断时,应搭接补强,构造方法应符合设计要求。标高不同的高低圈梁钢筋应按设计要求搭接或连结。

6) 安装在山墙圈梁上的预应力圆孔板,其外露的预应力筋(即胡子筋)按标准图集《京92G42、京92G41》要求锚入在圈梁钢筋内,见图 2-21。

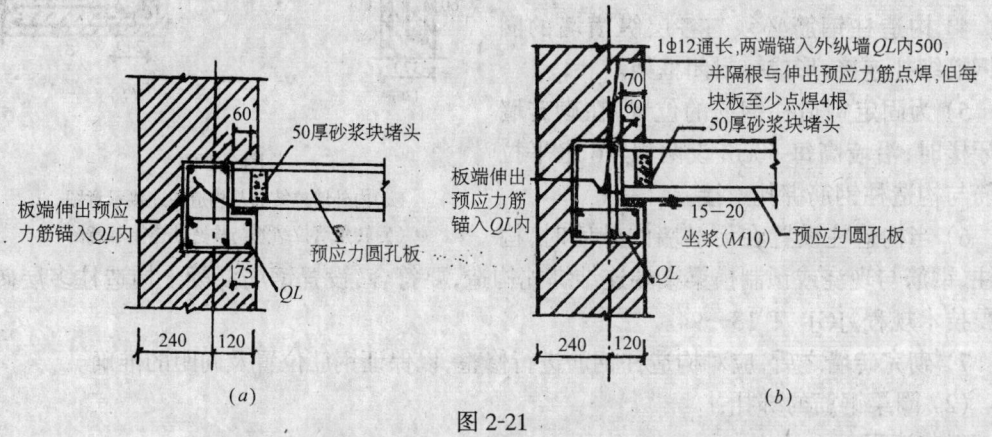

图 2-21

(a)短向圆孔板在边支座钢筋连接构造;(b)长向圆孔板在边支座钢筋连接构造

7) 圈梁钢筋绑完后应加水泥砂浆垫块。
(3) 板缝钢筋绑扎：
工艺流程：

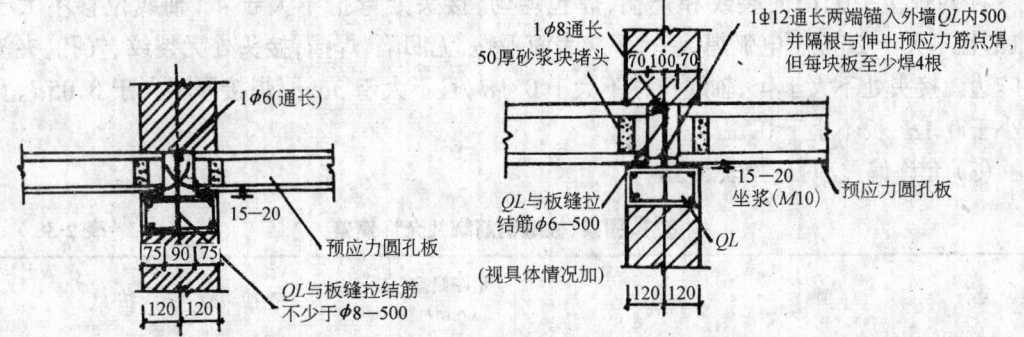

1) 支完板缝模板后，将预制圆孔板板端外露预应力筋（即胡子筋）弯成弧形，两块板的预应力外露筋互相交叉，然后绑通长 φ6 水平构造筋和竖向拉筋绑扎。见图 2-22。

2) 长向圆孔板在中间支座上钢筋连接构造。见图 2-23。

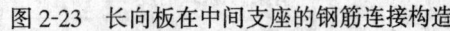

图 2-22 板在中间支座处的钢筋连接构造　　图 2-23 长向板在中间支座的钢筋连接构造

3) 墙两边板高不同时的钢筋连接构造见图 2-24。
4) 预制板纵向缝，钢筋绑扎见图 2-25。
(4) 构造柱、圈梁、板缝钢筋绑完之后，均要做隐蔽工程检查合格后方可进行下道工

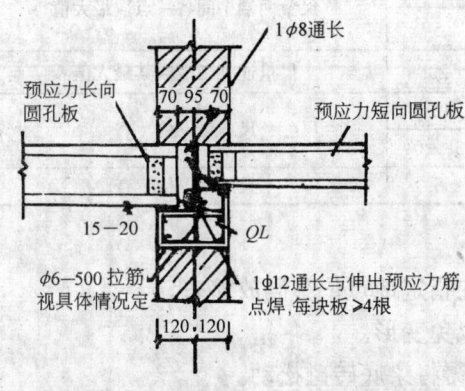

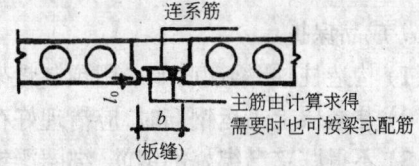

图 2-24 高低板端头的钢筋连接构造　　图 2-25 板纵向缝钢筋绑扎

序。
5. 质量标准
(1) 保证项目：
1) 钢筋的品种和质量必须符合设计要求和有关标准规定。进口钢筋焊接前必须进行化学成分检验和焊接试验，符合有关规定后方可焊接。
检查钢筋出厂质量证明书和试验报告。
2) 钢筋表面应保持清洁。带有颗粒状或片状老锈，经除锈后仍有麻点的钢筋严禁按原规格使用。

3) 钢筋对焊或电焊焊接接头:按规定取试件,其机械性能试验结果必须符合钢筋焊接及验收的专门规定。

(2) 基本项目:

1) 钢筋的绑扎、缺扣、松扣的数量不超过绑扣数的10%,且不应集中。

2) 弯钩的朝向正确。绑扎接头应符合施工规范的规定,其中搭接长度均不少于规定值。

3) 用Ⅰ级钢筋或冷拔低碳钢丝制作的箍筋,其数量、弯钩角度和平直长度均应符合设计要求和施工规范的规定。

4) 对焊接头无横向裂纹和烧伤,焊包均匀,接头处弯折不大于4°,轴线位移不大于$0.1d$且不大于2mm。电弧焊接头,焊缝表面平整,无凹陷、焊瘤,接头处无裂纹、气孔、夹渣及咬边。接头处不大于4°,轴线位移不大于$0.1d$,且不大于3mm,焊接厚不大于$0.05d$,宽不小于$0.1d$,长不小于$0.5d$。

(3) 允许偏差项目:见表2-38。

构造柱、圈梁、板缝钢筋绑扎允许偏差 表2-38

项次	项 目		允许偏差(mm)	检 验 方 法
1	骨架的宽度、高度		±5	尺 量 检 查
2	骨架的长度		±10	尺 量 检 查
3	受力钢筋	间 距	±10	尺量两端中间各一点取最大值
		排 距	±5	
4	箍筋、构造筋间距		±20	尺量连续三档取其最大值
5	焊接预埋件	中心线位移	5	尺 量 检 查
		水 平 高 差	+3,-0	
6	受力筋保护层		±5	尺 量 检 查

6. 成品保护

(1) 构造柱,圈梁钢筋如采用预制骨架时,应在指定地点垫平码放整齐。

(2) 往楼层上吊运钢筋时,应清理好存放点,以免变形。

(3) 不得踩踏已绑好的钢筋,绑圈梁钢筋时不得将梁底砖碰松动。

7. 应注意的质量问题

(1) 钢筋变形:钢筋骨架绑扎时应注意绑扣方法,宜用部分反十字扣或套扣绑扎,不得全绑一面顺扣。

(2) 箍筋间距不符合要求:多为放置砖墙拉结筋时碰动所致。应在砌完墙合模前修整一次。

(3) 楼板端头钢筋连接不当:应在楼板吊装前将板端外露预应力筋弯成45°,吊装整理后加通长钢筋绑扎,同时要注意在安装过程中不得将板端外露预应力筋折断。

(4) 阳台外圈梁钢筋压扁:阳台下圈梁为L形箍筋,吊阳台时必须注意保护,如碰坏应将阳台吊起,修整钢筋后再就位阳台。

(5) 构造柱伸出钢筋位移:除将构造柱伸出筋与圈梁钢筋绑牢外,并在伸出筋处绑一道定位箍筋,浇筑完混凝土后,应立即修整。

(6) 板缝钢筋外露:纵向板缝内钢筋应绑好砂浆垫块,横向板缝要把钢筋绑在板端头外露应力筋上。

2.1.7.6 框架结构钢筋绑扎

本技术交底适用于多层工业和民用建筑现浇框架及框架—剪力墙结构钢筋绑扎工程。

1. 材料要求

(1) 成型钢筋:必须符合配料单的规格、尺寸、形状、数量,并应有加工出厂合格证。

(2) 绑扎铁丝:20～22号火烧丝。

(3) 垫块:用水泥砂浆预制成50mm见方厚度等于保护层的垫块或用塑料卡。用于墙柱钢筋的垫块内要预埋20～22号火烧丝。

(4) 双层钢筋楼板(现浇)应加马凳。

2. 主要机具

钢筋钩子、钢筋扳子、小撬棍、脚手架、钢丝刷、绑扎架、断火烧丝铡刀、粉笔、钢筋运输车。

3. 作业条件

(1) 加工配制好的钢筋进场后,应检查是否有出厂证明、复试报告,并按施工平面图中指定位置,按规格、部位、编号分别加垫木堆放。

(2) 钢筋绑扎前,应检查有无锈蚀现象,除锈之后再运至绑扎部位。

(3) 熟悉图纸,按设计要求检查已加工好的钢筋规格、形状、数量是否正确。

(4) 做好抄平放线工作,注明水平标高,弹出柱、墙的外皮尺寸线。

(5) 根据弹好的外皮尺寸线,检查下层预留搭接钢筋的位置、数量、长度,如不符合要求时,应进行处理。

绑扎前先整理调直下层伸出的搭接筋,并将锈皮、水泥浆等污垢清除干净。

(6) 根据标高检查下层伸出搭接筋处的混凝土表面标高(柱顶、墙顶)是否符合图纸要求,如有松散不实之处要剔除,清理干净。

(7) 模板安装完办理预检,并清理净模内木屑及杂物。

(8) 按要求搭好脚手架。

(9) 根据设计图纸要求和工艺标准向班组进行技术交底。

4. 操作工艺

(1) 绑柱子钢筋:

工艺流程:

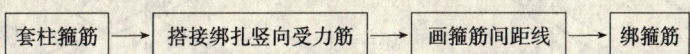

套柱箍筋 → 搭接绑扎竖向受力筋 → 画箍筋间距线 → 绑箍筋

1) 按图纸要求间距,计算好每根柱箍筋数量,先将箍筋套在下层伸出的搭接筋上,然后立柱子钢筋,在搭接长度内,绑扣不少于三个,绑扣要向柱内,便于箍筋向上移动,如果柱子主筋采用光圆钢筋搭接时,角部弯钩应与模板成45°,中间钢筋的弯钩应与模板成90°角。

2) 绑扎接头的搭接长度应符合设计要求,如无设计要求时应按表2-39。

3) 绑接接头的位置应相互错开:当采用绑扎搭接接头时,在规定的搭接长度的任一区段内(焊接接头时在焊接接头处35d且不小于500mm区段内),有接头的受力钢筋截面面积占受力钢筋总截面面积的百分率,绑扎搭接接头受拉区不大于25%,受压区不大于50%,

见图 2-26。

受力钢筋绑扎接头的搭接长度　　　　　表 2-39

项次	钢 筋 类 型	混 凝 土 强 度 等 级		
		C20	C25	C30
1	Ⅰ 级 钢 筋	35d	30d	25d
2	Ⅱ级钢筋（月牙纹）	45d	40d	35d
3	Ⅲ级钢筋（月牙纹）	55d	50d	45d

注：1. 当Ⅱ、Ⅲ级钢筋 $d>24mm$ 时其搭接长度应按表中数值增 5d 采用。
　　2. 当螺纹钢筋直径≤25mm 时，其受拉钢筋的搭接长度按表中数值减少 5d 采用。
　　3. 任何情况下，均不小于 300mm。

焊接接头受拉区不大于 50%，受压区不限制。接头位置宜设在受力较小处，同一根钢筋应尽量减少接头。

4) 柱箍筋绑扎：

A. 在立好的柱子竖向钢筋上，用粉笔画出箍筋间距，然后将已套好的箍筋往上移动，由上往下宜采用缠扣绑扎，见图 2-27。

B. 箍筋与主筋要垂直，箍筋转角与主筋交点均要绑扎，主筋与箍筋非转角部分的相交点成梅花交错绑扎。

C. 箍筋的接头（即弯钩叠合处应沿柱子竖筋交错布置绑扎）。见图 2-28。

D. 有抗震要求的地区，柱箍筋端头应弯成 135°，平直长度不小于 $10d$（d 为箍筋直径），见图 2-29。如箍筋采用 90°搭接，搭接处应焊接，焊缝长度单面焊焊缝不小于 5d，见图 2-30。

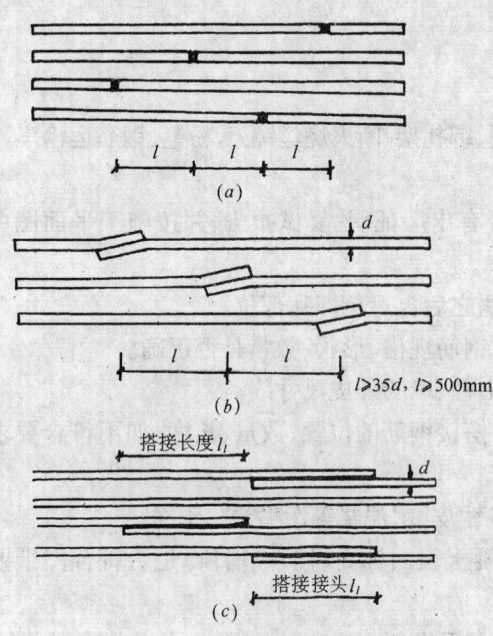

图 2-26　焊接接头位置区段示意图
(a) 闪光对焊接头；(b) 电弧焊接头；(c) 搭接长度

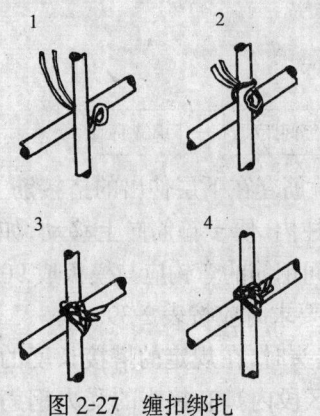

图 2-27　缠扣绑扎

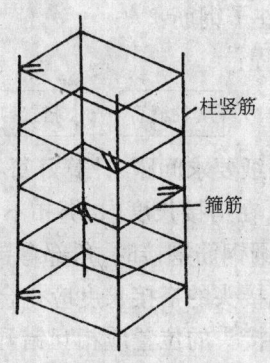

图 2-28　柱箍筋叠合处交错排列

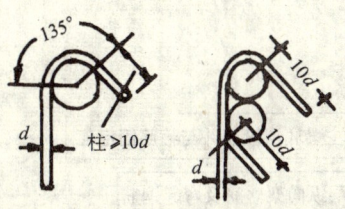

图 2-29 柱箍筋弯钩 135°示意

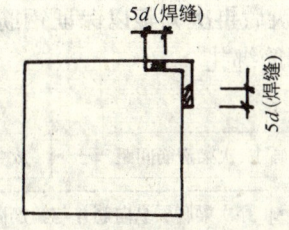

图 2-30 箍筋搭接处焊接

E. 柱上、下两端箍筋应加密,加密区长度及箍筋的间距均应符合设计要求。

如设计要求箍筋设拉筋时,拉筋应钩住箍筋。见图 2-31。

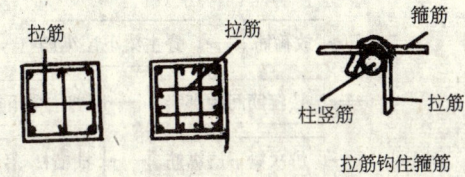

图 2-31 柱拉筋示意图

5) 柱筋保护层:垫块应绑在柱竖筋外皮上,间距一般 1000mm 左右(或用塑料卡卡在外竖筋上),以保证主筋保护层厚度尺寸正确。

6) 当柱截面尺寸有变化时,柱钢筋弯折的位置、尺寸要符合设计要求。

(2) 剪力墙钢筋绑扎:

工艺流程:

1) 先立 2~4 根竖筋,与下层伸出的搭接筋绑扎,画好水平筋的分档标志,在下部及齐胸处绑两根横筋定位,并在横筋上画好分档标志,接着绑其余竖筋,最后再绑其余横筋。横筋放在里面或外面应符合设计要求。

2) 竖筋与伸出搭接筋搭接处需绑三根水平横筋,其搭接长度及位置均要符合设计要求,如设计无要求时按表 2-40 施工。

受拉钢筋绑扎接头的搭接长度 表 2-40

项次	钢 筋 类 型	混凝土强度等级		
		C20	C25	C30
1	Ⅰ 级 钢 筋	35d(30d)	30d(25d)	25d(20d)
2	Ⅱ级钢筋(月牙纹)	45d	40d	35d
3	Ⅲ级钢筋(月牙纹)	55d	50d	45d

注:括号内数字为焊接网搭接绑扎接头的搭接长度。

3) 剪力墙钢筋应逐点绑扎,双排钢筋之间应绑拉筋和支撑筋,其纵横间距不大于 600mm,钢筋外皮绑扎垫块或用塑料卡。

4) 剪力墙与框架柱连接处,剪力墙水平横筋应锚固到框架柱内,其锚固长度要符合设计要求。如果先浇筑柱混凝土时,柱内要预埋连接筋(或铁件),其预埋长度或焊在预埋件上焊缝长度均应符合设计要求。

5) 剪力墙水平钢筋在两端头、转角、十字节点、联梁等部位的锚固长度及洞口周围加固筋等均应符合设计抗震要求。

6) 合模后，对伸出的竖向钢筋应进行修整，宜在搭接处绑一道横筋定位，浇筑混凝土时专人看管，浇筑后再次调整以保证钢筋位置准确。

(3) 梁钢筋绑扎

工艺流程：

模内绑扎：画主、次梁箍筋间距 → 放主、次梁箍筋 → 穿主梁底层纵筋并与箍筋固定住

→ 穿次梁底层纵筋并与箍筋固定住 → 穿主梁上层纵向架立筋及弯起钢筋

→ 按箍筋间距绑扎牢 → 绑主梁底层纵向筋 → 穿次梁上层纵向筋 → 按箍筋间距绑牢

模外绑扎：(先在梁模上口绑扎成型后再入模)。→ 画箍筋间距 → 在主次梁模上口铺横杆数根

→ 放箍筋 → 穿主梁下层纵筋 → 穿次梁下层纵筋 → 穿主梁上层纵筋 →

→ 按箍筋间距绑牢 → 绑主梁下层纵筋 → 穿次梁上层纵筋 → 按箍筋间距绑牢

→ 绑次梁下层纵筋 → 抽横杆-落骨架于模板内

1) 在模板侧帮上画箍筋间距后摆放箍筋。

2) 穿梁的上、下部纵向受力筋，先绑上部纵横筋，再绑下部纵筋。

A. 框架梁上部纵向钢筋应贯穿中间节点，梁下部纵向钢筋伸入中间节点的锚固长度及伸过中心线的长度均要符合设计要求，见图 2-32(a)。

B. 框架梁纵向钢筋在端节点内的锚固长度也要符合设计要求，见图 2-32(b)。

3) 绑扎箍筋

A. 绑梁上部纵向筋的箍筋宜用套扣法绑扎，见图 2-33。

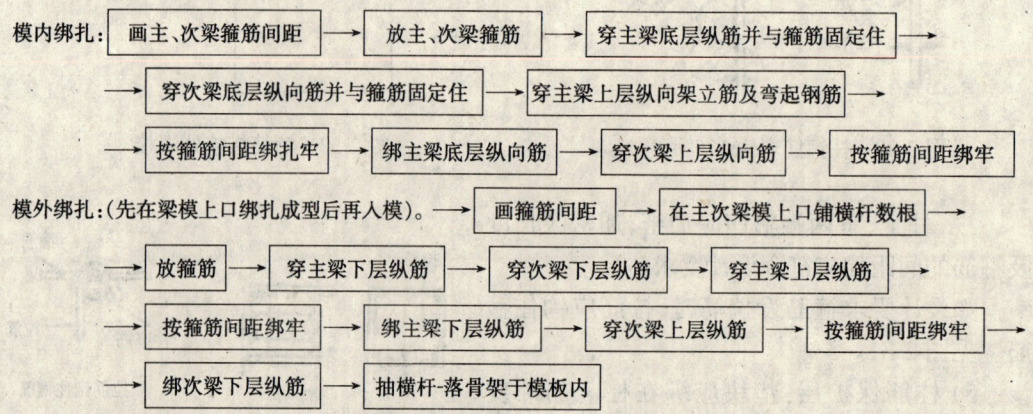

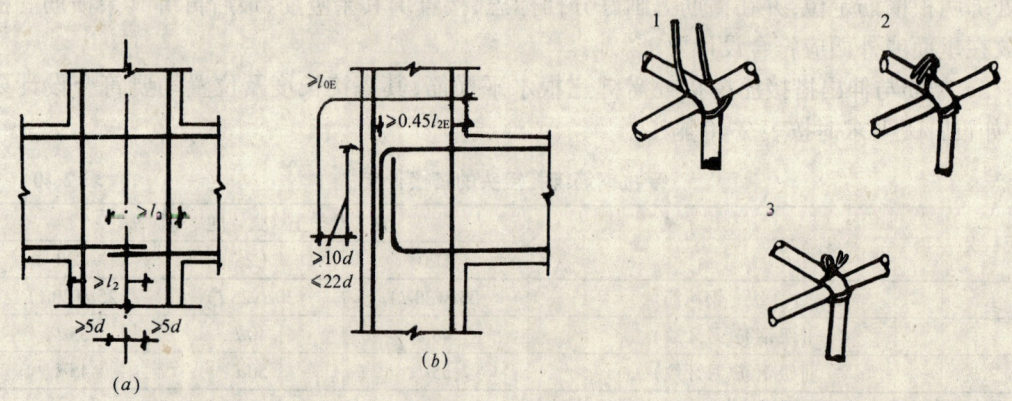

图 2-32 框架梁的纵向钢筋在节点范围内的锚固
(a) 框架中间节点；(b) 框架中间层内节点

图 2-33 套扣绑扎

B. 箍筋叠合处弯钩，在梁中应交错绑扎，箍筋弯钩为 135°，平直长度为 $10d$，如做成封闭箍时，单面焊缝长度为 $5d$。

C. 梁端第一个箍筋设置在距离柱节点边缘 50mm，见图 2-34。

D. 梁端与柱交接处箍筋加密，其间距及加密区长度均要符合设计要求，见图 2-34。

4) 在主、次梁受力筋下均垫保护层垫块(或塑料卡)，保证保护层的厚度。

5) 受力筋为双排时,可用短钢筋垫在两层钢筋之间,钢筋排距应符合设计要求。

6) 梁筋搭接

A. 梁的受拉钢筋直径大于 22mm 时,不宜采用绑扎接头,小于 22mm 可采用绑扎接头。搭接长度如设计无规定时参照表 2-39。

B. 搭接长度的末端与钢筋弯曲处的距离,不得小于钢筋直径的 10 倍。

C. 接头不宜位于构件最大弯矩处。受拉区域内 Ⅰ 级钢筋绑扎接头的末端应做弯钩(Ⅱ、Ⅲ 级可不做弯钩),搭接处应在中心和两端扎牢。

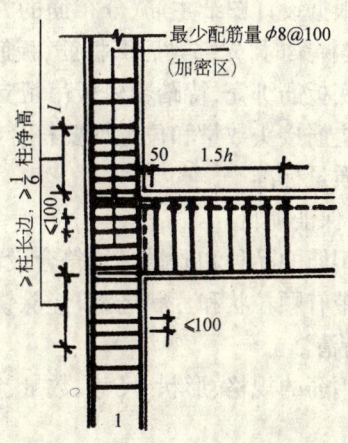

图 2-34 梁端与柱交接处箍筋加密区

D. 接头位置应相互错开,当采用绑扎搭接接头时,在规定搭接长度的任一区段内有接头的受力钢筋截面面积占受力钢筋总截面面积百分率,受拉区不大于 25%,受压区不大于 50%,参照图 2-26(a)、2-26(b)。

(4) 板钢筋绑扎

工艺流程:

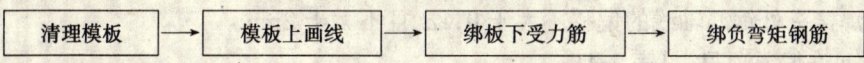

1) 清扫模板上刨花、碎木、电线管头等杂物。用粉笔在模板上划好主筋,分布筋间距。

2) 按画好的间距,先摆受力主筋,后放分布筋,预埋件、电线管、预留孔等及时配合安装。

3) 钢筋搭接长度、位置的规定见梁钢筋绑扎要求。

4) 绑扎一般用顺扣(见图 2-35)或八字扣,除外围两根筋的相交点全部绑扎外,其余各点可交错绑扎(双向板相交点须全部绑扎)。如板为双层钢筋,两层筋之间须加钢筋马凳,以确保上部钢筋的位置。

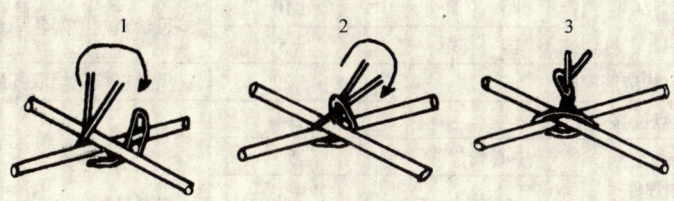

图 2-35 顺扣

5) 绑扎负弯矩钢筋,每个扣均要绑扎。最后在主筋下垫砂浆垫块。

(5) 楼梯钢筋绑扎:

工艺流程:

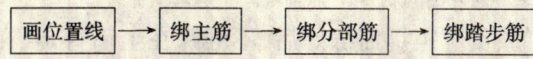

1) 在楼梯段底模上画主筋和分布筋的位置线。

2) 根据设计图纸主筋、分布筋的方向,先绑扎主筋后绑扎分布筋,每个交点均应绑扎,如果有楼梯梁时,先绑梁后绑板筋,板筋要锚固到梁内。

3) 底板筋绑完,待踏步模板吊帮支好后再绑扎踏步钢筋。

4) 主筋接头数量和位置均要符合施工及验收规范要求。

5. 质量标准

(1) 保证项目:

1) 钢筋的品种和质量必须符合设计要求和有关标准的规定。

2) 带有颗粒状和片状老锈,经除锈后仍留有麻点的钢筋,严禁按原规格使用。钢筋表面应保持清洁。

3) 钢筋的规格、形状、尺寸、数量、锚固长度、接头设置必须符合设计要求和施工规范规定。

4) 钢筋对焊接头的机械性能结果必须符合钢筋焊接及验收的专门规定。

(2) 基本项目:

1) 缺扣、松扣的数量不超过绑扣数的10%,且不应集中。

2) 弯钩的朝向应正确。绑扎接头应符合施工规范的规定,搭接长度不小于规定值。

3) 箍筋的间距数量应符合设计要求,有抗震要求时,弯钩角度为135°,弯钩平直长度为$10d$。

4) 钢筋对焊接头Ⅰ、Ⅱ、Ⅲ级钢筋无烧伤和横向裂纹,焊包均匀。对焊接头处弯折不大于4°,对焊接头处钢筋轴线的偏移不大于$0.1d$且不大于2mm。

(3) 允许偏差项目:见表2-41。

现浇框架钢筋绑扎允许偏差 表2-41

项次	项 目		允许偏差(mm)	检 验 方 法
1	网的长度、宽度		±10	尺量检查
2	网眼尺寸		±20	尺量连续三档取其最大值
3	骨架的宽度、高度		±5	尺量检查
4	骨架的长度		±10	
5	受力钢筋	间 距	±10	尺量两端中间各一点取其最大值
		排 距	±5	
6	绑扎箍筋、构造筋间距		±20	尺量连续三档取其最大值
7	钢筋弯起点位移		20	
8	焊接预埋件	中心线位移	5	尺量检查
		水平高差	+3 −0	
9	受力钢筋保护层	梁 柱	±5	
		墙 板	±3	

6. 成品保护

(1) 柱子钢筋绑扎之后,不准踩踏。

(2) 楼板的弯起钢筋、负弯矩钢筋绑好后,不准踩在上面行走,在浇筑混凝土前保持原有形状,浇灌中派钢筋工专门负责修理。

(3) 绑扎钢筋时禁止碰动预埋件及洞口模板。
(4) 钢模板内面涂隔离剂不要污染钢筋。
(5) 安装电线管、暖卫管线或其他设施时不得任意切断和移动钢筋。

7. 应注意的质量问题

(1) 柱筋和剪力墙筋位移：原因是振捣混凝土时碰动钢筋。应在浇筑混凝土前检查位置是否正确，宜用固定卡或临时箍筋加以固定，浇筑完混凝土立即修整钢筋的位置。当钢筋位置有明显位移时必须进行处理，处理方案须经设计单位同意。一般宜用以下处理方法：

1) 竖筋位移可按 1:6 坡度进行调整，见图 2-36。
2) 加垫钢筋或垫钢板的焊接方法，见图 2-37。

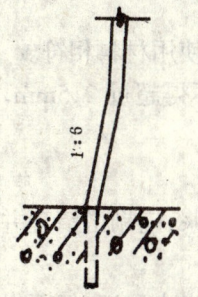 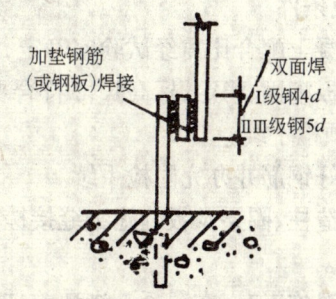

图 2-36 钢筋位置偏移调整示意图　　　图 2-37 竖筋偏移调整示意图

(2) 梁钢筋骨架尺寸小于设计尺寸：原因是配制箍筋时按箍筋外径尺寸计算，造成骨架的宽和高均小于设计尺寸。另外采用双支箍筋的梁，经常出现箍筋组合绑扎后宽度小于设计尺寸。在翻样和绑扎前应熟悉图纸，绑扎后加强检查。见图 2-38。

(3) 梁、柱交接处核心区箍筋未加密：原因是图纸不熟悉，绑扎前应先熟悉图纸，在绑梁钢筋前先将柱箍筋套在竖筋上，穿完梁钢筋后再绑扎。

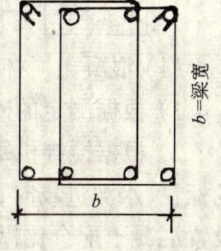

图 2-38 双支箍示意图

(4) 箍筋搭接处未弯成 135°，平直长度不足 $10d$ (d 为箍筋直径)：加工成型时应注意检查平直长度是否符合要求，现场绑扎操作时，应认真按 135°弯钩。

(5) 梁主筋进支座锚固长度不够，弯起钢筋位置不准：在绑扎前，先按设计图纸检查对照已摆好的钢筋是否正确，然后再进行绑扎。

(6) 板的弯起钢筋、负弯矩钢筋踩到下面：绑好之后禁止人在钢筋上行走，且在浇筑混凝土前整修检查合格后再浇筑。

(7) 板钢筋绑好不顺直、位置不准：板的主筋分布筋要用尺杆划线，从一面开始标出间距，绑扎时随时找正调直。

(8) 柱、墙钢筋骨架不垂直：绑竖向受力筋时要吊正后再绑扣，凡是搭接部位要绑三个扣，以免不牢固发生变形。另外绑扣不能绑成同一方向的顺扣，层高超过 4m 的墙，要搭架子进行绑扎，并采取固定钢筋的措施。

(9) 绑扎接头内混入对焊接头：在配制加工过程中，切断柱钢筋时要注意，端头有对焊接头时要避开搭接范围。

2.1.7.7 砖混结构(构造柱、圈梁、板缝等)混凝土浇筑

本技术交底适用于砖混结构,包括外砖内模和外板内模结构的构造柱、圈梁、板缝等现浇混凝土工程。

1. 材料要求

(1) 水泥:用 32.5～42.5 级矿渣硅酸盐水泥或普通硅酸盐水泥。

(2) 砂:宜用粗砂或中砂。

(3) 石子:构造柱、圈梁宜用粒径 0.5～3.2cm 的卵石或碎石;板缝用粒径 0.5～1.2cm 豆石或碎石。

(4) 外加剂:根据要求选用早强剂和减水剂等。掺用时必须有试验依据。

2. 作业条件

(1) 混凝土配合比需经试验室确定,配合比通知单与现场使用材料相符。

(2) 模板牢固、稳定,标高尺寸符合要求,模板缝隙最大不得超过 2.5mm,过大者应堵严,并办完预检手续。

(3) 绑好钢筋并办完隐检手续。

(4) 构造柱、圈梁及板缝施工缝接槎处的松散混凝土和砂浆,应剔凿清理并将模板内杂物清除干净。

(5) 常温施工时,在混凝土浇灌前,砖墙、木模应提前适量浇水湿润,但不得有积水。

3. 操作工艺

工艺流程:

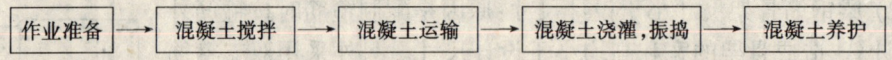

(1) 混凝土搅拌:

1) 根据测定的砂石含水率调整配合比中的用水量。雨天应增加测定的次数。

2) 根据搅拌机每盘各种材料用量及车皮重量,分别固定好水泥(散装)、砂、石各个磅秤的标量(水泥进场时,抽查重量)。磅秤应定期校验、维护,以保证计量的准确。搅拌机棚应设置混凝土配合比标志板。

3) 正式搅拌前搅拌机先空车试运行,正常后方可正式装料搅拌。

4) 砂、石、水泥(散装)必须严格按需用量分别过秤。加水也须严格计量。

5) 加料顺序,一般先倒石子,再倒水泥,后倒砂子,最后加水。如掺入粉煤灰等掺合料,应在倒水泥时一并倒入。如需要掺外加剂,应按定量与水同时加入。

6) 搅拌第一盘混凝土可在装料时适当少装一些石子或适当增加水泥和水。

7) 混凝土搅拌时间,400L 自落式搅拌机一般不应少于 1.5min。

8) 混凝土坍落度一般控制在 5～7cm,每台班应测试两次。

(2) 混凝土运输:

1) 混凝土自搅拌机卸出后,应及时用翻斗车、手推车或吊斗运至浇灌地点。运送混凝土时,应防止水泥浆流失。若有离析现象应在浇灌地点进行人工二次拌和。

2) 混凝土从搅拌机中卸出后到浇灌完毕的延续时间,当混凝土强度等级为 C30 及其以下,气温高于 25℃时不得大于 90min,C30 以上时不得大于 60min。

(3) 混凝土浇灌、振捣:

1) 构造柱根部施工缝在浇灌前宜先铺 5～10cm 厚与混凝土配合比相同的水泥砂浆或减石子混凝土。

2) 浇灌方法：用塔吊吊斗供料时，应先将吊斗降至距铁盘 50～60cm 处，将混凝土卸在铁盘上，再用铁锹灌入模内，不应用吊车直接将混凝土卸入模内。

3) 浇灌混凝土构造柱时，先将振捣棒插入柱底根部，使其震动，再灌入混凝土。应分层浇灌振捣，每层厚度不超过 60cm，边下料边振捣，连续作业浇灌到顶。

4) 混凝土振捣：振捣构造柱时，振捣棒尽量靠近内墙插入。振捣圈梁混凝土时，振捣棒与混凝土面应成斜角斜面振捣。振捣板缝混凝土时应选用 ϕ30mm 小型振捣棒。

5) 浇灌混凝土时应注意保护钢筋位置，外砖墙及外墙板防水构造。随时检查模板是否变形、移位、螺栓、拉杆是否松动、脱落以及漏浆等现象，并派专人修理。

6) 表面抹平：圈梁和板缝混凝土每振捣完一段，应随即用木抹子压实、抹平，表面不得有松散混凝土。

(4) 混凝土养护：混凝土浇灌 12h 以内，应对混凝土加以覆盖并浇水养护。常温时每日浇水养护两次，养护时间不得少于 7 昼夜。

(5) 填写混凝土施工记录。制作混凝土试块（标准试块和同条件养护试块），用以检验混凝土 28d 强度。

冬期施工参见"剪力墙结构（大模板）普通混凝土浇灌"。

4. 质量标准

(1) 保证项目：

1) 混凝土所用的水泥、水、砂、石、外加剂，必须符合施工规范及有关的规定。检查水泥出厂合格证及有关试验报告。

2) 混凝土配合比原材料计量允许偏差，水泥和掺合料为 ±2%，骨料为 ±3%，水或外加剂为 ±2%（均为重量计）。混凝土的搅拌、养护和施工缝处理必须符合规范的规定。

3) 按《混凝土强度检验评定标准》（GBJ 107—87）对混凝土进行取样、制作、养护和试验，并评定混凝土强度。

(2) 基本项目：

混凝土应振捣密实，不得有蜂窝、孔洞、露筋、缝隙夹渣，具体要求参见《建筑工程质量检验评定标准》（GBJ 301—88）。

(3) 允许偏差项目：见表 2-42。

构造柱、圈梁、板缝现浇混凝土允许偏差和检验方法　　　　表 2-42

项次	项　　　目	允许偏差(mm)		检 验 方 法
		砖　混	多层大模	
1	构造柱中心线位置	10	10	尺量检查
2	构造柱层间错位	8	8	
3	标高（层高）	±1	±10	水准仪或尺量
4	截面尺寸	+8 −5	+5 −2	尺量检查
5	垂直度（每层）	5	5	用 2m 托线板检查

续表

项次	项 目	允许偏差(mm) 砖混	允许偏差(mm) 多层大模	检验方法
6	表面平整度	8	4	用2m靠尺和楔形尺检查
7	预埋件中心线偏移	10	10	尺量检查
8	预埋螺栓中心线偏移	5	5	尺量检查
9	预留洞中心线偏移	15	15	尺量检查

5．成品保护

(1) 浇筑混凝土时,不得污染清水砖墙面。

(2) 振捣混凝土时,不得振动钢筋、模板及预埋件,以免钢筋移位、模板变形或埋件脱落。

(3) 操作时不得踩碰钢筋,如钢筋有踩弯或脱扣者应及时调直补好。

(4) 散落在楼板上的混凝土应及时清理干净。

6．应注意的质量问题

(1) 计量不准:砂、石、水泥(散装)过秤不准,水计量不准,造成水灰比不准确,影响混凝土强度。施工前要检查和校正好磅秤,坚持车车过秤,每盘混凝土用水量必须严格控制。

(2) 混凝土存在蜂窝、麻面、孔洞、露筋、缝隙夹渣等缺陷:造成的主要原因是振捣不实、漏振和钢筋位置不准确、缺少保护层垫块等。因此,浇灌混凝土前应检查钢筋位置及保护层厚度(尤其是板缝钢筋)是否正确,发现问题及时修整。振捣时不得触碰钢筋及模板;认真进行分层振捣,不得有漏振现象。

2.1.7.8 框架结构混凝土浇筑

本技术交底适用于一般现浇框架及框架剪力墙混凝土的浇筑工程。

1．材料要求

(1) 水泥:32.5级以上矿渣硅酸盐水泥或普通硅酸盐水泥。进场时必须有质量证明书及复试试验报告。

(2) 砂:宜粗砂或中砂。混凝土低于C30时,含泥量不大于5%,高于C30时不大于3%。

(3) 石子:粒径0.5～3.2cm,混凝土低于C30时含泥量不大于2%,高于C30时不大于1%。

(4) 掺合料:粉煤灰,其掺量应通过试验确定,并应符合有关标准。

(5) 混凝土外加剂:减水剂、早强剂等应符合有关标准的规定,其掺量经试验符合要求后,方可使用。

2．主要机具

混凝土搅拌机、磅秤(或自动计量设备)、双轮手推车、小翻斗车、尖锹、平锹、混凝土吊斗、插入式振捣器、木抹子、长抹子、铁插尺、胶皮水管、铁板、串桶、塔式起重机等。

3．作业条件

(1) 浇筑混凝土层段的模板、钢筋、预埋铁件及管线等全部安装完毕,经检查符合设计要求,并办完隐、预检手续。

(2) 浇筑混凝土用的架子及马道已支搭完毕并经检查合格。

(3) 水泥、砂、石及外加剂等经检查符合有关标准要求,试验室已下达混凝土配合比通知单。

(4) 磅秤(或自动上料系统)经检查核定计量准确,振捣器(棒)经检验试运转合格。

(5) 工长根据施工方案对操作班组已进行全面施工技术交底。混凝土浇灌申请书已被批准。

4. 操作工艺

工艺流程：

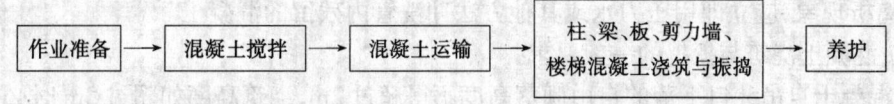

(1) 作业准备：

浇筑前应将模板内的垃圾、泥土等杂物及钢筋上的油污清除干净,并检查钢筋的水泥砂浆垫块是否垫好。如使用木模板时应浇水使模板湿润。柱子模板的扫除口应在清除杂物及积水后再封闭。剪力墙根部松散混凝土已剔掉清除。

(2) 混凝土搅拌：

1) 根据配合比确定每盘各种材料用量及车辆重量,分别固定好水泥、砂、石各个磅秤标准。在上料时车车过磅,骨料含水率应经常测定,及时调整配合比用水量,确保加水量准确。

2) 装料顺序：一般先倒石子,再装水泥,最后倒砂子。如需加粉煤灰掺合料时,应与水泥一并加入。如需掺外加剂(减水剂、早强剂等)时,粉状应根据每盘加入量应预加工装入小包装袋内(塑料袋为宜),用时与粗细骨料同时加入;液状应按每盘用量与水同时装入搅拌机搅拌。

3) 搅拌时间：为使混凝土搅拌均匀,自全部拌合料装入搅拌筒中起到混凝土开始卸料止,混凝土搅拌的最短时间,可按表2-43规定采用。

混凝土搅拌的最短时间(s)　　　　表2-43

混凝土坍落度 (cm)	搅拌机机型	搅拌机容积 (L)		
		小于400	400~1000	大于1000
小于及等于3	自落式	90	120	150
	强制式	60	90	120
大于3	自落式	90	90	120
	强制式	60	60	90

4) 混凝土开始搅拌时,由施工单位主管技术部门和工长组织有关人员,对出盘混凝土的坍落度、和易性等进行鉴定,检查是否符合配合比通知单要求,经调整合格后再正式搅拌。

(3) 混凝土运输：

混凝土自搅拌机中卸出后,应及时送到浇筑地点。在运输过程中,要防止混凝土离析、水泥浆流失、坍落度变化以及产生初凝等现象。如混凝土运到浇灌地点有离析现象时,必须在浇灌前进行二次拌合。

混凝土从搅拌机中卸出后到浇筑完毕的延续时间,不宜超过表2-44的规定。

混凝土从搅拌机卸出至浇筑完毕的时间(min)　　　表 2-44

混凝土强度等级	气温(℃)	
	低于 25	高于 25
≤C30	120	90
>C30	90	60

注：1. 掺用外加剂或采用快硬水泥拌制混凝土时，应按试验确定。
　　2. 轻骨料混凝土的运输、浇筑延续时间应适当缩短

泵送混凝土时必须保证混凝土泵连续工作，如果发生故障，停歇时间超过45min或混凝土出现离析现象，应立即用压力水或其他方法冲洗管内残留的混凝土。

(4) 混凝土浇筑与振捣的一般要求：

1) 混凝土自吊斗口下落的自由倾落高度不得超过2m，浇筑高度如超过3m时必须采取措施，用串桶或溜管等。

2) 浇筑混凝土时应分段分层连续进行，浇筑层高度应根据结构特点、钢筋疏密决定，一般为振捣器作用部分长度的1.25倍，最大不超过50cm。

3) 使用插入式振捣器应快插慢拔，插点要均匀排列，逐点移动，顺序进行，不得遗漏，做到均匀振实。移动间距不大于振捣作用半径的1.5倍(一般为30～40cm)。振捣上一层时应插入下层5cm，以清除两层间的接缝。表面振动器(或称平板振动器)的移动间距，应保证振动器的平板覆盖已振实部分边缘。

4) 浇筑混凝土应连续进行。如必须间歇，其间歇时间应尽量缩短，并应在前层混凝土凝结之前，将次层混凝土浇筑完毕。间歇的最长时间应按所用水泥品种及混凝土凝结条件确定，一般超过2h，应按施工缝处理。

5) 浇筑混凝土时应经常观察模板、钢筋、预埋孔洞、预埋件和插筋等有无移动、变形或堵塞情况，发现问题应立即停止浇灌，并应在已浇筑的混凝土凝结前修正完好。

(5) 柱的混凝土浇筑：

1) 柱浇筑前底部应先填以5～10cm厚与混凝土配合比相同的减石子砂浆，柱混凝土应分层振捣，使用插入式振捣器时每层厚度不大于50cm，振捣棒不得触动钢筋和预埋件。除上面振捣外，下面要有人随时敲打模板。

2) 柱高在3m之内，可在柱顶直接下灰浇筑，超过3m时应采取措施(用串桶)或在模板侧面开门子洞安装斜溜槽分段浇筑。每段高度不得超过2m，每段混凝土浇筑后将门子洞模板封闭严实，并用箍箍牢。

3) 柱子混凝土应一次浇筑完毕，如需留施工缝时应留在主梁下面。无梁楼板应留在柱帽下面。在与梁板整体浇筑时，应在柱浇筑完毕后停歇1～1.5h，使其获得初步沉实，再继续浇筑。

4) 浇筑完后应随时将伸出的搭接钢筋整理到位。

(6) 梁、板混凝土浇筑：

1) 梁、板应同时浇筑，浇筑方法应由一端开始用"赶浆法"，即先浇筑梁，根据梁高分层浇筑成阶梯形，当达到板底位置时再与板的混凝土一起浇筑，随着阶梯形不断延伸，梁板混凝土浇筑连续向前进行。

2) 和板连成整体高度大于1m的梁，允许单独浇筑，其施工缝应留在板底以下2～3cm

处。浇捣时,浇筑与振捣必须紧密配合,第一层下料慢些,梁底充分振实后再下二层料,用"赶浆法"保持水泥浆沿梁底包裹石子向前推进,每层均应振实后再下料,梁底及梁帮部位要注意振实,振捣时不得触动钢筋及预埋件。

3)梁柱节点钢筋较密时,浇筑此处混凝土时宜用小粒径石子同强度等级的混凝土浇筑,并用小直径振捣棒振捣。

4)浇筑板混凝土的虚铺厚度应略大于板厚,用平板振捣器垂直浇筑方向来回振捣,厚板可用插入式振捣器顺浇筑方向拖拉振捣,并用铁插尺检查混凝土厚度,振捣完毕后用长木抹子抹平。施工缝处或有预埋件及插筋处用木抹子找平。浇筑板混凝土时不允许用振捣棒铺摊混凝土。

5)施工缝位置:宜沿次梁方向浇筑楼板,施工缝应留置在次梁跨度的中间三分之一范围内。施工缝的表面应与梁轴线或板面垂直,不得留斜槎。施工缝宜用木板或钢丝网挡牢。

6)施工缝处须待已浇筑混凝土的抗压强度不小于1.2MPa时,才允许继续浇筑,在继续浇筑混凝土前,施工缝混凝土表面应凿毛,剔除浮动石子,并用水冲洗干净后,先浇一层水泥浆,然后继续浇筑混凝土,应细致操作振实,使新旧混凝土紧密结合。

(7)剪力墙混凝土浇筑:

1)如柱、墙的混凝土强度等级相同时,可以同时浇筑,反之宜先浇筑柱混凝土,预埋剪力墙锚固筋,待拆柱模后,再绑剪力墙钢筋、支模、浇筑混凝土。

2)剪力墙浇筑混凝土前,先在底部均匀浇筑5cm厚与墙体混凝土成分相同的水泥砂浆,并用铁锹入模,不应用料斗直接灌入模内。

3)浇筑墙体混凝土应连续进行,间隔时间不应超过2h,每层浇筑厚度控制在60cm左右,因此必须预先安排好混凝土下料点位置和振捣器操作人员数量。

4)振捣棒移动间距应小于50cm,每一振点的延续时间以表面呈现浮浆为度,为使上下层混凝土结合成整体,振捣器应插入下层混凝土5cm。振捣时注意钢筋密集及洞口部位,为防止出现漏振,须在洞口两侧同时振捣,下灰高度也要大体一致。大洞口的洞底模板应开口,并在此处浇筑振捣。

5)混凝土墙体浇筑完毕之后,将上口甩出的钢筋加以整理,用木抹子按标高线将墙上表面混凝土找平。

(8)楼梯混凝土浇筑:

1)楼梯段混凝土自下而上浇筑,先振实底板混凝土,达到踏步位置时再与踏步混凝土一起浇捣,不断连续向上推进,并随时用木抹子(或塑料抹子)将踏步上表面抹平。

2)施工缝位置:楼梯混凝土宜连续浇筑完,多层楼梯的施工缝应留置在楼梯段三分之一的部位。

(9)养护:

混凝土浇筑完毕后,应在12h以内加以覆盖和浇水,浇水次数应能保持混凝土有足够的润湿状态,养护期一般不少于7昼夜。

(10)冬期施工:

1)冬期浇筑的混凝土掺负温复合外加剂时,应根据温度情况的不同,使用不同的负温外加剂。且在使用前必须经专门试验及有关单位技术鉴定。

2)冬期施工前应制定冬期施工方案,对原材料的加热、搅拌、运输、浇筑和养护等进行热工计算,并应据以施工。

3) 混凝土在浇筑前,应清除模板和钢筋上的冰雪、污垢。运输和浇筑混凝土用的容器应有保温措施。

4) 运输浇筑过程中,温度应符合热工计算所确定的数据,如不符时,应采取措施进行调整。采用加热养护时,混凝土养护前的温度不得低于2℃。

5) 整体式结构加热养护时,浇筑程序和施工缝位置,应能防止发生较大的温度应力。如加热温度超过40℃时,应征求设计单位意见后确定。混凝土升、降温度不得超过规范规定。

6) 冬期施工平均气温在-5℃以内,一般采用综合蓄热法施工,所用的早强抗冻型外加剂附有出厂证明,并要经试验室试块对比试验后再正式使用。综合蓄热法宜选用32.5级以上普通硅酸盐水泥或R型早强水泥。外加剂应选用能明显提高早期强度并能降低抗冻临界强度的粉状复合外加剂,与骨料同时加入,保证搅拌均匀。

7) 冬施养护:模板及保温层,应在混凝土冷却到5℃后方可拆除。混凝土与外界温差大于20℃时,拆模后的混凝土表面,应临时覆盖,使其缓慢冷却。

8) 混凝土试块除正常规定组数制作外,还应增设二组与结构同条件养护,一组用以检验混凝土受冻前的强度,另一组用以检验转入常温养护28d的强度。

9) 冬期施工过程中,应填写"混凝土工程施工记录"和"冬期施工混凝土日报"。

5. 质量标准

(1) 保证项目:

1) 混凝土所用的水泥、水、骨料、外加剂等必须符合规范及有关规定,检查出厂合格证或试验报告是否符合质量要求。

2) 混凝土的配合比、原材料计量、搅拌、养护和施工缝处理必须符合施工规范规定。

3) 混凝土强度的试块取样、制作、养护和试验要符合《混凝土强度检验评定标准》(GBJ 107—87)的规定。

4) 设计不允许裂缝的结构,严禁出现裂缝,设计允许裂缝的结构,其裂缝宽度必须符合设计要求。

(2) 基本项目:

混凝土应振捣密实,不得有蜂窝、孔洞、露筋、缝隙、夹渣等缺陷。

(3) 允许偏差项目:见表2-45。

现浇框架混凝土允许偏差 表2-45

项次	项 目		允许偏差(mm)		检验方法
			单层多层	高层框架	
1	轴线位移	柱、墙、梁	8	5	尺量检查
2	标 高	层 高	±10	±5	用水准仪或尺量检查
		全 高	±30	±30	
3	柱、墙、梁截面尺寸		+8 -5	±5	尺量检查

续表

项次	项目		允许偏差(mm)		检验方法
			单层多层	高层框架	
4	柱、墙垂直度	每层	5	5	用经纬仪或吊线和尺量检查
		全高	$H/1000$ 且不大于 20	$H/1000$ 且不大于 30	
5	表面平整度		8	8	用 2m 靠尺和楔形塞尺检查
6	预埋钢板中心线位置偏移		10	10	尺量检查
7	预埋管、预留孔中心线位置偏移		5	5	
8	预埋螺栓中心线位置偏移		5	5	
9	预留洞中心位置偏移		15	15	
10	电梯井	井筒长、宽对中心线	+25 −0	+25 −0	吊线和尺量检查
		井筒全高垂直度	$H/1000$ 且不大于 30	$H/1000$ 且不大于 30	

注：H 为柱、墙全高。

6．成品保护

（1）要保证钢筋和垫块的位置正确，不得踩楼板、楼梯的弯起钢筋，不碰动预埋件和插筋。

（2）不用重物冲击模板，不在梁或楼梯踏步模板吊帮上蹬踩，应搭设跳板，保护模板的牢固和严密。

（3）已浇筑楼板、楼梯踏步的上表面混凝土要加以保护，必须在混凝土强度达到 1.2MPa 以后，方准在面上进行操作及安装结构用的支架和模板。

（4）冬期施工在已浇的楼板上覆盖时，要在铺的脚手板上操作，尽量不踏脚印。

7．应注意的质量问题

（1）蜂窝：原因是混凝土一次下料过厚，振捣不实或漏振，模板有缝隙水泥浆流失，钢筋较密而混凝土坍落度过小或石子过大，柱、墙根部模板有缝隙，以致混凝土中的砂浆从下部涌出而造成。

（2）露筋：原因是钢筋垫块位移、间距过大、漏放，钢筋紧贴模板造成露筋，或梁、板底部振捣不实也可能出现露筋。

（3）麻面：拆模过早或模板表面漏刷隔离剂或模板湿润不够，构件表面混凝土易粘附在模板上造成麻面脱皮。

（4）孔洞：原因是钢筋较密集的部位混凝土被卡，未经振捣就继续浇筑上层混凝土。

（5）缝隙与夹渣层：施工缝处杂物清理不净或未浇底浆等原因易造成缝隙、夹渣层。

（6）梁、柱连结处断面尺寸偏差过大：主要原因是柱接头模板刚度差或支此部位模板时未认真控制断面尺寸。

（7）现浇楼板面和楼梯踏步上表面平整度偏差太大：主要原因是混凝土浇筑后，表面不用抹子认真抹平。冬期施工在覆盖保温层时上人过早或未垫板进行操作。

2.1.7.9 预制钢筋混凝土框架结构构件安装

本技术交底适用于一般工业与民用建筑多层框架预制梁、柱、板等钢筋混凝土构件安装。

1. 材料构件要求

（1）构件：

用于装配式框架结构安装中的预制钢筋混凝土梁、柱、板等构件均应有出厂合格证，不得使用不符合资质等级规定的厂家生产的构件。

（2）构件的型号、外观、规格、预埋件的位置与数量应符合设计要求和《预制混凝土构件质量检验评定标准》(GBJ 321—90)的要求。构件的明显部位应注明型号、混凝土强度，盖有合格章，无合格章的构件不得使用。

（3）钢筋和型钢应有出厂材质合格证，经取样复试有试验报告。

（4）水泥：宜采用42.5级、52.5级的普通硅酸盐水泥。柱子接头捻缝宜采用52.5级膨胀水泥或不低于52.5级的普通硅酸盐水泥，不宜采用矿渣或火山灰质的水泥。

（5）石子：粒径为5～32mm。捻缝用5～12mm的石子。含泥量不大于2%。

（6）砂子：中砂或粗砂，含泥量不大于5%。

（7）电焊条必须按设计要求和焊接规程的有关规定使用。其性能应符合低碳钢和低合金钢焊条的标准，包装整齐，不锈、不潮，并有产品出厂合格证和使用说明。

（8）有剪力墙的部位，柱子在加工预制时，应将剪力墙水平筋的插铁预留，插铁外露部分的长度应充分考虑剪力墙水平筋在同一断面搭接接头数不大于50%（或预埋钢板）。

（9）其它：垫铁、钢管支撑、角铁、钢板支托等型钢附件备用齐全。

（10）模板：剪力墙和梁柱接头的模板，按规格、构造准备就绪，刷好隔离剂备用。准备100mm×100mm和100mm×50mm的方木，50mm厚木等。

2. 主要机具

吊装机械、电焊机及配套设备、焊条烘干箱、钢丝绳、卡环、花篮校正器、柱子锁箍、溜绳、支撑、板钩、经纬仪、水平尺、塔尺、铁扁担、千斤顶、倒链、撬棍、钢尺等。

3. 作业条件

（1）熟悉图纸：对单位工程的图纸，尤其对结构施工图、构件加工图、节点构造大洋图，应进行全面的了解。认真掌握构件的型号、数量、重量、节点做法、施工操作要求、安全生产技术、高空作业的有关规定和各部位之间的相互关系等。

（2）编制吊装方案：应根据建筑物的结构特点和施工工艺要求，结合现场实际条件，认真编制结构吊装方案，并对施工人员进行安全、质量、技术交底。

（3）主要构件进行预检：根据结构施工图和构件加工单，核查构件型号和出厂合格证，清点数量，核查构件的混凝土强度、规格尺寸和外观质量。预埋件、预留插铁的位置、数量和尺寸，均应符合设计要求及施工验收规范的规定。

（4）弹线：清除预埋件及主筋上的水泥浆、铁锈、污秽。在构件上弹好轴线（或中线）即安装定位线，注明方向、轴线号及标高线，柱子应三面弹好轴线，首层柱子除弹好轴线外还要三面标注±0.00m水平线。弹好预埋件十字中心线。梁的两端弹好轴线，利用轴线控制安装定位。

（5）控制楼层安装标高：构件连接锚固的结构部位施工完毕，放好楼层柱网轴位线及标高控制线，抹好上下柱子接头部位的叠合层，预埋和找平定位钢板并校准其标高。楼层柱网格轴线应清晰、准确。

(6) 调整叠合梁上部的外露钢筋,扶正穿扎上铁,两端的焊接主筋要调直理顺。按设计要求检查连接部位主筋的长度、位置。在不影响正常安装的情况下,将花篮梁上部的架立筋扎牢,柱头定位埋件也可以焊在叠合梁的钢筋上,但必须保证其标高、位置准确。

(7) 按照施工组织设计选定的吊装机械进场经试运转、鉴定符合安全生产规程,准备好吊装用具,方可投入吊装。

(8) 搭好脚手架安全防护设施:按照施工组织设计的规定,在吊装作业面上搭设吊装作业脚手架和操作平台及安全防护设施。并经有关人员检查、验收、鉴定符合安全生产规程后方可正式作业,无安全防护及安全措施,不符合要求者不得进场作业。

(9) 将本楼层需用的梁、柱,按平面位置就近平放。为防止柱子在翻转起吊时,小柱头触地产生裂纹或弯折主筋,可采用安全支腿,或在柱端主筋处加设垫木。将已经调整好的主筋在靠近地面一侧用方木垫在小柱头与底排主筋之间,用木楔楔紧,让起吊时底排主筋接触地面的力量由小柱头来支承,防止主筋弯曲变形。

(10) 焊工应有操作证及代号。正式施焊前须进行焊接试验以调整焊接次数,提供焊接试件,经试验合格后,方准操作。结构的主要部位记录好焊工代号。资料存档备查。

4．操作工艺

工艺流程:

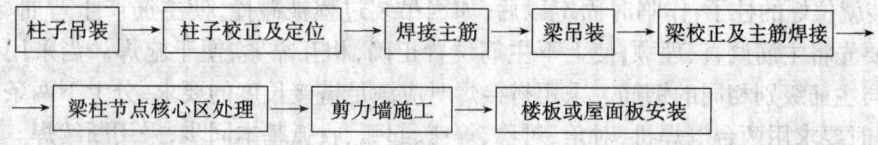

(1) 柱子吊装:

1) 吊装方案中必须明确规定平面吊装的先后顺序,逐层分段流水作业,每个层段从一端开始,以减少反复作业。当一道横轴线上的柱子安装完成以后,再吊下一道横轴线上的柱子,沿纵轴方向往前推进。

2) 清理柱子安装部位的杂物,将松散的混凝土及高出定位预埋钢板的粘结物清除干净,检查柱子轴线、定位板的位置、标高和锚固是否符合设计要求。

3) 对预吊柱伸出的上下主筋进行检查,按设计长度将超长部分割掉,确保定位小柱头平稳地座落在柱子接头的定位钢板上。将下部伸出的主筋理直、理顺,保证同下层柱子钢筋搭接时贴靠紧密,便于施焊。

4) 柱子起吊:起吊宜采用正扣绑扎,吊点先在柱子夹板的正上方,绑扎点以距离柱子上端600mm处卡好特制的柱箍,在锁箍下方锁好卡环和钢丝绳。此时自动卡环的拉绳环不能朝上,以防止起吊时脱扣。吊装用钩绳与卡环相钩区用卡环卡准,吊绳应处于吊点的正上方,慢速提升,待吊绳绷紧后暂停上升。及时检查自动卡环的可靠情况,防止自行脱扣。为控制起吊和就位时不来回摆动,在柱子下部拴好溜绳,检查各部联结情况,无误后方可起吊。

5) 柱子就位:当柱子吊起距地面500mm时稍停,去掉保护柱子主筋的垫木、支腿,清理柱头泥污,然后经信号员指挥,将柱子吊运到楼层就位,就位时,缓慢降落到安装位置的正上方、停住。核对柱子的编号,调整方位,由两人控制,使定位小柱头全方位吻合无误方准落到安装位置上。柱子对号,核对有剪力墙插铁(钢板)的方向,定向入座完毕。随之在四边拴好花篮螺栓、斜拉绳,加设临时支撑固定确保安全。

(2) 校正及定位：

1) 柱子垂直度校正时用吊线板，并在相互垂直的两个方向上架设经纬仪，使柱身立面轴线与安装位置上的柱网格轴线对准，上下垂直。校正轴线时先找好两个面上的轴线，然后再对准第三个面上的轴线，最后使柱子三个面上的轴线或中线对准定位轴线。安装边角柱时，应在外边的相对应面架设支撑和花篮螺栓，双向固定。已经就位好的柱子，要认真用经纬仪校准轴线位置及垂直度，确认不超出偏差，方可进行定位柱头与定位钢板的焊接。

2) 内柱（中柱）安装校正及定位：以柱子大面中心线为准，就位以后两面支撑。用两台经纬仪分别支在相邻的两个柱面轴线上，对准柱身轴线，校正垂直偏差。观察校正柱身轴线时，要由下到上全高贯穿。当两台经纬仪从两个方向均校正好以后，再检查另外两个面上的轴线，四面支撑牢固，即可将小柱头上的钢板与定位钢板先焊接固定，然后再焊接主筋，进行二次校正。

3) 边柱、角柱安装校正及定位：边、角柱安装只能在2~3个楼面上支顶方木。从楼层内拉紧花篮校正。脱钩之前必须将主筋及柱头定位点焊固定好，防止因支撑不牢，拉紧螺栓彼此配合不协调，造成柱子翻倒。安装角柱时除校正后三面定位轴线，还要对第四个面上的轴线进行检查，确保上下层的柱子在节点处不产生歪扭、错位与偏移。

(3) 调整主筋焊接：

1) 已安装就位好的柱子：作临时固定以后，如因吊装过程被碰撞，使主筋产生弯曲、歪斜，在焊接前要先将主筋调直、理顺，使上下主筋位置正确，相互靠紧，便于施焊。当采用帮条焊时，应用与主筋级别相同的钢筋。采用搭接焊时应满足搭接长度的要求，分上下两条双面焊缝。施焊时要求用两台电焊机，对角、对称、等速、起弧、收弧基本同步，采用断续焊。防止因热影响导致应力不均，产生过大的变形，避免烧伤混凝土和钢筋。小柱头定位钢板须四面围焊，焊接完毕进行自检。焊接质量符合设计要求和《钢筋焊接及验收规程》(JGJ 18—96)的规定，填写施工记录，注明焊工代号。

2) 复查纠偏：柱子节点主筋焊接完成后，待焊缝冷却，方可撤除支撑。用线坠和经纬仪复查柱子的垂直度，控制在允许偏差范围以内，发现超偏差可用倒链进行校正，不得用大锤、撬棍猛砸、硬撬，损伤主筋。

(4) 梁吊装：

按方案中规定的吊装顺序，将有关型号、规格的梁配套码放，弹好两端的轴线（或中线），调直、理顺两端伸出的钢筋。

先吊装主梁，将主筋理顺搭接，按规定焊好，然后再安装次梁，分间扣楼板。

起吊：按照图纸上规定的或施工方案中所确定的吊点位置，进行挂钩或锁绳。注意使吊绳与梁上表面之间的夹角大于45°，如使用吊环起吊，必须同时拴好保险绳，当采用兜底吊运时必须用卡环卡牢。挂好钩绳后缓慢提升，绷紧钩绳，离地500mm左右暂停上升，认真检查吊具的牢固、拴挂、安全可靠，方可吊运就位。吊运单侧或局部带挑边的梁，要认真考虑其重心位置，避免重心失中，防止倾斜，吊点应尽量靠近吊环或梁端头部位。

安装就位：要在就位前，检查柱头支点钢垫、标高、位置是否符合安装要求，就位时找好柱头上的定位轴线和梁上轴线之间的相互关系，以便使梁正确就位。梁的两头应用支柱顶牢。

(5) 梁校正及主筋焊接：就位支顶稳固以后，对梁的标高、支点位置进行校正。整理梁头钢筋,相对应的主筋互相靠紧后,便于焊接。

为控制梁的位移,应使梁两头中心线的底点与柱子顶端的定位线对准,如果误差不大,可用撬棍轻微拨动使之对准。当误差较大时,不许用撬棍生扳、硬撬,否则会影响柱子垂直度的变化。应将梁重新吊起,稍离支座,操作人员分别从两头扶稳,目测对准轴线,落钩要平稳,缓慢入座,再使梁底轴线对准柱顶轴线。

梁身垂直偏差的校正:从两端用线坠吊正,互报偏移数,再用撬棍将梁底垫起,用铁片支垫平稳严实,直径两端的垂直偏差均控制在允许范围内,注意在整个校正过程中,必须同时用经纬仪观察柱子的垂直有无变化。如因梁的安装就位而造成柱子的垂直偏差超出允许值必须重新进行调整。当位移、垂直偏差均校正后进行支顶加固,方可摘钩。

(6) 梁、柱节点核心区做法:

1) 装配式框架梁、柱节点处理是施工中的关键部位,施工过程必须严格检查与控制,精心施工。装配式框架梁柱节点核心区做法见图 2-39(1)～(8)。

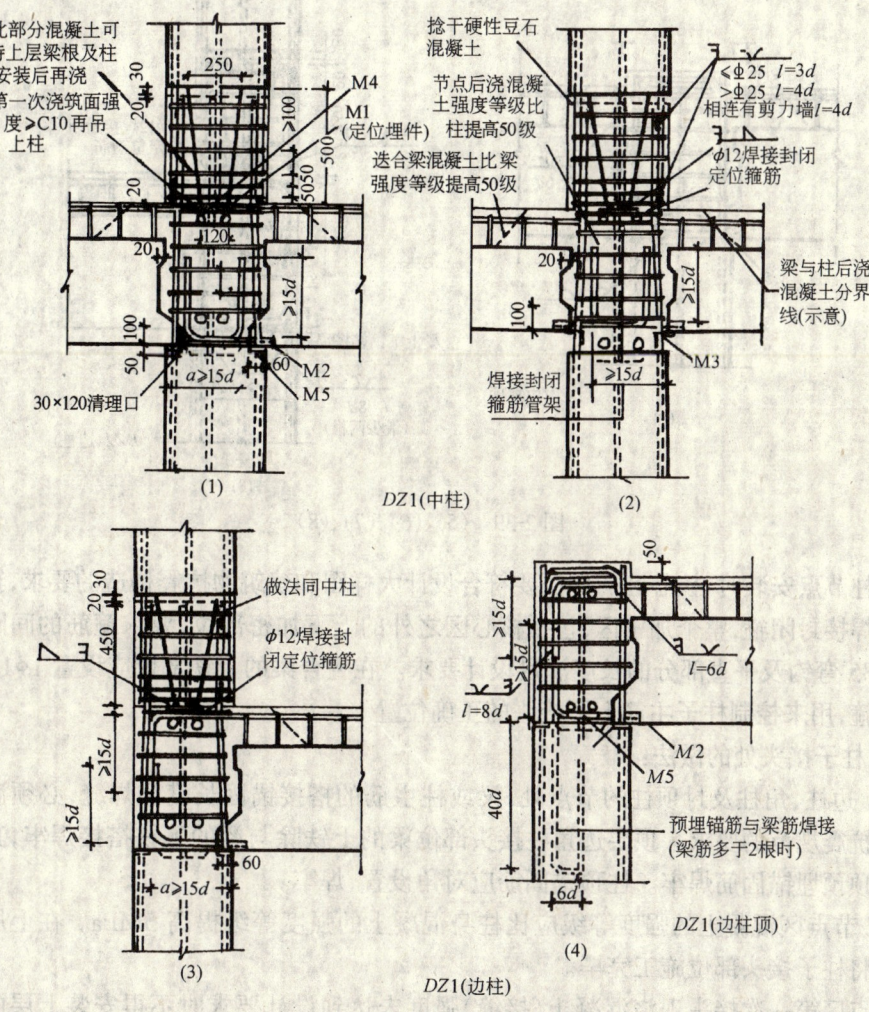

图 2-39 (1)、(2)、(3)、(4)

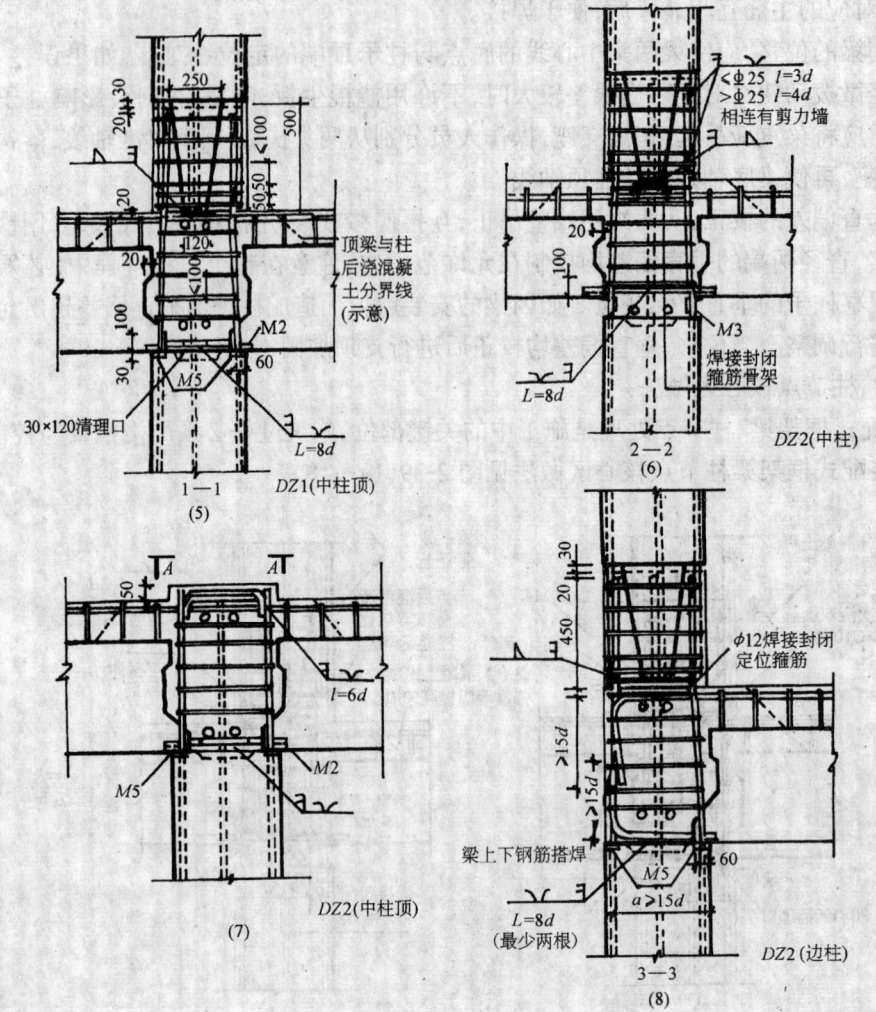

图 2-39 (5)、(6)、(7)、(8)

梁柱节点安装时,核心区的做法要符合设计大样图和建筑物抗震构造的要求,箍筋应采用预制焊接封闭箍,整个加密区,包括核心区之外的上下加密部位,要求箍筋的间距、直径、数量、135°弯钩及平直部分的长度满足设计要求。在叠合梁的上铁部位应设置 1φ12 焊接封闭定位箍,用来控制柱子主筋上下接头的正确位置。

2) 柱子接头处的做法:

A. 边柱、角柱及封顶柱的节点处,梁或柱主筋的搭接锚固长度和焊缝,必须满足设计图纸和抗震规范的要求。顶层边角柱接头部位梁的上铁除与梁的下铁搭接焊牢,其余上铁要与柱顶预埋锚固筋焊牢。柱顶锚固筋应对角设置、焊牢。

B. 节点区混凝土的强度等级应比柱身混凝土的强度等级提高 5MPa。在上层结构安装前应将柱子接头部位施工完毕。

节点区第一次接头现浇混凝土(接缝)强度未达到设计要求时不得安装上层的结构构件。当设计无要求时,混凝土的强度应大于 10MPa,才许吊装上层的结构构件。施工过程中混凝土的强度控制应以同条件试块为依据。

柱下端的后浇混凝土可在上一层梁、柱或再上一层的柱吊装完后再进行浇筑。

柱接头捻缝用干硬性混凝土,采用重量比为1:1:1的干硬性豆石混凝土,宜用浇筑水泥配制,水灰比控制在0.3,其强度应比柱身混凝土强度大5MPa。

捻缝前先将缝清扫干净,用麻绳、麻袋蓄水充分湿润,两侧面用模板挡住,两人同时对称用扁口錾子操作,随填随捻实。按上述方法加强养护不少于7d,防止出现收缩裂缝。

记录、验收:柱子接头按设计要求焊接后才许安装梁。在吊装梁的时候用经纬仪随时观察柱子垂直度的变化。柱子的垂直偏差是在上部结构以及梁焊接后测定,节点处的做法、其焊接质量均应在自检的基础上办好隐蔽工程验收,方可浇灌混凝土。

(7)剪力墙施工:预制钢筋混凝土框架结构的剪力墙部位的施工应在本楼层的梁、柱全部安装完成之后,随之在空腹梁内穿插竖向钢筋,将水平筋与柱内预埋之插铁(或钢板)焊牢。钢筋接头处在同一断面均应错开50%。按现浇钢筋混凝土工艺支好模板,将混凝土浇灌振捣密实加强养护,按规定制作试块。

(8)楼板或层面板安装:

一般应优先采用硬架支模安装或直接就位,使端部板底结合密实。

1)划板的位置线:在梁(或墙板)侧面,按结构平面布置图,划出板缝位置线,注明板的型号,当房间的进深尺寸与楼板的宽度尺寸不相适应时应调整板缝宽度。板缝宽度不宜小于40mm。当板缝宽度≥60mm时,按计算配制板缝钢筋。板入支座的长度,长向板应≥70mm,短向板应≥35mm。板必须按设计要求对号入座,不得放错板号。

2)板就位前应将墙顶(或梁上皮)清扫干净,根据500mm标高线检查标高,复查轴线。抹好1:2水泥砂浆找平层。如需提前安装,当采用硬架支模时,在板的两端用立柱间距1m左右架设水平楞。顶楞平直,支承模板。水平楞应紧贴墙体。标高要一致,竖向支承牢固,另加横向支承。防止浇灌圈梁混凝土时,将水平楞涨开、跑浆,造成墙顶阴角不方正,影响室内装修。

直接就位时,应在找平层上浇水灰比为0.45的素水泥浆,保证板端支座严密,板应按设计规定尺寸搁置。两端搁置长应一致。

3)位置调整:对准位置线,落稳后才许脱钩。用撬棍拨动板端,外露胡子筋要理顺。短向圆孔板板端伸出的胡子筋,在中间支座交叉点上加一根$\phi 6$通长筋。逐点绑牢。板缝混凝土必须振捣密实,边支座胡子筋应伸入圈梁内锚固。长向主孔板和叠合板在板端伸出的钢筋上加一根$\phi 12$通长筋,隔根点焊,且每块板点焊不少于4根。

5.质量标准

(1)保证项目:

1)吊装时构件的混凝土强度必须满足设计和规范的要求和《预制混凝土构件质量检验评定标准》(GBJ 321—90)的规定,构件的型号、位置、支点、锚固必须符合设计要求,且无变形、损坏现象。检查构件出厂证明和吊装记录。

2)构件节点构造、锚固做法必须符合设计要求和建筑物抗震规范的有关规定,安装平稳、牢固、安全可靠。

3)框架结构梁、柱接头、预应力钢筋混凝土结构以及下层结构承受内力的接头(接缝)、板缝、圈梁、构造节点的混凝土(砂浆),必须计量准确,浇捣、捻缝要密实。加强后期养护,检查试块试验报告,其强度必须满足设计要求和施工规范的规定。

(2) 基本项目:

1) 梁、柱、板就位锚固:

框架结构中的梁、柱、板轴线位置,标高,坐浆及节点构造做法,板端堵孔,板端锚固,板缝宽度应符合设计大样图的构造要求,各种联接铁件,焊牢后应与构件表面平齐,细部尺寸认真考虑,在加工图上提出要求,避免影响装饰层的施工。

2) 构件接头、焊接做法应符合设计要求和施工规范的规定。构件主筋及联接钢板的焊接,焊缝长度、宽度、厚度均应符合设计要求和焊接规程的有关规定,焊缝表面平整,焊波均匀,无凹陷、焊瘤和烧伤,接头处无裂纹、气孔、夹渣及咬边。焊渣、药皮和飞溅物清除干净。

(3) 允许偏差项目:见表 2-46、表 2-47。

楼板、屋面板安装允许偏差 表 2-46

项次	项目		允许偏差(mm)	检验方法
1	轴线位置偏移		5	尺量检查
2	层高		±10	用水准仪或尺杆检查
3	板搁置长度		±10	尺量检查
4	相邻板下表面平整	抹灰	5	靠尺和塞尺
		不抹灰	3	

预制框架构件安装允许偏差 表 2-47

项次	项目			允许偏差(mm)	检验方法
1	柱子	中心线对定位轴线位移		5	尺量检查
2		上下柱接口中心线位移		3	
3		垂直度	≤5m柱	5	用经纬仪或吊线板和尺量检查
4			>5m柱	10	
5			>10m多节柱	1‰柱高且<20	
6		牛腿上表面及柱顶标高	≤5m	+0、-5	用水准仪或尺量检查
7			>5m	+0、-8	
8	梁	中心线对定位轴线位移		5	尺量检查
9		梁上表面标高		+0、-5	用水准仪或吊线板尺量
10		垂直偏差		3	用吊线板和尺量
11	加气层面板	板支承长度		±10	尺量检查
12		相邻两板底面高差		3	用靠尺塞尺
13		板底最大挠度		1‰L	用顶杆抄平
14	楼梯阳台	水平位移、偏移		10	尺量检查
15		标高		+5	用水准仪尺量

注: L 为板的长度。

6. 成品保护

(1) 楼面上的柱网格轴线要保持贯通、清晰,安装节点的标高要注明,需要处理的要有明显的标记,不得任意涂抹、更改和污染。

(2) 安装梁、柱的定位埋件要保证标高准确,不得任意撬动、碰击和移位,用来准确地控制梁、柱节点处第一次浇灌混凝土的标高。

(3) 节点处的主筋不得歪斜、弯扭。清理铁锈、水泥浆、污秽的过程中不得猛砸。在现浇节点混凝土之前,用 $\phi 12$ 钢筋焊成封闭式定位箍,固定柱子主筋的位置。节点加密区的箍筋采用焊接封闭式,其间距必须按照设计和抗震要求关于箍筋加密的规定设置、绑扎牢固。

(4) 已安装完的梁、柱、板不得任意将支撑、拉杆撤除。需待焊接主筋冷却后方可撤除用于校正的顶杆。在整个安装过程,随时观察梁、柱垂直度的变化,发现偏移及时纠正。

(5) 构件在运输和堆放时,垫木的支垫位置应符合规定,一般应靠近吊环,垫块厚度应高于吊环,且上下垫木成一直线。防止因支垫不合理,造成构件损坏。堆放场地应平整、坚实,不得积水。底层应用 100mm×100mm 方木或双层脚手板支垫平稳。每垛构件应按施工组织设计规定的高度和层数码放整齐。

(6) 安装各种管线时,不得任意剔凿构件,施工中不得任意割断钢筋或造成硬弯损坏成品。

7. 应注意的质量问题

(1) 构件缺陷:

构件型号、规格使用错误,构件出厂尚未达到规定的强度,造成断裂、损坏。在运输和安装前应认真检查构件的外观质量,检查混凝土强度。运输、装卸时应针对构件的完好性进行交接,采用正确的装卸方法,防止损坏构件。损坏或有缺陷的构件,未经技术部门鉴定,不得使用。

(2) 构件位置偏移:

安装前构件应标明型号和使用部位,放线复查无误后进行安装,防止放线误差造成构件偏移。应认真复核放线的尺寸,不同气候变化应调整量具误差。操作时认真负责,细心校正、纠偏。使构件安装位置、标高、垂直度符合设计要求。

(3) 上层与下层轴线不对应,出现错位,影响结构安装:上层的定位线应由底层引上去,用经纬仪引垂线,测定正确的楼层轴位线,保证上、下层之间轴线完全吻合。

(4) 节点混凝土浇捣不密实,节点模板不严跑浆,浇灌时钢筋密、振捣不认真:浇灌前将节点处模板缝堵严,浇注时认真振捣,核心区钢筋很密,混凝土要有良好的和易性,适宜的坍落度,确保浇捣密实,符合要求。模板应留清扫口,浇灌前认真清理避免夹渣。

(5) 主筋位移:节点部位下层柱子主筋位移,给搭接焊造成困难,原因是构件生产未采取有效措施控制主筋位置,运输吊装当中造成主筋变形、偏位。构件生产过程应有严格的措施,保证梁、柱主筋的正确位置,吊运当中避免碰撞,安装前先理直、理顺,使主筋顺直,位置正确。点焊定位箍应根据轴线进行检查,确保柱接头处主筋位置正确。

(6) 节点区构造不符合设计要求,不看图,不按图施工,不按规定操作,核心区很乱,不按规定使用箍筋或箍筋数量不够:施工中应认真按节点图的构造要求处理,钢筋的联接和交叉位置要正确,相互搭接靠近,认真施焊,使核心区做法合理。

(7) 楼层超高,多数是上偏差。原因主要在于吊装过程对标高控制不严,抬高了安装标高。应从首层开始,引测柱基上皮实际相对标高,找准柱底找平层的标高。安装楼层柱子时,要调整定位钢板的标高来控制楼层的标高,节点定位钢板定位前后均用水准仪认真找平,根据柱子的实际长度,逐根定出柱子定位钢板的负偏差。负偏差数值以 3~5mm 为宜,可以用钢垫片去调整,而正偏差则难于调整。

(8) 柱身歪斜:

柱身不正,轴线上下不垂直,主要原因是施焊方法不良。为防止柱子歪斜,改进办法:梁柱接头有两个或两个以上的施焊点,应采用对称轮流施焊的方法,施焊过程不允许猛撬钢筋。主筋焊接过程随时用经纬仪观察柱身垂直偏差情况,发现偏差及时纠正。

(9) 柱子位移:

与楼层的轴线对照,柱子轴线产生偏离,因只依据小柱头上的十字线就位,而不对照柱身大面上的轴线或主筋焊接时因热变形影响产生扭曲,导致轴线位移。就位时除依据小柱头上的十字线,还要对照大面上已弹好的轴线进行校正。主筋焊接前必须先将小柱头上的联接钢板与柱顶定位钢板焊接牢固。主筋焊接后应复核,纠正柱子轴位偏离。

(10) 柱子垂直超偏,柱身不直:因安装时不认真进行垂直度检查与校正,不消除由于焊接热变形造成的影响。安装时应在相邻的两个面,用线坠进行垂直校正。小柱头上的联接钢板点焊以后,再用柱子校正器进行二次纠偏,主筋采用对称、等速、间歇施焊。合理安排焊接顺序,从框架的整体上应采用梅花点错开施焊的方法,防止因施焊过程应力不均的影响,避免框架产生不同程度的变形。

(11) 梁位移:节点核心区梁的上下主筋,柱子主筋密集,互相交叉摆不开,将梁位置挤偏。构件加工时应根据梁的钢筋大样图,安排好梁两头外露主筋(拐子铁)左右错开,正确设置。就位时不要将左右位置用错,消除对头主筋顶撞,避免焊接时对钢筋猛砸、硬撬。事先审查节点区钢筋交叉位置上的矛盾,以利施工。妥善安排不同方向梁主筋上下位置在交叉点的矛盾,以保证梁标高正确。

(12) 节点区做法不规矩,核心区钢筋杂乱,不按大样图的要求去做:核心区的套子必须按规定间距加密(包括节点上部1/6柱净高,且不小于500mm范围内)或设置点焊钢筋网片。如设计无明确规定,一般箍筋规格不小于$\phi 8$,间距最大不超过$8d$(或100mm)。

预制装配式框架结构梁、柱、板各节点的连接构造是施工中的关键部位,对结构的整体刚度、强度影响很大,要求细心操作,精心施工,进行严格的质量控制与检查,在自检的基础上办好隐蔽工程验收。

(13) 梁、板的支撑长度不够:梁在安装时要注意支座上的搁置长度,在固定之前进行调整,两头伸入节点区的锚固长度要一致,加支撑顶牢,楼板端头不得跨空,不压胡子筋。

(14) 梁产生位移、垂偏:梁在就位以后中心线(轴线)对定位轴线之间的位移超过允许偏差。由于相对称框架梁之间主筋位置互相顶撞、挤压,梁、柱主筋相碰,摆设困难,将大梁挤歪。或因其它结构安装时被碰击,或承受施工中的外力而产生位移。应在大梁就位前找准柱顶的轴线,标定大梁主筋的实际位置线、间距和搭接尺寸,从中间往两边排尺,预先对梁的主筋作一些小的调整,合理安排相互间的位置,避免相互碰挤。加工厂预制时梁主筋外露部分必须按设计规定位置设置。当主筋位置有矛盾时也不得任意烧割钢筋,发现问题及时调整。

梁在安装以后梁身出现歪斜,因柱顶或大梁底部不平,支垫不平稳,或因柱子主筋有碍梁端正位,造成大梁侧偏。应在安装前先对柱顶、梁顶进行整修、抹平、搁方。就位前理顺梁、柱钢筋的交叉关系,将支座垫平、楔稳。空腹花篮梁的槽孔要顺直,不能歪斜。槽孔不符合要求时应吊装前剔凿修理完好,以利穿插剪力墙的竖向钢筋,并保证其间距位置正确。

(15) 焊接不符合要求:焊缝太薄,烧伤主筋,咬肉,夹渣,不清除药皮等。因钢筋之间接触不严实,不平顺,空隙过大;操作环境狭窄,有碍操作。焊接前应将各部位的钢筋用扳手调整顺直靠紧,交叉位置合理平顺,便于施焊。操作时严格按焊接规程执行,确保安装、焊接质量。

2.1.7.10 预应力圆孔板安装

本技术交底适用于砖混结构、外砖内模和外板内模、框架结构的预应力圆孔板(长、短向)安装。

1. 材料及构件要求

(1) 预应力圆孔板:不应有裂纹、翘曲等缺陷。产品应符合质量要求,应有出厂合格证。国家实行产品许可证的构件应按规定有产品许可证编号,堆放场地平整夯实,垫木靠近吊环或距板端30cm,垫木上下对齐不得有一角脱空,堆放高度不超过10块。

(2) 水泥:强度等级32.5级以上的矿渣硅酸盐水泥、普通硅酸盐水泥、硅酸盐水泥。

(3) 中砂。

2. 主要机具

一般应备有钢筋扳子、撬棍、套管、ϕ63.5钢管及100mm×100mm木方支柱或工具式硬架支模卡具等。

3. 作业条件

(1) 扣板以前按设计图纸核对板号,并检查圆孔板质量,有变形断裂损坏现象不得采用。

(2) 板端的圆孔,由构件厂在出厂前用50mm厚、M2.5砂浆块坐浆堵严。安装前应检查是否堵好。砂浆块距板端的距离为60mm,对预应力短向圆孔板端的锚固筋(胡子筋)应当用套管理顺,弯成45°的弯,不能弯成死弯,防止断裂。

(3) 构件虽损坏,但通过补强加固尚可使用的,应与设计单位共同研究加固补强措施,并办理变更洽商手续后,才允许安装。

4. 操作工艺

工艺流程:

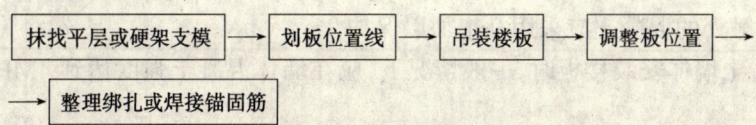

(1) 抹找平层或硬架支模:圆孔板安装之前先将墙顶或梁顶清扫干净,检查标高及轴线尺寸,按设计要求抹水泥砂浆找平层,厚度一般为15～20mm,配比为1:3。在现浇混凝土墙体上安装圆孔板,一般情况下墙体混凝土强度达4MPa以上,方准安装。安装圆孔板也可以采用硬架支模方法:按板底标高将100mm×100mm木方用钢管或木支柱支承于承重墙边。木方承托板底的上面要平直。钢管或木支柱下边垫通长脚手板,立柱根部应用木楔背严,保证板底标高。

(2) 划板位置线:在承托预应力圆孔板的墙或梁侧面按设计图纸要求划出板缝位置线,宜在墙或梁上标上标记。如设计图纸无规定时,预应力圆孔板(长、短向板)板底缝宽度一般为40mm。缝宽大于60mm时应按设计配筋。

(3) 吊装楼板:起吊时要求各节点均匀受力,板面保持水平,避免扭翘使板开裂。如墙体采用抹水泥砂浆找平层方法,吊装楼板前先在墙或梁上洒素水泥浆(水灰比为0.45)。按设计图纸要求将板型号与墙或梁上标明的板号核对,对号入座,不得放错。安装楼板时板端对准位置线,缓缓下降,安稳后再脱钩。

(4) 调整板位置:用撬棍拨动板端,使板两端搭墙长度及板间距离符合设计图纸要求。

(5) 整理绑扎或焊接锚固筋:如为短向板时将板端伸出锚固筋(胡子筋)经整理弯成45°

互相交叉,在交叉处绑1φ6通长连结筋。如板缝大于40mm时应按设计要求配筋。严禁将锚固筋上弯90°或压在板下。弯钢筋时用套管缓弯,防止弯断。如为长向板时,安装后应按图纸要求将锚固筋进行焊接。用1φ12通长筋,把每块板板端伸出的预应力钢筋与另一块板板端伸出的筋隔根点焊。但每块板至少点焊4根。焊接质量符合焊接规程规定。

5. 质量标准

(1) 保证项目:

1) 吊装时混凝土构件强度必须满足设计要求,如设计无要求时,不应低于设计强度等级的75%。

2) 检查构件出厂合格证:

构件的型号、位置、支点锚固必须符合设计要求,且无变形、损坏现象。检查吊装记录。

(2) 基本项目:

1) 标高、坐浆、板堵孔、板缝宽度符合设计要求及施工规范的规定。

2) 构件接头焊接应表面平整、无凹陷、焊瘤,焊缝长度符合要求,接头处无裂纹、气孔、夹渣及咬边。

(3) 允许偏差项目:

楼板搁置长度:±10;尺量检查。

小楼板下表面相邻高差:抹灰 5mm;不抹灰 3mm。用直尺和楔形塞尺检查。

6. 成品保护

(1) 圆孔板在运输和堆放时,不同板号应分别堆放。堆放场地要平整夯实,堆放时使板与地面之间留有一定空隙,并有排水措施。板运输时应将板绑扎牢固,以防移动、跳动或倾倒,在板边部与绳索接触处的混凝土应采用补垫加以保护。

(2) 大模结构混凝土墙体安装楼板时,一般情况下,应在墙体混凝土强度达到 4MPa 以上时,方准安装楼板。

(3) 对于短向圆孔板上只允许剔凿较小的孔洞,并不得连续伤两根肋,轻轻剔凿,不得损坏板的其他部分,当板上需剔较大的洞时,应请设计人进场核算,采取加固措施。对于长向板也只允许剔较小孔洞,并不得伤肋及主筋,如有困难,应请设计人进场核算,作相应的补强措施。

(4) 圆孔板锚固筋要妥善保护,不得反复弯曲和折断。

(5) 扣完板后,板中部应加一道支撑,保证施工安装及楼板的安装质量。

(6) 安装楼板时不得踏踩圈梁。

7. 应注意的质量问题

(1) 安装不合格的楼板:楼板安装前应认真检查,防止安装后才发现楼板有裂纹或其他缺陷再做处理。

(2) 板端搭接在支座上的长度不够:板安装就位时不准,使两端搭接长度不等,造成板一段压墙太少,或是安装后任意把板撬动所造成。

(3) 楼板瞎缝:安装前未按图纸要求划出缝宽位置线,吊装就位时不看线,就位后其他工种任意撬动板都能造成楼板瞎缝。

(4) 楼板与支座处搭接不实:扣板前应检查墙体标高,抹好砂浆找平层,扣板时浇水泥浆。

(5) 堵孔过浅和楼板锚固筋折断:扣板前检查堵孔是否符合要求,短向板的锚固筋用套管理顺,互相交叉,按图纸规定绑上钢筋,防止锚固筋压入墙下。长向板锚固筋按规定焊接。

2.1.7.11 预应力大楼板安装

本技术交底适用于多层及高层外砖内模及外板内模结构的大楼板安装工程。

1. 材料构件要求

(1) 大楼板：无裂纹、翘曲等缺陷。应有构件出厂合格证。现场堆放，必须符合要求。

(2) 水泥：强度等级为 32.5 级矿渣水泥、硅酸盐水泥或普通硅酸盐水泥。

(3) 中砂。

2. 主要机具

一般应备有钢筋扳子、撬棍、套管、$\phi 63.5$ 钢管、支柱 100mm×100mm 木方等。

3. 作业条件

(1) 施工前审查大楼板是否有构件出厂合格证。

(2) 对大楼板外观质量进行检查，凡不符合质量要求的不得使用。如大楼板板面或凸缝有裂缝损坏的均不得使用。

(3) 检查墙体轴线与标高，对照吊装图核对大楼板型号、规格，查清大楼板上的洞口方向与图纸是否相同。

(4) 现浇墙体混凝土标高应低于板底标高 10~20mm，如板底标高低应补混凝土找平，混凝土高出板底标高应剔凿，以保证楼板上表面标高符合要求。墙体轴线偏移过多应进行调整，以保证大楼板搭接墙长度符合要求。

4. 操作工艺

工艺流程：

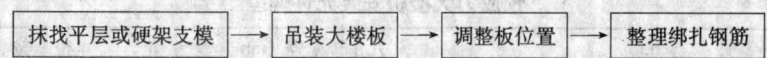

(1) 抹找平层或硬架支模：安装大楼板之前根据标高，一般情况在墙四周用硬架支模，也可在墙顶上抹找平层，找平层的水泥砂浆配比为 1:3。如采用硬架支模时，墙顶混凝土标高应降下 1~3cm。

(2) 吊装大楼板：吊装前首先查清大楼板洞口位置(包括暖卫煤气电气管线洞口)及大楼板方向标志，再对照结构图的布置，查清每房间所用大楼板所用型号是否正确。安装时板端对准墙身缓缓下降，落稳后再脱钩。

如抹找平层应坐浆(水泥素浆水灰比为 0.45)。

(3) 调整板位置：调整好大楼板四边搭接长度使其符合设计要求，然后将相邻两块板的 $6\phi 12$ 拉结筋互相焊接，焊缝长度应≥90mm，焊缝质量应符合焊接规程的规定。

(4) 整理绑扎钢筋：伸出板四周的预应力钢筋端部弯成圆弧状，锚在板缝、圈梁或墙体中，不得直弯硬拐，做法如图 2-40 所示。

5. 质量标准

(1) 保证项目：

1) 吊装时构件的混凝土强度必须符合设计要求和施工规范的规定。检查构件出厂合格证。

2) 楼板接缝的混凝土必须配合比准确，浇捣密实，认真养护，其强度必须达到设计要求或施工规范的规定。检查混凝土试块试验报告。

3) 楼板的型号、位置、支点锚固必须符合设计要求，且无变形损坏现象。检查吊装记录。

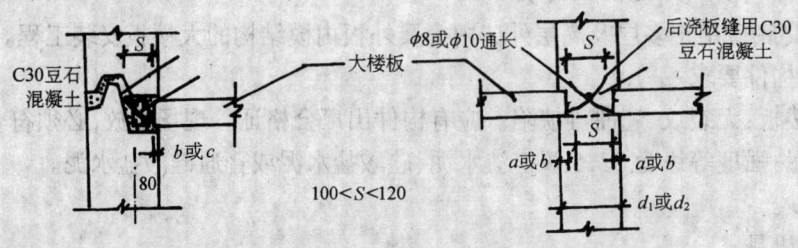

	内隔墙厚 d_1	内纵墙厚 d_2	在横墙上 a	在纵墙上 b	在山墙上 c
多 层	140	160	5	10	15
高 层	160	160	15	10	15

图 2-40

(2) 基本项目：
1) 楼板标高、坐浆符合设计要求及施工规范的规定。
2) 应保证相邻楼板焊接钢筋的搭接长度，表面平整，焊缝无凹陷、裂纹、焊瘤、气孔、夹渣及咬边。
(3) 允许偏差项目：见表 2-48。

预应力大楼板安装允许偏差　　　　　表 2-48

项　　目	允许偏差(mm)	检验方法
轴线位置偏移	5	尺量检查
层　　高	±10	用水准仪或尺量检查
楼板搁置长度	±10	尺量检查
大楼板同一轴线相邻板上表面高差	5	尺量检查

6. 成品保护

(1) 堆放大楼板的场地必须平整坚实，第一块大块下面要放置通长垫木，每层之间放置短垫木，大楼板板宽≤3710mm 时垫木长 400mm，板宽为 3770mm 时垫木长 500mm，垫木厚≥50mm，平行板的长边放置，见图 2-41 所示。垫木要上下对齐对正，垫平垫实。不得有一角脱空现象。每垛堆放最多为 9 块。大楼板在运输车上垫木位置和规格同上述堆放要求。

(2) 安装大楼板时，现浇墙体混凝土强度达到 4MPa 以上方准安装楼板。
(3) 不得任意在楼板上凿洞。
(4) 吊装楼板时不得任意砸碰现浇墙

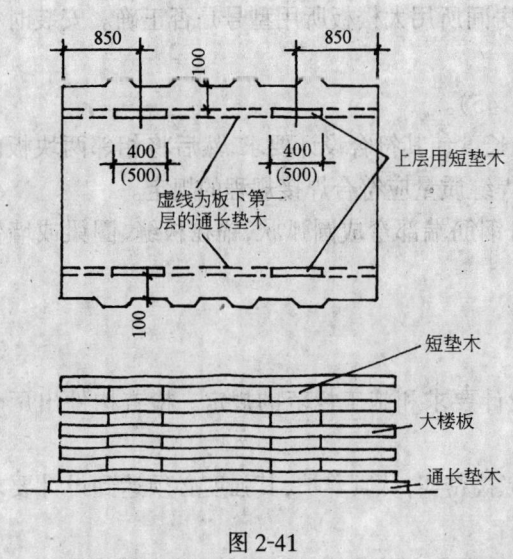

图 2-41

体。

7. 应注意的质量问题

(1) 不合格的大楼板不能上墙,安装前认真检查。

(2) 大楼板安装的方向标志应保证与图纸符合,以保证孔洞位置与图纸相符,不可任意剔凿孔洞,破坏大楼板结构。

(3) 防止板两端搭墙长度不等,造成一端压墙太少,吊装时应认真调整板端搭墙长度。

(4) 安装楼板时不准切断板端伸出的钢筋,不准剔掉键槽,也不准在安装楼板时把板端伸出的钢筋压在后安装的相邻大楼板的板下。

(5) 安装大楼板时不论采用硬架支模还是抹找平层方法,标高应符合设计要求,使用的支撑应有足够的刚度,保证不下沉。

2.1.7.12 钢筋手工电弧焊

本技术交底适用于工业与民用建筑的钢筋及埋件手工电弧焊。

1. 材料要求

(1) 钢筋:钢筋的级别、直径必须符合设计要求,有出厂证明书及复试报告单。进口钢筋还应有化学复试单,其化学成分应满足焊接要求,并应有可焊性试验。预埋件的锚爪应用Ⅰ、Ⅱ级钢筋。钢筋应无老锈和油污。

(2) 钢材:预埋件的钢材不得有裂缝、锈蚀、斑痕、变形,其断面尺寸和机械性能应符合设计要求。

(3) 焊条:焊条的牌号应符合设计规定。如设计无规定时,应符合表2-49的要求,焊条质量应符合以下要求:

钢筋电弧焊使用的焊条牌号　　　　　　表2-49

项次	钢筋级别	搭接焊、帮条焊		坡口焊
1	Ⅰ级	E4303	E4303	E4303
2	Ⅱ级	E4303	E4303	E5003
3	Ⅲ级	E5003	E5003	E5003
4	Ⅰ、Ⅱ级与钢板焊接	E4303		

1) 药皮应无裂缝、气孔、凹凸不平等缺陷,并不得有肉眼看得出的偏心度。

2) 焊接过程中,电弧应燃烧稳定,药皮熔化均匀,无成块脱落现象。

3) 焊条必须根据焊条说明书的要求烘干后才能使用。

4) 焊条必须有出厂合格证。

2. 主要机具

弧焊机、焊接电缆、电焊钳、面罩、堑子、钢丝刷、锉刀、榔头,钢字码等。

3. 作业条件

(1) 焊工必须持有考试合格证。

(2) 帮条尺寸、坡口角度、钢筋端头间隙、接头位置以及钢筋轴线应符合规定。

(3) 电源应符合要求。

(4) 作业场地要有安全防护设施、防火和必要的通风措施,防止发生烧伤、触电、中毒及火灾等事故。

4. 操作工艺

工艺流程：

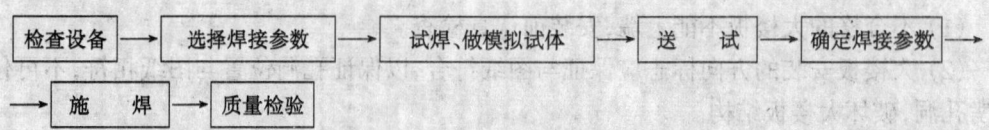

(1) 检查电源、焊机及工具。焊接地线应与钢筋接触良好，防止因起弧而烧伤钢筋。

(2) 选择焊接参数。根据钢筋级别、直径、接头型式和焊接位置，选择适宜的焊条直径、焊接层数和焊接电流，保证焊缝与钢筋熔合良好。

(3) 试焊、做模拟试体。在每批钢筋正式焊接前，应焊接3个模拟试体做拉力试验，经试验合格后，方可按确定的焊接参数成批生产。

(4) 施焊操作：

1) 引弧：带有垫板或帮条的接头，引弧应在钢板或帮条上进行。无钢筋板或无帮条的接头，引弧应在形成焊缝的部位，防止烧伤主筋。

2) 定位：焊接时应先焊定位点再施焊。

3) 运条：运条时的直线前进、横向摆动和送进焊条三个动作要协调平稳。

4) 收弧：收弧时，应将熔池填满。拉灭电弧时，注意不要在工作表面造成电弧擦伤。

5) 多层焊：如钢筋直径较大，需要进行多层施焊时，应分层间断施焊，每焊一层后，应清渣再焊接下一层。应保证焊缝的高度和长度。

6) 熔合：焊接过程中应有足够的熔深。主焊缝与定位焊缝应结合良好，避免气孔、夹渣和烧伤缺陷，并防止产生裂缝。

(5) 平焊：平焊时要注意熔渣和铁水混合不清的现象，防止熔渣流到铁水前面。熔池也应控制成椭圆形，一般采用右焊法，焊条与工作表面成70°。

(6) 立焊：立焊时，铁水与熔渣易分离。要防止熔池温度过高，铁水下坠形成焊瘤。操作时焊条与垂直面形成60°～80°角，使电弧略向上，吹向熔池中心。焊第一道时，应压住电弧向上运条，同时作较小的横向摆动，其余各层用半圆形横向摆动加挑弧法向上焊接。

(7) 横焊：焊条倾斜70°～80°，防止铁水受自重作用坠到下坡口上。运条到上坡口处不作运弧停顿，迅速带到下坡口根部作微小横拉稳弧动作，依次匀速进行焊接。

(8) 仰焊：仰焊时宜用小电流短弧焊接，熔池宜薄，且应确保与母材熔合良好。第一层焊缝用短电弧作前后推拉动作，焊条与焊接方向成80°～90°角。其余各层焊条横摆，并在坡口侧略停顿稳弧，保证两侧熔合。

(9) 钢筋帮条焊：

1) 钢筋帮条焊适用于Ⅰ、Ⅱ、Ⅲ级钢筋。钢筋帮条焊宜采用大面焊，见图2-42(a)，不能进行双面焊时，也可采用单面焊，见图2-42(b)。

帮条宜采用与主筋同级别、同直径的钢筋制作，其帮条长度L见表2-50。如帮条级别与主筋相同时，帮条的直径可以比主筋直径小一个规格。如帮条直径与主筋相同时，帮

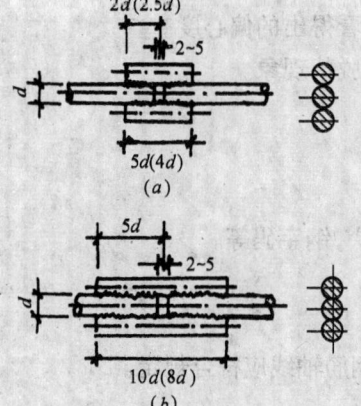

图2-42 钢筋帮条焊接头

条钢筋可比主筋低一个级别。

钢筋帮条长度 表 2-50

项次	钢筋级别	焊缝型式	帮条长度 L
1	Ⅰ 级	单面焊 双面焊	≥8d ≥4d
2	Ⅱ、Ⅲ级	单面焊 双面焊	≥10d ≥5d

注：d 为钢筋直径。

2) 钢筋帮条接头的焊缝厚度 h 应不小于 0.3 钢筋直径，焊缝宽度 b 不小于 0.7 钢筋直径。见图 2-43。

3) 钢筋帮条焊时，钢筋的装配和焊接应符合下列要求：

A. 两主筋端头之间，应留 2~5mm 的间隙。

B. 帮条与主筋之间用四点定位固定，定位焊缝应离帮条端部 20mm 以上。

C. 焊接时，引弧应在帮条的一端开始，收弧应在帮条钢筋端头上，弧坑应填满。第一层焊缝应有足够的熔深，主焊缝与定位焊缝，特别是在定位焊缝的始端与终端，应熔合良好。

（10）钢筋搭接焊：

1) 钢筋搭接焊适用于Ⅰ、Ⅱ级钢筋。焊接时，宜采用双面焊，见图 2-44(a)。不能进行双面焊时，也可采用单面焊，见图 2-44(b)。搭接长度 L 应与帮条长度相同，见表 2-50。

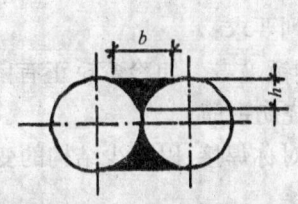

图 2-43 焊缝尺寸示意图
b—焊缝宽度；h—焊缝厚度

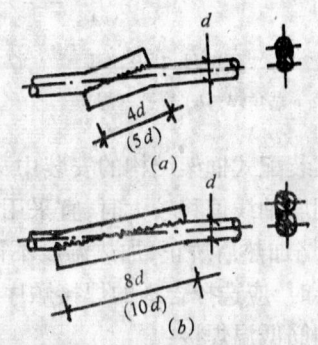

图 2-44 钢筋搭接焊接头

2) 搭接接头的焊缝厚度 h 应不小于 0.3 钢筋直径；焊缝宽度 b 不小于 0.7 钢筋直径。

3) 搭接焊时，钢筋的装配和焊接应符合下列要求：

A. 搭接焊时，钢筋宜预弯，以保证两钢筋的轴线在一直线上。在现场预制构件安装条件下，节点处钢筋进行搭接焊时，如钢筋预弯确有困难，可不预弯。

B. 搭接焊时，用两点固定，定位焊缝应离搭接端部 20mm 以上。

C. 焊接时，引弧应在搭接钢筋的一端开始，收弧应在搭接钢筋端头上，弧坑应填满。第一层焊缝应有足够的熔深，主焊缝与定位焊缝，特别是在定位焊缝的始端与终端，应熔合良好。

(11) 预埋件T形接头电弧焊：

预埋件T形接头电弧焊的接头形式分贴角焊和穿孔塞焊两种，见图2-45。

焊接时，应符合下列要求：

1) 钢板厚度 δ 不小于0.6钢筋直径，并不宜小于6mm。

2) 钢筋应采用Ⅰ、Ⅱ级。受力锚固钢筋直径不宜小于8mm，构造锚固钢筋直径不宜小于6mm。锚固钢筋直径在18mm以内，可采用贴角焊；锚固钢筋直径为18～22mm时，宜采用穿孔塞焊。

3) 采用Ⅰ级钢筋时，贴角焊缝焊脚 K 不小于0.5钢筋直径；采用Ⅱ级钢筋时，焊缝焊脚 K 不小于0.6钢筋直径。

4) 焊接电流不宜过大，严禁烧伤钢筋。

(12) 钢筋与钢板搭接焊：

钢筋与钢板搭接焊时，接头形式见图2-46。Ⅰ级钢筋的搭接长度 l 不小于4倍钢筋直径，Ⅱ级钢筋的搭接长度 l 不小于5倍钢筋直径，焊缝宽度 b 不小于0.5钢筋直径，焊缝厚度 h 不小于0.35钢筋直径。

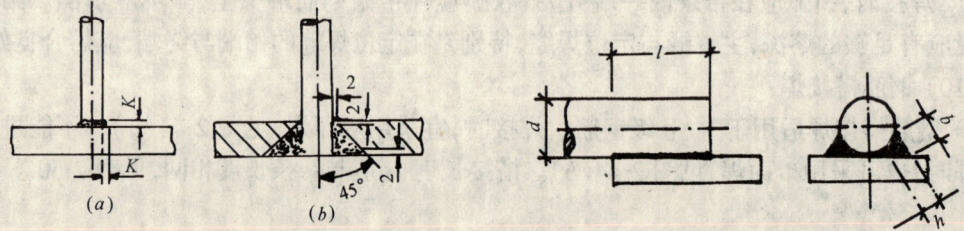

图2-45　预埋件T形接头
(a) 贴角焊；(b) 穿孔塞焊

图2-46　钢筋与钢板搭接接头

(13) 在装配式框架结构的安装中，钢筋焊接应符合下列要求：

1) 两钢筋轴线偏移较大时，宜采用冷弯矫正，但不得用锤敲击。如冷弯矫正有困难，可采用氧乙炔焰加热后矫正，加热温度不得超过850℃，避免烧伤钢筋。

2) 焊接时，应选择合理的焊接顺序，对于柱间节点，可对称焊接，以减少结构的变形。

(14) 钢筋低温焊接：

1) 在环境温度低于-5℃的条件下进行焊接时为钢筋低温焊接。低温焊接时，除遵守常温焊接的有关规定外，应调整焊接工艺参数，使焊缝和热影响区缓慢冷却。风力超过4级时，应有挡风措施。焊后未冷却的接头应避免碰到冰雪。

2) 钢筋低温电弧焊时，焊接工艺应符合下列要求：

A. 进行帮条平焊或搭接平焊时，第一层焊缝，先从中间引弧，再向两端运弧；立焊时，先从中间向上方运弧，再从下端向中间运弧，以使接头端部的钢筋达到一定的预热效果。在以后各层焊缝的焊接时，采取分层控温施焊。层间温度控制在150～350℃之间，以起到缓冷的作用。

B. Ⅱ、Ⅲ级钢筋电弧焊接头进行多层施焊时，采用"回火焊道施焊法"，即最后回火焊道的长度比前层焊道在两端各缩短4～6mm，见图2-47，以消除或减少前层焊道及过热区的淬硬组织，改善接头的性能。

C. 焊接电流略微增大，焊接速度适当减慢。

5. 质量标准

(1) 保证项目：

1) 钢筋的品种和质量、焊条的牌号、性能及接头中使用的钢板和型钢均必须符合设计要求和有关标准的规定。

注：进口钢筋需先经过化学成分检验和焊接试验，符合有关规定后方可焊接。

检验方法：检查出厂证明书和试验报告单。

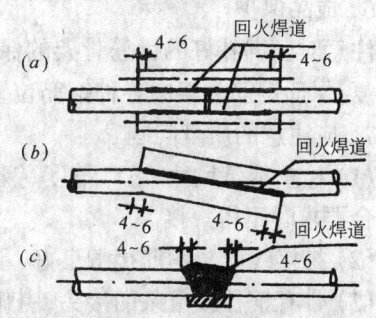

图 2-47 钢筋低温电弧焊回火焊道示意图
(a)帮条焊；(b)搭接焊；(c)坡口焊

2) 钢筋的规格、焊接接头的位置、同一截面内接头的百分比必须符合设计要求和施工规范的规定。

检验方法：观察或尺量检查。

3) 弧焊接头的强度检验必须合格。

从成品中每批切取三个接头进行抗拉试验。对于装配式结构节点的钢筋焊接接头，可按生产条件制作模拟试体。

在工厂焊接条件下，以 300 个同类型接头（同钢筋级别、同接头型式）为一批。

在现场安装条件下，每一楼层中以 300 个同类型接头（同钢筋级别、同接头型式、同焊接位置）作为一批，不足 300 个时，仍作为一批。

检验方法：检查焊接试体试验报告单。

(2) 基本项目：操作者应在接头清渣后逐个检查焊体的外观质量，其检查结果应符合下列要求：

1) 焊接表面平整，不得有较大的凹陷、焊瘤。

2) 接头处不得有裂纹。

3) 咬边深度、气孔、夹渣的数量和大小，以及接头尺寸偏差，不得超过表 2-51 所规定的数值。

钢筋电弧焊接头尺寸偏差及缺陷允许值　　　　　表 2-51

名　　称	单　位	接　头　型　式		
		帮条焊	搭接焊	坡口焊 窄间隙焊 熔槽帮条焊
帮条沿接头中心线的纵向偏移	mm	0.5d	—	—
接头处弯折角	(°)	4	4	4
接头处钢筋轴线的偏移	mm	0.1d 3	0.1d 3	0.1d 3
焊缝厚度	mm	+0.05d 0	+0.05d 0	—
焊缝宽度	mm	+0.1d 0	+0.1d 0	—

外观检查不合格的接头，经修整或补强后可提交二次验收。

检验方法：目测或量测。

6. 成品保护

注意对已绑扎好的钢筋骨架的保护,不乱踩乱折,不粘油污,在施工中折乱的骨架要认真修复,保证钢筋骨架中各种钢筋位置正确。

7. 应注意的质量问题

(1) 检查帮条尺寸、坡口角度、钢筋端头间隙、钢筋轴线偏移,以及钢材表面质量情况,不符合要求时不得焊接。

(2) 搭接线应与钢筋接触良好,不得随意乱搭,防止打弧。

(3) 带有钢板或帮条的接头,引弧应在钢板或帮条上进行。无钢板或无帮条的接头,引弧应在形成焊缝部位,不得随意引弧,防止烧伤主筋。

(4) 根据钢筋级别、直径、接头型式和焊接位置,选择适宜的焊条直径和焊接电流,保证焊缝与钢筋熔合良好。

(5) 焊接过程中及时清渣,焊缝表面光滑平整,焊缝美观,加强焊缝应平缓过渡,弧坑应填满。

2.1.7.13 钢筋气压焊

采用氧乙炔火焰,对两钢筋接缝处进行加热,使其达到塑性状态后,施加适当压力,形成对接焊头的一种压焊方法。

适用于工业与民用建筑物、构筑物的钢筋混凝土结构中 $\phi16\sim40mm$ 的 Ⅰ、Ⅱ 级钢筋,在垂直、水平和倾斜位置的纵向对接接头的焊接。

1. 材料设备要求

(1) 钢筋:须有出厂证明书和钢筋复试证明书。性能指标符合《钢筋混凝土用热轧光圆钢筋》GB 13013—91 及《钢筋混凝土用热轧带肋钢筋》GB 1499—1998 的规定。当两钢筋直径不相同时,其两直径之差不得大于 7mm。当采用其他品种、规格钢筋进行气压焊时,应进行钢筋焊接性能试验。合格后方可采用。

(2) 所用的气态氧(O_2)的质量应符合 GB 3863 中规定的 Ⅰ 类或 Ⅱ 类一级的技术要求。

(3) 乙炔气:宜用瓶装溶解乙炔,其纯度必须在 98%(体积比)以上,磷化氢含量不得大于 0.06%,硫化氢含量不得大于 0.1%,水分含量不得大于 $1g/m^3$,丙酮含量应不大于 $45g/m^3$。

2. 主要机具

供氧装置(氧气瓶)、乙炔气瓶、多嘴环管焊柜(或称为多嘴环管加热器)、加热器(手动式或电动式两种)、焊接夹具、(固定卡具、活动卡具)、辅助设备(无齿锯或切割机、磨光机、扳手)。

3. 作业条件

(1) 焊工必须有上岗证,不同级别的焊工有不同的作业允许范围,应符合国家标准的规定。辅助工应具有钢筋气压焊的有关知识和经验,掌握钢筋端部加工和钢筋安装的质量要求。

(2) 施焊前搭好操作架子。

(3) 在工程正式焊接之前,必须进行现场条件下钢筋气压焊工艺性能试验,经外观检查、拉伸试验及弯曲试验合格,并确定焊接工艺参数。

(4) 做好钢筋的下料工作,计算切割长度时,应考虑焊接接头的压缩量,每一接头的压缩量约为一个焊接钢筋直径的长度。

(5) 接头位置应留在直线段上,不得在钢筋的弯曲处。

4. 操作工艺

工艺流程:

钢筋端头处理 → 安装接长钢筋 → 焊前检查 → 焊接 → 拆卸工具 → 质量检查

(1) 钢筋端头处理:进行气压焊的钢筋端头应切平不得形成马蹄形、压扁形、凸凹不平或弯曲,必要时宜用无齿锯切割,保证钢筋端头断面和轴线成直角,若有弯折或扭曲应切除,并用角向磨光机倒角露出金属光泽,没有氧化现象,并清除钢筋端头100mm范围内的锈蚀、油污、杂质等,打磨钢筋时应在当天进行,防止打磨后再生锈。

(2) 安装接长钢筋:先将卡具卡在已处理好的两根钢筋上,接好的钢筋上下要同心,在一条直线上,固定卡具应将顶丝上紧,活动卡具要施加一定的初压力,初压力的大小要根据钢筋直径的粗细决定,宜为15~20MPa。压焊面的形状如图2-48(a),局部缝隙不应大于3mm,如图2-48(b)。

(3) 焊前检查:焊前对钢筋及焊接设备应详细进行检查,以保证焊接正常进行。检查压焊面是否符合要求,上下钢筋是否同心,是否有弯曲现象。

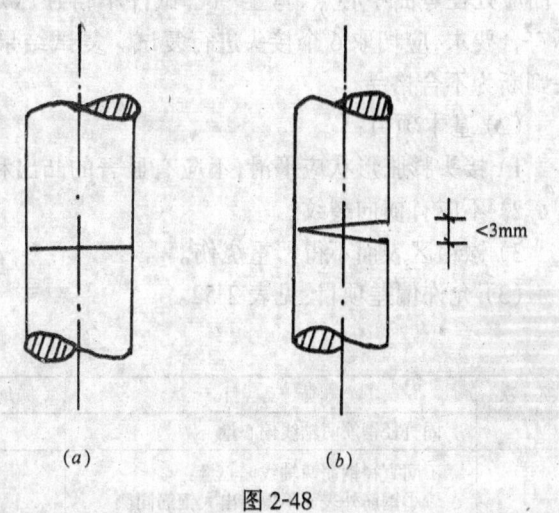

图 2-48

(4) 焊接开始时,火焰采用还原焰(也称碳化焰),目的是为防止钢筋端面氧化。火焰中心对准压焊面缝隙,使钢筋温度达到炽白状态(约1200℃),同时增大对钢筋的轴向压力,最终压力按钢筋截面积计达到30~40MPa,使压焊面间隙完全闭合达到所要求的形状。加热过程中,如果压焊面间隙完全闭合之前发生灭火中断现象,应将钢筋断面重新打磨、安装,然后点燃火焰进行焊接。如果发生在间隙完全闭合之后,则可再次加热加压完成焊接操作。

(5) 拆卸卡具:将火焰熄灭后,加压并稍延滞,红色消失后,呈暗红色即温度降至600~650℃,即可卸卡具,继续自然冷却。

(6) 质量检查:包括外观检查和机械性能检查两部分。应对焊接接头逐一进行外观检查,并按规定分批切取接头进行机械性能检查。每批钢筋焊接接头经质量检验合格后,应填写质量合格证书。

(7) 冬雨期施工:雨雪天工作焊接现场要有遮蔽措施,刮风时(风速超过5.4m/s),要有防风措施。压接作业后的钢筋接头不要马上接触冰雪,如环境温度在-15℃以下时应对接头采取预热、保温、缓冷措施。当环境温度低于-20℃时,不得进行施焊。

5. 质量标准

(1) 保证项目:

1) 钢筋必须有出厂证及复试报告,质量必须符合有关标准的规定。

2) 钢筋品种、规格和接头位置应符合设计图纸及施工规范的规定。

3）焊工必须有上岗证。

4）焊接接头机械性能检验必须符合规定。机械性能试验,一般以200个接头为一批。在现浇钢筋混凝土结构中,在同一楼层中以200个接头为一批,不足200个接头仍作为一批。抽样时从每批接头中随机切取3个接头作拉伸试验,其抗拉强度均不得低于该级别钢筋规定的抗拉强度值,3个试件均应断于压焊面之外,并呈塑性断裂。拉伸试验结果,若有一个试件不符合要求时,应切取6个接头进行复试。复试结果,若仍有一个接头不符合要求,则该批接头判断为不合格品。根据工程需要,也可另切取3个接头作弯曲试验。从每批成品中切取3个试件进行弯曲试验,应将试件受压面凸起部分去除与钢筋外表面齐平。压焊面应处在弯曲中心点,弯至90°,试件不得在压焊面发生破断。试验结果,若有一个试件不符合要求,应切取6个接头进行复试。复试结果,若仍有一个试件不符合要求,则该批接头判断为不合格品。

(2) 基本项目:

1）接头膨胀形状应平滑,不应有显著的凸出和塌陷。

2）不应有横向裂纹。

3）镦粗区表面不得严重烧伤。

(3) 允许偏差项目:见表2-52。

表 2-52

项次	项 目	允许偏差 (mm)	检验方法
1	同直径钢筋两轴线偏心量	<0.15d 并<4°	尺量检查
2	不同直径钢筋两轴线偏心量: 较小钢筋外表面不得错出大钢筋同侧		目　测
3	两钢筋轴线弯折角	<4°	尺量检查
4	镦粗区最大直径	>1.4d	尺量检查
5	镦粗区长度	>1.2d	尺量检查
6	压焊面偏移量	<0.2d	尺量检查

注:d 为钢筋公称直径。

6. 成品保护

(1) 不得过早拆卸卡具,防止接头弯曲变形。

(2) 焊后不准砸钢筋接头,不准往刚焊完后的接头上浇水。

(3) 焊接时搭好架子,不准踩踏其他已绑好的钢筋。

7. 应注意的质量问题

(1) 接头弯曲变形:卡具拆卸过早,应在接头冷却后,再拆卸卡具。

(2) 轴线偏移:对接钢筋时,上下没有对齐,造成两根钢筋中心线没有对准。

(3) 压焊凸起、塌陷:加压过大、过早,应掌握好加热和加压的工艺。

2.1.7.14 预制阳台、雨罩、通道板安装

本技术交底适用于一般民用住宅建筑的钢筋混凝土预制阳台、雨罩、通道板构件安装工程。

1. 材料要求

(1) 构件:钢筋混凝土预制阳台、雨罩、通道板构件型号、质量应符合要求,并附有出厂

证明书,现场应进行构件外观质量情况复验。

(2) 水泥:32.5 级以上矿渣硅酸盐水泥或普通硅酸盐水泥,并附有出厂合格证明。

(3) 砂:粗砂或中砂。混凝土低于 C30 时,含泥量不大于 5%;高于 C30 时,含泥量不大于 3%。

(4) 石子:粒径 0.5～3.2cm。混凝土低于 C30 时,含泥量不大于 2%;高于 C30 时,不大于 1%。

(5) 混凝土外加剂、减水剂、早强剂等应符合有关标准,其掺量由试验确定。

(6) 焊条:焊Ⅱ级钢筋根据设计要求用 E5003 焊条或 E4303 焊条,焊Ⅰ级钢筋用 E4303 焊条,并附有出厂证明书。

(7) 锚固钢筋:规格、品种尺寸及质量应符合构件图纸要求。

(8) 火烧丝:20 号火烧丝。

(9) 支撑用料:100mm×100mm 木方柱或工具式钢管支柱、50mm×100mm 木拉杆、50mm 厚木垫板、木楔及钉子等。

2．主要机具

撬棍、吊钩、吊索具、卡环、钢楔、电焊机等。

3．作业条件

(1) 安装前应在构件和墙上弹出构件外挑尺寸控制线及两侧边线,校核标高。

(2) 凿出并调直阳台边梁内及走道板内的预埋环筋。

(3) 检查阳台及通道板两侧挑梁外伸锚固钢筋直径及外露长度是否符合设计要求,并理直甩出的钢筋。

(4) 阳台或雨罩的临时支撑应有足够的强度和稳定性。立柱要加剪力撑,将水平拉杆与门窗洞墙体拉接牢固,安装前应对临时支撑顶部进行抄平,底部楔子应用钉子与垫板钉牢。吊装上层阳台或走道板时,下面至少保留三层木支撑。

4．操作工艺

工艺流程:

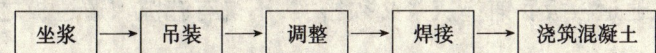

(1) 坐浆:安装构件前将找平层清扫干净,并浇水灰比为 0.5 的素水泥浆一层,随即安装,以保证构件与墙体之间不留有孔隙。

(2) 吊装:构件起吊时务使每个吊钩同时受力,吊绳与平面的夹角应不小于 45°。当构件吊至比楼板上平面稍高时暂停,就位时使构件先对准墙上边线,然后根据外挑尺寸控制线确定压墙距离轻轻放稳(如设计无要求时压入墙内不少于 10cm),挑出的部分放在临时支撑上。

(3) 调整:

1) 构件摘钩后如发现错位,应用撬棍、垫木块轻轻移动,将构件调整到正确位置。

2) 已安装完的各层阳台、通道板上下要垂直对正,水平方向顺直,标高一致。

(4) 焊接锚固筋:

阳台、通道板安装后应将内边梁上的预留环筋理直并与圈梁钢筋绑扎。侧挑梁的外伸钢筋还应搭焊锚固钢筋。锚固钢筋的钢号、直径、长度和焊接长度均应符合设计及构件标准图集的要求。焊条型号要符合设计要求,双面满焊,焊缝长度≥5 倍锚固筋直径,焊缝质量经检查应符合要求并办理隐检手续。锚固筋应锚入混凝土墙内或圈梁内,见图2-49。

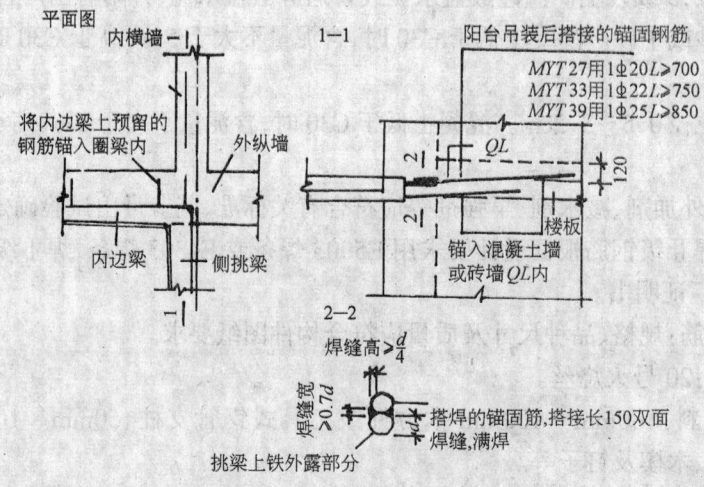

图2-49 阳台锚固筋焊接示意图

(5) 浇筑混凝土：

阳台的外伸钢筋焊接完和阳台内侧环筋与圈梁钢筋绑扎完毕,并经检查合格办理隐检手续后,与圈梁混凝土同时浇筑,浇筑混凝土前将模板内杂物清净,木模板砖墙应浇水湿润,振捣混凝土时注意勿碰动钢筋,振捣密实后紧跟着用木抹子将圈梁上表面抹平(注意圈梁上表面的标高线)。各通道板安装时预留板缝要均匀,板缝模板支、吊牢固,缝内用细石混凝土浇筑振捣密实,混凝土强度等级要符合设计要求。

5. 质量标准

(1) 保证项目：

1) 吊装时构件的混凝土强度,必须符合设计要求和施工规范的规定。

2) 构件的型号、位置、支点锚固必须符合设计要求,且无变形、损坏现象。

3) 预制阳台、通道板板底铺垫灰浆必须密实,不得有孔隙。通道板之间缝宽要符合设计要求。

(2) 基本项目：

1) 锚固筋搭接焊长度要符合要求,焊缝表面平整,不得有裂纹、凹陷、焊瘤、气孔、夹渣及咬边等缺陷。

2) 阳台板各边线应与上下左右的阳台板边线对准。

(3) 允许偏差项目：见表2-53。

表2-53

项次	项 目		允许偏差 (mm)	检验方法
通道板	相邻板下表面平整度	抹灰	5	用直尺和楔形塞尺检查
		不抹灰	3	

续表

项次	项 目	允许偏差(mm)	检验方法
雨罩阳台	水平位置偏差	10	用水准仪或尺量检查
	标 高	±5	

6. 成品保护

(1) 构件重叠码放时应加垫木。为使吊环不被压坏,垫木厚度应不小于90mm,且上下层垫木位置应垂直对正。堆放场地应平整夯实,每堆构件码放不要超过10块。

(2) 剔凿预埋钢筋和预埋铁件时,不得损伤构件。

(3) 运输和安装过程中不得随意断伤构件外露钢筋。

(4) 安装构件时不得碰坏砖墙或混凝土墙体。

7. 应注意的质量问题

(1) 安装不平:临时支撑顶部和水泥砂浆找平层必须在一个水平面上。

(2) 位置不准确:安装时必须按控制线及标高就位,若有偏差应及时调整。

(3) 支坐不实:应注意找平层的平整,安装时应浇水泥素浆,安装完仍有孔隙应用干硬性砂浆塞实。

(4) 锚固筋的长度及搭接焊不符合要求:原因是任意断弯阳台外露锚固筋,造成锚固长度不够。锚固筋采用搭接焊时宜采用双面焊缝,但有时改为单面焊缝,造成焊缝长度或锚固长度不符合要求。正确做法见图2-49。

(5) 锚固筋未伸进墙内或圈梁内:由于预制阳台或通道板安装位置不准确,使锚固筋与混凝土墙位错开,吊装时应特别注意必须按位置线安装。

(6) 阳台、通道板上下不垂直:主要原因是由于安装时未按预先弹的控制线安装,安装过程中未随时吊线进行控制。

(7) 阳台、通道板下缝渗水:由于未认真做防水处理。安装完之后应随时将外边缝3cm宽的垫浆剔掉,按设计和规定要求做防水处理。通道板与通道板之间的缝隙必须用细石混凝土浇筑密实。

2.1.7.15 预制楼梯及垃圾道安装

本技术交底适用于一般民用建筑钢筋混凝土预制楼梯和垃圾道安装工程。

1. 材料要求

(1) 钢筋混凝土预制楼梯休息板、踏步板、单跑楼梯梁、垃圾道等构件的型号、规格、质量应符合设计要求,并附有出厂合格证。

(2) 水泥:32.5级矿渣硅酸盐水泥或普通硅酸盐水泥。

(3) 砂:中砂。

(4) 细石:粒径0.5~1.2cm。

(5) 钢材:扁钢规格40mm×6mm,角钢规格50mm×6mm。

(6) 焊条:E4303焊条,要附有质量证明书。

(7) 休息板、踏步板均正向吊装,运至现场时,堆放地的地面应坚实平整,堆放时垫木靠近吊钩,垫木厚度高于吊钩并上下要对正,且须在同一垂直线上。

2. 主要机具

撬杠、吊钩、卡环、垫铁、钢楔、木楔、横吊梁、倒链等。

3. 作业条件

(1) 吊装前应对楼梯构件质量进行检查，凡不符合质量要求的不得采用，并作出明显标记。构件如有缺陷，应与设计单位共同鉴定，采取有效措施，办理洽商手续，并认真进行加工或修补后方可使用。

(2) 在墙上预先弹出楼梯段(踏步板)、休息板、楼梯梁等构件的位置、标高线，控制好上下楼梯之间的水平距离和标高，避免楼梯段(踏步板)安装时支撑不够或安放不下。

(3) 承受首层第一跑楼梯段(踏步板)下端的现浇梁断面及标高要符合设计图纸要求，在安装楼梯段(踏步板)前混凝土必须达到安装强度。

(4) 大模板混凝土墙上(楼梯间)已预留好休息板及楼梯梁的安装洞口，并按标高剔凿补抹砂浆。

(5) 大模板墙体混凝土强度达到 4MPa 以上。

(6) 所有构件上的预埋件先剔凿露筋。

4. 操作工艺

工艺流程：

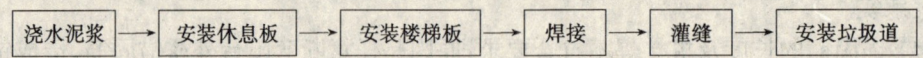

(1) 预制楼梯安装：

1) 浇稠水泥浆：安装休息板时，应随安装随在预留洞口安装位置浇水灰比为 0.5 的水泥浆，以保证休息板与墙体接触密实。

2) 安装休息板：首先检查位置及标高线，安装时休息板担架吊索一端应高于另一端，以便休息板倾斜插入支座洞内，将休息板吊起后，对准楼梯口内休息板安装位置缓缓下落。注意检查休息板板面标高及位置是否符合图纸要求，用撬棍拨正，使两端伸入支座尺寸相等，在上下两块休息板支撑面间用楼梯段样板校核。

3) 楼梯段安装：安装楼梯段时，用吊装索具上的倒链调整一端索绳长度，使踏步面呈水平状态，休息板的支承面应浇水湿润并坐水灰比为 0.5 的水泥浆，使支座接触严密。如楼梯段端部与支承面接触面不实有孔隙时，要用铁楔找平，再用水泥砂浆嵌塞密实。

4) 焊接：楼梯段安装校正后，应及时按设计图纸要求，用联接钢板(规格尺寸不得小于图纸规定)将楼梯段与休息板的预埋铁片围焊，焊缝应饱满，见图 2-50。

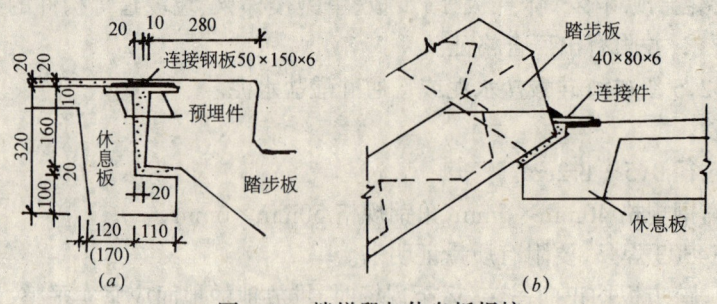

图 2-50　楼梯段与休息板焊接
(a) 单跑楼梯；(b) 双跑楼梯

5）灌缝：每层楼的楼梯段安装完后，应及时将休息板两端和与墙间的空隙，支模浇灌混凝土。首先将缝内垃圾清除干净，再用C20细石混凝土浇筑振捣密实，并应注意养护。

(2) 垃圾道安装：

1）多层砖混结构安装在休息板内缺角处。一般各层安装完休息板平台后即吊装垃圾道，各垃圾道竖板之间用连接板焊接在板上下端预埋铁件上，焊结牢固。竖板端头板缝用水泥砂浆嵌实。垃圾道竖板中部预埋件与墙体预埋铁件焊接。在安装垃圾道前先将内面砖墙面进行抹灰。

2）高层大模结构为长方形钢筋混凝土预制垃圾道，一般设在楼梯间外侧，应随楼梯层施工进度进行安装。

A．吊装：将垃圾道吊起对准下截垃圾道上口，上下找直后临时将吊环与主体结构拉住。

B．焊接：经检查位置准确、上下顺直无错位后，可以进行焊接。垃圾道与主体结构之间、垃圾道与垃圾道之间的预埋铁件，均用连结铁件焊接牢固。

5．质量标准

(1) 保证项目：

1）吊装时构件的混凝土强度必须符合设计要求和施工规范的规定。

2）构件的型号、位置、支点锚固必须符合设计要求，且无变形、损坏现象。

3）构件接头（接缝）的混凝土或砂浆必须计量准确，浇捣密实，且认真养护，其强度必须达到设计要求或施工规范的规定。

(2) 基本项目：

构件接头的连接件焊缝长度符合设计要求，焊缝表面平整，无凹陷、焊瘤，接头处无裂纹、气孔、夹渣及咬边。

(3) 允许偏差：

楼梯、垃圾道安装允许偏差：

位置偏移为10mm。

标高为±5mm。

6．成品保护

(1) 楼梯板、休息板应采取正向吊板、运输和堆放。构件运输、堆放时，垫木应放在吊环附近，并高于吊环，上下对正。垃圾道宜竖向堆放。

(2) 堆放场地应平整、夯实、垫板。楼梯段每垛码放不宜超过6块，休息板每垛不超过10块。

(3) 楼梯安装后，应及时将踏步面加以保护，避免施工中将踏步棱角损坏。

(4) 安装休息板及楼梯段时不得碰撞两侧砖墙或混凝土墙体。

7．应注意的质量问题

(1) 楼梯段支承不良：主要原因是支座处接触不实或搭接长度不够。安装休息板（或楼梯段）时要校对休息板标高及楼梯段斜向长度。

(2) 楼梯段干摆：原因是操作不当，安装时没有坐浆，干摆，安装找正后未及时灌缝。安装时应严格按设计要求浇水泥浆，安装后及时灌缝。

(3) 焊接不符合要求：构件联结采用短钢筋仅两端点焊接，影响结构整体性能。应按设计图纸要求,用连结铁件围焊牢固。

(4) 休息板面与踏步板面接槎高低不符合要求,主要原因是找平放线不准、安装标高不符合设计要求。安装休息板时特别要注意标高和水平位置的准确性。

(5) 垃圾道不顺直及垃圾箱口位置高低不符合设计要求,安装时未严格按设计要求标高就位和找正。

(6) 楼梯段左右反向:安装楼梯段时应注意扶手栏杆预埋件的位置方向。

2.1.7.16 预制外墙板安装

本技术交底适用于外墙板内大模结构预制外墙板安装工程。

1. 材料要求

(1) 外墙板:进场检查型号、几何尺寸及外观质量应符合设计要求,横腔、竖腔防水构造完整。构件应有出厂合格证。

(2) 接缝防水保温材料:塑料条(厚1.5～2mm)、油毡、聚苯板。

(3) 其他材料:水泥、中砂、电焊条、钢筋、钢垫板、108胶防水涂料和嵌缝膏等。

2. 主要机具

一般应备有钢丝绳、吊具、卡环、撬棍、钢板垫块、临时固定卡具及铅丝等。

3. 作业条件

(1) 熟悉设计图纸,掌握外墙板型号、位置、尺寸、标高及构造做法等。

(2) 检查外墙板横竖防水空腔应完整无损,如有破损进行修补,修补时应将基层清理干净,用掺108胶(掺水泥重的15%)水泥砂浆进行修补。

(3) 将外墙板两侧的锚固钢筋套环凿出,调整平直,剔凿时不应损坏套环附近的混凝土,然后在竖向防水空腔内涂刷防水涂料。

(4) 检查外墙板安装位置线、标高等办预检。

(5) 安装好内墙大模板及卡口外平台架子。

(6) 检查首层混凝土挡水台及预留筋位置。

4. 操作工艺

工艺流程:

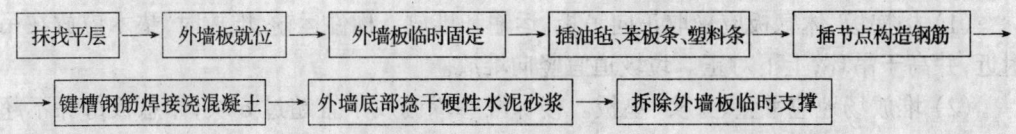

(1) 抹找平层:先按标高抹好砂浆找平层,使其达到一定的强度,外墙板就位前应浇素水泥浆,以便结合面严密,如不抹砂浆找平层,则应采取加铁垫方法找平,待外墙板调整就位后,外墙板下面的缝隙及时捻塞干硬性水泥砂浆。

(2) 外墙板就位:外墙板起吊前检查吊环,用卡环销紧吊到安装位置时先找好竖向位置再缓缓下降就位,外墙板就位时以墙边线为准,做到外墙面顺平,墙身垂直,缝隙一致。企口缝不得错位,防止挤严平腔,标高必须准确,防止披水高于挡水台。不应在披水、挡水台部位撬动外墙板,并在整个安装过程中注意保护外墙板的棱角和防水构造,由专人负责外墙板下口定位、对线,并用靠尺板找直。应特别注意首层外墙板的安装质量,使之成为以上各层的基准。

(3) 外墙板临时固定：外墙板就位后，用花篮螺栓或临时固定卡具将外墙板与大模板拉牢。大角处山墙板相邻的两块外墙板应互相拉接固定，拉牢后方准脱钩。每层大角垂直度应用经纬仪用控制轴线检查一遍。

(4) 插油毡、苯板、塑料条：先将油毡条与聚苯板预制好，一起插在防水空腔内，应嵌插到底，周边严密，不得鼓出或折裂，在浇灌混凝土前应检查嵌填是否完好。插塑料条时上下端做法应符合设计要求，塑料条宽度应适宜。

(5) 插节点构造钢筋：外墙板侧面伸出的钢筋套环应与内横墙的钢筋套环重合。将竖向钢筋插入重合的钢筋套环内，每块外墙板与内墙板交接处应至少插入三个套环，并绑紧牢固。

(6) 键槽钢筋焊接浇混凝土：外墙板键槽内的连接钢筋应采用平模随安装随焊接；采用筒模时，应拆模后立即焊接。焊缝的厚度和长度应按设计规定，设计无规定时，焊缝厚度为6mm，长度为90mm。上下钢筋错位时应理顺搭接再行焊接，上下钢筋搭接长度不够时，可以加帮条或厚度为8mm钢板进行焊接，钢筋单面焊接长度不够时可双面焊接。经检查焊接质量合格后办理隐检，方可灌混凝土。在吊装上一层外墙板前，应将键槽混凝土浇灌完毕。

(7) 外墙板底部捻干硬性水泥砂浆：键槽钢筋焊接后，应将外墙板底部清理干净，浇水湿润。用油毡条堵严外侧，但防止堵空腔。然后捻干硬性砂浆，并应捻塞密实。

(8) 拆除外墙板临时支撑：外墙大角处墙板，必须在墙柱混凝土强度达到 4MPa 以上时方可拆除临时固定设施。

5. 质量标准

(1) 保证项目：

1) 吊装时混凝土强度要符合设计要求及施工规范的规定。

2) 构件型号、位置、接点锚固筋必须符合设计要求，且无变形、损坏现象。

3) 构件接头中键槽混凝土必须计量准确，浇捣密实，认真养护，其强度必须达到设计要求或施工规范的规定。

4) 外墙板防水构造做法必须符合设计要求或施工规范的规定。

(2) 基本项目：

构件接头中键槽钢筋接头、捻缝做法应符合设计要求和施工规范的规定。焊缝长度符合要求，表面平整，无凹陷、焊瘤、裂纹、气孔、夹渣及咬边。

(3) 允许偏差项目：见表 2-54。

外墙板安装允许偏差　　　　　　表 2-54

项次	项目		允许偏差 (mm)	检验方法
1	轴线位移偏移		5	尺量检查
2	标高	层高	±10	用水准仪或尺量检查
		全高	±20	

续表

项次	项目		允许偏差(mm)	检验方法
3	垂直度	墙板	5	用2m托线板检查
		全高	1/1000全高且不大于20	用经纬仪或吊线和尺量检查
		每层山墙内倾	2	用2m托线板检查
4	墙板拼缝	高差	±5	用直尺和楔形塞尺检查
		垂直度	5	用2m托线板检查

6．成品保护

（1）外墙板进场后，应放在插放架内。

（2）运输、吊装操作过程中，应避免损坏外墙板防水构造（披水、挡水台、空腔等）。对已损坏的应及时修复才能使用。

（3）外墙板就位时尽量要准确，保护已抹好的砂浆找平层，防止生拉、硬撬。

（4）安装外墙板时，不得碰撞已经安装好的大楼板。

7．应注意的质量问题

（1）外墙板防水构造破损：吊装前应做好检查，已破损部分做好修整工作。安装时避免用撬棍撬动易损部位。

（2）上下层外墙板出现错台：外墙板就位时，按线就位，以外边线为准，保证上下层外墙板平顺。

（3）节点钢筋不符合规定：外墙板钢筋套环与内墙钢筋套环不吻合，竖向钢筋插入套环不足三组等。因此，在钢筋作业时应认真负责，保证节点钢筋构造符合设计要求。

（4）键槽处理不及时：键槽钢筋应及时焊接并浇灌混凝土，焊接质量应符合设计要求。

2.1.7.17 外墙板构造防水

本技术交底适用于预制外墙板空腔构造防水施工。

1．材料要求

所用材料质量、技术性能必须符合设计及施工验收规范规定。

（1）普通型自发性聚苯乙烯泡沫塑料（简称聚苯板），厚度15～20mm。

（2）聚氯乙烯软型塑料板，厚度1.5～2.0mm。

（3）聚氯乙烯软型塑料管，ϕ20mm。

（4）建筑石油沥青：30号甲或30号乙，或选用普通石油沥青75号或65号。

（5）冷底子油或3％甲基硅醇钠（即有机硅）。

（6）108胶。

（7）350号石油沥青低胎油毡。

（8）聚醋酸乙烯酯（乳胶）。

（9）水泥：32.5级普通硅酸盐水泥或矿渣硅酸盐水泥。

（10）中砂：含泥量不大于3％。

（11）防水油膏（胶泥）：有建筑油膏、聚氯乙烯胶泥、双组分聚氨酯嵌缝胶泥、氯磺化聚乙烯密封膏等，根据设计要求选用。

(12) 防水涂料：氯丁胶乳沥青涂料、聚氯乙烯涂料、聚氨酯涂料等，根据设计要求选用。

2．主要机具

一般应备有：手锯、裁刀、剪刀、直尺、刮刀、电阻丝切割器、电炉、熬沥青桶以及淋水用花管、胶皮管等。

3．作业条件

(1) 材料加工准备：

1) 保温条：用电阻丝切割器将聚苯板裁成 150mm 宽、20mm 厚的条片，用牛皮纸涂乳胶将聚苯板接长为外墙板空腔防水槽的长度（长度比层高长 50mm）。

2) 350 号油毡条：用锯将整卷油毡按 150mm 宽度分段锯开，长度按空腔防水槽长度要求，比楼层高度长 100mm，分段加工。

3) 清理：用电炉或火熬化（温度以不烫坏聚苯板为宜），刷在油毡上与聚苯板粘贴压紧；再将粘压好的聚苯板防水条按图纸要求放入空腔槽内，插放的位置必须正确。

4) 塑料防水条：将聚氯乙烯料板按实测外墙板防水槽宽度再加 5mm 的尺寸现裁，长度应按外墙板长度尺寸加 30mm 的尺寸裁割，上口要裁成圆角圆口。不得为了省事进行统一裁割，以保证空腔的密闭性。施工时无法嵌入塑料条的瞎缝，应沿板缝外侧按设计要求嵌入防水油膏封严。

5) 塑料排水管：将聚乙烯塑料管裁为 60mm 长的小段，一端削成尖劈状备用。如图 2-51。

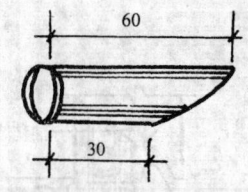

图 2-51

保温防水条和塑料条的宽度，除按上述尺寸准备外，还需要制备一部分较宽和较窄的，以适应板缝施工偏差的需要，塑料条宽于 40mm 时，要用 2mm 厚的塑料板裁制。

(2) 对外墙板的要求和处理：

1) 外墙板在出池、运输、存放和吊装过程中，必须采取措施加以保护，尤其对防水构造的尺寸和形状必须保持完整不得损坏，外墙板安装前如发现有局部破损、堵塞空腔和蜂窝、麻面等缺陷，必须认真进行修补，达到强度后再起吊安装。

2) 外墙板的立槽和空腔在安装前必须刷防水涂料，如冷底子油或 30% 的甲基硅酸钠溶液等涂料。

3) 外墙板安装前要核验各层标高，安装后要进行检查作好记录，合格后方可进行下道工序。

4) 安装就位过程中不准用撬棍在披水、阳台等处撬动，更不许因临时加固或吊挂脚手架碰坏披水和挡水台等边角，不准出现披水高于挡水台的现象，上下墙表面平直使披水与挡水台所留的平腔保持一定宽度（大于 15mm），防止墙板里外错位把平腔挤严。

5) 外墙板键槽在浇灌混凝土前，必须用油毡将键槽外侧堵严，防止漏浆而堵塞防水平腔的构造，带来后患。

4．操作工艺

工艺流程：

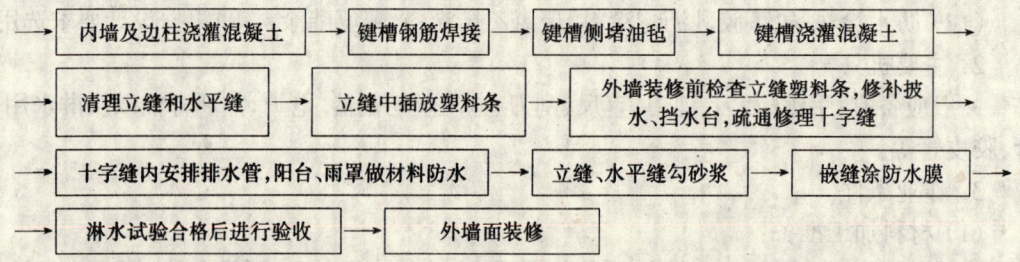

(1) 键槽混凝土：

键槽浇灌混凝土前，应先将下层墙板吊环割开、调直与上层墙板钢筋及时焊接，焊缝长度应不小于90mm，宽度不小于6mm，若长度不能满足要求，可加帮条或厚度为8mm的钢板进行焊接。在安装上一层外墙板前，混凝土必须浇灌完毕，并将墙板根部用砂浆填捻严密。浇灌混凝土前，键槽外侧堵好油毡后，应先浇水湿润，将杂物清理干净后即可浇灌混凝土。如图2-52。

(2) 立缝防水施工：

1) 塑料条宽度应为立缝宽度加25mm，长度应为外墙板高度加30mm；插放塑料条时要按立缝实际宽度选用合适的塑料条，防止脱槽、过宽、过窄和卷曲滑脱，如发生上述现象，必须更换塑料条。如图2-53。

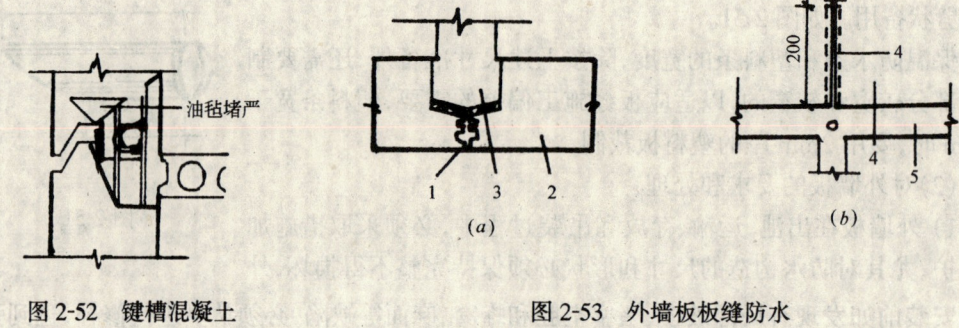

图2-52 键槽混凝土　　　　图2-53 外墙板板缝防水
(a) 立缝防水做法；(b) 平缝防水做法
1—砂浆勾缝；2—外墙板；3—内墙板；4—补嵌塑料条；5—水平缝

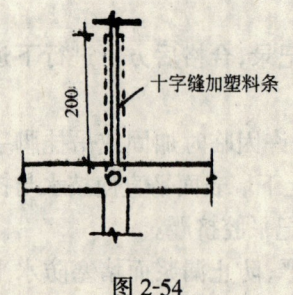

图2-54

2) 对于无法插放塑料条的干碰缝，可从正面塞入少量油毡，然后勾砂浆，但在十字缝处必须补嵌200mm长的塑料条。如图2-54。

嵌插塑料条前要检查立缝腔后的防水保温条，如有崩裂应及时修补完整；在浇灌组合柱时漏出的灰浆石子等应及时清理干净，如立缝过窄无法清理时，此缝不能再做空腔防水，要进行适当处理后用防水嵌缝膏全部嵌填，改做材料防水。

3) 塑料条的上端要顺挡水台的折角翻卷到防水保温条油毡的前面夹紧，防止滑脱，以利排水；塑料条的下端应嵌插到下层外墙板上部的排水坡上；相邻两板的上端在塑料条外用高强度等级砂浆抹出挡水台，使其相互连通。如图2-55。

塑料条的主要作用是利用它的弹性便于弯曲嵌插，并作为勾缝灰浆的底模。为保证防水保温条外形成空腔构造,砂浆勾缝时,用力不宜过大,以防塑料条脱槽造成空腔堵塞。

4)平、立缝灰浆勾缝以后,放排水管,其伸出墙面的长度应不大于15mm。

(3)平缝防水施工:

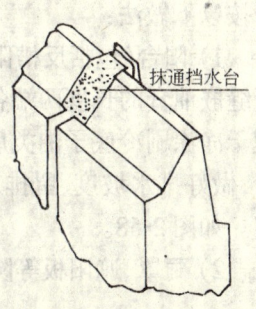

图2-55 相邻两板上端抹通砂浆挡水台

1)平缝的防水效果主要取决于外墙板的安装质量。因此,吊装就位后要达到上下两板垂直平正,垫块高度合适,做好披水,挡水台的保护,保证平腔的完整、平直和畅通无堵。

2)现浇基础或地下室结构,上部采用外墙板时,首层外墙下按外墙板挡水台尺寸要求现浇,做成连通整体,四周交圈不应断开;吊装上层外墙板前要修补好有缺陷的下层挡水台;平腔内的漏浆、灰块等杂物,必须清理干净,保持平腔畅通。

3)当遇有平缝过宽或披水损坏、披水向里错台过大时,要在缝内先塞"6"字或"8"字形油毡卷,外勾水泥砂浆,披水太高时,应在披水侧里嵌入保温条(聚苯板油毡条)外勾砂浆形成平腔。如图2-56。

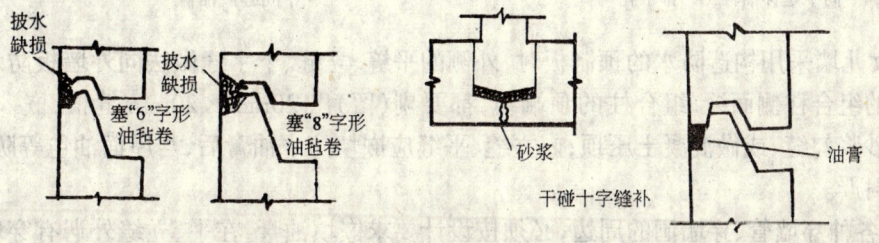

图2-56 披水缺损平缝嵌油毡卷

4)嵌入平缝的油毡卷,作为勾缝的底模,勾缝时用力要均匀,不宜过大,防止推里堵塞空腔;如披水挡水台干碰或平缝被漏浆堵塞无法剔除时,此缝应全部内填防水油膏或胶泥,外勾水泥砂浆。

对于阳台、雨罩的平立缝也应参照上述施工方法,进行适当处理。

(4)十字缝防水施工:

预制外墙板十字缝是构造防水的薄弱环节,必须精心施工。施工前应检查立缝上端塑料条与挡水台接触是否严密,高度及卷翻是否合适,如有缝隙必须用油膏密封,若高度及翻卷不妥,应用塑料条封住腔口。

下层塑料条上端应塞在立墙后侧,封严上口,上层塑料条下端应插到下层外墙板的排水坡上。如图2-57。

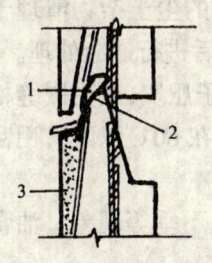

图2-57 外墙板十字缝防水做法
1—上层塑料条;2—下层塑料条;3—砂浆勾缝

(5)其他部位的材料防水做法:

构造防水仅限于预制外墙板及预制女儿墙板的外侧,对于阳台、雨罩、各种穿墙管、抗震缝、女儿墙顶面等部位未采用构造防水做法,因此,要做材料防水,具体做法应按设计要求施工,如设计无要求时,可按以下做法：

1) 阳台(包括反槽阳台和平板阳台)上、下缝、侧立缝必须用油膏嵌缝，外勾砂浆保护，下缝嵌油膏的长度两端各不少于30cm；上缝如遇干碰缝时，要剔出20mm×20mm缝隙，清理干净涂刷冷底子油类后，再嵌入油膏；侧立缝与上层墙板空腔立缝交接处，应通长嵌入油膏，做好排水坡度、留排水管；相邻两块阳台的板间缝上下均要勾缝，中间应用油膏嵌填密实。如图2-58。

2) 雨罩、遮阳板等防水做法，参照阳台的做法进行施工。如图2-59。

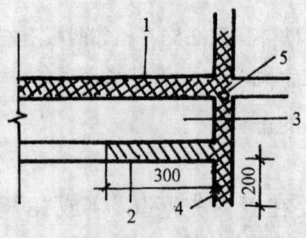 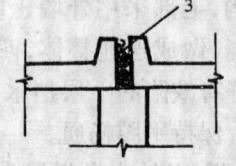 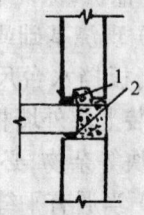

图2-58 阳台、雨罩上下缝等防水做法
1—上平缝嵌油膏；2—下平缝嵌油膏；3—阳台底板；4—向下延伸油膏；5—排水孔

图2-59 阳台、雨罩防水做法
1—上平缝嵌油膏；2—下平缝嵌油膏；3—相邻阳台中间缝嵌油膏

3) 女儿墙采用构造防水的预制板时，外侧的平缝、立缝、十字缝做法同外墙板防水做法，其内侧的组合柱侧面缝，组合柱的顶端缝，都要剔(留)出20mm×20mm缝槽，嵌入油膏后用防水砂浆勾缝，或做混凝土压顶；内立缝、平缝应嵌填防水油膏后，与屋面油毡等防水层卷边搭接封严。

4) 各种穿墙管、穿墙洞的周边，必须按设计要求嵌填油膏，在平、立缝外遇有穿墙管时，必须整条嵌填油膏；在嵌填油膏前基层表面应清理干净并涂刷冷底子油。

5) 抗震缝、伸缩缝、沉降缝等应按设计要求进行施工，但必须和外墙防水渠道连接，不得留有渗水漏水空隙和隐患。

6) 外墙板立缝勾缝后，应涂刷防水涂料两道，厚度应不小于1.5mm，防止因砂浆收缩产生裂缝，产生渗水漏水。

(6) 油膏嵌缝施工：

1) 嵌缝部位的基层表面，必须平整、坚实、干燥，并应将缝内接触面的尘土杂物清理干净，然后刷冷底子油一道(按油膏、汽油3:7配制成冷底子油)，待其干燥后进行嵌缝处理。

2) 嵌缝时将现成的油膏搓成20mm直径的条状塞入缝内，再用溜子压实，或用嵌缝枪挤嵌在缝内；如气温低油膏发硬，可将油膏适当加热进行软化(烘烤温度在60℃以下)，用刮刀填入缝内压实。

3) 嵌缝油膏必须逐段压实，使其粘结牢固，不得有断裂、剥落、开口、下垂等现象。油膏嵌填后，表面涂刷冷底子油一道，将油膏两边缝涂严，再用溜子压平、压实。

为防止粘手，施工时可在手上、溜子上涂少量鱼油或光油，不得使用机油、其他油类及滑石粉，以免造成粘结不良，在嵌缝处发生渗漏，失去防水作用。

(7) 淋水试验：

淋水试验是防水施工的一道工序，在空腔防水全部做完后，未进行外装修之前，必须认真进行淋水试验,并做出试验记录。

5. 质量标准

(1) 保证项目:

1) 用于防水的各种材料的质量、技术性能必须符合设计要求和施工规范的规定,必须有使用说明书和质量认证文件。

2) 外墙板,女儿墙板防水构造必须完整,型号、尺寸和形状必须符合设计要求和有关规定,构件还应有出厂证明文件。

3) 外墙板、阳台、雨罩(阳台顶板)、女儿墙板等安装就位后,其标高、板缝宽度、坐浆厚度,应符合设计要求和施工规范的规定。

4) 油膏嵌缝必须严密、粘结牢固,无开裂,板缝两侧覆盖宽度超出各不小于20mm。

5) 防水涂料必须平整、均匀,无脱皮、起壳、裂缝、鼓泡等缺陷。

(2) 基本项目:

1) 外墙板、阳台板、雨罩、女儿墙等接缝防水施工完成后,要进行立缝、平缝、十字缝的淋水试验检查。

2) 对淋水试验发现的问题,要查明渗漏原因,及时修理。修后继续做淋水试验,至不再发生渗漏水时,方可进行饰面施工。

3) 对渗漏点的部位及修理情况应认真作好记录,标明具体位置,作为技术资料列入技术档案备查。

4) 嵌缝油膏板缝表面压平整密实,冷底子油要均匀、无松动、漏筋及起砂起皮等缺陷,嵌缝的保护层粘结牢固,覆盖严密。

6. 成品保护

(1) 填塞嵌缝膏、涂刷防水涂料施工时,不得污染墙面和门窗口等处。

(2) 修补渗漏点(处)时,应注意保护已做好的墙面、阳台、雨罩等处的装饰面层,防止再次污染成品。

7. 应注意的质量问题

(1) 安装偏差大:

1) 安装外墙板时,板底垫灰过多会使披水超高,造成平腔洞敞口;板底垫灰太少,造成下缝干碰,无空腔排水。

2) 板底垫灰不平,平腔不平产生一端积水排水不畅,并会造成立缝上下宽度不等,使防水保温条、塑料条施工困难。十字缝不平,上下两块外墙板不在一条水平面上;披水和挡水台干碰,造成毛细管吸水渗入室内。板的几何尺寸不规则,有误差,也会产生上述现象。

(2) 渗漏水:

1) 塑料条脱落、卷曲、歪斜、过软,勾缝后不能形成立缝空腔。

2) 塑料条上端与挡水台没有封口,下端没有放在板的排水坡上,立缝、平缝内的漏灰等杂物没有清净,壁板缺损没有补好或修补方法不正确,造成渗漏。

3) 立缝、平缝勾缝用力过大,将立缝塑料条挤压变形或防水保温条靠贴,使墙排水不良,或将平腔中所填油毡条卷挤压向后靠挡水台堵塞平腔。

4) 阳台、雨罩、女儿墙里侧等应做材料防水的部位,未按材料防水做法施工或不符合质量要求，产生防水系统漏洞带来隐患。

2.1.8 工程质量检验评定
此项归竣工组卷阶段第十二节。
(1) 模板分项工程质量检验评定表同地基与基础工程。
(2) 钢筋绑扎(焊接)分项工程质量检验评定表同地基与基础工程。
(3) 钢筋焊接接头分项工程质量检验评定表同地基与基础工程。
(4) 混凝土分项工程质量检验评定表同地基与基础工程。
(5) 构件安装分项工程质量检验评定表同地基与基础工程。
(6) 砌砖分项工程质量检验评定表同地基与基础工程。

2.1.9 设计变更、洽商记录
此项归竣工组卷阶段第十四节。具体内容要求同1.地基与基础工程施工阶段。

2.2 建筑设备安装工程

2.2.1 采暖卫生与煤气工程

2.2.1.1 设计变更、洽商记录
表格式样同土建工程用表，要求同1.2内容。

2.2.1.2 预检记录
表格同土建工程用表，内容同1.2。

在主体施工阶段预检记录一般应有预留孔洞的位置（现浇板、预制板、砖墙、混凝土梁等处）、消防箱的位置及预留洞的规格尺寸、管径、垂直度、坡度、甩口位置等项内容。

填写记录单时应分层或按施工段部位进行，禁止用一张单子代替整个单位工程的预检记录。

2.2.1.3 隐蔽工程检查记录
表格式样同土建工程用表。

隐蔽工程检查要求及内容见1.2。

在主体施工阶段的隐蔽工程检查记录，主要是指暗敷于沟槽内、混凝土内、管井中不便进入的设备层内及有保温隔热要求的管道和设备等项内容。

2.2.1.4 施工试验记录
试验表格的填写要求及试验标准见1.2内容。

在此施工阶段的试验项目主要有：

(1) 输送各种介质的承压管道（如给水管道、消防管道、供热管道、医用管道及煤气管道等）。这些管道均应做单项压力试验。

(2) 无压或低压的各种排水管道（如雨水管道、下水管道及排污管道等）。这些管道均应做灌水试验。

2.2.1.5 产品质量合格证
在此施工阶段所使用的管材、管件及设备等的合格证整理要求同1.2内容。

2.2.1.6 质量评定
在此施工阶段的分项工程质量评定，一般应有室内给水管道的检验评定、室内排水管道

的检验评定及室内煤气管道部分的检验评定三项内容。

2.2.1.7 设备、材料检验记录(表2-55)

设备、材料检验记录表　　　　　　　　表2-55

工程名称:				检验日期: 年 月 日	
设备材料名称			检验日期		
规格型号			总数量		
设备编号			检验数量		
检验记录	技术证件				
	备件与附件				
	外观情况				
	测试情况				
检验结果	缺损附备件明细表				
	序号	名称	规格	单位	数量	备注
结论:					
会签栏	提供设备单位		施工单位	材料员	
				技术员	
				施工员	
				质量员	

设备、产品进场后(或使用前)必须进行抽样检查。

1. 抽检内容

外观、材质、规格、型号、性能等是否符合有关规定要求。

2. 抽检项目

给水设备、排水设备、卫生设备、采暖设备、煤气设备等,也就是说,所有进场准备使用的设备产品均应进行检查。

3. 抽检数量

(1) 给排水设备、水箱、主控阀门、调压装置做全数检查。

(2) 除(1)条内容外的其它设备、产品按同牌号、同型号、同规格各检查10%。

(3) 对设计、规范有要求的,对材质有怀疑的材料和设备必须做抽样检查。

(4) 煤气专用设备按不同规格送检数量不少于3%。

在此施工阶段起码应有所使用的管材、管件的抽检记录。

2.2.2 建筑电气安装工程

2.2.2.1 电气设备、材料合格证

在建筑电气施工中所使用的产品必须符合中国电工产品认证委员会的安全认证要求,其电气设备上应有安全认证标志(长城标志),并应有合格证件,设备应有铭牌。凡未经认证的产品、无合格证件的产品及不属机械电子部和能源部两部认可发证的定点生产的产品(高、低压开关柜及各类配电箱屏)均不得在工程中使用。

产品制造厂所提供的合格证书上一般应有:厂名、厂址、规格、型号、技术性能及出厂日期等项内容。

1. 整理要求及表格

同1.2节内容。

2. 内容

原则上在工程中使用的所有电气设备和材料均应具有合格证,如线材、管材、灯具、开关、插座、继电器、接触器、漏电保安器、电表、成套配电箱(盘、板、柜、屏)、绝缘胶带、接线帽、压接套管等。

在主体施工阶段,一般只涉及到电线管、线盒及配电箱等,所以在此施工阶段应有管、箱及盒的合格证。

2.2.2.2 设备、材料检验记录(表2-55)

设备和材料进场后(或使用前)应对产品型号、规格、外观及产品性能做抽样检查。抽查数量一般为各品种、规格的10%,重要设备和材料(如主控制器、主开关等)应全数检查。抽检记录应写清日期和抽检人签名。

在主体施工阶段最起码应该有线管、线盒和配电箱的抽检记录。

2.2.2.3 预检记录

表格式样同土建工程,内容包括:

(1) 明配管的预检(包括能进入吊顶内的配管):位置、标高、规格、防腐及外观处理等。

(2) 变配电装置的位置(箱、盘、柜、屏等)、标高、规格型号等的预检。

(3) 高、低压进出口方向预检,包括送电方向、电缆沟位置及标高等。

(4) 开关、插座及灯具的位置。

2.2.2.4 隐检记录

表格式样同土建工程用表,内容及要求同1.2节中电气工程隐检记录。

2.2.2.5 自检、互检、交接检记录(表2-56)

2.2 建筑设备安装工程

电气安装工程分项自检、互检记录表

表 2-56

编号:_____

工程名称		施工单位	
检查部位		安装队组	

序号	具体项目及标准要求	自检	互检	质检	评定

备注	

参加人员	质检员	施工员	班组长	互检人	自检人
签 字					
检查日期					

注:检查尽量用实测数据,并填在相应的栏目中。序号填写时应与"项目及标准要求"栏的第一行字相对应。

在每一项工作完成后,施工人员对其所工作的质量依照规范和工艺的要求进行自我检查,应互相指导和监督检查,一个作业班工作完成后,下一班接班的人员应对上一班人员工作质量进行检查,然后写出各自的评定意见填入表中。质检员及班组长也应对其工作质量做出相应的评定。

2.2.2.6 质量评定

建筑电气安装工程是设备安装工程 4 个分部工程之一,包括室内外线路敷设、硬母线和滑接线安装、电器具及设备安装,以及避雷针(网)及接地装置安装等项内容。

1. 表格种类

电气安装工程的质量评定表格有三类,即"分项工程质量评定表"、"分部工程质量评定表"和"观感质量评定表"。

2. 质量检验评定等级标准

同土建工程。

3. 对分项工程质量检验评定的要求

(1) 多层房屋应按层或单元进行评定;
(2) 单层房屋、独立建筑物或构筑物(如水塔、烟囱、圆仓等)应全数进行评定;
(3) 主配电箱(盘)、避雷针(网)以及接地装置应全数进行评定。

4. 分项工程质量检验评定内容及检验方法

电气工程中的分项工程一般有 17 项内容:
(1) 架空线路和杆上电气设备安装(表 2-57);
(2) 电缆线路(表 2-58);
(3) 配管及管内穿线(表 2-59);
(4) 瓷夹、瓷柱(珠)及瓷瓶配线(表 2-60);
(5) 护套线配线(表 2-61);
(6) 槽板配线(表 2-62);
(7) 配线用钢索(表 2-63);
(8) 硬母线安装(表 2-64);
(9) 滑接线和移动式软电缆安装(表 2-65);
(10) 电力变压器安装(表 2-66);
(11) 高压开关安装(表 2-67);
(12) 成套配电柜(盘)及动力开关柜安装(表 2-68);
(13) 低压电器安装(表 2-69);
(14) 电机的电气检查和接线(表 2-70);
(15) 蓄电池安装(表 2-71);
(16) 电气照明器具及配电箱(盘)安装(表 2-72);
(17) 避雷针(网)及接地装置安装(表 2-73)。

各分项工程的评定用表是相对应的,一个分项工程一个评定用表,共有 17 个分项工程评定表格,选用时应注意适用范围。常用的表格有 4 种:表 2-59、表 2-69、表 2-72 及表 2-73。

一般民用工程在主体施工阶段只涉及到配管工程,所以在分项工程质量检验评定中应做"配管"评定,并注明评定日期。

这里需要注意的是,"配管及管内穿线"是用的同一表格,填写时可用同一张表格,但应分别注明日期,亦可以配管与管内穿线分别用两张表填写。

架空线路和杆上电气设备安装分项工程质量检验评定表　　　　表 2-57

工程名称：　　　　　　　　　　　　　　　　　　部位：

		项　　目		质 量 情 况										
保证项目	1	金具、设备的规格、型号、质量必须符合设计要求。高压绝缘子的交流耐压试验结果和高压电气设备的试验调整结果必须符合施工规范规定												
	2	高压瓷件表面严禁有裂纹、缺损、瓷釉烧坏等缺陷												
	3	导线连接必须紧密、牢固,连接处严禁有断股和损伤;导线的接续管在压接或校直后严禁有裂纹												
	4	钢圈连接的钢筋混凝土电杆,钢圈焊缝的焊接必须符合施工规范的规定。焊接后,电杆的弯曲度不超过其长度的2/1000												
		项　　目		质 量 情 况										等　级
				1	2	3	4	5	6	7	8	9	10	
基本项目	1	金具安装												
	2	拉线及撑杆安装												
	3	导线架设												
	4	跳线、过引线、引下线布置												
	5	杆上电气设备安装												
	6	路灯安装												
	7	接地(接零)												
		项　　目		允许偏差	实测值									
					1	2	3	4	5	6	7	8	9	10
允许偏差项目	1	电杆组立	直线单杆和组合双杆中心的横向位置偏移	50mm										
			组合双杆两杆高差	20mm										
			电杆垂直度(即杆梢倾斜位移)	0.5D										
	2	导线弛度	实际与设计值差	±5%										
			同一档内导线间弛度差	50mm										

检查结果	保证项目			
	基本项目	检查	项,其中优良	项,优良率　　%
	允许偏差项目	实测	点,其中合格	点,合格率　　%

评定等级	工程负责人： 工　　长： 班组长：	核定等级	质量检查员：

注：D 为电杆梢径。

年　月　日

说 明

本表适用于电压10kV及以下架空线路和杆上电气设备安装。

保证项目

检查数量：1、3项全数检查。

2项电气设备的瓷件全数检查；线路绝缘子抽查不少于10%，重点检查承力杆上的绝缘子。

4项抽查10%，但不少于5支。

检验方法：1项检查绝缘子耐压试验记录和电气设备试验调整记录。

2项观察检查和检查安装记录。

3项观察检查和检查安装记录。

4项观察检查、检查焊接记录或实测。

基本项目

评定代号：优良√，合格○，不合格×。

1项金具安装

合格：平整、牢固，横担与线路中心线的角度正确，黑色金属零件防腐保护完整。

优良：在合格基础上，横担与电杆间接触紧密，连接螺栓螺纹露出螺母2～3扣。黑色金属零件镀锌层良好，无缺陷。

检查数量：抽查10%，但不少于5处。

检验方法：观察、手扳检查。

2项拉线及撑杆安装

合格：位置正确，金具齐全，连接牢固，同杆的各条拉线均受力正常，无松股、断股和抽筋现象。

优良：在合格基础上，拉线(撑杆)与电杆的夹角正确，拉线(撑杆)坑填土防沉台尺寸正确，导线紧线后电杆梢无明显偏移。

检查数量：抽查10%，但不少于5组。

检验方法：观察、手扳检查。

3项导线架设

合格：导线与绝缘子固定可靠，导线无断股、扭绞和死弯；超量磨损的线段和有其他缺陷的线段修复完好。

优良：在合格基础上，导线没有因施工不当造成加固或修复。

检查数量：抽查线路档数的10%，但不少于5档。

检验方法：观察检查和检查安装记录。

4项跳线、过引线和引下线布置

合格：导线间及导线对地间的最小安全距离符合施工规范规定。

优良：在合格基础上，导线布置合理、整齐，线间连接的走向清楚，辨认方便。

检查数量：对杆上跳线处、拉线穿过导线处，引下线与架空线交叉处和横担间的过引线处全数检查。

检验方法：观察或实测检查。

5 项杆上电气设备安装

合格：位置正确、固定牢靠、部件齐全，操动机构动作灵活、准确，导线与设备端子连接紧密可靠。

优良：在合格基础上，安装平整，成排的排列整齐、间距均匀、高度一致。

检查数量：全数检查。

检验方法：观察和试操作检查。

6 项路灯安装

合格：灯位正确，固定牢靠，杆上路灯的引线应拉紧；庭园路灯的灯柱稳固垂直，其根部接线箱盖板齐全、给水措施良好。

优良：在合格基础上，灯具清洁，成排安装的排列整齐。

检查数量：按灯具型号或类别不同各抽查10%，但不少于10套。

检验方法：观察检查。

7 项接地（接零）

合格：电气设备、器具和非带电金属部件的接地（接零）支线敷设连接紧密、牢固。接地（接零）线截面选用正确，需防腐的部分涂漆均匀无遗漏。

优良：在合格基础上，线路走向合理，色标准确，涂刷后不污染设备和建筑物。

检查数量：抽查5处。

检验方法：观察检查。

允许偏差项目

检查数量：电杆抽查10%，但不少于5基；导线抽查5档。

检验方法：1 项用水准仪、经纬仪或拉线和尺量检查。
　　　　　2 项用尺量检查。

电缆线路分项工程质量检验评定表

表 2-58

工程名称：　　　　　　　　　　　　　部位：

	项 目												质量情况	
保证项目	1	电缆的品种、规格、质量符合设计要求。电缆的耐压试验结果、泄漏电流和绝缘电阻必须符合施工规范规定												
	2	电缆敷设严禁有绞拧、铠装压扁、护层断裂和表面严重划伤等缺陷；直埋敷设时，严禁在管道的上面或下面平行敷设												
	3	电缆终端头和电缆接头的制作、安装必须符合下列规定： (1) 封闭严密，填料灌注饱满，无气泡、渗油现象；芯线连接紧密，绝缘带包扎严密，防潮涂料涂刷均匀；封铅表面光滑，无砂眼和裂纹 (2) 交联聚乙烯电缆头的半导体带、屏蔽带包缠不超越应力锥中间最大处，锥体坡度匀称，表面光滑 (3) 电缆头安装、固定牢靠，相序正确。直埋电缆接头保护措施完整，标志准确清晰												

		项 目			质 量 情 况										等 级
					1	2	3	4	5	6	7	8	9	10	
基本项目	1	电缆支、托架安装													
	2	保护管安装													
	3	电缆敷设													
	4	接地(接零)													

		项 目			允许偏差或弯曲半径	实 测 值									
						1	2	3	4	5	6	7	8	9	10
允许偏差项目	1	明设成排支架相互间高低差			10mm										
	2	电缆最小允许弯曲半径	油浸纸绝缘电力电缆	单芯	≥20d										
				多芯	≥15d										
			橡皮绝缘电力电缆	橡皮或聚乙烯护套	≥10d										
				裸铅护套	≥15d										
				铅护套钢带铠装	≥20d										
			塑料绝缘电力电缆		≥10d										
			控制电缆		≥10d										

检查结果	保证项目	
	基本项目	检查　　　项，其中优良　　　项，优良率　　　%
	允许偏差项目	实测　　　点，其中合格　　　点，合格率　　　%

评定等级	工程负责人： 工　　长： 班 组 长：	核定等级	
			质量检查员：

注：d 为电缆外径。

年　月　日

说 明

本表适用于电缆线路安装。

保证项目

1 项检查数量：全数检查。
    检验方法：检查试验记录。
2 项检查数量：全数检查。
    检验方法：观察检查和检查隐蔽工程记录。
3 项检查数量：按不同类别的电缆头各抽查 10%，但不少于 5 个。
    检验方法：观察检查和检查安装记录。

基本项目

评定代号：优良√，合格○，不合格×。

1 项电缆支、托架安装

合格：位置正确，连接可靠，固定牢靠，油漆完整，在转弯处能托住电缆平滑均匀的过渡，托架加盖部分盖板齐全。

优良：在合格基础上，间距均匀，排列整齐，横平竖直，油漆色泽均匀。

检查数量：按不同类型的支、托架各抽查 5 段。

检验方法：观察检查。

2 项电缆保护管安装

合格：管口光滑，无毛刺，固定牢靠，防腐良好。弯曲处无弯曲现象，其弯曲半径不小于电缆的最小允许弯曲半径；出入地沟、隧道和建筑物的保护管口封闭严密。

优良：在合格基础上，弯曲处无明显的皱折和不平；出入地沟、隧道和建筑物保护管坡向及坡度正确。明设部分横平竖直，成排敷设的排列整齐。

检查数量：按不同敷设方式、场所各抽查 5 处。

检验方法：观察检查。

3 项电缆敷设

合格：(1) 坐标和标高正确，排列整齐，标志桩、标志牌设置准确；有防燃、隔热和防腐蚀要求的电缆保护措施完整；

(2) 在支架上敷设时，固定可靠，同一侧支架上的电缆排列顺序正确，控制电缆应放在电力电缆的下面，1kV 及其以下的电力电缆应放在 1kV 以上电力电缆的下面；直埋电缆的埋设深度、回填土要求、保护措施以及电缆间和电缆与地下管网间平行或交叉的最小距离均应符合施工规范规定。

优良：在合格基础上，电缆转弯和分支处不紊乱，走向整齐清楚；电缆的标志桩、标志牌清晰齐全；直埋电缆的隐蔽工程记录及简图齐全、准确。

检查数量：按不同敷设方式各抽查 5 处。

检验方法：观察检查和检查隐蔽工程记录及简图。

4 项接地（接零）

合格：电缆及其支、托架和保护管接地（接零）支线敷设连接紧密牢固，接地（接零）线截面选用正确,需防腐的部分涂漆均匀无遗漏。

优良:在合格基础上,线路走向合理,色标准确,涂刷后不污染设备和建筑物。

检查数量:抽查5处。

检验方法:观察检查。

允许偏差项目

检查数量:支架按不同类型各抽查5段,电缆按不同类别各抽查5处。

检验方法:1 项用拉线和尺量检查。

　　　　　2 项用尺量检查。

配管及管内穿线分项工程质量检验评定表

表 2-59

工程名称：　　　　　　　　　　　　　部位：

		项　目		质　量　情　况										
保证项目	1	导线的品种、规格、质量必须符合设计要求和国家标准的规定。导线间和导线对地间的绝缘电阻值必须大于 $0.5M\Omega$												
	2	薄壁钢管严禁熔焊连接。塑料管的材质及试用场所必须符合设计要求和施工规范规定												

		项　目	质　量　情　况										等　级
			1	2	3	4	5	6	7	8	9	10	
基本项目	1	管子敷设											
	2	管路保护											
	3	管内穿线											
	4	接地(接零)											

		项　目		弯曲半径或允许偏差	实　测　值　(mm)									
					1	2	3	4	5	6	7	8	9	10
允许偏差项目	1	管弯曲最小半径	暗配管	$\geqslant 6D$										
			明配管 管子只有一个弯	$\geqslant 4D$											
			管子有二个弯及以上	$\geqslant 6D$											
	2	管子弯曲处的弯扁度		$\leqslant 0.1D$										
	3	明定配点管间固距	管子直径(mm) 15~20	30mm										
			25~30	40mm										
			40~50	50mm										
			65~100	60mm										
	4	明配管水平、垂直敷设任意2m段内	平直度	3mm										
			垂直度	3mm										

检查结果	保证项目	
	基本项目	检查　　项,其中优良　　项,优良率　　%
	允许偏差项目	实测　　点,其中合格　　点,合格率　　%

评定等级

工程负责人：

工　长：

班组长：

核定等级

质量检查员：

注：D 为管子外径。

年　月　日

说　明

本表适用于配管及管内穿线工程。

保证项目

检查数量：1项抽查5个回路。2项按管子不同材质各抽查5处。

检验方法：1项实测或检查绝缘电阻测试记录。2项明设的观察检查；暗设的检查隐蔽工程记录。

基本项目

评定代号：优良√，合格○，不合格×。

1项管子敷设

合格：(1) 连接紧密，管口光滑、护口齐全；明配管及其支架平直牢固，排列整齐，管子弯曲处无明显皱折，油漆防腐完整；暗配管保护层大于15mm；

(2) 盒(箱)设置正确，固定可靠，管子进入盒(箱)处顺直，在盒(箱)内露出的长度小于5mm；用锁紧螺母(纳子)固定的管口，管子露出锁紧螺母的螺纹为2~4扣。

优良：在合格基础上，线路进入电气设备和器具的管口位置正确。

检查数量：按管子不同材质、不同敷设方式各抽查10处。

检验方法：观察和尺量检查。

2项管路保护

合格：穿过变形缝处有补偿装置，补偿装置能活动自如；穿过建筑物和设备基础处加套保护管。

优良：在合格基础上，补偿装置平整，管口光滑，护口牢固，与管子连接可靠；加套的保护管在隐蔽工程记录中标示正确。

检查数量：全数检查。检验方法：观察检查和检查隐蔽工程记录。

3项管内穿线

合格：在盒(箱)内导线有适当余量；导线在管子内无接头；不进入盒(箱)的垂直管子的上口穿线后密封处理良好；导线连接牢固，包扎严密，绝缘良好，不伤芯线。

优良：在合格基础上，盒(箱)内清洁无杂物，导线整齐，护线套(护口、护线套管)齐全，不脱落。

检查数量：抽查10处。检验方法：观察检查或检查安装记录。

4项接地(接零)　金属电线保护管，盒(箱)及支架接地(接零)支架敷设。

合格：连接紧密、牢固，接地(接零)线截面选用正确，需防腐的部分涂漆均匀无遗漏。

优良：在合格基础上，线路走向合理，色标准确，涂刷后不污染设备和建筑物。

检查数量：抽查5处。检验方法：观察检查。

允许偏差项目

检查数量：按不同检查部位、内容各抽查10处(每处测1点)。

检验方法：1项尺量检查及检查安装记录。2、3项尺量检查。4项平直度：拉线、尺量检查；垂直度：吊线、尺量检查。

瓷夹、瓷柱(珠)及瓷瓶配线分项工程质量检验评定表

表 2-60

工程名称： 部位：

		项 目		质 量 情 况										
保证项目	1	瓷件及导线的品种、规格、质量必须符合设计要求和有关规定。导线间和导线对地间的绝缘电阻值必须大于 0.5MΩ												
	2	导线严禁有扭绞、死弯和绝缘层损坏等缺陷												

		项 目	质 量 情 况										等 级
			1	2	3	4	5	6	7	8	9	10	
基本项目	1	瓷件及其支架安装											
	2	导线敷设											

		项 目		允许偏差 (mm)	实测值 (mm)									
					1	2	3	4	5	6	7	8	9	10
允许偏差项目	1	瓷夹配线线路中心线	水平线路	5										
			垂直线路	5										
	2	瓷柱(珠)、瓷瓶配线线路中心线	水平线路	10										
			垂直线路	5										
	3	瓷柱(珠)、瓷瓶配线线间距离	水平线路	10										
			垂直线路	5										

检查结果	保证项目				
	基本项目	检查 项,其中优良		项,优良率	%
	允许偏差项目	实测 点,其中合格		点,合格率	%

评定等级	工程负责人：	核定等级	
	工 长：		
	班组长：		
		质量检查员：	

年 月 日

说　明

本表适用于瓷夹、瓷柱(珠)及瓷瓶配线工程。

保证项目

检查数量：1项抽查5个回路。

2项抽查10处。

检验方法：1项实测或检查绝缘电阻测试记录。

2项观察检查。

基本项目

评定代号：优良√，合格○，不合格×。

1项瓷件及其支架安装

合格：安装牢固，瓷件无损坏，瓷瓶不倒装，导线或瓷件固定点的间距正确，支架油漆完整。

优良：在合格基础上，瓷件排列整齐，间距均匀，表面清洁。

检查数量：按不同瓷件敷设的线路各抽查10处。

检验方法：观察和手扳检查。

2项导线敷设

合格：(1) 平直、整齐；与瓷件固定可靠；穿过梁、墙、楼板和跨越线路等处有保护管；跨越建筑物变形缝的导线两端固定可靠，并留有适当余量；

(2) 导线连接牢固，包扎严密，绝缘良好，不伤芯线，导线接头不受拉力。

优良：在合格基础上，导线进入电气器具处绝缘处理良好，转弯和分支处整齐。

检查数量：按不同瓷件敷设的线路各抽查10处。

检验方法：观察检查。

允许偏差项目

检查数量：按不同瓷件敷设的线路各抽查10处。每处检查1点。

检验方法：水平线路用拉线、尺量检查；垂直线路用吊线尺量检查。

护套线配线分项工程质量检验评定表

表 2-61

工程名称： 部位：

<table>
<tr><th colspan="2">项目</th><th colspan="10">质量情况</th></tr>
<tr><td rowspan="3">保证项目</td><td>1</td><td colspan="10">护套线的品种、规格、质量符合设计要求。导线间和导线对地间的绝缘电阻值必须大于 0.5MΩ</td></tr>
<tr><td>2</td><td colspan="10">导线严禁有扭绞、死弯、绝缘层损坏和护套断裂等缺陷</td></tr>
<tr><td>3</td><td colspan="10">塑料护套线严禁直接埋入抹灰层内敷设</td></tr>
</table>

<table>
<tr><th rowspan="2">基本项目</th><th rowspan="2">项目</th><th colspan="10">质量情况</th><th rowspan="2">等级</th></tr>
<tr><td>1</td><td>2</td><td>3</td><td>4</td><td>5</td><td>6</td><td>7</td><td>8</td><td>9</td><td>10</td></tr>
<tr><td>1</td><td>护套线敷设</td><td></td><td></td><td></td><td></td><td></td><td></td><td></td><td></td><td></td><td></td><td></td></tr>
<tr><td>2</td><td>护套线的连接</td><td></td><td></td><td></td><td></td><td></td><td></td><td></td><td></td><td></td><td></td><td></td></tr>
</table>

<table>
<tr><th rowspan="2">允许偏差项目</th><th colspan="2" rowspan="2">项目</th><th rowspan="2">允许偏差或弯曲半径</th><th colspan="10">实测值</th></tr>
<tr><td>1</td><td>2</td><td>3</td><td>4</td><td>5</td><td>6</td><td>7</td><td>8</td><td>9</td><td>10</td></tr>
<tr><td>1</td><td colspan="2">固定点间距</td><td>5mm</td><td></td><td></td><td></td><td></td><td></td><td></td><td></td><td></td><td></td><td></td></tr>
<tr><td rowspan="2">2</td><td rowspan="2">水平或垂直敷设的直线段</td><td>平直度</td><td>5mm</td><td></td><td></td><td></td><td></td><td></td><td></td><td></td><td></td><td></td><td></td></tr>
<tr><td>垂直度</td><td>5mm</td><td></td><td></td><td></td><td></td><td></td><td></td><td></td><td></td><td></td><td></td></tr>
<tr><td>3</td><td colspan="2">最小弯曲半径</td><td>≥3b</td><td></td><td></td><td></td><td></td><td></td><td></td><td></td><td></td><td></td><td></td></tr>
</table>

<table>
<tr><td rowspan="3">检查结果</td><td>保证项目</td><td colspan="4"></td></tr>
<tr><td>基本项目</td><td>检查 项,其中优良</td><td>项,优良率</td><td>%</td><td></td></tr>
<tr><td>允许偏差项目</td><td>实测 点,其中合格</td><td>点,合格率</td><td>%</td><td></td></tr>
</table>

<table>
<tr><td rowspan="3">评定等级</td><td>工程负责人：</td><td rowspan="3">核定等级</td></tr>
<tr><td>工 长：</td></tr>
<tr><td>班组长：</td></tr>
</table>

质量检查员：

注：b 为平弯时护套线厚度或侧弯时护套线宽度。

年 月 日

说　　明

本表适用于护套线配线工程。

保证项目

检查数量：1 项抽查 5 个回路。

2 项抽查 10 处。

3 项抽查 5 处。

检验方法：1 项实测或检查绝缘电阻测试记录。

2 项观察检查。

3 项观察检查。

基本项目

评定代号：优良√，合格○，不合格×。

检查数量：抽查 10 处。

检验方法：观察检查。

1 项护套线敷设

合格：平直、整齐，固定可靠；穿过梁、墙、楼板和跨越线路等处有保护管；跨越建筑物变形缝的导线两端固定可靠，并留有适当余量。

优良：在合格基础上，导线明敷部分紧贴建筑物表面；多根平行敷设间距一致，分支和弯头处整齐。

2 项护套线的连接

合格：连接牢固，包扎严密，绝缘良好，不伤芯线；接头设在接线盒或电器器具内，板孔内无接头。

优良：在合格基础上，接线盒位置正确，盒盖齐全平整，导线进入接线盒或电气器具时留有适当余量。

允许偏差项目

检查数量：按检查项目各抽查 10 段(处)。

检验方法：1、3 项尺量检查。

2 项平直度：拉线、尺量检查；垂直度：吊线、尺量检查。

槽板配线分项工程质量检验评定表

表 2-62

工程名称：　　　　　　　　　　部位：

保证项目	项　目	质　量　情　况										
	导线及槽板的材质必须符合设计要求和有关规定。导线间和导线对地间的绝缘电阻值必须大于 0.5MΩ											

基本项目	项　目	质 量 情 况										等级
		1	2	3	4	5	6	7	8	9	10	
	1　　槽板敷设											
	2　　线路保护											
	3　　导线的连接											

允许偏差项目	项　目		允许偏差 (mm)	实 测 值 (mm)									
				1	2	3	4	5	6	7	8	9	10
	1　水平或垂直敷设的直线段	平直度	5										
	2	垂直度	5										

检查结果	保证项目	
	基本项目	检查　　　项，其中优良　　　项，优良率　　　％
	允许偏差项目	实测　　　点，其中合格　　　点，合格率　　　％

评定等级	工程负责人： 工　　长： 班组长：	核定等级	
			质量检查员：
			年　月　日

说 明

本表适用于槽板配线工程。

保证项目

检查数量:抽查10个回路。

检验方法:实测或检查绝缘电阻测试记录。

基本项目

评定代号:优良√,合格○,不合格×。

1 项槽板敷设

合格:紧贴建筑物表面,固定可靠,横平竖直,直线段的盖板接口与底板接口错开,其间距不小于100mm,盖板锯成斜口对接;木槽板无劈裂,塑料槽板无扭曲变形。

优良:在合格基础上,槽板沿建筑物表面布置合理,盖板无翘角;分支接头做成丁字三角叉接,接口严密整齐,槽板表面色泽均匀无污染。

检查数量:抽查10处。

检验方法:观察检查。

2 项线路保护

合格:线路穿过梁、墙和楼板有保护管,跨越建筑物变形缝处槽板断开,导线加套保护软管并留有适当余量,保护软管与槽板结合严密。

优良:在合格基础上,线路与电气器具、木台连接严密,导线无裸露现象。

检查数量:抽查10处。

检验方法:观察检查。

3 项导线的连接

合格:连接牢固,包扎严密,绝缘良好,不伤芯线,槽板内无线头。

优良:在合格基础上,接头设在器具或接线盒内。

检查数量:抽查10处。

检验方法:观察检查。

允许偏差项目

检查数量:抽查10段,每段测1点。

检验方法:1 项平直度用拉线、尺量检查。

2 项垂直度用吊线、尺量检查。

配线用钢索分项工程质量检验评定表

表 2-63

工程名称：　　　　　　　　　　　　　部位：

保证项目	项目		质量情况										
	钢索、金具的品种、规格质量必须符合设计要求。终端拉环必须固定牢靠，拉紧调节装置齐全。钢索端头用专用金具卡牢，数量不少于2个													

基本项目		项目	质量情况										等级
			1	2	3	4	5	6	7	8	9	10	
	1	钢索的中间固定											
	2	接地(接零)											

允许偏差项目		项目	允许偏差(mm)	实测值（mm）									
				1	2	3	4	5	6	7	8	9	10
	1	各种配线支持件间的距离 — 钢筋配线	30											
	2	硬塑料管配线	20											
	3	塑料护套线配线	5											
	4	瓷柱配线	30											

检查结果	保证项目				
	基本项目	检查　　项，其中优良　　项，优良率　　%			
	允许偏差项目	实测　　点，其中合格　　点，合格率　　%			

评定等级	工程负责人： 工　长： 班组长：	核定等级	
			质量检查员：

年　月　日

说 明

本表适用于配线用钢索工程。

保证项目

检查数量：抽查5条。

检验方法：观察检查。

基本项目

评定代号：优良√，合格○，不合格×。

1项 钢索的中间固定

合格：中间固定点间距不大于12m。吊钩可靠地托住钢索，吊杆或其他支持点受力正常；吊杆不歪斜，油漆完整。

优良：在合格基础上，吊点均匀，钢索表面整洁，镀锌钢索无锈蚀，塑料护套钢索的护套完好。固定点间距相同，钢索的弛度一致。

检查数量：抽查5段。

检验方法：观察检查。

2项 接地(接零)　钢索及其吊架接地(接零)支持敷设

合格：连接紧密、牢固、接地(接零)线截面选用正确，需防腐的部分涂漆均匀无遗漏。

优良：在合格基础上，线路走向合理，色标准确，涂刷后不污染设备和建筑物。

检查数量：抽查5处。

检验方法：观察检查。

允许偏差项目

检查数量：按不同配线类别各抽查10处。

检验方法：用尺量检查，每处检测1点。

硬母线安装分项工程质量检验评定表

表 2-64

工程名称：　　　　　　　　　　　　部位：

		项　目					质　量　情　况								
保证项目	1	硬母线的品种、规格、质量必须符合设计要求，高压绝缘子和高压穿墙套管的耐压试验必须符合施工规范规定													
	2	高压瓷件表面严禁有裂纹、缺陷和瓷釉损坏等缺陷													
	3	母线连接必须符合下列规定： (1) 搭接(包括与设备的搭接)接触面间隙用 0.05mm×10mm 塞尺检查；线接触的塞不进去；面接触的，接触面宽 56mm 及以下时，塞入深度不大于 4mm；接触面宽 63mm 及以上时，塞入深度不大于 6mm (2) 焊接，在焊缝处有 2～4mm 的加强高度，焊口两侧各凸出 4～7mm；焊缝无裂纹、未焊透等缺陷，残余焊药清除干净 (3) 不同金属的母线搭接，其搭接面的处理符合施工规范规定													
	4	母线的弯曲处严禁有缺口和裂纹													

		项　目			质　量　情　况									等级
					1	2	3	4	5	6	7	8	9	10	
基本项目	1	母线绝缘子及支架安装													
	2	母线安装													
	3	接地(接零)													

		项　目		允许偏差或弯曲半径		实　测　值									
						1	2	3	4	5	6	7	8	9	10
允许偏差项目	1	母线间距与设计尺寸间		±5mm											
	2	母线平弯最小弯曲半径	$B×\delta \leqslant 50×5$	铜	$>2\delta$										
				铝	$>2\delta$										
			$B×\delta \leqslant 125×10$	铜	$>2\delta$										
				铝	$>2.5\delta$										
	3	母线立弯最小弯曲半径	$B×\delta \leqslant 50×5$	铜	$>1B$										
				铝	$>1.5B$										
			$B×\delta \leqslant 125×10$	铜	$>1.5B$										
				铝	$>2B$										

检查结果	保证项目				
	基本项目	检查　　项，其中优良　　项，优良率　　%			
	允许偏差项目	实测　　点，其中合格　　点，合格率　　%			

评定等级	工程负责人： 工　　长： 班 组 长：	核定等级	
		质量检查员：	

注：B 为母线宽度(mm)；δ 为母线厚度(mm)。

年　月　日

说　明

本表适用于硬母线安装工程。

保证项目

1 项　检查数量：全数检查。检验方法：检查耐压试验记录。

2 项　检查数量：穿墙套管全数检查；绝缘子抽查 5 个。检验方法：观察检查。

3 项　检查数量：按不同种类的接头各抽查 5 个。检验方法：观察检查和实测或检查安装记录。

4 项　检查数量：抽查 5 个弯头。检验方法：观察检查。

基本项目

评定代号：优良√，合格○，不合格×。

1 项母线绝缘子及支架安装

合格：位置正确，固定牢靠，固定母线用的金具正确、齐全，黑色金属支架防腐完整。

优良：在合格基础上，安装横平竖直，成排的排列整齐，间距均匀，油漆色泽均匀，绝缘子表面清洁。

检查数量：抽查 10 处。

检验方法：观察检查。

2 项母线安装

合格：(1) 平直整齐，相色正确；母线搭接用的螺栓和母线钻孔尺寸正确。

　　　(2) 多片矩形母线片间保持与母线厚度相等的间隙，多片母线的中间固定架不形成闭合磁路；封闭母线外壳连接紧密，导电部分搭接螺栓的扭紧力矩符合产品要求，外壳的支座及端头固定牢靠，无摇晃现象，采用拉紧装置的车间低压架空母线，拉紧装置固定牢靠，同一档内各母线弛度相互差不大于 10%。

优良：在合格基础上，使用的螺栓螺纹均露出螺母 2~3 扣；搭接处母线涂层光滑均匀；架空母线弛度一致；相色涂刷均匀。

检查数量：按母线不同安装方式或结构类别各抽查 10 处。

检验方法：观察检查和检查安装记录。

3 项接地（接零）

合格：母线支架及其他非带电金属部件接地（接零）支线敷设连接紧密、牢固，接地（接零）线截面选用正确，需防腐的部分涂漆均匀无遗漏。

优良：在合格基础上，线路走向合理，色标准确，涂刷后不污染设备和建筑物。

检查数量：抽查 5 处。

检验方法：观察检查。

允许偏差项目

检查数量：线间距离抽查 10 处，弯头按不同形式各抽查 5 个。

检验方法：全部尺量检查。

2.2 建筑设备安装工程

滑接线和移动式软电缆安装分项工程质量检验评定表　　　表 2-65

工程名称：　　　　　　　　　　　　　　　　部位：

	项　目		质量情况
保证项目	1	滑接线和软电缆的品种、规格、质量必须符合设计要求。滑接线和移动式软电缆的相间或各相对地间的绝缘电阻值必须符合施工规范规定	
	2	型钢滑接线的中心线与起重机轨道的实际中心线的距离和同一条型钢滑接线的各支型钢间的水平或垂直距离必须保持一致,其最大偏差值严禁超过施工规范的规定值	
	3	滑接线在绝缘子上固定可靠；滑接线连接处平滑,滑接面严禁有锈蚀；在滑接线与导线端子连接处必须作镀锌或镀锡处理	

		项　目	质　量　情　况										等级
			1	2	3	4	5	6	7	8	9	10	
基本项目	1	绝缘子和支架安装											
	2	滑线安装											
	3	移动式软电缆安装											
	4	滑接器安装											
	5	接地(接零)											

检查结果	保 证 项 目	
	基 本 项 目	检查　　　项,其中优良　　　项,优良率　　　%

评定等级	工程负责人：	核定等级	
	工　　长：		
	班组长：		
			质量检查员：

年　月　日

说 明

本表适用于滑接线和移动式软电缆安装。

保证项目

检查数量:1项全数检查。2项抽查5条。3项每条各抽查5处。检验方法:1项实测或检查绝缘电阻测试记录。2项实测或检查安装记录。3项观察检查。

基本项目

评定代号:优良√,合格○,不合格×。

1项绝缘子和支架安装

合格:绝缘子无裂纹和缺损,与支架间的缓冲软垫片齐全;支架安装平整牢固,间距均匀,油漆完整。

优良:在合格基础上,绝缘子清洁,支架油漆色泽均匀,连接用的螺栓螺纹露出螺母2～3扣。

检查数量:每条抽查5处。检验方法:观察检查。

2项滑线安装

合格:(1) 变形缝和检修段处留有10～20mm的间隙,间隙两侧的滑线端头圆滑,滑接面间高差不大于1mm;

(2) 自由悬吊滑线的弛度,相互间的偏差不大于20mm;

(3) 非滑接部分油漆完整,警戒色标正确;滑线指示灯指示正常。

优良:在合格基础上,起重机运行时,滑块或其他受电器在全程滑行中平稳,无较大的火花。

检查数量:每条抽查5处。检验方法:观察和通电试运行检查、检查安装记录。

3项移动式软电缆安装

合格:(1) 软电缆的滑轨或吊索终端固定牢靠,吊索调节装置齐全;

(2) 软电缆的悬挂装置沿滑轨或钢索滑动时灵活平稳,无卡阻现象;

(3) 电缆移动段长度比起重机移动距离长15%～20%;如设计无特殊要求,移动段长度大于20m加装牵引绳。

优良:在合格基础上,电缆退扭良好,运行时不打扭;黑色金属部件防腐完整。

检查数量:抽查5处。检验方法:观察和通电试运行检查、检查安装记录。

4项滑接器安装

合格:接触面平整光滑,与滑线接触可靠,滑接器的中心线(宽面)不越出滑接线的边缘,绝缘部件完整齐全。

优良:在合格基础上,导线引线固定牢靠,滑块可动部分灵活无卡阻。

检查数量:抽查5处。检验方法:观察和通电试运行检查。

5项接地(接零)非带电金属支架及其他部件接地(接零)支线敷设

合格:连接紧密、牢固,接地(接零)线截面选用正确,需防腐的部分涂漆均匀无遗漏。

优良:在合格基础上,线路走向合理,色标准确,涂刷后不污染设备和建筑物。

检查数量:抽查5处。检验方法:观察检查。

2.2 建筑设备安装工程

电力变压器安装分项工程质量检验评定表

表 2-66

工程名称：　　　　　　　　　　　　　部位：

	项　目	质　量　情　况										
保证项目	1	变压器及其附件的规格质量必须符合设计要求。电力变压器及其附件的试验调整和器身检查结果必须符合施工规范规定										
	2	并列运行的变压器，必须符合并列条件										
	3	高低压瓷件表面严禁有裂纹缺损和瓷釉损坏等缺陷										

	项　目	质　量　情　况										等级
		1	2	3	4	5	6	7	8	9	10	
基本项目	1	变压器本体安装										
	2	变压器附件安装										
	3	变压器与线路连接										
	4	接地（接零）										

检查结果	保 证 项 目	
	基 本 项 目	检查　　　项，其中优良　　　项，优良率　　　％

评定等级	工程负责人： 工　　长： 班 组 长：	核定等级	
			质量检查员： 　　　　　　　　　年　月　日

说 明

本表适用于电力变压器安装。

保证项目

  检查数量：全数检查。检验方法：1项检查安装和调整试验记录。2项实测或检查定相记录。3项观察检查。

基本项目

  评定代号：优良√，合格○，不合格×。

1 项变压器本体安装

  合格：(1) 位置正确，注油量、油号准确，油位清晰，油箱无渗油现象，就位后，轮子固定可靠；

    (2) 装有气体继电器的变压器顶盖，沿气体继电器的气流方向有1%～1.5%的升高坡度。

  优良：在合格的基础上，器身表面干净清洁，油漆完整。

  检查数量：全数检查。检验方法：观察检查和实测或检查安装记录。

2 项变压器附件安装

  合格：(1) 与油箱直接连通的附件内部清洗干净，安装牢固，连接严密，无渗油现象；

    (2) 膨胀式温度计毛细管的弯曲半径不小于50mm，且管子无压扁和急剧的扭折现象，毛细管过长部分盘放整齐，温包套管充油饱满；

    (3) 有载调压开关的传动部分润滑良好，动作灵活、准确。

  优良：在合格的基础上，附件与油箱间的连接垫圈、管路和引线等整齐美观。

  检查数量：全数检查。检验方法：观察检查和检查安装记录。

3 项变压器与线路连接

  合格：(1) 连接紧密，连接螺栓的锁紧装置齐全，瓷套管不受外力；

    (2) 零线沿器身向下接地装置的线段，固定牢靠；

    (3) 器身各附件间连接的导线有保护管，保护管、接线盒固定牢靠，盒盖齐全。

  优良：在合格基础上，引向变压器的母线及其支架、电线保护管和接零线等均便于拆卸，不妨碍变压器检修时的搬动；各连接用的螺栓螺纹露出螺母2～3扣；保护管颜色一致，支架防腐完整。

  检查数量：全数检查。检验方法：观察检查。

4 项接地(接零)变压器及其附件外壳和其他非带电金属部件接地(接零)支线敷设。

  合格：连接紧密、牢固，接地(接零)线截面选用正确，需防腐的部分涂漆均匀无遗漏。

  优良：在合格基础上，线路走向合理，色标准确，涂刷后不污染设备和建筑物。

  检查数量：抽查5处。检验方法：观察检查。

高压开关安装分项工程质量检验评定表

表2-67

工程名称： 部位：

<table>
<tr><th colspan="3">项　目</th><th>质量情况</th></tr>
<tr><td rowspan="3">保证项目</td><td>1</td><td colspan="2">高压开关的型号、规格、质量必须符合设计要求。高压开关的试验调整结果必须符合施工规范规定</td></tr>
<tr><td>2</td><td colspan="2">瓷件表面严禁有裂纹、缺损和瓷釉损坏等缺陷</td></tr>
<tr><td>3</td><td colspan="2">导电接触面，开关与母线连接处必须接触紧密，用0.05mm×10mm塞尺检查：线接触的塞不进去；面接触的，接触面宽50mm及其以下时，塞入深度不大于4mm；接触面宽60mm及其以上时，塞入深度不大于6mm</td></tr>
</table>

<table>
<tr><td rowspan="2">基本项目</td><td colspan="2" rowspan="2">项　目</td><th colspan="10">质量情况</th><td rowspan="2">等级</td></tr>
<tr><th>1</th><th>2</th><th>3</th><th>4</th><th>5</th><th>6</th><th>7</th><th>8</th><th>9</th><th>10</th></tr>
<tr><td>1</td><td>开关安装</td><td></td><td></td><td></td><td></td><td></td><td></td><td></td><td></td><td></td><td></td><td></td></tr>
<tr><td>2</td><td>接地(接零)</td><td></td><td></td><td></td><td></td><td></td><td></td><td></td><td></td><td></td><td></td><td></td></tr>
</table>

<table>
<tr><td rowspan="2">检查结果</td><td colspan="2">保 证 项 目</td></tr>
<tr><td>基 本 项 目</td><td>检查　　项，其中优良　　项，优良率　　%</td></tr>
</table>

<table>
<tr><td rowspan="3">评定等级</td><td>工程负责人：

工　长：

班组长：</td><td rowspan="3">核定等级</td><td>

质量检查员：</td></tr>
</table>

年　月　日

说 明

本表适用于高压开关安装。

检查数量:按不同类型各抽查 1~3 台(接地或接零各抽查 5 处)。

保证项目

检验方法:1 项检查试验调整记录。

2 项观察检查。

3 项实测和检查安装记录。

基本项目

评定代号:优良√,合格○,不合格×。

1 项开关安装

合格:(1) 位置正确,固定牢靠,部件完整,操作部分灵活、准确,充油部分油号、油位正确清晰,无渗油现象;

(2) 支架、连杆和传动轴等固定连接牢靠,油漆完整。

优良:在合格的基础上,操动部分方便省力,空行程少,分合闸时无明显振动。

检验方法:观察、试操作检查。

2 项接地(接零)高压开关及其支架、操动机构等的接地(接零)支线敷设。

合格:连接紧密、牢固,接地(接零)线截面选用正确,需防腐的部分涂漆均匀无遗漏。

优良:在合格的基础上,线路走向合理,色标准确,涂刷后不污染设备和建筑物。

检验方法:观察检查。

成套配电柜(盘)及动力开关柜安装分项工程质量检验评定表

表 2-68

工程名称：　　　　　　　　　　　　　　　部位：

		项　目		质　量　情　况										
保证项目	1	配电柜(盘)及开关柜型号、规格、质量必须符合设计要求。柜(盘)的试验调整结果必须符合施工规范的规定												
	2	高压瓷件表面严禁有裂纹、缺损和瓷釉损坏等缺陷，低压绝缘部件完整												
	3	柜(盘)内设备的导电接触面与外部母线连接，必须接触紧密，用0.05mm×10mm塞尺检查；线接触的塞不进去；面接触的，接触面宽50mm及其以下时，塞入深度不大于4mm；接触面宽60mm及其以上时，塞入深度不大于6mm												

		项　目	质　量　情　况										等级
			1	2	3	4	5	6	7	8	9	10	
基本项目	1	柜(盘)组立											
	2	柜(盘)内的设备及接线											
	3	接地(接零)											

		项　目		允许偏差(mm)	实测值(mm)									
					1	2	3	4	5	6	7	8	9	10
允许偏差项目	1	基础型钢	顶部平直度 每米	1										
			全长	5										
	2		侧面平直度 每米	1										
			全长	5										
	3	柜盘安装	每米垂直度	1.5										
	4		盘顶平直度 相邻两盘	2										
			成排盘顶部	5										
	5		盘面平整度 相邻两盘	1										
			成排盘面	5										
	6		盘间接缝	2										

检查结果	保证项目				
	基本项目	检查　　项，其中优良　　项，优良率　　%			
	允许偏差项目	实测　　点，其中合格　　点，合格率　　%			

评定等级	工程负责人： 工　　长： 班 组 长：	核定等级	质量检查员：

年　　月　　日

说 明

本表适用于成套配电柜(盘)及动力开关柜的安装。

保证项目

检查数量:1~3项按不同类型各抽查1~3台。

检验方法:1项检查试验调整记录;2项观察检查;3项实测和检查安装记录。

基本项目

评定代号:优良√,合格○,不合格×。

1 项柜(盘)组立

合格:(1) 柜(盘)与基础型钢间连接紧密,固定牢固,接地可靠,柜(盘)间接缝平整;

(2) 盘面标志牌、标志框齐全、正确并清晰;

(3) 小车、抽屉式柜推拉灵活,无卡阻碰撞现象;接地触头接触紧密、调整正确,投入时接地触头比主触头先接触,退出时接地触头比主触头后脱开;

(4) 小车、抽屉式柜、动、静触头中心线调整一致,接触紧密;二次回路的切换接头或机械、电气联锁装置的动作正确、可靠。

优良:在合格基础上,油漆完整均匀,盘面清洁,小车或抽屉互换性好。

检查数量:单独安装的抽查1~5台,成排安装的抽查1~3排。

检验方法:观察检查。

2 项柜(盘)内的设备及接线

合格:(1) 完整齐全、固定牢靠,操动部分动作灵活、准确;

(2) 有二个电源的柜(盘),母线的相序排列一致;相对排列的柜(盘),母线的相序排列对称,母线色标正确;

(3) 二次结线准确、固定牢靠,导线与电器或端子排的连接紧密,标志清晰、齐全。

优良:在合格基础上,盘内母线色标均匀完整;二次结线排列整齐,回路编号清晰、齐全,采用标准端子头编号,每个端子螺丝上接线不超过两根。柜(盘)的引入、引出线路整齐。

检查数量:单独安装的抽查1~5台,成排安装的抽查1~3排。

检验方法:观察和试操作检查。

3 项接地(接零) 柜(盘)及其支架接地(接零)支线敷设。

合格:连接紧密,牢固,接地(接零)线截面选用正确,需防腐的部分涂漆均匀无遗漏。

优良:在合格基础上,线路走向合理,色标准确,涂刷后不污染设备和建筑物。

检查数量:抽查5处。

检验方法:观察检查。

允许偏差项目

检查数量:按柜(盘)安装不同类型各抽查5处。

检验方法:1、2项和4项成排盘顶部及5项成排盘面用拉线、尺量检查。3项用吊线、尺量检查。4、5项相邻两盘用直尺、塞尺检查。6项用塞尺检查。

2.2 建筑设备安装工程

低压电器安装分项工程质量检验评定表

表 2-69

工程名称：　　　　　　　　　　　　　　　　部位：

		项　目											质　量　情　况
保证项目	1	电器的规格、型号及材料的材质必须符合设计要求。绝缘测量和绝缘电阻值必须符合施工规范规定											
	2	电器的导电接触面和母线连接的接触面必须接触紧密，用0.05×10mm塞尺检查，线接触的塞不进去；面接触的，接触面宽 50mm 及其以下时，塞入深度不大于 4mm；接触面宽 60mm 及其以上时，塞入深度不大于 6mm											

		项　目	质　量　情　况										等　级
			1	2	3	4	5	6	7	8	9	10	
基本项目	1	电　器　安　装											
	2	操作机构安装											
	3	引　线　焊　接											
	4	接　地（接零）											

检查结果	保　证　项　目		
	基　本　项　目	检查　　　项，其中优良　　　项，优良率　　　%	

评定等级	工程负责人： 工　长： 班组长：	核定等级	 质量检查员：

　　　　　　　　　　　　　　　　　　　　　　　　　　　年　月　日

说 明

本表适用于低压电器安装工程。

保证项目

　　检查数量：1 项按不同类型各抽查 5 台。

　　　　　　　2 项按不同类型各抽查 1~3 台。

　　检验方法：1 项实测或检查绝缘电阻测试记录。

　　　　　　　2 项实测或检查安装记录。

基本项目

　　评定代号：优良√，合格○，不合格×。

　1 项电器安装

　　合格：(1) 部件完整，安装牢靠，排列整齐，绝缘器件无裂纹缺损；电器的活动接触导电部分接触良好，触头压力符合电器技术条件；电刷在刷握内能上、下活动；集电环表面平整、清洁；

　　　　　(2) 电磁铁芯的表面无锈斑及油垢，吸合、释放正常，通电后无异常噪声；注油的电器、油位正确，指示清晰，油试验合格，贮油部分无渗漏现象。

　　优良：在合格的基础上，电器表面整洁，固定电器的支架或盘、板平整，电器的引出导线整齐、固定可靠，电器及其支架油漆完整。

　　检查数量：按不同类型各抽查 5 台（件）。

　　检验方法：观察和试通电检查，检查安装记录。

　2 项操动机构安装

　　合格：动作灵活，触头动作一致，各联锁、传动装置位置正确可靠。

　　优良：在合格的基础上，操作时无较大振动和异常噪声，需润滑的部位润滑良好。

　　检查数量：按不同类型各抽查 5 台（件）。

　　检验方法：观察和试操作检查。

　3 项引线焊接

　　合格：焊缝饱满，表面光滑，焊药清除干净，锡焊焊药无腐蚀性。

　　优良：在合格的基础上，焊接处防腐和绝缘处理良好，引线绑扎整齐，固定可靠。

　　检查数量：抽查 10 处。

　　检验方法：观察检查。

　4 项接地（接零）电器及其支架的接地（接零）支线敷设

　　合格：连接紧密、牢固，接地（接零）线截面选用正确，需防锈的部分涂漆均匀无遗漏。

　　优良：在合格的基础上，线路走向合理，色标准确，涂刷后不污染设备和建筑物。

　　检查数量：抽查 5 处。

　　检验方法：观察检查。

电机的电气检查和接线分项工程质量检验评定表

表 2-70

工程名称： 部位：

<table>
<tr><th colspan="2">项　目</th><th colspan="11">质　量　情　况</th></tr>
<tr><td rowspan="3">保证项目</td><td>1</td><td colspan="11">电机的型号、规格、质量必须符合设计要求。电机的试验调整结果必须符合施工规范规定</td></tr>
<tr><td>2</td><td colspan="11">电机接线端子与导线端子必须连接紧密，不受外力，连接用紧固件的锁紧装置完整齐全。在电机接线盒内，裸露的不同相的导线间和导线对地间最小距离必须符合施工规范规定</td></tr>
</table>

	项　目	质　量　情　况										等　级
		1	2	3	4	5	6	7	8	9	10	
基本项目	1 电机抽芯检查											
	2 电机电刷安装											
	3 接　地(接零)											

检查结果	保证项目	
	基本项目	检查　　项，其中优良　　项，优良率　　%

评定等级	工程负责人： 工　长： 班组长：	核定等级	质量检查员： 年　月　日

说 明

本表适用于电机的电气检查和接线。

保证项目

检查数量:高压电机全数检查,低压电机抽查30%,但不少于5台。

检验方法:1项 实测或检查试验调整记录。

2项 观察检查和检查安装记录。

基本项目

评定代号:优良√,合格○,不合格×。

1项电机抽芯检查

合格:(1)线圈绝缘层完好,无伤痕,绑线牢靠,槽楔无断裂,不松动,引线焊接牢固,内部清洁,通风孔道无堵塞;

(2)轴承工作面光滑清洁,无裂纹或锈蚀,注油(脂)的型号、规格和数量正确,转子平衡块紧固,平衡螺丝锁紧,风扇叶片无裂纹。

优良:在合格基础上,电机油漆完整、均匀,抽芯检查记录齐全。

检查数量:抽查抽芯电机的30%,但不少于5台。重点检查大容量电机。

检验方法:观察检查和检查电机抽芯记录。

2项电机电刷安装

合格:(1)电刷与换向器或集电环接触良好,在刷握内能上、下活动,电刷的压力正常,引线与刷架连接紧密可靠;

(2)绕线电机的电刷抬起装置动作可靠,短路刀片接触良好,动作方向与标志一致。

优良:在合格的基础上,运行时电刷无明显火花。

检查数量:抽查5台。

检验方法:观察和试运行检查。

3项接地(接零)电机外壳接地(接零)支线敷设。

合格:连接紧密、牢固,接地(接零)线截面选用正确,需防腐的部分涂漆均匀无遗漏。

优良:在合格的基础上,线路走向合理,色标准确,涂刷后不污染设备和建筑物。

检查数量:抽查5处。

检验方法:观察检查。

2.2 建筑设备安装工程

蓄电池安装分项工程质量检验评定表 表 2-71

工程名称：　　　　　　　　　　　部位：

		项　目	质　量　情　况											
保证项目	1	蓄电池的型号、规格、质量必须符合设计要求。蓄电池电解液配制，首次充、放电的各项指标均必须符合产品技术条件及施工规范规定												
	2	蓄电池组母线对地的绝缘电阻值必须符合下列规定： (1) 110V 的蓄电池组不小于 0.1MΩ (2) 220V 的蓄电池组不小于 0.2MΩ												

		项　目	质　量　情　况										等级
			1	2	3	4	5	6	7	8	9	10	
基本项目	1	蓄电池台架											
	2	电 池 安 装											
	3	蓄电池母线安装											

检查结果	保 证 项 目	
	基 本 项 目	检查　　项，其中优良　　项，优良率　　％

评定等级	工程负责人： 工　　长： 班 组 长：	核定等级	 质量检查员：

年　月　日

说 明

本表适用于蓄电池安装。

保证项目

检查数量:全数检查。

检验方法:1 项检查充、放电记录。

2 项实测或检查绝缘电阻测试记录。

基本项目

评定代号:优良√,合格○,不合格×。

1 项蓄电池台架

合格:木台架干燥、光滑,无活疖和劈裂;台架尺寸正确,防酸处理完整。

优良:在合格基础上,木台架平直整齐,水泥台架耐酸衬砌平整。

检查数量:抽查 10 处。

检验方法:观察检查和检查安装记录。

2 项电池安装

合格:(1) 稳固、垫平,排列整齐,标志正确、清晰齐全;绝缘子、绝缘垫板等无碎裂和缺损;

(2) 容器内无严重的沉淀或其他杂物,容器本体无渗漏。

优良:在合格的基础上,表面清洁,容器内的有关表计清晰可见,电解液液位正确。

检查数量:抽查 10 处。

检验方法:观察检查。

3 项蓄电池母线安装

合格:(1) 母线及其支持件和支架平整,固定牢靠,母线平直,弯曲处弯度均匀一致;母线穿墙接线板固定牢固,密封良好;

(2) 母线熔焊焊接,焊缝无裂纹、气孔等缺陷;蜡焊焊接,焊缝饱满光滑。

优良:在合格的基础上,母线色标准确均匀,母线布置整齐合理。

检查数量:抽查 10 处。

检验方法:观察检查。

2.2 建筑设备安装工程

电气照明器具及其配电箱(盘)安装分项工程质量检验评定表

表 2-72

工程名称：　　　　　　　　　　　　　部位：

		项　目			质　量　情　况										
保证项目	1	器具及配电箱(盘)规格型号符合设计要求。大(重)型灯具及吊扇等安装用的吊钩、预埋件必须埋设牢固。吊扇吊杆及其销钉的防松、防振装备齐全、可靠														
	2	器具的接地(接零)保护措施和其他安全要求必须符合施工规范规定														

		项　目		质　量　情　况										等级
				1	2	3	4	5	6	7	8	9	10	
基本项目	1	器具安装													
	2	配电箱(盘、板)安装													
	3	导线与器具连接													
	4	接地(接零)													

		项　目		允许偏差(mm)	实测值 (mm)									
					1	2	3	4	5	6	7	8	9	10
允许偏差项目	1	箱、板、盘垂直度	箱(盘、板)体高 50cm 以下	1.5										
			箱(盘、板)体高 50cm 及其以上	3											
	2	照明器具	成排灯具中心线	5											
	3		明开关、插座的底板和暗开关、插座的面板	并列安装高差	0.5										
				同一场所高差	5										
	4			面板垂直度	0.5										

检查结果	保证项目					
	基本项目	检查　　项,其中优良　　项,优良率　　%				
	允许偏差项目	实测　　点,其中合格　　点,合格率　　%				

评定等级	工程负责人：	核定等级	
	工　　　长：		
	班　组　长：		

质量检查员：

年　　月　　日

说 明

本表适用于电气照明器具及其配电箱(盘)安装工程。

保证项目

检查数量:1项大(重)型灯具全数检查,吊扇抽查10%,但不少于5台。
　　　　 2项抽查10处。
检验方法:1项观察检查和检查隐蔽工程记录。
　　　　 2项观察检查和检查安装记录。

基本项目

评定代号:优良√,合格○,不合格×。

1项器具安装

合格:(1) 器具及其支架牢固端正,位置正确,有木台的安装在木台中心;
　　 (2) 暗插座、暗开关的盖板紧贴墙面,四周无缝隙;工厂罩弯管灯、防爆弯管灯的吊攀齐全,固定可靠;电铃、光字号牌等讯响显示装置部件完整,动作正确,讯响显示清晰;灯具及其控制开关工作正常。
优良:在合格的基础上,器具表面清洁,灯具内外干净明亮、吊杆垂直,双链平行。
检查数量:抽查器具总数的10%。
检验方法:观察检查。

2项配电箱(盘、板)安装

合格:位置正确,部件齐全,箱体开孔合适,切口整齐;暗式配电箱箱盖紧贴墙面,零线经汇流排(零线端子)连接,无绞接现象;箱体(盘、板)油漆完整。
优良:在合格基础上,箱体内外清洁,箱盖开闭灵活,箱内结线整齐,回路编号齐全、正确;管子与箱体连接有专用锁紧螺母。
检查数量:抽查5台。
检验方法:观察检查。

3项导线与器具连接

合格:(1) 连接牢固紧密,不伤芯线。压板连接时压紧无松动;螺栓连接时,在同一端子上导线不超过两根,防松垫圈等配件齐全;
　　 (2) 开关切断相线,螺口灯头相线接在中心触点的端子上;同样用途的三相插座的接线,相序排列一致;单相插座的接线,面对插座的右极接相线,左极接零线;单相三孔、三相四孔插座的接地(接零)线接在正上方;插座的接地(接零)线单独敷设,不与工作零线混同。
优良:在合格的基础上,导线进入器具的绝缘保护良好,在器具、盒(箱)内的余量适当。吊链灯的引下线整齐美观。
检查数量:按不同类别器具各抽查10处。
检验方法:观察、通电检查。

4项接地(接零)

检查数量:抽查5处。

检验方法：观察检查。

合格：柜(盘)及其支架接地(接零)支线敷设连接紧密、牢固,接地(接零)线截面选用正确,需防腐的部分,涂漆均匀无遗漏。

优良：在合格的基础上,线路走向合理,色标准确,涂刷后不污染设备和建筑物。

允许偏差项目

检查数量：配电箱(盘、板)抽查5台;器具抽查总数的10%,但不少于10套(件)。每台件的各项均测1点。

检验方法：1、4项吊线、尺量检查。

2项拉线、尺量检查。

3项尺量检查。

避雷针(网)及接地装置分项工程质量检验评定表

表 2-73

工程名称：　　　　　　　　　　　　　　部位：

保证项目		项　目	质量情况									
	1	材料的质量符合设计要求,接地装置的接地电阻值必须符合设计要求										
	2	接至电气设备、器具和可拆卸的其它非带电金属部件接地(接零)的分支线,必须直接与接地干线相连,严禁串联连接										

基本项目		项　目	质量情况										等级
			1	2	3	4	5	6	7	8	9	10	
	1	针(网)及其支持件安装											
	2	接地(接零)线的敷设											
	3	接地体安装											

允许偏差项目		项　目		规定数值	实测值 (mm)									
					1	2	3	4	5	6	7	8	9	10
	1	搭接长度	扁钢	$\geqslant 2b$										
			圆钢	$\geqslant 6d$										
			圆钢和扁钢	$\geqslant 6d$										
	2	扁钢搭接焊的棱边数		3										

检查结果	保 证 项 目	
	基 本 项 目	检查　　项,其中优良　　项,优良率　　%
	允许偏差项目	实测　　点,其中合格　　点,合格率　　%

评定等级	工程负责人： 工　　长： 班组长：	核定等级	
			质量检查员：

注：b 为扁钢宽度；d 为圆钢直径。　　　　　　　　　　　　　　　　　　年　月　日

说　　明

本表适用于避雷针(网)及接地装置安装。

保证项目

　　检查数量:1项全数检查,2项抽查设备、器具总数的10%。

　　检验方法:1项实测或检查接地电阻测试记录。2项观察检查和检查安装记录。

基本项目

　　评定代号:优良√,合格○,不合格×。

　　1项针(网)及其支持件安装

　　合格:位置正确,固定牢靠,防腐良好;针体垂直,避雷网规格尺寸和弯曲半径正确;避雷针及支持件的制作质量符合设计要求。设有标志灯的避雷针,灯具完整,显示清晰。

　　优良:在合格基础上,避雷网支持件间距均匀;避雷针针体垂直度偏差不大于顶端针杆的直径。

　　检查数量:全数检查。

　　检验方法:观察检查和实测或检查安装记录。

　　2项接地(接零)线的敷设

　　合格:(1) 平直、牢固,固定点间距均匀,跨越建筑物变形缝有补偿装置,穿墙有保护管,油漆防腐完整;

　　　　(2) 焊接连接的焊缝平整、饱满,无明显气孔、咬肉等缺陷;螺栓连接紧密、牢固,有防松措施;

　　　　(3) 防雷接地引下线的保护管固定牢靠,断线卡设置便于检测,接触面镀锌或镀锡完整,螺栓等紧固件齐全。

　　优良:在合格的基础上,防腐均匀,无污染建筑物。

　　检查数量:全数检查。检验方法:观察检查。

　　3项接地体安装

　　合格:位置正确,连接牢固,接地体埋设深度距地面不小于0.6m

　　优良:在合格的基础上,隐蔽工程记录齐全、准确。

　　检查数量:全数检查。检验方法:检查隐蔽工程记录。

允许偏差项目

　　检查数量:按不同搭接类别各抽查5处,每处测1点。

　　检验方法:1项尺量检查。

　　　　　　2项观察检查。

5. 分项工程质量检验评定中应注意的问题

(1) 在"配管及管内穿线分项工程质量检验评定表"中,保证项目1项中"……绝缘电阻值必须大于0.5MΩ",不能以此项记录代替绝缘电阻测试记录表格的填写;在允许偏差项目1项中"暗配管弯曲半径或允许偏差≥6D",应注意实测值的单位是毫米(mm);在填写前还应注明管子的直径,如管径为φ20,那么弯曲半径等于6D的话,实测最小值不应小于

120mm。

(2) 在"避雷针(网)及接地装置分项工程质量检验评定表"中,允许偏差项目1项中的扁钢、圆钢搭接长度前应注明扁钢和圆钢的规格(如 40×4、ϕ19 等)。

6. 分部工程质量检验评定

分部工程的质量等级、评定方法及表格同土建工程用表。

7. 观感质量评定(表2-74)

观感评定的等级标准及评定方法均同于暖卫与煤气工程,这里不再赘述。

2.2.2.7 设计变更、洽商记录

设计变更、技术洽商(经济洽商除外)应及时与设计单位办理签认手续。未经设计部门签认的技术变更应视为无效。

单位工程观感质量评定表
电器安装工程

表 2-74

工程名称：　　　　　　　　　　　　　施工单位：

序号	项目	应得分	检查记录										应得等级	实得分
			1	2	3	4	5	6	7	8	9	10		
1	配管配线	2												
2	配电箱、盘	2												
3	照明器具	2												
4	开关、插座及电具	2												
5	防雷、接地、动力	2												
6	配电柜及母线安装	1												
7	架空线路	1												
8	电缆线路	1												
9	变压器及开关装置	1												
10	电机检查接线	0.5												

评定结果： 应得　　　分　　实得　　　分　　得分率　　　%

检查单位　　　　　　　　　检查人　　　　　　　　　年　月　日

3 屋面工程施工阶段

3.1 建筑工程

3.1.1 原材料、半成品、成品出厂质量证明和试(检)验报告

防水材料请参阅本书1.2节的有关内容。

3.1.2 施工记录

浇水试验记录：屋面工程有条件的应做全部屋面的浇水试验，浇水试验应全面地同时浇水，可在屋脊处设干管向两边喷淋至少2h,浇水试验后检验屋面是否渗漏。检查的重点是管子根部、烟囱根部、女儿墙根部等凸出屋面部分的泛水及水落口等细部节点。浇水试验的方法和试验后的检验都必须做详细的记录，并应邀请建设单位检查，签字。浇水试验记录要存入施工技术资料中。

无条件做浇水试验的屋面工程，应做好雨季观察记录。每次较大降雨时施工单位应邀请建设单位对屋面进行检查，并做好记录，双方签认。经过一个雨季，屋面无渗漏现象视为合格。

3.1.3 隐蔽工程验收记录

为了保证屋面下各部做法符合设计要求，有良好的保温隔热性能，坡度符合规定，找平层、分格缝、排气槽等符合设计规范要求，防水层下各部做法符合质量标准，必须对防水层下各层做法进行检查，并填写隐检记录。

防水层检验内容包括：基层、防水层铺设（方向、搭头、压边、收头、顺向、厚度等），节点细部作法（高低跨、变形缝、沉降缝、檐口、天沟等阴阳角及转角处、连接处，以及管道设备穿过防水层的封固处等）。要求防水层粘结牢固、接缝严密、无空鼓及裂缝，屋面排水畅通无积水。如用卷材豆砂保护层铺设，应均无光板，如有隔热架空层，架空板应铺设牢固平稳。

防水层检验部位、项目、子目、签证应齐全。

3.1.4 技术交底

3.1.4.1 屋面保温层

本技术交底适用于一般工业与民用建筑工程采用松散、板状保温材料和现浇整体保温的屋面保温层工程施工。

1. 材料要求

所用材料的表观密度、含水率、导热系数等技术性能必须符合设计要求和施工规范的规定。应有质量证明文件。

松散的保温材料应使用无机材料，如选用有机材料时，要先做好材料的防腐处理。

(1) 松散材料：炉渣或水渣粒径一般为 5～40mm，不得含有石块、土块、重矿渣和未燃尽的煤块，表观密度为 500～800kg/m³，导热系数为 0.16～0.25W/m·K。

(2) 板状保温材料：外观整齐，厚度应根据设计要求确定，使用前应按设计要求检查其表观密度导热系数，含水率及强度。

A．泡沫混凝土板：表观密度不大于 500kg/m³，抗压强度应不低于 0.4MPa；

B．加气混凝土板：表观密度为 500～600kg/m³，抗压强度应不低于 0.2MPa；

C．聚苯板块：表观密度为 ≤45kg/m³，抗压强度应不低于 0.18MPa，导热系数为 0.043W/m·K。

2．主要机具

一般应备有铁锹（平锹）、木刮杠、水平（准）尺、手推车、木拍子等。

3．作业条件

(1) 铺设保温材料的基层施工完，将预制构件的吊钩、拖拉绳等清除干净，残留在构件外表的痕迹应磨平，抹入砂浆层内，经检查验收合格后，方可进行下道工序。

(2) 有隔气层要求的屋面，应先将基层清扫干净，按设计要求和施工规范规定，铺设隔气层。

(3) 铺设隔气层的基层表面应干燥、平整，不得有松散、开裂、起鼓等缺陷。

(4) 穿过屋面和墙面等结构层的管根部位，应用豆石混凝土填塞密实，将管根固定。

(5) 松散、板状保温材料的运输、存放应注意防潮，防止损伤和污染，雨天作业要防止水浸或雨淋。

4．操作工艺

工艺流程：

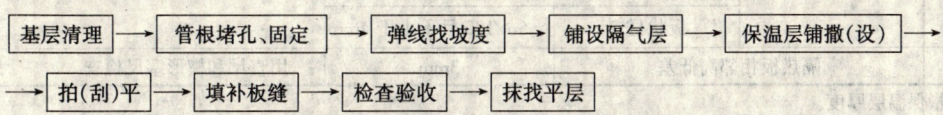

(1) 基层清理：预制或现浇混凝土的基层表面，应将尘土、杂物等清理干净。

(2) 铺设隔气层：应按设计要求或规范规定铺好油毡隔气层。

(3) 铺设松散保温层：

1) 松散保温层如采用炉渣或水渣，应经筛选，严格控制粒径，铺水泥焦渣要加水预闷。

2) 松散保温材料应分层铺设，并进行适当压实，每层铺设的厚度，应不大于150mm，其压实的程度及厚度应根据设计要求确定，完工后保温层的允许偏差为 +10% 或 -5%。

3) 铺设水泥焦渣层前，应根据设计要求的厚度拉线找出 2% 的泛水坡；铺设 1:6 水泥焦渣，最薄处为 30mm；铺设顺序应从一端开始退着向另一端进行，要振捣密实，表面用木杠刮平，用木抹子粗抹一遍。

4) 干铺加气混凝土板或聚苯板块等保温材料，应先将接触面清扫干净，板块应铺平垫稳，分层铺设的板块，其上下两层的接缝应错开，各层板间的缝隙，应用同类材料的碎屑嵌填密实，表面应与相邻两板的高度一致。

板块状保温层屋面构造如图 3-1 所示。

图 3-1 板块状保温层屋面

5. 保护层
4. 防水层
3. 找平层
2. 保温层
1. 结构层

5) 已铺完的松散、板状保温层要平整,不得在其上面行走运输小车和堆放重物。

(4) 倒置式屋面(图3-2):

如设计要求采用倒置式屋面,其防水层要平整,不得有积水现象;保温层使用憎水性胶结材料,要用机械搅拌均匀;对于檐口抹灰、薄钢板檐口安装等项,应严格按照施工顺序,在找平层施工前完成。

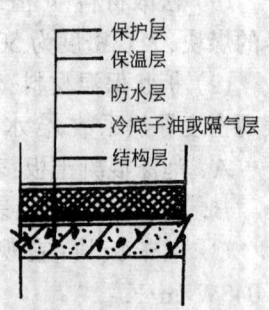

图3-2 倒置式屋面

5. 质量标准

(1) 保证项目:

保温材料的强度、表观密度、导热系数和含水率以及配合比,必须符合设计要求和施工规范的规定;

(2) 基本项目:

1) 松散的保温材料,分层铺设,压实适当,表面平整,找坡正确。
2) 板状保温材料,应紧贴基层,铺平垫稳,找坡正确,上下层错缝碰嵌填密实。
3) 整体保温层应拌合均匀,分层铺设,压实适当,表面平整,找坡正确。

(3) 允许偏差项目:见表3-1。

保温(隔热)层的允许偏差和检验方法 表3-1

项次	项 目		允许偏差	检验方法
1	整体保温层表面平整度	无找平层	5mm	用2m靠尺和楔形塞尺检查
		有找平层	7mm	
2	保温层厚度	松散材料	$+10\delta/100$ $-5/100$	用钢针插入和尺量检查
		整 体		
		板状材料	$\pm 5\delta/100$ 且不大于4mm	
3	隔热板相邻高低差		3mm	用直尺和楔形塞尺检查

注: δ 指保温层厚度。

6. 成品保护

(1) 油毡隔气层铺设前,应将基层表面的砂粒、硬块等杂物清扫干净,防止铺贴时损伤油毡。

(2) 在已铺好的松散、板状或整体保温层上不得直接行走运渣(块)小车,行走线路应铺垫脚手板。

(3) 保温层施工完成后,应及时铺抹水泥砂浆找平层,以减少受潮和进水,尤其在雨季施工,更要及时采取措施。

7. 应注意的质量问题

(1) 保温隔热层功能不良:保温材料表观密度过大,颗粒和粉末含量比例不均匀;铺设前含水量大,未充分凉干。使用前的材料应严格按照有关标准选择,加强保管和处理,对不符合规范要求的材料,不得使用。

(2) 铺设厚度不均匀:松散材料铺设时移动堆积,找坡不匀;抹砂浆找平层的方法不当,压实过程中挤压了保温层;分层铺设时,应掌握好各层的厚度,认真进行操作。

3.1.4.2 屋面找平层

本技术交底适用于工业与民用建筑铺贴卷材的整体和预制板块屋面水泥砂浆、沥青砂浆找平层施工。

1. 材料要求

(1) 所用材料的质量、技术性能必须符合设计要求和施工规范的规定。

1) 水泥：不低于 325 级普通硅酸盐水泥或矿渣硅酸盐水泥。

2) 砂：宜用中砂；含泥量不大于 3%，不含有机杂质，级配要良好。

(2) 沥青砂浆：最好选用与砂同类性质的矿物粉料，也可用矿渣、页岩粉、滑石粉等，但不得用石灰及粘土粉等；含泥量及有机杂质的要求同砂的要求。

(3) 沥青：沥青砂浆用的沥青、可采用 60 号甲、60 号乙的道路石油沥青或 75 号普通石油沥青。

2. 主要机具

一般应有砂浆搅拌机或混凝土搅拌机、运砂浆手推车、铁锹、铁抹子、水平刮杠、水平尺、沥青锅、加热炒盘、温度计、烙铁等。

3. 作业条件

(1) 找平层施工前，屋面保温层、结构层应进行隐蔽工程检查验收，并办理手续。

(2) 各种穿过屋面的预埋管件根部及烟囱、女儿墙、暖沟墙、伸缩缝等处的根部应按图纸要求做好处理。

(3) 根据设计规定的坡度、弹线、找好规矩（包括天沟、檐沟的坡度），并进行彻底清扫。

4. 操作工艺

工艺流程：

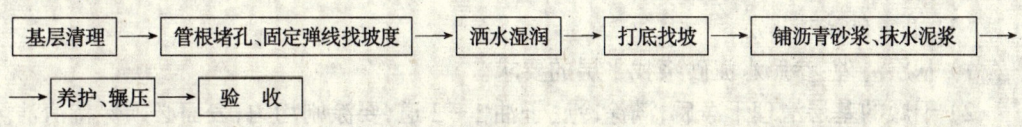

(1) 找平层的施工

见表 3-2。

找平层的施工标准　　　　　　　　表 3-2

类　别	基　层　种　类	厚　度 (mm)	技　术　要　求
水泥砂浆找平层	整体混凝土 整体或板状材料隔温层 装配式混凝土板、整体或板状材料隔温层	15～20 20～25 20～30	1:3（水泥泥砂）体积比，水泥强度等级不低于 32.5 级，洒水养护至无起砂现象
沥青砂浆找平层	整混凝土 装配式混凝土板、整体或板状材料隔温层	15～20 20～30	1:3（沥青：砂和粉料）重量比，压实找平

(2) 抹水泥砂浆找平层

1) 基层清理：将结构层、保温层或隔热层上面的松散杂物清扫干净，凸出基层表面的硬块要剔平扫净。

2) 如采用加气板块等预制保温层时，应先将板底垫实找平，不易填塞的立缝、边角破损处，宜用同类保温板块的碎末填实填平。

3) 洒水湿润，在抹找平层之前，应对基层洒水湿润，但不能将水浇透，宜适当掌握，以达到找平层、保温层能牢固结合为度。

4) 无保温层的屋面应在混凝土预制构件表面上均匀撒上水泥，然后浇水，用扫帚把水泥素浆涂刷均匀，随刷随做水泥砂浆找平层。

5) 冲筋贴灰饼，根据坡度要求拉线找坡贴灰饼，顺排水方向冲筋，冲筋的间距为1.5m；在排水沟、雨水口处找出泛水，冲筋后进行找平层抹灰。

6) 找平层要留分格缝，分格缝兼做排气屋面的排气道时，分格缝应适当加宽，并与保温层连通，一般分格缝的宽度应为20mm；留置分格缝的位置应在预制板支承的拼缝处，其纵缝的最大间距：水泥砂浆找平层不宜大于6m，沥青砂浆不宜大于4m。

7) 铺灰压头遍：沟边、拐角、根部等处应在大面积抹灰前先做，有坡度要求的部位，必须满足排水要求。

大面积抹灰在两筋中间铺砂浆（配合比应按设计要求），用抹子摊平，然后用短木杆根据两边冲筋标高刮平，再用木抹子找平，然后用木杠检查平整度。

8) 铁抹子压第二遍、第三遍：当水泥砂浆开始凝结，人踩上去有脚印但不下陷时，用铁抹子压第二遍，要注意防止漏压，并将死坑、死角、砂眼抹平，当抹子压不出抹纹时，即可找平、压实，完成第三遍抹压，这道工序，宜在砂浆初凝前进行。

砂浆的稠度应控制在7cm左右。

9) 养护：找平层抹平、压实后，常温时在24h后浇水养护，养护时间一般不小于7d，干燥后即可进行防水层施工。

(3) 沥青砂浆找平层

1) 基层清理：参照水泥砂浆找平层的要求。

2) 干燥的基层清理干净后，满涂冷底子油1~2道，要涂刷均匀，表面必须保持清洁。

3) 配制沥青砂浆：先将沥青熔化脱水，同时将中砂和粉料按配合比要求拌合均匀，预热烘干至120~140℃，然后将熔化的沥青按计量倒入拌合盘上与砂和粉料均匀拌合，并继续加热至要求温度，但不使升温过高，防止沥青碳化变质。

沥青砂浆施工的温度要求见表3-3。

沥青砂浆施工时温度要求 表3-3

室外温度 (℃)	沥青砂浆温度(℃)		
	拌 制	开始辗压时	滚压完毕
+5℃以上	140~170	90~100	60
+5~-10℃	160~180	110~130	40

4) 冷底子油干燥后，按照所放坡度铺设沥青砂浆，虚铺砂浆厚度应为压实厚度的1.3~1.4倍，分格缝一般以板的支撑点为界。

5) 砂浆刮平后，用火滚滚压（夏天温度较高时，滚内可不生火），至平整、密实、表面无蜂窝，看不出压痕时为止。

6) 滚桶应随时保持清洁，表面可刷柴油，根部及边角滚压不到之处，可用烙铁烫平压实，以不出现压痕为好。

7) 留置施工缝时，宜留成斜搓，在继续施工时，将接缝处清理干净，并刷热沥青一道，接

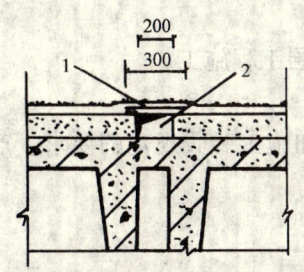

图 3-3 分格缝兼作排气孔
1—干铺油毡条；2—找平层分格线做排气孔

着铺沥青砂浆，铺后用火滚或烙铁烫平。

8）分格缝留设的间距，一般不大于 4m，缝宽一般为 20mm，如兼做排气屋面的排气道时，可适当加宽，并与保温层连通；

分格缝应附加 200～300mm 宽的油毡，并用沥青胶结材料单边点贴覆盖。如图 3-3。

5．质量标准

（1）保证项目：

1）找平层所用的原材料及配合比，必须符合设计要求和施工规范的规定。

2）屋面（包括天沟、檐沟）找平层的坡度，必须符合设计要求，纵向不宜小于 5‰，平屋面坡度不小于 3‰，内部排水的水落口周围应做成略低的凹坑。

（2）基本项目：

1）水泥砂浆找平层无脱皮和起砂等缺陷。

2）沥青砂浆找平层拌和均匀，表面密实，无蜂窝等缺陷。

3）找平层与脱出屋面结构的连接处和转角处应做成弧形或钝角，且整齐平顺。

4）分格缝的留设、位置和间距符合设计和施工规范规定。

（3）允许偏差项目：见表 3-4。

屋面找平层允许偏差 表 3-4

项次	项 目	允许偏差(mm)	检验方法
1	表面平整	5	用 2m 靠尺和楔形塞尺检查
2	预制找平层接缝高低差	3	用直尺和楔形塞尺检查

6．成品保护

（1）抹好的找平层上，推小车运物时，应先铺设木脚手板车道，以防止破坏找平层表面。

（2）雨水口、内排水口等部位应采取临时措施保护好，防止堵塞和杂物进入。

（3）沥青砂浆找平层滚压成活后，不得在上面走动或踩踏。

7．应注意的质量问题

（1）找平层起砂：

1）砂浆拌合过稀、配合比不准，水泥强度等级不够或不稳定。

2）抹压程度不足，养护过早、过晚，过早上人踩踏等均能引起找平层起砂。

（2）找平层空鼓、开裂：

1）所用砂子过细，基层表面清理不干净，施工前未浇水或浇水养护不够。

2）基底厚薄不均匀或施工中局部漏压。

3）屋面的转角处，出屋管根和埋件周围漏压或操作不够认真，构件吊环在抹灰前未割掉等原因，易产生空、鼓、裂。

（3）屋面倒泛水

冲筋时泛水坡没有找准确，或在铺灰时未用木杠找出泛水。铺灰厚度没按冲筋刮平顺，使泛水失去作用。

3.1.4.3 沥青油毡卷材屋面防水层

本技术交底适用于工业与民用建筑屋面沥青油毡卷材防水层工程施工。

1. 材料要求

(1) 所用卷材及其他材料的质量、技术性能必须符合设计和施工验收规范的要求。产品有合格证,并应做复试。

卷材:

石油沥青油毡:不低于350号的纸胎油毡;

焦油沥青油毡:不低于350号的纸胎油毡;

沥青玻璃丝布油毡;

沥青麻布油毡;

(2) 胶结材料:

建筑石油沥青:10号、30号甲、30号乙;

普通石油沥青:55号、60号;

焦油沥青:55号、60号;

(3) 其他材料:

水泥:不低于32.5级;

砂子:中砂,含泥量不大于3%;

清洗干净的豆石(0.3~0.5cm);

汽油、煤油、滑石粉、麻丝、苯类等。

2. 主要机具

一般应配备:沥青专用锅、油壶、油刷、长把条帚、保温车、运油桶、笊篱(漏勺)、温度计(350~400℃)、铁锹、刮板等;泡沫灭火器等消防器材。

3. 作业条件

(1) 铺贴卷材防水层的基层表面,必须平整、清洁、坚实、干燥,且不得有起砂、开裂和空鼓等缺陷。

(2) 如屋面找平层和保温层干燥有困难,可与设计单位洽商,采用排气屋面,屋面有保温层时,宜在找平层上留排气槽;无保温层或处于日温差较大地区,应考虑风力及屋面坡度等因素,采用花铺、条铺、空铺第一层卷材或增加油毡条方法,便于基层排出水分。

排气道要纵横贯通,不得堵塞,留出排气孔应与大气连通,其数量应根据基层潮湿程度和屋面构造情况确定,以每 $36m^2$ 留一孔为宜,并要做好防水措施;采用花铺、条铺、空铺或加油毡条带铺贴第一层卷材时,在檐口、屋脊和屋面的转角处等特殊部位,至少应用80cm宽的油毡满涂沥青胶结材料,并宜用冷底子油打底,将油毡牢固贴在基层上。

(3) 屋面找平层的坡度,应符合设计和施工验收规范要求,并不得有积水现象;

(4) 所有穿过屋面的管道、预埋件、楼板吊环、拖拉绳、外沿装饰用的吊架子固定点等应在防水层施工前做好基层处理,以免造成渗漏隐患。

(5) 屋面阴阳角、女儿墙、烟囱根、管道墙、天窗壁、伸缩缝、变形缝等处,应做成半径为100~150mm的圆弧或钝角。

4. 操作工艺

工艺流程:

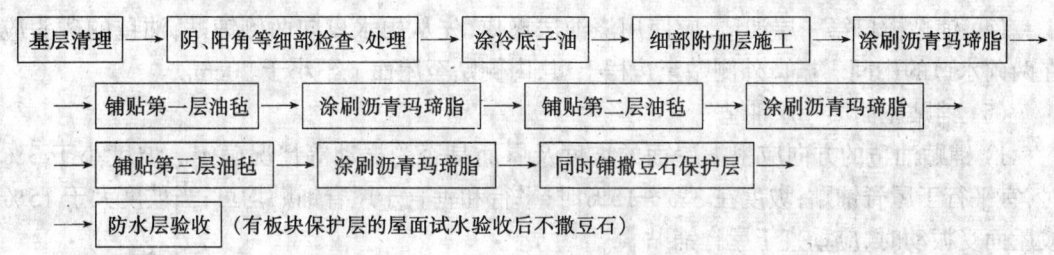

(1) 准备工作：

1) 材料加工：先将沥青破成碎块、放入沥青锅中均匀加热并随时搅拌，熔化后用笊篱（漏勺）及时清捞杂物，至脱水无泡沫时进行测温。建筑石油沥青的熬制温度应不高于240℃，使用温度不低于190℃，普通石油沥青的熬制温度应不高于280℃，使用温度不低于240℃，焦油沥青的熬制温度应不高于180℃，使用温度不低于140℃。

2) 配制冷底子油：先将沥青加热至不起泡沫，并且脱水，装入容器中冷却至110℃，缓慢注入汽油，开始每次2～3L，以后每次5L，随注入随搅拌至沥青全部熔解为止；另一种方法是沥青缓慢往汽油里兑（沥青温度宜控制在80～90℃），操作时要远离火源。两种方法的配合比均为重量比，汽油70%，石油沥青30%。

3) 油毡清扫：在平坦宽敞的地面上打开油毡，用扫帚将油毡表面的撒布物清扫干净。清扫时不得损坏油毡，扫净后再将油毡反卷，放在通风处（立放）待用。

4) 配制沥青胶结材料（玛琋脂）：铺贴卷材和豆石保护层所用的胶结材料，由于地区的温差、材料的性能以及使用要求、屋面坡度等情况，对胶结材料的耐热度、柔韧性、粘结力等各项技术指标均有不同的要求。

(2) 刷冷底子油，铺贴沥青油毡的基层表面应清扫干净，喷刷冷底子油，如需要在潮湿的基层上铺贴油毡时，冷底子油应在水泥砂浆找平层初凝阶段进行，以保证胶结材料与基层有的粘结力。小面或细部不易涂刷，可用胶皮滚或棕刷均匀仔细涂刷；喷刷要均匀一致，不得漏刷。

(3) 铺贴卷材附加层：在女儿墙、檐沟墙、天窗壁、变形缝、烟囱根、管道根的连接处及檐口、天沟、斜沟、水落口、屋脊等处按设计要求先做油毡附加层，并应附合规范规定。如图3-4、图3-5。

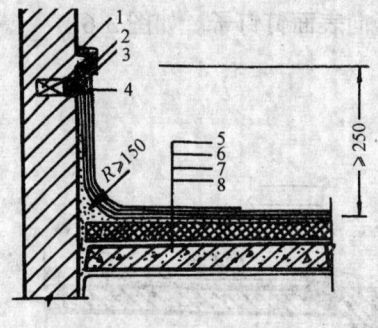

图 3-4
1—防腐木砖；2—水泥砂浆或沥青砂浆封严；3——20×0.5 薄钢板压住油毡并钉牢；4—防腐木条；5—油毡附加层；6—油毡防水层；7—砂浆找平层；8—保温层及钢筋混凝土基层

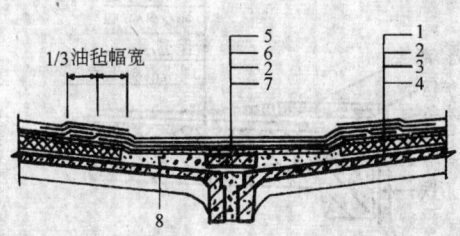

图 3-5 天沟与屋面连接处各层卷材的搭接方法
1—屋面油毡防水层；2—砂浆找平层；3—保温层；4—预制钢筋混凝土屋面板；5—天沟油毡防水层；6—天沟油毡附加层；7—预制混凝土薄板；8—天沟部分轻质混凝土

(4) 铺贴檐口第一层油毡,应使用浇油法操作,先从雨水口向两侧铺贴,油毡的碰头应在两雨水口的中间。檐口外侧贴至边楞上口,内侧贴至屋面上不小于20cm。

(5) 铺贴屋面第一层油毡

1) 铺贴油毡的方向应根据屋面的坡度及屋面是否受振动等情况确定。坡度小于3%时,宜平行于屋脊铺贴;坡度在3%～15%时,平行和垂直于屋脊铺贴均可;当坡度大于15%或屋面受振动时,应垂直于屋脊铺贴。

2) 铺贴的顺序:高低跨屋面应先高跨后低跨;铺贴时应从檐口端开始往上铺,浇油时应向油毡的宽度方向成蛇形浇油,不要浇的太长、太多,铺贴工人用两手紧压油毡向前滚压,并用力均匀揉压以便把沥青挤压出来。粘结材料的厚度宜为1~1.5mm,最厚不得超过2mm;冷玛琋脂的厚度宜为0.5~1mm;采用普通石油沥青或主要成分为普通石油沥青玛琋脂时,其厚度不得超过1.5mm。当使用热玛琋脂时,面层厚度为2~3mm;冷玛琋脂宜为1~1.5mm,玛琋脂应涂刷均匀,不得过厚或堆积。

3) 各层油毡的搭接宽度:长边不小于70mm;短边不小于100mm;若第一层油毡采用花、条、空铺时,长边不小于100mm,短边不小于150mm。平行于屋脊的搭接缝应顺水流方向,垂直于屋脊的搭接缝应顺主导风向。

油毡不方正时,可裁成2~3段铺贴。

屋面与突出屋面结构的连接处,除将油毡固定外,还宜采取隔热措施,以防止玛琋脂流淌。

(6) 铺贴屋面第二层油毡,做法同第一层,但油毡的长边搭接不小于100mm,短边不小于120mm;第一层与第二层油毡错开的搭接缝不小于250mm。铺贴时应压平压实,胶结材料的厚度不小于2mm。

(7) 铺贴屋面第三层油毡,做法同第一层,油毡的长、短边搭接同第二层,第三节层与第二层油毡错开的搭接可与第一层搭接重合,玛琋脂材料的厚度应不小于2mm,搭接缝要用同材料玛琋脂封严;设计无板块保护层的屋面应在涂刷最后一道玛琋脂时,将豆石保护层同时撒在上面。

(8) 无组织排水口檐口的一般做法:

1) 当采用薄钢板包檐口时,檐口的下部要做滴水,上部应做好保护楞,伸进屋面的薄钢板至保护楞的宽度不得小于100mm,卷材应紧密地与保护楞相衔接,交接处应用油膏或掺纤维的沥青填料仔细封至与保护楞平齐,不得在泄水的竖向表面钉钉子。如图3-6。

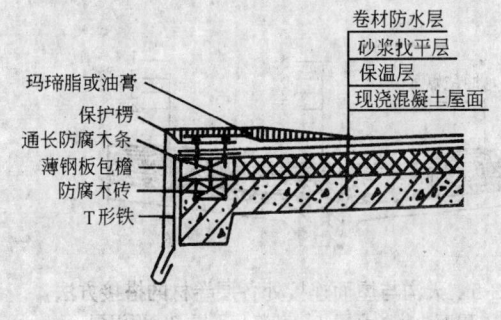

图3-6 薄钢板檐口

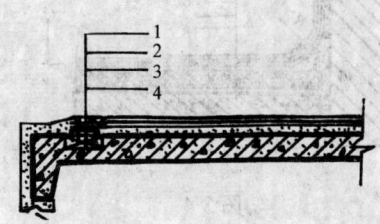

图3-7 混凝土檐口
1—沥青玛琋脂或油膏填嵌;2——20×0.5薄钢板压紧油毡并钉牢;3—防腐木条;4—防腐木砖

2) 混凝土檐口宜留凹槽,如图3-7。如檐口板较厚时,也可在板内预埋木砧,卷材端部应裁齐压入凹槽内,如用压条或带垫片钉子固定时,钉距不大于900mm,凹槽内用密封材料嵌填封严。如图3-8。

(9) 突出屋面结构处防水做法:

屋面与突出屋面结构的连接处,铺贴在立墙上的卷材高度应不小于250mm,一般可用叉接法与屋面卷材相互连接,每幅卷材贴好后,应立即将卷材上端固定在墙上。如用薄钢板泛水覆盖时,要用钉子将泛水与卷材层的上端钉牢在墙内的木砧上,泛水上部与墙间的缝隙应用沥青砂浆填平,并将钉帽盖住。

若用其他泛水时,卷材上端应用沥青砂浆或水泥砂浆封抹严密,并用T形或L形铁件承托,将钢板与铁件扣紧。

变形缝处附加墙砌筑前,缝口处应用伸缩片覆盖,砌好附加墙后,缝内要填充沥青麻丝,并按设计要求将伸缩片盖住,接缝处要用油膏嵌封严密。如图3-9。

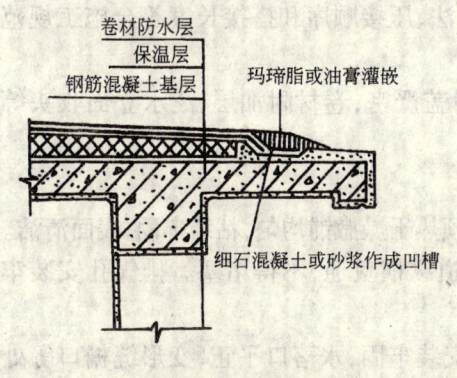

图 3-8 混凝土檐口

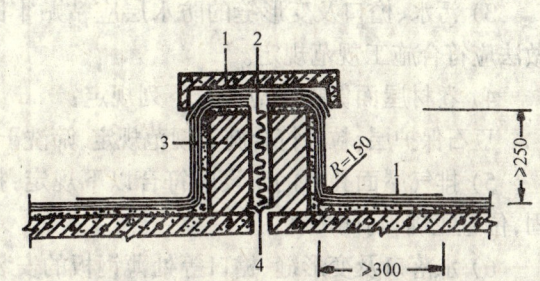

图 3-9 屋面变形缝做法
1—油毡附加层;2—沥青麻丝;3—砖砌体;4—伸缩片

(10) 内部排水口防水做法:

采用内部排水口铸铁水落口,杯口应牢固地固定在设计位置,安装前应彻底清除铁锈、刷好防锈漆,与水落口连接的各层卷材附加层,应按设计要求贴在杯口上,并用漏斗罩底盘压紧,底盘与卷材间涂沥青胶结材料,压紧的宽度不得小于100mm,底盘周围应用沥青胶结材料封平,并认真处理好水落口杯与竖管的连接处,防止漏水。

(11) 胶结材料选配:

采用建筑石油沥青胶结材料时,应配制成玛瑞脂;采用普通石油沥青(高腊沥青)或主要成为普通石油沥青做胶结材料时,可选用纯沥青。但做为屋面保护层时,均不得用纯沥青做胶结材料。

铺贴石油沥青油毡,必须采用石油沥青胶结材料;铺贴焦油沥青油毡,必须采用焦油沥青胶结材料。

(12) 铺设保护层:

油毡屋面必须铺设保护层,保护层应在防水层铺好一定面积并检查合格后,立即铺设,用豆石做保护层时,豆石必须清洁、干燥,其粒径为3~5mm,颗粒要均匀,颜色宜用浅色,质地要耐风化,铺设时应在油毡表面涂刷2~3mm厚的沥青玛瑞脂,趁热将豆石铺撒,保证与玛琋脂粘结牢固,未粘的豆石应随时清扫干净。

(13) 冬期施工：

卷材防水层一般不宜在冬期施工,必须在负温度下施工时,应有防寒措施。铺设保护层用的豆石,应进行预热,其预热温度以100℃左右为宜,趁热铺撒,并要保证沥青玛琋脂的厚度。冬期施工时防水层不得有龟裂及粘结不良等现象。

5. 质量标准

(1) 保证项目：

1) 油毡卷材和胶结材料的品种、标号及玛琋脂配合比,必须符合设计要求和施工规范的规定,检查产品出厂合格证,配合比和试验报告。

2) 屋面卷材防水层,严禁有渗漏现象。

(2) 基本项目：

1) 卷材防水层的表面平整度应符合排水要求,无积水现象。

2) 卷材铺贴的质量：冷底子油涂刷均匀,铺贴方法、压接顺序和搭接长度符合施工规范规定,粘结牢固,无滑移、翘边、起泡、皱折等缺陷。

3) 污水、檐口及变形缝的防水层应粘贴牢固、封盖严密；卷材附加层、泛水立面收头等做法应符合施工规范规定。

4) 卷材屋面保护层应符合下列规定：

豆石保护层：粒径符合施工规范规定,筛洗干净,预热干燥撒铺均匀,粘结牢固,表面清洁。

5) 排气屋面孔道的留设应符合以下规定：排气道纵横贯通,不得堵塞。排气孔安装牢固,位置正确,封闭严密。

6) 水落口及变形缝、檐口等处薄钢板的安装应安装牢固,水落口平正,变形缝檐口等处薄钢板安装顺直,防锈漆涂刷要均匀。

(3) 允许偏差项目：

见表3-5。

表3-5

项　次	项　目	允许偏差	检查方法
1	卷材搭接宽度	-10mm	尺量检查
2	玛琋脂软化点	±5℃	检查铺贴时测试记录
3	沥青胶结材料使用温度	-10℃	

6. 成品保护

(1) 施工人员应保护已做好的保温层、找平层等成品。

(2) 运送材料用的手推车支腿应用麻袋包扎,防止将油毡防水层刮破。

(3) 防水层施工时,注意不要让沥青污染墙面、檐口及门窗等做完的工程项目。

(4) 雨水口、斜沟、天沟等处应及时清理,不得有杂物堵塞。

(5) 油毡防水层做后,应及时做保护层,应注意施工中的成品保护。

7. 应注意的质量问题

(1) 积水现象：有污水的墙面、檐沟、屋面等处的基层应按规定做好泛水,卷材铺贴后的屋面坡度应不小于2%。

(2) 渗水:已铺完的屋面油毡应加强保护,小形工具和手推车走动易损伤油毡;烟囱根、出入孔等处油毡要贴在墙上25cm以上,用木压条压紧钉牢,油毡上口粘粗砂,并用1:2.5水泥砂浆抹平。

3.1.4.4 雨水管、变形缝制作安装

本技术交底适用于一般工业与民用建筑雨水管(包括水落斗、水落管、阳台雨罩出水口)、变形缝制作、安装。

1. 材料要求

所用材料的品种、规格应满足设计要求和施工规范的规定。

(1) 26号镀锌白铁皮、2mm厚薄钢板、3mm×20mm扁铁;

(2) $\phi 6$钢筋、$\phi 6$螺丝、圆钉等;

(3) 焊条(型号按设计要求选用);

(4) 焊锡、稀盐酸等。

2. 主要机具

一般应配备电烙铁或烙铁、烙铁钳、剪子、方木(檀木)、硬木柏板、木锤、钢针、钢錾子、方钢、螺丝刀、圆钢管、咬口机、剪板机、电焊机、折尺、直尺、划线规等。

3. 作业条件

屋面找平层施工完成,经隐蔽工程检查验收合格。

砖混结构水落管位置的墙面应随外架子勾缝,做好安装水落管的准备工作。

4. 操作工艺

工艺流程:

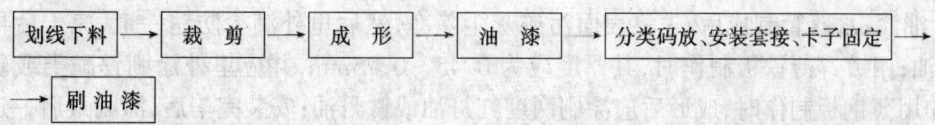

(1) 水落斗制作安装:

1) 划线下料:依照图纸尺寸规格,做好划线放样工作,为节约材料宜合理进行套裁;划线后经复合尺寸无误后先剪出样板,然后依照样板成批下料,先裁大料、后配小料,下料要做到尺寸准确,裁口垂直平正。

2) 将裁好的2mm钢板用电弧对口焊接,焊接的质量应符合要求。

3) 油漆:制作好的水落斗(包括铸铁水落斗),用钢丝刷刷掉锈斑,清除掉焊缝熔渣。用布擦净浮尘后先刷防锈漆一道,放在通风处凉干,按设计要求就位安装好后,刷调和漆。

4) 挑檐板水落斗安装:按照设计要求,先剔出挑檐板二端钢筋,用$\phi 6$钢筋焊接、支好模板、补浇灌C20挑檐混凝土,养护至达到强度后座浆,将水落斗卧入预留孔内,水斗上边与找平层一样平,压紧防水层后安装活动钢筋蓖子。如图3-10。

5) 女儿墙水落斗安装,根据设计要求,在砌筑女儿墙时,预留出水落斗孔洞,安装前应弹出中线、标高,然后将水落斗用水泥砂浆座稳,将左右两侧及上口用砖和砂浆嵌固,清水墙缝应与大面积墙体一致。或在砌筑墙体时,弹出中线、标高,然后将水落斗随墙砌入,压紧防水层,用水泥砂浆或豆石混凝土封口,达到强度后将蓖子安装稳固。如图3-11。

(2) 圆形水落管制作安装:

1) 划线下料:水落管一般用26号白铁皮制作,有方形和圆形两种,本工艺以圆形为准。

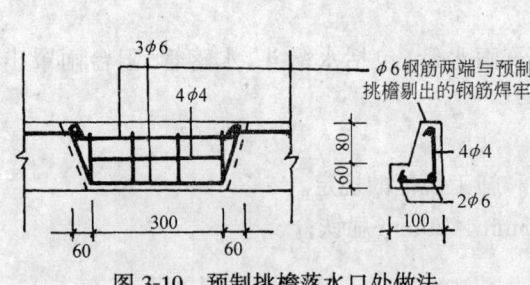

图 3-10 预制挑檐落水口处做法

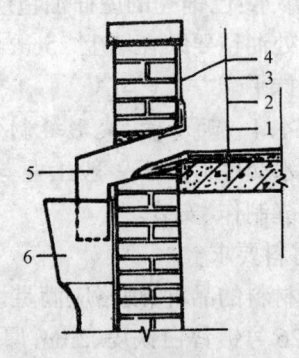

图 3-11 女儿墙落水口安装做法图
1—混凝土结构层;2—砂浆找平层;3—薄钢板;4—防水层及附加层;5—穿女儿墙水落口;6—檐口水落斗水落管

根据图纸标出水落管的直径计算圆周长加咬口尺寸,镀锌铁皮从短边开始,用尺量出大小头宽度及留出咬口用钢针划出标点,大小头周长差 5~6mm,用钢直尺划裁板线,大小头互为颠倒依次划线,划线后经校核无误后,先裁出样板,然后进行下料。

2) 成形咬口:水落管一般采用平咬口,先将铁皮的边口对齐方钢角,推至咬口线,用方木向下轻打打出咬口,然后将铁皮翻身调头,将另一边的咬口敲出,再依次对准各线打折 90°,最后将咬口敲紧,此时套在圆管上用手工压成圆弧形,用力要均匀,不压出棱角。水落管咬口也可用咬口机制作,为便于套紧,大小头直径差 1.5mm,并将小头剪出三角形做记号。

3) 油漆:水落管制成后,先将表面污迹灰尘除净,然后里外满涂防锈一道,凉干后再刷一道铅油;用镀锌薄铁板制作时,其厚度应为 0.45~0.75mm,并应里外涂刷锌磺类或磷化底漆;如用薄钢板制作时,成形后应涂刷两度红丹油或铁丹油;安装完毕后,涂刷最后一道调和漆。

4) 水落管安装:安装水落管随外檐抹灰架子由上往下进行,先在水落口处吊线坠弹出直线,用钢錾子在墙上打眼,按直线用水泥砂浆埋入卡子铁脚,卡子间距 1.2m 一个,卡子露出墙面 2cm 左右,待水泥砂浆达到强度后再安装水落管;有马腿弯时上口必须压进水斗嘴内 5~6cm,并在弯管与直管接槎处加钉一个卡子。安装下节水落管时套入上节水落管的长度应不少于 4cm,另一半圆卡子用螺丝拧紧;最下面一节管子要待勒脚、散水做完后才能安装,主管距散水面 20cm 处安装 45°弯嘴一个,弯嘴与水落管之间接头必须焊接;水落曾经过带形线脚、檐口等墙面突出部位处宜用直管,线脚、檐口等处应预留缺口或孔洞;如必须采用弯管绕过时,弯管的弯折角度应为钝角。

5) 阳台、雨罩水落口制作安装:

按照设计要求,划线下料,核对尺寸无误后,做出实样,上下应做出承插口,上口应在抹水泥砂浆前安装固定,下口应安装在立管预留的接口内,并进行焊接。安装前应清除锈斑,用布擦净后刷防锈漆一道,如采用镀锌铁板制作时,要在管内外涂刷锌磺类或磷化底漆,调和漆宜在安装稳固后,与主管同时涂刷。

凡屋面、檐口、檐沟、天沟、斜沟、泛水及水落斗(管)用镀锌薄板制作时,其厚度应符合 0.45~0.75mm 要求,并应经过风化或涂刷专用的锌磺类和磷化底漆,再涂刷罩面漆;如选薄钢板制作时,成形后应在其两面涂刷红丹油或铁丹油后,再刷两道罩面漆。

(3) 变形缝钢板制作安装：

1) 划线下料：缝口上盖板一般用24~26号白铁皮制作。或根据设计要求选用其它材料制作。

先依据图纸划线下料、根据变形缝实际长度加出搭接尺寸,先做样板；如实际需要的形状较多时,应分类制作样板,需要焊接的部位应在安装后量好尺寸再行焊接。

2) 变形缝的薄铁板罩制成后,先将其表面的污迹灰尘除净,然后在内外涂刷防锈漆一道；用镀锌薄铁板制作的罩,刷调和漆之前,应先刷锌磺类或磷化底漆；交活后再刷色铅油二道。

3) 变形缝铁板罩安装前,应检查缝口伸缩片、缝内填充的沥青麻丝、油膏嵌缝等工序的完成情况,经检查确无漏项时,再进行安装；变形缝与外墙、变形缝与挑檐等交接处,先用50mm元钉钉牢,用锡焊死钉头,经检查合格后,刷罩面漆一道。

5. 质量标准

(1) 保证项目：

1) 水落斗和水落管的制作必须符合设计要求,接缝无开焊,咬口无开缝。

2) 水落斗和水落管的安装必须牢固,管箍间距固定方法正确,排水通畅,无渗漏。

(2) 基本项目：

1) 水落管的连接,其上下管连接紧密,承插方向、长度、排水口距散水坡的高度应不大于200mm；水落管正侧视应基本顺直；弯管的结合角度应成钝角。

2) 水落管和水落斗的油漆除锈应干净,除锈后应涂刷防锈漆和两道罩面漆；如用薄钢板制作时,两面都涂刷两度防锈漆；颜色均匀、无脱皮、漏刷。

水落斗和水落管使用镀锌铁皮制作时,应涂刷锌磺类或磷化底漆,涂刷要均匀,不得有漏刷。

6. 成品保护

(1) 搬运水落斗、水落管要轻拿轻放,堆放地点应平整,横一排、竖一排顺序码放整齐。

(2) 涂刷各道油漆应按工艺要求进行,涂完的成品要防止污染和碰撞。

(3) 雨期施工时水落管未安装前,应采取排水措施,防止雨水污染水落斗附近的墙面。

(4) 水落斗、水落管安装后涂刷最后一道罩面漆时,应注意防止污染墙面。

7. 应注意的质量问题

(1) 水落管不直：安装卡子时没有吊线找垂直,产生正、侧视不顺直。

(2) 水斗高于找平层：安装水斗时没有剔除砂浆找平层,形成单摆浮搁,产生漏水隐患。

(3) 水落管卡子不牢：应用水泥砂浆灌注填紧,防止松动和卡子脱落。

3.1.4.5 合成高分子防水卷材屋面防水层

本技术交底适用于采用合成高分子防水卷材铺贴屋面的防水工程施工。

1. 材料要求

(1) 合成高分子卷材有：①三元乙丙-丁基橡胶防水卷材,规格：厚1.2mm、1.5mm,宽1m,长20m；②氯化聚乙烯-橡胶共混防水卷材,规格：厚1.2mm、1.5mm,宽1m、2m,长20m；③氯化聚乙烯防水卷材,规格：厚1.2mm,宽0.9m(20m/卷)。应符合GB 12953—91标准。

防水材料应有出厂合格证及使用认证证书,进场抽样复试达到技术指标、符合设计要求方准使用。

1) 三元乙丙-丁基橡胶防水卷材性能见表3-6。

三元乙丙-丁基橡胶防水卷材性能　　　　表3-6

项　目		性能指标
抗拉断裂强度(MPa)		>7.0
断裂伸长率(%)		>450
热老化保持率	断裂伸长率(%)	>70
	抗拉断裂强度(%)	>80
低温冷脆温度(℃)		-40℃以下
不透水性(MPa×min)		>0.3×30

2) 氯化聚乙烯-橡胶共混防水卷材技术性能见表3-7。

氯化聚乙烯-橡胶共混防水卷材技术性能　　　　表3-7

项　目	性能指标	粘结剂
抗拉强度	7.36 MPa	卷材-卷材粘结剂
断裂延伸率	450%	离强度≥50N/2.5cm
低温柔度	-30℃	
不透水性	0.3MPa×30min	

3) 氯化聚乙烯防水卷材技术性能见表3-8。

氯化聚乙烯防水卷材技术性能　　　　表3-8

项　目	性能指标	项　目	性能指标
抗拉强度	≥9.8MPa	耐热老化	100℃×720h 强度不下降
断裂伸长率	≥150%	耐低温	-30℃绕 ϕ10mm 圆棒无裂纹
不透水性	0.3MPa×2h 不透水		

(2) 合成高分子防水卷材配套材料见表3-9。

合成高分子防水卷材配套材料选择　　　　表3-9

配套材料	三元乙丙防水卷材使用	氯化聚乙烯-橡胶共混防水卷材使用	LYX-603 氯化聚乙烯防水卷材使用
1. 基层处理剂	聚氨酯甲、乙组分、二甲苯稀释剂	聚氨酯涂料稀释使用或水乳型涂料喷涂处理	释释粘结剂:乙酸乙酯:汽油=1:1
2. 基层粘结剂	CX-404 胶	CX-404 胶或 409 胶	LYX-603-3 号胶,淡黄色透明粘稠液体,剥离强度≥20N/2.5cm
3. 卷材接缝粘结剂	丁橡胶粘结剂甲、乙组分或单组分丁基橡胶粘结剂	氯丁系列胶粘剂 CX-404 胶 CX-401 胶	LYX-603-2 号胶,灰色粘稠液体,剥离强度25N/2.5cm
4. 增强密封膏	聚氨酯嵌缝膏(甲、乙组分)	聚氨酯嵌缝膏	聚氨酯嵌缝膏
5. 着色剂	用于屋面着色(银灰色)涂料	着色(银灰色)涂料	着色(银灰色)涂料
6. 自硫化胶带		丁基胶带或其他橡胶粘带	

注:第四节操作工艺中为三元乙丙防水卷材使用的配套材料,其他防水卷材按相应的配套材料使用。

2. 主要机具

一般应配备的合成高分子防水卷材施工机具见表3-10。

合成高分子防水卷材施工机具　　　　表3-10

机具名称	规格	数量	用途
高压吹风机	300mm	1个	清理基层用
扫帚	普通	3把	清理基层用
小平铲	小型	2把	清理基层用
电动搅拌器	300W	1台	搅拌胶粘剂等用
流动刷	$\phi 60\times 300$mm	4把	涂布胶粘剂用
铁桶	20L	2个	装胶粘剂用
汽油喷灯（或专用火焰喷枪）	3L	3个	（热熔法粘结卷材用）
压子	小型	2个	压实卷材接缝用
手持压滚	$\phi 40\times 50$mm	2个	压实卷材用
铁辊	300mm长 30kg重	1个	压实粘结层用
剪刀	普通	3把	剪裁卷材用
皮卷尺	50m	1把	度量尺寸用
钢卷尺	2m	4个	度量尺寸用
铁管	$\phi 30\times 1500$mm	1根	铺贴卷材用
小线绳		50m	弹基准线用
彩色粉		1kg	弹基准线用
粉笔		1盒	做标记用
安全带		1套	施工安全保护用品
工具箱		1个	保存工具用

3. 作业条件

（1）施工前审核图纸，编制防水工程施工方案，并进行技术交底。屋面防水必须由专业队施工，持证上岗。

（2）铺贴防水层的基层表面，应将尘土、杂物彻底清扫干净；表面残留的灰浆硬块及突出部分应清除干净，不得有空鼓、开裂及起砂、脱皮等缺陷。设备预埋件已安装好。

（3）基层坡度应符合设计要求，表面应保持干燥，含水率应不大于9%；并要平整、牢固，阴阳角转角处应做成圆弧或钝角。雨期施工基层必须干燥，尤其要控制含水率，达不到规定要求时，不得进行防水层施工。

（4）防水所用的卷材、胶粘剂、基层处理剂、二甲苯等，均属易燃物品，存放和操作应远离火源，在通风、干燥的室内存放，防止发生意外。

4. 操作工艺

工艺流程：

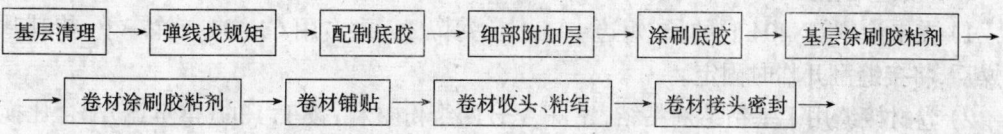

(1) 涂刷聚氨酯底胶：

1) 配制底胶：将聚氨酯材料按甲：乙：二甲苯＝1:1.5:1.5 的比例（重量比）配合搅拌均匀；配制成底胶后，即可进行涂刷。

2) 涂刷底胶（相当于冷底子油）：将配制好的底胶用长把滚刷均匀涂刷在大面积基层上，厚薄要一致，不得有漏刷和白点现象；阴阳角管根等部位可用毛刷涂刷；在常温情况下，干燥 4h 以上，手感不粘时为准，即可进行下道工序。

(2) 复杂部位附加层：

1) 增补剂配制：将聚氨酯材料按甲：乙组份以 1:1～1.5 的比例（重量比）配合搅拌均匀，即可进行涂刷；配制量视需要确定，不宜一次配制过多，防止多余部分固化。

2) 按上述方法配制好以后，用毛刷在阴角、排水口、通气孔根部等处，涂刷均匀，作为细部附加层，厚度以 1.5mm 为宜，待其固化 24h 后，即可进行下道工序。

(3) 铺贴卷材防水层：

1) 铺贴前在未涂胶的基层表面排好尺寸，弹出标准线，为铺好卷材创造条件。

2) 铺贴卷材时，先将卷材摊开在平整、干净的基层上清扫干净，用长把滚刷蘸 CX404 胶均匀涂刷在卷材表面，在卷材接头部位应空出 10cm 不涂胶，刷胶厚度要均匀，不得有漏底或凝聚块存在。当胶粘剂静置 10～20min 干燥，指触不粘手时，用原来卷卷材的纸筒再卷起来，卷时要求端头平整，不得卷成竹笋状，并要防止进入砂粒、尘土和杂物。

3) 基层涂布胶粘剂：已涂的基层底胶干燥后，在其表面涂刷 CX404 胶，涂刷要用力适当，不要在一处反复涂刷，防止粘在底胶，形成凝聚块，影响铺贴质量。复杂部位可用毛刷均匀涂刷，用力要均匀，涂胶后指触不粘时，开始铺贴卷材。

4) 铺贴时从流水坡度的下坡开始，先远后近的顺序进行，使卷材长向与流水坡度垂直，搭接顺流水方向。将已涂刷好 CX404 胶（粘结剂）预先卷好的卷材，穿入 $\phi 30mm$、长 1.5m 的锹把或铁管，由二人抬起，将卷材一端粘结固定，然后沿弹好的标准线向另一端铺贴；操作时卷材不要拉的太紧，每隔 1m 左右向标准线靠贴一下，依次顺序对准线边铺贴，或将已涂好胶的卷材，按上述方法推着向后铺贴。但是无论采取那种方法铺贴均不得拉伸卷材，要防止出现皱折。

铺贴卷材时要减少阴阳角的接头。

铺贴平面与立面相连接的卷材，应由下向上进行，使卷材紧贴阴阳角，不得有空鼓或粘贴不牢等现象。

5) 排除空气，每铺完一张卷材，应立即用干净的长把滚刷从卷材的一端开始在卷材的横方向顺序用力滚压一遍，以便将空气彻底排出。

6) 滚压，为使卷材粘贴牢固，在排除空气后，用 30kg 重、30cm 长的外包橡皮的铁辊滚压一遍，立面用手持压辊滚压粘牢。

(4) 接缝处理：

1) 在未涂刷 CX404 胶的长、短边 10cm 处，每隔 1m 左右用 CX404 胶涂一下，待其基本干燥后，将接缝翻开临时固定。

2) 卷材接缝用丁基粘结剂粘结，先将 A、B 两组份材料，按 1:1 的（重量比）配合比搅拌均匀,用毛刷均匀涂刷在翻开的接缝表面,待其干燥 30min 后(常温 15min 左右),即可进行粘合,从一端开始用手一边压合一边挤出空气;粘贴好的搭接处,不允许有皱折、气泡等缺陷,然后用铁辊滚压一遍;沿卷材边缘用聚氨酯密封膏封闭。

(5) 卷材末端收头:为使卷材末端收头粘贴牢固,防止翘边和渗水漏水,用聚氨酯密封膏等密封材料封闭严密后,再涂刷一层聚氨酯涂膜防水材料。

防水层铺贴不得在雨天、雪天、大风天施工;冬期施工的环境温度,应不低于 −5℃。

(6) 保护层:卷材铺贴完后应做蓄水试验,非上人屋面用长把滚刷均匀涂刷着色保护涂料。上人屋面按设计要求铺面砖等刚性保护层。

5. 质量标准

(1) 保护项目:

1) 合成高分子卷材和胶结材料的品种、牌号及配合比,必须符合设计要求和有关规范、标准的规定。

2) 卷材防水层及其变形缝、檐口、泛水、水落口,预埋件等细部做法,必须符合设计要求和施工规范的规定。

3) 卷材防水层严禁有渗漏现象。

(2) 基本项目:

1) 铺贴卷材防水层的表面应符合排水要求,防水层无积水现象。

2) 聚氨酯底胶、聚氨酯涂膜防水附加层要涂刷均匀,不得有漏刷和麻点等缺陷。

3) 卷材防水层铺贴和搭接、收头等细部做法,应符合设计要求和施工规范的规定,并应粘结牢固,无空鼓、损伤、滑移、翘边、起泡、皱折等缺陷。

4) 卷材防水层的保护层,涂料应附着牢固,覆盖均匀严密,颜色一致,不得有漏底和脱皮缺陷。

6. 成品保护

(1) 已铺贴好的卷材防水层,应及时采取保护措施,防止被机具及穿钉子的鞋戳破,以免造成隐患。

(2) 穿过屋面、墙面等处的管根,不得损伤变位。

(3) 变形缝、水落口等处施工中临时堵塞的废纸、麻绳、塑料布等,完工后应及时清理出去,保持管内、口内畅通无阻。

(4) 防水层施工完成后,应及时做好保护层。

(5) 施工时不得污染已做完的墙面等部位。

7. 应注意的质量问题

(1) 空鼓:卷材防水层空鼓,发生在找平层与卷材之间,且多在卷材的接缝处,其原因是防水层中存有水分,找平层不干,含水率过大;空气排除不彻底,卷材没有粘贴牢固。施工中应控制基层的含水率,并应把住各道工序的操作关。

(2) 渗漏:渗水漏水多发生在穿过屋面管根、出水口、伸缩缝和卷材搭接处等部位。伸缩缝未断开,产生防水层撕裂;其他部位由于粘贴不牢、卷材松动有空隙等;接槎处漏水原因是甩出的卷材未保护好,出现损伤和撕裂,或基层清理不干净,卷材搭接长度不够等;施工中应加强检查,严格执行工艺规程认真操作,这样渗漏可以得到有效控制。

3.1.4.6 高聚物改性沥青防水卷材防水层

本技术交底适用于采用高聚物改性沥青防水卷材热熔铺贴屋面防水层工程施工。

1. 材料要求

(1) 高分子聚合物(简称高聚物)改性沥青油毡,常用的有 SBS 改性沥青油毡。

1) 高聚物改性沥青油毡规格见表 3-11。

高聚物改性沥青油毡规格　　　　　表 3-11

厚度(mm)	宽度(mm)	长度(mm)	厚度(mm)	宽度(mm)	长度(mm)
2.0	≥1000	20	4.0	≥1000	10
3.0	≥1000	10	5.0	≥1000	10

注:热熔施工卷材厚度必须≥4mm。

2) 高聚物改性沥青油毡的技术性能见表 3-12。

高聚物改性沥青油毡技术性能　　　　　表 3-12

项目		单位	指标			
			Ⅰ类(聚酯胎)	Ⅱ类(麻布胎)	Ⅲ类(聚乙烯胎)	Ⅳ类(玻纤胎)
拉伸性能	拉力	N	≥400	≥400	>50	≥200
	延伸率	%	≥30	≥5	>200	>50
耐热度		℃	85℃,2h 不流淌,涂盖层无滑动,无集中性气泡			
低温柔性		℃	-15℃绕规定直径圆棒无裂纹			
不透水性	压力	MPa	不小于 0.2			
	保持时间	min	不小于 30			

(2) 配套材料:

1) 氯丁橡胶沥青胶粘剂:由氯丁橡胶加入沥青及溶剂等配制而成,外观为黑色液体。

2) 橡胶沥青嵌缝膏:即密封膏,用于管根等细部、伸缩缝等处的嵌固密封。

3) 70 号汽油、二甲苯等用于清洗工具及污染部位。

4) 保护涂料。

2. 主要机具

一般应配备:喷灯或可燃气体焰炬、剪刀、长把刷、滚动刷、自动热风焊接机、高压吹风机、电动搅拌器、钢卷尺、铁抹子、扫帚、小白线等。

3. 作业条件

参看"合成高分子防水卷材屋面防水层"有关内容。

4. 操作工艺

工艺流程(热熔法):

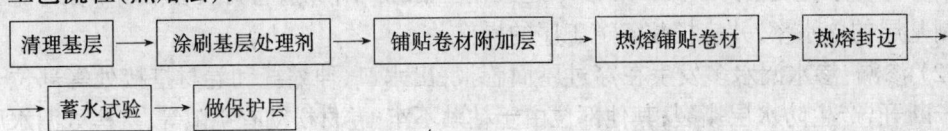

(1) 涂刷基层处理剂:高聚物改性沥青卷材可按照产品说明书配套使用。使用前在清理好的基层表面,将氯丁橡胶沥青胶粘剂加入工业汽油稀释,搅拌均匀,用长把滚刷均匀涂布于基层上,常温经过 4h 后,开始铺贴卷材。

(2) 附加层施工：女儿墙、水落口、管根、檐口、阴阳角等细部先做附加层，一般用热熔法使用改性沥青卷材施工，必须粘贴牢固。

(3) 热熔铺贴卷材：按弹好标准线的位置，在卷材的一端用煤气焊枪或汽油喷灯火焰将卷材涂盖层熔融，随即固定在基层表面，用焊枪或喷灯火焰对准油毡卷和基层表面的夹角，喷枪距离交界处30cm左右，边熔融涂盖层边跟随熔融范围缓慢地滚铺改性沥青油毡，将油毡与基层粘结牢固；油毡的长短边搭接宜不少于8～10cm，接缝处要用热风焊枪沿缝焊接牢固，或采用焊枪、喷灯的火焰熔焊粘牢，以边缘挤出沥青为合格。随即刮封接口，防止出现张嘴和翘边。

如采用双层铺贴防水层，第二层铺贴的油毡，必须与第一层油毡错开1/2宽，其操作方法与第一层方法相同。

平面部分油毡铺完经蓄水试验验收合格后，应按设计要求，做好保护层。不上人屋面一般在表面涂刷氯丁橡胶沥青粘结剂，随即撒片石保护层或在防水层表面涂刷银色反光涂料。

(4) 卷材末端收头：

防水层末端收头是一道关键工序，在油毡铺贴完后，应采用橡胶沥青粘结剂将末端粘结封严，防止张嘴翘边，造成渗漏隐患。

5．质量标准

(1) 保证项目：

1) 高聚物改性沥青防水卷材及胶粘剂的品种、牌号及胶粘剂的配合比，必须符合设计要求和有关标准的规定。

2) 卷材防水层及其变形缝、檐口、泛水、水落口、预埋管件等细部做法，必须符合设计要求和施工规范的规定。

3) 卷材防水层严禁有渗漏现象。

(2) 基本项目：

1) 铺贴卷材防水层的表面应符合排水要求；防水层无积水现象。

2) 基层处理剂涂刷均匀，不得有漏刷和麻点等缺陷。

3) 卷材防水层铺贴和搭接、收头处符合设计要求和施工规范规定，并粘结牢固，无空鼓、损伤、滑移、翘边、起泡，皱折等缺陷。

4) 卷材防水层的保护层，应牢固结合紧密，厚度均匀一致。

6．成品保护

(1) 已铺贴好的卷材防水层，应及时采取保护措施，不得损坏，以免造成隐患。

(2) 穿过屋面、墙面等处的管根，不得损伤变位。

(3) 变形缝、水落口等处施工中临时堵塞的废纸、麻绳、塑料布等，完工后应及时清理出去，保护管内、口内畅通无阻。

(4) 防水层施工完成后，应及时做好保护层。

(5) 施工时不得污染墙面等部位。

7．应注意的质量问题

(1) 空鼓：卷材防水层空鼓，发生在找平层与卷材之间，且多在卷材的接缝处，其原因是防水层中存有水分，找平层不干，含水率过大；空气排除不彻底，卷材没有粘贴牢固。施工中应控制基层含水率,并应把住各道工序的操作关。

(2)渗漏:渗水、漏水发生在穿过屋面管根、出水口、伸缩缝和卷材搭接处等部位。伸缩缝未断开,产生防水层撕裂;其他部位由于粘贴不牢,卷材松动或衬垫材料不严,有空隙等;接槎处漏水原因是甩出的卷材未保护好,出现损伤和撕裂,或基层清理不干净,卷材搭接长度不够等。施工中应加强检查,严格执行工艺规程认真操作,渗漏可以得到有效控制。

3.1.5 工程质量检验评定

此项归竣工组卷阶段第十二节。

1.屋面找平层分项工程质量检验评定表(表 3-13)

屋面找平层分项工程质量检验评定表　　　　　表 3-13

工程名称:　　　　　　　　　　　　部位:

保证项目		项　目		质　量　情　况										
	1	找平层的材料及配合比必须符合设计要求和施工规范规定												
	2	屋面(含天沟、檐沟)找平层的坡度必须符合设计要求												

基本项目		项　目		质　量　情　况										等级
				1	2	3	4	5	6	7	8	9	10	
	1	表　面	水泥砂浆找平层											
			沥青砂浆找平层											
			预制找平层											
	2	连接处和转角处												
	3	分格缝												

允许偏差项目		项　目	允许偏差(mm)	实测值 (mm)									
				1	2	3	4	5	6	7	8	9	10
	1	表面平整度	5										
	2	预制找平层接缝高低差	3										

检查结果	保证项目				
	基本项目	检查	项,其中优良	项,优良率	%
	允许偏差项目	实测	点,其中合格	点,合格率	%

评定等级	工程负责人: 工　长: 班组长:	核定等级	
			质量检查员:
			年　月　日

说 明

本表适用于卷材屋面的整体和预制找平层工程。

检查数量:按找平层面积每 $100m^2$ 抽查 1 处,每处 $10m^2$,但不少于 3 处(允许偏差项目,每处各检查 2 点)。

保证项目

检验方法:1 项检查产品出厂合格证和配合比。

2 项用坡度尺检查。

基本项目

评定代号:优良√,合格○,不合格×。

1 项表面

检验方法:观察和脚踩、尺量检查。

(1) 水泥砂浆找平层

合格:每处脱皮和起砂的累计面积不超过 $0.5m^2$。

优良:无脱皮和起砂等缺陷。

(2) 沥青砂浆找平层

合格:拌合均匀,表面密实。

优良:拌合均匀,表面密实,无蜂窝缺陷。

(3) 预制找平层

合格:紧贴基层,铺平垫稳,每处轻微松动不超过两块。

优良:紧贴基层,铺平垫稳,无松动现象。

2 项连接处和转角处

合格:做成圆弧形或钝角。

优良:做成圆弧形或钝角,且整齐平顺。

检验方法:观察检查。

3 项分格缝

合格:分格缝的位置符合设计要求和施工规范规定。

优良:分格缝的位置和间距符合设计要求和施工规范规定。

检验方法:观察和尺量检查。

允许偏差项目

检验方法:1 项用 2m 靠尺和楔形塞尺检查。

2 项用直尺和楔形塞尺检查。

2. 屋面保温(隔热)层分项工程质量检验评定表(表3-14)

屋面保温(隔热)层分项工程质量检验评定表 表3-14

工程名称：　　　　　　　　　　　　　　　部位：

保证项目		项 目		质 量 情 况										
	1	保温材料的强度、容重、导热系数和含水率以及配合比，必须符合设计要求和施工规范决定												
	2	架空板的强度必须符合设计要求，严禁有断裂和露筋等缺陷												

基本项目		项 目		质 量 情 况										等级
				1	2	3	4	5	6	7	8	9	10	
	1	保温层铺设	松散保温层											
			板状保温层											
			整体保温层											
	2	架空板隔热层												

允许偏差项目		项 目		允许偏差	实 测 值 mm									
					1	2	3	4	5	6	7	8	9	10
	1	整体保温层表面平整度	无找平层	5mm										
			有找平层	7mm										
	2	保温层厚度	松散材料	$+10\delta\%$										
			整 体	$-5\delta\%$										
			板状材料	$\pm5\delta\%$，且不大于4mm										
	3	隔热板相邻高低差		3mm										

检查结果	保证项目			
	基本项目	检查　　项，其中优良　　项，优良率　　%			
	允许偏差项目	实测　　点，其中合格　　点，合格率　　%			

评定等级	工程负责人： 工　　长： 班组长：	核定等级	
			质量检查员：

注：δ为保温层厚度。　　　　　　　　　　　　　　　　　　　　年　月　日

说　明

本表适用于松散、板状保温材料和整体的屋面保温层以及屋面的架空板隔热层工程。

检查数量：按保温（隔热）层面积每 $100m^2$ 抽查 1 处，每处 $10m^2$，但不少于 3 处（允许偏差项目每处的各项各检查 2 点）。

保证项目

检验方法：1 项观察检查和检查产品出厂合格证或试验报告。

　　　　　2 项观察检查和检查构件合格证或试验报告。

基本项目

评定代号：优良√，合格○，不合格×。

1 项保温层铺设

检验方法：观察检查。

(1) 松散保温层

合格：分层铺设，压实适当，表面基本平整，找坡基本正确。

优良：分层铺设，压实适当，表面平整，找坡正确。

(2) 板状保温层

合格：紧贴（靠）基层，铺平垫稳，找坡基本正确，板缝填嵌密实。

优良：紧贴（靠）基层，铺平垫稳，找坡正确，上下层错缝并填嵌密实。

(3) 整体保温层

合格：拌和均匀，分层铺设，压实适当，表面基本平整，找坡基本正确。

优良：拌和均匀，分层铺设，压实适当，表面平整，找坡正确。

2 项架空板隔热层

合格：架空板铺设平整、牢稳，缝隙勾填密实；架空高度及变形缝做法符合设计要求。

优良：架空板铺设平整、牢稳，边沿顺直，缝隙勾填密实，内部无杂物；架空高度及变形缝做法符合设计要求。

检验方法：观察和尺量检查。

允许偏差项目

检验方法：1 项用 2m 靠尺和楔形塞尺检查。

　　　　　2 项用钢针插入和尺量检查。

　　　　　3 项用直尺和楔形塞尺检查。

3. 卷材防水屋面分项工程质量检验评定表(表3-15)

卷材防水屋面分项工程质量检验评定表　　　　表3-15

工程名称：　　　　　　　　　　　　　部位：

保证项目	项　目		质　量　情　况									
	1	油毡卷材和胶结材料的品种、标号及玛琋脂配合比，必须符合设计要求和施工规范规定										
	2	屋面卷材防水层，严禁有渗漏现象										

基本项目	项　目	质　量　情　况										等　级
		1	2	3	4	5	6	7	8	9	10	
	1	坡度(平整)										
	2	卷材铺贴										
	3	泛水、檐口及变形缝										
	4	保护层(豆石、板块、整体)										
	5	排汽屋面孔道留设										
	6	水落口及变形缝										

允许偏差项目	项　目	允许偏差	实　测　值									
			1	2	3	4	5	6	7	8	9	10
	1	卷材搭接宽度	-10mm										
	2	玛琋脂软化点	±5℃										
	3	沥青胶结材料使用温度	-10℃										

检查结果	保证项目				
	基本项目	检查	项，其中优良	点，优良率	%
	允许偏差项目	实测	点，其中合格	点，合格率	%

评定等级	工程负责人： 工　长： 班组长：	核定等级	
			质量检查员： 　　　　　年　月　日

说 明

本表适用于以沥青胶结材料铺贴的卷材防水屋面工程。

检查数量：按铺贴面积每 $100m^2$ 抽查 1 处，每处 $10m^2$，但不少于 3 处（允许偏差项目的 1 项每处测 2 点；2、3 项每项不少于 4 次）。

保证项目

检验方法：1 项观察检查和检查产品出厂合格证、配合比和试验报告。
  2 项雨后或泼水观察检查。

基本项目

评定代号：优良√，合格○，不合格×。

1 项坡度

合格：基本符合排水要求，无明显积水现象。

优良：符合排水要求，无积水现象。

检验方法：观察检查（平整度）。

2 项卷材铺贴

合格：冷底子油涂刷均匀，铺贴方法，压接顺序和搭接长度基本符合施工规范规定，粘贴牢固，无滑移、翘边缺陷。

优良：在合格的基础上，粘贴牢固，无滑移、翘边、起泡、皱折等缺陷。

检验方法：观察检查。

3 项泛水、檐口及变形缝

合格：粘贴牢固，封盖严密；卷材附加层、泛水立面收头等做法基本符合施工规范规定。

优良：粘贴牢固，封盖严密；卷材附加层、泛水立面收头等做法符合施工规范规定。

检验方法：观察检查。

4 项保护层

(1)绿豆砂保护层

合格：粒径符合施工规范规定，筛洗干净，撒铺均匀，贴粘牢固。

优良：粒径符合施工规范规定，筛洗干净，预热干燥，撒铺均匀，粘结牢固，表面清洁。

检验方法：观察和手扳检查。

(2)板材和整体保护层

合格：板块无裂纹、缺楞、掉角，整体表面密实压光、无明显裂纹、脱皮、麻面和起砂现象。

优良：表面洁净，接缝均匀，周边顺直，板块无裂纹、缺楞、掉角等缺陷，整体表面密实光洁、无裂纹、脱皮、麻面和起砂等现象。

检验方法：观察检查。

5 项排汽屋面孔道留设

合格：排汽道纵横贯通，排汽孔安装牢固，封闭严密。

优良：排汽道纵横贯通，无堵塞；排汽孔安装牢固，位置正确，封闭严密。

检验方法：观察检查。

6 项水落口及变形缝

合格：各种配件均安装牢固，并涂刷防锈漆。

优良：安装牢固，水落口平正，变形缝、檐口等处薄钢板安装顺直，防锈漆涂刷均匀。

检验方法：观察和手扳检查。

允许偏差项目

检验方法：1 项用尺量检查。

2 项检查铺贴时的测试记录和用软化点测试仪逐锅检查。

3 项检查铺贴时的测试记录和在铺贴地点测油温。

3.1 建筑工程

4. 油膏嵌缝涂料屋面分项工程质量检验评定表(表 3-16)

油膏嵌缝涂料屋面分项工程质量检验评定表   表 3-16

工程名称：   部位：

保证项目	项 目										质量情况	
	1	嵌缝油膏和防水涂料的质量，必须符合设计要求和施工规范规定										
	2	油膏嵌缝必须填嵌严密，粘结牢固，无开裂；油膏的覆盖宽度超出板缝两边各不少于20mm										
	3	涂料防水层必须平整、均匀、无脱皮、起壳、裂缝、鼓泡等缺陷										

基本项目	项 目	质量情况										等 级
		1	2	3	4	5	6	7	8	9	10	
	1 板缝基层											
	2 嵌缝后的保护层											

检查结果	保证项目	
	基本项目	检查 项，其中优良 项，优良率 %

评定等级	工程负责人： 工 长： 班组长：	核定等级	质量检查员：

年 月 日

说 明

本表适用于板缝采用油膏嵌缝，板面采用涂料防水或板面自防水的屋面工程。

检查数量：按屋面面积每 $100m^2$ 抽查 1 处，每处 $10m^2$，但不少于 3 处。

保证项目

检验方法：1 项检查产品出厂合格证、配合比和试验报告。2 项观察和尺量检查。3 项观察检查。

基本项目

评定代号：优良√，合格○，不合格×。

1 项板缝基层

合格：板缝做法符合施工规范规定，板缝表面平整密实，干燥洁净，并涂刷冷底子油。

优良：在合格基础上，冷底子油涂刷均匀，无松动、露筋、起砂、起皮等缺陷。

检验方法：观察检查及检查施工记录。

2 项嵌缝后的保护层

合格：粘结牢固，覆盖严密。

优良：在合格基础上，保护层盖过嵌缝油膏两边各不少于20mm。

检验方法：观察和尺量检查。

5. 细石混凝土屋面分项工程质量检验评定表(表3-17)

细石混凝土屋面分项工程质量检验评定表　　　　表3-17

工程名称：　　　　　　　　　　　　　　部位：

		项　　目	质　量　情　况										
保证项目	1	原材料、外加剂、混凝土防水性能及强度，必须符合施工规范的规定											
	2	钢筋的品种、规格、位置及保护层厚度，必须符合设计要求和施工规范规定											
	3	细石混凝土防水层的坡度必须符合设计要求											

		项　　目	质　量　情　况										等级
基本项目			1	2	3	4	5	6	7	8	9	10	
	1	外　观											
	2	细　部											

		项　　目	允许偏差(mm)	实测值 (mm)									
允许偏差项目				1	2	3	4	5	6	7	8	9	10
	1	表面平整度	5										
	2	泛水高度	≥120										

检查结果	保证项目	
	基本项目	检查　　项，其中优良　　项，优良率　　％
	允许偏差项目	实测　　点，其中合格　　点，合格率　　％

评定等级	工程负责人： 工　　长： 班 组 长：	核定等级
		质量检查员： 年　月　日

说 明

本表适用于在无保温层的结构基层上,现浇细石混凝土防水层的屋面工程。

检查数量:按屋面面积每 1000m² 抽查 1 处,每处 10m²,但不少于 3 处。

保证项目

  检验方法:1 项检查产品出厂合格证、混凝土配合比和试验报告。

      2 项观察检查和检查钢筋隐蔽验收记录。

      3 项用坡度尺检查。

基本项目

  评定代号:优良√,合格○,不合格×。

  1 项外观

  合格:防水层表面平整,压实抹光,无裂缝。

  优良:防水层厚度均匀一致,表面平整,压实抹光,无裂缝、起壳、起砂等缺陷。

  检验方法:观察检查。

  2 项细部

  合格:泛水、檐口做法正确,分格缝的设置位置和间距做法基本符合施工规范规定,缝格和檐口顺直。

  优良:泛水、檐口做法正确,分格缝的设置位置和间距做法符合施工规范规定。缝格和檐口平直。

  检验方法:(泛水、分格缝、檐口)观察检查。

允许偏差项目

  检查数量:每处各检查 2 点。

  检验方法:1 项用 2m 靠尺和楔形塞尺检查。

      2 项尺量检查。

6. 平瓦屋面分项工程质量检验评定表(表3-18)

平瓦屋面分项工程质量检验评定表　　　　表3-18

工程名称：　　　　　　　　　　　　　　　部位：

		项　目	质　量　情　况
保证项目	1	平瓦的质量必须符合有关标准的规定	
	2	大风和地震地区以及坡度超过30°的屋面或楞摊瓦屋面，必须用镀锌铁丝将瓦与挂瓦条扎牢	

		项　目	质　量　情　况										等　级
			1	2	3	4	5	6	7	8	9	10	
基本项目	1	平瓦铺设											
	2	屋脊和斜脊											
	3	天沟、斜沟、檐沟、泛水											

		项　目	尺寸要求(mm)	实　测　值(mm)									
				1	2	3	4	5	6	7	8	9	10
允许偏差项目	1	脊瓦和坡瓦的搭接长度	≥40										
	2	天沟、斜沟、檐沟铁皮伸入瓦片下长度	≥150										
	3	瓦头挑出檐口的长度	50～70										
	4	突出屋面的墙或烟囱的侧面瓦伸入泛水长度	≥50										

检查结果	保证项目				
	基本项目	检查	项，其中优良	项，优良率	%
	允许偏差项目	实测	点，其中合格	点，合格率	%

评定等级	工程负责人： 工　　长： 班　组　长：	核定等级

质量检查员：

年　月　日

说 明

本表适用于粘土平瓦和水泥平瓦的屋面。

检查数量:按屋面面积每 100m² 抽查 1 处,每处 10m²,但不少于 3 处。

保证项目

检验方法:1 项观察检查和检查产品出厂合格证。

2 项观察和手扳检查。

基本项目

评定代号:优良√,合格○,不合格×。

1 项平瓦铺设

合格:挂瓦条分档均匀,铺钉牢固;瓦面基本整齐。

优良:挂瓦条分档均匀,铺钉平整、牢固,瓦面平整,行列整齐,搭接紧密,檐口平直。

检验方法:观察检查。

2 项屋脊和斜脊

合格:脊瓦搭盖正确,封固严密,屋脊和斜脊顺直。

优良:脊瓦搭盖正确,间距均匀,封固严密;屋脊和斜脊平直,无起伏现象。

检验方法:观察和手扳检查。

3 项天沟、斜沟、檐沟、泛水

合格:做法基本符合施工规范规定。结合严密,无渗漏。

优良:做法符合规范规定,平直整齐,结合严密,无渗漏。

检验方法:观察或雨后检查。

允许偏差项目

检查数量:每处测 2 点。

检验方法:用尺量检查。

7. 薄钢板、波形薄钢板屋面分项工程质量检验评定表(表3-19)

薄钢板、波形薄钢板屋面分项工程质量检验评定表　　　　表3-19

工程名称：　　　　　　　　　　　　　　　部位：

		项　目		质量情况									
保证项目	1	薄钢板和波形薄钢板的材质及厚度，必须符合设计要求和施工规范规定											
	2	波形薄钢板必须用带防水垫圈的镀锌螺栓(螺钉)固定，固定点设在波峰上											

		项　目		质量情况										等级
				1	2	3	4	5	6	7	8	9	10	
基本项目	1	钢板屋面安装质量												
	2	钢板屋面油漆												

		项　目		尺寸要求	实测值									
					1	2	3	4	5	6	7	8	9	10
允许偏差项目	1	同一坡面上相邻拼板平咬口及相对两坡面上立咬口的错开距离		≥50mm										
	2	檐口薄钢板挑出墙面的长度		≥200mm										
	3	与突出屋面的墙或烟囱的薄钢板泛水高度	迎水面	≥150mm										
			背水面	≥100mm										
	4	波形薄钢板搭接长度	相　邻	≥1个波										
			上、下排	≥80mm										
	5	屋脊、斜脊、天沟和泛水处搭接宽度与波形薄钢板		≥150mm										

检查结果	保证项目					
	基本项目	检查　　项，其中优良　　项，优良率　　%				
	允许偏差项目	实测　　点，其中合格　　点，合格率　　%				

评定等级	工程负责人： 工　长： 班组长：	核定等级 质量检查员：

年　月　日

说 明

本表适用于薄钢板和波形薄钢板屋面的制作和安装。

检查数量：按屋面面积每 100m² 抽查 1 处，每处 10m²，但不少于 3 处。

保证项目

 检验方法：1 项观察和尺量检查。

     2 项观察检查。

基本项目

 评定代号：优良√,合格○,不合格×。

 1 项钢板屋面安装质量

 合格：拼板的固定方法正确，横竖拼缝及其交接处的咬口严密；波形薄钢板的搭接缝严实。

 优良：在合格的基础上，无开缝，立咬口相互平行且高低一致；波形薄钢板的搭接缝严实。螺栓（螺钉）的数量符合施工规范规定。

 检验方法：观察检查。

 2 项钢板屋面油漆

 合格：除锈干净，涂刷防锈漆和两度罩面漆。如用薄钢板制作时，两面均涂刷防锈漆、油漆无脱皮、漏涂。

 优良：在合格基础上，油漆涂刷均匀、无脱皮、漏涂。

 检验方法：观察检查和检查施工记录。

允许偏差项目

 检查数量：每处均测 2 点。

 检验方法：均观察及用尺量检查。

8. 波形石棉瓦屋面分项工程质量检验评定表(表3-20)

波形石棉瓦屋面分项工程质量检验评定表　　表3-20

工程名称：　　　　　　　　　　　　　　部位：

<table>
<tr><td rowspan="3">保证项目</td><td colspan="2">项目</td><td colspan="11">质量情况</td></tr>
<tr><td>1</td><td colspan="2">波形石棉瓦(波瓦)的质量必须符合有关标准的规定</td><td colspan="10"></td></tr>
<tr><td>2</td><td colspan="2">波瓦必须先钻孔打眼，后用带防水垫圈的镀锌螺栓(螺钉)予以固定；固定点必须设在靠近波瓦搭接部分的盖瓦波峰上</td><td colspan="10"></td></tr>
<tr><td rowspan="3">基本项目</td><td colspan="2" rowspan="2">项目</td><td colspan="10">质量情况</td><td rowspan="2">等级</td></tr>
<tr><td>1</td><td>2</td><td>3</td><td>4</td><td>5</td><td>6</td><td>7</td><td>8</td><td>9</td><td>10</td></tr>
<tr><td>1</td><td colspan="2">屋脊和斜脊</td><td colspan="10"></td><td></td></tr>
<tr><td></td><td>2</td><td colspan="2">天沟、斜沟和泛水</td><td colspan="10"></td><td></td></tr>
<tr><td rowspan="9">允许偏差项目</td><td colspan="3" rowspan="2">项目</td><td rowspan="2">尺寸要求</td><td colspan="10">实测值</td></tr>
<tr><td>1</td><td>2</td><td>3</td><td>4</td><td>5</td><td>6</td><td>7</td><td>8</td><td>9</td><td>10</td></tr>
<tr><td rowspan="3">1</td><td rowspan="3">波瓦搭接长度</td><td rowspan="2">相邻</td><td>大、中波瓦</td><td>≥1/2个波</td><td colspan="10"></td></tr>
<tr><td>小波瓦</td><td>≥1个波</td><td colspan="10"></td></tr>
<tr><td colspan="2">上、下排</td><td>≥100mm</td><td colspan="10"></td></tr>
<tr><td rowspan="2">2</td><td rowspan="2">波瓦长边错缝</td><td colspan="2">大、中波瓦</td><td>≥1个波</td><td colspan="10"></td></tr>
<tr><td colspan="2">小波瓦</td><td>≥2个波</td><td colspan="10"></td></tr>
<tr><td>3</td><td colspan="3">波瓦不错缝割角的对角缝隙</td><td>≤5mm</td><td colspan="10"></td></tr>
<tr><td>4</td><td colspan="3">天沟、斜沟铁皮伸入波瓦下长度</td><td>≥150mm</td><td colspan="10"></td></tr>
<tr><td>5</td><td colspan="3">泛水与波瓦的搭接长度</td><td>≥150mm</td><td colspan="10"></td></tr>
<tr><td>6</td><td colspan="3">波瓦伸入檐沟内的长度</td><td>50～60mm</td><td colspan="10"></td></tr>
</table>

<table>
<tr><td rowspan="3">检查结果</td><td>保证项目</td><td colspan="2"></td></tr>
<tr><td>基本项目</td><td colspan="2">检查　　项，其中优良　　项，优良率　　%</td></tr>
<tr><td>允许偏差项目</td><td colspan="2">实测　　点，其中合格　　点，合格率　　%</td></tr>
<tr><td rowspan="3">评定等级</td><td>工程负责人：</td><td rowspan="3">核定等级</td><td rowspan="3">质量检查员</td></tr>
<tr><td>工　　长：</td></tr>
<tr><td>班 组 长：</td></tr>
</table>

年　月　日

说 明

本表适用于波形石棉瓦屋面工程。

检查数量：按屋面面积每 $100m^2$ 抽查 1 处，每处 $10m^2$，但不少于 3 处。

保证项目

检验方法：1 项观察检查和检查产品出厂合格证。

2 项观察检查。

基本项目

评定代号：优良√，合格○，不合格×

检验方法：观察检查。

1 项屋脊和斜脊

合格：脊瓦搭盖正确，嵌封严密；屋脊和斜脊顺直。

优良：脊瓦搭盖正确，间距均匀，嵌封严密；屋脊和斜脊平直，无起伏现象。

2 项天沟、斜沟和泛水

合格：填塞严密，固定牢固，无渗漏。

优良：在合格基础上，坡度正确，无积水、渗漏现象。

允许偏差项目

检查数量：每处测 2 点。

检验方法：均观察及尺量检查。

3 屋面工程施工阶段

9. 水落斗、水落管分项工程质量检验评定表(表3-21)

水落斗、水落管分项工程质量检验评定表　　　　表 3-21

工程名称：　　　　　　　　　　　　　　部位：

<table>
<tr><th colspan="2">项　　目</th><th colspan="11">质　量　情　况</th></tr>
<tr><td rowspan="2">保证项目</td><td>1</td><td colspan="11">水落斗和水落管的制作必须符合设计要求,接缝无开焊,咬口无开缝</td></tr>
<tr><td>2</td><td colspan="11">水落斗和水落管的安装必须牢固,管箍固定方法正确,排水通畅、无渗漏</td></tr>
</table>

<table>
<tr><th rowspan="2" colspan="2">项　　目</th><th colspan="10">质　量　情　况</th><th rowspan="2">等级</th></tr>
<tr><th>1</th><th>2</th><th>3</th><th>4</th><th>5</th><th>6</th><th>7</th><th>8</th><th>9</th><th>10</th></tr>
<tr><td rowspan="3">基本项目</td><td>1</td><td>连　　接</td><td></td><td></td><td></td><td></td><td></td><td></td><td></td><td></td><td></td><td></td><td></td></tr>
<tr><td>2</td><td>油　　漆</td><td></td><td></td><td></td><td></td><td></td><td></td><td></td><td></td><td></td><td></td><td></td></tr>
<tr><td>3</td><td>阳台、雨篷出水管</td><td></td><td></td><td></td><td></td><td></td><td></td><td></td><td></td><td></td><td></td><td></td></tr>
</table>

<table>
<tr><td rowspan="2">检查结果</td><td>保证项目</td><td colspan="4"></td></tr>
<tr><td>基本项目</td><td>检查　　项,其中优良　　项,优良率　　%</td><td></td><td></td><td></td></tr>
<tr><td rowspan="3">评定等级</td><td colspan="2">工程负责人：

工　　长：

班 组 长：</td><td rowspan="3">核定等级</td><td colspan="2" rowspan="3"></td></tr>
<tr></tr>
<tr></tr>
<tr><td colspan="3"></td><td colspan="2">质量检查员：

　　　年　月　日</td></tr>
</table>

说 明

本表适用于水落斗和水落管等的制作与安装。

检查数量：按安装水落管数量抽查10%，但不少于3根。

保证项目

检验方法：1项观察和尺量检查。

2项观察检查。

基本项目

评定代号：优良√，合格○，不合格×。

1项连接

合格：上下节管连接紧密，承插方向、长度和管箍间距等符合施工规范规定，水落管正视顺直。

优良：在合格基础上，排水口距地高度和管箍间距等均符合施工规范规定。弯管的结合角度成钝角，水落管正、侧视顺直。

检验方法：观察和尺量检查。

2项油漆

合格：除锈干净，涂刷防锈漆和两度罩面漆，如用薄钢板制作时，两面均涂刷防锈漆，无漏涂。

优良：在合格基础上，薄钢板两面均涂刷两度防锈漆，颜色均匀，无脱皮、漏涂。

检验方法：观察检查和检查施工记录。

3项阳台、雨篷出水管

合格：出水管的长度和坡度适宜，无存水。

优良：出水管的长度和坡度正确，上下位置对齐，无存水。

检验方法：观察检查。

3.1.6 设计变更、洽商记录

此项归竣工组卷阶段第十四节，具体内容要求同1地基与基础工程施工阶段。

3.2 建筑设备安装工程

3.2.1 采暖卫生与煤气工程

3.2.1.1 太阳能热水器安装

1．设备、材料检验记录

抽检等项内容见2.2节第(七)款。

2．预检记录

表格同土建工程用表。

内容：设备材料的型号、规格、附件、位置、防腐材料等。

3．施工试验

这里的施工试验主要包括二项内容：

(1) 注水试验：打开冷水截门，给太阳能热水器注水。检查水位能否达到要求的水位及检查各接口有无渗漏之处；

(2) 水温试验：太阳能热水器经数小时日照后，检查其水温是否达到设计要求(记录中应写清当时的天气、气温情况以及历时)。

4．质量检验评定

3.2.1.2 屋面立管(透气管)安装

1．预检记录

表格同土建工程用表。

内容：管子的接口位置、直径、长度等。

管道安装高度(从最终屋面算起)：

上人屋面：应≥2.0m；

不上人屋面：应根据各地历年来的平均积雪厚度而定，应超过积雪厚度，但最低不应低于0.3m。

2．质量检验评定

3.2.2 建筑电气安装工程

屋面工程电气安装部分的内容，主要是防雷系统接闪器的安装。

接闪器的安装一般民用工程有三种安装方式：

(1) 避雷针接闪器；

(2) 沿屋檐口四周围环形避雷线做接闪器；

(3) 暗设接闪器(利用挑檐钢筋、利用女儿墙压顶圈梁钢筋及埋设钢筋网等)。

无论是哪种安装方式，均需做隐蔽工程检查、预检及质量评定，有技术洽商的办理洽商手续。

1．预检记录

表格式样同土建工程。

内容：位置、材质、规格、数量、附件及防腐材料等。

2．隐检记录

表格式样同土建工程。

内容：材质、规格、绑扎、焊接等。

要求：暗敷接闪器必须有可靠的电气通路，钢筋接头应进行焊接，并应写清搭接倍数及焊接情况；明敷接闪器的钢筋接头应进行双面焊接，并应做好防腐处理，附件必须齐全；避雷针的拉线不得小于$\phi 6$直径、拉环预埋可靠。

3．质量检验评定

4．设计变更、洽商记录

用表同前。

5．避雷针、网、引下线制作与安装

(1) 避雷针制作与安装

1) 避雷针制作与安装应符合以下规定：

A．所有金属部件必须镀锌，操作时注意保护镀锌层。

B. 采用镀锌钢管制作针尖,管壁厚度不得小于3mm,针尖涮锡长度不得小于70mm。

C. 多节避雷针各节尺寸见表3-22。

针体各节尺寸　　　　表3-22

项目	针全高 (m)				
	1.0	2.0	3.0	4.0	5.0
上节	1000	2000	1500	1000	1500
中节	—	—	1500	1500	1500
下节	—	—	—	1500	1200

D. 避雷针应垂直安装牢固,垂直度允许偏差为3/1000。

E. 清除药皮后刷防锈漆及铅油(或银粉)。

F. 避雷针一般采用圆钢或钢管制成,其直径不应小于下列数值:

针长1m以下,圆钢为12mm,钢管为20mm;

针长1~2m时,圆钢为16mm,钢管为25mm;针长更高时应适当加粗。

水塔顶部避雷针:圆钢直径为25mm,钢管直径为40mm。

烟囱顶上圆钢直径为20mm;避雷环圆钢直径为12mm;扁钢截面100mm²,厚度为4mm。

2) 避雷针制作:

按设计要求的材料所需的长度分上、中、下三节进行下料。如针尖采用钢管制作,可先将上节钢管一端锯成锯齿形,用手锤收尖后,进行焊缝磨尖,涮锡,然后将另一端与中、下二节钢管找直,焊好。

3) 避雷针安装:

先将支座钢板的底板固定在预埋的地脚螺栓上,焊上一块肋板,再将避雷针立起,找直、找正后,进行点焊,然后加以校正,焊上其它三块肋板。最后将引下线焊在底板上,清除药皮刷防锈漆及铅油(或银粉)。

(2) 支架安装

1) 支架安装应符合下列规定:

A. 角钢支架应有燕尾,其埋注深度不小于100mm,扁钢和圆钢支架埋深不小于80mm。

B. 所有支架必须牢固,灰浆饱满,横平竖直。

C. 防雷装置的各种支架顶部一般应距建筑物表面100mm;接地干线支架其顶部应距墙面20mm。

D. 支架水平间距不大于1m(混凝土支座不大于2m);垂直间距不大于1.5m,各间距应均匀,允许偏差30mm。转角处两边的支架距转角中心不大于250mm。

E. 支架应平直。水平度每2m检查段允许偏差3/1000,垂直度每3m检查段允许偏差2/1000;但全长偏差不得大于10mm。

F. 支架等铁件均应做防腐处理。

G. 埋注支架所用的水泥砂浆,其配合比不应低于1:2。

2) 支架安装:

A．应尽可能随结构施工预埋支架或铁件。

B．根据设计要求进行弹线及分档定位。

C．用手锤、錾子进行剔洞,洞的大小应里外一致。

D．首先埋注一条直线上的两端支架,然后用铅丝拉直并埋注其它支架。在埋注前应先把洞内用水浇湿。

E．如用混凝土支座,将混凝土支座分档摆好。先在两端支架间拉直线,然后将其它支座用砂浆找平找直。

F．如果女儿墙预留有预埋铁件,可将支架直接焊在铁件上,支架的找直方法同前。

(3) 防雷引下线暗敷设

1) 防雷引下线暗敷设应符合下列规定:

A．引下线扁钢截面不得小于 25mm×4mm;圆钢直径不得小于 12mm。

B．引下线必须在距地面 1.5~1.8m 处做断接卡子(一条引下线者除外)。断接线卡子所用螺栓的直径不得小于 10mm,并需加镀锌垫圈和镀锌弹簧垫圈。

C．利用主筋作暗敷引下线时,每条引下线不得少于二根主筋。

D．现浇混凝土内敷设引下线不做防腐处理。

E．建筑物的金属构件(如消防梯、烟囱的铁爬梯等)可作为引下线,但所有金属部件之间均应连成电气通路。

F．引下线应沿建筑的外墙敷设,从接闪器到接地体,引下线的敷设路径,应尽可能短而直。根据建筑物的具体情况不可能直线引下时,也可以弯曲,但应注意弯曲开口处的距离不得等于或小于弯曲部线段实际长度的 0.1 倍。引下线也可以暗装,但截面应加大一级,暗装时还应注意墙内其它金属构件的距离。

G．引下线的固定支点间距离不应大于 2m,敷设引下线时应保持一定松紧度。

H．引下线应躲开建筑物的出入口和行人较易接触到的地点,以免发生危险。

I．在易受机械损坏的地方,地上约 1.7m 至地下 0.3m 的一段地线应加保护措施,为了减少接触电压的危险,也可用竹筒将引下线套起来或用绝缘材料缠绕。

J．采用多根明装引下线时,为了便于测量接地电阻,以及检验引下线和接地线的连接状况,应在每条引下线距地 1.8~2.2m 处放置断接卡子。利用混凝土柱内钢筋作为引下线时,必须将焊接的地线连接到首层、配电盘处并连接到接地端子上,可在地线端子处测量接地电阻。

K．每栋建筑物至少有两根引下线(投影面积小于 50m² 的建筑物例外)。防雷引下线最好为对称位置,例如两根引下线成"一"字形或"乙"字形,四根引下线要做成"工"字形,引下线间距离不应大于 20m,当大于 20m 时应在中间多引一根引下线。

2) 防雷引下线暗敷设:

A．首先将所需扁钢(或圆钢)用手锤(或钢筋扳子)进行调直或抻直。

B．将调直的引下线运到安装地点,按设计要求随建筑物引上,挂好。

C．及时将引下线的下端与接地体焊接好,或与断接卡子连接好。随着建筑物的逐步增高,将引下线敷设于建筑物内至屋顶为止。如需接头则应进行焊接,焊接后应敲掉药皮并刷防锈漆(现浇混凝土除外),并请有关人员进行隐检验收,做好记录。

D．利用主筋(直径不少于 ϕ16mm)作引下线时,按设计要求找出全部主筋位置,用油漆作好标记,距室外地坪1.8m处焊好测试点,随钢筋逐层串联焊接至顶层,焊接出一定长度的引下线,搭接长度不应小于100mm,做完后请有关人员进行隐检,做好隐检记录。

E.土建装修完毕后,将引下线在地面上2m的一段套上保护管,并用卡子将其固定牢固,刷上红白相间的油漆。

(4) 防雷引下线明敷设:

1) 防雷引下线明敷设应符合下列规定:

A.引下线的垂直允许偏差为2/1000。

B.引下线必须调直后方可进行敷设,弯曲处不应小于90°,并不得弯成死角。

C.引下线除设计有特殊要求者外,镀锌扁钢截面不得小于12mm×4mm,镀锌圆钢直径不得小于8mm。

2) 防雷引下线明敷设:

A.引下线如为扁钢,可放在平板上用手锤调直;如为圆钢可将圆钢放开。一端固定在牢固地锚的机具上,另一端固定在绞磨(或倒链)的夹具上进行冷拉直。

B.将调直的引下线运到安装地点。

C.将引下线用大绳提升到最高点,然后由上而下逐点固定,直至安装断接卡子处。如需接头或安装断接卡子,则应进行焊接。焊接后,清除药皮,局部调直,刷防锈漆及铅油(或银粉)。

D.将接地线地面以上2m段,套上保护管,并卡固及刷红白油漆。

E.用镀锌螺栓将断接卡子与接地体连接牢固。

(5) 避雷网安装

1) 避雷网安装应符合以下规定:

A.避雷线应平直、牢固,不应有高低起伏和弯曲现象,距离建筑物应一致,平直度每2m检查段允许偏差3/1000。但全长不得超过10mm。

B.避雷线弯曲处不得小于90°,弯曲半径不得小于圆钢直径的10倍。

C.避雷线如用扁钢,截面不得小于12mm×4mm;如为圆钢直径不得小于8mm。

D.遇有变形缝处应作煨管补偿。

2) 避雷网安装:

A.避雷线如为扁钢,可放在平板上用手锤调直;如为圆钢,可将圆钢放开一端固定在牢固地锚的夹具上,另一端固定在绞磨(或倒链)的夹具上,进行冷拉调直。

B.将调直的避雷线运到安装地点。

C.将避雷线用大绳提升到顶部、顺直、敷设、卡固、焊接连成一体,同引下线焊好。焊接处的药皮应敲掉,进行局部调直后刷防锈漆及铅油(或银粉)。

D.建筑物屋顶上有突出物,如金属旗杆、透气管、金属天沟、铁栏杆、爬梯、冷却水塔、电视天线等,这些部位的金属导体都必须与避雷网焊接成一体。顶层的烟囱应做避雷带或避雷针。

E.在建筑物的变形缝处应做防雷跨越处理。

F.避雷网分明网和暗网两种,暗网格越密,其可靠性就越好。网格的密度应视建筑物的重要程度而定。重要建筑物可使用5m×5m的网格;一般建筑物采用20m×20m的网格即可。如果设计有特殊要求应按设计要求去做。

(6) 均压环(或避雷带)安装

1) 均压环(或避雷带)应符合下列规定：

A. 避雷带(避雷线)一般采用的圆钢直径不小于 6mm，扁钢不小于 24mm×4mm。

B. 避雷带明敷设时，支架的高度为 10~20cm，其各支点的间距不应大于 1.5m。

C. 建筑物高于 30m 以上的部位，每隔 3 层沿建筑物四周敷设一道避雷带并与各根引下线相焊接。

D. 铝制门窗与避雷装置连接。在加工订货铝制门窗时就应按要求甩出 30cm 的铝带或扁钢 2 处，如超过 3m 时，就需 3 处连接，以便进行压接或焊接。

2) 均压环(或避雷带)安装

A. 避雷带可以暗敷设在建筑物表面的抹灰层内，或直接利用结构钢筋，并应与暗敷的避雷网或楼板的钢筋相焊接，所以避雷带实际上也就是均压环。

B. 利用结构圈梁里的主筋或腰筋与预先准备好的约 20cm 的连接钢筋头焊接成一体，并与柱筋中引下线焊成一个整体。

C. 圈梁内各点引出钢筋头，焊完后，用圆钢(或扁钢)敷设在四周，圈梁内焊接好各点，并与周围各引下线连接后形成环形。同时在建筑物外沿金属门窗、金属栏杆处甩出 30cm 长 ϕ12mm 镀锌圆钢备用。

D. 外檐金属门、窗、栏杆、扶手等金属部件的预埋焊接点不应少于 2 处，与避雷带预留的圆钢焊成整体。

4 装修阶段(地面与楼面工程、门窗工程、装饰工程)

4.1 建筑工程

4.1.1 原材料、半成品、成品出厂质量证明和试验报告

钢门窗合格证:钢门窗及其附件质量必须符合设计要求和有关标准的规定。所用材料必须符合要求,空腹钢窗料厚应>1.2mm、实腹钢窗料厚应>2mm,钢窗的型号应与设计要求相符。北京地区将逐步淘汰25A型空腹钢窗,因此不宜选用此型号。钢窗应关闭严密、开关灵活、无倒翘、附件齐全。钢窗的生产厂家必须持有产品生产许可证,出厂钢窗必须要有产品质量合格证。工地资料员应及时收验钢窗质量合格证,验看是否为持有产品生产许可证厂家所生产,钢窗型号是否符合设计要求,在钢窗外观检查合格的基础上,确认产品质量合格证与进场钢窗物证吻合后,将钢窗合格证归入原材料、半成品、成品出厂质量证明和试(检)验报告分册中归档保存。

4.1.2 施工记录

4.1.2.1 厕浴间蓄水试验记录

凡浴室、厕所等有防水要求的房间必须有蓄水检验记录。同一房间应做两次蓄水试验,分别在室内防水完成后及单位工程竣工后做。

蓄水试验在有防水要求的房间蓄水,蓄水时最浅水位不得低于20mm,浸泡24h后放水,检查无渗漏为合格。检查数量应为全部此类房间。检查时,应邀请建设单位参加并签认。

4.1.2.2 烟(风)道、垃圾道检查记录

1. 烟(风)道检查记录(表4-1)

烟道、通风道都应100%地作通风试验,并做好自检记录。

烟(风)道检查记录 表4-1

工程名称:　　　　　　　　　　　　检查日期:

检查部位	检查部位和检查结果				检查人	复检人
	主烟(风)道		副烟(风)道			
	烟道	风道	烟道	风道		

4 装修阶段(地面与楼面工程、门窗工程、装饰工程)

续表

检查部位	检查部位和检查结果				检查人	复检人
	主烟(风)道		副烟(风)道			
	烟道	风道	烟道	风道		
单位工程负责人		施工员		质量检查员		

注:1. 主烟(风)道可先检查,检查部位按轴线记录;副烟(风)道可按户门编号记录。
  2. 检查合格记(√),不合格记(×)。
  3. 第一次检查不合格用蓝(或黑)色记录(×),复查合格后用红色笔在(×)后面记录(√)。

通风试验可在烟(风)道口处划根火柴,观察火苗的朝向和烟的去向,即可判别是否通风。烟风道除做通风试验外,还应进行观感检查。两项检验都合格后,才可验收。

2. 垃圾道检查记录(表 4-2)

垃圾道检查记录

表 4-2

工程名称:　　　　　　　　　　　　　　　　检查日期:

检查部位和检查结果		检查人	复查人
检查部位	检查结果		
单位工程负责人	施工员	质量检查员	

垃圾道应 100%地检查是否畅通并做好记录。

4.1.2.3 预制外墙板淋水试验

空腔防水外墙板竣工后都应做淋水试验。淋水试验是用花管在所有外墙上喷淋,淋水时间不得小于2h,淋水后检查外墙壁有无渗漏,淋水试验应请建设单位参加并签认。

4.1.3 隐蔽工程验收记录

厕浴间防水层下各层细部做法:

(1)厕所、盥洗室、淋浴室等处地面应设防水层(不得使用卷材型防水材料,应采用防水涂料,如聚氨酯涂膜防水或氯丁胶乳等)。

(2)卷材铺贴方向应随流水方向,顺岔搭接,与地漏附加层交接严密。

(3)穿通楼板的管道应加套管,管根部处粘接紧密。

(4)地漏应低于地面,使流水畅通,地漏处粘结紧密。

4.1.4 技术交底

4.1.4.1 细石混凝土地面

本技术交底适用于一般工业与民用建筑细石混凝土地面施工。

1. 材料要求

(1)粗、细骨料:

　　豆石:粒径为0.5~1.2cm,含泥量不大于3%;

　　砂子:粗砂,含泥量不大于5%;

(2)水泥:常温施工宜用32.5级矿渣硅酸盐水泥或普通硅酸盐水泥;冬期施工宜用42.5级水泥。

(3)水:用自来水。

2. 主要机具

一般应配备:混凝土搅拌机、运输小车、小水桶、半截桶、扫帚、2m靠尺、铁滚子、木抹子、平锹、钢丝刷、凿子、锤子、低压照明灯等设备。

3. 作业条件

(1)已施工完的结构办理完验收手续。

(2)室内墙面四周弹好+50cm水平线。

(3)室内门口(框)立完并钉好保护铁皮或木板。

(4)安装好穿过楼板的立管,并将管洞堵严。

(5)浇灌楼板板缝混凝土。

(6)内门口处高于楼板的砖层应剔凿平整。

(7)夜晚作业时,应设置照明以保证操作安全。

4. 操作工艺

工艺流程:

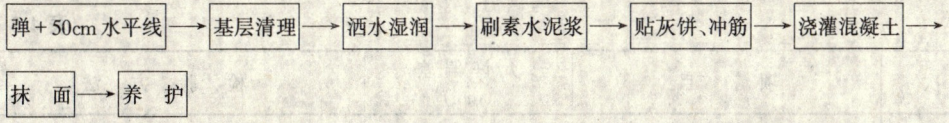

(1)基层清理:基层表面的尘土、砂浆块等杂物应清理干净,如表面有油污,应用5%~10%浓度的火碱溶液清洗干净。

(2) 浇灌混凝土的前一天对楼板表面进行洒水湿润。

(3) 混凝土浇灌前应先在已湿润过的基层表面刷一道1:0.4~1:0.45(水泥:水)的素水泥浆,并做到随刷随铺混凝土,如基层表面光滑,应在刷浆前将表面凿毛。

(4) 贴灰饼冲筋,小房间在房间四周根据标高线做出灰饼,大房间还要冲筋(间距1.5m),有地漏的房间要在地漏四周做出0.5%的泛水坡度。冲筋和灰饼均要采用细石混凝土制作(俗称软筋),随后铺细石混凝土。

(5) 铺细石混凝土:细石混凝土的强度配合比应按设计要求试配,无设计要求时,一般不低于C20,坍落度应不大于3cm,并应每500m²制作一组试块,不足500m²时,也制作一组试块。

铺细石混凝土后用长刮杠刮平,振捣密实,表面塌陷处应用细石混凝土铺平,再用长刮杠刮一次,然后用木抹子搓平。

(6) 撒水泥砂子干面灰。砂子先过3mm筛子后,用铁锹拌干面(水泥:砂子=1:1),均匀地撒在细石混凝土面层上,待灰面吸水后用长刮杠刮平,随即用木抹子搓平。

(7) 第一遍抹压,用铁抹子轻轻抹压面层,把脚印压平。

(8) 第二遍抹压,当面层开始凝结,地面面层上有脚印但不下陷时,用铁抹子进行第二遍抹压,此时要注意不漏压,并将面层上的凹坑、砂眼和脚印压平。

(9) 第三遍抹压,当地面面层上人稍有脚印,而抹压不出现抹子纹时,用铁抹子进行第三遍抹压,此时抹压要用力稍大,将抹子纹抹平压光,压光的时间应控制在终凝前完成。

(10) 养护,地面交活24h后,及时养护,以后每天洒水两次,至少连续养护7d后,方能上人。若设计为分格缝地面,在撒水泥砂子干面灰、过杠和木抹子搓平以后,应在地面上弹线,用铁抹子在弹线两侧各20cm宽范围内抹压一遍,再用溜缝抹子划缝,以后随大面积压光时沿分格缝用溜缝抹子抹压两遍,然后交活。

(11) 冬期施工,细石混凝土施工环境温度应不低于+5℃,并且必须加强养护。

5. 质量标准

(1) 保证项目:

1) 细石混凝土面层的材质、强度(配合比)必须符合设计要求和施工规范规定;

2) 面层与基层的结合,必须牢固、无空鼓。

(2) 基本项目:

1) 表面密实光洁,无裂纹、脱皮、麻面和起砂等缺陷。

2) 地漏和带有坡度的面层,坡度应符合设计要求,不倒泛水,无渗漏,无积水,地漏与管道口结合处应严密平顺。

3) 楼地面各种面层邻接处的镶边用料及尺寸符合设计要求及施工规范规定。

(3) 允许偏差项目:见表4-3。

表4-3

项次	项目	允许偏差(mm)	检验方法
1	表面平整度	5	用2m靠尺和楔形塞尺检查
2	分格缝平直	3	拉5m线,不足5m拉通线和尺量检查

6. 成品保护

(1) 细石混凝土施工时运料小车不得碰撞门口及墙面等处。

(2) 地面上铺设的电线管、暖、卫、电气等立管应设保护措施。

(3) 地漏、出水口等部位安放的临时墙头要保护好,以防灌入杂物,造成堵塞。

(4) 不得在已做好的地面上拌合砂浆杂物。

(5) 地面养护期间不准上人,其他工种不得进入操作,养护期过后也要注意成品保护。

(6) 油漆工种刷门、窗口扇时,不得污染地面与墙面及露明的各种管线。

7. 应注意的质量问题

(1) 地面起砂:水泥强度等级不够或使用过期水泥,或水灰比太大,抹压遍数不够,养护不好或不及时要严格执行标准,认真操作,加强养护。

(2) 空鼓开裂:砂子过细,接触面基层清理不干净,撒灰面不匀抹压不实,边角和门口等处开裂,砖层过高或砖层湿润不够,局部脱水或地面未做分格缝等。上述缺陷应事先采取预防措施。

(3) 地面不平或漏压:地面的边角和水暖立管四周容易漏压或不平,施工时要加强责任心认真操作。

(4) 倒泛水:厕浴间、厨房等有地漏的房间要在冲筋时找准泛水,可避免地面积水或水倒流。

4.1.4.2 水泥砂浆地面

本技术交底适用于在混凝土垫层、水泥炉渣垫层或钢筋混凝土楼板上做水泥砂浆地面的工程。

1. 材料要求

(1) 水泥:宜采用32.5级以上硅酸盐水泥、普通硅酸盐水泥和矿渣硅酸盐水泥。

(2) 砂:中砂或粗砂,过8mm孔径筛子,含泥量不应大于3%。

2. 主要机具

(1) 机械:搅拌机、运输车。

(2) 工具:手推车、大小木杠、木抹子、铁抹子、劈缝溜子、小平锹、小水桶、长毛刷、喷壶、粉线包、8mm孔筛子、钢丝刷子、钻子、锤子等。

3. 作业条件

(1) 水泥砂浆地面施工前应弹好+50cm相对标高水平线。

(2) 室内门框和楼地面预埋件等项目均应施工完毕检查合格并办好交接检查手续。

(3) 各种立管和套管、孔洞周边位置应用豆石混凝土浇筑密实,堵严。

(4) 有垫层的地面应做好垫层,地面处找好泛水及标高。

(5) 地面施工前应做好屋面防水层或采取防雨措施。

4. 操作工艺

工艺流程:

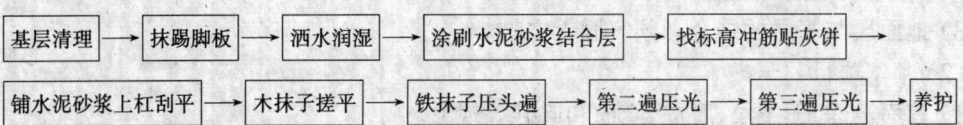

基层清理 → 抹踢脚板 → 洒水润湿 → 涂刷水泥砂浆结合层 → 找标高冲筋贴灰饼

铺水泥砂浆上杠刮平 → 木抹子搓平 → 铁抹子压头遍 → 第二遍压光 → 第三遍压光 → 养护

(1) 基层清理:地面基层,地墙相交的墙面,踢脚处的粘存杂物清理干净,影响面层厚度的凸出部分应剔除平整。

(2) 抹踢脚板,有墙面抹灰层的踢脚板,底层砂浆和面层砂浆分两次抹成,无墙面抹灰层的只抹面层砂浆。

1) 踢脚板抹底层水泥砂浆:清理基层,洒水润湿后,按标高线向下量尺至踢脚板标高拉通线确定底灰厚度、套方、贴灰饼、抹 1:3 水泥砂浆,用刮板刮平,搓平整,扫毛浇水养护。

2) 踢脚板抹面层砂浆:底层砂浆抹好、硬化后,拉线贴粘靠尺板,抹 1:2 水泥砂浆,抹子上灰,压抹,用刮板紧贴靠尺垂直地面刮平,用铁抹子压光,阴阳角、踢脚板上口,用角抹子溜直压光。

3) 参照墙面抹水泥工艺操作。

(3) 洒水润湿:在施工前一天洒水润湿基层。

(4) 涂刷素水泥砂浆结合层:宜刷 1:0.5 水泥浆,也可在垫层或楼板基层上均匀撒水后,再撒水泥,经扫涂形成均匀的水泥浆粘结层,及时铺水泥砂浆。

(5) 冲筋贴灰饼:根据 +50cm 标高水平线,在地面四周做灰饼,大房间应相距 1.5~2m 增加冲筋,如有地漏和有坡度要求的地面,应按设计要求做泛水坡度。

(6) 铺水泥砂浆压头遍:紧跟贴灰饼冲筋铺水泥砂浆,配合比为水泥:砂 = 1:2,如用 42.5 级的水泥可用 1:2.5 的配合比,稠度应小于 3.5cm;用木抹子赶铺拍实,用木杠按贴灰饼和冲筋标高刮平,上木抹子搓平,待反水后略撒 1:1 干水泥砂子面、吸水后用铁抹子溜平,如有分格的地面经分格弹线或拉线,用劈缝溜子开缝,溜压至平、直、光。上述操作均在水泥砂浆初凝前进行。如遇管道等产生局部过薄处,必须采取防裂措施,符合设计要求后方可继续施工。

(7) 第二遍压光:在压平头遍之后,水泥砂浆地面凝结至人踩上去有脚印但不下陷时,用铁抹子压第二遍。要求不漏压,表面平面出光。有分格的地面压过后应用溜缝抹子溜压,做到缝边光直,缝隙清晰。

(8) 第三遍压光:水泥砂浆终凝前进行第三遍压光,人踩上去稍有脚印但不下陷时,而且抹子抹上去不再有抹子纹压平、压实、压光,达到交活的程度。压光应在终凝前完成。

(9) 养护:地面压光交活后 24h,铺锯末撒水养护,保持湿润,养护时间不少于 15d。养护期间不允许压重物和碰撞。

(10) 冬期施工:宜用 42.5 级硅酸盐水泥或普通硅酸盐水泥。做地面前应将房间保温条件做好,并通暖,使基层温度、操作环境温度、养护温度均不低于 +5℃。养护时间和方法与常温施工相同。

5. 质量标准

(1) 保证项目:

1) 水泥、砂的材质必须符合设计要求和施工及验收规范的规定。

2) 砂浆配合比要准确。

3) 地面层与基层的结合必须牢固无空鼓。

(2) 基本项目:

1) 表面洁净,无裂纹、脱皮、麻面和起砂等现象。

2) 地漏和有坡度要求的地面,坡度应符合设计要求,不倒泛水,无积水、防水地面,楼面无渗漏,抹面与地漏(管道)结合严密平顺。

3) 踢脚板高度一致,出墙厚度均匀与墙面结合牢固,局部空鼓的长度不大于200mm,且在一个检查范围内不多于两处。

(3) 允许偏差项目:见表4-4。

水泥地面的允许偏差　　　　表4-4

项　目	允许偏差(mm)	检　查　方　法
表面平整度	4	用2m靠尺和楔形塞尺检查
踢脚板上口平直	4	拉5m线,不足5m拉通线,尺量检查
分格缝平直	3	

6. 成品保护

(1) 施工操作时应保护已做完的工程项目,门框要加防护,避免推车损坏门框及墙面口角。

(2) 施工时应保护管线、设备等不得碰撞移动,位置。

(3) 施工时保护地漏、出水口等部位的临时堵口,以免灌入砂浆等造成堵塞。

(4) 施工后的地面注意养护,禁止剔凿孔洞。

7. 应注意的质量问题

(1) 地面起砂:水泥过期,强度等级不够,水泥砂浆搅拌不均匀,水灰比掌握不准,压光不适时而造成。施工用水泥应符合材质要求,严格控制配合比,压光应在砂浆终凝前完成交活。

(2) 空鼓裂纹:基层清理不干净,前一天没认真洒水湿润,涂刷水泥浆与铺灰操作工序的间隔时间过长造成。施工应保证用料符合要求,基层清理应认真,铺灰、压实、压光应掌握好时间,保证垫层、面层应有的厚度。

(3) 地面不平和漏压:水泥砂浆铺设后压边角、管根刮杠不到头,搓平不到边,容易漏压或不平。施工时应认真操作。

(4) 倒泛水:有垫层的地面在做垫层时坡度没有找准。面层施工前应检查基层泛水是否符合要求,面层施工冲筋时找好泛水。

4.1.4.3 现制水磨石地面

本技术交底适用于工业与民用建筑普通及高级现制水磨石楼地面工程。

1. 材料要求

(1) 水泥:深色水磨石宜用42.5级以上的硅酸盐水泥,普通硅酸盐水泥或矿渣硅酸盐水泥。美术水磨石用42.5级以上白水泥或彩色水泥。

(2) 砂:中砂,过8mm孔径的筛子,含泥量不得大于3%。

(3) 石渣:水磨石面层所用的石渣,应用坚硬可磨的岩石(白云石、大理石)加工而成,其粒径除特殊要求外,一般为4～12mm。

(4) 玻璃条:平板普通玻璃裁制而成,3mm厚、10mm宽长度以分块尺寸而定。

(5) 铜条:1～2mm厚铜板,裁成10mm宽,长度以分块尺寸而定,经调平使用。

(6) 颜料:采用耐光、耐碱矿物颜料,其掺量宜为水泥用量的5%,且不得大于水泥用量的12%。

(7) 其他:草酸、白蜡、22号铅丝。

2. 主要机具

(1) 机械:磨石机。

(2) 工具:石滚子、木抹子、毛刷子、铁簸箕、2~6m长木杠,5cm宽平口板条(厚1cm),手推车、平锹、5cm孔径筛子、磨石(规格按粗、中、细)、胶皮管、大小水桶、扫帚等。

3. 作业条件

(1) 施工部位结构验收完,并做完屋面防水层,墙面已弹好+50cm标高水平线。

(2) 安装好门框并加防护,堵严管洞口,与地面有关各种设备和埋件安装完。

(3) 做完地面垫层,按标高留出磨石层厚度(至少3cm)。

(4) 石渣应分别过筛,并洗净无杂物。

4. 操作工艺

工艺流程:

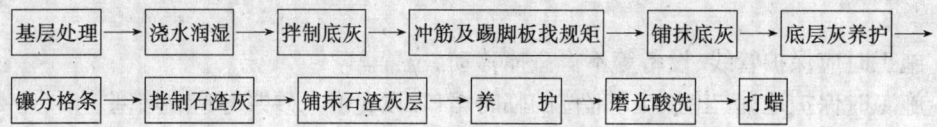

(1) 基层处理:检查基层的平整度和标高,凸出处进行处理,对落地灰、杂物、油污等应清除干净。

(2) 浇水润湿:地面抹底灰前一天,将基层浇水润湿。

(3) 拌制底子灰:底子灰配合比,地面为1:3干硬性水泥砂浆;踢脚板为1:3塑性水泥砂浆。要求配合比准确,拌合均匀。

(4) 冲筋:地面底灰冲筋,根据墙上+50cm的水平线,下板尺量至地面标高,留出面层厚度,沿墙边拉线做灰饼,并用干硬性砂浆冲筋,冲筋间距一般为1~1.5m;有地漏的地面,应按设计要求找坡,一般由排水方向找0.5%~1%的泛水坡度。

踢脚板找规矩:根据墙面抹灰厚度,在阴阳角处套方、量尺、拉线,确定踢脚板厚度,按底层灰的厚度冲筋,间距1~1.5m。

(5) 底灰铺抹:在装灰前基层刷1:0.5水泥素浆。

1) 按底灰标高冲筋后,跟着装档,先用铁抹子将灰摊平拍实,用2m刮杠刮平,随即用木抹搓平,用2m靠尺检查底灰上表面平整度。

2) 踢脚板冲筋后,分两次装档,第一次将灰用铁抹子压实一薄层,第二次与筋面取平,压实用短杠刮平,用木抹子搓成麻面并划毛。

(6) 底层灰养护:底层灰抹完后,于次日浇水养护,视气温情况,确定养护时间及浇水程度,常温一般要充分浇水养护2d。

(7) 镶分格条:

1) 按设计要求进行分格弹线:在已做完的底层灰上表面,一般间距为1m左右为宜,有镶边要求的应留出镶边量。

2) 美术水磨石地面分格采用玻璃条时,在排好分格尺寸后,镶条处先抹一条50mm宽的彩色面层的水泥砂浆带,再弹线镶玻璃条。

3) 玻璃条和铜条均为10mm高,镶条时先将平口板尺按分格线位置靠直,将玻璃条或铜条就位紧贴板尺,用小铁抹子在分格条底口,抹素水泥浆八字角,八字角抹灰高度为5mm,底角抹灰宽度为10mm。拆去板尺再抹另一侧八字角,两边抹完八字角后,用毛刷蘸水轻刷一遍。采用铜条分格,应预先在两端下部1/3处打眼,穿入22号铅丝,锚固于下口八字角素水泥浆内。

4) 分格条应按5m通线检查,其偏差不得超过1mm。

5) 镶条后12h开始浇水养护,最少2d,在此期间严加保护,应视为禁止通行区以免碰坏。

(8) 抹面层石渣灰:

1) 面层石渣灰配合比为1:2~1:2.5(水泥:石渣);踢脚板配合比为1:1~1.5(水泥:石渣)。要求计量准确,拌合均匀。

2) 美术水磨石应加颜料,颜料均以水泥重量的百分比计算。预先根据工程数量、计算出水泥数量后,将水泥和所需颜料一次调配过筛,成为色灰装袋备用。

3) 铺石渣灰:先把地面底层养护水清扫干净,撒一层薄水泥浆并涂刷均匀,随即将拌好的石渣灰先铺抹分格条边,后铺入分格条中间,用铁抹子由分格中间向边角推进、压实抹平,罩面石渣灰应高出分格条1~2mm。

4) 抹平滚压:水磨石面层装入,推平、抹压后,随即用滚碾横竖碾压,并在低洼处撒拌合好的石渣灰找平,压至出浆为止;2h后再用铁抹子将压出的浆抹平。

5) 踢脚板抹石渣灰面层:先将底子灰用水湿润,在阴阳角及上口,用靠尺按水平线找好规矩,贴好靠尺板,先涂刷一薄层素水泥浆,随即将石渣灰上墙,抹平、压实,刷水两遍将水泥浆轻轻刷去,达到石子面上无浮浆,切勿刷得过深,防止石渣脱落。

6) 水磨石罩面灰养护:石渣罩面灰完成后,于次日进行浇水养护,常温养护5~7d。

(9) 磨光酸洗:

1) 水磨石面开磨前应进行试磨,以不掉石渣为准,经检查认可磨后方可正式开磨。

2) 磨头遍:用粒度60~80号粗砂轮石机磨,使机头在地面上呈横八字形,边磨边加水、加砂,随磨随用水冲洗检查,应达到石渣磨平无花纹道子,分格条与石粒全部露出(边角处用人工磨成同样效果)。清洗合格检查后,擦一层水泥素浆;美术磨石应用同色灰擦素浆,次日继续浇水养护2~3d。

3) 磨第二遍:用粒度120~180号砂轮石,采用机磨方法,磨完擦素水泥浆、养护均同头遍。

4) 磨第三遍:用180~240号细砂轮石,采用机磨方法,同头遍,边角处用人工磨,并用油石出光。普通水磨面层磨光遍数不应少于三遍,高级水磨石应适当增加遍数及提高油石的号数。

5) 出光酸洗:经细油石出光,即撒草酸粉洒水,用油石进行擦洗,露出面层本色,再用清水洗净,撒锯末扫干。

6) 踢脚板罩面灰,常温24h后即可人工磨面。头遍用粗砂轮石,先竖磨再横磨,要求石渣磨平,阴阳角倒圆,擦头遍素浆,养护1~2d;用细砂轮石磨第二遍,同样方法磨完第三遍,用油石出光打草酸,用清水擦洗干净。

(10) 打蜡:

1) 酸洗后的水磨石地面,经晾干擦净。
2) 打蜡:用干净的布或麻丝沾稀糊状的成蜡,涂在磨面上,应均匀,用磨石机压磨,擦打第一遍蜡。
3) 上述同样方法涂第二遍蜡,要求光亮,颜色一致。
4) 踢脚板人工涂蜡,擦打二遍出光成活。

(11) 冬期施工:
1) 冬期施工现制水磨石时,环境温度应保持+5℃以上。
2) 冬期施工底层灰不得浇水养护,正温度条件养护3～5d,面层石渣灰10d后方可磨光。

5. 质量标准
(1) 保证项目:
1) 选用材质、品种、强度(配合比)及颜色应符合设计要求和施工规范规定。
2) 面层与基层的结合必须牢固,无空鼓、裂纹等缺陷。

(2) 基本项目:
1) 表面光滑:无裂纹、砂眼和磨纹,石粒密实,显露均匀,图案符合设计颜色一致,不混色,分格条牢固,清晰顺直。
2) 地漏和储存液体用的带有坡度的面层应符合设计要求,不倒泛水、无渗漏,无积水,与地漏(管道)结合处严密平顺。
3) 踢脚板高度一致,出墙厚度均匀,与墙面结合牢固,局部虽有空鼓但其长度不大于200mm,且在一个检查范围内不多于2处。
4) 楼梯和台阶相邻两步的宽度和高差不超过10mm,楞角整齐,防滑条顺直。
5) 地面镶边的用料及尺寸应符合设计和施工规范规定,边角整齐光滑,不同面层颜色相邻处不混色。

(3) 允许偏差项目:见表4-5。

现制水磨石地面允许偏差　　　　　　表4-5

项　目	允许偏差(mm) 普通	允许偏差(mm) 高级	检 查 方 法
表面平整度	3	2	用2m靠尺和楔形塞尺检查
踢脚线上口平直	3	3	拉5m线或不足5m拉通线尺量检查
缝格平直	3	2	

6. 成品保护
(1) 铺抹打底和罩面灰时,水电管线、各种设备及预埋件不得损坏。
(2) 运料时注意保护门口、栏杆等,不得碰损。
(3) 面层装料等操作应注意保护分格条,不得损坏。
(4) 磨面时将磨石废浆及时清除,不得流入下水口及地漏内以防堵塞。
(5) 磨石机应设罩板,防止溅污墙面等,重要部位、设备应加苦盖。

7. 应注意的质量问题
(1) 空鼓:分格块四角最易出现,主要是基层表面及镶分格条时,条高1/3以上部位有浮灰,扫浆不匀造成。操作中应坚持随扫浆随铺灰,压实后注意养护。

(2) 漏磨:边角、炉片、管根等处易漏磨,应注意磨完头遍后全面检查,漏磨处及时补磨。

(3) 磨纹、砂眼:磨光时按工艺擦两遍浆,并注意养护后按工艺程序操作。

(4) 倒泛水:冲筋后进行检查,拉线找好泛水,坡度应符合设计及施工规范要求。

(5) 面层石渣粒不匀:石渣规格不好,石渣灰拌合不匀,铺抹不平,滚压不密实。应认真操作每道工序。

(6) 强度偏低:严格掌握配合比,拌合均匀,拌合好的灰应掌握铺抹滚压时间,注意养护及管理。

(7) 分格条掀起,显露不清晰:分格条应镶压牢固、平整,石渣灰铺抹后,滚压应高出分格条,高度一致,磨光严格掌握平顺。

4.1.4.4 预制水磨石地面

本技术交底适用于一般建筑的高级和普通水磨石地面工程。

1. 材料要求

(1) 水泥:32.5级以上的普通硅酸盐水泥或矿渣硅酸盐水泥。

(2) 粗砂或中砂:含泥量不大于3%。

(3) 预制水磨石板:进场应进行验收,凡有裂缝、掉角和表面上有缺陷的板块,应剔出,验收后要分规格、颜色分别立着码放在垫木上,避免碰撞损伤和日光强烈暴晒,防止板块变形。

(4) 石膏粉、蜡、草酸应符合要求。

2. 主要机具

搅拌机、磨石机、砂轮锯、手推车、45号钢砂轮片、木抹子、木杠、靠尺、水平尺、橡皮锤、90°钢角尺、小线、扫帚等。

3. 作业条件

(1) 墙上四周弹+50cm水平线。

(2) 屋面防水层已做完,室内墙、顶抹灰活已做完。

(3) 为防止运料碰撞,已安完门框,要加以防护。

(4) 穿过楼地面的管洞已堵严塞实。

(5) 地面的预埋件、预埋电线管已安装完,如地面垫层做完,其强度达到1.2MPa以上。

(6) 铺设前先检查预制水磨石板的颜色规格是否符合设计要求,并进行挑选,凡是有裂纹、掉角、窜角、翘曲等缺陷应排出不得使用。

(7) 板块应预先用水浸湿,并码放好,铺时达到表面无明水。

4. 操作工艺

工艺流程:

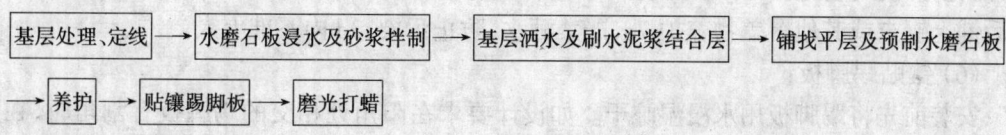

(1) 基层处理、定线:

1) 清扫基层:将基层表面的浮土或砂浆铲掉、清扫干净。
2) 定基准线:根据+50线和设计图纸找出板面标高,从楼道统一往各房间内引进标高线,然后从房间四周取中拉十字线,与走道直接联通的房间应拉通线。铺好分段标准块,分块布置要对称,房间与走道如用不同颜色的水磨石板时,分色线应留在门口处。有图案的大厅应根据房间长宽尺寸和磨石板的规格、缝宽进行排列,确定各种磨石所需块数,绘制施工大样图。

(2) 水磨石块浸水及砂浆拌制:
1) 为确保砂浆找平层与预制水磨石块之间的粘结质量,在铺砌板块前,板块应用水浸湿,并码好,铺时达到表面无明水。
2) 找平层应用1:3干硬性水泥砂浆,是保证地面平整度、密实度的一个重要技术措施(因为它具有水分少、强度高、密实度好、成型早以及凝结硬化过程中收缩率小等优点),因此拌制时要注意控制加水量,拌好的砂浆以手捏成团、颠后即散为宜,随铺随拌,不要拌制过多。

(3) 基层洒水及刷水泥浆结合层:
将基层表面清理干净后洒水湿润(不得有明水)。铺砂浆找平层之前应刷一层水灰比为0.5左右的素水泥浆(要随铺砂浆随刷,避免风干后不起粘结作用)。

(4) 铺找平层及预制水磨石板:
1) 先在已确定的十字线交叉处最中间的一块作为标准块进行铺砌(如以十字线为中缝时,可在十字线交叉点对角安设二块标准块),标准块为整个房间的水平及经纬标准,铺砌时应用90°角尺及水平尺细致校正。
2) 确定标准块后,即可根据已拉好的十字基准线进行铺砌。
3) 虚铺干硬性水泥砂浆找平层(已刷好的水泥素浆结合层不得有风干现象),铺设厚度以2.5~3cm为宜,放上磨石板时比地面标高线高出3~4m为宜,先用杠尺刮平再用铁抹子拍实抹平,然后进行预制水磨石板试铺,对好纵横缝,用橡皮锤敲击板中间,振实砂浆至铺设高度后,将试铺合适的预制水磨石板掀起移至一旁,检查砂浆上表面如与磨石板底相吻合后(如有空虚处应用砂浆填补),满浇一层水灰比为0.5左右的素水泥浆结合层,再铺预制水磨石板,铺时要四周同时落下,用橡皮锤轻敲,随时用水平尺或直板尺找平。
4) 标准块铺好后,应向两侧和后退方向顺序逐块铺砌,板块间的缝隙宽度如设计无要求时,不应大于2mm,要拉通长线对缝子的平直度进行控制。安装好的预制磨石板应整齐平稳,横竖缝对齐。
5) 铺砌房间内预制磨石板时,铺至四周墙边用非整板镶边时,应做到相互对称。凡是有地漏的部位,注意板面的坡度。

(5) 养护和灌缝:
预制水磨石板铺砌1~2昼夜后,经检查表面无断裂、空鼓后用稀水泥浆(1:1水泥:细砂)灌缝,并随时将溢出的水泥浆擦干净,灌2/3高度后,再用与磨石板同颜色水泥浆灌严。最后铺上锯末或其他覆盖物养护7d,严禁洒水,防止污染,3d内不准上人。

(6) 镶贴踢脚板:
安装前先将踢脚板用水浸湿晾干。如设计要求在阳角处相交的踢脚板有割角时,在安装前应将踢脚板一端割成45°角。

1）粘贴法：根据主墙冲筋和标准水平线，找出踢脚出墙厚度和上口水平线，然后用1:2水泥砂浆抹底灰，并刮平划纹，待底子灰干硬后，将已湿润阴干的踢脚板背面抹上2～3mm厚水泥浆或聚合物水泥浆（掺10%107胶）进行粘贴，并用木锤敲实，拉线找平找直，次日用同色水泥浆擦缝。

2）灌浆法：将墙面清扫干净浇水湿润，贴镶时由阳角开始向两侧试铺，检查是否平整，有否接缝不严、掉棱等缺陷，不符合要求时应进行调整。

依照墙面垂直方向用木靠尺板测出两端踢脚板上口并凸出墙面1cm，找好水平线和垂直线，拉上口横线。下部用靠尺板托平直，然后用石膏在上下口处作临时固定。石膏凝固后用1:2水泥砂浆（稠度一般为8～12）灌注，并随时将踢脚板上口多余砂浆清理干净。

灌缝24h后洒水养护3d，经检查无空鼓剔掉临时固定石膏，清理干净，用同踢脚板颜色的水泥擦缝。

3）贴镶踢脚板时，踢脚板立缝宜与地面磨石板缝对缝镶贴。

(7) 磨光打蜡：

见现制磨石地面。

5．质量标准

(1) 保证项目：

所用预制水磨石板的品种、规格、颜色、质量必须符合设计要求，面层与基层结合牢固，无空鼓。

(2) 基本项目：

1）表面洁净，图案清晰，色泽一致，接缝均匀，周边顺直，板块无裂纹，掉角和缺楞等现象。

2）地漏坡度符合设计要求，不倒泛水，无积水，与地漏（管道）结合处严密牢固，无渗漏。

3）踢脚板表面洁净，接缝平整均匀，高度一致，结合牢固，出墙厚度适宜。

4）楼地面镶边用料及尺寸符合设计要求和施工规范规定，边角整齐、光滑。

(3) 允许偏差项目：见表4-6。

预制水磨石地面允许偏差 表4-6

项次	项 目	允许偏差（mm）		检 验 方 法
		高级水磨石	普通水磨石	
1	表面平整度	2	3	用2m靠尺和楔形塞尺检查
2	缝格平直	3	3	拉5m线，不足5m拉通线和尺量检查
3	接缝高低差	0.5	1	尺量和楔形塞尺检查
4	踢脚线上口平直	3	4	拉5m线，不足5m拉通线和尺量检查
5	板块间隙宽度不大于	2	2	尺量检查

6．成品保护

(1) 预制水磨石地面完成后房间应封闭，不能封闭的过道应在面层上铺覆盖物保护（塑料薄膜等）。

(2) 防止油漆、刷浆污染已完工的预制磨石板。

(3) 严禁在预制水磨石地面上拌和砂浆、堆放油漆桶及其他杂物。

(4) 运输材料时应注意不得碰撞门口及墙。保护好水暖立管、预留孔洞、电线盒等,不得碰坏、堵塞。

7. 应注意的质量问题

(1) 地面空鼓:

1) 找平层砂浆与基层结合不牢:由于基层清理不干净,浇水湿润不够及水泥素浆结合层涂刷不均匀或涂刷时间过长,致使风干硬结造成面层和找平层一起空鼓。因此地面基层必须认真清醒,并充分湿润,涂刷水泥浆时应涂刷均匀。

2) 找平层砂浆与面层结合不牢:找平层砂浆必须用干硬性砂浆,如果加水较多或一次铺得太厚、敲击不密实,容易造成面层空鼓。

3) 板块背面浮灰没有清理净,未浸水湿润,也会影响粘结效果。

(2) 接缝不平不直,缝隙不匀:挑选预制水磨石板时不严格,有薄有厚、宽窄不一致造成。试铺时应仔细调整,缝子必须拉通长线加以控制。

(3) 板块间高低缝差过大:板块之间高低缝差超过允许偏差时,宜采取机磨方法处理,并打蜡磨光。

(4) 预制磨石踢脚板安装后出墙厚度偏差较大:主要原因是墙或墙抹灰的水平偏差较大而造成,因此在安装内隔墙时,必须严格控制墙面平整和垂直度。在安装镶贴踢脚板时,发现墙面不垂直不水平,应预先进行处理符合要求后,再继续操作。

(5) 预制磨石踢脚板底端不严有孔隙:主要是安装镶贴踢脚板时,标高未控制好,因此在镶贴时首先找好标高点,再拉水平线进行控制。

(6) 预制磨石踢脚板上口不洁净:主要原因是墙面喷浆或刷乳胶漆时,踢脚板未覆盖保护所致,打蜡前必须将上口清理干净。

(7) 柱子镶贴踢脚板,转圈搭接应按要求,在安装前将踢脚板两端做割角处理。

4.1.4.5 木门窗安装

本技术交底适用于工业与民用建筑木门窗及钢框木门安装工程。

1. 材料产品要求

(1) 木门窗(包括纱门窗):由木材加工厂供应的木门窗框和扇必须是经检验合格的产品并具有出厂合格证,进场前应对型号、数量及门窗框扇的加工质量全面进行检查(其中包括缝子大小、接缝平整、几何尺寸正确及门窗的平整度等)。门窗框制作前的木材含水率不得超过12%,生产厂家应严格控制。

(2) 防腐剂:氟硅酸钠,其纯度不应小于95%,含水率不大于1%,细度要求应全部通过1600孔/cm^2的筛,或用稀释的冷底子油涂刷木材与墙体接触部位,进行防腐处理。

(3) 钉子根据不同需要准备,木螺丝、合页、插销、拉手、挺钩、门锁等根据门图表所列的各种型号、种类的小五金及其配件。

(4) 对于不同轻质墙体预埋预设的木砖及预埋件等。

2. 主要机具

一般应备有粗刨、细刨、裁口刨、单线刨、锯锤子、斧子、改锥、线勒子、扁铲、塞尺、线锤、红线包、墨汁、木钻、小电锯、担子扳、扫帚等。

3. 作业条件

(1) 门窗框和扇安装前应先检查有无窜角、翘扭、弯曲、劈裂，如有以上情况应先进行修理。

(2) 门窗框靠墙、靠地的一面应刷防腐涂料，其他各面及扇活均应涂刷清油一道。刷油后分类码放平整，底层应垫平、垫高。每层框与框、扇与扇间垫木板条通风，如露天堆放时，需用苫布盖好，不准日晒雨淋。

(3) 安装外窗以前应从上往下吊好垂直，找好窗框位置，上下不对者应先进行处理，对窗安装的高度，按室内50cm水平线提前弹好，并在墙体上标注好安装位置。

(4) 门框的安装应依据图纸尺寸核实后进行安装，并按图纸开启方向要求安装时注意裁口方向。安装高度按室内50cm水平线控制。

(5) 门窗框安装应在抹灰前进行。门扇和窗扇的安装宜在抹灰完成后进行，如窗扇必须先行安装时应注意成品保护，防止碰撞和污染。

4. 操作工艺

工艺流程：

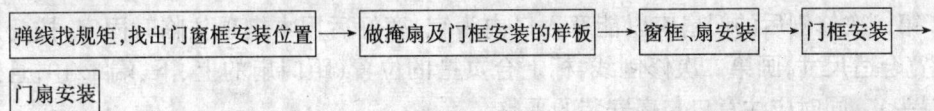

(1) 结构工程经过检验合格后，即可从顶层开始用大线坠吊垂直，检查窗口位置的准确度，并在墙上弹出墨线，对出线的结构进行剔凿处理。

(2) 窗框安装的高度应根据室内50cm水平线核对检查，使其窗框安装在同一标高上。

(3) 室内外门框应根据图纸位置和标高安装，并根据门的高度合理设置木砖数量，且每块木砖应钉2个10cm长的钉子，并应将钉帽砸扁钉入木砖内，使门框安装牢固。

(4) 轻质隔墙应预设带木砖的混凝土块，以保证其门窗安装的牢固性。

(5) 掩扇及做样板：根据图纸要求把窗扇安装到窗框上，此道工序称为掩扇。对按质量验评标准掩扇检查缝隙大小、五金位置、尺寸及牢固等，符合标准要求做为样板，以此为验收标准和依据。

(6) 弹线安装窗框扇应考虑抹灰层的厚度，并根据门窗尺寸、标高、位置及开启方向，在墙上画出安装位置线。有贴脸的门窗、立框时应与抹灰面平，有预制水磨石板的窗，应注意窗台板的出墙尺寸，以确定立框位置。中立的外窗，如外墙为清水砖墙勾缝时，可稍移动，以盖上砖墙立缝为宜。

窗框的安装标高，以墙上弹50cm水平线为准，用木楔将框临时固定于窗洞内，为保证与相隔窗框的平直，应在窗框下边拉小线找直，并用铁水平将水平线引入洞内做为立框时标准，再用线锤校正吊直。黄花松窗框安装前先对准木砖位置钻眼，便于钉钉。

(7) 木门框安装：

应在地面工程施工前完成，门框安装应保证牢固，门框应用钉子与木砖钉牢，一般每边不少于2点固定，间距不大于1.2m。若隔墙为加气混凝土条板时，应按要求间距预留45mm的孔，孔深7~10cm，并在孔内预埋木橛粘107胶水泥浆加入孔中（木橛直径应大于孔径1mm以使其打入牢固），待其凝固后再安装门框。

(8) 钢门框安装：

1) 安装前先找正套方,防止在运输及安装过程中产生变形,并应提前刷好防锈漆。
2) 门框应按设计要求及水平标高、平面位置进行安装,并应注意成品保护。
3) 后塞口时,应按设计要求预先埋设铁件,并按规范要求每边不少于二个固定点,其间距不大于1.2m。
4) 钢门框按图示位置安装就位,检查型号、标高、位置无误后,及时将框上的铁件与结构预埋铁件焊好焊牢。

(9) 木门扇的安装:

1) 先确定门的开启方向、小五金型号、安装位置,及对开等扇口的裁口位置、开启方向(一般右扇为盖口扇)。
2) 检查门口是否尺寸正确,边角是否方正,有无窜角,检查门口高度应量门的两侧,检查门口宽度应量门口的上、中、下三点,并在扇的相应部位定点画线。
3) 将门扇靠在框上划出相应的尺寸线,如果扇大,则应根据框的尺寸将大出部分刨去,若扇小应绑木条,用胶和钉子钉牢,钉帽要砸扁,并钉入木材内1~2mm。
4) 第一次修刨后的门扇应以能塞入口内为宜,塞好后用木楔顶住临时固定,按门扇与口边缝宽合适尺寸,画第二次修刨线,标上合页槽的位置(距门扇的上、下端1/10,且避开上、下冒头)。同时应注意口与扇安装的平整。
5) 门扇二次修刨,缝隙尺寸合适后即安装合页。应先用线勒子勒出合页的宽度,根据上、下、冒头1/10的要求,钉出合页安装边线,分别从上、下边线往里量出合页长度,剔合页槽,以槽的深度来调整门扇安装后与框的平整,剔合页槽时应留线,不应剔的过大、过深。
6) 合页槽剔好后,即安装上、下合页,安装时应先拧一个螺丝,然后关上门检查缝隙是否合适,口与扇是否平整,无问题后方可将螺丝全部拧上拧紧。木螺丝应钉入全长1/3拧入2/3。如门窗为黄花松或其他硬木时,安装前应先打眼。眼的孔径为木螺丝直径的0.9倍,眼深为螺丝长的2/3,打眼后再拧螺丝,以防安装劈裂或将螺丝拧断。
7) 安装对开扇时,应将门扇的宽度用尺量好再确定中间对口缝的裁口深度。如采用企口榫时,对口缝的裁口深度及裁口方向应满足装锁的要求,然后对四周修刨到准确尺寸。
8) 五金安装应按设计图纸要求,不得遗漏,一般门锁、碰珠、拉手等距地高度为95~100cm,插销应在拉手下面,对开门装暗插销时,安装工艺同自由门。不宜在中冒头与立挺的结合处安装门锁。
9) 安装玻璃门时,一般玻璃裁口在走廊内,厨房、厕所玻璃裁口在室内。
10) 门扇开启后易碰墙,为固定门扇位置应安装定门器,对有特殊要求的门应安装门扇开启器,其安装方法,参照产品安装说明书。

5. 质量标准

(1) 保证项目:
1) 门窗框安装位置必须符合设计要求。
2) 门窗框必须安装牢固,固定点符合设计要求和施工规范的规定。

(2) 基本项目:
1) 门窗框与墙体间需填塞保温材料时,应填塞饱满、均匀。

2) 门窗扇安装：裁口顺直，刨面平整光滑，开关灵活、稳定、无回弹和倒翘。

3) 门窗小五金安装：位置适宜，槽深一致，边缘整齐、尺寸准确，规格符合要求，木螺丝拧紧卧平，插销开启灵活。

4) 门窗坡水、盖口条、压缝条、密封条安装尺寸一致，平直光滑，与门窗结合牢固严密，无缝隙。

(3) 允许偏差项目：见表4-7。

木门窗安装允许偏差及留缝宽度　　　　表4-7

项次	项　目	允许偏差留缝、宽度(mm)		检验方法
1	框的正、侧面垂直度	3		用1m托线板检查
2	框的对角线长度差	Ⅰ级：2 Ⅱ、Ⅲ级：3		尺量检查
3	框与扇、扇与扇接触处交低差	2		用直尺及楔形塞尺检查
4	门窗扇对口和扇与框间留缝宽度	1.5～2.5		
5	工业厂房双扇大门对口留缝宽度	2～5		
6	框与扇上缝留缝宽度	1～1.5		
7	窗扇与下坎间留缝宽度	2～3		用楔形塞尺检查
8	门扇与地面间留缝宽度	外　门	4～5	
		内　门	6～8	
		卫生间门	10～12	
		厂房大门	10～12	
9	门扇与下坎间留缝宽度	外　门	4～5	用楔形塞尺检查
		内　门	3～5	

注：门窗按所用木材及使用要求分为三级、等级应在施工图中注明。

6. 成品保护

(1) 一般木门框安装后应用铁皮保护，其高度以手推车轴中心为准，如门框安装与结构同时进行，应采取措施防止门框碰撞或移位变形，对于高级硬木门框宜用1cm厚木板条钉设保护，防止砸碰，破坏裁口，影响安装。

(2) 修刨门窗时应用木卡具将门垫起卡牢，以免损坏门边。

(3) 门窗框扇进场后应妥善保管，应入库存放，下面应垫起离开地面20～40cm并垫平，按使用先后顺序将其码放整齐，露天临时存放时上面应用苫布盖好，防止雨淋。

(4) 进场的木门窗框靠墙的一面应刷木材防腐剂进行处理，钢门窗应及时刷好防锈漆，防止生锈。

(5) 安装门窗扇时应轻拿轻放，防止损坏成品，整修门窗时不得硬撬，以免损坏扇料和五金。

(6) 安装门窗扇时注意防止碰撞抹灰角和其他装饰好的成品。

(7) 已安装好的门窗扇如不能及时安装五金时，应派专人负责管理，防止刮风时损坏门窗及玻璃。

(8) 严禁将窗框扇做为架子的支点使用，防止用脚手板砸碰损坏。

(9) 五金安装应符合图纸要求，安装后应注意成品的保护，喷浆时应遮盖保护，以防污染。

(10) 门扇安好后不得在室内再使用手推车,防止砸碰。

7. 应注意的质量问题

(1) 有贴脸的门框安装后与抹灰面不平:主要原因是立口时没掌握好抹灰层的厚度。

(2) 门窗洞口预留尺寸不准:安装门窗框后四周的缝子过大或过小,砌筑时门窗洞口尺寸不准,所留余量大小不均,或砌筑上下左右,拉线找规矩,偏位较多。一般情况下安装门窗框上皮应低于门窗过梁 10～15mm,窗框下皮应比窗台上皮高 5mm。

(3) 门窗框安装不牢:预埋的木砖数量少或木砖不牢;砌半砖墙没设置带木砖的预制混凝土块,而是直接使用木砖,灰干后木砖收缩活动,预制混凝土隔板,应在预制时埋设木砖使之牢固固定在混凝土内,以保证门窗框的安装牢固。木砖的设置一定要满足数量和间距的要求。

(4) 合页不平,螺丝松动,螺帽斜露,缺少螺丝:合页槽深浅不一,安装时螺丝钉入太长,或倾斜拧入,要求安装时螺丝应钉入 1/3 拧入 2/3,拧时不能倾斜,安装时如遇木节,应在木节处钻眼,重新塞入木塞后再拧螺丝,同时应注意不要遗漏螺丝。

(5) 上下层门窗不顺直,左右门窗安装不符线,洞口预留偏位,安装前没按要求弹线找规矩,没吊好垂直立线,安装时没按 50cm 水平线拉线找规矩,为解决此问题,要求施工者必须按工艺要求,施工安装前先弹线,找规矩做好准备工作后再干。

4.1.4.6 钢门窗安装

本技术交底适用于一般工业与民用建筑钢门窗安装工程。

1. 材料产品要求

(1) 钢门窗的品种、型号应符合设计要求,生产厂家应具有产品质量认证,并应有产品合格证。进场进行验收。

(2) 钢门窗五金配件及橡胶密封条,必须与门窗规格型号匹配,且必须保证其质量。

(3) 水泥 32.5 级及其以上,砂为中砂或粗砂。

(4) 各种型号的机螺丝、焊条、扁铁等,应与钢门窗预留孔尺寸吻合,其固定方法符合设计要求。

(5) 涂刷的防锈漆及所用铁砂等均应符合图纸要求。

2. 主要机具

一般应备有电焊机、面具、焊把线、铁锹、大铲或抹子托线板、小线、铁水平尺、线坠、小水桶、木楔、锤子、丝锤、螺丝刀等。

3. 作业条件

(1) 结构工程已完,且经质量验收,工种之间办好交接手续。

(2) 已按图示尺寸要求弹好门窗中线,并弹好室内 50cm 水平线。

(3) 门窗预埋铁件脚孔眼,按其标高、位置留好,并经检查符合要求,将预留孔内清理干净。

(4) 门窗与过梁混凝土之间的联接铁件,位置、数量,经检查符合要求,对未设连接铁件或位置不准者,应按钢门窗安装要求补齐。

(5) 装前检查,钢门窗型号、尺寸,对翘曲、开焊、变形等缺陷,应修好后再使用。

(6) 组合钢门窗,要事先做拼装样板,经验收合格后方可大量组装。

(7) 对经过校正或补焊处防锈漆破坏的应补刷,并保证涂刷均匀。

4. 操作工艺

工艺流程：

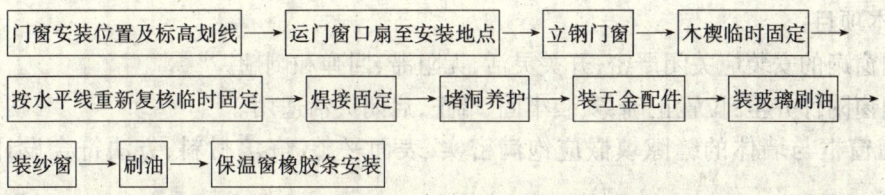

(1) 划线找规矩：按设计图纸门窗安装位置、尺寸标高，以窗中线为准往两侧量出窗边线，以顶层门窗安装位置为主，分别找出各层门窗安装位置线及标高。

(2) 按图纸门窗编号要求，将钢门窗分别运到安装地点，并靠垫牢固，防止碰撞伤人。

(3) 将门窗就位，用木楔临时固定，使铁脚插入预留洞找正吊直，且保证位置准确。窗口框距过梁留 2cm 缝，框左右缝隙均匀，宽度一致，距外墙尺寸符合图纸要求。

(4) 阳台门联窗，可先拼装好再进行安装，也可分别安装门和窗，现拼现装，但均应做到位置准确、找正、吊直。

(5) 钢门窗立好后，要进行严格的位置及标高的检查，符合要求后，上框铁脚与过梁铁件焊牢，窗两侧铁脚插入预留洞内，并用水阴湿，采用 1∶3 干硬性砂浆堵塞密实，洒水养护。

(6) 待堵孔砂浆凝固后，用 1∶3 水泥砂浆将门窗框边缝塞实，保证门窗口位置固定。

(7) 裁纱、绷纱：裁纱要比实际宽度长度各长 50mm，以利压纱、绷纱时先将纱铺平，将上压条压好，用机螺丝拧紧，将纱绷紧，装下压条，用螺丝拧紧，然后再装两侧压条，用机螺丝拧紧，将多余的纱用扁铲割掉，要切割干净不留纱头。

(8) 纱扇油漆：绷纱前先刷防锈漆一道，调合漆一道，绷纱后在安装前再刷油漆一道，其余两道调合漆待安装后刷。

(9) 钢门窗油漆应在安装前刷好防锈漆和头道调合漆，安装后与室内木门窗一起再刷两道调合漆。

(10) 门窗五金安装应待油漆后安装；如需要先行安装时，注意防止污染、丢失。

(11) 纱门窗的安装，如在库房预刷好交活油，然后再行安装时，要注意油漆颜色一致和安装时的砸碰油漆后补影响美观，所以交活油最好待安装后再一起刷。

(12) 安装橡胶条前，必须将窗口内油腻子杂物清除干净。新刷油漆的门窗，必须待油漆干燥后，再安装胶条，安装方法按产品说明，胶条安装应在 5℃ 以上进行。

(13) 冬雨期施工

1) 冬期施工，灌洞所用砂浆及塞缝用水泥砂浆应掺外加剂，应按气温高低决定掺量。

2) 雨天应进行钢门窗的安装，灌洞、灌缝工作应待晴天完成。

5. 质量标准

(1) 保证项目：

1) 钢门窗及其附件的质量必须符合设计要求和有关标准的规定。

2) 钢门窗安装的位置、开启方向，必须符合设计要求。

3) 钢门窗安装必须牢固:预埋铁件的数量位置、埋设连接方法,必须符合设计要求。

(2) 基本项目:

1) 钢门窗扇的安装应关闭严密,开关灵活,无阻滞、回弹和倒翘。

2) 钢门窗附件齐全:位置正确,安装牢固、端正,启闭灵活适用。

3) 钢门窗框与墙体的缝隙填嵌应饱满密实,表面平整,嵌填材料、方法符合设计要求。

(3) 允许偏差项目:见表4-8。

钢门窗安装允许偏差及留缝宽度　　　　　　表4-8

项次	项目		允许偏差(mm)	检验方法
1	门窗框两对角线长度差	≤2000mm	5	用钢卷尺量检查里角
		>2000mm	6	
2	窗框扇配合间隙的限值	铰链面	≤2	用2×50塞片量检查铰链面
		执手板	≤1.5	用1.5×50的塞片检查量框大面
3	窗框扇搭接量限值	实腹宽	≥2	用钢针划线和深度尺检查
		空腹宽	≥4	
4	门窗框(含拼橙料)正、侧面垂直度		3	用1m托线板检查
5	门窗框(含拼橙料)水平度		3	用1m水平尺和楔塞尺检查
6	门无下槛时,内门扇与地面间留缝隙限值		4~8	用楔形塞尺检查
7	双层门窗内外框,挺(含拼橙料)的中心距		5	用钢板尺检查

6. 成品保护

(1) 钢门窗进场后,应按规格、型号,分类堆放,然后挂牌并标明其规格型号和数量,用苫布盖好,严防乱堆乱放,防止钢窗变形和生锈。

(2) 钢门窗运输时要轻拿轻放,并采取保护措施,避免挤压、磕碰,防止变形损坏。

(3) 抹灰时残留在钢窗及钢门框扇上的砂浆应及时清理干净。

(4) 脚手架严禁以钢门窗作为固定点和架子的支点,禁止将架子拉、绑在钢门窗框和窗扇上,防止钢门窗移位变形。

(5) 拆架子时,注意有开启的门窗扇关上后,再落架子,防止撞坏钢窗。

7. 应注意的质量问题

(1) 翘曲和窜角:钢门窗加工质量有个别口扇不符标准;在运输堆放时不认真保管;安装时垂直平整自检不够,安装前应认真进行检查,发现翘曲和窜角及时校正处理,修好后再行安装。

(2) 铁脚固定不符要求,原预留洞与铁脚位置不符,安装前没有检查和处理,在安装时有的任意将铁脚用气焊烧去,有的将铁脚打弯后勉强塞入孔内,严重影响钢窗的安装牢固。

(3) 上下钢门窗不顺直,左右钢门窗标高不一致,没按操作工艺的施工要点进行,施工前没找规矩,安装时没挂线。

(4) 开关不灵活:抹灰时吃口影响门窗开关的灵活,安装时垂直方正没找好,或门窗劈棱和窜角。要求在钢门窗安装后进行开关,看是否灵活,对其影响开关的抹灰层剔去重新补抹,对门扇劈棱及窜角的应调整。

(5) 开启方向不到位:抹灰的口角不方正,或抹的旋脸下垂,凸线不直,直接影响门窗的开启。要求抹灰时严格按验评标准验收,对不合格的点要修好后再交木工安装门窗。

(6) 钢窗调整、找方或补焊、气割等处理不认真,焊药药皮不砸,补焊处不用钢挫挫平,不补刷防锈漆。

(7) 钢窗披水不全:有的安装时窗号使用错误,钢窗保管不好。应认真核对窗号,符合要求后再安装,并在堆放时注意对披水的保护。

(8) 五金配件不齐全,不配套,施工时丢失,二次补配与原牌号不符,要求钢门窗与五金配件同时加工配套进场,并考虑合理的损坏率,一次加工订货备足。

4.1.4.7 铝合金门窗安装

本技术交底适用于各种系列铝合金门窗安装工程。

1. 材料产品要求

(1) 铝合金门窗的规格、型号应符合设计要求,五金配件齐全,并具有产品的出厂合格证。

(2) 防腐材料,保温材料符合图纸要求。

(3) 32.5级以上的水泥、中砂、连接铁脚、连接铁板、焊条等均应根据需要备齐。

(4) 密封膏、嵌缝材料、防锈漆、铁纱,压纱条等均应根据图纸要求准备。

2. 主要机具

常用工具为铝合金切割机,手电钻、φ8的圆锉刀、R20的半圆挫刀、十字螺丝刀、划针、铁脚圆规、钢尺、钢直尺、钻子、锤子、抹子、电焊机等。

3. 作业条件

(1) 结构质量经验收合格,工种之间办好交接手续。

(2) 按图示尺寸弹好窗中线,并弹好室内+50cm水平线,校核门窗洞口位置尺寸及标高是否符合设计图纸要求,如有问题应提前剔凿处理。

(3) 检查铝合金门窗两侧连接铁脚位置与墙体预留孔洞位置是否吻合,若有问题应提前处理,并将预留孔洞内杂物清净。

(4) 铝合金门窗的拆包、检查;将窗框周围包扎布拆去,按图纸要求核对型号和检查外观质量,如发现有劈棱窜角和翘曲不平,偏差超标,严重损伤、外观色差大等缺陷,应找有关人员协商解决,经修整鉴定合格后才能安装。

(5) 提前检查铝合金门窗,如保护膜破损者应补粘后再安装。

4. 操作工艺

工艺流程:

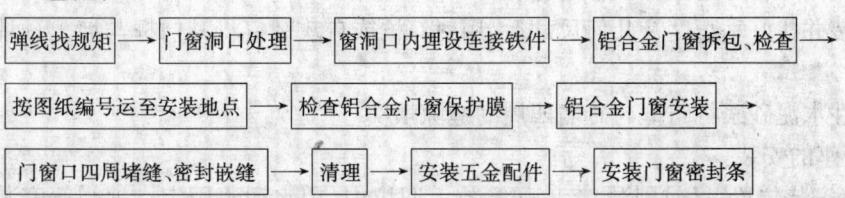

(1) 弹线找规矩:在最顶层找出外门窗口边线,用大线坠将门窗边线下引,并在每层门

窗口处划线标记,对个别不直的口边应剔凿处理。高层建筑宜用经纬仪找垂直线。

门窗口的水平位置应经楼层+50cm 水平线为准,往上反,量出窗下皮标高,弹线找直,每层窗下皮(若标高相同)则应在同一水平线上。

(2) 墙厚方向的安装位置:根据外墙大样图及窗台板的宽度,确定铝合金门窗在墙厚方向的安装位置,如外墙厚度有偏差时,原则上应以同一房间窗台板外露尺寸一致为准,窗台板应深入铝合金窗下 5mm 为宜。

(3) 安装铝合金窗披水:按设计要求将披水条固定在铝合金窗上,应保证安装位置正确、牢固。

(4) 防腐处理:

1) 门窗框两侧的防腐处理应按设计要求进行,如设计无要求时,可涂刷防腐材料,如橡胶型防腐涂料或聚丙烯树脂保护装饰膜,也可粘贴塑料薄膜进行保护,避免填缝水泥浆直接与铝合金门窗表面接触,产生电化学反应,腐蚀铝合金门窗。

2) 铝合金门窗安装时若采用连接铁件固定时,铁件应进行防腐处理,连接件最好选用不锈钢件。

(5) 就位和临时固定:根据放好的安装位置线安装,并将其吊直找正,无问题后用木楔临时固定。

(6) 与墙体的固定:

铝合金门窗与墙体的固定有三种方法:

1) 沿窗框外墙用电锤打 $\phi 6$ 孔(深 60mm),并用 Y 型 $\phi 6$ 钢筋(40mm×60mm)粘 107 胶水泥浆,打入孔中,待水泥浆终凝后,再将铁脚与预埋钢筋焊牢。

2) 连接铁件与预埋钢板或剔出的结构箍筋焊接。

3) 用射钉将铁脚与墙体固定。

不论采用哪种方法固定,铁脚至窗角的距离不应大于 180mm,铁脚间距应小于 600mm。铝合金门窗安装节点见图 4-1。

(7) 处理门窗框与墙体缝隙:

铝合金门窗固定以后,应及时处理门窗框与墙体缝隙。如设计未规定填塞材料品种时,应采用石棉或玻璃毡条分层填塞缝隙,外表面留 5~8mm 深槽口填嵌嵌缝膏。

若在门窗两侧进行防腐处理后,可填嵌低碱性水泥砂浆或低碱性细石混凝土。铝合金窗应在窗台板安装后可将窗上、下缝同时填嵌,填嵌时用力不应过大,防止窗框受力后变形。

(8) 铝合金门框安装:

1) 将预留门洞按铝合金门框尺寸提前修好。

2) 在门框的侧边钉好连接件或木砖。

3) 门框安装并找好垂直度及几何尺寸后,用射钉枪或自攻螺钉将其门框与墙上预埋件固定。

4) 用低碱性水泥砂浆将门框与砖墙四周的缝隙填实。

(9) 地弹簧座的安装:

根据地弹簧安装位置,提前剔洞,将地弹簧放入凹坑内,用水泥浆固定。地弹簧安装应注意地弹簧座的上皮一定与室内地面平。地弹簧的转轴轴线要与门框横料的定位销轴心线

4.1 建筑工程

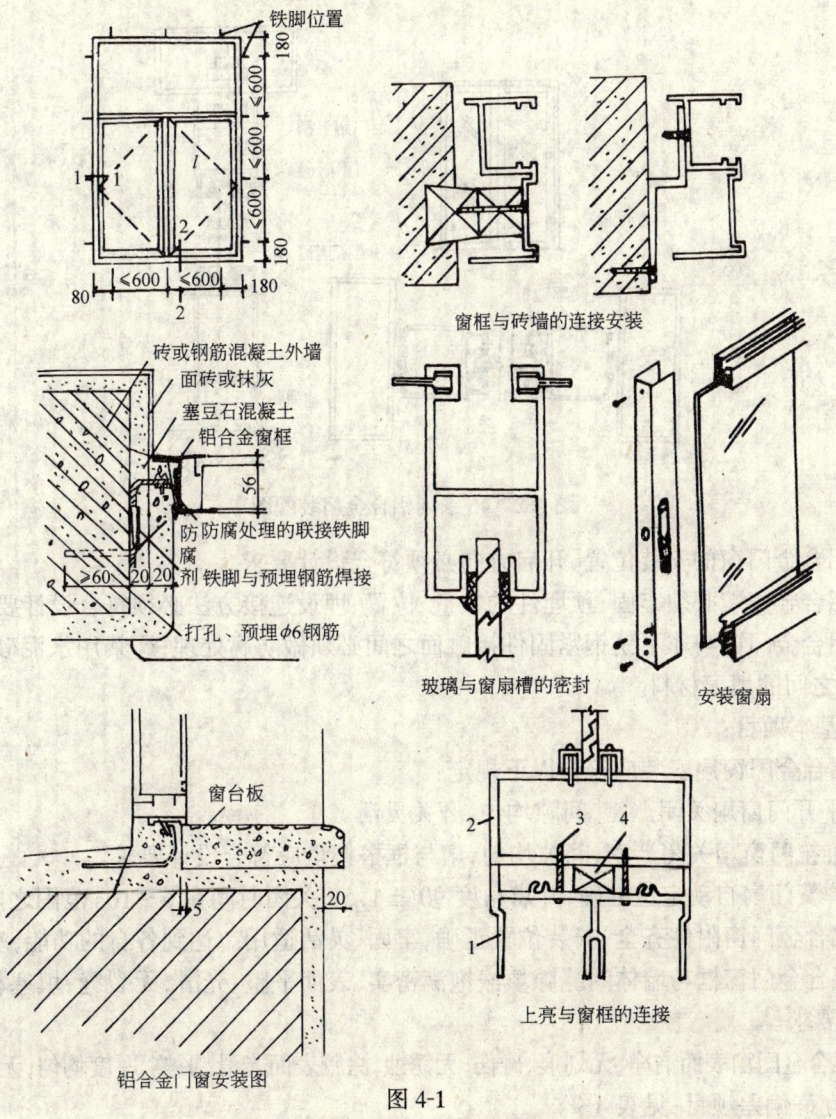

图 4-1
1—上滑；2—上亮框扁方管；3—自攻螺钉；4—木垫块

一致。

(10) 铝合金门扇安装：门框扇的连接是用铝角码的固定方法，具体作法与门框连接相同。见图 4-2。

(11) 安装五金配件：

待交活油漆完成，浆活修理后再安装五金配件，安装工艺详见产品说明，要求安装牢固，使用灵活。

(12) 安装铝合金纱门窗：

绷铁纱、裁纱、压条固定、挂纱扇、装五金配件。

5. 质量标准

(1) 保证项目：

1) 铝合金门窗及其附件质量必须符合设计要求和有关标准的规定。

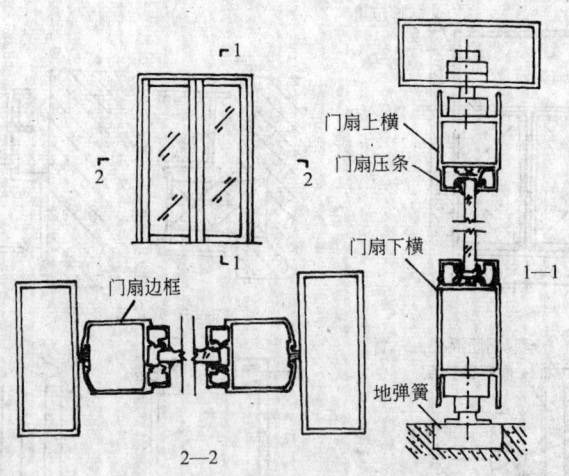

图 4-2　46 系列铝合金门装配图

2）铝合金门窗的安装位置、开启方向必须符合设计要求。

3）铝合金安装必须牢固,预埋件的数量、位置、埋设连接方法必须符合设计要求。

4）铝合金门窗与非不锈钢紧固件接触面之间必须做防腐处理；严禁用水泥砂浆作门窗框与墙体之间的填塞材料。

(2) 基本项目：

1）铝合金门窗扇安装应符合以下规定：

A．平开门窗扇关闭严密,间隙均匀,开关灵活。

B．推拉门窗扇关闭严密,间隙均匀,扇与框搭接量应符合设计要求。

C．弹簧门扇自动定位准确,开启角度 90°±1.5°,关团时间在 6~10s 范围之内。

2）铝合金门窗附件齐全,安装位置正确,牢固、灵活适用。达到各自的功能,端正美观。

3）铝合金门窗框与墙体间缝隙填嵌饱满密实,表面平整、光滑,无裂缝,填塞材料、方法符合设计要求。

4）铝合金门窗表面洁净,无划痕、碰伤,无锈蚀,涂胶表面光滑、平整,厚度均匀,无气孔。

(3) 允许偏差项目：见表 4-9。

铝合金门窗安装允许偏差　　　　　表 4-9

项次	项　目		允许偏差 (mm)	检 验 方 法
1	门窗框两对角线长度差	≤2000mm	3	用钢卷尺检查,量里角
		>2000mm	3	
2	平开窗	窗扇与框搭接宽度差	1	用深度尺或钢板尺检查
3		同樘门窗相邻扇的横端角高度差	2	用拉线和钢板尺检查
4	推拉扇	开窗扇开启力极限　扇面积≤1.5m	≤40N	用 100N 弹簧秤钩住拉手处,启闭 5 次取平均值
		扇面积>1.5m	≤60N	
5		门窗扇与框或相邻扇立边平行度	2	用 1m 钢板尺检查

续表

项次	项 目		允许偏差(mm)	检 验 方 法
6	弹簧门扇	门窗对口缝或扇与框间立、横缝留缝极限	2~4	用楔形塞尺检查
7		门扇与地面间隙留缝限值	2~7	
8		门扇对口缝关闭时平整	2	用深度尺检查
9	门窗框(含拼樘料)正、侧面垂直度		2	用1m托线板检查
10	门窗框(含拼樘料)水平度		1.5	用1m水平尺和楔形塞尺检查
11	门窗横框标高		5	用钢板尺检查与基准线比较
12	双层门窗内外框、挺(含拼樘料)中心距		4	用钢板尺检查

6．成品保护

(1) 铝合金门窗应入库存放,下边应垫起、垫平、码放整齐。对已装好披水的窗,注意存放时的支垫,防止损坏披水。

(2) 门窗保护膜检查无损后再进行安装,安装后及时将门框两侧用木板条捆绑好,防止碰撞损坏。

(3) 若采用低碱性水泥砂浆或豆石混凝土堵缝时,堵后应及时将水泥浮浆刷净,防止水泥固化后不好清理和损坏表面氧化膜。

铝合金门窗在堵缝前应对与水泥砂浆接触面进行涂刷防腐剂进行防腐处理。

(4) 抹灰前应将铝合金门窗用塑料薄膜保护好,任何工序不得损坏其保护膜,防止砂浆、污物对其铝合金表面的侵蚀。

(5) 铝合金门窗保护膜应在交工前撕去,要轻撕,且不可用开刀去铲,防止将表面划伤,影响美观。

(6) 铝合金表面如有胶状物时,应使用棉丝沾专用溶剂进行擦拭干净,如发现局部划痕,可用小毛刷沾染色液进行补染。

(7) 任何工种严禁用铝合金门窗框当架设支点,防止产生变形和损坏,室内运输时严禁砸、碰和损坏。

(8) 建立严格的成品保护制度。

7．应注意的质量问题

(1) 铝合金门窗如采用单件组合时应注意拼装质量,拼头处应平整,不应劈棱、窜角、出台。

(2) 地弹簧及拉手安装不规矩,尺寸不准,应提前检查预先剔洞及预留孔眼尺寸是否准确,如有问题,应处理后再进行安装。

(3) 面层污染咬色,施工时应注意成品保护及时清理。

(4) 表面划痕:施工及清理过程不认真,或用硬物磨划所致。

(5) 漏装披水:外窗没按设计要求装设披水,或设计漏掉披水,影响使用。

(6) 外表面颜色不一,形成花感。

1) 产品质量差,外门窗色差大。

2) 施工时损坏或污染,清理后面层受损,表面处理不利,形成花感,或没找厂方去购买染色液体,自行配制,修理后颜色不一,花感,影响整体效果。

4.1.4.8 内墙抹石灰砂浆

本技术交底适用于砖混结构工程室内砖墙面抹石灰砂浆,包括抹水泥踢脚板或墙裙、水泥窗台板等工程。

1. 材料要求

(1) 水泥:一般采用32.5级矿渣硅酸盐水泥和普通硅酸盐水泥。应有出厂证明或复试单,当出厂超过3个月按试验结果使用。

(2) 砂:中砂,平均粒径为0.35~0.5mm,使用前应过5mm孔径筛子。不得含有杂物。

(3) 石灰膏:应用块状生石灰淋制,必须用孔径不大于3mm×3mm的筛过滤,并贮存在沉淀池中。熟化时间,常温下一般不少于15d;用于罩面时,不应少于30d。使用时,石灰膏内不得含有未熟化的颗粒和其他杂质。

(4) 磨细石生灰粉:其细度应通过4900孔/cm^2筛。用前应用水浸泡使其充分熟化,其熟化时间宜为7d以上。

(5) 纸筋:用白纸筋或草纸筋,使用前应用水浸透、捣烂、洁净;罩面纸筋宜用机碾磨细。稻草、麦秸应坚韧、干燥,不含杂质,其长度不得大于30mm。稻草、麦秸应经石灰浆浸泡处理。

(6) 麻刀:要求柔软干燥,敲打松散,不含杂质,长度10~30mm,在使用前四五天用石灰膏调好(也可用合成纤维)。

2. 主要机具

砂浆搅拌机、纸筋灰搅拌机、平锹、筛子(孔径5mm)、窄手推车、大桶、灰、灰勺、2.5m大杠、1.5m中杠、2m靠尺板、线坠、盒尺、方尺、托灰板、铁抹子、木抹子、塑料抹子、八字靠尺、5~7mm厚方口靠尺、阴阳角抹子、长舌铁抹子、铁制水平尺、长毛刷、鸡腿刷、钢丝刷、扫帚、喷壶、胶皮水管、小水桶、粉线袋、小白线、錾子、锤子、钳子、钉子、托线板、工具袋等。

3. 作业条件

(1) 首先必须经有关部门进行结构工程验收,合格后方可进行抹灰工程,并弹好+50cm水平线。

(2) 抹灰前,应检查门窗框安装位置是否正确,与墙连接是否牢固。连接处缝隙应用1:3水泥砂浆或1:1:6水泥混合砂浆分层嵌塞密实,若缝隙较大时应在砂浆中掺入少量麻刀嵌塞,使其塞缝密实,门口设铁皮保护。

(3) 应将过梁、梁垫、圈梁及组合柱等表面凸出部分剔平,对蜂窝、麻面、露筋等应剔到实处,刷素水泥浆一道(内掺水重10%的107胶),紧跟用1:3水泥砂浆分层补平;脚手眼应堵严实,外露钢筋头、铅丝头等要清除净,窗台砖应补齐;内隔墙与楼板、梁底等交接处应用斜砖砌严密。

(4) 管道穿越墙洞和楼板洞应及时安放套管,并用1:3水泥砂浆或豆石混凝土填嵌密实;电线管、消火栓箱、配电箱安装完毕,并将背后露明部分钉好钢丝网,接线盒用纸堵严。

(5) 壁柜门框及其他木制配件安装完毕;窗帘钩、通风箅子、吊柜及其他预埋铁活位置和标高应准确无误,并刷好防腐、防锈涂料。

(6) 砖墙等基体表面的灰尘、污垢和油渍等应清除干净,并洒水湿润。

(7) 根据室内高度和抹灰现场的具体情况,提前搭好操作用的高凳和架子,架子要离开墙面及墙角200~250mm以利操作。

(8) 室内大面积施工前应确定施工方案,先做好样板间,经鉴定合格后再正式施工。

(9) 屋面防水工程完工前进行室内抹灰施工时,必须采取防护措施。

4. 操作工艺

工艺流程:顶板勾缝→墙面浇水→贴灰饼→抹水泥踢脚板→做护角→抹水泥窗台板→墙面冲筋→抹底灰→修抹预留孔洞、电气箱、槽盒→抹罩面灰。

(1) 顶板勾缝:剔除灌缝混凝土凸出部分及杂物,然后用刷子蘸水把表面残渣和浮尘清理干净,刷掺水重10%107胶的水泥浆一道,紧跟抹 1:0.3:3 混合砂浆将顶缝抹平,过厚处应分层勾抹,每遍厚度宜在 5～7mm。

(2) 墙面浇水:墙面应用细管自上而下浇水湿透,一般应在抹灰前一天进行(一天浇二次)。

(3) 贴灰饼:一般抹灰按质量要求分为普通、中级和高级三级,室内砖墙抹灰层的平均总厚度,不得大于下列规定:

普通抹灰—18mm;

中级抹灰—20mm;

高级抹灰—25mm。

首先根据设计图纸要求的抹灰质量等级,按照基层表面平整垂直情况,进行吊垂直、套方找规矩,经检查后确定抹灰厚度,但最少不应少于7mm。墙面凹度较大时要分层衬平(石灰砂浆和水泥混合砂浆每遍厚度宜为 7～9mm)。操作时先贴上灰饼再贴下灰饼,贴灰饼时要根据室内抹灰要求(分清做踢脚板还是水泥墙裙)选择下灰饼的正确位置,用靠尺板找好垂直与平整。灰饼宜用 1:3 水泥砂浆做成 5cm 见方的形状。

(4) 抹水泥踢脚板(或水泥砂浆墙裙):用清水将墙面洇透,污物冲洗干净,接着抹 1:3 水泥砂浆底层,表面用大杠刮平,木抹子搓毛,常温第二天便可抹面层砂浆,面层用 1:2.5 水泥砂浆压光,一般做法为凸出白灰墙面 5～7mm,但也有的做法与石灰墙面一样平,或凹进石灰墙面等,要按照设计要求施工(水泥砂浆墙裙同此做法)。

(5) 做水泥护角:室内墙面、柱面的阳角和门窗洞口的阳角,应用 1:3 水泥砂浆打底与贴灰饼找平,待砂浆稍干后再用素水泥膏抹成小圆角,宜用 1:2 水泥砂浆做明护角(比底灰或标筋高 2mm),其高度不应低于 2m,每侧宽度不小于 50mm。过梁底部要方正,门窗口护角做完后应及时用清水刷洗门窗框上的水泥浆。

(6) 抹水泥窗台板:先将窗台基层清理干净,松动的砖要重新砌筑好。砖缝划深,用水浇透,然后用 1:2:3 豆石混凝土铺实,厚度大于 2.5cm。次日再刷掺水重10%107胶的素水泥浆一道紧跟抹 1:2.5 水泥砂浆面层,待面层颜色要开始变白时,浇水养护 2～3d。窗台板下口要求平直,不得有毛刺。

(7) 墙面冲筋:用与抹灰层相同的砂浆冲筋,冲筋的根数应根据房间墙面宽度来决定,筋宽约为 5cm 左右。

(8) 抹底灰:一般情况下,冲完筋约 2h 左右就可以抹底灰,不要过早或过迟。先薄薄抹一层底子灰,接着分层装档、找平,再用大杠垂直水平刮找一遍,用木抹子搓毛。然后全面检查底子灰是否平整,阴阳角是否方正,管道后和阴角交接处,墙与顶板交接处是否光滑平整,并用靠尺板检查墙面垂直与平整情况。散热器背后的墙面抹灰宜在散热器安装前进行,抹灰面接槎应顺平,地面、踢脚板或水泥墙裙及管道、散热器背后应及时清理干净。

(9) 修抹预留孔洞、电气箱、槽、盒:当底灰抹平后,应即设专人先把预留孔洞、电气箱、槽、盒周边 5cm 的石灰砂浆清理干净,改用 1:1:4 水泥混合砂浆把洞、箱、槽、盒抹成方正、光滑、平整(要比底灰或标筋高 2mm)。

(10) 抹罩面灰:当底子灰六、七成干时,即可开始抹罩面灰(如底子灰过干应浇水润湿)。罩面灰应二遍成活,厚度约 2mm,最好两人同时操作,一人先薄薄刮一遍,另一人随即抹平。按先上后下顺序进行,再赶光压实,然后用钢板抹子压一遍,最后用塑料抹子顺抹子纹压光,随即用毛刷蘸水将罩面灰污染处清刷干净,不应甩破活(如遇施工洞,可甩整面墙,但注意切齐)。

(11) 冬期施工应符合下列规定:

1) 冬期施工室内砖墙抹石灰砂浆应采取保温措施(包括所使用的各种材料不得受冻),涂抹时,砂浆的温度不宜低于+5℃。

2) 室内抹石灰砂浆工程施工的环境温度不应低于+5℃。故需事先做好室内的采暖保温和防寒工作。

3) 用冻结法砌筑的墙,应待其解冻后,而且室内温度保持在+5℃以上方可进行室内抹石灰砂浆工作。不得在负温度和冻结的墙上抹石灰砂浆。

4) 冬期施工要注意室内通风换气(排除湿气)工作,应设专人负责定时开闭门窗和测温工作。抹灰不得受冻。

5. 质量标准

(1) 保证项目:材料的品种、质量必须符合设计要求和材料标准的规定;各抹灰层之间及抹灰层与基体之间必须粘结牢固,无脱层、空鼓,面层无爆灰和裂缝(风裂除外)等缺陷。

(2) 基本项目:

1) 表面:

普通抹灰:表面光滑、洁净、接槎平整。

中级抹灰:表面光滑、洁净、接槎平整,线角顺直清晰。

高级抹灰:表面光滑、洁净、颜色均匀,无抹纹,线角和灰线平直方正,清晰美观。

2) 孔洞、槽、盒、管道后面的抹灰表面:尺寸正确、边缘整齐,光滑;管道后面平整。

3) 门窗框与墙体间缝隙填塞密实,表面平整。护角材料、高度符合施工规范规定,表面光滑平顺。

4) 分格条(缝)宽度、深度均匀,条(缝)平整光滑,楞角整齐,横平竖直,通顺。

(3) 允许偏差项目:见表 4-10。

石灰砂浆抹面允许偏差　　　　　　　表 4-10

项目		允许偏差(mm)			检验方法
		普通	中级	高级	
1	立面垂直	—	5	3	用 2m 托线板检查
2	表面平整	5	4	2	用 2m 靠尺及楔形塞尺检查
3	阴阳角垂直	—	4	2	用 2m 托线板检查
4	阴阳角方正	—	4	2	用 20cm 方尺和楔形塞尺检查
5	分格条(缝)平直	—	3		拉 5m 小线和尺量检查

注:1. 中级抹灰本表第四项阴角方正可不检查;
　　2. 顶棚抹灰本表第二项表面平整可不检查,但应平顺。

6. 成品保护

(1) 抹灰前必须事先把门窗框与墙连接处的缝隙用水泥砂浆嵌塞密实(铝合金门窗框嵌缝材料由设计确定);门口钉设铁皮或木板保护。

(2) 要及时清擦干净残留在门窗框上的砂浆,特别是铝合金门窗框宜粘贴保护膜,并保持到快要竣工需清擦玻璃时为止。

(3) 推小车或搬运东西时要注意不要碰坏口角和墙面。抹灰用的大杠和铁锹把不要靠放在墙上。严禁踩蹬窗台,防止损坏其棱角。

(4) 拆除脚手架时要轻拆轻放,拆除后材料码放整齐,不要撞坏门窗、墙面和口角。

(5) 要注意保护好墙上的预埋件、窗帘钩、通风箅子等。墙上的电线槽盒、水暖设备预留洞等不要随意抹死。

(6) 在抹灰层凝结硬化前应防止快干、水冲、撞击、振动和挤压,以保证灰层有足够的强度。

(7) 要注意保护好楼地面,不得直接在楼地面上拌灰。

7. 应注意的质量问题

(1) 门窗洞口、墙面、踢脚板、墙裙上口等抹灰空鼓裂缝:

1) 门窗框两边塞灰不严,墙体预埋木砖间距过大或木砖松动,经开关振动,在门窗框处产生空鼓裂缝。应重视门窗框塞缝工序,设专人负责。

2) 基层清理不干净或处理不当,墙面浇水不透,抹灰后砂浆中的水分很快被基层(或底灰)吸收,影响粘结力。应认真清理和提前浇水,砖墙可提前一天浇水,一般浇两遍,使水渗入砖墙里面约达 8~10mm 即可达到要求。

3) 基层偏差较大,一次抹灰层过厚,干缩率较大。应分层赶平,每遍厚度宜为 7~9mm。

4) 配制砂浆和原材料质量不符合要求。应根据不同基层采取配制所需要的砂浆,同时要加强对原材料和使用部位的管理。

(2) 抹灰面层起泡,有抹纹、曝灰、开花:

1) 抹完罩面灰后,压光跟的太紧,灰浆没有收水,故压光后多余水气化后产生起泡现象。

2) 底灰过分干燥,因此要浇透水,抹罩面灰后,水分很快被底灰吸走,故压光时容易出现抹纹或漏压。

3) 淋制面灰时(包括底灰),对欠火灰、过火灰颗粒及杂质应过滤彻底,保证灰膏熟化时间,否则抹灰后遇水或潮湿空气继续熟化,体积膨胀,造成抹灰表面曝裂,出现开花。

(3) 抹灰面不平,阴阳角不垂直、不方正,抹灰前要认真挂线,做灰饼和冲筋,使冲筋交圈,阴阳角处亦要冲筋,顺杠、找规矩。

(4) 踢脚板和水泥墙裙、窗台板等上口出墙厚度不一致,上口毛刺和口角不方,操作加细,按规范去吊垂直,拉线找直找方,抹完灰后要反尺把上口赶平压光。

(5) 暖气槽两侧上下,窗口墙垛抹灰不通顺,应按规范吊直找方。

(6) 顶板勾缝不平、空鼓裂缝:基层应清理干净,抹灰前要浇透水,注意砂浆配合比,使底层砂浆与楼板粘结牢。楼板安装不平,相邻板底高低偏差大,灌缝不密实等缺陷,需在预制板安装时进行质量控制,给装修打下基础。

(7) 管道后抹灰不平、不光,管根空裂等,应按规范安放过墙套管,管后抹灰准备专用工具(长抹子),工作细致即能克服。

4.1.4.9 抹水泥砂浆

本技术交底适用于一般工业与民用建筑砖砌体、混凝土墙等室内外抹中高级水泥砂浆。

1. 材料要求

(1) 水泥:32.5级及其以上矿渣水泥或普通水泥,颜色一致,宜采用同一批产品。

(2) 砂:平均粒径为0.35～0.5mm的中砂,砂的颗粒要求坚硬洁净,不得含有粘土、草根、树叶、碱质及其他有机物等有害物质,砂在使用前应根据使用要求过不同孔径的筛子备用。

(3) 石灰膏:应用块状生石灰淋制,淋制时使用的筛子,其孔径不大于3mm×3mm,并应贮存在沉淀池中。熟化时间常温一般不少于15d;用于罩面时,不应少于30d,使用时,石灰膏内不得含有未熟化颗粒和其他杂质。

(4) 磨细生石灰粉,其细度过0.125mm的方孔筛,累计筛余量不大于13%。使用前用水浸泡使其充分熟化。熟化时间不少于7d。

浸泡方法:应提前备好一个大容器,均匀地撒一层生石灰粉,浇一层水,然后再撒一层生石灰粉,再浇水,依次进行,直至达到容器的2/3,随后,放水,将其石灰粉全部浸泡在水中,使之熟化。

(5) 磨细粉煤灰:细度过0.08mm方孔筛,其筛余量不大于5%,粉煤灰取代水泥来拌制砂浆,其最多掺量不大于25%。若在砂浆中取代白灰膏其最大掺量不宜超过50%。

(6) 其他掺合料:107胶、外加剂,其掺入量通过试验决定。

2. 主要机具

一般应备有搅拌机,5mm的筛子,大平锹、小平锹,除抹灰工一般常用工具外,还应备有软毛刷、钢丝刷、筷子笔、粉线包、喷壶、小水壶、水桶、米厘条、分格条、扫帚、锤子、錾子等。

3. 作业条件

(1) 结构工程全部完成,并经有关部门验收合格。

(2) 抹灰前,应检查门窗框的位置是否正确,与墙体连接是否牢固。对连接处的缝隙应用1:3水泥砂浆或1:1:6水泥混合砂浆分层嵌塞密实。若缝隙较大时,应在砂浆内掺少量麻刀嵌塞,使其塞缝密实。铝合金门窗缝隙处理按设计要求嵌填。

(3) 砖墙、混凝土墙、加气混凝土墙其基体表面的灰尘、污垢和油渍等应清除干净,并洒水湿润。

(4) 阳台栏杆、挂衣铁架、预埋预设的铁件、管道等应提前安装好,结构施工时的预留孔洞等提前堵塞严实,将柱、过梁等凸出墙面的混凝土剔平,凹处提前刷净,用水洇透后用1:3水泥砂浆或1:1:6混合砂浆分层补抹平。

(5) 预制混凝土外墙板接缝处应提前处理好,并检查空腔是否畅通,缝勾后进行淋水试验,无渗漏后方可进行下道工序施工。

(6) 加气混凝土表面缺棱掉角需分层修补,做法是:先洇湿基层表面,刷掺水重10%的107胶水泥浆一道,紧跟抹1:1:6混合砂浆,每遍厚度应控制在7～9mm。

(7) 外墙抹水泥砂浆大面积施工前,应先做样板,经鉴定并确定施工方法后再组织施工。

(8) 施工时使用的外架子应提前准备好,横竖杆要离开墙面及墙角200～250mm,以利操作。为保证墙面的平整度,外架子需铺设三步板,以满足抹灰者要求。为使其外抹灰的颜色一致,严禁采用单排外架子,严禁在墙面上预留临时孔洞。

(9) 抹灰前应先检查基体表面的平整,以决定其抹灰厚度,抹灰前应在大角的两面,阳台、窗台、旋脸两侧弹出抹灰层的控制线,以做为打底的依据。

4. 操作工艺

工艺流程:门窗口四周堵缝(或外墙板竖横缝处理)→墙面清理粉尘、污垢,→浇水湿润墙面→吊垂直找方抹灰饼充筋、找规矩→抹底灰→粘分格条(先弹线)→抹面层水泥砂浆。

(1) 基层为混凝土外墙板:

1) 基层处理:若混凝土表面很光滑,应对其表面进行"毛化处理"。其方法有两种:一是将其光滑表面用钻子剔毛,剔去光面,使其变粗糙不平。另一方法是将光滑的表面刷洗干净,并用10%火碱水除去表面的油污并将碱液冲洗干净晾干,采取机械喷涂或用扫帚甩上一层1:1稀粥状水泥砂浆(内掺20%107胶水拌制),使之凝固在光滑的基层表面,用手掰不动为好。

2) 吊垂直、套方找规矩:按墙上已弹的基准线,分别在门口角、垛、墙面等处吊垂直,套方抹灰饼。并按灰饼充筋。

3) 抹底层砂浆:刷掺水重10%的107胶水泥浆一道,紧跟抹1:3水泥砂浆,每遍厚度5~7mm,应分层分遍与所抹筋齐平,并用大刮平找直,木抹子挫毛。

4) 抹面层砂浆:底层砂浆抹好后,第二天即可抹面层砂浆,首先应将墙面洇湿,按图示尺寸弹分格线,粘分格条,滴水槽,抹面层砂浆。面层砂浆应采用1:2.5水泥砂浆或1:0.5:3.5水泥混合砂浆。抹时先薄薄地刮一层灰使其与底灰粘牢,紧跟抹第二道灰,与分格条抹平。并用杠横竖刮平,木抹子挫平,铁抹子溜光压实。待表面无明水后,用刷子蘸水按垂直于地面的同一方向,轻刷一遍,以保证面层抹面的颜色均匀一致,避免和减少收缩裂缝。及时将分格条起出,待灰层干后,用素水泥膏将缝子勾好。对于难起的分格条,应待灰层干透后再起条,防止起坏边棱。

如对抹灰工序的安排是先从上往下打底,底灰抹完后,架子再反上去,再从上往下抹面层砂浆时,应注意先检查底层灰是否有空裂现象,如有空裂现象应剔凿返修后再做面层,另外应注意底层砂浆上的尘土污垢等应先清净,浇水湿润后,方可进行面层抹灰。

5) 滴水线(槽):在檐口、窗台、窗楣、雨篷、阳台、压顶和突出墙面的凸线等上面应做出流水坡度,下面应做滴水线(槽)。流水坡度及滴水线(槽)距外表面不小于40mm,滴水线(又称鹰嘴)应保证其坡向正确。

6) 养护:水泥砂浆抹灰层应在潮湿的环境下养护。

(2) 基层为加气混凝土板:

1) 基层处理:用扫帚将板面上的粉尘扫净,浇水,将板洇透,使水浸入加气板达10mm厚为宜。对缺棱掉角的板,和板的接缝处高差较大时,可用1:1:6混合砂浆用掺20%107胶水拌合均匀,分层抹平,每遍厚5~7mm,待灰层凝固后,用水湿润,用上述同配合比的细砂浆(砂子用窗纱过筛),用机械喷或用扫帚甩在加气混凝土墙上。第二天,浇水养护,至直砂浆疙瘩凝固用手掰不动为止。

2) 吊垂直、套方找规矩:同水泥砂浆面层。

3) 抹底层砂浆:先刷水重10%107胶水泥浆一道,随刷随抹底层混合砂浆配合比1:1:6,分遍抹平,木杠平,木抹子搓毛,终凝后开始养护。若砂浆中掺入粉煤灰,则上述配合比可以改为 1:0.5:0.5:6(即为水泥:石灰:粉煤灰:砂)。

4) 弹线、粘分格条、滴水槽,抹面层砂浆:首先应按分格尺寸,弹线分格,粘分格条,注意分格竖条粘贴位置应在所弹立线的一侧。防止左右乱粘,条粘好后,即可抹面层砂浆,面层混合砂浆配比为 1:1:5 或 1:0.5:0.5:5(为掺粉煤灰的混合砂浆配合比)。分两次抹,与分格条抹平,再用横竖刮平,木抹子搓毛,铁抹子压实压光,待表面无水后,用水刷子蘸水按垂直于地面方向轻刷一遍,使其面层颜色均匀一致。

5) 滴水线(槽):做法及养护要求同上。

(3) 基层为砖墙:

1) 基层处理:将墙面上残余砂浆、污垢、灰尘等清理干净,并用水浇墙,将砖缝中的尘土冲掉,并将墙面湿润。

2) 吊垂直、套方、找规矩、抹灰饼同上。

3) 冲筋,抹底层砂浆常温时可采用 1:0.5:4 混合砂浆:冬期与所冲筋抹平,用大横竖刮平,木抹子搓毛,终凝后浇水养护。

4) 弹线按图纸尺寸分块,并粘分格条后抹面层砂浆。操作方法同前,面层砂浆的配合比常温时可采用 1:3.5 混合砂浆,冬期施工应采用 1:2.5 水泥砂浆。

5) 滴水线(槽)施工作法及灰层养护同上。

(4) 冬雨期施工:

一般只在初冬期间施工,严冬阶段不宜施工。

1) 冬期抹灰砂浆应采用热水拌合,并采取保温措施,涂抹时砂浆温度不宜低于 5℃。

2) 砂浆抹灰层硬化初期不得受冻。

3) 砂浆抹灰层低于 5℃时,室外抹灰砂浆中可掺入能降低冻结温度的食盐及氯化钙等,其掺量应由试验确定。做油漆墙面的抹灰砂浆不得掺有食盐和氯化钙。

4) 用冻结法砌筑的墙,室外抹灰应待其完全解冻后再抹灰,不得用热水冲刷冻结的墙面,或用热水消除墙面的冻霜。

5) 冬期施工为防止灰层早期受冻,保证操作,砂浆内不得掺入石灰膏,为保证灰浆的合易性,可掺入同体积的粉煤灰代替,比如加气混凝土墙底层砂浆配合比为 1:1:6(水泥:粉煤灰:砂)。面层砂浆为 1:1:5(水泥:粉煤灰:砂)。

6) 雨期抹灰工程应采取防雨措施,防止终凝前的抹灰层受雨淋而损坏。

5. 质量标准

(1) 保证项目:

所用的材料品种、质量必须符合设计要求,各抹灰层之间及抹灰层与基体之间必须粘结牢固,无脱层、空鼓,面层无爆灰和裂缝(风裂除外)等缺陷。

(2) 基本项目:

1) 中级抹灰:表面光滑、洁净,接槎平整,线角顺直清晰(毛面纹路均匀一致)。

高级抹灰:表面光滑、洁净、颜色均匀,无抹纹、线角和灰线平直方正(清晰美观)。

2) 室内墙面、柱面和门洞口的阳角,宜用 1:2 水泥砂浆做护角,其高度不应低于 2m,每侧宽度不少于 50mm,且注意将门框与墙体预留缝隙,应用水泥砂浆或水泥混合砂浆填嵌密实。

3) 孔洞、槽、盒尺寸正确,方正、整齐、光滑,管道后面抹灰平整。

4) 分格条(缝)宽度、深度均匀一致,条(缝)平整光滑,楞角整齐、横平竖直、通顺。

5) 滴水线(槽)流水坡向正确,滴水线顺直,滴水槽宽度、深度均不得小于10mm,整齐一致。

(3) 允许偏差项目:见表4-11。

墙面一般抹灰允许偏差 表4-11

项次	项 目	允许偏差(mm)		检验方法
		中级	高级	
1	立面垂直	5	3	用2m托线板检查
2	表面平整	4	2	用2m靠尺及楔形塞尺检查
3	阴阳角垂直	4	2	用2m托线板检查
4	阴阳角方正	4	2	用2m方尺及楔形塞尺检查
5	分格条(缝)平直	3	—	拉5m小线和尺量检查

注:1.中级抹灰本表第四项阴角方正可不检查。
  2.立面总高度垂直度允许偏差。

单层、多层框架大模为$H/1000$,且不大于20mm,高层框架大模为$H/1000$,且不大于30mm。

砖混结构全高≤10m,为10mm;全高≥10m,为20mm,用经纬仪、吊线和尺量检查。

6. 成品保护

(1) 门窗框上残存的砂浆应及时清理干净。铝合金门框装前要粘贴保护膜,嵌缝用中性砂浆应及时清理,并用洁净的棉丝将框擦净。

(2) 翻拆架子时要小心,防止损坏已抹好的水泥墙面,并应及时采取措施保护防止因工序穿叉造成污染和损坏,特别对边角处应钉大板保护。

(3) 各抹灰层在凝结前应防止快干、曝晒、水冲、撞击和振动,以保证其灰层有足够的强度。

(4) 油工刷油时注意油桶不要从架子上碰下去,防止污染墙面,且不可蹬踩窗台、损坏棱角。

7. 应注意的质量问题

(1) 空鼓、开裂和烂根:由于抹灰前对基层清理不干净或不彻底,抹灰前不浇水,每层灰抹得过厚,跟得太紧;对于预制混凝土光滑表面不认真进行"毛化处理";甚至混凝土表面的酥皮不处理就抹灰;加气混凝土表面没清扫,不浇水就抹灰,抹灰后不养护。为解决好空鼓、开裂等质量问题,应从三方面下手解决:第一施工前的浇水,清理;第二施工操作分层分遍压实认真不马虎;第三施工后及时浇水养护,并注意施工地点的洁净,抹灰层应一次到底。

(2) 滴水线(槽)不符合要求:不按规范规定在窗台、碹脸下预设分格条,起条后保持滴水槽有10mm×10mm的槽,而是抹灰后用溜子划缝压槽,或用钉子划沟。

(3) 分格条、滴水槽处起条后不齐整不美观,起条后应用素水泥浆勾缝,并将损坏的棱角及时修补好。

(4) 窗台吃口:同一层的窗台标高砌得不一致,窗台抹灰时为保证横竖线角的规矩,需拉线找直,故造成窗台吃口,影响使用。要求结构施工时尺寸要准确,考虑抹灰层的厚度,并注意窗台抹灰应伸入框下10mm,并勾成小圆角,上口找好流水坡度。

(5) 面层接槎不平,颜色不一致,槎子甩得不规矩,不平,故接槎时难找平。接槎应避免在块中,应甩在分格条处,并注意外抹水泥一定要采用同品种、同批号的水泥,严禁混用,防止颜色不均。基层浇水要透,便于操作,避免将水泥表面压黑。

4.1.4.10 墙面水刷石

本技术交底适用于一般工业与民用建筑墙面水刷石、水刷豆石施工。

1. 材料要求

(1) 水泥:32.5级及其以上矿渣水泥或普遍硅酸盐水泥,颜色一致,应采用同一批产品。

(2) 砂:中砂。使用前应过5mm孔径的筛子。

(3) 石渣:颗粒坚实,不得含有粘土及其他有机物等有害物质。石渣规格应符合规范要求,级配应符合设计要求,中八厘为6mm,小八厘为4mm,使用前应用水洗净,按规格、颜色不同分堆晾干,堆放时苫布盖好待用。要求同品种石渣颜色一致,宜一次到货。

小豆石:粒径以5~8mm为宜,含泥量不大于1%,用前过二遍筛,用水冲净备用。

(4) 石灰膏:使用前一个月将生石灰过3mm筛子淋成石灰膏,用时灰膏内不应含有未熟化的颗粒及其他杂质。

(5) 生石灰粉:使用前一周用水将其焖透使其充分熟化,使用时不得含有未熟化的颗粒。

(6) 其他材料:107胶,YJ302界面处理剂,粉煤灰等。颜料:应用耐碱性和耐光性好的矿物质颜料。

2. 主要机具

应备有手压泵2~3台(根据刷石量多少及施工人员数量决定),木抹子、大杠、小杠、靠尺、方尺、铁抹子、小压子、浆壶、大小水桶、软硬毛刷子、筷子笔、米厘条等。抹灰工一般常用工具,如小车、灰勺、小灰桶、铁板等。

3. 作业条件

(1) 结构工程经过验收合格。

(2) 按施工要求准备好双排外架子,或吊篮、桥式架子。架子的站杆应离开墙面20cm,以保证操作。墙上最好不留脚手眼,防止二次修补,造成墙面有花感。

(3) 外墙预留孔洞及埋管等处理完毕。外墙空腔防水做完并经淋水试验无渗漏检验合格。门窗安装固定好,并用1:3水泥砂浆将缝隙堵塞严实。

(4) 墙面清理干净,脚手眼堵好,墙面上凸起的混凝土应剔平。凹处用1:3水泥砂浆分层补平。

(5) 水刷石大面积施工前应先做样板,确定配合比和施工工艺,责成专人统一配料并把好配合比关。

4. 操作工艺

工艺流程:

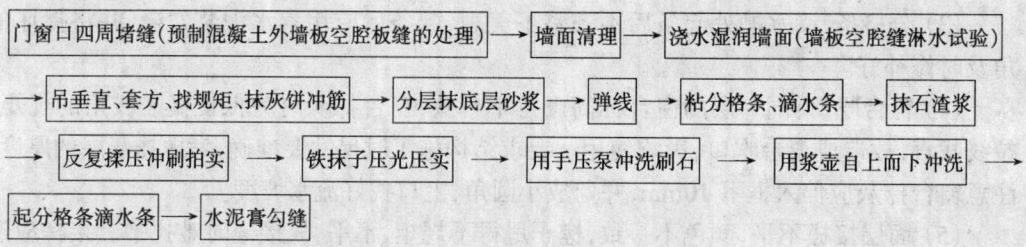

(1) 基层为混凝土外墙板：

1) 基层处理：将混凝土墙板表面凿毛，板面酥皮剔净，用钢丝刷将粉尘刷掉、清水冲洗干净，浇水湿润；用10％火碱水将混凝土表面的油污及污垢刷净，并用清水冲洗晾干，喷或甩1:1掺水重20％107胶水泥细砂浆一道。终凝后浇水养护，直至砂浆与混凝土板粘牢（用手掰砂浆不脱落）方可进行打底；或采用YJ302混凝土界面处理剂对基层进行处理，其操作方法有两种：(a)在清洗干净的混凝土基体上，涂刷"处理剂"一道，随即紧跟抹水泥砂浆，要求抹灰时处理剂不能干。(b)刷完处理剂后撒一层粒径为2~3mm的砂子，以增加混凝土表面的粗糙度，待其干硬后再进行打底。

2) 吊垂直、套方、找规矩：若建筑物为多层，应用特制的大线锤从顶层往下吊垂直，并崩铁丝后按其铁丝垂直要求在大角、门窗洞口两侧等分层抹灰饼。若为高层时，应在大角门窗洞口等垂直方向用经纬仪打垂直线，并按线分层抹灰饼找规矩。使横竖方向达到平整一致。

3) 抹底层砂浆：按以上所抹的灰饼标高冲筋，先刷一道掺水重10％107胶水泥浆，随即紧跟分层分遍抹底层砂浆，砖混结构常温施工采用配合比为1:0.5:4（混合砂浆）或1:0.3:0.2:1（粉煤灰混合砂浆），混凝土结构常温打底，配合比可选用1:1:6（混合砂浆）、1:0.5:0.5:6（粉煤灰混合砂浆），打底灰及时用大杠横竖刮平，并用木抹子搓毛。终凝后浇水养护。

4) 弹线分格、粘分格条、滴水条：按图纸尺寸分格弹线、粘条，分格条上皮做到平整线条横平竖直交圈对口，并按规范规定的部位设置滴水条。

5) 抹水泥石渣浆面层：刮一道内掺水重10％的107胶水泥浆，紧跟抹1:0.5:3（水泥:石灰膏:小八厘）石渣浆，从下而上分两遍与分格条抹平，并及时用小杠检查其平整度（抹石渣面层要高于分格条1mm），然后将石渣层压平压实。

6) 修整、喷刷：将已抹好的石渣面层拍平压实，将其内水泥浆挤出，用水刷蘸水将水泥浆刷去，重新压实溜光，反复进行3~4遍，待面层开始初凝，指按无痕，用水刷子刷不掉石粒为度。一人用刷子蘸水刷去水泥浆，一人紧跟用手压泵的喷头从上往下喷水冲洗，喷头一般距墙面10~20cm，把表面水泥浆冲洗干净露出石渣后，最后用小水壶浇水将石渣表面冲净。待墙面水分控干后，起出分格条，并及时用水泥膏勾缝。

7) 操作程序：门窗碱脸、窗台、阳台、雨罩等部位刷石应先做小面，后做大面，以保证大面的清洁美观。刷石阳角部位，喷头应从外往里喷洗，最后用小水壶用水冲净。檐口、窗台碱脸、阳台、雨罩等底面应做滴水槽，上宽7mm，下宽10mm，深10mm，距外皮不小于30mm。大面积墙面刷石一天完不成，连续施工时，冲刷新活前，应将头天做的刷石用水淋透，以免喷刷时沾上水泥浆后便于清洗，防止污染墙面。

(2) 基层为砖墙：

1) 基层处理：抹灰前将基层上的尘土污垢清扫干净，堵脚手眼，浇水湿润。

2) 吊垂直、套方、找规矩：从顶层开始用特制线坠，崩铁丝吊直，然后分层抹灰饼，在阴阳角、窗口两侧，柱、垛等处应吊线找直，崩铁丝、抹好灰饼，并冲筋。

3) 抹底层砂浆：常温时采用1:0.5:4混合砂浆或1:0.3:0.2:4粉煤灰混合砂浆打底，抹灰时以冲筋为准控制抹灰的厚度，应分层分遍装档，直至与筋抹平。要求抹头遍灰时用力抹，使砂浆挤入灰缝中使其粘结牢固，表面找平搓毛，终凝后浇水养护。

4) 弹线、分格、粘分格条、滴水条：按图纸尺寸弹线分格，粘分格条，分格条要横平竖直交圈，滴水条应按规范和图纸要求部位粘贴，并应顺直。

5) 抹水泥石渣浆：先刮一道掺水重10%107胶水泥素浆，随即抹1:0.5:3水泥石渣浆，抹时应由下至上一次抹到分格条的厚度，并用尺量随抹随找平，凸凹处及时处理，找平后压实压平，拍平至石渣大面朝上为止。

6) 修整、喷刷：将已抹好的石渣面层拍平压实，将其中水泥浆挤出，用水刷蘸水将水泥浆刷去，重新压实溜光，反复进行3~4遍，待面层开始初凝，指捺无痕，用刷子刷不掉石渣为度，一人用刷子蘸水刷去水泥浆，一人紧跟用手压泵喷头由上往下顺序喷水刷洗，喷头一般距墙10~20cm，把表面水泥浆冲洗干净露出石渣，最后用小水壶浇水将石渣冲净，待墙面水分控干后，起出分格条并及时用水泥膏勾缝。

7) 操作程序：门窗碹脸、窗台、阳台、雨罩等部位刷石先做小面，后做大面，以保证墙面清洁美观。刷石阳角部位喷头应由外往里冲洗，最后用小水壶撒水冲净。檐口、窗台、碹脸、阳台、雨罩底面应做滴水槽，上宽7mm，下宽10mm，深10mm，距外皮不小于30mm。大面积墙面刷石一天完不成，如需继续施工时，冲刷新活前应将头天做的刷石用水淋湿，以免喷刷时沾上水泥浆后便于清洗，防止污染墙面。

(3) 冬雨期施工：

1) 为防止灰层受冻，砂浆内不宜掺石灰膏，为保证砂浆的合易性，可采用同体积的粉煤灰代替。比如打底灰配合比可采用1:0.5:4(水泥：粉煤灰：砂)或1:3水泥砂浆；水泥石渣浆配合比可采用1:0.5:3(水泥：粉煤灰：石渣)或改为1:2水泥石渣浆使用。

2) 抹灰砂浆应使用热水拌合，并采取保温措施，涂抹时砂浆温度不宜低于+5℃。

3) 抹灰层硬化初期不得受冻。

4) 进入冬期施工，砂浆中应掺入能降低冰点的外加剂，如氯化钙或氯化钠，其掺量应按早七点半大气温度高低来调整其砂浆内外加剂的掺量。

5) 用冻结法砌筑的墙，室外抹灰应待其完全解冻后再抹，不得用热水冲刷冻结的墙面或用热水消除墙面的冰霜。

6) 严冬阶段不得施工。

7) 雨期施工时注意采取防雨措施，刚完成的刷石墙面如遇暴雨冲刷时，应注意遮挡，防止损坏。

5. 质量标准

(1) 保证项目：

1) 所用材料的品种、质量必须符合设计要求。

2) 各抹灰层之间及抹灰层与基体之间必须粘结牢固，无脱层、空鼓和裂缝等缺陷。

(2) 基本项目：

1) 表面：石粒清晰，分布均匀，紧密平整，色泽一致，无掉粒和接槎痕迹。

2) 分格条(缝)：宽度和深度均匀一致，条(缝)平整、光滑、楞角整齐，横平竖直、通顺。

3) 滴水线(槽)：流水坡向正确，滴水线顺直，滴水槽宽度、深度均不小于10mm，整齐一致。

(3) 允许偏差项目：见表4-12。

墙面水刷石允许偏差 表4-12

项次	项目	允许偏差(mm)	检查方法
1	立面垂直	5	2m托线板检查
2	表面平整	3	2m靠尺和楔形塞尺检查
3	阴阳角垂直	4	2m靠尺和楔形塞尺检查
4	阳角方正	3	20cm方尺和楔形塞尺检查
5	墙裙、勒脚上口平直	3	拉5m小线,不足5m拉通线检查
6	分格缝平直	3	拉5m小线,不足5m拉通线检查
7	全高单层、多层	$H‰$且≤ 20	经纬仪检查
	垂直高层	$H‰$且≤ 30	经纬仪检查

6. 成品保护

(1) 粘在门窗框及砖墙上的砂浆应及时清理干净。铝合金门窗应及时粘好保护膜以防污染。

(2) 喷刷时应用塑料薄膜覆盖好已交活的墙面,以防污染。特别是风天更要细心保护和覆盖。

(3) 建筑物进出口水刷石抹好交活后应及时钉木板保护口角,防止砸坏棱角。

(4) 拆架子及进行室内外清理时,不要损坏和污染门窗玻璃及水刷石墙面。

(5) 油漆工刷油时,应注意别将油罐碰翻污染墙面,对已做好的刷石窗台及凸线等应加以保护,严禁蹬踩损坏。

7. 应注意的质量问题

(1) 灰层粘结不牢,空鼓:原因是基层未浇水湿润;基层没清理或清理不干净,每层灰跟得太紧或一次抹灰太厚;打底后没浇水养护;预制混凝土外墙板太光滑且基层没"毛化"处理;板面酥皮未剔凿干净;分格条两侧空是因为起条时将灰层拉裂。应注意基层的清理、浇水;每层灰控制抹灰厚度不能过厚;打底灰抹好24h注意浇水养护。对预制混凝土外墙板一定要清除酥皮,并进行"毛化"处理。

(2) 墙面脏,颜色不一致:刷石墙面没抹平压实,凹坑内水泥浆没冲洗干净,或最后没用清水冲洗干净;原材料一次备料不够;水泥或石渣颜色不一致或配合比不准,级配不一致。操作时应反复揉压抹平,使其无凸凹不平之处,最后用清水冲刷干净。要求刷石配合比专人掌握,所用水泥、石渣应一次备齐。

(3) 坠裂,裂缝:原因是面层厚度不一,冲刷时厚薄交接处由于自重不同将面层坠裂,干后裂缝加大;压活遍数不够,灰层不密实也易形成抹纹或龟裂;石渣内有未熟化颗粒,遇水后体积膨胀将面层爆裂。要求打底灰一定要平整,面层施工一定按工艺标准,边刷水边压,直至表面压实压光为止。

(4) 烂根:刷石与散水及与腰线等接触的平面部分没有清理干净,表面有杂物,待将杂物清净后形成烂根;由于在下边施工困难,压活遍数不够,灰层不密实,冲洗后形成掉渣或局部石渣不密实。刷石与散水和腰线接触部位的清理;刷石根部的施工要仔细和认真。

(5) 阴角刷石:墙面刷石污染、混浊、不清晰;阴角做刷石分两次做两个面,后刷的一面,就污染前面已刷好的一面。整个墙面多块分格,后做的一块,刷洗时污染已经做好的一块;

将阴角的两个面找好规矩，一次做成，同时喷刷。对大面积墙面刷石为防止污染，在冲刷后做的刷石前，先将已做好的刷石用净水冲洗干净并湿润后再冲刷新做的刷石，新活完成后，再用净水冲洗已做好的刷石，防止因冲洗不净造成污染、混浊。

（6）刷石留槎混乱，整体效果差：刷石槎子应留在分格条中，或水落管后边，或独立装饰部分的边缘处，不得留在块中。

4.1.4.11 墙面干粘石

本技术交底适用于一般工业与民用建筑墙面干粘石施工。

1. 材料要求

（1）水泥：32.5级及其以上矿渣水泥或普通硅酸盐水泥，颜色一致，宜采用同一批产品。

（2）砂：中砂。使用前过5mm孔径的筛子，或根据需要过纱绷筛，筛好备用。

（3）石渣：颗粒坚硬，不含粘土等有害物质。其规格的选配应符合设计要求，中八厘颗粒为6mm，小八厘粒径为4mm，使用前应过筛，使其规格大小符合上述要求，并筛除粉尘，然后用净水冲洗干净后晾干，按颜色、规格分类存放，上面用苫布遮盖好。

（4）石灰膏：使用前一个月将生石灰焖透，过3mm孔径的筛子，冲淋成石灰膏，使用时灰膏内不得含有未熟化的颗粒和杂质。

（5）磨细生石灰粉：使用前一周用水将其焖透，不得含有未熟化颗粒。

（6）粉煤灰、107胶等。

2. 主要机具

拌灰铁盘，大、小平锹，铁桶、计量器具、靠尺、大小杠、抹灰工一般操作工具，小筛子（35cm×50cm），大筛子（50cm×100cm）粘石板数块，分格条、粉线包等。

3. 作业条件

（1）外架子提前支搭好，最好选用双排外架子或桥式架子，若采用双排外架子时，其横竖杆及拉杆、支杆等应离开门窗口角150～200mm，架子的步高应满足施工要求。

（2）预留孔洞应按图要求留好，预埋件等应提前安装并固定好。门窗口应安装好并用1:3水泥砂浆将缝隙堵塞严密，铝合金门窗框边应提前粘好保护膜，框边缝隙按图纸要求嵌塞密实。

（3）墙面基层清理干净，脚手眼堵好，混凝土过梁、圈梁、柱等将其表面清理干净，突出墙面的混凝土剔平，凹进部分应浇水阴透后，用含水重20%的107胶拌制成1:3水泥砂浆分层补抹平。对加气混凝土板凹槽处修补，应用掺20%107胶水拌成1:1:6混合砂浆分层抹平，板缝也应同时勾平、勾严。预制混凝土外墙板防水接缝应处理完毕，经淋水试验，无渗漏。

（4）确定施工工艺，向操作者进行技术交底。

（5）大面积施工前先做样板，经有关人员验收合格后，方可组织施工。

（6）施工砖混结构外墙面全部粘石时，高层外墙抹灰前应对大角、阳台等竖线条用经纬仪找好垂直线。

4. 操作工艺

工艺流程：

| 抹粘石、砂浆、粘石 | → | 将石渣拍实并用铁抹子压平 | → | 起尺(或起条) | → | 修理黑边 | → | 勾缝 | → | 浇水养护 |

(1) 基体为混凝土外墙板：

1) 基层处理：对钢模施工的混凝土墙板，板面应将酥皮剔去，对光板面应进行"毛化"处理。方法有两种，一种为将光板板面剔毛处理，另一种是用10%的火碱水将板面油污刷掉，并及时用净水将板面碱液冲净，晾干后，1:1水泥细砂浆(其内的砂子应过纱绷筛)用20% 107胶水搅拌均匀，再用空压机及喷斗将砂浆喷斗墙上；或用扫帚将砂浆甩到墙上，做到甩浆均匀，终凝后浇水养护常温3～5d，直至水泥砂浆疙瘩全部固化在混凝土光板上，用手掰不动为止。

2) 吊垂直、套方、找规矩：若建筑物为高层时，则应在大角及门宽口两边，用经纬仪打垂直线。若为多层建筑，可用大线锤从顶层往下吊垂直线，以此线为准，崩铁丝找规矩，然后分层抹点做灰饼。横线则以楼层标高为水平基线交圈控制。每层打底时则以此灰饼做基准，冲筋，使其底灰做到横平竖直。

3) 抹底层砂浆：抹灰前，应在已做好的水泥疙瘩上刷一道掺水重10%的107胶水泥浆，紧跟分层分遍抹底层砂浆。常温施工配合比可采用1:0.5:4(水泥:石膏:砂)，冬施时配合比为1:3水泥砂浆打底。抹至与冲筋同水平后，用大杠横竖刮平，搓毛，终凝后浇水养护。

4) 弹线、分格、粘分格条、滴水条：按图纸要求尺寸弹线、分格、粘分格条，分格条表面应做到横平竖直，并按抹灰部位要求粘设滴水条，其滴水条宽及厚应为10mm。

5) 抹粘石砂浆，粘石：粘石灰有两种，一种是素水泥浆内掺水泥重30%的107胶配制而成的聚合物水泥浆。另一种是聚合物水泥混合砂浆，其配合比为1:1:2:0.2＝水泥:石砂膏:灰:107胶。其抹灰层的厚度，根据石渣的粒径决定，一般抹粘石砂浆应低于分格条1mm并保证抹灰面的平整。然后粘石，采用甩石渣粘石，一手拿存放石渣的小筛子，另一手拿小木拍，铲上石渣后在木拍上晃一下，使下渣均匀地撒布在小木拍上，再往粘石层上甩，要求一拍接一拍地甩，要甩严，甩匀，甩时应用筛子接着掉下来的石渣，粘石后及时用干净抹子轻轻地将石渣压入灰层中，要求压入2/3外露1/3，以不露浆且粘结牢为原则。水分稍蒸发后，用抹子垂直方向从下往上溜一遍，以消除拍石的抹痕。

对大面积的粘石墙面，可采用机械喷石法施工，喷石后应及时用橡胶滚子滚压，将石渣压入灰层2/3，使其粘结牢固。

6) 粘石程序：门窗碱脸、阳台、雨罩等按要求上皮应做好流水坡度，下面应设滴水线(槽)，一般应做滴水槽，在抹粘石前应先粘滴水条，粘石后将条起出，滴水条的宽度、厚度应符合设计要求，粘石时应先粘小面，后粘大面，大、小面交角处粘石宜采用八字靠尺，起尺后及时用筛底小米粒石修补黑边，并使其粘结密实。

7) 修整，处理黑边：阳角粘完石拍平起尺后应及时检查有无石粒不密实之处，发现后应用水刷蘸水甩在其上并及时补粘石粒，使其石渣分布均匀。对于灰层有坠裂的地方也应在灰层终凝前甩水拍实。大面上粘石，应在粘石后及时检查发现石渣不密实就马上补粘，使之密实一致。

8) 起条、勾缝：粘完石渣应及时用抹子将石渣拍入灰层2/3，并用铁抹子轻轻地溜一遍以减少抹痕。随后即可将分格条、滴水条起出。起条后再用抹子将起条处轻轻地按按，防止起条后将面层灰拉起,造成局部空鼓,待灰层干后,用素水泥膏将缝内勾平勾实。

9)浇水养护:常温施工粘石后24h即可用喷壶浇水养护。

(2) 基体为砖墙:

1)基层处理:将墙面清扫干净,突出墙面的混凝土及砖应剔平,浇水湿润。

2)吊垂直,套方,找规矩:用特制的大线坠在墙的大角两侧、门窗、柱、垛两侧,吊垂直后并弹好垂直线,以此垂直线拉铁丝找直,并抹灰饼,楼层及窗上、下弹水平线,使横竖线交圈,以保证整个墙面的平整度。

3)抹底层砂浆:常温施工配合比为1:0.5:4混合砂浆或1:0.2:0.3:4(粉煤灰水泥砂浆)抹底灰。冬期施工采用1:3水泥砂浆打底。打底时,应分二次或多次与筋抹平,注意第一遍必须用力将砂浆挤入灰缝中使其粘结牢固。底灰要求横竖刮平整后用木抹子挫平,常温第二天浇水养护。

4)弹线粘分格条:根据图纸分格情况弹线分格。按已弹好的线粘分格条,分格条两侧勾素水泥膏固定。

5)抹结合层砂浆、粘石:

有两种方法,一种粘石砂浆厚度为8mm,粘石砂浆配合比1:0.5:0.2(水泥:石灰膏:砂:107胶),按分格块抹好粘石灰后即粘石。

另一种:先抹6mm 1:3水泥砂浆,紧跟再抹2mm厚聚合水泥浆(水泥:107胶=1:0.3)一道。随即粘石,并将粘石层拍实拍平。

不论采用哪种方法粘石时,均应防止分格条两侧的灰层早干,影响粘石效果,注意粘石时应先粘分格条两侧,后粘大面,粘石时应一板接一板地粘,且不可乱甩。要求石渣粘的均匀密实,拍牢,待无明水后,用抹子溜一遍。

6)粘石程序:应自上而下施工,粘不实应先小面,后大面,特殊部位施工时应保证做好流水坡度及滴水线(槽),以利使用。

7)修整,处理黑边:粘石后及时检查粘石的密实度,如有不密实处及时用水刷子蘸水甩在不密实的灰层上,随即补粘石并用抹拍按牢固。对阴角应检查顺直,对阳角起尺后,检查有无黑边,并及时处理。

8)起条、勾缝:粘石修整好后,即可将分格条及滴水条一起起出,起条后应用抹子将起条灰层按一按,防止起条时将灰层与底灰拉开,干后造成空鼓。第二天用素水泥浆勾缝。

9)浇水养护:常温24h后用喷壶浇水养护粘石面层。

(3) 基体为加气混凝土板

1)基层处理:将墙板缝中凸起的砂浆剔去,将墙板上的粉尘及加气细末扫净,浇水洇透。对板面缺棱掉角处修理和勾缝,采用1:1:6混合砂浆分层补抹,每层厚度为7mm左右为宜。

2)抹底层砂浆:

A. 在洇透水的加气混凝土板上刷一道水重20%107胶水泥浆,紧跟薄薄刮一层1:1:6混合砂浆,用扫帚扫出垂直纹路,终凝后浇水养护,待所抹砂浆与加气混凝土板粘在一起、手掰不动为度。

B. 在洇透水的加气混凝土板上,喷或甩一道用20%107胶水拌合1:1:6混合细砂浆,要求疙瘩要喷,甩均匀,终凝后浇水养护。待灰与加气混凝土板粘结一起后,方可吊垂直,套方、找规矩。冲筋抹底层砂浆。

抹底层砂浆配合比为1:1:6混合砂浆,分层施抹,每层抹灰厚度控制在5～7mm,抹至与筋持平,用大杠横竖刮平,木抹子挫毛,终凝后浇水养护。

3) 粘分格条、滴水条,按图示尺寸要求分格弹线,按线粘条,要求所粘分格条横平,竖直。

4) 抹粘石砂浆,粘石;方法与上相同。

粘石砂浆配合比为1:1:6混合砂浆,内掺20%107胶。

5) 粘石程序:先粘小面后粘大面,先粘分格条两侧,再粘其余部分,大小面交角粘石施工时宜采用八字靠尺。

6) 修整,处理黑边:粘石后及时检查石渣粘结密实情况,并对不密实之处重新补粘石渣,阳角粘好后起尺发现黑边,及时掸水补粘米厘石处理。

7) 起条、勾缝:粘石修整后及时将分格条起出,并用抹子将起条处灰层轻轻按一按,防止灰层空鼓,第二天用素水泥膏勾缝。

8) 浇水养护:常温24h后,用喷壶浇水养护。

(4) 冬雨期施工

1) 砂浆应采取保温措施,冬期施工砂浆上墙温度不应低于5℃。

2) 砂浆抹灰层硬化初期不得受冻,气温低于5℃,室外抹灰砂浆可掺入能降低冻结温度的外加剂,其掺量通过试验决定。

3) 用冻结法砌筑的墙,室外抹灰应待其完全解冻后施工,不得用热水冲刷冻结的墙面或消除墙上的冰霜。

4) 冬期施工灰浆内不能掺入石砂膏,为保证砂浆的合易性,应掺入同体积的粉煤灰代替。

5) 雨期施工时防止砂浆被雨淋,及时加以苫盖。

5. 质量标准

(1) 保证项目:

材料的品种、质量必须符合设计要求。各抹灰层之间及抹灰层与基体之间必须粘结牢固,无脱层、空鼓和裂缝等缺陷。

(2) 基本项目:

1) 粘石表面石粒粘结牢固,分布均匀,表面平整,颜色一致,不显接槎,无露浆,无漏粘,阳角处无黑边。

2) 分格条宽度和深度均匀一致,条(缝)平整光滑,棱角整齐,横平竖直,通顺。

3) 滴水线(槽)流水坡向正确,滴水线顺直,滴水槽宽度,深度均不小于10mm。整齐一致。

(3) 允许偏差项目:见表4-13。

表4-13

项次	项 目	允许偏差(mm)	检 验 方 法
1	立面垂直	5	2m托线板检查
2	表面平整	5	2m靠尺及楔形塞尺检查

续表

项次	项 目	允许偏差（mm）		检 验 方 法
3	阴阳角垂直	4		2m靠尺及楔形塞尺检查
4	阳角方正	4		20cm方尺及楔形塞尺检查
5	分格缝平直	3		拉5m小线，不足5m拉通线检查
6	全高垂直	单层 多层	H‰且≤20	经纬仪检查
		高层	H‰且≤30	

注：H高建筑物立面总高度。

6．成品保护

（1）门窗框及架子上的砂浆应及时清理干净，散落在架子上的石渣应及时回收，铝合金门窗应及时粘好保护膜。

（2）翻板子、拆架子不要碰撞干粘石墙面，粘石棱角处应加以保护，防止碰撞。

（3）油工刷油时严禁踩蹬粘石面层及棱角，切勿将油罐碰掉污染粘石墙面。

（4）做刷石前应保护好粘石墙面，防止刷石的水泥浆脏污粘石面。

7．应注意的质量问题

（1）粘石面层不平，颜色不均匀，主要原因是粘石灰抹的不平，造成粘石后面层不平；拍按粘石时抹灰鼓的地方按后易出浆，低的地方按不到，石渣浮在表面颜色较重，而出浆处反白，造成面层花感，颜色不一致。

（2）阳角及分格条两侧出现黑边：分格条两侧灰干的快，粘不上石渣；抹阳角时没采用八字靠尺，又不及时修整。分格条处应先行粘后再粘大面，阳角粘石应采用八字靠尺，起尺后应及时用米粒石修补处理黑边。

（3）石渣浮动，手触即掉，主要是灰层干的过快，石渣没拍，或因拍的劲不够，抹粘石灰前注意底灰浇水要透，粘石后拍按一定要将石渣压入灰层2/3。

（4）坠裂：底灰浇水饱合，粘石灰过稀，灰层过厚，粘石时由于石渣的甩打将灰层砸裂下滑，要浇水适度，且要保证粘石灰的稠度。

（5）空鼓开裂有两种，一种是底灰与基体之间的空裂；另一种为面层粘石灰与底灰之间的空裂。底灰与基体空裂原因是清理不净，浇水不透，灰层过厚，抹灰没分层分遍抹。底灰与面层空裂主要是由于坠裂引起的。为防止空裂发生，一是注意清理，二是注意浇水要适度，三要注意灰层厚度及砂浆的稠度，加强施工过程的检查把关。

（6）分格条、滴水槽不光滑，不清晰：主要是起条后不勾缝，应按施工程序控制。

4.1.4.12 喷涂、滚涂、弹涂

本技术交底适用于一般工业与民用建筑的喷涂、滚涂、弹涂饰面施工。

1．材料要求

（1）水泥32.5级及其以上普通水泥、矿渣水泥，火山灰水泥。一个工程所用水泥应采用同一批产品，同品种、同强度等级，并应一次备齐，白水泥应根据设计要求选用。

（2）细骨料：采用各种小八厘石的下脚料，粒径2mm左右的白云石膏、松香石屑等；也可使用中粗砂，但其含泥量应不大于3%。

（3）颜料应选用耐光、耐碱性好的颜料，如氧化铁红、氧化铁黄、群青等，一个工程所用的颜料应采用同一厂家、同一牌号、同一批量生产的产品,并应一次备齐。

(4) 107胶含固量10%～12%,pH值7～8,相对密度1.05;有机硅含固量30%,pH值13,相对密度1.23。

(5) 黄蜡布、黑胶布根据需要而定。

2. 主要机具

(1) 一般应备有空压机1～2台(排气量0.6m³/min,工作压力0.6～0.8MPa),耐压胶管(可用3/8氧气管)及接头、喷头等。并有压浆罐,3mm振动筛,输浆胶管,胶管接头,喷枪。

滚涂所用的各种花纹的橡胶滚,疏松刮板,弹涂所用的弹涂器,还有窗纱、料桶、灰勺、计量天平、木抹子、铁抹子、粉线包、黄蜡布或黑胶布、木靠尺、方尺、木尺等。

(2) 木制米厘条,根据设计要求提前制做备用。

3. 作业条件

(1) 门窗必须按设计位置及标高提前安装好,并检查是否安装牢固,洞口四周缝隙堵实。

(2) 墙面基层及防水节点应处理完毕,完成雨水管卡、设备穿墙管等安装预埋工作,并将洞口用水泥砂浆抹平,堵实,晾干。

(3) 脚手架最好选用双排外架子或活动吊篮,墙面不得留设脚手眼;脚手架立杆距墙不少于50cm,排木距墙不少于20cm,脚手架的步高最好与外墙分格相适应。

(4) 若采用喷涂、滚涂、弹涂进行饰面施工前,对所采用的机械如空压机、振动筛等应提前接好电源及高压气管,并应提前试机备用。

(5) 根据设计需要,提前做好喷涂、滚涂、弹涂的样板,并经鉴定合格。

(6) 对不进行喷涂、滚涂、弹涂部位应进行遮挡,提前准备好遮挡板。

(7) 操作施工时,现场的温度不得低于+5℃。

4. 操作工艺

工艺流程:

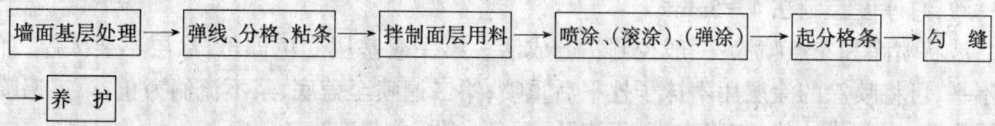

(1) 基层处理:

基层为预制混凝土外墙板不抹灰时,要事先将其缺棱掉角及板面凸凹不平处刷水湿润,修补处刷含20%107胶水泥浆一道,随后抹1:3水泥砂浆局部勾抹平整,并对其防水缝、槽认真处理后,进行淋水试验,不渗漏方可进行下道工序。

基层为砖墙、加气混凝土墙或现浇混凝土墙,墙面需要进行抹灰处理时,应按墙面抹水泥砂浆施工工艺执行。尚应注意以下几点:

1) 底层砂浆厚度的控制:底层砂浆抹好后,上边到面层标高预留厚度:如采用滚涂和弹涂方法施工,应预留12mm为宜,因考虑面层抹水泥砂浆厚8mm,滚、弹涂层厚为2～4mm。如采用喷涂时,预留5mm为宜,可直接在打好的底灰上粘分格条进行喷涂。

2) 面层施涂方法不同,对水泥砂浆打底和面层的质量要求不同:

A．喷涂：水泥砂浆底灰要求大杠刮平，木抹子搓平，表面无孔洞，无砂眼，面层颜色均匀一致，无划痕。

　　B．滚涂、弹涂：水泥砂浆面层要求大杠刮平，木抹子搓平，铁抹子压光，待无水后，用软毛刷蘸水垂直向下，顺刷一遍，要求表观颜色一致，无抹纹，刷纹一致。

　　3) 根据图纸要求分格、弹线，并依据缝子宽窄、深浅选择分格条、粘条。要保证位置准确，要横平竖直。

　　4) 喷、滚、弹涂施工时，应将不需要施涂的部位遮档好。

　　5) 施工方法：最好是由上往下先打底，再抹水泥砂浆面层，并随抹随养护，往下落架子，一直抹到底后，将架子升起，再从上往下进行喷、滚、弹涂层的施工，以保证涂层的颜色一致。

　　(2) 备料：

　　1) 将水泥过筛后，装袋备用。

　　2) 石屑(或中、粗砂)、颜料分别过窗纱筛(石屑若为大颗粒时应先过 3mm 筛)，然后分别按重量级配，装袋存放备用。

　　3) 按要求配合比配料，并有专人负责掌握。

　　(3) 面层施工：

　　1) 喷涂面层：

　　A．拌合砂浆：根据喷涂需要采取随拌随用的要求，先将水泥与石屑(或砂)按 1:2(体积比)干拌均匀，加入水泥重 10% 的 107 胶水溶液一起拌合均匀，使其稠度达 11cm，并在砂浆内掺水泥重 0.3% 的木钙粉，反复摔打均匀，颜色的用量根据样板要求加入。

　　B．检查粘条位置是否准确，宽、深度是否合适。

　　C．喷涂：炎热干燥的季节，喷涂之前应洒水湿润，开动空压机，检查高压胶管有无漏气，并将其压力稳定在 0.6MPa 左右。喷涂时，喷枪嘴应垂直于墙面，且离开墙面 30～50cm，开动气管开关，用高压空气将砂浆喷吹到墙上，如果喷涂时压力有变化，可适当地调整喷嘴与墙面的距离。粒状喷涂一般两遍成活，第一遍要求喷射均匀，厚度掌握在 2mm 左右。过 1～2h 再喷第二遍，并使其喷涂成活。要求喷涂颜色一致，颗粒均匀，不出浆，涂层厚度一致，总厚度控制在 4～5mm。

　　波状喷涂和花点喷涂：一般控制三遍成活。第一遍基层变色即可，涂层不要太厚，如墙基不平，可将喷涂的涂层用木抹子挫平后重喷；第二遍喷至盖底，浆不流淌为止；第三遍喷至面层出浆，表面成波状，灰浆饱满，不流坠，颜色一致，总厚度为 3～4mm。

　　花点喷涂是在波面喷涂的面层上，待其干燥后，根据设计要求加喷上道一点，以增加面层的质感。

　　D．起条、修理、勾缝：喷完后，及时将分格条起出，并将缝内清净，根据设计要求勾缝。

　　E．成活 24h 后，喷一层有机硅增水剂，要喷匀，不流淌。

　　2) 滚涂面层：

　　A．材料拌合：滚涂配合比一般为 1:1:0.2，即水泥:砂为体积 1:1 并掺入水泥重 20% 的 107 胶。具体做法是：将砂过纱绷与水泥按 1:1 体积比配好，干拌均匀，然后用 107 胶水溶液抹合，边加胶水边拌合，稠度似芝麻酱状，拉出毛来不流不坠为宜，拌合好的聚合水泥细砂浆应过振动筛后使用。

　　B．贴分格条：按原打底留条位置，重新粘好分格条。

C. 滚涂：滚涂时应掌握底层的干湿度，吸水较快时应适当加水湿润，浇水量以滚涂时不流淌为宜，操作时需二人合作，一人在前面将事先拌好的稀砂浆刮一遍，随后再抹一薄层，用铁抹子顺平，使其涂层厚度一致；另一人紧跟拿辊子滚拉，否则干后拉不开毛来。操作时辊子运行不能太快，且用力要一致，成活时滚的方向一定要从上往下拉，使滚出的花纹，有自然向下的流水坡向，以减少墙面积尘。

D. 起条，勾缝：滚涂完即起分格条，如需做阳角时，应在大面积完活后进行。

E. 喷有机硅增水剂：500g 有机硅加 4500g 水拌合均匀，一般在常温下滚涂 24h 以后喷有机硅增水剂，喷量看其表面湿润为度；如果喷后 24h 内下雨，会将表层冲掉，达不到应有效果，必须重喷。

3) 弹涂面层：

A. 配底色浆（重量比）：普通水泥 100，水 90，107 胶 20，颜料同样板；白水泥 100，水 80，107 胶 13，颜料同样板。

B. 配色点浆（重量比）：水泥 100，水 40，107 胶 10，颜料同样板，按上述配合比，将颜料、胶混合拌匀，倒入水泥中，拌成稀浆。

C. 按设计要求粘分格条。

D. 刷底色浆：将已配好的底色浆刷涂到已做好的水泥砂浆面层上，大面积施工时可采用喷浆器喷涂，达到喷匀为止。

E. 弹花点浆：将已配好的色点浆液注入筒形弹力器中，然后转动弹力器手柄，将色点浆液甩到底色浆上；弹色点浆时应按色浆不同分别装入不同的弹力器中，每人操作一筒，流水作业，即第一人弹第一种色浆，另一人随后弹第二种色浆。色点要弹均匀，互相衬托一致，弹的色浆点要近似圆粒状。

(4) 冬期施工：

一般在初冬期施工，严寒阶段不宜施工。

1) 冬期抹灰砂浆应采用热水拌合并采取保温措施。涂抹时砂浆温度不宜低 +5℃。

2) 砂浆抹灰层硬化初期不得受冻，喷、滚、弹层未硬化前不应受冻；

3) 大气温度低于 5℃ 时，室外抹灰砂浆中可掺入能降低冻结温度的食盐和氯化钙等，其掺量由试验决定；面层喷、滚、弹涂外加剂掺量及品种应根据试验确定。

4) 用冻结法砌筑的墙，室外抹灰应待其完全解冻后再抹灰，不得用热水冲刷冻结的墙面，或用热水消除墙上的冰霜。

5) 为防止灰层早期受冻，抹灰砂浆内不得掺入白灰膏，为使其和易性好，可用同体积的粉煤灰代替。

5. 质量标准

(1) 保证项目：

材料的品种、质量必须符合设计要求；各抹灰层之间及抹灰层与基体之间必须粘结牢固，无脱层、空鼓和裂缝等缺陷。

(2) 基本项目：

1) 喷涂、滚涂、弹涂表面颜色一致，花纹、色点大小均匀，不显接槎，无漏涂、透底和流坠。

2) 分格条（缝）的宽度和深度均匀一致，条（缝）平整光滑，楞角整齐，横平竖直、通顺。

3) 流水坡向正确，滴水线顺直，滴水槽深度、宽度均不小于 10mm，整齐一致。

(3) 允许偏差项目：见表 4-14。

喷涂、滚涂、弹涂允许偏差　　　　　表 4-14

项次	项　目	允许偏差(mm)	检　验　方　法
1	立面垂直	5	2m 托线板检查
2	表面平整	4	2m 靠尺及楔形塞尺检查
3	阴阳角垂直	4	2m 托线板检查
4	阴阳角方正	4	20cm 方尺及楔形塞尺检查
5	分格条(缝)平直	3	拉 5m 线，不足 5m 拉通线检查

注：以上各项均应在喷、滚、弹涂施工前检查水泥砂浆表面的质量。

6. 成品保护

(1) 施工前应将不进行喷、滚、弹涂的门窗及墙面保护遮挡好。
(2) 喷、滚、弹涂完成后及时用木板将口、角保护好，防止碰撞损坏。
(3) 拆架子时严防碰损墙面涂层。
(4) 油工施工时，严禁蹬踩已施工完部位，并防止将油罐碰翻涂料污染墙面。
(5) 室内施工时，防止污染喷、滚、弹涂饰面面层。
(6) 阳台、雨罩等出水口宜采用硬质塑料管埋设，最好不用铁管，防止对面层的锈蚀。

7. 应注意的质量问题

(1) 颜色不匀，二次修补接槎明显：主要原因是配合比掌握不准，掺加料不匀；喷、滚、弹手法不一，或涂层厚度不一；采用单排外架子施工，随拆架子，随堵脚手眼，随补抹灰，随喷、滚弹，因后补灰活与原抹灰层含水不一，造成面层二次修补接槎明显。解决办法：由专人掌握配合比，合理配料，计量要准确；喷、滚、弹面层施工指定专人负责，施工手法一致，面层厚度一致；使用此类方法施工，严禁采用单排外架子；如采用双排外架子施工时，也要禁止将支杆靠压在墙上，以免造成灰层的二次修补，影响涂层美观。

(2) 喷、滚、弹面层的空鼓和裂缝：主要原因是底层抹灰没按要求分格，水泥砂浆面积过大，干缩不一，会形成空鼓及开裂。底层的空裂以至将面层拉裂，因此，打底灰时应按图示要求分格，以解决灰层收缩裂缝。

(3) 底灰抹的不平，或抹纹明显：主要因为喷、滚、弹涂层较薄，底灰上的弊病，要想通过面层来掩盖是掩盖不了的。所以要求底灰抹好后，应按水泥砂浆抹面交接的标准来检查验收，否则，面层涂层不能施涂。

(4) 面层施工接槎明显：主要原因是面层施工没将槎子甩在分格条处或不明显的地方，而是无计划乱甩槎，形成面层涂层接槎明显可见。解决办法：施工中间甩槎，必须把槎子甩到分格缝、伸缩缝，或管后不明显的地方，严禁在块中甩槎；二次接槎施工时，注意涂层厚度，避免涂层重叠，形成深浅不一。

(5) 施工时颜色很好，交工时污染严重：产生原因是涂层颜色不好，经风吹、雨淋、日晒，颜色变化，交验收时污染严重。

解决办法：选用抗紫外线、抗老化、抗日光照射的颜料，施工时严格控制加水，中途不能随意加水以保证颜色一致；为防止面层的污染，在涂层完工 24h 后喷有机硅一道。并注意有机硅喷涂厚度一致，防止流淌或过厚，形成花感。

4.1.4.13 清水砖墙勾缝

本技术交底适用于一般工业与民用建筑的清水砖墙勾缝工程。

1. 材料要求

(1) 水泥：32.5级普通水泥或矿渣水泥，宜同批、同品种，以保证颜色一致。

(2) 砂：细砂，使用前用2mm孔径筛（或窗砂）过筛。

2. 主要机具

开卧缝用的瓦刀、开立缝用的扁钻、硬木锤、粉线袋、抿子、托灰板、长溜子、短溜子、喷壶、小铁桶、筛子、铁锹、扫帚等。

3. 作业条件

(1) 已完成结构施工，安装好门窗框。

(2) 搭好操作架（或操作吊架），作好安全防护。

4. 操作工艺

工艺流程：

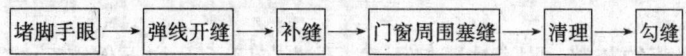

(1) 堵脚手眼：如采用外脚手架时，勾缝前先将脚手眼内砂浆清理干净，并洒水湿润，再用原砖墙相同的砖块补砌严实。

(2) 弹线开缝：

1) 先用粉线袋弹出立缝垂直线，用扁钻按线把偏差大的开补找齐。开出的立缝上下要顺直，开缝深度约10mm，灰缝宽度要一致。

2) 水平缝不平和瞎缝也要弹线开平，如发现因砌墙时划缝太浅或漏刮的灰缝，用扁钻或瓦刀剔凿出灰缝，深度控制在10~12mm之内，并清扫干净。

(3) 补缝：对缺棱掉角的砖和游丁的立缝应进行修补，砂浆颜色必须和砖的颜色一致（一般补砖时用砖面加水泥，拌成1:2水泥浆），修补缺棱掉角处表面加砖面压光。

(4) 门窗框周围堵缝及外砌砖窗台：在勾缝前，将门窗框周围缝隙作一道工序，用1:3水泥砂浆堵严、堵实，深浅要一致。铝合金门窗框周围缝隙用设计要求的材料塞填，同时要把碰伤碰掉的外窗台砖补砌完整。

(5) 清理：修补时粘结在墙面上的砂浆和杂物要清扫干净。

(6) 勾缝：

1) 勾缝前天应将砖墙浇水湿润，勾缝时再适量浇水，但不宜太湿。

2) 拌合砂浆：勾缝用水泥砂浆，配合比为水泥:砂子＝1:1~1.5，稠度以3~5cm为宜。应随拌随用，下班前必须把砂浆用完。

3) 墙面勾缝应做到横平竖直，深浅一致，搭接平整并压实抹光，不得有丢缝、开裂和粘结不牢等现象。如设计无特殊要求时，外砖墙一般宜勾凹缝，深度为4~5mm。

4) 勾缝顺序是从上而下先勾水平缝后勾立缝。

勾水平缝时用长溜子，左手拿托灰板，右手拿溜子，将灰板顶在要勾的缝口下边，右手用溜子将灰浆压入缝内，不准用稀砂浆喂缝，同时自左向右随勾缝随移动托灰板，勾完一段后用溜子沿砖缝内溜压密实、平整、深浅一致，托灰板勿污染墙面，保持墙面洁净美观。勾缝时用2cm厚木板在架上接灰，板子紧贴墙面，及时回收落地灰。

勾立缝用短溜子在托灰板上把灰刮起,然后勾入立缝中,压塞密实、平整,要与水平缝交圈,深浅一致。

5) 每步架勾完之后,要用扫帚把墙面清扫干净,应顺缝扫,先扫水平缝,后竖缝,不断抖掉扫帚中砂浆颗粒,减少污染,勾缝不应有搭槎不平、毛刺、漏勾等缺陷。

6) 墙面的阳角处水平缝转角要方正,阴角的立缝要左右分明,不要从上到下勾成一条直线,影响美观。

7) 窗台的虎头砖要勾三面,转角处要勾方正。

8) 天气干燥时应喷水养护。

5. 质量标准

基本项目:

1) 粘结牢固,压实抹光,无开裂等缺陷。

2) 横平竖直,交接处平顺,深浅宽窄一致,无丢缝。

3) 灰缝颜色一致,砖面洁净。

6. 成品保护

(1) 勾缝时溅落的灰浆,要随时清扫干净,不准在架子上往下倒剩砂浆及其他杂物,以免溅脏墙面。

(2) 填塞铝合金门窗框缝隙时不要撕下保护膜,勾门窗旁侧面缝时砂浆不要污染门窗框。

(3) 垂直运料的高车架周围,要用塑料薄膜、席子等围挡,防止砂浆污染墙面。

(4) 及时将雨落管安装好,避免冲刷污染墙面。

7. 应注意的质量问题

(1) 横竖缝接槎不平:主要原因是勾缝时横竖缝没有勾平,扫缝时没有把横竖缝清扫干净。

(2) 门窗框周围塞灰不严:主要原因是对门窗框周围塞灰不认真,只勾表面,里面不实。应做为一道工序认真操作,塞灰前先浇水湿润,再用砂浆分层塞实、抹平。

(3) 缝子深浅不一致:主要原因是个别灰缝划得太浅、窄缝和瞎缝开缝深度不够,操作不认真,技术不熟练。砌砖墙时水平缝要按皮数杆灰缝厚度控制,立缝要与已砌完的下皮砖墙立缝对直。划缝深度要保持10~12mm深。

(4) 漏勾缝:勒脚、腰檐、过梁上第一皮砖及门窗旁砖墙侧面等部位经常漏勾缝,操作者应加强自检,发现漏勾缝时应及时补勾。

4.1.4.14 室外贴面砖

本技术交底适用于工业与民用建筑的外墙饰面贴面砖工程。

1. 材料要求

(1) 水泥:32.5级矿渣水泥或普通硅酸盐水泥。应有出厂证明或复试单,当出厂超过三个月按试验结果使用。

(2) 白水泥:32.5级白水泥。

(3) 砂子:粗砂或中砂,用前过筛。

(4) 面砖:面砖的品种、规格、图案、颜色应均匀,必须符合设计规定,砖表面平整方正,厚度一致,不得有缺楞、掉角和断裂等缺陷。釉面砖的吸水率不得大于10%。

(5) 石灰膏:使用前一个月用块状生石灰淋制,用3mm孔径的筛子过滤,淋成石灰膏贮存在灰池中。用时灰膏内不应含有未熟化的颗粒及杂质。

(6) 生石灰粉：细度应通过4900孔/cm筛，并提前一周用水浸泡熟化。

(7) 粉煤灰：细度过0.08mm方孔筛，筛余量不大于5%。

(8) 107胶和矿物颜料等，应符合质量要求。

2. 主要机具

磅秤、铁板、孔径5mm筛子、窗纱筛子、手推车、大桶、小水桶、平锹、木抹子、铁抹子、大杠、中杠、小杠、靠尺、方尺、铁制水平尺、灰槽、灰勺、米厘条、毛刷、钢丝刷、扫帚、錾子、锤子、粉线包、小白线、擦布或棉丝、钢片开刀、小灰铲、手提电动小圆锯、勾缝溜子、勾缝托灰板、托线板、线锤、盒尺、钉子、红铅笔、铅丝、工具袋等。

3. 作业条件

(1) 外架子（高层多用吊篮或吊架）应提前支搭和安设好，多层房屋最好选用双排架子或桥架，其横竖杆及拉杆等应离开墙面和门窗口角150～200mm。架子的步高要符合施工要求。

(2) 阳台栏杆预留孔洞及排水管等应处理完毕，门窗框要固定好，并用1:3水泥砂浆将缝隙堵塞严实，铝合金门窗框边缝所用嵌塞材料应符合设计要求，且应塞堵密实并事先粘好保护膜。

(3) 墙面基层清理干净，脚手眼、窗台、窗套等事先砌堵好。

(4) 按面砖的尺寸、颜色进行选砖，并分类存放备用。

(5) 大面积施工前应先放样并做样板，确定施工工艺及操作要点，并向施工人员交好底再做。样板完成后必须经质检部门鉴定合格后，方可组织班组按样板要求大面积施工。

4. 操作工艺

工艺流程：

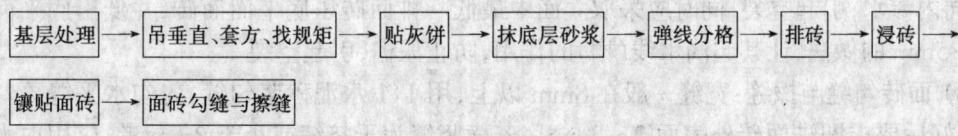

(1) 基层为混凝土墙面时：

1) 基层处理：首先将凸出墙面的混凝土剔平，对大钢模施工的混凝土墙面应凿毛，并用钢丝刷满刷一遍，再浇水湿润。如果基层混凝土表面很光滑，亦可采取如下的"毛化处理"办法，即先将表面尘土、污垢清扫干净，用10%火碱水将板面的油污刷掉，随之用净水将碱液冲净、晾干，然后用1:1水泥细砂浆内掺水重20%的107胶，喷或用扫帚将砂浆甩到墙上，其甩点要均匀，终凝后浇水养护，直至水泥砂浆疙瘩全部粘到混凝土光面上，并有较高的强度（用手掰不动）为止。

2) 吊垂直、套方、找规矩、贴灰饼：若建筑物为高层时，应在四大角和门窗口边用经纬仪打垂直线找直；如果建筑物为多层时，可从顶层开始用特制的大线锤，绷铁丝吊垂直，然后根据面砖的规格尺寸分层设点、做灰饼。横线则以楼层为水平基线交圈控制，竖向线则以四周大角和通天柱、垛子为基线控制，应全部是整砖。每层打底时则以此灰饼做为基准点进行冲筋，使其底层灰做到横平竖直。同时要注意找好突出檐口、腰线、窗台、雨篷等饰面的流水坡度。

3) 抹底层砂浆：先刷一道掺水重10%的107胶水泥素浆，紧跟分层分遍抹底层砂浆（常温时采用配合比为1:0.5:4水泥白灰膏混合砂浆,也可用1:3水泥砂浆),第一遍厚度宜为5mm,抹后用扫帚扫毛;待第一遍六至七成干时,即可抹第二遍,厚度约8~12mm,随即用木杠刮平、木抹搓毛,终凝后浇水养护。

4) 弹线分格:待基层灰六至七成干时,即可按图纸要求进行分段分格弹线,同时进行面层贴标准点的工作,以控制面层出墙尺寸及墙面垂直、平整。

5) 排砖:根据大样图及墙面尺寸进行横竖排砖,以保证面砖缝隙均匀,符合设计图纸要求,注意大面和通天柱子、垛子排整砖,以及在同一墙面上的横竖排列,均不得有一行以上的非整砖。非整砖行应排在次要部位,如窗间墙或阴角处等。但亦要注意一致和对称。如遇有突出的卡件,应用整砖套割吻合,不得用非整砖拼凑镶贴。

6) 浸砖:釉面砖和外墙面砖镶贴前,首先要将面砖清扫干净,放入净水中浸泡2h以上,取出待表面晾干或擦干净后方可使用。

7) 镶贴面砖:在每一分段或分块内的面砖,均为自下向上镶贴。从最下一层砖下皮的位置线先稳好靠尺,以此托住第一皮面砖。在面砖外皮上口拉水平通线,作为镶贴的标准。

在面砖背面宜采用1:2水泥砂浆或1:0.2:2=水泥:白灰膏:砂的混合砂浆镶贴,砂浆厚度为6~10mm,贴上后用灰铲柄轻轻敲打,使之附线,再用钢片开刀调整竖缝,并用小杠通过标准点调整平面垂直度。

另外一种做法:用1:1水泥砂浆加水重20%的107胶,在砖背面抹3~4mm厚粘贴即可。但此种做法基层灰必须抹得平整,而且砂子必须用窗纱筛后使用。

如要求釉面砖拉缝镶贴时,面砖之间的水平缝宽度用米厘条控制,米厘条用贴砖用砂浆与中层灰临时镶贴,米厘条贴在已镶贴好的面砖上口,为保证其平整,可临时加垫小木楔。

女儿墙压顶、窗台、腰线等部位平面也镶贴面砖时,应采取顶面面砖压立面面砖的做法,以免向内渗水,引起空裂;同时应采取立面中最低一排面砖压底平面面砖,并低出底平面面砖3~5mm的做法,让其起滴水线(槽)的作用,防止尿檐,引起空裂。

8) 面砖勾缝与擦缝:宽缝一般在8mm以上,用1:1水泥砂浆勾缝,先勾水平缝再勾竖缝,勾好后要求凹进面砖外表面2~3mm。若横竖缝为干挤缝或小于3mm者,应用白水泥配颜料进行擦缝处理。面砖缝子勾完后用布或棉丝蘸稀盐酸擦洗干净。

(2) 基层为砖墙面时:

1) 抹灰前墙面必须清扫干净,浇水湿润。

2) 大墙面和四角、门窗口边弹线、找规矩,必须由顶层到底一次进行,弹出垂直线,并决定面砖出墙尺寸分层设点、做灰饼。横线则以楼层为水平基线交圈控制,竖向线则以四周大角和通天垛、柱子为基线控制。每层打底时则以此灰饼做为基准点进行冲筋,使其底层灰做到横平竖直。同时要注意找好突出檐口、腰线、窗台、雨篷等饰面的流水坡度。

3) 抹底层砂浆:先将墙面浇水湿润,然后用1:3水泥砂浆刮一道约6mm厚,紧跟用同强度等级灰与所冲的筋找平,随即用木杠刮平,木抹搓毛,终凝后浇水养护。

4)~8) 同基层为混凝土墙面做法。

(3) 冬期施工:一般只在冬施初期施工,严寒阶段不能施工:

1) 砂浆的使用温度不得低于5℃。砂浆硬化前,应采取防冻措施。

2) 用冻结法砌筑的墙,应待其解冻后再抹灰。

3) 镶贴砂浆硬化初期不得受冻。气温低于5℃时,室外镶贴砂浆内可掺入能降低冻结温度的外加剂,其掺量应由试验确定。

4) 为防止灰层早期受冻,并保证操作质量,其砂浆内的白灰膏和107胶不能使用,可采用同体积粉煤灰代替或改用水泥砂浆抹灰。

5. 质量标准

(1) 保证项目：

1) 饰面砖的品种、规格、颜色、图案必须符合设计要求和符合现行标准规定。

2) 饰面砖镶贴必须牢固,严禁空鼓,无歪斜、缺楞、掉角和裂缝等缺陷。

(2) 基本项目：

1) 表面平整、洁净、色泽协调一致。

2) 接缝填嵌密实、平直,宽窄一致,颜色一致,阴阳角处的砖压向正确,非整砖的使用部位适宜。

3) 套割：用整砖套割吻合,边缘整齐；墙裙、贴脸等突出墙面的厚度一致。

4) 流水坡向正确,滴水线顺直。

(3) 外饰面砖允许偏差项目：见表4-15。

外饰面砖允许偏差　　　　　表4-15

	项　目	允许偏差(mm)		检 验 方 法
		外墙面砖	釉面砖	
1	立面垂直	3	3	用2m托线板检查
2	表面平整	2	2	用2m靠尺和楔形塞尺检查
3	阳角方正	2	2	用20cm方尺和楔形塞尺检查
4	接缝平直	3	2	按5m小线,不足5m拉通线和尺量检查
5	墙裙上口平直	2	2	
6	接缝高低	1	1	用钢板短尺和楔形塞尺检查

6. 成品保护

(1) 要及时清擦干净残留在门窗框上的砂浆,特别是铝合金门窗框宜粘贴保护膜,预防锈蚀。

(2) 认真贯彻合理施工顺序,少数工种(水电、通风、设备安装等)的活应提前完成,防止损坏面砖。

(3) 油漆粉刷不得将油漆喷滴在已完的饰面砖上,如果面砖上部为外涂料或水刷石墙面,宜先做外涂料或水刷后,然后贴面砖,以免污染墙面。若需先做面砖时,完工后必须采取贴纸或塑料薄膜等措施,防止污染。

(4) 各抹灰层在凝结前应防止快干、暴晒、水冲和振动,以保证其灰层有足够的强度。

(5) 拆架时注意不要碰撞墙面。

7. 应注意的质量问题

(1) 空鼓、脱落：

1) 因冬季气温低,砂浆受冻,到来年春天化冻后容易发生脱落。因此在进行室外贴面砖操作时应保持正温,尽量不在冬期施工。

2) 基层表面偏差较大,基层处理或施工不当,如每层抹灰跟的太紧,面砖勾缝不严,又没有洒水养护,各层之间的粘结强度很差,面层就容易产生空鼓、脱落。

3) 砂浆配合比不准,稠度控制不好,砂子含泥量过大,在同一施工面上采用几种不同的配合比砂浆,因而产生不同的干缩亦会空鼓。应在贴面砖砂浆中加适量 107 胶,增强粘结力,严格按工艺操作,重视基层处理和自检工作,要逐块检查,发现空鼓的应随即返工重做。

(2) 墙面不平:主要是结构施工期间几何尺寸控制不好,造成外墙面垂直、平整偏差大,而装修前对基层处理又不够认真。应加强对基层打底工作的检查,合格后方进行下道工序。

(3) 分格缝不匀、不直:主要是施工前没有认真按照图纸尺寸,核对结构施工的实际情况,加上分段分块弹线,排砖不细,贴灰饼控制点少,以及面砖规格尺寸偏差大、施工中选砖不细、操作不当等造成。

(4) 墙面脏:主要原因是勾完缝后没有及时擦净砂浆,以及其他工种污染所致,可用棉丝蘸稀盐酸加 20% 水刷洗,然后用自来水冲净。同时应加强成品保护。

4.1.4.15 大理石、磨光花岗石、预制水磨石饰面

本技术交底适用于工业与民用建筑的墙面、柱面和门窗套的大理石、磨光花岗石、预制水磨石等饰面板装饰工程。

1. 材料要求

(1) 水泥:32.5 级普通硅酸盐水泥。应有出厂证明或复试单,当出厂超过三个月按试验结果使用。

(2) 砂子:粗砂或中砂,使用前要过筛子。

(3) 大理石(或预制水磨石和磨光花岗石等):按照设计图纸要求的规格备料。表面不得有隐伤、风化等缺陷。不宜用褪色的材料包装。

(4) 其他材料:熟石膏,铜丝或镀锌铅丝,铅皮,配套挂件(镀锌或不锈钢连接件),32.5 级白水泥;尚应配备适量与大理石或预制水磨石、磨光花岗石板颜色接近的各种石渣和矿物颜料;107 胶和填塞饰面板缝隙的专用塑料软管等。

2. 主要机具

磅秤、铁板、半截大桶、小水桶、铁簸箕、平锹、手推车、塑料软管、胶皮碗、喷壶、合金钢扁錾子、合金钢钻头(ϕ5,打眼用)、操作支架、台钻、铁制水平尺、方尺、靠尺板、底尺(3000~5000×40×10~15mm)、托线板、线锤、粉线包、高凳、木楔子、小型台式砂轮、裁改大理石用砂轮、全套裁剪机、开刀、灰板和铅皮(1mm 厚)、木抹子、铁抹子、细钢丝刷、扫帚、大小锤子、小白线、铅丝、擦布或棉丝、老虎钳子、小铲、盒尺、钉子、红铅笔、毛刷、工具袋等。

3. 作业条件

(1) 办理好结构验收,少数工种(水电、通风、设备安装等)的活应提前完成,并准备好加工饰面板所需的水、电源等。

(2) 内墙面弹好 50cm 水平线(室外墙面弹好 ±0 和各层水平标高控制线)。

(3) 脚手架或吊篮提前支搭好,宜选用双排架子(室外高层宜采用吊篮、多层可采用桥式架子等),其横竖杆及拉杆等应离开门窗口角 150~200mm,架子的步高要符合施工要求。

(4) 有门窗套的必须把门框、窗框立好(位置准确、垂直、牢固,并考虑安装大理石时尺寸有足够的余量),同时要用 1:3 水泥砂浆将缝隙堵塞严实。铝合金门窗框边缝所用嵌缝材料应符合设计要求,且塞堵密实,并事先粘贴好保护膜。

(5) 大理石或预制水磨石、磨光花岗石等进场后应堆放于室内、下垫方木,核对数量、规格、并预铺、配花、编号,以备正式铺贴时按号取用。

(6) 大面积施工前应先放出施工大样,并做样板,经质检部门鉴定合格后,方可组织班组按样板要求施工。

(7) 对进场的石料应进行验收,颜色不均匀时应进行挑选,必要时进行试拼选用。

4. 操作工艺

工艺流程:

薄型小规格块材(边长小于40cm)的工艺流程:

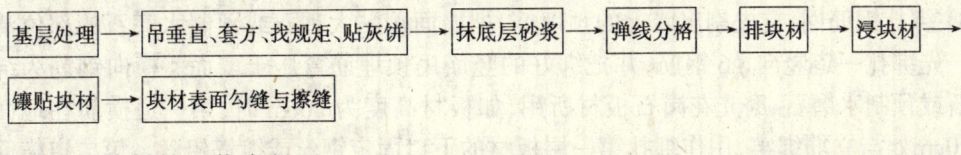

大规格块材的工艺流程:

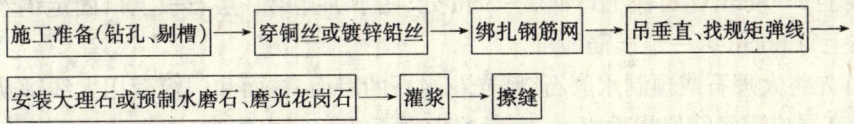

(1) 薄型小规格块材,边长小于40cm,可采用粘贴方法。

1) 进行基层处理和吊垂直、套方、找规矩,其他可参见镶贴面砖施工要点有关部分。要注意同一墙面不得有一排以上的非整砖,并应将其镶贴在较隐蔽的部位。

2) 在基层湿润的情况下,先刷107胶素水泥浆一道(内掺水重10%的107胶),随刷随打底;底灰采用1:3水泥砂浆,厚度约12mm,分二遍操作,第一遍约5mm,第二遍约7mm,待底灰压实刮平后,将底子灰表面划毛。

3) 待底子灰凝固后,便可进行分块弹线,随即将已湿润的块材抹上厚度为2~3mm的素水泥浆,内掺水重20%107胶进行镶贴,用木锤轻敲,用靠尺找平找直。

(2) 大规格块材:边长大于40cm,或镶贴高度超过1m时,可采用安装方法。

1) 钻孔、剔槽:安装前先将饰面板按照设计要求用台钻打眼,事先应钉木架使钻头直对板材上端面,在每块板的上、下两个面打眼,孔位打在距板宽的两端1/4处,每个面各打两个眼,孔径为5mm,深度为12mm,孔位距石板背面以8mm为宜(指钻孔中心)。如大理石或预制水磨石、磨光花岗石板材宽度较大时,可以增加孔数。钻孔后用金钢錾子把朝石板背面的孔壁轻轻剔一道槽,深5mm左右,连同孔眼形成象鼻眼,以备埋卧铜丝之用(见图4-3)。

若饰面板规格较大,特别是预制水

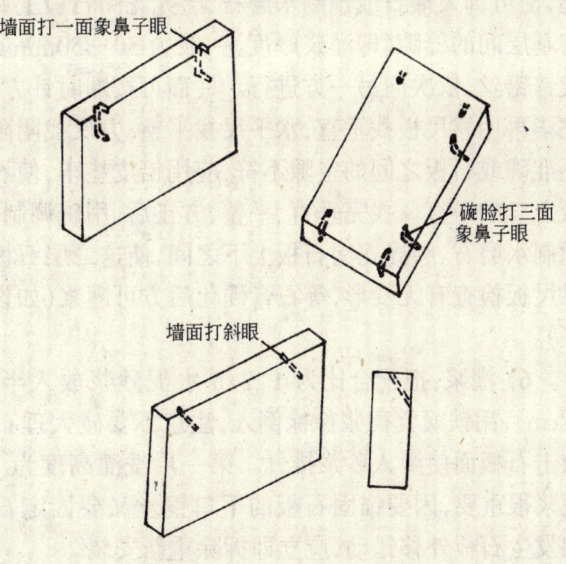

图4-3 饰面块材打眼示意图

磨石和磨光花岗石板,如下端不好栓绑镀锌铅丝或铜丝时,亦可在未镶贴饰面板的一侧,采用手提轻便小薄(4~5mm)砂轮按规定在板高的 1/4 处上、下各开一槽(槽长约 3~4cm,槽深约 12mm),与饰面背面打通,竖槽一般居中,亦可偏外,但以不损坏外饰面和不反碱为宜,可将镀锌铅丝或铜丝卧入槽内便可栓绑与钢筋网固定。此法亦可直接在镶贴现场做。

2) 穿铜丝或镀锌铅丝:把备好的铜丝或镀锌铅丝剪成长 20cm 左右,一端用木楔粘环氧树脂将铜丝或镀锌铅丝楔进孔内固定牢固,另一端将铜丝或镀锌铅丝顺孔槽弯曲并卧入槽内,使大理石或预制水磨石、磨光花岗石板上、下端面没有铜丝或镀锌铅丝突出,以便和相邻石板接缝严密。

3) 绑扎钢筋网:首先剔出墙上的预埋筋,把墙面镶贴大理石或预制水磨石的部位清扫干净。先绑扎一道竖向 φ6 钢筋,并把绑好的竖筋用预埋筋弯压于墙面。横向钢筋为绑扎大理石或预制水磨石、磨光花岗石板材所用,如板材高度为 60cm 时,第一道横筋在地面以上+10cm 处与立筋栓牢,用作绑扎第一层板材的下口固定钢丝或镀锌铅丝。第二道横筋绑在 50cm 水平线上 7~8cm,比石板上口低 2~3cm 处,用于绑扎第一层石板上口固定铜丝或镀锌铅丝,再往上每 60cm 绑一道横筋即可。

4) 弹线:首先将大理石或预制水磨石、磨光花岗石的墙面、柱面和门窗套用大线锤从上至下找出垂直(高层应用经纬仪找垂直)。应考虑大理石或预制水磨光、磨光花岗石板材厚度,灌注砂浆的空隙和钢筋网所占尺寸,一般大理石或预制水磨石、磨光花岗石外皮距结构面的厚度应以 5~7cm 为宜。找出垂直后,在地面上顺墙弹出大理石或预制水磨石板等外廓尺寸线(柱面和门窗套等同)。此线即为第一层大理石或预制水磨石等的安装基准线。编好号的大理石或预制水磨石板等在弹好的基准线上画出就位线,每块留 1mm 缝隙(如设计要求拉开缝,则按设计规定留出缝隙)。

5) 安装大理石或预制水磨石、磨光花岗石:按部位取石板舒直铜丝或镀锌铅丝,将石板就位,石板上口外仰,右手伸入石板背面,把石板下口铜丝或镀锌铅丝绑扎在横筋上。绑时不要太紧可留余量,只要把铜丝或镀锌铅丝和横筋拴牢即可(灌浆后即会锚固),把石板竖起,便可绑大理石或预制水磨石、磨光花岗石板上口铜丝或镀锌铅丝,并用木楔子垫稳,块材与基层间的缝隙(即灌浆厚度)一般为 30~50mm。用靠尺板检查调整木楔,再栓紧铜丝或镀锌铅丝,依次向另一方进行。柱面可按顺时针方向安装,一般先从正面开始。第一层安装完毕再用靠尺板找垂直,水平尺找平整;方尺找阴阳角方正,在安装石板时,如发现石板规格不准确或石板之间的空隙不符,应用铅皮垫牢,使石板之间缝隙均匀一致,并保持第一层石板上口的平直。找完垂直、平整、方正后,用碗调制熟石膏,把调成粥状的石膏贴在大理石或预制水磨石、磨光花岗石板上下之间,使这二层石板结成一整体,木楔处亦可粘贴石膏,再用靠尺板检查有无变形,等石膏硬化后方可灌浆(如设计有嵌缝塑料软管者,应在灌浆前塞放好)。

6) 灌浆:把配合比为 1:2.5 水泥砂浆放入半截大桶加水调成粥状(稠度一般为 8~12cm),用铁簸箕舀浆徐徐倒入,注意不要碰大理石或预制水磨石板,边灌边用橡皮锤轻轻敲击石板面使灌入砂浆排气。第一层浇灌高度为 15cm,不能超过石板高度的 1/3,第一层灌浆很重要,因要锚固石板的下口铜丝又要固定石板,所以要轻轻操作,防止碰撞和猛灌。如发生石板外移错动,应立即拆除重新安装。

第一次灌入 15cm 后停 1~2h,等砂浆初凝,此时应检查是否有移动,再进行第二层灌浆,灌浆高度一般为20~30cm,待初凝后再继续灌浆。第三层灌浆至低于板上口5cm处为止。

7) 擦缝:全部石板安装完毕后,清除所有石膏和余浆痕迹,用麻布擦洗干净,并按石板颜色调制色浆嵌缝,边嵌边擦干净,使缝隙密实、均匀、干净、颜色一致。

8) 柱子贴面:安装柱面大理石或预制水磨石、磨光花岗石,其弹线、钻孔、绑钢筋和安装等工序与镶贴墙面方法相同,要注意灌浆前用木方子钉成凵形木卡子,双面卡住大理石板或预制水磨石板,以防止灌浆时大理石或预制水磨石、磨光花岗石板外胀。

(3) 冬期施工:

1) 灌缝砂浆应采取保温措施,砂浆的温度不宜低于5℃。

2) 灌注砂浆硬化初期不得受冻。气温低于5℃时,室外灌注砂浆可掺入能降低冻结温度的外加剂,其掺量应由试验确定。

3) 用冻结法砌筑的墙,应待其解冻后方可施工。

4) 冬期施工,镶贴饰面板宜供暖也可采用热空气或带烟囱的火炉加速干燥。采用热空气时,应设通风设备排除湿气。并设专人进行测温控制和管理。

5. 质量标准

(1) 保证项目:

1) 饰面板(大理石、预制水磨石板等)品种、规格、颜色、图案,必须符合设计要求和有关标准规定。

2) 饰面板安装(镶贴)严禁空鼓必须牢固,无歪斜、缺楞掉角和裂缝等缺陷。

(2) 基本项目:

1) 表面:平整、洁净、颜色协调一致。

2) 接缝:填嵌密实、平直、宽窄一致,颜色一致,阴阳角处板的压向正确,非整板的使用部位适宜。

3) 套制:用整砖套割吻合、边缘整齐;墙裙、贴脸等上口平顺,突出墙面的厚度一致。

4) 坡向、滴水线:流水坡向正确;滴水线顺直。

(3) 大理石、磨光花岗石、预制水磨石允许偏差项目:见表4-16。

大理石、磨光花岗石、预制水磨石饰面板允许偏差　　　　表4-16

	项　　目		允许偏差 (mm)		检验方法
			大理石、磨光花岗石	水磨石	
1	主面垂直	室内	2	2	用2m托线板检查
		室外	3	3	
2	表面平整		1	2	用2m靠尺和楔形塞尺检查
3	阳角方正		2	2	用20cm方尺和楔形塞尺检查
4	接缝平直		2	3	拉5m小线,不足5m拉通线和尺量检查
5	墙裙上口平直		2	2	
6	接缝高低		0.3	0.5	用钢板短尺和楔形塞尺检查
7	接缝宽度偏差		0.5	0.5	拉5m小线和尺量检查

6. 成品保护

(1) 大理石预制水磨石磨光花岗石柱面、门窗套等安装完后,应对所有面层的阳角及时用木板保护。同时要及时清擦干净残留在门窗框、扇的砂浆。特别是铝合金门窗框、扇,事先应粘贴好保护膜,预防污染。

(2) 大理石或预制水磨石、磨光花岗石墙面镶贴完后应及时贴纸或贴塑料薄膜保护,以保证墙面不被污染。

(3) 饰面板层在凝结前应防止快干、暴晒、水冲、撞击和振动。

(4) 拆架子时注意不要碰撞墙面。

7. 应注意的质量问题

(1) 接缝不平,高低差过大,主要是基层处理不好,对板材质量没有严格挑选,安装前试拼不认真,施工操作不当,分次灌浆过高等,容易造成石板外移或板面错动,出现接缝不平、高低差过大。

(2) 空鼓:主要是灌浆不饱满密实所致。如灌浆稠度大,使砂浆不能流动或因钢筋网阻挡造成该处不实而空鼓;如砂浆过稀一方面容易造成漏浆,或由于水分蒸发形成空隙而空鼓;此外,最后清理石膏时,剔凿用力过大使板材振动空鼓;缺乏养护,脱水过早也会产生空鼓。

(3) 开裂:

1) 有的大理石石质较差,色纹多,当镶贴部位不当,墙面上下空隙留得较小,常受到各种外力影响,出现在色纹暗缝或其他隐伤等处,产生不规则的裂缝。

2) 镶贴墙面、柱面时,上下空隙较小,结构受压变形,使饰面石板受到垂直方向的压力而开裂。施工时应待墙、柱面等承受结构沉降稳定后进行,尤其在顶部和底部,安装板块时,应留有一定的缝隙,以防结构压缩、饰面石板直接承重被压开裂。

(4) 墙面碰损、污染:主要是由于块材在搬运和操作中被砂浆等脏物污染,不及时清洗,或安装后成品保护不好所致。应随手擦净,以免时间过长污染板面,此外,还应防止酸碱类化学物品、有色液体等直接接触大理石表面造成污染。

4.1.4.16 木门窗清色油漆

本技术交底适用于一般工业与民用建筑木门窗清色油漆中级涂料工程。

1. 材料要求

(1) 涂料:光油、清油脂胶清漆、酚醛清漆、铅油、调合漆、漆片等。

(2) 填充料:石膏、地板黄、红土子、黑烟子、大白粉等。

(3) 稀释剂:汽油、煤油、醇酸稀料、松香水、酒精等。

(4) 催干剂:"液体钴干剂"等。

2. 主要机具

油刷、开刀、牛角板、油画等、掸子、毛笔、砂纸、砂布、擦布、腻子板、钢皮刮板、橡皮刮板、小油桶、半截大桶、水桶、油勺、棉丝、麻丝、竹签、小色碟、铜丝箩、高凳、脚手板、安全带、钢丝钳子、小锤子和小扫帚等。

3. 作业条件

(1) 施工温度宜保持均衡,不得突然变化,且通风良好。湿作业已完并具备一定的强度,环境比较干燥。一般油漆工程施工时的环境温度不宜低于+10℃,相对湿度不宜大于60%。

(2) 在室外或室内高于 3.6m 处作业时,应事先搭设好脚手架,并以不妨碍操作为准。

(3) 大面积施工前应事先做样板间,经有关质量部门检查鉴定合格后方可组织班组进行大面积施工。

(4) 操作前应认真进行交接检查工作,并对遗留问题进行妥善处理。

(5) 木基层表面含水率一般不宜大于 12%。

4. 操作工艺

工艺流程:

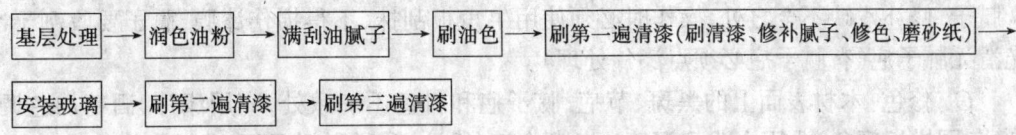

(1) 木门窗清色油漆操作工艺:

1) 基层处理:首先将木门窗基层面上的灰尘、油污、斑点、胶迹等用刮刀或碎玻璃片刮除干净。注意不要刮出毛刺,也不要刮破抹灰墙面,然后用 1 号以上砂纸顺木纹打磨,先磨线角,后磨四口平面,直到光滑为止。

木门窗基层有小块活翘皮时,可用小刀撕掉。重皮的地方应用小钉子钉牢固,如重皮较大或有烤糊印疤,应由木工修补。

2) 润色油粉:用大白粉 24,松香水 16,熟桐油 2(重量比)等混合搅拌成色油粉(颜色同样板颜色)装在小油桶内。用棉丝蘸油粉反复涂于木材表面,擦进木材鬃眼内,而后用麻布或木丝擦净,线角应用竹片除去余粉。注意墙面及五金上不得沾染油粉。待油粉干后,用 1 号砂纸轻轻顺木纹打磨,先磨线角、裁口,后磨四口平面,直到光滑为止。注意保证棱角,不要将鬃眼内油粉磨掉。磨光后用潮布将磨下的粉末、灰尘擦净。

3) 满刮油腻子:抹腻子的重量配合比为石膏粉 20、熟桐油 7、水适量(重量比),并加颜料调成石膏色腻子(颜色浅于样板 1—2 色),要注意腻子油性不可过大或过小,如油性大,刷时不易浸入木质内,如油性小,则易钻入木质内,这样刷的油色不易均匀,颜色不能一致。用开刀或牛角板将腻子刮入钉孔、裂纹、鬃眼内。刮抹时要横抹竖起,如遇接缝或节疤较大时,应用开刀、牛角板将腻子挤入缝内,然后抹平。腻子一定要刮光,不留野腻子。待腻子干透后,用 1 号砂纸轻轻顺木纹打磨,先磨线角、裁口、后磨四口平面,注意保护棱角,来回打磨至光滑为止。磨光后用潮布将磨下的粉末擦净。

4) 刷油色:先将铅油(或调合漆)、汽油、光油、清油等混合在一起过箩(颜色同样板颜色),然后倒在小油桶内,使用时经常搅拌,以免沉淀造成颜色不一致。

刷油色时,应从外至内,从左至右,从上至下进行,顺着木纹涂刷。刷门窗框时不得污染墙面,刷到接头处要轻飘,达到颜色一致;因油色干燥较快,所以刷油色时动作应敏捷,要求无缝无节,横平竖直,顺油时刷子要轻飘,避免出刷绺。

刷木窗时,刷好框子上部后再刷亮子;亮子全部刷完后,将挺钩勾住,再刷窗扇;如为双扇窗,应先刷左扇后刷右扇;三扇窗最后刷中间扇;纱窗扇先刷外面后刷里面。

刷木门时,先刷亮子后刷门框、门扇背面,刷完后用木楔将门扇固定,后刷门扇正面;全部刷好后检查是否有漏刷,小五金上沾染的油色要及时擦净。

油色涂刷后要求木材色泽一致,而又不盖住木纹,所以每一个刷面一定要一次刷好,不留接头,两个刷面交接棱口不要互相沾油,沾油后要及时擦掉,达到颜色一致。

5) 刷第一遍清漆:

A. 刷清漆:刷法与刷油色相同,但刷第一遍用的清漆应略加一些稀料(汽油)撤光,便于快干。因清漆粘性较大,最好使用已用出刷口的旧刷子,刷时要注意不流、不坠、涂刷均匀。待清漆完全干透后,用1号或旧砂纸彻底打磨一遍,将头遍清漆面上的光亮基本打磨掉,再用潮布将粉尘擦净。

B. 修补腻子:一般要求刷油色后不抹腻子,特殊情况下,可以使用油性较大的带色石膏腻子,修补残缺不全之处,操作时必须使用牛角板刮抹,不得损伤漆膜,腻子要收刮干净,光滑无腻子疤(有腻子疤必须点漆片处理)。

C. 修色:木材表面上的黑斑、节疤、腻子疤和材色不一致处,应用漆片、酒精加色调配(颜色同样板颜色)或用由浅到深漆比色调合漆(铅油)和稀释剂调配,进行修色;材色深的应修浅,浅的提深,将深浅色的木料拼成一色,并显出木纹。

D. 磨砂纸:使用细砂纸轻轻往返打磨,然后用潮布擦净粉末。

6) 安装玻璃:详见玻璃安装工艺标准。

7) 刷第二遍清漆:应使用原桶清漆不加稀释剂(冬季可略加催干剂),刷油操作同前,但刷油动作要敏捷,多刷多理,清漆涂刷得饱满一致,不流不坠、光亮均匀,刷完后再仔细检查一遍,有毛病及时纠正。刷此遍清漆时,周围环境要整洁,宜暂时禁止通行,最后将木门窗用挺钩钩住或用木楔固定牢固。

8) 刷第三遍清漆:等第二遍清漆干透后首先要进行磨光,然后过水布,最后刷第三遍清漆,刷法同前。

(2) 冬期施工:冬期施工室内油漆工程,应在采暖条件下进行,室温保持均衡,一般不宜低于+10℃,不得突然变化。同时应设专人负责开关门窗以利通风排除湿气。

5. 质量标准

(1) 保证项目:

1) 油漆工程等级材料品种、质量应符合设计要求和有关标准规定。

2) 油漆工程严禁脱皮、漏刷、斑迹。

(2) 基本项目:见表4-17。

中级木门窗清色油漆基本项目表　　　　表4-17

项次	项目	中级涂料
1	木纹	棕眼刮平,木纹清楚
2	光亮和光滑	光亮足,光滑
3	裹楞、流坠、皱皮	大面及小面明显处无
4	颜色、刷纹	颜色基本一致,无刷纹
5	五金、玻璃等	洁净

注:1. 大面是门窗关闭后的里、外面。
　　2. 小面明显处是指门窗开启后,除大面外,视线所能见到的地方。

6. 成品保护

(1) 每遍油漆前,都应将地面、窗台清扫干净,防止尘土飞扬,影响油漆质量。

(2) 每遍油漆后,都应将门窗扇用挺钩勾住,防止门窗扇、框油漆粘结,破坏漆膜,造成修补及扇活损伤。

(3) 刷油后应将滴在地面或窗台上及污染在墙上的油点清刷干净。

(4) 油漆完成后应派专人负责看管。

7. 应注意的质量问题

(1) 漏刷：漏刷一般多发生在门窗的上、下冒头和靠合页小面以及门窗框、压缝条的上、下端部和衣柜门框的内侧等，其主要原因是内门扇安装时油工与木工不配合，故往往下冒头未刷油漆就把门扇安装了，事后油工根本刷不了(除非把门扇合页卸下来重刷)；加上习惯后装及把关不严、管理不到位等，往往有少刷一遍油的现象。其他漏刷问题主要是操作者不认真所致。

(2) 缺腻子、缺砂纸：缺腻子、缺砂纸一般多发生在合页槽、上中下冒头、榫头和钉孔、裂缝、节疤以及边棱残缺处等。主要原因是操作未认真按照工艺规程去操作所致。

(3) 流坠、裹棱：油漆流坠、裹棱主要原因有二，一是由于漆料太稀，漆膜太厚或环境温度高、油漆干性慢等原因都易造成流坠、裹棱。二是由于操作顺序和手法不当，尤其是门窗边棱分色处，如一旦油量大和操作不注意就往往容易造成流坠、裹棱。

(4) 刷纹明显：主要是油刷子小或油刷未泡开刷毛发硬所致。应用相应合适的刷子并把油刷用稀料泡软后使用。

(5) 粗糙：主要原因是基层不干净，油漆内有杂质或尘土飞扬时施工，造成油漆表面常发生粗糙现象。应注意用湿布擦净，油漆要过箩，严禁刷油时清扫或刮大风时刷油。

(6) 皱纹：主要是漆质不好，兑配不均匀、溶剂挥发快或催干剂过多等原因造成。

(7) 五金污染：除了操作要细，宜将门锁、拉手、插销等五金后装(但可以事先把位置和门锁孔眼钻好)，确保五金洁净美观。

4.1.4.17 玻璃安装

本技术交底适用于一般工业与民用建筑平板、压花、磨砂、吸热、热反射、中空、夹层、夹丝、钢化、彩色及玻璃砖等玻璃安装工程。

1. 材料要求

(1) 玻璃和玻璃砖的品种、规格和颜色应符合设计要求，其质量应符合有关产品标准的规定。

1) 玻璃：平板、夹丝、磨砂、彩色、压花、吸热、热反射、中空、夹层、夹丝、钢化、玻璃砖等品种、规格按设计要求选用；

采光天棚玻璃，如设计无要求时，宜采用夹层、夹丝、钢化以及由其组成的中空玻璃。

2) 油灰(腻子)：可直接在市场上买到成品；也可参照下列配合比自行配制：

大白粉(碳酸钙)	100
混合油	13～14

其中混合油配合比：

三线脱蜡油	63
熟桐油	30
硬脂油	2.10
松　香	4.90

油灰的技术性能应经试验合格，方可使用：

A. 外观:具有塑性,不泛油,不粘手等特征;
B. 硬化:油灰涂抹后,在常温下20昼夜内硬化;
C. 延展度:55~66mm;
D. 冻融:-30℃每次6h,反复五次不裂,不脱框;
E. 耐热:60℃每次6h,反复五次不流、不淌、不起泡;
F. 粘结力:不小于0.05MPa。

(2)其他材料:红丹、铅油、玻璃钉、钢丝卡子、油绳、橡皮垫、木压条、煤油等。

2. 主要机具

一般应备有:工作台、玻璃刀、尺板、钢卷尺(3m)、木折尺、克丝钳、扁铲、油灰刀、木柄小锤、方尺、棉丝或抹布,以及毛笔、工具袋、长安全带等设备。

3. 作业条件

(1)玻璃应在内外门窗五金安装后,经检查合格,在涂刷最后一道油漆前进行安装;玻璃隔断的玻璃安装,也应参照上述规定进行安装。

(2)钢门窗在正式安装玻璃前,要检查是否有扭曲及变形等情况,应整修和挑选后,再安装玻璃;

(3)玻璃安装前应按照设计要求的尺寸,或量测尺寸,预先集中裁制,裁制好的玻璃应按不同规格和安装顺序码放在安全地方备用。

对集中加工后进场的半成品,应有针对性的选择几樘进行试安装,提前核实来料的尺寸留量长宽,各应缩小1个裁口宽的1/4,一般每块玻璃的上下余量3mm,宽窄余量4mm,边缘不得有斜曲或缺口等情况,必要时ล做再加工处理或更换;铝合金框、扇裁割尺寸应符合国家标准玻璃与玻璃框之间配合尺寸的规定,满足设计及安装要求。

(4)由市场买到的成品油灰,或者使用熟桐油等天然干性油自行配制的油灰可直接使用;如用其他油料配制的油灰,必须经过试验合格后方可使用,以防造成浪费。

4. 操作工艺

工艺流程:

玻璃挑选、裁制 → 分规格码放 → 安装前擦净 → 刮底油灰 → 镶嵌玻璃 → 刮油灰净边等

(1)将需要安装的玻璃,按部位分规格、数量分别将已裁好的玻璃就位;分送的数量应以当天安装的数量为准,不宜过多,以减少搬运和减少玻璃的损耗;

(2)一般安装顺序应先安外门窗,后安内门窗,先西北面后东南面顺序安装;如劳动力允许,也可同时进行安装;

(3)玻璃安装前,清理裁口先在玻璃底面与裁口之间,沿裁口的全长均匀涂抹1~3mm厚的底油灰,接着把玻璃推铺平整压实,然后收净底灰;

(4)玻璃推平、压实后,四边分别钉上钉子,钉完后用手轻敲玻璃,响声坚实,说明玻璃安装平实;如果响声拍拉拍拉,说明油灰不严,要重新取下玻璃,铺实底油灰后再推压挤平,然后用油灰填实将灰边压平压光;如采用木压条固定时,应先涂一遍干性油并不得将玻璃压的过紧;

(5)钢门窗安装玻璃,应用钢丝卡固定,钢丝卡间距不得大于300mm,且每边不得少于2个,并用油灰填实抹光;如果采用橡皮垫,应先将橡皮垫嵌入裁口内,并用压条和螺丝钉加

以固定；

(6) 安装斜天窗的玻璃，如设计无要求时，应采用夹丝玻璃，并应从顺流水方向盖叠安装，盖叠搭接的长度应视天窗的坡度而定，当坡度为1/4时，不小于30mm，坡度小于1/4时，不小于50mm，盖叠处应用钢丝卡固定，并在缝隙中用密封膏嵌填密实；如采用平板玻璃时，要在玻璃下面加设一层镀锌铁丝网；

(7) 如系安装彩色玻璃和压花玻璃，应按照设计图案仔细裁割，拼缝必须吻合，不允许出现错位松动和斜曲等缺陷；

(8) 玻璃砖的安装应符合下列规定：

1) 安装玻璃砖的墙、隔断和顶棚的骨架，应与结构连接牢固；

2) 玻璃砖应排列均匀、整齐，图形符合设计要求，表面平整，嵌缝的油灰或密封膏应饱满密度；

(9) 阳台、楼梯间或楼梯栏板等围护结构安装钢化玻璃时，应按设计要求用卡紧螺丝或压条镶嵌固定；在玻璃与金属框格相连接处，应衬垫橡皮条或塑料垫；

(10) 安装压花玻璃或磨砂玻璃时，压花玻璃的花面应向外，磨砂玻璃的磨砂面应向室内；

(11) 安装玻璃隔断时，隔断上框的顶面应有适量缝隙，以防止结构变形，将玻璃挤压损坏；

(12) 死扇玻璃安装，应先用扁铲将木压条撬出，同时，退出压条上小钉子，并将裁口处抹上底油灰，把玻璃推铺平整，然后嵌好四边木压条将钉子钉牢，将底灰修好、刮净；

(13) 安装中空玻璃及面积大于0.65m^2的玻璃时，安装于竖框中玻璃，应放在两块定位垫块上，定位垫块距玻璃垂直边缘的距离宜为玻璃宽的1/4，且不宜小于150mm。安装窗中玻璃，按开启方向确定定位垫块位置，定位垫块宽度应大于玻璃的厚度，长度不宜小于25mm，并应符合设计要求。

(14) 铝合金框扇玻璃安装时，玻璃就位后，其边缘不得与框扇及其连接件相接触，所留间隙应符合有关标准规定。所有材料不得影响泄水孔，密封膏封贴缝口，封贴的宽度及深度应符合设计要求，必须密实、平整、光洁。

(15) 玻璃安装后，应进行清理，将油灰、钉子、钢丝卡及木压条等随手清理干净，关好门窗；

(16) 冬期施工应在已安装好玻璃的室内作业，温度应在正温度以上；存放玻璃的库房与作业面温度不能相差过大，玻璃如从过冷或过热的环境中运入操作地点，应待玻璃温度与室内温度相近后再行安装；如条件允许，要将预先裁割好的玻璃提前运入作业地点。外墙铝合金框、扇玻璃不宜冬期安装。

5. 质量标准

(1) 保证项目：

1) 玻璃品种、规格、色彩、朝向及安装方法等必须符合设计要求及有关标准规定。

2) 玻璃裁割尺寸正确，安装必须平整、牢固，无松动现象；

(2) 基本项目：

1) 油灰底灰饱满，油灰与玻璃、裁口粘结牢固，边缘与裁口齐平，四角成八字形，表面光滑，无裂缝、麻面和皱皮；

2) 固定玻璃的钉子或钢丝卡的数量应符合施工规范规定,规格应符合要求,并不得露出油灰表面;

3) 木压条镶钉应与裁口边沿紧贴齐平,割角整齐,连接紧密,不露钉帽;

4) 橡皮垫与裁口、玻璃及压条紧贴,整齐一致;

5) 玻璃砖排列位置正确,均匀整齐,嵌缝应饱满密实,接缝均匀平直;

6) 彩色玻璃、压花玻璃拼装的图案、颜色应符合设计要求,接缝吻合;

7) 玻璃安装后,表面应洁净,无油灰、浆水、密封膏、涂料等斑污,有正反面的玻璃安装的朝向应正确。

6. 成品保护

(1) 凡已经安装完门窗玻璃的栋号,必须派专人看管维护,每日应按时开关门窗,尤其在风天,更应注意,以减少玻璃的损坏;

(2) 门窗玻璃安装后,应随手挂好风钩或插上插销,防止刮风损坏玻璃,并将多余的和破碎的玻璃及时送库或清理干净;

(3) 对于面积较大、造价昂贵的玻璃,宜在栋号交验之前安装,如需要提前安装时,应采取妥善保护措施,防止损伤玻璃造成损失;

(4) 玻璃安装时,操作人员更加强对窗台及门窗口抹灰等项目的成品保护。

7. 应注意的质量问题

(1) 底油灰铺垫不严:用手指敲弹玻璃时有响声,固定扇底油灰不严易出现这种情况,应在铺底灰及嵌缝固定时,认真操作并仔细检查;

(2) 油灰棱角不整齐,油灰表面凹凸不平:最后收刮油灰时手要稳,到角部要刮出八字角,不可一次刮下;

(3) 表面观感差:油灰表面不光,有麻面、皱皮现象,防止此种现象就要认真操作,油灰的质量应保证,温度要适宜,不干、不软;

(4) 木压条、钢丝卡子、橡皮垫等附件安装应经过挑选,防止出现变形,影响玻璃美观;污染的斑痕要及时擦净;如钢丝卡子露头过长,应事先剪断。

4.1.4.18 炉渣垫层

本技术交底适用于混凝土基层上做炉渣垫层工程。

1. 材料要求

(1) 炉渣:宜采用烟煤炉渣,表观密度应为800kg/m³以内;炉渣内不应含有机杂质和未燃尽的煤块,粒径不应大于40mm,且不可大于垫层厚度的1/2;炉渣粒径在5mm以下者,不得超过炉渣总体积的40%。

(2) 水泥:32.5级普通硅酸盐水泥或矿渣硅酸盐水泥,也可用火山灰水泥或粉煤灰水泥。

(3) 石灰:块灰使用前需经水粉化,过筛;也可用加工磨细石灰粉水溶后使用。

2. 主要机具

(1) 机械:搅拌机、手推车、平板振捣器。

(2) 工具:压滚(直径200mm、长600mm),平锹、计量斗、筛子、喷壶、浆壶、木拍板、3m和1m木制大杠和扫帚等。

3. 作业条件

(1) 结构工程已经验收,控制地面、楼面的+50cm标高水平线已弹好,门框安装完毕。

(2) 与垫层有关的电气管线、设备管线及埋件安装完毕,并固定牢靠。

(3) 管道用细石混凝土或水泥砂浆全长固定,固定断面一般做成梯形,厚度不得超过垫层厚度。

(4) 垫层施工前应经隐蔽工程验收。

4. 操作工艺

工艺流程:

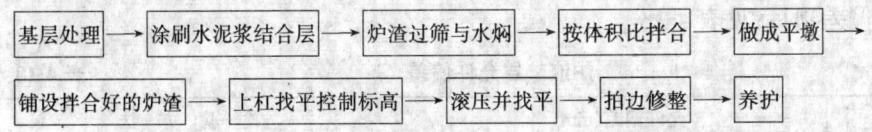

(1) 基层处理:正式施工炉渣垫层前,把基层上粘结的杂物认真清除,清除后撒水湿润,经验收合格方可进行垫层施工。

(2) 炉渣过筛与水焖:为保证所需炉渣的粒径和清除杂物,炉渣使用前应过两遍筛,第一遍过大孔筛,筛孔为30～40mm,根据垫层厚度确定,第二遍过小孔筛,筛孔为5mm,主要筛去细粉末,保证粒径5mm以下者不大于总体积的40%。

水泥炉渣:施工前应浇清水将炉渣焖透,水焖时间应不少于5d。

水泥石灰炉渣施工前应泼石灰水拌合焖透,焖制时间不少于5d。

(3) 拌合:水泥炉渣宜采用1:6(体积比);水泥石灰炉渣宜采用1:1:8(体积比)机械拌合。搅拌前应先按比例计量加水拌合,干料入机后先干搅1min,再加入适量的水搅拌1.5～2min,使水泥浆分布均匀。其干湿程度以便于滚压密实,有少量浆不泌水为宜;人工搅拌时应先将水泥和焖好的炉渣干拌均匀,再用喷壶缓缓加水湿拌,直至拌合均匀。

(4) 控制标高:按相对标高+50cm的水平线,根据设计垫层厚度用尺量出垫层的上平标高,拉小线做好找平墩,一般找平墩的间距为2m左右,有泛水的房间按坡度找出最高点和最低点的标高,同样做成平墩,用来控制垫层的表面标高。

(5) 铺设与滚压:炉渣垫层厚度宜60mm以上,虚铺和压实厚度的比例一般是1.3:1,如实厚为60mm,则虚铺厚度为78mm。铺炉渣垫层时,先在铺设基层面上撒水湿润,再撒1:0.5水泥浆,涂刷均匀成水泥浆结合层;做好找平墩;装铺炉渣熟料,按找平墩用铁锹粗略找平,再上大杠细找平度,全部或分段铺好后滚压,在滚压中局部撒垫调整平整度,经反复进行滚压平整出浆,厚度符合设计要求;对墙根、边角、管根周围不宜滚压处,应用木拍板拍打平实。如垫层厚度较大时,宜分层铺压或用平板振捣器振平振实。水泥炉渣垫层的施工应随拌、随铺、随压实,全部操作过程应在2h内完成。垫层厚度如大于120mm,应分层铺设,压实后的厚度不应大于虚铺厚度的3/4。

(6) 施工缝:炉渣垫层一般不留施工缝,如房间大,2h内完成施工的全过程有困难、必须留施工缝时,应用木方或木板挡好留槎处,保证直槎密实,接槎时应在接槎处刷水泥浆结合层,使先后炉渣垫层接合良好。

(7) 养护:垫层施工完应注意养护,待其凝固后方可进行下一道工序。

(8) 冬期施工:

1) 冬期施工水焖炉渣不得受冻,应加保温材料覆盖。

2) 做垫层前3天做好主房间保暖措施,使操作和养护温度不低于+5℃。已做好的垫层不得受冻。

5. 质量标准

(1) 保证项目:

1) 炉渣垫层使用的水泥、炉渣、石灰材料质量必须符合设计要求及有关标准规定。
2) 施工配合比、铺压密实度应符合设计和施工验收规范要求。
3) 炉渣垫层与基层间不得有空鼓和表面松散现象。

(2) 允许偏差项目:见表4-18。

炉渣垫层允许偏差   表4-18

项 目	允许偏差(mm)	检 验 方 法
表面平整度	10	用2m靠尺楔形塞尺检查
标 高	±10	用水准仪检查
坡 度	2/1000且不大于30	用坡度尺检查
厚 度	个别地方不大于设计厚度1/10	尺量检查

6. 成品保护

(1) 垫层施工操作和运输中不应碰撞门口、管线、垫层内埋设件和已完的装饰面层。

(2) 施工完的垫层应注意保护,常温3d后方能进行面层施工。

7. 应注意的质量问题

(1) 垫层空鼓开裂:炉渣内含有有机杂物和未燃尽的煤碴,含有遇水能膨胀分解的物质;炉渣焖水不透,铺料与结合层粘结不好,炉渣微颗粒较多等原因造成。材料应按要求选用,基层清理应认真,粘结层应随刷、随铺,在规定操作时间内完成滚压,加强成品养护。

(2) 标高不准,表面不平:炉渣搅拌不均匀,稠度不一致,造成操作困难,铺炉渣不平。应严格控制各道工序的操作质量。

(3) 强度不足,主要是配合比不准,施工全过程时间过长,滚压不实,养护不好等造成。施工应正确掌握配合比,认真计量,控制加水量,加强检查铺炉渣的平整度和厚度,滚压密实均匀,成品加强保护。

4.1.4.19 混凝土垫层

本技术交底适用于工业与民用建筑地面混凝土垫层及室外散水等工程。

1. 材料要求

(1) 水泥:宜用32.5级硅酸盐水泥、普通硅酸盐水泥和矿渣硅酸盐水泥。

(2) 砂:中砂或粗砂,含泥量不大于5%。

(3) 石子:卵石或碎石,粒径0.5~3.2cm,含泥量不大于2%。

2. 主要机具

应备有混凝土搅拌机、磅秤、手推车或翻斗车、尖铁锹、平铁锹、平板振捣器、刮杠、木抹子、胶皮水管、木折尺等。

3. 作业条件

(1) 垫层的基底地质情况、标高、尺寸均经过检查,并办完隐检手续。

(2) 设置变形缝:室内、外混凝土垫层宜设置纵向、横向缩缝;室外混凝土垫层还宜设置伸缝,室内混凝土垫层一般不设置伸缝。

(3) 垫层安置好固定地面与楼面镶边连接件所用的锚栓或其他连接材料。

(4) 混凝土垫层的缩缝有平头缝、企口缝、段缝三种。伸缝的宽度一般为20~30mm,上下贯通,沿缝两侧垫层板边如需加肋,应符合设计要求。

(5) 大面积地面垫层应分区段(分仓)进行浇筑,其宽度一般为3~4m,但应结合变形缝位置,不同材料的地面面层的连接处和设备基础的位置等划分。在分缝处钉上水平桩。

(6) 埋在垫层中的暖卫、电气等各种设备暗管线已安装完毕,并经有关部门验收。

(7) 核对混凝土配合比,检查后台磅秤,进行技术交底。准备好混凝土试模。

(8) 混凝土垫层厚度不应小于60mm,其强度不宜低于C10。

4. 操作工艺

工艺流程:

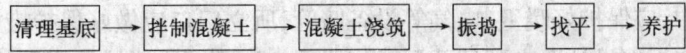

(1) 基底表面清理:基底表面的淤泥、杂物均应清理干净;并应有防水和排水的措施。如果是干燥非粘性土应用水润湿;表面不得留有积水。

(2) 拌制混凝土:后台操作人员要认真按混凝土的配合比投料;每盘投料顺序为:石子→水泥→砂→水。应严格控制用水量,搅拌要均匀,最短时间一般不少于1.5min。按规定制作试块。试块组数每500m² 地面不少于一组;不足500m²,按500m² 计算。

(3) 浇筑混凝土:

1) 浇筑混凝土一般从一端开始,或跳仓进行,并应连续浇筑。如连续进行面积较大时,应根据规范规定留置施工缝。

2) 混凝土浇筑后,应及时振捣,在2h内必须振捣完毕。否则应按规范规定留置施工缝。

3) 浇筑高度超过2m时,应使用串桶、溜管,以防止混凝土发生离析现象。

(4) 混凝土振捣:一般采用平板式振捣器,但垫层厚度超过20cm时,应采用插入式振捣器;其移动间距不大于作用半径的1.5倍。

(5) 找平:混凝土振捣密实后,按标杆检查一下上平,然后用大杠刮平、表面再用木抹子搓平。如垫层较薄时,应严格控制铺摊厚度。有泛水要求的地面,应按设计要求找出坡度,一般对设计坡度允许偏差不应大于0.2%,最大偏差不应大于30mm,最后应做泼水试验。

(6) 混凝土的养护。已浇筑完的混凝土,应在12h左右覆盖和浇水,一般养护不得少于七昼夜。

(7) 冬雨期施工:凡遇冬雨期施工时,露天浇筑的混凝土垫层均应另行编制季节性施工方案,制定有效的技术措施,以确保混凝土的质量。环境温度不应低于+5℃,并应保持至强度不小于设计要求的50%。

5. 质量标准

(1) 保证项目:

1) 垫层混凝土所用的水泥、水、骨料、外加剂等必须符合施工规范和有关标准的规定。

2) 混凝土的配合比、原材料计量、搅拌、养护和施工缝处理,必须符合施工规范的规定。

3) 评定混凝土强度的试块,必须符合设计要求和施工规范的规定。

4) 带有坡度的垫层、散水,坡度应正确,无倒坡现象。

(2) 允许偏差项目:见表 4-19。

地面垫层混凝土允许偏差 表 4-19

项次	项目	允许偏差(mm)	检验方法
1	表面平整度	10	用 2m 靠尺和楔形塞尺检查
2	标高	±10	用水平仪检查
3	坡度	不大于房间相对尺寸的 2/1000,且不大于 30	用坡度尺检查
4	厚度	在个别地方不大于设计厚度的 1/10	尺量检查

6. 成品保护

(1) 在已浇筑的混凝土强度达到 12MPa 以后,始准在其上走动人员和上面继续施工。

(2) 在施工中,应保护好暖卫、电气等设备暗管,所立门口应做好保护措施。

(3) 垫层内应根据设计要求预留孔洞或安置固定地面镶边连接件所用的锚栓(件)和木砖,以免后剔凿。

(4) 在有防水层的基层上施工时,必须认真保护好防水层,严禁小车腿和铁锹等硬物砸碰防水层。发现碰坏处,一定及时修补,并经检查验收合格后,方准进行下道工序。

7. 应注意的质量问题

(1) 混凝土不密实:主要由于漏振和振捣不密实,或配合比不准及操作不当造成。基底太干燥和垫层过薄也会造成不密实。

(2) 表面不平标高不准:水平线或水平木桩不准;操作时未认真找平或没用大杠刮平。

(3) 不规则裂缝:由于垫层面积过大,没有分段断块或暖气沟盖板上没浇混凝土,而产生的收缩裂缝所致,也可能是基土不均匀沉陷或埋设管线太多,造成垫层厚薄不均匀而裂缝。冬期施工保温措施不当,因土受冻膨胀而将垫层拱裂,或因垫层下面灰土中有较大的生石灰块,受水膨胀也会拱裂垫层。

4.1.4.20 陶瓷锦砖地面

本技术交底适用于地面铺贴陶瓷锦砖(马赛克)工程。

1. 材料要求

(1) 水泥:32.5 级以上普通硅酸盐水泥或矿渣硅酸盐水泥。

(2) 砂:粗砂或中砂。

(3) 陶瓷锦砖:进场后应拆箱检查颜色、规格、形状、粘贴的质量等是否符合设计要求和有关标准的规定。

2. 主要机具

小水桶、半截桶、扫帚、方尺、平锹、铁抹子、大杠、中杠、小杠、筛子、窄手推车、钢丝刷、喷壶、锤子、硬木拍板(240mm×120mm×50mm),合金尖凿子、合金扁凿子(用 $\phi 6$ 钢筋焊接 K6~K8 合金钢片)、钢片开刀、拨板(200mm×70mm×1mm)、粉线包、小型台式砂轮等。

3. 作业条件

(1) 墙面抹灰及墙裙作完。

(2) 弹好 +50cm 水平线。

(3) 穿地面的套管做完,门框保护好,防止手推车碰撞。

(4) 地面防水层做完,并完成蓄水试验,办好检验手续。

4. 操作工艺

工艺流程:

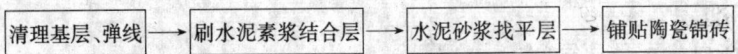

(1) 清理基层、弹线:将基层清理干净,表面灰浆皮要铲掉、扫净。将水平标高线弹在墙上。

(2) 刷水泥素浆结合层:在清理好的地面上均匀洒水,然后用扫帚均匀洒水泥素浆(水灰比为0.5)。此层与下道工序铺砂浆找平层必须紧密配合。

(3) 做水泥砂浆找平层:

1) 冲筋:先做灰饼,以墙面水平线为准下反,灰饼上平应低于地面标高一个马赛克厚度。然后在房间四周冲筋,房间中间每隔1m冲筋一道。有泛水房间,冲筋应朝地漏方向呈放射状。

2) 装档:冲筋后用1:3干硬性水泥砂浆(干硬程度以手捏成团,落地开花为准)铺设,厚度约为20~25mm,砂浆应拍实,用大杠刮平,要求表面平整并找出泛水。

(4) 铺贴陶瓷锦砖:

1) 对铺设的房间检查净空尺寸,找好方正,在找平层上弹出方正的垂直控制线(找平层一般分为"软底"和"硬底",在当日抹好的找平层上铺锦砖称为"软底",在已完全硬化的找平层上铺称为"硬底"。找方正时在硬底上可弹控制线。在软底上拉控制线)。按施工大样图计算出所要铺贴的张数,若不足整张的应甩到边角处,不能铺设到显眼的地方。

2) 做水泥砂浆结合层:在"硬底"上铺设锦砖时,先洒水湿润后刮一道厚2~3mm厚的水泥浆(宜掺水泥重20%的107胶),在"软底"上铺设锦砖时应浇水泥浆,用刷子刷均匀。随贴随刷。

3) 在水泥浆尚未初凝时即铺陶瓷锦砖,从里向外沿控制线进行,铺时先翻起一边的纸,露出锦砖以便对正控制线,对好后立即将陶瓷锦砖铺贴上(纸面朝上),紧跟着用手将纸面铺平,用拍板拍实,使水泥浆进入锦砖的缝内直至纸面上反出砖缝时为止。

4) 整间铺好后在锦砖上垫木板,人站在垫板上修理四周的边角,并将锦砖地面与其他地面门口接槎处修好,保证接槎平直。

5) 刷水、揭纸:铺完后紧接着在纸面上均匀地刷水。常温下过15~30min,纸便湿透,即可揭纸,并及时将纸毛清理干净。

6) 拨缝:揭纸后,及时检查缝子是否均匀,缝子不顺不直时,用小靠尺比着开刀轻轻地拨顺、调直,并将其调整后的锦砖用木拍板用锤子敲拍板拍实,同时检查有无脱落,并及时将缺少的锦砖粘贴补齐。地漏、管口等处周围的锦砖要预先试铺进行切割,要做到与管口镶嵌吻合。

7) 灌缝:拨缝后第二天(或水泥浆结合层终凝后)用与锦砖颜色的水泥素浆擦缝,用棉丝蘸素浆从里到外顺缝揉擦、擦严、擦实为止,并及时将锦砖表面的余灰清理干净,防止对面层的污染。

陶瓷锦砖面层宜整间一次镶铺连续操作,应在水泥浆结合层终凝前完成拨缝,如果房间大,一次不能铺完,须将接槎切齐,余灰清理干净。

8) 养护:陶瓷锦砖地面擦缝24h后,铺干锯末常温养护,4~5d后方准上人。

9) 冬期施工:室内无取暖和保温措施不得施工。原材料和操作温度不得低于+5℃,砂子不得有冻块,板材表面不得有结冰现象。养护阶段表面必须覆盖。

5. 质量标准

(1) 保证项目:

陶瓷锦砖品种、规格、颜色、质量必须符合设计要求,面层与基层的结合必须牢固,无空鼓。

(2) 基本项目:

1) 表面洁净,图案清晰,色泽一致,接缝均匀,周边顺直,陶瓷锦砖块无裂纹、掉角和缺楞现象。

2) 地漏坡度符合设计要求,不倒泛水,无积水与地漏(管道)结合处严密牢固,无渗漏。

3) 踢脚线表面洁净,接缝平整均匀,高度一致,结合牢固,出墙厚度适宜。

4) 与各种面层邻接处的镶边用料及尺寸符合设计要求和施工规范要求,边角整齐、光滑。

(3) 允许偏差项目:见表4-20。

陶瓷锦砖(马赛克)地面允许偏差　　　　　　　　表4-20

项次	项 目	允许偏差(mm)	检 验 方 法
1	表面平整度	2	用2m靠尺和楔形塞尺检查
2	缝格平直	3	拉5m线,不足5m拉通线和尺量检查
3	接缝高低差	0.5	尺量和楔形塞尺检查
4	踢脚线上口平直	3	拉5m线,不足5m拉通线和尺量检查
5	板块间隙宽度不大于	2	尺量检查

注:项次5,如设计无要求时,应按表内限值检查。

6. 成品保护

(1) 镶铺陶瓷锦砖后,如果其他工序插入较多,应在上铺覆盖物对面层加以保护。

(2) 切割陶瓷锦砖时应用垫板,禁止在已铺地面上切割。

(3) 推车运料时应注意保护门框及已完面,小车腿应包裹。

(4) 操作时不要碰动管线,不要把灰浆或陶瓷锦砖块掉落在已安完的地漏管口内。

(5) 做油漆、浆活时不得污染地面。

7. 应注意的质量问题

(1) 地面标高超高:预制或现浇楼板施工时应严格掌握板面标高,防水层厚度也要严格控制,镶铺陶瓷锦砖时要按水平线镶铺。

(2) 缝格不直不匀:操作前应挑选陶瓷锦砖,长宽相同整张锦砖用于同一房间内。拨缝时分格缝要拉通线,将超线的砖块拨顺直。

(3) 面层空鼓:找平层做完之后应跟着做面层,防止污染,影响与面层的粘结。铺锦砖前刮的水泥浆防止风干,薄厚要均匀。

(4) 地面渗漏:厕浴间地面防水层施工时注意保护,穿楼板的管洞应堵实并加套管,与防水层连接严密以防止造成渗漏。厕浴间锦砖面层达到上人的强度后要进行二次蓄水试验。

(5) 面层污染严重：擦缝时应将余浆擦干净。面层做完后必须加以覆盖，以防其他工种操作污染。

(6) 地漏周围锦砖镶贴不规矩：作找平层时应找好地漏坡度，当大面积铺完后，再铺地漏周围的锦砖，根据地漏直径预先计算好块数进行加工，试铺合适后再正式粘铺。

4.1.4.21 大理石、花岗石及碎拼大理石地面

本技术交底适用于高级公共建筑的大理石、花岗石及碎拼大理石地面工程。

1. 材料要求

(1) 大理石块、花岗石块（均为大理石厂加工的成品）的品种、规格、质量应符合设计和施工规范要求。

(2) 大理石碎块及色石渣：石渣颜色粒径符合设计要求。

(3) 水泥：32.5级以上普通硅酸盐水泥，并备适量擦缝用白水泥。

(4) 砂：中砂或粗砂。

(5) 矿物颜料（擦缝用）、蜡、草酸。

2. 主要机具

手推车、铁锹、靠尺、浆壶、水桶、喷壶、铁抹子、木抹子、墨斗、钢卷尺、尼龙线、橡皮锤（或木锤）、铁水平尺、弯角方尺、钢斧子、合金钢扁凿子、台钻、合金钢钻头、扫帚、砂、轮、磨石机、钢丝刷。

3. 作业条件

(1) 大理石板块（花岗石板块）进场后应堆放在室内，侧立堆放，底下应加垫木方。并详细核对品种、规格、数量、质量等是否符合设计要求。有裂纹、缺棱掉角的不得使用。

(2) 设加工棚，安装好台钻及砂轮锯，并接通水电源。需要切割钻孔的板，在安装前加工好。

(3) 室内抹灰、地面垫层、水电设备管线等均已完成。

(4) 房内四周墙上弹好+50cm水平线。

(5) 施工操作前应画出铺设大理石地面的施工大样图（特别是碎拼大理石应按图预拼、编号）。

4. 操作工艺

大理石、花岗石地面工艺流程：

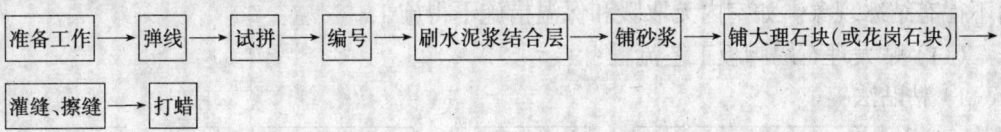

(1) 准备工作：

1) 熟悉图纸：以施工大样图和加工单为依据，熟悉了解各部位尺寸和作法，弄清洞口、边角等部位之间关系。

2) 基层处理：将地面垫层上的杂物清净，用钢丝刷刷掉粘结在垫层上的砂浆并清扫干净。

(2) 试拼：在正式铺设前，对每一房间的大理石（或花岗石）板块，应按图案、颜色、纹理

试拼,试拼后按两个方向编号排列,然后按编号码放整齐。

(3) 在房间的主要部位弹互相垂直的控制十字线,用以检查和控制大理石板块的位置,十字线可以弹在混凝土垫层上,并引至墙面底部。并依据墙面+50线,找出面层标高在墙上弹上水平线,注意要与楼道面层标高一致。

(4) 在房间内的两个相互垂直的方向,铺两条干砂,其宽度大于板块,厚度不小于3cm。根据试拼结果及施工大样图结合房间实际尺寸,把大理石(或花岗石)板块排好,以便检查板块之间的缝隙,核对板块与墙面、柱、洞口等部位的相对位置。

(5) 刷水泥浆结合层:在铺砂浆之前再次将混凝土垫层清扫干净(包括试排用的干砂及大理块),然后用喷壶洒水湿润,刷一层素水泥浆(水灰比为0.5左右,随刷随铺砂浆)。

(6) 铺砂浆:根据水平线,定出地面找平层厚度,拉十字控制线,铺找平层水泥砂浆(找平层一般采用1:3的干硬性水泥砂浆,干硬程度以手捏成团不松散为宜)。砂浆从里往门口处摊铺。铺好后用大杠刮平,再用抹子拍实找平。找平层厚度宜高出大理石面层标高水平线3~4mm。

(7) 铺大理石块(或花岗石块):一般房间应先里后外沿控制线进行铺设,即先从远离门口的一边开始,按照试拼编号,依次铺砌,逐步退至门口。铺前应将板预先浸湿阴干后备用,先进行试铺,对好纵横缝,用橡皮锤敲击木垫板(不得用橡皮锤或木锤直接敲击大理石板),振实砂浆至铺设高度后,将大理石(或花岗石岩)掀起移至一旁,检查砂浆上表面与板块之间是否相吻合,如发现有空虚之处,应用砂浆填补,然后正式镶铺,先在水泥砂浆找平层上满浇一层水灰比为0.5的素水泥浆结合层,再铺大理石板(或花岗石),安放时四角同时往下落,用橡皮锤或木锤轻击木垫板,根据水平线用铁水平尺找平,铺完第一块向两侧和后退方向顺序镶铺。

大理石(或花岗石)板块之间,接缝要严,一般不留缝隙。

(8) 擦缝:在铺砌后1~2昼夜进行灌浆擦缝。根据大理石(或花岗石)颜色选择相同颜色矿物颜料和水泥拌合均匀调成1:1稀水泥浆,用浆壶徐徐灌入大理石板(或花岗石)块之间缝隙(分几次进行),并用长把刮板把流出的水泥浆向缝隙内喂灰。灌浆1~2h后,用棉丝团蘸原稀水泥浆擦缝,与板面擦平,同时将板面上水泥浆擦净。然后面层以覆盖保护。

(9) 当各工序完工不再上人时方可打蜡,达到光滑洁净。打蜡方法详见现制水磨石地面。

(10) 冬期施工:原材料和操作环境温度不得低于+5℃,不得使用有冻块砂子,板块表面不得有结冰现象。如室内无取暖和保温措施不得施工。

(11) 贴大理石踢脚板工艺流程:

1) 粘贴法:

找标高水平线并确定出墙厚度 → 水泥砂浆打底 → 贴大理石踢脚板 → 擦缝 → 打蜡

A. 根据主墙抹灰厚度吊线确定踢脚板出墙厚度,一般8~10mm。

B. 用1:3水泥砂浆打底找平并在面层划纹。

C. 找平层砂浆干硬后,拉踢脚板上口的水平线,把湿润阴干的大理石踢脚板的背面,刮抹一层2~3mm厚的素水泥浆(宜加10%左右的107胶)后,往底灰上粘贴,并用木锤敲实,根据水平线找直。

D. 24h后用同色水泥浆擦缝,将余浆擦净。

E. 与大理石地面同时打蜡。

2) 灌浆法：

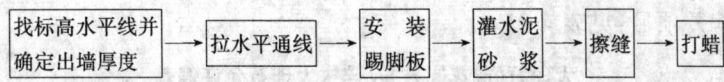

A. 根据主墙抹灰厚度吊线确定踢脚板出墙厚度,一般8～10mm。

B. 在墙两端各安装一块踢脚板,其上楞高度在同一水平线内,出墙厚度一致。然后沿二块踢脚板上楞拉通线,逐块依顺序安装,随时检查踢脚板的水平度和垂直度。相邻两块之间及踢脚板与地面、墙面之间用石膏稳牢。

C. 灌1:2稀水泥砂浆,并随时把溢出的砂浆擦干净,待灌入的水泥砂浆终凝后,把石膏铲掉。

D. 用棉丝团蘸与大理石踢脚板同颜色的稀水泥浆擦缝。

E. 踢脚的面层打蜡同地面一起进行,方法同现制水磨石地面。

F. 踢脚板之间缝宜与大理石板地面对缝镶贴。

(12) 碎拼大理石面层工艺流程：

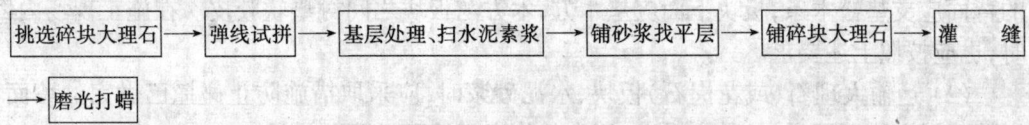

1) 根据设计要求的颜色、规格,挑选碎块大理石,有裂缝的大理石应剔出。

2) 根据设计要求的图案,结合房间尺寸,在基层上弹线并找出面层标高,然后进行试拼,确定缝隙的大小。

3) 将基层清理干净后,洒水湿润,刷水泥素浆。

4) 拉水平线铺砂浆找平层,采用1:3干硬性水泥砂浆(手捏成团一颠即散),铺好后用大杠刮平,用抹子抹平。

5) 根据图案和试拼的缝隙铺砌碎块大理石,其方法同大理石地面。

6) 铺砌1～2昼夜后进行灌缝,根据设计要求如果灌水泥砂浆时,厚度与碎块大理石上面平,并将其表面找平压光。如果需灌水泥石渣浆时,比碎块大理石上面高出2mm厚。洒水养护不少于7d。

7) 如果采用水泥石渣浆灌缝时,养护后要进行磨光打蜡,共磨四遍,各遍要求打蜡操作工艺同现制水磨地面做法。

5. 质量标准

(1) 保证项目：

大理石和大理石碎块的品种、规格、质量必须符合设计要求,面层与基层的结合(粘结)必须牢固、无空鼓(脱胶)。

(2) 基本项目：

1) 大理石(或花岗石)表面洁净,图案清晰,光亮光滑,色泽一致,接缝均匀,周边顺直,板块无裂纹、掉角和缺棱等现象。碎拼大理石颜色协调,间隙适宜,磨光一致,无裂缝、坑洼和磨纹。

2) 地漏坡度符合设计要求,不倒泛水,无积水与地漏结合处严密牢固,无渗漏。
3) 踢脚线表面洁净,接缝平整均匀,高度一致,结合牢固,出墙厚度适宜。
4) 镶边用料及尺寸符合设计要求和施工规范规定,边角整齐、光滑。

(3) 允许偏差项目:见表 4-21。

大理石(或花岗石)及碎拼大理石允许偏差　　　　　表 4-21

项次	项　目	允许偏差(mm) 大理石	允许偏差(mm) 碎拼大理石	检 验 方 法
1	表面平整度	1	3	用 2m 靠尺和楔形塞尺检查
2	缝格平直	2	—	拉 5m 线,不足 5m 拉通线和尺量检查
3	接缝高低差	0.5	—	尺量和楔形塞尺检查
4	踢脚线上口平直	1	—	拉 5m 线,不足 5m 拉通线和尺量检查
5	板块间宽度不大于	1	—	尺量检查

6. 成品保护

(1) 存放大理石板块,不得雨淋、水泡、长期日晒。一般采取板块立放,光面相对。板块的背面应支垫松木条,板块下面应垫木方,木方与板块之间衬垫软胶皮。在施工现场内倒运时,也应按照上述要求。

(2) 运输大理石(或花岗石)板块、水泥砂浆时,应采取措施防止碰撞已做完的墙面、门口等。铺设地面用水时,防止浸泡、污染其他房间地面、墙面。

(3) 试拼应在地面平整的房间或操作棚内进行。调整板块的人员宜穿干净的软底鞋搬动调整板块。

(4) 铺砌大理石(或花岗石)板块及碎拼大理石板块过程中,操作人员应做到随铺砌随揩净,揩净大理石板面应该用软毛刷和干布。

(5) 新铺砌的大理石(或花岗石)板块的房间应临时封闭。当操作人员和检查人员踩踏新铺砌的大理石板块时要穿软底鞋,并轻踏在板中。

(6) 在大理石(或花岗石)地面或碎拼大理石地面上行走时,找平层砂浆的抗压强度不得低于 1.2MPa。

(7) 大理石(或花岗石)地面或碎拼大理石地面完工后,房间封闭或在其表面加以覆盖保护。

7. 应注意的质量问题

(1) 板面与基层空鼓:由于混凝土垫层清理不净或浇水湿润不够。刷水泥素浆不均匀或刷完时间过度已风干。找平层用的砂浆随意加水。大理石板未浸水湿润等因素都易引起空鼓。因此,必须严格遵守操作工艺要求基层必须清理干净,找平层砂浆用干硬性的,随铺随刷一层素水泥浆,大理石(或花岗石)板块在铺砌之前必须浸水湿润。

(2) 尽端出现大小头:铺砌时操作者未拉通线或不同操作者在同一行铺设时掌握板块之间缝隙大小不一致造成。所以在铺砌前必须拉通线,操作者要跟线铺砌,每铺完一行后立即再拉通线检查缝隙是否顺直,避免出现大小头现象。

(3) 接缝高低不平,缝子宽窄不匀:主要原因是板块本身有厚薄、宽窄、窜角、翘曲等缺陷,预先未严格挑选。房间内水平标高线不统一。铺砌时未严格拉通线等因素均易产生接缝高低不平、缝子不匀等缺陷。所以应预先严格挑选板块，凡是翘曲、拱背、宽窄不方正等块材剔出不予使用。铺设标准块后应向两侧和后退方向顺序铺设，并随时用水平尺和直尺找准，缝子必须拉通线不能有偏差。房间内的标高线要有专人负责引入，且各房间和楼道的标高必须相一致。

（4）过门处石板活动：铺砌时没有及时将铺砌过门石板与相邻的地面相接。在工序安排上，大理石（或花岗石）地面以外的房间地面应先完成，过门处大理石板与地面同时铺砌。

（5）踢脚板出墙厚度不一致：在镶贴踢脚板时，必须要拉线加以控制。

4.1.4.22 缸砖、水泥花砖地面

本技术交底适用于一般建筑铺设的缸砖及水泥花砖地面工程。

1. 材料要求

（1）水泥：32.5级及其以上矿渣水泥或普通水泥。

（2）砂：粗砂、中砂。

（3）缸砖：抗压抗折强度及规格尺寸符合设计要求，颜色一致，表面平整，无凸凹不平和翘曲现象。

（4）水泥花砖：抗压抗折强度符合设计要求，其规格品种按设计要求选配，边角整齐，表面平整光滑，无翘曲及窜角。

（5）草酸火碱及107胶等。

2. 主要机具

一般应备有小水桶、半截桶、扫帚、平锹、铁抹子、大小筛子、窗纱筛子、窄手推车、钢丝刷、喷壶、锤子、橡皮锤子、凿子、方尺、线包、溜子、缸砖切割机等。

3. 作业条件

（1）墙面抹灰及抹灰修理完。

（2）内墙面+50cm线弹好并校核无误。

（3）缸砖应提前一天放在水中浸泡，水泥砖应浸水湿润，表面无明水方可铺设。

（4）缸砖及水泥花砖应按颜色和花型分类，有裂缝、掉角和表面上有缺陷的板块应剔出，标号、品种不同的板块不得混杂使用。

（5）缸砖、水泥花砖等材质均应有出厂证明和产品合格证。且水泥花砖、缸砖表面应光滑，图案花型正确，颜色一致，板砖的长、宽、厚允许偏差不得超过1mm，平整度用直尺检查空隙不得超过±0.5mm。

（6）复杂的地面施工前，应绘制施工大样图，并做出样板间，经检查合格后，方可大面积施工。

4. 操作工艺

工艺流程：

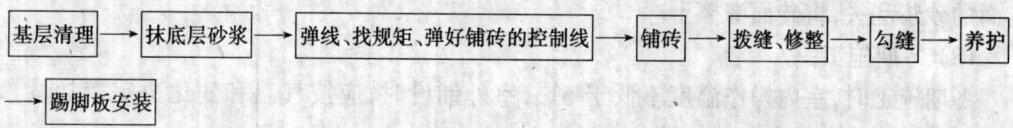

（1）基层清理：将混凝土楼面上的砂浆污物等清理干净，如基层有油污，应用10%的火碱水刷净，并用清水及时将其上的碱液冲去。并应将板面凹坑内的污物剔刷干净。

(2) 水泥砂浆打底：

1) 刷素水泥浆一道：在清理好的基层上，浇水洇透，撒素水泥面，用扫帚扫匀，扫浆面积的大小应依据打底铺灰速度决定，应随扫浆随铺灰。

2) 冲筋：从+50cm 平线下反至底灰上皮的标高（从地面平减去砖厚及粘结砂浆的厚度），抹灰饼，从房间的一侧开始，每隔 1m 左右冲筋一道。有地漏的房间应由四周向地漏方向放射形冲筋，并找好坡度。冲筋应使用干硬性砂浆，厚度不宜小于 2cm。

3) 装档：用 1:4 水泥砂浆根据冲筋的标高，用小平锹或木抹子将砂浆摊平、拍实、稍刮平，使其铺设的砂浆与冲筋找平，再用大横竖检查其平整度，并检查其标高和泛水是否正确，用木抹子挫平，24h 后浇水养护。

(3) 找规矩、弹线：

沿房间纵、横两个方向排好尺寸，缝宽以不大于 1cm 为宜，当尺寸不足整块砖的倍数时，可裁割半块砖用于边角处；尺寸相差较小时，可调整缝隙，根据已确定后的砖数和缝宽，在地面上弹纵、横控制线（每隔 4 块砖弹一根控制线），并严格控制好方正。

(4) 铺砖：

从门口开始，纵向先铺几行砖，找好位置及标高，以此为筋，拉线、铺砖，应从里向外退着铺，每块砖应跟线，铺砖的操作程序是：

1) 在底灰上刷水泥浆；

2) 砖的背面朝上，抹粘结砂浆。其配合比不小于 1:2.5，厚度不小于 10mm，因砂浆强度高、硬结快，应随拌随用，防止假凝后影响砂浆的粘结。

3) 将抹好灰的砖，码砌到刷好水泥砂浆的底灰上，砖上楞应跟线找正找直。

4) 用木板垫好，橡皮锤拍实。

5) 拨缝、修整：将已铺好的砖块，拉线修整拨缝，将缝找直，并将缝内多余的砂浆扫出，将砖拍实，如有坏砖应及时更换。

(5) 用 1:1 水泥细砂浆勾缝，要求勾缝密实，缝内平整光滑。

如设计要求不留缝隙，则要求接缝平直，在铺实修整好的砖面上，撒干水泥面再用水壶浇水，用扫帚将水泥浆扫入缝内将其灌满浆，并随之用拍板，拍震使浆铺满震实。最后用乾锯末扫净。

(6) 铺好地砖后，常温 48h 放锯末浇水养护。

铺地砖时，最好一次铺设一间，或一个部位，接槎应放在门口的裁口处。

(7) 踢脚板的施工：踢脚板一般使用与地面块材同品种、同规格、同颜色的材料，所以块材的立缝应与地面缝对齐，铺设时应在房间阴角两头各铺贴一块砖，出墙厚度及高度符合设计要求，并以此砖上楞为标准，挂线。开始铺贴，砖背面朝上，抹粘结砂浆，其砂浆配比为 1:2 水泥砂浆，使砂浆能粘满整块砖为宜，及时粘贴到墙上，使砖上楞跟线并拍实，随之将挤出砖面的砂浆刮去，将砖面清擦干净。

(8) 冬期施工：

冬期施工时，室内操作温度不低于 5℃，室外铺设时，应按气温和变化决定掺盐量。铺水泥花砖的操作工艺与缸砖相同。

5. 质量标准

(1) 保证项目：

1) 各种面层所用的板块的品种、质量必须符合设计要求。
2) 面层与基层的结合(粘结)必须牢固,无空鼓。
(2) 基本项目:
1) 各种板块面层的表面洁净,图案清晰,色泽一致,接缝均匀,周边顺直,板块无裂纹、掉角和缺楞等现象。
2) 地漏和供排除液体带有坡度的地面,坡度符合设计要求,不倒泛水,无积水,与地漏(管道)结合处严密牢固,无渗漏。
3) 踢脚板表面洁净,接缝平整均匀,高度一致,结合牢固,出墙厚度适宜,基本一致。
4) 楼梯踏步和台阶的铺贴缝隙宽度一致,相邻两步高差不超过10mm,防滑条顺直。
5) 各种面层邻接处的镶边用料及尺寸符合设计要求和施工规范的规定,边角整齐、光滑。
(3) 允许偏差项目:见表 4-22。

水泥花砖、缸砖地面允许偏差(mm)　　　　　　表 4-22

项次	项 目	花 砖	缸 砖	检 验 方 法
1	表面平整度	3	4	用2m靠尺及楔形塞尺检查
2	缝格平直	3	3	拉5m线,不足5m拉通线检查
3	接缝高低差	0.5	1.5	尺量及楔形塞尺检查
4	踢脚线上口平直	—	4	拉5m线,不足5m拉通线检查
5	板块间隙宽度不大于	2	2	尺量检查

6. 成品保护
(1) 对已完工程在地面铺贴前,应做好成品保护,如门框要钉保护铁皮防止碰坏棱角,推车运输应采用窄车,车脚处应用胶皮或塑料、废布等包裹。
(2) 切割砖时下边应垫好木板。
(3) 严禁在已铺好的缸砖或水泥花砖地面上拌合砂浆。
(4) 在已铺好的地面上工作时应注意防止砸碰损坏,严禁在其上任意丢扔铁管、钢材等重物。
(5) 油漆、浆活等施工时应对已铺地面进行保护,防止面层污染。

7. 应注意的质量问题
(1) 地面标高错误:多出现在厕所、浴室、盥洗室等处地面标高超过设计标高。原因是:
1) 楼板面层标高超高。
2) 防水层过厚。
3) 压毡混凝土过厚。
4) 粘结层砂浆过厚。
施工时应对楼层标高认真核对,防止超高,并应严格控制每道工序的施工厚度,防止超高。
(2) 泛水过小或局部倒坡:

地漏安装标高过高,基层不平有凹坑,造成局部存水,由于楼层标高错误减小地面的坡度,50cm的水平线不准,或施工时没按水平线施工。要求对50cm水平线认真检查无误,水暖及土建施工人员均应按水平线下反,尺寸、标高要准确。地面施工前应充好筋再干,以保证坡向正确。

(3) 地面铺贴不平,出现高低差:砖的厚度不一致,没严格挑选,或砖面不平劈棱窜角,或铺贴时没铺平,或粘结层过厚上人太早,为解决此问题,首先应选砖,不合规格、不标准的砖一定不能用,铺贴时要拍实,铺好地面后封闭门口,常温锯末养护48h。

(4) 地面面层及踢脚空鼓:基层清理不干净,浇水不透,早期脱水所致,上人过早,粘结砂浆未达到强度受外力振动,影响粘结强度,干后形成空鼓。解决办法:认真清理,严格检查,注意控制上人操作的时间,加强养护。

踢脚空鼓的原因:墙面基层清理不净,尚有余灰没清刷干净粘结面层砖后将底灰拉起形成空鼓;浇水不透,形成早期脱水,踢脚板后的粘结砂浆没抹到边,且砂浆量少,挤不到边角,造成边角空鼓。解决办法:加强基层清理浇水,粘贴踢脚时做到满铺满挤。

(5) 黑边:不足整块砖时,不切割半块砖铺贴而用砂浆补边,干后形成黑边,影响观感。解决办法:按规矩切割边条补贴。

4.1.4.23 厕浴间聚氨酯涂膜防水层

本技术交底适用于厕所、卫生间等地面采用聚氨酯涂膜防水冷作业施工。

1. 材料要求

(1) 聚氨酯涂膜防水材料(双组份),应有出厂合格证。

甲组份是以聚醚树脂和二异氰酸酯等原料,经过聚合及反应制成的含有端异氰酸酯基的聚氨基甲酸酯预聚物,外观为浅黄粘稠状,桶装,每桶20kg。

乙组份是由固化剂、促进剂、增韧剂、防霉剂、填充剂和稀释剂等混合加工制成;外观有红、黑、白、黄及咖啡色等膏状物,桶装,每桶40kg。

甲组份储存在室内通风干燥处,储期不超过6个月。

乙组份储存在室内,储期不超过12个月。两组材料应分别保管,严禁混存在一室;动用后剩余的材料,应将容器的封盖盖紧,防止材料失效。

主要技术性能:

含固量:	≥93%
拉伸强度:	≥0.7MPa
断裂伸长率:	300%~400%
耐热度:	80℃,不流淌
低温柔度:	-20℃绕ϕ20mm圆棒,无裂纹
不透水性:	>0.3N/mm²。

(2) 32.5级普通硅酸盐水泥,用于配制水泥砂浆保护层。

中砂:含泥量不大于3%。

(3) 磷酸或苯磺酰氯:用于做缓凝剂。

二月桂酸二丁基锡:用于做促凝剂。

乙酸乙酯:清洗手上凝胶用。

二甲苯:用于稀释和清洗工具。

涤纶无纺布或玻璃丝布:规格为 60g/m²。

2. 主要机具

一般应备有电动搅拌器(功率 0.3~0.5kW,200~500 转/min)、搅拌桶(容积 10L)、油漆桶(3L)、塑料或橡胶刮板、滚动刷、油漆刷、弹簧秤、干粉灭火器等。

3. 作业条件

(1) 涂刷防水层的基层表面,必须将尘土、杂物等清扫干净,表面残留的灰浆硬块和突出部分应铲平、扫净、压光,阴阳角处应抹成圆弧或钝角。

(2) 涂刷防水层的基层表面应保持干燥,并要平整、牢固,不得有空鼓、开裂及起砂等缺陷。

(3) 在找平层连接处的地漏、管根、出水口、卫生洁具根部(边沿),要收头圆滑。坡度符合设计要求,部件必须安装牢固,嵌封严密。

(4) 突出地面的管根、地漏、排水口、阴阳角等细部,应先做好附加层墙补处理,刷完聚氨酯底胶后,经检查并办完隐蔽工程验收。

(5) 防水层所用的各类材料,基层处理剂、二甲苯等均属易燃物品,储存和保管要远离火源,施工操作时,应严禁烟火。

(6) 防水层施工不得在雨天、大风天进行,冬期施工的环境温度应不低于5℃。

4. 操作工艺

工艺流程:

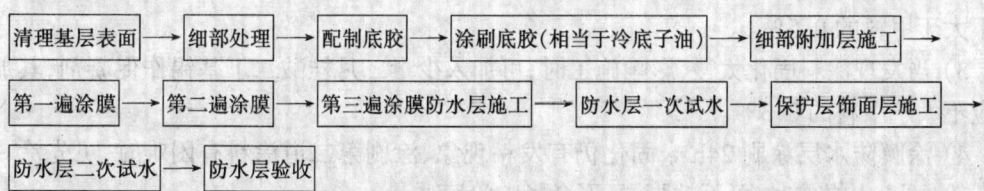

(1) 防水层施工前,应将基层表面的尘土、杂物等清除干净,并用干净的湿布擦一次。

(2) 涂刷防水层的基层表面,不得有凸凹不平、松动、空鼓、起砂、开裂等缺陷,含水率一般不大于9%,基层表面均匀泛白,无明显水印。

(3) 涂刷底胶相当于冷底子油:

1) 配制底胶,先将聚氨酯甲料、乙料加入二甲苯,比例为 1:1.5:2(重量比),配合搅拌均匀,配制量应视具体情况订,不宜过多;

2) 涂刷底胶,将按上法配制好的底胶混合料,用长把滚刷均匀涂刷在基层表面,涂刷量为 0.15~0.2kg/m²,涂后常温季节 4h 以后手感不粘时,即可做下道工序。

(4) 涂膜防水层施工:

1) 材料配制:

聚氨酯防水材料为聚氨酯甲料、聚氨酯乙料和二甲苯,配合比为 1:1.5:0.3(重量比)。在施工中涂膜防水材料,其配合比计量要准确,并必须用电动搅拌机进行强力搅拌。

2) 细部做附加层:

突出地面的地漏、管根、出水口、卫生洁具等根部(边沿)、阴阳角等薄弱部位,应在大面积涂刷前,先做一布二油防水附加层,底胶表干后将纤维布裁成与地漏、管根等尺寸、形状相同并将周围加宽 20cm 的布套在管根等细部,并涂刷涂膜防水材料,常温 4h 表干后,再刷第二道涂膜防水材料,24h实干后,即可进行大面积涂膜防水层施工。

3) 涂膜防水层:

第一道涂膜防水层:将已配好的聚氨酯涂膜防水材料,用塑料或橡皮刮板均匀涂刮在已涂好底胶的基层表面,用量为 $1.5kg/m^2$,厚度为 $1.3\sim1.5mm$,不得有漏刷和鼓泡等缺陷,24h固化后,可进行第二道涂层。

第二道涂层:在已固化的涂层上,采用与第一道涂层相互垂直的方向均匀涂刷在涂层表面,涂量略少于第一道,用量为 $1kg/m^2$,厚度为 $0.7\sim1mm$,不得有漏刷和鼓泡等缺陷,24h固化后,进行第一次试水,遇有渗漏,应进行补修,至不出现渗漏为止。

除上述涂刷方法外,也可采用长把滚刷分层进行相互垂直的方向分四次涂刷,每次涂量为 $0.6kg/m^2$;如条件允许,也可采用喷涂的方法,但要掌握好厚度和均匀度。细部不易喷涂的部位,应在实干后进行补刷。

4) 在涂膜防水层施工前,应按照工艺标准,组织有关人员认真进行技术和使用材料的交底,防水层施工完成后,经过24h以上的蓄水试验,未发现渗水漏水为合格,然后进行隐蔽工程检查验收,交下道施工。

(5) 在施工过程中遇到问题应做如下处理:

1) 当发现涂料粘度过大不易涂刷时,可加入少量二甲苯稀释,其加入量应不大于乙料的10%。

2) 当发现涂料固化太快,影响施工时,可加入少量磷酸或苯磺酰氯等缓凝剂,其加入量应不大于甲料的0.5%。

3) 当发现涂料固化太慢,影响施工时,可加入少量二月桂酸二丁基锡作促凝剂,其加入量应不大于甲料的0.3%。

4) 涂膜防水层涂刷24h未固化仍有发粘现象、涂刷第二道涂料有困难时,可先涂一层滑石粉,再上人操作时,可不粘脚,且不会影响涂膜质量。

如发现乙料有沉淀现象时,应搅拌均匀后再进行与甲料配制,否则会影响涂膜的质量。

5. 质量标准

(1) 保证项目:

1) 涂膜防水材料及无纺布技术性能,必须符合设计要求和有关标准的规定,产品应附有出厂合格证防水材料质量认证,现场取样试验,未经认证的或复试不合格的防水材料不得使用。

2) 聚氨酯涂膜防水层及其细部等做法,必须符合设计要求和施工规范的规定,并不得有渗漏水现象。

(2) 基本项目:

1) 聚氨酯涂膜防水层的基层应牢固、表面洁净、平整,阴阳角处呈圆弧形或钝角,聚氨酯底胶应涂布均匀,无漏涂。

2) 聚氨酯底胶、聚氨酯涂膜附加层,其涂刷方法、搭接、收头应符合规定,并应粘结牢固、紧密,接缝封严,无损伤、空鼓等缺陷。

3) 聚氨酯涂膜防水层,应涂刷均匀,保护层和防水层粘结牢固,不得有损伤,厚度不匀等缺陷。

(3) 允许偏差项目:

聚氨酯涂膜防水层的搭接宽度为10cm,上下两层涂刷应相互错开30cm。

6. 成品保护

(1) 已涂刷好的聚氨酯涂膜防水层,应及时采取保护措施,在未做好保护层以前,不得穿带钉鞋出入室内,以免破坏防水层。

(2) 突出地面管根、地漏、排水口、卫生洁具等处的周边防水层不得碰损,部件不得变位。

(3) 地漏、排水口等处应保持畅通,施工中要防止杂物掉入,试水后应进行认真清理。

(4) 聚氨酯涂膜防水层施工过程中,未固化前不得上人走动,以免破坏防水层,造成渗漏的隐患。

(5) 聚氨酯涂膜防水层施工过程中,应注意保护有关门口、墙面等部位,防止污染成品。

7. 应注意的质量问题

(1) 空鼓:防水层空鼓一般发生在找平层与涂膜防水层之间和接缝处,原因是基层含水率过大,使涂膜空鼓,形成气泡,施工中应控制含水率,并认真操作。

(2) 渗漏:防水层渗漏水,多发生在穿过楼板的管根、地漏、卫生洁具及阴阳角等部位,原因是管根、地漏等部件松动、粘结不牢、涂刷不严密或防水层局部损坏产生空隙,部件接槎封口处搭接长度不够所造成。在涂膜防水层施工前,应认真检查并加以修补。

4.1.1.4.24　厕浴间SBS橡胶改性沥青涂料防水层

本技术交底适用于厕所、卫生间地面采用SBS橡胶改性沥青防水涂料冷作业施工。

1. 材料要求

SBS改性沥青防水涂料,是以沥青、橡胶、合成树脂等为主要原材料制成的一种水乳型、弹性沥青防水材料。具有耐酸碱、耐老化、耐湿热、耐低温等优点。其外观色泽为黑色。应有出厂合格证(鉴定书、认证书、复试单)。

SBS改性沥青防水涂料应密封存放在干燥、阴凉处,存放期一般不得超过三个月,存放期间不得日晒并在负温度环境中保存,以防变质和固化。

主要技术性能:

外观　　　　黑色粘稠液体

粘结强度(与水泥砂浆的粘结)　　　　≥0.3MPa

低温柔度　　在-20 ± 20℃下绕$\phi3mm$金属棒半周、涂膜无裂剥落现象

耐热性　　80 ± 2℃下试验垂直放置恒温5h不流淌

不透水性　　动水压0.1MPa、恒压0.5h不透水

玻璃纤维布:幅宽90cm,14目

化纤无纺布:幅宽100cm。为防水层胎体布,可任选一种使用。

2. 主要机具(略)

3. 作业条件

(1) 涂膜防水层的基层表面应平整,不得有开裂、起砂等缺陷,管根及阴阳角处,应抹成圆弧。

(2) 基层表面的含水率,应不大于9%,泛水应符合设计要求,施工环境温度应不低于5℃。

(3) 找平层连接的地漏、管根、出水口、卫生洁具根部等边沿处,收头要圆滑,部件安装必须牢固,用密封膏封严,经检查并办完隐蔽工程验收。

(4) 在通风条件较差、光线不足、操作困难的场所施工,应采取通风、照明等措施。

4. 操作工艺

工艺流程：

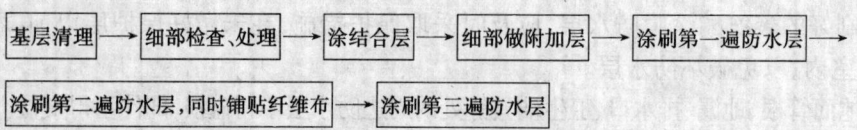

(1) 基层表面必须平整、牢固，不得有起砂、空鼓、开裂等缺陷，当面层麻面较多平整度差的部位，不能光刷涂料成活，要在第二遍涂层之前铺贴纤维布一层，可做成一布二油，以减少涂层的破损。

(2) 防水涂料施工，应按照先上后下，先高后低的顺序进行，涂层质量要厚薄均匀，并防止漏涂和花点。

(3) 纤维布上下搭接长度应不小于5cm，二层铺时搭接头应相互错开，涂好的成活应没有死折、汽泡、翘边和白槎等缺陷。

(4) 结合层的中、细砂要均匀干净，粘结牢固。

(5) 开罐未用完的涂料应加盖密封，放置阴凉干燥处保存。

(6) SBS涂层按设计要求涂完并达到实干标准，应进行蓄水试验，合格后可进行保护层施工，出现渗漏情况，应进行修补，当保护层做完后，需进行二次试水，经有关人员验收合格后，将门窗封闭待进行下道工序。

5. 质量标准

(1) 保证项目：

1) 所用SBS防水涂膜材料的技术性能，必须符合设计要求和有关标准的规定，每批产品应附有出厂证明及防水材料质量认证书，未经认证或复试不合格的防水材料不得使用。

2) SBS涂膜防水层及其细部等做法，必须符合设计要求和施工规范的规定，并不得有**渗漏水现象**。

(2) 基本项目：

1) 基层应牢固、表面洁净、平整，阴阳角处呈圆弧形或钝角。

2) 结合层、附加层，其涂刷方法、搭接、收头等做法应符合规定，并应粘结牢固、紧密，接缝严密，无空鼓、损伤等缺陷。

3) 防水层应涂刷均匀，其保护层和防水层结合牢固、紧密，不得有损伤、空鼓、脱落、张嘴、翘边等缺陷。

(3) 允许偏差项目：

SBS涂膜防水层的搭接宽度为10cm，上下两层涂刷应相互错开30cm。

6. 成品保护

(1) 已涂刷好的SBS涂膜防水层，应及时采取保护措施，在未做好保护层以前，不得穿带钉鞋进入室内，以免破坏防水层。

(2) 突出地面管根、地漏、排水口、卫生洁具等处的周边防水层不得碰损，突出地面的接头在工序交叉施工中应注意保护，防止变位，造成后患。

(3) 地漏、排水口等处应保持畅通，施工中要防止杂物掉入，试水验收后进行清理。

(4) 施工过程中，未固化前不得上人行走，以免损坏防水层，带来不应有的损伤。

(5) SBS涂膜防水层施工中应注意门、墙面等部位,防止污染。

7. 应注意的质量问题

(1) 空鼓:防水层空鼓一般发生在找平层与涂膜防水层之间的接缝处,原因是基层含水率过大,使涂膜空鼓,形成汽泡,施工中应控制基层的含水率。

(2) 渗漏:防水层渗漏水,多发生在穿过楼板的管根、地漏、卫生洁具及阴阳角等部位,原因是管根、地漏等部件松动。粘结不牢,涂刷不严或防水层局部损伤,产生空隙,部件接槎封口处搭接长度不够所造成。在涂刷防水层施工前,应认真检查并加以修补。

4.1.4.25 厕浴间氯丁胶乳沥青涂料防水层

本技术交底适用于氯丁胶乳沥青防水涂料厕浴间防水层施工。

1. 材料要求

(1) 氯丁胶乳沥青防水涂料(简称氯丁胶乳沥青):

是以氯丁胶乳及乳化沥青配制而成,深棕色,桶装,每桶200kg;氯丁胶乳沥青的运输、保管应轻拿轻放,严禁使用锤击法开启包装容器。

主要技术性能:

耐热度:80℃、5h无变化

低温柔性:-10℃、2h、ϕ10mm棒绕无裂纹

粘结强度:$0.2N/mm^2$

不透水性:动水压0.1MPa、30min不透水

涂膜干燥性:表干4h,实干24h

以上指标应有出厂证明,并应进行抽样检验。

(2) 玻璃纤维布(或选用无纺布):用于涂膜胎布,幅宽90cm,14目。

(3) 32.5级普通硅酸盐水泥,用于调制腻子。

(4) 二甲苯:用于清洗工具。

2. 主要机具

一般应有大棕毛刷(宽24~40cm)、长把滚刷(长30cm人造毛刷)、短把小毛刷、小桶、小棕刷、扫帚等。

3. 作业条件

(1) 铺贴防水层的基层表面,应将尘土、杂物等清扫干净,表面残留的灰浆硬块及突出部分应刮干、扫净、抹光,阴阳角处应抹成圆弧角。

(2) 基层表面应保持干燥,含水率不大于15%,并要平整、牢固,不得有空鼓、开裂及起砂等缺陷,突出地面、墙面管根等细部做好附加层。

(3) 在操作环境较差的厕浴间等房间施工,应设置照明,并应保持通风。

(4) 施工操作人员应穿工作服、戴手套、穿胶鞋。

(5) 阴雨天、风砂及冰冻下不宜施工,一般在不低于+5℃下施工。

4. 操作工艺

工艺流程:

(1) 基层质量要求:涂刷防水层的基层表面,不得有凹凸不平和松散、空鼓、开裂等缺陷,施工前应将基层表面的尘土、砂粒等杂物清除干净。

(2) 细部处理:突出地面、墙面的管根、地漏、排水口、蹲坑接口、阴阳角等易发生渗漏的薄弱部位,应先刮一道腻子找平,然后做一布二油附加层。

1) 腻子的配法:将水泥缓慢加入氯丁胶乳沥青涂料中,边加边搅拌至稠粥状,便可用油工刮刀进行涂刷,厚度为1mm左右,表面应平整、光滑、密实,经24h实干后,做下道工序。

2) 附加层施工:按照地漏、管根等部位的形状尺寸,两边各加宽20cm裁好纤维布,在管根周围涂刷氯丁胶乳涂料,表干后铺贴纤维布,同时刷第二层涂料,实干后按设计要求刷铺地面防水层。

(3) 氯丁胶乳沥青涂料施工:

1) 第一道涂料,用毛刷或塑料刮板蘸氯丁胶乳从地面的一端开始顺序向一端涂刷,要均匀一致,厚度为0.5mm左右,不得有漏底或花点等现象,常温4h左右表干后开始刷第二遍涂料,同时铺第一层纤维布,24h实干后刷第三遍涂料。

2) 第三层涂料施工(方法同上),表干后刷第四道涂料,同时铺第二层纤维布,布的长、短搭接长度应不小于10cm;上下两层铺贴应相互错开30cm以上,平面与立面交接处,立面应贴高20cm以上,小便斗(池)处墙面应按设计要求高度适当加高。小便斗(池)外墙应按设计要求高度适当加高。

3) 第二层布(第四层涂料)24h实干后,刷第五层涂料(方法同上)。实干后如发现有气泡,应将涂层剪开排除空气,铺贴平整,实干后进行蓄水试验,水深5~10cm、24~48h后观察不漏为合格,如有渗漏,查明部位和原因,及时修补,再二次试水至不出现渗漏为合格。

试水完成后,涂层表面干燥,刷第六层涂料。如设计要求为一布四油,可做到第二项为止。

5. 质量标准

(1) 保证项目:

1) 所用氯丁胶乳防水材料技术性能必须符合设计要求和有关标准的规定,附有产品合格证及试验报告、现场取样试验。

2) 氯丁胶沥青防水层,严禁有渗漏现象。

(2) 基本项目:

1) 防水层表面平整,应符合排水要求,无明显积水现象。

2) 结合层、附加层、防水层的涂刷方法、搭接收头应符合规定,粘贴牢固,无滑移、翘边、起泡、皱折等缺陷。

3) 地漏、排水口、管根等细部应粘贴牢固,封盖严密,附加层及立面收头应符合规范规定。

(3) 允许偏差项目:

防水层搭接宽度为10cm,上下两层铺贴应相互错开30cm。

6. 成品保护

(1) 铺贴好的涂料防水层,应及时采取保护措施,防止损坏,施工遗留的钉子、木棒等杂物应及时清除。

(2) 操作人员不得穿带钉的鞋作业,涂膜防水层施工后未固化前不允许上人行走踩踏,以免损伤防水层，造成渗漏。

(3) 穿过墙体、楼板等处已稳固好的管根，应加以保护，施工中不得碰损变位。

(4) 地漏、蹲坑、排水口等应保持畅通，施工中应采取保护措施。

7. 应注意的质量问题

(1) 空鼓：防水层空鼓一般均发生在找平层与涂膜防水层之间的接缝处，原因是基层含水率过大，使涂膜空鼓，形成气泡。施工中应控制含水率，并认真操作。

(2) 渗漏：防水层渗漏水，发生在穿过楼板及墙身等处的管根、地漏、阴角等处，原因是管根等处松动或粘结不牢，接触面清理不净，产生空隙，接槎封口处搭接长度不够，粘贴不紧等造成。施工前应认真检查管根等处是否松动，并及时修补和稳固。

4.1.4.26　木窗帘盒、金属窗帘杆安装

本技术交底适用于一般民用建筑木窗帘盒、金属窗帘杆安装工程。

1. 材料要求

(1) 木材及制品：一般采用红、白松及硬杂木干燥料，含水率不大于12%，并不得有裂缝、扭曲等现象；通常由木材加工厂生产半成品或成品，施工现场安装。

(2) 五金配件：根据设计选用五金配件，窗帘轨、轨堵、轨卡、大角、小角、滚轮、木螺丝、机螺丝、铁件等。

(3) 金属窗帘杆：一般设计指定图号、规格和构造形式等。通常用 $\phi 8 \sim \phi 16$ 的圆钢或用 $8 \sim 14$ 号铅丝加端头元宝螺栓。

2. 主要机具

(1) 手电钻，小电动台锯。

(2) 木工大刨子、小刨子、槽刨、小木锯、螺丝刀、凿子、冲子、钢锯等。

3. 作业条件

(1) 安装窗帘盒、窗帘杆的房间，在结构施工阶段，应按施工图的要求预埋木砖或铁件，预制混凝土构件应设预埋件。

(2) 无吊顶采用明窗帘盒的房间，应安好门窗框，做好内抹灰冲筋。

(3) 有吊顶采用暗窗帘盒的房间，吊顶施工应与窗帘盒安装同时进行。

4. 操作工艺

工艺流程：

定位与划线 → 预埋件检查和处理 → 核查加工品 → 安装窗帘盒（杆）

(1) 定位与划线：安装窗帘盒、窗帘杆，应按设计图要求进行中心定位，弹好找平线，找好构造关系。

(2) 预埋件检查和处理：找线后检查固定窗帘盒（杆）的预埋固定件的位置、规格、预埋方式是否能满足安装固定的要求，对于标高、平度、中心位置、出墙距离有误差的应采取措施进行处理。

(3) 核查加工品：核对已进场的加工品，安装前应核对品种、规格、组装构造是否符合设计及安装的要求。

(4) 窗帘盒（杆）安装：

1) 安装窗帘盒：先按水平线确定标高，划好窗帘盒中线，安装时将窗帘盒中线对准窗口

中线,盒的靠墙部位要贴严,固定方法按个体设计。

2) 安装窗帘轨:窗帘轨有单、双或三轨道之分,当窗宽大于1200mm时,窗帘轨应断开,断开处煨弯错开,煨弯应平缓曲线,搭接长度不小于200mm。明窗帘盒一般先安轨道。重窗帘轨应加密螺丝,暗窗帘盒应后安轨道,重窗帘轨道小角应加密间距,木螺丝规格不小于30mm。轨安装后保持在一条直线上。

3) 窗帘杆安装:校正连接固定件,将杆或铁丝装拉于固定件上,做到平正与房间标高一致。

5. 质量标准

(1) 保证项目:

1) 木窗帘盒制品的树种、材质等级、含水率和防腐处理必须符合设计要求和《木结构工程施工及验收规范》GBJ 206—83 的规定。

2) 木窗帘盒及窗帘轨安装必须牢固、无松动现象。

3) 窗帘杆的选材必须符合设计规定的规格,支固件必须牢固。

(2) 基本项目:

1) 制作尺寸正确、表面平直光滑、棱角方正、线条顺直,不露钉帽、无戗搓、刨痕、毛刺、锤印等缺陷。

2) 安装位置正确,两端伸入尺寸一致,接缝严密,出墙尺寸一致,轨道及杆平直。

(3) 允许偏差项目:见表4-23。

窗 帘 盒 (杆) 允 许 偏 差　　　　　　表 4-23

项 次	项 目	允许偏差(mm)	检验方法
1	两端高低差	2	尺量检查
2	两端距窗洞长度	3	尺量检查
3	轨道间距离	2	尺量检查
4	轨道顺直	2	拉线检查
5	出墙尺寸	5	尺量检查

6. 成品保护

(1) 安装时不得踩踏暖气片及窗台板,严禁在窗台板上敲击撞碰以防损坏。

(2) 窗帘盒安装后及时刷一道底油漆,防止抹灰、喷浆等湿作业时受潮变形或污染。

(3) 窗帘杆或铅丝防止刻痕,加工品应妥善保管,防止受潮造成变形。

7. 应注意的质量问题

(1) 窗帘盒安装不平、不正:主要是找位、划尺寸线不认真,预埋件安装不准,调整处理不当。安装前做到划线准确,安装量尺务必使标高一致、中心线准确。

(2) 窗帘盒两端伸出的长度不一致:主要是窗中与窗帘盒中心相对不准,操作不认真所致。安装时应核对尺寸使两端长度相同。

(3) 窗帘轨道脱落:多数由于盖板太薄或螺丝松动造成。一般盖板厚度不宜小于15mm,薄于15mm的盖板应用机螺丝固定窗帘轨。

(4) 窗帘盒迎面板扭曲:加工时木材干燥不好,入场后存放受潮、安装时应及时刷油漆一道。

4.1.4.27 木材面混色油漆(溶剂型混色涂料)

本技术交底适用于一般工业与民用建筑木门窗和木材面的普通、中级混色油漆和溶剂型混色涂料工程。

1. 材料要求

(1) 涂料:光油、清油、铅油、调合漆(磁性调合漆、油性调合漆)、漆片等。

(2) 填充料:石膏、大白、地板黄、红土子、黑烟子、纤维素等。

(3) 稀释剂:汽油、煤油、醇酸稀料、松香水、酒精等。

(4) 催干剂:钴催干剂等液体料。

2. 主要机具

油刷、开刀、牛角板、油画笔、掏子(掏刷门窗扇上下口不易涂刷部位的工具)、铜丝萝、砂纸、砂布、腻子板、钢皮刮板、橡胶刮板、小油桶、油勺、半截大桶、水桶、钢丝钳子、小锤子、钢丝刷、高凳和脚手板、安全带等。

3. 作业条件

(1) 施工环境应通风良好,湿作业已完并具备一定的强度,环境比较干燥。

(2) 大面积施工前应事先做样板间,经有关质量部门检查鉴定合格后方可组织班组进行大面积施工。

(3) 施工前应对木门窗等木材外形进行检查,有变形不合格者应拆换。木材制品含水率不大于12%。

(4) 操作前应认真进行交接检查工作,并对遗留问题进行妥善处理。

(5) 刷末道油漆前必须将玻璃全部安装好。

4. 操作工艺

工艺流程:

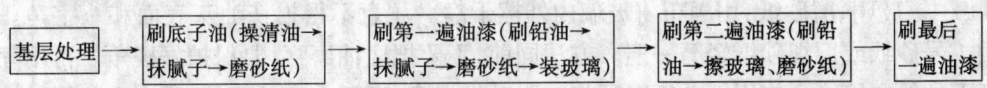

以上是木门窗和木材面混色油漆中级做法的工艺流程。如果是普通混色油漆工程,其做法与工艺基本相同,所不同之处,除少刷一遍油漆外,只找补腻子,不满刮腻子。

(1) 木门窗和木材面混色油漆操作工艺:

1) 基层处理:清扫、起钉子、除油污、刮灰土,刮时不要刮出木毛并防止刮坏抹灰面层;铲去脂囊将脂迹刮净,流松香的节疤挖掉,较大的脂囊应用木纹相同的材料用胶镶嵌;磨砂纸,先磨线角后磨四口平面,顺木纹打磨,有小活翘皮用小刀撕掉,有重皮的地方用小钉子钉牢固;点漆片,在木节疤和油迹处,用酒精漆片点刷。

2) 刷底子油:

A. 操清油一遍:清油用汽油、光油配制,略加一些红土子(避免漏刷不好区分),先从框上部左边开始顺木纹涂刷,框边涂油不得碰到墙面上,厚薄要均匀,框上部刷好后,再刷亮子。

刷窗扇时,如两扇窗应先刷左扇后刷右扇;三扇窗应最后刷中间一扇。窗扇外面全部刷完后,用挺钩勾住不可关闭,然后再刷里面。

刷门时先刷亮子再刷门框,门扇的背面刷完后用木楔将门扇固定,最后刷门扇的正面。

全部刷完后检查一下有无遗漏,并注意里外门窗油漆分色是否正确,并将小五金等处沾染的油漆擦净,此道工序亦可在框或扇安装前完成。

B．抹腻子:腻子的重量配合比为石膏粉:熟桐油:松香水:水＝16:5:1:6。待操作的清油干透后将钉孔、裂缝、节疤以及边棱残缺处,用石膏油腻子刮抹平整,腻子要横抹竖起,将腻子刮入钉孔或裂纹内。如接缝或裂纹较宽、孔洞较大时,可用开刀将腻子挤入缝洞内使腻子嵌入后刮平收净,表面上的腻子要刮光,无野腻子、残渣。上下冒头、榫头等处均应抹到。

C．磨砂纸:腻子干透后,用1号砂纸打磨,磨法与底层磨砂纸相同,注意不要磨穿油膜并保护好棱角。不留野腻子痕迹,磨完后应打扫干净,并用潮布将磨下粉末擦净。

3) 刷第一遍油漆:

A．刷铅油:先将色铅油、光油、清油、汽油、煤油等(冬季可加入适量催干剂)混合在一起搅拌过箩,其重量配合比为铅油50%、光油10%、清油8%、汽油20%、煤油10%;可使用红、黄、蓝、白、黑铅油调配成各种所需颜色的铅油涂料,其稠度以达到盖底、不流淌、不显刷痕为准。厚薄要均匀。一樘门或窗刷完后,应上下左右观察检查一下,有无漏刷、流坠、裹棱及透底,最后将窗扇打开钩上挺钩;木门扇下口要用木楔固定。

B．抹腻子:待铅油干透后,对于底腻子收缩或残缺处,再用石膏腻子刮抹一次,要求与做法同前。

C．磨砂纸:等腻子干透后,用1号以下的砂纸打磨,要求与做法同前。磨好后用潮布将粉末擦净。

D．装玻璃:详见玻璃安装工艺标准。

4) 刷第二遍油漆:

A．刷铅油:同前。

B．擦玻璃、磨砂纸:用潮布将玻璃内外擦干净。注意不得损伤油灰表面和八字角。然后用1号砂纸或旧细砂纸轻磨一遍。方法同前,不要把底油磨穿,要保护好棱角。再用潮布将磨下的粉末擦净。使用新砂纸时须将两张砂纸对磨,把粗大砂粒磨掉,防止磨砂纸时把油膜划破。

5) 刷最后一遍油漆:

刷油方法同前。但由于调合漆粘度较大,涂刷时要多刷多理,要注意刷油饱满,刷油动作要敏捷,不流不坠、光亮均匀、色泽一致。在玻璃油灰上刷油,应等油灰达到一定强度后方可进行。刷完油漆后要立即仔细检查一遍,如发现有毛病应及时修整。最后用挺钩或木楔子将门窗固定好。

(2) 冬期施工:冬期施工室内应在采暖条件下进行,室温保持均衡,一般油漆施工的环境温度不宜低于+10℃,相对湿度不宜大于60%,不得突然变化。同时应设专人负责开关门窗,以利通风排除湿气。

5. 质量标准

(1) 保证项目:

油漆工程等级和材料品种、质量应符合设计要求和有关标准的规定。

油漆工程严禁脱皮、漏刷。

(2) 基本项目:见表4-24。

木门窗和木材面混色油漆的基本项目 表 4-24

项次	项目	普通油漆	中级油漆
1	透底、流坠、皱皮	大面无	大面无,小面明显处无
2	光亮和光滑	大面光亮、光滑	光亮,光滑均匀一致
3	分色裹楞	大面无。小面允许偏差2mm	大面无,小面允许偏差1mm
4	装饰线、分色线平直	偏差不大于2mm	偏差不大于1mm
5	颜色、刷纹	颜色均匀	颜色一致,刷纹通顺
6	五金、玻璃等	洁净	洁净

注：1. 大面是指门窗关闭后的里外面。
　　2. 小面明显处是指门窗开启后,除大面外视线所能见到的地方。
　　3. 涂刷无光漆,不检查光亮。

6. 成品保护

(1) 刷油前应首先清理好周围环境,防止尘土飞扬,影响油漆质量。

(2) 每遍油漆刷完后,都应将门窗用挺钩勾住或用木楔固定,防止扇框油漆粘结影响质量和美观,同时防止门窗扇玻璃损坏。

(3) 刷油后立即将滴在地面或窗台上和污染墙上及五金的油漆清擦干净。

(4) 油漆完成后应派专人负责看管,禁止摸碰。

7. 应注意的质量问题

(1) 漏刷:一般多发生在门窗的上、下冒头和靠合页小面以及门窗框、压缝条的上、下端。其主要原因是内门扇安装油工与木工不配合,故往往造成下冒头未刷油漆就安装门扇了,事后油工根本刷不了(除非把门扇合页卸下来重刷);再有是纱窗纱门由于加工来料不配套,不能同步完工。甩项后装及把关不严等,往往有少刷一遍油漆的现象。其他漏刷问题主要是操作者不认真所致。

(2) 缺腻子、缺砂纸:一般多发生在合页槽、上下冒头榫头和钉孔、裂缝、节疤以及边棱残缺处等。主要原因是操作者未认真按照规程和工艺标准去操作所致。

(3) 流坠、裹楞:主要原因有二:一是由于漆料太稀,漆膜太厚或环境温度高、油漆干性慢等原因都易造成流坠;二是由于操作顺序和手法不当,尤其是门窗边棱分色处,如一旦油量大和操作不注意就往往容易造成流坠、裹楞等。

(4) 刷纹明显:主要是油刷子小或油刷未泡开,刷毛发硬所致。应用相应合适的刷子并把油刷用稀料泡软后使用。

(5) 皱纹:主要是漆质不好、兑配不均匀、溶剂挥发快或气温高、加催干剂等原因造成。

(6) 五金污染:除了操作要细和及时将小五金等污染处清擦干净外,应尽量把门锁、拉手和插销等后装(但可以事先把位置和门锁孔眼钻好),确保五金洁净美观。

(7) 倒光:木面吸油快慢不均或木面不平、室内潮湿或底漆未干透及稀释剂过量等原因,都可能产生局部漆面失去光泽的倒光现象。

4.1.4.28 一般刷(喷)浆工程

本技术交底适用于一般工业与民用建筑一般刷(喷)浆施工。

1. 材料要求

(1) 生石灰块或灰膏:用于普通喷浆使用。

(2) 大白粉:建材商店有成品供应,有方块、圆块,根据需要购买。

(3) 建筑石膏粉:成品料购买,是一种气硬性的胶结材料。
(4) 滑石粉:细度为140～325目,白度为90%。
(5) 胶粘剂:聚醋酸乙稀乳液,羧甲基纤维素。
(6) 颜料:氧化铁黄、氧化铁红、群青、锌白、铬黄、络绿等,用遮盖力强、耐光、耐气候影响的各种矿物颜料。
(7) 其他,用于一般刷石灰水的食盐,用于刷普通大白浆的火碱,面粉等。

2. 主要机具

一般应备有手压泵或电动喷浆机,大小浆桶刷子、排笔、开刀、胶刮板、塑料刮板、0号及1号木砂纸、50～80目钢丝箩、浆罐、大小水桶、胶皮管、喷浆机、手压泵等零星配件、腻子板等。

3. 作业条件

(1) 室内抹灰工的作业已全部完成。
(2) 室内水暖管道、电气设备预埋预设均以完成,且完成管洞处灰活的修理。
(3) 油工的头遍油已刷完。
(4) 抹灰的灰层已干燥。
(5) 做好样板间,且经过鉴定符合要求。

4. 操作工艺

工艺流程:抹灰湿作业已完成并与油工办好交接手续,灰层干燥程度已满足要求→零星补找石膏腻子(对混凝土墙尤其重要)→满刮石膏腻子二道→满刮大白腻子二～三遍→喷浆→复找腻子应平、应光一喷浆1～2道→喷交活浆(也称扫胶)。

(1) 基层清理:混凝土墙表面的浮砂、灰尘、疙瘩要清除干净,表面的隔离剂、油污等应用碱水(火碱:水=1:10)清刷干净,然后用清水冲洗墙面,将墙面上的碱液清净。

(2) 喷、刷胶水:刮腻子之前在混凝土墙面上先喷、刷一道胶水(重量配比为水:乳液=5:1),要喷、刷均匀,不得有遗漏。

(3) 填补缝隙,局部刮腻子:用石膏腻子将缝隙及坑洼不平处找平,应将腻子填实补平,并将多余的废腻子收净,腻子干后,用砂纸磨平,并把浮尘扫净。如发现还有腻子塌陷处和凹坑,应重新复找腻子使之补平。石膏腻子配合比为:石膏粉:乳液:纤维素水溶液=100:4.5:60,其中纤维素水溶液为3.5%。

(4) 石膏墙面拼缝处理:接缝处应用嵌缝腻子填满,上糊一层玻璃网格布或绸布条,用乳液将布条粘在缝上,粘条时应把木条拉直糊平,并刮石膏腻子一道。

(5) 满刮腻子:根据墙体基层的不同和浆活等级要求不同,刮腻子的遍数和材料也不同。如混凝土墙,应刮二道石膏腻子和1～2道大白腻子;抹灰墙及石膏板墙可以刮二道大白腻子即可达到喷浆的基层要求了。刮腻子时应横竖刮,并应注意接槎和收头时腻子要刮净,每道腻子干后,应磨砂纸,将腻子磨平磨完后,将浮尘清净。如面层要涂刷带颜色的浆料时,腻子中将要掺入相同颜色的适量颜料。腻子配合比为乳液:滑石粉(或大白粉):20%纤维素=1:5:3.5(重量比)。

(6) 喷第一道浆:喷浆前应先将门窗口圈用排笔刷好,如墙面和顶棚为两种颜色时,应在分色线处用排笔齐线并刷20cm宽以利接槎,然后再大面积喷浆。喷浆顺序应先顶棚后墙面,先上后下顺序进行。喷浆时喷头距墙面为20～30cm,移动速度要平稳,使涂层厚度均

匀。顶板为槽型板时,应先喷凹面四周的内角再喷中间平面,浆活配合比与调制方法如下:

1) 调制石灰浆:

A. 将生石灰块放入容器内适量加入清水,至块灰熟化后再按比例加入清水。其配合比为生石灰:水=1:6(重量比)。

B. 将食盐化成盐水,掺盐量为石灰浆重量的0.3%~0.5%,将盐水倒入石灰浆内搅拌匀,再用50~60目的钢丝箩过滤,所得浆液即可施喷。

C. 采用石灰膏时,将石灰膏放入容器中,直接加清水搅拌,掺盐量同上,拌匀后,过箩使用。

2) 调制大白浆:

A. 将大白粉破碎放入容器中,加清水拌合成浆。

B. 将羧甲基纤维素放入缸内,加水搅拌使之溶解。其拌合配合比为羧甲基纤维素:水=1:40(重量比)。

C. 聚醋酸乙烯乳液加水稀释与大白粉拌合,其配合比例为大白粉:乳液=10:1。

D. 将以上三种浆液按大白:乳液:纤维素=100:13:16混合搅拌后,过80目钢箩,拌匀后即成大白浆。

E. 如配色浆,则先将颜料用水化开,过箩后放入大白浆中。

F. 配可赛银浆:将可赛银粉末放入容器内,加清水溶解搅匀后即为可赛银浆。

(7) 复找腻子:第一遍浆干后,对墙面上的麻点、坑洼、刮痕等用腻子重新复找刮平、干后,用细砂纸轻磨,并把粉尘扫净,达到表面光滑平整。

(8) 喷第二遍浆:方法同上。

(9) 喷交活浆:第二遍浆干后,用细砂纸将粉尘、溅沫、喷点等轻轻磨去,并打扫干净,即可喷交活浆,交活浆应比第二遍浆的胶量适当增大点,防止喷浆的涂层掉粉。

(10) 喷内墙涂料:耐擦洗涂料等基层处理与喷刷浆相同,面层涂层使用购入建筑产品,涂刷即可,并可参照产品使用说明处理。

(11) 室外刷浆:

1) 砖混结构的窗台、碳脸、窗套等部位在拌大白灰时乘湿刮一层白水泥膏,使之与面层压实在一起,并将滴水线(槽)按规矩预先埋设好,并乘灰层未干,紧跟涂刷第一遍白水泥浆(配合比:白水泥加水重20%107胶拌匀),涂刷时可用油刷或排笔,自上而下涂刷,注意应少蘸勤刷,防止污染。

第二天再涂刷第二道,达到涂层无花感,盖底为止。

2) 预制混凝土阳台底板,阳台分户板,阳台栏板涂刷:

A. 一般习惯作法:

清理基层,刮水泥腻子1~2遍找平,磨砂纸,再复找水泥腻子刷外墙涂料,以涂刷均匀,盖底为交活。

B. 根据室外气候影响变化大的特点,应选用防潮及防水涂料施涂:

清理基层,刮聚合水泥腻子1~2遍(配合比为用水重20%107胶水拌合水泥,成为膏状物),干后磨平,对塌陷之处重新补平,干后磨砂纸。涂刷聚合物水泥浆(配比,用水重20%107胶拌水泥,辅以颜料后成为浆液,用于涂刷)。或用防潮、防水涂料进行涂刷。应先刷边角,再刷大面,均匀地涂刷一遍,干后,再刷第二遍,直至交活为止。

(12) 冬期施工：
1) 利用冻结法抹灰的墙面不宜进行涂刷。
2) 涂刷聚合水泥浆应根据室外温度掺入外加剂，外加剂的材质应与涂料材质匹配，外加剂的掺量应由试验决定。
3) 涂料冬期施工应根据材质使用说明施工及使用，以防受冻。
4) 早晚温度低外檐涂刷不易施工。

5．质量标准
(1) 保证项目：
1) 选用刷（喷）浆的品种、质量、图案及颜色必须符合设计和选定样品要求以及有关规定。
2) 一般刷（喷）浆严禁掉粉、起皮、漏刷和透底。
(2) 基本项目：见表4-25。

室内一般喷刷浆基本项目（包括外墙刷浆） 表4-25

项次	项　目	中级标准
1	反碱咬色	允许有轻微少量，但不超过1处
2	喷点刷纹	1.5m正视喷点均匀，刷纹通顺
3	流坠疙瘩溅沫	允许有轻微少量，但不超过3处
4	颜色砂眼划痕	颜色一致，允许有轻微少量砂眼、划痕
5	装饰线分色线平直（拉5m线检验，不足5m接通线检验）	偏差不大于2mm
6	门窗灯具等	洁　净

6．成品保护
(1) 不能污染门窗油漆，不能污染已做完的饰面层。
(2) 已完成的喷刷浆成品做好成品保护，防止其他工序对产品的污染和损坏。
(3) 室内浆活进行修理时，应注意已装好的开关、插座等电气产品及设备管道的保护，防止喷浆时造成污染。
(4) 应先将门窗口圈用排笔刷出后，再行大面积浆活的施工，以减少污染。
(5) 喷浆前应对已完成的地面面层进行保护，防止落浆造成污染。
(6) 油工的料房地、墙应先行进行遮挡和保护后再施工。
(7) 移动浆桶、喷浆机等施工工具严禁在地面上拖拉，防止损坏地面面层。

7．应注意的质量问题
(1) 喷浆面粗糙：主要原因是基层处理不彻底，打磨不平，刮腻子时没将腻子收净，干燥后打磨不平，清扫不净，大白粉细度不够，喷头孔径大，浆颗粒粗糙。
(2) 浆皮开裂：墙面粉尘没清理干净，腻子干后收缩形成裂缝；墙面凸凹不平腻子超厚产生的裂缝。
(3) 脱皮：喷浆层过厚，面层浆内胶量过大，基层胶量少强度低，干后，面层浆形成硬壳使之开裂脱皮，故应掌握好浆内的胶用量，为增加浆与基层的粘结强度，可于喷浆前先刷一道胶水。
(4) 掉粉：面层浆液中胶的用量少，为解决掉粉的问题，可进行一道扫胶，在原配好的浆液内多加一些乳液,使之胶量增大,用新配的浆液喷涂一道。

(5) 反碱、咬色:墙面潮湿,或墙面干湿不一致;因赶工期浆活每遍跟的太紧,前道浆没干就喷下道浆;冬施室内生火炉后,墙面泛黄;有跑水、漏水后形成的水痕。解决办法:冬施取暖用暖气或电炉,将墙面烘干,浆活遍数不能跟的太紧。

(6) 流坠:墙面潮湿;浆内胶多不易干燥;喷浆过厚。应待墙面干后再喷浆,喷浆时最好专人负责,喷头要均匀移动。配浆要专人掌握,保证配合比正确。

(7) 透底:基层表面太光滑或表面有油污没清洗净,浆喷上去固化不住,配浆时稠度掌握不好,浆过稀,喷几遍也不盖底。要求喷浆前将混凝土表面油污清刷净,浆料稠度要合适,喷浆时专人负责,喷头距墙20~30cm,移动速度均匀,不漏喷。

(8) 石膏板墙接缝处开裂:安装石膏板不按要求留置缝隙;对接缝处理马虎从事,不按规矩贴玻璃纤维网,不认真用嵌缝腻子进行嵌缝,腻子干后收缩拉裂。

(9) 室外喷刷浆与油漆或涂料接槎处分色线不清晰:技术素质差,施工时不认真。

(10) 皱折、开裂:浆刷后未干遇雨造成浆皮皱折,应加强成品保护。

(11) 花感、掉粉:主要是自配浆料配合比不准,稠度掌握不好,用胶量没数,胶少浆活会发生掉粉现象,而且涂刷后不盖底造成表面花感。

(12) 外墙浆活反碱咬色:墙太潮湿,冬施抹灰中掺入抗冻剂后极易产生反碱,此现象经过雨季冲刷会自然消失。

(13) 表面划痕或腻子斑痕明显:刮腻子后没认真磨砂纸找平,又不二次复找腻子所致。

4.1.4.29 壁柜、吊柜安装

本技术交底适用于一般建筑和宾馆建筑壁柜、吊柜安装工程。

1. 材料要求

(1) 壁柜、吊柜木制品由工厂加工成品或半成品,木材含水率不得超过12%。加工的框和扇进场时应对型号、质量进行核查,需有产品合格证。

(2) 其他材料:防腐剂、插销、木螺丝、拉手、锁、碰珠、合页按设计要求的品种、规格备齐。

2. 主要机具

(1) 电焊机、手电钻。

(2) 大刨、二刨、小刨、裁口刨、木锯、斧子、扁铲、木钻、丝锥、螺丝刀、钢水平、凿子、钢锉、钢尺。

3. 作业条件

(1) 结构工程和有关壁柜、吊柜的构造连体已具备安装壁柜和吊柜的条件,室内已有标高水平线。

(2) 壁柜框、扇进场后及时进行加工并靠墙、贴地、顶面应涂刷防腐涂料,其他各面应涂刷底油一道,然后应分类码放平整、底层垫平、保持通风,一般不应露天存放。

(3) 壁柜、吊柜的框和扇,在安装前应检查有无窜角、翘扭、弯曲、劈裂,如有以上缺陷,应修理合格后,再行拼装。吊柜钢骨架应检查规格,有变形的应修正合格后进行安装。

(4) 壁柜、吊柜框的安装应在抹灰前进行;扇的安装应在抹灰后进行。

4. 操作工艺

工艺流程：

找线定位 → 框、架安装 → 壁柜隔板支点安装 → 壁(吊)柜扇安装 → 五金安装

(1) 找线定位：抹灰前利用室内统一标高线，按设计施工图要求的壁柜、吊柜标高及上下口高度，考虑抹灰厚度的关系，确定相应的位置。

(2) 框、架安装：壁柜、吊柜的框和架应在室内抹灰前进行，安装在正确位置后，两侧框每个固定件钉2个钉子与墙体木砖钉固，钉帽不得外露。若隔断墙为加气混凝土或轻质隔板墙时，应按设计要求的构造固定。如设计无要求时，可预钻 $\phi 5mm$、深 $70\sim100mm$ 孔，并事先在孔内预埋木楔并粘107胶水泥浆，粘结牢固后再安装固定柜。

采用钢柜时，需在安装洞口固定框的位置预埋铁件，进行框件的焊固。

在框、架固定时应先校正、套方、吊直，核对标高、尺寸、位置，准确无误后进行固定。

(3) 壁柜隔板支点安装：按施工图隔板标高位置及要求支点构造，安设隔板支点条（架）。木隔板的支点，一般是将支点木条钉在墙体木砖上，砖隔板一般是匚型铁件或设置角钢支架。

(4) 壁(吊)柜扇安装：

1) 按扇的安装位置确定五金型号、对开扇裁口方向，一般应以开启方向的右扇为盖口扇。

2) 检查框口尺寸：框口高度应量上口两端；框口宽度，应量两侧框间上、中、下三点，并在扇的相应部位定点划线。

3) 根据划线进行框、扇第一次修刨，使框、扇留缝合适、试装并划第二次修刨线，同时划出框、扇合页槽位置，注意划线时避开上下梃。

4) 铲、剔合页槽：根据标划的合页位置，用扁铲凿出合页边线，即可剔合页槽。

5) 安装：安装时应将合页先压入扇的合页槽内，找正拧好固定螺丝，试装时修合页槽的深度等、调好框扇缝隙，框上每支合页先拧一个螺丝，然后关闭，检查框身扇平整，无缺陷符合要求后将全部螺丝安上拧紧。

木螺丝应钉入全长1/4，拧入2/3，如框、扇为黄花松或其他硬木时，合页安装螺丝应划位打眼，孔径为木螺丝的0.9倍直径，眼深为螺丝的2/3长度。

6) 安装对开扇：先将框、扇尺寸量好，确定中间对口缝、裁口深度，划线后进行刨槽，试装合适时，先装左扇，后装盖扇。

(5) 五金安装：五金的品种、规格、数量按设计要求安装，安装时注意位置的选择，无具体尺寸时就按技术交底进行操作，一般应先安装样板，经确认后大面积安装。

5. 质量标准

(1) 保证项目：

1) 框、扇品种、型号、安装位置必须符合设计要求。

2) 框、扇必须安装牢固，固定点符合设计要求和施工规范的规定。

(2) 基本项目：

1) 框、扇裁口顺直，刨面平整光滑，安装开关灵活、稳定，无回弹和倒翘。

2) 五金安装位置适宜，槽深一致，边缘整齐，尺寸准确。五金规格符合要求，数量齐全，木螺丝拧紧卧平，插销开插灵活。

3) 框的盖口条、压缝条压边尺寸一致。

(3) 允许偏差项目:见表4-26。

壁柜、吊柜安装允许偏差 表4-26

项次	项 目	允许偏差、留缝宽度(mm)	检 验 方 法
1	框正侧面垂直度	3	用1m托线板检查
2	框对角线	2	尺量检查
3	柜与扇、扇与扇接触处高低差	2	用直尺和塞尺检查
4	框与扇、扇对口向留缝宽度	1.5~2.5	用塞尺检查

6. 成品保护

(1) 木制品进场及时,刷底油一道,靠墙面应刷防腐剂;钢制品应刷防锈漆,入库存放。

(2) 安装壁、吊柜时,严禁碰撞抹灰及其他装饰面的口角,防止损坏成品面层。

(3) 安装好的壁柜隔板,不得折动,保护产品完整。

7. 应注意的质量问题

(1) 抹灰面与框不平,造成贴脸板、压缝条不平:主要是因框不垂直,面层平度不一致或抹灰面不垂直。

(2) 柜框安装不牢:预埋木砖安装时碰活动、固定点少,用钉固定时,要数量够,木砖埋牢固。

(3) 合页不平,螺丝松动,螺帽不平正,缺螺丝:主要原因是合页槽深浅不一,安装时螺丝钉打入太长,达不到合页槽内螺丝平卧的要求。操作时螺丝打入长度1/3,拧入深度应2/3,不得倾斜。

(4) 柜框与洞口尺寸误差过大,造成边框与侧坪,顶与上框间缝隙过大,注意结构施工留洞尺寸,严格检查确保洞口尺寸。

4.1.4.30 玻璃幕墙安装

本技术交底适用于一般民用建筑柜式玻璃幕墙安装工程(即主要承重骨架为垂直向的主龙骨和水平向的次龙骨,中间嵌入玻璃幕的构造形式)。

1. 材料要求

(1) 空腹式铝合金竖向主龙骨及水平次龙骨:均按设计要求的规格、型号、尺寸加工成型后运至现场。必须有出厂合格证及必要的试验记录,加工精度及表面镀层均要符合设计规定,要求平直规方、无翘曲、无刮痕。

(2) 玻璃:一般均为带色(茶色、黑色、蓝色)的采光中空玻璃及单层非采光玻璃,进场时要进行检查验收。要有出厂合格证和必要的试验记录,表面镀膜(单层或双层玻璃的一侧均镀有金属膜)不允许有划痕和脱落,进场后存放在铁制箱内或专用棚架上。

(3) 橡胶条、橡胶垫:须有老化试验的出厂证明,尺寸正确、符合设计规定,无断裂现象。

(4) 铝合金装饰压条:必须颜色一致、无扭曲、损伤。

(5) 连结主龙骨的紧固铁件、主龙骨与次龙骨之间的连接件:主龙骨与主龙骨、主龙骨与次龙骨接头的内外套管(或连接件)等均要进行镀锌处理,材质及规格尺寸要符合设计要求。进场后分类存放。

(6) 螺栓、螺帽、钢钉全部为不锈钢材,进场时要有出厂证明,并拆箱抽检。

(7) 密封胶：有出厂合格证，粘结及防水性能应符合设计规定。

(8) 防火、保温材（矿棉或岩棉）：导热系数及厚度要符合设计要求。

以上所有材料进场后，均要分规格存放妥当，不得雨淋暴晒。

2. 主要机具

塔式起重机、外用电梯、电动吊篮、电动真空吸盘（吸玻璃专用设备）、三爪手动吸盘（抬运玻璃的工具）、焊钉枪、电动改锥、手枪钻、梅花扳手、活动扳手、经纬仪（或激光经纬仪）、水准仪、钢卷尺、铁水平尺、钢板尺、钢角尺、电焊机。

3. 作业条件

(1) 混凝土主体结构已完工并办完质量验收手续。

(2) 预先进行完测量放线：

1) 选任意层为基准层放出纵、横轴线，用经纬仪（或激光经纬仪）依次定出各层的轴线。在楼板边缘弹出竖向主龙骨的中心线，同时核对各层预埋件中心线与主龙骨中心线是否相符。测量主龙骨之间尺寸与幕墙之间尺寸是否一致。

2) 根据横向轴线找出主龙骨与各层埋件连接的紧固铁件外边线，便于紧固铁件的安装。

3) 核实主体结构实际总标高是否与设计总标高相符，并把各层的楼层标高标于楼板边，以便安装时核对。

(3) 连结主龙骨的预埋铁件预先剔凿，使其露出混凝土面，弹线后如标高和位置超出允许偏差值时，必须按设计洽商进行处理。

(4) 安装好电动吊篮（或外架子），供操作人员安玻璃和安装饰压条时使用，吊篮安装完后要进行各项安全保护装置的运转试验。

(5) 吸盘设备、手电钻、焊钉枪等电动机具须做绝缘电压试验。电动吸盘机及手持玻璃吸盘须进行检查吸附玻璃的重量和吸附持续时间是否符合说明书规定。

(6) 主龙骨、次龙骨及所需的各种连结件、装饰压条、螺栓、橡胶条等部件，预先清点分类码放到指定地点，设专人看管存放。

4. 操作工艺

工艺流程：

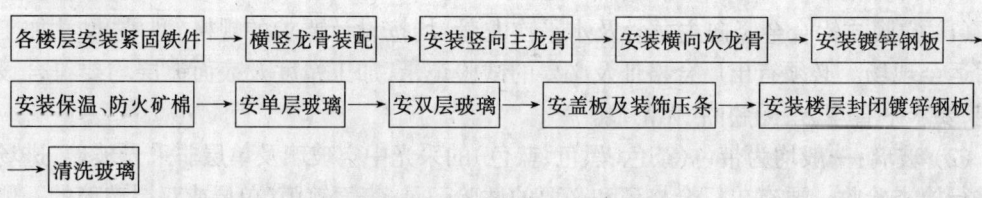

(1) 安装各楼层紧固铁件：主体结构施工时埋件预埋形式及紧固铁件与埋件连接方法均要按设计图纸进行操作，图 4-4 及图 4-5 为两种连接方法供参考。

1) 图 4-4 所示是竖向龙骨由凸形铁件及螺栓与角钢连接，角钢与混凝土楼板上的预埋件焊接。图 4-5 所示是竖向龙骨由紧固铁件及螺栓连接，紧固铁件通过螺栓与预埋铁 T 形槽连接。

2) 紧固铁件（或凸形铁件）的安装是玻璃幕墙安装过程最重要一环，它的位置准确与否将直接影响幕墙的安装质量。安装时按已放好的件的纵、横两方向中心线进行对正，初步就位后将螺栓初紧固,再进行校正核对,准确后螺栓最后紧固,然后进行紧固件(或凸形铁件)与埋件焊接,焊缝质量应符合设计要求。各层紧固件(或凸形铁件)外皮均在一条垂直线上。

(2) 竖向、横向龙骨装配:在龙骨安装就位之前,预先装配好以下连接件。

1) 竖向主龙骨与紧固铁件之间的连接件。

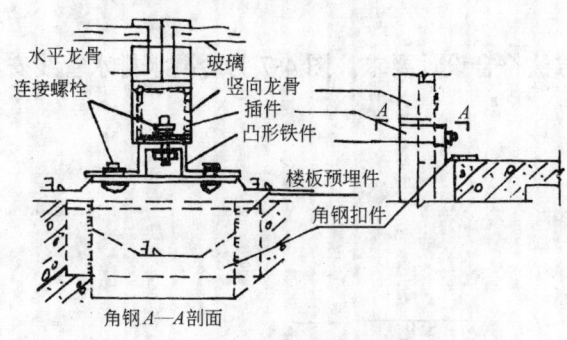

图4-4 埋件与凸形铁件连接

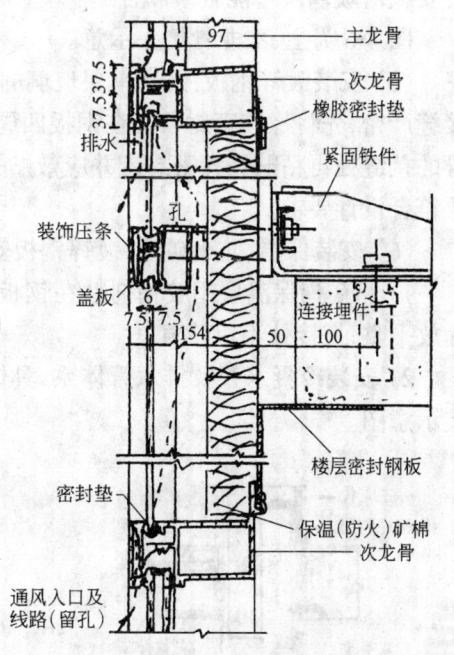

图4-5 埋件与紧固铁件连接

2) 竖向主龙骨之间接头的钢板内、外套筒连接件。
3) 横向次龙骨的连接件。
4) 主龙骨与次龙骨之间连接配件。

各结点的连接件的连接方法要符合设计图纸要求,连接必须牢固、横平竖直。

(3) 竖向主龙骨连接:主龙骨由下往上安装,一般每两层为一整根,每层通过紧固铁件(或凸形铁件)与楼板连接。

1) 先将主龙骨竖起,上下两端的连接件对准紧固铁件(或凸形铁件)的螺栓孔,勿拧螺栓。
2) 主龙骨可通过紧固铁件(或凸形铁件)和连接件的长螺栓孔上、下、左、右进行调整,主龙骨上端对好楼层标高位置,左右中心线应与弹在楼板上的位置线相吻合,前后(即E轴方向)不出控制线,确保上下垂直。
3) 再用经纬仪校核后最后拧紧螺母,把所有联结螺栓、螺母、垫圈焊牢。
4) 竖向龙骨之间用钢板内、外套连接,接头处应留适当宽度的伸缩孔隙,具体尺寸根据设计要求,接头处的上下龙骨中心线要对正。
5) 安装到最顶层之后,再用经纬仪校正一次,检查无误后,把所有竖向龙骨与结构连接的螺丝拧紧。焊缝重新加焊至设计要求,焊缝处清理检查符合要求后刷两道防锈漆。

(4) 横向次龙骨安装:安好一层竖向龙骨之后可流水作业安横向龙骨。

1) 安装前将次龙骨两端套上防水橡胶垫。
2) 用木支撑将竖向主龙骨撑开,再装入横向次龙骨,取掉木支撑后两端橡胶垫被压缩,起到较好防水效果。
3) 大致水平后初拧连接件螺栓,然后用水准仪抄平,横向龙骨水平后,拧紧螺栓。
4) 继续往上安横向形骨时,要严格控制各横向形骨之间的中心距离及上下垂直度,同时要核对玻璃尺寸能否镶嵌合适。

图 4-6 为主、次龙骨接头示意。

(5) 安装镀锌钢板：凡是单层玻璃的部位，内面均要安装镀锌钢板。为使钢板与龙骨的接缝严密，先将橡胶密封条套在钢板四周后，将钢板插入横向龙骨铝合金槽内，在钢板与龙骨的接缝处再粘贴沥青密封带并应敷贴平整。最后在钢板上焊钢钉，要焊牢固，钉距及规格要符合设计要求。

(6) 安装保温、防火矿棉：镀锌钢板安完之后安装保温、防火矿棉。

1) 将矿棉保温层用胶粘剂粘在钢板上，用已焊的钢钉及不锈钢片固定保温层，矿棉应铺放平整，拼接处不留缝隙。

2) 安装冷凝水管及排水管体系，具体方法符合设计要求。图 4-7 为冷凝水排水管线安装示意图。

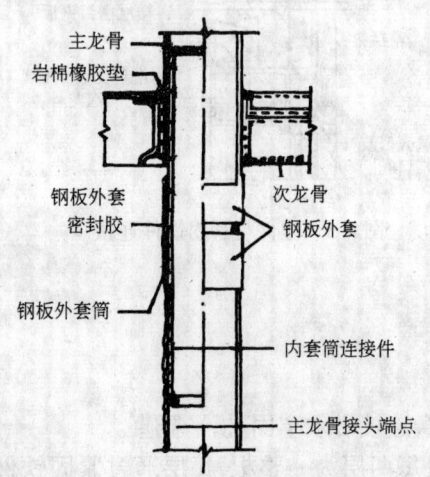

图 4-6 次龙骨连接、主龙骨接头大样

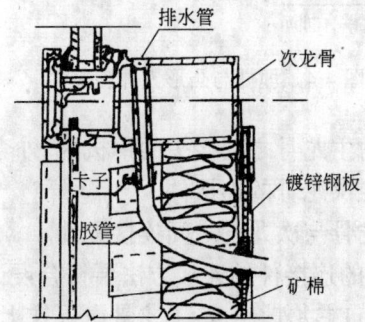

图 4-7 冷凝水排水管线示意图

(7) 单层玻璃安装：单、双层玻璃均由上向下，并从一个方向起连续安装。预先将单、双玻璃由外用电梯运至各楼层的指定地点立放，并派专人看管。

1) 先将铝合金龙骨框内清理干净，安装镶嵌卡条及单层玻璃密封条。

2) 人站在外电动吊篮内，用三爪手动吸盘器吸住玻璃并抬入龙骨内（注意先把玻璃表面尘土、污物擦拭干净，防止吸盘漏气），同时要观察玻璃的反光镀膜，不要安反。

3) 玻璃四边入框深度要一致，并要有空隙，要平整，然后固定玻璃。

4) 注胶及贴内侧橡胶密封条，要镶嵌平整，按设计要求位置断开。

(8) 双层玻璃安装：

1) 清理框内污物，将内侧橡胶条嵌入龙骨框格槽内并封闭不留缺口，注意橡胶条型号要相符，镶嵌要平整，四角应呈直角。

2) 为避免玻璃与龙骨直接接触，在龙骨框格中的底框及两侧各嵌两个橡胶垫片。

3) 安装时用电动吸盘机操作，该机放置在室内楼板上，机器附有真空泵及液压装置，有8个吸盘，与机械配合可吸起玻璃，做回转、伸缩、升降、倾斜等动作。

4) 先将玻璃表面灰尘、污物擦拭干净，注意要正确判断内、外面。

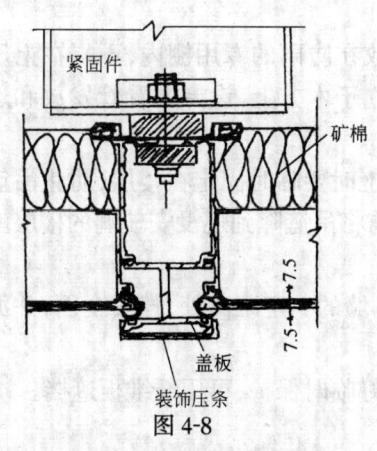

图 4-8

5) 操作电动吸盘机吸起玻璃斜撑出窗外,再往回拉对正后压落在龙骨框槽内,上、下、左、右嵌入深度要一致。

6) 将两侧橡胶垫片塞于竖向龙骨的孔内,然后固定玻璃,安密封条并镶嵌平整、密实。

(9) 安装盖板及装饰压条:玻璃与玻璃之间均安装盖板和装饰压条,见图4-8及图4-5。

1) 单、双层玻璃安装完之后即可安装盖板,连接方法要符合设计要求,然后在盖板外面镶嵌橡胶密封条,要求平整、严密。

2) 盖板外面安装饰压条,外形及连接方法符合设计要求,横平、竖直,接缝严密。

(10) 安装楼层镀锌钢板

各楼层与幕墙之间的空隙用镀锌钢板封闭,为防止噪声和满足防火要求,要用防火材料堵塞、密封。具体做法要符合设计要求。

(11) 擦洗玻璃:全部安装完之后,在竣工前利用擦洗机(或其他吊具)将幕墙玻璃擦洗一遍,达到表面洁净、明亮。

5. 质量标准

(1) 保证项目:

1) 铝合金龙骨的材质、规格、断面尺寸必须符合设计要求和有关标准规定,并附有出厂证明书。

2) 主、次龙骨及其附件制作质量要符合设计图纸要求和有关标准规定,并附有出厂合格证和产品验收凭证。

3) 所有铝合金构件安装必须牢固,其位置及连接方法必须符合设计要求。

4) 单、双层玻璃裁割尺寸正确,安装平整、牢固,无松动现象。

(2) 基本项目:

1) 铝合金构件表面洁净、无划痕、碰伤、无锈蚀。

2) 所有外露的金属件,从任何角度看均应表面平整、横平竖直,不应有变形。螺钉与构件结合紧密,表面不得有凹凸现象。

3) 玻璃的颜色、图案符合设计要求,表面洁净、无斑污,安装朝向正确。

4) 玻璃的密封条镶嵌平整严密,密封胶应密封均匀一致,表面平整光滑,不得有胶痕。

(3) 允许偏差项目:见表4-27。

表 4-27

项次	项 目		允许偏差(mm)	检 查 方 法
1	竖向龙骨	垂直偏差	3	3.5m长度范围内吊线检查
2	横向龙骨	水平偏差	3	3.5m长度范围内水准仪或尺检查
		总长度	6	尺量
3	龙骨表面平整度		3	3m靠尺和塞尺量任何一方
4	标 高		9	用水准仪或尺检查

6. 成品保护

(1) 铝合金框料及各种附件进场后，分规格、分类码放在防雨的专用棚内，不得在上压放重物，运料时轻拿轻放，防止碰坏划伤。玻璃要分规格立于木方上，设专人看管发放和运输，防止碰坏和划伤表面镀膜。

(2) 安龙骨时外吊篮升降要设专人负责，停留在楼层上时要临时固定在楼层，防止吊篮碰撞龙骨。安玻璃时，吊篮的钢管端头加垫泡沫垫，收工前将吊篮降到还没安玻璃的楼层上拉牢，防止撞破玻璃。

(3) 玻璃幕安装完后，为防止人员靠近，在楼层上距幕墙的一定距离处，挂安全网，并派专人巡视。

(4) 靠近玻璃幕的各道工序，在施工操作前对玻璃做好临时保护，可用纤维板遮挡。

7. 应注意的质量问题

(1) 玻璃安装不上：安装竖向、横向龙骨时，未认真核对中心线和垂直度，也未核对玻璃尺寸，因此在安装竖、横龙骨时，必须严格控制垂直度及中心线位置。

(2) 装饰压条不垂直不水平：安装装饰压条时，应吊线和拉水平线进行控制，安完后应横平、竖直。

(3) 玻璃出现严重"影象畸变"现象：造成原因是：玻璃本身翘曲、橡胶条安装不平、玻璃镀膜层的一侧沾染胶泥等。因此玻璃进场时，要进行开箱抽查，安装前发现有翘曲现象应剔出不用。安装过程中各道工序严格操作，密封条镶嵌平整，打胶后将表面擦拭干净。

(4) 铝合金构件表面污染严重：主要是在运输安装过程中，过早撕掉表面保护膜，或打胶时污染面层。

(5) 玻璃幕渗水：由于玻璃四周的橡胶条嵌塞不严或接口有缝隙而造成雨水渗入，到冬季积水可能结冰后膨胀造成整块玻璃被挤压碎，因此安橡胶条时胶条规格要匹配，尺寸不得过大或过小，嵌塞要平整密实，接口处一定要用密封胶充填实，达到不漏水为准。

4.1.4.31 挂镜线、贴脸板、压缝条安装

本技术交底适用于一般民用建筑及公用建筑工程，木制和金属挂镜线、贴脸板、压缝条安装。

1. 材料要求

(1) 木制挂镜线、贴脸板、压缝条使用木材的树种、材质、加工规格和线条，应符合设计要求，含水率不大于12%。门窗贴脸板、压缝条应采用门窗框相同树种的木材。

(2) 木制挂镜线、贴脸板、压缝条使用的木材不得有裂纹、扭曲、死节等缺陷，加工与安装时遇有死节缺陷应挖补粘制牢固，修饰美观。

(3) 金属挂镜线、贴脸板、压缝条制品的材质种类、规格、形状应符合设计要求。

(4) 安装固定材料：按设计构造及材质性能选用安装固定材料，一般可选用圆钉、螺丝、胶粘剂、膨胀螺栓等。

2. 主要机具

(1) 手电钻、电焊机。

(2) 大刨子、小刨子、槽刨、小锯、锤子、平铲、割角尺、螺丝刀、墨斗、钢锉、木锉等。

3. 作业条件

(1) 结构施工时，安装挂镜线的房间及部位，应按设计要求预埋木砖，预制构件应加工

时埋设预埋件。有抹灰层的安装部位,将墙上木砖面钉装防腐小木方,厚度为20mm。并在木砖位置钉一小圆钉露出灰面层,供安装挂镜线找固定点位置。

(2) 安装挂镜线、门窗口贴脸板、压缝条前,应做完顶棚、墙面、地面抹灰和装饰工程项目。

(3) 安装挂镜线、贴脸板、压缝条前,应检查前道工序项目质量是否能满足安装挂镜线、贴脸板、压缝条的要求。

4. 操作工艺

工艺流程:

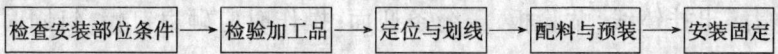

(1) 检查安装部位:安装前应检查应具备的条件,挂镜线固定点都应有标志;贴脸板和压缝条部位的抹灰和其他接缝与门窗框的平直度。

(2) 安装前应检查加工品的树种、材质、品种、规格、加工质量和特备零件是否符合设计要求。

(3) 定位与划线:

1) 挂镜线定位时应充分考虑门窗高度、电盒位置、窗帘盒位置与挂镜线交圈和平直效果。

2) 贴脸板及压缝条定位时应根据设计要求,压框宽度保证余量尺寸一致。

3) 金属和其他材质的制品均应按最凸出的压面尺寸使其一致。

(4) 配料与预装:

1) 挂镜线、贴脸板、压缝条安装,需经配料,安装部位首先量尺,处理接头及转角位置;设计无特殊要求、接头应成45°角;转角位置应按设计转角大小刨成坡角相接。

2) 按量尺、割角要求组割后,应在安装部位进行预装。

(5) 安装固定:

1) 挂镜线安装的固定方式按设计要求,但必须牢固、平顺。在特殊饰面的墙、柱上安装的挂镜线应待面层施工完后进行。

2) 贴脸板或压缝条应紧密钉固在门窗框上,钉帽应砸扁冲入,钉的间距视贴脸板和压缝条的树种、材质、断面尺寸而定,一般为400mm。

5. 质量标准

(1) 保证项目:

1) 挂镜线、贴脸板、压缝条制品的选材、品种、规格、形状、颜色、线条必须符合设计要求。

2) 挂镜线安装标高应按设计规定、高度一致。

3) 挂镜线、贴脸板、压缝条安装的割角、接头不得有错槎,观感清晰,固定牢靠。

(2) 基本项目:

1) 尺寸正确,表面平直光滑,线条通顺,清秀、不露钉帽。

2) 安装位置正确,接缝严密,割角整齐、交圈,与墙面紧贴,颜色一致。

(3) 允许偏差项目:

1) 挂镜线:上口平直:拉5m线检查,允许偏差3mm;各边交圈,标高差允许3mm。

2) 贴脸板、压缝条:内边缘至门窗框裁口距离允许偏差2mm。

6. 成品保护

(1) 安装时不得损坏装修面层,不得用锤击墙面和重击门窗框。保持装饰面层的洁净。

(2) 安装挂镜线、贴脸板、压缝条操作中注意保护已施工完的墙面、地面、顶棚、和窗台不受损坏。

7. 应注意的质量问题

(1) 安装接槎不正、不平、不严、割角不准：加强预装，有缺陷应在预装时修理，无误后再固定。

(2) 加工规格不一致：在安装配料时，应在同一部位相接处选择规格一致的加工品，操作中应对准接槎后才可钉固。

(3) 钉帽露出挂镜线、贴脸板、压缝条迎面：操作时应砸扁钉帽，钉固时应送入板面1mm。

4.1.4.32 窗台板、暖气罩安装

本技术交底适用于一般建筑和高级建筑窗台板、暖气罩安装工程。

1. 材料要求

(1) 由于制作材料的不同，窗台板通常有以下几种：木制窗台板、水泥或水磨石窗台板、磨光天然石料窗台板和金属窗台板。

(2) 暖气罩多为木制，制作构造按设计要求。

(3) 窗台板、暖气罩制作材料的品种、材质、颜色应按设计选用，木制品应控制含水率在12%以内，并做好防腐处理，不允许有扭曲变形。

(4) 安装固定一般用角钢或扁钢做托架或挂架；窗台板按设计构造一般直接装在窗下墙顶面，用砂浆或豆石混凝土稳固。

2. 主要机具

(1) 电焊机、电动锯石机、手电钻。

(2) 大刨子、小刨子、小锯、锤子、割角尺、橡皮锤、靠尺板、20号铅丝或小线、铁水平尺、木折尺、螺丝刀。

3. 作业条件

(1) 安装窗台板的窗下墙，在结构施工时应根据选用窗台板的品种，预埋木砖或铁件。

(2) 窗台板长超过1500mm时，除靠墙两端下木砖或铁件外，中间应按500mm间距增埋木砖或铁件；跨空窗台板应按设计要求设支架。

(3) 安装窗台板应在抹灰和装饰层施工前、窗框安装后进行。

4. 操作工艺

工艺流程：

定位与划线 → 检查预埋件 → 支架安装 → 窗台板安装 → 暖气罩安装

(1) 定位与划线：根据设计要求的窗下框标高、位置，核对暖气罩的高度，对窗台板的标高进行划线，并弹暖气罩的位置线。为使同一房间的连通窗台板，保持标高和纵、横位置一致，安装时应拉通线找平，使安装成品达到横平竖直。

(2) 检查预埋件：定位划线后，检查固定窗台板或暖气罩的预埋件是否符合设计与安装的连接构造要求，如有误差应进行处理，然后再安装。

(3) 支架安装：按设计设窗台板支架，构造需要设窗台板支架的，安装前应核对支架的标高、位置，按设计要求与支架构造进行支架安装。

(4) 窗台板安装：

1) 木窗台板安装：在窗下墙顶面木砖处，横向钉上梯形断面木条（窗宽大于1m时，中间应以间距500mm左右加钉梯形木条），用以找平窗台板底线。窗台板宽度大于150mm，拼合板面底部横向应穿暗带。安装时应插入窗框下框的裁口，两端伸入窗口墙的尺寸应一致，保持水平，找正后用砸扁钉帽的钉子钉牢，钉帽冲入木窗台板面3mm。

2) 预制水泥窗台板、预制水磨石窗台板、石料窗台板和金属窗台板安装：按设计构造找好位置后，进行预装，安装标高、位置、出墙尺寸、固定方式、接缝严密、平顺应符合设计要求。

(5) 暖气罩安装：在窗台板底面或地面上划好位置线，按设计要求连接固定，分块板式暖气罩接缝应平、顺、直、齐，上下边棱高度、平度应一致，上边棱应位于窗台板底外棱内，固定方式与构造按个体设计。

5. 质量标准

(1) 保证项目：

1) 窗台板和暖气罩的材质品种、规格尺寸、形状及木材含水率必须符合设计要求。

2) 预制加工的各类窗台板的强度和刚度应符合有关标准和设计要求。

3) 窗台板、暖气罩必须按设计构造镶钉牢固，无松动现象。

(2) 基本项目：

1) 加工制作尺寸正确，表面平直光滑、颜色一致，楞角方正无缺陷；木制窗台板和暖气罩不得露钉帽，应无戗槎、刨痕、毛刺、锤印等缺陷。

2) 窗台板、暖气罩安装位置正确，割角整齐，接缝严密，平直通顺。窗台板出墙尺寸一致；暖气罩凹进台板尺寸一致。

(3) 允许偏差项目：见表4-28。

窗台板及暖气罩安装的允许偏差　　　　　　　　　　表4-28

项次	项目	允许偏差(mm)	检查方法
1	两端高低差	2	水平尺检查
2	两端距窗洞	3	用尺量检查
3	暖气罩侧向位置	3	用尺量检查

6. 成品保护

(1) 安装窗台板和暖气罩时，应保护已完成的工程项目，不得因操作损坏地面、窗洞墙角等成品。

(2) 窗台板、暖气罩进场后应妥善保管，做到木制品不受潮、金属品不生锈、石料、块材制品不损坏棱角、不受污染。

(3) 安装好的成品应有保护措施，做到不破损，不污染。

7. 应注意的质量问题

(1) 窗台板插不进窗樘下框槽内。施工中应坚持预装后、符合要求再进行固定。

(2) 窗台板底部垫不实。捻灰不严、垫固不实；找平条应标高一致，垫实后捻灰应饱满；跨空窗台板支架应安装平正，使受力均匀、固定牢靠。

(3) 多块窗台板拼接不平、不直、厚度不一致。施工时应注意使用同规格材料。

(4) 暖气罩安装不平不正。施工时找正后固定，固挂件位置应准确，保持压边尺寸一致。

4.1.5 工程质量检验评定

此项归竣工组卷阶段第十二节。

1. 地面基层分项工程质量检验评定表(表 4-29)

地面基层分项工程质量检验评定表　　　　表 4-29

工程名称：　　　　　　　　　　　部位：

		项　　目						质　量　情　况								
保证项目	1	基土必须均匀密实,填料的土质、干土质量密度必须符合设计要求和施工规范规定														
	2	垫层、构造层(保温层、防水、防潮层、找平层、结合层)的材质、强度(配合比)、密实度等必须符合设计要求和施工规范规定														
	3	防水(潮)层必须符合设计要求和地下防水工程的有关规定,并与墙体、地漏、管道、门口等处接合严密,无渗漏														

		允许偏差(mm)							实　测　值(mm)								
		基土	垫　层		找 平 层												
允许偏差项目	项目	砂、砂石、碎(卵)石、碎砖土	灰土、三合土、炉渣、混凝土	毛地板地漆布、拼花木板面层 其他种类面层	用沥青玛琋脂做结合层,铺设地漆布、拼花木板块、硬质纤维板面层	用水泥砂浆做结合层、铺设块面层及防水层	用胶粘剂做结合层,铺设拼花木板、塑料、硬纤维板面层	1	2	3	4	5	6	7	8	9	10
	1 表面平整度	15	15	10　　3　　5	3	5	2										
	2 标高	+0 -50	±20	±10　±5　±8	±5	±8	±4										
	3 坡度	不大于房间相应尺寸的 2/1000,且不大于 30															
	4 厚度	在个别地方不大于设计厚度的 1/10															

检查结果	保 证 项 目	
	允许偏差项目	实测　　　　点,其中合格　　　　点,合格率　　　　%

评定等级	工程负责人：	核定等级	
	工　　　长：		
	班 组 长：		质量检查员：

年　　月　　日

说 明

本表适用于各种地面与楼面面层和路面下的基层。

检查数量：各种面层下基层按有代表性的自然间抽查 10%。其中过道按 10 延长米,礼堂、厂房等大间按两轴线为 1 间,但不少于 3 间(每个自然间每项各检查 2 点);各种路面下基层应按每 30 延长米为 1 处,抽查 10%,但不少于 3 处。

保证项目

检验方法:1 项观察检查和检查试验记录、隐蔽工程验收记录。

2 项检查出厂合格证和试验记录。

3 项观察检查和检查试验记录(并检查各类防水层分项工程质量检验评定表)。

允许偏差项目

检验方法:1 项用 2m 靠尺和楔形塞尺检查。

2 项用水准仪检查。

3 项用坡度尺检查。

4 项尺量检查。

2. 整体楼、地面分项工程质量检验评定表(表4-30)

整体楼、地面分项工程质量检验评定表　　　　表4-30

工程名称：　　　　　　　　　　　　部位：

保证项目	项目		质量情况										
	1	各种面层的材质、强度(配合比)和密实度必须符合设计要求和施工规范规定											
	2	面层与基层的结合必须牢固无空鼓											

基本项目	项目		质量情况										等级
			1	2	3	4	5	6	7	8	9	10	
	1	面层											
	2	地漏及泛水											
	3	踢脚线											
	4	踏步、台阶											
	5	镶边											

允许偏差项目	项目		允许偏差(mm)						实测值(mm)									
			细石混凝土、混凝土(原浆抹面)	水泥砂浆	沥青砂浆混凝土	普通水磨石	高级水磨石	碎拼大理石	钢屑水泥菱苦土	1	2	3	4	5	6	7	8	9	10
	1	表面平整度	5	4	4	3	2	4											
	2	踢脚线上口平直	4	4	4	3	3	—	—										
	3	缝格平直	3	3	3	3	2	—	3										

检查结果	保证项目				
	基本项目	检查　　项,其中优良		项,优良率　　%	
	允许偏差项目	实测　　点,其中合格		点,合格率　　%	

评定等级	工程负责人：	核定等级	
	工　长：		
	班组长：		质量检查员：

年　月　日

说 明

本表适用于细石混凝土、混凝土、水泥砂浆、沥青混凝土、沥青砂浆、水磨石、碎拼大理石、菱苦土和钢屑水泥等整体楼、地面工程。

检查数量:各种面层按有代表性的自然间抽查10%,其中过道按10延长米,礼堂、厂房等大间按两轴线为1间;楼梯踏步、台阶按每层梯段为1处,但均不少于3间(处)(允许偏差项目的1项1间检查4点,纵、横、斜、过门口各1点;2项1间测1点;3项1间纵横各1点)。

保证项目

检验方法:1项检查试验报告和测定记录。

2项用小锤轻击检查。

注:空鼓面积不大于400cm^2、无裂纹,且在一个检查范围内不多于2处者,可不计。

基本项目

评定代号:优良√,合格○,不合格×。有偏差值者应记数字。

1 项面层

检验方法:观察检查。

(1) 细石混凝土、混凝土、钢屑水泥和菱苦土面层

合格:表面密实压光,无明显裂纹、脱皮、麻面和起砂等缺陷。

优良:表面密实光洁,无裂纹、脱皮、麻面和起砂等现象。

(2) 水泥砂浆面层

合格:表面无明显脱皮和起砂等缺陷;局部虽有少数细小收缩裂纹和轻微麻面,但其面积不大于800cm^2,且在一个检查范围内不多于2处。

优良:表面洁净,无裂纹、脱皮、麻面和起砂等现象。

(3) 水磨石面层

合格:表面基本光滑,无明显裂纹和砂眼;石粒密实;分格条牢固。

优良:表面光滑;无裂纹、砂眼和磨纹;石粒密实,显露均匀;颜色图案一致;不混色;分格条牢固、顺直和清晰。

(4) 碎拼大理石面层

合格:颜色协调,无明显裂纹和坑洼现象。

优良:颜色协调,间隙适宜,磨光一致,无裂纹、坑洼和磨纹。

(5) 沥青混凝土、沥青砂浆面层

合格:表面密实,无裂缝。

优良:表面密实,无裂缝、蜂窝等现象。

2 项地漏及泛水

检验方法:观察和泼水检查。

合格:坡度满足排除液体要求,不倒泛水,无渗漏。

优良:坡度符合设计要求,不倒泛水,无渗漏、无积水;与地漏(管道)结合处严密平顺。

3 项 踢脚线

检验方法：用小锤轻击、尺量和观察检查。

　　合格：高度一致；与墙面结合牢固，局部空鼓长度不大于 400mm，且在一个检查范围内不多于 2 处。

　　优良：高度一致，出墙厚度均匀；与墙面结合牢固，局部空鼓长度不大于 200mm，且在一个检查范围内不多于 2 处。

4 项 踏步、台阶

检验方法：观察或尺量检查。

　　合格：相邻两步宽度和高度差均不超过 20mm；齿角基本整齐，防滑条顺直。

　　优良：相邻两步宽度和高度差均不超过 10mm；齿角整齐，防滑条顺直。

5 项 镶边

检验方法：观察或尺量检查。

　　合格：各种面层邻接处镶边用料及尺寸符合设计要求和施工规范规定。

　　优良：在合格基础上，边角整齐光滑，不同颜色的邻接处不混色。

允许偏差项目

检验方法：1 项用 2m 靠尺和楔形塞尺检查。

　　　　　2、3 项拉 5m 线，不足 5m 拉通线和尺量检查。

3. 板块楼、地面分项工程质量检验评定表(表4-31)

板块楼、地面分项工程质量检验评定表　　　　表4-31

工程名称：　　　　　　　　　　　部位：

保证项目	项目	质量情况
	各种面层所用板块的品种、质量必须符合设计要求；面层与基层的结合(粘结)必须牢固、无空鼓(脱胶)	

基本项目		项目	质量情况										等级
			1	2	3	4	5	6	7	8	9	10	
	1	面层											
	2	地漏及泛水											
	3	踢脚线											
	4	踏步、台阶											
	5	镶边											

允许偏差项目		项目	允许偏差(mm)									实测值(mm)									
			普通粘土砖砂垫层	陶瓷锦砖、高级水磨石板水泥砂浆垫层	缸砖、大水泥砖	水泥花砖	普通水磨石板	大理石	塑料板	混凝土板	地漆布	1	2	3	4	5	6	7	8	9	10
	1	表面平整度	8	6	2	4	3	3	1	2	4	2										
	2	缝格平直	8	8	3	3	3	3	2	3	3	—										
	3	接缝高低差	1.5	1.5	0.5	1.5	0.5	1	0.5	0.5	1.5	—										
	4	踢脚线上口平直	—	—	3	4		4	1	2	4	—										
	5	板块间隙宽度≥	5	5	2	2	2	2	1	—	6											

检查结果	保证项目	
	基本项目	检查　　项,其中优良　　项,优良率　　%
	允许偏差项目	实测　　点,其中合格　　点,合格率　　%

评定等级	工程负责人： 工　长： 班组长：	核定等级	
			质量检查员：

注：允许偏差项目第5项,系指板块间隙宽度的要求,如设计无要求时,应按表所列限值检查。

　　　　　　　　　　　　　　　　　　　　　　　　　　　　　　年　月　日

说　明

本表适用于普通粘土砖、陶瓷锦砖、缸砖、水泥花砖、大理石板、混凝土板、水磨石板、塑料板和地漆布等板块楼地面工程。

检查数量：面层按有代表性的自然间抽查10%，其中过道按10延长米，礼堂、厂房等大间按两轴线为1间；楼梯踏步、台阶按每层梯段为1处，但均不少于3间(处)（允许偏差项目的每个自然间检查点数：1项每间检查4点，横、纵、斜向及过门口各1点；2～5项均检查1点）。

保证项目

　　检验方法：用小锤轻击和观察检查。
　　注：单块板块料边角有局部空鼓，且每间不超过抽查总数的5%者，可不计。

基本项目

　　评定代号：优良√，合格○，不合格×。有偏差值者应记数字。

1 项面层
　　合格：色泽均匀，板块无裂纹、掉角和缺楞等缺陷。
　　优良：表面洁净，图案清晰，色泽一致，接缝均匀，周边顺直，板块无裂纹；掉角和缺楞等现象。
　　检验方法：观察检查。

2 项地漏及泛水
　　合格：坡度满足排除液体要求，不倒泛水、无渗漏。
　　优良：坡度符合设计要求，不倒泛水，无积水，与地漏(管道)结合处严密牢固，无渗漏。
　　检验方法：观察和泼水检查。

3 项踢脚线
　　合格：接缝平整，结合牢固。
　　优良：表面洁净，接缝平整均匀，高度一致；结合牢固，出墙厚度适宜。
　　检验方法：用小锤轻击和观察检查。

4 项踏步、台阶
　　合格：缝隙宽度基本一致；相邻两步高差不超过15mm，防滑条顺直。
　　优良：缝隙宽度一致；相邻两步高差不超过10mm，防滑条顺直。
　　检验方法：观察和尺量检查。

5 项镶边
　　合格：面层邻接处的镶边用料及尺寸符合设计要求和施工规范规定。
　　优良：在合格的基础上，边角整齐、光滑。
　　检验方法：观察或尺量检查。

允许偏差项目

　　检验方法：1项用2m靠尺和楔形塞尺检查。
　　　　　　2、4项拉5m线，不足5m拉通线和尺量检查。
　　　　　　3项尺量和楔形塞尺检查。
　　　　　　5项尺量检查。

4. 木质板楼、地面分项工程质量检验评定表(表4-32)

木质板楼、地面分项工程质量检验评定表　　　　　表4-32

工程名称：　　　　　　　　　　　　部位：

		项　目	质　量　情　况
保证项目	1	木材材质和铺设时的含水率必须符合施工规范规定	
	2	木搁栅、毛地板和垫木等必须作防腐处理。木搁栅安装必须牢固、平直。在混凝土基层上铺设木搁栅，其间距和稳固方法必须符合设计要求	
	3	木质板面层必须铺钉牢固无松动，粘结牢固无空鼓	

	项　目	质　量　情　况										等级
		1	2	3	4	5	6	7	8	9	10	
基本项目	1 面层											
	2 接缝											
	3 踢脚线											

	项　目	允许偏差(mm)				实测值(mm)									
		木搁栅	松木长条木板	硬木长条木板	拼花木板	硬质纤维板	1	2	3	4	5	6	7	8	9	10
允许偏差项目	1 表面平整度	3	3	2	2	2										
	2 踢脚线上口平直	—	3	3	3	3										
	3 板面拼缝平直	—	3	3	3	3										
	4 缝隙宽度不大于	—	1	0.5	0.2	2										

检查结果	保证项目	
	基本项目	检查　　项,其中优良　　项,优良率　　%
	允许偏差项目	实测　　点,其中合格　　点,合格率　　%

评定等级	工程负责人： 工　　长： 班组长：	核定等级

质量检查员：

年　　月　　日

说 明

本表适用于木板、拼花木板和硬质纤维板等木质楼地面工程。

检查数量：面层按有代表性的自然间抽查10%，其中过道按10延长米，礼堂、厂房等大间按两轴线为1间；楼梯踏步、台阶按每层梯段为1处，但均不少于3间(处)(允许偏差项目的1项每间检查4点，纵、横、斜、过门口各1点；2、4项各检查1点)。

保证项目

检验方法：1项检查测定记录。2项观察、脚踩检查和检查施工记录。3项观察、脚踩或用小锤轻击检查。

注：空鼓面积不大于单块板块面积的1/3，且每间不超过抽查总数的5%者，可不计。

基本项目

评定代号：代良√，合格○，不合格×。

1项面层　检验方法：观察、手摸和脚踩检查。

(1) 木板和拼花木板面层

合格：面层刨光磨光，无明显刨痕、戗槎；图案清晰，清油面层颜色均匀。

优良：面层刨平磨光，无刨痕、戗槎和毛刺等现象，图案清晰；清油面层颜色均匀一致。

(2) 硬质纤维板面层

合格：图案尺寸符合设计要求，板面无明显翘鼓。

优良：图案尺寸符合设计要求，板面无翘鼓。

2项接缝　检验方法：观察检查。

(1) 木板面层

合格：缝隙基本严密，接头位置错开。

优良：缝隙严密，接头位置错开，表面洁净。

(2) 拼花木板面层

合格：接缝对齐，粘、钉严密。

优良：接缝对齐，粘、钉严密；缝隙宽度均匀一致，表面洁净，粘结无溢胶。

(3) 硬质纤维板面层

合格：接缝均匀，无明显高差。

优良：接缝均匀，无明显高差；表面洁净，粘结面层无溢胶。

3项踢脚线　检验方法：观察检查。

合格：接缝基本严密。

优良：接缝严密，表面光滑，高度、出墙厚度一致。

允许偏差项目

检验方法：1项用2m靠尺和楔形塞尺检查。2、3项拉5m线，不足5m拉通线和尺量检查。4项尺量检查。

5. 厂区和住宅区道路分项工程质量检验评定表(表4-33)

厂区和住宅区道路分项工程质量检验评定表　　　　表4-33

工程名称：　　　　　　　　　　　　　部位：

保证项目	项目		质量情况										
	1	混凝土强度必须符合设计要求和《混凝土结构工程施工及验收规范》的规定											
	2	沥青混凝土压实密度必须达到2350kg/m³以上											

基本项目	项目		质量情况										等级
			1	2	3	4	5	6	7	8	9	10	
	1	路面排水											
	2	伸缩缝											
	3	路面表面											
	4	路边石											

允许偏差项目	项目		允许偏差(mm)			实测值(mm)									
			混凝土路面	预制混凝土块路面	沥青混凝土路面	1	2	3	4	5	6	7	8	9	10
	1	宽度	±50	—	±50										
	2	厚度	±10	—	±5										
	3	横坡	0.15/100	0.2/100	0.35/100										
	4	表面平整度	7	7	7										
	5	接缝高低差	—	2	—										

检查结果	保证项目	
	基本项目	检查　　项,其中优良　　项,优良率　　%
	允许偏差项目	实测　　点,其中合格　　点,合格率　　%

评定等级	工程负责人： 工　长： 班组长：	核定等级	质量检查员：

年　月　日

说 明

本表适用于厂区和住宅区道路工程的混凝土、预制混凝土块和沥青混凝土路面。

检查数量:各种路面每 30 延长米为 1 处,抽查 10%,但不少于 3 处(允许偏差项目每处各测 1 点)。

保证项目

检验方法:1 项检查试块试验报告。

2 项观察检查和检查测定记录。

基本项目

评定代号:优良√,合格○,不合格×。

1 项路面排水

合格:路面的坡向、雨水口等符合设计要求,泄水畅通。

优良:在合格基础上,无积水现象。

检验方法:观察或泼水检查。

注:积水深度不大于 5mm 者,可不计。

2 项伸缩缝

合格:缝的位置、宽度和填缝质量基本符合设计要求和施工规范规定。

优良:缝的位置、宽度和填缝质量符合设计要求和施工规范规定。

检验方法:观察和尺量检查。

3 项路面表面

检验方法:观察和脚踩检查。

(1) 混凝土路面

合格:表面无明显裂缝、脱皮和起砂等缺陷。

优良:表面无裂缝、脱皮和起砂等现象,接缝平顺。

(2) 沥青混凝土路面

合格:表面无裂缝,无明显接槎痕迹。

优良:表面无裂缝,接槎平顺。

(3) 预制混凝土块路面

合格:铺设稳固,有轻微松动的板块不超过检查数的 5%;无缺楞掉角。

优良:铺设稳固,表面平整,无松动和缺楞掉角,缝宽均匀、顺直。

4 项路边石

合格:路边石顺直,高度基本一致。

优良:路边石顺直,高度一致,楞角整齐。

检验方法:观察检查。

允许偏差项目

检验方法:1、2 项用尺量检查。3 项用坡度尺检查。4 项用 2m 靠尺和楔形塞尺检查。5 项用直尺和楔形塞尺检查。

6. 木门窗制作分项工程质量检验评定表(表4-34)

木门窗制作分项工程质量检验评定表　　　　　　表 4-34

工程名称：　　　　　　　　　　　部位：

<table>
<tr><td rowspan="4">保证项目</td><td colspan="4">项　　目</td><td colspan="9">质 量 情 况</td></tr>
<tr><td colspan="4">木材的树种、材质等级、含水率和防腐、防虫、防火处理必须符合设计要求和施工规范的规定</td><td colspan="9"></td></tr>
<tr><td colspan="4">门窗框、扇的榫槽必须嵌合严密，以胶料胶结并用胶楔加紧。胶料品种符合施工规范的规定</td><td colspan="9"></td></tr>
<tr><td colspan="4">小短料胶合的门窗框、扇及胶合板(纤维板)门的面层必须胶结牢固。胶料品种符合施工规范的规定</td><td colspan="9"></td></tr>
</table>

基本项目		项　　目	质　量　情　况										等　级
			1	2	3	4	5	6	7	8	9	10	
	1	死节与虫眼处理											
	2	表　　面											
	3	裁口、起线、割角、拼缝											
	4	压纱条、门窗纱											
	5	涂刷干性底油											

允许偏差项目		项　　目		允许偏差(mm)			实测值(mm)									
				Ⅰ级	Ⅱ级	Ⅲ级	1	2	3	4	5	6	7	8	9	10
	1	翘　曲	框		3	4										
			扇		2	3										
	2	对角线长度差(框、扇)			2	3										
	3	胶合板(纤维板)门扇在1m²内平整度			2	3										
	4	宽、高	框		+0 -1	+0 -2										
			扇		+1 -0	+2 -0										
	5	裁口线条和结合处高差(框、扇)			0.5	1										
	6	扇的横梃或棂子对水平线			±1	±2										

检查结果	保证项目			
	基本项目	检查　　项，其中优良　　项，优良率　　%		
	允许偏差项目	实测　　点，其中合格　　点，合格率　　%		

评定等级	工程负责人： 工　　长： 班 组 长：	核定等级	
			质量检查员： 　　年　月　日

说 明

本表适用于木门窗制作。

检查数量：按不同规格的框、扇件数，各抽查5%，但均不少于3件(允许偏差项目的1、3、5项各检查1点；2、4、6项各检查2点)。

保证项目

检验方法：1项观察检查和检查测定记录；2项观察和用手推拉检查；3项观察和用小锤轻击检查。

基本项目

评定代号：优良√，合格○，不合格×。

1 项死节与虫眼处理

合格：死节和直径大于8mm的虫眼，用同一树种木塞加胶填补。清油制品的木塞色泽、木纹应与制品基本一致。

优良：死节和直径大于5mm的虫眼，用同一树种木塞加胶填补。清油制品的木塞色泽、木纹应与制品一致。

检验方法：观察和用尺量检查。

2 项表面

合格：表面平整，无缺棱、掉角。清油制品色泽近似。

优良：表面平整光洁，无戗槎、刨痕、毛刺、锤印和缺棱、掉角。清油制品色泽、木纹近似。

检验方法：观察和手摸检查。

3 项裁口、起线、割角、拼缝

合格：裁口、起线顺直，割角准确，拼缝严密。

优良：裁口、起线顺直，割角准确，交圈整齐，拼缝严密，无胶迹。

检验方法：观察和手摸检查。

4 项压纱条和门窗纱

合格：压纱条平直，钉压牢固紧密，钉帽不突出。门窗纱绷紧。

优良：压纱条平直、光滑、规格一致，与裁口齐平，割角连接密实，钉压牢固紧密，钉帽不突出。门框纱绷紧，不露纱头。

检验方法：观察和手摸检查。

5 项涂刷干性底油

合格：门窗制成后，及时涂刷干性底油。

优良：门窗制成后，及时涂刷干性底油，并涂刷均匀。

检验方法：观察检查。

允许偏差项目

检验方法：1项将框、扇平卧在检查平台上，用楔形塞尺检查。2项尺量检查，框量裁口里角，扇量外角。3项用1m靠尺和楔形塞尺检查。4项尺量检查，框量内裁口，扇量外缘。5项用直尺和楔形塞尺检查。6项尺量检查。

7. 木门窗安装分项工程质量检验评定表(表4-35)

木门窗安装分项工程质量检验评定表　　　　表4-35

工程名称：　　　　　　　　部位：

保证项目		项　目		质　量　情　况										
	1	门窗框安装位置必须符合设计要求												
	2	门窗框必须安装牢固,固定点符合设计要求和施工规范规定												

基本项目	项　目		质　量　情　况										等级
			1	2	3	4	5	6	7	8	9	10	
	1	框与墙体间填塞保温材料												
	2	门窗扇安装												
	3	小五金安装												
	4	坡水、盖口条、压缝条、密封条												

允许偏差项目		项　目		允许偏差留缝宽度(mm)		实测值(mm)									
				Ⅰ级	Ⅱ级、Ⅲ级	1	2	3	4	5	6	7	8	9	10
	1	框的正、侧面垂直度		3											
	2	框对角线长度差		2	3										
	3	框与扇、扇与扇接触处高低差		2											
	4	门窗扇对口和扇与框间留缝宽度		1.5~2.5											
	5	工业厂房双扇大门对口留缝宽度		2~5											
	6	框与扇上缝留缝宽度		1.0~1.5											
	7	窗扇与下框间留缝宽度		2~3											
	8	门扇与地面间留缝宽度	外　门	4~5											
			内　门	6~8											
			卫生间门	10~12											
			厂房大门	10~20											
	9	门扇与下框间留缝宽度	外　门	4~5											
			内　门	3~5											

检查结果	保证项目			
	基本项目	检查　　项,其中优良		项,优良率　　%
	允许偏差项目	实测　　点,其中合格		点,合格率　　%

评定等级	工程负责人：	核定等级	
	工　长：		
	班组长：		质量检查员：

年　　月　　日

说　明

本表适用于木门窗安装。

检查数量：按不同规格和类型的樘数，各抽查5%，但均不少于3樘。

保证项目

检验方法：1项观察和尺量检查。

2项观察和用手推拉检查。

基本项目

评定代号：优良√，合格○，不合格×。

1项框与墙体间填塞保温材料

合格：基本填塞保满。

优良：填塞保满、均匀。

检验方法：观察检查

2项门窗扇安装

合格：裁口顺直，刨面平整，开关灵活，无倒翘。

优良：裁口顺直，刨面平整光滑，开关灵活、稳定，无回弹和倒翘。

检验方法：观察和开关检查。

3项小五金安装

合格：位置适宜，槽边整齐；小五金齐全，规格符合要求，木螺丝拧紧。

优良：位置适宜，槽深一致，边缘整齐，尺寸准确。小五金安装齐全，规格符合要求，木螺丝拧紧卧平，插销关启灵活。

检验方法：观察、尺量、用螺丝刀拧试和开闭检查。

4项披水、盖口条、压缝条、密封条

合格：尺寸一致，与门窗结合牢固严密。

优良：尺寸一致，平直光滑，与门窗结合牢固严密，无缝隙。

检验方法：观察和尺量检查。

允许偏差项目

检查数量：每樘检查点数：1项检查正、侧各1点。

2～9项各检查1点。

检验方法：1项用1m托线板检查。

2项尺量检查。

3项用直尺和楔形塞尺检查。

4～9项用楔形塞尺检查。

8. 钢门窗安装分项工程质量检验评定表(表4-36)

钢门窗安装分项工程质量检验评定表　　　　表4-36

工程名称：　　　　　　　　　　部位：

		项目		质量情况									
保证项目	1	钢门窗及其附件质量必须符合设计要求和有关标准的规定											
	2	钢门窗安装的位置、开启方向必须符合设计要求											
	3	钢门窗安装必须牢固；预埋铁件的数量、位置、埋设连接方法必须符合设计要求											

		项目		质量情况										等级
				1	2	3	4	5	6	7	8	9	10	
基本项目	1	门窗扇安装												
	2	附件安装												
	3	门窗框与墙体间缝隙填嵌												

		项目		允许偏差限值(mm)	实测值(mm)									
					1	2	3	4	5	6	7	8	9	10
允许偏差项目	1	门窗框两对角线长度差	≤2000mm	5										
			>2000mm	6										
	2	窗框扇配合间隙的限值	铰链面	≤2										
			执手面	≤1.5										
	3	窗框扇搭接量的限值	实腹窗	≥2										
			空腹窗	≥4										
	4	门窗框(含拼樘料)正、侧面垂直度		3										
	5	门窗框(含拼樘料)的水平度		3										
	6	门无下槛时，内门扇与地面间留缝限值		4~8										
	7	双层门窗内外框、梃(含拼樘料)中心距		5										

检查结果	保证项目				
	基本项目	检查	项,其中优良	项,优良率	%
	允许偏差项目	实测	点,其中合格	点,合格率	%

评定等级	工程负责人：	核定等级			
	工　长：				
	班组长：			质量检查员：	

年　月　日

说　　明

本表适用于实腹、空腹钢门窗的安装工程。

检查数量：按不同门窗类型樘的数，各抽查5%。但均不少于3樘（允许偏差项目的1、2、5、6、7项各检查2点；3、4项各检查1点）。

保证项目

检验方法：1项观察检查和检查出厂合格证、产品验收凭证。

2项观察检查。

3项框与墙体间缝隙填塞前观察和手扳检查，并检查隐蔽记录。

基本项目

评定代号：优良√，合格○，不合格×。

1项门窗扇安装

合格：关闭严密，开关灵活，无倒翘。

优良：关闭严密，开关灵活，无阻滞、回弹和倒翘。

检验方法：观察和开闭检查。

2项附件安装

合格：附件齐全，安装牢固，启闭灵活适用。

优良：附件齐全，位置正确，安装牢固、端正，启闭灵活适用。

检验方法：观察和手扳检查。

3项门窗框与墙体间缝隙填嵌

合格：填嵌饱满，嵌填材料符合设计要求。

优良：填嵌饱满密实，表面平整，嵌填材料、方法符合设计要求。

检验方法：观察检查。

允许偏差项目

检验方法：1项用钢卷尺检查，量里角。

2项用2×50塞片检查，量铰链面，用1.5×50塞片检查，量执手面。

3项用钢针划线的深度尺检查。

4项用1m托线板检查。

5项用1m水平尺和楔形塞尺检查。

6项用楔形塞尺检查。

7项用钢板尺检查。

9. 铝合金门窗安装分项工程质量检验评定表(表4-37)

铝合金门窗安装分项工程质量检验评定表　　　　表4-37

工程名称：　　　　　　　　　　部位：

		项　目		质量情况									
保证项目	1	铝合金门窗及其附件质量必须符合设计要求和有关标准的规定											
	2	铝合金门窗安装的位置、开启方向必须符合设计要求											
	3	铝合金门窗框安装必须牢固；预埋件的数量、位置、埋设连接方法及防腐处理必须符合设计要求											

		项　目	质　量　情　况										等级
			1	2	3	4	5	6	7	8	9	10	
基本项目	1	门窗扇安装											
	2	门窗附件安装											
	3	门窗框与墙体间缝隙填嵌											
	4	门窗外观质量											

		项　目		允许偏差限值(mm)	实测值(mm)									
					1	2	3	4	5	6	7	8	9	10
允许偏差项目	1	门窗框两对角线长度差	≤2000mm	2										
			>2000mm	3										
	2	平开窗	窗扇与框搭接宽度差	1										
	3		同樘门窗相邻扇的横端角高度差	2										
	4	推拉扇	门窗扇开启力限值 扇面积≤1.5m²	≤40N										
			扇面积>1.5m²	≤60N										
	5		门窗扇与框或相邻扇立边平行度	2										
	6	弹簧门扇	门扇对口缝或扇与框之间立、横缝留缝限值	2~4										
	7		门扇与地面间隙留缝限值	2~7										
	8		门扇对口缝关闭时平整	2										
	9	门窗框(含拼樘料)正、侧面的垂直		2										
	10	门窗框(含拼樘料)的水平度		1.5										
	11	门窗横框标高		5										
	12	双层门窗内外框、梃(含拼樘料)中心距		4										

检查结果	保证项目				
	基本项目	检查	项,其中优良	项,优良率	%
	允许偏差项目	实测	点,其中合格	点,合格率	%
评定等级	工程负责人： 工　长： 班组长：	核定等级		质量检查员：	

　　　　　　　　　　　　　　　　　　　　　　　　　　　　　　　年　月　日

说　　明

本表适用于各种系列铝合金门窗的安装工程(不包括玻璃幕墙)。

检查数量:按不同门窗类型的樘数各抽查5%,但均不少于3樘(允许偏差项目的1项检查2点;2~12项各检查1点)。

保证项目

检验方法:1项观察检查和检查出厂合格证、产品验收凭证。

2项观察检查。

3项框与墙体间缝隙填塞前观察和手扳检查,并检查隐蔽记录。

基础项目

评定代号:优良√,合格○,不合格×。

1 项门窗扇安装

(1) 平开门窗扇

合格:关闭严密,间隙基本均匀,开关灵活。

优良:关闭严密,间隙均匀,开关灵活。

检验方法:观察和开闭检查。

(2) 推拉门窗扇

合格:关闭严密,间隙基本均匀,扇与框搭接量不小于设计要求的80%。

优良:关闭严密,间隙均匀,扇与框搭接量符合设计要求。

检验方法:观察和用深度尺检查。

(3) 弹簧门扇

合格:自动定位准确,开启角度为90°±3°,关闭时间在3~15s范围之内。

优良:自动定位准确,开启角度为90°±1.5°,关闭时间在6~10s范围之内。

检验方法:用秒表、角度尺检查。

2 项门窗附件安装

合格:附件齐全,安装牢固,灵活适用,达到各自的功能。

优良:附件齐全,安装位置正确、牢固,灵活适用,达到各自功能,端正美观。

检验方法:观察、手扳和尺量检查。

3 项门窗框与墙体间缝隙填嵌

合格:填嵌饱满,填塞材料符合设计要求。

优良:填嵌饱满密实,表面平整、光滑,无裂缝,填塞材料、方法符合设计要求。

检验方法:观察检查。

注:当设计未规定填塞材料时,应采用矿棉或玻璃棉毡条分层填塞缝隙,外表面留5~8mm深槽口填嵌嵌缝油膏。

4 项门窗外观质量

合格:表面洁净,大面无划痕、碰伤、锈蚀;涂胶大面光滑,无气孔。

优良:表面洁净,无划痕、碰伤,无锈蚀;涂胶表面光滑、平整,厚度均匀,无气孔。

检验方法:观察检查。

允许偏差项目

检验方法：1 项用钢卷尺检查，量里角。
2 项用深度尺或钢板尺检查。
3 项用拉线和钢板尺检查。
4 项用 100N 弹簧秤钩住拉手处，启闭 5 次，取平均值。
5 项用 1m 钢板尺检查。
6、7 项用楔形塞尺检查。
8 项用深度尺检查。
9 项用 1m 托线板检查。
10 项用 1m 水平尺和楔形塞尺检查。
11 项用钢板尺检查与基准线比较。
12 项用钢板尺检查。

10. 一般抹灰分项工程质量检验评定表(室内)(表4-38)

一般抹灰分项工程质量检验评定表(室内)　　　　表4-38

工程名称：　　　　　　　　　　　部位：

保证项目	项　目											质量情况							
	材料的品种、质量必须符合设计要求。各抹灰层之间及抹灰层与基体之间必须粘结牢固,无脱层、空鼓,面层无爆灰和裂缝(风裂除外)等缺陷																		

基本项目	项　目		质　量　情　况										等级
			1	2	3	4	5	6	7	8	9	10	
	1	表　面											
	2	孔洞、槽、盒和管道后抹灰表面											
	3	护角、门窗框与墙体间缝隙											
	4	分格条(缝)											

允许偏差项目	项　目		允许偏差(mm)			实测值(mm)									
			普通	中级	高级	1	2	3	4	5	6	7	8	9	10
	1	立面垂直	—	5	3										
	2	表面平整	5	4	2										
	3	阴阳角垂直	—	4	2										
	4	阴阳角方正	—	4	2										
	5	分格条(缝)平直	—	3	—										

检查结果	保证项目				
	基本项目	检查　　　项,其中优良　　　项,优良率　　　%			
	允许偏差项目	实测　　　点,其中合格　　　点,合格率　　　%			

评定等级	工程负责人：	核定等级
	工　长：	
	班组长：	质量检查员：

年　月　日

说　明

本表适用于室内石灰砂浆、水泥混合砂浆、水泥砂浆、聚合物水泥砂浆、膨胀珍珠岩水泥砂浆和麻刀石灰、纸筋石灰、石膏灰等一般抹灰工程。

　　检查数量：室内，按有代表性的自然间抽查10%，过道按10m，礼堂、厂房等大间按两轴线为1间，但不少于3间(允许偏差项目每间检查点数：1、2项各检查2点；3、4、5项各检查1点)。

保证项目

　　检验方法：用小锤轻击和观察检查。

　　注：空鼓而不裂的面积不大于200cm^2者，可不计。

基本项目

　　评定代号：优良√，合格○，不合格×。

　　1 项表面　检验方法：观察和手摸检查。

　　(1) 普通抹灰

　　合格：大面光滑，接槎平顺。

　　优良：表面光滑、洁净，接槎平整。

　　(2) 中级抹灰

　　合格：表面光滑，接槎平整，线角顺直(毛面纹路基本均匀)。

　　优良：表面光滑、洁净，接槎平整，线角顺直清晰(毛面纹路均匀)。

　　(3) 高级抹灰

　　合格：表面光滑、洁净，颜色均匀，线角和灰线平直方正。

　　优良：表面光滑、洁净，颜色均匀，无抹纹，线角和灰线平直方正，清晰美观。

　　2 项孔洞、槽、盒和管道后抹灰表面　检验方法：观察检查。

　　合格：尺寸正确，边缘整齐；管道后面平顺。

　　优良：尺寸正确，边缘整齐、光滑；管道后面平整。

　　3 项护角、门窗框与墙体间缝隙　检验方法：观察，用小锤轻击或尺量检查。

　　合格：护角材料、高度符合施工规范规定；门窗框与墙体间缝隙填塞密实。

　　优良：护角符合施工规范规定，表面光滑平顺；门窗框与墙体间缝隙填塞密实，表面平整。

　　4 项分格条(缝)

　　合格：宽度、深度基本均匀，楞角整齐，横平竖直。

　　优良：宽度、深度均匀、平整光滑，楞角整齐，横平竖直、通顺。

　　检验方法：观察检查。

允许偏差项目

　　检验方法：1、3项用2m托线板检查。2项用2m靠尺和楔形塞尺检查。4项用方尺和楔形塞尺检查。5项拉5m线和尺量检查。

　　注：1. 中级抹灰，本表第4项阴角方正可不检查。

　　　　2. 顶棚抹灰，本表第1项表面平整可不检查，但应平顺。

11. 一般抹灰分项工程质量检验评定表(室外)(表4-39)

一般抹灰分项工程质量检验评定表(室外)　　表4-39

工程名称：　　　　　　　　　　　　部位：

保证项目	项目											质量情况	
	材料的品种、质量必须符合设计要求。各抹灰层之间及抹灰层与基体之间必须粘结牢固，无脱层、空鼓，面层无爆灰和裂缝(风裂除外)等缺陷												

基本项目		项目	质量情况										等级
			1	2	3	4	5	6	7	8	9	10	
	1	表面											
	2	孔洞、槽、盒和管道后抹灰表面											
	3	护角、门窗框与墙体间缝隙											
	4	分格条(缝)											
	5	滴水线(槽)											

允许偏差项目		项目	允许偏差(mm)			实测值(mm)									
			普通	中级	高级	1	2	3	4	5	6	7	8	9	10
	1	立面垂直	—	5	3										
	2	表面平整	5	4	2										
	3	阴阳角垂直	—	4	2										
	4	阴阳角方正	—	4	2										
	5	分格条(缝)平直	—	3	—										

检查结果	保证项目	
	基本项目	检查　　项，其中优良　　项，优良率　　%
	允许偏差项目	实测　　点，其中合格　　点，合格率　　%

评定等级	工程负责人： 工　　长： 班组长：	核定等级	

质量检查员：

年　　月　　日

说　明

本表适用于室外石灰砂浆、水泥混合砂浆、水泥砂浆、聚合物水泥砂浆、膨胀珍珠岩水泥砂浆和麻刀石灰、纸筋石灰、石膏灰等一般抹灰工程。

检查数量：室外，以 4m 左右高为一检查层，每 20m 长抽查 1 处（每处 3m），但不少于 3 处（允许偏差项目每处检查点数：1、2 项各检查 2 点，3、4、5 项各检查 1 点）。

保证项目

检验方法：观察和用小锤轻击检查。

注：空鼓而不裂的面积不大于 200cm² 者，可不计。

基本项目

评定代号：优良√，合格○，不合格×。

1 项表面

(1) 普通抹灰

合格：大面光滑；接槎平顺。

优良：表面光滑；洁净，接槎平整。

(2) 中级抹灰

合格：表面光滑，接槎平整，线角顺直（毛面纹路基本均匀）。

优良：表面光滑、洁净，接槎平整，线角顺直清晰（毛面纹路均匀）。

(3) 高级抹灰

合格：表面光滑、洁净、颜色均匀，线角和灰线平直方正。

优良：表面光滑、洁净，颜色均匀，无抹纹，线角和灰线平直方正，清晰美观。

检验方法：观察和手摸检查。

2 项孔洞、槽、盒和管道后抹灰表面

合格：尺寸正确，边缘整齐；管道后面平顺。

优良：尺寸正确、边缘整齐、光滑；管道后面平整。

检验方法：观察检查。

3 项护角、门窗框与墙体间缝隙

合格：护角材料、高度符合施工规范规定；门窗框与墙体间缝隙填塞密实。

优良：护角符合施工规范规定，表面光滑平顺；门窗框与墙体间缝隙填塞密实。表面平整。

检验方法：观察、用小锤轻击或尺量检查。

4 项分格条（缝）

合格：宽度、深度均匀，楞角整齐，横平竖直。

优良：宽度、深度均匀，平整光滑，楞角整齐，横平竖直、通顺。

检验方法：观察检查。

5 项滴水线（槽）

合格：滴水线顺直；滴水槽深度、宽度均不小于 10mm。

优良：流水坡向正确；滴水线顺直；滴水槽深度、宽度均不小于 10mm，整齐一致。

检验方法：观察或尺量检查。

允许偏差项目

检验方法：1、3项用2m托线板检查。

2项用2m靠尺和楔形塞尺检查。

4项用方尺和楔形塞尺检查。

5项拉5m线和尺量检查。

注：1. 外墙一般抹灰，立面总高度的垂直偏差为：单层、多层建筑为全高的 $H/1000$ 且 $\not> 20mm$；高层建筑为全高的 $H/1000$ 且 $\not> 30mm$ 或每层为5mm，全高≤10m 为 10mm。全高>10m 为 20mm。

2. 中级抹灰，本表第4项阴角方正可不检查。

3. 顶棚抹灰，本表第1项表面平整可不检查，但应平顺。

12. 水刷石、水磨石、斩假石和干粘石分项工程质量检验评定表(表4-40)

水刷石、水磨石、斩假石和干粘石分项工程质量检验评定表　　　表4-40

工程项目：　　　　　　　　　　　　部位：

保证项目	项　目												质量情况		
	材料的品种、质量必须符合设计要求，各抹灰层之间及抹灰层与基体之间必须粘结牢固，无脱层、空鼓和裂缝等缺陷														

基本项目		项　目	质　量　情　况										等级
			1	2	3	4	5	6	7	8	9	10	
	1	表　　面											
	2	分格条(缝)											
	3	滴水线(槽)											

允许偏差项目		项　目	允许偏差(mm)				实　测　值(mm)									
			水刷石	水磨石	斩假石	干粘石	1	2	3	4	5	6	7	8	9	10
	1	立面垂直	5	3	4	5										
	2	表面平整	3	2	3	5										
	3	阴阳角垂直	4	2	3	4										
	4	阴阳角方正	3	2	3	4										
	5	墙裙、勒脚上口平直	3	3	3	—										
	6	分格条(缝)平直	3	2	3	3										

检查结果	保证项目				
	基本项目	检查　　　项，其中优良　　　项，优良率　　　%			
	允许偏差项目	实测　　　点，其中合格　　　点，合格率　　　%			

评定等级	工程负责人： 工　　长： 班组长：	核定等级	质量检查员：

注：1. 外墙面装饰抹灰，立面总高度的垂直偏差同《建筑工程质量检验评定标准》(GBJ 301—88)中表5.3.9和表6.1.11的规定。
　　2. 水刷石、斩假石、干粘石等装饰抹灰，表中第4项阴角方正可不检查。
　　3. 干粘石可在面层涂抹前检查中层砂浆表面，其允许偏差按表中相应规定执行。

　　　　　　　　　　　　　　　　　　　　　　　　　　　　　　　　　年　　月　　日

说 明

本表适用于水刷石、水磨石、斩假石和干粘石等装饰抹灰。

检查数量：室外以4m左右高为一检查层，每20m长抽查1处(每处3m)，但不少于3处；室内按有代表性的自然间抽查10%，过道按10m，礼堂、厂房等大间按两轴线为1间，但不少于3间(允许偏差项目每处的检查点数，1~2项各检查2点，其余各项各检查1点)。

保证项目

检验方法：观察检查和用小锤轻击检查。

注：空鼓而不裂的面积不大于200cm^{2}者，可不计。

基本项目

评定代号：优良√，合格○，不合格×。

1 项表面

(1) 水刷石

合格：石粒紧密平整，色泽均匀，无掉粒。

优良：石粒清晰，分布均匀，紧密平整，色泽一致，无掉粒和接槎痕迹。

(2) 水磨石

合格：表面平整光滑，石子显露均匀。

优良：表面平整光滑，石子显露密实均匀，无砂眼、磨纹和漏磨处，分格条位置准确，全部露出。

(3) 斩假石

合格：剁纹均匀顺直，楞角无损坏。

优良：剁纹均匀顺直，深浅一致，颜色一致，无漏剁处。留边宽窄一致，楞角无损坏。

(4) 干粘石

合格：石粒粘结牢固，分布均匀，表面平整，颜色一致。

优良：石粒粘结牢固，分布均匀，表面平整，颜色一致，不显接槎，无露浆，无漏粘，阳角处无黑边。

检验方法：观察、手摸检查。

2 项分格条(缝)

合格：宽度、深度均匀，楞角整齐，横平竖直。

优良：宽度、深度均匀，平整光滑，楞角整齐，横平竖直、通顺。

检验方法：观察检查。

3 项滴水线(槽)

合格：滴水线顺直；滴水槽深度、宽度均不小于10mm。

优良：流水坡向正确；滴水线顺直；滴水槽深度、宽度均不小于10mm，整齐一致。

检验方法：观察或尺量检查。

允许偏差项目

检验方法：1、3项用2m托线板检查。2项用2m靠尺和楔形塞尺检查。4项用方尺和楔形塞尺检查。5、6项拉5m线，不足5m拉通线和尺量检查。

13. 假面砖、拉条灰、拉毛灰、洒毛灰、仿石和彩色抹灰分项工程质量检验评定表(表4-41)

假面砖、拉条灰、拉毛灰、洒毛灰、仿石和彩色抹灰分项工程质量检验评定表　　表4-41

工程名称：　　　　　　　　　　　　部位：

保证项目	项　目											质　量　情　况	
	材料的品种、质量必须符合设计要求；各抹灰层之间及抹灰层与基体之间必须粘结牢固，无脱层、空鼓和裂缝等缺陷												

基本项目		项　目	质　量　情　况										等　级
			1	2	3	4	5	6	7	8	9	10	
	1	表　面											
	2	分格条(缝)											
	3	滴水线(槽)											

允许偏差项目		项　目	允许偏差(mm)					实　测　值(mm)										
			假面砖	拉条灰	拉毛灰	洒毛灰	仿石、彩色抹灰	1	2	3	4	5	6	7	8	9	10
	1	立面垂直	5	5			4										
	2	表面平整	4	4			3										
	3	阴阳角垂直	—	4			3										
	4	阴阳角方正	4	4			3										
	5	墙裙、勒脚上口平直	—				3										
	6	分格条(缝)平直	3	—			3										

检查结果	保证项目	
	基本项目	检查　　　项，其中优良　　　项，优良率　　　%
	允许偏差项目	实测　　　点，其中合格　　　点，合格率　　　%

评定等级	工程负责人：　　　　　　　　　　　核定等级	
	工　　长：	
	班组长：	质量检查员：

注：1. 外墙面装饰抹灰，立面总高度的垂直偏差同《建筑工程质量检验评定标准》(GBJ301—88)中表5.3.9和表6.1.11的规定。
　　2. 假面砖、拉条灰、拉毛灰、洒毛灰等装饰抹灰，表中第4项阴角方正可不检查。
　　3. 拉毛灰和洒毛灰可在面层涂抹前检查中层砂浆表面，其允许偏差按表中相应规定执行。

年　　月　　日

说 明

本表适用于假面砖、拉条灰、拉毛灰、洒毛灰、仿石和彩色抹灰。

检查数量:室外以 4m 左右高为一检查层,每 20m 抽查 1 处(每处 3m),但不少于 3 处;室内按有代表性的自然间抽查 10%,过道按 10m,礼堂、厂房等大间按两轴线为 1 间,但不少于 3 间(允许偏差项目,室内每间及室外每处的检查点数,1~2 项各检查 2 点,其余各项各检查 1 点)。

保证项目

检验方法:观察检查和用小锤轻击检查。空鼓而不裂的面积不大于 200cm^2 者,可不计。

基本项目

评定代号:优良√,合格○,不合格×。

1 项表面

(1) 假面砖

合格:表面平整,色泽均匀,无掉角、脱皮和起砂等缺陷。

优良:表面平整,沟纹清晰,留缝整齐,色泽均匀,无掉角、脱皮、起砂等缺陷。

(2) 拉条灰

合格:拉条顺直,深浅一致,表面光滑,上下端灰口齐平。

优良:拉条顺直清晰,深浅一致,光滑洁净,间隔均匀,不显接槎,上下端灰口齐平。

(3) 拉毛灰、洒毛灰

合格:花纹、斑点、颜色均匀。

优良:花纹、斑点均匀,颜色一致,不显接槎。

(4) 仿石、彩色抹灰

合格:表面密实,线条、纹理清晰。

优良:表面密实,线条、纹理清晰,颜色协调,不显接槎。

检验方法:观察或手摸检查。

2 项分格条(缝)

合格:宽度、深度均匀,棱角整齐,横平竖直。

优良:宽度、深度均匀,平整光滑,棱角整齐,横平竖直、通顺。

检验方法:观察检查。

3 项滴水线(槽)

合格:滴水线顺直,滴水槽深度、宽度均不小于 10mm。

优良:流水坡向正确,滴水线顺直,滴水槽深度、宽度均不小于 10mm,整齐一致。

检验方法:观察或尺量检查。

允许偏差项目

检验方法:1、3 项用 2m 托线板检查;2 项用 2m 靠尺和楔形塞尺检查;4 项用方尺和楔形塞尺检查;5、6 项拉 5m 线,不足 5m 拉通线和尺量检查。

14. 喷砂、喷涂、滚涂和弹涂分项工程质量检验评定表（表4-42）

喷砂、喷涂、滚涂和弹涂分项工程质量检验评定表　　　　表4-42

工程名称：　　　　　　　　　　　　部位：

保证项目	项目											质量情况				
	材料的品种、质量必须符合设计要求；各抹灰层之间及抹灰层与基体之间必须粘结牢固，无脱层、空鼓和裂缝等缺陷															

基本项目		项目	质量情况										等级
			1	2	3	4	5	6	7	8	9	10	
	1	表面											
	2	分格条(缝)											
	3	滴水线(槽)											

允许偏差项目		项目	允许偏差(mm)				实测值(mm)									
			喷砂	喷涂	滚涂	弹涂	1	2	3	4	5	6	7	8	9	10
	1	立面垂直	5	5												
	2	表面平整	5	4												
	3	阴阳角垂直	4	4												
	4	阴阳角方正	3	4												
	5	分格条(缝)平直	3	3												

检查结果	保证项目	
	基本项目	检查　　项，其中优良　　项，优良率　　%
	允许偏差项目	实测　　点，其中合格　　点，合格率　　%

评定等级	工程负责人：	核定等级	
	工　　长：		
	班 组 长：		质量检查员：

注：1．外墙面装饰抹灰，立面总高度的垂直偏差同《建筑工程质量检验评定标准》(GBJ 301—88)中表5.3.9和表6.1.11的规定。
　　2．喷砂、喷涂、滚涂和弹涂等可在面层涂抹前检查中层砂浆表面，其允许偏差按表中相应规定执行。

年　　月　　日

说 明

本表适用于喷砂、喷涂、滚涂和弹涂等装饰抹灰。

检查数量:室外以 4m 左右高为一检查层,每 20m 抽查 1 处(每处 3m),但不少于 3 处;室内按有代表性的自然间抽查 10%,过道按 10m,礼堂、厂房等大间按两轴线为 1 间,但不少于 3 间(允许偏差项目:室内每间和室外每处的检查点数,1~2 项各检查 2 点,其余各项各检查 1 点)。

保证项目

检查方法:观察检查和用小锤轻击检查。

注:空鼓而不裂的面积不大于 200cm² 者,可不计。

基本项目

评定代号:优良√,合格○,不合格×。

1 项表面

(1) 喷砂

合格:表面平整,砂粒粘结牢固,颜色均匀。

优良:表面平整,砂粒粘结牢固、均匀、密实、颜色一致。

(2) 喷涂、滚涂、弹涂

合格:颜色、花纹、色点大小均匀,无漏涂。

优良:颜色一致、花纹、色点大小均匀,不显接槎,无漏涂、透底和流坠。

检验方法:观察、手摸检查。

2 项分格条(缝)

合格:宽度、深度均匀,棱角整齐,横平竖直。

优良:宽度、深度均匀,平整光滑,棱角整齐,横平竖直、通顺。

检验方法:观察检查。

3 项滴水线(槽)

合格:滴水线顺直,滴水槽深度、宽度均不小于 10mm。

优良:流水坡向正确,滴水线顺直,滴水槽深度、宽度均不小于 10mm,整齐一致。

检验方法:观察或尺量检查。

允许偏差项目

检验方法:1、3 项用 2m 托线板检查。

2 项用 2m 靠尺和楔形塞尺检查。

4 项用方尺和楔形塞尺检查。

5、6 项拉 5m 线,不足 5m 拉通线和尺量检查。

15. 清水砖墙勾缝分项工程质量检验评定表(表4-43)

清水砖墙勾缝分项工程质量检验评定表 表4-43

工程名称：　　　　　　　　　　　部位：

	项　目	质　量　情　况										等　级
		1	2	3	4	5	6	7	8	9	10	
基本项目	1　勾缝牢固											
	2　勾缝整齐											
	3　勾缝清洁											
检查结果	基本项目	检查　　项,其中优良　　项,优良率　　%										
评定等级	工程负责人： 工　　长： 班 组 长：	核定等级					质量检查员：					

　　　　　　　　　　　　　　　　　　　　　　　　年　月　日

说　明

本表适用于清水砖墙加浆勾缝工程。

检查数量：按墙长每20m抽查1处(每处3m),但不少于3处。

检验方法：观察或尺量检查。

基本项目

评定代号：优良√,合格〇,不合格×。

1项勾缝牢固

合格：粘结牢固,压实抹光。

优良：粘结牢固,压实抹光,无开裂等缺陷。

2项勾缝整齐

合格：横平竖直,交接处平顺,无丢缝。

优良：横平竖直,交接处平顺,深浅宽窄一致,无丢缝。

3项勾缝清洁

合格：灰缝颜色基本一致,砖面无明显污染。

优良：灰缝颜色一致,砖面洁净。

16. 混色油漆(级)分项工程质量检验评定表(表4-44)

混色油漆(级)分项工程质量检验评定表　　　　表4-44

工程名称：　　　　　　　　　　　部位：

保证项目		项　　目	质　量　情　况										
	1	材料的品种、质量必须符合设计要求和有关标准规定											
	2	混色油漆工程严禁脱皮、漏刷和反锈											

基本项目		项　　目	质　量　情　况										等级
			1	2	3	4	5	6	7	8	9	10	
	1	透底、流坠、皱皮											
	2	光亮和光滑											
	3	分色裹楞											
	4	装饰线、分色线平直											
	5	颜色、刷纹											
	6	五金、玻璃等											

检查结果	保证项目	
	基本项目	检查　　　项,其中优良　　　项,优良率　　　%

评定等级	工程负责人： 工　　长： 班组长：	核定等级	
			质量检查员：

年　　月　　日

说　明

本表适用于混色普通、中级和高级油漆。

检查数量：室外按油漆面积抽查10%；室内按有代表性的自然间抽查10%，过道按10m，礼堂、厂房等大间按两轴线为1间，但不少于3间。

检验方法：1 项检查油漆涂料产品出厂合格证。
　　　　　2 项观察、手摸或尺量检查。

保证项目

检查数量、检验方法同上。

基本项目

评定代号：优良√，合格○，不合格×。

检查数量、检验方法同上。

项次	项目	等级	普通	中级	高级
1	透底、流坠、皱皮	合格	大面有轻微流坠、透底、皱皮	大面无	大面无 小面明显处无
		优良	大面无	大面无 小面明显处无	大小面均无
2	光亮和光滑	合格	大面光亮	大面光亮、光滑	光亮均匀一致 光滑无挡手感
		优良	大面光亮、光滑	光亮、光滑均匀一致	光亮足 光滑无挡手感
3	分色裹楞	合格	大面无	大面无 小面允许偏差2mm	大面无 小面允许偏差1mm
		优良	大面无 小面允许偏差2mm	大面无 小面允许偏差1mm	大小面均无
4	装饰线、分色线平直	合格	偏差不大于3mm	偏差不大于2mm	偏差不大于1mm
		优良	偏差不大于2mm	偏差不大于1mm	平直
5	颜色、刷纹	合格	大面颜色均匀	大面颜色一致,刷纹通顺	颜色一致,刷纹通顺
		优良	颜色均匀	颜色一致,刷纹通顺	颜色一致,无刷纹
6	五金玻璃等	合格	基本洁净	基本洁净	五金洁净,玻璃基本洁净
		优良	洁　净	洁　净	洁　净

注：1. 大面是指门窗关闭后的里、外面。
　　2. 小面明显处是指门窗开启后，除大面外，视线所能见到的地方。
　　3. 设备、管道喷刷银粉漆，漆膜应均匀一致，光亮足。
　　4. 涂刷无光乳胶漆、无光漆，不检查光亮。

17. 清漆(级)、美术油漆、木地板、大理石、水磨石、打蜡分项工程质量检验评定表(表4-45)

清漆(级)、美术油漆、木地板、大理石、水磨石、打蜡分项工程质量检验评定表　　表 4-45

工程名称：　　　　　　　　　　　　　部位：

		项　目	质 量 情 况
保证项目	1	材料品种、质量必须符合设计要求和有关标准规定	
	2	清漆工程严禁漏刷、脱皮和斑迹	
	3	美术油漆的图案和颜色必须符合设计和选定样品的要求；底层油漆的质量必须符合相应等级的有关规定	
	4	木地板烫蜡、擦软蜡和大理石、水磨石地面打蜡工程，严禁在施工过程中烫坏地板和损坏地面	

		项　目	质　量　情　况										等　级
			1	2	3	4	5	6	7	8	9	10	
基本项目	1	清色油漆	木纹											
	2		光亮和光滑											
	3		裹楞、流坠、皱皮											
	4		颜色、刷纹											
	5		五金、玻璃等											
	1	美术油漆	滚花											
	2		仿木纹、石纹											
	3		鸡皮皱、拉毛											
	4		套色漏花											
	5		不同颜色的线条											
	1	地板打蜡	木地板烫蜡、擦软蜡											
	2		大理石、水磨石地面打蜡											

检查结果	保证项目	
	基本项目	检查　　　项，其中优良　　　项，优良率　　　%

评定等级	工程负责人： 工　　长： 班　组　长：	核定等级	
			质量检查员：

年　　月　　日

说　明

本表适用于清色中级、高级油漆、美术油漆和木地板、大理石、水磨石的擦打蜡。

检查数量：室外按油漆面积抽查10%；室内按有代表性的自然间抽查10%，过道按10m，礼堂、厂房等大间按两轴线为1间，但不少于3间。

检验方法：1项检查油漆涂料产品出厂合格证。
　　　　　2项观察、手摸和尺量检查。

保证项目：检查数量、检验方法同上。

基本项目：评定代号：优良√，合格○，不合格×。

　　　　　检查数量、检验方法同上。

1项清色油漆

项次	项　目	等级	中　级	高　级
1	木纹	合格 优良	木纹清楚 棕眼刮平，木纹清楚	棕眼刮平，木纹清楚 棕眼刮平，木纹清晰
2	光亮和光滑	合格 优良	光亮、光滑 光亮足、光滑	光亮柔和，光滑 光亮柔和，光滑无挡手感
3	裹楞、流坠、皱皮	合格 优良	大面无 大面及小面明显处无	大面及小面明显处无 无
4	颜色刷纹	合格 优良	大面颜色基本一致 颜色一致，无刷纹	颜色基本一致，无刷纹 颜色一致，无刷纹
5	五金玻璃等	合格 优良	基本洁净 洁　净	五金洁净，玻璃等基本洁净 洁　净

注：1. 大面是指门窗关闭后的里、外面。
　　2. 小面明显处是指门窗开启后，除大面外，视线所能见到的地方。

2项美术油漆

项次	项　目	等级	质　量　要　求
1	滚花	合格 优良	无明显漏涂、斑污和流坠、接槎 图案颜色鲜明，轮廓清晰，无漏涂、斑污和流坠，不显接槎
2	仿木纹、石纹	合格 优良	具有被摹仿材料的纹理 摹仿的纹理逼真
3	鸡皮皱、拉毛	合格 优良	鸡皮皱的起粒和拉毛的大小花纹分布均匀 分布均匀，不显接槎，无起皮和裂纹
4	套色漏花	合格 优良	图案无位移 图案无位移，纹理和轮廓清晰
5	不同颜色的线条	合格 优良	颜色均匀，全长歪斜不大于2～3mm 颜色均匀，全长歪斜不大于1～2mm，搭接错位不大于0.5mm

3项木地板烫、擦蜡、大理石、水磨石和地面打蜡

项次	项　目	等级	质　量　要　求
1	木地板烫蜡、擦软蜡	合格 优良	蜡洒布均匀、无露底，光亮光滑，色泽均匀，表面基本洁净 蜡洒布均匀、无露底，光滑明亮，色泽一致，厚薄均匀，木纹清楚，表面洁净
2	大理石、水磨石地面打蜡	合格 优良	蜡洒布均匀，无露底，光亮光滑 蜡洒布均匀、无露底，条缝刮平，光滑明亮，厚薄均匀，表面洁净

18. 刷(喷)浆(级)分项工程质量检验评定表(表4-46)

刷(喷)浆(级)分项工程质量检验评定表　　　　表4-46

工程名称：　　　　　　　　　　　　部位：

<table>
<tr><td rowspan="3">保证项目</td><td colspan="2">项　目</td><td colspan="11">质量情况</td></tr>
<tr><td>1</td><td colspan="2">涂料的品种、质量和颜色必须符合设计要求和有关标准的规定。一般刷浆(喷浆)严禁掉粉、起皮、漏刷和透底</td><td colspan="11"></td></tr>
<tr><td>2</td><td colspan="2">美术刷浆的图案、花纹和颜色必须符合设计或选定样品要求；底层的质量必须符合一般刷浆(喷浆)相应等级的规定</td><td colspan="11"></td></tr>
<tr><td rowspan="11">基本项目</td><td colspan="2" rowspan="2">项　目</td><td colspan="10">质　量　情　况</td><td rowspan="2">等级</td></tr>
<tr><td>1</td><td>2</td><td>3</td><td>4</td><td>5</td><td>6</td><td>7</td><td>8</td><td>9</td><td>10</td></tr>
<tr><td rowspan="6">一般刷浆(喷浆)</td><td>1</td><td>反碱、咬色</td><td></td><td></td><td></td><td></td><td></td><td></td><td></td><td></td><td></td><td></td><td></td></tr>
<tr><td>2</td><td>喷点、刷纹</td><td></td><td></td><td></td><td></td><td></td><td></td><td></td><td></td><td></td><td></td><td></td></tr>
<tr><td>3</td><td>流坠、疙瘩、溅沫</td><td></td><td></td><td></td><td></td><td></td><td></td><td></td><td></td><td></td><td></td><td></td></tr>
<tr><td>4</td><td>颜色、砂眼、划痕</td><td></td><td></td><td></td><td></td><td></td><td></td><td></td><td></td><td></td><td></td><td></td></tr>
<tr><td>5</td><td>装饰线、分色线平直</td><td></td><td></td><td></td><td></td><td></td><td></td><td></td><td></td><td></td><td></td><td></td></tr>
<tr><td>6</td><td>门窗、灯具等</td><td></td><td></td><td></td><td></td><td></td><td></td><td></td><td></td><td></td><td></td><td></td></tr>
<tr><td rowspan="3">美术刷浆(喷浆)</td><td>1</td><td>纹理花点</td><td></td><td></td><td></td><td></td><td></td><td></td><td></td><td></td><td></td><td></td><td></td></tr>
<tr><td>2</td><td>线　条</td><td></td><td></td><td></td><td></td><td></td><td></td><td></td><td></td><td></td><td></td><td></td></tr>
<tr><td>3</td><td>接边和镶边线条</td><td></td><td></td><td></td><td></td><td></td><td></td><td></td><td></td><td></td><td></td><td></td></tr>
<tr><td rowspan="2">检查结果</td><td colspan="2">保证项目</td><td colspan="11"></td></tr>
<tr><td colspan="2">基本项目</td><td colspan="11">检查　　项,其中优良　　项,优良率　　％</td></tr>
<tr><td rowspan="3">评定等级</td><td colspan="2">工程负责人：</td><td colspan="11" rowspan="3">核定等级</td></tr>
<tr><td colspan="2">工　长：</td></tr>
<tr><td colspan="2">班组长：　　　　　　　　　　　　　质量检查员：</td></tr>
</table>

　　　　　　　　　　　　　　　　　　　　　　　　　　　　　　　年　月　日

说 明

本表适用于石灰浆、大白浆、可赛银浆、聚合物水泥浆和水溶性涂料、无机涂料等刷浆（喷浆）和室内美术刷浆（喷浆）工程。

检查数量：室外以4m左右高为一检查层，每20m长抽查1处（每处3m），但不少于3处；室内按有代表性的自然间抽查10%，过道按10m，厂房、礼堂等大间按两轴线为1间，但不少于3间。

检验方法：1项检查涂料产品合格证，并与设计图纸对照。

2项观察、手轻摸检查。

保证项目：检查数量、检验方法同上。

基本项目：评定代号：优良√，合格○，不合格×。

检查数量、检验方法同上。

1项一般刷浆（喷浆）

项次	项目	等级	普通	中级	高级
1	反碱咬色	合格	有少量，不超过5处	有轻微少量，不超过3处	明显处无
		优良	有少量，不超过3处	有轻微少量，不超过1处	无
2	喷点刷纹	合格	2m正视，无明显缺陷	2m正视，喷点均匀，刷纹通顺	1.5m正视喷点均匀，刷纹通顺
		优良	2m正视，喷点均匀，刷纹通顺	1.5m正视喷点均匀，刷纹通顺	1m正斜视喷点均匀，刷纹通顺
3	流坠疙瘩溅抹	合格	有少量	有轻微少量，不超过5处	明显处无
		优良	有轻微少量	有轻微少量，不超过3处	无
4	颜色砂眼划痕	合格	—	颜色一致	正视颜色一致，有轻微少量砂眼、划痕
		优良	—	颜色一致，有轻微少量砂眼、划痕	正斜视颜色一致，无砂眼、无划痕
5	装饰线分色线平直	合格	—	偏差不大于3mm	偏差不大于2mm
		优良	—	偏差不大于2mm	偏差不大于1mm
6	门窗灯具等	合格	基本洁净	基本洁净	门窗洁净，灯具等基本洁净
		优良	洁净	洁净	洁净

注：本表第4项划痕，系指披腻子打砂纸所遗留的痕迹。

2项美术刷浆（喷浆）

项次	项目	等级	质量要求
1	纹理花点	合格	无明显缺陷
		优良	纹理、花点分布均匀，质感清晰，协调美观
2	线条	合格	均匀平直
		优良	均匀平直，颜色一致，无接头痕迹
3	接边和镶边线条	合格	线条的搭接错位不大于2mm
		优良	搭接错位不大于1mm

19. 玻璃安装分项工程质量检验评定表(表4-47)

玻璃安装分项工程质量检验评定表　　　　表4-47

工程名称：　　　　　　　　　　　部位：

保证项目		项目	质量情况									
	1	材料品种、规格和质量必须符合设计要求和有关标准规定										
	2	玻璃裁割尺寸正确,安装必须平整、牢固,无松动现象										

基本项目		项目	质量情况										等级
			1	2	3	4	5	6	7	8	9	10	
	1	油灰											
	2	钉子或卡子											
	3	木压条											
	4	橡皮垫											
	5	玻璃砖											
	6	彩色、压花玻璃											
	7	玻璃表面											

检查结果	保证项目	
	基本项目	检查　　项,其中优良　　项,优良率　　%

评定等级	工程负责人： 工　长： 班组长：	核定等级
		质量检查员：

年　月　日

说　明

本表适用于平板玻璃、夹丝玻璃、磨砂玻璃、钢化玻璃、彩色玻璃、压花玻璃和玻璃砖等安装工程。

检查数量：按有代表性的自然间抽查10%，过道按10m，礼堂、厂房等大间按两轴线为1间，但不少于3间。

保证项目

检验方法：1项检查新材料出厂合格证。

　　　　　2项轻敲和观察检查。

基本项目

评定代号：优良√，合格○，不合格×。

检验方法：观察检查。

1 项油灰

合格：底灰饱满，油灰与玻璃、裁口粘结牢固，边缘与裁口齐平。

优良：底灰饱满，油灰与玻璃、裁口粘结牢固，边缘与裁口齐平，四角成八字形，表面光滑，无裂缝、麻面和皱皮。

2 项钉子和卡子

合格：钉子或钢丝卡的数量符合施工规范的规定，规格符合要求。

优良：钉子或钢丝卡的数量符合施工规范的规定，规格符合要求，并不在油灰表面显露。

3 项木压条

合格：木压条与裁口边缘紧贴，割角整齐。

优良：木压条与裁口边缘紧贴齐平，割角整齐，连接紧密，不露钉帽。

4 项橡皮垫

合格：橡皮垫与裁口、玻璃及压条紧贴。

优良：橡皮垫与裁口、玻璃及压条紧贴，整齐一致。

5 项玻璃砖

合格：排列位置正确、嵌缝密实。

优良：排列位置正确、均匀整齐，嵌缝饱满密实，接缝均匀、平直。

6 项彩色、压花玻璃

合格：颜色、图案符合设计要求。

优良：颜色、图案符合设计要求，接缝吻合。

7 项玻璃表面

合格：表面无明显斑污，安装朝向正确。

优良：表面洁净，无油灰、浆水、油漆等斑污，安装朝向正确。

20. 裱糊壁纸、墙布等分项工程质量检验评定表(表4-48)

裱糊壁纸、墙布等分项工程质量检验评定表   表4-48

工程名称：　　　　　　　　部位：

保证项目	项目		质量情况									
	1	材料品种、颜色符合设计要求，其质量必须符合有关标准规定										
	2	壁纸、墙布必须粘结牢固，无空鼓、翘边、皱折等缺陷										

基本项目	项目	质量情况										等级
		1	2	3	4	5	6	7	8	9	10	
	1	表面										
	2	拼接										
	3	与挂镜线、贴脸板、踢脚线电气槽盒等交接										

检查结果	保证项目				
	基本项目	检查　　项，其中优良　　项，优良率　　%			
评定等级	工程负责人：	核定等级		质量检查员：	
	工　　长：				
	班 组 长：				

　　　　　　　　　　　　　　　　　　　　　　　年　　月　　日

说　明

本表适用于普通壁纸、塑料壁纸和玻璃纤维墙布等室内裱糊工程。

检查数量：按有代表性的自然间抽查10%，过道按10延长米，礼堂、厂房等大间按两轴线为1间，但不少于3间。

保证项目

检验方法：1项检查新材料出厂合格证。2项观察或用手轻触检查。

基本项目

评定代号：优良√，合格○，不合格×。

检验方法：观察检查。

1项表面

合格：色泽一致，无斑污。

优良：色泽一致，无斑污，无胶痕。

2项拼接

合格：横平竖直，图案端正，拼缝处图案、花纹基本吻合，阳角处无接缝。

优良：在合格基础上，拼缝处图案、花纹吻合，距墙1.5m处正视不显拼缝。阴角处搭接顺光，阳角处无接缝。

3项与挂镜线、贴脸板、踢脚线、电气槽盒等交接

合格：交接紧密，无漏贴，不糊盖需拆卸的活动件。

优良：交接紧密，无缝隙、无漏贴和补贴，不糊盖需卸拆的活动件。

21. 天然石、人造石饰面板分项工程质量检验评定表(表4-49)

天然石、人造石饰面板分项工程质量检验评定表 表4-49

工程名称： 部位：

保证项目	项 目											质 量 情 况					
	1	饰面板(砖)的品种、规格、颜色和图案必须符合设计要求,其质量必须符合有关标准规定															
	2	板(砖)安装(镶贴)必须牢固,以水泥为主要粘结材料,严禁空鼓,无歪斜、缺棱掉角和裂缝等缺陷															

基本项目	项 目	质 量 情 况										等 级
		1	2	3	4	5	6	7	8	9	10	
	1 表 面											
	2 接 缝											
	3 套 割											
	4 坡向、滴水线											

允许偏差项目	项目		允许偏差 (mm)										实测值(mm)									
			天 然 石					人 造 石			饰面砖												
			光面	镜面	粗磨面	麻面	条纹面	天然面	人造大理石	水磨石	水刷石	外墙面砖	釉面砖	陶瓷锦砖	1	2	3	4	5	6	7	8	9	10
	1	表面平整	1		3			—	1	2	4		2											
	2 立面垂直	室内	2		3			—	3	3	4		3											
		室外	3		6			—	3	3	4		3											
	3	阳角方正	2		4			—	2	2	2		2											
	4	接缝平直	2		4			5	2	3	4	3	2											
	5	墙裙上口平直	2		4			3	2	2	3		2											
	6	接缝高低	0.3		3			—	0.3	0.5	3	室外1 室内0.5												
	7	接缝宽度偏差	0.5		1			2	0.5	0.5	2													

检查结果	保证项目	
	基本项目	检查 项,其中优良 项,优良率 %
	允许偏差项目	实测 点,其中合格 点,合格率 %

评定等级	工程负责人：	核定等级	
	工 长：		
	班 组 长：		质量检查员：

年 月 日

说　　明

本表适用于天然石、人造石饰面板和饰面砖镶贴的室内外饰面工程。

检查数量：室外以4m高左右为一检查层，每20m长抽查1处（每处3延长米），但不少于3处；室内按有代表性的自然间抽查10%，过道按10延长米，礼堂、厂房等大间按两轴线为1间，但不少于3间。

保证项目

检验方法：1项检查新材料出厂合格证。

2项观察检查和用小锤轻击检查。

基本项目

评定代号：优良√，合格○，不合格×。

1 项表面

合格：表面基本平整、洁净。

优良：表面平整、洁净，色泽协调、一致。

检验方法：观察检查。

2 项接缝

合格：接缝填嵌密实、平直，宽窄均匀。

优良：接缝填嵌密实、平直，宽窄一致，颜色一致，阴阳角处的板(砖)压向正确，非整砖的使用部位适宜。

检验方法：观察检查。

3 项套割

合格：突出物周围的板(砖)套割缝隙不超过5mm；墙裙、贴脸等上口平顺。

优良：用整砖套割吻合、边缘整齐；墙裙、贴脸等上口平顺，突出墙面的厚度一致。

检验方法：观察或尺量检查。

4 项坡向、滴水线

合格：滴水线顺直。

优良：滴水线顺直，流水坡向正确。

检验方法：观察检查。

允许偏差项目

检查数量：室内每间、室外每处的检查点数，1~2项各检查2点，其余各项各检查1点。

7项系指接缝实际宽度与设计要求之差，设计无要求时，则为与施工规范规定的饰面板(砖)接缝宽度之差。

检验方法：1项用2m靠尺和楔形塞尺检查。2项用2m托线板检查。3项用方尺和楔形塞尺检查。4、5项拉5m线检查，不足5m拉通线和尺量检查。6项用直尺和楔形塞尺(或塞尺)检查。7项尺量检查。

22. 饰面砖分项工程质量检验评定表(表 4-50)

饰面砖分项工程质量检验评定表 表 4-50

工程名称：　　　　　　　　　部位：

保证项目		项　目		质　量　情　况									
	1	饰面砖的品种、规格、颜色和图案必须符合设计要求											
	2	镶贴必须牢固，以水泥为主要粘接材料时，严禁空鼓，无歪斜、缺楞、掉角和裂缝等缺陷											

基本项目		项　目	质　量　情　况										等级
			1	2	3	4	5	6	7	8	9	10	
	1	表　面											
	2	接　缝											
	3	套　割											
	4	滴水线											

允许偏差项目		项　目		允许偏差(mm)			实 测 值 (mm)									
				外墙面砖	釉面砖	陶瓷锦砖	1	2	3	4	5	6	7	8	9	10
	1	立面垂直	室内		2											
			室外		3											
	2	表面平整			2											
	3	阳角方正			2											
	4	接缝平直			3	2										
	5	墙裙上口平直			2											
	6	接缝高低	室内		0.5											
			室外		1											

检查结果	保证项目				
	基本项目	检查　　项，其中优良		项，优良率　　%	
	允许偏差项目	实测　　点，其中合格		点，合格率　　%	

评定等级	工程负责人：	核定等级	
	工　长：		
	班组长：		质量检查员：

年　月　日

说 明

本表适用于外墙面砖、釉面砖、陶瓷锦砖等室内外饰面。

检查数量：室外以 4m 左右高为一检查层，每 20m 长抽查 1 处（每处 3 延长米），但不少于 3 处；室内按有代表性的自然间抽查 10%，过道按 10 延长米，礼堂、厂房等大间按两轴线为 1 间，但不少于 3 间（允许偏差项目的室内每间、室外每处的检查点数：1、2 项各检查 2 点，3~7 项各检查 1 点）。

保证项目

　　检验方法：1 项观察检查和检查出厂合格证。

　　　　　　2 项观察检查和用小锤轻击检查。

基本项目

　　评定代号：优良√，合格○，不合格×。

　　1 项表面

　　合格：表面基本平整、洁净。

　　优良：表面平整、洁净、色泽协调一致。

　　检验方法：观察检查。

　　2 项接缝

　　合格：接缝填嵌密实、平直、宽窄均匀。

　　优良：接缝填嵌密实、平直、宽窄一致，颜色一致，阴阳角处的板（砖）压向正确，非整砖的使用部位适宜。

　　检验方法：观察检查。

　　3 项套割

　　合格：套割缝隙不超过 5mm；墙裙、贴脸等上口平顺。

　　优良：用整砖套割吻合、边缘整齐；墙裙、贴脸等上口平顺，突出墙面的厚度一致。

　　检验方法：观察检查或尺量检查。

　　4 项滴水线

　　合格：滴水线顺直。

　　优良：滴水线顺直，流水坡向正确。

　　检验方法：观察检查。

允许偏差项目

　　检验方法：1 项用 2m 托线板检查。

　　　　　　2 项用 2m 靠尺和楔形塞尺检查。

　　　　　　3 项用方尺和楔形塞尺检查。

　　　　　　4、5 项拉 5m 线检查，不足 5m 拉通线和尺量检查。

　　　　　　6 项用直尺和楔形塞尺（或塞尺）检查。

23. 罩面板及钢木骨架安装分项工程质量检验评定表(表 4-51)

罩面板及钢木骨架安装分项工程质量检验评定表　　　　表 4-51

工程名称：　　　　　　　　　　　　部位：

		项　目					质　量　情　况								
保证项目	1	木材的材质、等级、树种、含水率和防腐、防虫、防火、防腐处理必须符合设计要求和木结构施工规范的规定；金属构件、配件的材质、规格、防腐及罩面板品种质量必须符合设计要求													
	2	主梁、搁栅(立筋、横撑)安装必须位置正确,连接牢固,无松动													
	3	罩面板安装必须牢固,无脱层、翘曲、折裂、缺棱掉角等缺陷													

		项　目			质　量　情　况									等级
					1	2	3	4	5	6	7	8	9	10	
基本项目	1	钢木骨架的吊杆、主梁、搁栅(立筋、横撑)													
	2	顶棚、墙体内填充料													
	3	抹灰基层	灰板条												
			金属网												
	4	罩面板表面													
	5	接缝、压条													

		项　目		允许偏差(mm)					实测值 (mm)										
				骨架	胶钙合塑板	纤塑维料板板	刨木花丝板板	木板	1	2	3	4	5	6	7	8	9	10
允许偏差项目	钢木骨架	1	顶棚主梁截面尺寸	方木	−3	—													
				原木(梢径)	−5	—													
		2	吊杆、搁栅截面尺寸		−2														
		3	顶棚起拱高度(1/200)		±10														
		4	顶棚四周水平线		±5														
	罩面板	5	表面平整		—	2	3	4	3										
		6	立面垂直		—	3	4	4	4										
		7	压条平直		—	3	3	3	—										
		8	接缝平直		—	3	3	3	—										
		9	接缝高低		—	0.5	1	—	1										
		10	压条间距		—	2	2	3	—										

检查结果	保证项目			
	基本项目	检查　　　项,其中优良	项,优良率	%
	允许偏差项目	实测　　　点,其中合格	点,合格率	%

评定等级	工程负责人： 工　　长： 班 组 长：	核定等级	质量检查员：

年　　月　　日

说　明

本表适用于顶棚和墙体钢木骨架及罩面的胶合板、塑料板、钙塑板、刨花板、木丝板、木板等罩面板安装。

　　检查数量：按有代表性的自然间抽查 10%，过道按 10 延长米，礼堂、厂房等大间按两轴线为 1 间，但不少于 3 间。

保证项目

　　检验方法：1 项观察检查和检查测定记录及材料出厂合格证。
　　　　　　2、3 项观察和手扳检查。

基本项目

　　评定代号：优良√，合格○，不合格×。
　　1 项钢木骨架的吊杆、主梁、搁栅（立筋、横撑）
　　合格：有轻度弯曲，但不影响安装；木吊杆无劈裂。
　　优良：顺直、无弯曲、变形；木吊杆无劈裂。
　　检验方法：观察检查。
　　2 项顶棚、墙体内填充料
　　合格：用料干燥，铺设厚度符合要求。
　　优良：用料干燥，铺设厚度符合要求且均匀一致。
　　检验方法：观察检查或尺量检查。
　　3 项抹灰基层
　　（1）灰板条
　　合格：钉接牢固，接头在搁栅（立筋）上，间隙大小符合要求。
　　优良：钉接牢固，接头在搁栅（立筋）上，交错布置，间隙及对头缝大小均符合要求。
　　（2）金属网
　　合格：钉牢，接头在搁栅（立筋）上。
　　优良：钉牢、钉平，接头在搁栅（立筋）上，无翘边。
　　检验方法：观察检查。
　　4 项罩面板表面
　　合格：表面平整、洁净。
　　优良：表面平整、洁净，颜色一致，无污染、反锈、麻点和锤印。
　　检验方法：观察检查。
　　5 项罩面板接缝、压条
　　合格：接缝宽窄均匀，压条顺直、无翘曲。
　　优良：接缝宽窄一致、整齐，压条宽窄一致、平直，接缝严密。
　　检验方法：观察检查。

允许偏差项目

　　检查数量：每间的检查点数，5、6 项各检查 2 点，其余各项各检查 1 点。

4.1 建筑工程

检验方法:1、2项用尺量检查。3项拉线、尺量检查。4项尺量或用水准仪检查。5项用2m靠尺和楔形塞尺检查。6项用2m托线板检查。7、8项拉5m线,不足5m拉通线和尺量检查。9项用直尺和塞尺检查。

10项用尺量检查。

24. 细木制品分项工程质量检验评定表(表4-52)

细木制品分项工程质量检验评定表　　　　　　表4-52

工程名称:　　　　　　　　　　　部位:

保证项目	项 目	质量情况									
	1	树种、材质等级、含水率和防腐处理必须符合设计要求和施工规范的规定									
	2	细木制品与基层(或木砖)必须镶钉牢固,无松动现象									

基本项目		项 目	质量情况										等级
			1	2	3	4	5	6	7	8	9	10	
	1	制　作											
	2	安　装											

允许偏差项目		项 目		允许偏差(mm)	实测值(mm)									
					1	2	3	4	5	6	7	8	9	10
	1	楼梯扶手	栏杆垂直	2										
			栏杆间距	3										
			扶手纵向弯曲	4										
	2	护墙板	上口平直	3										
			垂　直	2										
			表面平整	1.5										
			压缝条间距	2										
	3	窗台板窗帘盒	两端高低差	2										
			两端距窗洞长度差	3										
	4	贴脸板	内边缘至门窗框裁口距离	2										
	5	挂镜线	上口平直	3										

检查结果	保证项目				
	基本项目	检查	项,其中优良	项,优良率	%
	允许偏差项目	实测	点,其中合格	点,合格率	%

评定等级	工程负责人:	核定等级	
	工　　长:		
	班 组 长:		质量检查员:

年　月　日

说 明

本表适用于楼梯扶手、贴脸板、护墙板、窗帘盒、窗台板、挂镜线等细木制品的制作与安装。

检查数量：按有代表性的自然间抽查 10%，过道按 10 延长米，礼堂、厂房等大间按两轴线为 1 间，但不少于 3 间（允许偏差项目每间检查点数，每项各检查 1 点）。

保证项目

检验方法：1 项观察检查和检查测定记录。
2 项观察和手扳检查。

基本项目

评定代号：优良√，合格○，不合格×。

1 项制作

合格：尺寸正确，表面光滑，线条顺直。

优良：尺寸正确，表面平直光滑，楞角方正，线条顺直，不露钉帽，无戗槎、刨痕、毛刺、锤印等缺陷。

检验方法：观察、手摸检查或尺量检查。

2 项安装

合格：安装位置正确，割角整齐，接缝严密。

优良：安装位置正确，割角整齐、交圈，接缝严密，平直通顺，与墙面紧贴、出墙尺寸一致。

检验方法：观察检查。

允许偏差项目

检验方法：1 项栏杆垂直：吊线和尺量检查。
1 项栏杆间距、2 项压缝条间距、3 项两端距窗洞长度差和 4 项尺量检查。
1 项扶手纵向弯曲拉通线和尺量检查。
2 项上口平直拉 5m 线，不足 5m 拉通线检查。
2 项垂直全高吊线和尺量检查。
2 项表面平整用 1m 靠尺和塞尺检查。
3 项两端高低是用水平尺和楔形塞尺检查。
5 项拉 5m 线，不足 5m 拉通线和尺量检查。

25. 花饰安装分项工程质量检验评定表(表4-53)

花饰安装分项工程质量检验评定表 表4-53

工程名称：　　　　　　　　　　部位：

<table>
<tr><td rowspan="3">保证项目</td><td colspan="2">项目</td><td colspan="2">质量情况</td></tr>
<tr><td>1</td><td colspan="3">花饰的品种、规格、图案和安装方法必须符合设计要求</td></tr>
<tr><td>2</td><td colspan="3">花饰安装必须牢固,无裂缝、翘曲和缺棱掉角等缺陷</td></tr>
<tr><td rowspan="3">基本项目</td><td rowspan="2">项目</td><td colspan="2">质量情况</td><td rowspan="2">等级</td></tr>
<tr><td colspan="2">1　2　3　4　5　6　7　8　9　10</td></tr>
<tr><td>表　面</td><td colspan="3"></td></tr>
</table>

允许偏差项目			允许偏差(mm)		实测值(mm)									
			室内	室外	1	2	3	4	5	6	7	8	9	10
1	条形花饰的水平和垂直	每米	1	2										
		全长	3	6										
2	单独花饰中心线位置偏移		10	15										

<table>
<tr><td rowspan="3">检查结果</td><td>保证项目</td><td colspan="3"></td></tr>
<tr><td>基本项目</td><td>检查　　项,其中优良</td><td>项,优良率</td><td>%</td></tr>
<tr><td>允许偏差项目</td><td>实测　　点,其中合格</td><td>点,合格率</td><td>%</td></tr>
<tr><td rowspan="3">评定等级</td><td>工程负责人：</td><td rowspan="3">核定等级</td><td colspan="2"></td></tr>
<tr><td>工　　长：</td><td colspan="2"></td></tr>
<tr><td>班组长：</td><td colspan="2">质量检查员：</td></tr>
</table>

年　月　日

说　明

本表适用于混凝土、水泥砂浆、水刷石、石膏等花饰安装。

检查数量：室外全数检查；室内按有代表性的自然间抽查10%，过道按10延长米，礼堂、厂房等大间按两轴线为1间，但不少于3间。

保证项目

检验方法：1. 观察检查。2. 观察和手轻摇检查。

基本项目
　　评定代号:优良√,合格○,不合格×。
　　表面
　　合格:花饰表面和安装花饰的基层洁净。
　　优良:花饰表面和安装花饰的基层洁净,接缝严密吻合。
　　检验方法:观察检查。
允许偏差项目
　　检查数量:1项检查2点,其中:水平、垂直各1点;2项检查1点。
　　检验方法:1项拉线、尺量和用托线板检查。2项纵横拉线和尺量检查。
　　4.1.6　设计变更、洽商记录
　　此项归竣工组卷阶段第十四节,具体内容要求同1.地基与基础工程施工阶段。

4.2　建筑设备安装工程

4.2.1　采暖卫生与煤气工程
4.2.1.1　产品质量合格证
内容及整理要求见1.2节第(三)款。
　　在此施工阶段,所有卫生器具、水箱水罐、热交换器及散热器等设备、材料均应进厂,并且都应具有合格证。
4.2.1.2　产品抽检记录
抽检项目、内容及要求见2.2节第(七)款。
4.2.1.3　预检记录
表格同土建工程用表。
内容:产品材料的规格、型号、安装位置、坐标、标高、固定方法等。
4.2.1.4　隐检记录
表格同土建工程用表。
　　此施工阶段的隐蔽工程检查,主要是对吊顶内的各种管道及有保温隔热要求的各种管道的检查。
　　检查项目:规格、防腐、焊接、保温材质及保温质量等。
4.2.1.5　施工试验记录
1.强度试验记录
　　输送各种介质的承压管道及设备,包括给水系统、消防系统、供暖系统、燃气系统、密封箱罐及医用的各种管道系统等。
　　强度试验分设备试验、单项试验及系统(综合)试验三项内容进行。具体试验项目及试验要求见1.2节第(六)—1款中内容。
　　2.冲、吹洗试验记录
　　3.通水试验记录

4. 预拉伸记录

5. 通球试验记录

通球试验，主要是检查排水管道（立管及横管）有无阻塞现象。

试验方法及要求：

(1) 试验用球的直径为试验管径的 $\frac{2}{3}$；

(2) 在各排水入口（或检查口）处将球投入管道，然后冲水，在室外检查井中将球接出；

(3) 应分系统、分支路进行试验。

6. 灌水试验记录

此处试验特指开式水箱的渗漏检查。将水箱满水 24h 后，检查其液面有无下降及有无渗漏现象。

2~6 条的试验内容及试验要求见 1.2 节采暖卫生与煤气工程中（六）款中内容。

4.2.1.6 质量检验评定

在采暖卫生与煤气安装工程中所涉及到的各分项工程均应进行质量检验评定。

分项工程评定完毕后，进行分部工程评定。评定的内容、方法及要求见 1.2 节采暖卫生与煤气工程中第（七）款中内容。

4.2.2 电气安装工程

4.2.2.1 设备、材料合格证

在此施工阶段所有电器具及材料（如配电箱、盘、柜、电线、电缆、灯具、开关、刀闸、插座等）均应具有合格证。

合格证的内容及整理要求见 2.2 节电气工程中第（一）款中内容。

4.2.2.2 设备、材料抽检记录

在此施工阶段，所有进场的设备及材料，如电线、电缆、灯具、开关等均应做抽样检查，合格后方可进行安装。

抽检数量及要求见 2.2 节电气工程中第（二）款。

4.2.2.3 预检记录

表格同土建工程用表，内容同 2.2 节第（三）款。

4.2.2.4 隐检记录

表格同土建工程用表，内容及要求见 1.2 节电气安装工程中的（二）款。

在此施工阶段的隐检项目有：

(1) 接地装置：制做、焊接、埋设及防腐等；

(2) 吊顶内的配管配线：规格、型号、接头、跨接地线、防腐及固定等；

(3) 管内穿线：导线规格型号、接头处理等。

4.2.2.5 自检、互检记录

内容同 2.2 节电气安装工程中的第（五）款。

4.2.2.6 施工试验

电气工程的施工试验一般包括以下四个方面的内容。

1. 绝缘电阻测试（表 4-54）

966　4　装修阶段(地面与楼面工程、门窗工程、装饰工程)

电气绝缘电阻测试记录　　　　　　　表 4-54

工程名称										施工单位			
计量单位		MΩ(兆欧)								测试日期		年 月 日	
仪表型号			电压		V		天气情况				气温	℃	
测试内容	相　间			相　对　零			相　对　地			零对地
	A—B	B—C	C—A	A—N	B—N	C—N	A—E	B—E	C—E	N—E
层段·路别·名称·编号										
测试意见										
参加人员			施工员			质检员			测试人(二人)		

注：1．本表适用于单相、单相三线、三相四线制、三相五线制的照明、动力线路及电缆线路、电机等绝缘电阻的测试。
　　2．表中 A 代表第一相，B 代表第二相，C 代表第三相，N 代表零线(中性线)，E 代表接地线。
　　3．表中"参加人员"空白栏，可根据需要填写，如建设单位或设计单位的负责人签字。

(1) 测试内容：主要有电气设备和动力、照明线路的绝缘电阻以及其他有设计要求的绝缘电阻。

(2) 测试要求：测试记录中应填写清楚测试段落和系统以及盘号，还应附以测试段落图。

(3) 测试段落：一般民用住宅测试段落分为三段为宜(如图 4-9 所示)。配电变压器或线路分支处——主配电箱(盘、柜)的架空(或埋地)线路为Ⅰ段(引入段)；主配电箱——分配电箱的线路(各层或各单元)为Ⅱ段(中间段)；分配电箱——用户内线路为Ⅲ段(终止段)。

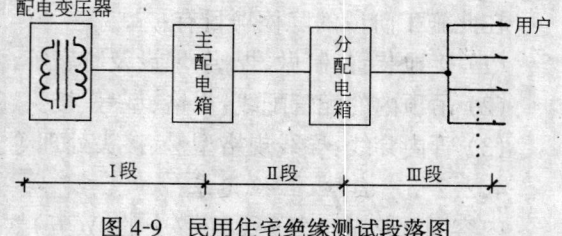

图 4-9　民用住宅绝缘测试段落图

(4) 绝缘测试中应注意的问题

1) 测试仪表(兆欧表)的选用：

常用的兆欧表型号为 ZC-11 和 ZC-25 两种。在实际工作中，需根据被测对象来选择不同电压等级和阻值测量范围的仪表。

A. 测量电压在500～3000V的电气设备或线路绝缘电阻时,选用1000V摇表(阻值测量范围为0～250MΩ);

B. 测量电压在3000V以上的电气设备或线路绝缘电阻时,选用2500V摇表(阻值测量范围为0～2500MΩ)或选用5000伏摇表;

C. 测量电压在500V以下的电气设备或线路绝缘电阻时,选用500V摇表(阻值测量范围为0～250MΩ)。

2) 测量电气设备的绝缘电阻时,先切断电源,然后将设备放电。

3) 测试前应试表(一般采用短路法试验)。

4) 仪表应放置在水平位置。

5) 摇表的两条引出线不能放在一起。

6) 测量电容量较大的电机、电缆、变压器及电容器等应有一定的充电时间,摇动一分钟后读值,测试完毕后将设备放电。

7) 不能用两种不同电压等级的摇表测量同一绝缘物,因为任何绝缘体所加的电压不同,造成绝缘体内产生物理变化不同,使绝缘体内泄漏电流不同,因而影响到测量的绝缘物电阻值不同。

8) 测试应在良好的天气下进行,周围环境温度不低于5℃为宜。

9) 此项测试应邀请建设单位及有关单位参加,并及时办理签认手续。

(5) 绝缘电阻测试标准:

1000V以下的配电装置和线路的绝缘电阻值不应小于0.5MΩ。

(6) 摇表的接线及操作:

摇表有三个接线柱,即:L(线路)、E(接线)、G(屏蔽)。这三个接线柱按照测量对象不同来选用。在测量照明或电力线路对地绝缘电阻时,将摇表接线柱的"E"可靠接地、"L"接到被测线路上,如图4-10所示。线路接好后,按顺时针方向转动摇表的发电机摇把,使发电机转子发出的电压供测量使用。摇把的转速应由慢至快,待调速器发生滑动后,要保持转速均匀稳定,不要时快时慢,以免测量不准确。一般摇表转速达每分钟120转左右时,发电机就达到额定输出电压。当发电机转速稳定后,表盘上的指针也稳定下来,这时的指针读数即为所测得的绝缘电阻值。

测量电缆的绝缘电阻时,为了消除线芯绝缘层表面漏电所引起的测量误差,其接线方法除了使用"L"和"E"接线柱外,还需用屏蔽接线柱"G"。将"G"接线柱接至电缆绝缘纸上,如图4-11所示。

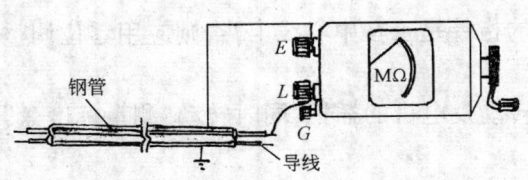

图4-10 测量照明线路绝缘电阻接线图

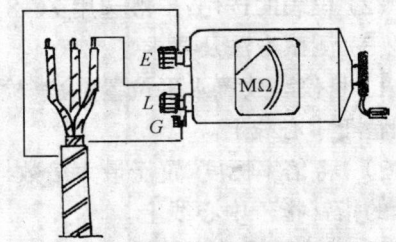

图4-11 测量电缆绝缘电阻接线图

2. 接地电阻测试(表 4-55)

接地电阻测试记录　　　　　　　　　表 4-55

编号：

工程名称				施工单位				
仪表型号				天气情况			气温	℃
计量单位	Ω(欧姆)			测试日期		年	月	日
接地类型	防雷接地		保护接地	重复接地	静电接地		接　地	

组别及测试数据		
1		13
2		14
3		15
4		16
5		17
6		18
7		19
8		20
9		21
10		22
11		23
12		24

设计、规范要求	Ω	Ω	Ω	Ω	Ω

测试意见	

参加人员	施工员	质检员	测试人(二人)

注：1. 本表适用于各类型接地电阻的测试。
　　2. 表中"参加人员"空白栏可据需要填写，如建设单位负责人或设计单位负责人的签字。非重点及特殊要求的工程，设计单位可不参加签字。

(1) 测试内容：主要包括设备、系统的防雷接地、保护接地、工作接地、防静电接地及设计有要求的接地电阻测试。

(2) 仪表的选用：一般选用 ZC-8 型接地电阻测量仪。

(3) 测试方法及要求

1) 将仪表放置水平位置，检查检流计的指针是否在中心线上，否则应用零位调整器将其调整于中心线上。

2) "将倍率标度"置于最大倍数，慢慢转动发电机的摇把，同时转动"测量标度盘"使检流计的指针指于中心线上。

3) 当检流计的指针接近平衡时，加快发电机摇把的转速，使其达到每分钟 120 转以上，同时调整"测量标度盘"，使指针指于中心线上。

4）如"测量标度盘"的读数小于1时，应将倍率置于较小的倍数，再重新调整"测量标度盘"以得到正确的读数。

5）在填写此项记录表时，应附以电阻测试点的平面图，并应对测试点进行顺序编号。

6）此项测试应邀请建设单位和有关部门参加。

（4）接地电阻值的要求：

流散电阻和接地电阻的概念：

1）流散电阻　接地体对地电压与经接地体流入地中的接地电流之比，称为流散电阻。

2）接地电阻　电气设备接地部分的对电电压与接地电流之比，称为接地装置的接地电阻。它等于接地线的电阻与流散电阻之和。因为接地线的电阻很小，可以略去不计，所以一般认为接地电阻等于流散电阻。

各种接地装置的接地电阻值，按我国现行规范及有关资料，列于表4-56～表4-59。

电力设备接地装置的接地电阻最大允许值　　　　表4-56

序号	接地装置名称	接地电阻（Ω）	备注
1	100kVA以上变压器（发电机）	4	低压中性点直接接地系统
2	100kVA以上变压器（发电机）供电线路的重复接地	10	
3	100kVA以下变压器（发电机）	10	
4	100kVA以下变压器（发电机）供电线路的重复接地	30	
5	高低压电气设备的联合接地	4	
6	电流、电压互感器二次线圈	10	
7	架空引入线瓷瓶脚接地	20	
8	装在变电所与母线连接的避雷器	10	在电气上与旋转电机无联系
9	电子设备接地	4	
10	电子计算机安全接地	4	
11	医疗用电气设备接地	10	

建筑物过电压保护接地电阻值　　　　表4-57

建筑物类别	防止直接雷击的接地电阻（Ω）	防止感应雷击的接地电阻（Ω）
第一类	10	5
第二类	10	—
第三类	30	—
烟囱接地	30	—

（5）测量注意事项：

1）接地线路要与被保护设备断开，以保证测量结果的准确性；

2）下雨后和土壤吸收水分太多的时候，以及气候、温度、压力等急剧变化时不能测量；

3）被测地极附近不能有杂散电流和已极化的土壤；

4）探测针应远离地下水管、电缆、铁路等较大金属体，其中电流极应远离10m以上，电压极应远离50m以上，如上述金属体与接地网没有连接时，可缩短距离$\frac{1}{2}\sim\frac{1}{3}$；

雷电保护设备的接地电阻值 表 4-58

序 号	雷 电 保 护 设 备 名 称	接地电阻(Ω)
1	保护变电所的室外独立避雷针	25
2	装设在变电所架空进线上的避雷针	25
3	装设在变电所与母线联接的架空进线上的管形避雷器(在电气上与旋转电机无联系者)	10
4	同上(但与旋转电机在电气上有联系者)	5
5	装设在 20kV 以上架空线路交叉处跨越电杆上的管形避雷器	15
6	装设在 35~110kV 架空线路中以及在绝缘较弱处木质电杆上的管形避雷器	15
7	装设在 20kV 以下架空线路电杆上的放电间隙,以及装设在 20kV 及以上架空线路相交叉的通信线路电杆上的放电间隙	25

3 千伏及以上架空线路杆搭接地装置的接电电阻要求值 表 4-59

土壤电阻系数(Ω·m)	接地装置电阻(Ω)
100 及以下	10
100 以上至 500	15
500 以上至 1000	20
1000 以上至 2000	25
2000 以上	敷设 6~8 根射线,接地电阻 30Ω;或连续伸长接地,阻值不作规定

5) 注意电流极插入土壤的位置,应使接地棒处于零电位的状态;
6) 连接线应使用绝缘良好的导线,以免有漏电现象;
7) 测试现场不能有电解物质和腐烂尸体,以免造成错觉;
8) 测试宜选择土壤电阻率大的时候进行,如初冬或夏季干燥季节时进行;
9) 随时检查仪表的准确性(注:仪表应每年送计量监督单位检测认定一次);
10) 当检流计灵敏度过高时,可将电位探针电压极插入土壤中浅一些,当检流计灵敏度不够时,可沿探针注水使其湿润。

(6) 测量接地电阻接线方法:

在测量接地电阻之前,首先要切断接地装置与电源或电气设备的所有联系。然后沿被测接地装置 E 使电位探测针 P 和电流探测针 C,依直线的排列形式彼此相距 20m,电位探测针 P 插于接地装置 E 引出线和电流探测针 C 之间,即电流探测针 C 距离接地装置 E 引出线 40m,电位探测针 P 距离接地装置 E 引出线 20m。插好接地极后,按图 4-12 的接线方式,用导线将 E、P 和 C 与接地电阻测试仪的相应端钮连接。

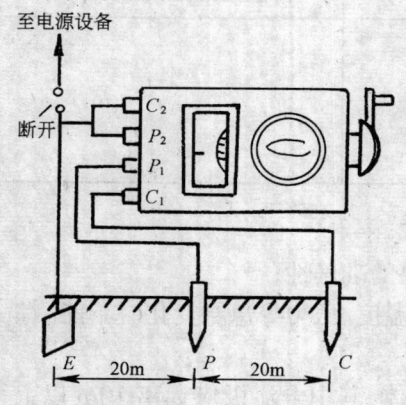

图 4-12 接地电阻的测量

(7) 接地体(极)埋设及制作工艺
1) 人工接地体(极)安装规定:
A. 人工接地体(极)的最小尺寸见表 4-60。

人工接地体最小尺寸 表 4-60

接 地 体（极）的 类 别		最 小 尺 寸(mm)
圆 钢（直径）		16
角 钢		40×40×4
钢 管	管壁厚度	2.5
	内 径	13

B．接地体的埋设深度不应小于0.6m，角钢及钢管接地体应垂直配置。

C．垂直接地体长度不应小于2.5m，其相互之间间距一般不应小于5m。

D．接地体埋设位置距建筑物不宜小于1.5m；遇在垃圾灰渣等地埋设接地体时，应换土，并分层夯实。

E．当接地装置必须埋设在距建筑物出入口或人行道小于3m时，应采用均压带做法或在接地装置上面敷设50～90mm厚度沥青层，其宽度应超过接地装置2m。

F．接地体（线）的连接应采用焊接。焊接处焊缝应饱满并有足够的机械强度，不得有夹渣、咬肉、裂纹、虚焊、气孔等缺陷，焊接处的药皮敲净后，刷沥青做防腐处理。

G．采用搭接焊时，其焊接长度如下：

（a）镀锌扁钢不小于其宽度的2倍，且至少3个棱边焊接，敷设前需调直，煨管不得过死，直线段上不应有明显弯曲，并应立放。

（b）镀锌圆钢焊接长度为其直径的6倍，并应二面焊接。

（c）镀锌圆钢与镀锌扁钢连接时，其长度为圆钢直径的6倍。

（d）镀锌扁钢与镀锌钢管（或角钢）焊接时，为了连接可靠，除应在其接触部位两侧进行焊接外，还应直接将钢带本身弯成弧形（或直角形）与钢管（或角钢）焊接。

H．当接地线遇有白灰焦渣层而无法避开时，应用水泥砂浆全面保护。

I．采用化学方法降低土壤电阻率时，所用材料应符合下列要求：（a）对金属腐蚀性弱，（b）水溶性成分含量低。

J．所有金属部件应镀锌。操作时，注意保护镀锌层。

2）人工接地体（极）安装：

A．接地体的加工：根据设计要求的数量、材料规格进行加工，材料一般采用钢管和角钢切割，长度不应小于2.5m。如采用钢管打入地下，应根据土质加工成一定的形状，遇松软土壤时，可切成斜面形，为了避免打入时受力不均使管子歪斜，也可加工成扁尖形；遇土质很硬时，可将尖端加工成锥形（图4-13）。如选用角钢时，应采用不小于40mm×40mm×4mm的角钢，切割长度不应小于2.5m，角钢的一端应加工成尖头形状（图4-14）。

B．挖沟：根据设计图要求，对接地体（网）的线路进行测量弹线，在此线路上挖掘0.8～1m深、0.5m宽的沟，沟上部稍宽，底部渐窄，沟底如有石子应清除（图4-15）。

C．安装接地体（极）：沟挖好后，应立即安装接地体和敷设接地扁钢，防止土方倒塌。先将接地体放在沟的中心线上，打入地中，一般采用手锤打入，一人扶着接地体，一人用大锤敲打接地体顶部。为了防止将接地钢管或角钢打劈，可加一护管帽套入接地管端，角钢接地体可采用短角钢（约10cm）焊在接地角钢一端即可（图4-16）。使用手锤敲打接地体时要平稳，锤击接地体正中，不得打偏，应与地面保持垂直，当接地体顶端距离地面600mm时停止打入。

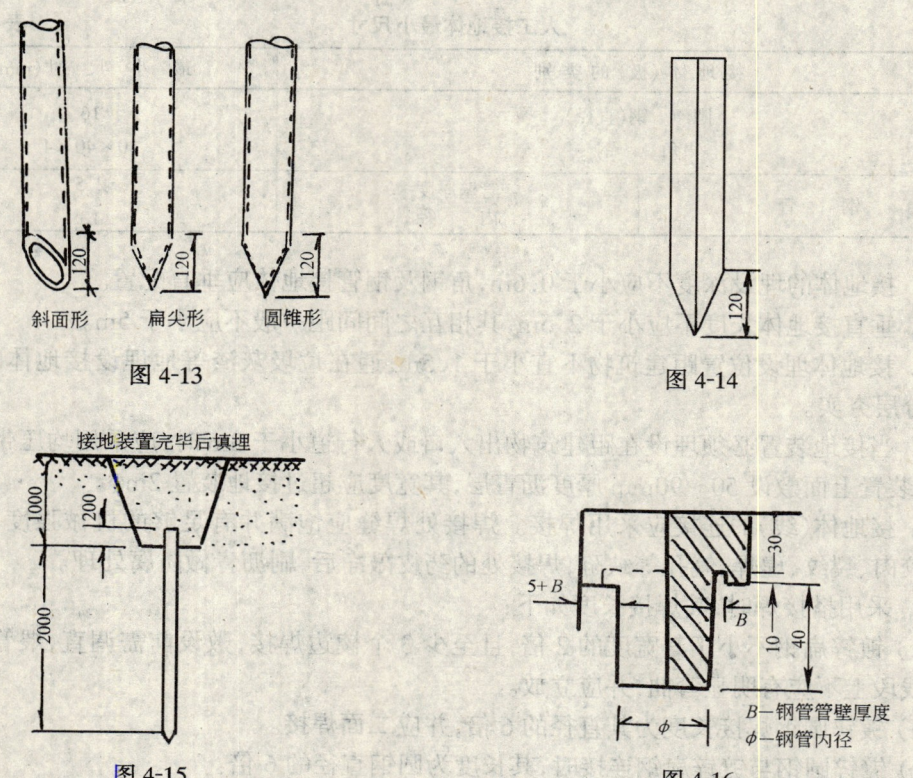

图 4-13

图 4-14

图 4-15

图 4-16
B—钢管管壁厚度
φ—钢管内径

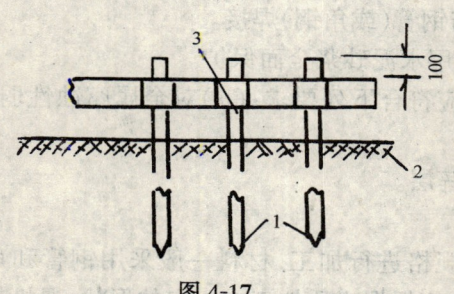

图 4-17
1—接地体；2—地沟面；3—接地卡子焊接处

D．接地体间的扁钢敷设：扁钢敷设前应调直，然后将扁钢放置于沟内，依次将扁钢与接地体用电焊(气焊)焊接。扁钢应侧放而不可放平，侧放时散流电阻较小。扁钢与钢管连接的位置距接地体最高点约 100mm。焊接时应将扁钢拉直，焊好后清除药皮，刷沥青做防腐处理，并将接地线引出至需要位置，留有足够的连接长度，以待使用(图 4-17)。

E．核验接地体(线)：接地体连接完毕后，应及时请质检部门进行隐检核验，接地体材质、位置、焊接质量等均应符合施工规范要求，然后方可进行回填，分层夯实。最后，将接地电阻摇测数值填写在隐检记录上。

3) 自然基础接地体安装：

A．利用无防水底板钢筋或深基础做接地体：按设计图尺寸位置要求，标好位置，将底板钢筋搭接焊好。再将柱主筋(不少于二根)底部与底板主筋搭接焊好，并在室外地面以下将主筋焊好连接板，清除药皮，并将两根主筋用色漆做好标记，以便于引出和检查。应及时请质检部门进行隐检，同时做好隐检记录。

B．利用柱形桩基及平台钢筋做接地体：按设计图尺寸位置，找好桩基组数位置，把每组桩基四角钢筋搭接封焊，再与柱主筋(不少于二根)焊好，并在室外地面以下，将主筋预埋好接地连接板，清除药皮，并将两根主筋用色漆做好标记，便于引出和检查，并应及时请质检部门进行隐检核验,同时做好记录。

4) 接地干线的安装应符合以下规定:

A. 接地干线穿墙时,应加套管保护;跨越伸缩缝时,应做煨管补偿。

B. 接地干线应设有为测量接地电阻而预备的断接卡子;一般采用暗盒装入,同时加装盒盖并做上接地(⏚)标记。

C. 接地干线跨越门口时应暗敷设于地面内(做地面以前埋好)。

D. 接地干线距地面应不小于200mm,距墙面应不小于10mm;支持件应采用40mm×4mm扁钢,尾端应制成燕尾状,入孔深度与宽度各为50mm;总长度为70mm。支持件间的水平直线距离一般为1~1.5m,垂直部分为1.5~2m,转弯部分为0.5m。

E. 接地干线敷设应平直,水平度及垂直度允许偏差为2/1000,但全长不得超过10mm。

F. 转角处接地干线弯曲半径不得小于扁钢厚度的二倍。

G. 接地干线应刷黑色油漆,油漆应均匀无遗漏,但断接卡子及接地端子等处不得刷油。

5) 接地干线安装:

接地干线应与接地体连接的扁钢相连接,它分为室内与室外连接两种,室外接地干线与支线一般敷设在沟内。室内的接地干线多为明敷,但部分设备连接的支线需经过地面,也可以埋设在混凝土内。具体安装方法如下:

A. 室外接地干线敷设:

(a) 首先进行接地干线的调直、测位、打眼、煨弯,并将断接卡子及接地端子装好。

(b) 敷设前按设计要求的尺寸位置先挖沟。然后将扁钢放平埋入。回填土应压实但不需打夯,接地干线末端露出地面应不超过0.5m,以便接引地线。

B. 室内接地干线明敷设:

(a) 预留孔与埋设支持件:按设计要求尺寸位置,预留出接地线孔,预留孔的大小应比敷设接地干线的厚度、宽度各大出6mm以上。其方法有以下三种:

施工时可按上述要求尺寸截一段扁钢预埋在墙壁内,当混凝土还未凝固时,抽动扁钢以便待凝固后易于抽出。

将扁钢上包一层油毛毡或几层牛皮纸后埋设在墙壁内,预留孔距墙壁表面应为15~20mm。

保护套可用厚1mm以上铁皮做成方形或圆形,大小应使接地线穿入时,每边有6mm以上的空隙。

(b) 支持件固定:根据设计要求先在砖墙(或加气混凝土墙、空心砖墙)上确定坐标轴线位置,然后随砌墙将预制成50mm×50mm的方木样板放入墙内,待墙砌好后将方木样板剔出,然后将支持件放入孔内,同时洒水淋湿孔洞,再用水泥砂浆将支持件埋牢,待凝固后使用。现浇混凝土墙上固定支架,先根据设计图要求弹线定位,钻孔,支架,做燕尾埋入孔中,找平正,用水泥砂浆进行固定。

C. 明敷接地线的安装要求:

(a) 敷设位置不应妨碍设备的拆卸与检修。

(b) 接地线应水平或垂直敷设,也可沿建筑物倾斜结构平行在直线段上,不应有高低起伏及弯曲情况。

(c) 接地线沿建筑物墙壁水平敷设时,离地面应保持 250～300mm 的距离,接地线与建筑物墙壁间隙应不小于 10mm。

(d) 明敷的接地线表面应涂黑漆,如因建筑物设计要求需涂其他颜色,则应在连接处及分支处涂以各宽为 150mm 的两条黑带,其间距为 150mm。

(e) 在接地线引向建筑物内的入口处,一般应标以黑色记号"⏊";在检修用临时接地点处,应刷白色底漆后标以黑色记号"⏊"。

(f) 明敷接地线安装:当支持件埋设完毕,水泥砂浆凝固后,可敷设墙上的接地线。将接地扁钢沿墙吊起,在支持件一端用卡子将扁钢固定,经过隔墙时穿过预留孔,接地干线连接处应焊接牢固。末端预留或连接应符合设计要求。

3. 电气照明器具通电安全检查(表4-61)

(1) 检查内容:开关、插座、灯具等。

(2) 检查数量:全数检查。

(3) 检查要求:

1) 开关断相线、开启灵活无阻滞;

2) 插座左零右火,地线在上(用插座试验器检查);

3) 螺口白炽灯,灯口中心片接相线,日光灯镇流器接相线。

4. 电气照明、动力试运行试验(表4-62)

(1) 试验内容:主要包括高、低压电气装置及其保护系统。如电力变压器、高低压开关柜、电机、发电机组、蓄电池、具有自动控制的电机及电加热设备、各种音响、讯号、监视系统、共用天线系统、计算机系统、电扇、灯具、插座、报警系统等建筑工程中的一切电气设备。

(2) 试验要求:

1) 电气设备安装调整试验应符合国家规定的项目和技术要求;

2) 填写记录单时,内容应详细具体、结论明确,调整试验过程中发生的异常情况及处理结果应记录清楚;

3) 电气设备的调整试验工作应由2人以上进行为宜,还应邀请建设单位及有关部门参加并及时办理签字手续;

4) 设备的单项试验。电气设备安装完毕检查无误后,应逐个对各用电设备加电进行调整,试验并做好记录;

5) 设备的综合试验(包括各系统、各项目):一般民用建筑的综合试验主要是对电气照明满负荷试运行检查。检查电压是否正常,电表运行是否正常,线路及保险丝有无过热现象,各种自动开关有无误动现象等。照明满负荷试验一般不少于24h(试验应以进户线为系统进行)。

4.2.2.7 质量检验评定

质量评定的等级标准、内容及评定方法见2.2节中内容。

在此施工阶段,各分项工程的质量检验评定应当做完,并应根据分项工程的评定结果做出分部工程的质量评定。

4.2.2.8 洽商记录

内容及要求同1.2节。

电气照明器具通电安全检查记录

表 4-61

编号:_____

工程名称		施工单位	
楼门单元		检查日期	年 月 日

层数	户别	开关								灯具								插座							
		1	2	3	4	5	6	7	8	1	2	3	4	5	6	7	8	1	2	3	4	5	6	7	8

检查结论	
施工员	质检员		班组长

注:每户的照明器具全数检查,开关断相线,螺旋灯口中心接相线,插座右火左零,地线在上。

电气照明、动力试运行记录　　　　　　　　　　表 4-62

编号：_____

工程名称		施工单位		
试运部位		试运日期		年　月　日

试运内容情况	
处理意见	

参加人员	建设单位	设计单位	施　工　单　位			
			技术队长		质检员	
			施工员		班组长	

注：试运内容应按设计规范及有关标准要求如导线温升、负荷系数、保险丝熔断情况，空气开关整定值，接触器、断电器线圈的温升，电动机的温升、噪音、运转方向，通电的持续时间等情况认真填写。

4.2.3 通风与空调工程

4.2.3.1 技术交底

表格式样同土建工程用表，要求同1.2节中内容。

4.2.3.2 材料、产品、设备出厂质量合格证

1. 要求

要求及粘贴式样等均同1.2节(三)款之内容。

2. 内容

(1) 材料：导线、开关、风管和各种板材、制冷管道的管材各种附件，以及防腐保温材料等；

(2) 产品：指成套设备以外的购置品。如各类阀门、衬垫及加工预制件等；

(3) 设备：包括空气处理设备、通风设备(消声器、除尘器、机组、风机盘管、诱导器、通风机等)、制冷管道设备(各式制冷机组及其附件等)及各系统中的专用设备。

4.2.3.3 材料、产品及设备的进场检查、验收和试验

材料、产品和设备进场后要进行严格的检查和必要的试验，并做好检查试验记录。

检查实验项目：材料、设备的规格型号、数量、外观质量、附件是否齐全，以及对设备进行必要的加电试验等。

4.2.3.4 制冷及冷水系统管道试验记录

1. 强度及严密性试验

内容包括阀门、设备及系统各方面的试验资料。冷水系统的试验按 1.2 节暖卫工程试验要求执行。

2. 工作性能试验

内容包括管件及阀门清洗、单机试运转、系统吹污、真空试验、检漏试验及带负荷试运转等。

4.2.3.5 隐蔽工程检查记录

表格式样同土建工程用表。

1. 隐检项目

凡敷设于暗井道及不通行吊顶内或被其他工程(如设备外砌墙、管道及部件外保温隔热等)所掩盖的项目,如空气洁净系统、制冷管道系统及其他部件等均需进行隐蔽工程检查验收。

2. 隐检内容

接头(缝)有无开脱、严密;附件位置是否正确;活动件是否灵活可靠、方向是否正确;管道的坡度情况;支、托、吊架的位置及固定情况;设备的位置、方向、节点处理、保温及结露处理、防渗漏功能、互相连接情况及防腐处理的情况和效果等。

4.2.3.6 通风、空调调试记录(表 4-63)

通风、空调调试记录   表 4-63

编号:

工程名称		施工单位		
调试部位		调试日期		年 月 日
调试内容				
调试情况				
处理意见及结论				
参加人员	建设单位	设计单位	施 工 单 位	
			技术队长	质检员
			施工员	班组长

注:无特殊要求时,设计单位可不参加调试试验。

(1) 系统调试前,应有各项设备的单机(通风机、制冷机、空调处理室等)试运转记录。

(2) 无生产负荷联合试运转的测定和调试内容应齐全,对其调试效果(系统与风口的风量平衡、总风量及风压系统漏风率等)应有过程及终了记录。设计和使用单位有特殊要求时,可另行增加测定内容,如恒温、恒湿系统、洁净系统等。

有特殊要求的重要工程,如恒温、恒湿车间、医院手术室、特殊贮藏室、人防工程等,应按专门规定及要求进行检查并做好记录。

4.2.3.7 工程质量检验评定

通风与空调工程是建筑设备安装工程四个分部工程之一,通常一般工业与民用建筑中比较少用,只在高级民用建筑及一些公用建筑中遇到,包括风管及部件制作安装、空气处理设备制作与安装、制冷管道安装、以及防腐与保温工程等内容。

通风与空调工程的质量评定表格有三种,即分项工程质量评定、分部工程质量评定、观感质量评定。

分项工程质量评定、分部工程质量评定及观感质量评定的等级标准及填写要求均同于1.2节采暖卫生与煤气工程中内容。

1. 分项工程质量检验评定

(1) 金属风管制作分项工程质量检验评定(表4-64);

(2) 硬聚氯乙烯风管制作分项工程质量检验评定(表4-65);

(3) 部件制作分项工程质量检验评定(表4-66);

(4) 风管及部件安装分项工程质量检验评定(表4-67);

(5) 空气处理室制作与安装分项工程质量检验评定(表4-68);

(6) 消声器制作与安装分项工程质量检验评定(表4-69);

(7) 除尘器制作与安装分项工程质量检验评定(表4-70);

(8) 通风机安装分项工程质量检验评定(表4-71);

(9) 制冷管道安装分项工程质量检验评定(表4-72);

(10) 防腐(油漆)分项工程质量检验评定(表4-73);

(11) 风管及设备保温分项工程质量检验评定(表4-74);

(12) 制冷管道保温分项工程质量检验评定(表4-75)。

金属风管制作分项工程质量检验评定表

表 4-64

工程名称：　　　　　　　　　　　　　　部位：

<table>
<tr><th colspan="2"></th><th colspan="2">项　目</th><th colspan="10">质　量　情　况</th></tr>
<tr><td rowspan="6">保证项目</td><td>1</td><td colspan="2">风管的规格、尺寸及使用的材料、规格、质量必须符合设计要求</td><td colspan="10"></td></tr>
<tr><td>2</td><td colspan="2">风管咬缝必须紧密、宽度均匀、无孔洞、半咬口和胀裂等缺陷。直管纵向咬缝错开</td><td colspan="10"></td></tr>
<tr><td>3</td><td colspan="2">焊缝严禁有烧穿、漏焊和裂纹等缺陷。纵向焊缝必须错开</td><td colspan="10"></td></tr>
<tr><td>4</td><td colspan="2">洁净系统的风管、配件、部件和静压箱的所有接缝都必须严密不漏</td><td colspan="10"></td></tr>
<tr><td>5</td><td colspan="2">洁净系统风管内表面必须平整光滑，严禁有横向拼接缝和管内设加固或采用凸棱加固的方法</td><td colspan="10"></td></tr>
<tr><td>6</td><td colspan="2">洁净系统风管必须保持清洁，无油污和浮尘</td><td colspan="10"></td></tr>
</table>

<table>
<tr><th colspan="2" rowspan="2"></th><th colspan="2" rowspan="2">项　目</th><th colspan="10">质　量　情　况</th><th rowspan="2">等级</th></tr>
<tr><th>1</th><th>2</th><th>3</th><th>4</th><th>5</th><th>6</th><th>7</th><th>8</th><th>9</th><th>10</th></tr>
<tr><td rowspan="4">基本项目</td><td>1</td><td colspan="2">风管外观</td><td></td><td></td><td></td><td></td><td></td><td></td><td></td><td></td><td></td><td></td><td></td></tr>
<tr><td>2</td><td colspan="2">风管的法兰</td><td></td><td></td><td></td><td></td><td></td><td></td><td></td><td></td><td></td><td></td><td></td></tr>
<tr><td>3</td><td colspan="2">风管加固</td><td></td><td></td><td></td><td></td><td></td><td></td><td></td><td></td><td></td><td></td><td></td></tr>
<tr><td>4</td><td colspan="2">不锈钢板、铝板和复合钢板风管外观</td><td></td><td></td><td></td><td></td><td></td><td></td><td></td><td></td><td></td><td></td><td></td></tr>
</table>

<table>
<tr><th colspan="2" rowspan="2"></th><th colspan="2" rowspan="2">项　目</th><th rowspan="2">允许偏差(mm)</th><th colspan="10">实 测 值 (mm)</th></tr>
<tr><th>1</th><th>2</th><th>3</th><th>4</th><th>5</th><th>6</th><th>7</th><th>8</th><th>9</th><th>10</th></tr>
<tr><td rowspan="9">允许偏差项目</td><td rowspan="2">1</td><td rowspan="2">圆形风管外径</td><td>φ≤300mm</td><td>0
-1</td><td></td><td></td><td></td><td></td><td></td><td></td><td></td><td></td><td></td><td></td></tr>
<tr><td>φ>300mm</td><td>0
-2</td><td></td><td></td><td></td><td></td><td></td><td></td><td></td><td></td><td></td><td></td></tr>
<tr><td rowspan="2">2</td><td rowspan="2">矩形风管大边</td><td>≤300mm</td><td>0
-1</td><td></td><td></td><td></td><td></td><td></td><td></td><td></td><td></td><td></td><td></td></tr>
<tr><td>>300mm</td><td>0
-2</td><td></td><td></td><td></td><td></td><td></td><td></td><td></td><td></td><td></td><td></td></tr>
<tr><td>3</td><td colspan="2">圆形法兰直径</td><td>+2
0</td><td></td><td></td><td></td><td></td><td></td><td></td><td></td><td></td><td></td><td></td></tr>
<tr><td>4</td><td colspan="2">矩形法兰边长</td><td>+2
0</td><td></td><td></td><td></td><td></td><td></td><td></td><td></td><td></td><td></td><td></td></tr>
<tr><td>5</td><td colspan="2">矩形法兰两对角线之差</td><td>3</td><td></td><td></td><td></td><td></td><td></td><td></td><td></td><td></td><td></td><td></td></tr>
<tr><td>6</td><td colspan="2">法兰平整度</td><td>2</td><td></td><td></td><td></td><td></td><td></td><td></td><td></td><td></td><td></td><td></td></tr>
<tr><td>7</td><td colspan="2">法兰焊缝对接处的平整度</td><td>1</td><td></td><td></td><td></td><td></td><td></td><td></td><td></td><td></td><td></td><td></td></tr>
</table>

检查结果	保 证 项 目			
	基 本 项 目	检查　　项，其中优良		项，优良率　　%
	允许偏差项目	实测　　点，其中合格		点，合格率　　%

评定等级	工程负责人： 工　　长： 班组长：	核定等级	
			质量检查员：

年　　月　　日

说 明

本表适用于薄钢板、不锈钢板、铝板和复合钢板风管及法兰制作。

检查数量:一般通风与空调工程按制作数量抽查10%,但不少于5件,洁净工程按制作数量抽查20%,但不少于5件。

保证项目

　　检验方法:1项尺量和观察检查。
　　　　　　2项观察检查。
　　　　　　3项观察检查。
　　　　　　4项灯光及观察检查。
　　　　　　5项观察检查。
　　　　　　6项白绸布擦拭检查。

基本项目

　　评定代号:优良√,合格○,不合格×。

　　1项风管外观

　　合格:折角平直,圆弧均匀,两端面平行,无明显翘角,表面凹凸不大于10mm;风管与法兰连接牢固,翻边基本平整,宽度不小于6mm,紧贴法兰。

　　优良:折角平直,圆弧均匀,两端面平行,无翘角,表面凹凸不大于5mm;风管与法兰连接牢固,翻边平整,宽度不小于6mm,紧贴法兰。

　　检验方法:拉线、尺量和观察检查。

　　2项风管的法兰

　　合格:法兰的孔距符合设计要求和施工规范的规定,焊接牢固,焊缝处不设置螺孔。

　　优良:在合格的基础上,螺孔具备互换性。

　　检验方法:尺量和观察检查。

　　3项风管加固

　　合格:加固牢固可靠。

　　优良:加固牢固可靠、整齐、间距适宜、均匀对称。

　　检验方法:观察和手扳检查。

　　4项不锈钢板、铝板和复合钢板风管外观

　　合格:不锈钢板和铝板风管表面无明显刻痕;复合钢板风管表面无破损。

　　优良:不锈钢板和铝板风管表面无刻痕、划痕、凹穴等缺陷,复合钢板风管表面无损伤。

　　检验方法:观察检查。

允许偏差项目

　　检验方法:1项用尺量互成90°的直径。
　　　　　　2、5项尺量检查。
　　　　　　3项用尺量互成90°的直径。
　　　　　　4项用尺量四边。
　　　　　　6、7项法兰放在平台上,用塞尺检查。

硬聚氯乙烯风管制作分项工程质量检验评定表

表 4-65

工程名称：　　　　　　　　　　部位：

		项　　目			质　量　情　况										
保证项目	1	风管的规格、尺寸及使用的塑料板品种、规格、质量必须符合设计要求													
	2	焊缝的坡口形式和焊接质量必须符合施工规范规定,焊缝无裂纹、焦黄、断裂等缺陷,纵向焊缝错开													

		项　　目	质　量　情　况										等 级
			1	2	3	4	5	6	7	8	9	10	
基本项目	1	风管的外观											
	2	风管加固											

		项　　目		允许偏差(mm)	实　测　值 (mm)									
					1	2	3	4	5	6	7	8	9	10
允许偏差项目	1	圆形风管外径	φ≤630 (mm)	0 −1										
			φ＞630 (mm)	0 −2										
	2	矩形风管大边	＜630 (mm)	0 −1										
			≥630 (mm)	0 −2										

检查结果	保证项目	
	基本项目	检查　　项,其中优良　　项,优良率　　%
	允许偏差项目	实测　　点,其中合格　　点,合格率　　%

评定等级	工程负责人： 工　长： 班组长：	核定等级

质量检查员：

年　月　日

说　　明

本表适用于硬聚氯乙烯风管的制作。

检查数量:按数量抽查 10%,但不少于 5 件。

保证项目

　　检验方法:1 项尺量和观察检查。

　　　　　　2 项观察检查。

基本项目

　　评定代号:优良√,合格○,不合格×。

　　1 项风管的外观

　　合格:表面基本平整,圆弧均匀,拼缝处无明显凹凸,两端面平行,无明显扭曲和翘角,焊缝饱满。

　　优良:表面平整,凹凸不大于 5mm,圆弧均匀、拼缝处无凹凸,两端面平行,无扭曲和翘角,焊缝饱满,焊条排列整齐。

　　检验方法:拉线、尺量和观察检查。

　　2 项风管加固

　　合格:加固牢固可靠。

　　优良:加固牢固可靠,整齐美观,风管与法兰连接处的三角支撑间距适宜,均匀对称。

　　检验方法:观察和尺量检查。

允许偏差项目

　　检验方法:1 项用尺量互成 90°直径。

　　　　　　2 项尺量检查。

4.2 建筑设备安装工程

部件制作分项工程质量检验评定表

表 4-66

工程名称：　　　　　　　　　　　　　部位：

		项　目											质　量　情　况	
保证项目	1	各类部件的规格、尺寸及使用的材料规格、质量必须符合设计要求												
	2	防火阀必须关闭严密，转动部件必须采用耐腐蚀材料，外壳、阀板的材料厚度严禁小于2mm												
	3	各类风阀的组合件尺寸必须正确，叶片与外壳无碰擦												
	4	洁净系统阀门的活动件、固定件及拉杆等，如采用碳素钢材制作，必须作镀锌处理，轴与阀体连接处的缝隙必须封闭												

		项　目	质　量　情　况										等级
			1	2	3	4	5	6	7	8	9	10	
基本项目	1	部件组装											
	2	风口的外观											
	3	各类风阀的制作											
	4	罩类的制作											
	5	风帽的制作											

		项　目	允许偏差(mm)	实　测　值　(mm)									
				1	2	3	4	5	6	7	8	9	10
允许偏差项目	1	风口外形尺寸	2										
	2	圆形风口最大与最小直径之差	2										
	3	矩形风口两对角线之差	3										

检查结果	保证项目	
	基本项目	检查　　项，其中优良　　项，优良率　　%
	允许偏差项目	实测　　点，其中合格　　点，合格率　　%

评定等级	工程负责人： 工　长： 班组长：	核定等级	
			质量检查员： 　　年　月　日

说　明

本表适用于各类风口、风阀、罩类、风帽及柔性短管等部件的制作。

检查数量：按数量抽查 10%，但不少于 5 件，防火阀逐个检查。

保证项目

　　检验方法：1 项尺量和观察检查。

　　　　　　2 项尺量、观察和操作检查。

　　　　　　3 项操作检查。

　　　　　　4 项观察检查。

基本项目

　　评定代号：优良√，合格○，不合格×。

　　1 项部件组装

　　合格：连接牢固，活动件灵活可靠。

　　优良：连接严密、牢固，活动件灵活可靠、松紧适度。

　　检验方法：手扳和观察检查。

　　2 项风口的外观

　　合格：格、孔、片、扩散圈间距一致，边框和叶片平直整齐。

　　优良：在合格的基础上，外形光滑、美观。

　　检验方法：观察和尺量检查。

　　3 项各类风阀的制作

　　合格：有启闭标记。多叶阀叶片贴合、搭接一致，轴距偏差不大于 2mm。

　　优良：阀板与手柄方向一致，启闭方向明确。多叶阀叶片贴合、搭接一致，轴距偏差不大于 1mm。

　　检验方法：观察和尺量检查。

　　4 项罩类的制作

　　合格：罩口尺寸偏差每米不大于 4mm，连接处牢固。

　　优良：罩口尺寸偏差每米不大于 2mm，连接处牢固，无尖锐的边缘。

　　检验方法：观察和尺量检查。

　　5 项风帽的制作

　　合格：尺寸偏差每米不大于 4mm，形状规整，旋转风帽重心平衡。

　　优良：尺寸偏差每米不大于 2mm，形状规整，旋转风帽重心平衡。

　　检验方法：观察和尺量检查。

允许偏差项目

　　检验方法：1、3 项尺量检查。

　　　　　　2 项尺量互成 90°的直径。

4.2 建筑设备安装工程

风管及部件安装分项工程质量检验评定表

表 4-67

工程名称：　　　　　　　　　　　　　部位：

		项　目											质量情况	
保证项目	1	安装必须牢固，位置、标高和走向符合设计要求，部件方向正确，操作方便。防火阀检查孔的位置必须设在便于操作的部位												
	2	支、吊、托架的型式、规格、位置、间距及固定必须符合设计要求和施工规范规定，严禁设在风口、阀门及检视门处。不锈钢板、铝板风管采用碳素钢支架必须进行防腐绝缘及隔绝处理												
	3	硬聚氯乙烯和玻璃钢风管的支管必须单独设支、吊架，法兰两侧必须加镀锌垫圈。螺栓按设计要求作防腐处理												
	4	铝板风管的法兰连接螺栓必须镀锌，并在法兰两侧垫以镀锌垫圈												
	5	斜插板阀垂直安装时，阀板必须向上拉启；水平安装时，阀板顺气流方向插入，阀板不应向下拉启												
	6	风帽安装必须牢固，风管与屋面交接处严禁漏水												
	7	洁净系统风管连接必须严密不漏；法兰垫料及接头方法必须符合设计要求和施工规范规定												
	8	洁净系统柔性短管所采用的材料，必须不产尘、不透气，内壁光滑；柔性短管与风管、设备的连接必须严密不漏												
	9	洁净系统风管、静压箱安装后内壁必须清洁，无浮尘、油污、锈蚀及杂物等												

		项　目		质　量　情　况										等级
				1	2	3	4	5	6	7	8	9	10	
基本项目	1	风管底部接缝												
	2	风管的法兰连接												
	3	风口安装												
	4	柔性短管												
	5	罩类的安装												

		项　目		允许偏差(mm)	实测值(mm)									
					1	2	3	4	5	6	7	8	9	10
允许偏差项目	1	风管	水平度 每米	3										
			总偏差	20										
	2		垂直度 每米	2										
			总偏差	20										
	3	风口	水平度	5										
			垂直度	2										

检查结果	保证项目				
	基本项目	检查　　项，其中优良　　项，优良率　　%			
	允许偏差项目	实测　　点，其中合格　　点，合格率　　%			

评定等级	工程负责人： 工　　长： 班组长：	核定等级	质量检查员：

年　　月　　日

说　明

本表适用于薄钢板、铝板、不锈钢板、复合钢板、硬聚氯乙烯板和玻璃钢风管及其配套部件的安装。

保证项目

　　检查数量：按不同材质、用途各抽查 20%，但不少于 1 个系统，其中水平、垂直风管的管段在 5 段以内各抽查 1 段，5 段以上各抽查 2 段。

　　检验方法：1 项观察检查。2 项观察、尺量和手扳检查。3 项观察检查。4 项观察检查。5 项观察检查。6 项观察和泼水检查。7 项观察检查。8 项灯光和观察检查。9 项白绸布擦拭或观察检查。

基本项目

　　评定代号：优良√，合格○，不合格×。

　　1 项风管底部接缝

　　合格：输送产生凝结水或含有潮湿空气的风管安装坡度符合设计要求，底部的接缝均做密封处理。

　　优良：在合格的基础上，接焊表面平整、美观。

　　检查数量：逐条检查。检验方法：尺量和观察检查。

　　2 项风管的法兰连接

　　合格：对接平行、严密、螺栓紧固。

　　优良：在合格的基础上，螺栓露出长度适宜一致，同一管段的法兰螺母均在同一侧。

　　检查数量：同保证项目检查数量。检验方法：扳手拧试和观察检查。

　　3 项风口安装

　　合格：位置正确，外露部分平整。

　　优良：位置正确，同一房间内标高一致，排列整齐，外露部分平整美观。

　　检查数量：按系统抽查 20%，但不少于两个房间的风口。检验方法：观察和尺量检查。

　　4 项柔性短管

　　合格：松紧适度，长度符合设计要求和施工规范的规定，无开裂和明显扭曲现象。

　　优良：在合格的基础上，无扭曲现象。

　　检查数量：逐个检查。检验方法：尺量和观察检查。

　　5 项罩类的安装

　　合格：位置正确，牢固可靠。

　　优良：位置正确，排列整齐，牢固可靠。

　　检查数量：按抽查系统逐个检查。检验方法：尺量和观察检查。

允许偏差项目

　　检查数量：风管按不同材质，用途各抽查 20%，但不少于 1 个系统，其中水平、垂直风管的管段在 5 段以内各抽查 1 段；5 段以上各抽查 2 段，风口按系统抽查 20%，但不少于两个房间的风口。

　　检验方法：1、3 项水平度：拉线、液体连通器和尺量检查。2 项吊线和尺量检查。3 项垂直度：吊线和尺量检查。

空气处理室制作与安装分项工程质量检验评定表

表 4-68

工程名称：　　　　　　　　　　　　　部位：

		项　目	质　量　情　况
保证项目	1	所用材质、规格必须符合设计要求。金属空气处理室板壁拼接必须顺水流方向,喷淋段的水池严禁渗漏	
	2	挡水板或挡板必须保持一定的水封;分层组装的挡水板,每层均必须设置排水装置	
	3	空气处理室分段组装后的连接必须严密,喷淋段严禁渗水	
	4	表面式热交换器水压试验必须符合施工规范规定。散热面必须完整,无碰坏和堵塞	
	5	风机盘管、诱导器与进、出水管的连接严禁渗漏,凝结水管的坡度必须符合排水要求,与风口及回风室的连接必须严密	
	6	高效过滤器安装方向必须正确:用波纹板组合的过滤器在竖向安装时,波纹板必须垂直于地面。过滤器与框架之间的连接严禁渗漏、变形、破损和漏胶等现象	
	7	洁净系统的空调箱、中效过滤器室等安装后必须保证内壁清洁,无浮尘、油污、锈蚀及杂物等	

		项　目	质　量　情　况										等级
			1	2	3	4	5	6	7	8	9	10	
基本项目	1	挡水板制作											
	2	喷水排管组装											
	3	密闭检视门											
	4	表面式热交换器的安装											
	5	空气过滤器的安装											
	6	窗台式空调器安装											

检查结果	保证项目	
	基本项目	检查　　　项,其中优良　　　项,优良率　　　%

评定等级	工程负责人： 工　　长： 班组长：	核定等级	 质量检查员： 　　年　　月　　日

说　明

本表适用于空气处理室的金属外壳、挡水板、喷水排管、密闭检视门制作与安装,以及表面式热交换器、风机盘管、诱导器、空气过滤器、窗台式空调器等安装。

保证项目

　　检查数量:全数检查。

　　检验方法:1 项焊缝处涂煤油或灌水作渗漏试验,其他观察检查。2 项观察检查。3 项观察检查。4 项观察检查和检查合格证或试验报告。5 项尺量、观察检查和检查试验记录。6 项观察检查或检查漏风试验记录。7 项观察和白绸布擦拭检查。

基本项目

　　评定代号:优良√,合格○,不合格×。

　　1 项挡水板制作

　　合格:折角及间距符合设计要求,折线平直,间距偏差不大于 2mm,与处理室板壁接触处设泛水,框架牢固。

　　优良:在合格基础上,框架平整。

　　检查数量:逐个检查。检验方法:尺量和观察检查。

　　2 项喷水排管组装

　　合格:喷嘴的排列及方向正确,间距侧差不大于 10mm。

　　优良:喷嘴的排列及方向正确,间距侧差不大于 5mm。

　　检查数量:逐排检查。检验方法:尺量和观察检查。

　　3 项密闭检视门

　　合格:门及门框平正、牢固,无滴漏,开关无明显滞涩;凝结水的引流管(槽)畅通。

　　优良:在合格的基础上,无渗漏;开关灵活。

　　检查数量:逐个检查。检验方法:泼水和启闭检查。

　　4 项表面式热交换器的安装

　　合格:框架平正、牢固,安装平稳,热交换器之间和热交换器与围护结构四周无明显缝隙。

　　优良:在合格的基础上,热交换器之间和热交换器与围护结构四周缝隙封严。

　　检查数量:逐台检查。检验方法:手扳和观察检查。

　　5 项空气过滤器的安装

　　合格:安装平正、牢固;过滤器与框架、框架与围护结构之间无明显缝隙。

　　优良:在合格的基础上,缝隙封严;过滤器便于拆卸。

　　检查数量:逐个检查。检验方法:手扳和观察检查。

　　6 项窗台式空调器安装

　　合格:固定牢固、遮阳、防雨措施不阻挡冷凝器排风;凝结水盘应有坡度,与四周缝隙封闭。

　　优良:在合格的基础上,正面横平竖直,与四周缝隙封严,与室内协调美观。

　　检查数量:按数量抽查 10%,但不少于 3 台。检验方法:观察检查。

消声器制作与安装分项工程质量检验评定表

表 4-69

工程名称： 　　　　　　　　　　　部位：

		项　目										质 量 情 况	
保证项目	1	消声器的型号、尺寸及制作所用的材质、规格必须符合设计要求，并标明气流方向											
	2	消声器框架必须牢固，共振腔的隔板尺寸正确，隔板及板壁结合处紧贴，外壳严密不漏											
	3	消声片单体安装，固定端必须牢固，片距均匀											
	4	消声器安装方向必须正确，并单独设置支、吊架											

		项　目	质 量 情 况										等　级
			1	2	3	4	5	6	7	8	9	10	
基本项目	1	消声材料的敷设											
	2	消声材料的复面											

检查结果	保 证 项 目			
	基 本 项 目	检查　　项，其中优良　　项，优良率　　%		

评定等级	工程负责人： 工　　长： 班 组 长：	核定等级		
			质量检查员：	

　　　　　　　　　　　　　　　　　　　　　　　　　　　　　　　　年　月　日

说　明

本表适用于消声器制作与安装。

保证项目
  检查数量：全数检查。
  检验方法：1 项尺量和观察检查。
      2 项尺量和观察检查。
      3 项手扳和观察检查。
      4 项观察检查。

基本项目
  评定代号：优良√，合格○，不合格×。
  1 项消声材料的敷设
  合格：片状材料粘贴牢固，基本平整；散状材料充填基本均匀，无明显下沉。
  优良：片状材料粘贴牢固，平整；散状材料充填均匀，无下沉。
  检查数量：逐个检查。
  检验方法：观察检查。
  2 项消声材料的复面
  合格：复面材料顺气流方向拼接，无损坏；穿孔板无毛刺，孔距排列基本均匀。
  优良：复面材料顺气流方向拼接，拼接整齐，无损坏；穿孔板无毛刺，孔距排列均匀。
  检查数量：逐个检查。
  检验方法：观察检查。

除尘器制作与安装分项工程质量检验评定表

表 4-70

工程名称： 　　　　　　　　　部位：

<table>
<tr><td rowspan="6">保证项目</td><td colspan="2">项　目</td><td>质 量 情 况</td></tr>
<tr><td>1</td><td>除尘器的规格和尺寸制作材料的材质、规格必须符合设计要求</td><td></td></tr>
<tr><td>2</td><td>双级蜗旋除尘器的叶片方向必须正确；旁路分离室的泄灰口必须光滑，无毛刺</td><td></td></tr>
<tr><td>3</td><td>旋筒式水膜除尘器的外筒体内壁严禁有突出的横向接缝</td><td></td></tr>
<tr><td>4</td><td>除尘器组装及各部件的连接处必须严密；进出口方向必须符合设计要求；安装牢固平稳</td><td></td></tr>
<tr><td>5</td><td>湿式除尘器的水管连接处和存水部位必须严密不漏，排水部位畅通</td><td></td></tr>
</table>

<table>
<tr><td rowspan="3">基本项目</td><td colspan="2">项　目</td><td colspan="10">质 量 情 况</td><td rowspan="2">等级</td></tr>
<tr><td></td><td></td><td>1</td><td>2</td><td>3</td><td>4</td><td>5</td><td>6</td><td>7</td><td>8</td><td>9</td><td>10</td></tr>
<tr><td>1</td><td>除尘器表面质量</td><td colspan="10"></td><td></td></tr>
<tr><td></td><td>2</td><td>除尘器的活动或转动件</td><td colspan="10"></td><td></td></tr>
</table>

<table>
<tr><td rowspan="5">允许偏差项目</td><td colspan="3">项　目</td><td rowspan="2">允许偏差（mm）</td><td colspan="10">实 测 值 (mm)</td></tr>
<tr><td colspan="3"></td><td>1</td><td>2</td><td>3</td><td>4</td><td>5</td><td>6</td><td>7</td><td>8</td><td>9</td><td>10</td></tr>
<tr><td>1</td><td colspan="2">平面位移</td><td>10</td><td colspan="10"></td></tr>
<tr><td>2</td><td colspan="2">标　高</td><td>±10</td><td colspan="10"></td></tr>
<tr><td rowspan="2">3</td><td rowspan="2">垂直度</td><td>每　米</td><td>2</td><td colspan="10"></td></tr>
<tr><td>总偏差</td><td>10</td><td colspan="10"></td></tr>
</table>

<table>
<tr><td rowspan="3">检查结果</td><td>保 证 项 目</td><td colspan="3"></td></tr>
<tr><td>基 本 项 目</td><td>检查　　项,其中优良</td><td>项,优良率</td><td>%</td></tr>
<tr><td>允许偏差项目</td><td>实测　　点,其中合格</td><td>点,合格率</td><td>%</td></tr>
</table>

<table>
<tr><td rowspan="3">评定等级</td><td>工程负责人：</td><td rowspan="3">核定等级</td></tr>
<tr><td>工　　长：</td></tr>
<tr><td>班 组 长：　　　　　　　　　质量检查员：</td></tr>
</table>

　　　　　　　　　　　　　　　　　　　　　　　　　　年　　月　　日

说 明

本表适用于除尘器制作与安装。

保证项目

　　检查数量：全数检查。
　　检验方法：1 项尺量和观察检查。
　　　　　　　2 项观察和触摸检查。
　　　　　　　3 项观察和触摸检查。
　　　　　　　4 项观察检查。
　　　　　　　5 项观察和灌水检查。

基本项目

　　评定代号：优良√，合格○，不合格×。
　　1 项除尘器表面质量
　　合格：内表面平整、无明显凹凸，圆弧均匀，拼缝错开；焊缝表面无裂纹、夹渣、明显砂眼、
　　　　气孔等缺陷。
　　优良：内表面平整、无凹凸，圆弧均匀，拼缝错开；焊缝表面无裂纹、夹渣、砂眼、气孔等缺
　　　　陷。
　　检查数量：逐台检查。
　　检验方法：观察检查。
　　2 项除尘器的活动或转动件
　　合格：无明显滞涩。
　　优良：灵活可靠，松紧适度。
　　检查数量：逐台检查。
　　检验方法：手扳检查。

允许偏差项目

　　检查数量：逐台检查，每项检测 1 点。
　　检验方法：1 项用经纬仪或拉线、尺量检查。
　　　　　　　2 项用水准仪或水平尺、直尺、拉线和尺量检查。
　　　　　　　3 项吊线和尺量检查。

通风机安装分项工程质量检验评定表

表 4-71

工程名称： 部位：

		项 目		质 量 情 况
保证项目	1	风机的型号、规格必须符合设计要求。风机叶轮严禁与壳体碰擦		
	2	散装风机进风斗与叶轮的间隙必须均匀并符合技术要求		
	3	地脚螺栓必须拧紧，并有防松装置；垫铁放置位置必须正确、接触紧密，每组不超过 3 块		
	4	试运转时叶轮旋转方向必须正确，经不少于 2h 的运转后，滑动轴承温升不超过 35℃，最高湿度不超过 70℃；滚动轴承温升不超过 40℃，最高温度不超过 80℃		

		项 目		允许偏差	实测值（mm）										
					1	2	3	4	5	6	7	8	9	10
允许偏差项目	1	中心线的平面位移		10mm										
	2	标　高		±10mm										
	3	皮带轮轮宽中心平面位移		1mm										
	4	传动轴水平度		0.2/1000										
	5	联轴器同心度	径向位移	0.05mm										
			轴向倾斜	0.2/1000										

检查结果	保 证 项 目	
	允许偏差项目	实测　　　点，其中合格　　　点，合格率　　　%

评定等级	工程负责人： 工　　长： 班 组 长：	核定等级	质量检查员：

年　月　日

说　明

本表适用于风压低于 3kPa 范围内的中、低压离心或轴流式通风机的安装。

保证项目

　　检查数量：全数检查。

　　检验方法：1 项盘动叶轮检查。

　　　　　　　2 项尺量和观察检查。

　　　　　　　3 项小锤轻击、扳手拧试和观察检查。

　　　　　　　4 项检查试运转记录或试车检查。

允许偏差项目

　　检查数量：逐台检查。每个项目检测 1 点。

　　检验方法：1 项用经纬仪或拉线和尺量检查。

　　　　　　　2 项用水准仪或水平尺、直尺、拉线和尺量检查。

　　　　　　　3 项在主、从动皮带轮端面拉线和尺量检查。

　　　　　　　4 项在轴或皮带轮 0°和 180°的四个位置上，用水准仪检查。

　　　　　　　5 项在联轴器互相垂直的四个位置上，用百分表检查。

制冷管道安装分项工程质量检验评定表

表 4-72

工程名称： 部位：

		项 目		质 量 情 况
保证项目	1	管子、管件、支架与阀门的型号、规格、材质及工作压力必须符合设计要求和施工规范规定		
	2	管子、管件及阀门内壁必须保持洁净及干燥。阀门必须按施工规范规定进行清洗		
	3	管道系统的工艺流向、管道坡度、标高、位置必须符合设计要求		
	4	接压缩机的吸、排气管道必须单独设立支架。管道与设备连接时严禁强制对口		
	5	焊缝与热影响区严禁有裂纹，焊缝表面无夹渣、气孔等缺陷。氨系统管道焊口检查还必须符合《工业管道工程施工及验收规范》GBJ 235—82 的规定		
	6	管道系统的吹污、气密性试验、真空度试验必须按施工规范规定进行		

		项 目	质量情况 1 2 3 4 5 6 7 8 9 10	等 级
基本项目	1	管道穿过墙或楼板		
	2	支、吊、托架安装		
	3	阀门安装		

		项 目			允许偏差 (mm)	实测值 (mm) 1 2 3 4 5 6 7 8 9 10
允许偏差项目	1	坐标	室外	架空	15	
				地沟	20	
			室内	架空	5	
				地沟	10	
	2	坐标	室外	架空	±15	
				地沟	±20	
			室内	架空	±5	
				地沟	±10	
	3	水平管道	纵横向弯曲	D_{nom}100 以内 每10m	5	
				D_{nom}100 以上 每10m	10	
			横向弯曲全长 25m 以上		20	
	4	立管垂直度	每1m		2	
			全长 5m 以上		8	
	5	成排管段及成排阀门在同一平面上			3	
	6	焊口平直度	$\delta<10mm$		$\delta/5$	
	7	焊缝加强层	高度		+1 0	
			宽度		+1 0	
	8	咬肉	深度		<0.5	
			连续长度		25	
			总长度(两侧)小于焊缝总长		$L/10$	

检查结果	保证项目				
	基本项目	检查 项,其中优良		项,优良率	%
	允许偏差项目	实测 点,其中合格		点,合格率	%

评定等级	工程负责人：	核定等级	
	工 长：		
	班 组 长：		质量检查员：

注：1. D_{nom}为公称直径。 2. δ为管壁厚。 3. L为焊缝总长。 年 月 日

说　明

本表适用于制冷系统中工作压力低于 2MPa、温度在 150℃～－20℃ 范围内、输送介质为制冷剂与润滑油的管道安装。

保证项目

　　检查数量：1、2、4、5、6 项全数检查。3 项按系统程段(件)数各抽查 10%，但均不少于 3 段(件)。

　　检验方法：1 项观察检查和检查合格证或试验记录。2 项观察检查和检查清洗记录或安装记录。3 项观察和尺量检查。4 项观察检查。5 项放大镜观察，检查氨系统检查射线探伤报告。6 项检查吹污试样或记录。

基本项目：评定代号：优良√，合格○，不合格×。

　　1 项管道穿过墙或楼板

　　合格：设金属套管，并固定牢靠、长度适宜，套管内无管道焊缝、法兰及螺纹接头；套管与管道四周间隙，用隔热不燃材料填塞。

　　优良：在合格的基础上，穿墙套管与墙面齐平；穿楼板套管下边与楼板齐平，上边高出楼板 20mm；套管与管道四周间隙均匀，并用隔热不燃材料填塞紧密。

　　检查数量：逐个检查。

　　检验方法：观察和尺量检查。

　　2 项支、吊、托架安装

　　合格：形式、位置、间距符合设计要求；与管道间的衬垫符合施工规范规定，埋设平整、牢固，砂浆饱满。

　　优良：形式、位置、间距符合设计要求；与管道间的衬垫符合施工规范规定，与管道接触紧密；吊杆垂直，埋设平整、牢固，固定处与墙面齐平，砂浆饱满，不突出墙面。

　　检查数量：按系统支架数各抽查 10%，但均不少于 3 件。

　　检验方法：观察和尺量检查。

　　3 项阀门安装

　　合格：位置、方向正确，连接牢固紧密，操作方便。

　　优良：位置、方向正确，连接牢固紧密，操作灵活方便，排列整齐美观。

　　检查数量：逐个检查。

　　检验方法：观察和操作检查。

允许偏差项目

　　检查数量：按系统内水平、垂直管道的管段各抽查 10%，但不少于 2 段。成排阀门全数检查。

　　检验方法：1、2 项按系统检查管道的起点、终点、分支点和变向点及各点间直管，用经纬仪、水准仪、液体连通器、水平尺、拉线和尺检查。3、4、5 项用液体连通器、水平仪、直尺、吊垂、拉线和尺量检查。6 项尺和样板尺检查。7 项用焊接检验尺检查。8 项用尺和焊接检验尺检查。

防腐(油漆)分项工程质量检验评定表

表 4-73

工程名称：　　　　　　　　　　　部位：

保证项目		项目	质量情况
	1	喷、涂底漆前，表面的灰尘、铁锈、焊渣、油污等必须清除干净	
	2	涂料的品种及涂层遍数、标记必须符合设计要求或施工规范规定	

基本项目		项目	质量情况										等级
			1	2	3	4	5	6	7	8	9	10	
	1	漆　膜											
	2	部件油漆											
	3	支、吊、托架的防腐(油漆)											

检查结果	保证项目	
	基本项目	检查　　项，其中优良　　项，优良率　　%

评定等级	工程负责人： 工　长： 班组长：	核定等级	 质量检查员：

年　月　日

说 明

本表适用于通风、空调及制冷管道系统的防腐(油漆)。

检查数量:按系统内水平、垂直管段,5段以内各抽查1段。5段以上各抽查2段。部件抽查10%,但不少于3件。支、吊、托架按抽查管段检查。

保证项目

检验方法:1项观察检查。

2项检查涂料牌号、合格证、施工记录及观察检查。

基本项目

评定代号:优良√,合格○,不合格×。

1项漆膜

合格:漆膜附着牢固、光滑均匀,无漏涂、剥落、起泡、透锈等缺陷。

优良:漆膜附着牢固、光滑均匀、颜色一致,无漏涂、剥落、起泡、皱纹、掺杂、透锈等缺陷。

检验方法:观察检查。

2项部件油漆

合格:油漆后各活动部件保持灵活,阀门有启闭标记。

优良:油漆后各活动部件保持灵活,松紧适度;阀门启闭标记明确、清晰、美观。

检验方法:扳动和观察检查。

3项支、吊、托架的防腐(油漆)

合格:防腐处理及颜色符合设计要求,色泽基本一致,无漏涂。

优良:防腐处理及颜色符合设计要求,色泽一致,无漏涂。不污染管道、设备及支撑面。

检验方法:观察检查。

4.2 建筑设备安装工程 999

风管及设备保温分项工程质量检验评定表

表 4-74

工程名称： 部位：

保证项目		项　　　　目		质　量　情　况
	1	保温材料的材质、规格及防火性能必须符合设计和防火要求。电加热器及其前后 800mm 范围内的风管隔热层必须用非燃烧材料		
	2	水管、风管与空调设备的接头处，以及产生凝结水的部位，必须保温良好，严密无缝隙		

基本项目		项　　目	质　量　情　况										等　级
			1	2	3	4	5	6	7	8	9	10	
	1	用粘结材料粘贴的隔热层											
	2	卷、散材料的隔热层											
	3	玻璃布、塑料布保护层											
	4	油毡保护层											
	5	薄金属板保护层											
	6	阀门保温											

允许偏差项目		项　　　目		允许偏差	实　测　值 (mm)									
					1	2	3	4	5	6	7	8	9	10
	1	保温层表面平整度	卷材或板材	5mm										
			散材或软质材料	10mm										
	2	隔热层厚度		$+0.10\delta$ -0.05δ										

检查结果	保证项目	
	基本项目	检查　　项，其中优良　　项，优良率　　%
	允许偏差项目	实测　　点，其中合格　　点，合格率　　%

评定等级	工程负责人：	核定等级	
	工　　长：		
	班组长：		质量检查员：

注：δ 为隔热层厚度。　　　　　　　　　　　　　　　　　　　　　　　　年　月　日

说　明

本表适用于空调风管及设备的保温。

检查数量：按系统内水平、垂直管段，5段以内各抽查1段，5段以上各抽查2段。阀门抽查10%，但不少于2个（允许偏差项目每段检测1点）。

保证项目

检验方法：1项观察检查和检查材料合格证或作燃烧试验。

　　　　　2项观察检查。

基本项目

评定代号：优良√，合格○，不合格×。

1项用粘结材料粘贴的隔热层

合格：粘贴牢固，拼缝用粘结材料填嵌饱满、密实。

优良：在合格的基础上，拼缝均匀整齐，平整一致，纵向缝错开。

检验方法：观察和手拉检查。

2项卷、散材料的隔热层

合格：紧贴表面，包扎牢固，散材无外露。

优良：紧贴表面，包扎牢固，松紧适度，散材无外露，表面平顺一致。

检验方法：观察检查。

注：洁净系统严禁直接采用未加工的散材。

3项玻璃布、塑料布保护层

合格：松紧适度，搭接基本均匀。

优良：松紧适度，搭接宽度均匀，平整美观。

检验方法：观察检查。

4项油毡保护层

合格：搭接顺水流方向，沥青粘贴，封口严密、不渗水，间断捆扎牢固。

优良：在合格的基础上，搭接宽度适宜，外形整齐美观。

检验方法：观察和手拉检查。

5项薄金属板保护层

合格：搭接顺水流方向，宽度适宜，接口平整，固定牢靠。

优良：在合格的基础上，搭接宽度均匀，外形美观

检验方法：观察和尺量检查。

6项阀门保温

合格：保温后的阀门有启闭标记，不影响操作。

优良：保温后的阀门启闭标记明确、清晰、美观，操作方便。

检验方法：观察检查。

允许偏差项目

检验方法：1项用1m直尺和楔形塞尺检查。2项用钢针刺入隔热层和尺量检查。

4.2 建筑设备安装工程

制冷管道保温分项工程质量检验评定表

表 4-75

工程名称：　　　　　　　　　　　　　　　　　部位：

		项目		质量情况										
保证项目	1	保温材料的材质、规格及防火性能必须符合设计和防火要求												
	2	隔热层施工时，阀门、法兰及其他可拆卸部件的两侧必须留出空隙，再以相同的隔热材料填补整齐												
	3	保温层的端部和收头处必须作封闭处理												

		项目		质量情况										等级
				1	2	3	4	5	6	7	8	9	10	
基本项目	1	硬质或半硬质隔热层管壳												
	2	散材及软质材料隔热层												
	3	防潮层												
	4	涂抹料保护层												
	5	薄金属板保护层												

		项目		允许偏差	实测值（mm）									
					1	2	3	4	5	6	7	8	9	10
允许偏差项目	1	保温层表面平整度	卷材、管壳及涂抹	5(mm)										
			散材或软质材料	10(mm)										
	2	隔热层厚度		$+0.10\delta$ -0.05δ										

检查结果	保证项目	
	基本项目	检查　　项，其中优良　　项，优良率　　%
	允许偏差项目	实测　　点，其中合格　　点，合格率　　%

评定等级	工程负责人： 工　　长： 班组长：	核定等级	
			质量检查员：

注：δ 为隔热层厚度。　　　　　　　　　　　　　　　　　　　　　　　　　　　　　年　月　日

说 明

本表适用于空调系统中制冷管道的保温。
检查数量:按系统内水平、垂直管段,5段以内各抽查1段,5段以上各抽查2段。

保证项目

检验方法:1项检查材料合格证或作燃烧试验。
2项观察检查。
3项观察检查。

基本项目

评定代号:优良√,合格○,不合格×。

1项硬质或半硬质隔热层

合格:粘贴牢固,无断裂,管壳之间的拼缝,用粘结材料填嵌饱满密实。

优良:在合格的基础上,拼缝均匀整齐,平整一致,横向缝错开。

检验方法:观察检查。

2项散材及软质材料隔热层

合格:散材表观密度符合设计要求,敷设基本均匀;软质材料交接处严密,无缝隙;包扎牢固。

优良:在合格的基础上,敷设均匀,包扎牢固、平整。

检验方法:观察检查。

3项防潮层

合格:紧密牢固地粘贴在隔热层上,搭接缝口朝向低端。搭接宽度符合施工规范规定,封闭良好,无裂缝。

优良:在合格的基础上,搭接均匀整齐,外形美观。

检验方法:观察检查。

4项涂抹料保护层

合格:配料准确,表面基本光滑平顺,无明显裂纹。

优良:配料准确,表面光滑平顺,无裂纹。

检验方法:观察检查。

5项薄金属板保护层

合格:搭接顺水流方向,宽度适宜,接口平整,固定牢靠。

优良:在合格的基础上,搭接宽度均匀一致,外形美观。

检验方法:观察和尺量检查。

允许偏差项目

检查数量:每段检测1点。
检验方法:1项用1m直尺和楔形塞尺检查。2项用钢针刺入隔热层和尺量检查。

2. 分部工程质量检验评定
3. 观感质量检验评定(表4-76)

观感评定的等级标准及注意的问题同1.2节采暖卫生与煤气工程中内容。

单位工程观感质量评定表
(通风、空调工程)

表 4-76

工程名称：　　　　　　　　　　施工单位：

序号	项目		应得分	检查记录										应得等级	实得分
				1	2	3	4	5	6	7	8	9	10		
1	通风工程	风管保温柔性短管	1												
2		风口风阀罩类安装	2												
3		支、托、吊架	1												
4		风机安装	1												
5	空调工程	风管保温、柔性短管	1												
6		风口、风阀	2												
7		支、托、吊架	1												
8		空气处理室机组	1												
9	管道项目：制冷管道		1												
10	循环冷却、冷凝		1												
11															
评定结果	应得　　分，实得　　分，得分率　　%														

检查单位　　　　　　　　检查人　　　　　　　　　年　月　日

4. 通风与空调系统调试工艺
(1) 调试程序：

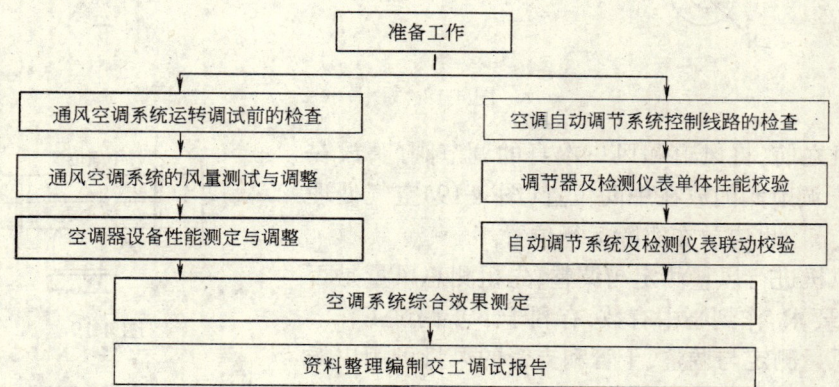

(2) 准备工作：

1) 熟悉空调系统设计图纸和有关技术文件，室内、外空气计算参数，风量、冷热负荷、恒温精度要求等，弄清送(回)风系统、供冷和供热系统、自动调节系统的全过程。

2) 绘制通风空调系统的透视示意图。

3) 调试人员会同设计、施工和建设单位深入现场，查清空调系统安装质量不合格的地方，查清施工与设计不符的地方，记录在缺陷明细表中，限期修改完。

4) 备好调试所需的仪器仪表和必要工具，消除缺陷明细表中的各种毛病。电源、水源、冷、热源准备就绪后，即可按计划进行运转和调试。

(3) 通风空调系统运转前的检查：

1) 核对通风机、电动机的型号、规格是否与设计相符。

2) 检查地脚螺栓是否拧紧，减振台座是否平，皮带轮或联轴器是否找正。

3) 检查轴承处是否有足够的润滑油，加注润滑油的种类和数量应符合设备技术文件的规定。

4) 检查电机及有接地要求的风机、风管接地线连接是否可靠。

5) 检查风机调节阀门，开启应灵活、定位装置可靠。

6) 风机启动可连续运转，运转应不少于2h。

(4) 通风空调系统的风量测定与调整：

1) 按工程实际情况，绘制系统单线透视图、应标明风管尺寸、测点截面位置、送(回)风口的位置，同时标明设计风量、风速、截面面积及风口外框面积(图4-18)。

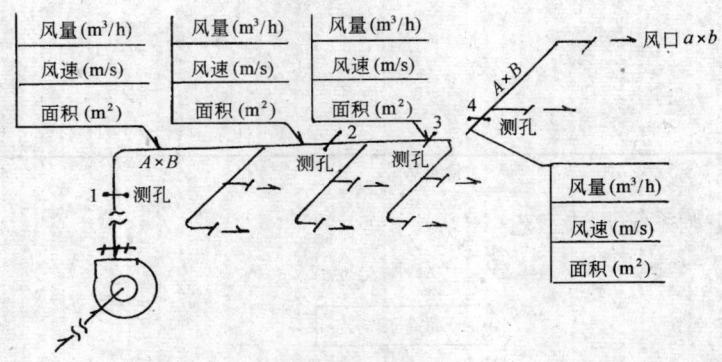

图 4-18

2) 开风机之前，将风道和风口本身的调节阀门，放在全开位置，三通调节阀门放在中间位置(图4-19)空气处理室中的各种调节门也应放在实际运行位置。

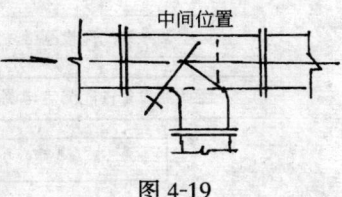

图 4-19

3) 开启风机进行风量测定与调整，先粗测总风量是否满足设计风量要求，作到心中有数，有利于下步调试工作。

4) 系统风量测定与调整，干管和支管的风量可用皮托管、微压计仪器进行测试。对送(回)风系统调整采用"流量等比分配法"或"基准风口调整法"等，从系统的最远最不利的环路开始，逐步调向通风机。

5) 风口风量测试可用热电风速仪、叶轮风速仪或转杯风速仪，用点定法或匀速移动法测出平均风速，计算出风量。测试次数不少于3~5次。

6) 系统风量调整平衡后，应达到：

A. 风口的风量、新风量、排风量，回风量的实测值与设计风量的允许值不大于10%。

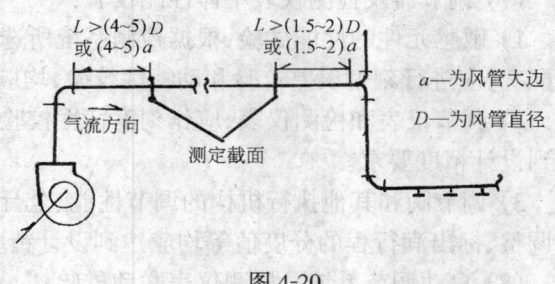

图 4-20

B. 新风量与回风量之和应近似等于总的送风量或各送风量之和。

C. 总的送风量应略大于回风量与排风量之和。

7) 系统风量测试调整时应注意的问题：

A. 测定点截面位置选择应在气流比较均匀稳定的地方，一般选在产生局部阻力之后4~5倍管径（或风管长边尺寸），以及局部阻力之前约1.5~2倍管径（或风管长边尺寸）的直风管段上（图4-20）。

B. 在矩形风管内测定平均风速时，应将风管测定截面划分若干个相等的小截面，使其尽可能接近于正方形；在圆形风管内测定平均风速时，应根据管径大小，将截面分成若干个面积相等的同心圆环，每个圆环应测量四个点。

C. 没有调节阀的风道，如果要调节风量，可在风道法兰处临时加插板进行调节，风量调好后，插板留在其中并密封不漏。

(5) 空调器设备性能测定与调整：

1) 喷水量的测定和喷水室热工特性的测定，应在夏季或接近夏季室外计算参数条件下进行，它的冷却能力是否符合设计要求。

2) 过滤器阻力的测定、表冷器阻力的测定、冷却能力和加热能力的测定等应计算出阻力值及空气失去的热量值和吸收的热量值是否符合设计要求。

3) 在测定过程中，保证供水、供冷、供热源，作好详细记录，与设计数据进行核对是否有出入，如有出入时应进行调整。

(6) 空调自动调节系统控制线路检查：

1) 核实敏感元件、调节仪表或检测仪表和调节执行机构的型号、规格和安装的部位是否与设计图纸要求相符。

2) 根据接线图纸，对控制盘下端子的接线（或接管）进行核对。

3) 根据控制原理图和盘内接线图，对上端子的盘内接线进行核对。

4) 对自动调节系统的联锁、信号、远距离检测和控制等装置及调节环节核对是否正确，是否符合设计要求。

5) 敏感元件和测量元件的装设地点，应符合下列要求：

A. 要求全室性控制时，应放在不受局部热源影响的区域内；局部区域要求严格时，应放在要求严格的地点；室温元件应放在空气流通的地点。

B. 在风管内，宜放在气流稳定的管段中心。

C. "露点"温度的敏感元件和测量元件宜放在挡水板后有代表性的位置，并应尽量避免二次回风的影响。不应受辐射热、振动或水滴的直接影响。

(7) 调节器及检测仪表单体性能校验:

1) 敏感元件的性能试验,根据控制系统所选用的调节器或检测仪表所要求的分度号必须配套,应进行刻度误差校验和动特性校验,均应达到设计精度要求。

2) 调节仪表和检测仪表,应作刻度特性校验,调节特性的校验及动作试验与调整,均应达到设计精度要求。

3) 调节阀和其他执行机构的调节性能、全行程距离、全行程时间的测定、限位开关位置的调整、标出满行程的分度值等均应达到设计精度要求。

(8) 自动调节系统及检测仪表联动校验:

1) 自动调节系统在未正式投入联动之前,应进行模拟试验,以校验系统的动作是否正确,是否符合设计要求,无误时可投入自动调节运行。

2) 自动调节系统投入运行后,应查明影响系统调节品质的因素,进行系统正常运行效果的分析,并判断能否达到预期的效果。

3) 自动调节系统各环节的运行调整,应使空调系统的"露点"、二次加热器和室温的各控制点经常保持所规定的空气参数,符合设计精度要求。

(9) 空调系统综合效果测定是在各分项调试完成后,测定系统联动运行的综合指标是否满足设计与生产工艺要求,如果达不到规定要求时,应在测定中作进一步调整。

1) 确定经过空调器处理后的空气参数和空调房间工作区的空气参数。

2) 检验自动调节系统的效果,各调节元件设备经长时间的考核,应达到系统安全可靠地运行。

3) 在自动调节系统投入运行条件下,确定空调房间工作区内可能维持的给定空气参数的允许波动范围和稳定性。

4) 空调系统连续运转时间,一般舒适性空调系统不得少于 8h;恒温精度在 ±1℃ 时,应在 8~12h;恒温精度在 ±0.5℃ 时,应在 12~24h;恒温精度在 ±0.1~0.2℃ 时,应在 24~36h。

5) 空调系统带生产负荷的综合效能试验的测定与调整,应由建设单位负责、施工和设计单位配合进行。

5. 调试报告

将测定和调整后的大量原始数据进行计算和整理,应包括下列内容:

(1) 通风或空调工程概况。

(2) 电气设备及自动调节系统设备的单体试验及检测、信号联锁保护装置的试验和调整数据。

(3) 空调处理性能测定结果。

(4) 系统风量调整结果。

(5) 房间气流组织调试结果。

(6) 自动调节系统的整定参数。

(7) 综合效果测定结果。

(8) 对空调系统做出结论性的评价和分析。

6. 通风与空调工程技术交底

通风与空调安装工程中的各分项工程技术交底均应包括以下内容:

(1) 对材料、设备的要求；
(2) 主要机具；
(3) 作业条件；
(4) 操作工艺；
(5) 质量标准；
(6) 成品保护；
(7) 应注意的质量问题。
下面以风管部件制作安装分项工程技术交底为例说明。

风管部件制作工程技术交底

本技术内容适用于各类金属风口、风阀、罩类、风帽及柔性管等部件制作工程。

1. 材料要求

(1) 各种材料应具有出厂合格证明书或质量鉴定文件。

(2) 除上述文件外,应进行外观检查,各种板材表面应平整,厚度均匀,无明显伤痕,并不得有裂纹、锈蚀等质量缺陷,型材应等型、均匀、无裂纹及严重锈蚀等情况。

(3) 其他材料不能因其本身缺陷而影响或降低产品的质量或使用效果。

2. 主要机具

剪板机、折方机、咬口机、冲床、电焊机、点焊机、氩弧焊机、车床、台钻、型材切割机、空压机及喷漆设备、手动、电动液压铆钉钳、电动拉铆枪和直尺、方尺、划规、划针、铁锤、木锤、尖冲、扳手、螺丝刀、钢丝钳、钢卷尺及专用冲压模具、工装等。

3. 作业条件

(1) 应具备有宽敞、明亮、地面平整、洁净的厂房。

(2) 作业地点要有满足加工工艺要求的机具设备、相应的电源、安全防护装置及消防器材。

(3) 各种风管部件均应按国家有关标准设计图纸制作,并有施工员书面的技术、质量、安全交底和施工预算。

4. 操作工艺

风口工艺流程：

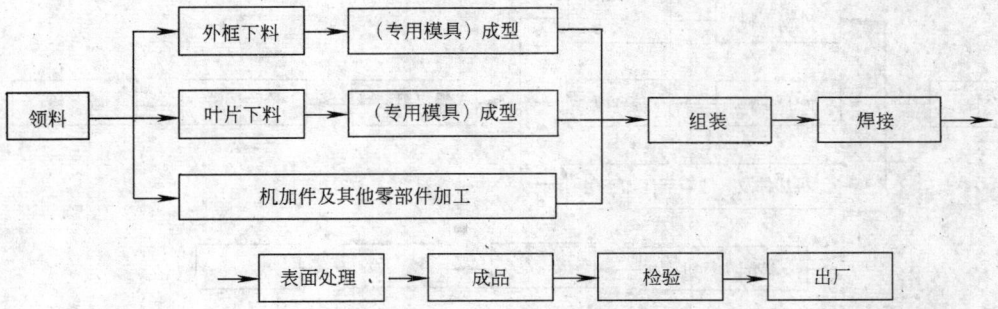

(1) 领料：

风口的制作应按其类型、规格、使用要求选用不同的材料制作。

(2) 下料、成型：

1) 风口的部件下料及成型应使用专用模具完成。

2) 铝制风口所需材料应为型材,其下料成型除应使用专用模具外,还应配备有专用的铝材切割机具。

(3) 组装:

1) 风口的部件成型后组装,应有专用的工装,以保证产品质量。产品组装后,应进行检验。

2) 风管表面应平整,与设计尺寸的允许偏差不应大于2mm,矩形风口两对角线之差不应大于3mm;圆形风口任意两正交直径的允许偏差不应大于2mm。

3) 风口的转动调节部分应灵活,叶片应平直,同边框不得碰撞。

4) 插板式及活动箅板式风口,其插板、箅板应平整,边缘光滑,拉动灵活。活动箅板式风口组装后应能达到安全开启和闭合。

5) 百叶风口的叶片间距应均匀,两端轴的中心应在同一直线上。手动式风口叶片与边框铆接应松紧适当。

6) 散流器的扩散环和调节环应同轴,轴向间距分布应均匀。

7) 孔板式风口、孔口不得有毛刺,孔径和孔距应符合设计要求。

8) 旋转式风口、活动件应轻便灵活。

9) 风口活动部分,如轴、轴套的配合等,应松紧适宜,并应在装配完成后加注润滑油。

(4) 焊接:

1) 钢制风口组装后的焊接,可根据不同材料选择气焊或电焊的焊接方式。铝制风口应采用氩弧焊接。

2) 焊接均应在非装饰面处进行,不得对装饰面外观产生不良影响。

3) 焊接完成后,应对风口进行一次调整。

(5) 表面处理:

1) 风口的表面处理,应满足设计及使用要求,可根据不同材料选择,如喷漆、喷塑、氧化等方式。

2) 如风口规格较大,应在适当部位对叶片及外框采取加固补强措施。

风阀工艺流程:

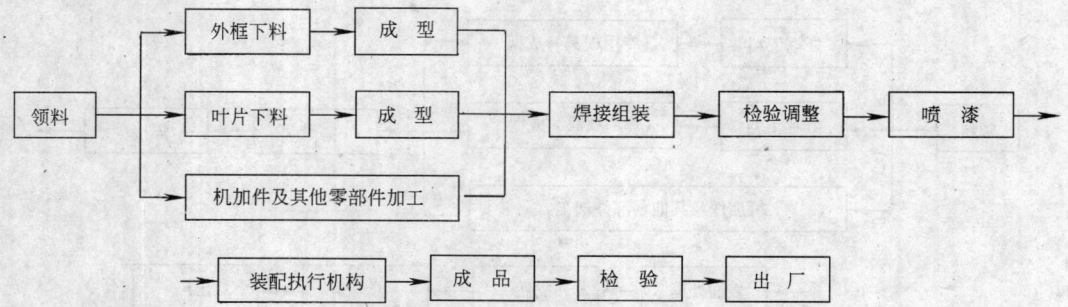

(6) 领料:

风阀制作所需材料应根据不同类型严格选用。

(7) 下料、成型:

外框及叶片下料应使用机械完成,成型应尽量采用专用模具。

(8) 零部件加工：

风阀内的转动部件应采用有色金属制作，以防锈蚀。

(9) 焊接组装：

1) 外框焊接可采用电焊或气焊方式，并保证使其焊接变形控制在最小限度。

2) 风阀组装应按照规定的程序进行，阀门的制作应牢固，调节和制动装置应准确灵活、可靠，并标明阀门的启闭方向。

3) 多叶片风阀叶片应贴合严密，间距均匀，搭接一致。

4) 止回阀阀轴必须灵活，阀板关闭严密，转动轴采用不易锈蚀的材料制作。

5) 防水阀制作所需钢材厚度不得小于 2mm，转动部件在任何时候都应转动灵活。熔片应为批准的并检验合格的正规产品，其熔点温度的允许偏差为 −2℃。

(10) 风阀组装完成后应进行调整和检验，并根据要求进行防腐处理。

(11) 若风阀规格过大，可将其割成若干个小规格的阀门制作。

(12) 防水阀在阀体制作完成后要加装执行机构并逐台进行检验。

罩类工艺流程：

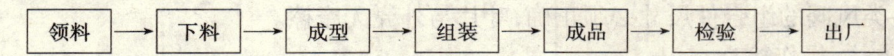

(13) 领料：

罩类部件根据不同要求可选用普通钢板、镀锌钢板、不锈钢板及聚氯乙烯板等材料制作。

(14) 下料：

根据不同的罩类型式放样后下料，并尽量采用机械加工形式。

(15) 成型、组装：

1) 罩类部件的组装根据所用材料及使用要求，可采用咬接、焊接等方式，其方法及要求详见风管制作部分。

2) 用于排出蒸汽或其他潮湿气体的伞形罩，应在罩口内边采取排除凝结液体的排水口。

3) 排气罩的扩散角不应大于 60°。

4) 如有要求，在罩类中还应加有调节阀、自动报警、自动灭火、过滤、集油装置设备。

(16) 成品检验：

罩类制作尺寸应准确，连接处应牢固，其外壳不应有尖锐的边缘。

风帽工艺流程：

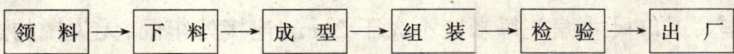

(17) 风帽的制作应严格按照国标要求进行。

(18) 风帽制作可采用镀锌钢板、普通钢板及其他适宜的材料。

(19) 风帽的形状应规整，旋转风帽重心应平衡。

(20) 风帽的下料、成型、组装等工序可参见风管制作部分。

柔性管工艺流程：

(21) 柔性管制作可选用人造革、帆布等材料。

(22) 柔性管的长度一般为150~250mm,不得做为变径管。

(23) 下料后缝制可采取机械或手工方式,但必须保证严密牢固。

(24) 如需防潮,帆布柔性管可刷帆布漆,不得涂刷油漆,防止失去弹性和伸缩性。

(25) 柔性管与法兰组装可采用钢板压条的方式,通过铆接使二者联合起来,铆钉间距为60~80mm。

(26) 柔性管不得出现扭曲现象,两侧法兰应平行。

5. 质量标准

(1) 保证项目:

1) 各类部件的规格、尺寸必须符合设计要求。

检验方法:尺量和观察检查。

2) 防火阀必须关闭严密,转动部件必须采用耐腐蚀材料,外壳、阀板材料厚度严禁小于2mm。

检验方法:尺量、观察和操作检查。

3) 各类风阀的组合件尺寸必须正确,叶片与外壳无摩擦。

检验方法:操作检查。

4) 洁净系统阀门的活动件及拉杆等,如采用碳素钢板制作,必须做镀锌处理,轴与阀体连接处的缝隙必须封闭。

检验方法:观察检查。

5) 洁净系统柔性管所用材料必须不产尘、不透气、内壁光滑。柔性管与风管连接必须严密不漏风。

检验方法:灯光和观察检查。

(2) 基本项目:

1) 部件组装应连接严密、牢固,活动件灵活可靠,松紧适度。

检验方法:手扳和观察检查。

2) 风口外观质量应合格,孔、片、扩散圈间距一致,边框和叶片平直整齐,外观光滑、美观。

检验方法:观察和尺量检查。

3) 各类风阀的制作应有启闭标记,多叶阀叶片贴合,搭接一致,轴距偏差不大于1mm,阀板与手柄方向一致。

检验方法:观察和尺量检查。

4) 罩类制作。罩口尺寸偏差每米应不大于2mm,连接处牢固,无尖锐的边缘。

检验方法:观察和尺量检查。

5) 风帽的制作尺寸偏差每米不大于2mm,形状规整,旋转风帽重心平衡。

检验方法:观察和尺量检查。

6) 柔性管应松紧适度,长度符合设计要求和施工规范的规定,无开裂现象,无扭曲现象。

检验方法:尺量和观察检查。

(3) 允许偏差项目:见表4-77。

风口制作尺寸的允许偏差和检验方法 表4-77

项次	项目	允许偏差(mm)	检验方法
1	外形尺寸	2	尺量检查
2	圆形最大与最小直径之差	2	尺量互成90°
3	矩形两对角线之差	3	尺量检查

6. 成品保护
(1) 部件成品应存放在有防雨、雪措施的平整场地上,并分类码放整齐。
(2) 风口成品应采取防护措施,保护装饰面不受损伤。
(3) 防水阀执行机构应保护,防止执行机构受损或丢失。
(4) 多叶调节阀要注意调整连杆的保护,保持螺母在拧紧状态。
(5) 在装卸、运输、安装、调试过程中,应注意成品的保护。
7. 应注意的质量问题
(1) 风口的装饰面极易产生划痕,在组装过程中应在操作台上垫以橡胶板等软性材料。
(2) 风阀叶片应根据阀门的规格计算好叶片的数量及展开宽度尺寸。
(3) 风阀、风口的制作要方、正、平,各种尺寸偏差应控制在允许范围之内。
(4) 部件产品的活动部件,在喷漆后会产生操作不灵活的现象,在加工中应注意相互配合尺寸。
(5) 部件产品在制作过程中的板材连接,一定要牢固、可靠,尤其是防水阀产品。
(6) 防火阀产品要注意叶片与阀体的间隙,以保证其气密性满足要求。

4.2.4 电梯安装工程

4.2.4.1 电梯安装工程技术交底

电梯安装工程中的各分项工程技术交底均应包括以下内容:
1. 对材料、设备的要求;
2. 主要机具;
3. 作业条件;
4. 操作工艺;
5. 质量标准;
6. 成品保护;
7. 应注意的质量问题。

下面以厅门安装分项工程技术交底为例说明。

厅门安装技术交底

1. 设备、材料要求
(1) 厅门部件应与图纸相符,数量齐全。
(2) 地坎、门滑道、厅门扇应无变形、损坏。其他各部件应完好无损,功能可靠。
(3) 制作钢牛腿和牛腿支架的型钢要符合要求。
(4) 电焊条和膨胀螺栓要有出厂合格证。
(5) 水泥、砂子、防锈漆要符合有关规定。

2. 主要机具
台钻、电锤、水平尺、钢板尺、直角尺、电焊工具、气焊工具、线锤、斜塞尺、铁锹、小铲、榔头、錾子。

3. 作业条件

(1) 各层脚手架横杆位置应不妨碍稳装地坎、厅门安装的施工要求。

(2) 各层厅门口及脚手板上干净,无杂物。防护门安全可靠。有防火措施,设专人看火。

(3) 对厅门各部件进行检查,如发现不符合要求处应及时修整,对滑动部分应进行清洗加油,作好安装准备。

4. 操作工艺

工艺流程:

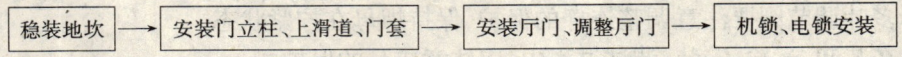

(1) 稳装地坎:

1) 按要求由样板放两根厅门安装基准线(高层梯最好放三条线,即门中一条线,广口两边两条线),在厅门地坎上划出净门口宽度线及厅门中心线,在相应的位置打上三个卧点,以基准线及此标志确定地坎、牛腿及牛腿支架的安装位置。如图 4-21。

2) 地坎稳好后应高于完工装修地面 5～10mm,且应按 1:50 坡度将混凝土地面与地坎平面抹平,如图 4-22。

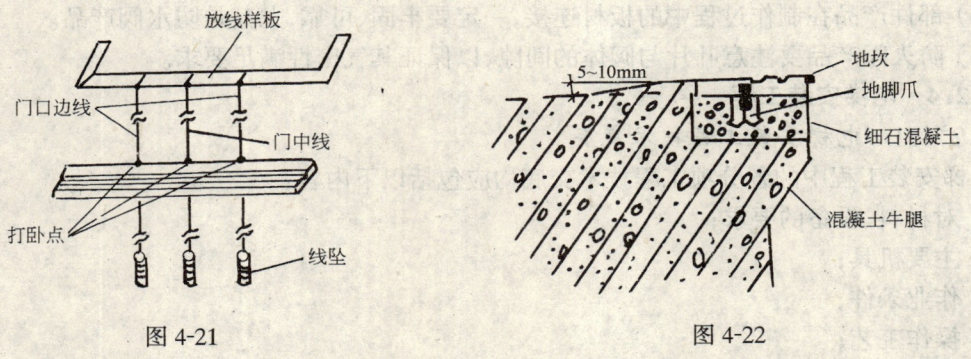

图 4-21　　　　　　　　　　　图 4-22

3) 若厅门无混凝土牛腿,要在预埋铁件上焊支架,安装钢牛腿来稳装地坎,分两种情况:

A. 电梯额定载重量在 1000kg 及以下的各类电梯,可用不小于 65mm 等边角钢做支架,进行焊接,并稳装地坎(图 4-23)。牛腿支架不少于 3 个。

B. 电梯额定载重量在 1000kg 以上的各类电梯(不包括 1000kg),可采用 $\sigma = 10mm$ 的钢板及槽钢制作牛腿支架,进行焊接,并稳装地坎(图 4-24)。牛腿支架不少于 5 个。

4) 电梯额定载重量在 1000kg 以下(包括 1000kg)的各类电梯,若厅门地坎处既无混凝土

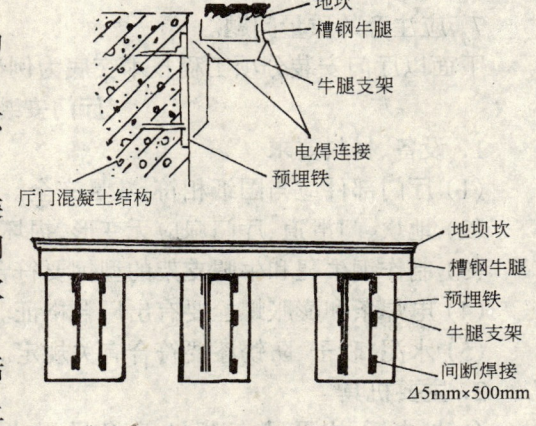

图 4-23

牛腿又无预埋铁,可采用 M14 以上的膨胀螺栓固定牛腿支架,进行稳装地坎(图 4-25)。

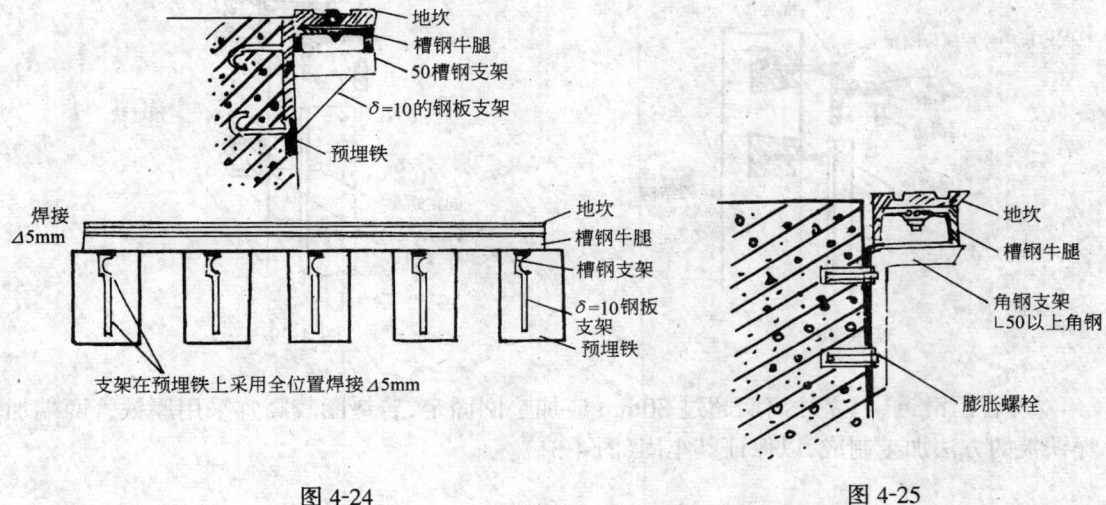

图 4-24　　　　　　　　　　　图 4-25

5) 对于高层电梯,为防止由于基准线被碰造成误差,可以先安装和调整好导轨。然后以轿厢导轨为基准来确定地坎的安装位置。方法如下:

A. 在厅门地坎中心点 M 两侧的 $1/2L$ 处 M_1 及 M_2 点分别做上标记(L 是轿厢导轨间距)。

B. 稳装地坎时,用直角尺测量尺寸,使厅门地坎距离轿厢两导轨前侧尺寸均为 $B+H-d/2$。

其中　B——轿厢导轨中心线到轿厢地坎外边缘尺寸;

　　　H——轿厢地坎与厅门地坎距离(一般是 25mm 或 30mm);

　　　d——轿厢导轨工作端面宽度。

C. 左右移动厅门底坎使 M_1、M_2 与直角尺的外角对齐,这样地坎的位置就确定了(图 4-26)。但为了复核厅门中心点是否正确,可测量厅门地坎中心点 M 距轿厢两导轨外侧棱角距离,S_1 与 S_2 应相等(图 4-27)。

图 4-26　　　　　　　　　　　图 4-27

(2) 安装门立柱、上滑道、门套:

地坎混凝土硬结后安装门立柱。

1) 砖墙采用剔墙眼埋注地脚螺栓(图 4-28)。

2) 混凝土结构墙若有预埋铁,可将固定螺丝直接焊于预埋铁上(图 4-29)。

3) 混凝土结构墙若没有预埋铁,可在相应的位置用 M_{12} 膨胀螺栓 2 条,安装 150mm×100mm×10mm 的钢板做为预埋铁使用(图 4-30)。其他安装同上。

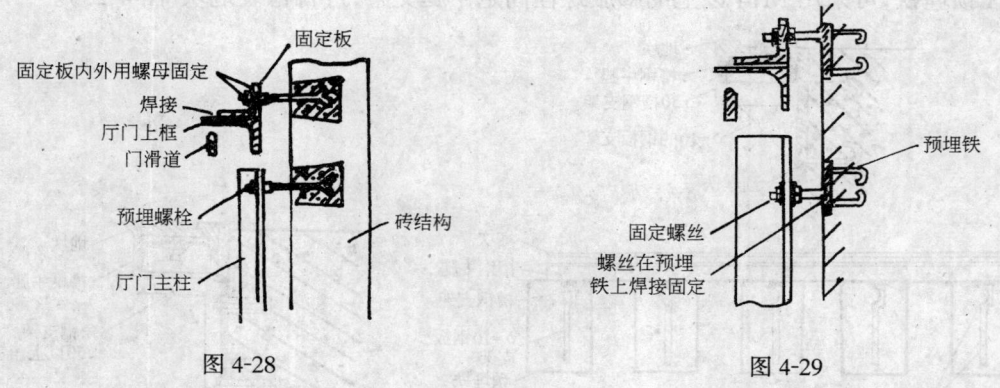

图 4-28　　　　　　　　　　图 4-29

4）若门滑道、门立柱离墙超过 30mm 应加垫圈固定，若垫圈较高宜采用厚铁管两端加焊铁板的方法加工制成，以保证其牢固（图 4-31）。

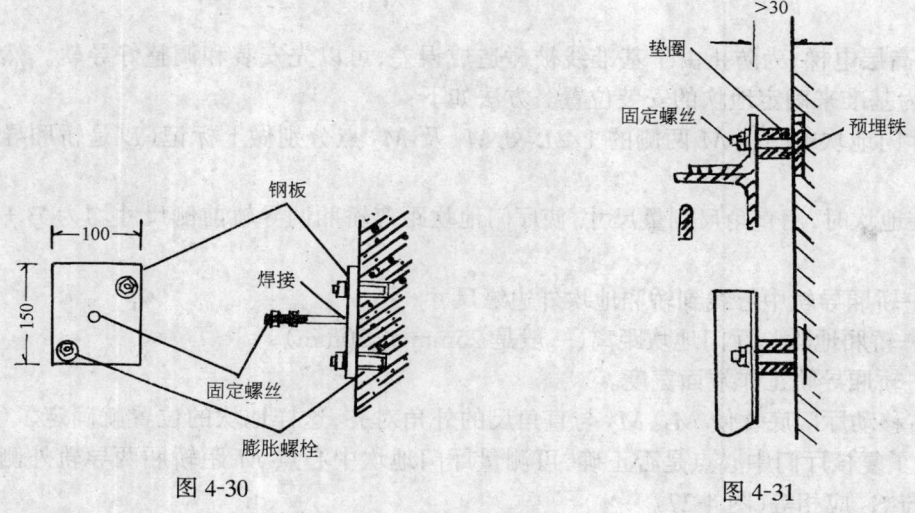

图 4-30　　　　　　　　　　图 4-31

5）用水平尺测量门滑道是否水平，如侧开门，两根滑道上端面应在同一水平面上，并用线锤检查上滑道与地坎槽两垂面水平距离和两者之间的平行度。

6）钢门套安装调整后，用钢筋将门套内筋与墙内钢筋焊接固定（图 4-32），注意应将钢筋弯成弓形后再焊接，以免焊接变形影响门套的变形。为防止浇灌混凝土时门套变形，可在门套相关部位支撑，待混凝土固结后再拆除。

(3) 安装厅门、调整厅门：

1）将门底导脚、门滑轮装在门扇上，把偏心轮调到最大值（和滑道距离最大）。然后将门底导脚放入地坎槽，门轮挂到滑道上。

2）在门扇和地坎间垫上 6mm 厚的支撑物。门滑轮架和门扇之间用专用垫片进行调整，使之达到要求，然后将滑轮架与门扇的连接螺丝进行紧固，将偏心轮调回到与滑道间距小于 0.5mm，撤掉门扇和地坎间所垫之物，进行门滑行试验，达到轻快自如为合格（图 4-33）。

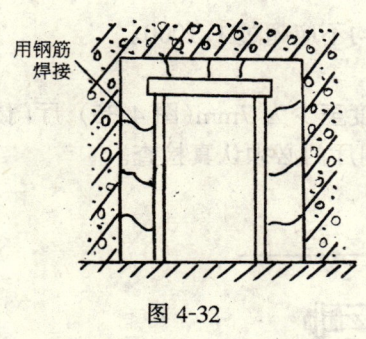
图 4-32

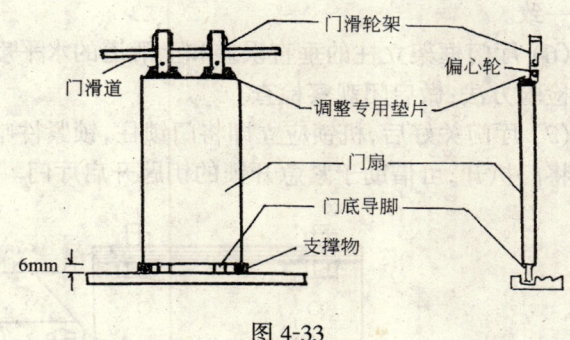
图 4-33

(4) 机锁、电锁、厅门开关安装：

1) 安装前应对锁沟、锁臂、滚轮、弹簧等按要求进行调整，使其灵活可靠。

2) 门锁和门安全开关要按图纸规定的位置进行安装。若设备上安装螺丝孔不符合图纸要求要进行修改。

3) 调整厅门门锁和门安全开关，使其达到：只有当两扇门（或多扇）关闭达到有关要求后才能使门锁电接头和门安全开关接通。

如门锁固定螺孔为可调者，门锁安装调整就位后，必须加定位螺丝，防止门锁移位。

4) 当轿门与厅门联动时，钩锁应无脱钩及夹刀现象，在开关门时应运行平稳，无抖动和撞击声。

5) 在门窗装完后，应将强迫关门装置装上，使层门处于关闭状态。厅门应具有自闭能力，被打开的厅门在无外力作用时，厅门应能自动关闭，以确保井道口的安全。

5. 质量标准

(1) 轿厢地坎与各层厅门地坎间距的偏差均严禁超过 $^{+2mm}_{-1mm}$。

检验方法：尺量检查。

(2) 开门刀与各层厅门地坎及各层厅门开门装置的滚轮与轿厢地坎间的间隙均必须在 5~8mm 范围以内。

检验方法：尺量检查。

(3) 厅门上滑道外侧垂直面与地坎槽内侧垂直面的距离 a，应符合图纸要求，在上滑道两端和中间三点（1、2、3）吊线测量相对偏差均应不大于 +1mm。上滑道与地坎的平行度误差应不大于 1mm。导轨本身的不铅垂度 a' 应不大于 0.5mm（图 4-34）。

检查方法：吊线、尺量检查。

(4) 厅门扇垂直度偏差不大于 2mm，门缝下口扒开量不大于 10mm，门轮偏心轮对滑道间隙不大于 0.5mm。

检查方法：吊线、尺量检查。

(5) 门扇安装、调整应达到：

门扇平整、洁净、无损伤。启闭轻快平稳。中分门关闭是上下部同时合拢，

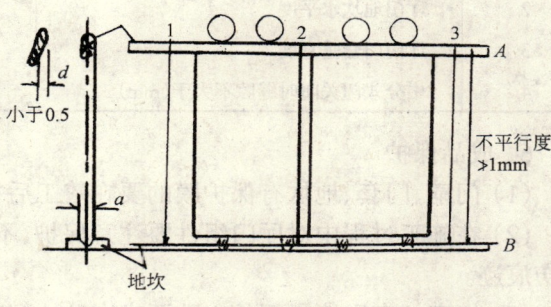
图 4-34

门缝一致。

(6) 厅门框架立柱的垂直误差和上滑道的水平度误差均不应超过 1/1000。

检验方法:做启闭观察检查。

(7) 厅门关好后,机锁应立即将门锁住,锁紧件啮合长度至少为 7mm(图 4-35),厅门外不可将门扒开,可借助于紧急开锁的钥匙开启厅门。每一扇厅门必须认真检查。

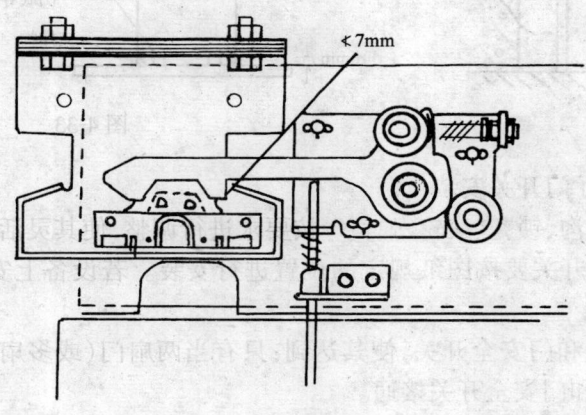

图 4-35

检验方法:尺量和观察检查。

(8) 厅门关好后,门锁导电座与触点接触必须良好。如门锁固定螺丝孔为可调者,门锁安装调整好后,必须加定位螺丝加以固定。

检验方法:观察检查。

(9) 厅门门扇下端与地坎面的间隙为 6+2mm。

门套与厅门的间距为 6±2mm。住宅梯间距为 5±2mm。

检验方法:尺量检查。

(10) 允许偏差项目:

厅门地坎及门套安装的尺寸要求、允许偏差和检验方法应符合表 4-78 的规定。

厅门地坎及门套安装的尺寸要求、允许偏差和检验方法　　表 4-78

项次	项目	允许偏差或尺寸要求	检查方法
1	厅门地坎高出最终地面(cm)	2~5	尺量检查
2	厅门地坎水平度	1/1000	尺量检查
3	厅门门套垂直度	1/1000	吊线、尺量检查
4	中分式门关闭时缝隙不大于(mm)	2	尺量检查

6. 成品保护

(1) 门扇、门套、地坎有保护膜的要在竣工后才能把保护膜去掉。

(2) 在施工过程中对厅门组件要注意保护,不可将其碰坏,保证外观平整光洁,无划伤、撞伤痕迹。

(3) 填充门套和墙之间的空隙要求有防止门套变形的措施。

7. 应注意的质量问题

(1) 固定钢门套时,要焊在门套的加强筋上,不可在门套上直接焊接。
(2) 所有焊接连接和膨胀螺栓固定的部件一定要牢固可靠。砖墙上不准用膨胀螺栓固定。
(3) 凡是需埋入混凝土中部件,一定要经有关部门检查办理隐蔽工程手续后,才能浇灌混凝土。不准在空心砖或泡沫砖墙上用灌注混凝土方法固定。
(4) 厅门各部件若有损坏、变形的、要及时修理或更换,合格后方可使用。
(5) 厅门与井道固定的可调式连接件,在厅门调好后,应将连接件长孔处的垫圈点焊固定,以防位移。
(6) 防腐要求见有关规定。

4.2.4.2 随机文件

1. 要求

文件齐全。

2. 内容

装箱单、产品合格证、机房井道图、使用说明书、电气原理图、电气布置图、部件安装图、符号说明、调试说明、文件目录、备品备件目录等。

4.2.4.3 隐检记录

表格同土建工程用表。

内容:承重梁埋设、地极制作与安装、暗配管线、绳头巴氏合金浇筑等(表格式样同土建工程)。

4.2.4.4 预检记录

内容:绳洞位置、尺寸;轨道位置;设备位置等(表格式样同土建工程用表)。

4.2.4.5 设备检查记录(表 4-79)

电梯工程设备检查记录表　　　　　　表 4-79

工程名称		工程地点	
建设单位		安装单位	
设计单位		土建施工	
制造厂家		产品合同号	
电梯类型		出厂日期	年　月　日
检验项目	部件损伤情况摘要		处理结果
随机文件			
机械部件			
电气部件			
其他部件			
设计问题			
土建问题			

4 装修阶段(地面与楼面工程、门窗工程、装饰工程)

续表

参加人员	备注				
	建设单位	设计单位	制造厂家	土建施工	安装单位

内容:设备、材料及附件的规格、数量、完好情况、损伤情况及处理结果等。

4.2.4.6　设计变更及技术洽商记录

表格式样同土建工程用表。

4.2.4.7　接地电阻测试记录

内容:接地极及回路的电阻测试,阻值标准依图纸及说明书要求。

4.2.4.8　绝缘电阻测试记录

内容:曳引机绕组、电线电缆等的绝缘电阻测试。

4.2.4.9　自检互检报告(表 4-80)

《电梯安装自检互检报告》为单独成册。检验项目共有 61 项内容(见表 4-80)。

4.2.4.10　施工检查及施工试验(表 4-81～表 4-92)

1．施工检查记录

(1) 电梯机房、井道测量检查记录(表 4-81);
(2) 电梯安装样板放线记录图表(表 4-82);
(3) 电梯导轨安装测量检查记录(表 4-83);
(4) 电梯厅门安装测量检查记录(表 4-84);
(5) 电梯安装分项自检互检记录(表 4-85);
(6) 电梯轿厢平层准确度测量记录表(表 4-86);

2．施工试验记录

(1) 电梯安全保护装置试验检查记录(表 4-87);
(2) 电梯负荷运行试验记录表(表 4-88);
(3) 电梯负荷运行试验曲线图表(表 4-89);
(4) 电梯噪声测试记录表(表 4-90);
(5) 电梯加、减速和垂直、水平振动加速度试验记录(表 4-91、表 4-92)。

4.2.4.11　质量检验评定

电梯安装工程质量检验评定用表共有 11 种,其中分项工程质量评定有 6 种表格(即 6 个分项工程)。

1．分项工程用表

(1) 曳引装置分项工程质量检验评定(表 4-93);
(2) 导轨组装分项工程质量检验评定(表 4-94);
(3) 轿厢、层门组装分项工程质量检验评定(表 4-95);
(4) 电气装置安装分项工程质量检验评定(表 4-96);
(5) 安全保护装置分项工程质量检验评定(表 4-97);

4.2 建筑设备安装工程

电梯安装自检互检报告

表 4-80

型号：＿＿＿＿＿ 载重：＿＿＿＿＿ 速度：＿＿＿＿＿ m/s

层站：＿＿＿＿＿ 控制系统：＿＿＿＿＿ 操纵方式：＿＿＿＿＿

建设单位：＿＿＿＿＿＿＿＿＿＿＿＿＿＿＿＿＿

安装单位：＿＿＿＿＿＿＿＿＿＿＿＿＿＿＿＿＿

报验日期：＿＿＿＿＿＿＿＿＿＿

序号	检验项目	标准要求	互检结果	组长检查	检验员复查
1	曳引机承重梁须放在机房楼板土建承重梁上	接触长度＞75mm			
2	钢丝绳与机房楼板孔侧面间隙	≥25mm			
3	凡机房内通井道的孔要防止漏油漏水	在孔四周筑高75mm以上宽度适当的台阶			
4	每根导轨至少应有两个导轨架	间距＜2.5mm			
5	导轨架的安装	(1) 不水平度≤5mm (2) 埋入深度≥120mm (3) 焊接牢固			
6	T型导轨的安装 (1) 当电梯冲顶撞底时各导靴均不应越出导轨 (2) 两导轨内表面间距离L的偏差在整个高度上均应符合下表要求 电梯类别 高速 / 快、低速 导轨用途 轿厢 对重 / 轿厢 对重 偏差 ≤±0.5 ≤±1 / ≤±1 ≤±2 (3) 两导轨侧工作面对铅垂线偏差≤0.7mm/5m (4) 两导轨相互偏差在整个高度上≤1mm (5) 导轨接头处台阶＜0.04mm				
7	轿厢对重碰板至缓冲器的越程距离 S_1, S_2	电梯额定速度为0.5～1.0m/s时使用弹簧缓冲器 S_1、S_2 为200～350mm；电梯额定速度为1.5～3.0m/s时使用油压缓冲器 S_1、S_2 为150～400mm			
8	油压缓冲器活动柱塞的不铅垂度	≤±0.5mm			
9	在同一基础上安装两个缓冲器时其顶面相对高度差	≤2mm			
10	弹簧缓冲器顶面的不水平度	≤4/1000			
11	缓冲器中心对轿厢架或对重架上相应碰板中心偏差量	≤20mm			

续表

序号	检验项目	标准要求	互检结果	组长检查	检验员复查
12	厅门地坎不水平度	≤1/1000			
13	厅门地坎不平直度	≤1/1000			
14	厅门地坎高出楼板地平面	5～6mm			
15	厅门门套立柱的不铅垂度、横梁的不水平度厅门的不垂直度	≤1/1000			
16	安装厅门导轨	(1) 导轨与地坎槽在导轨两端和中间三处间距 a 的偏差均不应超过±1mm (2) A 面对 B 面的不平行度＜1mm (3) 导轨的侧面与地坎平面不铅垂度 a'≤0.5mm			
17	厅门门扇安装	(1) 门扇下端与地坎间的间隙为 6±2mm (2) 吊门滚轮上的偏心挡轮与导轨下端面的间隙≤0.5mm (3) 门扇与门套、门扇与门扇(偏开)的间隙为 6±2mm (4) 中分式门的门扇在对口处的不平度≤1mm；门缝尺寸在整个可见高度上≤2mm (5) 当轻微用手扒开门缝时，强迫关门装置应使之闭合严密 (6) 厅门装好后使其开启或关闭时应轻快			
18	开门刀与各层厅门地坎和各层厅门钩子锁滚轮以及与轿厢地坎间的间隙	5～8mm			
19	轿门地坎至各层厅门地坎的距离偏差	≤±1mm			
20	轿厢底盘平面的水平度	≤2/1000			
21	未装上梁前轿厢架两侧立柱在整个高度上的不铅垂度	≤1.5mm			
22	上下限位开关	轿厢高于最高层平层 50～100(mm)切断控制回路 轿厢低于最低层平层 50～100(mm)切断控制回路			

续表

序号	检验项目	标准要求	互检结果	组长检查	检验员复查
22	上下限位开关	轿厢高于最高层平层250～350(mm)切断电源 轿厢低于最低层平层250～350(mm)切断电源			
23	反绳轮的不铅垂度	≤0.5mm			
24	轿厢架立柱上的限位开关碰铁不铅垂度	≤2/1000			
25	有轿门一面的轿壁的不铅垂度	≤1/1000			
26	安全钳楔块面与导轨侧面间间隙	3～4mm 高度基本相同两侧间隙需均匀			
27	瞬时安全钳装置的提拉力	15～30kg			
28	滑动导靴的安装调整	(1) 轿厢四个导靴的尺寸 b 应一致见下表 电梯额定起重量(kg) | b (mm) 500 | 42 750 | 34 1000 | 30 1500 | 25 2000～3000 | 25 5000 | 20 (2) 轿厢导靴 $\frac{a}{c}$ = 2mm (3) 对重导靴 $\frac{a}{c} = \frac{2mm}{3mm}$			
29	固定式滑动导靴与导轨端面间的间隙应均匀	≤1mm			
30	滚轮导靴的滚轮对导轨不应歪斜	在整个轮缘宽度上与导轨工作面应均匀接触			
31	曳引机安装	(1) 曳引机轮的位置偏差在前、后(向着对重)方向≤±2mm左右方向≤±1mm (2) 在曳引轮轴方向和蜗杆轴方向的不水平度≤1/1000 (3) 曳引轮在水平内的扭转(a、b之差值)≤±0.5mm			
32	制动器闸瓦应紧密地合于制动轮工作表面,当松闸时,两侧闸瓦应同时离开制动轮表面其间隙	≤0.7mm			

续表

序号	检 验 项 目	标 准 要 求	互检结果	组长检查	检验员复查
33	直流发电机机座的不水平度	≤2/1000			
34	不设导向轮时曳引轮中心位置	距轿厢架中心和对重中心线的距离应相近			
35	导向轮的不铅垂度	≤0.5mm			
36	导向轮的位置偏差在前、后(向着对重)方向	≤±3mm			
37	复绕轮的安装偏差要求与导向轮相同				
38	限速器的安装绳轮的不铅垂度	≤0.5mm			
39	绳索至导轨的距离 ab 的偏差	≤±5mm			
40	绳索张紧装置底部距底坑地面的高度	电梯类别: 高速 / 快速 / 低速；距底坑高度(mm): 750±50 / 550±50 / 400±50			
41	在电梯正常运行时限速器钢绳不应接触夹绳钳				
42	曳引绳 调整绳头组合螺母使各绳张力相近其相互的差值	≤5%			
43	补偿绳装置 两导轨内表面间距离 L 的偏差	+2 / −0			
44	导轨全高的不铅垂度	≤1mm			
45	坨框至地面槽钢的距离	≥200mm			
46	导轨上端面突出导靴	≥200mm 并应有挡板防止坨框跳出			
47	电气部分 除电子线路外应采用不同颜色导线，使用单色导线时应在导线两端注明接线编号				
48	井道电缆架	设在提升高度 1/2 以上 1.5 米高处的井道墙上			

续表

序号	检 验 项 目	标 准 要 求	互检结果	组长检查	检验员复查
49	电缆弯曲半径	8 芯 $r \geqslant 250$mm 16～24 芯 $r \geqslant 400$mm			
50	机房控制柜的安装位置	距墙 600～700mm 远离门和窗(防雨水)			
51	电源总开关设置	机房入口处距地面高出 1.3～1.5m 墙上			
52	所有电气设备的金属外壳应良好接地	接地电阻≤4Ω			
53	电气设备应有良好的绝缘强度(用500V 高阻计检查)	>1kΩ/r			
54	试运转 电梯装完经检查,清洗润滑合格后应按设备技术文件规定检查平衡系数				
55	电梯的静载试验 将轿厢位于底层陆续平稳地加入载荷;对乘客、医院用电梯和额定起重量不大于 2000kg 的载货电梯以额定起重量的 200%。其余各种电梯以额定起重量的 150%历时 10 分钟	试验中各承重件应无损坏曳引绳在槽内应无滑动,制动器应可靠地刹紧			
56	电梯运行试验 轿厢内应分别载以空载,额定起重量的 50%,满载。在通电持续率 40%的情况下往复升降各自历时 1.5h	电梯起动运行和停止时轿厢内应无剧烈的振动和冲击,制动器的动作应可靠,运行时制动器的闸瓦不应与制动轮摩擦,制动器线圈温升不应超过 60℃;减速器油的温升不应超过 60℃且温度不应高于 85℃			
	集选控制的电梯轿厢内指令召唤和选层装置的作用	应准确无误			
	手柄开关操纵的电梯手柄装置和端站限位开关	应可靠			
	按钮操纵的电梯选层定向	应可靠			
	设有消防员专用控制的电梯	消防员专用开关应即时转换可靠			
	多台程序控制的电梯	程序转换应良好可靠			
	厅门机械电气联锁装置,极限开关和其他电气联锁开关的作用	良好可靠			
	控制柜、电动机发电机组曳引机	工作正常			
57	电梯的超载试验、轿厢应载以额定起重量的 110%,在通电持续率 40%的情况下历时 30min	电梯应能安全地起动和运行制动器作用应可靠,曳引机工作应正常			

续表

序号	检 验 项 目	标 准 要 求			互检结果	组长检查	检验员复查
58	安全钳试验 轿厢在空载的情况下以检修速度下降用手扳动限速器	安全钳应能可靠地动作迫使轿厢停止运行 同时安全钳联动开关应切断控制回路					
59	油压缓冲器 轿厢空载时以检修速度下降将缓冲器全压缩从轿厢离开缓冲器一瞬起至缓冲器恢复原状止所需时间	<90s					
60	电梯的额定运行速度 (1) 交流双速电梯在额定起重量时的实际升降速度的平均值对额定速度的差值	≤±3%					
	(2) 直流快速,高速电梯在额定起重量时的实际升降速度的平均值对额定速度的差值	≤±2%					
61	电梯的平层准确度分别以空载、额定起重量作上、下运行,在底层的上一层、中间层、顶层的下一层分别测量高速直流电梯调试各部波形给定	电梯类别	额定速度 (m/s)	平层准确度不应超过 (mm)			
		高 速	2,2.5,3	±5			
		快 速	1.5,1.75	±15			
		低 速	0.75	±30			
			0.5,0.25	±15			

(6) 试运转分项工程质量检验评定(表4-98);

2. 电梯工程质量保证资料核查表(表4-99)
3. 电梯安装工程观感质量评定表(表4-100)
4. 电梯工程单台质量评定表(表4-101)
5. 电梯分部工程质量评定表(表4-102)
6. 电梯安装工程质量综合评定表(表4-103)

4.2.4.12 电梯安装验收报告(表4-104,本报告单独成册)

4.2.4.13 电梯安装工程验收证书(表4-105)

4.2.4.14 电梯安装工程保修证书(表4-106)

4.2.4.15 电梯安装工程质量监督核定证书(表4-107)

该项工作由当地质量监督部门进行质量核定。

4.2 建筑设备安装工程

电梯机房、井道测量检查记录

表 4-81

编号：_____

工程名称		安装单位			
土建单位		结构类型		层数	
电梯型号		额定载荷	kg	速度	m/s
制造厂家		测量日期		年 月 日	
名称符号	设计尺寸(mm)		实测尺寸(mm)	偏差值(mm)	备注
机房长度					
机房宽度					
机房高度					
隔音层高					
井道全高					
井道宽度					
井道深度					
顶层高度					
中间层高					
首层高度					
底坑高度					
门口尺寸					
盒口位置					
井道偏斜	前				
井道偏斜	后				
井道偏斜	左				
井道偏斜	右				

设计单位	建设单位	土建单位	施工员	班组长	检测人

注：配合本表另绘机房、井道示意图；井道、门口、盒口等相应尺寸应逐层测量后取最大偏差值；如未超出允许偏差时，土建、设计、建设等单位可不签字。

电梯安装样板放线记录图表

表 4-82

编号：_____

工程名称		安装单位		
电梯编号		放线日期		年　月　日

样板放线示意图(单位:mm)

符号	部位名称	放线尺寸	符号	部位名称	放线尺寸
	轿厢宽度			轿厢中心与对重中心	
	轿厢导轨距离			轿厢导轨支架距离	
	对重导轨距离			对重导轨支架距离	
	门口净宽			门口工作线与轿厢中心	
	上样板对角线			下样板对角线	

备注	
施工员		验线人		放线人	

注：表中的符号要与示意图中的符号字母一致；对角线指门口中心点与轿厢导轨端面中心的距离。

4.2 建筑设备安装工程

电梯导轨安装测量检查记录　　　　　　　　　　表 4-83

编号：_____

工程名称				安装单位					
电梯编号			检查部位	轿厢·对重		计量单位	mm(毫米)		
道架序号	支架平度	导轨支架间距	导轨端面间距	导轨垂直		导轨接头			
				左	右	编号	修光	台阶	缝隙
标准	≯5	≯2500		5m≯0.7,全高≯1		250~300	≯0.05	≯0.5	
参加人员	施工员		班组长	质检员		互检人		自检人	
签字									
检查日期									

注：检查部位"轿厢·对重"每张表选其中之一；导轨间距标准按该梯型号填写；楼层较高时仍用此表接续。

电梯厅门安装测量检查记录

表 4-84

编号：_____

工程名称					安装单位									
电梯编号				层站		开门形式					单位		mm	

楼层	门扇垂直		门套垂直		立柱垂直		门梁水平	地坎水平	坎高地面	两坎间距		门缝间隙	门刀厅坎	皮轮轿坎	门扇门扇	门扇门套	门边地坎
	左	右	左	右	左	右				左	右						
标准	≯1/1000									2~5		+2~-1	≯2	5~8		4~8	

参加人员	施工员	班组长	质检员	互检人	自检人
签 字					
检查日期					

电梯安装分项自检互检记录

表 4-85

编号：_____

工程名称		安装单位	
检查部位		电梯编号	

序号	检查项目及标准要求	自检	互检	质检	评定

备注	

参加人员	施工员	班组长	质检员	互检人	自检人
签 字					
检查日期					

注：检查时尽量填写实测数据。"项目及标准"文字较多时应另起一行填写，其序号要与每项的第一行文字相对应。

4 装修阶段(地面与楼面工程、门窗工程、装饰工程)

电梯轿厢平层准确度测量记录表 表 4-86

编号：_____

工程名称				安装单位			
电梯型号				制造厂家			
额定载荷	kg	层站		驱动方式		速度	m/s
电梯编号		标准	±mm	量具规格	深度卡尺 200mm	单位	mm

停 站	方 向	空 载		额 定 载 荷	
		单 层	直 驶	单 层	直 驶
	上 行				
	下 行				
	上 行				
	下 行				
	上 行				
	下 行				
	上 行				
	下 行				
	上 行				
	下 行				
	上 行				
	下 行				
	上 行				
	下 行				
	上 行				
	下 行				

备 注	八层站以上接续表填写		
负责人		测试人	测试日期 年 月 日

4.2 建筑设备安装工程　　**1031**

续表

停　站	方　向	空　载		额　定　载　荷	
		单　层	直　驶	单　层	直　驶
	上　行				
	下　行				
	上　行				
	下　行				
	上　行				
	下　行				
	上　行				
	下　行				
	上　行				
	下　行				
	上　行				
	下　行				
	上　行				
	下　行				
	上　行				
	下　行				
	上　行				
	下　行				
	上　行				
	下　行				
负责人		测试人		测试日期	
				年　月　日	

电梯安全保护装置试验检查记录

表 4-87

编号：_____

工程名称			安装单位				
电梯编号			电梯型号			制造厂家	
额定载荷	kg		额定速度	m/s	层站	行程	m

序号	试验检查项目	自检	互检	质检	评定
1	电源主开关(接线、开闭、过负荷及短路保护)				
2	相序保护(断任一相电源及错相)				
3	方向接触器及开关门继电器机械联锁保护				
4	极限保护开关(上行、下行及动作距离)				
5	越程保护开关(上行、下行及动作距离)				
6	强迫缓速装置(上行、下行及动作距离)				
7	安全(急停)开关(机房、轿顶、轿内、底坑)				
8	检修开关(机房、轿顶、轿内)				
9	检修上下行按钮开关(机房、轿顶、轿内、双稳态)				
10	紧急电动运行开关(开关位置、梯速)				
11	限速器动作保护开关				
12	安全钳动作保护开关(复位)				
13	制动器开闭保护开关(抱闸间隙)				
14	电动机过热保护装置(温升)				
15	测速机断带保护开关				
16	安全窗保护开关(安全门)				
17	轿内操纵盘钥匙转换开关				
18	轿内报警装置(位置、电源)				
19	超载保护装置(载荷状况、动作区分)				

参加人员	施工员	班组长	质检员	互检人	自检人
签 字					
检查日期					

续表

工程名称			安装单位				
电梯编号			电梯型号		制造厂家		
额定载荷	kg		额定速度	m/s	层站 /	行程	m
序号	试 验 检 查 项 目				自检	互检	质检	评定

序号	试验检查项目	自检	互检	质检	评定
20	安全绳张紧保护开关(下落距离)				
21	选层器钢带(钢绳、链条)张紧保护开关(距离)				
22	补偿绳装置保护开关(距离)				
23	液压缓冲器压缩保护开关				
24	轿门安全触板、光电保护、关门力限制保护				
25	任一层厅门、轿门关闭保护开关				
26	消防专用开关(返回基站、开门、解除应答)				
27	地震保护装置(直驶、急停)				
28	任一层厅门的机械锁闭状况				
29	轿顶轮、对重轮的防跳装置及防护罩				
30	曳引绳头组合安装、补偿链安装(锁母、开口锁)				
31	接地或接零保护线路安装(规格、区分、联接)				
32	曳引能力检查(空载、超载、静载、制动)				
33	限速器、安全钳的动作试验(载荷、速度)				
34	缓冲器的负载试验和液压缓冲器复位试验				
35	运行试验(三个工况、通电持续率40%、各1.5h)				
36	超载试验(110%额定载荷、通电持续率40%,0.5h)				

参加人员	施工员	班组长	质检员	互检人	自检人
签 字					
检查日期					

注：各项安全保护装置的试验检查，均应按照现行《电梯制造与安装安全规范》、现行《电梯安装验收规范》及电梯产品的有关要求严格执行。

4 装修阶段(地面与楼面工程、门窗工程、装饰工程)

电梯负荷运行试验记录表　　　　　　　表 4-88

编号：＿＿＿＿

工程名称				安装单位			
电梯类型				制造厂家			
电梯编号		速度	m/s	额定载荷	kg	层站	
电机功率	kW	电压	V	额定转速	r/min	电流	A
仪表型号	电流表：		电压表：		转速表：		

工况荷重 (%)	(kg)	方 向	电 压 (V)	电 流 (A)	轿厢速度 (m/s)	电机转速 (r/min)
0		上				
		下				
25		上				
		下				
50		上				
		下				
75		上				
		下				
100		上				
		下				
110		上				
		下				

备 注	

负责人		测试人		测试日期　年　月　日

电梯负荷运行试验曲线图表(确定平衡系数)　　表 4-89

编号：＿＿＿＿

工程名称				电梯编号		
额定载荷		kg	平衡系数	%	平衡载荷	kg

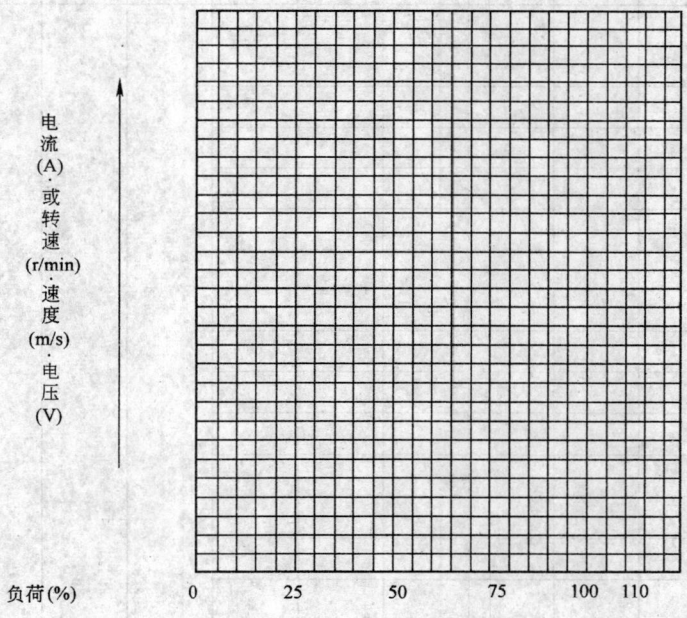

备　注	曲线图也可用坐标纸绘制后粘附此页上		
负责人		绘制人	绘制日期　　年　月　日

电梯噪声测试记录表　　　　　表 4-90

编号：_____

工程名称						安装单位				
电梯类型						制造厂家				
额定载荷		kg	层站	/		电梯编号			速度	m/s
声级计型号						计量单位		dB（A）（A 计权、快档）		

层 站	轿 厢 门			层 站 门			运行轿厢内			机 房	
	开门	关门	背景	开门	关门	背景	上行	下行	背景		
										前	
										后	
										左	
										右	
										上	
										平均	
										背景	
										（第二声源）	
										前	
										后	
										左	
										右	
										上	
										平均	
										背景	
标准值	≤65						≤55			≤80	

备 注	只有客梯、病床梯做噪声测试（17层站及以上用此表接续）

负责人		测试人		测试日期	年　月　日

电梯加、减速度和垂直、水平振动加速度试验记录(一)

表 4-91

（额定速度＞1m/s）

编号：_____

工程名称		电梯类型		电梯编号	

一、加、减速度测试　　　　　　　　　　　　　　　　　　　　　　　　　　　　　　单位：m/s^2

工况		空　载				额　定　载　荷			
序号		1	2	3	4	5	6	7	8
方向	区间	起动加速度	平均加速度	制动减速度	平均减速度	起动加速度	平均加速度	制动减速度	平均减速度
上行									
下行									
标准值		≤1.5	≥0.5	≤1.5	≥0.5	≤1.5	≥0.5	≤1.5	≥0.5
备注									

二、垂直、水平振动加速度测试　　　　　　　　　　　　　　　　　　　　　　　　　单位：cm/s^2

工况	空　载			额　定　载　荷		
序号	1	2	3	4	5	6
项目	运行方向	平行轿门	垂直轿门	运行方向	平行轿门	垂直轿门
全程上行						
全程下行						
标准值	≤25	≤15	≤25		≤15	
备注	只有客梯、病床梯做振动加速度测试					
仪器型号		负责人			测试人	

年　月　日

电梯加、减速度和垂直、水平振动加速度试验记录(二)

表 4-92

（额定速度≤1m/s）

编号：_____

工程名称		电梯类型		电梯编号	

一、加、减速度测试

单位：m/s²

工况		空 载			额 定 载 荷		
序 号		1	2	3	4	5	6
方 向	区 间	起动加速度	换速减速度	制动减速度	起动加速度	换速减速度	制动减速度
上行							
下行							
标准值		≤1.5			≤1.5		
备 注							

二、垂直、水平振动加速度测试

单位：cm/s²

工况	空 载			额 定 载 荷		
序 号	1	2	3	4	5	6
项 目	运行方向	平行轿门	垂直轿门	运行方向	平行轿门	垂直轿门
全程上行						
全程下行						
标准值	≤25	≤15	≤25	≤15		
备 注	只有客梯、病床梯做振动加速度测试					
仪器型号		负责人		测试人		

年 月 日

电梯安装工程质量检验评定表

机器型号_____

部　　位_____

层　　站_____

工程名称_____

建设单位：
施工单位：

年　月　日

4 装修阶段(地面与楼面工程、门窗工程、装饰工程)

曳引装置分项工程质量检验评定表

表 4-93

工程名称： 部位：

		项 目	质 量 情 况
保证项目	1	曳引机承重梁安装必须符合设计要求和施工规范规定	
	2	当对重将缓冲器完全压缩时,轿厢上方的空程严禁小于$(0.6+0.035V^2)$m;小型杂物电梯的轿厢和对重的空程严禁小于 0.3m	
	3	曳引轮垂直度偏差必须小于或等于 0.5mm;导向轮端面对曳引轮端面平行度偏差严禁大于 1mm	
	4	限速器绳轮、钢带轮、导向轮安装必须牢固,转动灵活,其垂直度偏差严禁大于 0.5mm	
	5	钢丝绳应擦拭干净,严禁有死弯、松股及断丝现象	

		项 目	质 量 情 况										等级
			1	2	3	4	5	6	7	8	9	10	
基本项目	1	曳引绳张力的相互差值											
	2	制动器闸瓦调整											
	3	曳引钢绳绳头制作											

检查结果	保证项目	
	基本项目	检查 项,其中优良 项,优良率 %

评定等级	工程负责人： 工 长： 班组长：	核定等级	 质量检查员：

年 月 日

说 明

本表适用于曳引装置。
检查数量:全数检查。

保证项目:
  检验方法:1. 观察检查和检查安装记录。
      2. 尺量检查。
      3. 吊线、尺量检查。
      4. 观察和吊线、尺量检查。
      5. 观察检查。

基本项目:
  评定代号:优良√,合格○,不合格×。
  1. 曳引绳张力的相互差值:
  合格:各绳张力相互差值不大于10%。
  优良:各绳张力相互差值不大于5%。
  检验方法:轿厢在井道的2/3高度处,用50~100N(≈5~10kg)的弹簧秤在轿厢上以
      同等拉开距离测拉对重侧各曳引绳张力,取其平均值。再将各绳张力的相
      互差值与该平均值进行比较。
  2. 制动器闸瓦调整:
  合格:闸瓦应紧密地合于制动轮的工作表面上;松闸时无摩擦。
  优良:闸瓦应紧密地合于制动轮的工作表面上;松闸时间隙均匀,且不大于0.7mm。
  检验方法:观察和用塞尺检查。
  3. 曳引钢绳绳头制作:
  合格:巴氏合金浇灌密实,一次与锥套浇平,并能观察到绳股的弯曲,弯曲符合要求。
  优良:绳股弯曲符合要求。巴氏合金浇灌密实、饱满、平整一致。
  检验方法:观察检查。

导轨组装分项工程质量检验评定表　　表 4-94

工程名称：　　　　　　　　　　　　　　　部位：

		项　目			偏差值(mm)	质量情况
保证项目	1	两导轨相对内表面间距离（全高）	甲	轿厢	+1 -0	
				对重		
			乙	轿厢	+2 -0	
			丙	对重		
	2	两导轨的相互偏差（全高）			1	
	3	当对重（或轿厢）将缓冲器完全压缩时，轿厢（或对重）导轨长度必须有不小于 $0.1+0.035V^2$（米）的进一步制导行程				

		项　目	质量情况										等级
基本项目			1	2	3	4	5	6	7	8	9	10	
	1	导轨架安装											

		项　目			允许偏差或尺寸要求(mm)	实测值									
允许偏差项目						1	2	3	4	5	6	7	8	9	10
	1	导轨垂直度（每5m）			0.7										
	2	接头处	局部间隙		0.5										
			台阶		0.05										
			修光长度	甲	≥300										
				乙、丙	≥200										
	3	顶端导轨架距导轨顶端的距离			≤500										

检查结果	保证项目	
	基本项目	检查　　项，其中优良　　项，优良率　　%
	允许偏差项目	实测　　点，其中合格　　点，合格率　　%

评定等级	工程负责人： 工　长： 班组长：	核定等级	质量检查员：

年　月　日

说 明

本表适用于导轨组装。

检查数量:全数检查。

保证项目:

检验方法:1 项在两导轨内表面,用导轨检验尺、塞尺、每 2~3m 检查 1 点;2 项检查安装记录或用专用工具检查;3 项尺量检查。

基本项目:

评定代号:优良√,合格○,不合格×。

导轨架安装:

合格:安装牢固,位置正确。焊接时,双面焊牢,焊缝饱满。

优良:安装牢固,位置正确,横竖端正。焊接时,双面焊牢,焊缝饱满,焊波均匀。

检验方法:观察检查。

允许偏差项目:

检验方法:1 项吊线、尺量检查;2 项局部间隙,用塞尺检查;台阶,用钢板尺、塞尺检查;修光长度,尺量检查;3 项尺量检查。

注:电梯额定速度分为三类:

甲梯:2、2.5、3m/s(简称高速梯)。

乙梯:1.5、1.75m/s(简称快速梯)。

丙梯:0.25、0.5、0.75、1m/s(简称低速梯)。

轿厢、层门组装分项工程质量检验评定表

表 4-95

工程名称：　　　　　　　　　　　　　　　　部位：

		项　目	质　量　情　况										
保证项目	1	轿厢地坎与各层门地坎间距的偏差均严禁超过 $^{+2}_{-1}$mm。											
	2	开门刀与各层门地坎，以及各层门开门装置的滚轮与轿厢地坎间的间隙均必须在 5~8mm 范围以内											

		项　目		质　量　情　况										等级
				1	2	3	4	5	6	7	8	9	10	
基本项目	1	轿厢组装												
	2	导靴组装	采用刚性结构											
			采用弹性结构											
			采用滚轮导靴											
	3	层门指示灯盒及召唤盒安装												
	4	门扇安装、调整												

		项　目	允许偏差或尺寸要求	实　测　值									
				1	2	3	4	5	6	7	8	9	10
允许偏差项目	1	层门地坎高出最终地面	2~5mm										
	2	层门地坎水平度	1/1000										
	3	层门门套垂直度	1/1000										
	4	中分式门关闭时缝隙不大于	2mm										

检查结果	保证项目				
	基本项目	检查	项，其中优良	项，优良率	%
	允许偏差项目	实测	点，其中合格	点，合格率	%

评定等级	工程负责人： 工　长： 班组长：	核定等级	质量检查员：

年　月　日

说　　明

本表适用于轿厢、层门组装。
检查数量:全数检查。
保证项目:
　　检验方法:1、2项全部尺量检查。
基本项目:
　　评定代号:优良√,合格○,不合格×。
　　1. 轿厢组装:
　　合格:组装牢固,轿壁结合处平整,开门侧轿壁的垂直度偏差不大于1/1000。
　　优良:组装牢固,轿壁结合处平整,开门侧轿壁的垂直度偏差不大于1/1000。轿厢洁
　　　　净、无损伤。
　　检验方法:观察和吊线、尺量检查。
　　2. 导靴组装:
　　一、采用钢性结构:
　　合格:能保证电梯正常运行。
　　优良:能保证电梯正常运行,且轿厢导轨顶面与两导靴内表面间隙之和不大于2.5mm。
　　二、采用弹性结构:
　　合格:能保证电梯正常运行。
　　优良:能保证电梯正常运行,且导轨顶面与导靴滑块面无间隙,导靴弹簧的伸缩范围不
　　　　大于4mm。
　　三、采用滚轮导靴:
　　合格:滚轮对导轨不歪斜,压力基本均匀。
　　优良:滚轮对导轨不歪斜,压力均匀,中心接近一致,且在整个轮缘宽度上与导轨工作面
　　　　均匀接触。
　　检验方法:观察和尺量检查。
　　3. 层门指示灯盒及召唤盒安装:
　　合格:位置正确,其面板与墙面贴实,横竖端正。
　　优良:位置正确,其面板与墙面贴实,横竖端正。清洁美观。
　　检验方法:观察检查。
　　4. 门扇安装、调整:
　　合格:门扇平整,启闭时无摆动、撞击和阻滞现象,中分式门关闭时上下部同时合拢。
　　优良:门扇平整、洁净、无损伤,启闭轻快平稳。中分式门关闭时上下部同时合拢。门缝
　　　　一致。
　　检验方法:做启闭观察检查。
允许偏差项目:
　　检验方法:1、2、4项尺量检查;3项吊线、尺量检查。

电气装置安装分项工程质量检验评定表

表 4-96

工程名称：　　　　　　　　　　　　　　　部位：

		项　　目	质　量　情　况
保证项目	1	电梯的供电电源线必须单独敷设	
	2	电气设备和配线的绝缘电阻值必须大于 0.05MΩ	
	3	保护接地（接零）系统必须良好。电线管、槽及箱、盒连接处的跨接地线必须紧密牢固，无遗漏	
	4	电梯的随行电缆必须绑扎牢固，排列整齐，无扭曲，其敷设长度必须保证轿厢在极限位置时不受力、不拖地	

		项　　目	质　量　情　况										等级
			1	2	3	4	5	6	7	8	9	10	
基本项目	1	机房内的配电，控制屏、柜、盘的安装											
	2	配电盘、柜、箱、盒及设备配线											
	3	电线管槽安装											
	4	电气装置的附属构架、电线管、槽等非带电金属部分的防腐处理											

		项　　目		允许偏差或尺寸要求	质　量　情　况									
					1	2	3	4	5	6	7	8	9	10
允许偏差项目	1	机房内柜、屏的垂直度		1.5/1000										
	2	电线管、槽的垂直、水平度	机房内	2/1000										
			井道内	5/1000										
	3	轿厢上配管的固定点间距		≤500mm										
	4	金属软管的固定点间距		≤1000mm										

检查结果	保证项目	
	基本项目	检查　　　项，其中优良　　　项，优良率　　　%
	允许偏差项目	实测　　　点，其中合格　　　点，合格率　　　%

评定等级	工程负责人： 工　　长： 班 组 长：	核定等级	质量检查员：

年　月　日

说 明

本表适用于电气装置安装。
检查数量:全数检查。

保证项目:
  检验方法:1. 观察检查。
      2. 实验检查或检查安装记录。
      3. 观察检查和检查安装记录。
      4. 观察检查。

基本项目:
  评定代号:优良√,合格○,不合格×。
  检验方法:观察检查
  1. 机房内的配电、控制屏、柜、盘的安装:
  合格:布局合理,横竖端正。
  优良:布局合理,横竖端正,整齐美观。
  2. 配电盘、柜、箱、盒及设备配线:
  合格:连接牢固,接触良好,包扎紧密、绝缘可靠,标志清楚,绑扎基本整齐。
  优良:连接牢固,接触良好,包扎紧密,绝缘可靠,标志清楚,绑扎整齐美观。
  3. 电线管、槽安装:
  合格:安装牢固,无损伤,槽盖齐全无翘角,与箱、盒及设备连接正确。
  优良:安装牢固,无损伤,布局走向合理,出线口准确,槽盖齐全平整,与箱、盒及设备连接正确。
  4. 电气装置的附属构架、电线管、槽等非带电金属部分的防腐处理:
  合格:涂漆无遗漏。
  优良:涂漆均匀一致,无遗漏。

允许偏差项目:
  检验方法:1、2 项吊线、尺量检查;3、4 项尺量检查。

安全保护装置分项工程质量检验评定表

表 4-97

工程名称： 部位：

		项 目		质 量 情 况
保证项目	1	各种安全保护开关固定必须可靠,且不得采用焊接		
	2	下列情况时,梯立即停止运行,各开关必须可靠动作,并使电	选层器钢带(绳、链)松弛或张紧轮下落大于 50mm	
			限速器配重轮下落大于 50mm	
			限速器钢绳夹住,轿厢上安全钳拉杆动作时	
			限速器动作速度的 95% 时	
			载重量超过额定载重量的 10% 时	
			任一层门、轿门未关闭或锁紧	
			轿厢安全窗未正常关闭时	
	3	急停、检修、程序转换等按钮和开关必须灵活可靠		
	4	极限、限位、缓速装置的安装位置正确,功能必须可靠		
	5	轿厢自动门安全触板必须灵活可靠		
	6	对重装置、轿厢地坎及门滑道的端部与井壁的安全距离严禁小于 20mm。曳引绳、随行电缆、补偿链等运动部件在运行中严禁与任何部件硬撞或摩擦		

		项 目	质 量 情 况										等 级
			1	2	3	4	5	6	7	8	9	10	
基本项目	1	安全钳楔块面与导轨侧面间隙											
	2	安全钳钳口与导轨顶面间隙											

检查结果	保 证 项 目				
	基 本 项 目	检查	项,其中优良	项,优良率	%

评定等级	工程负责人： 工　　长： 班 组 长：	核定等级	
			质量检查员：

年　月　日

说 明

本表适用于安全防护装置。
检查数量：全数检查。

保证项目：

检验方法：1．观察检查。
2．实际操作和模拟检查。
3．实际操作检查。
4．观察和实际运行检查。
5．在轿门关闭过程中，用手轻推触板检查。
6．观察和尺量检查。

基本项目：

评定代号：优良√，合格○，不合格×。

1．安全钳楔块面与导轨侧面间隙：

合格：间隙为 3～4mm，各间隙最大差值不大于 0.5mm。

优良：间隙为 3～4mm，各间隙最大差值不大于 0.3mm。

注：关于间隙的调整范围(3～4mm)，如产品有特殊要求时，应按产品要求进行调整。

检验方法：用塞尺或专用工具检查。

2．安全钳钳口与导轨顶面间隙：

合格：不小于 3mm，满足使用要求。

优良：不小于 3mm，间隙差值不大于 0.5mm。

检验方法：用塞尺或专用工具检查。

试运转分项工程质量检验评定表

表4-98

工程名称：　　　　　　　　　　　　部位：

		项　目			质　量　情　况								
保证项目	1	运行试验	电梯起动、运行和停止，轿厢内无较大震动和冲击，制动器可靠										
			指令、召唤、定向、程序转换、开车、截车、停车、平层等准确无误，声光信号清晰、正确										
			减速器油的温升不超过60℃，且最高不超过85℃										
	2	超载试验	能安全起动、运行和停止										
			曳引机工作正常										
	3	安全钳试验	轿厢以检修速度下降，安全钳能可靠地使电梯停止。动作后能正常恢复										

		项　目		允许偏差(mm)	实　测　值									
					1	2	3	4	5	6	7	8	9	10
允许偏差项目	1	平层准确度	甲 2,2.5,3(m/s)	±5										
			乙 1.5,1.75(m/s)	±15										
			0.75(m/s) 1.0	±30										
			丙 0.25(m/s) 0.5	±15										

检查结果	保证项目	
	允许偏差项目	实测　　点，其中合格　　点，合格率　　%

评定等级	工程负责人： 工　长： 班组长：	核定等级	质量检查员：

年　月　日

说　明

本表适用于试运转。

检查数量：全数检查。

保证项目：

　　检验方法：1. 实际操作检查。

　　　　　　　2. 实际操作检查或检查试验记录。

　　　　　　　3. 实际操作检查(手动限速器夹住钢绳)。

允许偏差项目：

　　检验方法：全部尺量检查。

4.2 建筑设备安装工程

电梯工程质量保证资料核查表 表 4-99

工程名称：　　　　　　　　　　　　　　　　部位：

序号	项目名称	要　求	份数	检查情况
1	绝缘电阻、接地电阻测试记录	电阻值符合规定		
2	空载、满载、超载试运转记录	电流、运行速度、温升、运行功能等情况		
3	调整、实验报告单	平衡系数、行运速度、称重装置、预负载等调整实验情况		
4	产品合格证			
5	设备检查记录	设备、零部件名称、数量、完好情况、损伤程度及处理结果		
6	变更设计证明文件及变更部分实际施工图			
7	安装过程自检、互检记录			

核查结果：

工程负责人：

质量检查员：

班组长：

年　月　日

注：1. 本表所列项目应齐全，无缺项、漏项；
　　2. 各种记录和实验报告单内容应齐全、准确、真实；抄件应注明原件存放单位，并有抄件人和抄件单位的签字和盖章；
　　3. 在电梯质量评定和电梯分部工程质量评定时，均应按本表所列项目进行核查。

电梯安装工程观感质量评定表

表 4-100

序号	项目	应得分	检查情况										应得等级	实得分
			1	2	3	4	5	6	7	8	9	10		
1	运行平层	2												
2	开关门	1												
3	层门信号系统	1												
4	机房	1												
5														

评定结果：应得　　分，实得　　分，得分率　　％

检查单位：

检查人：　　　年　月　日

监督站意见：

核查人：　　　年　月　日

注：有80％及其以上的处(副)达到验评标准的优良规定者，评为一级，得分100％；
　　有50％～77％及其以上的处(副)达到验评标准的优良规定者，评为二级，得分90％；
　　有20％～49％及其以上的处(副)达到验评标准的优良规定者，评为三级，得分80％；
　　抽检或全数检查的处(副)均符合验评标准合格规定者，评为四级，得分70％；
　　有不符合验评标准合格规定的处(副)者，评为五级，得0分。

4.2 建筑设备安装工程 1053

电梯工程单台质量评定表   表 4-101

工程名称：　　　　　　　　　部位：

序号	分项工程名称	核定等级	备注
1	曳引装置组装		
2	导轨组装		
3	轿厢、层门组装		
4	电气装置安装		
5	安全保护装置		
6	试运转		
合计	共　　项,其中优良　　项,优良率　　%		

质量保证资料核查情况

评定等级	技术负责人： 工程负责人：	核定等级	
			核定人：

　　　　　　　　　　　　　　　　　　　　　　　　年　月　日

说　明

单台电梯质量评定等级

　　合格：(1) 所含分项工程全部合格；
　　　　　(2) 技术资料符合要求。
　　优良：(1) 所含分项工程全部合格,其中有 50% 及其以上为优良,并且安全保护装置和试运转两个分项必须优良；
　　　　　(2) 技术资料符合要求。

4 装修阶段(地面与楼面工程、门窗工程、装饰工程)

电梯分部工程质量评定表　　　　　　　　　表 4-102

工程名称：　　　　　　　　　　部位：

序号	分项工程名称	台 数	其中：优良台数	分项工程数	其中：优良分项	备 注
1						
2						
3						
4						
5						
6						
7						
合　计						台优良率　% 分项优良率　%
评定等级	技术负责人： 工程负责人：		核定等级			 核定人： 年　月　日

说　明

电梯安装分部工程质量评定

　合格：1. 所含电梯单台质量全部合格；
　　　　2. 质量保证资料符合要求。
　优良：1. 所含电梯单台质量全部合格,其中单台和分项工程均有 50% 及其以上为优良,且各台的"安全保护装置"和"试运转"分项必须优良；
　　　　2. 质量保证资料符合要求。

4.2 建筑设备安装工程

电梯安装工程质量综合评定表

表 4-103

项次	项 目	评 定 情 况	核 定 情 况
1	分部工程评定	共　　　个分项 其中：合　格　　　个分项 　　　合格率　　　% 　　　优　良　　　个分项 　　　优良率　　　%	
2	质量保证资料	共核查　　　项 其中：符合要求的　　　项 　　　经鉴定合格的　　　项	
3	观念评定	应得　　　分 实得　　　分 得分率　　　%	
	企业评定等级： 企业经理：　　　　　公章 企业技术负责人：　　　年　月　日		质量监督站核定意见 核定负责人： 　　　　　　年　月　日

4 装修阶段(地面与楼面工程、门窗工程、装饰工程)

电梯安装验收报告

表 4-104

建设单位：
安装单位：　　　　　　　　　　　　　　　报告日期：　年　月　日

工程地点	
工程内容	
合同号	
工程日期	开工日期	
	竣工日期	
	验收日期		第几次验收	
验收结果	
备注	

甲方负责人签字(盖章)	安装负责人签字	验收负责人签字
	安 装 单 位	

一、本验收标准贯彻 JBS—74"电梯技术条件"和 TJ23(四)—T8"机械设备安装工程施工及验收规范"第二篇：电梯安装及 GBJ 282—82L 电气装置安装工程施工及验收规范"第九篇：电梯电气装置篇"

二、验收内容：

梯　号			电梯控制型式		
层/站		载重量		提升高度	
验收时电源电压			平衡系数		
轿厢急停开关操作		有/无	涨带装置开关操作		有/无
涨绳装置开关操作		有/无			
※轿厢置最底层、轿底与缓冲器距离(mm)		标　准	油压 150—400 弹簧 200—500		
		实测	合格/不合格		
※轿厢置最高层平层位置,对重底与缓冲器距离(mm)		标　准	油压 150—400 弹簧 200—500		
		实测	合格/不合格		
上限位开关		标　准	轿厢高于最高层平层 50—100(mm)切断控制回路		
		实测	合格/不合格		

4.2 建筑设备安装工程　1057

续表

下限位开关	标　准	轿厢低于最低平层 50~100(mm)切断控制回路			
	实　测	合格/不合格			
上极限开关	标　准	轿厢高于最高层平层 250~350(mm)切断电源			
	实　测	合格/不合格			
下极限开关	标　准	轿厢低于最低层平层 250~350(mm)切断电源			
	实　测	合格/不合格			
轿厢运行时噪音(dB)	标　准	55(dB)	机房平均噪音(dB)	标准 80(dB)	
	实　测	(dB)		实测(dB)	
负荷运行测试		上 升 速 度		下 降 速 度	
0%					
50%					
100%					
110%		正常/不正常		正常/不正常	
轿厢开关门时间		开门(s)		关门(s)	
标　准		2.5~3		3~3.5	
实　测		合格/不合格		合格/不合格	
电梯起制动的舒适感		类　别		舒　适	
		交直流快速梯		良	
		直流高速梯		良	
轿顶检修盒各开关操作	—	安全窗开关	—	轿厢安全门操作	—
油压缓冲器油量是否达到油位指示线		达到/未达到		轿厢超载装置	良/否
导轨接头处台阶			标　准	<0.04mm	
			实　测		
油压缓冲器活动柱塞铅直度	标准<0.5mm	缓冲器中心对轿厢架或对重框架相应碰板中心的偏移			标准<20mm
	实测：				实　测：
厅门地坎水平度		标　准			实　测
		6±2(mm)			
吊门滚轮上的偏心挡轮与导轨下端面间隙		标　准			实　测
		≤0.5mm			
轿厢底盘平面的不水平度	标　准	实　测	轿门一侧轿壁的不垂直度	标　准	实　测
	<2/1000			<1/1000	

续表

井道电缆架位置的设置	标准	$\frac{1}{2}$提升高度以上1.5m	电缆弯曲半径	标准	8芯250mm 余400mm	限速器动作是否可靠	—
	实测			实测			
集选控制的电梯,轿厢内指令、召唤和选层装置的作用是否可靠						—	
手柄开关操纵的电梯,手柄装置和端站限位开关是否可靠							
按钮操纵的电梯,选层定向、召唤等是否可靠							
各层厅门机械电气联锁装置的情况							
多台程序控制的电梯,按规定程序要求运行是否可靠							
控制柜、电动机、发电机组、曳引机组工作是否可靠							
轿厢地坎与厅门地坎间距	标准		25±1(mm) 30±1(mm)			实测	
开门刀与厅门地坎间距	标准		6±1(mm)			实测	
开门刀插入门锁滚轮水平方向滚轮含刀距离	标准		12±2(mm)			实测	
轿厢空载检修速度下行,人力操纵限速器,使安全钳动作,将轿厢制停在导轨上,同时切断控制回路							
厅门与门套之间的间隙 6+2(mm)							
偏开门,开门后两门之间间隙 6+2(mm)							
中分门关闭后,两门之接口处门扇应在一平面内,误差≤1mm							

额定速度1.5,1.75(m/s)的电梯平层准确度的测定,其标准为±15(mm)	负载 层	空载		满载	
		上行	下行	上行	下行
	2				
	中间层				
	n-1				

额定速度2,2.5,3(m/s)的电梯平层准确度的测定,其标准为±5(mm)	负载 层	空载		满载	
		上行	下行	上行	下行
	2				
	中间层				
	n-1				

额定速度0.75,1(m/s)的电梯平层准确度的测定,其标准为±30(mm)	负载 层	空载		满载	
		上行	下行	上行	下行
	2				
	中间层				
	n-1				

4.2 建筑设备安装工程　　**1059**

续表

轿厢滑动导靴尺寸		对重滑动导靴尺寸	
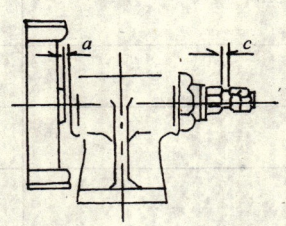		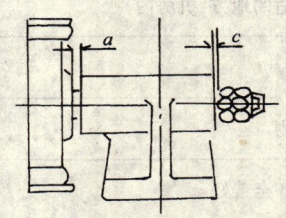	
标　准	实　测	标　准	实　测
$a=2mm$　$c=2mm$	$a=$　$c=$	$a=3mm$　$c=2mm$	$a=$　$c=$

一、安全钳验收要求：

	标准		实测	
正常运行状态,安全钳楔块与导轨侧面的间隙要求	标准	① 两侧均匀	实测	① 是/否
		② 3～4mm		② mm
		③ 高度基本相同		③ 是/否
		④ 不碰导轨侧面		④ 是/否
人为拉紧安全绳装置,使4个楔块动作,要求	标准	① 同时抱紧	实测	① 是/否
		② 不能检修下行		② 是/否

续表

二、增加验收项目：	
机房是否清洁、整齐、线槽完整、美观	合格/否
抱闸扳手是否放在合适的地方(机房内)	合格/否
井道是否清洁无杂物	合格/否
轿厢顶是否清洁无杂物	合格/否
各井道线槽盒盖是否齐全盖好	合格/否
各护板是否齐全盖好	合格/否
轿顶各盒槽是否齐全完好，护栏螺丝是否装好	合格/否
底坑是否清洁卫生无污水杂物	合格/否
对重防护网是否安装	合格/否
断主回路保险相序继电器是否起作用	合格/否
外电源倒相相序继电器是否起作用	合格/否
增补项目：	

注：对于老梯改造，油压缓冲器可以被压缩不超过其越程的25%。

电梯安装工程验收证书

表 4-105

编号：_____

工程名称			工程地点		
安装合同号			产品合同号		
建设单位			详细地址		
联系人			电话		
安装单位			详细地址		
负责人			电话		
电梯型号			制造厂家		
驱动方式			控制方式		
额定载荷	kg	乘客 人	额定速度	m/s	台数
层、站、门		行程 m	开门宽度	mm	方式
曳引轮直径	mm	速比	曳引绳	$n×\varphi$ mm	曳引比
电动机型号		功率 kW	额定转速	r/min	电压 V
轿厢规格	长(深) mm、宽		mm、高		mm
开工日期		年 月 日	竣工日期		年 月 日

该电梯已按 GB 10058《电梯技术条件》和 GB 10060《电梯安装验收规范》安装验收完毕，各项技术指标均符合产品技术要求，试运行情况正常，电梯可以投入运行。

建设单位签章　　　　　　　　　　　　　　　　　　　　　　　　安装单位签章

负责人签章　　　　　　　　　　　　　　　　　　　　　　　　　负责人签章

　　　　年　月　日　　　　　　　　　　　　　　　　　　　　　　　年　月　日

4 装修阶段(地面与楼面工程、门窗工程、装饰工程)

电梯安装工程保修证书

表 4-106

编号：_____

工程名称		工程地点			
产品合同号		安装合同号			
建设单位		详细地址			
联系人		电话			
使用单位		详细地址			
联系人		电话			
安装单位		详细地址			
负责人		电话			
制造厂家		详细地址			
联系人		电话			
电梯型号		台数			
开工日期	年 月 日	验收日期		年 月 日	
备注					

该电梯自正式验收之日开始，安装单位负责保修壹年。在保修期内，凡确因电梯安装而引起的电梯故障，安装单位须及时进行免费修理，经修理的部位，必须达到合格的质量标准。

（如电梯发生的故障与用户维护保养、产品质量、供电电源、水暖设备跑水等问题相关时，其修理费用应合理协商解决）。

建设单位签章　　　　　　　　　　安装单位签章

负责人签章　　　　　　　　　　　负责人签章

年 月 日　　　　　　　　　　　年 月 日

4.2 建筑设备安装工程　　　1063

电梯安装工程质量监督核定证书　　　表 4-107

编号：_____

工程名称				工程地点			
建设单位				详细地址			
联系人				电　话			
安装单位				详细地址			
负责人				电　话			
电梯型号				生产厂			
额定速度	m/s	层　站	—	载重量	kg	台　数	
验收日期		年　月　日		申报日期		年　月　日	
核验日期		年　月　日		检验费	¥		元
复查日期		年　月　日		罚　款	¥		元
其　他							
核验意见							

(监督部门盖章)

年　月　日

监督部门		检查人员	

注：本表一式三份，监督部门、建设单位、安装单位各一份。

5 竣工组卷阶段

5.1 原材料、半成品、成品出厂质量证明和质量试(检)验报告

原材料、半成品、成品出厂质量证明和质量试(检)验报告是单位工程施工技术资料的第一分册,其内容和整理排序为:
一、封面;
二、分册目录表;
三、水泥分目录表;
四、水泥出厂质量合格证和试验报告;
五、钢筋分目录表;
六、钢筋出厂质量合格证和试验报告;
七、钢结构用钢材及配件分目录表;
八、钢结构用钢材及配件出厂质量合格证和试验报告;
九、焊条、焊剂及焊药分目录表;
十、焊条、焊剂及焊药出厂质量合格证和试验报告;
十一、砖分目录表;
十二、砖出厂质量合格证和试验报告;
十三、骨料分目录表;
十四、骨料出厂质量合格证和试验报告;
十五、外加剂分目录表;
十六、外加剂出厂质量合格证和试验报告;
十七、防水材料分目录表;
十八、防水材料出厂质量合格证和试验报告;
十九、预制混凝土构件分目录表;
二十、预制混凝土构件质量合格证和试验报告;
二十一、封底。

5.2 施工试验记录

施工试验记录是单位工程施工技术资料的第二分册,其内容和排序为:

一、封面；
二、分册目录表；
三、回填土分目录表；
四、回填土取样平面图；
五、回填土试验报告；
六、砌筑砂浆分目录表；
七、砌筑砂浆配合比申请单、通知单；
八、砌筑砂浆试件抗压强度汇总统计评定表；
九、砌筑砂浆试件抗压强度试验报告；
十、混凝土分目录表；
十一、混凝土配合比申请单、通知单；
十二、混凝土试件抗压强度汇总统计评定表；
十三、混凝土试件抗压强度试验报告；
十四、预拌（商品）混凝土出厂合格证；
十五、防水混凝土抗渗试验报告；
十六、有特殊要求混凝土的专项试验报告；
十七、钢筋焊接分目录表；
十八、钢筋焊接试验报告；
十九、钢结构焊接分目录表；
二十、钢结构焊接检验报告；
二十一、现场预应力混凝土试验分目录表；
二十二、预应力夹具出厂合格证及硬度、锚固能力抽检试验报告；
二十三、预应力钢筋（含端杆螺丝）的各项试验资料及预应力钢丝墩头强度抽检记录；
二十四、封底。

5.3 施 工 记 录

施工记录是单位工程施工技术资料的第三分册。

资料员将施工记录按编号顺序整理汇总，放入施工记录卷内，在卷内分目录表上注明相应项目。

工程竣工后按分目录的内容顺序填写卷内目录（见表5-1），注明相应项目。

填写卷内备考表，见表5-2，填好卷内共有××件、××页，立卷人（资料员）、检查人（技术负责人）分别签章，注明日期。

施工记录竣工资料整理主要包括以下内容：
(1) 地基处理记录；
(2) 地基钎探记录和钎探平面布置图；
(3) 桩基施工记录；
(4) 承重结构及防水混凝土的开盘鉴定及浇灌申请记录；
(5) 结构吊装记录；

卷 内 目 录

表 5-1

序 号	文件编号	责任者	文件材料题名	日 期	页次	备 注

卷 内 备 考 表

表 5-2

说明:卷内共有　　　件,　　　页。

立卷人:　　　年　月　日

检查人:　　　年　月　日

(6) 现场预制混凝土构件施工记录；
(7) 质量事故的处理记录；
(8) 混凝土冬期施工测温记录；
(9) 屋面浇水试验记录；
(10) 厕浴间第一次、第二次蓄水试验记录；
(11) 烟道、垃圾道检查记录；
(12) 预制外墙板淋水试验。

5.4 预检记录

预检记录是单位工程施工技术资料的第四分册。

由资料员将预检记录单按时间先后顺序集中汇总收集整理，放入预检记录卷内，在卷内分目录表上注明相应项目。

工程竣工后将预检记录的分目录表，按施工先后顺序整理，填入卷内目录，注明相应项目。

填写卷内备考表，填好共有××件，××页，立卷人（资料员）、检查人（技术负责人）分别签章，注明日期。

预检记录地基与基础工程主要包括以下内容：
(1) 建筑物定位放线和高程引进；
(2) 基槽验线；
(3) 基础模板；
(4) 混凝土施工缝的留置方法、位置和接槎的处理等；
(5) 50cm 水平线抄平；
(6) 皮数杆检查。

预检记录主体工程主要包括以下内容：
(1) 楼层放线；
(2) 楼层 50cm 水平控制线；
(3) 模板工程；
(4) 预制构件吊装；
(5) 皮数杆。

5.5 隐蔽工程验收记录

隐蔽工程验收记录是单位工程施工技术资料的第五分册。

资料员将隐检单按编号顺序整理汇总，放入隐检记录卷内，在卷内分目录表上注明相应项目。

工程竣工后按分目录表的内容顺序填写卷内目录，注明相应项目。

填写卷内备考表，填好卷内共有××件、××页，立卷人、检查人分别签章，注明日期。

隐检工程的整理主要包括以下内容：

(1) 地基验槽记录；
(2) 地基处理复验记录；
(3) 基础钢筋绑扎、焊接工程；
(4) 主体工程钢筋绑扎、焊接工程；
(5) 现场结构焊接；
(6) 屋面防水层下各层细部做法；
(7) 厕浴间防水层下各层细部做法。

5.6 基础、结构验收记录

基础结构验收记录是单位工程施工技术资料的第六分册。

资料员将基础、结构验收记录按编号顺序整理汇总，放入基础、结构验收卷内，在卷内分目录表上注明相应项目。

工程竣工后按分目录表的内容填写卷内目录，注明相应项目。

填写卷内备考表，填写卷内共有××件、××页、立卷人、检查人分别签章，注明日期。

5.7 采暖卫生与煤气工程

采暖卫生与煤气工程是单位工程施工技术资料的第七分册。其排列顺序如下：
一、技术交底；
二、隐检记录；
三、预检记录；
四、设备、产品合格证（含目录表）；
五、设备、产品抽检记录；
六、施工试验；
七、室外管线测量记录；
八、质量检验评定；
九、设计变更、洽商记录；
十、监督站抽检记录；
十一、竣工图。

5.8 电气安装工程

电气安装工程是单位工程施工技术资料的第八分册。其排列顺序如下：
一、技术交底；
二、隐检记录；
三、预检记录；
四、自检、互检记录；
五、设备、材料合格证（含目录表）；

六、设备、材料抽检记录；
七、施工试验；
八、质量检验评定；
九、设计变更、洽商记录；
十、监督资料；
十一、竣工图。

5.9 通风与空调工程

通风与空调工程是单位工程施工技术资料的第九分册，其排列顺序如下：
一、技术交底与施工组织设计；
二、隐检记录；
三、预检记录；
四、材料、产品、设备合格证；
五、材料、产品、设备检查验收记录；
六、施工试验；
七、设计变更、洽商记录；
八、质量检验评定；
九、随机文件；
十、安装文件；
十一、监督资料。

5.10 电梯安装工程

电梯安装工程是单位工程施工技术资料的第十分册，其排列顺序如下：
一、技术交底与施工组织设计；
二、随机文件；
三、隐检记录；
四、预检记录；
五、设备、材料合格证；
六、设备、材料检查记录；
七、绝缘接地电阻测试记录；
八、自检、互检报告；
九、安装、调整试验记录；
十、设计变更及洽商记录；
十一、安装验收报告；
十二、质量检验评定；
十三、保修证书；
十四、监督资料（含核定证书）。

5.11 施工组织设计与技术交底

施工组织设计与技术交底是单位工程施工技术资料的第十一分册,其排列顺序如下:
一、施工组织设计(具体内容和要求详见第1章);
二、技术交底(具体内容和要求详见第1章、第2章、第3章、第4章);
(一) 人工挖土和钎探;
(二) 回填土工程;
(三) 灰土工程;
(四) 填压级配砂石;
(五) 钢筋混凝土预制桩施工;
(六) 长螺旋钻孔灌注桩施工;
(七) 防水混凝土工程;
(八) 地下沥青油毡卷材防水层;
(九) 水泥砂浆防水层;
(十) 三元乙丙橡胶地下防水工程;
(十一) 聚氨酯涂膜地下防水工程;
(十二) 地下室钢筋绑扎;
(十三) 桩基承台梁混凝土浇筑;
(十四) 设备基础混凝土浇筑;
(十五) 素混凝土基础浇筑;
(十六) 基础砌砖;
(十七) 构造柱、圈梁、板缝支模;
(十八) 定型组合钢模板安装与拆除;
(十九) 大模板安装与拆除;
(二十) 构造柱、圈梁、板缝钢筋绑扎;
(二十一) 大模板墙体钢筋绑扎;
(二十二) 现浇框架钢筋绑扎;
(二十三) 钢筋气压焊接;
(二十四) 构造柱、圈梁、板缝混凝土浇筑;
(二十五) 大模板普通混凝土浇筑;
(二十六) 大模板轻骨料混凝土浇筑;
(二十七) 现浇框架混凝土浇筑;
(二十八) 预应力圆孔板安装;
(二十九) 预应力钢筋混凝土大楼板安装;
(三十) 预制钢筋混凝土框架安装;
(三十一) 外墙板安装;
(三十二) 预制外墙板接缝防水;
(三十三) 加气混凝土屋面板及混凝土挑檐板安装;

(三十四) 钢筋混凝土预制楼梯及垃圾道安装；
(三十五) 钢筋混凝土预制阳台、雨罩、通道板安装；
(三十六) 加气混凝土条板安装；
(三十七) 预制钢筋混凝土隔墙板安装；
(三十八) 砖墙砌筑；
(三十九) 加气混凝土砌块墙砌筑；
(四十) 手工电弧焊焊接；
(四十一) 扭剪型高强螺栓连接；
(四十二) 钢屋架制作；
(四十三) 钢屋架安装；
(四十四) 屋面找平层；
(四十五) 屋面保温层；
(四十六) 屋面沥青油毡卷材防水层；
(四十七) 三元乙丙橡胶卷材屋面防水工程；
(四十八) 水落斗、水落管、阳台、雨罩出水管等制作安装；
(四十九) 细石混凝土地面；
(五十) 水泥砂浆地面；
(五十一) 现制水磨石地面；
(五十二) 预制水磨石地面；
(五十三) 陶瓷锦砖(马赛克)地面；
(五十四) 大理石(花岗石)及碎拼大理石地面；
(五十五) 长条、拼花硬木地板；
(五十六) 木门窗安装；
(五十七) 钢门窗安装；
(五十八) 铝合金门窗安装；
(五十九) 室内砖墙抹白灰砂浆；
(六十) 混凝土墙、顶抹灰；
(六十一) 室内加气混凝土墙面抹灰；
(六十二) 外墙面水泥砂浆；
(六十三) 外墙面水刷石；
(六十四) 外墙面干粘石；
(六十五) 外墙面喷涂、滚涂、弹涂；
(六十六) 斩假石；
(六十七) 清水墙勾缝；
(六十八) 钢、木门窗混色油漆；
(六十九) 混凝土及抹灰表面刷乳胶漆；
(七十) 室内喷(刷)浆；
(七十一) 外墙面涂料施工；
(七十二) 玻璃安装；

(七十三) 裱糊壁纸；
(七十四) 室内贴面砖；
(七十五) 室外贴面砖；
(七十六) 墙面贴陶瓷锦砖(马赛克)；
(七十七) 大理石、磨光花岗石、预制水磨石饰面；
(七十八) 轻钢龙骨罩面板顶棚；
(七十九) 木护墙及木筒子板安装；
(八十) 楼梯木扶手、塑料扶手安装。

5.12 工程质量检验评定

工程质量检验评定是单位工程施工技术资料的第十二分册。

5.12.1 资料整理要求

(1) 建筑安装工程质量检验评定资料应订装在一起，并编号做为一册。
(2) 工程涉及的各分项工程都要进行评定填表，不能有遗漏。
(3) 各分部工程要进行汇总评定，其中地基与基础、主体分部工程要有企业技术和质量部门的核定意见和签字。
(4) 单位工程要有观感质量评定、质量保证资料核查和单位工程质量综合评定。其中，单位工程质量综合评定表中要有当地建筑工程质量监督站或主管部门的核定意见和签字盖章。
(5) 工程质量检验评定要与实际相符，不许弄虚作假。
(6) 装订顺序：

封皮面；
目录表；
单位工程质量综合评定表；
质量保证资料核查表；
单位工程观感质量评定表；
地基与基础分部工程质量评定表；
地基与基础分部中各分项工程质量检验评定表；
主体分部工程质量评定表；
主体分部中各分项工程质量检验评定表；
地面与楼面分部工程质量评定表；
地面与楼面工程中各分项工程质量检验评定表；
门窗分部工程质量评定表；
门窗工程中各分项工程质量检验评定表；
装饰分部工程质量评定表；
装饰工程中各分项工程质量检验评定表；
屋面分部工程质量评定表；
屋面工程中各分项工程质量检验评定表；

封底。

5.12.2 常见问题

(1) 分项工程质量检验评定不全,有遗漏。

(2) 分项工程质量检验评定表有漏项、错填、无等级评定、无核定意见、签字不全或一人代签。

1) 错填:工程中没有的项目却进行了验评。如工程中无冷拉、冷拔钢筋,但填写冷拉、冷拔钢筋的机械性能符合设计要求和施工规范的规定。

2) 错定等级:基本项目抽检处有不合格的,该项目仍评为合格。按验评标准分项工程达到优良等级标准,却评为合格。

3) 核定签字:常有分项工程评定表中缺专职质量检查员的核定意见及签字,或一人代替多人签字(有作假之嫌)。

(3) 不做分部汇总评定。

(4) 模板工程等有些分项工程不参加分部工程质量评定,但分项工程必须进行评定。

(5) 地基与基础和主体分部工程汇总表缺企业技术和质量部门核定意见和签字。

(6) 不做单位工程质量综合评定,缺少质量保证资料核查表和单位工程观感质量评定表。

(7) 未提交当地工程质量监督部门或主管部门核定,缺少核定意见和质监部门签认。

5.13 竣工验收资料

竣工验收资料是单位工程施工技术资料的第十三分册。

工程竣工验收是施工的最后阶段,也是对建筑企业生产、技术活动成果的一次全面、综合性的检查评价。工程建设项目通过验收后就可投入使用,发挥经济效益、社会效益,形成新的具有价值和使用价值的固定资产,满足扩大再生产或人民生活、工作的需要。因此,一个单位工程竣工后,施工单位应预先验收,严格检查工程质量,整理各项施工技术资料,合格后,请设计单位和建设单位与施工单位一起进行竣工验收,办理验收签证后,再报请建设工程质量监督部门进行核定签认。

5.13.1 单位工程竣工验收程序

(1) 单位工程竣工后,在施工队一级评定各分部工程工程质量的基础上,由施工企业技术负责人组织企业有关部门进行单位工程质量检验评定,检验中如有工程质量技术资料不符合有关规定及标准时,及时修整至合格,并填写质量保证资料核查表、单位工程观感质量评定表及单位工程质量综合评定表。

如单位工程由几个分包单位施工时,各分包单位应按建筑安装工程质量检验评定标准的规定,检验评定所承建的分项、分部工程的质量等级,并将评定结果及资料交总包单位,总包单位对工程全面检验并负责保证其质量。

(2) 施工单位内部预检合格后,通知建设单位,由建设单位组织设计、施工单位及有关部门对工程进行全面地检查验收,工程质量合格予以签证。

(3) 由施工单位报请建设工程质量监督部门对工程质量进行核定,评定质量等级并签发核定证书。竣工资料要由施工单位整理好提前送质量监督部门核查。

5.13.2 工程竣工验收的内容及方法

（一）工程验收时的竣工标准

竣工单位工程实际所包含的分部工程必须全部完工；建筑设备安装工程必须调整、试运行合格，达到使用条件，不准甩项。

（二）验收重点

验收重点是结构安全和使用功能。工程技术资料要能真实反映工程的质量状况。楼地面、屋面、门窗、暖卫、电气等建筑与建筑设备经观感检查、技术资料核查，要能保证其使用功能。

（三）竣工验收内容

(1) 核查单位工程全部质量保证资料；

(2) 评定单位工程的观感质量；

(3) 全项抽检不同分部不同工种四个以上分项工程。例如：地面、墙面、屋面、木作、水暖、电气、粉刷、油漆等（包括保证项目、基本项目、允许偏差项目的全面检查并进行等级评定）。汇总核定各分部工程质量等级。

（四）检查方法

(1) 确定抽检点，对建筑物的室内外各楼层各单元都要宏观看一遍，一方面查看是否达到竣工标准；另一方面查看质量是否均衡一致。然后随机抽样检查解剖若干个房间和部位的工程质量。室外和屋面工程全数检查，可划分为 5~10 片，每片作为一个检查点（外墙每 20m 左右为一检查片）；室内原则性按有代表性的自然间（住宅可按有代表性的户）抽查 10%，但每个单元和每个楼层不少于一间（住宅可为一户）；卫生间、厨房、楼梯每层，每单元不得少于一处。

(2) 观感质量评定：

单位工程观感质量评定的评定方法是先确定每一子项的检查点数，然后在每点中根据建筑安装工程检验评定标准，确定该点是达到优良还是合格标准。子项每一个检查点的优良、合格或不合格的等级确定了，评定等级就能确定。评定等级共分五个等级，该子项所有检查的处（点）均符合建筑安装工程检验评定标准规定的合格标准评为四级（得 70% 标准分）；其中有 20%~49% 的处（点）达到建筑安装工程检验评定标准优良标准者评为三级（得 80% 标准分）；有 50%~79% 的处（点）达到建筑安装工程检验标准评定标准优良规定评为二级（得 90% 标准分）；有 80% 及其以上的处（点）达到建筑安装工程检验评定标准优良规定者，评为一级（得 100% 标准分）；只要该子项有一个检查点及其以上达不到建筑安装工程检验评定标准规定的合格标准者评为五级（得 0 分），并应处理。每一个子项的标准分值乘以评定等级所对应的百分率，就能得到每个子项的实得分值。被检查所有子项实得分值之和，即为实得分值，实得分除以应得分即为得分率。得分率在 85% 及其以上为优良；70%~85% 以下为合格；70% 以下为不合格品。

(3) 质量保证资料核查。

（五）竣工核验

竣工核验由建设工程质量监督部门组织，依据设计图纸、施工规范及有关规定，对工程质量进行核定，核定工程质量等级，签发核定证书。

5.13.3 工程竣工验收资料

工程竣工验收资料主要包括单位工程验收记录和工程质量竣工核定证书。

(一) 单位工程验收记录(见表 5-3)

表中各栏目都要填写清楚,验收意见明确,各单位代表签字盖章方能生效。

单位工程验收记录 表 5-3

工程名称		建筑面积		层　数	
施工单位		工程结构			
建设单位		工程类别			
设计单位		工程地址			
承包形式		每平米造价			
开工日期 竣工日期	年　月　日	计划批准文件			
工程内容及检查情况					
验收意见					
验收单位 (章)	设计单位 (章)		建设单位 (章)		交工单位 (章)

(二) 工程质量竣工核定证书(见表 5-4)

工程质量竣工核定证书由建筑工程质量监督部门签发。表中内容要齐全,字迹清晰,核定等级及意见要清楚明确。

工程质量竣工核定证书　　　　　表 5-4

工程名称		建筑面积（主要工程量）	
工程地点		结构类型	
建设单位			
施工单位			
开工日期		竣工日期	
企业评定等级		建设单位意见	
核定等级			
核定意见			（监督部门盖章） 　年　月　日
核定单位负责人		核定负责人	

5.14 设计变更、洽商记录

设计变更洽商记录是单位工程施工技术资料的第十四分册。
具体内容及要求同地基与基础工程施工阶段（第 1 章）。

5.15 竣 工 图

竣工图是工程竣工后技术档案的重要组成部分，是单位工程施工技术资料的第十五分册。其内容包括：
(1) 工程总体布置图、位置图，地形复杂者并附竖向布置图。
(2) 建设用地范围内的各种地下管线工程综合平面图（要求注明平面位置、高程、走向、断面，跟外部管线衔接关系，复杂交叉处应有局部剖面图等）。
(3) 各土建专业和有关专业的设计总说明书。
(4) 建筑专业：
设计说明书；
总平面图（包括道路、园林绿化）；
房间做法名称表；
各层平面图（包括设备层及屋顶、人防图，另册归档）；
立面图、剖面图、较复杂的外墙大样图；
楼梯间、电梯间、电梯井道剖面图、电梯机房平、剖面图；
地下部分的防水防潮、屋顶防水、外墙板缝的防水及变形缝等的做法大样图；

防火、抗震(包括隔震)声响、防辐射、防电磁干扰以及三废治理等图纸。

(5) 结构专业：

设计说明书；

基础平、剖面图；

地下部分各层墙、柱、梁、板平面图。剖面图以及板柱节点大样图；

地上部分各层墙、柱、梁、板平面图，大样图及预制梁、柱节点大样图；

楼梯剖面大样图，电梯井道平、剖面图，墙板联结大样图；

钢结构平、剖面图及节点大样图；

重要构筑物的平、剖面图。

(6) 设备专业：

设计说明书；

上水、下水、采暖、供气、空调、通风、消防、恒温恒湿、空淋、三废治理等各层平面、剖面及立面系统图或透视图；

锅炉房、泵房、空调机房、热力点、煤气调压站等的平剖面图、管线系统图及有关说明书；

主要设备型号、功率、容量等明细表。

(7) 电气专业

设计说明书；

各种管线平面图及系统图；

变电站、开闭所、锅炉房、泵房、空调机房、冷冻机房、中心控制室等的管线平、剖面图及系统图等；

供配电、照明、电信、广播的干线立管图；

复杂信息系统方块图；

地下管线的特殊构筑物平、剖面图；

发电、变电、供配电等的原理图及二次结线图；

接地电阻实测记录等。

要求：

(1) 工程竣工后应及时整理竣工图纸，凡结构形式改变、工艺改变、平面布置改变、项目改变以及其他重大改变，或者在原图纸上改动部分超过 40%，或者修改后图面混乱分辨不清的个别图纸则需要重新绘制。

(2) 凡在施工中，按施工图没有变更的，在新的原施工图上加盖竣工图标志后可做为竣工图。

(3) 无大变更的将修改内容如实的改绘在蓝图上，竣工图标志应具有明显的"竣工图"字样，并包括有编制单位名称、制图人、审核人和编制日期等基本内容。

(4) 变更设计洽商记录的内容必须如实的反映到设计图上，如在图上反映确有困难，则必须在图中相应部分加文字说明(见洽商××号)，标注有关变更设计洽商记录的编号，并附该洽商记录的复印件。

(5) 竣工图应完整无缺，分系统装订(基础、结构、建筑、设备)，内容清晰。

(6) 绘制施工图必须采用不褪色的绘图墨水进行，文字材料不得用复写纸、一般圆珠笔和铅笔等。

图纸的折叠：
(1) 尺寸：310(高)mm×220(宽)mm,案卷软内卷尺寸为297(高)mm×210(宽)mm。
(2) 折叠方式：图纸折叠前要按图框裁剪整齐,折叠方式采用"手风琴风箱式",图标、竣工图章应露在外面,图标外露右下角。
在竣工图的封面和每张竣工图的图标处加盖竣工图章。

5.16　技术资料组卷方法、要求及验收移交

一、组卷原则

施工技术资料的组卷必须遵循其自然形成的规律,按其时间的先后、特征、专业加以排列。具体排列顺序如下：
(1) 原材料、半成品、成品出厂质量证明和试(检)验报告。
(2) 施工试验报告。
(3) 施工记录。
(4) 预检记录。
(5) 隐蔽工程验收记录。
(6) 基础、结构验收记录。
(7) 采暖、卫生与煤气工程。
(8) 电气安装工程。
(9) 通风与空调工程。
(10) 电梯安装工程。
(11) 施工组织设计与技术交底。
(12) 工程质量检验评定。
(13) 竣工验收资料。
(14) 设计变更、洽商记灵。
(15) 竣工图。

一般性工程如文字材料不多时可以不分卷,规模大的工程应分别组卷。

卷内文件材料排列顺序,一般为封面、目录、文件材料部分、封底。

单位工程技术资料分目录表见表5-5。

二、案卷规格及图纸折叠方式

1. 案卷规格

案卷采用统一的装具和规格尺寸,可采用硬壳卷皮和卷盒,其尺寸为310(高)mm×220(宽)mm,案卷软内卷皮尺寸为297(高)mm×210(宽)mm。卷皮材料应坚固耐用。

2. 图纸折叠方式

图纸折叠前要按图框裁剪整齐,折叠方式应采用"手风琴风箱式",图标、竣工图章应露在外面,图标外露右下角。

3. 装订

文字材料必须装订成册。
(1) 文字材料或图纸材料采用硬壳卷夹装订时,应加白软封面和封底。

单位工程名称			单位工程技术资料分目录表 分目录名称		表 5-5 共　页 第　页
序　号	资料编号	资料日期	资料内容摘要	页　数	附　注

（2）用卷盒时，文字材料用绵线装订，订结打在背面。图纸散装在卷盒内时，需将案卷封面、目录、备考表三件用绵线在左上角装订在一起，放在案卷之首。

4．案卷封面

具有案卷名称(工程名称)编制单位、单位负责人、技术主管(总工程师或主任工程师)、编制日期、保管期限、密级、档案号、案卷卷次等。

三、技术资料的验收和移交

工程竣工验收前，建设单位(或工程设施管理单位)应组织、督促和协同施工单位检查施工技术资料的质量，不符合要求的，应限期修改、补齐，直至重做。

全部施工技术资料应在竣工验收后，按协议规定时间移交给建设单位，但最迟不得超过三个月。

施工技术资料在移交时应办理移交手续，并由双方单位负责人签章。

建筑安装施工技术资料移交书见表5-6。施工技术资料移交明细表见表5-7。

建筑安装施工技术资料移交书　　　　　　表5-6

按有关规定向　　　　　　　　　　　　　　　办理　　　　　　　　　工程施工技术资料移交手续。共计　　　　册。其中图样材料　　　　册,文字材料　　　　册,其他材料　　　　张(　　)。

附:移交明细表

移交单位(公章)　　　　　　　　　　　　　　接受单位(公章)

单位负责人:　　　　　　　　　　　　　　　　单位负责人:

移交人:　　　　　　　　　　　　　　　　　　接收人:

移交时间　　年　月　日

施工技术资料移交明细表　　　　　　表5-7

序号	案卷题名	数量						备注
		文字材料		图样材料		其他		
		册	张	册	张	册	张	
1	原材料、半成品、成品出厂证明和试(检)验报告							
2	施工试验报告							
3	施工记录							
4	预检记录							
5	隐检记录							
6	基础结构验收记录							
7	采暖、卫生与煤气工程							
8	电气安装工程							
9	通风与空调工程							
10	电梯安装工程							
11	施工组织设计与技术交底							
12	工程质量检验评定							
13	竣工验收资料							
14	设计变更、洽商记录							
15	竣工图							
16	其他							

附录 建筑安装工程资料管理规程

(北京市地方性标准)

Management Code of Construction Engineering Data

DBJ01-51-2000

主编部门：北京市建设监理协会
　　　　　中建一局集团四公司
　　　　　北京市城市建设档案馆
　　　　　北京市建设工程质量监督总站
批准部门：北京市建设委员会
　　　　　北京市规划委员会
施行日期：2001年5月1日

2001　北　京

关于发布北京市标准

《建筑安装工程资料管理规程》的通知

京建质[2000]569号

各区、县建委,各开发、监理、施工企业及各有关单位:

根据北京市建委京建科[2000]365号文件的要求,由北京市建设监理协会、中建一局集团四公司、北京市城市建设档案馆和北京市建设工程质量监督总站会同有关单位共同编制的《建筑安装工程资料管理规程》已经通过有关部门审查。现批准《建筑安装工程资料管理规程》为北京市强制性标准,编号 DBJ01-51-2000,自 2001 年 5 月 1 日起施行,《北京市建筑安装工程施工技术资料管理规定》(京建质[1996]418号)同时废止。

该规程由北京市建设委员会负责管理和解释,由北京市建设工程质量监督总站组织印刷、出版、发行工作。

北京市建设委员会　　北京市规划委员会

二〇〇〇年十二月七日

编 制 说 明

本规程是根据北京市建设委员会文件《关于印发"北京市工程建设技术标准 2000 年度编制计划"的通知》(京建科[2000]365 号)的要求,由北京市建设监理协会、中建一局集团四公司、北京市城市建设档案馆和北京市建设工程质量监督总站会同有关单位,在总结北京市多年来工程资料管理经验,依据有关国家法规、规范和技术标准,参照《北京市建筑安装工程施工技术资料管理规定》(京建质[1996]418 号)。《工程建设监理规程》(DBJ01-41-98)、《建设工程质量管理条例》、《北京市城市建设工程竣工档案管理实施细则》、《建设工程勘察设计管理条例》等有关文件的内容基础上,结合国际惯例,并考虑到建筑业工程管理的发展趋势编制而成。

本规程的主要内容:工程资料管理职责包括建设单位、监理单位、施工单位、城建档案馆在内的全部工程资料的编制和管理单位;管理模式由承包管理进一步扩展到总承包管理,适应总承包体制下的工程资料管理;实现了工程资料的分级管理,强调总承包单位、分承包单位及物资供应单位各自对工程资料的管理职责;分别建立资料表格的编号体系和组卷的编号体系,使工程资料管理线条更加清楚。

为实现工程资料的计算机管理创造条件;对工程资料的组卷进行重新划分以适应工程资料管理的特点;表格多数采用判断填写,少量采用描述填写,实现表格的标准化管理。

编制组
二〇〇〇年十一月

目　次

1　总则 …………………………………………………………………………… 1086
2　术语 …………………………………………………………………………… 1087
3　管理与职责 …………………………………………………………………… 1088
　3.1　通用职责 ………………………………………………………………… 1088
　3.2　建设单位职责 …………………………………………………………… 1088
　3.3　监理单位职责 …………………………………………………………… 1088
　3.4　施工单位职责 …………………………………………………………… 1089
　3.5　城建档案馆职责 ………………………………………………………… 1089
4　工程资料的分类 ……………………………………………………………… 1090
5　管理原则与流程 ……………………………………………………………… 1097
　5.1　工程资料的管理原则 …………………………………………………… 1097
　5.2　工程资料的管理流程 …………………………………………………… 1098
6　内容与要求 …………………………………………………………………… 1104
　6.1　基建文件 ………………………………………………………………… 1104
　6.2　监理资料 ………………………………………………………………… 1107
　6.3　施工资料 ………………………………………………………………… 1110
　6.4　竣工图 …………………………………………………………………… 1122
　6.5　工程资料、档案封面和目录 …………………………………………… 1124
　6.6　工程资料编号的填写 …………………………………………………… 1125
7　编制方法与组卷要求 ………………………………………………………… 1127
　7.1　编制的质量要求 ………………………………………………………… 1127
　7.2　载体形式 ………………………………………………………………… 1127
　7.3　组卷要求 ………………………………………………………………… 1128
　7.4　案卷规格、图纸折叠与案卷装订 ……………………………………… 1131
8　验收与移交 …………………………………………………………………… 1132
　8.1　验收 ……………………………………………………………………… 1132
　8.2　移交 ……………………………………………………………………… 1132
9　计算机管理 …………………………………………………………………… 1133
附录A　工程物资的分类 ……………………………………………………… 1134
附录B　必试项目与检验规则 ………………………………………………… 1135
附录C　竣工图的编制及图纸折叠方法 ……………………………………… 1145
　C.1　竣工图的编制 …………………………………………………………… 1145
　C.2　图纸折叠方法 …………………………………………………………… 1151
附录D　向城建档案馆报送工程档案的工程范围 …………………………… 1155
　D.1　民用建筑 ………………………………………………………………… 1155
　D.2　工业建筑 ………………………………………………………………… 1156
附录E　专业工程分类编码参考表 …………………………………………… 1157

附录F 向城建档案馆报送的工程档案内容与组卷表	1161
附录G 本规程用词说明	1165
附表	1166
附加说明	1288
本规程主编单位、参加单位和主要编审人名单	1288

1 总　　则

1.0.1 为加强建筑安装工程资料的统一管理,提高工程管理水平,体现工程资料为工程质量的重要组成部分,根据《中华人民共和国建筑法》、《建设工程质量管理条例》、《建设工程勘察设计管理条例》及国家有关规范、标准和北京市有关规定,结合本市的实际情况,特制定本规程。

1.0.2 本规程适用于新建、改建、扩建的工业与民用建筑安装工程。凡在本市行政区域内参与工程建设的建设、勘察设计、监理、施工等单位均应执行本规程。

1.0.3 工程资料的验收应与工程竣工验收同步进行,工程资料不符合要求,不得进行工程竣工验收。

1.0.4 各单位(包括建设单位、监理单位、施工单位等)的工程资料必须由城建档案管理员进行管理,城建档案管理员必须持证上岗。

1.0.5 工程资料采用分级管理,工程资料按本规程规定的保存单位和保存时限进行保存。

1.0.6 工程资料宜采用计算机进行管理,凡按规定应向城建档案馆移交的工程档案,应逐步过渡到光盘载体的电子工程档案。属国家及北京市重点工程、大型工程的项目必须采用缩微品或光盘载体,其他工程宜采用缩微品或光盘载体。

2 术　　语

2.0.1 工程资料 Engineering Data
　　工程建设全过程中形成并收集汇编的文件或资料的统称。
2.0.2 基建文件 Capital Construction Data
　　由建设单位在工程建设过程中形成并收集汇编，关于立项、征用地、拆迁、地质勘察、测绘、设计、招投标、工程验收等文件或资料的统称。
2.0.3 监理资料 Supervisal Data
　　由监理单位在工程建设监理全过程中形成并收集汇编的文件或资料的统称。
2.0.4 施工资料 Construction Data
　　由施工单位在工程的施工过程中形成并收集汇编的文件或资料的统称。
2.0.5 工程档案 Engineering Archives
　　建设工程在立项、设计、施工、监理、竣工活动中形成的具有归档保存价值的基建文件、监理文件、施工文件和竣工图的统称。
2.0.6 纸质载体 Paper Carrier
　　以纸张为基础的载体形式。
2.0.7 缩微品载体 Microfilm Carrier
　　以胶片为基础，利用缩微技术对工程资料进行保存的载体形式。
2.0.8 光盘载体（电子工程档案）CD Carrier(Electronic Archives)
　　以光盘为基础，利用计算机技术对工程档案进行存储的载体形式。
2.0.9 工程物资 Engineering Material
　　满足工程使用功能的材料、设备、构配件等。
2.0.10 工程合理使用年限 Reasonable Using Period of Building
　　指设计确定的建筑结构安全使用年限。

3 管理与职责

3.1 通用职责

3.1.1 工程各参建单位填写的工程资料应以施工及验收规范、工程合同与设计文件、工程质量验收标准等为依据。

3.1.2 工程资料应随工程进度及时收集、整理,并应按专业归类,认真书写,字迹清楚,项目齐全、准确、真实,无未了事项。表格应统一采用本规程所附表格,特殊要求需增加的表格应依据本规程统一归类。

3.1.3 工程资料进行分级管理,各单位技术负责人负责本单位工程资料的全过程管理工作,工程资料的收集、整理和审核工作由各单位城建档案管理员负责。

3.1.4 对工程资料进行涂改、伪造、随意抽撤或损毁、丢失等的,应按有关规定予以处罚,情节严重的,应依法追究法律责任。

3.2 建设单位职责

3.2.1 应加强对基建文件的管理工作,并设专人负责基建文件的收集、整理和归档工作。

3.2.2 在与监理单位、施工单位签订监理、施工合同时,应对监理资料、施工资料和工程档案的编制责任、编制套数和移交期限做出明确规定。

3.2.3 必须向参与工程建设的勘察设计、施工、监理等单位提供与建设工程有关的原始资料,原始资料必须真实、准确、齐全。

3.2.4 负责工程建设过程中对工程资料进行检查并签署意见。

3.2.5 负责组织工程档案的编制工作,可委托总承包单位、监理单位组织该项工作;负责组织竣工图的绘制工作,可委托总承包单位、监理单位或设计单位(取费标准按[86]京建规字第097号文件执行)。

3.2.6 编制的基建文件不得少于两套。归入工程档案一套;移交产权单位一套,保存期应与工程合理使用年限相同。

3.2.7 应严格按照国家和北京市有关城建档案管理的规定,及时收集、整理建设项目各环节的资料,建立、建全工程档案,并在建设工程竣工验收后,按规定及时向城建档案馆移交工程档案。

3.3 监理单位职责

3.3.1 应加强监理资料的管理工作,并设专人负责监理资料的收集、整理和归档工作。

3.3.2 监督检查工程资料的真实性、完整性和准确性。在设计阶段,对勘察、测绘、设计单位的工程资料进行监督、检查并签署意见;在施工阶段,对施工单位的工程资料进行监督、检查并签署意见。

3.3.3 接受建设单位的委托进行工程档案的组织编制工作。

3.3.4 在工程竣工验收后三个月内,由项目总监理工程师组织对监理资料进行整理、装订与归档。监理资料在归档前必须由项目总监理工程师审核并签字。

3.3.5 负责编制的监理资料不得少于二套,其中移交建设单位一套;自行保存一套,保存期自竣工验收之日起5年。如建设单位对监理资料的编制套数有特殊要求的,可另行约定。

3.4 施工单位职责

3.4.1 应加强施工资料的管理工作,实行技术负责人负责制,逐级建立健全施工资料管理岗位责任制,并配备专职城建档案管理员,负责施工资料的管理工作。工程项目的施工资料应设专人负责收集和整理。

3.4.2 总承包单位负责汇总整理各分承包单位编制的全部施工资料,分承包单位应各自负责对分承包范围内的施工资料进行收集和整理,各承包单位应对其施工资料的真实性和完整性负责。

3.4.3 接受建设单位的委托进行工程档案的组织编制工作。

3.4.4 应按本规程要求在竣工前将施工资料整理汇总完毕并移交建设单位进行工程竣工验收。

3.4.5 负责编制的施工资料不得少于三套,其中移交建设单位二套;自行保存一套,保存期自竣工验收之日起5年。如建设单位对施工资料的编制套数有特殊要求的,可另行约定。

3.5 城建档案馆职责

3.5.1 负责接收和保管全市应当永久和长期保存的工程档案和有关资料。

3.5.2 负责对城建档案工作的业务指导,监督和检查有关城建档案法规的实施。

3.5.3 列入向城建档案馆档案报送工程档案范围的工程项目,其竣工验收应有城建档案馆参加并负责对移交的工程档案进行验收。

4 工程资料的分类

根据工程资料的性质,以及收集、整理单位的不同,将工程资料分为以下类别:

编号	资料名称	附表	保存单位			
			施工单位	监理单位	建设单位	城建档案馆
A类	**基建文件**					
A1	**决策立项文件**					
A1-1	项目建议书				●	●
A1-2	对项目建议书的批复文件				●	●
A1-3	可行性研究报告				●	●
A1-4	对可行性报告的批复文件				●	●
A1-5	关于立项的会议纪要、领导批示		●		●	●
A1-6	专家对项目的有关建议文件				●	●
A1-7	项目评估研究资料				●	●
A1-8	计划部门批准的立项文件		●		●	●
A1-9	计划部门批准的计划任务		●		●	●
A2	**建设用地、征地、拆迁文件**					
A2-1	计划部门批准征用土地的计划任务				●	●
A2-2	国有土地使用证				●	●
A2-3	市政府批准征用农田的文件;使用国有土地时,房屋土地管理部门拆迁安置意见(见选址规划意见通知书)				●	●
A2-4	选址意见通知书及附图1份				●	●
A2-5	建设用地规划许可证、许可证附件及附图1分			●	●	●
A3	**勘察、测绘、设计文件**					
A3-1	工程地质勘察报告			●	●	●
A3-2	水文地质勘察报告			●	●	●
A3-3	建筑用地钉桩通知单		●	●	●	●
A3-4	验线通知单		●	●	●	●
A3-5	规划设计条件通知书及附图1份				●	●
A3-6	审定设计方案通知书及附图1份				●	●
A3-7	审定设计方案通知书要求征求有关人防、环保、消防、交通、园林、市政、文物、通讯、保密、河湖、教育等部门的审查意见和要求取得的有关协议				●	●
A3-8	初步设计图纸及说明				●	
A3-9	施工图设计及说明			●	●	
A3-10	设计计算书				●	
A3-11	消防设计审核意见			●	●	●

续表

编 号	资 料 名 称	附 表	保 存 单 位			
			施工单位	监理单位	建设单位	城建档案馆
A3-12	政府有关部门对施工图设计文件的审批意见			●	●	●
A4	**工程招投标及承包合同文件**					
A4-1	勘察招投标文件				●	
	设计招投标文件				●	
	施工招投标文件		●		●	
	监理招投标文件			●	●	
A4-2	勘察合同				●	
	设计合同				●	
	施工合同		●	●	●	
	监理合同			●	●	
A5	**工程开工文件**					
A5-1	年度施工任务批准文件				●	●
A5-2	修改工程施工图纸通知书				●	●
A5-3	建设工程规划许可证、附件及附图		●		●	●
A5-4	固定资产投资许可证				●	●
A5-5	建设工程开工证		●		●	●
A5-6	工程质量监督手续		●	●	●	●
A6	**商务文件**					
A6-1	工程投资估算材料				●	
A6-2	工程设计概算				●	
A6-3	施工图预算		●	●	●	
A6-4	施工预算		●			
A6-5	工程决算		●	●	●	●
A6-6	交付使用固定资产清单				●	●
A6-7	建设工程概况	A6-7				●
A7	**工程竣工备案文件**					
A7-1	工程竣工验收备案表		●	●	●	●
A7-2	工程竣工验收报告		●	●	●	●
A7-3	由规划、公安消防、环保等部门出具的认可文件或准许使用文件		●	●	●	●
A7-4	《房屋建筑工程质量保修书》		●		●	
A7-5	《住宅质量保证书》、《住宅使用说明书》				●	
A8	**其他文件**					
A8-1	工程竣工总结				●	●
A8-2	沉降观测记录(由建设单位委托长期进行的工程沉降观测记录)				●	
A8-3	工程未开工前的原貌、竣工新貌照片				●	●

续表

编号	资料名称	附表	施工单位	监理单位	建设单位	城建档案馆
A8-4	工程开工、施工、竣工的录音录像资料				●	●
B类	监理资料					
B1	设计监理资料					
B1-1	设计监理工作计划书			●	●	
B1-2	阶段设计监理审核报告			●	●	
B1-3	设计监理审核总报告			●	●	●
B1-4	设计监理过程文件			●	●	
B2	监理管理资料					
B2-1	监理规划、监理实施细则			●		●
B2-2	监理月报			●		
B2-3	监理会议纪要			●		
B2-4	监理通知	B2-4	●	●	●	
B2-5	监理工作日志(项目部监理工作日志及监理人员工作日志)			●		
B2-6	监理工作总结(专题、阶段和竣工总结)			●	●	●
B3	监理工作记录					
B3-1	工程技术文件报审表	C2-1	●	●	●	
B3-2	工程进度控制报验审批文件					
B3-2-1	工程动工报审文件	B3-2-1	●	●	●	
B3-2-2	施工进度计划(年、季、月)报审文件	B3-2-2	●	●		
B3-2-3	月工、料、机动态文件			●		
B3-2-4	停、复工、工程延期文件		●	●	●	
B3-3	工程质量控制报验审批文件			●		
B3-3-1	工程物资进场报验表	C3-2	●	●		
B3-3-2	施工测量放线报审文件	C4-1~4	●	●		
B3-3-3	施工试验报审文件		●	●		
B3-3-4	见证取样记录文件		●	●		
B3-3-5	分部/分项工程施工报验表	C7-1	●	●		
B3-3-6	监理抽检文件			●		
B3-3-7	不合格项处置记录	C1-5	●	●		
B3-3-8	质量事故报告及处理资料		●	●		●
B3-4	造价控制报验、审批文件		●	●		
B4	监理验收资料					
B4-1	竣工移交证书	B4-1	●	●	●	●
B4-2	工程质量评估报告			●	●	●
C类	施工资料					
C1	施工管理资料					
C1-1	工程概况表	C1-1	●			●

续表

编号	资料名称	附表	保存单位			
			施工单位	监理单位	建设单位	城建档案馆
C1-2	施工进度计划分析	C1-2	●	●	●	
C1-3	项目大事记	C1-3	●		●	●
C1-4	施工日志	C1-4	●			
C1-5	不合格项处置记录	C1-5	●	●	●	
C1-6	工程质量事故报告					
C1-6-1	建设工程质量事故调(勘)查笔录	C1-6-1	●	●	●	●
C1-6-2	建设工程质量事故报告书	C1-6-2	●	●	●	●
C1-7	施工总结		●		●	●
C2	施工技术资料					
C2-1	工程技术文件报审表	C2-1	●	●	●	
C2-2	技术管理资料					
C2-2-1	技术交底记录	C2-2-1	●			
C2-2-2	施工组织设计、施工方案		●			
C2-3	设计变更文件					
C2-3-1	图纸审查记录	C2-3-1	●	●	●	
C2-3-2	设计交底记录	C2-3-2	●	●	●	●
C2-3-3	设计变更、洽商记录	C2-3-3	●	●	●	●
C3	施工物资资料					
C3-1	工程物资选样送审表	C3-1	●	●	●	
C3-2	工程物资进场报验表	C3-2	●	●		
C3-3	产品质量证明文件					
C3-3-1	半成品钢筋出厂合格证	C3-3-1	●		●	
C3-3-2	预拌混凝土出厂合格证	C3-3-2	●		●	
C3-3-3	预制混凝土构件出厂合格证	C3-3-3	●		●	
C3-3-4	钢构件出厂合格证	C3-3-4	●		●	
C3-4	材料、设备进场检验记录					
C3-4-1	设备开箱检查记录	C3-4-1	●		●	
C3-4-2	材料、配件检验记录	C3-4-2	●			
C3-4-3	设备及管道附件试验记录	C3-4-3	●		●	
C3-5	产品复试记录/报告					
C3-5-1	材料试验报告(通用)	C3-5-1	●		●	●
C3-5-2	水泥试验报告	C3-5-2	●		●	
C3-5-3	钢筋原材试验报告	C3-5-3	●		●	●
C3-5-4	砌墙砖(砌块)试验报告	C3-5-4	●		●	
C3-5-5	砂试验报告	C3-5-5	●		●	
C3-5-6	碎(卵)石试验报告	C3-5-6	●		●	●
C3-5-7	轻集料试验报告	C3-5-7	●		●	
C3-5-8	防水卷材试验报告	C3-5-8	●		●	
C3-5-9	防水涂料试验报告	C3-5-9	●		●	
C3-5-10	混凝土掺合料试验报告	C3-5-10	●		●	

续表

编号	资料名称	附表	保存单位			
			施工单位	监理单位	建设单位	城建档案馆
C3-5-11	混凝土外加剂试验报告	C3-5-11	●		●	
C3-5-12	钢材机械性能试验报告	C3-5-12	●		●	●
C3-5-13	金相试验报告	C3-5-13	●		●	●
C4	施工测量记录					
C4-1	工程定位测量记录	C4-1	●	●	●	●
C4-2	基槽验线记录	C4-2	●		●	●
C4-3	楼层放线记录	C4-3	●			
C4-4	沉降观测记录	C4-4	●		●	●
C5	施工记录					
C5-1	通用记录					
C5-1-1	隐蔽工程检查记录表	C5-1-1	●			
C5-1-2	预检工程检查记录表	C5-1-2	●			
C5-1-3	施工通用记录表	C5-1-3	●			
C5-1-4	中间检查交接记录	C5-1-4				
C5-2	土建专用施工记录					
C5-2-1	地基处理记录	C5-2-1	●		●	●
C5-2-2	地基钎探记录	C5-2-2	●		●	●
C5-2-3	桩基施工记录	C5-2-3	●		●	●
C5-2-4	混凝土搅拌测温记录表	C5-2-4	●			
C5-2-5	混凝土养护测温记录表	C5-2-5	●			
C5-2-6	砂浆配合比申请单、通知单	C5-2-6	●			
C5-2-7	混凝土配合比申请单、通知单	C5-2-7	●			
C5-2-8	混凝土开盘鉴定	C5-2-8	●			
C5-2-9	预应力筋张拉记录(一)	C5-2-9	●		●	●
C5-2-10	预应力筋张拉记录(二)	C5-2-10	●		●	●
C5-2-11	有粘结预应力结构灌浆记录	C5-2-11	●		●	●
C5-2-12	建筑烟(风)道、垃圾道检查记录	C5-2-12	●			
C5-3	电梯专用施工记录					
C5-3-1	电梯承重梁、起重吊环埋设隐蔽工程检查记录	C5-3-1	●		●	●
C5-3-2	电梯钢丝绳头灌注隐蔽工程检查记录	C5-3-2	●			
C5-3-3	自动扶梯、自动人行道安装条件记录	C5-3-3	●			
C6	施工试验记录					
C6-1	施工试验记录(通用)	C6-1	●			
C6-2	设备试运转记录					
C6-2-1	设备单机试运转记录	C6-2-1	●		●	●
C6-2-2	调试报告	C6-2-2	●			
C6-3	土建专用施工试验记录					
C6-3-1	钢筋连接试验报告	C6-3-1	●		●	●

续表

编号	资料名称	附表	保存单位			
			施工单位	监理单位	建设单位	城建档案馆
C6-3-2	回填土干密度试验报告	C6-3-2	●		●	●
C6-3-3	土工击实试验报告	C6-3-3	●		●	●
C6-3-4	砌筑砂浆抗压强度试验报告	C6-3-4	●		●	
C6-3-5	混凝土抗压强度试验报告	C6-3-5	●		●	
C6-3-6	混凝土抗渗试验报告	C6-3-6	●		●	
C6-3-7	超声波探伤报告	C6-3-7	●		●	●
C6-3-8	超声波探伤记录	C6-3-8	●		●	
C6-3-9	钢构件射线探伤报告	C6-3-9	●		●	
C6-3-10	砌筑砂浆试块强度统计、评定记录	C6-3-10	●		●	
C6-3-11	混凝土试块强度统计、评定记录	C6-3-11	●		●	
C6-3-12	防水工程试水检查记录	C6-3-12	●			
C6-4	电气专用施工试验记录					
C6-4-1	电气接地电阻测试记录	C6-4-1	●		●	●
C6-4-2	电气绝缘电阻测试记录	C6-4-2	●			
C6-4-3	电气器具通电安全检查记录	C6-4-3	●			
C6-4-4	电气照明、动力试运行记录	C6-4-4	●			
C6-4-5	综合布线测试记录	C6-4-5	●		●	
C6-4-6	光纤损耗测试记录	C6-4-6	●			
C6-4-7	视频系统末端测试记录	C6-4-7	●			
C6-5	管道专用施工试验记录					
C6-5-1	管道灌水试验记录	C6-5-1	●			
C6-5-2	管道强度严密性试验记录	C6-5-2	●		●	●
C6-5-3	管道通水试验记录	C6-5-3	●			
C6-5-4	管道吹(冲)洗(脱脂)试验记录	C6-5-4	●			
C6-5-5	室内排水管道通球试验记录	C6-5-5	●		●	
C6-5-6	伸缩器安装记录表	C6-5-6	●			
C6-6	通风空调专用施工试验记录					
C6-6-1	现场组装除尘器、空调机漏风检测记录	C6-6-1	●			
C6-6-2	风管漏风检测记录	C6-6-2	●			
C6-6-3	各房间室内风量测量记录	C6-6-3	●		●	
C6-6-4	管网风量平衡记录	C6-6-4	●		●	
C6-6-5	通风系统试运行记录	C6-6-5	●		●	
C6-6-6	制冷系统气密性试验记录	C6-6-6	●		●	●
C6-7	电梯专用施工试验记录					
C6-7-1	电梯主要功能检查试验记录表	C6-7-1	●			
C6-7-2	电梯电气安全装置检查试验记录	C6-7-2	●			
C6-7-3	电梯整机功能检验记录	C6-7-3	●		●	●
C6-7-4	电梯层门安全装置检查试验记录表	C6-7-4	●		●	
C6-7-5	电梯负荷运行试验记录表	C6-7-5	●		●	●

续表

编号	资料名称	附表	保存单位			
			施工单位	监理单位	建设单位	城建档案馆
C6-7-6	轿厢平层准确度测量记录表	C6-7-6			●	
C6-7-7	电梯负荷运行试验曲线图表	C6-7-7			●	
C6-7-8	电梯噪声测试记录表	C6-7-8			●	
C6-7-9	自动扶梯、自动人行道运行试验记录	C6-7-9	●		●	●
C7	施工验收资料					
C7-1	分部/分项工程施工报验表	C7-1	●	●		
C7-2	分部工程验收记录					
C7-2-1	竣工验收通用记录	C7-2-1	●	●	●	●
C7-2-2	基础/主体工程验收记录	C7-2-2	●	●	●	●
C7-2-3	幕墙工程验收记录	C7-2-3	●	●	●	●
C7-3	单位工程验收记录	C7-3	●	●	●	●
C7-4	工程竣工报告		●	●	●	●
C8	质量评定资料(参阅 GBJ 300—88 系列表格)		●			
D 类	竣工图		●		●	●
E 类	工程资料、档案封面和目录					
E1-1	工程资料总目录卷汇总表	E1-1				
E1-2	工程资料总目录卷	E1-2				
E2	工程资料封面和目录					
E2-1	工程资料案卷封面	E2-1				
E2-2	工程资料卷内目录	E2-2				
E2-3	工程资料卷内备考表	E2-3				
E3	工程档案封面和目录					
E3-1	城市建设档案封面	E3-1				
E3-2	城建档案卷内目录	E3-2				
E3-3	城建档案案卷审核备考表	E3-3				
E4	移交资料					
E4-2	城市建设档案移交书	E4-2			●	●
E4-3	城市建设档案缩微品移交书	E4-3			●	●
E4-4	城市建设档案移交目录	E4-4			●	●

注：本章关于保存单位的规定是指竣工后有关单位对于工程资料的保存,过程中工程资料应按有关程序进行保存。

5 管理原则与流程

5.1 工程资料的管理原则

5.1.1 工程资料的报验与报审

基建文件必须按有关主管部门的规定和要求进行申报、申批。施工过程的报验、报审,均应采用报审报验表和质量记录文件。质量记录文件包括产品质量文件、施工记录、施工试验记录、质量评定资料,设计文件等。

分承包单位的送审、报验表应先通过总承包单位审核后,方可报送监理(建设)单位。

5.1.2 资料流程的时限性

为保证工程资料的时效性、准确性、完整性,工程相关各方宜在合同中约定资料(报审、报验资料等)的提交时间与提交格式以及审批时间;并应约定有关责任方应承担的责任。

应明确时限的资料包括:物资选样送审、技术送审(包括方案送审和深化设计送审)、物资进场报验、分项工程报验、分部工程报验和竣工报验等。

5.2 工程资料的管理流程

5.2.1 基建文件的管理流程

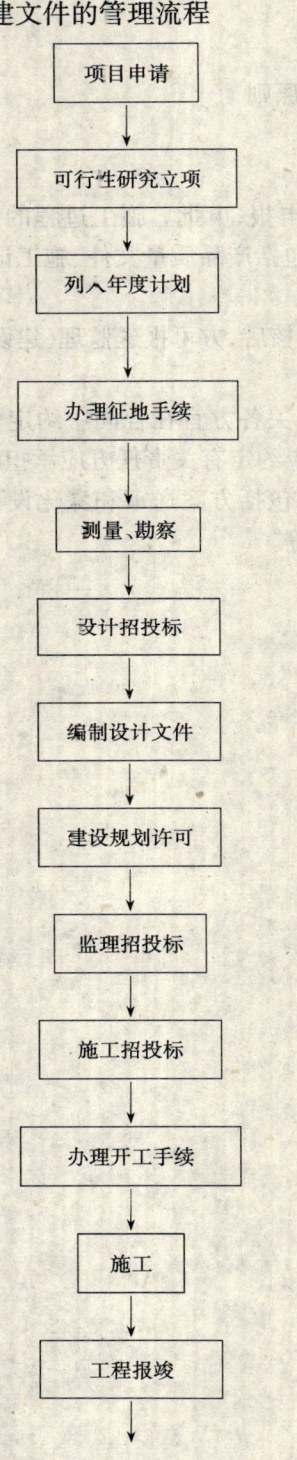

立项申请及批复

《可行性研究报告》
《立项报告》
《规划要点通知书》
计划主管部门批复文件

年度计划
《投资许可证》

《建设用地规划许可证》
《北京市城镇建设用地批准书》
用地申请及批复
选址报告及批复
《规划选址意见通知书》

《拨地测量及测量报告》及批复
工程地质勘察合同
《地质勘察报告》

《规划设计条件通知书》
初步设计
设计合同/设计概算
《审定设计方案通知书》

施工图设计及审查意见

《建设工程规划许可证》

监理合同

施工合同

《北京市建筑工程开工审查表》
工程质量监督手续
《建设工程开工证》

工程竣工报告

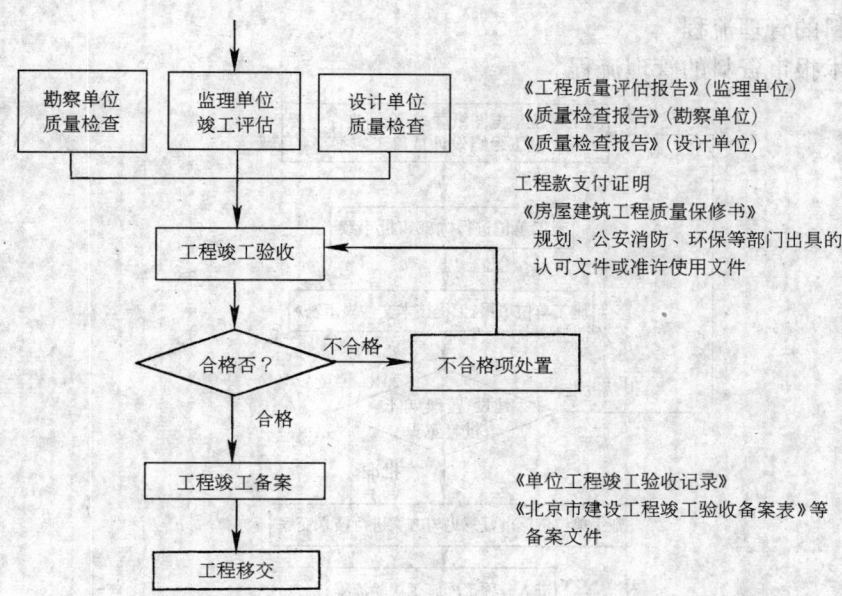

工程竣工验收由建设单位组织勘察、设计、施工、监理等有关单位进行。

建设工程竣工验收合格后,由建设单位向市、区(县)建设委员会竣工备案管理部门备案。

5.2.2 监理资料的管理流程

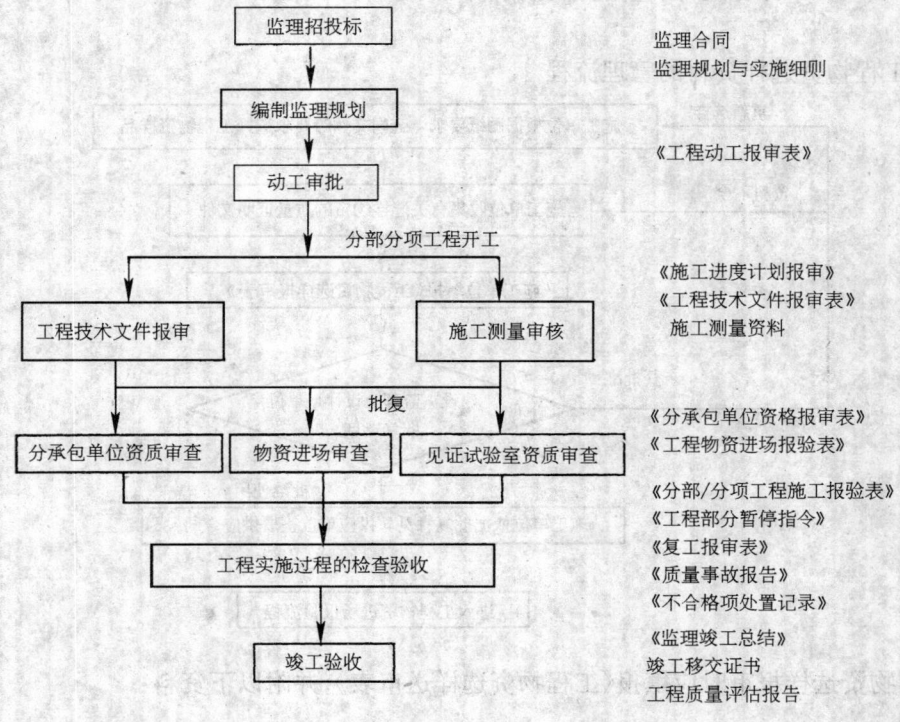

5.2.3 施工资料的管理流程

1 工程技术报审资料的管理流程

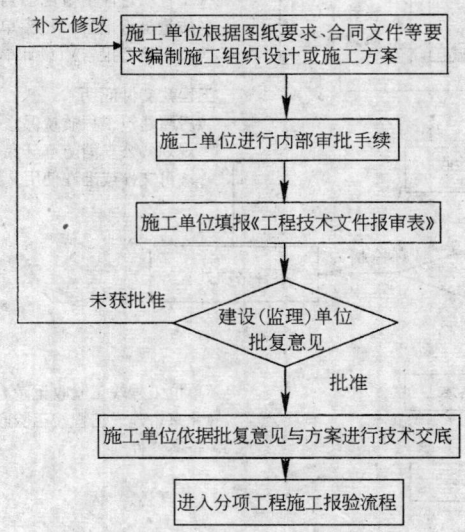

报送下列资料时使用
《工程技术文件报审表》：
施工组织设计；
施工方案；
深化设计(应附：深化设计图纸等)；
等。

2 工程物资选样资料的管理流程

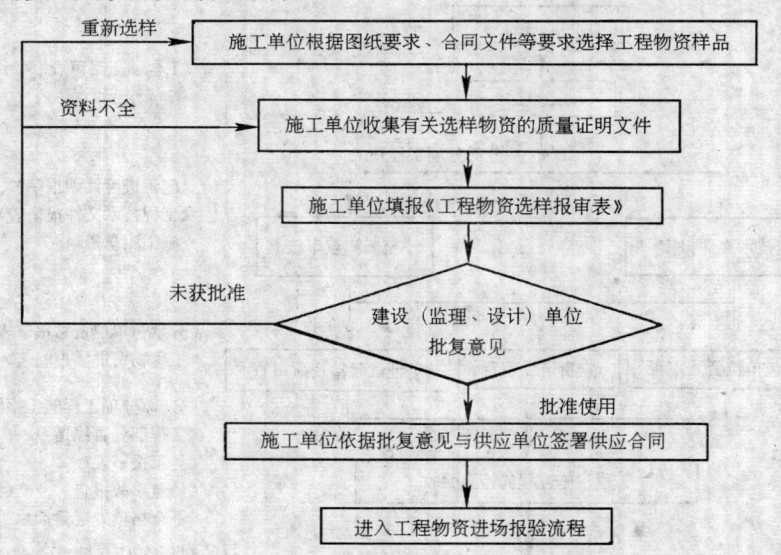

进行物资选样报审时应填报《工程物资选样送审表》，并附以下资料：

产品性能说明书；
质量检验报告；
工程应用实例目录；
生产企业资质文件；
等。

3 工程物资进场报验资料的管理流程

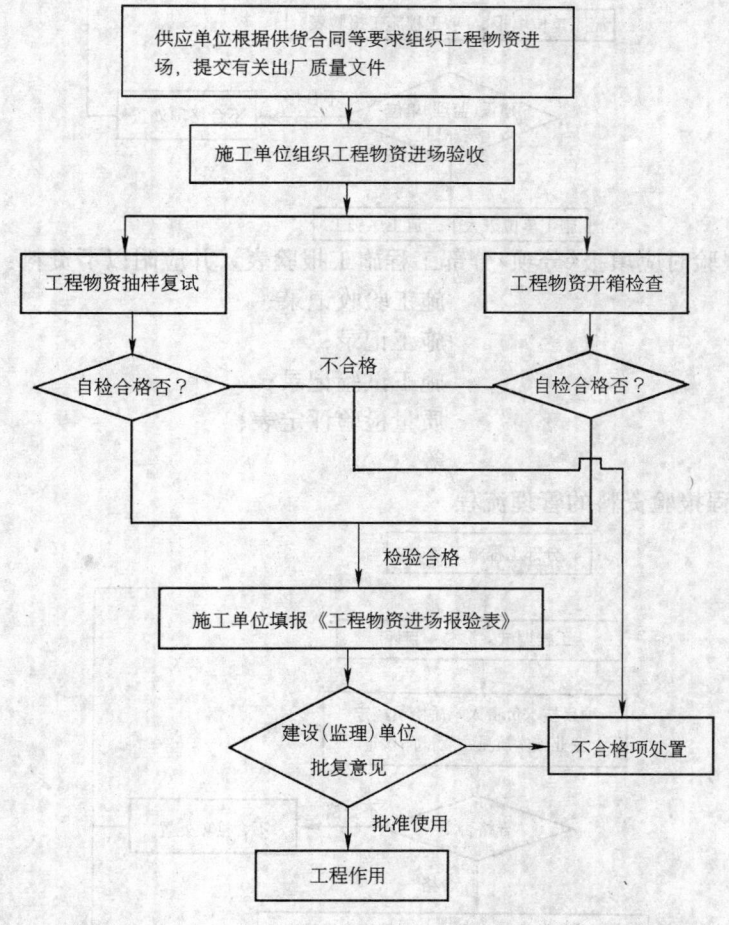

物资进场报验时应填报《工程物资进场报验表》,并应附以下资料：
出厂质量证明文件；
进场数量清单；
进场复试报告或检查(检验记录)；
等。

4 分项工程施工报验资料的管理流程

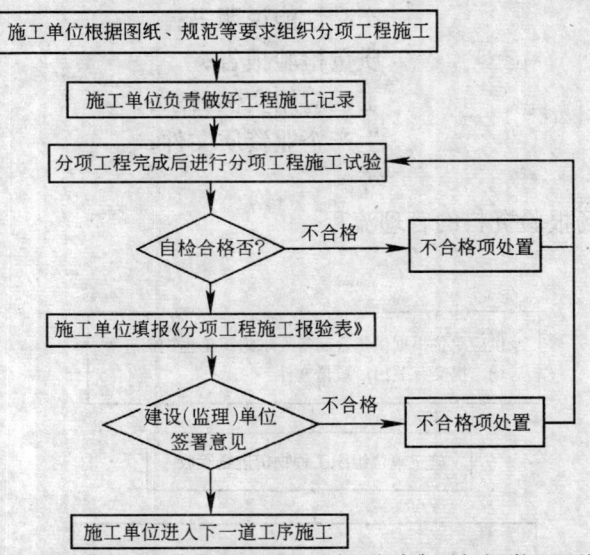

分项工程报验时应填报《分项/分部工程施工报验表》,并应附以下资料:

施工验收记录;

施工记录;

施工试验记录;

质量检验评定表;

等。

5 分部工程报验资料的管理流程

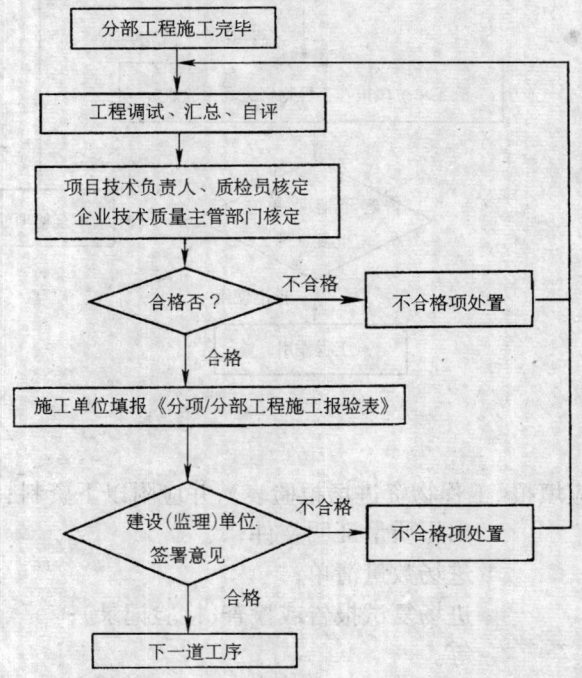

验收通过并出具相应验收证明,并应附下列资料:

《分项/分部工程施工报验表》;
分部工程质量核定表;
分项工程质量评定汇总表;
施工试验资料;
调试报告等。

5.2.4 竣工报验资料管理流程

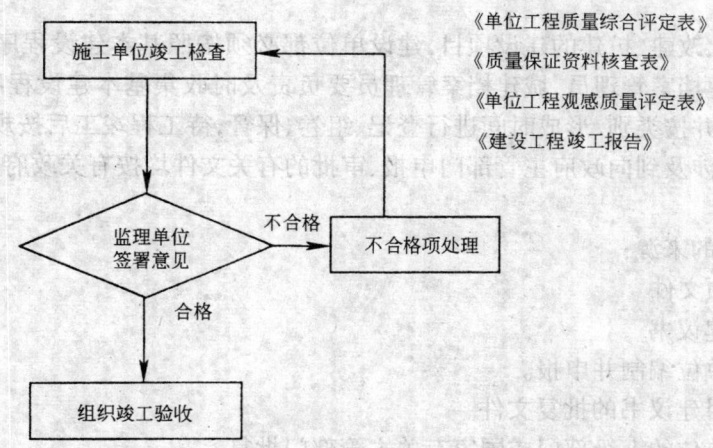

施工单位在工程完工后对工程质量进行检查,确认工程质量符合有关法律、法规和工程建设强制性标准,符合设计文件及合同要求,并提出工程竣工报告。工程竣工报告应经项目经理和施工单位有关负责人审核签字,向建设单位申请竣工验收。

6 内容与要求

6.1 基建文件

6.1.1 所有新建、改建、扩建的建设项目,建设单位都必须按照基本建设程序开展工作,配备专职或兼职城建档案管理员,城建档案管理员要负责及时收集基本建设程序各个环节所形成的文件原件,并按类别、形成时间进行登记、组卷、保管,待工程竣工后按规定进行移交。

6.1.2 基建文件涉及到向政府主管部门申报、审批的有关文件均按有关政府主管部门的规定要求进行。

6.1.3 基建文件的来源:

 A1 决策立项文件

  A1-1 项目建议书

   建设单位编制并申报。

  A1-2 对项目建议书的批复文件

   建设单位的上级部门或国家有关主管部门批复。

  A1-3 可行性研究报告

   建设单位委托有资质的工程咨询单位编制。

  A1-4 对可行性报告的批复文件

   大中型项目由国家发展计划委员会或由国家发展计划委员会委托的有关单位审批;小型项目分别由行业或国家有关主管部门审批;建设资金自筹的企业大中型项目由北京市发展计划委员会审批,报国家及有关部门备案;地方投资的文教、卫生事业的大中型项目由北京市发展计划委员会审批。

  A1-5 关于立项的会议纪要、领导批示

   建设单位或其上级主管单位组织的会议记录。

  A1-6 专家对项目的有关建议文件

   建设单位组织形成。

  A1-7 项目评估研究资料

   建设单位组织形成。

  A1-8 计划部门批准的立项文件

   由国家发展计划委员会或北京市发展计划委员会批准形成。

  A1-9 计划部门批准的计划任务:

   由国家发展计划委员会或北京市计划委员会、北京市建设委员会批准形成。

 A2 建设用地、征地、拆迁文件

  A2-1 计划部门批准征用土地的计划任务

   由市政府有关部门批准形成。

  A2-2 国有土地使用证

由北京市国有土地管理部门办理。
- A2-3 市政府批准征用农田的文件
  由市政府有关部门批准形成。
- A2-4 选址意见通知书
  由北京市规划委员会审批形成。
- A2-5 建设用地规划许可证
  由北京市规划委员会办理。

A3 勘察、测绘、设计文件
- A3-1 工程地质勘察报告
  由建设单位委托的勘察设计单位勘察形成。
- A3-2 水文地质勘察报告
  由建设单位委托的勘察单位勘察形成。
- A3-3 建筑用地钉桩通知单
  由北京市规划委员会审批形成。
- A3-4 验线通知单
  由北京市规划委员会审批形成。
- A3-5 规划设计条件通知书
  由北京市规划委员会审批形成。
- A3-6 审定设计方案通知书
  由北京市规划委员会审批形成。
- A3-7 审定设计方案通知书要求征求有关部门的审查意见
  分别由要求征求意见的有关部门审查形成。
- A3-8 初步设计图纸及说明
  由设计单位形成。
- A3-9 施工图设计及说明
  由设计单位形成。
- A3-10 设计计算书
  由设计单位形成。
- A3-11 消防设计审核意见
  由市消防局审核形成。
- A3-12 政府有关部门对施工图设计文件的审查意见
  由北京市规划委员会审查形成。

A4 工程招投标及承包合同文件
- A4-1 勘察、设计、施工、监理招投标文件
  由建设单位与勘察、设计、施工、监理单位形成。
- A4-2 勘察、设计、施工、监理合同文件
  由建设单位与勘察、设计、施工、监理单位签订形成。

A5 工程开工文件
- A5-1 年度施工任务批准文件

由北京市建设委员会批准形成。
- A5-2 修改工程施工图纸通知书
  由北京市规划委员会审批形成。
- A5-3 建设工程规划许可证
  由北京市规划委员会办理。
- A5-4 固定资产投资许可证
  由北京市发展计划委员会办理。
- A5-5 建设工程开工证
  由北京市建设委员会办理。
- A5-6 工程质量监督手续
  由市、区(县)质量监督机构办理。

A6 商务文件
- A6-1 工程投资估算材料
  由建设单位委托工程造价咨询单位形成。
- A6-2 工程设计概算
  由建设单位委托工程造价咨询单位形成。
- A6-3 施工图预算
  由建设单位委托工程造价咨询单位形成。
- A6-4 施工概算
  由施工单位形成。
- A6-5 工程决算
  由建设(监理)单位、施工单位编制。
- A6-6 交付使用固定资产清单
  由建设单位形成。
- A6-7 建设工程概况(表式 A6-7)
  由建设单位向城建档案馆移交工程档案时填报,不收入工程档案内。

A7 工程竣工备案文件
- A7-1 工程竣工验收备案表
  由建设单位在建设工程竣工验收合格后负责填报,并经北京市建设委员会备案管理部门审验形成。
- A7-2 工程竣工验收报告
  由建设单位形成。
- A7-3 由规划、公安消防、人防、环保等部门出具的认可文件或准许使用文件
  分别由各验收参加单位和建设单位形成。
- A7-4 《房屋建筑工程质量保修书》
  由建设单位与施工单位签订。
- A7-5 《住宅质量保证书》和《住宅使用说明书》
  由建设单位提供。

A8 其他文件

A8-1　工程竣工总结
　　　　由建设单位编制。
A8-2　沉降观测记录
　　　　由建设单位委托有资质的测量单位长期进行。
A8-3　工程未开工前的原貌、竣工新貌照片
　　　　由建设单位收集、提供。
A8-4　工程开工、施工、竣工的录音录像资料
　　　　由建设单位收集、提供。

6.1.4　工程竣工总结

综合性的报告,简要介绍工程建设的全过程。

凡组织国家或市级工程竣工验收会的工程,可将验收会上的工程竣工报告做为工程竣工总结。

未组织验收会的其他工程项目,建设单位可根据以下要求编写工程竣工总结:

1　概述
1) 工程立项的依据和建设目的;
2) 工程概况,包括工程位置、规模、数量、概算(包括征用土地、拆迁、补偿费)、概、决算等;
3) 工程设计、工程施工招投标情况,工程监理情况;

2　设计、施工情况
1) 设计情况
　　设计单位和设计内容(全部设计单位名称及设计内容);工程设计特点及新建筑材料。
2) 施工情况
　　开、竣工日期;施工组织、技术等情况;根据监理总结和施工总结编写。
3) 质量事故及处理情况。
4) 与市政公用工程连接的市政公用工程施工情况(包括道路、上水、雨(污)水、供电、电讯、热力、燃气等)。红线内道路、绿化施工情况。

3　工程质量及经验教训
　　工程质量鉴定意见和评价;工程遗留问题及处理意见。

4　其他需要说明的问题
上述三项未包括的,新建工程的门牌号码等。

6.2　监 理 资 料

6.2.1　设计监理资料(B1)

根据建设单位委托,监理单位对建设工程的方案设计阶段、初步设计阶段和施工图设计阶段,在技术监督管理方面对设计文件实施监理,对设计的深度和质量进行控制,并向建设单位提交对方案设计、初步设计(扩初设计)和施工图设计三个阶段正式设计文件(包括主要专业计算书)的设计质量评估报告。

1 设计监理工作计划书

内容包括工程概况及特点、设计监理范围和深度、设计监理的依据和基础、设计监理各阶段的工作任务、设计监理的组织机构及主要人员配置、设计监理的主要控制目标和措施、各阶段设计监理工作流程等。

2 阶段设计监理审核报告

包括前言和报告内容两部分。

前言:包括工程概况,审核报告的依据、收到和尚缺的资料,对审核的设计文件总体评价等。

报告内容:按规划、建筑、结构、地基基础、机电等专业提出具体的审核意见。

3 设计监理审核总报告

包括前言和报告内容两部分。

前言:包括工程概况和设计监理过程的描述。

报告内容:对各设计阶段的主要监理的内容、监理结果以及监理建议进行汇总。

4 设计监理过程文件

设计监理过程中,与建设、设计等有关单位进行信息传递、会议等监理活动所形成的往来函件、会议纪要、文件通知等。

6.2.2 施工监理管理资料(B2)

1 监理规划、监理实施细则

监理规划包括工程项目特征(名称、建设地点、建设规模、工程特点等)及工程相关单位名录(建设单位、设计单位、总承包单位、主要分包单位等);监理工作的主要依据、监理范围和目标、工程进度控制、工程质量控制、合同其他事项管理、项目监理部人员构成、项目部资源配制一览表、监理工作管理制度等。

监理实施细则包括控制目标、关键工序、特殊工序、重点部位、关键控制及控制措施等。

2 监理月报

由项目总监理工程师组织编制,内容包括工程概况、施工单位项目组织系统、工程进度、工程质量、工程计量与工程款支付、构配件与设备情况、合同其他事项的处理情况、天气对施工影响的情况、项目监理部机构与工作统计、本月监理工作小结和下月监理工作建议。

3 监理会议纪要

监理例会和监理组织的专题工地会议记录,会议纪要由项目总监理工程师签认。

4 监理通知(表式B2-4)

监理单位对有关质量、进度、造价控制与管理的任何事项向相关单位发出的书面通知,通知应由监理工程师签字,重要的通知应由项目总监理工程师签字。

5 监理工作日志

以单位工程为记载对象,从工程开始施工起至工程竣工止,由专人负责逐日记载,记载内容保持连续和完整。

6 监理工作总结

按专题、阶段、竣工进行总结和报告。总结由项目总监理工程师在各专业监理工程师小结的基础上进行归纳和编制,总结内容详实,并对已完工程项目的质量作出公正准确的评估。

6.2.3 监理工作记录(B3)

1 工程技术审批文件

施工单位应将经本单位技术部门审查通过的工程技术文件报送监理审批,项目总监理工程师组织审定,由项目总监理工程师签署意见,批准实施。需要修改时,由施工单位修改后重新报审。包括施工组织设计、施工方案、深化设计等。报送监理应填写《工程技术文件报审表》(表式 C2-1)。

2 工程进度审批文件

工程进度报审包括工程动工、施工进度计划、月度工料机动态和停复工等。

1) 施工单位在达到开工条件时申报《工程动工报审表》(表式 B3-2-1)。由项目总监理工程师签署意见。
2) 施工单位编制的年、季、月施工进度计划,填写《施工进度计划报审表》(表式 B3-2-2),项目总监理工程师签署意见并报送建设单位;施工单位每月填报《( )月工料机动态表》。
3) 工程停工、复工由施工单位向监理单位报审。工程停工时,由项目总监理工程师签发《工程部分暂停指令》;复工时,由施工单位填报《复工申请表》。

3 工程质量控制报验审批、验收文件

1) 工程材料、构配件、设备报验文件

施工单位填报《工程物资进场报验表》(表式 C3-2),同时提供产品合格证明,应按规定进行复试,并提供复试结果和其他质量证明文件。

2) 施工测量放线报审文件

施工单位填报施工测量放线报验表(表式 C4.1~4),监理工程师应对施工控制网、施工轴线控制桩位置、轴线位置、高程控制标志、铅直度控制等进行查验。

3) 施工试验报验文件

监理单位应对施工单位报送的施工试验报告(记录)进行检查。

4) 见证取样记录文件

监理单位应根据施工单位报送的试验计划编制见证取样计划,并按规定执行有见证取样和送检项目的管理工作并进行记录。

5) 分项,分部工程报验文件

施工单位在完成分部分项工程并经自检和施工试验合格后,填报《分部分项工程施工报验表》(表 C7-1)。

6) 监理抽查文件

对于某些重要部位或对施工质量有怀疑时,监理工程师随时可以进行抽查,施工单位必须配合。抽查结果应进行记录并签认。

7) 不合格项处置记录

监理单位发现工程施工项目或进场物资不合格时,签发《不合格项处置记录》(表式 C1-5),施工单位应立即组织,按期改正,并将书面处理结果报监理验收。

8) 质量事故报告及处理资料

施工中发生的质量事故,施工单位应按有关规定上报处理,项目总监理工程师应书面报告上级单位。凡工程发生重大质量事故,监理人员应参与调查和处理,并在调查报告上签署意见。

6.2.4 监理验收资料(B4)
1 竣工移交证书

工程竣工验收合格后,由项目总监理工程师及建设单位签署《竣工移交证书》(表式 B4-1),报送建设单位。

2 工程质量评估报告

由项目总监理工程师向建设单位提交工程质量评估报告。包括工程概况、施工单位基本情况、主要采取的施工方法、工程地基基础和主体结构的质量状况、施工中发生过的质量事故、问题、原因分析和处理结果以及对工程质量的综合评估意见。评估报告应由监理单位负责人签认。

6.3 施工资料

6.3.1 施工管理资料(C1)
1 工程概况表(表式 C1-1)

应包括工程的一般情况、构造特征及其他。

一般情况:工程名称、建设性质、建设地点、建设单位、监理单位、施工单位、建筑面积、结构类型和建筑层数等。

构造特征:地基、基础、内外墙、梁柱、楼盖、楼地面面层、内外装饰、屋面面层、门窗油漆等。

其他:关键部位、上级对本工程的重要要求和指示等。

2 施工进度计划分析(表式 C1-2)

合同计划(或建设/监理单位批准的首次总控计划)与实际进度的对比。

3 项目大事记(表式 C1-3)

内容包括项目开、竣工;停、复工;中间验收;质量、安全事故;获得的荣誉;重要会议;分承包工程招投标、合同签署;上级检查指示等的日期及简述。

4 施工日志(表式 C1-4)

以单位工程为记载对象,从工程开始施工起至工程竣工止,由专人逐日记载,记载内容保持连续和完整。

5 不合格项处置记录(表式 C1-5)

当工程施工或进场物资不合格时,检验部门、建设(监理)单位或总承包单位下达不合格项的整改通知,并要求处置、整改完毕后反馈并复检,整改未达到要求的应如实记录。

6 工程质量事故报告(表式 C1-6-1~2)

凡工程发生重大质量事故,应按表式 C1-6-1~2 的要求进行记载。其中发生事故时间应记载年、月、日、时、分;估计造成损失,指因质量事故进行返工、加固等而实际损失的金额,包括人工费、材料费和一定数额的管理费。事故情况,包括倒塌情况

(整体倒塌或局部倒塌的部位)、损失情况(伤亡人数、损失程度、倒塌面积等);事故原因包括设计原因(计算错误、构造不合理等)、施工原因(施工粗制滥造、材料、预制构配件或设备质量低劣等)或设计与施工同有问题以及天灾、人祸等;处理意见,包括现场处理情况、设计和施工的技术措施、主要责任者及处理结果。

  7 施工总结

    工程竣工后,根据工程特点、性质进行全面施工、组织和管理总结,同时包括新工艺、新材料、新施工方法的采用情况,并应总结施工过程中的各项经验教训。

6.3.2 施工技术资料(C2)

  1 工程技术文件报审表(表式C2-1)

    包括施工组织设计、施工方案、深化设计等技术文件的报审。在技术文件报审前,施工单位应按内部程序审批,手续齐全。

  2 技术交底记录(表式C2-2-1)

    包括施工组织设计交底、主要分项工程施工技术交底。各项交底应有文字记录,交底的双方应有签认手续。

  3 施工组织设计、施工方案

    单位工程施工组织设计应在组织施工前编制,并应依据施工组织设计编制部位、阶段和专项施工方案。编制内容应齐全,并有审批手续。发生较大的施工措施和工艺变更时,应有变更审批手续。

  4 图纸审查记录、设计交底记录(表式C2-3-1、C2-3-2)

  1) 图纸审查记录由参加图纸交底的各单位将图纸审查中的问题整理、汇总,报建设单位,由建设单位提交给设计单位进行设计交底准备。

  2) 设计交底记录由施工单位整理、汇总,各单位技术负责人会签,并由建设单位加盖公章,形成正式设计文件。

  3) 施工图纸会审记录是工程施工的正式设计文件,不得在会审记录上涂改或变更其内容。

  5 设计变更、洽商记录(表式C2-3-3)

  1) 设计变更、洽商记录应及时办理,内容必须明确具体,注明原图号,必要时应附图。

  2) 有关设计变更和技术洽商,应有设计单位、施工单位和建设(监理)单位等有关各方代表签认;设计单位如委托建设(监理)单位办理签认,应办理委托手续;相同工程如需用同一个洽商时,可用复印件或抄件。

  3) 分承包工程的有关设计变更洽商记录,应通过工程总承包单位后办理。

6.3.3 施工物资资料(C3)

  1 工程物资(包括主要原材料、成品、半成品、构配件、设备等)质量必须合格,并有出厂质量证明文件(包括质量合格证明或检验/试验报告、产品生产许可证、产品合格证等)。

  2 质量证明文件的抄件(复印件)应保留原件所有内容,并注明原件存放单位,还应有抄件人、抄件(复印)单位的签字和盖章。

  3 不合格的物资不准使用,并应在《不合格项处置记录》(表式C1-5)注明去向。需采用技术处理措施的产品,应满足技术要求,并经项目技术负责人批准后方可使用。涉及结构安全的材料需要代换时,应征得设计单位的同意,并符合有关规定方可使用。

4　凡使用新材料、新产品、新工艺、新技术,应有具有鉴定资格单位出具的鉴定证书,和北京市建委批准的《新技术、新材料试点工程申报书》,同时应有其产品质量标准、使用说明和工艺要求,使用前应按其质量标准进行检验和试验。

5　按规定实行有见证取样和送检的管理并作好见证记录。

6　对国家及北京市所规定的特定设备和材料应附有有关文件和法定检测单位的检测证明,如压力容器、消防设备等。

7　工程物资资料应进行分级管理,半成品供应单位或半成品加工单位负责收集、整理、保存所供物资或原材料的质量证明文件,施工单位则需收集、整理、保存供应单位或加工单位提供的质量合格证明文件和进场后进行的检验、试验文件。各单位应对各自范围内的工程资料的汇集整理结果负责,并保证工程资料的可追溯性。

1) 钢筋资料的分级管理

如钢筋采用场外委托加工形式时,钢筋的原材报告、复试报告等原材质量文件由加工单位保存;加工单位提供的半成品钢筋加工出厂合格证由施工单位保存,施工单位还应对半成品钢筋进行外观检查。力学性能和工艺性能的抽样复试,应以同一出厂批、同规格、同品种、同加工形式,每≤1000 个接头取样不少于一组(此组应实行有见证取样和送检的管理)。

2) 混凝土资料的分级管理

• 预拌混凝土搅拌单位必须向施工单位提供质量合格的混凝土并随车提供预拌混凝土运输单,于 45 天之内提供预拌混凝土出厂合格证。

• 预拌混凝土搅拌单位除向施工单位提供上述资料外,还应保证以下资料的可追溯性,以供查询:

混凝土配合比及试配记录

水泥出厂合格证

水泥复试报告

砂子试验报告

碎(卵)石试验报告

轻集料试验报告

外加剂产品合格证

外加剂材料试验报告

掺合料试验报告

混凝土开盘鉴定(搅拌单位使用)

混凝土抗压强度报告(出厂检验,数值填入预拌混凝土出厂合格证)

混凝土试块强度统计、评定记录(搅拌单位取样部分)

混凝土坍落度测试记录(搅拌单位测试记录)

• 施工单位应填写、整理以下混凝土资料:

预拌混凝土出厂合格证(搅拌单位提供)

混凝土抗压强度报告(现场检验)

混凝土浇灌记录(其中部分内容根据预拌混凝土运输单内容整理)

混凝土坍落度测试记录(现场部分)

混凝土试块强度统计、评定记录(现场部分)

  • 如果采用现场搅拌混凝土方式,施工单位应提供上述除预拌混凝土出厂合格证、运输单之外的所有资料。

  • 现场搅拌混凝土方式强度等级在 C40(含 C40)以上或特种混凝土需进行开盘鉴定。

3) 混凝土预制构件资料的分级管理

当施工单位使用混凝土预制构件时,钢筋、钢丝、预应力筋、混凝土组成材料的原材报告、复试报告等质量证明文件;混凝土的性能试验报告等由混凝土预制构件加工单位保存;加工单位提供的预制混凝土构件出厂合格证由施工单位保存。

8 工程物资分为以下几类:

1) Ⅰ类物资

指仅须有质量证明文件的工程物资,如防火涂料、管材等。

2) Ⅱ类物资

指到场后除必须有出厂质量证明文件外,还必须通过复试检验(试验)才能认可其质量的物资,如水泥、钢筋等。

Ⅱ类物资出厂后应按规定进行复试,验收批量的划分及必试项目按附录 B 进行,可根据工程的特殊需要另外增加试验项目。

水泥出厂超过三个息、快硬硅酸盐水泥出厂一个月后必须进行复试并提供复试检验(试验)报告,复试结果有效期限同出厂有效期限。

产品的复试记录见表式 C3-5-1～13。

3) Ⅲ类物资

指除须有出厂质量证明文件、复试检验(试验)报告外,施工完成后,需通过规定龄期后再经检验(试验)方能认可其质量的物资,如混凝土、砌筑砂浆等。

工程物资应按类别进行工程资料的编制和报验工作,Ⅰ、Ⅱ、Ⅲ类物资的具体分类见附录 A。

4) 在工程物资试验中按规定允许进行重新取样加倍复试的物资,两次试验报告要同时保留。

专项物资按有关规定执行。

9 工程物资选样送审

如合同或其他文件约定,施工单位在工程物资订货或进场之前应进行工程物资选样审批手续,填报《工程物资选样送审表》(表式 C3-1)

10 工程物资进场报验

工程物资进场,经施工单位自检合格后,填报《工程物资进场报验表》(表式 C3-2),向建设/监理单位报请验收,附件应齐全。

11 设备开箱检查

设备进场后,由施工单位、建设/监理单位、供货单位共同开箱检查,并进行记录,填写《设备开箱检查记录》(表式 C3-4-1)。

12 材料、配件检验

材料、配件进场后,由施工单位进行检验,需进行抽检的材料、配件按规定比例进行抽检,并进行记录,填写《材料、配件检验记录》(表式 C3-4-2)。

13 设备及管道附件试验

Ⅱ类物资中锅炉及设备、阀类及密封箱罐、风机盘管及成组散热器等安装前均应按规定的抽检比例进行单项强度试验并做记录,填写《设备及管道附件试验记录》(表式 C3-4-3)。

14 产品复试

对进场后的产品,按规定进行复试并进行记录,产品复试记录/报告见表式 C3-5-1～13。

6.3.4 施工测量记录(C4)

1 工程定位测量

包括建筑物位置线、现场标准水准点、坐标点(包括标准轴线桩、平面示意图)等,报请北京市规划委员会验收。工程定位测量应填写《工程定位测量记录》(表式 C4-1)。

2 基槽验线

包括轴线、四廓线、断面尺寸、高程,坡度等。基槽验线应填写《基槽验线记录》(表式 C4-2)

3 楼层放线记录

包括各层墙柱轴线、边线、门窗洞口位置线和皮数杆等。

楼层 0.5m(或 1m)水平控制线,轴线竖向投测控制线等。

楼层放线应填写《楼层放线记录》(表式 C4-3)。

4 沉降观测

按规范和设计要求设置沉降观测点,定期进行观测并做记录和绘制沉降观测点布置图,沉降观测应填写《沉降观测记录》(表式 C4-4)。

6.3.5 施工记录(C5)

包括通用施工记录和专用施工记录。

1 隐蔽工程检查记录(表式 C5-1-1)

为通用施工记录,适用于各专业,隐蔽检查内容如下:

1) 地基验槽:内容包括土质情况、高程、地基处理。
2) 基础和主体结构钢筋工程:内容包括钢筋的品种、规格、数量、位置、锚固和接头位置、搭接长度、保护层厚度和除锈除污情况、钢筋代用变更及胡子筋处理等。
3) 预应力结构:内容包括预应力筋的下料长度、切断方法、锚具、夹具、连接点的组装预留孔道尺寸、位置、端部的预埋钢板等。
4) 施工现场结构构件、钢筋焊(连)接:内容包括焊(连)接型式、焊(连)接种类、接头位置、数量及焊条、焊剂、焊口形式、焊缝长度、厚度及表面清渣和连接质量等,大楼板的连接筋焊接,阳台尾筋和楼梯、阳台栏板等焊接。可能危及人身安全与结构连结的装饰件、连接节点。
5) 屋面、厕浴间防水层下各层做法、构造节点,地下室施工缝、变形缝、止水带、过墙管(套管)做法等。

6) 外墙保温构造节点作法。
7) 玻璃幕墙工程：构件与主体结构的连接节点的安装；幕墙四周、幕墙表面与主体结构之间间隙节点的安装；幕墙伸缩缝、沉降缝、防震缝及墙面转角节点的安装；幕墙防雷接地节点的安装等。
8) 直埋于地下或结构中，暗敷设于沟槽管井、设备层及不能进人的吊顶内，以及有保温、隔热（冷）要求的管道和设备。检查内容有：管道及附件安装的位置、高程、坡度；各种管道间的水平、垂直净距；管道安排和套管尺寸；管道与相邻电缆间距；接头做法及质量；管径和变径位置；附件使用、支架固定、基底处理；防腐做法；保温的质量以及试水方式、结果等。
9) 埋在结构内的各种电线导管；利用结构钢筋做的避雷引下线；接地极埋设与接地带连接处的焊接；均压环、金属门窗与接地引下线处的焊接或铝合金窗的连接；不能进入吊顶内的电线导管及线槽、桥架等的敷设；直埋电缆。检查内容包括：品种、规格、位置、高程、弯度、连接、跨接地线、防腐、需焊接部位的焊接质量、管盒固定、管口处理、敷设情况、保护层及与其他管线的位置关系等。
10) 敷设于暗井道和被其他工程（如设备外砌砖墙、管道及部件外保温隔热等）所掩盖的项目、空气洁净系统、制冷管道系统及部件。检查内容包括：接头（缝）有无开脱、风管及配件严密程度，附件设置是否正确；要求项目的坡度情况；支、托、吊架的位置、固定情况；设备的位置、方向、节点处理、保温及防结露处理、防渗漏功能、互相连接情况、防腐处理的情况及效果。

2 预检工程检查记录（表式 C5-1-2）

为通用施工记录，适用于各专业，预检内容如下：
1) 模板：内容包括几何尺寸、轴线、高程、预埋件及预留孔位置、模板牢固性、清扫口留置、模内清理、脱模剂涂刷、止水要求等。
　　节点做法，放样检查。
2) 预制构件吊装：内容包括构件型号、外观检查、楼板堵孔、清理、锚固、构件支点的搁置长度、高程、垂直偏差等。
3) 设备基础：包括设备基础位置、高程、几何尺寸、预留孔、预埋件等。
4) 混凝土工程结构施工缝留置方法、位置和接槎的处理等。
5) 管道、设备：内容包括位置、高程、坡度、材质、防腐、支架型式、规格及安装方法、孔洞位置、预埋件规格、型式和尺寸、位置。
6) 机电明配管线（包括能进人吊顶内管线）：内容包括品种、规格、位置、高程、固定、防腐、保温、外观处理等。
7) 变配电装置：内容包括位置、高低压电源进出口方向、电缆位置、高程等。
8) 机电表面器具（包括开关、插座、灯具、风口、卫生器具等）：内容包括位置、高程等。

3 施工通用记录（表式 C5-1-3）

　　施工通用记录用于记录专用施工记录不适用的情况下，对工程施工情况的记录。

4 中间检查交接记录（表式 C5-1-4）

　　某一工序完成后，移交下道工序时，由移交单位和接收单位进行质量、工序要求、遗留问题、成品保护、注意事项等情况进行检查并记录。

5 地基处理记录(表式 C5-2-1)

包括地基处理方式、处理前状态、处理过程及处理结果,并应进行干土质量密度或贯入度试验资料。

6 地基钎探记录(表式 C5-2-2)

应绘制钎探点布置图并进行钎探记录。

地基需处理时,应由勘察设计部门提出处理意见,将处理的部位、尺寸、高程等情况标注在钎探平面图上,并应有复验记录。

7 桩基施工记录(表式 C5-2-3)

桩基包括预制桩、现制桩等,应按规定进行记录。由分承包单位承担桩基施工的,完工后应将记录移交总包单位。

附布桩、补桩平面示意图,并注明桩编号。

桩基检测应按国家有关规定进行成桩质量检查(含混凝土强度和桩身完整性)和单桩竖向承载力的检测报告和施工记录。

8 混凝土搅拌、养护测温记录(表式 C5-2-4、C5-2-5)

进行大体积混凝土施工和冬季混凝土施工时,进行搅拌和养护的测温记录。

混凝土冬期施工测温记录应包括大气温度、原材料温度、出机温度、入模温度和养护温度。应有测温点布置图,包括测温点的部位、深度等。

大体积混凝土施工应有混凝土入模时大气温度和混凝土温度记录,养护温度记录,内外温差记录和裂缝检查记录。

9 砂浆、混凝土配合比申请单、通知单(表式 C5-2-6、C5-2-7)

委托单位应依据设计强度等级及其技术要求、施工部位、原材料情况等,分别向试验室提出配合比申请单,试验室依据配合比申请单,签发配合比通知单。

当原材料更换时,砂浆、混凝土配合比通知单应重新开具。

10 混凝土开盘鉴定(表式 C5-2-8)

现场搅拌的 C40 以上(含 C40)混凝土由施工单位组织建设(监理)单位、搅拌机组、混凝土试配单位进行开盘鉴定工作,共同认定试验室签发的混凝土配合比中组成材料是否与现场施工所用材料相符、混凝土拌合物性能及标养 28 天的抗压强度结果是否满足要求等。

11 预应力筋张拉记录(表式 C5-2-9、C5-2-10)

预应力筋张拉记录(一)包括预应力施工部位、预应力筋规格、平面示意图、张拉程序、应力记录、伸长量等。

预应力筋张拉记录(二)对每根预应力筋的张拉实测值进行记录。

预应力筋张拉记录还应附预应力钢丝墩头强度抽检记录、现场混凝土试验报告、现场预应力锚夹具出厂合格证及硬度、锚固能力报告等。

12 有粘结预应力结构灌浆记录(表式 C5-2-11)

记录灌浆孔状况、水泥浆的配比状况、灌浆压力、灌浆量等。

13 建筑烟(风)道,垃圾道检查记录(表式 C5-2-12)

建筑通风道(烟道)应做通(抽)风和漏风、串风试验,要求 100% 检查,并做好记录。

垃圾道应检查其是否畅通,要求100%检查,并做好记录。

14 电梯专用施工记录(表式 C5-3-1、C5-3-2、C5-3-3)

对电梯承重梁、起重吊环的埋设、钢丝绳头的灌注、自动扶梯、自动人行道的安装条件进行检查并进行记录。

6.3.6 施工试验(调试)记录(C6)

根据规范和设计要求进行试验,并记录下原始数据和计算结果,得出试验结论。包括各类专用施工试验记录,如有新技术、新工艺及其他特殊工艺时,使用通用施工试验记录。施工试验按规范和设计要求分部位、分系统进行。给排水、消防、空调水管道均应按管道施工试验记录进行试验和记录。

1 施工试验记录(通用)(表式 C6-1)

施工通用试验记录是在专用施工试验记录不适用的情况下,对施工试验方法和试验数据进行记录。

2 设备单机试运转记录(表式 C6-2-1)

水泵、风机、冷水机组、冷却塔、空调箱、空气处理室等设备进行单机试运转并进行记录。

3 调试报告(表式 C6-2-2)

水处理系统、采暖系统、空调水系统、机械排水系统、压力给水系统、燃气调压系统等全负荷试运行时进行记录。内容包括全过程各种试验数据、控制参数以及运行状况。

安全阀、水位计、减压阀及水处理等附属装置,投入运行前应进行调试,并做好记录。燃气调压装置由燃气管理部门调试。

系统调试前,应完成各项设备的单机(通风机、制冷机、空气处理室等)试运转并进行记录;无生产负荷联合试运转的测定和调试内容应齐全,对其调试效果(系统与风口的风量平衡、总风量及风压系统漏风率等)应有过程及终了记录。设计和使用单位有特殊要求时,可另行增加测定内容,如恒温、恒湿系统、洁净系统等;有特殊要求的重要工程,如恒温、恒湿车间、医院手术室、特殊贮藏室、人防工程等,应按专项规定及要求进行检查并做好记录。

以上有关记录还应按劳动安全管理等部门的规定要求填写。

4 钢筋连接

1) 用于焊接、机械连接的钢筋,力学性能和工艺性能应符合现行国家标准。

2) 在正式焊接工程开始前及施工过程中,应对每批进场的钢筋,在现场条件下进行焊接性能试验(可焊性),机械连接应进行工艺检验。可焊性试验、工艺检验合格后方可进行焊接或机械连接的施工。

3) 钢筋焊接接头或焊接制品应按焊接类型分批进行质量验收并进行记录,钢筋连接试验报告见表式 C6-3-1,验收批的划分及取样数量和必试项目见附录 B。

4) 机械连接接头的现场检验按验收批进行。

机械连接的工艺检验,现场检验验收批的划分、取样数量及必试项目按附录 B 进行。

  5）施工中采用机械连接接头型式施工时，技术提供单位应提交由法定检测机构出具的型式检验报告。
  6）结构工程中的主要受力钢筋接头按规定实行有见证取样和送检的管理。
5 回填土（包括素土、灰土、砂和砂石地基的夯实填方和柱基、基坑、基槽、管沟的回填夯实以及其他回填夯实）
  1）当设计图纸中有密实度要求时，应有击实试验报告，报告中应提供回填土的最大干密度、最佳含水率和最小干密度的控制值。
  2）回填土干密度试验应有分层、分段、分步的干密度数据及取样平面位置图。
    回填土干密度试验报告、土工击实试验报告见表式 C6-3-2、表式 C6-3-3。
6 砌筑砂浆
  1）应有配合比申请单和试验室签发的配合比通知单。
  2）应有按规定留置的龄期为 28 天标养试块的抗压强度试验报告。砌筑砂浆抗压强度试验报告见表式 C6-3-4。
  3）应有单位工程砌筑砂浆试块抗压强度统计、评定结果，见表式 C6-3-10。
    按同类、同强度等级砂浆为一验收批，并应符合下列要求：

$$f_{2,m} \geqslant f_2$$
$$f_{2,\min} \geqslant 0.75 f_2 \qquad\qquad (式6.1)$$

式中
   $f_{2,m}$——同一验收批中砂浆立方体抗压强度各组平均值（MPa）；
   $f_{2,\min}$——同一验收批中砂浆立方体抗压强度的最小一组平均值（MPa）；
   f_2——验收批砂浆设计强度等级所对应的立方体抗压强度（MPa）。

  4）当施工中出现下列情况时，可采用非破损和微破损检验方法对砂浆和砌体强度进行原位检测，判定砂浆强度，并应有法定单位出具的检测报告。
    ·砂浆试块缺乏代表性或试块数量不足。
    ·对砂浆试块的试验结果有怀疑或有争议。
    ·砂浆试块的试验结果，已判定不能满足设计要求，需要确定砂浆或砌体强度。
  5）砌筑砂浆试块的留置及必试项目按附录 B 进行。
  6）用于承重结构的砌筑砂浆试块按规定实行有见证取样和送检的管理。
7 混凝土
  1）应有配合比申请单和由试验室签发的配合比通知单。
  2）应有按规定留置的龄期为 28 天标养试块和相应数量的同条件养护试块的抗压强度试验报告。
  3）冬期施工应有受冻临界强度试块和转常温试块的抗压强度试验报告。
  4）用成熟度法计算混凝土早期强度时，需由出具配合比的试验室用标准试件各龄期强度数据，经回归分析拟合成，成熟度（M）—强度（f）曲线 $f = ae^{\frac{b}{M}}$、或龄期（D）—强度（f）曲线 $f = ae^{\frac{b}{D}}$ 等，计算出混凝土强度。
  5）应有单位工程混凝土试块抗压强度统计、评定结果，见表式 C6-3-11。

同一验收项目、同强度等级、同龄期(28天标养)配合比基本相同(是指施工配制强度相同,并能在原材料有变化时,及时调整配合比使其施工配制强度目标值不变)、生产工艺条件基本相同的混凝土为一验收批。

6) 由不合格批混凝土制成的结构,或未按规定留置试块的,应有结构处理的有关资料,需要检测的,应有法定单位检测的检测报告,并征得设计人的认可。

7) 抗渗混凝土、特种混凝土除应具备上述资料外应有其专项试验报告。

8) 抗压强度试块、抗渗性能试块的留置及强度统计方法按附录B进行。

9) 用于承重结构的混凝土抗压强度试块,按规定实行有见证取样和送检的管理。

10) 潮湿环境、直接与水接触的混凝土工程和外部有供碱环境并处于潮湿环境的混凝土工程,应预防混凝土碱集料反应并按有关规定执行。

混凝土抗压强度试验报告、混凝土抗渗试验报告见表式 C6-3-5 和表式 C6-3-6。

8 砖饰面

1) 现场镶贴的外部砖饰面工程,应按规定进行粘结强度试验,并填写材料试验报告(通用)(表式 C3-5-1)。

2) 验收批的划分及取样规定按附录B进行。

9 玻璃幕墙及建筑外窗

玻璃幕墙及建筑外窗应进行风压变形性能、雨水渗透性能、空气渗透性能等检测。

结构硅酮胶、密封胶应进行相容性试验。

验收前应进行淋水试验并记录。

检测、试验报告由法定检测单位出具。

10 超声波、射线探伤

承受拉力或压力的钢构件、钢结构焊(栓)接的一、二级无损检验,按规范要求抽样,并应由具有资质的检测单位出具超声波或X射线探伤检验报告。

超声波探伤报告,超声波探伤记录见表式 C6-3-7 和表式 C6-3-8;钢构件射线探伤报告见表式 C6-3-9。

11 防水工程试水检查

厕浴间等有防水要求的房间必须有防水层及装修后的蓄水检验记录。每次蓄水时间不少于24小时。

屋面工程应有全部屋面的淋(蓄)水试验记录,试验时间不得少于2小时。

不便做试水试验的工程,要经过一个雨季的考验,并做好观察记录。

防水工程试水检查记录见表式 C6-3-12。

12 电气接地电阻测试

接地电阻测试主要包括设备、系统的防雷接地、保护接地、工作接地、防静电接地以及设计有要求的接地电阻测试并进行记录。

电气接地电阻测试记录见表式 C6-4-1。

13 电气绝缘电阻测试

绝缘电阻测试主要包括电气设备和动力、照明线路及其他必须摇测绝缘电阻的测试并进行记录,配管及管内穿线分项评定前和单位工程竣工评定前应分别按系统回路进行测试,不得遗漏。

电气绝缘电阻测试记录见表式 C6-4-2。

14 电气器具通电安全检查

电气工程安装完成后,按层按部位(户)进行电气器具的通电检查,并进行记录。内容包括接线正确、电气器具开关状态正常等,通电安全检查应全数检查。

电气器具通电安全检查记录见表式 C6-4-3。

15 电气照明、动力试运行

建筑电气设备主要包括高压电气装置及其保护系统(如电力变压器、高压开关柜、高压电机等),发电机组、电池、具有自动控制系统的电机及电加热设备、各种音响讯号、监视系统,楼宇自控综合布线、消防、共用天线、电视、计算机系统等。

建筑电气设备安装调整试验记录应符合国家及有关专业规定的内容:各个系统设备的单项安装调整试验记录,综合系统调整试验记录及设备试运转记录;大型公共建筑一、二类建筑及重要工程的全负荷试验记录;一般民用住宅工程的照明全负荷 24 小时试验记录。

每个单位工程的建筑电气各系统的安装调整试验记录必须按系统收集齐全归档,分承包的工程由分承包单位按承包范围收集齐全交总包单位整理归档。各个系统安装调整试验记录整理齐全后单位工程方可申报竣工核定。

电气照明、动力试运行记录见表式 C6-4-4。

16 综合布线测试

对综合布线系统进行传输性能测试,内容包括线缆长度、衰减、串扰等数据。综合布线测试记录见表式 C6-4-5。

17 光纤损耗测试

对光纤线缆的损耗进行测试并做记录,光纤损耗测试记录见表式 C6-4-6。

18 视频系统末端测试

对视频系统末端进行测试并做记录,视频系统末端测试记录见表式 C6-4-7。

19 管道灌水试验

开式水箱、雨水管道、暗装、直埋地下或有隔热层的排水管道进行灌水试验并做记录。

管道灌水试验记录见表式 C6-5-1。

20 管道强度、严密性试验

输送各种介质的承压管道、设备、阀门、密闭箱罐、风机盘管、成组散热器等应有单项强度试验记录。系统完成后(也可分区、段)应进行系统强度试压并做记录。

燃气管道、设备和附件以及设计和规范有要求的管道及设备应做好严密性试验。

管道强度、严密性试验记录见表式 C6-5-2。

21 管道通水试验

给水(冷、热)、消防、卫生器具及排水系统应有系统(区、段)的通水试验记录。卫生器具通水试验如条件限制达不到规定流量时必须进行满水试验,满水试验水量,必须达到器具溢水口处再进行排放。

管道通水试验记录见表式 C6-5-3。

22 管道吹(冲)洗(脱脂)试验

给水(冷、热)、采暖、消防管道及设计有要求的管道应在使用前做冲洗试验；介质为气体的管道系统应按有关规范及设计要求做吹洗试验。冲、吹洗试验应分段、分系统进行，设计有要求时还应做脱脂处理。

管道吹(冲)洗(脱脂)试验记录见表式 C6-5-4。

23 室内排水管道通球试验

排水干、立管应按系统按有关规定进行 100% 通球试验，并作记录。

室内排水管道通球试验记录见表式 C6-5-5。

24 伸缩器安装

各类伸缩器安装时应按要求进行伸缩器安装记录，内容包括计算数据、预拉伸、实测值记录及安装情况检查。

伸缩器安装记录见表式 C6-5-6。

25 现场组装除尘器、空调机漏风检测

按每套设备填写一份，该试验应按设计要求及有关规定，现场组装的除尘器、空调机安装后，进行漏风试验并做记录。

现场组装除尘器、空调机漏风检测记录见表式 C6-6-1。

26 风管漏风检测

对于新型空调系统如变风量系统、洁净系统等必须做漏风量测试，测试记录要求按系统、风压等级及分区段进行漏风测试并作记录。

风管漏风检测记录见表式 C6-6-2。

27 各房间室内风量测量

按设计和规范要求进行的通风空调工程无生产负荷联合试运转时，对各房间内风量进行测量并记录数据。

各房间室内风量测量记录见表式 C6-6-3。

28 管网风量平衡

按设计和规范要求进行的通风空调工程无生产负荷联合试运转时，测试和调整管网各系统并做记录。

管网风量平衡记录见表式 C6-6-4。

29 通风系统试运行记录(表式 C6-6-5)

按设计和规范要求进行的通风空调工程无生产负荷联合试运转时，对通风机、空调器、空气处理室等的风量、风压及转数进行测定并做记录。

通风系统试运行记录见表式 C6-6-5。

30 制冷系统气密性试验

对制冷系统的工作性能进行试验并作记录，内容包括管件及阀门清洗、单机试运转、系统吹污、真空试验、检漏试验及带负荷试运转。

制冷系统气密性试验记录见表式 C6-6-6。

31 电梯施工试验

电梯安装完成后，对电梯主要功能、安全装置、整机功能、层门安全装置进行检查;对负荷运行、平层准确度、噪声进行试验和测试并作记录。

电梯施工试验记录见表式 C6-7-1~9。

6.3.7 施工验收资料(C7)

由公安消防、环保、人防等部门进行验收的应按相应规定要求进行编制和报验。

1 分部/分项工程施工报验表(表式 C7-1)

分部/分项工程施工报验表应附施工记录和施工试验记录等。

2 竣工验收通用记录(表式 C7-2-1)

在分部工程或某系统施工并调试完成后,建设单位报请专业主管部门,并组织监理单位、设计单位、施工单位等进行工程的验收。

3 基础/主体验收记录(表式 C7-2-2)

基础/主体工程验收由建设单位组织施工、监理单位和设计单位进行验收)可整体进行验收,也可分阶段验收,并报建设工程质量监督机构。

4 幕墙工程验收记录(表式 C7-2-3)

幕墙工程完成后,由幕墙施工单位报请建设单位、监理单位、设计单位、总承包单位等有关单位进行幕墙工程的验收并记录,验收内容包括幕墙外观、窗的开启、淋水检验等。

5 单位工程验收记录(表式 C7-3)

单位工程完成后,由建设单位、监理单位、设计单位、施工单位进行工程验收并做记录。

6 工程竣工报告

工程竣工后,由施工单位编写工程竣工报告,内容包括:

1) 工程概况及实际完成情况
2) 企业自评的工程质量情况
3) 施工技术资料和施工管理资料情况
4) 主要建筑设备调试情况
5) 有关检测项目的检测情况
6) 建设行政主管部门及其委托的工程质量监督机构等有关部门责令整改问题的整改情况

6.3.8 质量评定资料(C8)

1 按 GBJ300 系列标准执行,按分项工程、分部工程、单位工程顺序进行评定,并分为先评定、后核定两个程序。

2 所有分项工程应有质量评定表,完成后应按分部工程进行汇总。并有监理单位签署的《分部/分项工程施工报验表》(表式 C7-1)(单独归档)。

3 所有分部工程完成后,应进行分部工程汇总核定,其中地基基础、主体结构分部工程质量需由企业质量、技术部门签证。

6.4 竣 工 图

6.4.1 竣工图的基本要求

1 竣工图均按单项工程进行整理。
2 "竣工图"标志应具有明显的"竣工图"字样,并包括有编制单位名称、制图人、审核人和编制日期等基本内容。编制单位、制图人、审核人、技术负责人要对竣工图负责。

竣工图图签如下图:

	70
15	竣工图
10	(此栏为编制单位名称)
7	制图人
7	审核人
7	技术负责人
8	年 月 日

(总高54,底部宽30)

3 凡工程现状与施工图不相符的内容,全部要按工程竣工现状清楚、准确地在图纸上予以修正,如工程图纸会审中提出的修改意见、工程洽商或设计变更的修改内容、施工过程中建设单位和施工单位双方协商的修改(无工程洽商)等都应如实绘制在竣工图上。
4 专业竣工图应包括各部位、各专业深化(二次)设计的相关内容,不得漏项、重复。
5 凡结构形式改变、工艺改变、平面布置改变、项目改变以及其他重大改变,或者在一张图纸上改动部分大于40%以及修改后图面混乱,分辨不清的图纸均需重新绘制。
6 编制竣工图,必须采用不褪色的绘图墨水。

6.4.2 竣工图的内容

竣工图应按专业、系统进行整理,包括以下内容:

  建筑总平面布置图
  总图(室外)工程竣工图
  建筑竣工图
  结构竣工图
  装修、装饰竣工图(机电专业)
  幕墙竣工图
  给排水竣工图
  消防竣工图
  燃气竣工图
  电气竣工图
  弱电竣工图(包括各弱电系统,如楼宇自控、保安监控、综合布线、共用电视天线、停车场管理等系统)
  采暖竣工图
  通风空调竣工图
  电梯竣工图

工艺竣工图
等

6.4.3 竣工图的类型和绘制要求

竣工图的类型包括：利用施工蓝图改绘的竣工图；在二底图上修改的竣工图；重新绘制的竣工图。

1 利用施工蓝图改绘的竣工图

绘制竣工图所使用的施工蓝图必须是新图，不得使用刀刮，补贴等方法进行绘制。

2 在二底图上修改的竣工图

在二底图上依据洽商内容用刮改法绘制，并在修改备考表上注明洽商编号和修改内容。

修改备考表如下表所示：

洽商编号	修改内容

3 重新绘制的竣工图

重新绘制竣工图必须完整、准确、真实地反映工程竣工现状。

6.5 工程资料、档案封面和目录

6.5.1 工程资料总目录卷（E1）

1 工程资料总目录卷汇总表（表式 E1-1）

工程资料组卷完成后，对案卷进行汇总记录，由建设单位统一组织检查、验收与交接。

2 工程资料总目录卷（表式 E1-2）

工程资料组卷完成后，各单位进行总目录卷的编制，内容包括案卷题名、案卷编号、整理日期、保存单位、保存期限等。

各单位城建档案管理员分别对各自单位工程资料的组卷负责并签字。

6.5.2 工程资料封面和目录（E2）

1 工程资料案卷封面（表式 E2-1）

工程资料的案卷封面，应注明工程名称、案卷题名、编制单位、技术负责人、保存期等。

2 工程资料卷内目录（表式 E2-2）

工程资料的卷内目录，内容包括序号、资料编号、资料日期、资料内容摘要等。

3 工程资料卷内备考表(表式 E2-3)

内容包括卷内文件材料张数、图样材料张数、照片张数等立卷单位的立卷人、审核人及接收单位的审核人、接收人应签字。

6.5.3 工程档案封面和目录(E3)

1 工程档案案卷封面

使用城市建设档案封面(表式 E3-1),注明工程名称、案卷题名、编制单位、技术负责人、保存期限、档案密级等。

2 工程档案卷内目录

使用城建档案卷内目录(表式 E3-2),内容包括顺序号、文件材料题名、原编字号、编制单位、编制日期、页次、备注等。

3 工程档案卷内备考

城建档案案卷审核备考表(表式 E3-3),内容包括卷内文件材料张数,图样材料张数,照片张数等和立卷单位的立卷人、审核人及接收单位的审核人、接收人签字。

6.5.4 资料移交书

1 工程资料移交书(表式 E4-1)

为工程资料进行移交的凭证,应有移交日期和移交单位、接收单位的签章。

2 工程档案移交书

使用城市建设档案移交书(表式 E4-2),为竣工档案进行移交的凭证,应有移交日期和移交单位、接收单位的签章。

3 工程档案移交书

使用城市建设档案缩微品移交书(表式 E4-3),为竣工档案进行移交的凭证,应有移交日期和移交单位、接收单位的签章。

4 工程档案移交目录

使用城市建设档案移交目录(表式 E4-4)。

6.6 工程资料编号的填写

6.6.1 工程资料表格的编码由表式码、专业工程分类码和顺序码三部分组成,如下图:

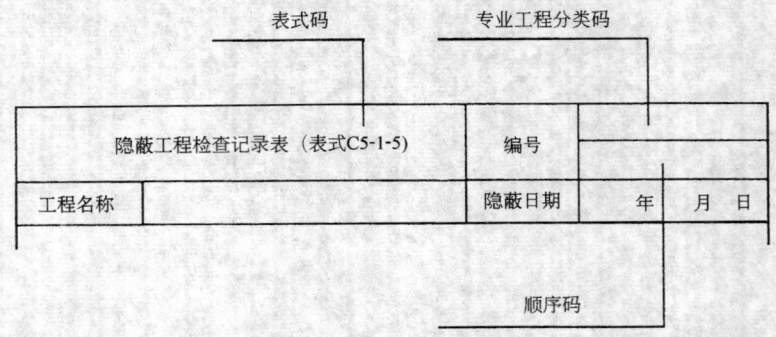

6.6.2 表式码为工程资料表格的编码,无资料表格的工程资料,应根据本规程第 4 章在工程资料的右上角注明编码。

6.6.3 专业工程分类码按附录E《专业工程分类编码参考表》进行。参考表中未包含的项目，施工单位应按相应类别自行编码，并在总目录卷中予以说明。

6.6.4 顺序码按时间顺序用阿拉位数字从1开始依次标注。

7 编制方法与组卷要求

7.1 编制的质量要求

7.1.1 工程资料必须真实地反映工程竣工后的实际情况,具有永久和长期保存价值的文件材料必须完整、准确、系统,各种程序责任者的签章手续必须齐全。

7.1.2 工程资料必须使用原件;如有特殊原因不能使用原件的,应在复印件或抄件上加盖公章并注明原件存放处。

7.1.3 工程资料的签字必须使用档案规定用笔。工程资料应采用打印的形式并手工签字。

7.1.4 工程档案的编制和填写必须适应档案缩微管理和计算机输入的要求,凡采用施工蓝图改绘竣工图的,必须使用新蓝图并反差明显,修改后的竣工图必须图面整洁,文字材料字迹工整、清楚。

7.1.5 工程档案的缩微制品,必须按国家缩微标准进行制作,主要技术指标(解像力、密度、海波残留量等)要符合国家标准,保证质量,以适应长期安全保管。

7.1.6 工程资料的照片(含底片)及声像档案,要求图像清晰,声音清楚,文字说明或内容准确。

7.2 载 体 形 式

7.2.1 工程资料可采用以下两种载体形式:
纸质载体;
光盘载体;

7.2.2 工程档案可采用以下三种载体形式:
纸质载体;
缩微品载体;
光盘载体;

7.2.3 纸质载体和光盘载体的工程资料应在过程中形成,并进行收集和整理,包括工程音像资料。

7.2.4 缩微品载体的工程档案
1 在纸质载体的工程档案经城建档案馆和有关部门验收合格后,持城建档案馆发给的"准许缩微证明书"进行缩微,证明书包括案卷目录、验收签章、城建档案馆的档号、胶片代数、质量要求等,并将证书缩拍在胶片"片头"上。
2 报送"缩微制品载体"工程竣工档案的种类和数量,一般要求报送三代片,即:
· 第一代(母片)卷片一套,作长期保存使用;
· 第二代(拷贝片)卷片一套,作复制工作使用;
· 第三代(拷贝片)卷片或者开窗卡片、封套片、平片,作提供日常利用(阅读或复原)

使用。

3 向城建档案馆移交的缩微卷片、开窗卡片、封套片、平片必须按城建档案馆的要求进行标注。

7.2.5 光盘载体的电子工程档案

1 纸质载体的工程档案经城建档案馆和有关部门验收合格后,进行电子工程档案的核查,核查无误后,进行电子工程档案的光盘刻制。

2 电子工程档案的封套、格式必须按城建档案馆的要求进行标注。

7.3 组卷要求

7.3.1 组卷的质量要求:

1 组卷前要详细检查基建资料、监理资料、施工资料和设计资料,按要求收集齐全、完整。

2 编绘的竣工图图面整洁、线条字迹清楚,修改符合技术要求,图纸反差良好,能满足缩微和计算机扫描的要求。

3 达不到质量要求的文字材料和图纸一律重做。

7.3.2 组卷的基本原则:

1 建设项目按单位工程组卷。

2 工程资料应按基建文件、监理资料、施工资料和竣工图分别进行组卷,施工资料、竣工图还应按专业分别组卷,以便于保管和利用。

3 工程资料应根据本规程第4章要求的保存单位和附录E《专业工程分类编码参考表》进行组卷。

4 卷内资料排列顺序要依据卷内的资料构成而定,一般顺序为:封面、目录、文件部分、备考表、封底。组成的案卷力求美观、整齐。

5 卷内资料若有多种资料时,同类资料按日期顺序排序,不同资料之间的排列顺序应按资料的编号顺序排列。

7.3.3 组卷的具体要求

1 基建文件可根据数量的多少组成一卷或多卷,如工程项目报批卷、用地拆迁卷、地质勘探报告卷、工程竣工总结卷、工程照片卷、录音录像卷等。每部分根据资料多少还可组成一卷或多卷。

2 监理资料部分可根据资料数量的多少组成一卷或多卷,如:监理验收资料卷、监理月报卷等,每部分可根据资料多少还可组成一卷或多卷。

3 施工资料中C1、C2、C4、C7根据保存单位和资料数量的多少汇总组成一卷或多卷,C3、C5、C6按保存单位和附录E《专业工程分类编码参考表》的类别进行组卷,并根据资料数量的多少组成一卷或多卷。如土方工程卷(T1)、钢结构工程卷(T3-3)、避雷与接地卷(J1-1)等。

4 竣工图部分按专业进行组卷。可分综合图卷、建筑、结构、给排水、燃气、电气、通风与空调、电梯、工艺卷等,每一专业根据图纸多少可组成一卷或多卷。

5 文字材料和图纸材料原则上不能混装在一个装具内;如文件材料较少需装在一个装

具内时,文字材料和图纸材料必须混合装订。
6 工程档案应同时按附录 F《向城建档案馆报送的工程档案内容和组卷表》要求进行组卷。
7 工程资料案卷的封面采用表式 E2-1,工程档案案卷封面采用表式 E3-1。
8 向城建档案馆报送的工程档案,单项工程总卷数超过 20 卷的,须编制总目录卷(表式 E1-2)
9 工程资料应按单项工程编制总目录卷和总目录卷汇总表(表式 E1-1、E1-2)

7.3.4 案卷页号的编写
1 编写页号以独立卷为单位。在案卷内文件材料排列顺序确定后,均以有书写内容的页面编写页号。
2 每卷从 1(阿拉伯数字)开始用打号机或钢笔依次逐张标注页号,采用黑色、兰色油墨或墨水。案卷封面、卷内目录、卷内备考表不编写页号。
3 工程资料页号编写位置:单面书写的文字材料页号编在右上角,双面书写的文字材料页号正面编写在右上角,背面编写在左上角。图纸折叠后无论何种形式,一律编写在右下角。
4 工程档案页号编写位置:单面书写的文字材料页号编在右下角,双面书写的文字材料页号正面编写在右下角,背面编写在左下角。
5 竣工图纸折叠后无论何种形式,一律编写在右下角。

7.3.5 案卷封面的编制(表式 E2-1、E3-1)
1 案卷封面包括名称、案卷题名、编制单位、技术主管、编制日期、保管期限、密级(以上由移交单位填写)、共　册第　册等;工程档案案卷封面还应包括档案馆代号、档号、缩微号等(由城建档案馆填写)。
2 名称:填写工程建设项目竣工后使用名称。若本工程分为几个单位工程应在第二行填写单位工程名称。
3 案卷题名:填写本卷卷名。为能简明准确地揭示卷内文件的内容,第一行填写案卷的具体标题,如该单位工程的基建文件、监理资料、施工资料、综合图、建筑竣工图、结构竣工图、给排水竣工图、电梯竣工图、工艺竣工图等。若基建资料、施工资料、各专业竣工图又分若干卷,可在卷名后加划横线,注明本卷具体题名和组卷编码,如施工资料——钢筋混凝土工程卷(T3-1),第二行填写本卷包含的资料名称或编号;工程档案的案卷题名按附录 F《向城建档案馆报送的工程档案内容和组卷表》填写卷名。
4 编制单位:本卷档案的编制单位,并盖章。
5 技术主管:编制单位技术负责人总(主任)工程师签名或盖章。
6 编制日期:填写卷内文件材料形成的起止日期。
7 保管期限:按本规程规定的保管期限填写,由城建档案馆保存的由建设单位填写。
8 密级:由保存单位按照本单位的保密规定填写,由城建档案馆保存的由建设单位填写。

7.3.6 案卷脊背的编制
案卷脊背项目有档号、案卷题名,由保存单位填写;工程档案的案卷脊背由城建档案

7.3.7 工程资料卷内目录的编制（表式 E2-2）

1. 填写的目录应与案卷内容相符，排列在内封面之后，原文件目录及设计图纸目录不能代替。
2. 编制单位：案卷编制单位。
3. 序号：按卷内文件排列先后用阿拉伯数字从 1 开始依次标注。
4. 资料名称：即表格和图纸名称，无标题或无相应表格的文件应根据内容拟写标题。
5. 资料编号：表格编号和图纸编号。
6. 资料内容：资料的摘要内容。
7. 编制日期：资料的形成时间（文字材料为原文件形成日期，汇总表为汇总日期，竣工图为编制日期）。
8. 页次：填写每份文件材料在本案卷页次或起止页次。
9. 备注：填写需要说明的问题。

7.3.8 城建档案卷内目录的编制（表式 E3-2）

1. 填写的目录应与案卷内容相符，排列在内封面之后，原文件目录及设计图纸目录不能代替。
2. 序号：按卷内文件排列先后用阿拉伯数字从工开始依次标注。
3. 文件材料题名：即文字材料或图纸名称，无标题或无相应表格的文件应根据内容拟写标题。
4. 原编字号：文件制发机关的发文号或图纸原编图号。
5. 编制单位：案卷编制单位。
6. 编制日期：资料的形成时间（文字材料为原文件形成日期，汇总表为汇总日期，竣工图为编制日期）。
7. 页次：填写每份文件材料在本案卷页次或起止页次。
8. 备注：填写需要说明的问题。

7.3.9 卷内备考表的编制（表式 E2-3，E3-2）

1. 案卷审核备考表分为上下两栏，上栏由立卷单位填写，下栏由接收单位填写。
2. 上栏部分要标明本案卷已编号的文件材料的总张数：指文字、图纸、照片等的张数；
   审核说明：填写立卷时文件材料的完整和质量情况，以及应归档而缺少的文件材料的名称和原因；
   立卷人：由责任立卷人签名；
   审核人：由案卷审查人签名；
   年月日：按立卷、审核时间分别填写。
3. 下栏部分：由接收单位根据案卷的完整及质量情况标明审核意见。
   技术审核人：由接收单位工程档案技术审核人签名；
   档案接收人：由接收单位档案管理接收人签名；
   年月日：按审核、接收时间分别填写。
4. 城建档案案卷审核备考表（表式 E3-2）的下栏部分由城建档案馆根据案卷的完整及质量情况标明审核意见。

7.3.10 外文编制的工程档案其封面、目录、备考表必须用中文书写。

7.4 案卷规格、图纸折叠与案卷装订

7.4.1 案卷规格

卷内资料、封面、目录、备考表统一采用 A4 幅（297mm×210mm）尺寸，图纸分别采用 A0（841mm×1189mm）、A1（594mm×841mm）、A2（420mm×594mm）、A3（297mm×420mm）、A4（297mm×210mm）幅面。小于 A4 幅面的文件要用 A4 白纸（297mm×210mm）衬托。

7.4.2 案卷装具

案卷采用统一规格尺寸的装具。属于工程档案的文字、图纸材料一律采用城建档案馆监制的硬壳卷夹或卷盒，外表尺寸为 310mm（高）×220mm（宽），卷盒厚度尺寸分别为 50、30mm 二种，卷夹厚度尺寸为 25mm；少量特殊的档案也可采用外表尺寸为 310mm（高）×430mm（宽），厚度尺寸为 50mm。案卷软（内）卷皮尺寸为 297mm（高）×210mm（宽）。

7.4.3 图纸折叠方法

见附录 C

7.4.4 案卷的装订

1 文字材料必须装订成册，图纸材料可以装订成册，也可以散装在卷盒内存放。
2 装订时要剔除金属物，装订线一侧根据案卷薄厚加垫草板纸。
3 案卷用棉线在左侧三孔装订，棉线装订结打在背面。装订线距左侧 20mm，上下两孔分别距中孔 80mm。
4 装订时，须将封面、目录、备考表、封底与案卷一起装订。图纸散装在卷盒内时，需将案卷封面、目录、备考表三件用棉线在左上角装订在一起。

8 验收与移交

8.1 验　　收

8.1.1 工程竣工档案的验收是工程竣工验收的重要内容。在工程竣工验收时建设单位必须先提供一套工程竣工档案报请有关部门进行审查、验收。

8.1.2 工程资料(包括工程档案)由建设单位进行验收,属于向城建档案馆报送工程档案的工程项目还应会同城建档案馆共同验收,向城建档案馆报送工程档案的工程范围见附录 D。

8.1.3 国家、市重点工程项目或一些特大型、大型的工程项目的预验收和验收会,必须有城建档案馆参加验收。

8.1.4 为确保工程竣工档案的质量,各编制单位、建设单位或工程管理部门、监理单位、城建档案馆、档案行政管理部门等要严格进行检查、验收。编制单位、制图人、审核人、技术负责人必须进行签字或盖章。如有不符合技术要求、缺项、缺页等的,一律退回编制单位进行改正、补齐,问题严重者可令其重做。不符合要求者,不能交工验收。

8.1.5 城建档案馆负责工程竣工档案的最后验收。并对编制报送工程竣工档案进行业务指导、督促和检查。凡报送的竣工档案,如验收不合格将其退回建设单位,由建设单位责成责任者重新进行编制,待达到要求后重新报送。检查验收人员应对接收的档案负责,在案卷备考表中签字。

8.2 移　　交

8.2.1 施工单位、监理单位等有关单位应在工程竣工验收前将工程资料按合同或协议规定的时间、套数移交给建设单位,办理移交手续(表式 E4-1)。

8.2.2 竣工验收通过后 3 个月内,建设单位将汇总后的全部工程档案移交城建档案馆并办理纸质品移交手续或缩微品移交手续(表式 E4-2、E4-3、E4-4)。推迟报送日期,必须在规定报送时间内向城建档案馆申请延期报送并申明延期报送原因,经同意后办理延期报送手续。

9 计算机管理

9.0.1 本规程规定国家及北京市重点工程、大型工程必须采用计算机管理并形成电子工程档案。

9.0.2 工程资料应采用资料数据打印输出加手写签名和全部数据计算机管理并行的方式,由各单位提交给城建档案馆电子工程档案。

9.0.3 工程资料宜采用多媒体资料,工程的实体部分均要求资料附带音像资料并采用数据库进行管理。

9.0.4 电子工程档案及管理数据库必须按北京市建设委员会和北京市城建档案馆的规定格式进行编制和管理。

附录 A 工程物资的分类

Ⅰ类物资

防火涂料;保温材料;预制混凝土构件;门窗;轻质隔墙材料;装饰材料;

幕墙材料、焊条、焊剂和焊药;

管材、管件、法兰、衬垫等原材料以及焊接、防腐、保温、隔热(粘结)等附料;

散热器、暖风机、辐射板、热水器、卫生器具及配件、水箱、水罐、热交换器、风机盘管、锅炉、水泵、鼓(引)风机、软化水罐、除尘器等及附属设备;风管及部件制作和安装所使用的各种板材;制冷管道系统的管材、防腐保温材料、各类阀门、仪表及调压装置、衬垫、柔性软管等及加工预制件;空气处理设备、通风设备(消声器、除尘器、空调机组、热交换器、风机盘管、诱导管、通风机等)、制冷管道设备(各式制冷机组及其附件等)及各系统中的专用设备;

电力变压器;高低压成套配电柜;动力照明配电箱;高压开关、低压大型开关(200A 以上);电机(随设备);蓄电池;应急电源;母线;电线;电缆;电线导管、线槽;桥架;灯具;吊扇;开关、插座;水泥电杆;变压器油和蓄电池用电解液;低压设备;动力、照明配电箱;低压柜;低压进线;π接箱或分支柜;多层进户分界开关柜;电动机的附属启动设备;蓄电池应急电源设备;

Ⅱ类物资

水泥;钢筋;预应力用钢材;钢结构用钢材、连接件、焊条;砌墙砖和砌块;砂石;轻集料;掺合料;外加剂;预应力筋用锚具、夹具和连接器;幕墙用密封胶;防水材料等;

Ⅲ类物资

混凝土、砂浆等

附录 B 必试项目与检验规则

B.0.1 必试项目取样规定

序号	名称与现行标准	必试项目	验收批划分及取样数量
1	水泥 GB 175—1999 GB 1344—1999 GB 12958—1999 GB 12573—	安定性、凝结时间、胶砂强度(抗压、抗折)	1) 以同一水泥厂、同品牌、同强度等级、同一出厂编号,袋装水泥每≤200t 为一验收批,散装水泥每≤500t 为一验收批,每批取样一组(12kg) 2) 从 20 个以上不同部位或 20 袋中取等量样品拌合均匀
2	砂 JGJ 52—92	筛分析、含泥量、泥块含量	1) 以同一产地、同一规格每≤400m³ 或 600t 为一验收批,每一验收批取样一组(20kg) 2) 当质量比较稳定、进料量较大时,可定期检验 3) 取样部位应均匀分部,在料堆上从 8 个不同部位抽取等量试样(每份 11kg)。然后用四分法缩至 20kg,取样前先将取样部位表面铲除
3	石 JGJ 53—92	筛分析、含泥量、泥块含量、针片状颗粒含量、压碎指标用于≥C50 混凝土时为必试项目	1) 以同一产地、同一规格≤400m³ 或 600t 为一验收批,每一验收批取样一组 2) 当质量比较稳定、进料量较大时,可定期检验 3) 取样一组 40kg(最大粒径 10、16、20mm)或 60kg(最大粒径 31.5、40mm)取样部位应均匀分布,在料堆上从五个不同的部位抽取大致相等的试样 15 份(料堆的顶部、中部底部),每份 5～40kg,然后缩分对 40kg 或 60kg 送试
4	轻集料 GB/T 17431.1—1998 GB/T 17431.2—1998	轻粗集料: 筛分析、堆积密度、筒压强度、粒型系数、吸水率 轻细集料: 细度模数、堆积密度	1) 同一品种、同一密度等级每≤200m³ 为一验收批,每一验收批取样一组,最大粒径≤20mm 时取样 0.08m³ 2) 试样可以从料堆堆体上到філ下不同部位、不同方向任选 10 点(袋装料应从 10 袋中抽取)应避免离析及面层材料
5	掺合料 ①粉煤灰 GB 1596—91	烧失量、需水量比、细度;	粉煤灰: (1) 以连续供应相同等级的≤200t 为一验收批,每批取试验一组(不少于 1.0kg) (2) 取样方法: 散装灰取样:从不同部位取 15 份试样,每份 1～3kg,混合拌匀按四分法缩取出 1kg 送试(平均样) 袋装灰取样:从每批任抽 10 袋不少于 1kg,按上述方法取平均样 1kg 送试
	②天然沸石粉 JGJ/T 112—97	需水量比、吸铵值、细度、28 天水泥胶砂抗压强度比	沸石粉: (1) 以相同等级的沸粉≤120t 为一验收批,每一验收批取样一组(不少于 1.0kg) (2) 取样方法 袋装粉取样时,应从每批中任抽 10 袋,每袋中各取样不得少于 1.0kg,按四分法缩取平均试样 散装沸石粉取样时,应从不同部位取 10 份试样,每份不少于 1.0kg,然后缩取平均试样

续表

序号	名称与依据标准	必试项目	验收批划分及取样数量
6	砌墙砖和砌块： (1)烧结普通砖 GB/T 5101—1998	抗压强度	每≤15万块为一验收批。每一验收批取样一组(10块)
	(2)烧结多孔砖 GB 13544—92	抗压强度、抗折强度	每≤5万块为一验收批。每一验收批取样一组(10块)
	(3)烧结空心砖 GB 13545—92	抗压强度(大条面)	每≤3万块为一验收批。每一验收批取样一组(5块)
	(4)普通混凝土空心砌块 GB 8239—1997	抗压强度(大条面)	每≤1万块为一验收批。每一验收批取样一组(5块)
	(5)非烧结普通砖 JC 422—91	抗压强度、抗折强度	每≤5万块为一验收批。每一验收批取样一组(10块)
	(6)粉煤灰砖 JC 239—91	抗压强度、抗折强度	每≤10万块为一验收批。每一验收批取样一组(20块)
	(7)粉煤灰砌块 JC 238—91	抗压强度	每≤200m³为一验收批。每一验收批取样一组(3块)
	(8)轻集料混凝土小型空心砌块 GB/T 4111—1997	抗压强度	每≤1万块为一验收批。每一验收批取样一组(5块)
	(9)蒸压灰砂砖 GB 11945—1999	抗压强度、抗折强度	每≤10万块为一验收批。每一验收批取样一组(10块)
	(10)蒸压灰砂空心砖 JC/T 637—1996	抗压强度	每≤10万块为一验收批。每一验收批取样二组(10块)；NF砖为二组(20块)
7	钢材： (1)碳素结构钢 GB 700—88	拉伸试验(σ_s、σ_b、δ_5)弯曲试验	同一厂别、同一炉罐号、同一规格、同一交货状态每≤60t为一验收批。每一验收批取一组试件(拉伸、弯曲各1个)
	(2)热轧带肋钢筋 GB/T 1499—1998 (3)热轧光圆钢筋 GB 13013—91	拉伸试验(σ_s、σ_b、δ_5)弯曲试验	在以上四种条件下每≤60t为一验收批。每一验收批取一组试件(拉伸、弯曲各2个)
	(4)热轧圆盘条 GB/T 701—1997	拉伸试验(σ_s、σ_b、δ_{10})弯曲试验	在上述条件下取一组试件(拉伸1个、弯曲2个，取自不同盘)
	(5)冷轧带肋 GB 13788—92	拉伸试验(σ_s、σ_b、δ_{10}、δ_{100})弯曲试验	同一牌号、同一规格、同一级别每≤50t为一验收批。每一验收批取拉伸试件1个(每盘)，弯曲试件2个(每批)
	(6)冷轧扭钢筋 JC 3046—1998	拉伸试验、弯曲试验、重量、节距、厚度	同一牌号、同一规格尺寸、同一台轧机、同一台班≤10t为一验收批，每批冷弯试件1个，拉伸试件2个，重量、节距、厚度各3个

续表

序号	名称与依据标准	必试项目	验收批划分及取样数量
7	(7)预应力混凝土用钢丝 GB/T 5223—1995	抗拉强度试验、弯曲试验、伸长率试验；每季度抽验：屈服强度试验、松弛试验。	(1) 同一牌号、同一规格、同一生产工艺制度的钢丝组成，每批重量不大于60t (2) 钢丝的检验应按(GB/T2103)的规定执行。在每盘钢丝的两端进行抗拉强度、弯曲和伸长率的试验。屈服强度的松弛试验每季度抽验一次，每次至少3根
	(8)中强度预应力混凝土用钢丝 YB/T 156—1999	抗拉强度、反复弯曲、伸长率。每季度抽验：非比例伸长应力($\sigma_{0.2}$)松弛试验	(1) 同一牌号、同一规格、同一强度级别、同一生产工艺制度的钢丝组成，每批重量不大于60t (2) 钢丝的检验应按(GB/T2103)的规定执行。在每盘钢丝的两端进行抗拉强度、弯曲和伸长率的检验
	(9)预应力混凝土用钢棒 YB/T 111—1997		钢棒应成批验收，同一牌号、同一外形、同一公称截面尺寸、同一热处理制度加工的钢棒组成。批量划分试样数量，检验项目见 B.0.3
	(10)冷拉钢筋	拉伸试验(σ_s、σ_b、δ_{10})弯曲试验	(1) 同级别、同直径的每≤20t 为一验收批 (2) 从每批冷拉钢筋中抽取两根钢筋，每根取两个试样分别进行拉力和冷弯试验
	(11)冷拔钢丝 包括：冷拔低碳钢丝、冷拔低合金钢丝	拉伸试验(σ_b、δ_{100})弯曲试验(180°)	1. 用作预应力筋的冷拔丝： ①逐盘检查外观，钢丝表面不得有裂纹和机械损伤； ②力学性能应逐盘检验，从每盘钢丝上任一端截去不少于500mm后的两个试样，分别作拉力和反复弯曲试验 2. 用作非预应力筋的冷拔钢丝 以同一直径的钢丝 5t 为一验收批，从中任取3盘，每盘各截取2个试样(拉力、反复弯曲)
8	钢筋接头(焊接与连接) GB 50204—92 JGJ 27—86 JGJ 18—96 JGJ 107—96 JGJ 108—96 JGJ 109—96 JG/T 3057—1999		一、焊接接头(包括电阻点焊、闪光对焊、电弧焊、电渣压力焊、气压焊、预埋件埋弧压力焊) 1. 班前焊(可焊性能试验)在工程开工或每批钢筋正式焊接前，应进行现场条件下的焊接性能试验。合格后，方可正式生产。试件数量与要求，应与质量检查与验收时相同 2. 焊接接头质量检验： (1) 电阻点焊制品 ①钢筋焊接骨架 a. 凡钢筋级别、直径及尺寸相同的焊接骨架应视为同一类型制品，且每200件作为一批，一周内不足200件的按一批计算 b. 试件应从成品中切取，当所切取试件的尺寸小于规定的试件尺寸时，或受力钢筋大于8mm时，可在生产过程中焊接试验用网片从中切取试件。试件尺寸见图： (a) $d \geqslant d_2$　(b) 钢筋焊点抗剪试件 $d_1 \geqslant d_2$　(c) 钢筋焊点拉伸试件 $d_1 \geqslant d_2$ 焊接试验网片与试件

续表

序号	名称与依据标准	必试项目	验收批划分及取样数量
8	钢筋接头(焊接与连接) GB 50204—92 JGJ 27—86 JGJ 18—96 JGJ 107—96 JGJ 108—96 JGJ 109—96 JG/T 3057—1999		c.由几种钢筋直径组合的焊接骨架,应对每种组合做力学性能检验:热轧钢筋的焊点,应作抗剪试验,试件数量3件;冷拔低碳钢丝焊点,应作抗剪试验及对较小的钢筋作拉伸试验,试件数量3件 ②钢筋焊接网: a.凡钢筋级别、直径及尺寸相同的焊接网应视为同一类型制品,每批不应大于30t,或者每200件为一批,一周内不足30t或200件亦应按一批计算 b.试件应从成品中切取 c.冷轧带类钢筋或冷拔低碳钢丝的焊点应作拉伸试验,纵向试件数量1件,横向试件数量1件;冷轧带类钢筋焊点应作弯曲试验,纵向试件数量1件,横向试件数量1件;热轧钢筋、冷轧带肋钢筋或冷拔低碳钢丝的焊点应作抗剪试验,试件数量3件 (2)闪光对焊接头:同一台班内由同一焊工完成的300个同级别、同直径钢筋焊接接头,300个为一验收批(或一周内累计<300个接头的亦可按一批计算)。每批3个拉力试件,3个弯曲试件 注:①试件应随机切取 ②焊接等长预应力钢筋(包括螺丝端杆与钢筋)。可按生产条件作模拟试件 ③若当初试检验结果不符合要求时,可随机再取双倍数量的试件进行复试 ④模拟试件检验结果不符合要求时复试应从成品中切取试件其数量和要求与初试时相同 (3)电弧焊接头: 工厂焊接条件下:同接头形式、同钢筋级别300个接头为一验收批。在现场安装条件下,每一至二楼层中同接头形式、同钢筋级别的接头≤300个接头为一验收批,每一验收批取3个拉力试件 注:①试件应从成品中随机切取 ②装配式结构节点的焊接接头可按生产条件制作模拟试件 ③当初试结果不符合要求时应再取6个试件进行复试 (4)电渣压力焊接头: 一般构筑物中以300个同级别钢筋接头作为一验收批 现浇钢筋混凝土框架结构中以每一楼层或施工区的同级别钢筋接头≤300个接头作为一验收批 每一验收批取3个拉力试件 注:①试件应从成品中随机切取 ②当初试结果不符合要求时应再取6个试件进行复试 (5)钢筋气压焊接头: 一般构筑物中,以300个接头为一验收批 现浇钢筋混凝土房屋结构中,同一楼层中以≤300个接头作为一验收批 每一验收批3个拉力试件,在梁、板的水平钢筋焊接中另切取3个弯曲试件

续表

序号	名称与依据标准	必试项目	验收批划分及取样数量
8	钢筋接头(焊接与连接) GB 50204—92 JGJ 27—86 JGJ 18—96 JGJ 107—96 JGJ 108—96 JGJ 109—96 JG/T 3057—1999		预埋件 T型接头拉伸试件 1—钢板；2—钢筋 注：① 试件应从成品中随机切取 ② 当初试结果不符合要求时，应再取双倍数量试件进行复试 (6) 预埋件钢筋埋弧压力焊：同类型预埋件一周内累计≤300件时为一验收批。每批随机切取3个拉力试件 注：当初试结果不符合规定时再取6个试件进行复试 二、机械连接(锥螺纹连接、套筒挤压接头、镦粗直螺纹钢筋接头) 1. 工艺检验试验： 在正式施工前，按同批钢筋、同等机械连接形式的接头试件不少于3根，同时对应截取接头试件的钢筋母材，进行抗拉强度试验 2. 现场检验 ① 接头的现场检验按验收批进行 ② 同一施工条件下采用同一批材料的同等级、同形式、同规格接头≤500个为一验收批 ③ 每一验收批必须在工程结构中随机截取3个试件做单向拉伸强度试验 ④ 在现场连续检验10个验收批，其全部单向拉伸试件一次抽样均合格时，验收批接头数量可扩大一倍
9 防水材料	(1) 石油沥青油毡、GB 326—98 GB 328.1—328.7—89	拉力 耐热度 不透水性 柔度	(1) 以同一生产厂、同一品种、同一标号、同一等级每≤1500卷为一批验收 (2) 每一验收批中抽取一卷作物理性能试验 (3) 切除距外层卷头250mm后，顺纵向截取1000mm全幅卷材送试(或500mm²块)
	(2) 建筑石油沥青 GB 494—85 SY 2001—84	针入度 软化点 延度	(1) 以同一生产厂、同一品种、同一标号每≤20t为一验收批，取样一组(1kg) (2) 取样部位应均匀分布(不少于五处)，并不得含有粒土等杂物
	(3) 弹性体沥青防水卷材(SBS再生胶改性防水卷材)、塑性体沥青防水卷材(APP)等、JC/T 559—1994 JC/T 560—1994	拉力 断裂伸长率 不透水性 柔度 (-10℃,-15℃) 耐热度 (85℃,90℃)	(1) 以同一生产厂、同一品种、同一标号的产品每≤1000卷为一验收批 (2) 每一验收批中抽取一卷做物理性能试验 (3) 切除距外层卷头2500mm后，顺纵向截取长500mm全幅卷材试样2块
	(4) 改性沥青聚乙烯胎防水卷材(OEE,MEE,PEE)、JC/T 633—1996	拉力 断裂延伸率 不透水性 柔度 耐热度	(1) 从同一品种、同一规格、同一等级的≤1000卷为一验收批 (2) 将被检测一卷卷材，在端部2000mm处顺纵向截取长1000mm全幅2块

续表

序号	名称与依据标准	必试项目	验收批划分及取样数量
9 防水材料	（5）三元乙丙防水卷材 HG 2402—92	拉伸强度 扯断伸长率 不透水性 低温弯折性 粘合性能（卷材间搭接）	（1）以同一生产厂、同一规格、同一等级≤3000m 为一验收批 （2）以抽检外观、长度、宽度、厚度等合格的三卷中任一卷为试样 （3）在距端部 300mm 处，纵向截取 1800mm 全幅材料送试
	（6）聚氯乙烯防水卷材 氯化聚乙烯防水卷材 GB 12952—91 GB 12953—91	拉伸强度 断裂伸长率 不透水性 低温弯折性 剪切状态下的粘合性	（1）以同一生产厂、同一规格、同一类型的卷材，不超过 5000m² 为一验收批 （2）以抽检外观、平整度、厚度、尺寸合格的三卷中任一卷为试样 在距端部 300mm 处，纵向截取 300mm 全幅材料送试
	（7）氯化聚乙烯—橡胶共混防水卷材 JC/T 684—1997	拉伸强度 断裂伸长率 不透水性 低温弯折性 粘结剂剥离强度	（1）以同类型、同规格的卷材≤250 卷为一验收批 （2）每批任取三卷作检验。在规格尺寸、外观检查合格的卷材中任取一卷做物理力学性能检验，从端部裁 300mm，顺纵向截取 1500mm 全幅两块
	（8）防水卷材粘结材料 GB 50207—94	用于屋面时：改性沥青胶粘剂：粘接剥离强度 合成高分子胶粘剂：粘接剥离强度及其侵水后保持率	
	（9）聚氨脂防水涂料 JC 500—92 GB 3186—82	不透水性 低温柔性 断裂伸长率 拉伸强度	（1）以同一生产厂甲组分每≤5t 为一验收批，乙组分按产品重量配比相应增加 （2）每一验收批按产品的配比取样，甲乙组分样品总重为 2kg （3）取样方法：搅拌均匀后，装入干燥的样品容器中，样品容器应留有约 5%的空隙，密封并做好标志。（甲乙组分分装不同的容器中）
10	回填土	击实实验（必要时做） 干密度	取原土样 50kg（密封）保持自然含水率 按取点布置图取样、编号、取土后连同环刀一并送试，取样数量： （1）柱基：抽查柱基 10%，但不少于 5 点 （2）基槽管沟：每层按长度 20～50m 取点，但不少于 1 点 （3）基坑：每层 100～500m² 取 1 点，但不少于 1 点 （4）挖方、填方：每层 100～500m² 取 1 点，但不少于 1 点 （5）场地平整：每层 400～900m² 取 1 点，但不少于 1 点 （6）排水沟：每层长度 20～50m² 取 1 点，但不少于 1 点 地（路）面基层：每层按 10～500m² 取 1 点，但不少于 1 点
11	普通混凝土 GB 50204—92 GB 1314902—94 JGJ 55—2000 GBJ 107—87 JGJ 104—97	稠度 抗压强度	试块留置 （1）普通混凝土强度试验以同一混凝土强度等级，同一配合比，同种原材料，①每拌制 100 盘且不超过 100m³；②每一工作台班；③每一现浇楼层同一单位工程，每一验收项目为一取样单位，留标准养护试块不得少于 1 组（3 块）并根据需要制作相应组数的同条件试块

续表

序号	名称与现行标准	必试项目	验收批划分及取样数量
11	普通混凝土 GB 50204—92 G 1314902—94 JGJ 55—2000 GBJ 107—87 JGJ 104—97	稠　　度 抗压强度	(2) 冬期施工还应留置,转常温试块和临界强度试块。 (3) 对预拌混凝土,当一个分项工程连续供应相同配合比的混凝土量大于1000m^3时,其交货检验的试样,每200m^3混凝土取样不得少于一次。 (4) 取样方法及数量:用于检查结构构件混凝土质量的试件,应在混凝土浇注地点随机取样制作;每组试件所用的拌和物应从同一盘搅拌或同一车运送的混凝土中取出,对于预拌混凝土还应在卸料过程中卸料量的1/4~3/4之间取样,每个试样量应满足混凝土质量检验项目所需用量的1.5倍,但不少于0.02m^3
12	抗渗混凝土 GBJ 208—83	稠　　度 抗压强度 抗渗等级	(1) 同一混凝土强度等级、抗渗等级,同一配合比,生产工艺基本相同,每单位工程不得少于两组抗渗试块(每组6个试件); (2) 试块应在浇注地点制作,其中至少一组应在标准条件下养护,其余试块应与构件相同条件下养护; (3) 留置抗渗试件的同时需留置抗压强度试件并应取自同一混凝土拌合物中; (4) 取样方法同普通混凝土中第(4)项
13	砌筑砂浆 ①配合比设计与试配 ②工程施工试验 JGJ 70—90 JGJ 98—2000 GB 50203—98 JC 860—2000	稠　　度 抗压强度 分 层 度 稠　　度 抗压强度	现场检验 ①以同一砂浆强度等级,同一配合比,同种原材料每一楼层或250m^2砌体(基础砌体可按一个楼层计)为一个取样单位,每取样单位标准养护试块的留置不得少于一组(每组6块) ②干拌砂浆:同强度等级每≤400t 为一验收批。每批从20个以上不同部位取等量样品,总质量不少于15kg,取样两份,一份送试,一份备用
14	建筑工程饰面砖 JGJ 110—97	粘结强度	(1) 现场镶贴的外部饰面砖工程:每300m^2同类墙体取一组试样,每组3个,每一楼层不得小于一组,不足300m^2同类墙体,每两楼层取一组试件,每组3个 (2) 带饰面砖的预制墙板,每生产≤100块预制板墙取一组,每组在三块板中各取1个试件
15	玻璃幕墙工程及建筑外窗	风压变形性能 雨水渗透性能 空气渗透性能	
16	玻璃幕墙结构硅酮密封胶	相容性试验	

B.0.2 混凝土外加剂的试验项目

混凝土外加剂			
序 号	品 种	必 试 项 目	执 行 标 准
1	普通减水剂	钢筋锈蚀,28天抗压强度比,减水率	GB 8076—1997
2	高效减水剂	钢筋锈蚀,28天抗压强度比,减水率	GB 8076—1997
3	早强减水剂	钢筋锈蚀,1天、28天抗压强度比,减水率	GB 8076—1997
4	缓凝减水剂	钢筋锈蚀,凝结时间,28天抗压强度比,减水率	GB 8076—1997
5	引气减水剂	钢筋锈蚀,28天抗压强度比,减水率,含气量	GB 8076—1997
6	缓凝高效减水剂	钢筋锈蚀,凝结时间,28天抗压强度比,减水率	GB 8076—1997
7	早强剂	钢筋锈蚀,1天、28天抗压强度比	GB 8076—1997
8	缓凝剂	钢筋锈蚀,凝结时间,28天抗压强度比	GB 8076—1997
9	引气剂	钢筋锈蚀,28天抗压强度比,含气量	GB 8076—1997
10	泵送剂	钢筋锈蚀,28天抗压强度比,坍落度保留值,压力泌水率	JC 473—92
11	防水剂	钢筋锈蚀,28天抗压强度比,渗透高度比	BJ/RE 10—96
12	防冻剂	钢筋锈蚀,-7、-8+28天抗压强度比	JC 475—92
13	膨胀剂	钢筋锈蚀,28天抗压、抗折强度,限制膨胀率	JC 476—92
14	喷射用速凝剂	钢筋锈蚀,凝结时间,28天抗压强度比	JC 477—92

验收批划分	
①～⑨项	掺量大于1%(含1%)的同品种、同一编号外加剂≤100t为一验收批掺量小于1%的同品种、同一编号外加剂≤50t为一验收批
泵送剂	同一生产厂、同品种、同一编号≤50t为一验收批
防水剂	年产500t以上的防水剂每50t为一验收批 年产500t以下的防水剂每30t为一验收批 不足50t或30t也按一个批量计
防冻剂	同一生产厂、同品种、同一编号≤50t为一验收批
速凝剂	同一生产厂、同品种、同一编号≤20t为一验收批
膨胀剂	同一生产厂、同品种、同一编号≤60t为一验收批

B.0.3 预应力混凝土用钢棒的批量划分、取样数量、检验项目

交货状态	公称直径	检验项目	批 量	取样数量	取样部位	试验方法
盘 卷	≤13mm	抗拉强度 伸长率 平直度	小于等于5盘	1根	盘端部	GB 228
		规定非比例伸长应力	小于等于30盘	1根	盘端部	GB 228
		松弛率	全部产品	1根	盘端部	GB/T 10120
直 条	≤13mm	抗拉强度 伸长率 平直度	小于等于1000条	1根	条端部	GB 228
		规定非比例伸长应力	小于等于6000条	1根	条端部	GB 228

续表

交货状态	公称直径	检验项目	批量	取样数量	取样部位	试验方法
直条	≤13mm	松弛率	全部产品	1根	条端部	GB/T 10120
	>13mm~<26mm	抗拉强度 伸长率 平直度	小于等于200条	1根	条端部	GB228
		规定非比例伸长应力	小于等于1200条	1根	条端部	GB 228
		松弛率	全部产品	1根	条端部	GB/T 10120
	≥26mm	抗拉强度 伸长率 平直度	小于等于100条	1根	条端部	GB 228
		规定非比例伸长应力	小于等于600条	1根	条端部	GB 228
		松弛率	全部产品	1根	条端部	GB/T 10120

注：
1. 对于盘状的产品进行切断的钢棒，以切断前的盘数为依据，并应按盘状的取样规则。
2. 在材料或工艺变化时进行松弛率检验。

B.0.4 混凝土强度合格评定方法

合格评定方法	合格评定条件	备注
统计方法（一）	1. $m_{f_{cu}} \geq f_{cu,k} + 0.7\sigma_0$ 2. $f_{cu,min} \geq f_{cu,k} - 0.7\sigma_0$ 且当强度等级≤C20时，$f_{cu,min} \geq 0.8f_{cu,k}$，当强度等级>C20时，$f_{cu,min} \geq 0.85 f_{cu,k}$ 式中： $m_{f_{cu}}$——同批三组试件抗压强度平均值（N/mm²）； $f_{cu,min}$——同批三组试件抗压强度中的最小值（N/mm²）； $f_{cu,k}$——混凝土立方体抗压强度标准值； σ_0——验收批的混凝土强度标准差，可依据前一个检验期的同类混凝土试件强度数据确定	验收批混凝土强度标准差按下式确定： $$\sigma_0 = \frac{0.59}{m}\sum_{i=1}^{m}\Delta f_{cu,i}$$ 式中： $\Delta f_{cu,i}$——以三组试件为一批，第 i 批混凝土强度的极差； m——用以确定该验收批混凝土强度标准差 σ_0 的数据总批数； [注]：在确定混凝土强度标准差（σ_0）时，其检验期限不应超过三个月且在该期间内验收批总数不应少于15批
统计方法（二）	1. $m_{f_{cu}} - \lambda_1 S_{f_{cu}} \geq 0.90 f_{cu,k}$ 2. $f_{cu,min} \geq \lambda_2 f_{cu,k}$ 式中： $m_{f_{cu}}$——n 组混凝土试件强度的平均值（N/mm²）； $f_{cu,min}$——n 组混凝土试件强度的最小值（N/mm²）； $\lambda_1、\lambda_2$——合格判定系数，按右表取用； $S_{f_{cu}}$——n 组混凝土试件强度标准差（N/mm²）；当计算值 $S_{f_{cu}} < 0.06 f_{cu,k}$ 时，取 $S_{f_{cu}} = 0.06 f_{cu,k}$	一个验收批混凝土试件组数 $n \geq 10$ 组，n 组混凝土试件强度标准差（$S_{f_{cu}}$）按下式计算： $$S_{f_{cu}} = \sqrt{\frac{\sum_{i=1}^{n} f_{cu,i}^2 - nm_{f_{cu}}^2}{n-1}}$$ 式中： $f_{cu,i}$——第 i 组混凝土试件强度。 合格判定系数（λ_1, λ_2）表 | n	10~14	15~24	≥25
---	---	---	---
λ_1	1.70	1.65	1.60
λ_2	0.9		0.85	

续表

合格评定方法	合格评定条件	备注
非统计方法	1. $m_{f_{cu}} \geq 1.15 f_{cu,k}$ (4.2.1-1) 2. $f_{cu,min} \geq 0.95 f_{cu,k}$ (4.2.1-2)	一个验收的试件组数 $n=2\sim9$ 组；当一个验收批的混凝土试件仅有一组时，则该组试件强度应不低于强度标准值的 115%

附录C 竣工图的编制及图纸折叠方法

C.1 竣工图的编制

竣工图是建筑安装工程竣工档案中最重要部分，是工程建设完成后主要凭证性材料，是建筑物真实的写照，是工程竣工验收的必备条件，是工程维修、管理、改建、扩建的依据。

C.1.1 竣工图类型

利用施工兰图改绘的竣工图；

在二底图上修改的竣工图；

重新绘制的竣工图。

以上三种类型的竣工图报送底图、兰图均可。

C.1.2 在施工兰图上改线的方法

具体的改绘方法可视图面、改动范围和位置、繁简程度等实际情况而定，下面把常见的一些改绘方法举例进行说明。

1 取消的内容

1) 尺寸、门窗型号、设备型号、灯具型号、钢筋型号和数量、注解说明等数字、文字、符号的取消，可在图上将其数字、文字、符号等采用杠改法。即将取消的数字、文字、符号等用一横杠杠掉（不得涂抹掉），从修改的位置引出带箭头的索引线，在索引线上注明修改依据，即"见×号洽商×条"，也可注明"见×年×月×日洽商×条"。如无洽商或其它依据性文件，仅按照施工实际情况修改，应注明"无洽商"。

例如：首层底板结构平面图（结2）中Z16(Z17)柱断面，(Z17)取消。

改绘方法：将(Z17)和有关的尺寸用杠改法去掉，并注明修改依据（见图1）；

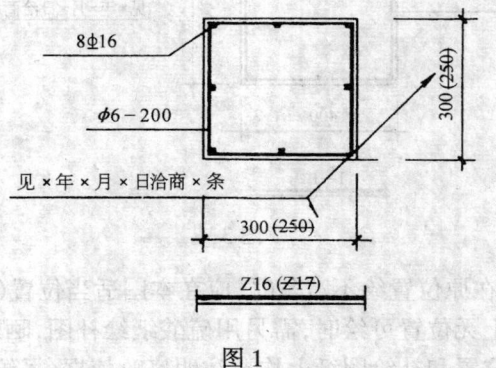

图1

2) 隔墙、门窗、钢筋、灯具、设备等取消，可用叉改法。即在图上将取消的部分打"×"，有的在图上描绘取消的部分较长，可视情况打几个"×"，达到表示清楚为准。并从图上修改处见箭头索引线引出，注明修改依据。

例如：平面图中库房取消。即(C)~(D)轴间③轴上砖隔墙取消。

改绘方法：其"库房"二字和与隔墙相关的尺寸杠改，将隔墙及其门用叉改法×掉，并注明修改依据(见图2)。

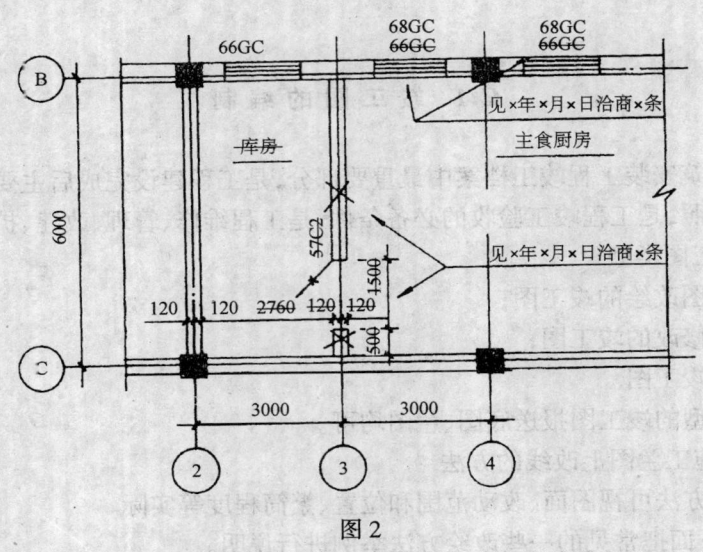

图2

2 增加的内容

1) 在建筑物某一部位增加隔墙、门窗、灯具、设备、钢筋等，均应在图上的实际位置用正规制图方法绘出，并注明修改依据。

例如：结5中1-1剖面钢筋原为4φ18，现改为6φ18，并在400长边中间增加钢筋。

改绘方法：将增加的钢筋画在1-1剖面实际的位置上，并注明修改依据(见图3)。

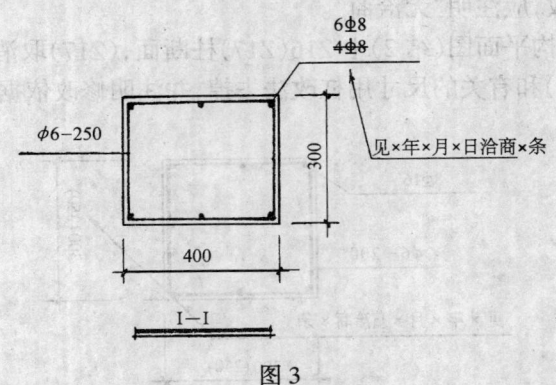

图3

2) 如果增加的内容在原位置绘不清楚时，应在本图适当位置(空白处)按需要补绘大样图，要准确清楚，如本图上无位置可绘时，需另用硫酸纸绘补图，晒成兰图后附在本专业图纸之后，注意的是，在修改位置和补绘图纸上均要注明修改依据，另绘的补图要有图名、图号。

例如：基础平面、一、二、三层(E1)轴与①轴交点处原方柱改为圆柱(直径500)，其柱Z5改为Z6。

改绘采用图纸空白处绘大样的方法(见图4)，应注意凡本修改涉及到的建筑图、结构图均要改绘。

3 内容变更

1) 一些数字、符号、文字的变更,可在图上将取消的内容杠改,在其附近空白处另补更正后的内容,并注明修改依据。

例如2 在图2中,原66GC窗改为68GC窗,是按此改绘的方法改绘的。

2) 某设备配置位置,灯具、开关型号等改变引起的表示方法的改变;墙、板、内外装修等变化……均应在原图上改绘。

3) 某图某部位变化较大、或在原位置上改绘有困难,或改绘后杂乱无章,可以采用以下的办法改绘。

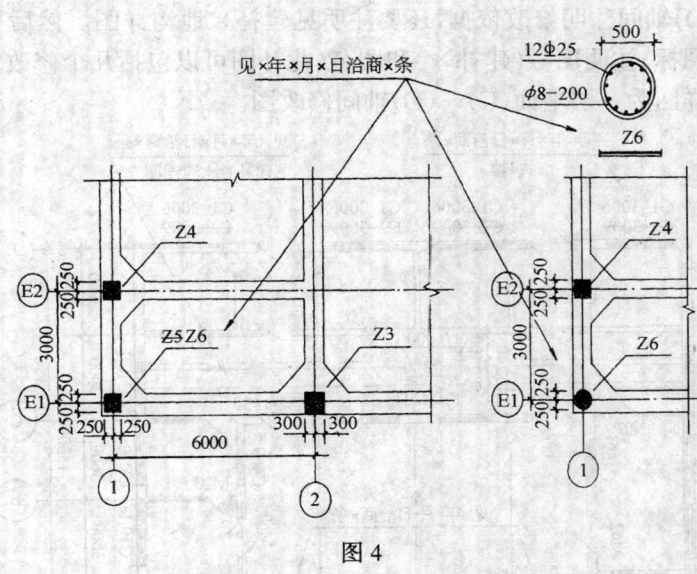

图 4

画大样改绘:

一般作法先在原图上标出应修改部位的范围,然后在要修改的图纸上绘这一修改部位的大样图,并在原图改绘范围和改绘的大样图处均要求注明修改依据。

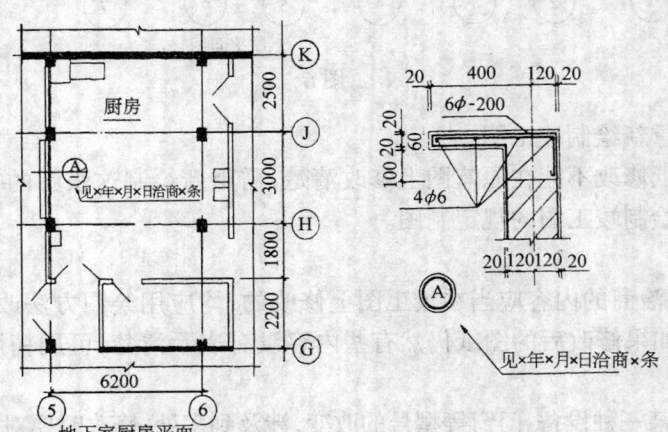

图 5

例如:地下室厨房窗台板做法修改。

修改方法:将修改的部位用 A 表示并在图纸空白处绘 A 大样图(见图 5)。

另绘补图修改:

如原图纸无空白处,可把应改绘的部位绘制一张硫酸纸补图晒成蓝图后,做为竣工图纸一部分,补在本专业图纸之后。具体作法为:在原图纸上画出修改范围,并注明修改依据和见某图(图号)及大样图名;在补图上注明图号和图名,在说明中注明是某图(图号)某部位的补图,并注明修改依据。

例如:一层平面(C)~(D)轴间地沟修改(见图 6),需要重绘两轴间大样图,具体作法是:先在原图(C)~(D)轴间注明修改依据,还要注明见建补×地沟详图。然后另纸绘制地沟详图。此图需绘制图标,注明图号(建补×)和图名(此补图可以包括几个修改大样图),在图纸说明中注明地沟详图为一层平面(C)~(D)轴间修改图。

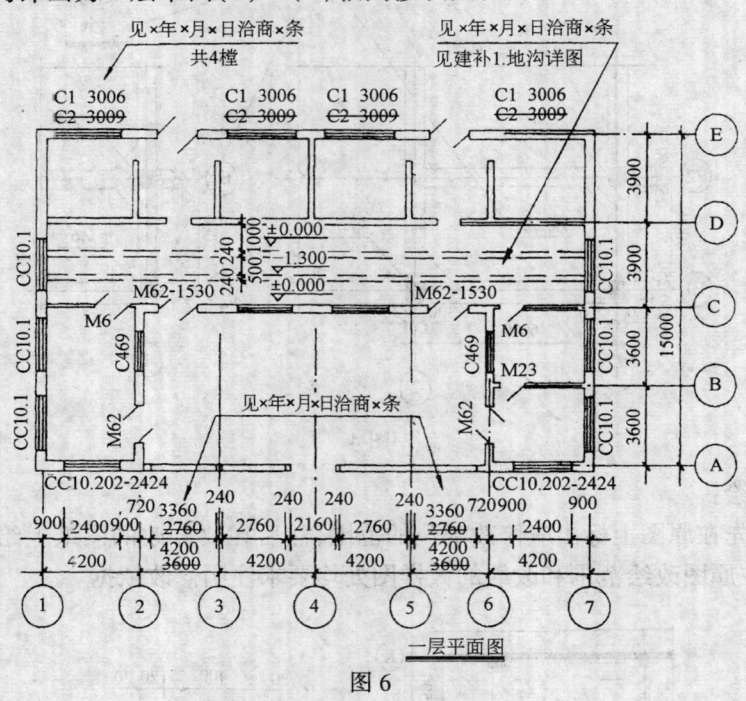

图 6

个别蓝图需重新绘制竣工图:

如果某张图纸修改不能在原蓝图上修改清楚,需重新绘制这张图的竣工图。此图应按国家制图标准和绘制竣工图的规定制图。

4 加写说明

凡设计变更、洽商的内容应当在竣工图上修改的,均应用绘图方法改绘在蓝图上,一律不再加写说明。如果修改后的图纸仍然有些内容没有表示清楚,可用精炼的语言适当加以说明。

1) 一张图上某一种设备、门窗等型号的改变,涉及到多处,修改时要对所有涉及到的地方全部加以改绘,其修改依据可标注在一个修改处,但需在此处加以简单说明。

例如:一层平面 4 樘 C2-3009 窗改为 C1-3006 窗。修改时将每窗型号均要求改正,但在标注修改依据时,可只注一处,并加以橙数说明(见图6)。

2) 钢筋的代换,混凝土强度等级改变,墙、板、内外装修材料的变化,由建设单位自理的部分等在图上修改难以用作图方法表达清楚时,可加注或用索引的形式加以说明。

3) 凡涉及到说明类型的洽商,应在相应的图纸上使用设计规范用语反映洽商内容。

5 修改时注意的问题

1) 原施工图纸目录必须加盖竣工图章,作为竣工图归档,凡有作废的图纸、补充的图纸、增加的图纸、修改的图纸,均要在原施工图目录上标注清楚。即作废的图纸在目录上扛掉,补充的图纸在目录上列出图名、图号。

2) 按施工图施工而没有任何变更的图纸,在原施工图上加盖竣工图章,做为竣工图。

3) 如某一张施工图由于改变大,设计单位重新绘制了修改图的,应以修改图代替原图,原图不再归档。

4) 凡是洽商图做为竣工图,必须进行必要的制做。

如洽商图是按正规设计图纸要求进行绘制的可直接做为竣工图,但需统一编写图名图号,并加盖竣工图章,做为补图。并在说明中注明此图是哪张图哪个部位的修改图,还要在原图修改部位标注修改范围,并标明见补图的图号。

如洽商图未按正规设计要求绘制,均应按制图规定另行绘制竣工图,其余要求同上。

5) 某一条洽商可能涉及到二张或二张以上图纸,某一局部变化可能引起系统变化……,凡涉及到的图纸和部位均应按规定修改,不能只改其一,不改其二。

例如:图6中,②~③轴和⑤~③轴间2760改为3360,使4处尺寸有了改变,均应改正。

再如,一个高标的变动,可能在平、立、剖、局部大样图上都要涉及到,均应改正。

6) 不允许将洽商的附图原封不动的贴在或附在竣工图上做为修改,也不允许将洽商的内容抄在蓝图上做为修改。凡修改的内容均应改绘在蓝图上或用做补图的办法附在本专业图纸之后。

7) 某一张图纸,根据规定的要求,需要重新绘制竣工图时,应按绘制竣工图的要求制图。

8) 改绘注意事项

修改时,字、线、墨水使用的规定:

字:采用仿宋字,字体的大小要与原图采用字体的大小相协调,严禁错、别、草字。

线:一律使用绘图工具,不得徒手绘制。

墨水:使用黑色墨水。严禁用圆珠笔、铅笔和非黑色墨水。

施工蓝图的规定:

改绘竣工图所用的施工蓝图一律为新图,图纸反差要明显,以适应缩微等技术要求。凡旧图、反差不好的图纸不得做为改绘用图。

修改方法的规定:

施工蓝图的改绘不得用刀刮、补贴等方法修改,修改后的竣工图纸不得有污染、涂抹、复盖等现象。

修改的内容和有关说明均不得超过原图框。

C.1.3 在二底图上修改的要求。

在二底图上修改洽商内容,是常用的竣工图的绘制方法。

1 在二底图上修改,要求在图纸上作一修改备考表,以做到修改的内容与洽商变更的内容相对照。可将修改内容简要地注明在此备考表中,应做到不看洽商原件即知修改的部位和基本内容。

2 修改的部位用语言描述不清楚时,也可用细实线在图上画出修改范围。

3 以修改后的二底图或蓝图做为竣工图,要在二底图或蓝图上加盖竣工图章。没有改动的二底图转做竣工图也要加盖竣工图章。

4 如果二底图修改次数较多,个别图面可能出现模糊不清等技术问题,必须进行技术处理或重新绘制,以期达到图面整洁、字迹清楚等质量要求。

C.1.4 重新绘制竣工图

工程竣工后,按工程实际重新绘制竣工图,虽然工作量大,但能保证质量。重新绘制时,要求原图内容完整无误,修改的内容也能准确、真实地反映在竣工图上。绘制竣工图要按建筑制图规定和要求进行,必须参照原施工图和该专业的统一图示,并在底图的右下角绘制竣工图图签。

C.1.5 竣工图章(签)

1 竣工图章(签)应具有明显的"竣工图"字样,并包括有编制单位名称、制图人、审核人、技术负责人和编制日期等内容。按本规程规定的格式与大小制做竣工图图章。竣工图图签也可以参照竣工图图章的内容进行绘制,但要注意需保留原施工图工程号、图号、原图编号等项内容。

2 竣工图章(签)的位置

用蓝图改绘的竣工图将竣工图章加盖在原图签右上方,如果此处有内容,可在原图签附近空白处加盖,如原图签周围均有内容,找一内容比较少的位置加盖。

用二底图修改的竣工图,应将竣工图章盖在原图签右上方;

重新绘制的竣工图应绘制竣工图图签,图签位置在图纸右下角。

3 竣工图章(签)是竣工图的标志和依据,要按规定填写图章(签)上各项内容。加盖竣工图章(签)后,原施工图转化为竣工图,编制单位、制图人、审核人、技术负责人要对本竣工图负责。

4 原施工蓝图的封面、图纸目录也要加盖竣工图章,做为竣工图归档,并置于各专业图纸之前。但重新绘制的竣工图的封面、图纸目录,可不绘制竣工图签。

C.1.6 对工程设计档案的报送要求

1 根据《北京市城市建设档案管理规定》第二十六条:"凡委托外省市和在京的中央单位进行的重大工程项目的设计,其设计档案应由建设单位或工程设施管理部门随同工程竣工图纸一并报送城建档案馆一份"。重大工程项目是指国家、北京市重点工程项目、国外投资、中外合资大型以上项目、其他大型、超大型项目和特种工程项目。设计档案包括:设计任务委托书(设计合同)、方案设计及其审批文件、扩初设计、设计计算书、施工图、工程概算等内容。

2 港澳台和国外设计单位承包的工程设计,原则上与外省市或中央在京设计单位设计的工程项目相同,要求设计档案随同工程竣工图一起报送城建档案馆一套。

3 市属设计单位设计的工程图纸移交问题,按《关于向北京市城市建设档案馆移交档案的暂行办法》执行。

C.2 图纸折叠方法

C.2.1 一般要求

1 图纸折叠前要按裁图线裁剪整齐,其图纸幅面均需符合下表规定:

基本幅面代号	0	1	2	3	4
b×l	841×1189	594×841	420×594	297×420	297×210
c	10			5	
a	25				

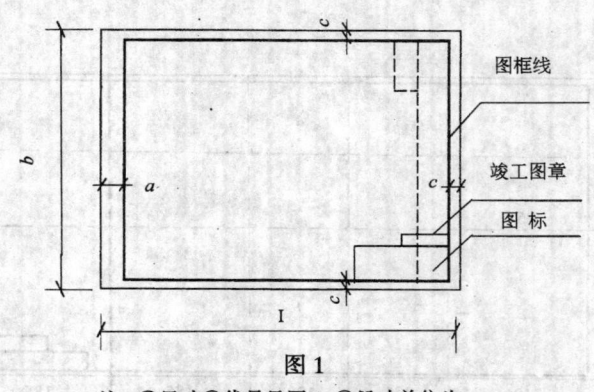

图 1

注:①尺寸①代号见图1;②尺寸单位为mm。

2 图面折向内,成手风琴风箱式。
3 折叠后幅面尺寸应以4#图纸基本尺寸(297mm×210mm)为标准。
4 图纸及竣工图章露在外面。
5 3#~0#图纸在装订边297mm处折一三角或剪一缺口,折进装订边。

C.2.2 折叠方法

1 4#图纸不折叠。
2 3#图纸折叠如图2(图中序号表示折叠次序,虚线表示折起的部分,以下同)。
3 2#图纸折叠如图3。
4 1#图纸折叠如图4。
5 0#图纸折叠如图5。

C.2.3 工具使用

图纸折叠前,准备好一块略小于4#图纸尺寸(一般为292mm×205mm)的模板。折叠时,先把图纸放在定位置,然后按照折叠方法的编号顺序依次折叠(先横向,再纵向)。

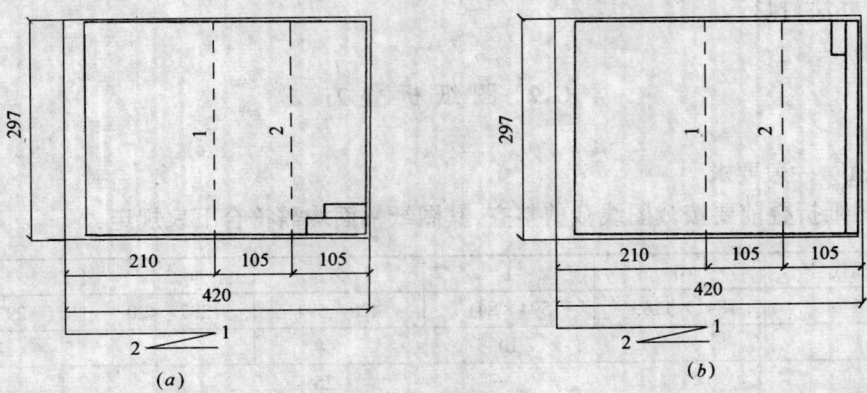

图2　3#图纸折叠示意

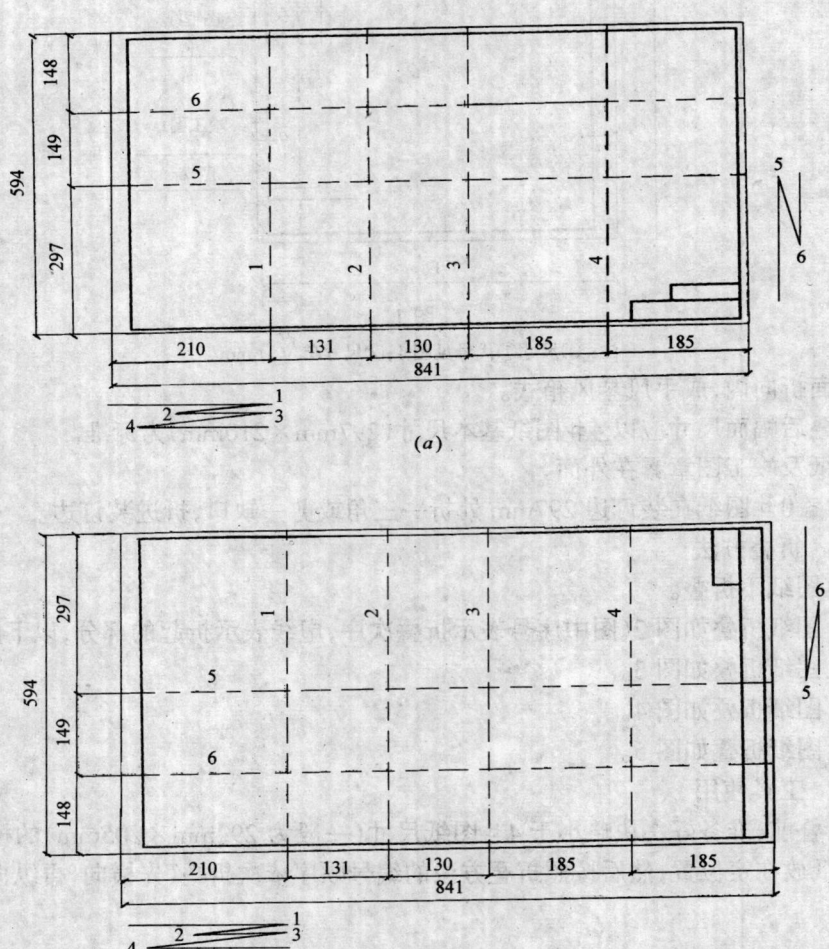

图3　2#图纸折叠示意

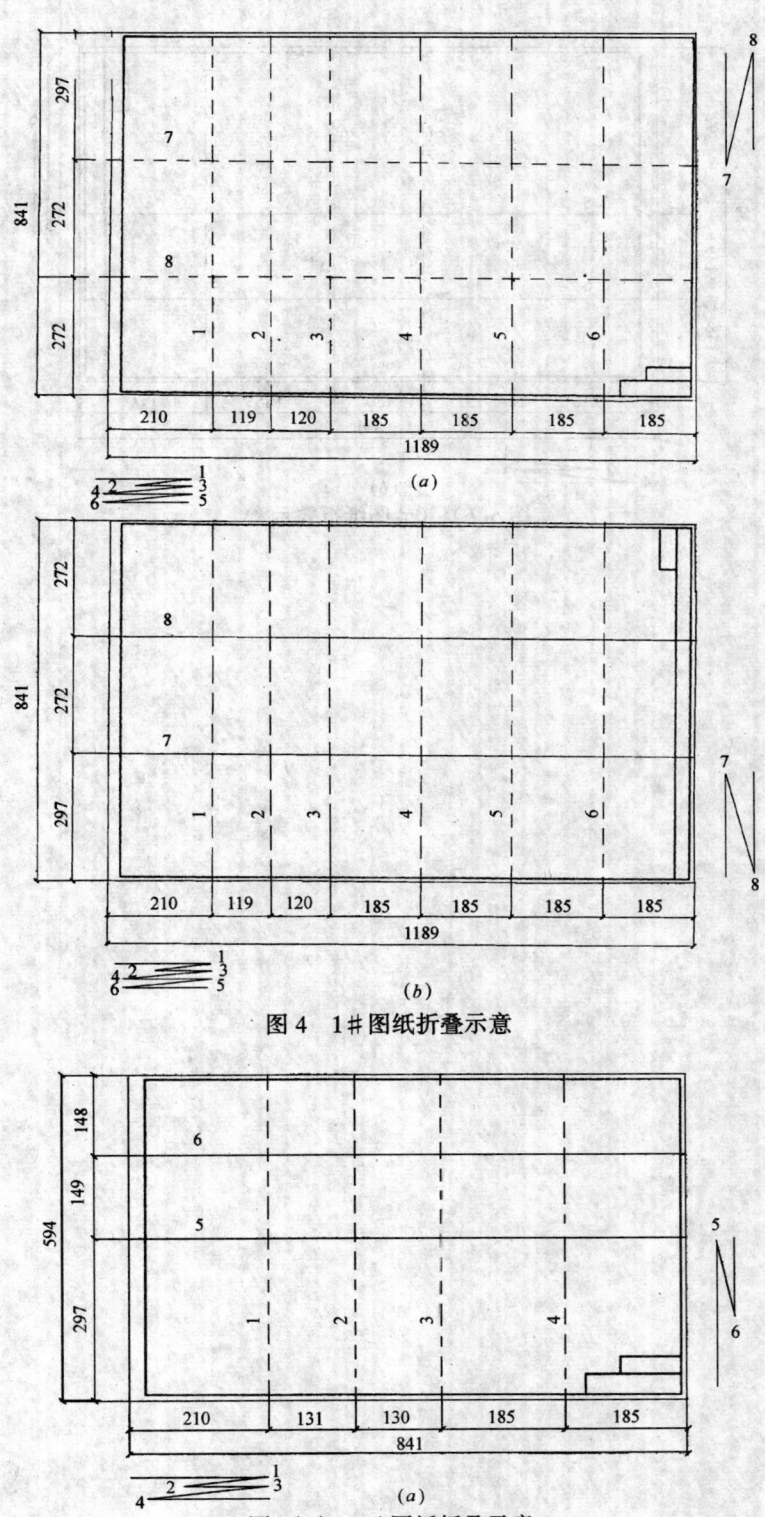

图4 1#图纸折叠示意

图5(a) 0#图纸折叠示意

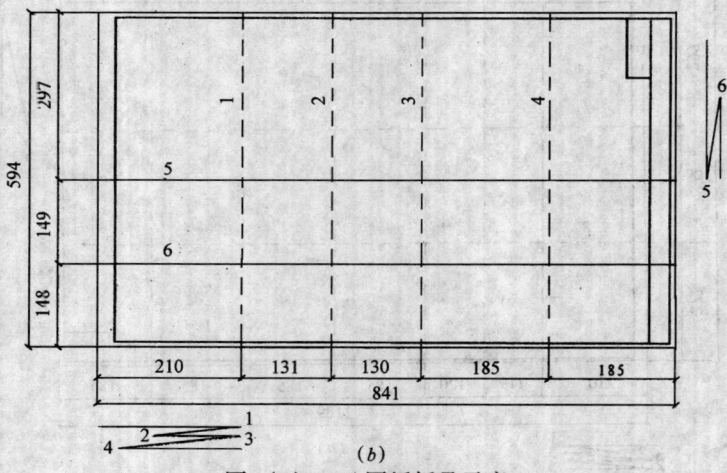

图5(b) 0#图纸折叠示意

附录 D 向城建档案馆报送工程档案的工程范围

D.1 民用建筑

D.1.1 居住建筑
1）非定型设计的高标准住宅、别墅、公寓；
2）采用新材料、新结构的住宅；
3）底层带有 5 级和 5 级以上地下人防设施的住宅；
4）七层以上的高层住宅；
5）主要规划路（干道、次干道）两侧和广场周围的多层住宅；
6）具有古建等民族特色、有保存价值的低层、多层住宅；
7）住宅小区（包括新建小区和危旧房改造区）符合进馆范围的居住建筑，公共建筑和市政公用工程（如小区内管网综合图）均按单项工程报送竣工档案。

D.1.2 政治性、纪念性建筑：如大型会堂、纪念碑、纪念塔、纪念馆、纪念堂、名人故居等。

D.1.3 旅游建筑：如中级以上的旅馆、宾馆、饭店、招待所、公寓和写字楼等。

D.1.4 外事建筑：如大使馆、外交公寓、国际俱乐部、大中型友谊商店等。

D.1.5 科技建筑：如大中型科研建筑、科技中心、情报中心、信息中心等。

D.1.6 文教、宣传、出版建筑：如大中型文化宫、俱乐部、少年宫、图书馆、档案馆、博物馆、科技馆、展览馆、展览中心、美术馆、文娱游乐场、公园、文化中心、艺术中心、出版社、高校教学楼、非标准化设计的中学、小学、中等专业学校、高标准的托幼和其它具有现代化教育设施的建筑等。

D.1.7 体育设施建筑：如大中型体育场、大中型体育馆、游泳馆、体育中心、训练基地等。

D.1.8 医疗卫生建筑：如大中型综合医院、专科医院、门诊部（楼）、中高级疗养院、大中型康复中心、药物检测中心、防疫站、养老院等。

D.1.9 办公建筑：如中央和北京市国家机关、各部、委、总局、群众团体和经贸团体、事业单位及军队军以上机关的办公楼或带有通信指挥设施的行政指挥中心等。

D.1.10 商业服务业建筑：如大中型市场、商场、贸易中心、购物中心、百货公司、信托公司、大中型食品街商业街等。

D.1.11 影剧院建筑：如大中型电影院。剧院（场）、舞厅、音乐厅等。

D.1.12 邮电通信建筑：如区级以上的邮政、电讯（电报、电话）业务建筑等；

D.1.13 广播电视建筑：如广播大厦、电台、电视台、电视制作中心、电视塔、卫星地面站等。

D.1.14 金融保险建筑：如大中型银行、保险公司、金融中心等。

D.1.15 交通运输建筑：如航空港、候机楼、火车站、长途汽车站、码头、以及汽车楼、地下汽车库等。

  D.1.16 古建、园林建筑：如市级、国家级重点保护的古建、园林建筑、恢复重建的古建筑、仿古建筑等。

  D.1.17 主要规划路(主干道、次干道)两侧和广场周围的永久性公共建筑。

  D.1.18 国外资助、外国投资、中外合资兴建的大中型楼、堂、馆、所等建筑。

D.2 工 业 建 筑

  D.2.1 工业

1) 冶金工业：如钢铁厂、轧钢厂、有色金属冶炼厂、加工厂等；
2) 机械工业：如机械厂、机床厂、汽车制造厂、大型修理厂等；
3) 电子工业：如计算机厂、电视机厂、电子仪器厂、机电设备厂等；
4) 石化工业：如炼油厂、化工厂、橡胶厂、塑料厂、化肥厂等；
5) 轻纺工业：各种轻纺产品生产厂，如电冰箱厂、洗衣机厂、空调器厂、造纸厂、纺织厂、针织厂、印染厂、文化用品和厨房用具加工厂等；
6) 建材工业：如水泥厂、大型砖瓦厂、玻璃厂、保温防火材料厂、建材试验厂等；
7) 食品工业：包括各种粮、油食品加工厂、制作厂、烟酒饮料加工厂等；
8) 医药工业：如制药厂、制剂厂、卫生保健用品加工厂等；
9) 矿山：包括黑色金属、有色金属和非金属矿，如铁矿、铅矿、煤矿、采石场等。
10) 工业仓库：包括工厂、矿山的大中型仓库。

  D.2.2 公用工程设施建筑

1) 给水：水源厂、配水厂等；
2) 排水：污水处理厂(场)等；
3) 热力：供热厂、热力交换站(点)、锅炉房等；
4) 燃气：煤气厂、天然气储备厂、液化石油气灌瓶站、燃气调压站等；
5) 电力：热力发电厂、水力发电厂、核能发电厂、蓄能电站、变电站、开闭所、配电室；
6) 卫生设施：垃圾场站、垃圾处理厂、公共厕所等。

  D.2.3 改建、扩建工程建筑

  凡上述一、二项包含的民用建筑和工业建筑进行较大规模的改建和扩建,抗震加固措施等均应报送改建,扩建工程竣工档案。

附录 E 专业工程分类编码参考表

专 业	类 别 1	类 别 2	内 容
土 建 工 程 (T)	土方工程 (T1)	降水工程(T1-1)	轻型井点、喷射井点、电渗井点、管井井点、深井井点等
		护坡工程(T1-2)	地下连续墙、钢筋混凝土护坡桩、平锚喷网、深层搅拌水泥土桩等
		土方开挖与回填工程(T1-3)	土方开挖、回填土等
		其他(T1-4)	
	地基处理工程 (T2)	局部地基处理(T2-1)	松土坑处理、枯井处理、软硬地基处理等
		地基加固(T2-2)	换垫法、夯实法、挤密桩法等
		桩基(T2-3)	混凝土预制桩、混凝土灌注桩、钢管桩等
		其他(T2-4)	
	结构工程 (T3)	钢筋混凝土工程(T3-1)	钢筋工程、模板工程、混凝土工程、设备基础工程等
		特种混凝土工程(T3-2)	防水混凝土工程、预应力混凝土工程、大体积混凝土工程、冬施混凝土工程等
		钢结构工程(T3-3)	钢结构制作、安装、焊接、螺栓连接、油漆、防火喷涂等
		预制装配结构(T3-4)	
		木结构(T3-5)	
		钢—混凝土组合结构	
		其他(T3-7)	
	砌筑工程 (T4)	砌筑工程(T4-1)	砌砖、砌石、小型砌块等
		钢筋混凝土构造工程(T4-2)	钢筋工程、模板工程、混凝土工程等
		其他(T4-3)	
	防水防腐工程 (T5)	地下防水工程(T5-1)	水泥砂浆刚性抹面防水、卷材防水、涂膜防水、密封防水等
		室内防水工程(T5-2)	水泥砂浆刚性抹面防水、卷材防水、涂膜防水等
		屋面工程(T5-3)	屋面卷材防水、屋面涂膜防水、屋面刚性防水、屋面接缝密封防水、屋面保温、屋面隔热、屋面找平层、屋面瓦安装等
		防腐蚀工程(T5-4)	
		其他(T5-5)	
	门窗工程 (T6)	普通木门窗(T6-1)	木门窗制作、安装等
		钢门窗(T6-2)	钢门窗安装
		铝合金门窗(T6-3)	铝合金门窗安装
		特种门窗(T6-4)	隔音门、防火门、卷帘门、防盗门等
		其他(T6-5)	

续表

专 业	类 别 1	类 别 2	内 容
土建工程 (T7)	装修装饰工程 (T7)	隔墙工程(T7-1)	板材式隔墙、立筋式隔墙(带龙骨)等
		抹灰工程(T7-2)	室内抹灰、室外抹灰等
		楼地面工程(T7-3)	地面基层处理、整体楼地面工程、板块楼地面工程等
		吊顶工程(T7-4)	
		饰面砖工程(T7-5)	
		涂料工程(T7-6)	
		裱糊工程(T7-7)	
		其他(T7-8)	
	幕墙工程 (T8)	设计与性能试验(T8-1)	深化图纸、计算书、幕墙性能试验、材料性能试验等
		埋件安装(T8-2)	埋件预留、螺栓预埋、转接件安装等
		框架式(杆件式)幕墙(T8-3)	龙骨安装、面层安装、附件安装等
		单元式幕墙(T8-4)	单元体组装、单元体安装等
		其他(T8-5)	
机电工程 (J)	电气工程 (J1)	避雷与接地(J1-1)	接地装置敷设安装、均压环敷设、避雷器安装等
		变配电设备安装(J1-2)	孔洞预留、进户套管安装、高低压柜安装、变压器安装、变配电调试、电缆敷设、母线安装等
		动力(J1-3)	孔洞预留、桥架敷设、管路敷设、线槽敷设、电缆敷设、管内穿线(缆)、线槽配线(缆)、封闭母线安装、电机安装、动力箱(盘)、柜安装、电气动力调试等
		照明(J1-4)	管路敷设、线槽敷设、管内穿线、线槽配线、照明箱(盘)安装、插接母线安装、照明器具安装、照明调试等
		其他(J1-5)	
	给排水工程 (J2)	给水(J2-1)	孔洞预留、管道安装、管道附件安装、设备安装、设备安装、系统调试等
		排水(J2-2)	孔洞预留、管道安装、管道附件安装、设备安装、系统调试等
		卫生器具(J2-3)	卫生器具安装
		雨水(J2-4)	孔洞预留、管道安装、雨水斗安装、系统试验等
		中水(J2-5)	孔洞预留、管道安装、管道附件安装、设备安装、系统调试等
		其他(J2-6)	
	消防工程 (J3)	消火栓系统(J3-1)	孔洞预留、管道安装、阀部件安装、器具安装、设备安装、系统调试等
		自动喷洒系统(J3-2)	孔洞预留、管道安装、阀部件安装、器具安装、设备安装、系统调试等
		气体灭火系统(J3-3)	孔洞预留、管道安装、阀部件安装、器具安装、设备安装、系统调试等
		其他(J3-4)	

续表

专业	类别1	类别2	内　　容
机电工程（J）	暖通工程（J4）	采暖(J4-1)	孔洞预留、管道安装、散热器安装、阀部件安装、设备安装、系统调试等
		空调水(J4-2)	孔洞预留、管道安装、阀部件安装、器具安装、设备安装、系统调试等
		通风(J4-3)	孔洞预留、风管、部件制作、安装、设备安装、系统调试
		其他(J4-4)	
	弱电工程（J5）	电话系统(J5-1)	管路敷设、管内穿线(缆)、器具安装、箱(盘)安装、设备安装、系统调试等
		电视系统(J5-2)	管路敷设、管内穿线(缆)、器具安装、箱(盘)安装、设备安装、系统调试等
		火灾报警系统(J5-3)	管路敷设、管内穿线(缆)、器具安装、箱(盘)安装、设备安装、系统调试等
		楼宇自控系统(J5-4)	管路敷设、管内穿线(缆)、器具安装、箱(盘)安装、设备安装、系统调试等
		闭路电视监控系统(J5-5)	管路敷设、管内穿线(缆)、器具安装、箱(盘)安装、设备安装、系统调试等
		停车场管理(J5-6)	管路敷设、管内穿线(缆)、器具安装、箱(盘)安装、设备安装、系统调试等
		其他(J5-7)	
	电梯工程（J6）	电梯安装(J6-1)	曳引装置安装、导轨组装、轿厢、层门组装、电气装置安装、安全保护装置安装、试运转等
		扶梯、自动人行道安装(J6-2)	
		其他(J6-3)	
	燃气工程（J7）		孔洞预留、管道安装、管道附件安装、设备安装、系统调试等
总图工程（Z）	市政机电管线接驳工程（Z1）	给水接驳(Z1-1)	
		污水接驳(Z1-2)	
		电力接驳(Z1-3)	
		雨水接驳(Z1-4)	
		消防接驳(Z1-5)	
		通讯接驳(Z1-6)	
		电视接驳(Z1-7)	
		室外接地(Z1-8)	
		热力接驳(Z1-9)	
		煤气接驳(Z1-10)	
		其他(Z1-11)	

续表

专业	类别1	类别2	内容
总图工程（Z）	室外机电安装工程（Z2）	室外照明（庭院照明、路灯、立面照明等）（Z2-1）	套管预埋、管线敷设、外墙处理等
		室外消防（Z2-2）	套管预埋、管线敷设、防腐保温、外墙处理等
		室外水景（喷泉、灌溉等）（Z2-3）	套管预埋、管线敷设、防腐保温、外墙处理等
		其他（Z2-4）	
	室外工程（Z3）	道路（Z3-1）	路基处理、路面敷设、路牙安装等
		绿化（Z3-2）	土质处理、植树、植花草等
		室外建筑、构筑物（Z3-3）	地基处理、墙体施工、其他等
		其他（Z3-4）	

附录 F 向城建档案馆报送的工程档案内容与组卷表

案卷题名	案卷类别	表格编号	文 件 名 称
基建文件卷	立项文件	A1-1	项目建议书
		A1-2	对项目建议书的批复文件
		A1-3	可行性研究报告
		A1-4	对可行性报告的批复文件
		A1-5	关于立项的会议纪要、领导批示
		A1-6	专家对项目的有关建议文件
		A1-7	项目评估研究资料
		A1-8	计划部门批准的立项文件
		A1-9	计划部门批准的计划任务
	征地拆迁文件	A2-1	计划部门批准征用土地的计划任务
		A2-2	国有土地使用证
		A2-3	市政府批准征用农田的文件;使用国有土地时,房屋土地管理部门拆迁安置意见(见选址规划意见通知书)
		A2-4	选址意见通知书及附图1份
		A2-5	建设用地规划许可证、许可证附件及附图
	勘察测绘设计文件	A3-1	工程地质勘察报告
		A3-2	水文地质勘察报告
		A3-3	建筑用地钉桩通知单
		A3-4	验线通知单
		A3-5	规划设计条件通知书及附图1份
		A3-6	审定设计方案通知书及附图1份
		A3-7	审定设计方案通知书要求征求有关人防、环保、消防、交通、园林、市政、文物、通讯、保密、河湖、教育等部门的审查意见和要求取得的有关协议
		A3-11	消防设计审核意见
		A3-12	政府有关部门对施工图设计文件的审查意见
	开工文件	A5-1	年度施工任务批准文件
		A5-2	修改工程施工图纸通知书
		A5-3	建设工程规划许可证、附件及附图
		A5-4	固定资产投资许可证

续表

案卷题名	案卷类别	表格编号	文件名称	
基建文件卷	开工文件	A5-5	建设工程开工证或开工报告	
		A5-6	工程质量监督手续	
	商务文件	A6-5	工程决算	
		A6-6	交付使用固定资产清单	
	验收备案文件	A7-1	工程竣工验收备案表	
		A7-2	工程竣工验收报告	
		A7-3	由规划、公安消防、环保等部门出具的认可文件或准许使用文件	
	其他文件	A8-1	工程竣工总结	
		A8-3	工程未开工前的原貌、竣工新貌照片	
		A8-4	工程开工、施工、竣工的录音录像资料	
监理文件卷	设计	B1-3	设计监理审核总报告	
	施工	B2-1	监理规划、监理实施细则	
		B2-6	监理工作总结(专题、阶段和竣工总结)	
		B3-3-8	质量事故报告及处理资料	
		B4-1	竣工移交证书	
		B4-2	工程质量评估报告	
施工文件卷	管理验收卷	C1-1	工程概况表	
		C1-3	项目大事记	
		C1-6-1	建设工程质量事故调(勘)查笔录	
		C1-6-2	建设工程质量事故报告书	
		C1-7	施工总结	
		C7-2-1	竣工验收通用记录(各专业)	
		C7-2-2	基础/主体工程验收记录	
		C7-2-3	幕墙工程验收记录	
		C7-3	单位工程验收记录	
		C7-4	工程竣工报告	
施工资料卷	土建卷	C3-5-1	材料试验报告(通用)	基础与结构工程
		C3-5-2	水泥试验报告	
		C3-5-3	钢筋原材试验报告	
		C3-5-4	砌墙砖(砌块)试验报告	
		C3-5-5	砂试验报告	
		C3-5-6	碎(卵)石试验报告	
		C4-1	工程定位测量记录	
		C4-2	基槽验线记录	

续表

案卷题名	案卷类别	表格编号	文件名称
施工资料卷	土建卷	C4-4	沉降观测记录
		C5-1-1	隐蔽工程检查记录表(验槽、基础与结构中的钢筋工程)
		C5-2-1	地基处理记录
		C5-2-2	地基钎探记录
		C5-2-3	桩基施工记录
		C5-2-9	预应力筋张拉报告
		C5-2-10	预应力筋张拉记录
		C5-2-11	有粘结预应力结构灌浆记录
		C6-3-1	钢筋连接试验报告
		C6-3-2	回填土干密度试验报告
		C6-3-10	砌筑砂浆试块强度统计、评定记录
		C6-3-11	混凝土试块强度统计、评定记录
		C2-3-2	设计交底记录
		C2-3-3	设计变更、洽商记录
	钢结构卷	C3-5-12	钢材机械性能试验报告
		C3-5-13	金相试验报告
		C6-3-7	超声波探伤报告
		C6-3-8	超声波探伤记录
		C6-3-9	钢构件射线探伤报告
		C2-3-2	设计交底记录
		C2-3-3	设计变更、洽商记录
	幕墙卷		包括幕墙工程设计文件、产品复试报告、施工记录和施工实验记录等施工资料(产品复试报告和施工试验记录应由法定检测单位出具)
	室外工程卷		包括红线以内的道路、路灯、绿化及地下各种市政管线等工程施工的隐检、洽商、施工记录等文件
	电气卷	C2-3-2	设计交底记录
		C2-3-3	设计变更、洽商记录
		C5-1-1	隐蔽工程检查记录表
		C6-2-1	设备单机试运转记录
		C6-2-2	调试报告
		C6-4-1	电气接地电阻测试记录
	给排水卷(含燃气)	C2-3-2	设计交底记录
		C2-3-3	设计变更、洽商记录
		C5-1-1	隐蔽工程检查记录表
		C6-5-2	管道强度严密性试验记录

续表

案卷题名	案卷类别	表格编号	文件名称
施工资料卷	给排水卷（含燃气）	C6-2-1	设备单机试运转记录
		C6-2-2	调试报告
	消防卷	C2-3-2	设计交底记录
		C2-3-3	设计变更、洽商记录
		C5-1-1	隐蔽工程检查记录表
		C6-5-2	管道强度严密性试验记录
		C6-2-1	设备单机试运转记录
		C6-2-2	调试报告
	采暖通风空调卷	C2-3-2	设计交底记录
		C2-3-3	设计变更、洽商记录
		C5-1-1	隐蔽工程检查记录表
		C6-5-2	管道强度严密性试验记录
		C6-6-6	制冷系统气密性试验记录
		C6-2-1	设备单机试运转记录
		C6-2-2	调试报告
	电梯卷	C2-3-2	设计交底记录
		C2-3-3	设计变更、洽商记录
		C5-3-1	电梯承重梁、起重吊环埋设隐蔽工程检查记录
		C5-3-2	电梯钢丝绳头灌注隐蔽工程检查记录
		C6-7-3	电梯整机功能检验记录
		C6-7-4	电梯层门安全装置检查试验记录表
		C6-7-5	电梯负荷运行试验记录表
		C6-7-9	自动扶梯、自动人行道运行试验记录
竣工图	总图工程（室外）		地上部分的道路、绿化、路灯等地下部分的各种市政管线等
	建筑、结构、给排水、消防、采暖、通风空调、电气、弱电、燃气、幕墙、工艺平面布置图等		
	室内装修部分		机电专业

注：可根据文件数量组成一卷或多卷，如：隐检卷、设计变更、洽商卷、桩基施工记录卷等。

附录 G 本规程用词说明

G.0.1 执行本规程条文时,对于要求严格程度的用词说明如下,以便在执行中区别对待。

1 表示很严格,非这样做不可的用词:
正面用词采用"必须";
反面用词采用"严禁"。
2 表示严格,正常情况下均应这样做的用词:
正面词采用"应";
反面词采用"不应"或"不得"。
3 表示允许稍有选择,在条件许可时首先应这样做的用词:
正面用词采用"宜"或"可";
反面用词采用"不宜"。

G.0.2 条文中指明必须按其它有关标准、规范或其它有关规定执行时,写法为"应按……执行"或"应符合……要求(或规定)"。

附表

建设工程概况 (表式 A6-7)		档号 (由档案馆填写)	
建筑工程名称		工程曾用名：	
建筑工程地址			
规划许可证号		设计工程号	
保证金号		工程决算(元)	
开工日期	年 月 日	竣工日期	
建设单位	单位名称	单位代码	
^	单位地址	邮政编码	
^	联系人	电话	
^	建设单位上级主管		
与本工程有关单位	单位名称	单位代码	
产权单位			
规划批准单位			
设计单位			
施工单位			
竣工单位			
竣工测量单位			
管理单位			
使用单位			
总建筑面积(m^2)	总占地面积(m^2)	主要建筑物最高高度(m)	
填表单位		填表人	
审核人		填表日期	年 月 日

本表由建设单位填写,工程竣工后,建设单位向城建档案馆移交工程档案时使用本表。

附录 建筑安装工程资料管理规程 1167

监理通知 （表式 B2-4）	编 号	
工程名称		监理单位

致_____施工单位：

事由：

内容：

监理工程师(签字)：   日期：   年   月   日

总监理工程师：   日期：   年   月   日

注：重要监理通知应由总监理工程师签认

监理单位、有关单位各一份。

工程动工报审表(表式B3-2-1)

编　号 _____

工程名称		施工单位	

致_____监理单位：

根据合同约定，建设单位已取得主管单位审批开工证，我方也完成了开工前的各项准备工作，计划于___年___月___日开工，请审批。

已完成报审的条件有：
　　□北京市建设工程开工证(复印件)
　　□施工组织设计(含主要管理人员和特殊工种资格证明)
　　□施工测量放线
　　□主要人员、材料、设备进场
　　□施工现场道路、水、电、通讯等已达到开工条件

　　　　　□
　　　　　□

项目负责人(签字)：　　　　　　　　　　　　　　日期　　年　月　日

审批意见：

审批结论：　□同意　　□不同意

总监理工程师(签字)：　　　　　　　　　　　　　日期　　年　月　日

本表由施工单位填报，经监理单位审批后，建设单位、监理单位、施工单位各存一份。

施工进度计划报审表(表式 B3-2-2)

工程名称		施工单位	
编 号			

致_____监理公司：

现报上____年____季____月工程施工进度计划,请予以审查和批准。

附件：☐ 施工进度计划(说明、图表、工程量、工作量、资源配备)

　　　　_____份

　　　　☐

负责人(签字)：　　　　　　　　　　　　　　　　　　　日期：　年　月　日

审查意见：

　　　　　　　　　　　　　　　　　　　　　　　　　监理工程师：

　　　　　　　　　　　　　　　　　　　　　　　　　日　期：　　　年　月　日

审查结论：　☐ 同意　　☐ 修改后报　　☐ 重新编制

总监理工程师(签字)：　　　　　　　　　　　　　　　　日期：　年　月　日

本表由施工单位填报,经监理单位审批后,建设单位、监理单位、施工单位各存一份。

竣工移交证书(表式 B4-1)

编号

工程名称

致_____：

兹证明承包单位_____施工的_____工程,已按合同的要求完成,并验收合格,即日起该工程移交建设单位管理,并进入保修期。

附件:单位工程验收记录

总监理工程师(签字)	监理单位(章)
年 月 日	
建设单位代表(签字)	建设单位(章)
年 月 日	

本表由监理单位填写,建设单位、监理单位、施工单位、档案馆各一份。

工程概况表(表式C1-1)

		编 号	

<table>
<tr><td rowspan="11">一般情况</td><td>工程名称</td><td></td><td>建设单位</td><td></td></tr>
<tr><td>建设用途</td><td></td><td>设计单位</td><td></td></tr>
<tr><td>建设地点</td><td></td><td>监理单位</td><td></td></tr>
<tr><td>总建筑面积</td><td></td><td>施工单位</td><td></td></tr>
<tr><td>开工日期</td><td>年 月 日</td><td>竣工日期</td><td>年 月 日</td></tr>
<tr><td>结构类型</td><td></td><td>基础类型</td><td></td></tr>
<tr><td>层 数</td><td></td><td>建筑檐高</td><td></td></tr>
<tr><td>地上面积</td><td></td><td>地下室面积</td><td></td></tr>
<tr><td>人防等级</td><td></td><td>抗震等级</td><td></td></tr>
</table>

<table>
<tr><td rowspan="9">构造特征</td><td>地基与基础</td><td colspan="3"></td></tr>
<tr><td>柱、内外墙</td><td colspan="3"></td></tr>
<tr><td>梁板楼盖</td><td colspan="3"></td></tr>
<tr><td>外墙装饰</td><td colspan="3"></td></tr>
<tr><td>楼地面装饰</td><td colspan="3"></td></tr>
<tr><td>屋面防水</td><td colspan="3"></td></tr>
<tr><td>内墙装饰</td><td colspan="3"></td></tr>
<tr><td>防火装备</td><td colspan="3"></td></tr>
</table>

机电系统简要描述	

其它	

附:建筑总平图、建筑立面图、建筑剖面图
本表由施工单位填写,城建档案馆和施工单位各保存一份。

施工进度计划分析(表式C1-2)

编　号　_____

工程名称				共　页　　第　页		
序号	分部分项工程	单位	数量	计划开始时间	计划结束时间	备注
				实际开始时间	实际结束时间	

说明：

汇总人　_____　　审核人　_____　　填表日期　____年__月__日

本表由施工单位填报，建设单位、监理单位、施工单位各存一份。

项目大事记(表式C1-3)

编号

序号	年	月	日	内容

工程负责人　　　　　　　　　　整理人

本表由施工单位填写，城建档案馆、建设单位、施工单位各存一份。

施工日志 （表式C1-4）		编　号	
		日　期	年　月　日 星期

	天气状况	风　力	最高/最低温度	备　注
白天				
夜间				

生产情况记录：(部位项目、机械作业、班组工作，生产存在问题等)

技术质量安全工作记录：(技术质量安全活动，技术质量安全问题、检查评定验收等)

工程负责人		记录人	

不合格项处置记录 （表式C1-5）		编 号	
工程名称		发生/发现日期	年 月 日

不合格项发生部位与原因：

　　致：

　　　　由于以下情况的发生，使你单位在_____发生严重□/一般□不合格项，请及时采取措施予以整改。

　　具体情况：

　　　　　　　　　　　　　　　　　　　　　　　　　　　　　　　　□自行整改
　　　　　　　　　　　　　　　　　　　　　　　　　　　　　　　　□整改后报我方验收

　签发人：　　　签发日期：　　　年　月　日

不合格项改正措施：

　　　　　　　　　　　　　　　　　　　　　　　　　　　　整改限期：

　　　　　　　　　　　　　　　　　　　　　　　　　　　　整改责任人：

不合格项整改结果：

　　致：

　　　　根据您方指示，我方已完成整改，请予以验收。
　　整改结论：□ 同意验收
　　　　　　　□ 继续整改　　　　　　　　　　　　　　验收人：
　　　　　　　□ 返工重做　　　　　　　　　　　　　　日　期：　年　月　日
　　　　　　　□ 其它_____

本表由下达方填写，整改方填报整改结果，双方各保存一份。

建设工程质量事故调(勘)查记录
(表式 C1-6-1)

编　号	

工程名称		日期	年　月　日
调(勘)查时间	年　月　日　时　分至　时　分		
调(勘)查地点			
参加人员	单　位	姓　名	职　务	电　话
被调查人				
陪同调(勘)查人员				
调(勘)查笔录				
现场证物照片	□有　□无　共　张　共　页			
事故证据资料	□有　□无　共　条　共　页			
被调查人签字		调(勘)查人		

本表由调查人填写,各有关单位均保存一份。

建设工程质量事故报告书

(表式 C1-6-2)

编　号	

工程名称		建设地点	
建设单位		设计单位	
施工单位		建筑面积(m²)	
		工作量(元)	
结构类型		事故发生时间	年　月　日
上报时间	年　月　日	经济损失(元)	

事故经过、后果与原因分析：

　

　

　

事故发生后采取的措施：

　

　

　

事故责任单位、责任人及处理意见：

　

　

　

负责人		报告人		日期	年　月　日

本表由报告人填写，各有关单位均保存一份。

工程技术文件报审表 (表式 C2-1)

编 号	

工程名称		日 期	年 月 日

现报上关于（　　　　　　）工程的技术管理文件，请予以审定。

	类　别	编　制　人	册数	页数
□	施工组织设计			
□	施工方案			
□				
□				

施工单位名称：　　　　　技术负责人：　　　　　申报人：

总承包单位审核意见：

□有 /□无 附页

总承包单位名称：　　　审核人：　　　　审核日期：　　年 月 日

监理审定意见：

审定结论：　　□同意　　□修改后报　　□重新编制

监理单位名称：　　　　　监理工程师：　　　　　　　日期：　年 月 日

本表由施工单位填报，经监理单位审批后，建设单位、监理单位、施工单位各存一份。

技术交底记录 (表式C2-2-1)

编　号	

工程名称		施工单位	

交底提要：

交底内容：

技术负责人		交底人		接受交底人	

本表由施工单位填写，交底单位与接受交底单位各存一份。

图纸审查记录 (表式C2-3-1)		编号	
提出单位		提出人	
问题提出内容			

由参加会审单位审查、整理、汇总设计图纸审查中的问题,向有关单位各报一份。

附录 建筑安装工程资料管理规程 **1181**

设计交底记录 (表式 C2-3-2)				编 号	
^				共 页 第 页	
工程名称			日 期		年 月 日
时 间			地 点		
序 号	提出的图纸问题		图纸修订意见		设计负责人

各单位技术负责人签字	建设单位	
	设计单位	(建设单位公章)
	监理单位	
	施工单位	

由施工单位整理、汇总,各与会单位会签,并经建设单位盖章,有关单位各保存一份。

设计变更、洽商记录(表式 C2-3-3)

编　号	

工程名称		日　期	年　月　日

记录内容：

签字栏	建设单位	监理单位	设计单位	施工单位

由洽商提出方填写并注明原图纸号，有关单位会签并各保存一份。

附录　建筑安装工程资料管理规程　　1183

工程物资选样送审表(表式C3-1)	编　号	
工程名称	日　期	年　月　日

现报上关于(　　　　　　)工程的物资选样文件,为满足工程进度要求,请在___年___月___日之前予以审批。

物　资　名　称	主　要　规　格	生　产　厂　家	拟使用部位

附件：
　　□ 生产厂家资质文件　　__页　　　□ 工程应用实例目录　　__页
　　□ 产品性能说明书　　　__页　　　□ 报价单　　　　　　　__页
　　□ 质量检验报告　　　　__页　　　□ _____　　　　__页
　　□ 质量保证书　　　　　__页　　　□ _____　　　　__页

施工单位名称	技术负责人：	申报人：

总承包单位审核意见：
□有／□无 附页

总承包单位名称：	审核人：	审核日期：	年　月　日

监理审核意见：	设计审核意见：
监理工程师：　审核日期：　年　月　日	设计负责人：　审核日期：　年　月　日

建设单位审定意见：

审定结论：　□同意使用　　□规格修改后再报　　□重新选样

技术负责人　　　　　　　　　　　　　　　审定日期：　年　月　日

本表由施工单位填报,经建设单位、设计单位审批后,建设单位、监理单位、施工单位各保存一份。

工程物资进场报验表(表式C3-2)

编 号	

工程名称		日 期	年 月 日

现报上关于(　　　　　　　)工程的物资进场检验记录,该批物资经我方检验符合设计、规范及合约要求,请予以批准使用。

物资名称	主要规格	单位	数量	选样报审表编号	使用部位

附件：　　　　　　　　　　　　　　　　编 号

　　□ 出厂合格证　　　__页

　　□ 厂家质量检验报告　__页

　　□ 厂家质量保证书　__页

　　□ 商检证　　　　　__页

　　□ 进场检查记录　　__页

　　□ 进场复试报告　　__页

　　□ 　　　　　　　　__页

技术/质量负责人：　　　申报人：

总承包单位检验意见：

□有/□无 附页

总承包单位名称：	检验人：	日期：年 月 日

建设(监理)单位验收意见：

审定结论：　□同意使用　　□补报资料　　□重新检验　　□退场

建设(监理)单位工程师签字：　　　　　　　　　　验收日期：年 月 日

本表由施工单位填报,经监理单位审批后,监理单位、施工单位各保存一份。

半成品钢筋出厂合格证

(表式 C3-3-1)

编　号

工程名称		委托单位		合格证编号	
供应总量	（kg）	加工日期	年 月 日	供货日期	年 月 日

序号	级别规格	供应数量(kg)	进货日期	生产厂家	原材报告编号	复试报告编号	使用部位

备注：

技术负责人	填　表　人

加工单位(盖章)

填表日期：　年　月　日

由半成品钢筋供应单位提供，建设单位、施工单位各保存一份。

预拌混凝土出厂合格证 (表式C3-3-2)

编　号　_____

订货单位				合格证编号	
工程名称与浇筑部位					
强度等级		抗渗等级		供应数量	m³
供应日期	年　月　日　至			年　月　日	
配合比编号					
原材料名称	水　泥	砂	石	掺合料	外加剂
品种及规格					
试验编号					

每组抗压强度值 MPa	试验编号	强度值	试验编号	强度值	备注:

抗渗试验	试验编号	指　标	试验编号	指　标	

抗压强度统计结果			结论:
组　数 n	平均值	最小值	

技术负责人	填表人	单位 (盖章)

填表日期：　年　月　日

由预拌混凝土供应单位提供，建设单位、施工单位各保存一份。

预制混凝土构件出厂合格证 (表式C3-3-3)

编　号

构件名称			合格证编号	
构件型号		规　格	供应数量	
制 造 厂			企业等级证	
标准图号或设计图纸号			混凝土设计强度等级	
混 凝 土浇注日期	年　月　日		构件出厂日期	年　月　日

性能检验评定结果	混 凝 土			主　筋	
	28天抗压强度	试验编号		力学性能	工艺性能
	外　观				
	质量状况				规格尺寸
	结 构 性 能				
	承 载 力	挠　度		抗裂检验	裂缝宽度

备注：	结论：

技术负责人	填 表 人	单 位（盖章）

填表日期：　　年　月　日

由预制混凝土构件供应单位提供,建设单位、施工单位各保存一份。

钢构件出厂合格证(表式 C3-3-4)

编号

工程名称		委托单位		合格证编号	
钢材材质		原材报告编号		复试报告编号	
焊条或焊丝型号		焊药型号			
供应总量	（吨）	加工日期	年 月 日	出厂日期	年 月 日

序号	构件名称	构件编号	构件单重(kg)	构件数量	防腐状况	使用部位

备注：

技术负责人	填表人	单 位(盖章)

填表日期： 年 月 日

由钢构件供应单位提供,建设单位、施工单位各保存一份。

设备开箱检查记录(表式C3-4-1)

编　号　_____

设备名称		检查日期	年　月　日
规格型号		总数量	
装箱单号		检验数量	

检验记录	包装情况	
	随机文件	
	备件与附件	
	外观情况	
	测试情况	

缺、损附备件明细表

检验结果	序号	名　称	规　格	单位	数量	备　注

结论：

签字	建设(监理)单位	施工单位	供应单位

本表由施工单位填写并保存。

材料、配件检验记录(表式 C3-4-2)

编　号	

工程名称		检验日期	年　月　日

序号	名　称	型　号	规　格	合格证号	复验记录	
					复检量	检测手段

复验结果：

签字	建设(监理)单位	施工单位		
		质检员	工长	检测员

本表由施工单位填写并保存。

设备及管道附件试验记录 (表式 C3-4-3)

编号

工程名称							使用部位		
设备/管道附件名称	型号	规格	编号	介质	强度试验		严密性试验（MPa）		试验结果
					压力（MPa）	停压时间			
	试验单位			试验人			试验日期		年 月 日

本表由施工单位填写，建设单位、施工单位各保存一份。

材料试验报告(通用)(表式C3-5-1)

编 号			
试验编号			
委托编号			

工程名称		试样编号	
委托单位		试验委托人	
试样名称		产地、厂别	

要求试验项目及说明:

试验结果:

结论:

负责人	审核	计算	试验

报告日期　　　　　　　　　　　　　　　　　　　年　月　日

本表由试验单位提供,城建档案馆、建设单位、施工单位各保存一份。

水泥试验报告(表式 C3-5-2)

		编 号		
		试验编号		
		委托编号		
工程名称		试样编号		
委托单位		试验委托人		
品 种 及 强度等级		出厂编号 及 日 期	厂别牌号	
代表数量		来样日期　年 月 日	试验日期	年 月 日

试验结果									
	一、细度	1. 80μm方孔筛余量						%	
		2. 比表面积						m²/kg	
	二、标准稠度用水量(P)							%	
	三、凝结时间	初凝		h min	终凝			h min	
	四、安定性	雷氏法			饼法				
	五、其它								
	六、强度(N/mm²)								
	抗折强度				抗压强度				
	3天		28天		3天		28天		
	单块值	平均值	单块值	平均值	单块值	平均值	单块值	平均值	

结论：

负责人	审核	计算	试验
报告日期		年 月 日	

本表由试验单位提供，城建档案馆、建设单位、施工单位各保存一份。

钢筋原材试验报告 (表式 C3-5-3)

编　号	
试验编号	
委托编号	

工程名称		试件编号	
委托单位		试验委托人	
钢筋种类		级别或牌号		规格与产地	
代表数量		来样日期		试验日期	年　月　日
公称直径	mm		公称面积	mm²

试验结果	力学性能试验结果					弯曲性能试验结果		
	屈服点 (MPa)	抗拉强度 (MPa)	伸长率 %	$\sigma_{b实}/\sigma_{s实}$	$\sigma_{s实}/\sigma_{b标}$	弯心直径	角　度	结　果
	化学分析结果					其它:		
	分析编号	化学成分（%）						
		C	Si	Mn	P	S	CH	

结论：

负责人	审　核	计　算	试　验

报告日期　　　　　　　　　　年　月　日

本表由试验单位提供，城建档案馆、建设单位、施工单位各保存一份。

砌墙砖(砌块)试验报告(表式C3-5-4)

编　号	
试验编号	
委托编号	

工程名称		试样编号	
委托单位		试验委托人	
种　类		生　产　厂	
强度等级		密度等级		代表数量	
试件处理日期	年　月　日	来样日期	年　月　日	试验日期	年　月　日

试验结果

烧结普通砖

抗压强度平均值 f (MPa)	变异系数 $\delta \leqslant 0.21$	变异系数 $\delta > 0.21$
	强度标准值 f_k (MPa)	单块最小强度值 f_k (MPa)

轻集料混凝土小型空心砌块

砌块抗压强度(MPa)		砌块干燥表观密度(kg/m³)
平均值	最小值	

其它种类

抗压强度(MPa)		抗折强度(MPa)	
平均值	最小值	平均值	最小值

结论：

负责人	审核	计算	试验

报告日期	年　月　日

本表由试验单位提供，城建档案馆、建设单位、施工单位各保存一份。

砂试验报告(表式 C3-5-5)

编 号	
试验编号	
委托编号	

工程名称		试样编号	
委托单位		试验委托人	
种　类		产　地	
代表数量		来样日期　年 月 日	试验日期　年 月 日

试验结果	一、筛分析	1. 细度模数(μf)	
		2. 级配区域	区
		3. 级配情况	
	二、含泥量		%
	三、泥块含量		%
	四、表观密度		kg/m³
	五、堆积密度		kg/m³
	六、碱活性指标		
	七、其它		

结论：

负责人	审　核	计　算	试　验

报告日期	年 月 日

本表由试验单位提供，域建档案馆、建设单位、施工单位各保存一份。

碎(卵)石试验报告(表式 C3-5-6)

编 号	
试验编号	
委托编号	

工程名称		试样编号	
委托单位		试验委托人	
种类、产地		公称粒径	mm
代表数量		来样日期　年　月　日	试验日期　年　月　日

试验结果	一、筛分析	级配情况	□连续粒级　□单粒级
		级配结果	
		最大粒径	mm
	二、含泥量		%
	三、泥块含量		%
	四、针、片状颗粒含量		%
	五、压碎指标值		%
	六、表观密度		kg/m³
	七、堆积密度		kg/m³
	八、碱活性指标		
	九、其它		

结论：

负责人	审　核	计　算	试　验

报告日期	年　月　日

本表由试验单位提供,城建档案馆、建设单位、施工单位各保存一份。

轻集料试验报告(表式C3-5-7)

编 号	
试验编号	
委托编号	

工程名称		试样编号	
委托单位		试验委托人	
种 类		密度等级		产 地	
代表数量		来样日期 年 月 日		试验日期	年 月 日

试验结果	一、筛分析	1. 细度模数(细骨料)	
		2. 最大粒径(粗骨料)	mm
		3. 级配情况	
	二、表观密度		kg/m³
	三、堆积密度		kg/m³
	四、筒压强度		MPa
	五、吸水率(1h)		%
	六、其它		

结论：

负责人	审核	计算	试验

报告日期	年 月 日

本表由试验单位提供，施工单位保存。

附录 建筑安装工程资料管理规程 　1199

防水卷材试验报告(表式C3-5-8)

编　号	
试验编号	
委托编号	

工程名称及部位		试件编号	
委托单位		试验委托人	
种类、等级、牌号		生产厂	
代表数量		来样日期　年　月　日	试验日期　年　月　日

试验结果	一、拉力试验	1. 拉力(N)	纵		横	
		2. 拉伸强度	纵	MPa	横	MPa
	二、断裂伸长率(延伸率)		纵	%	横	%
	三、剥离强度(屋面)					MPa
	四、粘合性(地下)					MPa
	五、耐热度	温度(℃)			评定	
	六、不透水性(抗渗透性)					
	七、柔韧性(低温柔性、低温弯折性)	温度(℃)			评定	
	八、其它					

结论：

负责人	审核	计算	试验

报告日期　　　　　　　　　年　月　日

本表由试验单位提供,建设单位、施工单位各保存一份。

防水涂料试验报告(表式C3-5-9)

编号	
试验编号	
委托编号	

工程名称及部位		试件编号	
委托单位		试验委托人	
种类、牌号		生产厂	
代表数量		试验日期	年 月 日	来样日期	年 月 日

试验结果	一、延伸性			mm
	二、拉伸强度			MPa
	三、断裂伸长率			%
	四、粘结性			MPa
	五、耐热度	温度(℃)		评定	
	六、不透水性			
	七、柔韧性(低温)	温度(℃)		评定	
	八、固体含量			%
	九、其它			

结论：

负责人	审核	计算	试验
报告日期		年 月 日	

本表由试验单位提供，建设单位、施工单位各保存一份。

混凝土掺合料试验报告(表式 C3-5-10)

编　号	
试验编号	
委托编号	

工程名称		试样编号	
委托单位		试验委托人	
掺合料种类		等级		产地	
代表数量		来样日期	年 月 日	试验日期	年 月 日

试验结果	一、细度	1. 0.045mm 方孔筛筛余		%
		2. 80μm 方孔筛筛余		%
	二、需水量比			
	三、吸氨值			%
	四、28天水泥胶砂抗压强度比			
	五、烧失量			%
	六、其它			

结论：

负责人	审　核	计　算	试　验

报告日期	年 月 日

本表由试验单位提供,建设单位、施工单位各保存一份。

混凝土外加剂试验报告(表式C3-5-11)

编　号	
试验编号	
委托编号	

工程名称		试样编号	
委托单位		试验委托人	
产品名称		产地、厂别		生产日期	年 月 日
代表数量		来样日期	年 月 日	试验日期	年 月 日
试验项目					

	试验项目	试验结果
试验结果		

结论：

负责人	审核	计算	试验
报告日期		年　月　日	

本表由试验单位提供，建设单位、施工单位各保存一份。

钢材机械性能试验报告

（表式 C3-5-12）

编　号	
试验编号	
委托编号	

工程名称		试件编号	
委托单位		试验委托人	
材　　质		级别或牌号		规格与产地	
代表数量		来样日期	年 月 日	试验日期	年 月 日

试验结果		力学性能试验结果						冷弯性能试验结果		
	试件编号	屈服点（MPa）	抗拉强度（MPa）	标距 mm	伸长率 %	收缩率 %	冲击值 J/cm^2	面弯	背弯	侧弯

结论：

负责人	审　核	计　算	试　验

报告日期		年 月 日

本表由试验单位提供，城建档案馆、建设单位、施工单位各保存一份。

金相试验报告(表式C3-5-13)

			编 号	
			试验编号	
			委托编号	
工程名称			试样编号	
委托单位			试验委托人	
材质及规格			试件名称	
代表数量		来样日期 年 月 日	试验日期	年 月 日

试验结果：

结论：

负 责 人	审 核	计 算	试 验

报告日期　　　　　　　　　　　　年 月 日

本表由试验单位提供，城建档案馆、建设单位、施工单位各保存一份。

附录 建筑安装工程资料管理规程 1205

工程定位测量记录(表式 C4-1)

编　号

工程名称		测量单位	
图纸编号		施测日期	年　月　日
坐标依据		复测日期	年　月　日
高程依据		使用仪器	
闭 合 差		仪器检定日期	年　月　日

定位抄测示意图：

抄测结果：

参加人员签字	建设(监理)单位	施工单位			
		技术负责人	测量负责人	复 测 人	施 测 人

本表由测量单位提供，城建档案馆、建设单位、监理单位、施工单位各保存一份。

基槽验线记录 (表式C4-2)

工程名称		编号	
		日期	年 月 日

验线依据：

基槽平面剖面简图：

检查意见：

参加人员签字	建设(监理)单位	施工单位			
		技术负责人	测量负责人	质检员	工长

本表由测量单位提供，城建档案馆、建设单位、施工单位各保存一份。

楼层放线记录 (表式C4-3)

编　号	

工程名称		日　期	年　月　日
放线部位			

放线依据：

放线简图：

检查结论：□同意　　□重新放样

具体意见：

参加人员签字	建设(监理)单位	施工单位			
		技术负责人	测量负责人	质检员	工长

本表由测量单位提供，施工单位保存。

沉降观测记录(表式C4-4)

工程名称		水准点编号		测量仪器	
水准点所在位置		水准点高程		仪器检定日期	年 月 日

编 号：

观测日期：自 年 月 日至 年 月 日

观测点布置简图

观测点编号	观测日期	荷载累加情况描述	实测标高 m	本期沉降量(mm)	总沉降量(mm)	仪器型号	仪器检定日期

观测单位名称			
技术负责人	审核人	施测人	观测单位印章

本表由测量单位提供，城建档案馆、建设单位、监理单位、施工单位各保存一份。

隐蔽工程检查记录表(表式C5-1-1)

编 号 _____

工程名称		隐蔽日期	年 月 日

现我方已完成____(层)_____(轴线或房间)____(高程)_____(部位)的(　　　　)工程,经我方检验,符合设计、规范要求,特申请进行隐蔽验收。

依据： 施工图纸(施工图纸号_____)、
　　　　设计变更/洽商(编号_____)和有关规范、规程。

材质： 主要材料_____
　　　　规格/型号_____

特殊工艺：

申报人：

审核意见：

□同意隐蔽　　□修改后自行隐蔽　　□不同意,修改后重新报验

质量问题：

参加人员签字	建设(监理)单位	施工单位		
		技术负责人	质检员	工长

本表由施工单位填报,城建档案馆、建设单位、施工单位各保存一份。

预检工程检查记录表(表式 C5-1-2)

编　号	

工程名称		检查日期	年 月 日
预检项目		预检楼层	
预检部位		高　程	

预检内容：

依据：施工图纸(施工图纸号＿＿＿＿＿＿)、 　　　设计变更/洽商(编号＿＿＿＿＿＿)和有关规范、规程。 材质：主要材料或设备＿＿＿＿ 　　　规格/型号＿＿＿＿ 特殊工艺：

检查意见： □合格　　　　□不合格 质量问题：

施工单位	
技术负责人		质 检 员		工　长	

本表由施工单位填写并保存。

附录 建筑安装工程资料管理规程 1211

施工通用记录 (表式C5-1-3)

编 号	

工程名称		日 期	年 月 日

施工内容：

施工依据与材质：

审核意见：

质量问题：

参加人员签字	建设(监理)单位	施工单位		
		技术负责人	质检员	记录人

本表由施工单位填写并保存。

中间检查交接记录(表式C5-1-4)

编 号	

工程名称			
交接部位		交验日期	年 月 日

交接简要说明	

遗留问题	

签字栏	交接单位	接受单位	见证单位

本表由交接单位和接受单位各保存一份。

地基处理记录(表式 C5-2-1)

编 号	

工程名称		施工单位	

处理方式:

处理部位(或简图):

处理前状态:(原土标高、处理深度等)

处理过程简述:

记录日期: 年 月 日

处理结果:

技术负责人	质 检 员	记 录 人

本表由施工单位填写,城建档案馆、建设单位、施工单位各保存一份。

地基钎探记录(表式C5-2-2)

工程名称						施工单位					
套锤重		自由落距		钎径				钎探日期		年月日	

顺序号	各步锤数					备注	顺序号	各步锤数					备注
	cm 0-30	cm 31-60	cm 61-90	cm 91-120	cm 121-150			cm 0-30	cm 31-60	cm 61-90	cm 91-120	cm 121-150	

| 技术负责人 | | 钎探负责人 | | 钎探记录人 | |

附：钎探点布置图

本表由施工单位填写，城建档案馆、建设单位、施工单位各保存一份。

桩基施工记录 (表式 5-2-3)

编号：

工程名称			施工单位		
桩基类型		孔位编号		轴线位置	
设计桩径		设计桩长		桩顶标高	
钻机类型		护壁方式		泥浆比重	
开钻时间			终孔时间		
钢筋笼简述	笼　长		主　筋		___Φ_____
	下笼时间		箍　筋		Φ___@____
孔深计算	钻台标高		浇注前孔深		实际桩长
	终孔深度		沉渣厚度		
混凝土简述	设计标号		水泥用量		坍落度
	理论浇注量		实际浇注量		充盈系数

施工问题记录：

负责人	质检员	记录人

记录日期　　　　　　年　月　日

本表由施工单位填写，城建档案馆、建设单位、施工单位各保存一份。

混凝土搅拌测温记录(表式C5-2-4)

工程名称		施工部位	
混凝土强度等级		坍落度	
水泥品种及强度等级		搅拌方式	

编 号：

测温时间				大气温度℃	原材料温度(℃)				出罐温度℃	入模温度℃	备注
年	月	日	时		水泥	砂	石	水			

技术负责人	质检员	记录人

本表由施工单位填写并保存。

混凝土养护测温记录表(表式C5-2-5)

编 号

工程名称		施工单位	
部　位		养护方法		测温方式	

测温时间			大气温度℃	各测孔温度(℃)										平均温度℃	间隔时间℃	成　熟　度	
月	日	时														本次	累计

技术负责人	工　长	测温员

本表由施工单位填写并保存。

砂浆配合比申请单(表式C5-2-6)

		编　号	
		委托编号	

工程名称			
委托单位		试验委托人	
砂浆种类		强度等级	
水泥品种		厂　别	
水泥进场日期	年　月　日	试验编号	
砂 产 地	粗细级别	试验编号	
掺合料种类		外加剂种类	
申请日期		要求使用日期	年　月　日

砂浆配合比申请单(表式C5-2-6)

		配合比编号	
		试配编号	

强度等级		试验日期	年　月　日
材料名称	配　　合　　比				
	水　泥	砂	白灰膏	掺　料	外加剂
每 m³ 用量(kg)					
比　　例					

注：砂浆稠度为70～100mm，白灰膏稠度为120mm。

负责人	审　核	计　算	试　验

报告日期	年　月　日

本表由施工单位填写并保存。

混凝土配合比申请单(表式C5-2-7)

编　　号	
委托编号	

工程名称			
委托单位		试验委托人	
设计强度等级		要求坍落度、扩展度	
其它技术要求			
搅拌方法		浇捣方法		养护方法	
水泥品种及强度等级		厂别牌号		试验编号	
砂产地及种类				试验编号	
石子产地及种类		最大粒径	mm	试验编号	
外加剂名称				试验编号	
掺合料名称				试验编号	
申请日期	年 月 日	使用日期	年 月 日	联系电话	

混凝土配合比通知单(表式C5-2-7)

配合比编号	
试配编号	

强度等级		水胶比		水灰比		砂率	

项　目 ＼ 材料名称	水泥	水	砂	石	外加剂	掺合料
每 m³ 用量（kg/m³）						
每盘用量(kg)						

说明：本配合比所使用材料均为干材料,使用单位应根据材料含水情况随时调整。

负责人	审核	计算	试验

报告日期	年 月 日

本表由施工单位填写并保存。

混凝土开盘鉴定(表式C5-2-8)

编　号	
鉴定编号	

工程名称及部位		搅拌设备	
施工单位			
强度等级		要求坍落度	
配合比编号		试配单位	
水灰比		砂率	%

材料名称	水泥	砂	石	水	外加剂	掺合料
每 m³ 用料 (kg)						
调整后每盘用料(kg)	砂含水率：　　% 　石含水率：　　%					

鉴定结果	鉴定项目	混凝土拌合物		混凝土试块抗压强度	原材料与申请单是否相符
		坍落度	保水性	$f_{cu,28}$(MPa)	
	设　计				
	实　测				
	鉴定意见				

备注：

建设(监理)单位	混凝土试配单位	施工单位技术负责人	搅拌机组负责人
鉴定日期		年　月　日	

本表由施工单位填写并保存。

预应力筋张拉记录(一)

(表式 C5-2-9)

编　号　_____

工程名称		施工单位	
施工部位		张拉日期	年　月　日
预应力筋规格及抗拉强度		预应力类型	

预应力张拉程序：

平面示意图：

设计控制应力		实际张拉力	
千斤顶编号		压力表读数	
混凝土设计强度		张拉时温凝土实际强度	

预应力筋计算伸长值：

预应力筋伸长值范围：

技术负责人	质检员	记录人

本表由施工单位填写，城建档案馆、建设单位、施工单位各保存一份。

预应力筋张拉记录(二) (表式C5-2-10)

编　号	

工程名称		施工单位	
施工部位		张拉日期	年 月 日

张拉顺序编号	计算值	夹片式锚具预应力筋张拉伸长实测值(cm)						总伸长	备注
		一端张拉			另一端张拉				
		原长 L_1	实长 L_2	伸长 ΔL	原长 L'_1	实长 L'_2	伸长 Δ'_L		

技术负责人	质检员	记录人

本表由施工单位填写,城建档案馆、建设单位、施工单位各保存一份。

有粘结预应力结构灌浆记录

（表式 C5-2-11）

编 号	

工程名称		施工单位	
施工部位		灌浆日期	年 月 日
灌浆配合比		灌浆要求压力值	
水泥强度等级		进厂日期 年 月 日	复试报告编号

灌浆点简图与编号：

灌浆点编号	灌浆压力值 MPa	灌浆量(L)	灌浆点编号	灌浆压力值 MPa	灌浆量(L)

备注：

技术负责人	质 检 员	记 录 人

本表由施工单位填写，城建档案馆、建设单位、施工单位各保存一份。

建筑烟(风)道、垃圾道检查记录

(表式 C5-2-12)

编 号

工程名称						
施工单位				检查日期		年 月 日

检查部位和检查结果

检查部位	主烟(风)道		副烟(风)道		垃圾道	检查人	复检人
	烟道	风道	烟道	风道			

技术负责人	质 检 员	工 长

注:1. 主烟(风)道可先检查,检查部位按轴线记录;副烟(风)道可按户门编号记录。
　　2. 检查合格记(√),不合格记(×)。
　　3. 第一次检查不合格记录(×),复查合格后在(×)后面记录(√)。

本表由施工单位填写并保存。

电梯承重梁、起重吊环埋设隐蔽工程检查记录(表式 C5-3-1)

工程名称			隐检项目	承重梁、起重吊环埋设
检查部位	电梯机房承重梁		填写日期	年 月 日
施工日期	年 月 日		天气情况	气温 ℃

隐检内容及示意图 单位：mm

>20
1—砖墙
2—承重梁
3—钢筋混凝土梁
4—墙中心线
>75

墙中心线
曳引机承重钢梁
δ>16 钢板

承重梁规格		数 量		承重墙类型		厚 度	
埋设长度		过墙中心		梁垫规格			
焊接情况		防腐措施		梁端封固		型钢焊接、混凝土灌注	
起重吊环设计荷载		kg		起重吊环材料规格		A3,ϕ	
混凝土承重梁位置规格				吊环与钢筋锚固尺寸			
A_3 园钢吊环荷载	ϕ16,1.5t	ϕ20,2.1t		ϕ22,2.7t	ϕ24,3.3t	ϕ27,4.1t	

检查意见	年 月 日	复查意见	年 月 日

参加人员签字	建设(监理)单位	安装单位		
		技术负责人	质检员	工长

本表由施工单位填写，城建档案馆、建设单位、施工单位各保存一份。

电梯钢丝头绳灌注隐蔽检查记录

（表式 C5-3-2）

编号：

工程名称		隐检项目	钢丝绳头灌注
操作场地		填写日期	年 月 日
操作日期	年 月 日 天气情况		气温 ℃
用火手续	看火人	操作人	
钢绳用途	曳引、限速、补偿 钢绳规格 φ mm	锥套数	共 个

隐检内容：

单位：mm

尖端绑扎点 R5-7　45　60
周围用布缠裹防止合金漏出
浇灌合金口　80　10 20

将钢绳清洗干净,绳头分股后,每股端部绑扎防止散丝;去掉麻芯,各绳股向中心弯曲后,拉入锥套内;将锥套加热 40～50℃,熔化合金温度 270～400℃;必须一次与锥套浇平,严禁一个锥套二次浇灌。

检查意见	年 月 日	复查意见	年 月 日

参加人员签字	建设(监理)单位	安装单位		
		技术负责人	质检员	工长

本表由施工单位填写,城建档案馆、建设单位、施工单位各保存一份。

自动扶梯、自动人行道安装条件记录
(表式 C5-3-3)

			编　号	
工程名称			施工单位	

序号	检测项目	设计要求	检测数据	偏差数值
1	机房宽度			
2	机房深度			
3	支承宽度			
4	支承长度			
5	中间支承强度			
6	支承水平间距			
7	扶梯提升高度			
8	支承预埋铁尺寸			
9	提升设备搬运的连接附件			

检查意见：

检查人员	建设(监理)单位	设计单位	项目负责人	安装单位	测量人员
签　　字					
检查日期					

本表由施工单位填写，建设单位、施工单位各保存一份。

施工试验记录(通用) (表式C6-1)

编　号	

工程名称		试验日期	年　月　日
试验部位		规格、材质	

试验要求:

试验情况记录:

试验结论:

施工单位	

技术负责人		质　检　员		工　　长	

本表由施工单位填写,城建档案馆、建设单位、施工单位各保存一份。

设备单机试运转记录 (表式 C6-2-1)

编 号	

工 程 名 称		试运转时间	年 月 日
设备部位图号		设备名称		规格型号	
试 验 单 位		设备所在系统		额定数据	

序号	试 验 项 目	试 验 记 录	试 验 结 论
1			
2			
3			
4			
5			
6			
7			
8			
9			
10			
11			
12			

试运转结果:

参加人员签字	建设(监理)单位			
	施工单位			
	技术负责人	质检员	工 长	

本表由施工单位填写,城建档案馆、建设单位、施工单位各保存一份。

调试报告 (表式C6-2-2)

编 号			
工程名称		调试时间	年 月 日
调试内容(部位)		报告时间	年 月 日

调试情况：

调试结论：

建设单位	监理单位	施工单位	设计单位

附：调试测试表

本表由施工单位填写，城建档案馆、建设单位、施工单位各保存一份。

钢筋连接试验报告 (表式C6-3-1)

编 号	
试验编号	
委托编号	

工程名称及部位		试件编号	
委托单位		试验委托人	
接头类型		检验形式	
设计要求接头性能等级		代表数量	

连接钢筋种类及牌号		公称直径	(mm)	原材试验编号	
操作人		来样日期	年 月 日	试验日期	年 月 日

接头试件			母材试件		弯曲试件			
公称面积 (mm²)	抗拉强度 (MPa)	断裂特征及位置	实测面积 (mm²)	抗拉强度 (MPa)	弯心直径	角度	结果	备注

可焊性试验编号		工艺检验试验编号	

结论：

负责人	审核	计算	试验

报告日期　　　　　　　　　　　　　年 月 日

本表由施工单位填写，城建档案馆、建设单位、施工单位各保存一份。

回填土干密度试验报告 (表式C6-3-2)

编　　号	
试验编号	
委托编号	

工程名称及部位			
委 托 单 位		试验委托人	
回 填 土 种 类		土　　质	
要求最小干密度	g/cm³	试验日期	年　月　日

步　数＼点　号	1	2	3	4	5	6	7	8	9	10

取样位置草图

结论：

负责人	审　核	计　算	试　验

报告日期　　　　　　　　　　　　　　年　月　日

本表由施工单位填写,城建档案馆、建设单位、施工单位各保存一份。

土工击实试验报告（表式C6-3-3）

		编　号	
		试验编号	
		委托编号	
工程名称及部位		试样编号	
委托单位		试验委托人	
要求密实度		土样来源	
来样日期	年　月　日	试验日期	年　月　日

试验结果	最佳含水率＝　　　　%
	最大干密度＝　　　　g/cm³
	控制指标（要求最小干密度） 最大干密度 * 要求密实度＝　　　　g/cm³

结论：

负责人	审　核	计　算	试　验

报告日期　　　　　　　年　月　日

本表由施工单位填写，城建档案馆、建设单位、施工单位各保存一份。

砌筑砂浆抗压强度试验报告(表式C6-3-4)

编号	
试验编号	
委托编号	

工程名称及名称		试件编号	
委托单位		试验委托人	
砂浆种类		强度等级		稠度	
水泥品种及强度等级		水泥试验编号	
砂产地及种类		砂试验编号	
掺合料种类		外加剂种类	

配比编号	项目	材料名称及用量(kg)				
		水泥	砂	白灰膏	掺合料	外加剂
	每 m³					
	每盘					

成型日期		要求龄期	天	要求试验日期	
养护条件		试件收到日期		试件制作人	

试件编号	试压日期	实际龄期(d)	试件边长(mm)	受压面积(mm²)	荷载(kN)		抗压强度(MPa)	达设计强度等级(%)
					单块	平均		

说明：

负责人	审核	计算	试验

报告日期	年 月 日

本表由施工单位填写,建设单位、施工单位各保存一份。

混凝土抗压强度试验报告(表式C6-3-5)

	编 号	
	试验编号	
	委托编号	

工程名称及部位		试件编号	
委 托 单 位		试验委托人	
设计强度等级		实测坍落度、扩展度	
水泥品种及标号		进场日期		试验编号	
砂 种 类		砂试验编号	
石种类 公称直径		石试验编号	
外加剂名称		外加剂试验编号	
掺合料名称		掺合料试验编号	
配合比编号		配合比比例	W：C：S：G=

用 量	材 料 名 称						
	水泥	水	砂	石	外加剂	外加剂	掺合料
每 m³ 用量(kg)							
每盘用量(kg)							

成 型 日 期		要求龄期	天	要求试验日期	
养 护 条 件		收到日期		试块制作人	

试验结果	试验日期	实际龄期(d)	试件边片(mm)	受压面积(mm²)	荷载(kN)		平均抗压强度(MPa)	折合150mm立方体抗压强度(MPa)	达到设计强度等级(%)
					单块值	平均值			

说明：

负责人	审 核	计 算	试 验

报告日期	年 月 日

本表由施工单位填写,建设单位、施工单位各保存一份。

混凝土抗渗试验报告(表式C6-3-6)

			编　号	
			试验编号	
			委托编号	
工程名称及部位			试件编号	
委托单位			委托试验人	
抗渗等级			配合比编号	
强度等级		28天抗压强度	收样日期	年　月　日
成型日期	年　月　日	龄期　　　　天	试验日期	年　月　日

试验情况：

结论：

负责人	审　核	计　算	试　验

报告日期　　　　　　　　　年　月　日

本表由施工单位填写，建设单位、施工单位各保存一份。

附录 建筑安装工程资料管理规程　　**1237**

超声波探伤报告(表式C6-3-7)

编　号			
试验编号			
委托编号			

工程名称及部位			
委托单位		试验委托人	
构件名称		检测部位	
材　质		板　厚	mm
仪器型号		试　块	
耦合剂		表面补偿	
表面状况		探伤日期	年　月　日
探头型号		执行处理	

探伤结果及说明：

负责人	审　核	检　测	
			检测单位公章
报告日期		年　月　日	

本表由施工单位填写,城建档案馆、建设单位、施工单位各保存一份。

超声波探伤记录(表式C6-3-8)

编　号	
报告编号	
共 页　第 页	

焊缝编号（两侧）	板厚(mm)	折射角（度）	回波高度	X（mm）	D（mm）	Z（mm）	L（mm）	级别	评定结果	备注

负责人	审　核	检　测	检测单位签章
报告日期	年　月　日		

本表由施工单位填写,城建档案馆、建设单位、施工单位各保存一份。

钢构件射线探伤报告(表式C6-3-9)

编 号	
试验编号	
委托编号	

工程名称		委托单位		试验委托人	
构件名称		构件编号		检测部位	
材　质		焊缝型式		板　厚	mm
仪器型号		增感方式		象质计型号	
胶片型号		象质指数		黑　度	
评定标准		焊缝全长		探伤比例与长度	

探伤结果：

底片编号	黑度	灵能度	主要缺陷	评级

示意图：

备注：

负责人	审核	检测

检测单位公章

报告日期　　　　年　月　日

本表由施工单位填写，城建档案馆、建设单位、施工单位各保存一份。

砌筑砂浆试块强度统计、评定记录

（表式 C6-3-10）

工程名称		强度等级	
填报单位		养护方法	
统计期	年 月 日至 年 月 日	结构部位	
编 号			

试块组数 n	强度标准值 f_2 （MPa）	平均值 $f_{2,m}$ （MPa）	最小值 $f_{2,min}$ （MPa）	$0.75f_2$

每组强度值 MPa								

判定式	$f_{2,m} \geq f_2$	$f_{2,min} \geq 0.75f_2$
结果		

结论：

负责人	审 核	计 算	制 表

报告日期　　　　　　　　年　月　日

本表由施工单位填写，城建档案馆、建设单位、施工单位各保存一份。

混凝土试块强度统计、评定记录

(表式 C6-3-11)

编　号	

工程名称		强度等级	
填报单位		养护方法	
统计期	年　月　日至　年　月　日	结构部位	

试块组 n	强度标准值 $f_{cu,k}$ (MPa)	平均值 $m_{f_{cu}}$ (MPa)	标准值 $S_{f_{cu}}$ (MPa)	最小值 $f_{cu,min}$ (MPa)	合格判定系数	
					λ_1	λ_2

每组强度值 MPa						

评定界限	☐ 统计方法(二)				☐ 非统计方法	
	$0.90 f_{cu,k}$	$m_{f_{cu}} - \lambda_1 * S_{f_{cu}}$	$\lambda_2 * f_{cu,k}$		$1.15 f_{cu,k}$	$0.95 f_{cu,k}$
判定式	$m_{f_{cu}} - \lambda_1 * S_{f_{cu}} \geq 0.90 f_{cu,k}$		$f_{cu,min} \geq \lambda_2 * f_{cu,k}$		$m_{f_{cu}} \geq 1.15 f_{cu,k}$	$f_{cu,min} \geq 0.95 f_{cu,k}$
结果						

结论：

负责人	审核	计算	制表
报告日期		年　月　日	

本表由施工单位填写，城建档案馆、建设单位、施工单位各保存一份。

防水工程试水检查记录

（表式 C6-3-12）

编　号	

工程名称	

试水部位		试水日期	年　月　日

试水方法：

检查结果：

参加人员签字	建设（监理）单位	施工单位		
		技术负责人	质检员	工　长

由施工单位填写并保存。

电气接地电阻测试记录
（表式 C6-4-1）

编　号	

工程名称	
仪表型号		测试日期	年　月　日
计量单位	Ω(欧姆)	天气情况	气温　　℃

接地类型	☐ 防雷接地　　☐ 计算机接地　　☐ 工作接地 ☐ 保护接地　　☐ 防静电接地　　☐ 逻辑接地 ☐ 重复接地　　☐ 综合接地　　☐ 医疗设备接地
设计要求	☐ ≤10Ω　　☐ ≤4Ω　　☐ ≤1Ω ☐ ≤0.1Ω　　☐ ≤Ω　　☐

测试结论：

参加人员签字	建设(监理)单位	施工单位		
		技术负责人	质检员	测试人

本表由施工单位填写，城建档案馆、建设单位、施工单位各保存一份。

电气绝缘电阻测试记录

(表式 C6-4-2)

编号

工程名称							测试日期			年 月 日	
计量单位							天气情况				
仪表型号					电压				气温		
试验内容	相 间			相 对 零			相 对 地			零对地
	L_1-L_2	L_2-L_3	L_3-L_1	L_1-N	L_2-N	L_3-N	L_1-PE	L_2-PE	L_3-PE	N-PE
层数·路别·名称·编号										

测试结论:

参加人员签字	建设(监理)单位	施工单位		
		技术负责人	质 检 员	测 试 人

本表由施工单位填写,建设单位、施工单位各保存一份。

电气器具通电安全检查记录

(表式 C6-4-3)

编号

工程名称		施工单位	
楼门单元		检查日期	年 月 日

层 数	开 关	插 座	灯 具			

检查结论：

技术负责人		质检员		工 长	

本表由施工单位填写，建设单位、施工单位各保存一份。

电气照明、动力试运行记录

(表式 C6-4-4)

编号：

工程名称						
试运项目				填写日期	年 月 日	
试运时间		由 日 时 分开始，至 日 时 分结束				

运行负荷记录	运行时间	运行电压(伏)			运行电流(安)		
		L_1-N (L_1-L_2)	L_2-N (L_2-L_3)	L_3-N (L_3-L_1)	L_1相	L_2相	L_3相

试运行情况记录：

参加人员签字	建设(监理)单位	施工单位		
		技术负责人	质检员	工长

本表由施工单位填写并保存。

综合布线测试记录(表式C6-4-5)

编　号							
工程名称			测试时间	年 月 日	仪表型号		
序号	点编号	房间号	设备房号	长度(m)	接线正确	衰减(dB)	近端串扰(dB)

测试结果：

参加人员签字	建设(监理)单位	施工单位		
		技术负责人	质检员	工长

本表由施工单位填写，建设单位、施工单位各保存一份。

光纤损耗测试记录(表式C6-4-6)

编号：_____

工程名称		测试时间	年　月　日
仪表型号		光缆标识	
区域：地点 X(起端)　　地点 Y(终端)		X端的操作员：　　Y端的操作员：	
测试要求：MAX 期望损耗小于　　dB		光缆损耗　　dB	

光纤号	波长(nm)	在 X 位置的损耗读数 L_x(dB)	在 Y 位置的损耗读数 L_y(dB)	总损耗为 $(L_x+L_y)/2$(dB)

测试结果：

参加人员签字	建设(监理)单位	施工单位		
		技术负责人	质检员	工长

本表由施工单位填写并保存。

视频系统末端测试记录 (表式 C6-4-7)

编号

工程名称		测试时间	年 月 日	仪表型号	
序 号	房 间 号	出线口编号		末 端 电 平	

测试结果：

参加人员签字	建设(监理)单位	施工单位		
		技术负责人	质 检 员	工 长

本表由施工单位填写，建设单位、施工单位各保存一份。

管道灌水试验记录(表式C6-5-1)

编号：

工程名称		试验日期	年 月 日
试验部位		规格、材质	

试验要求：

试验情况记录：

试验结论：

参加人员签字	建设(监理)单位	施工单位		
		技术负责人	质检员	工长

本表由施工单位填报并保存。

管道强度严密性试验记录(表式 C6-5-2)

编　号	

工程名称		试验日期	年 月 日
试验项目部位		材质及规格	

试验要求：

试验情况记录：

试验结论：

参加人员签字	建设(监理)	施工单位		
		技术负责人	质检员	工　长

本表由施工单位填写，城建档案馆、建设单位、施工单位各保存一份。

管道通水试验记录(表式C6-5-3)

编　号	

工程名称			试验项目	
试验部位		通水压力、流量	试验日期	年 月 日

试验系统简述：

供水方式	□ 正式水源　　　　□ 临时水源

通水情况：

参加人员签字	建设(监理)单位	施工单位		
		技术负责人	质检员	工长

本表同施工单位填报并保存。

管道吹(冲)洗(脱脂)试验记录 (表式 C6-5-4)

编 号	

工程名称		试验项目	
试验部位		试验介质、方式		试验日期	年 月 日

试验记录：

试验结果：

参加人员签字	建设(监理)单位	施工单位		
		技术负责人	质检员	工长

本表由施工单位填写并保存。

室内排水管道通球试验记录(表式 C6-5-5)

编 号	

工程名称		管径、球径	
试验部位		管道编号		试验日期	年 月 日

试验要求：

试验情况：

试验结论：

参加人员签字	建设(监理)单位	施工单位		
		技术负责人	质检员	工长

本表由施工单位填写，建设单位、施工单位各保存一份。

附录　建筑安装工程资料管理规程　　1255

伸缩器安装记录表(表C6-5-6)		编　号	
工程名称		日　期	年　月　日
设计压力	MPa	伸缩器部位	
伸缩器规格型号		伸缩器材质	
固定支架间距	m	管内介质温度	
计算预拉值	mm	实际预拉值	mm
伸缩器安装及预拉示意图及说明：			
检查结果：			

参加人员签字	建设(监理)单位	施工单位		
		技术负责人	质检员	工　长

本表由施工单位填写并保存。

现场组装除尘器、空调机漏风检测记录

(表式 C6-6-1)

编 号 _____

工程名称		分部工程	
分项工程		检测日期	年 月 日
设备名称		型号规格	
总风量(m^3/h)		允许漏风率(%)	
工作压力(Pa)		测试压力(Pa)	
允许漏风量		实测漏风量	

检测记录：

检测结果：

参加人员签字	建设(监理)单位	施工单位		
		技术负责人	质检员	工长

本表由施工单位填写并保存。

风管漏风检测记录(表式 C6-6-2)

编 号：

工程名称		分部工程	
分项工程		系统名称	
风管级别		试验压力(Pa)	
系统总面积(m^2)		试验总面积(m^2)	
允许漏风量($m^3/m^3 \cdot h$)		实测漏风量($m^3/S \cdot m^3 \cdot h$)	
系统测定分段		试验日期	年 月 日

检测区段图示：

分段实测数值

序号	分段表面积(m^2)	试验压力(Pa)	实际漏风量(m^3/h)
I			
II			
III			
IV			
V			

评定意见：

参加人员签字	建设(监理)单位	施工单位		
		技术负责人	质检员	工 长

本表由施工单位填写并保存。

各房间室内风量测量记录

(表式 C6-6-3)

工程名称			施工单位	
项目 部位	风量(m³/h)		测试日期	年 月 日
	实 际	设 计	相 对 差	

测量人		记录人		审核人	

编 号

本表由施工单位填写,建设单位、施工单位各保存一份。

附录　建筑安装工程资料管理规程　　1259

管网风量平衡记录(表式C6-6-4)									
工程名称					测试日期				年　月　日
测点编号	风管尺寸(m)	断面积(m^2)	平均风压(Pa)		风速(m/s)	风量(m^3/h)		相对差	使用仪器编号
^^^	^^^	^^^	动压	静压	全压	^^^	实际的	设计的	^^^
测定人			记录人			审核人			

本表由施工单位填写,建设单位、施工单位各保存一份。

通风系统试运行记录(表式C6-6-5)

编号

工程名称							测试时间		年 月 日	
测试部位							测试项目			

时 间		测检次数	测检时间	风机转数		轴承温升		人 工 观 察 项 目			
开车	停车			要求	实测	环境温度	实测	声音及震动情况	淋水室工作情况	送排风口情况	其它情况

对试运转中发现问题的分析及处理意见：

参加人员签字	建设(监理)单位	施工单位			
		技术负责人	质检员		工 长

本表由施工单位填写，建设单位、施工单位各保存一份。

制冷系统气密性试验记录(表式 C6-6-6)

编 号	

工程名称		分部工程	
试验部位		试验时间	年 月 日

管道编号	气 密 性 试 验			
	试验介质	试验压力	停压时间	试验结果

管道编号	真 空 试 验			
	设计真空度	试验真空度	试验时间	试验结果

管道编号	充 制 制 冷 试 验			
	充制冷剂压	检漏仪器	补漏位置	试验结果

验收意见:

参加人员签字	建设(监理)单位	施工单位		
		技术负责人	质检员	工长

本表由施工单位填写,城建档案馆、建设单位、施工单位各保存一份。

电梯主要功能检查试验记录表(表式 C6-7-1)

编　号	
工程名称	日　期　　年　月　日

序号	检 验 项 目	检验内容及其规范标准要求	检查结果
1	基站启用、关闭开关	专用钥匙,运行、停止转换灵活可靠	
2	工作状态选择开关	操纵盘上司机、自动、检修钥匙开关,可靠	
3	轿内照明、通风开关	功能正确、灵活可靠、标志清晰	
4	轿内应急照明	自动充电,电源故障时自动接通,大于1W1h	
5	本层厅外开门	按电梯停在某层的召唤按钮,应开门	
6	自动定向	按先人为主原则,自动确定运行方向	
7	轿内指令记忆	有多个选层指令时,电梯按顺序逐一停靠	
8	呼梯记忆、顺向截停	记忆厅外全部召唤信号,按顺序停靠应答	
9	自动换向	全部顺向指令完成后,自动应答反向指令	
10	轿内选层信号优先	完成最后指令在门关闭前轿内优先登记定向	
11	自动关门待客	完成全部指令后,电梯自动关门,时间4～10s	
12	提早关门	按关门按钮,门不经延时立即关门	
13	按钮开门	在电梯未起动前,按开门按钮,门打开	
14	自动返基站	电梯完成全部指令后,自动返基站	
15	司机直驶	司机状态,按直驶钮后,厅外召唤不能截车	
16	营救运行	电梯故障停在层间时,自动慢速就近平层	
17	满载、超载装置	满载时截车功能取消;超载时不能运行	
18	轿内报警装置	应采用警铃、对讲系统、外部电话	
19	最小负荷控制(防捣乱)	使空载轿厢运行最近层站后,消除登记信号	
20	门机断电手动开门	在开锁区,断电后,手扒开门的力不大于300N	
21	紧急电源停层装置	备用电源将电梯就近平层开门	
22	集选、并联及机群控制	按产品设计程序试验	

参加人签字	建设(监理)单位	安装单位		
		技术负责人	质检员	工　长

本表由施工单位填写,建设单位保存一份。

电梯电气安全装置检查试验记录(表式 C6-7-2)

编 号：

施工名称		日 期	年 月 日

序号	检 验 项 目	检验内容及其规范标准要求	检查结果
1	电源主开关	位置合理、容量适中、标志易识别	
2	断相、错相保护装置	断任一相电或错相,电梯停止,不能启动	
3	上、下限位开关	轿厢越程＞50mm 时起作用	
4	上、下极限开关	轿厢或对重撞缓冲器之前起作用	
5	上、下强迫缓速装置	位置符合产品设计要求,动作可靠	
6	停止装置(安全、急停开关)	机房、底坑、轿顶进入位置≮1米,红色、停止	
7	检修运行开关	轿顶优先、易接近、双稳态、防误操作	
8	紧急电动运行开关(机房内)	防误操作按钮、标明方向、直观主机位置	
9	开、关门和运行方向接触器	机械或电气联锁动作可靠	
10	限速器电气安全装置	动作速度之前、同时(额定速度 115% 时)	
11	安全钳电气安全装置	在安全钳动作以前或同时,使电动机停转	
12	限速绳断裂、松弛保护装置	张紧轮下落大于 50mm 时	
13	轿厢位置传递装置的张紧度	钢带(钢绳、链条)断裂或松弛时	
14	耗能型缓冲器复位保护	缓冲器被压缩时,安全触点强迫断开	
15	轿厢安全窗安全门锁闭状况	如锁紧失败,应使电梯停止	
16	轿厢自动门撞击保护装置	安全触板、光电保护、阻止关门力≯150N	
17	轿门的锁闭状况及关闭位置	安全触点,位置正确,无论是正常、检修或紧急电动	
18	层门的锁闭状况及关闭位置	操作均不能造成开门运行	
19	补偿绳的张紧度及防跳装置	安全触点检查,动作时电梯停止运行	
20	检修门,井道安全门	不得朝井道内开启,关闭时,电梯才可能运行	
21	消防专用开关	返基站、开门、解除应答、运行、动作可靠	

参加人员签字	建设(监理)单位	安装单位		
		技术负责人	质 检 员	工 长

本表由施工单位填写,建设单位保存一份。

电梯整机功能检验记录(表式C6-7-3)

编号：

工程名称		日期	年 月 日

项目	试验条件及其规范标准要求	检验结果
无故障运行	轿厢分别以空载、50%额定载荷和额定载荷三种工况，在通电持续率40%，到达全行程范围，按120次/h，每天不少于8h，各起、制动运行1000次。电梯应运行平稳、制动可靠、连续运行无故障	
	制动器线圈温升和减速器油温升不超过60℃，其温度不超过85℃，电动机温升不超过GB 12974的规定。电动机、风机工作正常	
	曳引机除蜗杆轴伸出端渗漏油面积平均每小时不超过150cm^{2}外，其余各处不得渗漏油	
超载运行	断开超载控制电路，电梯在110%额定载荷，通电持续率40%情况下，到达全行程范围。起、制动运行30次，电梯应能可靠地起动、运行和停止(平层不计)，曳引机工作正常	
曳引检查	电梯空载上行至端站及125%额定载荷下行至端站，分别停层3次以上，轿厢应可靠制停，在超载下行时切断供电，轿厢应被可靠制动	
	当对重压在缓冲器上时，空载轿厢不能被曳引绳提升起	
	当轿厢面积不能限制额定载荷时，需用150%额定载荷做曳引静载检查，历时10min，曳引绳无打滑现象	
安全钳装置	对瞬时式安全钳装置，轿厢应有均匀分布的额定载重量，以检修速度下行按GB/T10059~1997中4.2的要求进行试验	
	对渐进式安全钳装置，轿厢应有均匀分布的125%额定载重量，以检修速度或平层速度下行按GB/T 10059~1997中4.2的要求进行试验	
缓冲试验	蓄能型缓冲器：轿厢以额定载重量减低速度或轿厢空载对重装置分别对各自的缓冲器静压5min后脱离，缓冲器应回复正常位置	
	耗能型缓冲器：轿厢和对重装置分别以检修速度下降将缓冲器全压缩，从离开缓冲器瞬间起，缓冲器柱塞复位时间不大于120s	

参加人员签字	建设(监理)单位	安装单位		
		技术负责人	质 检 员	工 长

本表由施工单位填写，城建档案馆、建设单位、施工单位各保存一份。

电梯层门安全装置检查试验记录表(表式 C6-7-4)

编号										
工程名称							日期		年 月 日	
层、站、门	/ /		开门方式	中分/旁开		开门宽度(B)mm			门扇数	
门锁装置铭牌制造厂名称							有效期		年 月 日	
型式试验标志及试验单位										

层站	开门时间	关门时间	联锁安全触点				啮合长度		自闭功能		关门阻止力	紧急开锁装置	层门地坎护脚板
			左1	左2	右1	右2	左	右	左	右			
标准	≥S		每扇门齐全可靠				≤7mm		灵活可靠		≥150N	安全可靠	平整光滑

开门宽度 mm		$B \leq 800$	$800 < B \leq 1000$	$1000 < B \leq 1100$	$1100 < B \leq 1300$
中分	开关门时间≥	3.2s	4.0s	4.3s	4.9s
旁开		3.7s	4.3s	4.9s	5.9s

参加人员签字	建设(监理)单位	安装单位		
		技术负责人	质检员	工长

本表由施工单位填写,城建档案馆、建设单位、施工单位各保存一份。

电梯负荷运行试验记录表(表式C6-7-5)

编号

工程名称				日期	年 月 日
电梯编号		层站 /	额定载荷 kg	额定速度	m/s
电机功率 kW		电流 A	额定转速 r/min	实测速度	m/s
仪表型号	电流表:	电压表:	转速表:		

工况荷重		运行方向	电压 V	电流 A	电机转速 r/min	轿厢速度 m/s
%	kg					
0		上				
		下				
25( )		上				
		下				
40		上				
		下				
50		上				
		下				
75( )		上				
		下				
100		上				
		下				
110		上				
		下				

当轿内的载重量为额定载重量的50%下行至全行程中部时的速度不得大于额定速度的105%，且不得小于额定速度的92%。(可测曳引绳线速度，或按GB/T 10059中5.12公式计算)

注：仅测量电流，用于交流电动机；测量电流并同时测量电压，则用于直流电动机。

参加人员签字	建设(监理)单位	安装单位			
		技术负责人	质检员	工 长	测试人

本表由施工单位填写，城建档案馆、建设单位、施工单位各保存一份。

轿厢平层准确度测量记录表(表式C6-7-6)

编号							
工程名称				日期		年 月 日	
额定速度	m/s	层站	/	驱动方式		层高	m
达速层数		标准	±mm	测量工具	深度卡尺	单位	mm
上 行				下 行			
起层	停层	空载	满载	起层	停层	空载	满载

参加人签字	建设(监理)单位		安装单位		
			技术负责人	质检员	工长

本表由施工单位填写,建设单位保存一份。

电梯负荷运行试验曲线图表(表式C6-7-7)

编号	

工程名称				安装单位	
额定载荷	kg	平衡系数	%	平衡载荷	kg

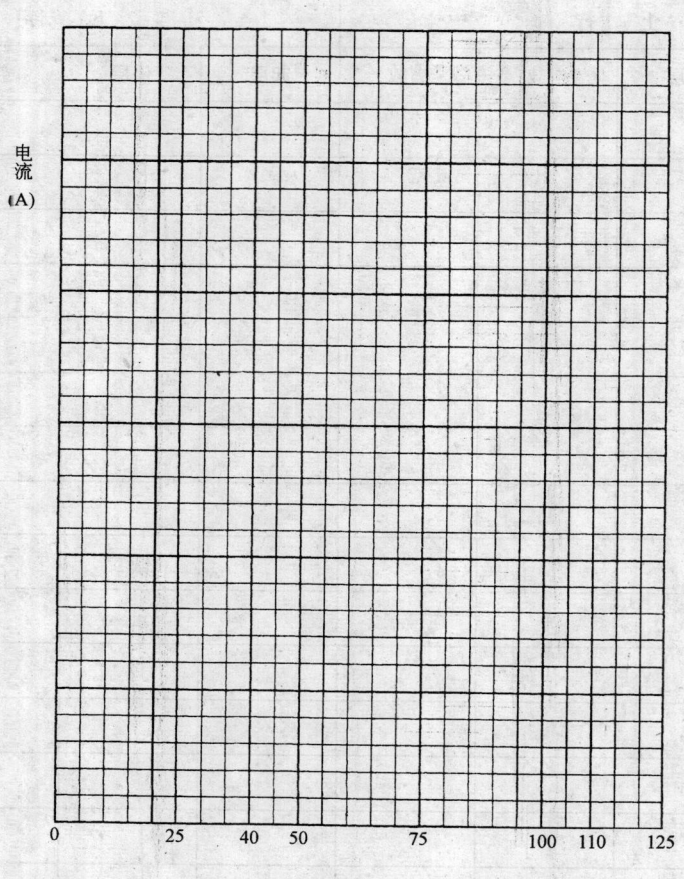

电流(A)

0　　25　40　50　　75　　　100　110　125

额定载重量%

绘制日期	年 月 日	审核人		绘制人	

本表由施工单位填写,建设单位保存一份。

电梯噪声测试记录表(表式 C6-7-8)

工程名称						安装单位						
声级计型号						计量单位			dB(A 计权、快档)			

编号：

机房(驱动主机)					轿厢内		
前	后	左	右	上	背景		

测试不少于3点　标准值：合格≤80（含货梯）　液压梯≤85　　　　≤55

层站	轿厢门			层站门			层站	轿厢门			层站门		
	开门	关门	背景	开门	关门	背景		开门	关门	背景	开门	关门	背景

标准值：合格≤65

备注	各部位噪声测试均取最大值。轿厢内测试不含风机噪声 背景噪声应比测试对象至少低 10dB(A)，如不能满足时，按 GB/T 10059 中表 1 修正。

测试日期	年 月 日	审核人		测试人	

本表由施工单位填写，建设单位保存一份。

自动扶梯、自动人道行运行试验记录(表式C6-7-9)

编号

| 工程名称 | | | 日期 | 年 月 日 |

项目	序号	检查内容及标准规定要求	检查结果
运行试验	1	所有梯级、踏板(或胶带)应顺利通过梳齿板	
	2	所有梯级、踏板(或胶带)与板不得发生摩擦现象;运行平稳,无异常声音发生。相邻两梯级踏板与板之间的整个合过程无摩擦现象	
	3	空载运行时,梯级、踏板(或胶带)及盖板上1.0m处所测得的运行噪声应不超过68dB(A)	
	4	空载运行速度与额定速度的最大偏差为±5%	
	5	扶手的运行速度相对于梯级、踏板(或胶带)的速度误差为0~+2%	
	6	功能试验,根据制造厂提供的功能应齐全、准确、可靠。	
	7	安全装置试验:动作应灵可靠。(按试验方法的规定的方向进行)	
	8	制动器制动可靠,间隙均匀,间隙值应附合产品要求	
	9	自动扶梯、自动人道行空载和有载向下运行时的制停距离应在下列值范围内: 额定速度　　　制停距离范围 0.50m/s　　　0.20~1.00m 0.55m/s　　　0.30~1.30m 0.75m/s　　　0.35~1.50m 0.90m/s　　　0.40~1.70m(自动人行道) 若额定速度在上述数值之间,制停距离用插入法计算。制停距离应从电气制动装置动作时开始测量。	
	10	运行考核:在空载情况下,自动扶梯和自动人行道连续正反运行2小时,电动机减速器温升(<60°)各部件运行正常,不得有任何故障发生。	
	11	运行试验的检查内容: a.驱动主机运转的平稳性及有异常响声、振动,减速器箱内油温不得高于80℃; b.各联件,紧固件有无松动现象; c.停机以后,检查密封处、接合处的漏渗油情况。蜗杆轴伸出端每小时渗出油迹面积不得大于150cm²	

参加人签字	建设(监理)单位	安装单位		
		技术负责人	质检员	工长

本表由施工单位填写,城建档案馆、建设单位、施工单位各保存一份。

分项/分部工程施工报验表(表式C7-1)

工程名称		编号	
		日期	年 月 日

现我方已完成_____(层)_____(轴线或房间)_____(高程)_____(部位)的(　　　)工程,经我方检验符合设计、规范要求,质量等级为□合格/□优良,请予以验收。

附件：　　　　　　　　　　　　　编号

　　　　□ 质量保证资料汇总表(适用于分部工程)

　　　　□ 隐蔽工程检查记录表　　　　_____页

　　　　□ 预检工程检查记录表　　　　_____页

　　　　□ 施工记录　　　　　　　　　_____页

　　　　□ 施工试验记录　　　　　　　_____页

　　　　□ 分部工程质量检验评定表　　_____页

　　　　□ 分项工程质量检验评定表　　_____页

　　　　□ 　　　　　　　　　　　　 _____页

　　　　□ 　　　　　　　　　　　　 _____页

施工单位名称：　　　技术负责人：　　　申报人：

总承包单位审核意见：

总承包单位名称：　　审核人：　　日期：　年　月　日

建设(监理)单位审定结论：　　□合格　　　□不合格

审定意见：

建设(监理)单位工程师签字：　　审定日期：　年　月　日

本表由施工单位填写,监理单位审批后,监理单位、施工单位各保存一份。

竣工验收通用记录(表式 C7-2-1)

编号

工程名称		建设单位名称	
验收项目		设计单位名称	
开工日期	年　月　日	监理单位名称	
竣工日期	年　月　日	施工单位名称	
管理单位名称		邀请单位名称	

验收内容、范围及数量：

　

验收结论：　　□合格　　　□不合格

遗留问题及解决方案：

　

管理单位签字公章：	建设单位签字公章：	设计单位签字公章：
监理单位签字公章：	施工单位签字公章：	邀请单位签字公章：

本表城建档案馆、建设单位、监理单位、施工单位各保存一份。

基础/主体工程验收记录(表C7-2-2)

		编号	
施工单位		验收日期	年 月 日
工程名称		建筑面积	
结构类型		层 数	
施工日期	年 月 日至 年 月 日		

检查内容	
验收意见	外　观　　　　　　　　　　　　技　术　资　料
签字栏	设 计 单 位　　　　建设(监理)单位　　　　施 工 单 位 　　　　　　　　　　　　　　　　　　　　　　项目负责人： 　　　　　　　　　　　　　　　　　　　　　　技术负责人： 　　　　　　　　　　　　　　　　　　　　　　质量员：

本表城建档案馆、建设单位、监理单位、施工单位各保存一份。

幕墙工程验收记录 (表 C7-2-3)

	编 号	

施工单位		验收日期	年 月 日
工程名称		幕墙面积	
幕墙类型		层　数	
施工日期	年 月 日至 年 月 日		

	检查项目	验收结论
验收资料	设计文件	
	材料质量证书	
	商检报告	
	性能试验报告	
	安装质量文件	
外观检查	玻璃色泽	
	横竖缝质量	
	试水状况	
室内检查	玻璃、铝料	
	开启扇质量	
	窗台板质量	
其他		

	设 计 单 位	建设(监理)单位	施 工 单 位
签字公章栏	（公章）	（公章）	项目负责人： 技术负责人： 质量员：

本表城建档案馆、建设单位、监理单位、施工单位各保存一份。

附录 建筑安装工程资料管理规程　1275

单位工程验收记录(表式C7-3)		编　号	
工程名称		建设单位	
建筑面积		设计单位	
层　数		监理单位	
结构类型		施工单位	
工程地址		勘察单位	
开工日期	年　月　日	竣工日期	年　月　日

工程内容及自检情况	建筑工程	
	采暖卫生煤气	
	电气安装	
	通风与空调	
	电梯安装	

验收意见		施工单位
		(公章)

参加单位公章	勘察单位	建设单位	设计单位	监理单位
	(公章)	(公章)	(公章)	(公章)

本表城建档案馆、建设单位、监理单位、施工单位各保存一份。

类别 汇总表	工程资料总目录卷汇总表 (表式 E1-1)			
工程名称				
案卷类别	案卷名称	卷 数	整理日期	城建档案管理员签字
J	基建文件			
L	监理资料			
S	施工资料			
T	设计资料			

注：1. 各单位工程资料由各单位城建档案管理员负责组卷并签字。
　　2. 设计资料由建设单位城建档案管理员负责检查验收并签字。

附录 建筑安装工程资料管理规程 1277

工程资料总目录卷(表式 E1-2)							类 别	
工程名称				整理单位					
顺序号	案卷号	案卷题名	起止页数	保存单位		保存期限		整理日期	
			至	建设单位 监理单位 施工单位 城建档案馆	☐ ☐ ☐ ☐	永久 长期 短期	☐ ☐ ☐	
			至	建设单位 监理单位 施工单位 城建档案馆	☐ ☐ ☐ ☐	永久 长期 短期	☐ ☐ ☐	
			至	建设单位 监理单位 施工单位 城建档案馆	☐ ☐ ☐ ☐	永久 长期 短期	☐ ☐ ☐	
			至	建设单位 监理单位 施工单位 城建档案馆	☐ ☐ ☐ ☐	永久 长期 短期	☐ ☐ ☐	
			至	建设单位 监理单位 施工单位 城建档案馆	☐ ☐ ☐ ☐	永久 长期 短期	☐ ☐ ☐	
			至	建设单位 监理单位 施工单位 城建档案馆	☐ ☐ ☐ ☐	永久 长期 短期	☐ ☐ ☐	
			至	建设单位 监理单位 施工单位 城建档案馆	☐ ☐ ☐ ☐	永久 长期 短期	☐ ☐ ☐	
			至	建设单位 监理单位 施工单位 城建档案馆	☐ ☐ ☐ ☐	永久 长期 短期	☐ ☐ ☐	
			至	建设单位 监理单位 施工单位 城建档案馆	☐ ☐ ☐ ☐	永久 长期 短期	☐ ☐ ☐	

城建档案管理员签字：

表 E2-1

工程资料

名　　称：..

案卷提名：..

....

编制单位：..

技术主管：..

编制日期：自　　年　　月　　日起至　　年　　月　　日止

保管期限：..................　　密级：..................

保存档号：..................

共　　册　　第　　册

工程资料卷内目录 (表式 E2-2)

案卷编号

工程名称			编制单位			
序号	资 料 名 称	资料编号	资 料 内 容	编制日期	页次	备注

工程资料卷内备考表 （表式E2-3）

案卷编号

本案卷已编号的文件材料共_____张,其中:文字材料_____张,图样材料_____张,照片_____张。

立卷单位对本案卷完整准确情况的审核说明：

立卷人：　　年　月　日

审核人：　　年　月　日

保存单位的审核说明：

技术审核人：　　年　月　日

档案接收人：　　年　月　日

表 E3-1

档案馆代号：

城市建设档案

名　　称：..

案卷提名：..

....

编制单位：..

技术主管：..

编制日期：自　　年　　月　　日起至　　年　　月　　日止

保管期限：_____　　密　级：_____

档　　号：_____　　缩微号：_____

共　　　册　　第　　　册

城建档案卷内目录 （表式 E3-2）

序号	文件材料题名	原编字号	编制单位	编制日期	页次	备注

城建档案案卷审核备考表 (表式E3-3)

本案卷已编号的文件材料共_____张,其中:文字材料_____张,图样材料_____张,照片_____张。

立卷单位对本案卷完整准确情况的审核说明:

立卷人:　　年　月　日

审核人:　　年　月　日

接收单位(档案馆)的审核说明:

技术审核人:　　年　月　日

档案接收人:　　年　月　日

E4-1

工程资料移交书

_____按有关规定向_____办理_____工程资料移交手续。共计_____册。其中图样材料_____删,文字材料册,其它材料_____张( )。

附:移交明细表

移交单位(公章):　　　　　接受单位(公章):

单位负责人:　　　　　　　单位负责人:

技术负责人:　　　　　　　技术负责人:

移 交 人:　　　　　　　　接 收 人:

移交时间:　　年　　月　　日

E4-2

城 市 建 设 档 案 移 交 书

_____向北京市城市建设档案馆移交_____档案共计_____册。其中:图样材_____册,文字材料_____册,其它材料_____张(   )。

附:城市建设档案移交目录一式三份,共_____张。

移 交 单 位:　　　　　接 收 单 位:

单位负责人:　　　　　单位负责人:

移 交 人:　　　　　　移 交 人:

移交时间:　　年　　月　　日

E4-3

城市建设档案缩微品移交书

_____向北京市城市建设档馆移交_____缩微品档案。档号_____,缩微号_____。卷片共_____盘,开窗卡_____张,其中母片:卷片_____盘,开窗卡_____张;拷贝片:卷片_____套_____盘,开窗卡____套_____张。

　　缩微原件共_____册,其中文字材料_____册,图样材料_____册。其它材料_____。

附:城市建设档案缩微品移交目录

移交单位(章):　　　　　接收单位(章):

单 位 法 人:　　　　　单 位 法 人:

移 交 人:　　　　　接 收 人:

移交时间:　　年　　月　　日

E4-4

城市建设档案移交目录

序号	工程项目名称	案卷题名	形成年代	数量						备注
				文字材料		图样材料		综合卷		
				册	张	册	张	册	张	

注：综合卷指文字和图样材料混装的案卷。

附加说明

本规程主编单位、参加单位和主要编审人名单

主编单位：北京市建设监理协会
　　　　　中建一局集团四公司
　　　　　北京市城建档案馆
　　　　　北京市建设工程质量监督总站
参加单位：北京市建设工程质量管理协会
　　　　　北京市建工集团
　　　　　北京市双圆工程咨询监理有限公司
　　　　　北京市京精大房监理公司
　　　　　赛瑞斯工程建设监理有限责任公司
主　　编：蔡金墀　林　寿
副 主 编：苏　文　马焕章　张玉平
审　　核：戴振国　刘仲元　高新京　范冬生
　　　　　张　青
主要编写人：任　强　马　戈　李向红　王连生
　　　　　刘福源　牛经涛　初　鹏

参 考 文 献

1 吴松勤等编. 建筑安装工程质量检验评定标准讲座. 北京:中国建筑工业出版社,1990
2 关于颁发《北京市建筑安装工程施工技术资料管理规定》的通知,90 京建质字第 238 号,签发人:王宗礼
3 北京市建筑安装分项工程施工工艺规程,上中下三册(送审稿)
4 潘全祥、孟嘉善、范重山主编. 建筑安装工程施工技术资料管理手册. 北京:中国建筑工业出版社,1993